W0300066

Schütt • Weisgerber • Schuck • Lang • Stimm • Roloff

ENZYKLOPÄDIE DER LAUBBÄUME

Schütt • Weisgerber • Schuck • Lang • Stimm • Roloff

ENZYKLOPÄDIE DER LAUBBÄUME

Die große Enzyklopädie mit über 800 Farbfotos
unter Mitwirkung von 30 Experten

Nikol

Dieses Werk ist nach bestem Wissen zusammengestellt; dennoch sind Fehler nicht vollständig auszuschließen. Aus diesem Grund sind alle Angaben mit keiner Verpflichtung oder Garantie der Autoren, Herausgeber oder des Verlags verbunden. Sie übernehmen infolgedessen keinerlei Verantwortung oder Haftung für etwaige inhaltliche Unrichtigkeiten des Buches. Patente, Gebrauchsmuster oder Marken sind als solche gekennzeichnet. Aus dem Fehlen einer Kennzeichnung folgt jedoch nicht, dass kein Schutz besteht.

Enzyklopädie der Laubbäume

Sonderausgabe 2006
für Nikol Verlagsgesellschaft mbH & Co. KG, Hamburg

Mit freundlicher Genehmigung des Originalverlags

Originalausgabe:
Enzyklopädie der Holzgewächse
Handbuch und Atlas der Dendrologie
Loseblattwerk mit Ergänzungslieferungen
Herausgeber: Schütt, Weisgerber, Schuck, Lang, Stimm, Roloff
© ecomed Medizin, Verlagsgruppe Hüthig Jehle Rehm GmbH
Justus-von-Liebig-Straße 1, 86899 Landsberg/Lech
Tel.: (0 81 91) 125-0, Fax: (0 81 91) 125-492; Internet: http://www.ecomed.de

Alle Rechte, insbesondere das Recht der Vervielfältigung, Verfilmung sowie der Übersetzung, vorbehalten. Kein Teil des Werks darf in irgendeiner Form (durch Fotokopie, Mikrofilm oder ein anderes Verfahren) ohne schriftliche Genehmigung des Verlages reproduziert oder unter Verwendung elektronischer Systeme gespeichert, verarbeitet oder verbreitet werden.

Satz: abavo GmbH, 86807 Buchloe, www.abavo.de
Einbandgestaltung: Thomas Jarzina, Köln
Printed in Slovenia.

ISBN 13: 978-3-937872-39-1
ISBN 10: 3-937872-39-6

www.nikol-verlag.de

Vorwort

Im vorliegenden Buch finden sie eine Sammlung ausgewählter Artbeschreibungen von Laubbäumen, die in den gemäßigten Klimazonen der Erde vorkommen. Einige der wichtigsten Holzlieferanten finden sich dabei, wie z.B. die Stieleiche und die Rotbuche, andere Bäume sind mehr durch die Nutzung ihrer Früchte bekannt, so z.B. der Olivenbaum, die Walnuss, die Pekannuss oder die Esskastanie. Fast alle dieser Arten aber bereichern als Park- und Straßenbäume oder als Nutz- und Ziergehölze die öffentlichen Anlagen und unsere Gärten und begegnen uns somit nahezu täglich.

In den vorliegenden Beschreibungen wird alles Wissenswerte über die Baumarten dargestellt: Vorkommen, Aussehen, Unterscheidung zu verwandten Arten, Vermehrung und Anzucht, Klimabedingungen und Standortsansprüche ebenso wie Krankheiten und Schädlinge und natürlich Angaben über die Nutzung. Verbreitungskarten und reiche, oft farbige Illustrationen veranschaulichen die Darstellungen.

Die Beschreibungen entstammen alle dem Sammelwerk "Enzyklopädie der Holzgewächse", einem botanischen Standardwerk, dass seit Jahren durch immer wieder neue monographische Beiträge über Gehölzarten aus aller Welt ergänzt wird. Fachkundige Autoren, zumeist Forstwissenschaftler, Botaniker oder Dendrologen, beschreiben Baumarten, mit denen sie sich über längere Zeit beschäftigt haben und von denen sie Bildmaterial sammeln konnten. Dabei wird darauf geachtet, dass ein einheitlicher Aufbau der Texte eingehalten ist und durchgängig Bilder von hoher Qualität verwendet werden. So entstehen Artbeschreibungen, die – fachlich fundiert und klar strukturiert – die Ästhetik und Vielfalt der Baumflora zeigen. Die hier vorgestellte Auswahl präsentiert dabei einige der interessantesten Arten.

ecomed Verlag,
Landsberg am Lech, im März 2006

Obwohl die Laubbäume ihre größte Vielfalt in den tropischen Regionen der Erde zeigen, belegt dieses Buch eindrucksvoll in Text und Bild, dass auch in den gemäßigten Zonen faszinierende Laubbaumarten zuhause sind, die sich unter diesen klimatischen Verhältnissen mit den Nadelbäumen zu attraktiven Mischwäldern zusammenfinden können.

Eine Übersicht über die Verteilung der Klimazonen, in denen die enthaltenen Arten auf der Erde vorkommen, gibt die folgende Karte:

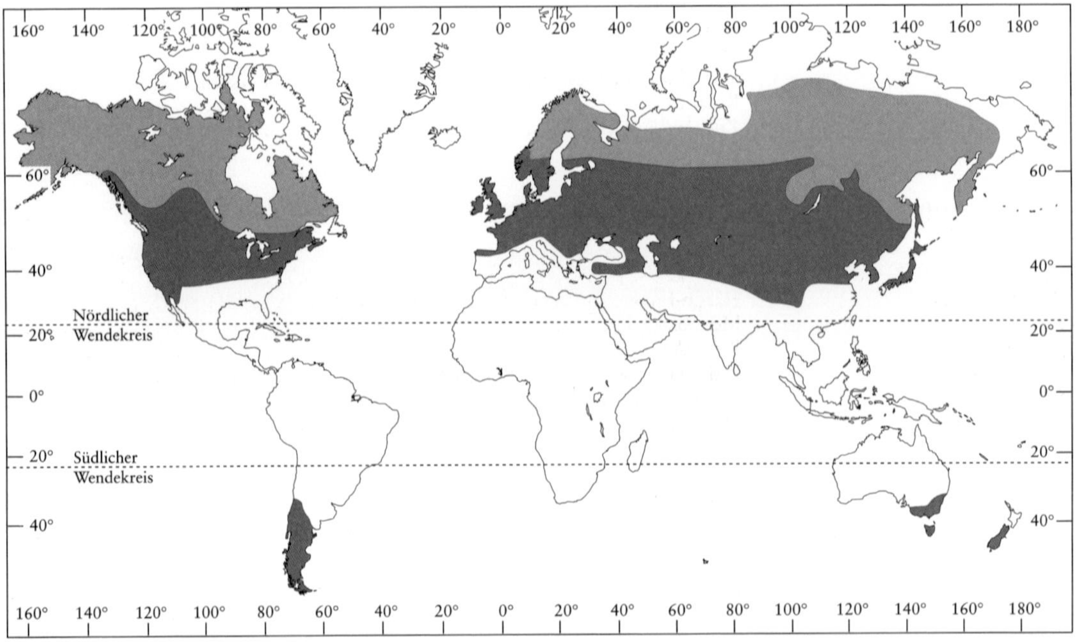

■ Kaltgemäßigte (boreale) Zone ■ Kühlgemäßigte Zone

Inhaltsverzeichnis

Alphabetisches Inhaltsverzeichnis nach lateinischen Namen

Alphabetisches Inhaltsverzeichnis nach deutschen Namen

Abkürzungen und Zeichenerklärungen

In diesem Verzeichnis sind alle in den Texten verwendeten, nicht sofort verständlichen oder nicht allgemein gebräuchlichen Abkürzungen und Symbole zu finden. Nicht enthalten sind die Autorenkürzel der lateinischen Nomenklatur, chemische Formeln und Abkürzungen von SI-Einheiten sowie deren dezimale Vielfache und Teile. Treten Gattungsnamen im Text, in Tabellen oder Bildunterschriften mehrfach auf, sind sie abgekürzt.

♂	männlich
♀	weiblich
⚥	zwittrig
@	asymmetrisch wegen schraubiger Stellung der Blütenglieder
*	radiärsymmetrisch
↓	dorsiventral oder zygomorph; Symmetrieebene liegt in der Mediane der Blüte
↙	zygomorph; Symmetrieebene liegt nicht in der Mediane der Blüte
✢	bilateral oder disymmetrisch
ø	Durchmesser
∞	viele/unendlich
A	Androeceum (Staubblätter)
A. dest.	Aqua destillata (destilliertes Wasser)
allg.	allgemein(e)
auton.	autonom
b.	bis
bengal.	bengalisch
BHD	Brusthöhendurchmesser
C	Corolla (Blütenkrone)
chin.	chinesisch
Chrom.	Chromosomensatz
Co.	County
cv.	cultivar
D	Durchmesser
DGZ/ dGZ/dGz	durchschnittlicher Gesamtzuwachs
Durchm.	Durchmesser
Efm	Erntefestmeter
engl.	englisch
etc.	et cetera
f.	Forma (Form)
fm	Festmeter
forstl.	forstlich
franz.	französisch
G	Gynoeceum (Fruchtblätter)
Geb.	Gebirge
geogr.	geographisch
ggf.	gegebenenfalls
Ggs.	Gegensatz
H	Höhe
Hind.	Hindustani (Urdu)
i.a.	im allgemeinen
i.e.S.	im engeren Sinne
i.d.R.	in der Regel
incl.	inclusive
indet.	indeterminavit (unbestimmte Sippe)
insbes.	insbesondere
ital.	italienisch
i.w.S.	im weiteren Sinne
J.	Jahr
j./jähr.	jährig
jährl.	jährlich

jap.	japanisch
Jhdt.	Jahrhundert
K	Kalyx (Kelch)
K	Schwindungs-Koeffizient (coefficient of volume shrinkage $K = \frac{Vw - Vo}{Vo\ W} \times 100$)
lat.	lateinisch
LD_{50}	Dosis letalis/Maß für akute Toxizität eines Stoffes
lfd. m	laufender Meter
männl.	männlich
Max.	Maximum
max.	maximal
mdl.	mündlich
Min.	Minimum
mittl.	mittlere(r/s)
Mpa	Megapascal (Maßeinheit für Druck- und Biegefestigkeit des Holzes)
m.R.	mit Rinde
Mt./Mts.	Mount/Mountains
Natl. For.	National Forest
N-	Nord-
nat. Gr.	natürliche Größe
n.Br.	nördliche Breite
NP/Nat. Park/ Natl. Park	National Park
O-	Ost-
Oberfl.	Oberfläche
ö.L.	östliche Länge
östl.	östlich
o.g.	oben genannt
o.R.	ohne Rinde
Ordn.	Ordnung
P	Perigon
pers. Mitt.	persönliche Mitteilung
poln.	polnisch
port.	portugiesisch
p.p.	pro parte
Prov.	Provinz
r_{12}	Raumdichte des Holzes bei einem Wassergehalt von 12%
r_{15}	Raumdichte des Holzes bei einem Wassergehalt von 15%
r_0	Darrgewicht des Holzes
rd.	rund
rel.	relativ
russ.	russisch
S-	Süd-
s.Br.	südliche Breite
sG	spezifisches Gewicht
s.l.	sensu lato
sog.	sogenannte(r)
sp./spec.	Species
sp. nov.	neubeschriebene Art
span.	spanisch

s.str.	sensu stricto	VA-Mykorrhiza	vesiculär-arbusculäre Mykorrhiza
ssp.	Subspecies	var.	Varietät
syn.	synonym	var. nov.	neubeschriebene Varietät
tangent.	tangential	verbl. Bestand	verbleibender Bestand
Temp.	Temperatur	Verw.	Verwaltung
TKG	Tausendkorngewicht	Vfm	Vorratsfestmeter
TS	Trockensubstanz	vgl.	vergleiche
tschech.	tschechisch	W-	West-
U_{max}	maximaler Wassergehalt	w	Wassergehalt der Probe
u.a.	unter anderem	weibl.	weiblich
ü. NN	über Normalnull	westl.	westlich
V_0	Volumen der Probe bei völliger Trockenheit (cm^3)	w.L.	westliche Länge
		zit.	zitiert
V_w	Volumen der Probe (cm^3) mit einem Wassergehalt von w	z.T.	zum Teil
		z.Zt.	zur Zeit

Stammen Abbildungen nicht von den Autoren der jeweiligen Beiträge, so ist der Bildautor bei der Bildunterschrift genannt.

Die Messbalken bei Abbildungen sind, wenn nicht anders angegeben, Millimeter-Skalen.

Acer macrophyllum Pursh, 1814

Großblättriger Ahorn

Familie: Aceraceae

engl.: Bigleaf maple, Oregon maple,
Broadleaf maple
franz.: Èrable a grandes feuilles

Abb. 1: Acer macrophyllum. Solitär auf Vancouver Island/Kanada

Acer macrophyllum ist mit einer Höhe bis zu 30 m und einem Stammdurchmesser (BHD) von 90 bis 120 cm der mit Abstand größte Ahorn an der pazifischen Küste Nordamerikas und einer der wenigen wirtschaftlich genutzten Laubbäume in dieser Region.

Kennzeichnend für die Art sind neben der intensiven Naturverjüngung die sehr großen, fünflappigen Blätter mit rotem, milchsaftführendem Stiel.

In den dichten küstennahen Nadelwäldern seiner Heimat wächst *A. macrophyllum* im Unterstand und bleibt relativ klein. Demgegenüber entwickelt er im Freistand eine mächtige, runde Krone und zählt deswegen zu einem der schönsten, in Nordamerika häufig kultivierten Allee- und Parkbäume.

In Mitteleuropa ist die sommergrüne Art weitgehend winterhart, bleibt aber kleiner als in Amerika und wurde bislang wenig angebaut. Selbst in dendrologischen Sammlungen fehlt sie oft.

Verbreitung

A. macrophyllum ist eine der wenigen Laubbaumarten an der Pazifikküste des amerikanischen Nordwestens. Das natürliche Areal erstreckt sich in einem lückenlosen, etwa 300 km breiten Streifen von British Columbia (Sullivan Bay, ca. 55° n. Br.) über Vancouver Island, die Olympic Peninsula (WA) bis zur San Franciso Bay. Eingeschlossen sind die Westhänge der Coast Ranges und der Cascades in Washington, Oregon und Kalifornien, ebenso die Westseite der Sierra Nevada bis zur Höhe des Sequoia Nat. Park. Im Süden Kaliforniens gibt es isolierte Vorkommen in den San Bernardino Mts., den Santa Cruz Mts. und den Santa Lucia Mts. (ca. 33° n. Br.).

Ihr Optimum findet die Art in nährstoffreichen Flussniederungen SW-Oregons [11]. Besonders eindrucksvolle Exemplare stehen am Hoh-River, Olympic Peninsula.

Zur Vertikalverbreitung liegen folgende Angaben vor [7]:

British Columbia, Küste	selten oberhalb 300 m
Vancouver Island, Ostseite	oberhalb 350 m
Olympic Peninsula	455 m (max.)
Süd-Oregon, Cascades	1220 m (max.)
Nord-Kalifornien, Coast-Ranges	1035 m (max.)
Nord-Kalifornien, Sierra Nevada	1675 m (max.)
Süd-Kalifornien	2135 m (max.)

In Kalifornien, aber auch im Osten der USA (Nordgrenze: New York), baut man *A. macrophyllum* als Allee- und Parkbaum an. In Europa wurde er anfangs des 19. Jahrhunderts erstmals kultiviert, ist aber bis heute wenig verbreitet [9,12]. Über Erfahrungen in Großbritannien berichtet Hadfield [3].

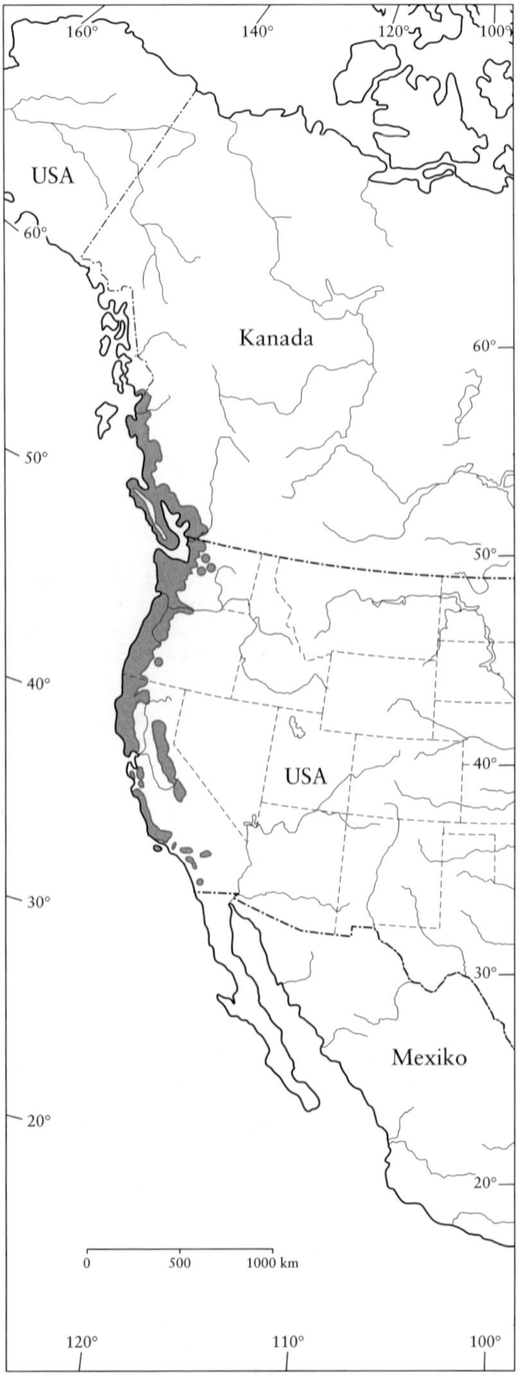

Abb. 2: Natürliches Verbreitungsgebiet (nach Little, E. L., Jr., Atlas of United States Trees, vol. 1, USDA, For. Serv., Misc. Publ. 1146, Washington, D.C.)

Beschreibung

A. macrophyllum ist ein Waldbaum, der im Bestandesschluss oder im Unterstand durchschnittlich ca. 20 m hoch wird sowie gerade, astfreie Schäfte von 12 bis 15 m Länge und eine schmale Krone bildet. Im Freistand trägt hingegen ein kurzer, oft krummer, gabelig geteilter Stamm meist eine breite, runde Krone. Als Höchstwerte werden 30 oder 33 m Höhe, Stammdurchmesser (BHD) von 75 bzw. 100 cm und ein Alter von 200 bis 250 Jahren genannt [4,12]. Das Wurzelsystem ist weitstreichend und flach [4].

Knospen, Blätter und Zweige

Die 6 bis 9 mm langen, stumpfspitzigen Terminalknospen haben 3 bis 4 überlappende, grüne, oft rötliche Schuppenpaare und sind erheblich größer (Länge: 6 bis 9 mm) als die Seitenknospen [4,12].

A. macrophyllum entwickelt tief 5-lappige, gegenständig angeordnete, auffallend große und lang gestielte Laubblätter mit glänzend dunkelgrüner Ober- und etwas hellerer Unterseite. Die Abmaße betragen: Breite: 15 bis 30 cm (im Extrem 60 cm), Länge: etwas geringer. Der leuchtend rote, Milchsaft führende Blattstiel kann 25 bis 30 cm lang werden [11].

Der etwas wellige Spreitenrand ist unregelmäßig grob gezähnt. Die Lappen werden durch schmale U-förmige Buchten getrennt, und der mittlere (apikale) Lappen ist zur Basis hin deutlich verschmälert. Im Herbst verfärben sich die Blätter hell-orange-gelb (British Columbia) oder hellgelb (Kalifornien) [8]. In den Blattnarben sind 5 bis 9 Bündelspuren zu erkennen [4].

Einjährige Triebe sind kräftig, kahl und von grüner, ältere Zweige von rötlich brauner Farbe.

Blüten und Früchte

A. macrophyllum wird mit etwa 10 Jahren mannbar und fruktifiziert danach alljährlich. Die Blütezeit fällt in den April/Mai und die Fruchtreife in den September/Oktober. Von Oktober bis Januar werden die Früchte durch den Wind verbreitet. Für Eichhörnchen, Finken und Hakengimpel stellen sie eine wichtige Winternahrung dar [1]. Nur wenige verbleiben bis zum März am Baum [7, 14].

Die grünlich gelben, duftenden Blüten stehen zu vielen in 10 bis 15 cm langen, hängenden Rispen – männliche und weibliche im selben Blütenstand. Die Blüten sind kurz gestielt (1,2 bis 1,8 mm), haben 9 bis 10 Staubblätter mit langen, dünnen, an der Basis behaarten Filamenten und orangefarbenen Antheren, weiterhin obovate, petaloide Kelchblätter und spatelförmige Petalen. Der behaarte Fruchtknoten ist in den männlichen Blüten als winziger Rest enthalten.

Die typischen, inklusive Flügel 30 bis 40 mm langen Ahornfrüchte (nussartige Spaltfrüchte) haben einen rundlichen, mit Borsten besetzten Corpus, und die Flügel der Merikapien divergieren im spitzen Winkel [4, 9].

Das Gewicht der Früchte variiert stark zwischen Einzelbäumen und Populationen – nach Minore und Zasada [7] im Bereich von 5200 bis 7900 Früchten pro Kilogramm. Das entspricht Tausendkorngewichten zwischen 89 und 192 g. Durchschnittlich wiegen 7,2 Früchte 1 g [14].

Borke und Holz

Die Stammborke wird 1,2 bis 1,8 cm stark, ist tief gefurcht, in kleine, quadratische Schuppen geteilt und hat eine braune bis hell rotbraune Farbe [11].

Das zerstreutporige, relativ weiche und dichtfaserige Holz hat einen breiten, fast weißen Splint und einen braunen, oft rot getönten Kern [11, 12]. Vogelaugen-Maserungen kommen vor. Schenck [12] gibt eine Rohdichte (r_{15}) von 0,54 g/cm^3 an. Jahrringe und Holzstrahlen sind mit bloßem Augen erkennbar.

Verjüngung und Anzucht

Im natürlichen Habitat (Oregon) setzt die epigäische Keimung bereits bei 1 °C, d. h. Ende Januar, Anfang Februar, ein, und sie endet im April oder Mai [7]. Sowohl Mineralböden als auch organische Substrate sind als Keimbett gut geeignet, und sofern der Boden während der Vegetationsperiode nicht austrocknet, können die Sämlinge leicht Fuß fassen.

Generell verjüngt sich die Art unter einem lockeren Schirm von Koniferen besser als auf Schlagflächen. Das Keimprozent beträgt im Halbschatten eines Douglasien-Bestandes 20 bis 40 %, ausnahmsweise 80 % [7].

Im Höhenwachstum der Sämlinge übertrifft *A. macrophyllum* die Douglasie und andere Nadelbäume. Unter sehr günstigen Bedingungen werden 1 bis 2 m in einem Jahr erreicht, und in Oregon rechnet man mit 5 m Höhe bei 20 bis 30 Jahre alten Ahornen.

Besonders eindrucksvoll ist das Stockausschlag-Vermögen der Art. Auf Schlagflächen können pro Stock über 60 Schösslinge entstehen, die in 3 Jahren 5 m hoch werden und eine gemeinsame „Krone“ von 6,5 m Durchmesser bilden. Derartige Verjüngungsgruppen werden jedoch nicht belassen, sondern intensiv und großflächig mit Herbiziden bekämpft, um die aufkommende Douglasien-Verjüngung nicht zu gefährden.

Vegetativvermehrung durch Stecklingsbewurzelung ist möglich [7].

Abb. 3: Blattstiele mit typischer, verdickter Basis und deutlichen Lenticellen (links) und rote Blattstiele am jungen Trieb

Abb. 4: Tief 5-lappige Laubblätter mit grob gezähntem Rand

Abb. 5: Altbäume mit tief gefurchter, graubrauner Stammborke in den Coast Ranges von Oregon

Das Saatgut zur Pflanzenanzucht gewinnt man von stehenden oder gefällten Bäumen und sät es im Herbst aus. Nach Stratifikation ist auch Frühjahrssaat möglich. Die Saattiefe sollte 0,5 bis 1 cm, die Saatdichte 150 bis 1500 Früchte/m^2 betragen. Schattierung des Saatbeetes wird empfohlen. Ins Freiland bringt man Sämlinge – je nach Größe – als 2-0 oder 2-1 Pflanzen[1].

Selbst kurzfristige Aufbewahrung des Saatgutes misslingt bei Raumtemperaturen wie auch bei tiefen Temperaturen [14]. Anderen Quellen zufolge lassen sich vor den Herbstniederschlägen geerntete Samen mit minimalem Wassergehalt bei 1 °C ein Jahr lang lagern, ohne nennenswert an Keimkraft einzubüßen[2].

Im Labor sind bei 20 bis 30 °C Keimraten bis zu 90 % zu erzielen [14]. Nach 60-tägiger Stratifikation liegt die optimale Keimtemperatur bei 15 °C [7].

Ökologie

A. macrophyllum gedeiht unter sehr verschiedenen Klimaverhältnissen. Im Nordwesten des Areals ist es durchgehend kühl und feucht, im Süden Kaliforniens aber während der Vegetationsperiode warm und trocken [7]:

	British Columbia 49 bis 51° n. Br.	Kalifornien 35 bis 37° n. Br.
Mittel-Temperaturen (°C)		
– jährlich	8 – 10	13 – 15
– Maximum	18 – 26	24 – 27
– Minimum	–2 – +2	+2 – +6
Frostfreie Tage im Jahr	140 – 270	270 – 350
Niederschläge		
– pro Jahr	700 – 6600 mm	560 – 1470 mm
– in der Veg.-Periode	300 – 1170 mm	50 – 130 mm

Die Art findet ihr Optimum auf nährstoffreichen, feuchten Böden, die auch grobkörnig und kiesig sein können [4, 7, 12]. Auf flachgründigen, steinigen Standorten kommt sie zwar vor, zeigt aber nur geringes Wachstum. Die Blattstreu hat einen hohen Gehalt an K und Ca [13] und trägt so zur bodenverbessernden Wirkung der Art bei. Hohe Bor-Konzentrationen des Bodens wirken toxisch[3].

[1] Diese Aussagen gelten generell für Ahorn-Arten.
[2] For. Abstr. **52**, 4323, 1991
[3] For. Abstr. **46**, 4728, 1985

Abb. 6: Junger Baum in Herbstverfärbung im Bot. Garten in Seattle/WA.

Abb. 7: Früchte

A. macrophyllum wird teils als Schatten-, teils als Halbschattenpflanze bezeichnet. Beides trifft zu, denn zum einen wächst er als Unterstand in geschlossenen Koniferenbeständen, zum anderen entwickeln sich die Keimlinge am besten unter einem lichten Altholzschirm. Abgesehen davon sind auch auf Freiflächen angeflogene Ahorne in der Lage, sich gegen Gräser, Kräuter und Sträucher durchzusetzen. Über die Lichtwirkung ist soviel bekannt, dass eine Erhöhung der Lichtsumme von 0 auf 20 % des Freilandwertes die Überlebensrate der Sämlinge von 0 auf 60 % erhöht [7].

A. macrophyllum bildet nur sehr selten Reinbestände. Das ausgedehnte Areal bringt es daher zwangsläufig mit sich, dass er mit vielen verschiedenen Baum- und Straucharten in Mischung aufwächst. Eine umfangreiche Übersicht dazu vermitteln MINORE und ZASADA [7]. Daraus einige Auszüge:

- British Columbia: *Abies grandis, Alnus rubra, Arbutus menziesii, Cornus nuttallii, Picea sitchensis, Pseudotsuga menziesii, Thuja plicata, Tsuga heterophylla.*
  Sträucher: *Amelanchier alnifolia, Berberis nervosa, Rubus spectabilis.*
- Olympic Peninsula, Cascades und Coast Ranges (WA, OR): *Abies grandis, Acer circinatum, Alnus rubra, Pseudotsuga menziesii, Populus trichocarpa, Picea sitchensis, Thuja plicata, Tsuga heterophylla.*
  Sträucher: *Amelanchier alnifolia, Gaultheria shallon.*
- Coast Ranges (N-Kalifornien): *Arbutus menziesii, Cornus nuttallii, Lithocarpus densiflorus, Sequoia sempervirens, Umbellularia californica.*
  Sträucher: *Corylus cornuta, Toxicodendron diversilobum.*
- Sierra Nevada: *Abies concolor, Arbutus menziesii, Castanopsis chrysophylla, Pinus lambertiana, Quercus kelloggii.*
  Sträucher: *Arctostaphylos patula, Ceanothus velutina.*

Eine auffällige Besonderheit des großblättrigen Ahorns besteht – vor allem im Nebelwald – in dem üppigen Bewuchs mit epiphytischen Moosen, Flechten und Farnen an Stämmen und Ästen. Er hat seine Ursache in dem hohen Wassergehalt der Rinde. ARNO [1] schätzt das Gewicht dieser Pflanzen bei Nässe auf > 1 t pro Baum.

Genetische Differenzierung

A. macrophyllum wird der Sektion IV, *Spicata* PAX. im Genus *Acer L.* zugerechnet [10]. Die Art hat einen Chromosomensatz von 2n = 26.

Trotz der großen Ausdehnung des natürlichen Areals hat man keine umfassende taxonomische Gliederung in Subspecies oder Varietäten vorgenommen. Als separate Varietäten werden lediglich zwei morphologisch abweichende Formen beschrieben [7]:

- *A. macrophyllum* PURSH var. *kimballi* HARRAR mit tief gelappten Blättern, 3-blättrigem Gynoezeum und 3-teiligen Früchten, natürlich vorkommend im US-Bundesstaat Washington (Distrikte Snohomish, Cownitz, Pierce). Von SCHENCK [12] als var. *kimballi* SUDW. erwähnt.
- f. *rubrum* MURRAY mit roten Blättern. Heimisch in den Coast Ranges, nördlich von San Francisco, aber sehr selten.

Wachstum und Ertrag

Nach SCHENCK [12] belief sich der Holzvorrat von *A. macrophyllum* in Oregon und Washington im Jahre 1934 auf 2 700 000 m^3. Damals wie heute war nur einzelstammweise Nutzung möglich.

Das rasche Jugendwachstum lässt i. A. ab der Dickungsphase deutlich nach und generell variiert das Holzvolumen von Einzelbäumen zwischen 0,11 m^3 bei 15 cm BHD und 6,5 m^3 bei einem BHD von 91 cm. Berichtet wird von einem besonders kräftigen, >200 Jahre alten Solitär im Westen Oregons, der 30,8 m in der Höhe, 338 cm im BHD und 27,4 m im Kronendurchmesser misst. Über die Ertragsleistung von Reinbeständen ist uns nur eine Angabe bekannt. Danach hatte ein 70-jähriger Bestand einen Holzvorrat von 315 m^3/ha [7]. Auf dieser Grundlage werden Umtriebszeiten von 50 Jahren erwogen.

In Deutschland haben keine planmäßigen Anbauversuche mit *A. macrophyllum* stattgefunden. Es gibt jedoch einige Parkbäume von stattlichen Dimensionen [12], wenngleich PIRC [9] nur Maximalhöhen von 15 m angibt.

Abb. 8: Natürlicher, dichter Reinbestand auf Vancouver Island/Kanada

Pathologie

A. macrophyllum wird zwar von mancherlei Pilzen und Schadinsekten befallen, vorwiegend aber durch Holzentwertung und nicht lebensbedrohlich geschädigt.

So dringen weltweit auftretende Wurzel-, Stock- und Stammfäuleerreger wie *Heterobasidion annosum* (FR.) BREF., *Armillaria mellea* s. l., *Fomitopsis pinicola* (SWARTZ) KARST. und *Inonothus dryadeus*, außerdem auch *Polyporus berkleyi* FR. durch Stamm- und Astwunden ein und zersetzen das Kernholz. Überalterte Bäume werden überdies von *Ganoderma applanatum* (PERS.) PAT. und *Oxyporus populinus* befallen [7].

Die folgenden Insektenarten rufen durch Larvengänge im Xylem technische Schäden hervor:

- *Prionoxystus robiniae* („carpenter worm") befällt lebende Bäume jeder Größe, vorzugsweise im Freistand.
- Käfer der Gattungen *Hemicoelus*, *Melalgus*, *Polycaon*, *Ptilinus*, *Scobicia* und *Xestobium* bohren lange Gänge in das Holz lebender und toter Bäume.
- *Synaphaeta guexi* („roundheaded borer") schädigt in gleicher Weise.

Abb. 9: Stockausschlag

Der einzige lebensbedrohende Pilz ist *Verticillium albo-atrum* REINKE et BERTH., ein bodenbürtiger Welke-Erreger (Tracheomykose), der in erster Linie an Parkbäumen zahlreiche Ausfälle hervorruft [5]. Pilzliche Blattparasiten, u. a. aus den Gattungen *Rhytisma*, *Uncinula* und *Septoria,* sind zwar häufig zu finden, haben aber keinerlei praktische Bedeutung.

Wesentlich gravierender sind Schälschäden durch Reh- und Rotwild sowie Verbiss-Schäden durch Nager an Zweigen und jungen Stämmen [7]. Nematoden (*Meloidogyne*-Arten) rufen sogar im natürlichen Habitat Wurzelschäden hervor [5].

In Deutschland erleiden *A. macrophyllum*-Sämlinge gelegentlich Frostschäden [9]. Informationen über Reaktionen gegenüber Luftschadstoffen liegen uns nicht vor. Längere Überschwemmungen verträgt *A. macrophyllum* nicht [7].

Nutzung

Nutzbare Bäume sind i. A. selten und weit verstreut. Geerntet werden nur Stämme mit einem Schaft von mindestens 3,7 m Länge und 25 cm Durchmesser, somit gestaltet sich die Bewirtschaftung wesentlich aufwendiger als bei Nadelbäumen. Generell ist die Holzqualität bei Kernwüchsen höher als bei Stämmen aus vegetativer Vermehrung [7].

Das Holz wird u. a. zur Herstellung von Möbeln verwendet. Gemaserte Furniere („Vogelaugenahorn") erzielen hohe Preise. Ferner nutzt man das Holz im Boots- und Wagenbau und für Drechslerarbeiten. Die Eignung für Fußböden wird konträr beurteilt [7, 8].

Die Indianer Oregons und Washingtons flochten Seile aus der Rinde, und aus dem Holz schnitzten sie Gebrauchsgegenstände sowie Paddel für ihre Kanus [1].

Wegen des hohen Zuckergehaltes eignet sich der Blutungssaft zur Herstellung von Ahorn-Sirup. Dieser gleicht in der Ausbeute dem Sirup *von A. saccharum*, ist ihm aber in der Qualität unterlegen [7] – nach anderen Angaben jedoch ebenbürtig[4].

A. macrophyllum gilt als eine der schönsten Ahornarten und findet im Westen wie im Osten Nordamerikas reichlich Verwendung als Allee- und Parkbaum – nicht so in Europa, wo er i. A. kleiner bleibt [8].

Verschiedenes

- Mehrere Pioniere der Botanik schenkten *A. macrophyllum* ihre Aufmerksamkeit. Der Schotte ARCHIBALD MENZIES (1754 – 1842) sammelte während seiner Expedition nach Vancouver als erster Wissenschaftler Proben der Art, DAVID DOUGLAS (1798 – 1834) sandte Saatgut nach England und THOMAS NUTTALL (1796 – 1859) verfasste die erste gut illustrierte Beschreibung der Art.
- Gesunde, 2- bis 3-jährige Zweige und Blätter waren zu 52 bzw. 83 % von endophytischen Pilzen besiedelt. Aus den Zweigen isolierte man am häufigsten *Diplodina acerina* [PASS.] SUTTON, aus den Blättern *Phomopsis* spec. *D. acerina* und *Glomerella cingulata* [STON.] SPAULD. et SCHRENK könnten Bedeutung als Mykoherbizide gewinnen[5].

---

4) For. Abst. 34, 4006, 1973
5) Can. J. Bot. 1994

Literatur

[1] ARNO, S. F., HAMMERLY, R. P., 1990: Northwest Trees.
[2] FARRAR, J. L., 1995: Trees in Canada. Fitzhenry and Whiteside, Markham, Ont.
[3] HADFIELD, M., 1965: The Oregon Maple in Britain. Quart. J. Forestry **59**, 162 – 166.
[4] HARRAR, E. S., 1940: The Kimball-Maple. J. Forestry **38**, 726 – 728.
[5] HEPTING, G. H., 1971: Diseases of Forest and Shade Trees of the United States. USDA Forest Serv., Agric. Handb. 386, Washington, D. C.
[6] HOSIE, R. C., 1990: Native Trees of Canada. 8. ed., Fitzhenry and Whiteside, Markham, Ont.
[7] MINORE, D.; ZASADA, J. C., 1990: Acer macrophyllum PURSH – Bigleaf Maple. In: Silvics of North America, vol. 2. 33 – 40, USDA Forest Serv., Agric. Handb. 654, Washington, D. C.
[8] PEATTIE, D.C., 1980: A Natural History of Western Trees. Univ. Nebraska Press, Lincoln and London.
[9] PIRC, H., 1994: Ahorne, Verlag E. Ulmer, Stuttgart.
[10] REHDER, A., 1940: Manual of Cultivated Trees and Shrubs, vol. 1, 2. Aufl., Dioscorides Press, Portland, OR.
[11] SARGENT, C. S., 1965: Manual of the Trees of North America, vol. 2. Dover Publ., Inc., New York.
[12] SCHENCK, C. A., 1939: Fremdländische Wald- und Parkbäume. 3. Bd., Die Laubhölzer. Verlag Paul Parey, Berlin.
[13] TARRANT, R. F.; ISAAC, L. A.; CHANDLER, R. F., Jr., 1951: Observations on litter fall and foliage nutrient content of some Pacific Northwest tree species. J. Forestry **49**, 915 – 916.
[14] YOUNG, J. A.; YOUNG, C. G., 1992: Seeds of Woody Plants in North America. Dioscorides Press, Portland, OR.

Die Autoren:

Prof. em. Dr. PETER SCHÜTT
Lehrstuhl für Forstbotanik
Technische Universität München
Am Hochanger 13
D-85354 Freising

ULLA M. LANG
Schützenstraße 6
D-82383 Hohenpeißenberg

Acer monspessulanum Linné, 1753

syn.: Acer trilobum Moench, Acer trilobatum Lam. non Strenb.
Acer rectangulum Dulac, Acer commotatum Ten.
Acer illyricum Jacq.

Französischer Ahorn, Felsenahorn,
Dreilappiger Ahorn, Burgen-Ahorn

Familie: Aceraceae

engl.: Montpellier maple
franz.: Érable de Montpellier
ital.: Acero minore, acero trilobo,
acero di Montpellier
span.: Arce silvestre, Escarrio

Abb. 1: Acer monspessulanum. Alter Solitär im natürlichen Areal

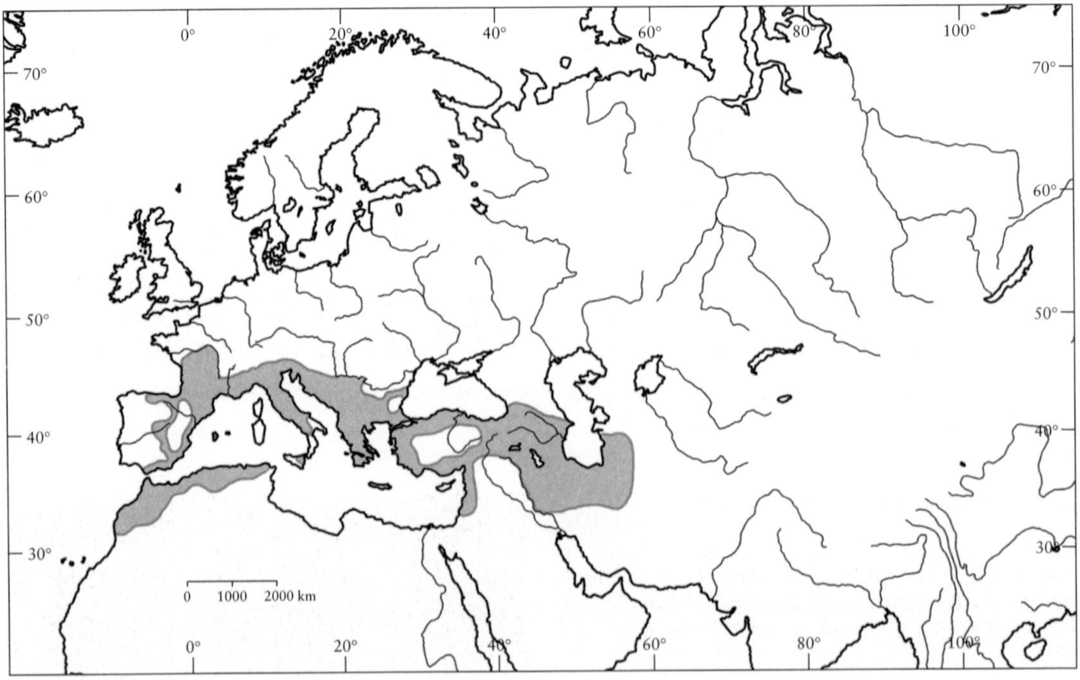

Abb. 2: Natürliches Verbreitungsgebiet

A. monspessulanum, ein sommergrünes Florenelement aus der Übergangszone zwischen rein mediterraner Vegetation und den Laubwäldern des gemäßigten Klimas, bleibt meist ein Baum von geringer Größe. Steht er frei und trifft er zudem auf günstige Standortbedingungen, kann er sich aber zu einem recht ansehnlichen Solitär entwickeln, der sich unter Umständen als Ziergehölz, eventuell sogar zur forstlichen Nutzung eignet. Bislang ist seine wirtschaftliche Bedeutung gering, sein ökologisches Gewicht als Pionierart und Bodenverbesserer jedoch beträchtlich.

Der artbestimmende Name „monspessulanum" (Mons Pessulanus) ebenso wie der in den englischen, französischen und italienischen Trivialnamen enthaltene Name Montpellier beziehen sich auf die Herkunft des Typus-Exemplars und auf das häufige Vorkommen der Art in diesem Gebiet (franz. Seealpen und Provence).

Verbreitung

Das sehr weitläufige natürliche Areal schließt den gesamten Mittelmeerraum ein. Etwa am 50. Breitengrad findet es seine nördliche Grenze mit einigen isolierten Vorkommen in der Schweiz und in Deutschland (Mosel-, Nahe-, Main- und Rheintal). Ostwärts dehnt es sich aus bis in den Kaukasus, bis nach Persien und Turkestan und die Südgrenze verläuft durch Nordafrika (30° n.Br.), ausgenommen Libyen und Ägypten. Im Westen endet das Areal im äußersten Osten der Iberischen Halbinsel [6, 16]. Die Art besiedelt aber nicht die spanische Meseta.

A. monspessulanum ist vor allem in den feuchteren und kühleren Zonen des Mittelmeerraumes zu Hause, kommt sporadisch aber auch im warmen Castanetum vor, besonders in Gemeinschaft mit *Quercus pubescens* und *Q. cerris* [5].

Im allgemeinen wächst die Art gemeinsam mit Laubbäumen ähnlicher Ansprüche, wie z. B. *Fraxinus ornus* und *Ostrya carpinifolia*; in tieferen Lagen wird sie vereinzelt zu einer Komponente der immergrünen Macchia-Vegetation [7]. Als Bestätigung für die erwähnte Übergangsposition des französischen Ahorns zwischen mediterranen und gemäßigten Vegetationsformen kann gelten, daß die Art oftmals fast während des ganzen Winters die Blätter behält.

Die vertikale Verbreitung von *A. monspessulanum* liegt i.a. zwischen 0 und 600 m ü. NN. Auf Korsika befindet sich die obere Grenze jedoch bei 1300 m, in Marokko zwischen 1400 und 2600 m und in Anatolien im Bereich von 300 bis 2000 m ü. NN.

Beschreibung

Erscheinungsbild

In der Regel wird *A. monspessulanum* zu einem monopodial verzweigten, kleinen Baum von 5 bis 6 m Höhe, oft auch nur zu einem Strauch. Ausnahmsweise erreicht er Höhen von 10 bis 12 m [16]. Die entsprechenden Werte für den Stammdurchmesser (BHD) betragen 30 bis 35 bzw. 50 cm. Geringe Abmaße treten zumeist auf flachgründigen Standorten auf und scheinen wenig mit der Höhenlage und der geographischen Herkunft zusammenzuhängen. Ältere Bäume bilden eine breite, tief ansetzende, abgerundete Krone [8]. Die Verzweigung von Bäumen unter 30 Jahren ist hingegen aufwärts gerichtet und offen. Es entstehen Lang- und Kurztriebe [18]. An alten Bäumen ist die Zahl der Kurztriebe wesentlich größer als an jungen.

Abb. 3: Laubblätter (Foto: P. Schütt)

Knospen, Blätter und junge Triebe

Die relativ kleinen (3 bis 4 mm), länglich-eiförmigen Winterknospen mit rundlichem Apex haben 6 bis 8 deutlich erkennbare, rotbraune Schuppen, von denen die am Grunde stehenden am Rande bewimpert aber sonst kahl sind. Die oberen Tegmente sind sowohl auf der Oberfläche wie an den Rändern spärlich behaart und die Blattnarben lassen 3 deutliche Bündelspuren erkennen.

Die gegenständigen Lateralknospen können im Winkel von 25 bis 45° vom Trieb abstehen und unterscheiden sich dadurch von *Acer campestre* [13].

Die sommergrünen Blätter sind fast genauso lang wie breit (3 bis 8 cm) und weisen drei etwa gleich große, mit stumpfer Spitze endende, ganzrandige (sehr selten fein gezähnte) Lappen sowie 3 sehr deutliche Mittelnerven auf. Die Spreite läuft an der Basis halbkreisförmig oder leicht herzförmig aus. Auffallend ist der sehr lange, dünne, hellgrüne Blattstiel (3,5 bis 5,5 cm).

Abb. 4: Langtrieb mit Winterknospen (links, Foto: Ulla M. Lang) und Borke eines alten Stammes (rechts, Foto: P. Schütt)

Blätter an Langtrieben weisen mitunter 2 zusätzliche Lappen auf, die aber erst im Sommer zu erkennen sind. Junge Blätter sind behaart; später verkahlen sie und werden ledrig. Die Oberseite ist glänzend dunkelgrün, die Unterseite eher graugrün. Im Herbst verfärben sie sich zu einem sehr eindrucksvollen, tiefen Rot. Oft bleiben sie bis in den Dezember hinein am Baum.

Die jungen Triebe sind von rotbrauner, z. T. grüner Farbe und werden von zahlreichen Lenticellen bedeckt.

Blüten, Früchte und Samen

Die Blüten stehen in terminal an Kurztrieben inserierten, zunächst aufrechten, dann hängenden, lockeren, traubigen Infloreszenzen, welche gleichzeitig mit den Blättern oder etwas früher erscheinen. Die Infloreszenzen sind 2 bis 4 cm lang gestielt.

Abb. 5: Zweige mit fast reifen Früchten

Jeder Blütenstand setzt sich aus 15 bis 20 teils zwittrigen, teils eingeschlechtigen, gelbgrünen, sitzenden Blüten zusammen. Die Einzelblüte besteht u. a. aus einem tief eingeschnittenen, aus 4 bis 5 ovalen Kelchblättern zusammengesetzten, gelblich-grünen, fast kahlen Kelch sowie aus 4 bis 5 verkehrt eiförmigen, kahlen Kronblättern (3 bis 4 mm lang) mit feiner, netzartiger Aderung. Gelegentlich können die Kronblätter kleiner sein oder ganz fehlen.

Die 8 Staubblätter entspringen dem Rand des relativ mächtigen Diskus, der Griffel ist bis zum Grund gespalten und der Fruchtknoten ist oberständig. Rein männliche Blüten enthalten einen rudimentären Fruchtknoten, rein weibliche Blüten sehr kurze und sterile Staubblätter. Blütenformel der Zwitterblüte:
* K 4 – 5 C 4 – 5 A 4 : 1° + 4 : 1° G ($\underline{2}$)

Chromosomenzahl: 2n = 26 (2).

A. monspessulanum blüht im April/Mai. Die Bestäubung wird von Insekten der Gattungen *Andrena* (Erdbienen), *Lasioglossum* (Schmalbienen), *Osmia* (Mauerbienen) und *Apis* (Honigbienen) vorgenommen [17].

Die typischen Ahornfrüchte (Doppel-Flügelnüsse) haben 2 bis 2,5 cm lange, kahle Flügel, die fast parallel (in U-Form) zueinander stehen und sich gelegentlich sogar überlappen. Bei Reife zerfallen sie in 2 Teilfrüchte (Merikarpien). 5 bis 7 Flügelnüsse stehen in einem Fruchtstand. Zur Reifezeit (September) nehmen die Flügel einen rötlichen Farbton an. Das Tausendkorngewicht beträgt ca. 74 g.

Rinde und Holz

Junge Bäume haben eine glatte, graugelbe Borke, die mit zunehmendem Baumalter längsrissig und grau wird. *A. monspessulanum* bildet das härteste und schwerste Holz aller Ahornarten (Rohdichte r_{15} = 0,69 g/cm^3). Auf ungünstigen Standorten erreicht es sogar eine Dichte über 1 [10]. Es ist von rötlicher Farbe, hat einen dunkleren Kern und gerade, gleichmäßig verteilte, hellgelbe Holzstrahlen, die sich deutlich davon abheben.

Bewurzelung

Das sehr stabile Wurzelsystem baut sich aus wenigen starken, nicht sehr weitreichenden Hauptwurzeln auf. Sämlinge entwickeln zunächst eine Pfahlwurzel, die aber bald das Wachstum einstellt und durch Seitenwurzeln ersetzt wird. Diese sind in der Lage, selbst kompakte und felsige Substrate zu durchwachsen.

Anzucht

A. monspessulanum wird generativ vermehrt. Die Früchte werden im September gesammelt und sogleich ausgesät. Die Keimung erfolgt im nächsten Frühjahr und die Keimrate beträgt 60 bis 70 %. Ein Teil der Früchte liegt ein Jahr über.

Das Saatbeet sollte von Anbeginn im vollen Licht liegen. Wässerung wird kaum benötigt.

Normalerweise verpflanzt man die Sämlinge erst im Herbst als 2jährige, verschulte Pflanzen. Wegen des langsamen Wachstums und der geringen Endgröße findet die Art aber waldbaulich kaum Beachtung. Gegebenenfalls findet Bewirtschaftung im Niederwaldbetrieb statt, so wie bei anderen laubabwerfenden Arten des Castanetums.

Ökologie

A. monspessulanum ist eine xerophile Lichtbaumart, die selbst unter schwierigen Bedingungen in felsigem Gelände und auf trockenen Böden gedeiht. Es ist die am meisten wärmeliebende europäische Ahornart: sehr anspruchslos und widerstandsfähig gegen Verbiß und Beweidung. Selbst auf stark degradierten Böden vermag sie sich zu halten [3, 9].

Die mittleren jährlichen Niederschläge schwanken innerhalb des Areals zwischen 500 und 1000 mm. Konstant ist aber das typische Mittelmeerklima mit milden Wintern, trockenen Sommern und relativ hohen herbstlichen Niederschlägen. Obwohl die Art auf fast allen geologischen Formationen vorkommt, bevorzugt sie kalkhaltige sowie tonig-kalkige Substrate und ist relativ selten auf verdichteten Tonböden vertreten. Sie wächst auch auf pliozänen Böden mit hohem Sandanteil. Der optimale pH-Bereich des Bodens liegt zwischen pH 5,2 und 6. Im saureren Milieu (< pH 5) kümmert sie.

Der französische Ahorn ist eine konkurrenzschwache Art, die von Mischbaumarten leicht überwachsen wird.

Wachstum und Entwicklung

Die Keimlinge entwickeln 1,8 bis 2,5 cm lange und bis 4 mm breite Kotyledonen und einfache Primärblätter. Erst nach 2 bis 3 Jahren erscheinen die normalen, dreilappigen Folgeblätter.

Während der ersten Jahre wachsen die Pflanzen stärker in die Höhe (30 bis 40 cm pro Jahr) als in die Breite. Nach 15 bis 20 Jahren geht das Höhenwachstum zurück und gleicht sich dem Breitenwachstum an.

Kurztriebe entstehen an alten Bäumen in weit größerer Zahl als an jungen. *A. monspessulanum* wird im allgemeinen nicht viel älter als 100 Jahre.

Abb. 6: A. monspessulanum ssp. cinarescens im westl. Taurus (Foto: Ulla M. Lang)

Pathologie

A. monspessulanum wird durch Krankheiten nicht ernsthaft gefährdet. Er ist Wirtsart für mehrere Insektenarten, die jedoch nur bei Massenvermehrung bedrohlich werden. Zu ihnen gehören *Operophtera brumata (Geometridae)* und *Lymantria dispar*, der Schwammspinner. Blattschäden richtet auch *Pediaspis aceris (Hymenoptera)* an, deren Larven sich in kugelrunden Gallen auf der Blattoberseite entwickeln.

Pilzkrankheiten richten ebenfalls keine großen Schäden an. Erwähnenswert sind allenfalls die Welkeerreger *Verticillium albo-atrum* und *V. dahliae*.

Unter den abiotischen Schadursachen ist in erster Linie die Winterkälte zu nennen, nicht aber Spätfrost. In Küstennähe werden gelegentlich Blattschäden durch Salzwassergischt festgestellt. Über die Empfindlichkeit gegenüber Immissionen liegen keine Informationen vor.

Nutzung

Wegen der geringen Abmaße und des langsamen Wachstums spielt *A. monspessulanum* auf dem Holzmarkt keine Rolle. Eingesetzt wird die Art aber gelegentlich zur Anlage von Feuerschutzstreifen zwischen Nadelholzbeständen. Viel wichtiger ist jedoch Ihre Verwendung zur Rekultivierung degradierter Kalkstandorte und zur Böschungsbefestigung.

Neuerdings ist ein verstärkter Anbau im Stadtbereich festzustellen. Grund dafür ist die Anspruchslosigkeit, das langsame Wachstum und die wunderschöne Herbstfärbung der Art.

Das Holz hat einen hohen Heizwert und läßt sich zu einer hochwertigen Holzkohle verarbeiten. In der Kunsttischlerei kann es wegen der geringen Durchmesser nur für Schnitzereien Verwendung finden.

Verschiedenes

Die Art bildet in Asien zwei Subspecies aus:

- ssp. *cinarescens* (BOISS.) E. YALTIRIK: meistens ein Strauch. Heimat: Kleinasien. Zweige bleiben lange behaart. Blätter häufig mit 2 zusätzlichen Lappen und mit behaarter Unterseite. Man unterscheidet mehrere Zierformen.
- ssp. *turcomanium* (POJARK) E. MURRAY [11]: Heimat: Turkmenien. Rotbraune Blätter mit behaarter Unterseite. Beschrieben wird überdies forma *cassinense* N. TERR. ex SCHWER mit korallenroten Blüten. Schließlich sind folgende natürliche Artbastarde entstanden:
- *A. x martinii* (auch *A. peronai*) = *A. monspessulanum* x *A. opalus*
- *A. x coriaceum* (auch *A. x durettii*) = *A. monspessulanum* x *A. pseudoplatanus*
- *A. x boseii* = *A. monspessulanum* x *A. tataricum*

Weiterführende Literatur

[1] BAILEY, L. H., 1963: The standard cyclopedia of horticulture. Vol. I. The MacMillan Company, New York.

[2] BOTTACCI, A.; MORI, B.; SCHIFF, S., 1991: Numeri cromosomici per la Flora Italiana: 1267 Acer peronai Schwerin; 1268 Acer monspessulanum L.; 1269 Acer opalus Miller. Inform. Bot. Ital., **23**, 117–118.

[3] CAMARDA, I.; VALSECCHI, F., 1982: Alberi arbusti spontanei della Sardegna. Ed. Gallizzi, Sassari.

[4] Chandelier, P., 1992: Les feuilles précieux: problèmes pathologiques. Revue forestière française, **44**, 127–132.
[5] Corti, R.; Pavari, A., 1956: Acero minore. In: „Aceri (gli aceri italiani)“. Monti e Boschi, 11–12.
[6] Fenaroli, L.; Gambi, G., 1976: Alberi. Museo Tridentino di Scienze Naturali, Trento.
[7] Fiori, A., 1932: Cenni botanici sul genere Acer. L'Alpe **45**, 139–145.
[8] Fiori, A., 1969: Nuova flora analitica d'Italia. Vol. 2. Edagricole, Bologna.
[9] Gellini, R., 1975: Botanica Forestale. Vol II. Ed. Clusf.
[10] Giordano, G., 1990: Classificazione delle specie legnose per destinazione d'impiego. Ministero Agricoltura e Foreste.
[11] Krüssmann, G., 1962: Handbuch der Laubgehölze. Bd. II. Verlag Paul Parey, Berlin.
[12] Nageleisen, L.-M., 1992: Les insectes ravageurs du frênes, de l'érable et du merisier. Revue forestière française, **44**, 121–126.
[13] Pardé, L., 1952: Les feuillus. Ed. La Maison Rustique.
[14] Pavari, A., 1932: Gli Aceri nella selvicoltura italiana. L'Alpe **45**, 146–154.
[15] Pignatti, S., 1982: Flora d'Italia. Vol 2. Edagricole, Bologna.
[16] Tutin, T. G. et al. (eds.), 1969: Flora europaea. Cambridge University Press.
[17] Westrich, P., 1990: Die Wildbienen Baden-Württembergs. Verlag Eugen Ulmer.
[18] Zangheri, P., 1976: Flora Italica. Vol. 1. CEDAM, Padova.

Die Autoren:

Dr. Alessandro Bottacci und Dr. Silvia Schiff
Universita di Firenze
Laboratori di Botanica Agraria e Forestale
Piazzale delle Cascine, 28
I-50144 Firenze
Italien

Aus dem Englischen übertragen von P. Schütt

Acer negundo LINNÉ, 1753

Eschenahorn, Eschenblättriger Ahorn

Familie: Aceraceae

engl.: Box elder, Ashleaf maple, Manitoba maple
franz.: Erable negundo

Abb. 1: Acer negundo. Solitär mit beginnender Herbstverfärbung am Südrand des natürlichen Areals (S-Utah)

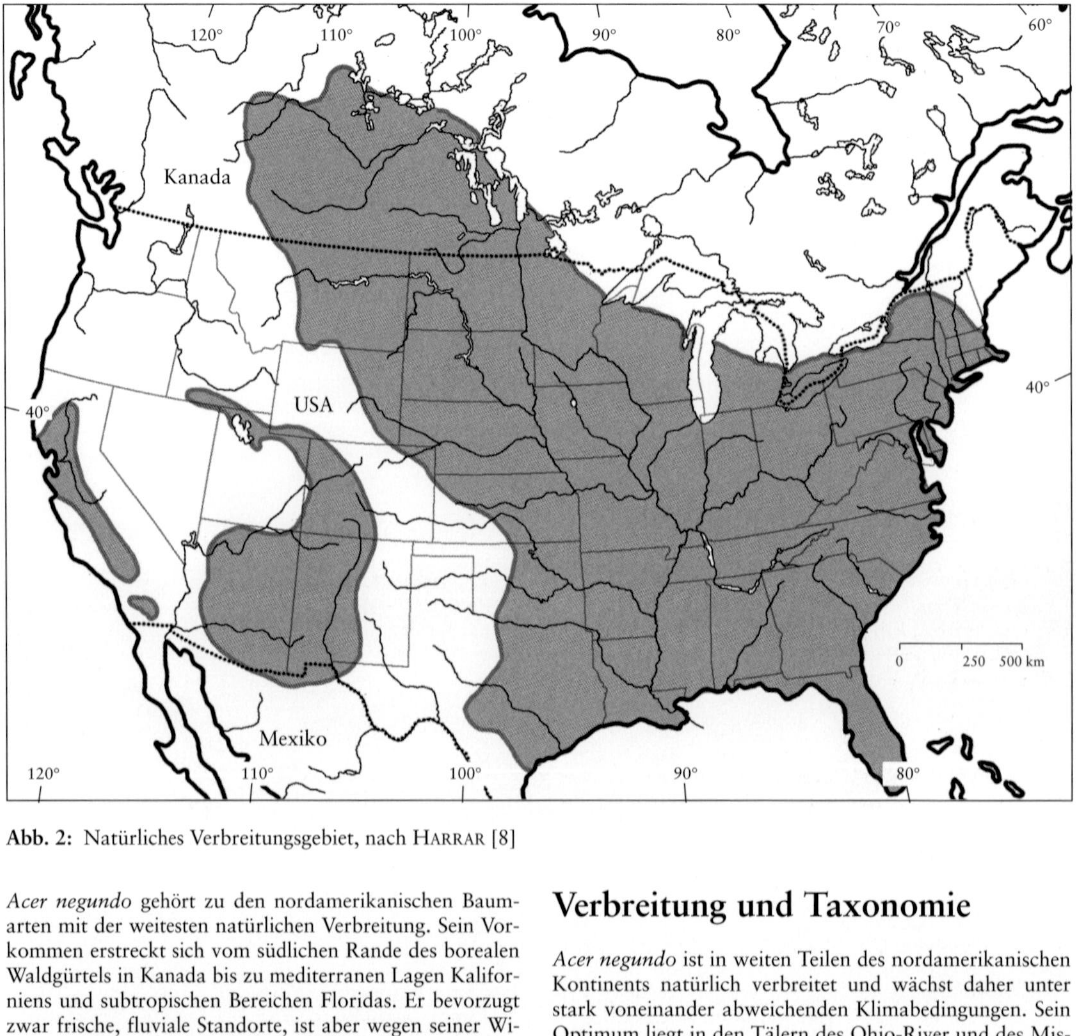

Abb. 2: Natürliches Verbreitungsgebiet, nach HARRAR [8]

Acer negundo gehört zu den nordamerikanischen Baumarten mit der weitesten natürlichen Verbreitung. Sein Vorkommen erstreckt sich vom südlichen Rande des borealen Waldgürtels in Kanada bis zu mediterranen Lagen Kaliforniens und subtropischen Bereichen Floridas. Er bevorzugt zwar frische, fluviale Standorte, ist aber wegen seiner Widerstandsfähigkeit gegen Dürre und seiner Unempfindlichkeit gegen extreme Wintertemperaturen auch ein wichtiges Element des Windschutzes und ein häufig kultivierter, schattenspendender Straßenbaum in den Prärie-Staaten des Nordens.

Der Eschenahorn hat keine unmittelbare wirtschaftliche Bedeutung, denn er wird selten höher als 15 m, hat eine tief ansetzende Krone und sein Holz ist weich und wenig dauerhaft.

Zu den biologischen Besonderheiten gehört seine Kurzlebigkeit (i.a. 50 bis 60 Jahre), die dioezische Verteilung der Blüten und die in sehr großer Zahl gebildeten, lange Zeit am Baum verbleibenden, oft hohlen Früchte.

In Mitteleuropa baut man den Eschenahorn gern als Ziergehölz an – beliebt sind Cultivare mit panaschiertem Laub.

Verbreitung und Taxonomie

Acer negundo ist in weiten Teilen des nordamerikanischen Kontinents natürlich verbreitet und wächst daher unter stark voneinander abweichenden Klimabedingungen. Sein Optimum liegt in den Tälern des Ohio-River und des Mississippi [18].

Bei einer Nord-Süd-Ausdehnung von Kanada bis Guatemala und natürlichen Vorkommen im mediterranen Klima Kaliforniens wie im subtropischen Florida wäre das Auftreten von Klimarassen keine Überraschung. SARGENT [23] und REHDER nehmen eine entsprechende Differenzierung in Varietäten vor, welche aber in der Nomenklatur und der inhaltlichen Abgrenzung nur teilweise übereinstimmen. Experimente lagen dieser Klassifizierung nicht zugrunde.

Nach neuerer Auffassung sind lediglich die Varietäten *arizonicum* SARG. und *californicum* (TORR. et GRAY) SARG. als geographisch fixierte Klimarassen zu betrachten [18]. Unterschiede zwischen Populationen treten überdies in den photoperiodischen Reaktionen, im Keim- und Stratifikationsverhalten sowie in der Frosthärte und der Tracheidenlänge auf [18].

Untergliederung der Art nach Sargent bzw. Rehder:

Sargent	Rehder
var. *violaceum* Kirch. schlanke, blauviolette Zweige, Mass., Ohio, N-Wisconsin, Minnesota Iowa, S-Dakota, Idaho (Nez-Perce)	var. *violaceum* (Kirchn.) Jaeg. purpurrote oder violette Zweige Nordwesten des Areals
var. *texanum* Pax. 3 Fiederblättchen Missouri, Kansas, Arkansas Oklahoma, O-Texas	var. *texanum* Pax. 3 Fiederblättchen Ohio, N-Carolina, Kansas, Texas
var. *interior* Sarg. 3 langgestielte, lang zugespitzte Fiederblättchen Alberta, Sask., Manitoba, Wyoming, südl. bis Colorado, Utah, New-Mexico	var. *interius* (Brit.) Sarg. 3 Fiederblättchen Alberta, Sask., südl. bis Arizona und New-Mexico
var. *arizonicum* Sarg. 3 Fiederblättchen, hellrot gestielt, Borke rissig, Baum bis 8 m hoch Berge Arizonas bis 2.600 m, New-Mexico	
var. *californicum* Sarg. 3 Fiederblättchen, beim Austrieb stark, später nur unterseits behaart, Knospe behaart Kalifornien: Unterer Sacramento River in Canyons von San Francisco bis Santa Barbara	var. *californicum* (Torr. et Gray) Wesm.[1)] Knospe behaart, 3 Fiederblättchen, dicht behaart Kalifornien

Viel länger als diese Verschiedenheiten kennt man hervorstechende morphologische Unterschiede zwischen Individuen. Diese führten relativ häufig zur Ausscheidung von Cultivaren mit hohem Zierwert. Dabei geht es vorwiegend um Farbvarianten in der Belaubung. Angeboten werden u. a.:

Weißbunte Formen: Die Cultivare ‚Flamingo', ‚Variegatum'.

Gelbbunte Formen: Die Cultivare ‚Auratum', ‚Aureo-marginatum', ‚Aureo-maculatum', ‚Elegans' [21].

Das Schwergewicht des geschlossenen natürlichen Areals befindet sich im mittleren und östlichen Teil des nordamerikanischen Kontinents. Nach Süden wird es etwa vom 28., nach Norden vom 53. Grad nördl. Breite begrenzt. Im Bereich der Lake States verläuft die Nordgrenze um etwa 9 Breitengrade südlicher. Westlich und südlich sind dem geschlossenen Areal zahlreiche, oft kleine Teilvorkommen vorgelagert, die sich bis ins Great Basin (Colorado, Utah, Arizona, New-Mexico) und bis nach Kalifornien erstrecken. Zu erwähnen ist außerdem ein wenig untersuchter, isolierter Arealteil in den Gebirgen Mexikos und Guatemalas. British-Columbia, Washington und Oregon bleiben frei von natürlichen *Negundo*-Vorkommen.

A. negundo ist vorwiegend ein Baum des Flachlandes und der Flußtäler. In den Bergen Arizonas steigt die Art bis in Höhen von 2440 m ü. NN, in Mexiko sogar bis 2800 m hinauf, bleibt aber auch dort an Flußufer gebunden.

In Europa wird der Eschenahorn seit 1688 kultiviert [21] und als Ziergehölz, vor allem in Form buntblättriger Cultivare, findet er noch heute Eingang in Gärten und Parks. Gelegentlich verwildert er aus der Kultur und hält sich in Auwäldern [3].

Anbauten in Nordamerika beruhen in der Hauptsache auf der Dürre- und Kälteresistenz des Baumes. Vor allem in weiten, sommertrockenen Ebenen der Präriestaaten hat sich sein Anbau als Windschutz und als Straßenbaum bewährt [18].

Beschreibung

Im Optimum seiner Verbreitung kann *A. negundo* 20 bis 25 m hoch werden, einen BHD von 120 cm erreichen und im geschlossenen Bestand fast gerade Stämme bilden. In Michigan sind sogar Höchstwerte von 29 m bzw. 160 cm gemessen worden [16].

---

1) Die Varietät wird von Pirc [21] als Unterart eingestuft

Abb. 3: Junge Triebe mit Blattnarben und Knospen. Rote Blattstiele mit stark verbreiterter Basis

Abb. 4: Laubblätter. Stammquerschnitt

Abb. 5: Lang gestielte, büschelig angeordnete männliche Blüten. Junger Fruchtstand

Das ist jedoch die Ausnahme, denn im weitaus größten Teil des Areals liegt die Baumhöhe deutlich unter 20 m, der Stamm ist zwieselig und krumm, die unregelmäßig aufgebaute, rundliche Krone setzt sehr tief an und besteht aus kräftigen, weit ausladenden Ästen. Oft sind die Bäume breiter als hoch, nicht selten auch mehrstämmig. Unter ungünstigen Standortsverhältnissen wird *A. negundo* strauchig.

Knospen, Blätter und junge Triebe

A. negundo hat 0,4 bis 0,6 cm lange, zugespitzte Terminalknospen mit 2 Paaren grünlicher bis rötlicher, seidig behaarter Tegmente [5]. Die deutlich kürzeren Lateralknospen sind hingegen stumpf und liegen dem Zweig an. Im Herbst werden sie von der stark verbreiterten Basis des Blattstiels verdeckt, welche später abfällt. Blattstiel und Tegmente hinterlassen charakteristische Narben auf der Zweigrinde.

A. negundo ist eine sommergrüne Art, deren dünne, leuchtend hellgrüne, unpaarig gefiederte, 15 bis 37 cm lange [25] Blätter gegenständig angeordnet sind. Der relativ lange Blattstiel (5 bis 10 cm) hat eine stark verbreiterte Basis, die den Zweig fast bis zur Hälfte umfaßt. Seine zum Licht gewandte Seite ist rot gefärbt. Die 3 bis 7, selten auch 9 Fiederblättchen sind von ungleicher Größe und Gestalt. Zumeist haben sie eine länglich eiförmige, manchmal auch eine breit eiförmige, elliptische oder obovate Form, eine Länge von 5 bis 13 cm und eine Breite zwischen 4 und 10 cm. Der Blattrand ist oberhalb der Spreitenmitte grob, manchmal auch doppelt gesägt.

Nach Dippel [4] gelten diese Daten für die seitlichen Fiederblättchen, das endständige Blättchen weicht oft durch eine schwach dreilappige Spreite, durch einen längeren Stiel (2 bis 3 cm gegenüber 5 bis 10 mm) und durch eine größere Spreitenlänge ab. Diese Angaben beruhen allerdings auf mitteleuropäischem Pflanzenmaterial.

Negundo-Blätter nehmen schon früh eine gelbgrüne bis braune Herbstfärbung an [5]. Abweichend von anderen Ahorn-Arten enthält das Mesophyll vier Schichten von Palisaden-Zellen [16].

Die grünen oder rötlichen, meist kahlen Zweige hängen häufig ein wenig über. In den ersten beiden Jahren sind sie mit einer weißlichen oder bläulichen Wachsauflage versehen, die sich leicht abwischen läßt. Vorhanden sind außerdem kleine, hell ockerfarbene Lenticellen sowie Blattnarben mit 3 bis 5 Bündelspuren [8], welche später anschwellen und den Zweig ringförmig umgeben. Im Querschnitt ist ein zentrales, relativ großes, weißes Markgewebe zu erkennen [3].

Abb. 6: Stammborke mit ringförmig angeschwollenen Blattnarben

Abb. 7: Stamm mit rissiger Borke und jungem, stammbürtigem Trieb

Abb. 8: Keimling, 3 Wochen alt

Blüten, Früchte, Samen

Die Blüten des Eschen-Ahorn sind dioezisch verteilt. Sie erscheinen von März bis Mai entweder vor oder gleichzeitig mit den Blättern, und stehen zu vielen in hängenden, traubenartigen Infloreszenzen an Kurztrieben [9]. *A. negundo* ist windblütig.

Die nur kleinen männlichen Blüten befinden sich an der Spitze ca. 3 cm langer, dünner Stielchen. Sie sind gelbgrün und tragen außer einem fünflappigen, glockenförmigen Kelch 4 bis 6 weit hervorragende Staubblätter mit fädigem Konnektiv und leuchtend roten Antheren. Kronblätter fehlen.

Die weiblichen Blüten sind in dünnen, hängenden Trauben angeordnet, haben einen tief geschlitzten, fünfzähnigen Kelch und einen behaarten Stempel mit zwei langen, voneinander getrennten Narbenästen. Chromosomenzahl: 2n = 26.

Die in großer Zahl gebildeten Früchte – 2,5 bis 5 cm lange, geflügelte Nüsse – werden im September/Oktober des ersten Jahres reif und verbleiben bis weit in den Winter hinein an den Zweigen. Viele davon sind hohl. Die häutigen, netzartig geaderten Flügel stehen im spitzen Winkel (< 60° nach [3]) zueinander und sind am distalen Ende verbreitert. Auch die länglichen, zugespitzten und runzeligen, flügellosen Teile der Merikarpien stehen spitzwinkelig voneinander ab. Jedes von ihnen enthält einen glatten, rötlich braunen, ca. 1,2 cm langen Samen [23]. Dieser wird von einer „spelzenartigen Endokarphülle“ eng umschlossen [9].

Experimente zum Flugverhalten der Teilfrüchte führten u. a. zur Einschätzung der Flugweite bei verschiedener Windgeschwindigkeit. Für *A. negundo* ergeben sich 26 m bei 2 m/sec und 130 m bei 10 m/sec [5].

Das Tausendkorngewicht der Teilfrüchte beträgt nach Bärtels [1] etwa 40 g, nach Young and Young [28] ca. 34 g. Früchte von Bäumen aus nördlichen Arealteilen (Minnesota, New York, Quebec) sind schwerer als Früchte aus dem Süden (Arkansas, Texas, South Carolina)[2].

Wurzeln

Eschenahorne wurzeln flach und intensiv. In tiefgründigen Böden bilden sie eine kurze Pfahlwurzel mit kräftigen Seitenwurzeln aus. Sämlinge entwickeln auf nassen Standorten Adventivwurzeln, nachdem die Sekundärwurzeln abgestorben sind [16].

Nach Untersuchungen von Kormanik et al. [13] haben Sämlings-Inokulationen mit *Glomus fasciculatus* sowie *G. mosseae* plus *G. etunicatus* erhebliche Wachstumssteigerungen zur Folge. Höhe und Sproßdurchmesser erreichten das Dreifache, das Frischgewicht von Blättern und Wurzeln sogar das 30 bis 40fache nicht mykorrhizierter Kontrollen. In einem anderen Versuch erhöhten die selben Pilzpartner auch den Phosphorgehalt, nicht aber die Konzentration anderer Nährelemente [25]. In Maine ermittelte man *Boletinellus meruliodes* als Pilzpartner in einer Ektomykorrhiza des Eschenahorns[3].

[2] For. Abstr. **34**, 2083, 1973
[3] For. Abstr. **41**, 6881, 1980

Borke und Holz

Das annährend weiße, allenfalls cremefarbene Holz läßt keine Farbunterschiede zwischen Splint und Kern erkennen. Es ist leicht (Rohdichte r_{15} = 0,44 g/cm^3, nach [2]), weich, relativ dichtfaserig und insgesamt von geringer Qualität. Auch seine Dauerhaftigkeit ist gering.

In dem sehr gleichmäßig aufgebauten Holzkörper sind die Gefäße zerstreut verteilt und die Jahrringe lassen sich durch gelbliche bis rötliche Holzfasern im äußersten Spätholzbereich gut erkennen. Demgegenüber sind die meist 2 bis 3 Zellen breiten und 20 bis 40 Zellagen hohen Holzstrahlen ohne Lupe kaum auszumachen.

Die dünnwandigen, im Querschnitt breit ovalen Gefäße stehen einzeln oder zu 2 bis 5 in radialen Reihen. Sie haben einen Durchmesser von 50 bis 75 µm. Alle Wände der dickwandigen Holzfasern sind intensiv getüpfelt [8].

Versuchsanstellungen mit Sämlingen zeigen, daß die Länge der Tracheiden mit der Dauer der Vegetationsperiode am Herkunftsort korreliert. Nördliche Herkünfte (Quebec) haben kürzere Tracheiden als südliche (Texas) [27].

An den Stämmen junger Bäume ist die **Borke** grün, glatt und dünn. Später wird sie hellgrau bis braun und bekommt flache Längsrisse. Alte Bäume haben eine tief und ungleichmäßig gefurchte Borke.

Vermehrung und Anzucht

Beginnend mit dem 8. bis 11. Lebensjahr fruchtet *A. negundo* in jedem Jahr reichlich [17]. Geerntet wird im Herbst durch Aufsammeln der am Boden liegenden Früchte. Vor der Aussaat im nächsten Frühjahr sollte das Saatgut stratifiziert werden (90 Tage bei 5 °C) [5, 26]. Als Vorbehandlung wird außerdem das Anritzen des Perikarps und zweiwöchige Wässerung (kalt) empfohlen.

A. negundo keimt epigäisch und hat eine Keimkapazität von 33% [26]. Bärtels [1] spricht jedoch von 70 bis 100% Keimung nach Stratifikation und nennt März/April sowie September/Oktober als günstige Aussaatzeiten. Für die Aussaat haben sich bewährt: Halbschatten, Pflanzenabstände von 1,5 cm, Reihenabstände von 30 cm sowie Abdeckung mit 0,6 cm Baumschulboden [26]. *Negundo*-Sämlinge sind sehr raschwüchsig und lassen sich problemlos verpflanzen; das geschieht i. a. als 30 cm hohe, einjährige Sämlinge [25]. Nach Mikropropagation auf einem Agar-Medium entwickelten sich in den Boden übertragene Explantate in 2 bis 3 Monaten zu kräftigen Pflanzen [7].

Keimung und anfängliches Überleben der Naturverjüngung wird durch den Schlußgrad des Schirmes nicht beeinflußt. Ausfälle durch Lichtmangel treten erst im 1. und 2. Jahr ein [18]. Die Art verjüngt sich auch durch Wurzelbrut und Stockausschläge natürlich.

Künstlich gelingt die Vegetativvermehrung durch Bewurzelung von Grünstecklingen, die ab September geerntet und mit IBA behandelt werden [5].

Ökologie

Baumarten, deren Areal sich über einen ganzen Kontinent erstreckt, stellen keine einheitlichen Klimaansprüche. Anbauerfahrungen sowie Ergebnisse von Gewächshaus- und Freilandversuchen bestätigen diese Aussage auch für *Acer negundo*. So sind südliche Herkünfte in Mitteleuropa nicht völlig winterhart [9, 21] und die Frosthärte von Sämlingen geht mit zunehmender Länge der Vegetationszeit am Herkunftsort zurück[4)]. Eschenahorne aus dem nördlichen Arealteil zeigen in den kanadischen Prärie-Provinzen – teils angepflanzt, teils natürlich – völlige Härte gegen extreme Wintertemperaturen sowie gegen Sommerhitze und Sommertrockenheit. Deshalb können ihnen nur wenige einheimische Laubholzarten folgen.

Sehr anpassungsfähig ist die Art auch hinsichtlich physikalischer und chemischer Bodeneigenschaften. Von schweren Tonen bis zu leichten Sanden kommt sie auf fast allen Substraten vor [18]. Sie ist pH-tolerant und kann selbst bis zu 30 Tagen andauernde Überschwemmungen überstehen [5, 16].

Optimale Bedingungen findet *A. negundo* auf alluvialen Standorten. Im gesamten Areal tritt sie hauptsächlich an Seeufern und Flußläufen auf und selbst die wenigen, relativ kleinen Reinbestände in Urwäldern des unteren Ohio-River-Tales und am unteren Mississippi stocken am Rande ständig Wasser führender Gewässer [24]. Dort wird sie begleitet von *Populus deltoides*, *Ulmus americana*, *Fraxinus nigra*, *Quercus palustris*, *Celtis occidentalis*, *Acer saccharinum* und *Juglans nigra* [15]. Häufig wächst *A. negundo* auch am Rande der langsam fließenden, wenig klaren Flüsse des Mittleren Westens [19].

Die Besonderheit der Art liegt aber darin, daß sie auf trockene und arme Standorte ausweicht und sich dort behauptet.

Bei der Besiedelung aufgelassener Felder fungiert *A. negundo* als Pionierart. Rasches Jugendwachstum, Lichtbedürfnis sowie Toleranz gegenüber Halbschatten verschaffen ihr dabei Konkurrenzvorteile.

Außerhalb ihrer natürlichen Standorte wurde *A. negundo* mit Erfolg zur Aufforstung nährstoffarmer Prärieböden herangezogen. Voraussetzung für den Erfolg war intensive Bodenbearbeitung. Auf sehr trockenen und sehr nassen Prärieböden stellten sich Fehlschläge ein [24].

---

4) For. Abst. **34**, 6813, 1973

Wachstum und Entwicklung

A. negundo hat forstwirtschaftlich keine Bedeutung. Zuwachs- und Ertragsdaten werden daher nicht erhoben. Konkrete Angaben findet man lediglich über die durchschnittliche Baumhöhe (15 bis 23 m) und über das Lebensalter (60 Jahre, sehr selten bis 100 Jahre).

Immer wieder betont wird das rasche Jugendwachstum der Art, z. T. mit Jahrestrieben von 1 bis 1,5 m Länge. Sowohl der Höhen- wie der Stärkezuwachs kulminiert zwischen 15 und 20 Jahren. Während dieser Zeit kommen jährliche Durchmesser-Zuwächse (BHD) von 2,5 cm vor [16]; danach gehen die Werte stark zurück. Bei Bäumen von 15 cm BHD verteilt sich die oberirdische Biomasse wie folgt: 63% Stammholz, 8% Stammborke, 22% Astholz, 7% Blattmasse [16].

Pathologie

Drei Besonderheiten lassen sich herausstellen, wenn man über Krankheiten des Eschenahorns spricht:

- Die zahlreichen Ast- und Stammbrüche bei älteren Bäumen, hervorgerufen durch Sturm, Eis und Schnee. Als Folge treten Infektionen holzzerstörender Pilze ein.
- Die Verträglichkeit gegenüber dem Stadtklima.
- Die extreme Empfindlichkeit gegenüber Spuren des Wuchsstoff-Herbizids 2,4-D.

Infolge des besonders spröden, brüchigen und wenig dauerhaften Holzes kommt es nach Stürmen häufig zu Stamm- und Astbrüchen. Die so geschaffenen Eingangspforten für holzzerstörende Pilze werden von zahlreichen Arten genutzt, u. a. von *Fomitopsis fraxinus*, *F. scutellata*, *Ustulina vulgaris* und *Polyporus squamosus* (in Utah[5)]). *Eutypella parasitica* löst auffällige, oft schießscheibenförmige Stammkrebse und *Fusarium reticulatum* var. *negundinis* eine für den Eschenahorn charakteristische, aber belanglose Rotfärbung des Holzes aus. Im Gegensatz dazu verläuft der Befall durch *Verticillium albo-atrum* REINKE et BERTH. oft tödlich. Der Pilz infiziert über Wunden, lebt im Wasserleitungssystem des Baumes (Tracheomykose) und ruft auffällige Welkeeffekte hervor. Eine beträchtliche Zahl von parasitären Pilzen, die Blattflecken auslösen, werden bei HEPTING [8] erwähnt. Sie alle richten keine nennenswerten Schäden an.

Schadinsekten kommen vor, führen aber nur ausnahmsweise zum Absterben der Bäume. Als häufiger Begleiter des Eschenahorns ist *Leptocoris trivittatus* (SAY) anzuführen, dessen Larven an weiblichen Bäumen Blätter, Früchte und Samen schädigen. Weit verbreitet ist auch die „boxelder leaf gall midge" *Contarinia negundifolia* FELT (*Cecidomyiidae*), deren Blattgallen aber ebenfalls nicht bedrohlich werden [16].

Der Schwammspinner, *Lymantria dispar* L. („gipsy moth"), ein an vielen amerikanischen Baumarten epidemisch auftretender Großschädling, frißt nicht an *Acer negundo*[6)].

An Eschenahornen in der italienischen Provinz Reggio Emilia fand zwei Jahre lang intensiver Fraß durch *Hypantria cunea* DR., den weißen Bärenspinner (*Articiidae*) statt[7)].

Ebenfalls regional begrenzt tritt eine aus Ungarn beschriebene Virose auf, die seit 20 Jahren an Alleebäumen vorkommt, Mosaik-Symptome und Deformationen an Blättern sowie Sproßbildung auslöst und durch Insekten, wahrscheinlich auch über die Früchte übertragen wird[8)].

Mehrere Autoren betonen die Fähigkeit des Eschenahorns, unter den Klimabedingungen und Schadstoffbelastungen von Städten besser zu gedeihen als andere Arten [9, 17, 21]. In Übereinstimmung damit stehen die Ergebnisse von SO_2-Begasungen 10 bis 15jähriger Bäume in der Ukraine, wonach *A. negundo* zu den 5 widerstandsfähigsten von 72 getesteten Arten gehört[9)]. Die festgestellte Schadstoff-Unempfindlichkeit erstreckt sich jedoch nicht auf Auftausalze, denn bei vergleichenden Expositionsversuchen gegen Streusalzgischt gehörte *A. negundo* zur Gruppe der stark geschädigten Arten [15].

Eschenahorne reagieren auf winzige, mit dem Wind herangeführte Mengen des Wuchsstoff-Herbizids 2,4-D mit massiven Blattschäden (Deformationen, Chlorosen, Kleinblättrigkeit). Auch junge Triebe erleiden Schäden. Als geringste für *A. negundo* noch wirksame Menge des Mittels wurden 0,01 g ermittelt [20]. In konkreten Fällen handelte es sich um Ferntransport des auf landwirtschaftlichen Kulturflächen applizierten Mittels bis zu einer Entfernung von 16 km.

Nutzung

Obwohl von Natur aus weit verbreitet, häufig als Ziergehölz kultiviert und als dürreharter Stadtbaum gepflanzt sowie in erheblichem Umfang als Windschutz angebaut, zählt *A. negundo* keineswegs zu den wirtschaftlich wichtigen Baumarten. Forstlich hat die Art keine Bedeutung, denn ihr Holz ist von geringer Qualität und deshalb auf dem Markt kaum vertreten.

5) For. Abstr. **37**, 1066, 1976
6) For. Abstr. **45**, 2902, 1984
7) For. Abstr. **46**, 405, 1985
8) For. Abstr. **35**, 3728, 1974
9) For. Abstr. **48**, 2750, 1987

Abb. 9: Altbäume nahe Saskatoon (Prov. Saskatchewan, Kanada)

Verwendung findet es – gemischt mit anderen Arten – bei der Herstellung von Faser- und Spanplatten [16], gelegentlich auch (als rein weißes Element) für Intarsien und in geringem Umfang für Billigmöbel, Küchengeräte und Wandvertäfelungen. Schlecht geeignet ist es wiederum für die Zellstoff- und Papierindustrie, wo es allenfalls in Mischung mit Pappel verwendet wird [16].

Von weit größerem Gewicht als die kommerzielle ist die ökologische Stellung der Art – zumindest in den amerikanischen Prärie-Staaten und in Teilen Rußlands. Hier wie dort spielt sie eine wichtige Rolle bei Windschutzpflanzungen [18], als Park- und Alleebaum in den Städten [11] sowie – wegen der sehr intensiven Durchwurzelung – als Erosionsschutz. In Kasachstan wird von ihrem Anbau auf Böden mit hoher Cl- und SO_4-Konzentration im Wurzelraum abgeraten[10)].

Zu erwähnen ist noch die Bedeutung der am Baum hängenden, wie der auf dem schneebedeckten Boden liegenden Früchte als winterliche Nahrungsquelle für viele Kleinsäuger, speziell für Nager, Vögel und selbst für das Schalenwild [16].

Daß der Xylemsaft des Eschenahorns Zucker enthält, wußten und nutzten mehrere Indianerstämme des Westens und des Nordens. Heute bietet die Sirup-Gewinnung wenig Anreiz, weil Zuckergehalt und Ausbeute bei *A. saccharum* deutlich höher liegen.

Verschiedenes

- In Deutschland sind die wenigen, gegen Ende des letzten Jahrhunderts begründeten forstlichen Anbauversuche weitgehend fehlgeschlagen. Allerdings waren sie zumeist ohne Beachtung der Samenherkunft und auf ungünstigen Standorten angelegt worden [22].
- Nicht selten hat sich *A. negundo* aus Kultur verselbständigt und an Flüssen, in Auwäldern und sogar an Bahndämmen Fuß gefaßt (u. a. bei Basel und Meran [9] sowie in Tschechien[11)]).

[10)] For. Abstr. 48, 841, 1987
[11)] For. Abstr. 35, 78, 1974

Im Auwald der Mannheimer Reißinsel wurde die Art zu einem festen, bestandesstabilisierenden Element, das sich als resistent gegen Überflutungen erweist und reichlich verjüngt [3].

- Zu einer ungewöhnlichen Form des Anbaus wird der Eschenahorn im europ. Rußland und in Kasachstan herangezogen. Dort begründet man auf Schafweiden gemeinsam mit *Ailanthus*, *Ulmus pumila* und *Quercus robur* ca. 1 ha große, lückige Horste, sog. „Grüne Parasole“, die den Tieren Schatten spenden. 800 bis 1.200 Schafen stehen 2 Parasole zur Verfügung. Durch diese Maßnahme haben sich die Fleisch- und die Wollproduktion wesentlich erhöht[12].
- Nach einer in Utah durchgeführten Inventur haben männliche Bäume breitere Jahrringe und weisen mehr Fraßschäden auf als weibliche. Diese wiederum besitzen die robusteren Blätter. Dies ist ein Indiz dafür, daß Wüchsigkeit mit Anfälligkeit verbunden sein könnte [12]. Ähnliche Untersuchungen in Michigan stimmen damit nur teilweise überein. Zwar stellen sie für männliche Eschenahorne eine höhere Blattmasse, mehr Blütenstände und mehr Einzelblüten fest, fanden aber die höhere jährliche Holzproduktion bei den weiblichen Bäumen [22].
- Eine anatomische Analyse weißrand-panaschierter Laubblätter von *A. negundo* legte LAKON [14] vor. Danach ist das Mesophyll weißer Blatteile chlorophyllfrei und hellgrüne Blätter haben nur im epidermisfernen Teil des Mesophylls Chloroplasten. Insgesamt stellt die weißrandige Form eine sehr komplizierte, vielfache Chimäre dar, die innerhalb eines Individuums viele Kombinationen sektoraler und periklinaler Verteilung von Grün und Weiß aufweist.

[12] For. Abstr. **27**, 645, 1966

Literatur

[1] BÄRTELS, A., 1989: Gehölzvermehrung, Ulmer Verlag, Stuttgart.
[2] BEGEMANN, H. F., 1963: Lexikon der Nutzhölzer, Bd. **1**. Verlag E. Kittel, Mering.
[3] BÜCKING, W., 1982: Bann- oder Schönwald Mannheimer Reißinsel. Allgem. Forstz. (München) **23**, 677-681.
[4] DIPPEL, L., 1892: Handbuch der Laubholzkunde, 2. Teil, Verlag Paul Parey, Berlin.
[5] DIRR, M. A., 1990: Manual of Woody Landscape Plants. Stipes Publ. Comp., Champaign, IL.
[6] GURIES, R. P.; NORDHEIM, E. V., 1984: Flight characteristics and dispersal potential of maple samaras. Forest Sci. **30**, 434-440.
[7] HANUS, D.; ROHR, R., 1985: Micropropagation de l'erable par bouturage in vitro de fragements de germinations de trois especes. Can. J. Bot. **63**, 277-280.
[8] HARRAR, E. S., 1963: Hough's Encyclopedia of American Woods, New York.
[9] HEGI, G., 1925: Illustrierte Flora von Mitteleuropa, Band V, 1. J.F. Lehmanns Verlag, München.
[10] HEPTING, G. H., 1971: Diseases of Forest and Shade Trees of the United States. USDA Forest Service, Agriculture Handbook **386**, Washington, D. C.
[11] HOSIE, R. C., 1990: Native Trees of Canada, **8**. ed., Markham, Ont.
[12] JING, S. W.; COLEY, P. D., 1980: Dioecy and herbivory: the effect of growth rate on plant defense in Acer negundo. Oikos **58**, 369 - 377.
[13] KORMANIK, P. P.; SCHULTZ, R. C.; BRYAN, W. C., 1982: The influence of vesicular-arbuscular mycorrhizae on the growth and development of eight hardwood tree species. Forest Sci. **28**, 531-539.
[14] LAKON, G., 1921: Die Weißrandpanaschierung von Acer negundo L. Z. Induktive Abstammungs- und Vererbungslehre **26**, 271-284.
[15] LUMIS, G. P.; HOFSTRA, G.; HALL, R., 1976: Roadside woody plant susceptibility to sodium and chloride accumulation during winter and spring. Can. J. Plant Sci. **56**, 853-859.
[16] MAEGLIN, R. R.; OHMANN, L. F., 1973: Boxelder (Acer negundo): A review and commentary. Bull. Torrey Bot. Club **100**, 357-363.
[17] MEYER, F. H., 1978: Bäume in der Stadt. Verlag Eugen Ulmer, Stuttgart.
[18] OVERTON, R. P., 1990: Silvics of North America, vol. 2, Hardwoods. (Burns, Honkala: techn. coord.) USDA Forest Service. Agriculture Handbook **654**, Washington, D. C.
[19] PEATTIE, D. C., 1991: A natural history of trees of Eastern and Central North America. Houghton Mifflin Comp., Boston.
[20] PHIPPS, H. M., 1964: Leaf blight of boxelder attributed to 2,4-D spray drift. USDA, Lake States For. Expt. Stn. Res. Note LS - 49.
[21] PIRC, H., 1994: Ahorne. Verlag Eugen Ulmer, Stuttgart.
[22] RAMP, P. F.; STEPHENSON, S. N., 1988: Gender dimorphism in growth and mass partitioning by box-elder (Acer negundo L.), Amer. Midland Nuturalist **119**, 420-430.
[23] SARGENT, C. S., 1965: Manual of the Trees of North America, vol. **2**, 2. ed., Dover Publ. Inc., New York.
[24] SCHENCK, C. A., 1939: Fremdländische Wald- und Parkbäume. Band 3, Die Laubhölzer. Verlag Paul Parey, Berlin.
[25] SCHULTZ, R. C.; KORMANIK, P. P., 1982: Vesicular-arbuscular mycorrhiza and soil fertility influence mineral concentrations in seedlings of eight hardwood species. Can. J. For. Res. **12**, 829-834.
[26] VINES, R. A., 1976: Trees, Shrubs and Woody Vines of the Southwest. Univ. Texas Press, Austin and London.
[27] WINSTEAD, J. E., 1978: Tracheid length as an ecotypic character in Acer negundo L.. Amer. J. Bot. **65**, 811-812.
[28] YOUNG, J. A.; YOUNG, C. G., 1994: Seeds of Woody Plants in North America. Dioscorides Press, Portland, OR.

Die Autoren:

Prof. em. Dr. PETER SCHÜTT
Lehrstuhl für Forstbotanik
Ludwig-Maximilians-Universität München
Am Hochanger 13
D-85354 Freising

ULLA M. LANG
Schützenstraße 6
D-82383 Hohenpeißenberg

Acer platanoides LINNÉ, 1753

Spitz-Ahorn, Leinbaum

Familie: Aceraceae

engl.: Norway maple
franz.: Érable plane
ital.: Acero riccio

Abb. 1: Acer platanoides (Foto: G. Aas)

Acer platanoides ist eine im Wald eher seltene Baumart aufgrund ihres begrenzten Höhenwachstums und Alters sowie ihrer Lichtbedürftigkeit. Zwar gibt es in der Umgebung älterer Bäume aufgrund der alljährlich sehr hohen Samenproduktion reichlich Naturverjüngung, diese beginnt aber bei unterbleibender Auflichtung des Altbestandes bei etwa 1 m Höhe im Wachstum zu stagnieren. Bei guter Belichtung zeigt die Art dagegen ein sehr schnelles Jugendwachstum.

In Stadtgebieten und außerhalb des Waldes ist *A. platanoides* wegen seiner reichen Fruktifikation und seiner Toleranz gegenüber zeitweiliger Trockenheit eher in Ausbreitung begriffen. Besonders beliebt machen den Spitz-Ahorn in Städten und Parkanlagen Europas und Nordamerikas seine frühe und auffällige Blüte, seine Formenvielfalt und die attraktive Herbstfärbung. Obwohl die Blütenanlagen zwittrig sind, kommt i.d.R. nur ein Geschlecht zur vollen Entwicklung, so daß einzelne Blüten, Kronenteile oder gar ganze Bäume rein männlich oder rein weiblich sind.

Seine Holzeigenschaften (das Holz ist zäh, elastisch, biegsam, besitzt ein hohes Stehvermögen und läßt sich leicht bearbeiten) erreichen nicht ganz die Qualität des Berg-Ahorns, und Riegel- sowie Vogelaugen-Ahorn findet man bei dieser Art nur äußerst selten. Die Streu ist gut zersetzbar, eine wichtige ökologische Eigenschaft.

In früheren Zeiten wurde auch der Frühjahrssaft genutzt, der durch seinen Vanillingehalt besonders schmackhaft ist. Der Aufwand für seine Gewinnung ist allerdings sehr hoch und die Ausbeute wesentlich geringer als beim Zucker-Ahorn.

Waldgeschichte und Verbreitung

Die heute vorkommenden Ahornarten waren schon im Tertiär in Europa vertreten. Während der Eiszeiten wurden sie in verschiedene Refugien im Mittelmeergebiet zurückgedrängt, wo sie überdauerten.

Der Spitz-Ahorn erschien bereits in der Hasel- und frühen Eichenmischwaldzeit (etwa 5000 bis 2000 v. Chr.) in Mitteleuropa, er soll aber auch schon in der Kiefernzeit (ca. 8000 v. Chr.) in Deutschland vorgekommen sein [5]. Nach FIRBAS [23] stammen erste Funde aus der frühpostglazialen Birken-(Kiefern-) Zeit (6500 bis 5000 v. Chr.). Damit wäre die Art noch vor der Entstehung geschlossener *Quercus*- und *Ulmus*-Vorkommen vertreten gewesen. Zu bedenken ist jedoch, daß die Gattung *Acer* pollenanalytisch schwer nachzuweisen ist, denn die Pollen bleiben nicht lange erhalten, weisen zwischen den in Mitteleuropa vorkommenden Ahornarten kaum Unterschiede auf und sind weniger häufig vertreten als Pollen windbestäubter Arten [11]. Einige Merkmale von Ahornpollen sind bei CLARK und JONES [11] zusammengestellt. Generell ist man daher auf seltenere Großfunde (Holz, Früchte) angewiesen.

Die Rückwanderung nach der letzten Vereisung erfolgte teils über den Schweizer Jura, teils um die Südostalpen durch Böhmen zu den Sudeten [36].

Während des Atlantikums, also in der Periode der etwas wärmeren Eichenmischwaldzeit, erreichten die Ahornarten ihre größte Verbreitung in Mitteleuropa. Später schrumpfte das Areal im Zuge der Buchenausbreitung wieder, und die Höhengrenze ging um bis zu 660 m zurück.

Die weitere Verbreitung der Ahornarten wurde später durch den Menschen eingeschränkt, denn sie waren wirtschaftlich nicht so interessant wie andere Baumarten. Die Devastierung vieler natürlicher Bestände, die Begründung reiner Nadelholzbestände und die Dunkelschlagwirtschaft bei der Buche [31] waren Ursachen für den weiteren Rückgang der europäischen Ahornarten [36].

Als Baum des subozeanischen bis subkontinentalen Klimas erstreckt sich das aktuelle Verbreitungsgebiet von *A. platanoides* hauptsächlich auf das mittlere und nördliche Europa. Vor allem im Nordosten des Kontinents dringt es wesentlich weiter vor als das Areal des Berg-Ahorns.

Die Südgrenze des Verbreitungsgebietes verläuft (ähnlich wie bei *A. pseudoplatanus*) durch Nordspanien, Korsika, Sardinien, Sizilien und Süditalien. Die Westgrenze geht vom Quellgebiet der Garonne in den Pyrenäen durch Mittelfrankreich etwa längs der Ausläufer der Auvergne sowie durch das nordwestliche Deutschland und durchquert weiter Schleswig-Holstein und Jütland. In Skandinavien erstreckt sich das Vorkommen über das westliche sowie südliche Norwegen sowie über Süd- und Mittelschweden. Die Nordgrenze verläuft etwa südlich von Trontheim, nördlich Oslo, in nordöstlicher Richtung über das schwedische Binnenland bis Älvdalen und dann bis Ångermannsland an der Bottnischen Küste in Höhe des 65. Breitengrades.

Einzelvorkommen liegen in beiden Küstengebieten noch höher im Norden, so z. B. in Tromsö, oberhalb des nördlichen Polarkreises in Höhe des 69. Breitengrades, als Strauch.

In Finnland verläuft die Nordgrenze etwa längs des 62. Breitengrades bis zur Südspitze des Onega-Sees, wendet sich dann in südöstlicher Richtung, überquert den Ural (ca. 54° n.Br.) und geht bis zum Mündungsgebiet der Donau am Schwarzen Meer. Ein inselartiges Vorkommen des Spitz-Ahorns befindet sich auch im Kaukasus [36].

Außerhalb seines natürlichen Areals wurde *A. platanoides* in ganz Westeuropa [36] und auch in Nordamerika eingebürgert [32]. In Argentinien wird er ebenfalls angebaut, erreicht dort jedoch bei 10 bis 18 cm Durchmesser nur Höhen von 7 bis 15 m [66].

In jüngerer Zeit ist eine merkliche Ausdehnung des Verbreitungsgebietes zu beobachten. An der nordwestlichen Arealgrenze ist dies besonders deutlich. In Skandinavien dringt die Art synanthrop bis in die ozeanischen und subozeanischen Gebiete der borealen Florenzone vor und besiedelt damit eine zusätzliche Ozeanitätsstufe [67].

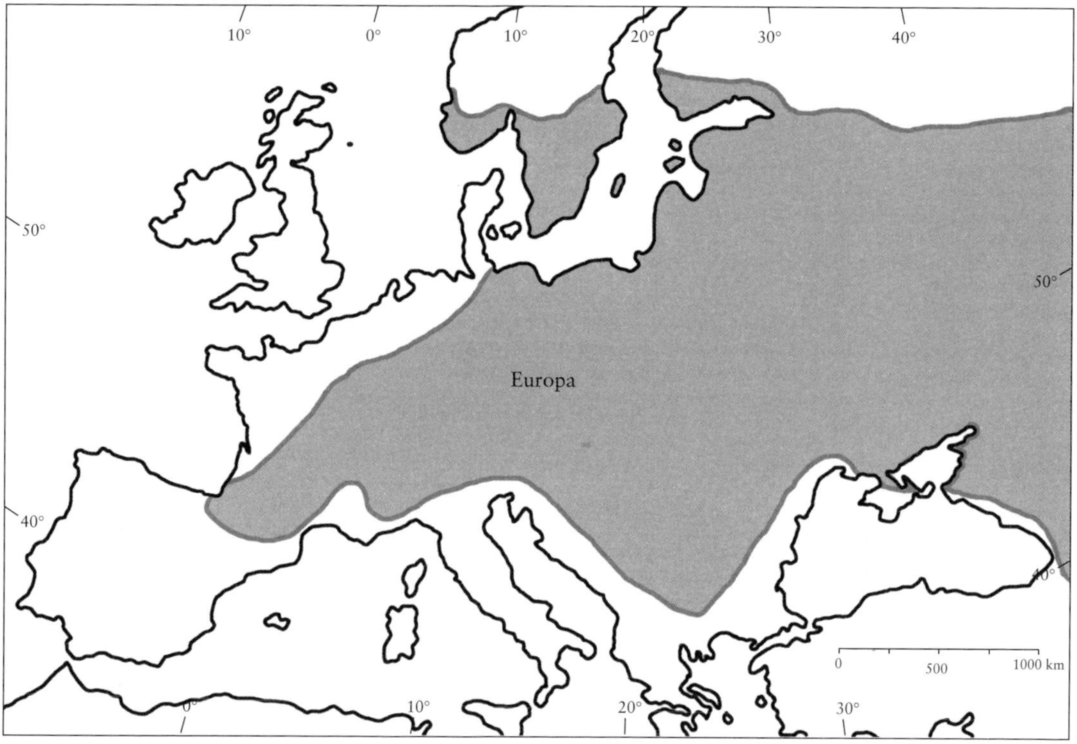

Abb. 2: Natürliches Areal, nach Köppen und Gams (aus Schoenichen, 1933)

A. platanoides kommt außerdem bereits in Irland vor, und er verbreitet sich auch in Nordamerika so stark, daß örtliche Bekämpfungsmaßnahmen eingeleitet wurden [51].

Als Gründe für die verstärkte Ausbreitung werden sowohl direkte als auch indirekte anthropogene Einflüsse genannt. Zu den direkten Einflüssen zählt der Anbau außerhalb der Arealgrenzen, so daß der natürliche Verlauf dieser Grenzen kaum noch zu erkennen ist. Zu den indirekten Einflüssen werden erhöhte Stickstoffeinträge, aber auch die Schaffung geeigneter Ruderalstandorte insbesondere in Städten gerechnet, die den natürlichen Ahornstandorten auf Blockschutthalden gleichen. Die Einflüsse bedingen auch eine verstärkte Ausbreitung des Ahorns innerhalb seiner ursprünglichen Arealgrenzen, in denen er in anderen Gesellschaften Anschluß findet oder weitaus häufiger auftritt [34, 66, 89].

Wenn auch *A. platanoides* im Gegensatz zum Berg-Ahorn weiter nach Norden und Nordosten Europas vordringt, so bleibt er doch in seiner vertikalen Ausbreitung hinter diesem zurück. Insgesamt ist der Spitz-Ahorn mehr eine Baumart der Tieflagen, der Auenwaldgebiete und der Mittelgebirgsregion.

Seine Höhengrenzen verlaufen [32, 36]:

- im Lausitzer Gebirge bis 750 m,
- im Erzgebirge meist bis 600 m (max. 700 m),
- im Bayerischen Wald bis 1114 m,
- in den Bayerischen Alpen bis 1000 m (max. 1205 m);
- im St. Galler Oberland bis 1400 m,
- im Unterwallis bis 1620 m,
- in den Südkarpaten bis 1200 m.

Beschreibung

Der Spitz-Ahorn erreicht maximal eine Höhe von 30 m und wird etwa 180 Jahre alt [36]. Die Stammdurchmesser (BHD) können über 1 m betragen [32], und oft bilden die Bäume einen walzenförmigen und astfreien Stamm mit einer unten breiten, länglich-eiförmigen oder rundlichen, dichtbelaubten Krone, die oben oft charakteristisch kurz zugespitzt ist.

Abb. 3: Triebspitze mit Winterknospen

Knospen, Blätter und junge Triebe

Die eiförmigen Knospen sind glänzend rotbraun und kahl. Die Seitenschuppen der 7 bis 9 mm langen und 5 bis 7 mm breiten Endknospe sind gekielt und die Knospenschuppen fein bewimpert. Die Seitenknospen sind deutlich kleiner (Länge bis 7 mm) und liegen dem Trieb an (im Gegensatz zum Berg-Ahorn). Das oberste Seitenknospen-Paar ist nur rudimentär entwickelt und direkt der Endknospe angedrückt.

Die Laubblätter sind gegenständig, selten in dreizähligen Wirteln angeordnet, und die Blattnarben berühren sich gegenseitig. Die Blätter bestehen aus einem 5 bis 15 cm langen Stiel und einer dünnen, 12 bis 20 cm langen und 9 bis 18 cm breiten Spreite. Diese erscheint am Grund meist breit-herzförmig, beiderseits gleichfarbig und glatt. Sie ist anfangs kurz behaart, danach nur noch in den Nervenwinkeln der Unterseite. Die Blattspreite ist meist bis zur Mitte in 3 (bis 7) Lappen geteilt, die buchtig gezähnt und in lange Spitzen („Träufelspitzen“) ausgezogen sind.

Das Sproßsystem des Spitz-Ahorns ist grundsätzlich monopodial. Im mannbaren Alter gehen die Terminalknospen der Seitenachsen jedoch in der Blütenbildung auf, und die benachbarten Seitenknospen setzen dann in sympodialer Weise das Sproßwachstum fort. *A. platanoides* ist daher dem Architekturmodell SCARRONE zuzuordnen, für das orthotropes Wachstum aller Achsen (auch der Seitenzweige) charakteristisch ist [4, 65].

Die Jahrestrieblängen können in der Jugend 1 m überschreiten, die Astwinkel betragen etwa 45°. An den gegenständigen Zweigen ist häufig zu beobachten, daß die triebunterseits entspringende Seitenachse stärker gefördert ist (Hypotonie), allerdings nicht ohne Ausnahmen [6, 64, 82].

An besonders wüchsigen Wipfeltrieben können auch dreizählige Blattwirtel vorkommen, die im Folgejahr zu dreizählig wirteliger Verzweigung führen [65].

Die Zweigreinigung setzt beim Ahorn nach etwa fünf Jahren ein und ist nach 10 bis 15 Jahren weitgehend abgeschlossen. Dabei treten absprungähnliche Erscheinungen auf, indem von älteren Bäumen beblätterte Kurztriebe noch in der Vegetationsperiode an ihrer Basis abbrechen. Dies erfolgt aber nicht aktiv über die Bildung einer Trennschicht, sondern passiv an einer mechanischen Schwachstelle in der Triebbasis [64]. Beim Spitz-Ahorn ist ein Maximum der Laubmenge etwa im Alter von 30 Jahren erreicht [92].

Abb. 4: Blätter in herbstlicher Färbung

Abb. 5: Blütenstände

Abb. 6: Reife Früchte

Die Blattform kann jedoch stark variieren, da bei freiem Wachstum die „Spätblätter“ mit längeren Endlappen anders gestaltet sind als die aus gebundenem Wachstum hervorgegangenen (Heterophyllie) [38, 73]. Zudem können die beiden Blätter eines Blattpaares sehr unterschiedlich groß sein (Anisophyllie). Dabei ist das triebunterseits befindliche Blatt meistens stärker ausgeprägt [64, 82].

Die Dichte der nur auf der Blattunterseite vorhandenen Spaltöffnungen ist in der Mitte des Blattes am höchsten und nimmt zu den Rändern hin ab [50]. Die extrem hohen Dichten bis zu 550 Stomata/mm^2 werden als Anpassung an trockene Standorte interpretiert. Die Blattstiele weisen wie die Triebe Lenticellen auf [50]. Weitere Details zu Blattanatomie und -morphologie finden sich bei NAPP-ZINN [50].

Die Ende April bis Anfang Mai austreibenden Blätter sind hell- bis dunkelgrün und verfärben sich vor dem herbstlichen Blattfall Mitte Oktober leuchtendgelb bis tiefrot, je nach Verlauf der Witterung [32, 36].

Junge Zweige des Spitz-Ahorns sind glänzendbraun und kahl, weisen kleine Lenticellen auf und führen – wie auch die Blattnerven und Blattstiele – einen Milchsaft, der dem Berg-Ahorn fehlt.

Blüten, Früchte, Samen

A. platanoides wird im Freistand bereits mit 10 bis 15 Jahren mannbar, im Bestand dagegen erst mit 25 bis 30 Jahren [21]. Die Blüte findet i.d.R. im April statt, so daß Spitz-Ahorne in Mischbeständen im Frühjahr besonders auffallen. WITTROCK [90] nennt als Termin der Ahornblüte in Stockholm Ende Mai.

Abb. 7: Holzverwendung

Abb. 8: Borke eines alten Stammes

Die Blüten des Spitz-Ahorns befinden sich in mehr oder weniger aufrechten, reichblütigen, bis 8 cm langen Doldentrauben (Corymben). Diese erscheinen kurz vor dem Laubausbruch und sind am Grund von eiförmigen, hellgelben Knospenschuppen umgeben [32]. Nach BUCHENAU [7] weisen ausnahmsweise mit dem Laubausbruch blühende Spitz-Ahorne deutlich weniger und kleinere Blüten auf, und das Geschlechterverhältnis ist zugunsten der männlichen Blüten verschoben. Nähere Angaben zur Struktur der Infloreszenz gibt WITTROCK [90].

Die fünf Kronblätter sind wenig länger als der Kelch (5 bis 6 mm), verkehrt eiförmig, stumpf, gelbgrün und deutlich nervig. Die 8 Staubblätter sind am Außenrand des Diskus inseriert, etwas kürzer als die Kronblätter [32, 56] oder etwa gleich lang [90]. Als Abweichungen nennt BUCHENAU [7] das Vorkommen von 6 bis 9 Staubblättern. Die Staubfäden sind nicht verwachsen, und die zweikammerigen Staubbeutel öffnen sich nach innen [27, 56]. Auf dem Diskus wird Nektar ausgeschieden, um Bienen und andere Insekten (Fliegen) zur Bestäubung anzulocken [4]. Durch die frühe Blüte stellt der Spitz-Ahorn eine wichtige Bienenweide dar [28]. Allerdings sind die Menge und der Zuckergehalt des Nektars beim Spitz-Ahorn niedriger als beim Berg-Ahorn. Die zwei Fruchtblätter bilden einen zweifächrigen, quer zusammengedrückten, zweilappigen Fruchtknoten. In jedem Fach befinden sich zwei Samenanlagen [56]. Der Stempel ist kahl und hat zwei auseinanderstrebende, kurze Griffel.

Beim Spitz-Ahorn kommen nach WITTROCK [90] nur funktionell männliche und funktionell weibliche Blüten vor, obwohl immer beide Anlagen vorhanden sind. In männlichen Blüten ist der Fruchtknoten verkümmert, in den weiblichen (scheinzwittrigen) der Pollen, obwohl die Antheren auch in diesen entwickelt, nur etwas kleiner sind [90]. Die Antheren solcher Blüten vertrocknen, ohne sich vorher geöffnet zu haben [71]. Die Anzahl der männlichen Blüten ist dabei mehr als doppelt so groß wie die der weiblichen.

In der Infloreszenz öffnet sich zunächst die Endblüte des Gesamtblütenstandes [7]. Es kommen sowohl rein männliche und rein weibliche Blütenstände, wie auch solche mit männlichen und weiblichen Blüten vor. *A. platanoides* ist daher in der Regel einhäusig, wenn auch selten eingeschlechtige Exemplare auftreten. Mitunter kann ein zunächst nur männlich blühender Baum in höheren Jahren auch weibliche Blüten entwickeln und Früchte tragen [71]. SCHOLZ [71] konnte zeigen, daß rein männliche Individuen gegenüber fruchtenden Exemplaren einen Wuchsvorsprung haben. Die Anordnung der männlichen und weiblichen Blüten ist effektiv gegen eine Selbstbestäubung zwischen Blüten der gleichen Infloreszenz und zum Teil auch auf demselben Baum [90].

Anscheinend entwickeln sich *Acer*-Arten hin zur Diözie. Bei *A. platanoides* ist dieser Trend allerdings noch nicht so weit fortgeschritten wie beim Berg-Ahorn.

Bei der Blütenausbildung des Spitz-Ahorns kommt es zu einer Besonderheit, die beim Berg-Ahorn nicht zu beobachten ist. Da die Blüte bereits vor Laubaustrieb erfolgt, kommt es zu einer bevorzugten Entwicklung des Blütenstandes, welcher sich endständig an den Jahrestrieben befindet. Erst später erfolgen die Streckung des Jahrestriebes und die Blattentfaltung. Dabei erscheinen gleichzeitig in den Achseln des obersten Blattpaares Seitenachsen, die das Wachstum sympodial fortsetzen. Da für sie kein Knospenstadium erkennbar ist, handelt es sich um einen sylleptischen Austrieb [6, 64].

Nach der Befruchtung schließt sich die Blütenhülle wieder [32, 90]. Dies stellt nach LINDEMANN (1884; zit. b. [90]) einen Schutzmechanismus für die sich entwickelnde Frucht dar.

Die Frucht ist eine Spaltfrucht, deren zwei den Fruchtblättern entsprechende Merikarpien geflügelt sind und sich nicht öffnen. Sie werden bis zu 5 cm lang. Die Flügel stellen einen Teil der Fruchtschale dar. In jedem Fach ist meist nur ein Same ohne Nährgewebe und mit dünner Samenschale entwickelt [56]. Selten sind auch 3- oder mehrflügelige Früchte zu beobachten [32, 56]. Die Früchte hängen herab, und der Oberrand der beiden Flügel bildet einen stumpfen Winkel. Dies ist ein Unterscheidungsmerkmal zum Berg-Ahorn (spitzer Winkel) und Feld-Ahorn (waagerecht). Durch die Flügel geraten die abfallenden Teilfrüchte in eine Schraubenbewegung (Schraubenflieger). Sie haben eine mittlere Sinkgeschwindigkeit von 1 m/s und erreichen Flugweiten von ca. 120 m, weshalb der Spitz-Ahorn schnell Freiflächen erobern kann.

A. platanoides fruktifiziert fast jedes Jahr reichlich. Die Früchte reifen im Herbst und haben ein Tausendkorngewicht (ohne Flügel) von 120 bis 150 g [92]. Sie bleiben oft noch den Winter über am Baum.

Holz und Rinde

Das zerstreutporige Holz ist gleichfarbig und wird zu den Splinthölzern gestellt [20]. In höherem Alter treten manchmal graubraune bis braune Falschkerne auf (fakultative Farbkernbildung) [77, 92], durch die jedoch keine Beeinträchtigung der Holzeigenschaften stattfindet [77].

Die Färbung des Holzes von *A. platanoides* ist nicht ganz so weiß wie die des Berg-Ahorns, sondern etwas gelblicher und dunkler, weshalb es für manche Verwendung nicht ganz so geschätzt ist. Die Jahrringgrenzen sind nur schwach ausgeprägt, sie lassen sich aber durch die etwas dunkler gefärbten, sehr schmalen Spätholzbänder erkennen. Beim Radialschnitt sind die als Spiegel hervortretenden Markstrahlen typisch.

Sie erscheinen als seidig glänzende, kleine rötliche Rechtecke. Die Gefäße sind einzeln, paarweise und in radialen Gruppen angeordnet und in ihrer Anzahl und Größe über die Breite der Jahrringe fast gleichmäßig verteilt. Im Querschnitt kann man sie nur mit der Lupe erkennen.

Das Holz ist mittelschwer, hart und gleichmäßig dicht. Mit einer Darrdichte (r_0) von 0,59 g/cm^3 ist es etwas leichter als das der Esche (0,65 g/cm^3) und der Buche (0,68 g/cm^3) [68, 85] und damit dem Berg-Ahorn sehr ähnlich.

WEDEL [85] gibt folgende Werte für den Spitz-Ahorn an:

Jahrringbreite (mm)	0,7	... 2,14	... 6,7
Rohdichte ($r_{12...15}$)(g/cm^3)	0,48	... 0,59	... 0,75
Schlagbiegefestigkeit (mpk/cm^2)	0,20	... 0,68	... 1,33
Druckfestigkeit (kp/cm^2)	446	... 556	... 672
Zugfestigkeit (kp/cm^2)	475	... 1 332	... 1984
Biegefestigkeit (kp/cm^2)	621	... 1 102	... 1360
Elastizitätsmodul (kp/cm^2)	56 000	... 111 000	... 140 000
Volumenschwindsatz (%)	11,9	... 13,8	... 16,1
Höhe Holzstrahlen (µm)	109	... 275	... 522
Länge Holzfasern (µm)	640	...	740

Ferner ist das Holz des Spitz-Ahorns zäh, elastisch und ziemlich biegsam. Es schwindet nur wenig und besitzt ein gutes Stehvermögen (Zusammenstellung der technischen Daten bei [36, 85]). Wegen dieser Eigenschaften läßt es sich leicht und sauber bearbeiten und vielseitig verwenden. Das Holz ist sehr empfindlich gegen oxidative Verfärbungen [77]. Der Faserverlauf ist gerade, nur selten tritt Drehwuchs auf. Die Dauerhaftigkeit ist auch unter Wasser nur gering. Das Holz ist insekten- und pilzanfällig und nicht witterungsfest [87].

Seltener als beim Berg-Ahorn treten Wuchsbesonderheiten wie der sogenannte Riegel-Ahorn, der Vogelaugen-Ahorn und Wurzelmaserungen auf: Durch einen welligen Faserverlauf zeigt der Riegel-Ahorn an einem Längsschnitt alternierende hell-dunkle Streifen, da abwechselnd das Früh- und Spätholz der Jahrringe angeschnitten wird [92]. Der Vogelaugen-Ahorn kommt durch das Wachstum von Proventivknospen in der Kambialschicht um den gleichen Betrag, wie die Jahrringbreite ausmißt, zustande [22].

Das Oberflächenperiderm ist auffallend hellrotbraun und bleibt relativ lange erhalten. Die dadurch zunächst glatte Rinde entwickelt sich dann zu einer feinen, längsrissigen, grauen oder später dunkelgrauen festen Netzborke, die nicht abblättert [32, 36]. Dabei entstehen die ersten Borkenrisse entlang der in senkrechten Reihen angeordneten, großen, querrhombischen Lenticellen. Alte Borken haben lange, schmale, dachförmige Rippen, die sich hantelförmig in kurze Stummel verzweigen [4]. Das Korkkambium bleibt mehrere Jahre aktiv [37]. Weitere Details zur Rindenanatomie finden sich bei HOLDHEIDE [37].

Die Rinde des Spitz-Ahorn ist durch Bastfaserbänder und gut erkennbare Jahrringe deutlich konzentrisch geschichtet [37].

Wurzeln

Bereits in der Jugend fehlt dem Spitz-Ahorn eine ausgesprochene Pfahlwurzel. Meistens gehen mehrere starke Seitenwurzeln, die sich recht gut verzweigen, vom Wurzelhals ab. Mit zunehmendem Alter entwickelt sich ein relativ kompaktes, aber tiefgehendes Herzwurzelsystem. Auf sehr günstigen Standorten kann eine besonders tiefgehende Hauptwurzel auftreten, wodurch der Boden auch in der Tiefe aufgeschlossen wird. Die Bewurzelung ist daher als sehr intensiv, gleichmäßig verteilt und tiefgehend zu bezeichnen. Dies kann auch für flachgründige Verwitterungsböden zutreffen, in denen sich der Ahorn kleine Spalten erschließen kann, so daß er auch dort eine beachtliche Standfestigkeit erreicht. Durch sein intensives Durchwurzelungsvermögen (intensiver als Berg-Ahorn) ist der Spitz-Ahorn geeignet, verdichtete Böden aufzuschließen [36].

Die Wurzelhärchen sind größer und dichter als bei anderen heimischen Baumarten mit Ausnahme der Esche. Ihre Ausprägung wird jedoch in hohem Maße vom Grade der Mykorrhizierung beeinflußt. Diese ist beim Spitz-Ahorn als ektendotrophe Mykorrhiza entwickelt [36], aber auch ektotrophe und vesiculär-arbusculäre (VA-)Mykorrhiza ist nachgewiesen [29].

Das Wurzelwachstum dauert beinahe das ganze Jahr hindurch an. Nur im Winter tritt eine Ruhepause für etwa vier Wochen ein (Anfang Februar/Mitte März), wenn die Bodentemperatur unter 2 °C absinkt (zum Vergleich: Buche 4,2 °C). Dadurch können die Wurzeln ein erstaunliches Längenwachstum aufweisen. So nennt HOFFMANN [36] für eine zweijährige und eine fünfjährige Pflanze eine Tiefenerschließung von 90 bzw. 136 cm. HELLIWELL [33] fand bei Spitz-Ahorn-Sämlingen auf verschiedenen Standorten Wurzel/Sproß-Verhältnisse von über 1, die damit deutlich über denen des Berg-Ahorns lagen. Als maximale Wurzeltiefe für *A. platanoides* nennt HILFREICH [35] in Basaltverwitterungsböden 5 bis 6 m.

Eine davon abweichende Beschreibung des Wurzelsystems geben KÖSTLER et al. [42]. Danach bildet *A. platanoides* ein Herz-Senkerwurzelsystem aus, da im Vertikalwurzelwerk starke Wurzeln weitgehend fehlen (vgl. auch [21, 79]).

Taxonomie, genetische Differenzierung und Artbastarde

PAX [55, 56] gliederte die Gattung *Acer* in 13 Sektionen mit insgesamt 94 Arten. Als Unterscheidungsmerkmale benutzte er Blüten, Blätter, Knospen, Früchte und Fruchtflügel. Diese Sektionen stehen häufig mit fossilen Resten in naher Beziehung [56]. Über die fossile Ahornverbreitung gibt auch PIRC [59] einen Überblick.

Weitere, teilweise in Artenzahl und Systematik abweichende Übersichten der Gattung *Acer* L. sind bei AL SOUS [1] zusammengestellt, insbesondere auch die von DE JONG [16], der die Gattung *Acer* auf Grund des Blütenaufbaus in 14 Sektionen mit verschiedenen Reihen teilt. Dieser Einteilung schließt sich AL SOUS [1] auf Grund einer Untersuchung der Samen und Keimlinge an. Als weiteres Klassifikationsmerkmal der Gattung *Acer* L. wurden von MAI [44, 45] die Endokarpien der Früchte gewählt, worunter die inneren beiden Schichten des normalerweise fünfschichtigen Perikarps verstanden werden. Auch die aus diesen Untersuchungen abgeleitete systematische Ordnung ähnelt mit geringen Abweichungen der von DE JONG [16].

In Deutschland sind vier Ahornarten heimisch.

A. platanoides ist nach V. GELDEREN et al. [84] die kennzeichnende Art der Sektion *Platanoidea* PAX innerhalb der Familie der *Aceraceae*. Diese Sektion zeichnet sich durch 5- und mehrpaarige Knospenschuppen und amphidistalen Diskus aus. Die Arten dieser Sektion sind auch hinsichtlich biochemischer Parameter so nah verwandt, daß eine Unterteilung in Series neuerdings unterbleibt [17]. Als nächstverwandte heimische Art ist danach *A. campestre* anzusehen, und weiter die formenreichen Arten *A. cappadocicum* und *A. mono*.

Nach neuerer Auffassung [84] wird die Art in zwei Subspecies gegliedert: *A. platanoides* ssp. *turkestanicum* und *A. platanoides* ssp. *platanoides*. Die Untersuchungen hierzu sind noch nicht abgeschlossen. *A. platanoides* ssp. *turkestanicum* gedeiht insbesondere in Bergwäldern Nordost-Afghanistans und Turkestans, erreicht eine maximale Höhe von nur 15 m und bildet 3- bis 7lappige Blätter aus, was ihn von der typischen Subspecies unterscheidet. Die Verbreitungsgebiete beider Subspecies überschneiden sich im Kaukasus und auf der Krim.

Der diploide Chromosomensatz weist beim Spitz-Ahorn wie bei den meisten Ahornarten 26 Chromosomen auf [84].

Vom Spitz-Ahorn sind ca. 100 Gartenformen bekannt, die sich im wesentlichen in Wuchsform, Blattform und -farbe unterscheiden. Sie werden bereits seit langem im Garten- und Landschaftsbau eingesetzt, da der Spitz-Ahorn einer der beliebtesten Stadtbäume ist [43, 59, 65, 78, 84].

Besonders attraktiv und im Stadtbereich verbreitet ist die rotblättrige Varietät (*A. platanoides* var. *purpurea*), deren Rotfärbung vom Anthocyangehalt der Epidermiszellen hervorgerufen wird [50].

Bastardierungen des Spitz-Ahorns mit anderen Ahornarten sind nicht verbreitet. VAN GELDEREN et al. [84] nennen eine ihrer Ansicht nach allerdings zweifelhafte Hybride des Spitz-Ahorns mit *Acer opalus* MILLER, die *Acer* x *sabaudum* CHABERT (1910) genannt, jedoch nicht beschrieben wurde.

Wachstum, Entwicklung und Ertrag

Das Wachstum des Spitz-Ahorns ist gewöhnlich gebunden, d.h. die Triebanlagen werden schon im Vorjahr gebildet. Nach DEMAGGIO und FREEBERG [18] erfolgt die Ausbildung der Blattprimordien in den Knospen bis in den September hinein, ehe ein weitgehender Ruhezustand erreicht wird. Bei besonders günstigen Licht- und Wasserverhältnissen in der Jugend ist aber auch freies Wachstum möglich. Dabei kann auch sylleptische Verzweigung erfolgen. Johannistriebe sind ebenfalls nach einer Wachstumsruhe zu beobachten [65], ebenso „verkappte Johannistriebe", die nicht durch Knospenbildung, sondern nur durch sehr kurze Internodien und kleinere Blätter vom Frühjahrstrieb getrennt sind [4].

Von Mitte April bis Mitte Juni leben die Bäume ausschließlich von Reservestoffen. In dieser Zeit ist noch keine Stärke in den Chloroplasten nachzuweisen [72].

Abb. 9: Sämlinge aus Naturverjüngung

Der Spitz-Ahorn zeigt rasches Jugendwachstum (rascher als das der Buche) und eine frühe Kulmination des Höhen- und Durchmesser-Zuwachses [21]. In Verbindung mit der alljährlichen, reichlichen Samenbildung und der Schattentoleranz im frühen Jugendstadium führt dies zu einem ausreichenden Anteil in Buchen-Edellaubholz-Verjüngungen etwa bis in ein Alter von 30 bis 40 Jahren [69, 93]. Die starke Stammzahlabnahme in den höheren Altersklassen führt ZÜGE [93] auf eine waldbauliche Benachteiligung des Spitz-Ahorns zurück, die sich ebenfalls in Forsteinrichtungswerken in Bayern niedergeschlagen hat [69]. Sie hängt wohl ganz allgemein mit dem schnell zunehmenden Lichtbedarf dieser Baumart zusammen und führt bei unterbleibender Auflichtung des Altbestandes vielfach zu stagnierendem Wachstum in 1 bis 2 m Höhe (sog. „Oskar-Syndrom" [66]).

Für den Spitz-Ahorn liegen bisher keine Ertragstafeln oder andere, abgesicherte Ertragsdaten vor. Eine forstliche Bonitierung und Planung erfolgt i.d.R. anhand der Ertragstafel für Esche [86] oder für Berg-Ahorn [49].

Verjüngung, Vermehrung, Anzucht

Durch seine reichliche jährliche Fruktifikation verjüngt sich der Spitz-Ahorn sehr gut natürlich [69]. Er produziert von allen in Mitteleuropa heimischen Ahornarten am reichlichsten Samen [35]. Dabei wurde mitunter auch eine so starke Verjüngung beobachtet („Verahornung" [89]), daß es ähnlich wie bei der Vereschung zu einem Ausfall anderer Baumarten, insbesondere der Buche, in der Verjüngung kommen kann. Als Grund für diese Überlegenheit des Spitz-Ahorns in der Verjüngung wird Wurzelkonkurrenz angenommen [35, 67, 89].

Eine Gewinnung von Saatgut in ausreichender Menge ist leicht möglich. Die Samen des Spitz-Ahorns haben eine natürliche Lebensdauer von maximal 3 Jahren [21] und sind wirtschaftlich nur 1 bis 2 Jahre nutzbar, sofern der Alterungsprozeß nicht durch konservierende Maßnahmen aufgehalten wird. Durch sachgerechte Ernte und Lagerung ist ihre Verwendung aber auch noch nach 3 Jahren möglich. Nach PUKACKA [60, 61] ist für den Alterungsprozeß eine Membranschädigung, verbunden mit Stoffverlusten, verantwortlich, die durch Reaktionen mit freien Radikalen verursacht werden.

Die Samen des Spitz-Ahorns keimen in der Regel im folgenden Frühjahr. Ein weiteres Überliegen ist wegen der kurzen Lebensdauer kaum anzunehmen. Eine Übersicht über die in Frage kommenden Hemm-Mechanismen der Keimung geben PINFIELD und DUNGEY [58]. Offenbar bildet die Samenschale eine Barriere gegen Hemmstoffverluste aus den inneren Geweben und enthält selbst auch Hemmstoffe. Dagegen spielt die mechanische Keimhemmung durch die Testa in Verbindung mit Luftabschluß und Verhinderung des Wasserzutritts – wie bei *A. pseudoplatanus* ausgebildet – nur eine geringe Rolle. Offenbar wird die Keimhemmung beim Spitz-Ahorn von ganz verschiedenen Faktoren in einer bestimmten zeitlichen Abfolge ausgelöst. Auch die Hemmung der Embryo-Entwicklung wird als Ursache diskutiert [39, 57, 58, 81].

Die Keimhemmung macht eine Stratifikation des Saatgutes notwendig. Erst nach Stratifikation bei 5 °C steigt der Gehalt an Zuckern und Aminosäuren in den Geweben des Embryos an, was ein Indiz für die Überwindung der Keimhemmung darstellt [14]. Nach einfacher Stratifikation ist das Saatgut nach 2 bis 3 Monaten keimfähig [36]. SAVCENKO [68] berichtet jedoch von einer Methode, die die Behandlungszeit auf 35 Tage verkürzt. Dabei werden die Samen 3 Tage in ein Wasserbad gegeben und anschließend bei 1 bis 5 °C stratifiziert.

Erfolgt die Aussaat noch im Spätherbst, ist ebenfalls mit guter Keimung zu rechnen [36].

Die epigäische Keimung beginnt bereits Ende März [56], und der Keimungszeitraum umfaßt je nach Witterung etwa 2 bis 5 Wochen [63].

Die Keimlinge haben zungenförmige, vorn verbreiterte Keimblätter mit drei parallel laufenden Nerven (Unterschied zur Esche mit netznervigen Keimblättern), wobei die breiteste Stelle im oberen Drittel auftritt (Unterschied zu Berg- und Feld-Ahorn), und gestielte, herz-eiförmige, dreilappige, etwas buchtige, fein zugespitzte Primärblätter [36].

Der Pflanzerfolg ist beim Spitz-Ahorn i.a. höher als beim Berg-Ahorn [69]. Häufig verwendet man größere Pflanzensortimente, um die Gefährdung durch Wildverbiß und Mäusefraß zu verringern. Als Mischungsform ist eine gruppen- bis horstweise Einbringung sinnvoll, da sonst erhebliche Pflegeeingriffe gegen die Buche erforderlich werden [92].

Detaillierte Vorschläge zur Kulturvorbereitung und -pflege des Ahorns sind bei HOFFMANN [36] zusammengestellt.

Als vegetative Vermehrungsformen kommen die Veredlung und das Vermehren durch Absenken in Frage [36, 79]. Beide Verfahren werden für die Nachzucht der Gartenformen mit gutem Erfolg angewendet. Eine Vermehrung über Stecklinge wird nicht genannt. Veredlung erfolgt vor allem durch Okulation [3].

Der Spitz-Ahorn bildet Stockausschläge, die im ersten Jahr bis zu 120 cm Länge erreichen. Er ist damit gut für die Bewirtschaftung im Nieder- und Mittelwald geeignet [8, 62]. Dagegen zeigt er nur eine sehr geringe Neigung zur Wurzelbrut [8].

Ökologie

Standortfaktoren

Hinsichtlich des Faktors **Licht** ist *A. platanoides* in der frühen Jugend deutlich genügsamer als im Dickungsstadium (Halblichtbaumart) [21]. Dabei sind die Lichtansprüche des Jungwuchses um so geringer, je günstiger die Standortverhältnisse sind [36].

Bei jungen Spitz-Ahorn-Pflanzen ist die Photosynthesekapazität der Blätter bereits kurz nach der Blattentfaltung am höchsten [40] und erst bei einer relativen Lichtintensität von weniger als 3% ist bei Keimlingen kein Zuwachs mehr zu beobachten [33].

HILFREICH [35] nennt die für den Spitz- wie für den Berg-Ahorn besonders günstigen **Standort**sgruppen:

- tiefgründige, feuchte, mineralisch kräftige und zerklüftete Geröllböden mit guter Wasserzufuhr, insbesondere auf Kalk, Basalt und Porphyr;
- frische bis mäßig frische, tiefgründige Verwitterungsböden an leichten bis steilen Hängen, Bergrücken und schwach geneigten Plateaus;
- wechselfeuchte bis trockene, gleyartige Lehm- und Feinsandböden und auch frische bis mäßig frische, mittel- bis tiefgründige, lehmige Sand- und sandige Lehmböden;
- Steinböden mit sandig-toniger bis lehmig-sandiger Feinerde.

Hinzu kommen für den Spitz-Ahorn noch die Auenwaldstandorte.

Hervorzuheben sind die bodenverbessernden Eigenschaften des Spitz-Ahorns, die durch die tiefe Durchwurzelung und ein günstiges C/N-Verhältnis der Streu bedingt sind [35]. Dieses liegt nach ULRICH [83] zwischen 25 bis 40 und bedeutet damit eine gute Zersetzbarkeit der Streu. Generell ist die Streu des Spitz-Ahorns besser abbaubar als die des Berg-Ahorns [35]. Die Zersetzbarkeit liegt damit zwischen der Esche (C/N: 12 bis 25) und der Buchen- und Eichenstreu (C/N: ≥40).

Nach SACHSE [66] bevorzugen beide Ahornarten zwar hohe **pH**- und **Stickstoff**werte, besitzen aber eine breite physiologische Amplitude. pH-Werte von 3,4 im Oberboden werden vom Spitz-Ahorn noch toleriert.

A. platanoides ist wärmebedürftig und bevorzugt daher sommerwarme Standorte mäßiger Kontinentalität. Gegen Winterkälte ist er mäßig empfindlich [21]. In Skandinavien verlangt die Art eine mittlere Sommertemperatur von 12,5 °C (WILLE nach [32]).

Aus einem Vergleich der mittleren **Feuchtigkeit**szeigerwerte für Bestände mit Spitz-Ahorn- und Berg-Ahornvorkommen lassen sich deutlich geringere Feuchteansprüche des Spitz-Ahorns ableiten [66]. Diese lassen sich auch aus dem kontinentaleren Verbreitungsgebiet und aus seiner starken Ausbreitung in Stadtgebieten ableiten.

Zusammenfassend kann man sagen, daß der Spitz-Ahorn bezüglich Wasser- und Nährstoffversorgung genügsamer ist als *A. pseudoplatanus*. Dagegen ist er wärmebedürftig und besiedelt bevorzugt sommerwarme Standorte mäßiger Kontinentalität [21].

Konkurrenzverhalten und Vergesellschaftung

Da der Spitz-Ahorn nur Höhen von 25 bis 30 m erreicht, gelangt er von Natur aus fast nirgends zur Dominanz [21]. Die Konkurrenzeigenschaften (z.B. Schattentoleranz, Höchstalter etc.) sind in ihrer Gesamtheit als eher mittelmäßig einzustufen [19]. Lediglich ZEIDLER [91] beschreibt einen Ahorn-Lindenwald an sonnseitigen Steilhängen des Frankenwaldes, in dem der Spitz-Ahorn als Hauptbaumart von Winterlinde und Berg-Ahorn begleitet wird.

A. platanoides gehört zu den Charakterarten des *Tilio-Acerion* [19, 52] und ist dabei besonders im Eschen/Ahorn-Steinschutt-Hangwald *(Fraxino-Aceretum)* vertreten.

Er kommt nur selten in folgenden Buchenwaldgesellschaften vor [19]: Feuchte Braunmull-Buchenwälder *(Galio odorati-Fagetum allietosum)*, Kalkbuchenwälder *(Lathyro-Fagetum)* und Trockenhang-Buchenwälder *(Carici-Fagetum)*.

Besonders stetig (49%) erscheint die Art in den Lindenmischwäldern *(Asperulae (odoratae)-Tilietum)*. Diese von KELLER [41] ausgeschiedene Subassoziation wird von MÜLLER [48] nur als geographische Variante des *Aceri platanoides-Tilietum platyphylli* aufgefaßt, welche zum Unterverband der termophilen Lindenmischwälder *(Tilienion platyphylli)* innerhalb des *Tilio-Acerion* gehört. Deren Standorte charakterisiert ELLENBERG [19] folgendermaßen: große Niederschlagsmenge und Einstrahlungswärme im Sommer, infolge häufiger Föhnwinde warme Winter- und Frühjahrsmonate und zeitweilig sehr hohe Lufttrockenheit, ausreichende Feuchtigkeit im Wurzelraum sowie Basenreichtum und nachschaffende Kraft des instabilen Bodens. Hinzu kommt jedoch auch eine jahrhundertelange Bewirtschaftung dieser Bestände als Niederwald, die die Konkurrenz der Buche verhinderte. Die Art tritt außerdem in Linden/Hainbuchenwäldern *(Tilio-Carpinetum)* außerhalb des Buchenareals auf (z.B. Urwald Bialowiecza/Polen).

Die Instabilität der Hänge hat für die Erhaltung dieser Ahorn-Lindenwälder große Bedeutung, die bei Verfestigung des Hanges in Buchenwaldgesellschaften übergehen [48]. Die etwas geringere Wuchsleistung dieser Bestände spielt keine Rolle, da Bestände an instabilen Hängen heute überwiegend eine wichtige Funktion als Schutzwälder haben.

Für Bayern wird ferner das Vorkommen des Spitz-Ahorns in den wasserbeeinflußten Aue- und Bach-Erlen-Eschenwäldern genannt [69].

SACHSE [66] sieht den Verbreitungsschwerpunkt des Spitz-Ahorns in einigen Gesellschaften des *Carpinion betuli*, gefolgt vom *Alno-Padion* und *Fagion sylvaticae*. Daneben weist sie auf das rezente Auftreten auch in Gesellschaften der *Quercion robori-petraeae* und des *Vaccinio-Piceion* in der Verjüngung hin, in denen er ursprünglich nicht vorhanden war.

Diese Zusammenstellung zeigt, daß *A. platanoides* bisher nur in Gesellschaften vorkommt, die ihrerseits auf sehr begrenzten Flächen auftreten. Nach den Ergebnissen einer Stichprobeninventur aus Bayern tritt der Spitz-Ahorn dort nur auf einer Gesamtfläche von 250 ha auf, im Vergleich dazu *A. campestre* auf 285 ha und *A. pseudoplatanus* auf 7859 ha [69]. Diese Ergebnisse können jedoch auch bedeuten, daß der Spitz-Ahorn seine wichtigste Rolle vor allem in den Verjüngungsstadien verschiedener anderer Gesellschaften spielt [66].

Pathologie

Das Spitz-Ahorn-Sterben, eine Komplexkrankheit, führt an 15- bis 30jährigen Spitz-Ahornen unter verschiedenen Symptomen zu Schäden und Ausfällen. Sie tritt auch bei Heisterpflanzen in Baumschulen auf [54] und grassiert sowohl auf Auenstandorten [25, 53] wie auf Kalkstandorten [12]. Drei Schadbilder können allein oder kombiniert auftreten:

- Absterbeerscheinungen im Stamm- und Kronenbereich und Dürrewerden der Krone,
- eine von der Stammbasis ausgehende dunkle Rindenfärbung,
- Rindennekrosen mit schwarzen Flecken.

Als Ursache für das Syndrom wird in der Hauptsache das Zusammenwirken ungünstiger Standort- und Klimafaktoren, gefolgt von Infektionen pilzlicher Sekundärparasiten, diskutiert [25, 53, 54]. Gegenmaßnahmen sind u.a. das Verbrennen der abgestorbenen Pflanzen [25], aber insbesondere eine rechtzeitige Durchforstung mit Kronenpflege zur Konkurrenzvermeidung [25, 53].

Eine besonders auffällige Blattkrankheit ist der Ahornrunzelschorf (Erreger: *Rhytisma acerinum* (PERS.) FR. *(Rhytismataceae)*). Die Infektion findet im Frühjahr statt und geht von am Boden liegenden, alten Blättern aus. Typisch sind die etwa 2 cm großen, glänzend schwarzen, unregelmäßig gestalteten, oft mit einem hellen Rand umgebenen Flecken auf der Blattoberseite. Der Pilz ist wirtschaftlich ohne Belang und läßt sich durch Entfernen der Laubstreu fernhalten [10].

Wichtiger ist die durch den Ascomyceten *Nectria cinnabarina* (TODE) FR., einen Wundparasiten, ausgelöste Rotpustelkrankheit. Der Pilz dringt durch Rindenverletzungen ein und befällt vornehmlich Jungwuchs – häufig in Baumschulen. Typische Symptome sind Blattwelke und Zweigdürre. Gut zu erkennen ist der Pilz an seinen leuchtend roten, im Winter auf der Rinde erscheinenden, stecknadelkopfgroßen Fruchtkörpern [10].

Weitere, oft weniger bedeutsame Pilzerkrankungen, wie zum Beispiel die Verticillium-Welke *(Verticillium alboatrum* REINKE et BERTH. oder *V. dahliae* KLEB.), der Ahornkeimlingspilz (*Cercospora acerina* HTG.), der Ahorn-Hexenbesen (*Taphrina acerina* ELIASB.) und der Ahornmehltau (*Uncinula tulasnei* FUCKEL oder *U. bicornis* (WALLR.) LÉV.) werden bei BUTIN [10] und SCHWERDTFEGER [76] beschrieben.

Die zwei Nematoden-Arten *Pratylenchus penetrans* COBB und *Longidorus maximus* BÜTSCHLI sind als Schädlinge sowohl beim Spitz- wie auch beim Berg-Ahorn nachgewiesen. Als Schadsymptome der in den Wurzeln parasitierenden Fadenwürmer treten auf [74]:

- Wachstumshemmungen
- Blattverfärbungen
- Verdickungen im Wurzelbereich
- Veränderungen an Sproß und Blättern
- Reduktion des Feinwurzelsystems
- Bildung von Läsionen.

Wenn die Nematodenfauna des Bodens chemisch abgetötet wurde, konnten erhebliche Zuwachsgewinne bei beiden Baumarten nachgewiesen werden.

Es werden nur wenige Käfer beschrieben, die spezifisch am Spitz-Ahorn vorkommen. Zu ihnen gehört der 3 bis 4,5 mm große Ahornsplintkäfer *Scolytus koenigi* SCHEW. Er ist an seinem Fraßbild zu erkennen, das aus einem 1,5 bis 3 cm langen und 3 mm breiten, tief den Splint furchenden Muttergang und zahlreichen, dicht beeinander stehenden, bis zu 12 cm langen Larvengängen besteht [76]. Weiterhin kommt am Spitz-Ahorn der Ahornsamen-Rüßler (*Bradybatus elongantulus* BOH.) vor [36]. Beide sind jedoch forstlich und wirtschaftlich recht unbedeutend. Dagegen können der Bunte Eschenbastkäfer (*Leperesinus varius* F.), der als Borkenkäfer die Brutgänge unter der Rinde anlegt, und die Maikäfer *Melolontha hippocastani* F. und *M. melolontha* L. zu erheblichen Schäden auch an Ahorn führen [75].

A. platanoides ist außerordentlich verbißgefährdet. Auch treten häufig Schäl- und Fegeschäden auf, die jedoch beim Spitz-Ahorn weniger gravierend sind als beim Berg-Ahorn, da ersterer durch raschere Borkenbildung die Gefährdungsperiode schneller überwindet [36].

Gefährdet ist der Spitz-Ahorn auch durch die im Wald vorkommenden Mausarten, die durch Benagen der Wurzeln oder des Stammfußes schädigen und außerdem viele Samen fressen [33, 36].

In jüngerem Alter ist der glatt- und dunkelrindige Spitz-Ahorn bei plötzlicher Freistellung durch Rindenbrand gefährdet. Andererseits wird er wegen des tiefreichenden Wurzelsystems auf den meisten Standorten als sehr sturmfest angesehen [35]. Eine Gefährdung durch Trockenheit ist daher allenfalls in Extremjahren zu befürchten.

Besonders die Jungpflanzen sind spätfrostgefährdet und können dann sogar absterben. Der relativ hohe Zuckergehalt im Zellsaft des Ahorns bewirkt eine hervorragende Kälteresistenz auch in extremen Wintern.

Bei sehr starker Kälte (unter –30 °C) kann es jedoch zur sog. Frostkernbildung kommen. Dabei werden vor allem Parenchymzellen geschädigt, die absterben oder die Fähigkeit verlieren, Thyllen zu bilden und Schutzstoffe einzulagern. Bei Luftzutritt kommt es zur graubraunen, sehr wechselhaften Verfärbung des Holzes, was auch zu den Bezeichnungen Grau- oder Spritzkern führte [35, 36].

A. platanoides ist widerstandsfähig gegen klassische Immissionen und wird daher für den Anbau in Industriezentren empfohlen [35]. Die Art wird als ozonresistent eingestuft [15] und gilt bei BUSCHBOM [9] als salzresistent, bei DÄSSLER [13] als empfindlich.

Eine ausführliche Zusammenstellung pflanzlicher und tierischer Schädlinge, die zwar den Spitz-Ahorn nicht spezifisch befallen, doch auf ihn ausweichen und dann beträchtliche Schäden verursachen können, findet sich bei HOFFMANN [36].

Nutzung und Mythologie

Die gute Eignung des Ahorns für Schreiner- und Drechslerarbeiten ließ ihn auch in den Forstordnungen des 16. Jahrhunderts Berücksichtigung finden. So schreibt die Hohenlohesche Forstordnung von 1579 vor, daß auch Ahorn im Mittelwaldbetrieb als Überhälter erhalten bleiben soll [46].

Im Außenbereich wird Spitz-Ahornholz aber nicht verwendet, da es sehr witterungsempfindlich und nicht dauerhaft ist [77].

Ahorn ist das klassische Holz für die Küche, denn es hat durch seine weiße Farbe ein besonders reines Aussehen. Außerdem werden aufgrund seiner Feinporigkeit Geschmackstoffe nicht so stark aufgenommen. Schließlich quillt das Ahornholz beim Waschen weniger als Hainbuche oder Buche. Hergestellt werden unter anderem Teigrollen, Fleischhämmer, (Koch-)Löffel, Platten, Bretter, Spekulatiusformen und vieles mehr. Dabei hat der Spitz-Ahorn einen Anteil von bis zu 30 % am verwendeten Ahornholz. In vielen verarbeitenden Betrieben werden Berg- und Spitz-Ahorn nicht getrennt, da ihre Holzeigenschaften und -farben ähnlich sind, in der Bearbeitung für die meisten Verwendungszwecke kaum Unterschiede auftreten und sie holzanatomisch sehr schwer zu unterscheiden sind. Das Holz des Spitz-Ahorns ist lediglich etwas langfaseriger, so daß die Gegenstände etwas rauher sind.

Des weiteren wird Spitz-Ahorn-Holz in der Möbeltischlerei eingesetzt (Massivholz als auch Furnier) und dort im wesentlichen zu Tischplatten und Schubladen verarbeitet.

„Man kann den Ahornbrettern und Bohlen eine schöne Mahagonyfarbe dadurch geben, daß man zuerst das Holz mit Scheidewasser benetzt, darauf nimmt man $^1/_2$ Loth gepulvertes Drachenblut, und $^1/_4$ Loth gepulverte wilde Ochsenzungenwurzel *Anchusa officinalis,* $^1/_8$ Loth Aloe, und zieht aus diesem Pulver mit $^1/_4$ Quart Branntwein eine Tinktur aus. Diese streicht man mit einem Schwamm oder Pinsel 2 bis 3 mal über die Bretter und läßt sie trocknen.“ [80].

Da das Holz aber mit der Zeit nachdunkelt und somit bei einem Zukauf weiterer Möbelstücke die Farben nicht zueinander passen, ist die Nachfrage rückläufig [26, 77]. Die seit langem wertvollsten Furnierhölzer liefern die eher beim Berg-Ahorn auftretenden, aus Wuchsanomalien stammenden Riegel- und Vogelaugen-Ahorne [22, 36, 92]. Sie werden als Deckfurniere für kleinere Arbeiten genutzt. Der Riegel-Ahorn wird seit langem für Geigenböden verwendet („Fiddle-back maple“) [92].

Ahornparkett gilt als besonders wertvoll und zeichnet sich durch einen hohen Abnutzungswiderstand aus [26].

Auf dem Spielzeugmarkt liegt der Ahornanteil stabil bei etwa 30%. Das Ahornholz ist besonders gut für die Herstellung weicher, abgerundeter Kanten geeignet, wird jedoch auf Grund des Preises häufig durch Buche und Erle verdrängt [77]. Es wird seit langem zur Herstellung von Kegeln und Kegelkugeln verwendet [79].

Eine ausführliche Zusammenstellung der Verwendungsmöglichkeiten des Ahornholzes ist bei HOFFMANN [36] wiedergegeben. Hierzu zählen auch die Nutzung als Brennholz und zur Pottaschegewinnung, zu denen sich das Ahornholz nach SPONEK [80] hervorragend eignet.

Die Borke fand bisweilen als Lohe Verwendung zum Gerben [32]. Aus dem Laub wurden Salate zubereitet (daher auch der Name „Salatbaum“) oder Viehfutter gewonnen.

Da der „Blutungssaft“ von *A. platanoides* nur einen Zuckergehalt von 1,1 bis 3,5% (nach SCHRÖDER [72] 1,15 bis 3,71%) beträgt, lohnt sich nach HEGI [32] die früher betriebene Zuckergewinnung nur noch im Kleinbetrieb. Sie muß während der „Blutungsperiode“ erfolgen, die ab der ersten Aprilwoche etwa einen Monat anhält [72]. Da neben Saccharose auch Vanillin im Saft enthalten ist, soll der gewonnene Zucker ein angenehmes Aroma haben [32]. Die Zuckergewinnung wurde nach SPONEK [80] sehr intensiv, insbesondere an älteren Bäumen betrieben. Da diese aber selten waren und der lohnende Zeitraum nur 6 bis 8 Jahre umfaßt, wurden in Niederwäldern bereits die 25- bis 30jährigen, nicht ganz so ertragreichen Stämme angebohrt. Dies verkürzte die Umtriebszeit.

Im Volksglauben ist der Spitz-Ahorn ein wirksamer Schutz gegen Hexen. In Mecklenburg kann man die Hexen dadurch von den Ställen abhalten, daß man Zapfen aus Ahornholz in die Türen und Schwellen einschlägt [32]. Die Medizin nutzte einen Sud aus Ahornblättern gegen Augenentzündungen [80].

Die wichtigste Nutzung des Spitz-Ahorns liegt heute in der Garten- und Parkgestaltung. Aufgrund seiner Formenvielfalt und Herbstfärbung findet man ihn in vielen Parks. Auch Alleen wurden mit Spitz-Ahorn angelegt, und bei der Anlage von Waldrändern wird er aus landschaftsgestalterischen Gründen berücksichtigt [26]. SPONEK [80] empfiehlt schließlich den Anbau von Ahorn zum Schutz der Gehöfte gegen starken Wind.

Abb. 10: Herbstverfärbung

Abb. 11: Durch Lichtmangel im Wachstum stagnierende Naturverjüngung („Oskar-Syndrom")

Verschiedenes

Der Name Ahorn ist seit alters in ganz Deutschland verbreitet. Er geht hauptsächlich auf die germanischen Silben „ahurna", „ahira" und „ahura" zurück. Sie stehen in sehr engem Zusammenhang zu dem Wort „Horn", womit auch heute noch die Ahornfrüchte von spielenden Kindern bezeichnet werden. Daneben hat sich jedoch eine Vielzahl von mundartlichen Namen herausgebildet, die sowohl germanischen, slawischen als auch griechischen und romanischen Ursprungs sind. Dabei werden unterschiedliche Wuchsformen, Holzeigenschaften etc. der drei in Mitteleuropa vorkommenden Ahornarten berücksichtigt. Hierzu gehören auch die Namen „Milchbaum" und „Lenne". Eine ausführliche Analyse der unterschiedlichen Wortstämme, deren regionaler Verbreitung sowie deren Ursprünge und Bedeutung gibt MITZKA [47].

Weiterführende Literatur

[1] AL SOUS, I., 1991: Beitrag zur Charakterisierung von Arten der Gattung Acer L. durch Untersuchungen an Samen und Keimlingen. Diss. TU Dresden.

[2] ANONYMUS, 1992: Die einheimischen und die wichtigsten fremdländischen Baumarten. Inst. f. Waldbau, Abt. Waldbau d. Tropen u. Naturwaldforschung. Göttingen.

[3] BÄRTELS, A., 1996: Gehölzvermehrung. 4. Aufl. Ulmer, Stuttgart.

[4] BARTELS, H., 1993: Gehölzkunde – Einführung in die Dendrologie. Ulmer, Stuttgart.

[5] BERTSCH, K., 1951: Geschichte des deutschen Waldes. 3. Aufl. Fischer, Jena.

[6] BÖHLMANN, D., 1970: Anatomisch-histologische Untersuchungen im Bereich der Astabzweigung bei Nadel- und Laubbäumen. V. Die anatomisch-histologischen Unterschiede im Verzweigungsbereich zwischen der Fruchtstandachse und den benachbarten Seitenachsen von Acer platanoides L. und Acer pseudoplatanus L. Allg. Forst- u. Jagdz. **141**, 250-253.

[7] BUCHENAU, F., 1861: Morphologische Bemerkungen über einige Acerineen. Bot. Z. **19**, 265-286.

[8] BURSCHEL, P.; HUSS, J., 1987: Grundriß des Waldbaus – ein Leitfaden für Studium und Praxis. Parey, Hamburg/Berlin.

[9] BUSCHBOM, U., 1968: Salzresistenz oberirdischer Sproßteile von Holzgewächsen. I. Chlorideinwirkung auf Sproßoberflächen. Flora **157**, 527-561.

[10] BUTIN, H., 1995: Krankheiten der Wald- und Parkbäume. 3. Aufl. Thieme, Stuttgart/New York.

[11] CLARKE, G.C.S.; JONES, M.R., 1980: Aceraceae. In: PANT, W. u. CLARKE, G.C.S. (eds.): The Northwest European Pollen Flora II. Amsterdam/Oxford/New York, 181-193.

[12] CONRAD, J., 1964: Schleimflußkrankheit auch beim Spitz-Ahorn. Allg. Forstz. **19**, 730.

[13] DÄSSLER, H.-H., 1991: Einfluß von Luftverunreinigungen auf die Vegetation. 4. Aufl. Fischer, Jena.

[14] DAVIES, H.V.; PINFIELD, N.J., 1980: Utilisation of food reserves by embryos of Acer platanoides L. during after-ripening. Z. Pflanzenphysiol. **96**, 59-65.

[15] DAVIS, D.D.; WILHOUR, R.G., 1976: Susceptibility of woody plants to sulphur dioxide and phytochemical oxidants. US Environmental Protection Agency Publication EPA-600/3-76-102 (Corvallis, Oregon), 1-71.

[16] DE JONG, P.C., 1976: Flowering and sex expression in Acer L. Medel. Landb.-hogesch. Wageningen. **82**, 1-19.

[17] DELENDICK, T.J., 1981: A systematic review of the Aceraceae. Diss. Univ. New York.

[18] DEMAGGIO, A.E.; FREEBERG, J.A., 1969: Dormancy development in Acer platanoides. Morphological and histological characteristics. Phytomorphology **19**, 22-27.

[19] ELLENBERG, H., 1996: Vegetation Mitteleuropas mit den Alpen in ökologischer, dynamischer und historischer Sicht. 5.Aufl. Ulmer, Stuttgart.

[20] ERTELD, W., 1957: Forstnutzung auf holzkundlicher Grundlage. Neumann, Radebeul.

[21] ETH ZÜRICH, Professur für Waldbau und Professur für Forstschutz & Dendrologie, 1992: Acer platanoides L., 1- 6.

[22] FABRICIUS, L., 1935: Die Forstbenutzung – ein Lehr- und Handbuch. 13. Aufl. Parey, Berlin.

[23] FIRBAS, F., 1949: Spät- und nacheiszeitliche Waldgeschichte Mitteleuropas nördlich der Alpen. 1. Band: Allgemeine Waldgeschichte. Fischer, Jena.

[24] GARCKE, A., 1972: Illustrierte Flora. Deutschland und angrenzende Gebiete. 23. Aufl. Parey, Hamburg/Berlin.

[25] GRAF, J.W., 1982: Untersuchungen zur Aufklärung des „Spitz-Ahornsterbens". Diss. Univ. München.

[26] GRIESCHE, C.; KRÖMER-BUTZ, S., 1994: Die Ahorne. Unser Wald **44**, 17-20.

[27] HALLIER, E., 1884: Flora von Deutschland. 16. Band. Köhler, Gera.

[28] HARAGSIM, O., 1977: The nectar secretion of maple (Acer platanoides L.) and sycamore (A. pseudoplatanus L.). Apidiologie **8**, 363-368.

[29] HARLEY, J.L.; HARLEY, E.L., 1987: A check-list of mykorrhiza in the British flora. Suppl. New Phytol. **105**, 1-102.

[30] HARREN, K., 1982: Wachstum von Acer pseudoplatanus und Acer platanoides auf Kippenstandorten der Rheinischen Braunkohlen AG. Dipl.Arb. Univ. Göttingen.

[31] HASEL, K., 1985: Forstgeschichte – ein Grundriß für Studium und Praxis. Parey, Hamburg/Berlin.

[32] HEGI, G., 1925: Illustrierte Flora von Mitteleuropa. Band V, 1. Teil, Dicotyledones. Parey, Hamburg/Berlin.

[33] HELLIWELL, D.R., 1965: Factors influencing the growth of sycamore and Norway maple. Quarterly Journal of Forestry **59**, 327-337.

[34] HEMPEL, W., 1979: Die Verbreitung der wildwachsenden Gehölze in Sachsen. Gleditschia **7**, 34-72.

[35] HILFREICH, H., 1991: Forstliches und Nichtforstliches über den Ahorn. Der Waldwirt **4**, 55-59.

[36] HOFFMANN, E., 1960: Der Ahorn. Wald-, Park- und Straßenbaum. VEB Deutscher Landwirtschaftsverlag, Leipzig.

[37] HOLDHEIDE, W., 1951: Anatomie mitteleuropäischer Gehölzrinden. In: H. FREUND: Handbuch der Mikroskopie in der Technik, Bd. V/1: 193-368. Umschau, Frankfurt.

[38] JAHN, G., 1936: Bemerkenswerte Gehölze im Botanischen Garten der Forstlichen Hochschule in Hann. Münden. II. Die Vererbung der Fingerblättrigkeit beim Spitz-Ahorn. Mitt. Dt. Dendrol. Ges. **48**, 214-219.

[39] JULIN-TEGELMAN, A.; PINFIELD, N.J., 1983: Changes in the levels of endogenous cytokinin-like substances during cold-induced germination of Acer platanoides L. seeds. Z. Pflanzenphysiol. **119**, 85-95.

[40] KARTUSCH, B., 1980: Die photosynthetische Leistung zweier Laubbaumarten (Acer platanoides L. und Platanus acerifolia WILLD.) im großstädtischen Biotop. Flora **170**, 114-126.

[41] KELLER, W., 1974: Der Lindenmischwald des Schaffhauser Randes. Ber. Schweiz. Bot. Ges. **84**, 105-122.

[42] KÖSTLER, J.N.; BRÜCKNER, E.; BIBELRIETHER, H., 1968: Die Wurzeln der Waldbäume. Untersuchungen zur Morphologie der Waldbäume in Mitteleuropa. Parey, Hamburg/Berlin.

[43] KRÜSSMANN, G., 1976: Handbuch der Laubgehölze. Band 1. 2. Aufl. Parey, Hamburg/Berlin.

[44] MAI, D.H., 1983: Studien an Endokarpien europäischer und westasiatischer Arten der Gattung Acer L. (Aceraceae). Gleditschia **10**, 37-57.

[45] MAI, D.H., 1984: Die Endokarpien bei der Gattung Acer L. (Aceraceae) – eine biosystematische Studie. Gleditschia **11**, 17-46.

[46] MANTEL, K., 1980: Forstgeschichte des 16. Jahrhunderts unter dem Einfluß der Forstordnungen und Noe Meurers. Parey, Hamburg/Berlin.

[47] MITZKA, W., 1950: Der Ahorn. Untersuchungen zum deutschen Wortatlas. Gießener Beitr. Dt. Philologie. Schmitz, Gießen.

[48] MÜLLER, T., 1990: Tilio platyphylli - Acerion pseudoplatani. In: OBERDORFER, E. (Hrsg.), 1992: Süddeutsche Pflanzengesellschaften, Teil VI: Wälder und Gebüsche. 2. Aufl. Fischer, Stuttgart/New York.

[49] NAGEL, J., 1985: Wachstumsmodell für Bergahorn in Schleswig-Holstein. Diss. Forstwiss. Fachber. Univ. Göttingen.

[50] NAPP-ZINN, K., 1973: Anatomie des Blattes. Berlin/Stuttgart.

[51] NOWAK, D.J., 1986: Silvics of an urban tree species: Norway maple (Acer platanoides). MS Thesis SUNY-College of Env. Sci. and Forestry, Syracuse, New York.

[52] OBERDORFER, E., 1992: Süddeutsche Pflanzengesellschaften, Teil VI: Wälder und Gebüsche. 2. Aufl. Fischer, Stuttgart/New York.

[53] OHLBERG-KALLFASS, R. , 1978: Starkes Auftreten von Spitz-Ahorn- und Ulmensterben im Oberrheintal. Allg. Forstz. **33**, 380-381.

[54] PAPE, H., 1926: Absterben eines Bestandes von Spitz-Ahorn. Mitt. Dt. Dendrol. Ges. **37**, 353-354.

[55] PAX, F., 1885: Monographie der Gattung Acer L. Botanische Jahrbücher **6**, 287-374.

[56] PAX, F., 1897: Aceraceae. In: Engler, A. (Hrsg.) Die natürlichen Pflanzenfamilien nebst ihren Gattungen und wichtigsten Arten insbesondere den Nutzpflanzen. Band **III**, Teil 5. Engelmann, Leipzig.

[57] PINFIELD, N.J.; DAVIES, H.V., 1978: Hormonal changes during after-ripening of Acer platanoides L. seeds. Z. Pflanzenphysiol. **90**, 171-181.

[58] PINFIELD, N.J.; DUNGEY, N.O., 1985: Seed dormancy in Acer: An assessment of the role of structures covering the embryo. J. Plant. Physiol. **120**, 65-81.
[59] PIRC, H., 1994: Ahorne. Ulmer, Stuttgart.
[60] PUKACKA, S., 1983: Phospholipid changes and loss of viability in Norway maple (Acer platanoides L.) seeds. Z. Pflanzenphysiol. **112**, 199-205.
[61] PUKACKA, S., 1991: Changes in membrane lipid components and antioxidant levels during natural ageing of seeds of Acer platanoides. Physiol. Plant. **82**, 306-310.
[62] RÖHRIG, E.; GUSSONE, H.A., 1990: Baumartenwahl, Bestandesbegründung und Bestandespflege. In: A. DENGLER: Waldbau auf ökologischer Grundlage. 2. Band. Parey, Hamburg/Berlin.
[63] ROHMEDER, E., 1972: Das Saatgut in der Forstwirtschaft. Parey, Hamburg/Berlin.
[64] ROLOFF, A., 1993: Kronenentwicklung und Vitalitätsbeurteilung ausgewählter Baumarten der gemäßigten Breiten. Schriften a. d. Forstl. Fak. d. Uni. Göttingen u. d. Nieders. Forstl. Vers. Anst. Band **93**. 2. Aufl. Sauerländer's, Frankfurt/M.
[65] ROLOFF, A.; BÄRTELS, A., 1996: Gehölze. Ulmer, Stuttgart.
[66] SACHSE, U., 1989: Die anthropogene Ausbreitung von Berg- und Spitz-Ahorn. Schriftenreihe FB Landschaftsentwicklung, TU Berlin.
[67] SACHSSE, H., 1984: Einheimische Nutzhölzer und ihre Bestimmung nach makroskopischen Merkmalen. P. Parey, Hamburg/Berlin.
[68] SAVCENKO, A.J., 1955: Beschleunigte Vorbereitung von Spitz-Ahornsamen für die Aussaat. In: Erkenntnisse der sowjetischen Forstwirtschaft. Sonderheft Forst u. Jagd **11**, 24-25.
[69] SCHMIDT, O., 1993: Der Spitz-Ahorn – ein vergessener Waldbaum? Forst und Holz **48**, 15-16.
[70] SCHMIDT, W., 1993: Sukzession und Sukzessionslenkung auf Brachflächen – neue Ergebnisse aus einem Dauerflächenversuch. Scripta Geobot. **20**, 65-104.
[71] SCHOLZ, E., 1960: Blütenmorphologische und -biologische Untersuchungen bei Acer pseudoplatanus L. und Acer platanoides L. Der Züchter **30**, 11-16.
[72] SCHRÖDER, J., 1869: Beitrag zur Kenntnis der Frühjahrsperiode des Ahorn (Acer platanoides). Jahrb. f. wiss. Botanik 7, 261-343.
[73] SCHÜPP, O., 1929: Untersuchungen zur beschreibenden und experimentellen Entwicklungsgeschichte von Acer pseudoplatanus L. Jahrb. f. wiss. Bot. **70**, 742-804.
[74] SCHWENKE, W., 1972: Die Forstschädlinge Europas. 1. Band: Würmer, Schnecken, Spinnentiere, Tausendfüßler und hemimethabole Insekten. Parey, Hamburg/Berlin.
[75] SCHWENKE, W., 1974: Die Forstschädlinge Europas. 2. Band: Käfer. Parey, Hamburg/Berlin.
[76] SCHWERDTFEGER, F., 1981: Die Waldkrankheiten. Ein Lehrbuch der Forstpathologie und des Forstschutzes. Parey, Hamburg/Berlin.
[77] SONNABEND, J., 1989: Das Holz des Ahorns und seine heutige Verwendung. Holz-Zentralbl. **111**, 1680-1682.
[78] SPÄTH, L., 1930: Späth-Buch 1720-1930. Berlin.
[79] SPETHMANN, W.; NAMVAR, K., 1985: Der Bergahorn und die Gattung Acer. Allg. Forstz. **42**, 1126-1131.
[80] SPONEK, GRAF VON, 1811: Über den Anbau und Behandlung des wein- und spitzblättrigen Ahorns (Acer pseudoplatanus und Acer platanoides) mit Rücksicht auf Zucker-Benutzung. Heidelberg.
[81] TILLBERG, E.; PINFIELD, N.J., 1982: Changes in abscisic acid levels during after-ripening and germination of Acer platanoides L. seeds. New Phytol. **92**, 167-172.
[82] TROLL, W., 1954: Praktische Einführung in die Pflanzenmorphologie. Fischer, Jena.
[83] ULRICH, B., 1988: Stoffhaushalt von Wald-Ökosystemen. Bioelement-Haushalt. Inst f. Bodenk. u. Waldernährung. Univ. Göttingen.
[84] VAN GELDEREN, D.M.; DE JONG, P.C.; OTERDOOM, H.J., 1994: Maples of the World. Portland, Oregon.
[85] WEDEL, K., 1964: Untersuchungen über Eigenschaften, Verwertung und Verwendung des Ahornholzes. Diss. Forstl. Fak. Univ. Göttingen.
[86] VOLQUARDTS, G., 1958: Die Esche in Schleswig-Holstein. Ertragskundlich-waldbauliche Untersuchungen. Diss. Forstl. Fakultät Univ. Göttingen.
[87] WAGENFÜHR, R., 1996: Holzatlas. 4. Aufl. Fachbuchverlag, Leipzig.
[88] WALTON, G.S., 1969: Phytotoxicity of NaCl and $CaCl_2$ to Norway maple. Phytopathology **59**, 1412-1415.
[89] WINKLER, B., 1993: Analyse von Buchen/Edellaubholz-Naturverjüngungen im Forstamt Bovenden unter dem Aspekt der „Verahornung". Dipl.Arb. Univ. Göttingen.
[90] WITTROCK, V.B., 1886: Über die Geschlechtervertheilung bei Acer platanoides L. und einigen anderen Acer-Arten. Bot. Centralbl. 7, 55-68.
[91] ZEIDLER, H., 1953: Waldgesellschaften des Frankenwaldes. Mitt. Flor. Arbgem. **43**, 88.
[92] ZEITLINGER, H.J., 1990: Die Ahorne. Österreichische Forstz. **38**, 39-42.
[93] ZÜGE, J., 1986: Wachstumsdynamik eines Buchenwaldes auf Kalkgestein - mit besonderer Berücksichtigung der interspezifischen Konkurrenzverhältnisse. Diss. Univ. Göttingen.

Die Autoren:

Prof. Dr. ANDREAS ROLOFF und
Dipl.-Forstw. ULRICH PIETZARKA
Institut für Forstbotanik und Forstzoologie und
Forstbotanischer Garten der TU Dresden
Pienner Str. 7
D-01737 Tharandt

Acer rubrum Linné, 1753

syn.: Acer drummondii Hook. et Arn. ex Nutt., 1846

Rotahorn

Familie: Aceraceae

engl.: Red maple, Scarlet maple
Swamp maple, Water maple
franz.: Érable rouge

Abb. 1: Acer rubrum. Junger Solitär im Sommer und im Herbst

Abb. 2: Natürliches Areal, nach WALTERS und YAWNEY [38]

Acer rubrum verdankt seinen Namen den attraktiven roten Blüten, die lange vor den Blättern erscheinen und daher besonders auffallen. Der mittelhohe, oft aus Stockausschlägen hervorgehende und dann mehrstämmige, sommergrüne Waldbaum besiedelt vom Nordosten bis zum Südosten des nordamerikanischen Kontinents ein riesiges Areal und besitzt eine erstaunliche Anpassungsfähigkeit an unterschiedliche Klima- und Standortsverhältnisse. Oft wächst er auf anmoorigen, zeitweise überschwemmten Böden, nicht selten auch auf trockenen Sanden und felsigen Kuppen.

A. rubrum bildet Holz mäßiger Qualität und gehört nicht zu den wichtigen Wirtschaftsholzarten; wohl aber ist er eine konkurrenzstarke Pionierart, deren Anteil am Baumartenspektrum allmählich zunimmt. Große Beachtung findet er in der Landschaftspflege sowie als Zierelement in Parks und Gärten. Gründe dafür sind neben Frosthärte, Dürrefestigkeit und Anspruchslosigkeit vor allem die geradezu überwältigende Brillianz der Herbstverfärbung. Keine andere Art setzt dem „Indian Summer“ des amerikanischen Nordostens derartige Glanzlichter auf.

Verbreitung

Acer rubrum kommt in weiten Teilen des östlichen Nordamerika natürlich vor. Sein Verbreitungsgebiet wird vom 55. und 95. Grad w. L. und vom 25. und 50. Grad n. B. begrenzt. In Nord-Süd-Richtung erstreckt es sich von Neufundland und Quebec bis nach Florida; nach Westen reicht es bis Minnesota, Manitoba und Texas [38]. Im „corn-belt“ fehlt die Art.

In den USA gehört der Rotahorn wenigstens 10 verschiedenen ökologischen Bereichen an [19] und hat eine Höhenverbreitung von NN bis 900 m ü. NN in den südlichen Appalachen.

Schon 1665 wurde die Art erstmals in Europa kultiviert. Heute ist sie in mitteleuropäischen Sammlungen regelmäßig vertreten [24], wird aber nicht forstlich angebaut.

Beschreibung

Im natürlichen Habitat kommen Rotahorne entweder als einstämmige Bäume oder als polykorme, aus Stockausschlägen entstandene Exemplare vor. Im allgemeinen erreichen sie Höhen von 19 bis 27 m, einen mittleren Stammdurchmesser (BHD) von 46 bis 76 cm [38] und bauen eine aus aufstrebenden und ausladenden Ästen gebildete, konische oder breite Krone auf. Der größte registrierte Baum mißt 38 m in der Höhe, 1,4 m im BHD und hat einen Kronendurchmesser von 33 m [23]. Das Lebensalter liegt i. d. R. bei 150 Jahren [13].

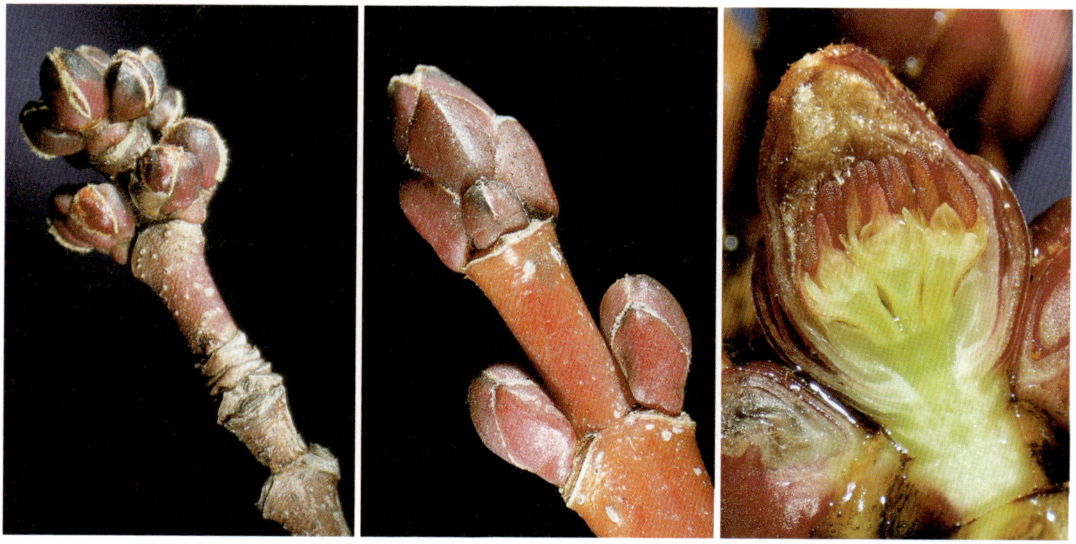

Abb. 3: Terminal stehende Gruppe von Blütenknospen (links), vegetative Knospen, terminal und lateral (Mitte) und generative Knospe im Längsschnitt. Die Tegmente flankieren Primordien von Perianth, Stempel und (erkennbaren) Antheren (rechts).

Knospen, Blätter und junge Triebe

Die Winterknospen haben rötliche oder hellrote, deutlich dachziegelartig übereinandergreifende Tegmente. Terminalknospen stehen einzeln, sind stumpf spindelförmig, 5 bis 6 mm lang, ca. 3 mm breit und weisen zwei, gelegentlich auch drei Tegmentreihen auf.

Demgegenüber haben die stets lateral angeordneten Blütenknospen runde oder fast runde Gestalt und bleiben in der Größe etwas zurück (3 bis 4 : 2 bis 3 mm). Noch kleiner sind die mit dicht anliegenden Tegmenten versehenen vegetativen Seitenknospen (2 bis 3 : 1 bis 1,5 mm).

Die einfachen, gelappten, im Umriß delta- bis herzförmigen Laubblätter haben 5 bis 15 cm lange und 4 bis 12 cm breite Spreiten und sind mit einem 5 bis 8 cm langen, meist rötlichen, gelegentlich auch grünen Stiel versehen. Kennzeichnend sind 3 bis 5 kurz zugespitzte, unregelmäßig gesägte Lappen. Während des Blattwachstums ist die Unterseite gewöhnlich behaart. Danach werden die Blätter oberseits glänzend dunkelgrün, unterseits bleiben sie i. a. behaart, besonders entlang der Adern.

Junge Rotahorn-Zweige haben eine glatte, rote oder rötlich braune Rinde mit kleinen Blattnarben, in denen man 3 bis 7 Bündelspuren erkennen kann.

Abb. 4: Ober- und Unterseite von Blättern eines stammbürtigen Triebes

Abb. 5: Herbstverfärbung. Blätter desselben Baumes, am selben Tag gesammelt

Das Laub von *A. rubrum* unterliegt einer besonders eindrucksvollen Herbstverfärbung, die bei geschädigten Bäumen bereits Ende Juli einsetzt. Je nach den Wetterbedingungen findet sie zwischen Mitte September und Mitte Oktober ihren Höhepunkt. Zu dieser Zeit kommen alle Stufen zwischen Grün, Blassgelb, Orangerot und Purpurrot gleichzeitig in der selben Baumkrone und selbst am selben Blatt vor. Die Verfärbung dauert etwa zwei Wochen. Danach werden die Blätter braun und fallen ab, es sei denn, sie wurden zuvor und noch in voller Farbenpracht durch den Wind vom Zweig gelöst.

Abb. 6: Lateral angeordnete Blütenbüschel in Anthese

Blüten und Früchte

A. rubrum blüht noch vor dem Blattaustrieb. Die durch intensive Färbung der Blütenhülle und der Antheren auffallenden, roten bis scharlachroten, selten auch gelben Blüten werden zweigeschlechtig angelegt, fungieren aber entweder männlich oder weiblich. Sie sind monoezisch oder dioezisch verteilt. Bei Monoezie stehen fertile männliche und fertile weibliche Blüten aber an separaten Ästen [8].

Die kurzgestielten Blüten stehen in Büscheln oder Dolden. Die länglichen Kelchblätter entspringen einem Hypanthium. Kronblätter können etwas länger und schmaler sein als die Sepalen oder ganz fehlen. Die 5 bis 8 Staubblätter haben rote oder gelbe Antheren und durchsichtige Filamente. Der zweiblättrige Fruchtknoten weist zwei Loculamente mit jeweils 2 Samenanlagen auf. Es besteht marginale Placentation.

Die in 2 einsamige Nußfrüchte zerfallende Spaltfrucht hat 2 dünne, geriefte Flügel, welche V-förmig zueinander angeordnet sind. Mit fortschreitender Fruchtentwicklung rücken die ursprünglich konvergierenden Flügel weiter auseinander. Jede Teilfrucht ist 1,5 bis 2,5 cm lang und enthält einen dunkelroten, runzeligen Samen ohne Endosperm [20]. Verglichen mit anderen Ahorn-Arten sind *A. rubrum*-Samen sehr leicht. Im Mittel haben sie ein Tausendkorngewicht von 20 g.

Wurzelsystem

Die Wurzeln älterer Rotahorne verlaufen vorwiegend horizontal und verbleiben in den obersten 25 cm des Bodens. Senkrecht orientierte Wurzeln sind weit weniger häufig und auf einen 2 bis 3 m weiten Bereich um die Stammbasis beschränkt. In Sandböden können die Wurzeln in den C-Horizont vordringen und 1 bis 1,5 m Tiefe erreichen. Anders in Böden mit verfestigten Schichten, wo einzelne Wurzeln nur dann über 50 bis 75 cm Tiefe vordringen, wenn natürliche Risse oder Spalten vorhanden sind [16].

Verholzte Wurzeln haben einen exzentrischen Querschnitt und nehmen spitzenwärts nur wenig an Stärke ab. Sie werden bis zu 25 m lang und ihr jährlicher Längenzuwachs beträgt 0,5 bis 1 m. Die längsten verholzten Wurzeln kommen bei Bäumen geringer Vitalität vor, und auch die Bildung von Adventivwurzeln tritt gehäuft bei gestreßten oder verletzten Bäumen auf [16].

Die Spitzen der Feinwurzeln sind häufig mit Endomykorrhizen vom VA-Typ versehen. Im Labor gelangen Impfungen mit *Gigaspora gigantea* (Nicol. et Gerd.) Gerd. et Trappe und mit *Glomus macrocarpus* var. *geosporus* (Nicol. et Gerd.) Gerd. et Trappe [4] desweiteren dürften Ektomykorrhizen mit *Boletus*-, *Amanita*- und *Russula*-Arten vorkommen.

Holz und Borke

Zwischen Splint- und Kernholz treten bei *A. rubrum* keine Farbunterschiede auf. Beides ist weißlich, glänzt nicht und hat oft eine ins Graue gehende Tönung. Im Zentrum älterer Stämme kommen häufig säulenförmig ausgedehnte, hell rotbraune, leicht gräuliche Verfärbungen vor, die auf Stammverletzungen zurückgehen und nichts mit einem echten Farbkern zu tun haben [30].

Abb. 7: Unreife Früchte

Mit bloßem Auge sind die im Querschnitt zerstreut verteilten, relativ kleinen Gefäße kaum zu erkennen. Sie haben spiralige Wandverdickungen und einfache Durchbrechungen. Größere Tracheen erreichen Durchmesser bis 100 µm. Thyllen werden nicht gebildet, oft enthalten die Gefäße aber Ablagerungen gummöser Substanzen [35].

Die sehr homogen aufgebauten Holzstrahlen sind 1 bis 6 Zellreihen breit. Im Radialschnitt treten die dichtstehenden Holzstrahlen als „Spiegel" hervor.

Rotahorn-Holz ist von mittlerer Härte, geringer Widerstandsfähigkeit gegen Fäule und hat eine Rohdichte (r_{12}) von 0,51 bis 0,55 g/cm³ [22, 35]. Andere holzphysikalische Kennziffern lauten [9]:

Elastizitätsmodul	1,64 x 10^6 psi
Bruchfestigkeit	6.540 psi
Druckfestigkeit	1.000 psi
Scherfestigkeit	1.850 psi

Bei der Trocknung von waldfrischem Holz auf 6 % bzw. 0 % Wassergehalt betragen die Schwindungswerte:

tangential	6,6 %	bzw.	8,2 %	
radial	3,2 %	bzw.	4,0 %	
Volumen	10,5 %	bzw.	12,6 %	[35]

Junge Rotahorne bilden eine glatte, hellgraue und relativ dünne Borke. Bei älteren Bäumen ist sie rauh, dunkelgrün und löst sich in Längsstreifen ab.

Verjüngung und Anzucht

A. rubrum fruchtet regelmäßig und in großen Mengen. Bereits im Mai/Juni des ersten Jahres sind die Früchte reif und sie keimen oft noch im selben Sommer. Unter kontrollierten Bedingungen liegt die Keimrate meist über 75 %. Vorbehandlung des Saatgutes ist nicht erforderlich.

A. rubrum keimt epigäisch. Die Keimwurzel wächst zunächst 5 bis 10 mm an der Bodenoberfläche entlang, dringt dann in den Boden ein und entwickelt sich zu einer 2 bis 5 cm langen Pfahlwurzel, die sodann horizontal weiterwächst und im ersten Jahr 25 cm lang werden kann [16].

Feuchter Mineralboden ist als Keimbett besonders gut geeignet. Starker Schatten behindert die Keimung nicht, wohl aber die Entwicklung 1- bis 4jähriger Sämlinge, deren Wachstum erst bei Auflichtung des Schirmes deutlich zunimmt. *Rubrum*-Naturverjüngung erweist sich als äußerst widerstandsfähig gegen Überflutungen und überlebt auch Trockenperioden.

Unter günstigen Bedingungen werden die Sämlinge im ersten Jahr etwa 30 cm hoch und bilden in jedem der nächsten Jahre Höhentriebe von ca. 60 cm Länge.

Die künstliche Bestandsbegründung durch Saat oder Pflanzung verläuft selbst dort wenig befriedigend, wo sich normalerweise reichlich Naturverjüngung einfindet, z. B. auf aufgelassenen Feldern. Verwendung von Containerpflanzen stellt einen Ausweg dar.

Acer rubrum bildet intensiv und regelmäßig Stockausschläge. Deren Anzahl pro Stock ist positiv mit dessen Durchmesser korreliert. An Stöcken von > 24 cm Durchmesser nimmt sie wieder ab [34]. Das Ausschlagvermögen hängt vom Vorrat an Reservestärke in der Nähe der austreibenden Knospen ab [31, 40]. Im Frühjahr oder Frühsommer entstandene Stöcke haben geringe Kohlenhydrat-Reserven und entwickeln nur wenige Triebe, gemessen an Stöcken, die zu anderen Jahreszeiten entstanden [15]. Ein noch tätiges Wurzelsystem des Mutterbaumes ist für die Bildung von Stockausschlägen nicht erforderlich [40]. Feuer fördert ihre Entstehung.

Abb. 8: Mehrstämmigkeit nach Stockausschlag (links) und Borke eines alten Stammes

Ökologie

A. rubrum wird als Pionierart bezeichnet, die aber auch in späten Sukzessionsstadien in Erscheinung tritt. Sie überdauert nämlich länger als andere Pionierbäume und stellt eine häufige Komponente des Kronendaches in Subklimax-Wäldern dar [38].

Rotahorne wachsen sowohl in Rein- wie in Mischbeständen. Zu den Mischbaumarten gehören im nördlichen Teil des Areals u. a. *Abies balsamea*, *Picea rubens*, *Pinus strobus*, *Tsuga canadensis* sowie die Laubbäume *Betula papyrifera* und *B. lenta*, *Fagus grandifolia*, *Fraxinus nigra* und *Quercus rubra*, im südlichen Teil des Areals vor allem *Pinus taeda, Nyssa sylvatica, Quercus prinus, Q. bicolor* und *Liriodendron tulipifera.*

Die Art gedeiht unter einer sehr breiten Palette von Klima- und Standortbedingungen und findet ihr Optimum in geschützten Tallagen der südlichen Appalachen. Im Norden des Areals (Michigan, Neuengland-Staaten) findet man sie häufig auf trockenen, auch felsigen Kuppen und auf Sandböden, andernorts auf südexponierten Hängen. Aber auch ihr Vorkommen auf vernäßten, anmoorigen Standorten ist keineswegs selten. Im äußersten Süden ist sie sogar auf derartige Lagen begrenzt. Als Ausgangsgestein für die von *A. rubrum* besiedelten Böden kommen sowohl Gneis, Granit, Sandstein und Glimmer wie auch Schiefer, Quarzit und Kalkstein infrage.

Der Rotahorn gehört zu den schattentoleranten Baumarten. Das trifft besonders für Keimlinge und junge Sämlinge zu, weniger strikt für den etwas älteren Jungwuchs sowie für Bäume im Dickungs- und Stangenholzalter [13]. In allen Stadien reagiert die Art auf Freistellung mit starkem Lichtungszuwachs.

Wachstum

A. rubrum wächst in der Jugend rasch, läßt jedoch nach dem Stangenholzalter in der Wuchsleistung deutlich nach. Nach BEGIN et al. [2] schwankt der Holzertrag 50jähriger Bestände im südlichen Quebec in Abhängigkeit von der Qualität des Standorts wie folgt:

humid mesotroph	179 m³/ha
mittlere Nährstoffvorräte (mesic)	148 m³/ha
humid oligotroph	108 m³/ha

In weiten Teilen des natürlichen Areals hat der Anteil von *A. rubrum* am Holzartenspektrum stetig zugenommen [21]. 1980 wurde ihr Holzvorrat in den USA auf > 170 Mio m^3 geschätzt [35]. Gefördert wurde die Ausbreitung durch starke Nutzungen der *Pinus strobus*-Bestände, durch große Waldverluste infolge eines Hurricans (1938) und durch massive Ausfälle von *Castanea dentata* nach der Kastanienkrebs-Epidemie (vor 1920). Obwohl zu erwarten ist, daß *A. rubrum* im Laufe der Sukzession von Arten wie *Quercus rubra, Quercus velutina* und *Acer saccharum* abgelöst wird, dürften lokale Waldzerstörungen auch weiterhin zu einer Zunahme des Rotahorn-Anteils führen [10].

Genetische Differenzierung

Zwischen geographischen Herkünften und zwischen Ökotypen des Rotahorns bestehen deutliche phänotypische Unterschiede [1, 37]. Sämlinge von Herkünften aus dem Norden und dem Osten des Arealzentrums wachsen rascher als Sämlinge von Provenienzen aus dem Norden und Süden des Areals. Ferner tritt die intensivste Herbstverfärbung bei Pflanzen auf, die von nördlichen und nördlich-zentralen Herkünften stammen [37]. Im gleichen Provenienzversuch erwiesen sich Pflanzen von südlichen Herkünften als empfindlicher gegen Winterkälte.

A. rubrum geht nur selten künstliche oder natürliche Artkreuzungen ein.

Pathologie

Acer rubrum ist Wirtsart für eine große Zahl von pathogenen Pilzen und Schadinsekten. Nur wenige davon richten jedoch gravierende Schäden an.

HEPTING [12] sowie SINCLAIR et al. [33] vermitteln einen umfassenden Überblick über die am Rotahorn parasitierenden Pilze, Bakterien und Viren.

Zu den zwar häufigen, aber keineswegs bedrohlichen Blattparasiten zählen *Rhytisma acerinum* (PERS.) FR. und *R. punctatum* PERS. ex FR., beide Erreger der Teerfleckenkrankheit (Ahorn-Runzelschorf), *Kabatiella apocrypta* (ELLIS et EVERH.) ARX, ein Anthraknose hervorrufender Pilz, außerdem noch die bei starkem Befall zu Blattverlusten führende, zunächst aber zahlreiche weißlich graue, rundliche Flecke auslösende *Cristulariella depraedans* (COOKE) HÖHN. sowie schließlich *Phyllosticta minima* (BERK. et CURT.) UNDERW. et EARLE, die auffallende braune Blattflecken hervorruft.

Die gewisse Zurückhaltung des Holzhandels gegenüber *A. rubrum* beruht auf Verfärbungen im Kernbereich [30], die auf Stammverletzungen zurückgehen und oft mit Stammfäule und Stammkrebsen verbunden sind. Zu den häufigsten Stammfäule erzeugenden Pilzen gehören neben *Armillaria* spec., *Phellinus igniarius* (L.) QUEL., *Ganoderma applanatum* (PERS.) PAT., *Hypoxylon deustum* (HOFF.: FR.) GREV. und *Oxyporus populinus* (SCHUWACH. : FR.) DONK. *Inonotus glomeratus* (PECK) MERILL, *Eutypella parasitica* DAVIDS. et LORENZ und *Nectria galligena* BRES. rufen sowohl Holzfäule wie Stammkrebse hervor.

Gegen *Verticillium dahliae* KLEBAHN ist *A. rubrum* weit weniger anfällig als *A. saccharinum* [25].

Eine Zusammenstellung der am Rotahorn vorkommenden Schadinsekten findet man bei JOHNSON und LYON [14] sowie bei WALTERS und YAWNEY [38].

Bei starkem Besatz durch den Schwammspinner *Lymantria dispar* L. („gipsy moth"), den Ringelspinner *Malacosoma americanum* (FABRICIUS) („Eastern tent caterpillar"), die Motte *Heterocampa guttivitta* (WALKER) und den „green striped mapleworm" *Dryocampa rubicuda* (FABRICIUS) kommt es zu Abgängen.

Auffälligen Blattfraß führen außerdem *Ennomos subsignarius* (HÜBNER) (*Geometridae*), *Episimus tyrius* (HEINRICH) und *Paraclemensia acerifoliella* FITCH durch. Demgegenüber sind Blattgallen von *Acericecis ocellaris* (OSTEN SACKEN) und *Vasates quadripedes* (SHIMER) sowie einigen *Aceria*-Arten wesentlich harmloser als sie aussehen. Erwähnt sei schließlich noch *Melanaspis tenebricosa* (COMSTOCK), eine Schildlaus, die besonders in Baumschulen und Anpflanzungen Stamm- und Astschäden hervorruft.

Wunden entstehen weiterhin durch mehrere Vogel- und Kleinsäugerarten. Um Phloemsaft aufzunehmen und rindenbewohnende Insekten zu erreichen, picken „Sapsuckers" (*Sphyrapicus varius varius L.)* mit dem Schnabel Löcher in den Stamm und rote Eichhörnchen (*Tamiasciurus hudsonicus*) beißen junge Triebe und Zweige ab; im Frühjahr ernähren sie sich auch von den Knospen. So entstandene Wunden dienen Krebserregern oft als Infektionsorte [29].

Im Winter kommt es bei jungen Stämmen zur Ringelung der Borke durch Kaninchen und Wühlmäuse.

„Sugar maple decline", ein an *A. saccharum* grassierendes Krankheitssyndrom, ist an *A. rubrum* bislang nicht beobachtet worden. Auch gegen Ozon, Frost und abdriftende Wuchsstoff-Herbizide gilt der Rotahorn als wenig anfällig. Gegenüber Streusalz ist er jedoch empfindlich.

Zu den Besonderheiten der Art gehört das Strangulieren der Stammbasis durch starke, den Stammfuß umwachsende Seitenwurzeln. Betroffen sind Bäume ab einem BHD von 16 bis 20 cm, die aus Containerpflanzung hervorgingen und bereits im Topf zahlreiche, im Kreis wachsende Wurzeln ausbildeten. Dürräste gehören zu den auffälligsten Schäden, Abgänge kommen vor. Aus Naturverjüngung entstandene Bäume weisen keine „girdling roots" auf [33].

Nutzung

Sägeware von *A. rubrum* wird im Holzhandel gewöhnlich unter dem Namen „soft maple" in Mischung mit *A. saccharinum* und *A. negundo* angeboten und dem „hard maple" (*A. saccharum* und *A. nigrum*) gegenübergestellt.

Abb. 9: Bestand im Winter

Rotahorn-Holz war in der Vergangenheit nicht sonderlich hoch angesehen, eine Einschätzung, die sich zu ändern beginnt. Verwendung fand es im Möbelbau, als Wand-Paneel, für Lattenverschläge und als Brennmaterial. Derzeit entwickelt man neue Nutzungsformen wie klebegeschichtete Balken [17] oder verwendet kleine, gemaserte Abschnitte für Spezialzwecke.

Auch bei *A. rubrum* ist der Blutungssaft, zumindest im Frühjahr, reich an Zucker. Er wird aber nur auf privater Ebene genutzt, ist – gemessen an *A. saccharum* – von geringerer Ausbeute, benötigt zum Eindicken eine längere Kochzeit, und der etwas dunklere Sirup hat einen weniger milden Geschmack.

Wegen der von kaum einer anderen Art erreichten Brillianz der herbstlichen Laubverfärbung, der extrem früh erscheinenden, ungemein attraktiven, scharlachroten Blüten und der Toleranz gegenüber extremen Umweltbedingungen spielt *Acer rubrum* eine wichtige Rolle in der Landschaftsgestaltung sowie als Park- und Gartenbaum [24, 41].

Für die Ureinwohner Nordamerikas hatte *A. rubrum* volksmedizinische Bedeutung. So verwendeten die Chirokees Blattaufgüsse oder -auszüge als Mittel gegen Krämpfe, Ruhr, Hautausschlag, Masern und sogar gegen hysterische Anfälle. Weiterhin stellten sie aus dem Bast eine Art Sirup her, der Augenentzündungen heilte. Bei den Stämmen der Ojibwa und Potawatomi war ein Aufguß aus Rubrum-Borke ebenfalls zum Spülen der Augen in Gebrauch.

Keine Beachtung fand die Heilwirkung von *A. rubrum* indessen bei den weißen Siedlern und der heutigen Bevölkerung Nordamerikas.

Verschiedenes

- Acer rubrum hat für mehr als 30 Tierarten eine große Bedeutung als Nahrungsquelle. So bestehen 25 bis 50 % der Nahrung des Hakengimpels aus Rubrum-Früchten, Knospen und Blüten. In der gleichen Größenordnung trifft das für Stachelschweine (Früchte, Blüten, Borke, Zweige) und für Weißwedelhirsche (Blätter, Zweige) zu.
- Viele Vogelarten verwenden Blätter und Fruchtstiele zum Nestbau, und 1 bis 2 m hohe, junge Rotahorne stellen bevorzugte Nistplätze für Prärie-Grasmücken dar [18]. Nistgelegenheiten, die vielfach auf Spechtlöcher zurückgehen, bieten auch die hohlen Stämme alter Bäume [6].

Abb. 10: „Indian Summer". Vermont, USA, im Oktober (Foto: P. Schütt)

Weiterführende Literatur

[1] Abrams, M.D.; Kubiske, M. E., 1990: Photosynthesis and water relations during drought in Acer rubrum L. genotypes from contrasting sites in central Pennsylvania. Functional Ecol. **4**, 727–733.

[2] Bégin, J.; Bélanger, L. et al., 1990: Qualité de station et production dans les érablières rouges de la plaine de Drummondville, Québec. For. Chron. **66**, 377–387.

[3] Core, H.A.; Cote, W.A.; Day, A.C., 1979: Wood Structure and Identification. Syracuse University Press, Syracuse, New York.

[4] Daft, M.J.; Hacskaylo, E., 1977: Growth of endomycorrhizal and nonmycorrhizal red maple seedling in sand and anthracite spoil. Forest Sci. **23**, 207–216.

[5] Duke, J.A., 1986: Handbook of Northeastern Indian Medicinal Plants. Quaterman Publ., Lincoln, MA.

[6] Evans, K.E.; Conner, R.N., 1979: Snag management. Pages 23–25 in DEGRAAF, R.M.; EVANS, K.E. (eds.): Management of North Central and Northeastern Forests for Nongame Birds. USDA, Forest Service, Gen. Techn. Rep. NC-51.

[7] Fare, D.C.; Gilliam, C.H. et al., 1990: Acer rubrum cultivars for the south. J. Arboric. **16**, 25–29.

[8] Fernald, M.L., 1950: Gray's Manual of Botany. American Book Co., New York.

[9] Forest Products Laboratory, 1987: Wood Handbook. Wood as an engineering material. USDA For. Serv., Agric. Handb. 72, Washington, DC.

[10] Foster, D.R., 1992: Land use history (1730–1990) and vegetation dynamics in central New England, USA. J. Ecol. **80**, 753–772.

[11] GREEN, D.W.; MCDONALD, K.A.; 1993: Mechanical properties of red maple structural lumber. Wood and Fiber Sci. **25**, 365–374.
[12] HEPTING, G.H., 1971: Diseases of Forest and Shade Trees of the United States. USDA, Forest Service, Agric. Handbook 386, Washington, D.C.
[13] HORNBECK, J.W.; LEAK, W.B., 1992: Ecology and Management of Northern Hardwood Forests in New England. USDA, For. Serv., Gen. Techn. Rep. NE-159.
[14] JOHNSON, W.T.; LYON, H.H., 1991: Insects That Feed On Trees and Shrubs. Comstock, Ithaca, New York.
[15] KAYS, J.S.; CANHAM, C.D., 1991: Effects of time and frequency of cutting on hardwood root reserves and sprout growth. For. Sci. **37**, 524–539.
[16] LYFORD, W.H.; WILSON, B.F., 1964: Development of the root system of Acer rubrum L. Harvard Forest Paper No. 10, Harvard University, Petersham, MA.
[17] MANBECK, H.B.; JANOWIAK, J.J. et al., 1994: Performance of red maple glued-laminated timber beams. Trans. Americ. Soc. Agric. Eng. **37**, 611–615.
[18] MARTIN, A.C.; ZIM, H.S.; NELSON, A.L., 1961: American Wildlife & Plants. Dover, New York.
[19] MCNAB, W.H.; AVERS, P.E. (comps.), 1994: Ecological Subregions of the United States: Section Descriptions. USDA, Forest Service, Administrative Publication WO-WSA-5, Washington, D. C.
[20] OLSON, D.F., JR.; GABRIEL, W.J., 1974: *Acer* L. Pages 187–194 in Seeds of Woody Plants in the United States. USDA, Forest Service, Agric. Handbook 450, Washington, D. C.
[21] PALIK, B.J.; PREGITZER, K.S., 1992: The age and height structure of red maple (Acer rubrum) populations in northern Michigan bigtooth aspen (Populus grandidentata) forests. Can. J. For. Res. **22**, 1449–1462.
[22] PANSHIN, A.J.; DE ZEEUW, C. et al., 1964: Textbook of Wood Technology, Vol. 1. McGraw Hill, New York.
[23] PARDO, R., 1978: National register of big trees. American Forests **84**, 17–47.
[24] PIRC, H., 1994: Ahorne. Verlag E. Ulmer, Stuttgart.
[25] PIRONE, P.P.; HARTMANN, J.R. et al., 1988: Tree Maintenance. 6th ed. Oxford Univ. Press, New York.
[26] REYNOLDS, M.K.; BOIVIN, R.M., 1994: Selecting Trees for Urban Landscape Ecosystems. State of New Hampshire, Division of Forests and Lands.
[27] SANTAMOUR, F.S. Jr.; MCARDLE, A.J., 1982: Checklist of cultivated maples. I. Acer rubrum, L.J. Arboric. **8**, 110–112.
[28] SARGENT, C.S., 1926: Manual of the Trees of North Amercia. Riverside Press, Cambridge, MA.
[29] SHIGO, A.L., 1964: A canker on maple caused by fungi infecting wound made by the red squirrel. Plant Dis. Rept. **48**, 794–796.
[30] SHIGO, A.L., 1984: Compartmentalization: a conceptual framework for understanding how trees grow and defend themselves. Annu. Rev. Phytopathol. **22**, 189–214.
[31] SHIGO, A.L., 1994: Tree Anatomy. Shigo & Trees, Durham, New Hampshire.
[32] SIBLEY, J.L.; EAKES, D.J.; GILLIAM, C.H. et al. 1995: Anatomy and morphology of select Acer rubrum cultivars. J. Arboric. **21**, 136–144.
[33] SINCLAIR, W.A.; LYON, H.H.; JOHNSON, W.T., 1987: Diseases of Trees and Shrubs. Comstock, Ithaca, New York.
[34] SOLOMON, D.S.; BLUM, B.M., 1967: Stump sprouting of four northern hardwoods. USDA, Forest Service, Res. Paper NE-59.
[35] SUMMIT, R.; SLIKER, A., 1980: CRC Handbook of Materials Science. Vol IV. Wood. CRC Press, Boca Raton, Florida.
[36] TOBOLSKI, J.J.; KEMERY, R.D., 1992: Identification of *Acer rubrum* cultivars by isozyme analyses. HortScience **27**, 169–171.
[37] TOWNSEND, A.M.; WRIGHT, J.W. et al., 1978: Geographic variation in young Acer rubrum grown in north central United States. Silv. Genet. **28**, 33–36.
[38] WALTERS, R.S.; YAWNEY, H.W., 1990: Acer rubrum. Pages 60–69 in Silvics of North America. Vol. 2, USDA, Forest Service, Agric. Handbook 654, Washington, D. C.
[39] WILSON, B.F., 1966: Development of the shoot system of Acer rubrum L. Harvard Forest Paper No. 14. Harvard University, Petersham, Massachusetts.
[40] WILSON B.F., 1968: Red maple stump sprouts: development the first year. Harvard Forest Paper No. 18. Harvard University, Petersham, Massachusetts.
[41] WYMAN, D., 1990: Trees for American Gardens. 3rd ed. Macmillan, New York.

Die Autoren:

Dr. KEVIN T. SMITH und
Mr. KENNETH R. DUDZIK
Research Plant Pyhsiologist and Forester, respectively
USDA Forest Service
Northeastern Forest Experiment Station
P. O. Box 640
Durham, New Hampshire 03824
USA

Aus dem Englischen übertragen von P. Schütt

Acer saccharum MARSH., 1785

syn.: Acer saccharophorum C. KOCH, 1853

Zuckerahorn

Familie: Aceraceae

engl.: Sugar maple
franz.: Erable à sucre
ital.: Acero da zucchero

Abb. 1: Acer saccharum. Solitär in Sudbury, Mass. (Foto: P. Schütt)

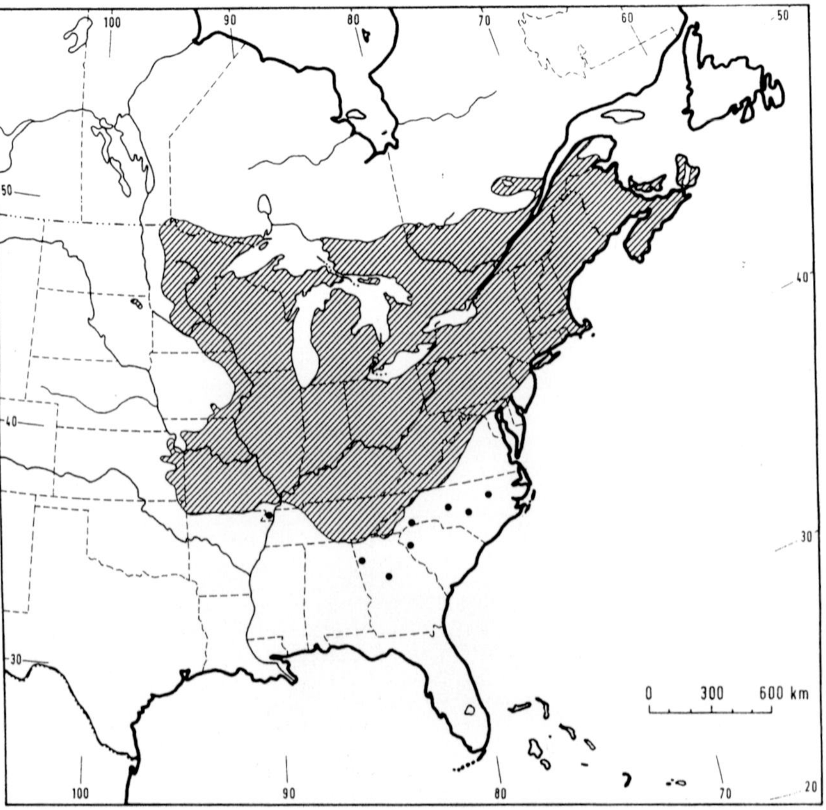

Acer saccharum ist einer der größten und wichtigsten einheimischen Laubbäume im Osten Kanadas sowie im Nordosten der USA und er gehört zu den wüchsigsten amerikanischen Ahornen. Die sommergrüne Art besiedelt vor allem frische, nährstoffreiche, gut drainierte Lehmböden und hat sowohl wirtschaftliche wie kulturelle Bedeutung.

Im Mittelpunkt der Nutzung stehen Ahorn-Sirup und Ahorn-Zucker. Beide Produkte sind im Laufe der Zeit zu traditionellen Erzeugnissen der kanadischen Land- und Forstwirtschaft geworden und werden auf dem Weltmarkt gehandelt.

„Sugar Maple Decline", eine dem Waldsterben ähnliche Komplexkrankheit, stellt seit Jahren das zentrale Forstschutzproblem bei A. saccharum dar. Man nimmt an, daß es durch verschiedene Streßfaktoren ausgelöst wird, kennt aber die primären Ursachen noch nicht.

Verbreitung

Der Zuckerahorn ist eine charakteristische Komponente in den Laubwäldern der Regionen um die Großen Seen und um den St. Lorenz-Strom sowie im Acadia-Gebiet. GOODMAN et al. [23] zufolge deckt sich die Nordgrenze des Areals annähernd mit dem Verlauf der 35°F-Isotherme. In Kanada ist die Art vom Südosten Manitobas über das mittlere Ontario und das südliche Drittel Quebecs bis über ganz New Brunswick und Nova Scotia verbreitet. In den USA gehören außer den Neuengland-Staaten die Bundesstaaten New York, Pennsylvania, Michigan und Wisconsin zum natürlichen Areal. Außerdem die mittleren Atlantik-Staaten einschließlich des mittleren New Jersey bis zu den Appalachen sowie der Westen North Carolinas bis zur Südgrenze von Tennessee.

Die Westgrenze läuft durch Missouri, durch einen kleinen Teil von Kansas, das östliche Drittel von Iowa sowie große Teile Minnesotas. Kleinere natürliche Populationen gibt es außerdem im nördlichen Kansas, in Georgia sowie in Nord- und Süd-Carolina.

In Mitteleuropa ist A. saccharum zwar Bestandteil der meisten dendrologischen Sammlungen, hat sich aber trotz seiner Winterhärte weder als Ziergehölz durchgesetzt noch in forstlichen Versuchsanbauten bewährt.

Abb. 3: Herbstverfärbung

Beschreibung

Erscheinungsbild

Im allgemeinen erreicht A. saccharum Höhen von 24 – 27 m und Stammdurchmesser (BHD) von 0,6 – 0,9 m. Maximalwerte von 39 m bzw. 1,5 m kommen vor.

Im Bestand werden gerade, bis zu 2/3 der Höhe astfreie Stämme und schmale Kronen mit abgerundeter Spitze und kurzen, aber kräftigen Ästen gebildet. Im Freistand hingegen ist der astfreie Schaft nur kurz und entwickelt bereits in Bodennähe wenige starke, weit ausladende Äste als Basis einer breiten, dichten Krone, die sich ziemlich regelmäßig in eine runde Spitze verschmälert.

Knospen, Blätter und junge Triebe

Die rötlich-braunen, etwa 6 mm langen Winterknospen sind scharf zugespitzt und haben mehrere schwach behaarte Tegmente.

Seitenknospen und Blätter sind gegenständig angeordnet. Letztere werden 7,5 – 12,5 cm lang, sind oberseits gelblich grün, unterseits beim Austrieb dicht behaart, später kahl und insgesamt etwas heller. Im Herbst verfärben sie sich in eindrucksvoller Weise von gelb über leuchtend orange bis scharlachrot.

Die Blattform wird von 5 (seltener 3) unregelmäßig grob gezähnten Lappen bestimmt; der End-Lappen ist fast viereckig und wird von den beiden benachbarten Seitenlappen durch breite, an der Basis abgerundete Buchten getrennt. Der schlanke, kahle Blattstiel hat eine Länge von 3,7 – 7,5 cm. Die jungen Triebe des Zuckerahorns sind glänzend rotbraun und kahl.

Abb. 4: Winterknospen

Holz und Rinde

Das blaß gelblich braune, zerstreutporige Holz zeigt kaum einen Farbunterschied zwischen Splint und Kern. Stämme mit etwas dunklerem Kern kommen aber vor. Es ist hart und schwer (Rohdichte r_{12} = 0,735 g/cm^3), hat eine feine Textur, einen geraden Faserverlauf und kann dennoch wellig strukturiert sein. Die Jahrringe treten deutlich hervor und Vogelaugenmaserung sowie Wimmerwuchs treten relativ häufig auf. Sie sind in der Kunsttischlerei sehr gefragt.

Zuckerahorn-Holz nimmt einen seidigen Glanz an. Es läßt sich gut polieren, schnitzen und formen ohne zu splittern, ist relativ witterungsfest und trocknet langsam. Farben nimmt es gut an, Klebeverbindungen geht es weniger gut ein. Es ist zwar nagel- und schraubenfest, neigt aber ohne Vorbohren zum Spalten.

Unter feucht-warmen Bedingungen ist die Widerstandsfähigkeit des Zuckerahorn-Holzes gegen Holzfäule gering. Unter diesen Bedingungen erhöhen unter Druck applizierte Holzschutzmittel die Dauerhaftigkeit, obwohl sich das Holz schwer imprägnieren läßt [52]. Als Schwindungswerte zwischen waldfeuchtem und darrtrockenem Holz werden 15,7 % angegeben. Die Werte für Druckfestigkeit lauten 31,4 MPa, für Scherfestigkeit 11,14 MPa [53].

Die Gefäße sind meist einzeln auf dem Querschnitt verteilt, können aber auch zu zweit bis zu viert in radialen Reihen angeordnet sein. Die Jahresringe schließen mit einem Band dickwandiger Holzfasern ab. Thyllen kommen nicht vor, gelegentlich aber Ablagerungen von gummösen Substanzen. Das Längsparenchym ist wesentlich schwerer zu erkennen als die homogen aufgebauten, schmalen (1 – 3 Zellen) oder breiten (3 – 8 Zellen) Holzstrahlen [63].

Alte Zuckerahorne sind leicht an ihrer charakteristischen, dunkelgrauen, längsrissigen Borke zu erkennen. Oft biegen sich die unregelmäßig geformten, langen Rindenstreifen an einer Längsseite etwas nach außen. Manchmal entwickelt sich auch eine leicht schuppige Borke.

Abb. 5: Stammborke eines jungen (links) und eines älteren Baumes

Bewurzelung

Acer saccharum entwickelt ein tiefes, weitreichendes Wurzelsystem, dessen kräftige, schrägwachsende Seitenwurzeln sich besonders in besseren Böden weit verzweigen. Die der Oberseite der Lateralwurzeln entspringenden Seitenwurzeln breiten sich in der Humusschicht aus, die unterseits entstehenden wachsen in die Tiefe. Feinwurzeln konzentrieren sich in den obersten 5 cm des Bodens, reichen aber in den meisten Böden bis in Tiefen von 50 cm und mehr [37, 23].

Das Wurzelwachstum verläuft im allgemeinen nicht synchron mit dem Wachstum der oberirdischen Teile. In den nördlichen, gut mit Wasser versorgten Regionen, in denen die Böden infolge einer Schneedecke nicht durchfrieren, wachsen die Wurzeln während des ganzen Jahres. Das Maximum des Wachstums fällt jedoch für Wurzeln, Kambium, Triebe und Blätter etwa in die gleiche Zeit. Mehr als die Hälfte des jährlichen Wurzelwachstums vollzieht sich während der Zeit des Triebwachstums und der Blattentwicklung.

Das Wurzelsystem des Zuckerahorns ist extrem empfindlich gegen Überflutungen während der Vegetationszeit. Die Wurzeln bilden endotrophe und ektotrophe Mykorrhizen. Als häufige Pilzpartner wurden u. a. ermittelt Glomus fasciculatus und Cortinarius rubripes. Wurzelverwachsungen sind nicht ungewöhnlich.

Abb. 6: Typisches Laubblatt

Blüten, Früchte und Samen

A. saccharum wird mit etwa 22 Jahren mannbar, blüht aber in höherem Alter intensiver. Die rel. kleinen, mit 5 gelben Kronblättern versehenen, eingeschlechtigen oder zwittrigen Blüten sind über die gesamte Krone verteilt und erscheinen in hängenden, dünn gestielten, büscheligen Blütenständen. Die Blütezeit liegt 1 – 2 Wochen vor dem Blattaustrieb [18, 23].

Abb. 7: Weibliche Blüten

Normalerweise entstehen sowohl eingeschlechtige wie zwittrige Blüten und oft bilden die Bäume separate männliche und weibliche Blüten aus. Gelegentlich stehen diese auch auf verschiedenen Bäumen und schließlich ist die Bildung rein weiblicher Blüten mitunter auf bestimmte Kronenpartien beschränkt.

Das Verhältnis rein männlicher zu rein weiblicher Blüten liegt bei etwa 50 : 1 [18].

Chromosomensatz: 2n = 26.

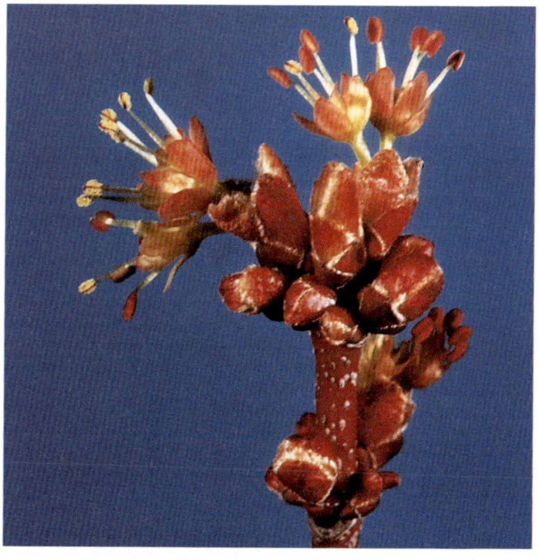

Abb. 8: Reife männliche Blüten

Wright [72] gibt an, daß die meisten Blüten von Bienen bestäubt werden. Neueren Untersuchungen zufolge findet jedoch freie Bestäubung ohne Mithilfe von Insekten statt [23].

Als Früchte werden – wie bei allen Ahornarten – deutlich geflügelte, rundliche, nußartige Spaltfrüchte gebildet (Gesamtlänge ca. 3,1 cm), die 12 – 16 Wochen nach der Blüte reif sind und 2 Wochen später entlassen werden. Normalerweise enthält nur eine, seltener beide oder keine der beiden Spaltfrüchte (Merikarpien) einen fertilen Samen. Ausnahmsweise können Früchte mit drei Teilfrüchten und Teilfrüchte mit 2 Flügeln vorkommen.

Die Außenränder der relativ großen Flügel (20 – 27 mm) beider Merikarpien verlaufen fast parallel zueinander, können aber auch ein wenig divergieren. Zur Reifezeit werden sie gelblich grün [8, 73]. Sie ermöglichen eine mehr als 100 m weite Verbreitung der Teilfrüchte durch den Wind.

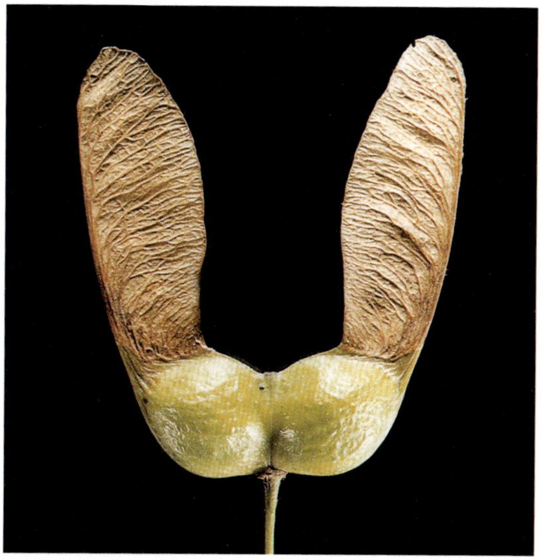

Abb. 9: Reife Frucht

Das Tausendkorngewicht der entflügelten Teilfrüchte beträgt ca. 65 g (15.400 pro kg).

40 – 60 Jahre alte Bäume (ca. 20 cm BHD) erbringen nur geringe, 70 – 100-jährige Bäume (25 – 35 cm BHD) mittlere, hiebsreife Bäume hingegen sehr hohe Saatguternten. Pro Hektar fielen in einem besonders guten Samenjahr in einem Primärwald 22 Millionen und einem durchforsteten Altbestand (beide im Staate Michigan) 11 Millionen Früchte an [69].

Eine geringe Menge von Saatgut wird in jedem Jahr produziert, Vollmasten wiederholen sich aber nur alle 2 – 5 Jahre, je nach den Klimabedingungen [15, 25]. Verluste durch Eichhörnchen und Vögel treten ein, sind aber zu vernachlässigen.

Artbastardierung und genetische Differenzierung

Bei A. saccharum, einer genetisch variablen Baumart, unterscheidet man 3 – 6 morphologische Varietäten. Zumindest eine davon (var. Schneckii REHD.) ist auf ein bestimmtes geographisches Gebiet beschränkt (von Süd-Indiana und Illinois in die südlichen Appalachen und westwärts bis nach Missouri).

Provenienzversuche haben gezeigt, daß Variationsmuster hinsichtlich Dürrehärte und Widerstandsfähigkeit der Blattorgane gegenüber intensiver Einstrahlung bestehen. Außerdem gibt es Klonunterschiede in phänologischer Hinsicht. KRIEBEL [38] vermutet die Existenz zumindest dreier Rassen oder Ökotypen.

Mehrfach wird über Artbastarde zwischen Zuckerahorn und A. rubrum bzw. A. nigrum berichtet [12, 54] und MARVIN [47] erhielt Bastardnachkommen aus der Bestäubung von A. saccharum mit Pollen einer Ahornart aus dem Tal des Columbia River (vermutlich A. macrophyllum).

Die meisten genetisch-züchterischen Aktivitäten waren auf die Verbesserung der Sirup-Produktion [20] und auf die Entwicklung neuer Zierformen gerichtet [31, 39, 40, 70]. Der US Forest Service selektierte 228 besonders leistungsfähige Mutterbäume und richtete 3 Plantagen mit 126 Familien ein [24].

Ökologie

A. saccharum ist ein Baum des feucht-kühlen Klimas, dessen Nordgrenze mit der 35°F-Isotherme zusammenfällt, welche auch die Höhengrenze der Art bestimmt [57].

Im Bereich des natürlichen Areals schwanken

die mittleren Januar-Temperaturen von	-18 °C bis 10 °C,
die mittleren Juli-Temperaturen von	16 °C bis 27 °C,
die Maximal-Temperaturen von	32 °C bis 37,8 °C,
die Minimal-Temperaturen von	-40 °C bis -20 °C.

Die mittleren jährlichen Niederschläge liegen im größeren Teil des Areals zwischen 510 und 1.270 mm, können aber an einigen Orten in den südlichen Appalachen 2.032 mm erreichen. Die mittlere Vegetationszeit liegt i. a. in den Monaten April bis September, kann aber zwischen 80 und 260 Tagen variieren. Während dieser Zeit sind die Niederschläge gleichmäßig verteilt und liegen bei 380 mm im Westen und bei 1.016 mm im Osten. Die winterliche Schneedecke kann 2,5 cm bis 127 cm mächtig sein. Die letzten extremen Spätfröste kommen zwischen dem 20. März und dem 15. Juni, die ersten starken Frühfröste zwischen dem 1. September und dem 10. November vor. Die frostfreie Zeit im Areal kann 80 bis 200 Tage dauern.

Abb. 10: Blatt mit intensiver Herbstverfärbung (Foto: P. Schütt)

Der Zuckerahorn wächst auf vielen verschiedenen Standorten (Site-Index 12 m bis nahe 24 m im Alter von 50 Jahren) [23]. Typische 50-jährige Sekundärwald-Bestände guter Qualität liegen zwischen Site-Index 17 und 20 m. Die Art gedeiht und verjüngt sich aber auch auf nicht-optimalen Standorten.

In den nördlichen Neu-England-Staaten und im US Bundesstaat New York wächst A. saccharum bis in Höhenlagen von 750 m ü. NN, in den Seen-Staaten jedoch nur selten in Höhen über 480 m. In den südlichen Appalachen besiedelt die Art einen Höhenbereich zwischen 900 und 1.660 m, wobei sie in tieferen Lagen dieses Gürtels meist auf den kühleren Nordhängen wächst und auf gut drainierten, nährstoffreichen Lehmen die besten Wuchsleistungen zeigt.

In der „Central Forest Region“ kommt sie häufig auf ebenem Gelände alten Weidelandes, in der „Southern Forest Region“ hingegen auf feuchten Ebenen, in Schluchten und entlang von Flüssen in Höhen zwischen 600 bis 1.200 m ü. NN vor. Anders in den nördlichen Teilen des Areals. Hier findet man A. saccharum vornehmlich auf wärmeren Bergrücken und an oberen Hängen.

Zuckerahorne wachsen häufig auf Podsolen sowie auf braunen und auf graubraunen podsolierten Böden [15]. Sande, lehmige Sande, sandige Lehme, Lehme und Schluffe stellen gut geeignete Substrate dar, am besten gedeiht die Art jedoch auf tiefgründigen, nährstoffreichen, mäßig strukturierten, frischen, aber gut drainierten Lehmböden mit Kalkanteil [32, 10, 55, 29, 15, 18, 30, 23]. Wenig geeignet sind arme, trockene, flachgründige Böden. Auf Mooren kommt sie selten vor [15, 28].

Ertrag und Qualität des Maple-Zuckers nehmen mit dem Nährstoffgehalt und der Feuchtigkeit des Bodens zu.

A. saccharum ist hinsichtlich des Boden-pH nicht festgelegt. Er besiedelt sehr saure (pH 3,7) bis schwach alkalische Böden (pH 7,3), ist aber meistens im pH-Bereich 5,5 – 7,3 anzutreffen [18].

Der Zuckerahorn gehört zu den Schattenbaumarten [3, 25, 17, 43] und übersteht jahrelange Unterdrückung ohne Schaden [62, 48, 11, 13]. Die Verjüngung verbleibt bei reduziertem Wachstum so lange im Unterstand bis die Auflichtung des Altholzschirmes erfolgt [18]. Läuterung der Verjüngung ist nicht erforderlich [23], wohl aber sollten konkurrierende Acer pensylvanicum, Prunus serotina, Quercus spp. und Liriodendron tulipifera auf dem Durchforstungsweg beseitigt werden [64]. Derartige Eingriffe müssen jedoch allmählich erfolgen, denn A. saccharum reagiert auf plötzliche Freistellung mit der Bildung von Wasserreisern aus schlafenden Knospen [23].

Mineraldüngung erhöht das Wachstum der Bäume und den Ertrag an Zuckersaft [30]. Sie hat jedoch differenziert zu erfolgen, denn Überdüngung kann zu Bodenversauerung führen und diese wiederum das Zuckerahorn-Sterben (Sugar maple decline) auslösen. Kalkung kann zwar die Bodenversauerung reduzieren, gefährdet aber bei hohen Konzentrationen die Mykorrhizierung der Feinwurzeln.

A. saccharum wächst sowohl in Reinbeständen wie in Mischungen mit anderen Laubbaumarten oder in Mischung mit Laubbäumen plus eingesprengten Koniferen. Im östlichen Nordamerika ist die Art integraler Bestandteil von 6 Waldgesellschaften:

1) A. saccharum, Fagus grandifolia, Betula alleghaniensis;

2) A. saccharum, Tilia americana;

3) A. saccharum, Prunus serotina;

4) A. saccharum, Picea rubens, Fagus grandifolia;

5) A. saccharum, Fagus grandifolia;

6) A. saccharum, Reinbestand.

Sie kommt überdies als seltene Komponente in 17 weiteren Waldgesellschaften vor [18, 23], u. a. mit Pinus banksiana, P. rigida, Abies balsamea, A. fraseri, Castanea dentata und Quercus rubra.

Zur Strauchflora im bewirtschafteten Teil des Areals zählen u. a. Corylus cornuta, Sambucus pubens, S. canadensis, Cornus alternifolia, Taxus canadensis, Rubus idaeus und Ribes occidentalis.

Wachstum und Entwicklung

Bei geeigneten Temperaturen (10 °C) läßt sich Saatgut mit einem Wassergehalt von 10 % wenigstens 5 Jahre lagern, ohne daß es an Keimkraft einbüßt [7, 8, 75]. Im Bestand bleiben jedoch nur wenige auf dem Boden liegende Samen über das 1. Jahr hinaus keimfähig [46].

Vorbedingung für die Keimung ist Stratifikation (35 – 90 Tage feuchte Lagerung bei Temperaturen knapp über dem Gefrierpunkt) [23]. A. saccharum-Samen haben mit 95 % und darüber eine hohe Keimkapazität [75] und keimen am besten bei 1°C, dem niedrigsten Temperatur-Optimum aller Baumarten [66, 22]. Mit steigender Temperatur geht das Keimprozent rasch zurück, und bei 10 °C findet kaum noch Keimung statt. In situ erscheinen Kotyledonen noch vor der Schneeschmelze. Vermutlich sind die extrem niedrigen Keimtemperaturen die Ursache für die üppige Naturverjüngung des Zuckerahorns im Norden seines Verbreitungsgebietes [23]. Die Keimlinge entwickeln eine lange, kräftige Keimwurzel, welche die mächtige Blattauflage durchdringt und noch in der feuchten Jahreszeit den Mineralboden erreicht [23].

Die Sämlinge ertragen Schatten und überstehen auch länger andauernde Unterdrückung [23]. Noch bei 65 % Lichtentzug entstehen kräftige Pflanzen [45], während die Sämlinge bei 90 % erheblich kleiner bleiben und im vollen Sonnenlicht ist Bewässerung erforderlich.

Abb. 11: Naturverjüngung (Foto: Ulla M. Lang)

In situ vermehrt sich A. saccharum auch vegetativ. Häufig durch Stockausschläge, gelegentlich auch durch Absenker und selten durch Wurzelbrut [16, 18].

Kräftige Triebe aus Stöcken gehen auf bodennahe, schlafende Knospen zurück. An kleineren Stöcken entstehen i. a. mehr kräftige Triebe als an großen [35, 6, 15]. Okulieren und Pfropfen sind die in Baumschulen bevorzugt angewandten Methoden der Vegetativvermehrung. In Altbeständen nimmt die Bildung von Stockausschlägen mit der Baumgröße, der Bestandesdichte und der Zeit nach dem Einschlag ab.

2 Jahre nach dem Einschlag hatten 94 % aller Stöcke mit 15 cm Durchmesser aber nur 38 % der 75 cm starken Stöcke Stockausschläge.

3 weitere Jahre danach war die Zahl der lebenden Triebe auf 58 bzw. 6 % zurückgegangen. Die Zahl der Triebe pro Stock nahm ebenfalls mit den Jahren ab [9].

Die Bewurzelung von Sproßstecklingen ist möglich, allerdings gelingt es nur mit Mühe, die bewurzelten Stecklinge zu erhalten.

Die Bewurzelungsfähigkeit variiert zwischen den Klonen im selben Jahr und innerhalb der Klone von Jahr zu Jahr [21]. Gut bewährt haben sich Ende Juni/Anfang Juli als Termin sowie Perlit und gut zersetzte Sägespäne als Substrat [58, 14, 21]. Die Stecklingsvermehrung von Bäumen mit auffallender Maserung (Wimmerwuchs, Vogelaugen-Ahorn) gelang bisher nicht [2].

Die Anzahl Keimlinge pro Hektar geht im allgemeinen über 370.000 hinaus. 50 % davon überleben nicht das erste Jahr und unter einem dichten Jungwuchs dürften sie insgesamt nicht älter als 5 Jahre werden.

Pflanzungen oder andere Verjüngungsmaßnahmen sind auf natürlichen A. saccharum-Standorten selten erforderlich. Pflanzungen haben i. a. nur wenig Ausfälle, bei starker Wasser- und Nährstoffkonkurrenz durch die Bodenflora wachsen die jungen Pflanzen aber nur langsam [23] und in exponierten Lagen ist die Überlebensrate gering [71]. Üppige Verjüngung stellt die Regeneration nach Kahlschlag und nach starker Durchforstung sicher. In Primär- wie in Sekundärbeständen stellen sich normalerweise tausende von Sämlingen ein [5, 67, 15] und begründen einen gleichaltrigen Folgebestand [65]. Die Zahl der Sämlinge nimmt mit der Stärke der Durchforstung zu [5, 77].

Rückeverletzungen an Sämlingen oder Verbißschäden werden sehr schnell ausgeheilt oder durch das Entstehen neuer Triebe ausgeglichen [33, 34].

A. saccharum wächst in der Jugend langsam, z. T. wohl, weil er im Schatten aufwächst. In natürlichen Beständen ist die Bodenfeuchtigkeit von großem Einfluß, weil sich das rel. flache Feinwurzelsystem zwischen Laubstreu und Mineralboden befindet [23]. Mit dem Vordringen der Wurzeln in den Mineralboden und mit zunehmendem Licht steigen die Wachstumsraten, gehen aber im Stangenholzalter wieder zurück.

Das jährliche Höhen- und Dickenwachstum setzt mit dem Knospenaustrieb ein und endet nach 15 bzw. nach 14 – 17 Wochen je nach Standort und Jahr [19, 25, 18]. An manchen Orten konzentrieren sich 85 % des Höhenwachstums auf 6 Wochen und 80 % des Dickenwachstums auf 8 Wochen [50, 18].

Bäume aus Stockausschlägen wachsen anfangs rascher als Sämlinge. Beide entwickeln aber gerade, gesunde Stämme und gute Kronenformen [10, 62, 11]. In den ersten 30 bis 40 Jahren wächst A. saccharum ca. 30cm/Jahr in die Höhe. Ein 30-jähriger Baum mit einem BHD von 15 – 20 cm nimmt normalerweise eine Höhe zwischen 10,6 und 12,1 m ein. Im nordöstlichen Wisconsin durchlaufen hiebsreife Zuckerahorne einen Dickenzuwachs von 2,5 cm in 10 Jahren [78]. Starke Durchforstung hatte Zuwächse von 12,75 cm in 24 Jahren zu Folge – verglichen mit 4,75 cm im gleichen Zeitraum vor dem Eingriff.

Der Zuckerahorn kann 300 bis 400 Jahre alt werden, Endhöhen zwischen 27 und 37 m und einen Stammdurchmesser (BHD) von 76 – 91 cm erreichen. Das Höhenwachstum endet normalerweise im Alter von 140 bis 150 Jahren [18], das Dickenwachstum setzt sich hingegen in verringertem Maße bis ins hohe Alter fort.

Die Holzerträge von Mischbeständen mit dominierendem A. saccharum-Anteil können maximal 216 m^3 pro Hektar erreichen [18, 44].

Abb. 12: Natürlicher Bestand, Prov. Quebec (Foto: P. Schütt)

Bewirtschaftung von „Sugar-Bush-Beständen"

Für die Bewirtschaftung nachhaltig leistungsfähiger A. saccharum-Bestände, die hauptsächlich der Gewinnung des Blutungssaftes dienen, empfehlen Houston et al. [30] folgende Maßnahmen:

1. Begründung im Verband 7,5 x 9 m, so daß bei Erreichen des Zieldurchmessers (BHD) von 30 cm etwa 158 Bäume pro Hektar anfallen.
2. Leichte Zugänglichkeit der Bestände und kurze Wege zu den saftverarbeitenden Einrichtungen.
3. Auswahl der Stämme mit den geringsten Kronen- und Stammschäden unter den höchsten und am kräftigsten bekronten Bäumen.
4. Kontrolle der Saftqualität, insbesondere des Zuckergehalts im zeitigen Frühjahr.
5. Freistellung der Erntebäume durch Astung bedrängender Nachbarbäume, ohne daß Lücken entstehen.

6. Wiederholung der Freistellung sobald die Nachbarn erneut die Kronen der selektierten Bäume bedrängen. Eventuell werden nur die Erntebäume übrig bleiben. Die ungehinderte Entwicklung einer breiten Krone garantiert die maximale Produktion eines Saftes mit hohem Zuckergehalt.

7. Jährliche Kontrolle des Gesundheitszustandes der Erntebäume und Entnahme der kranken, stark geschädigten und toten Exemplare. Generell muß Bodenverdichtung, jede Verwundung von Wurzeln und Stämmen sowie die Anwendung von Parafomaldehyd vermieden werden. Nach dem Saftfluß sollen die Wasserreiser entfernt werden.

Pathologie

Neben den Schadinsekten, pathogenen Pilzen und abiotischen Schadfaktoren ist es vor allem das sog. „Sugar Maple Decline“, eine Komplexkrankheit mit noch unbekanntem Ursachengefüge, welches die pathologische Situation von A. saccharum bestimmt.

Mehr als 150 Insektenarten fressen an den Blättern des Zuckerahorns, weniger als ein Dutzend davon kann wirklich schädlich werden. Insgesamt kommen Insekten-Kalamitäten selten vor [30].

Die meisten Schadinsekten sind Primärschädlinge, reduzieren die Vitalität der Bäume, rufen aber kaum Abgänge hervor. Erst nachfolgende Sekundärschädlinge führen – z. T. im Zusammenwirken mit pathogenen Pilzen – zu hoher Mortalität.

Zu den wichtigsten blattfressenden Insekten gehören:

- Malacosoma disstria („Forest Tent Caterpillar“): Die stark behaarten Raupen können bei 2 oder 3 Jahre in Folge auftretendem Fraß Kronendürre, reduziertes Wachstum sowie geringe Ausbeute an Sirup und Zucker zur Folge haben. Besonders stark betroffen sind die zur Gewinnung des Blutungssaftes genutzten Bestände („sugar maple bushes“). Die Schäden sind gravierend auf dürregefährdeten Standorten sowie wenn vor, während und nach dem Befall durchforstet wurde.

- Alsophila pometaria („Fall Cankerworm“) und Paeacrita vernata („Spring Cankerworm“) (Geometridae), zwei Frostspanner-Arten, deren hellgrüne, lange Raupen ganze Bestände partiell kahlfressen können und dadurch die Menge und Qualität des Blutungssaftes verringern. Die weiblichen Falter sind ungeflügelt.

- Operophtera bruceata, zu den kleinen Frostspannern zählend, wird gelegentlich für Zuckerahorne im Unterstand oder mit tief herabreichenden Kronen gefährlich. Die grünen Raupen fressen an der Blattunterseite und spinnen die Blätter ein.

- Lymantria dispar L., der Schwammspinner, frißt zur Zeit des Blattaustriebs an vielen Laubbaumarten. A. saccharum gehört zum Wirtsspektrum, insbesondere in Mischbeständen mit Eichenarten. Völlige Entlaubung kommt vor.

Abb. 13: Raupe von Lymantria dispar („Gipsy moth“, „Schwammspinner“) aus HOUSTON et al., 1990

Zu den erwähnenswerten, meist sekundär angreifenden Insekten gehören die holzbohrenden Bockkäfer Glycobius speciosus, Xylotrechus aceris und Conopia acerni sowie Holzwespen (Siricidae) der Gattung Xiphydria.

Saugende Insekten wie die Wollaus Prociphilus tessellatus sowie Blattläuse (Pemphigidae) verschiedener Gattungen beschädigen die Blätter, sind aber bedeutungslos. Das gilt nicht für den Blasenfuß Taeniothrips inconsequence (Thysanoptera), der erstmals Ende der siebziger Jahre in Pennsylvania auftrat und sich bis 1988 in mehrere Staaten im NO der USA verbreitet hat. Die Befallsintensität schwankt von Baum zu Baum. Wiederholter Befall führt zum Absterben der Krone und zu weniger Blutungssaft.

Unter den botanischen Krankheitserregern spielen Pilze die größte Rolle. Nach OHMAN [51] rufen sie Deformation, Verfärbungen, Blattverluste und einen Rückgang des Blutungssaftes hervor, führen aber selten zu Abgängen.

Blattparasiten verursachen vorzeitigen Blattfall und reduzieren auch das Wachstum. Nur in Extremfällen kommt es zum Absterben des Baumes.

Der wichtigste, Anthraknose hervorrufende Pilz ist Aureobasidium apocryptum ELL. et EV. (früher: Kabatiella apocrypta). Symptome: Zerstreut auftretende, rötlichbraune Nekrosen entlang der Blattadern, die später zusammenlaufen und schließlich die gesamte Blattoberfläche einnehmen können. Kleine, braune Fruchtkörper ermöglichen zum Ende der Vegetationsperiode die Abgrenzung zu Dürre- und Hitzeschäden.

Abb. 14: Typische Kronenschäden durch „Sugar Maple Decline“

Zu den wichtigsten Stammkrebs-Erregern gehört Eutypella parasitica (R. W. DAVIDSON et R. C. LORENZ). Besonders an Bäumen mit geringem Stammdurchmesser (<15 cm BHD) kommt es zur Ringelung des Stammes (meist in Höhen bis 3 m) und zu Stammbrüchen. Nectria galligena BRESAD. bildet ebenfalls Stammkrebse (oft „Schießscheibenkrebse“), ringelt und tötet den Stamm aber selten und N. cinnabarina (TODE: FR.) FR., Erreger der „Rotpustelkrankheit“ kommt als Saprophyt und schwacher, oft sekundärer Wund- und Rindenparasit an Ästen und jungen Bäumen vor.

Die häufigsten Stammfäule-Erreger an A. saccharum sind Ganoderma applanatum (PERS.) PAT., Polyporus glomeratus, Oxyporus populinus (SCHUMACHER: FR.) DONK und Fomes fomentarius (L.) FR. Als Wurzel- und Stockfäule-Erreger sind zu nennen: Armillaria spec., Hypoxylon deustum und Xylaria polymorpha (PERS.) GREY. Sie alle bilden keine ernste Gefahr.

Demgegenüber spielt Ceratocystis coerulescens (MUENCH) BAK. (syn. C. virescens), die „Sapstreak-Krankheit“ zumindest für die Bewirtschaftung der „sugar bushes“ eine ziemlich wichtige Rolle. Der Pilz infiziert über Wunden, u. a. über die Bohrlöcher zur Saftgewinnung (häufiger bei Verwendung von Eimern als von Schläuchen). Zum Schadbild gehören Kronenverlichtung und Kleinblättrigkeit. Die Krankheit ruft an Bäumen über 20 cm Durchmesser erhebliche Ausfälle hervor [27]. Befallene Bäume treten oft in Gruppen auf und werden meist von Wurzelparasiten (Armillaria, Xylaria) infiziert.

Folgenschwerer als die durch einzelne Erreger ausgelösten Krankheiten sind die sogenannten Komplexkrankheiten (diebacks und declines). Sie verursachen einen kontinuierlichen Rückgang der Vitalität, sind gekennzeichnet durch Blattvergilbung und Kleinblättrigkeit, Kronenverlichtung und Büschelung der Blätter, zurücktrocknende Knospen und Zweigspitzen, Triebdeformationen, Zuwachsrückgang und vorzeitigen Blattfall.

Das Absterben von Knospen und jungen Trieben beginnt i. a. an der Kronenperipherie und setzt sich kroneneinwärts und kronenabwärts fort. In den meisten Fällen werden die betroffenen Bäume anfällig gegen Angriffe von Insekten und pathogenen Pilzen, die ihrerseits zum Absterben des Baumes führen können.

Nach HOUSTON et al. [30] wird das gegenwärtige Syndrom des „Sugar Maple Decline“ von Streß ausgelöst und schließt mehrere Schadfaktoren als Ursache ein. Die geschwächten Bäume werden von Sekundärschädlingen wie wurzelpathogenen Pilzen, holzbohrenden Insekten und wurzelbewohnenden Rüsselkäfern angegriffen und u. U. getötet. Als Streßfaktoren kommen infrage: Extremtemperaturen, schlechte Wasserversorgung, Luftschadstoffe (incl. saurer Regen und Ozon), möglicherweise auch falsche waldbauliche Behandlung und unpflegliche Ernteverfahren wie auch Insekten- und Pilzbefall. BAUCE und ALLEN [4] halten „Sugar Maple Decline“ in den ersten Stadien für heilbar, sofern kein Insektenfraß durch Glycobius speciosus oder Pilzbefall durch Armillaria calvescens hinzukommt. GROSS [26] räumt auch Malacosoma disstria, ALLEN et al. [1] Taeniothrips inconsequence eine derartige Schlüsselrolle ein. „Sugar Maple Decline“ folgt nicht in allen Regionen dem gleichen Krankheitsverlauf. So kann die Mortalitätsrate 100 % erreichen, falls die Blattverluste während einer Dürreperiode stattfinden, wie es vor allem in Reinbeständen und in lückigen Beständen vorkommt.

Im Winter wird die Naturverjüngung vom Schalenwild verbissen, ohne daß es zu größeren Verlusten käme [18]. Allerdings führt wiederholter Verbiß zu erheblichen Stammverformungen [61].

Eichhörnchen, Kaninchen, Stachelschweine und Mäuse wie auch einige Vogelarten beschädigen die Rinde und ringeln und verzehren Knospen, Blätter oder Samen [60, 15, 68].

Unter den abiotischen Schadursachen haben mechanische Verletzungen beim Wegebau, beim Holzrücken und bei der Saftgewinnung ein starkes Gewicht. Aus mindestens 30 % der durch das Rücken entstandenen Wunden entwickeln sich in 15 bis 20 Jahren intensive Stammfäulen

Abb. 15: Zapfstelle mit Schlauchanschluß zur Gewinnung von zuckerhaltigem Blutungssaft in den Wäldern bei Quebec (Foto: Ulla M. Lang)

[76]. Fäule tritt auch nach dem durch Sturm, Naßschnee und Eis ausgelösten Bruch starker, nicht aber schwacher Äste ein. Im letzteren Fall wird ausschließlich Splintholz exponiert [6].

Auch extreme Klimabedingungen können Gesundheit und Ertrag beeinflussen, denn die Art ist wenig tolerant gegen Klimaextreme und leidet häufig unter Trockenheit. Abgänge lassen sich im Osten Kanadas und der USA oft mit Wassermangel im Bodenraum in Verbindung bringen. A. saccharum ist relativ windstabil und erträgt auf tiefgründigen Böden Stürme bis zur Tornadostärke, ohne geworfen zu werden [79, 52]. Sturmwurf kommt nur dort vor, wo zuvor stark durchforstet wurde.

Empfindlich reagiert die Art auf tiefe Bodentemperaturen. Fehlt die Schneedecke, können bei strenger Kälte zahlreiche Wurzeln absterben. Derartige Schäden könnten beim ersten Auftreten des „Sugar Maple Decline" in Quebec, New York und Teilen der Neuenglandstaaten eine Rolle gespielt haben.

Spätfröste können Sämlinge und Bäume bis zum Dickungsalter durch Triebverluste schädigen, denn sie treiben i. a. eher aus als ältere Bäume. Besonders intensiv sind die Spätfrostschäden an Bäumen, die von Insekten befallen wurden.

Rindenbrand durch intensive Sonneneinstrahlung tritt besonders nach Durchforstung oder Freistellung auf. Er entsteht – bei einem Wechsel zwischen Erhitzung und Frost – auch im Winter.

Aus Beobachtungen in der Nähe von Industrieanlagen weiß man, daß die obere Kronenschicht bei Langzeit-Exposition durch SO_2, NO_X, Chloride und Fluoride geschädigt wird. Die Stärke des Schadens variiert mit dem Baumalter und mit dem Gesundheitszustand des Baumes. A. saccharum ist tolerant gegenüber Ozon. Typische Schadsymptome sind selten zu beobachten. Auftausalze schädigen Zuckerahorne als Straßenbaum [56].

Nutzung

A. saccharum ist einer der wertvollsten, wirtschaftlich genutzten Laubbäume Kanadas. Sein Holz wird u. a. zur Herstellung von Möbeln, Fußböden, Werkzeugen, Furnieren und Sperrholz genutzt. Außerdem liefert er einen bernsteinfarbenen, dickflüssigen und wohlschmeckenden Zuckersaft, die Ausgangssubstanz für den berühmten Ahornsirup und den Ahornzucker. Leaf [42] schildert den Sirup als nahrhaft; der Zuckergehalt sowie die Konzentration an Stickstoff, Phosphor, Kalium, Calcium und Magnesium schwanken aber von Baum zu Baum. Obwohl Acer nigrum, A. rubrum und A. saccharinum ebenfalls einen zuckerhaltigen Blutungssaft liefern, erfolgt eine wirtschaftliche Nutzung nur bei dem besonders ergiebigen A. saccharum.

Die Bäume werden im zeitigen Frühjahr, zur Zeit des ersten Saftflusses angezapft, wenn der Zuckergehalt am höchsten ist. Der Saft wird gesammelt und dann durch Kochen oder Evaporieren zu einem süßen Sirup eingedickt. Weiteres Kochen ergibt Ahornzucker. Aus etwa 40 Liter Saft lassen sich 1 Liter Sirup oder 3 – 4 kg Zucker gewinnen.

Nach Houston et al. [30] sind die Bäume mit dem höchsten Sirup-Ertrag besonder raschwüchsig und haben große, freistehende Kronen. Bäume, deren Stammdurchmesser (BHD) alle 2 bis 5 Jahre um 2,5 cm zunimmt, produzieren 30 % mehr Saft als solche, die 7 bis 10 Jahre zum gleichen Durchmesserzuwachs benötigen. Bäume mit gleichem BHD liefern doppelt so viel Saft bei einer um 50 % größeren Krone. Außerdem ist der Saft besonders leistungsfähiger Bäume auch süßer.

Obwohl der Zuckergehalt primär genetisch gesteuert wird, treten stündliche und tägliche Schwankungen sowie Variationen mit der Sonneneinstrahlung auf.

Jedoch: Bäume mit relativ hohem Zuckergehalt behalten diese Position unter allen Bedingungen bei. Insgesamt variiert der Zuckergehalt des Saftes von 0,5 bis 8,0 %, durchschnittlich zwischen 1,5 und 4,0 %.

Die Gewinnung von Ahorn-Sirup und Ahorn-Zucker stellt im östlichen Nordamerika eine Jahrhunderte alte Tradition dar und geht auf indianische Erfahrungen zurück. Früher bohrte man ein Loch in den Stamm und fing den Saft in einem Behälter auf. Heute kommen aseptische Verfahren zu Anwendung und der Saft wird in einem Schlauchsystem zu einem zentralen Tank geleitet.

Annähernd 60 % des weltweit gewonnenen Ahorn-Sirups stammt aus Kanada, vor allem aus den Provinzen Quebec und Ontario. Im Jahre 1988 produzierte die kanadische Industrie 13,8 Millionen Liter mit einem Wert von 77 Millionen US $ allein für den Welthandel.

Weiterführende Literatur

[1] Allen, D.C.; Barnett, C.J.; Millers, I.; Lachance, D., 1992: Temporal changes (1988-90) in sugar maple health, and factors associated with crown condition. Can. J. For. Res. **22**, 1776-1784.

[2] Bailey, L.J., 1948: Figured wood: A study of methods of production. Jour. Forestry **46**, 119-125.

[3] Baker, F.S., 1949: A revised tolerance table. Jour. Forestry **47**, 179-181.

[4] Bauce, E.; Allen, D.C., 1991: Etiology of a sugar maple decline. Can. J. For. Res. **21**, 686-693.

[5] Buttrick, P.L., 1923: Second-growth hardwood forests in Michigan. Mich. Agr. Expt. Sta., Spec. Bull. **123**.

[6] Campbell, W.A., 1938: Preliminary report on decay in sprout northern hardwoods in relation to timber stand improvement. U.S.D.A. For. Serv., Northeast. For. Expt. Sta., Occas. Paper **6**.

[7] Carl, C.M., Jr., 1976: Effects of separation in N-pentane on storability of sugar maple seeds. U.S.D.A. For. Serv., Northeastern For. Expt. Sta., Upper Darby, PA., Res. Note NE-218.

[8] Carl, C.M., Jr.; Snow, A.G., 1971: Maturation of sugar maple seed. U.S.D.A. For. Serv., Northeastern For. Expt. Sta., Upper Darby, PA., Res. Pap. NE-217.

[9] Church, T.W., Jr., 1960: Factors affecting the development of sugar maple sprouts. Proc. Soc. Amer. Foresters 1960, 32-35.

[10] Cline, A.C., 1935: Improvement cutting and thinning as applied to central New England hardwoods. Mass. Forest and Park Assoc. Bull. **155**.

[11] Conover, D.F.; Ralston, R.A., 1959: Results of crop tree-thinning and pruning in northern hardwood saplings after nineteen years. Jour. Forestry **57**, 551-557.

[12] Dansereau, P.; Desmarais, Y., 1947: Introgression in sugar maples - II. Amer. Midland Nat. **37**, 146-161.

[13] Downs, A.A., 1946: Response to release of sugar maple, white oak, and yellow poplar. Jour. Forestry **44**, 22-27.

[14] Enright, L.J., 1958: Propagation of several species of Acer by cuttings. Jour. Forestry **56**, 426-428.

[15] Eyre, F.H., Zillgitt, W.M., 1953: Partial cuttings in northern hardwoods of the Lake States. U.S.D.A. Techn. Bull. **1076**.

[16] Fayle, D.C.F., 1964: Layering habit of the sugar maple. Forest Chronicle **40**, 116-121.

[17] Filip, S.M.; Marquis, D.A.; Leak, W.B., 1960: Development of old-growth northern hardwoods on Bartlett Experimental Forest - a 22-year record. U.S.D.A. For. Serv., Northeastern For. Expt. Sta., Upper Darby, PA., Paper **135**.

[18] Fowells, H.A., 1965: Silvics of forest trees of the United States. U.S.D.A. For. Serv., Washington, D.C., Agriculture Handbook No. 271.

[19] Friesner, R.C., 1942: Dendrometer studies of five species of broadleaf trees in Indiana. Butler Univers. Bot. Studies Vol. 5, 160-172.

[20] Gabriel, W.J., 1975: Phenotypic selection of sugar maples for superior sap volume production, Pp. 91-96. In Proc. 21st Northeastern For. Tree Improv. Conf.

[21] Gabriel, W.J.; Marvin, J.W.; Taylor, F.H., 1961: Rooting greenwood cuttings of sugar maple – effect of clone and medium. U.S.D.A. For. Serv., Northeastern For. Expt. Sta., Upper Darby, PA., Paper 144.

[22] Goodman, R.M.; Mattson, G.A., 1981: Optimum germination temperatures for hardwoods. U.S.D.A. For. Serv., North Central For. Expt. Sta., St. Paul, MN., Hardwood Management Note.

[23] Goodman, R.M.; Yawney, H.W.; Tubbs, C.H., 1990: Acer saccharum Marsh., Sugar Maple. Pp. 78-91. In Silvics of North America. Vol. 2. Hardwoods, Tech. Coordinators: R.M. Burns and B.H. Honkala, U.S.D.A. For. Serv., Washington, D.C., Agriculture Handbook No. **654**.

[24] Gould, N.E., 1979: Reforestation and timber stand improvement report for fiscal year 1978-1979. U.S.D.A. For. Serv., Washington, D.C., WO-2490.

[25] Graham, S.A., 1954: Changes in northern Michigan forests from browsing by deer. 19th North Amer. Wildlife Conf. Trans., 526-533.

[26] GROSS, H.L., 1991: Dieback and growth loss of sugar maple associated with defoliation by the forest tent caterpillar. Forest. Chronicle **67**, 33-42.

[27] HEPTING, G.H., 1944: Sapstreak, a new killing disease of sugar maple. Phytopathology **34**, 1069-1076.

[28] HICOCK, H.W.; MORGAN, M.F.; LUTZ, H.J.; BULL, H.; LUNT, H.A., 1931: The relation of forest composition and rate of growth to certain soil characters. Conn. Agr. Expt. Sta., New Haven, Conn., Bull. **330**, 677-750.

[29] HOUGH, A.F., 1937: A study of natural tree reproduction in the beech-birchmaple-hemlock type. Jour. Forestry **35**, 376-378.

[30] HOUSTON, D.R.; ALLEN, D.C.; LACHANCE, D., 1990: Sugar bush management: A guide to maintaining tree health. U.S.D.A. Forest Serv., Northeast. For. Expt. Sta. Radnor, PA., Gen. Tech. Rept. NE-129.

[31] HOWE, G.E., 1968: Early results of a sugar maple provenance study. Pp. 27-28. In Proc. 16th Northeastern For. Tree Improv. Conf.

[32] ILLICK, J.S.; FRONTZ, L., 1928: The beech-birch-maple forest type in Pennsylvania. Pennsylvania. Dept. Forests and Waters, Bull. **46**.

[33] JACOBS, R.D., 1969: Growth and development of deer browsed sugar maple seedlings. Jour. Forestry **67**, 870-874.

[34] JACOBS, R.D., 1974: Damage to Northern hardwood reproduction during removal of shelterwood overstory. Jour. Forestry **72**, 654-656.

[35] JENSEN,V.S., 1935: Suggestions for weeding in northern hardwoods. U.S.D.A. For. Serv., Northeastern For. Expt. Sta., Occas. Paper **3**.

[36] KIM, Y.T.; LEECH, R.H., 1985: Effects of climatic conditions on sap flow in sugar maple. Forest. Chron. **61**, 303-309.

[37] KOZLOWSKI, T.T.; COBLEY, J.H., 1961: Natural root grafting in northern Wisconsin. Jour. Forestry **59**, 105-107.

[38] KRIEBEL, H.B., 1957: Patterns of genetic variation in sugar maple. Ohio Agric. Expt. Sta., Res. Bull. **791**.

[39] KRIEBEL, H.B., 1976: Twenty-year survival and growth of sugar maple in Ohio seed source tests. Ohio Agric. Res. and Develop. Center, Univers. of Ohio, Wooster, Res. Circular **206**.

[40] KRIEBEL, H.B., 1990: Genetic improvement of sugar maple for high sugar content. II. Relative effectiveness and maternal and biparental selection. Can. J. For. Res. **20**, 837-844.

[41] KRIEBEL, H.B.; GABRIEL, W.J., 1969: Genetics of sugar maple. U.S.D.A. For. Serv., Washington, D.C., Res. Pap. Wo-7.

[42] LEAF, A.L., 1964: Pure maple syrup: Nutritive value. Science **143**, 963-964.

[43] LEAK, W.B., 1961: Development of second-growth northern hardwoods on Bartlett Experimental Forest – a 25-year record. U.S.D.A. For. Serv., Northeastern For. Expt. Sta., Upper Darby, PA., Sta. Paper **155**.

[44] LEAK, W.B.; DALE, S.S.; STANLEY, M.F., 1969: A silvicultural guide for northern hardwoods in the Northeast. U.S.D.A. For. Serv., Northeastern For. Expt. Sta. Upper Darby, PA., Res. Pap. NE-143.

[45] LOGAN, K.T., 1965: Growth of tree seedlings as affected by light intensity. I. White birch, yellow birch, sugar maple, and silver maple. Can. For. Serv. Dept. Forests, Ottawa, Ont., Publ. **1121**.

[46] MARQUIS, D.A., 1975: Seed storage and germination under northern hardwood forests. Can. Jour. For. Res. **5**, 478-484.

[47] MARVIN, J.W., 1953: Recent research on sugar maples. Jour. Chem. Ed. **30**, 262-264.

[48] MCLEAN, D.W., 1949: Improvement cutting in tolerant hardwoods. Dominion Forest Serv., Silvic Res. Note **95**.

[49] MILLERS, I.; ALLEN, D.C.; LACHANCE, D., 1992: Sugar maple crown conditions improve between 1988 and 1990. U.S.D.A. For. Serv., Northeastern Area State and Private Forestry, and For. Can. NA TP-03-92.

[50] MORROW, R.R., 1950: Periodicity and growth of sugar maple surface layer roots. Jour. Forestry **48**, 875-881.

[51] OHMAN, J.H., 1969: Diseases. Pp. 37-51. In Proc. Sugar maple Conf. Aug. 1969, Michigan Technological Univers. and U.S.D.A. For. Serv., Houghton, MI.

[52] PEREM, E.; MECBRIDE, C.F.; KEITH, C.T., 1981: Commercial woods, Chapter 2. Pp. 9-40. In Canadian Woods – Their properties and uses. Ed. E.J. Mullins and T.S. McKnight. Univers. of Toronto Press, Toronto, Ont., Canada.

[53] PORTER, A.W., 1981: Strength and physical properties of wood, chapter 4, Pp. 71-96. In Canadian Woods – Their properties and uses. Ed. E.J. Mullins and T.S. McKnight. Univers. of Toronto Press, Toronto, Ont., Canada.

[54] RICHENS, R.H., 1945: Forest tree breeding and genetics. Imp. Agr. Bur. Joint Pub. **8**.

[55] ROE, E.G., 1935: Forest soils: the basis of forest management. U.S.D.A. For. Serv., Lake States For. Expt. Sta., St. Paul, MN.

[56] SHORTLE, W.C.; KOTHEIMER, J.B.; RICH, A.E., 1972: Effect of salt injury on shoot growth of sugar maple, Acer saccharum. Plant Disease Reporter **56**, 1004-1007.

[57] SICCAMA, T.G., 1974: Vegetation, soil and climate on the Green Montains of Vermont. Ecological Monographs **44**, 325-349.

[58] SNOW, A.G., Jr., 1941: Variables affecting vegetative propagation of red and sugar maples. Jour. Forestry **39**, 395-404.

[59] SPAULDING, P.; BRATTON, A.W., 1946: Decay following glaze storm damage in woodlands of central New York. Jour. Forestry **44**, 515-519.

[60] STOECKELER, J.H., 1950: Porcupine damage in a northern hardwood-hemlock forest of northeastern Wisconsin. U.S.D.A. For. Serv., Lake States For. Expt., Sta., Tech. Note **326**.

[61] Stoeckeler, J.C., 1957: Effect of deer browsing on reproduction in the northern hardwood-hemlock type in northeastern Wisconsin. Jour. Wildlife Managt. **21**, 75-80.
[62] Stoeckeler, J.H.; Arbogast, C.F., 1947: Thinning and pruning in young second-growth hardwoods in northeastern Wisconsin. Proc. Soc. Amer. Foresters 1947, 328-346.
[63] Summitt, R., Sliker, A., 1980: CRC handbook of Materials Science, Vol. IV – Wood CRC Press, Boca Raton, Florida, U.S.A.
[64] Trimble, G.R., Jr., 1973: The regeneration of central Appalachian hardwoods with emphasis on the effects of site quality and harvesting practices. U.S.D.A. For. Serv., Northeastern For. Expt. Sta., Upper Darby, PA., Res. Pap. NE-282.
[65] Trimble, G.R., Jr.; Hart, G., 1961: An appraisal of early reproduction after cutting in northern Appalachian hardwood stands. U.S.D.A. For. Serv., Northeastern For. Expt. Sta., Upper Darby, PA., Paper **162**.
[66] Tubbs, C.H., 1965: Influence of temperature and early spring conditions on sugar maple and yellow birch germination in Upper Michigan. U.S.D.A., For. Serv., Lake States For. Expt. Sta., St. Paul, MN., Res. Note LS-72.
[67] U.S. Forest Service, 1929: What happens to millions of little trees in a virgin hardwood forest? U.S.D.A. For. Serv., Lake States Forest Expt. Sta., St. Paul, MN., Tech. Note **9**.
[68] U.S. Forest Service, 1936a: Bark injury by feeding rodents. U.S.D.A. For. Serv., Lake States For. Expt. Sta., St. Paul, MN., Forest Res. Digest, Jan.-Feb. S. 8-9.
[69] U.S. Forest Service, 1936b: Large quantities of seed produced by northern hardwood forest. U.S.D.A. For. Serv., Lake States For. Expt. Sta., St. Paul, MN., Tech. Note **118**.
[70] Wendel, G.W.; Gabriel, W.J., 1976: Sugar maple provenance study: West Virginia Outplanting 6-year-results. Pp. 163-171. In Proc. 22nd Northeastern For. Tree Improv. Conf. 1974.
[71] Wilde, S.A.; Wilson, F.G.; White, D.P., 1949: Soils of Wisconsin in relation to silviculture. Wisc. Conser. Dept. Publ. 525-49, 171 .
[72] Wright, J.W., 1953: Notes on flowering and fruiting of northeastern trees. U.S.D.A. For. Serv., Northeastern For. Expt. Sta., Upper Darby, PA., Paper **60**.
[73] Yawney, H.W., 1969: Artificial regeneration. Pp. 65-74. In Proc. Sugar maple Conf., Aug. 1969. Michigan Technol. Univers. and U.S.D.A. For. Serv., Houghton, MI.
[74] Yawney, H.W.; Carl, C.M., Jr., 1968: Sugar maple seed research. Pp. 115-123. In Proc. 20th Anniversary Nurserymen's Conf., Sept. 1968 Delaware, Ohio, U.S.D.A. For. Serv., Northeastern Area State and Private Forestry , Upper Darby, PA.
[75] Yawney, H.W.; Carl, C.M., Jr., 1974: Storage requirements for sugar maple seeds. U.S.D.A. For. Serv., N.E. For. Expt. Station, Upper Darby, PA., Res. Pap. NE-298.
[76] Zillgitt, W.M., 1949: Some observations on the silvicultural effects of different logging methods. Minutes of Meeting, Lake States Tech. Com. Amer. Pulpwood.
[77] Zillgitt, W.M., 1950: Does the partial cutting of northern hardwoods result in inferior reproduction? U.S.D.A. For. Serv., Lake States For. Expt. Sta., St. Paul, MN., Tech. Note **340**.
[78] Zillgitt, W.M., 1951: Converting mature northern hardwood stand to sustained yield. Jour. Forestry **49**, 494-497.
[79] Zon, R.; Scholz, H.F., 1929: How fast do northern hardwoods grow? Wisc. Agr. Expt. Sta., Res. Bull. 88.

Die Fotos zu den Abbildungen 3 bis 9 und 14 wurden freundlicherweise vom Canadian Forest Service zur Verfügung gestellt.

Der Autor:

Dr. Pritam Singh
Natural Resources Canada
Place Vincent Massey
351 St. Joseph Blvd.
Hull, Quebec
Canada K1A 1 GS

Aus dem Englischen übertragen von P. Schütt

Aesculus hippocastanum LINNÉ, 1753

Roßkastanie Familie: Hippocastanaceae

engl.: Horse chestnut, Common horse chestnut
franz.: Marronnier commun, Marronnier blanc, Châtaignier de cheval
ital.: Ippocastano, Castagno d'India

Abb. 1: Alte Roßkastanie auf einem öffentlichen Platz in Oberbayern (Foto: P. Schütt)

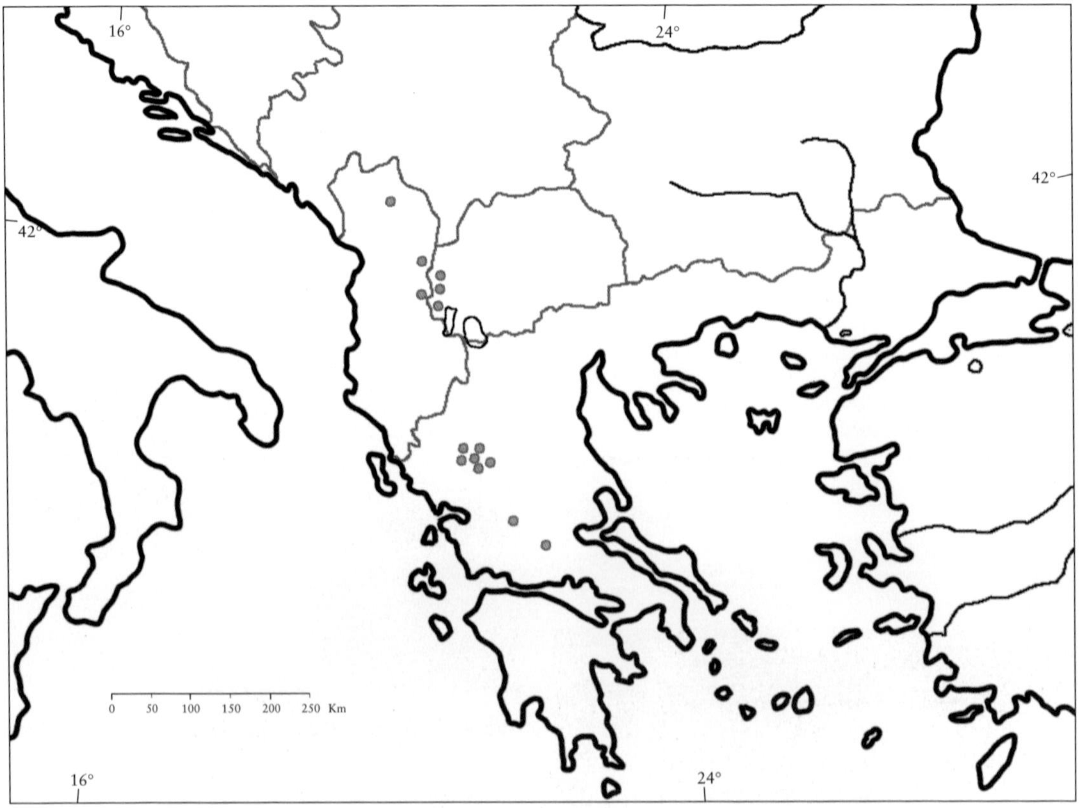

Abb. 2: Natürliches Areal

Verbreitung

Von den etwa 25 zur Gattung *Aesculus* zählenden Baum- und Straucharten des gemäßigten Klimas der Nordhalbkugel haben einige, wie z. B. *A. pavia*, *A. octandra* oder *A. hippocastanum* hohen Zierwert und werden in größerem Umfang als Park- oder Gartenbaum angebaut.

A. hippocastanum, der einzige europäische Vertreter, ist ein Relikt aus dem Tertiär, das sich während der Eiszeiten in ein Refugium auf der Balkanhalbinsel zurückgezogen hatte.

Die sommergrüne Art ist als eindrucksvoller Park- und Straßenbaum weit verbreitet und sehr beliebt. Sie kann unter günstigen Bedingungen 30 m hoch und 200 Jahre alt werden, ist in Mitteleuropa völlig winterhart, hat aber keine forstliche Bedeutung. Obwohl Samen, Borke, Blätter und Blüten industriell und pharmazeutisch genutzte Inhaltsstoffe liefern, ist das wirtschaftliche Gewicht der Art nur gering. Groß ist hingegen ihre Bedeutung als schattenspendende, dekorative Komponente des städtischen Grüns, ein wenig beeinträchtigt allerdings durch die schädliche Wirkung des winterlichen Streusalzes.

Die Roßkastanie kommt auf der Balkanhalbinsel endemisch vor. Ihr sehr zerklüftetes natürliches Areal besteht aus Einzelvorkommen in Griechenland, Albanien und Mazedonien. Die umfangreichsten autochthonen Bestände Griechenlands liegen in den Distrikten Phthiotis, Euritania, Thessalien und Episus [3]. In Albanien existieren natürliche Populationen unter anderem in Çikës, nahe Librazhdit und Derdhë [13], in Mazedonien im Tal der Schwarzen Drina sowie rund um den Ochrid-See [6].

Der einzige natürliche Bestand Bulgariens erstreckt sich entlang des Flusses Dervishka und seines Nebenflusses Zourlyova in den Preslav-Bergen, einem Vorgebirge der östlichen Balkan-Kette [1, 9]. Er ist etwa 3 km südwestlich von Preslav, der früheren Hauptstadt Bulgariens (9. und 10. Jahrh.) gelegen und wird von Kirchen und Klöstern umgeben, von denen aus einst die Einführung fremder Baumarten betrieben wurde. Der etwa 2 km lange und 40 bis 50 m breite Bestand bedeckt eine Fläche von 10 ha und liegt in 250 bis 400 m Höhe ü. NN. entlang einer alten Straße. Vieles spricht somit für seine künstliche Begründung.

Beschreibung

Erscheinungsbild

Roßkastanien werden im Mittel 15 bis 20 m, in seltenen Fällen auch 25 bis 30 m hoch und erreichen einen Stammdurchmesser (BHD) bis 100 cm (vereinzelt auch 1,5 bis 2 m). Die dichte, breit eiförmige und nicht immer symmetrische Krone besteht aus kräftigen, im spitzen Winkel ansetzenden Ästen. Der meist gerade und relativ kurze Stamm ist oft drehwüchsig (rechtsdrehende Fasern).

Das meistens gut ausgebildete Wurzelsystem kann bis in 8 m Tiefe vordringen und erreicht eine horizontale Ausdehnung von 10 bis 15 m, im Extrem von 20 m. Die anfangs vorhandene Pfahlwurzel bildet sich zurück und wird durch Seitenwurzeln ersetzt.

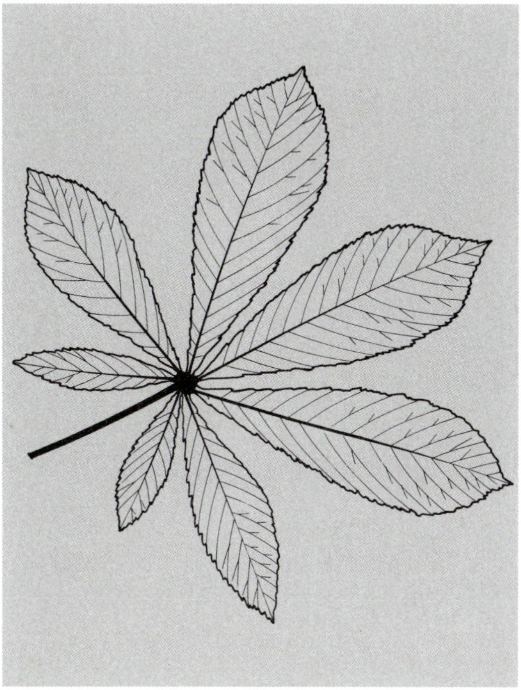

Abb. 4: Laubblatt, siebenzählig gefingert (ca. $^1/_4$ nat. Größe)

Abb. 3: Winterknospen und Blattnarben (Foto: Ulla M. Lang)

Knospen und Blätter

Die glänzend rotbraunen, bis 23 mm langen Winterknospen sind von eirunder bis konischer Gestalt und haben 4 bis 5 mit Drüsenzotten (Coleteren) besetzte, klebrige, kreuzweise gegenständig angeordnete Tegmente. Die Seitenknospen sind erheblich kleiner (8 bis 12 mm).

Die großen, oberseits dunkelgrünen Blätter sind fünfzählig gefingert und setzen sich aus 5 bis 7 ungestielten Fiedern und einem bis 20 cm langen Blattstiel zusammen. Die Spreiten der verkehrt eiförmigen, am Grunde keilförmig auslaufenden Fiedern haben einen doppelt gezähnten Rand, werden bis 20 cm lang und bis 10 cm breit. Stets ist die mittelste Fieder am größten (bis 30 cm lang, bis 12 cm breit). Nur die etwas helleren Blattunterseiten sind entlang der Blattadern fein behaart.

Blüten, Früchte und Samen

Roßkastanien blühen während oder kurz nach dem Austrieb, meist im April oder Mai. Die Bestäubung erfolgt durch Bienen und Hummeln [11].

Die dorsiventral aufgebauten, mehrfarbigen Blüten stehen zu vielen an aufrechten, rispenartigen Infloreszenzen (Thyrsen).

Abb. 5: Blütenstand (Foto: Ulla M. Lang)

Diese sind endständig, können 30 cm lang und 12 cm breit werden und haben rostrot behaarte Achsen. Sie enthalten sowohl zwittrige wie männliche Blüten.

Die 15 mm lange und 20 mm breite, zygomorphe Einzelblüte besteht aus einem glockenförmigen, fünfzähnigen Kelch, 5 freien, weißlichen, am Rande welligen Kronblättern, zwei davon mit rosafarbenen und roten Saftmalen sowie 7 (5) am Grunde fädigen, filzig behaarten, die Blütenkrone überragenden Staubblättern und einem oberständigen Fruchtknoten.

Blütenformel: ↗ K (5) C 5 A 3 : 2° + 5 G (3)

Die Früchte reifen im September/Oktober des selben Jahres. Es sind kugelige Spaltenkapseln mit einem Durchmesser bis zu 6 cm, die außen ein dünnes, grünes, mit weichen Stacheln besetztes Exokarp und innen ein lederartiges Endokarp ausbilden. Bei der Samenreife öffnet sich die Fruchtschale mit 3 Längsrissen und gibt meist nur einen einzigen, relativ großen, kugelförmigen Samen frei. Gelegentlich enthält die Frucht 2 oder 3 Samen von abgeflachter Form.

Reife Samen (Durchmesser: ca. 3 cm) haben eine glatte, glänzend rotbraune bis dunkelbraune Samenschale mit einem großen, rundlichen, deutlich helleren Hilum. Der Embryo besteht in der Hauptsache aus zwei Speicherkotyledonen. Ein Endosperm fehlt.

Aesculus-Samen trocknen relativ schnell aus und behalten ihre Keimkraft nur für 6 bis 7 Monate bei. Das Keimprozent beträgt 80 bis 90 %. Chromosomenzahl: 2 n = 40

Tausendkorngewicht: 10.000 g

Die Aussaat erfolgt unmittelbar nach der Reife im Herbst oder nach Stratifikation (120 Tage Aufenthalt in feuchtem Sand bei 2 bis 4 °C), auch nach Lagerung im Kühlkeller (2 bis 4 °C) im nächsten Frühjahr [18, 25].

Borke und Holz

Die Borke alter Stämme hat eine dunkelbraune bis graubraune Farbe, ist etwa 1 cm dick und bildet dünne Schuppen aus. An den Zweigen entsteht aber zunächst eine gelblich braune oder rötlich braune, anfangs mit feinen, braunen Haaren bedeckte Rinde.

A. hippocastanum ist ein Reifholzbaum und bildet ein zerstreutporiges Holz von gelblich weißer Farbe, das bei manchen Bäumen einen rötlichen Ton aufweist. Die Jahrringe sind deutlich zu erkennen, die ausschließlich einreihigen, 10 bis 25 Zellreihen hohen Holzstrahlen nicht. Roßkastanienholz schwindet mäßig (10,8%), ist gleichmäßig aufgebaut, relativ leicht und bricht leicht.

Abb. 6: Einzelblüten (Foto: Ulla M. Lang)

Die Rohdichte (r_{15}) liegt bei 0,55 g/cm^3 [5]. Als nachteilig ist der geringe Brennwert und die geringe Dauerhaftigkeit anzusehen.

Die Druckfestigkeit liegt bei 305 bp/cm^2, die Biegefestigkeit bei ca. 635 bp/cm^2 [26].

Abb. 7: Reifer Fruchtstand (Foto: Ulla M. Lang)

Abb. 8: Geöffnete Frucht mit reifem Samen (Foto: H. Gilge)

Abb. 9: Borke

Abb. 10: Holz, Radialschnitt

Genetische Differenzierung

A. hippocastanum gilt als polymorph und läßt sich nach SOKOLOV et al. [21] in zahlreiche Varietäten und Formen unterteilen.

Wuchsform
- var. *pyramidalis* HENRY (f. *pyramidalis* SIMON-LOUIS) mit kompakter, schmal pyramidenförmiger Krone
- var. *pendula* PUVILL. (f. *pendula* REHD.) mit herabhängenden Ästen
- var. *umbraculifera* JAEG. (f. *umbraculifera* SCHELLE) mit dichter, abgerundeter Krone
- var. *pumila* DIPP. (f. *digitata hort.*) Zwergform

Blütenfarbe
- f. *Baumannii* SCHNEID. (f. *plena* LOUD.) mit büschelförmig angeordneten, weißen Blüten
- f. *Schirnhoferi* VOSS. (f. *rubicunda hort.*, f. *rosea hort.*) mit büschelförmig angeordneten, gelb-roten Blüten

Blattform
- var. *laciniata* LER. (f. *laciniata* SCHELLE). Schmalere Fiederblätter mit tief und unregelmäßig gesägtem Rand

Blattfarbe
- var. *albo-variegata* WEST. (f. *albo variegata* (WEST.) REHD.) mit weiß gepunkteten Blättern
- var. *variegata* LOUD. (var. *luteo-variegata* WEST.) Fiedern mit kleinen, gelben oder goldgelben Flecken.
- var. f. *aureo-marginata hort.* Blattränder gold-gelb
- var. *Memmingeri* REHD. Fiedern mit kleinen, weißen Flecken und Punkten

Phänologie
- f. *praecox*. Eine etwa 2 Wochen früher austreibende Form.

A. hippocastanum geht mit *A. pavia* L. Artkreuzungen ein. Der entsprechende Bastard ist unter den Namen *A. carnea* HAYNE, *A. intermedia* ANDRÉ, *A. rubicunda* LOISEL. und *Pavia carnea* SPACH, 1834 bekannt geworden.

Abb. 11: Aesculus carnea, Blütenstand (Foto: P. Schütt)

Er wird folgendermaßen beschrieben: 15 bis 20 m hoher Baum mit gegenständigen, oberseits glänzend dunkelgrünen Blättern, diese aber insgesamt kleiner als bei der Roßkastanie. Die etwas fleischigen, roten bis dunkelroten Blüten erscheinen im Mai/Juni. Jahr der Erstbeschreibung: 1818.

Ökologie

Die Roßkastanie ist in ihren ökologischen Ansprüchen der Hainbuche *(Carpinus betulus)* ähnlich.

Im natürlichen Areal besiedelt sie Höhenlagen zwischen 900 bis 1000 und 1200 bis 1300 m, hauptsächlich in schattiger oder halbschattiger Exposition und auf frischen bis feuchten Standorten. Als mesophytische, lichtbedürftige Art gedeiht sie auch an sonnigen Orten. Hinsichtlich Geologie und Boden ist sie nicht festgelegt, bevorzugt aber tiefgründige, frische, basen- und stickstoffreiche Substrate im neutralen bis alkalischen Bereich.

Wegen des tiefen, intensiven Wurzelsystems sind Roßkastanien weder sturmwurf- noch schneedruckgefährdet. Im natürlichen Areal ist sie völlig frosthart. Frostschäden werden aber gelegentlich in Nordeuropa und in Fernost beobachtet. SCHENCK [19] hält -30 °C für die Grenze ihrer Frosthärte.

A. hippocastanum bildet Reinbestände, tritt aber auch in Mischung mit *Carpinus betulus, Ostrya carpinifolia, Fraxinus excelsior, Platanus orientalis, Ilex aquifolium, Abies cephalonica* und anderen Arten auf.

In ihrem bulgarischen Vorkommen (Dervishat Reservat) ist *A. hippocastanum* die dominierende Baumart, wird aber begleitet von *Acer pseudoplatanus, A. platanoides, Carpinus betulus, Fraxinus excelsior, Ulmus glabra, Fagus orientalis, Tilia tomentosa, T. cordata* und *Sorbus torminalis* sowie von den Straucharten *Corylus avellana, Staphylea pinnata, Crataegus monogyna, Cornus mas* etc.

In den unmittelbar angrenzenden Beständen mit *Fagus orientalis, Carpinus betulus* wie auch *Quercus cerris* und *Q. pubescens* ist die Roßkastanie vereinzelt anzutreffen.

Häufigste Standorte von *A. hippocastanum* in ihrem natürlichen Areal sind schattige, vom Wind geschützte Schluchten, manchmal auch felsiges Gelände. Außerhalb des Areals wächst sie unter so verschiedenen Klima- und Bodenverhältnissen, daß man von einer Species mit großer ökologischer Anpassungsfähigkeit sprechen kann.

Anbauerfahrungen

Die ersten Anbauten als Ziergehölz fanden zur Zeit des Byzantinischen Reiches in Konstantinopel statt, wohin die Art aus ihrem griechischen Arealteil gebracht worden war. 1576 gelangte sie durch CLUSIUS nach Wien und von dort breitete sie sich im 17. Jahrhundert über ganz Mittel- und Westeuropa aus. BACHELOR führte sie 1615 in Paris ein [16] und nach Sofia gelangte sie 1907 – gewissermaßen als Re-Introduktion mit Material aus mitteleuropäischen Parks.

Heute kultiviert man Roßkastanien als Ziergehölz vor allem in den temperierten Zonen Europas, Asiens und Nordamerikas, praktisch vom Atlantik bis zum Pazifik. In Rußland reicht das Anbaugebiet bis nach Archangelsk, wo die Art zurückfriert und mit 15 Jahren nur 2,3 m hoch wird. Es umfaßt u. a. auch St. Petersburg, die Distrikte Kostroma, Kirov und Swerdlowsk und geht südlich bis zur Krim, zum Kaukasus und nach Mittelasien.

In den Baumschulen von Habarovsk frieren die oberirdischen Teile der Sämlinge zurück. Die Pflanzen erholen sich aber wieder.

Unter günstigen Bedingungen zeigt *A. hippocastanum* ein rasches Jugendwachstum und erreicht eine Höhe von 50 cm im ersten Jahr. SCHENCK [19] erwähnt eine 120jährige Roßkastanienallee zwischen Düsseldorf und Mönchengladbach, deren Bäume 30 m hoch sind und einen BHD von 100 cm aufweisen.

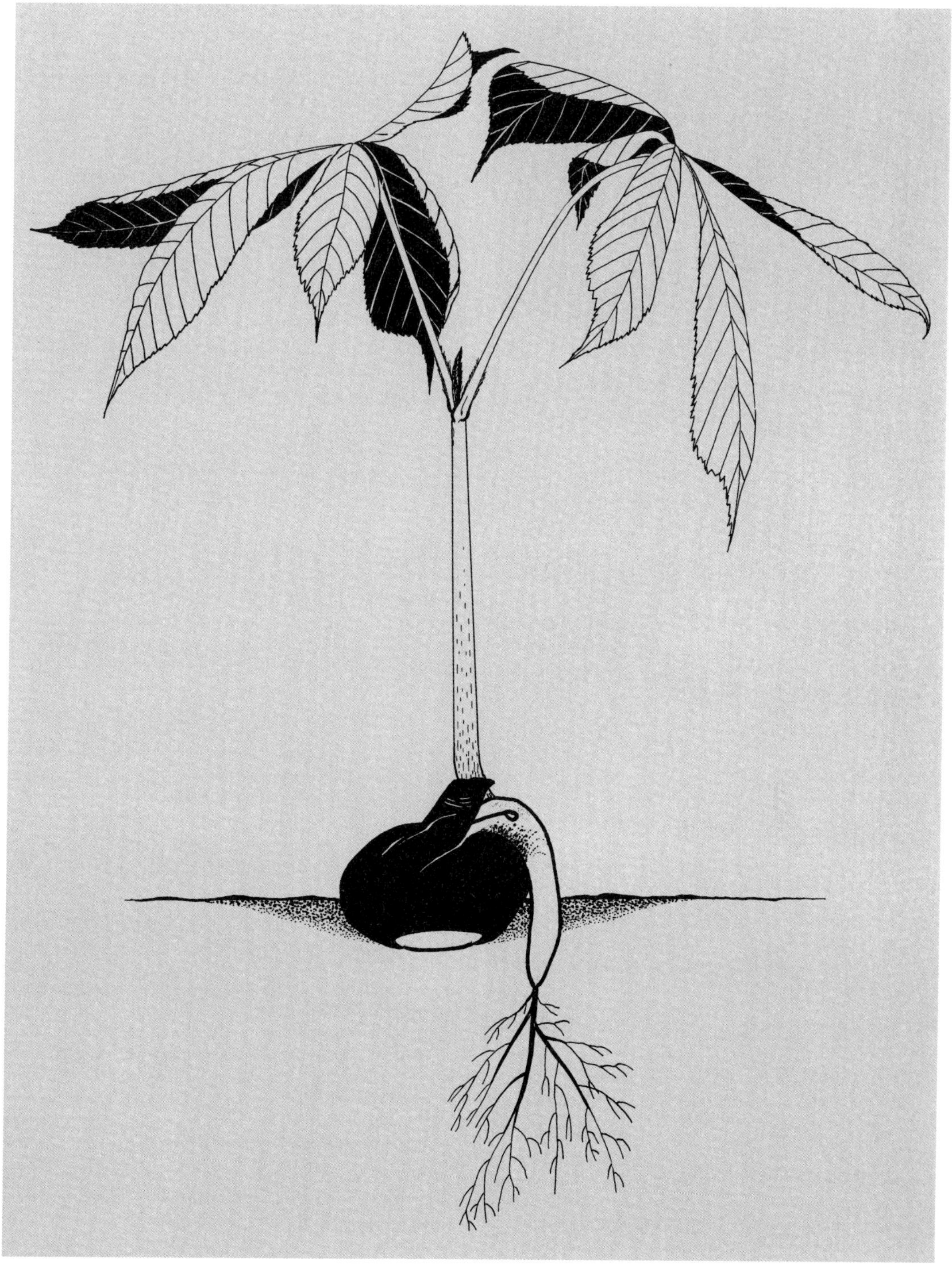

Abb. 12: Keimling, 20 Tage alt (nat. Größe)

Abb. 13: Guignardia aesculi-Befall, Herbst-Aspekt (Fotos: P. Schütt)

Pathologie

A. hippocastanum gehört zu den Baumarten, die durch Krankheiten kaum gefährdet sind. Erwähnung verdienen aber:

- *Phytophthora*-Arten, die in Großbritannien als wurzelpathogene Pilze starke Schäden am Wurzelsystem anrichten und darüber hinaus zu Rindennekrosen und Schleimfluß am Stamm führen [14].
- *Guignardia aesculi* (PECK) STEWART, der Erreger einer seit den frühen fünfziger Jahren in Mitteleuropa grassierenden Blattbräune, ist weit verbreitet und löst vorzeitigen Blattfall aus. Der Pilz infiziert im Frühjahr; erste Blattnekrosen im Juli/August, diese werden später flächig und führen zum Einrollen der Blätter. Erhebliche Einbußen an ästhetischer Wirkung bei Altbäumen, Abgänge in Baumschulen. Dort ist chem. Bekämpfung möglich. Streusalzschäden rufen sehr ähnliche Schadbilder hervor.
- Stammfäule wird durch mehrere Arten der Gattung *Ganoderma* ausgelöst.
- In Mitteleuropa kommt es zu Schäden durch Rot- und Rehwild [19].
- Die an Roßkastanien auftretenden Schadinsekten werden bei GOUSSEV/RIMSKIY-K. [7] beschrieben. Dazu gehören mehrere stammbewohnende Arten der Gattungen *Cerambyx, Anisandrus, Plagionotus* und *Phymatodes*, außerdem blattfressende Schädlinge der Genera *Acrometa, Operophthera* und *Alsophila*.
- Unter den abiotischen Schadursachen sind in erster Linie Luftverunreinigungen zu nennen. Mehrere Autoren raten davon ab, *A. hippocastanum* entlang viel befahrener Straßen und Industriegebiete anzubauen [12, 15, 29].
- Als gravierend haben sich die Schäden durch winterliche Auftausalze erwiesen. Sie entstehen sowohl durch die Aufnahme der Na- und Cl-Ionen über den Boden als auch durch direkte Gischtwirkung. Typische Symptome sind Blattrandnekrosen und Blattfall.

Nutzung

A. hippocastanum findet auf vielen Gebieten eine begrenzte Verwendung, ist aber insgesamt keine Baumart von großem wirtschaftlichem Gewicht.

Das Holz wird als Furnier bei der Möbelfabrikation, zur Holzschnitzerei und für orthopädische Geräte verwendet, ebenso in der Brandmalerei und als Verpackungsmaterial. Die Holzkohle eignet sich zur Herstellung von Schießpulver.

Pharmazeutisch verwertbar sind Tannine aus der Stamm- und Astborke, welche ca. 3 % Aesculin, Aesculetin, Fracsin, Fracsetin, Harze und Gerbsäure enthalten [24].
Auch aus Blättern und Blüten werden nutzbare Inhaltsstoffe gewonnen.

Die Samen setzen sich zusammen aus:

Stärke	40 – 60 %
Aesculo-Saponine	8 – 28 %
Zucker	9 %
Proteine	8 – 10 %
Öle	2,5 – 7 %

sowie aus den Vitaminen B_1, C und K [24]

Von diesen Stoffen gewinnt man die Saponine zur Herstellung von kosmetischen Produkten, Farben und Schäumen. Das Stärkemehl läßt sich zu Alkohol und zu Milchsäure vergären und die Öle zu Seifenpulver verarbeiten.

Nach Trocknung, Entfernung der Schale, Zerkleinern und Wässern liefern die Samen ein Viehfutter. In Deutschland dienen sie im unveränderten Zustand als kalorienreiches Winterfutter für das Schwarz-, Rot- und Rehwild.

Die Blüten liefern reichlich Nektar und Pollen für Bienen.

A. hippocastanum liefert außerdem Ausgangsprodukte für die pharmazeutische Industrie. Biologisch aktive Substanzen werden aus den Samen, der Borke, den Blättern und den Blüten extrahiert. Sie wirken gefäßverstärkend, antikoagulierend und entzündungshemmend. Mit entsprechenden Arzneien werden Magen- und Duodenum-Geschwüre, Uterus-Blutungen, Krampfadern, Hämorrhoiden und andere Krankheiten behandelt.

Die wichtigste Nutzung der Roßkastanie besteht zur Zeit aber in ihrem Anbau in Erholungsanlagen, als Schattenspender (z. B. in bayerischen „Biergärten“) und als Zierbaum. Hierfür, wie auch als Straßenbaum wird sie in vielen Ländern nach wie vor in großem Umfang herangezogen.

Weiterführende Literatur

[1] ADAMOVIĆ, L., 1909: Die Vegetationsverhältnisse der Balkanländer. Verlag Wilhelm Engelmann, Leipzig.
[2] CHERNYAVSKI, P.; NEDYALKOV, S.; PLOSHTAKOVA, L.; DIMITROV, I., 1959: Trees and Shrubs in the Forests of Bulgaria. Zemizdat Publ. House, Sofia. (in Bulg.)
[3] De HALACSY, E., 1901: Conspectus Florae Graecae. Vol. I.
[4] DELKOV, N., 1988: Dendrology. Zemizdat, Sofia. (in Bulg.)
[5] ENCHEV, E., 1984: Wood Technology. Zemizdat, Sofia (in Bulg.)
[6] FLORA SR SRBIJE, 1973: Vol. V, Beograd (in Serbisch)
[7] GOUSSEV, V.; RIMSKIY-KORSAKOV, Ya., 1951: Guide of Damaged Forest and Ornamentral Trees and Shrubs of the European Part of the U.S.S.R.: Goslesbumizdat Publ. House, Moscow – Leningrad. (in Russisch)
[8] GROSSER, D., 1977: Die Hölzer Mitteleuropas. Springer-Verlag Berlin, Heidelberg, New York
[9] KOCHEV, H.; GOROUNOVA, D., 1972: The Horse Chestnut in Dervishât Reserve. Nature, N 3 issued by the Bulgarian Acad. Sci, Sofia. (in Bulgarisch)
[10] KRÜSSMANN, G., 1976: Handbuch der Laubgehölze. Band I, Verlag Paul Parey, Berlin und Hamburg.
[11] KUGLER, H., 1970: Blütenökologie. Gustav Fischer-Verlag, Stuttgart.
[12] LUNZ, L., 1952: Zilyonae Stroitelstvo (Establishing Green Areas). Moscow. (in Russisch)
[13] MITRUSHI, I., 1955: Drurët et shkurret e Shqipërisë, Tiranë.
[14] PHILLIPS, D.; BURDEKIN, D., 1982: Diseases of Forest and Ornamental Trees. The Macmillan Press Ltd., London and Basingstoke.
[15] PROKOPIEV, E., 1978: Amenity Afforestation of Industrial Regions, Zemizdat Publishing House, Sofia. (in Bulgarisch)
[16] RAMEAU, J.; MANSION, D.; DUMÉ, G., 1989: Flore forestière francaise. N 1, Dijon.
[17] REHDER, A., 1960: Manual of Cultivated Trees and Shrubs. The MacMillan Co., New York.
[18] RUDOLF, P., 1974: Aesculus L. Buckeye, horsechestnut, In: Seeds of Woody Plants in the United States. USDA For. Serv., Agric Handb. 450, Washington, D.C.
[19] SCHENCK, C. A., 1939: Fremdländische Wald- und Parkbäume. 3. Band. Die Laubhölzer. Verlag Paul Parey, Berlin.
[20] SCHÜTT, P.; KOCH, W., 1978: Allgemeine Botanik für Forstwirte. Parays Studientexte 17. Verlag Paul Parey, Hamburg und Berlin.
[21] SOKOLOV, S., et al., 1958: Trees and Shrubs of the USSR. Vol. IV, Academy Press, Moscow-Leningrad. (in Russisch)
[22] SHTEPOTEV, F., 1949: Dendrology, Goslesbumizdat, Moscow – Leningrad. (in Russisch)
[23] STEFANOFF, B., 1934: Dendrology, Court Publishing House , Sofia. (in Bulgarisch)
[24] STOYANOV, N.; Kitanov, B., 1960: Wilde Nutzpflanzen Bulgariens. Verlag Bulg. Akad. Wiss., Sofia. (in Bulgarisch)
[25] SUSZKA, B., 1966: Conditions for breaking of dormancy of germination of the seeds of Aesculus hippocastanum L.. Arboretum Kórnickie, 11.
[26] WAGENFÜHR, R.; SCHEIBER, C., 1974: Holzatlas. VEB Fachbuchverlag, Leipzig.
[27] YANEV, A., 1959: Ornamental Plants of the Flora of Bulgaria. Nauka i Izkoustvo State Publishing House, Sofia. (in Bulgarisch)
[28] YORDANOV, D., 1979: Flora Respublicae Popularis Bulgaricae. Vol. VII, In Aedibus Academiae Scientiarum Bulgaricae. Serdicae.
[29] ZHELEVA, E., 1972: Pathological State of the Horse Chestnut Trees (Aesculus hippocastanum L.) in the Streets of Sofia. M. S. Dissertation, Higher Institute of Forestry and Forest Industries (HIFFI), Sofia. (in Bulgarisch)

Der Autor:

Prof. Dr. A. H. ALEXANDROV
Forest Research Institute
132 Kliment Ohridski Blv.
1756 Sofia
Bulgarien

Aus dem Englischen übertragen von P. Schütt

Blattschäden durch die Rosskastanien-Miniermotte

In den letzten Jahren treten in Europa zunehmend braungelbe Blattflecken als Befallsbild durch die Rosskastanien-Miniermotte (*Cameraria ohridella* DESCHKA et DIMIC, Familie *Gracillariidae*) auf. Dies wurde erstmals 1984 am Ochridsee in Mazedonien entdeckt. Verwechslungsmöglichkeiten beim Krankheitsbild bestehen mit der Pilzkrankheit Rosskastanien-Blattbräune (Erreger: *Guignardia aesculi* (PECK) STEW., s. Monographie zuvor).

Der Befall bleibt zunächst mehrere Jahre ohne letale Folgen für den Baum. Bei alljährlich wiederkehrendem, starken Befall können alte Bäume allerdings so stark geschädigt werden, dass sie bei zusätzlichen negativen Einflüssen wie Streusalz oder Trockenstress absterben. Wirtschaftlich ist der Schaden eher unbedeutend und besteht in Zuwachsverlusten, geringeren Trieblängen, weniger Blütenansatz und kleineren Früchten, vor allem an älteren Bäumen. Bedeutender ist der ästhetische Schaden in Parkanlagen, an Straßen und in Biergärten.

Cameraria ohridella wurde als neue Art erstmalig 1986 beschrieben [3]. Erst nach der anthropogenen Einschleppung in Österreich 1989 verlief die weitere, vor allem nordwestliche Ausbreitung rasch mit einer durchschnittlichen Geschwindigkeit von 150 km/Jahr und gleichzeitiger Zunahme der Befallstärke.

Die erste Hauptflugzeit fällt Anfang bis Mitte Mai mit der Kastanienblüte zusammen. Die Falter der Sommergeneration fliegen im Juli bis August, die der Herbstgeneration im September. Die Falter schwärmen ausschließlich am frühen Vormittag, um die Mittagszeit ist der Flug beendet [4, 5]. *C. ohridella* entwickelt in Mitteleuropa i.d.R. drei Generationen, bei sehr günstigen Witterungsbedingungen auch 4 oder sogar 5 Generationen im Jahr. Daraus ergibt sich ein Vermehrungspotenzial bis zu 50 000 schlüpfenden Faltern pro Jahr und Baum [2, 5].

Die Weibchen legen 20 bis 30 Eier einzeln auf die Oberseite der Fiederblätter in kleine Vertiefungen der Blattnerven. Pro Blatt können bis zu 300 Eier gezählt werden, davon erreicht jedoch nur ein kleiner Teil das Puppenstadium [4, 5]. Die entstehenden charakteristischen Minen sind zuerst fahl graugrün und durchscheinend mit einem rundlichen bis ovalen, 3 bis 5 mm großen diffus-braunen Mittelfleck, so dass die Larven und Kotkörnchen mit bloßem Auge in den transparenten Feldern ausgemacht werden können. Die Minen werden meist von zwei Blattadern begrenzt. Oft sind sie so häufig, dass minierte Bereiche ineinander übergehen und große minierte Flächen entstehen. Im Endstadium des Befalls werden die Blätter rotbraun, vertrocknen, rollen sich ein und fallen ab August ab. Oft sind 60–100 % der gesamten Blattfläche geschädigt. Auffällig ist, dass manche Bäume im Herbst erneut austreiben und/oder sogar blühen können.

Kalte Winter und feuchte, kühle Frühjahre reduzieren die Populationsdichte. Als einzig wirksame und praktikable Bekämpfungsmethode (mit mäßigem Erfolg) gilt bisher das Entfernen und Vernichten des Falllaubes im Herbst [4]. Andere Bekämpfungsverfahren (z.B. die Stamminjektion von Insektiziden) befinden sich noch in der Untersuchungsphase und sind bisher in Deutschland nicht zugelassen. Dies gilt auch für biologische Bekämpfungsverfahren [1, 4]. Die Bekämpfung ist unter Naturschutzvertretern allerdings umstritten, da die Rosskastanie keine ursprünglich heimische Baumart in Mitteleuropa ist.

Abb. 14: Minierte Blätter im Juli

Literatur

[1] Butin, H.; Führer, E., 1994: Die Kastanien-Miniermotte (*Cameraria ohridella* Deschka & Dimic), ein neuer Schädling an *Aesculus hippocastanum*. Nachrichtenbl. Dt. Pflanzenschutzdienst **46**, 89–91.

[2] Deschka, G., 1993: Die Miniermotte *Cameraria ohridella* Deschka & Dimic, eine Gefahr für die Rosskastanie *Aesculus hippocastanum* L. (Insecta, Lepidoptera, Lithocolletidae). Linzer Biol. Beiträge **25**, 141–148.

[3] Deschka, G.; Dimic, N., 1986: *Cameraria ohridella* sp. n. (Lep., Lithocolletidae) aus Mazedonien, Jugoslawien. Acta Entomol. Jugoslavica **22**, 11–23.

[4] FBVA (Forstliche Bundesversuchsanstalt) Wien (Hrsg.), 1997: Rosskastanienminiermotte (Cameraria ohridella). Forstschutz aktuell **21**, 1–33.

[5] Skuhravy, V., 1999: Zusammenfassende Betrachtung der Kenntnisse über die Roßkastanienminiermotte, *Cameraria ohridella* Desch. & Dem. (Lep., Gracillaridae). Anzeiger f. Schädlingskunde **72**, 95–99.

Autoren:

Dipl.-Forstw. Cordula Schmidt und
Prof. Dr. Andreas Roloff
Institut für Forstbotanik und Forstzoologie
der TU Dresden
Pienner Str. 7
01737 Tharandt

Albizia julibrissin DURAZZINI, 1772

syn.: A. mollis BOIVIN

Schlafbaum, Seiden-Akazie

Familie: Mimosaceae

engl.: Silk tree, Mimosa tree

Indien: Pink siris, Hill siris

Abb. 1: Albizia julibrissin. Links oben: Blütenstand mit zahlreichen, an der Spitze roten Staubblättern; links unten: Stamm-Längsschnitt; rechts oben: Stammborke; rechts unten: Zweig mit bipinnaten Blättern und unreifer Hülse

Albizia julibrissin, ein laubabwerfender, meist kleiner, breitkroniger Baum, stammt aus subtropischen Regionen Asiens. Wegen seiner attraktiven, rosafarbenen Blütenstände und der großen, doppelt gefiederten Blätter wird er in der Alten und Neuen Welt häufig als Ziergehölz kultiviert.

Im Süden der USA, wo die raschwüchsige und anspruchslose Art in erheblichem Umfang aus Kultur verwilderte, wird sie seit Jahrzehnten durch eine über die Wurzeln eindringende Tracheomykose („*Fusarium*-Welke") bedroht.

In Mitteleuropa benötigt *A. julibrissin* Winterschutz.

Der Gattungsname *Albizia* erinnert an den Florentiner Edelmann und Naturforscher Filippo degli Albizzi, der die Art Mitte des 18. Jahrhunderts in Italien einführte. Das Epitheton „julibrissin" leitet sich von einem persischen Trivialnamen ab, und die deutsche Bezeichnung bezieht sich auf die „Schlafbewegung" der Fiederblättchen.

Verbreitung

Das natürliche Areal von *A. julibrissin* erstreckt sich im Wesentlichen über weite Teile des subtropischen und des klimatisch gemäßigten asiatischen Kontinents. Im Westen setzt es am südlichen Teil des Kaspischen Meeres ein, zieht sich dann über den nördlichen Iran und Indien bis nach China (Provinzen Yunnan, Hubei, Sichuan) und Japan [2]. TROUP [1] nennt für Indien ein Gebiet, das vom Indus ostwärts über Sikkim und Assam bis Malipur reicht. Er erwähnt außerdem – allerdings ohne nähere Angaben – ein isoliertes Vorkommen im äthiopischen Bergland (1800 m ü. NN).

Die Höhengrenze der Verbreitung liegt in Indien (Sikkim) i.A. bei 1500, gelegentlich bis 1800 [2], in den Kumaon Hills (Uttar Pradesh) sogar zwischen 1520 und 2440 m ü. NN [1].

Vor allem außerhalb ihres natürlichen Areals wird die Art vielerorts als Ziergehölz angebaut – seit 1745 in Europa [7], seit 1831 in Nordamerika, und oft ist sie später aus Kultur verwildert. Das gilt in besonderem Maße für den Osten und Südosten der USA (Long Island bis Florida und W-Texas), aber auch für den Mittelmeerraum, Teile Frankreichs und Süd-England [9].

Beschreibung

A. julibrissin entwickelt sich häufig zu einem kleinen, allenfalls mittelgroßen, oft mehrstämmigen Baum von 9 bis 12, maximal 15 m Höhe mit weit ausladender, flacher Krone [1, 10, 11]. Auf armen oder klimatisch ungünstigen Standorten wächst die Art strauchförmig.

Der Stamm bleibt in Nordamerika schlank [5], in Indien kann er Durchmesser von 38 bis 57 cm erreichen [1]. Das Wurzelsystem entwickelt sich aus 2 oder 3 kräftigen, von der Stammbasis ausgehenden Seitenwurzeln [6].

Knospen, Blätter und junge Triebe

A. julibrissin ist sommergrün, treibt erst Ende Mai/Anfang Juni aus [5] und bildet keine Terminalknospen. Die kleinen, rundlichen Seitenknospen haben 2 bis 3 bräunliche Tegmente [5].

Die wechselständigen, dunkelgrünen, bipinnaten Blätter werden 25 bis 38 cm lang [11] und tragen an jeder der 10 bis 25 Seitenachsen 20 bis 30 Fiederblättchen-Paare [10]. Die sichelförmigen, sitzenden oder fast sitzenden, 6 bis 10 mm langen Fiederblättchen sind ganzrandig und bewimpert. Sie haben einen rundlichen Apex sowie eine keilförmige oder runde, meist schiefe Basis [11]. Nahe der Basis weist die grüne oder bräunliche Rhachis mitunter eine Drüse auf. Behaarung und Breite der Fiederblättchen variieren mit der geographischen Herkunft [2].

Die Laubblätter fallen ohne vorherige Verfärbung grün zu Boden. Charakteristisch ist das Zusammenklappen gegenüberstehender Fiederblättchen („Schlafstellung") bei Dunkelheit oder Regen [9]. Dieser Vorgang wird von Pulvini an der Basis des 3 bis 5 cm langen Blattstiels und der Blattachsen 2. Ordnung gesteuert [7].

Junge Triebe können im Querschnitt etwas kantig, aber auch rundlich sein, und sie sind mit vielen kleinen Lenticellen besetzt. Hinsichtlich der Behaarung gibt es Herkunftsunterschiede: weiche, gelblich braune Haare in Indien [1], aber ohne jede Behaarung im Süden der USA [9].

Blüten, Früchte und Samen

Die rosafarbenen, sehr attraktiven, köpfchenförmigen Blütenstände von *A. julibrissin* erscheinen in Indien von April bis Juni [1], in den südlichen USA hingegen von Juni bis August [12].

Sie entspringen den Blattachseln an Zweigenden, stehen an schlanken, 1,2 bis 5 cm langen, behaarten Achsen [11] und haben einen Durchmesser von 3,7 bis 5 cm. Sie setzen sich aus zahlreichen kleinen, radiärsymmetrischen, 5-zähligen Einzelblüten mit doppelter, röhrenförmiger Blütenhülle (Länge bis 6 mm) zusammen. Deren Kronblätter sind zur Hälfte miteinander verwachsen, und der Kelch ist etwa halb so lang wie die mit 5 länglichen Zipfeln auslaufende Corolla [2, 11]. In Aserbaidschan liegt die Blütenzahl pro Köpfchen zwischen 15 und 23 und die terminalen Einzelblüten dienen als Schauapparat[1)].

1) For. Abstr. 35, 1295, 1974

Widersprechende Informationen liegen über den Blütenaufbau vor. Einerseits heißt es, die Art bilde durchweg Zwitterblüten [11], nach GODFREY [7] ist jedoch nur die mittlere Blüte des Köpfchens perfekt, alle anderen sind männlich und haben einen kürzeren Kelch als die Zwitterblüte.

Die rosa Blütenfarbe wird von dem oberen Teil der zahlreichen, 2,5 bis 3,7 cm langen Staubblätter bestimmt. Diese sind an der Basis zusammengewachsen und werden noch von dem weißen oder rosafarbenen Stempel überragt, der mit einer winzigen Narbe abschließt und einen kurzgestielten, oberständigen Fruchtknoten aufweist [11].

Schon im September bis November des Blütejahres reifen die Früchte [12] – flache, anfangs behaarte, später kahle, lang gestielte (2,5–6,2 cm), gelblichbraune Hülsen mit papierdünnen Wänden. Ihre Länge wird in Indien mit 7,5 bis 12,5 cm [2], im Süden der USA mit 12,5 bis 20 cm [11], ihre Breite mit 1,2 bis 1,8 bzw. 1,8 bis 2,5 cm angegeben. Der Rand kann wellig oder gerade verlaufen, der Apex endet plötzlich oder allmählich in einer relativ langen, feinen Spitze, dem Rest des Griffels [7], und die Basis ist keilförmig [11]. Die Früchte weisen keine Kammerung auf und bleiben nach der Reife bis in den Winter hinein geschlossen am Baum [5]. Sie enthalten mehrere flache, glänzend braune, an den Enden abgerundete oder schiefe Samen von ca. 6 mm Länge. Das Tausendkorngewicht beträgt etwa 41 g [1].

Holz und Rinde

Das Stammholz ist deutlich in einen glänzend dunkelbraunen, bei alten Bäumen fast schwarzen, schön gemaserten Kern und einen relativ breiten, gelblich weißen Splint getrennt. Die Verteilung der Gefäße auf dem Querschnitt folgt offenbar nicht immer dem gleichen Muster, denn teils wird das Holz als zerstreutporig, teils als ring- oder halbringporig beschrieben [3].

Der tangentiale Gefäßdurchmesser liegt bei 192 µm. Die Holzstrahlen können 1 bis 3 Zellen breit (30 µm) und bis 320 µm hoch sein. 30 bis 40 % der Strahlen sind uniseriat [3].

Die Rohdichte (r_{12-15}) wird mit 0,55 bis 0,88 g/cm^3 angegeben [1]. Andere holzphysikalische Daten liegen uns nicht vor.

A. julibrissin entwickelt eine dünne, relativ glatte, gegen mechanische Verletzungen sehr empfindliche, graubraune Borke [5, 6]. Die Rinde enthält keine Gerbsäure[2)].

Anzucht und Entwicklung

A. julibrissin lässt sich sowohl durch Samen wie auch durch Stecklinge vermehren [8], und das Saatgut ist bei kühl/trockenen Bedingungen lange lagerfähig [1]. So behielten z.B. in einem locker verkorkten Glas aufbewahrte Samenproben ihre Keimfähigkeit von 90 % über 5 Jahre bei [12], und sogar 147 Jahre alte Samen begannen nach Wässerung zu keimen[3)].

Die durch Hartschaligkeit bedingte endogene Keimruhe kann man sowohl durch mechanisches Skarifizieren der fast wasserundurchlässigen Testa wie durch 10 bis 15 oder 30 Minuten andauerndes Tauchen in H_2SO_4 überwinden [5, 12, [4)]]. *Rhizoctonia*-Arten im Keimsubstrat können den Keimvorgang stimulieren[4)].

Ohne Vorbehandlung verläuft die Keimung langsam, und die Keimraten liegen bei etwa 30 %. Nach Stratifizierung können sie in 3 Tagen 80 bis 100 % [1, [4)]], nach anderen Quellen 70 bis 85 % betragen [12].

Die Ernte soll erfolgen, sobald die Samenschalen hart geworden sind. Danach werden die Früchte in der Sonne getrocknet und später gedroschen. *A. julibrissin* keimt epigäisch. Bereits eine Woche nach der Keimung sind die Sämlinge in Indien 4 bis 6 cm hoch [1]. Erleichtert wird die Anzucht durch ihr rasches Wachstum, durch problemloses Verpflanzen, große Anpassungsfähigkeit und durch die Unempfindlichkeit gegen Trockenheit [5].

A. julibrissin gilt übereinstimmend als eine schnellwachsende, kurzlebige Baumart, die oft nur 10 bis 20 [6], nach anderen Quellen 50 Jahre alt wird [8]. In Indien bildet sie 8 mm breite Jahrringe [1].

Genetische Differenzierung

Systematische Untersuchungen zur Erfassung der intraspezifischen Varianz haben für *A. julibrissin* nicht stattgefunden; erwähnt werden indessen Individual- und Populationsunterschiede hinsichtlich Blütenfarbe (gelblich-weiß bis dunkelrot [11]), Frosthärte und Behaarung [2, 8].

BRANDIS [2] zitiert Arbeiten, nach denen die Himalaya-Populationen wegen der dichten, weichen Behaarung von Blütenständen und Unterseiten der etwas breiteren Fiederblättchen als separate Art (*A. mollis*) betrachtet werden. Weitere Abweichungen bestehen in der abgerundeten Hülsenbasis. VINES [11] nennt dieses Taxon *A. julibrissin* var. *mollis* BENTH. und stellt es *A. julibrissin* var. *rosea* (CARR.) MOUIL., einem kleinen Strauch mit hell rosafarbenen Blüten und etwas größerer Frosthärte, gegenüber, der noch in den südlichen Neu-England-Staaten überlebt [8].

Die Rede ist außerdem von 2 Cultivaren (Varietäten), welche eine gewisse Resistenz gegenüber der weit verbreiteten Fusarium-Welke zeigen: 'Charlotte' und 'Tryon', letztere mit kräftig roten Blüten [5, 8].

---

2) For. Abstr. **21**, 2555, 1960
3) For. Abstr. **25**, 3456, 1964
4) For. Abstr. **41**, 701, 1980

Abb. 2: Junger, etwa 6 m hoher Baum in Georgia

Ökologie

A. julibrissin ist eine anspruchslose, Trockenheit und mäßige Fröste tolerierende Baumart subtropischer Klimabereiche. In Indien kommt sie bei Jahresmitteltemperaturen von 15 bis 19 °C vor und ist Extremtemperaturen von 30 bis 35 °C bzw. +2,5 bis +2,8 °C ausgesetzt. Die mittleren Tagesmaxima betragen im Mai 19 bis 25 °C und im Januar 11 bis 15 °C [1]. Die Jahresniederschläge liegen i.A. bei 1270 bis 1900 mm, können aber in Khasi und auf den Jaintia Hills bis auf 3000 mm ansteigen [1].

Die Art wächst auch unter ungünstigen Standortbedingungen, toleriert versalzene Böden sowie starken Wind, bis zu einem gewissen Grad auch Meerwassergischt und weist selbst auf Ödland hohe Vermehrungsraten auf [5, 6, 8]. Temperaturen unter –20 °C führen stets zu Schäden.

A. julibrissin gedeiht sowohl auf sauren wie auf schwach basischen Substraten, wird aber auf stark alkalischen Böden chlorotisch [6]. Die Lichtansprüche scheinen zwischen Populationen im Süden der USA und im Himalaya zu differieren. Einerseits wird herausgestellt, dass intensive Einstrahlung benötigt wird und die Bäume nur in voller Sonne reichlich blühen [5, 6], andererseits stellen jedoch geschützte, schattige Lagen auf tiefgründigen, wohldrainierten, aber feuchten Böden die optimalen Standorte dar [1]. Gegen Feuer ist die Art sehr empfindlich [6].

Pathologie

Gravierende Schäden durch Pilze und Insekten treten vor allem im Osten und Südosten Nordamerikas auf, wo die Art im großen Umfang als Ziergehölz kultiviert wurde und dann verwilderte. Wichtigster Schädling ist hier *Fusarium oxysporum* (SCHL.) em. SNYD. et HANS, f. *perniciosum* (HEPT.) TOOLE, der Erreger der „*Fusarium*-Welke", einer Tracheomykose. Der Pilz dringt über die Wurzeln ein, besiedelt das Holzparenchym und verstopft die Frühholzgefäße, wodurch die Blätter welken und die Pflanzen innerhalb eines Jahres absterben. Wurzelschäden durch Nematoden (u.a. *Meloidogyne incognita*, *M. javanica*) fördern den Befall. Die Krankheit tritt ebenfalls in Argentinien, auf Puerto Rico, in China und Russland auf [8].

Die beiden Cultivare 'Tryon' und 'Charlotte' weisen als Ergebnis langjähriger Selektionen feldresistenter Klone eine relativ hohe, aber keine absolute Widerstandsfähigkeit gegen die Welke auf [8]. Im Gewächshaus gelingt die chemische Bekämpfung des Pilzes mit Benomyl[5].

Deutliche Schäden richtet auch *Homadaula anisocentra* (*Yponomeutidae*), der „Mimosa webworm" an, dessen Larven die Bäume völlig kahlfressen können[6].

Abb. 3: Zweig mit Blättern und Blütenständen

[5] Phytopathology 1972, 7, 744

[6] For. Abstr. 23, 884, 1962; 48, 3809, 1987

Abb. 4: Reife Früchte

Abb. 5: Reife Samen

Beide Schädlinge setzen den Zierwert von *A. julibrissin* beträchtlich herab.

Zu erwähnen sind weiterhin Verbissschäden durch Nagetiere, Blattflecken durch *Cercospora glauca* sowie die Anfälligkeit von Sämlingen gegenüber künstlichen Infektionen mit *Ganoderma lucidum* (CURT.) KARST. [8].

Nutzung

Viele Jahre fand *A. julibrissin* erhebliche Verbreitung als leicht zu kultivierendes, sehr anspruchsloses, schnellwachsendes Ziergehölz in Landschaft und Garten, das allerdings häufig aus Kultur verwilderte. Seit den fünfziger Jahren des letzten Jahrhunderts ging jedoch die Beliebtheit – zumindest in den USA – wegen der sich sehr rasch ausbreitenden *Fusarium*-Welke ständig zurück [4, 5].

Die Nutzung des sehr ansehnlichen Holzes spielt demgegenüber nur eine geringe Rolle. In China verwendet man es zu Kunsttischler-Arbeiten [4] und in Indien zur Herstellung preiswerter Möbel [1].

Die getrocknete Stammborke findet in der chinesischen und japanischen Medizin als Tonikum Verwendung[7)].

Schließlich sei erwähnt, dass *A. julibrissin* zu den Wirtsarten der Lackschildlaus *Laccifer lacca* KERR. zählt, aus deren Ausscheidungen ein sog. Stocklack gewonnen wird, der sich gut als Ausgangsmaterial für die Schellack-Produktion eignet[8)].

7) Chem. Pharmac. Bull. **40**, 3269 ff, 1992

8) For. Abstr. **27**, 2186 und 2187, 1966; **28**, 2573, 1967

Literatur

[1] ANONYMUS, 1983: Troup's The Silviculture of Indian Trees, vol. 4, Leguminosae, Delhi.

[2] BRANDIS, D., 1911: Indian Trees. Constable and Co., London.

[3] CHAUHAN, L.; DAYAL, R., 1985: Wood anatomy of Indian Albizias. IAWA Bull. n.s. **6**, 213-218.

[4] COX, P. W.; LESIE, P., 1991: Texas Trees. Corona Publ. Comp., San Antonio.

[5] DIRR, M. A., 1990: Manual of Woody Landscape Plants, 4. ed., Stipes Publ. Co., Champeign, IL.

[6] GILMAN, E. F., 1996: Trees for Urban and Suburban Landscapes, Delmar Publishers, Boston, London, New York.

[7] GODFREY, R. K., 1988: Trees, Shrubs and Woody Vines of Northern Florida and Adjacent Georgia and Alabama. Univ. Georgia Press, Athens and London.

[8] HEPTING, G. H., 1971: Diseases of Forest and Shade Trees of the United States. USDA Forest Serv., Agric. Handb. 386, Washington, D.C.

[9] KRÜSSMANN, G., 1977: Handbuch der Laubgehölze, Band II. Verlag Paul Parey, Berlin und Hamburg.

[10] REHDER, A., 1940: Manual of Cultivated Trees and Shrubs, vol. 1, 2. ed., Dioscorides Press, Portland, OR.

[11] VINES, R. A., 1976: Trees, shrubs and woody vines of the Southwest. Univ. Texas Press, Austin and London.

[12] WICK, H. L.; WALTERS, G. A., 1974: Albizia DURAZZ. In SCHOPMEYER, C.S. (techn. coord.): Seeds of Woody Plants in the United States. USDA, Forest Serv., Agric. Handb. 450, Washington, D.C.

[13] WU, L.; LI, S. K., 1990: A preliminary study on wilt disease of Albizia julibrissin. Forest Pest and Disease 4, 13–14.

Die Autoren:

Prof. em Dr. PETER SCHÜTT
Lehrstuhl für Forstbotanik
Technische Universität München
Am Hochanger 13
D-85354 Freising

ULLA M. LANG
Schützenstraße 6
D-82383 Hohenpeißenberg

Alnus glutinosa (L.) Gaertn., 1790

syn.: A. rotundifolia Mill.

Schwarz-Erle

Familie: Betulaceae

engl.: Black Alder
franz.: Aune commun
span.: Aliso negro
ital.: Ontano nero

Abb. 1: Alnus glutinosa. Solitär im Erzgebirge

Ihr geringes Lebensalter von maximal 100 bis 120 Jahren, das insbesondere in der Jugend hohe Lichtbedürfnis sowie ihre Raschwüchsigkeit weisen *Alnus glutinosa* als typische Pionierbaumart aus. Sie unterliegt damit auf den meisten Standorten der Konkurrenz der anderen heimischen Laubbaumarten. Dagegen ist sie auf ausgesprochen nassen, ganzjährig grundwasserbeeinflußten oder zeitweise überschwemmten Standorten, also typischen Niedermoorstandorten, allen anderen heimischen Baumarten dauerhaft überlegen, so daß es dort zur Ausbildung von Reinbeständen kommt. In Deutschland finden sich derartige Bestände insbesondere in der nordostdeutschen Tiefebene, wie zum Beispiel im Spreewald südlich von Berlin. In Mecklenburg-Vorpommern ist die Schwarz-Erle nach der Buche die zweitwichtigste Wirtschaftsbaumart. Mit Hilfe von Actinomyceten in bis zu apfelgroßen, knolligen Anschwellungen der Wurzeln, kann die Schwarz-Erle erhebliche Mengen Luftstickstoff binden und dadurch den Boden verbessern. Der häufig benutzte deutsche Name Rot-Erle sollte der in Nordamerika heimischen *Alnus rubra* vorbehalten bleiben.

Waldgeschichte und Verbreitung

Es ist unwahrscheinlich, daß *A. glutinosa* die Eiszeiten nördlich der Alpen überdauert hat. Vielmehr spricht manches für ein großräumiges Überdauern im Mittelmeergebiet. Von dort aus wanderte sie westlich und östlich der Alpen wieder ein, besonders schnell kam sie dabei entlang der großen Flüsse voran. Flächig ist sie allerdings relativ spät, vermutlich gegen Ende der frühen Wärmezeit rückgewandert. Die Ursachen dafür liegen vermutlich im Konkurrenzgeschehen [33], ferner in dem Umstand, daß die Verlandung der Seen und die Bildung von Niedermooren noch nicht weit genug fortgeschritten waren. In der mittleren Wärmezeit kam es dann zu einer starken Ausbreitung auf feuchten und nassen Standorten, was später durch den Menschen wieder rückgängig gemacht wurde (Entwässerungsmaßnahmen, Anlage von Wiesen).

Heute ist die Schwarz-Erle in fast ganz Europa verbreitet. Sie erreicht in Skandinavien 65°30' n.Br. und im Norden Rußlands das Ladoga- und Onegaseegebiet. Diese Nordgrenze ist als Kältegrenze zu sehen, bei der eine Monatsmitteltemperatur von 0 °C für 6 Monate unterschritten wird [16]. Die Ostgrenze des natürlichen Areals verläuft vom westlichen Sibirien südwärts bis in das westliche und nördliche Kleinasien, und weiter durch Nordpersien ostwärts bis Asterabad. Beheimatet ist *Alnus glutinosa* auch im nordafrikanischen Atlasgebirge.

Sie gilt als Baumart der tiefen Lagen, steigt aber auch bis in mittlere Gebirgslagen auf (Nordalpen bis 1150 m; Pyrenäen bis 1200 m; Zentralalpen bis 1800 m) [93].

In Deutschland finden sich größere zusammenhängende Bestände in der nordostdeutschen Tiefebene, z.B. im Spreewald südlich von Berlin.

In Mecklenburg-Vorpommern ist die Schwarz-Erle mit 7 % Waldflächenanteil nach der Buche die zweitwichtigste Wirtschaftsbaumart [91].

In den USA wird die Schwarz-Erle zur Kippenrekultivierung und als Straßenbaum eingesetzt, aber auch als Industrie- und Brennholz genutzt. Über die Phänologie und das Wachstum verschiedener europäischer Herkünfte an einem amerikanischen Standort berichten DeWald und Steiner [23]. Auch in Südafrika wurde die Schwarz-Erle angepflanzt und findet sich an den feuchtesten Stellen in Pappelhainen [46].

Beschreibung

Die Schwarz-Erle ist ein bis zu 30 m (-40 m) hoher, sommergrüner Laubbaum mit pyramidaler Krone und bis in die Kronenspitze gerade durchlaufendem Stamm. In Jugoslawien wird sie wegen dieses Habitus als „Fichte der Täler" bezeichnet [97]. Sie wächst nach dem Architekturmodell SCARRONE mit orthotropen Ästen und terminalen Blütenständen [7, 80]. Schon Willkomm [109] wies auf die vielfältigen abweichenden Kronenformen innerhalb des großen Verbreitungsgebietes hin. Bezüglich der Verzweigung ist die bis ins hohe Alter auftretende Syllepsis, die mit freiem Wachstum einhergeht, besonders auffällig. An jüngeren, besonders wüchsigen Schwarz-Erlen können sich die sylleptischen Seitentriebe selbst noch einmal sylleptisch verzweigen. Dabei kommt es zu einer Überlagerung der zunächst mesotonen (sylleptischen) Verzweigung durch die akrotone Verzweigung des Folgejahres [80].

Bei Verlichtung der Oberkrone kann aufgrund der sehr starken Reiterationsfreudigkeit der Kronenaufbau aber auch erheblich verändert werden [80].

Als wichtigster Konkurrenznachteil wird ihr relativ geringes Alter angesehen, das mit maximal 100 bis 120 Jahren angegeben wird [7, 53]. Für die sehr häufigen Stockausschläge werden noch geringere Lebenserwartungen angegeben. Dennoch können maximale Durchmesser von ca. 1 m erreicht werden, Kirchner et al. [53] berichten sogar von einem Stamm mit > 2 m Durchmesser.

Knospen, Blätter, junge Triebe

Die schraubig angeordneten, eiförmigen, bis 6 mm langen und 3 mm breiten Knospen sind 2 bis 3 mm lang gestielt. Sie werden nach außen von drei schuppenförmigen Blättern abgeschlossen. Bei ihnen handelt es sich um die zwei Nebenblätter und die Unterseite des untersten am Trieb befindlichen Laubblattes und evtl. eines nächstfolgenden Nebenblattes [7]. Beim Austrieb verlängern sich die Knospenschuppen auf etwas mehr als das Doppelte. Diese sind braunviolett, durch einen Wachsüberzug klebrig und zum Teil bläulich bereift.

Die deutlich dreiteilige Blattspur stellt ein gutes Unterscheidungsmerkmal gegenüber Grün- (*Alnus viridis*) und Grau-Erle (*Alnus incana*) dar. Die Blätter sind in der Knospenlage entlang der Seitennerven gefaltet. Die voll ausgebildeten Laubblätter sind 1 bis 2,5 cm lang gestielt, verkehrt-eiförmig bis rundlich, (3-) 4 bis 9 cm lang, 3 bis 7 cm breit und grob doppelt gesägt. Die Basis der Lamina ist breit keilförmig, die Spitze gestutzt bis ausgerandet, was sie wiederum von den anderen in Deutschland heimischen Erlenarten unterscheidet. Die Blätter sind oberseits dunkelgrün, kahl und besonders anfangs klebrig, unterseits etwas heller grün und bis auf die gelbbraunen Achselbärte kahl. Die Seitennerven verlaufen bis in die Blattzähne.

Unter einer dünnen, kleinzelligen Epidermis befindet sich ein einschichtiges, großzelliges Hypoderm. Die Nebenblätter sind stumpf, schuppenartig und fallen bald ab. Auch junge Triebe sind zunächst dicht drüsig behaart und klebrig [7, 18, 81]. Eine herbstliche Blattfärbung tritt bei *Alnus glutinosa* nicht auf, die Blätter trocknen am Trieb etwas ein und werden dann abgeworfen. Davon ist der bereits im Frühsommer einsetzende grüne Blattfall zu unterscheiden.

Nach eigenen Beobachtungen können 30 bis 50 % der Blätter der Schwarz-Erle bereits im Sommer abfallen. Dabei handelt es sich dann um die untersten Blätter der Jahrestriebe, die später von den oberhalb befindlichen Spätblättern so beschattet werden, daß sie ihre Funktion verlieren [29, 54]. Es handelt sich also nicht um ein Schadsymptom [80].

Blüten, Früchte

Die Schwarz-Erle erreicht ihr Blühalter mit 10 Jahren, im Bestand u.U. erst nach 40 Jahren [107]. Die unscheinbaren Blüten sind eingeschlechtig, einhäusig und werden vom Wind bestäubt. Männliche Blüten stehen in dreiblütigen Dichasien und bestehen aus vier Staubblättern und einem vierblättrigen Perigon. Zur Blütezeit lange vor Laubausbruch, etwa Mitte März, kann man an jeder Blütengruppe außer deren Tragblatt noch vier Vorblätter erkennen. Diese dreiblütigen männlichen Dichasien stehen in ca. 5 bis 10 cm langen Kätzchen, die wiederum zu 3 bis 5 in einem dichasial verzweigten Gesamtblütenstand vereinigt sind. An dessen Basis befinden sich die traubig angeordneten, weiblichen Kätzchen, deren Blüten ebenfalls in dichasialen Blütenständen mit einem Tragblatt und vier Vorblättern angeordnet sind. Jedoch ist aus dem dreiblütigen Dichasium die Mittelblüte ausgefallen und auch das Perigon ist zurückgebildet. Die 3 bis 5 weiblichen Kätzchen sind ca. 5 mm lang. Die Länge der Kätzchenstiele beträgt im Mittel 2 bis 3 mm bei den weiblichen und 10 bis 14 mm bei den männlichen.

Nach Conert et al. [18] kommen auch Zwitterblüten vor, die sich an der Basis der sonst männlichen bzw. weiblichen Kätzchen befinden. Dabei gelangen letztere auch zur Fruchtreife, während die männlichen Kätzchen zu früh abfallen.

Sowohl männliche wie auch weibliche Kätzchen überdauern den Winter nackt, wobei die Tragblätter der Blüten mit ihren Rändern dicht aneinanderschließen und so vor dem Austrocknen schützen. Die männlichen Kätzchen blühen akropetal auf, während sie sich auf das mehrfache ihrer Länge strecken und dann weit überhängen. Dies kann vor, während oder nach der Entfaltung der weiblichen Blüten geschehen. Die Anordnung der Blüten im Gesamtblütenstand, in dem die männlichen Kätzchen an der Spitze weit überhängen, fördert die Fremdbestäubung. Die Pollenabgabe dauert ca. 2 bis 4 Tage. Der Pollen ist etwa 28 Tage lebensfähig und erträgt sowohl Trockenheit als auch hohe Luftfeuchtigkeit. Die Befruchtung erfolgt nach einer Ruhephase im Wachstum des Pollenschlauches, die bis Mitte Juni andauern kann [18].

Während des Heranreifens der Früchte verwachsen das Tragblatt und die vier Vorblätter einer jeden weiblichen Blütengruppe zu 5teiligen Schuppen, aus denen die 1,5 bis 1,8 cm langen, gestielten, eiförmigen und, für Laubbäume ungewöhnlich, verholzenden Zapfen aufgebaut sind. Die Ausbildung parthenocarper Früchte kommt vor.

Die Früchte sind braun, abgeflacht, an der Spitze mit zwei bleibenden Griffeln und seitlich mit korkigen Auswüchsen versehen. Diese sind luftgefüllt und dienen als Schwimmpolster. Die Größe beträgt 1 bis 2 mm im Durchmesser, das Tausendkorngewicht ca. 1,4 g [66]. Die Früchte enthalten einen endospermlosen Samen. Sie reifen im September bis Oktober, fallen vom Herbst bis zum Frühjahr aus den Zapfen und werden durch Wind oder Wasser verbreitet [7]. Im Wasser bleiben sie bis zu 12 Monate lebensfähig. Wegen der kleineren Flügel gegenüber Grau- oder Grün-Erle ist die Sinkgeschwindigkeit der Früchte höher (bei 0,17 m/sec.), womit die durchschnittliche Verbreitungsentfernung mit dem Wind nur bei 30 bis 60 m liegt [66]. Häufig findet man Sämlinge in noch geringerer Entfernung vom Mutterbaum. Wasserverbreitung ist allerdings effektiver, denn die Samen werden weiter transportiert und erreichen gut mit Wasser versorgte Rohböden.

Die Angaben zur Samenproduktion der Schwarz-Erle variieren zwischen alljährlich reicher Produktion und alle drei Jahren wiederkehrenden Mastjahren. Zusätzlich wird auf starke Variationen der Einzelbäume hingewiesen. Die Blüten des nächsten Jahres werden bereits in der Zeit von Juni bis Juli angelegt [29, 66]. Als entscheidende Einflußfaktoren auf die Blühintensität werden die Sonnenscheindauer im Sommer vor der Blütenanlage und die Blühintensität des Vorjahres genannt. Weitere Untersuchungen zum Einfluß von Temperatur und Feuchtigkeit sind bei McVean [66] zusammengestellt.

Abb. 2: Triebe und Knospen von A. viridis (links) und A. glutinosa (rechts)

Abb. 4: Laubblatt, Oberseite

Abb. 3: Männliche und weibliche Blütenkätzchen von A. glutinosa (links), A. viridis (Mitte) und A. incana (rechts)

Abb. 5: Männliche Blüten (stark vergrößert) und weibliche Blütenstände (Foto: Ulla M. Lang)

Abb. 6: Stammholz (Fladerschnitt)

Abb. 8: Frischer Stammquerschnitt

Abb. 7: Borke am Stammanlauf eines Altbaumes

Abb. 9: Schwarzerlen auf nassem Standort (Halbinsel Darß)

Holz, Rinde

Das Erlenholz gehört zu den Splinthölzern und weist keinen farblich abgesetzten Kern auf. Es ist zerstreutporig, die Jahrringe treten kaum hervor. Früh- und Spätholzgefäße sind regelmäßig verteilt und unterscheiden sich kaum im Durchmesser. Die Farbe des Querschnittes ist nach dem Fällen zunächst weißlich oder schwach rötlich, wird durch Oxidation von Inhaltstoffen im Holzparenchym jedoch charakteristisch gelbrot. Typisch sind ebenfalls die „Scheinmarkstrahlen", in radialer Richtung das Holz durchziehende, an den Seiten unscharf begrenzte Streifen, die aus mehreren eng benachbarten, schmalen Holzstrahlen bestehen, zwischen denen keine Gefäße auftreten. Rötlich-braune Splintflecke gehen auf die im Kambium entstandenen und später mit Parenchymzellen gefüllten Fraßgänge einer Minierfliegen-Larve (*Dizygomyza betulae* KANG.) zurück. Sie treten so regelmäßig auf, daß man sie als Bestimmungsmerkmal nutzen kann [18, 83].

Weitere anatomische Merkmale und Festigkeitseigenschaften sind in Tabelle 1 zusammengestellt [nach 83, 104].

Tab. 1: Festigkeitseigenschaften und anatomische Merkmale von *Alnus glutinosa*. (nach [83, 104]).

	Min.	Mittel	Max.
Rohdichte ($\rho_{12...15}$, g/cm^3)	490	550	640
Schlagbiegefestigkeit (J/cm^2)	2,45	4,90	10,59
Druckfestigkeit (kp/cm^2)	310	550	770
Zugfestigkeit (kp/cm^2)	550	940	1400
Biegefestigkeit (kp/cm^2)	440	970	1720
Elastizitätsmodul (kp/cm^2)	75 511	93 163	114 737
Volumenschwindsatz ges. (%)	12,0	12,6	14,2
Durchmesser Holzgefäße (µm)	30	55	80
Anteil Längsparenchym (%)	Unbedeutend		
Höhe Holzstrahlen (µm)	135	300	630
Länge Holzfasern (µm)	300	1010	1650
Durchmesser Holzfasern (µm)	7,9	11,0	18,0
Wanddicke Holzfasern (µm)	2,3	3,6	5,5

Die Jahrringbreite wird von ELLING [27] als außerordentlich variabel angegeben. Bei unterdrückten Erlen weist er bis zu 40 % Jahrringausfälle nach. Aus der Ertragstafel [61] errechnet sich eine mittlere Jahrringbreite in der Jugend von ca. 4 mm.

Das Holz ist gut zu trocknen, arbeitet und reißt wenig, läßt sich leicht und sauber bearbeiten und weist eine optimale Färb- und Beizfähigkeit auf [73].

Die Rinde ist anfangs grünlich-braun, glänzend und glatt, und weist zahlreiche helle Querlenticellen auf. Später entwickelt sie sich zu einer dunkelgrauen bis schwarzbraunen, durch Längs- und Querrisse in kleine, eckige Stücke zerklüfteten Schuppenborke mit einem Gerbstoffgehalt von 9 % [7, 18, 104].

Besonders an älteren Bäumen ist die Rinde sehr regelmäßig tangential geschichtet, die jüngsten 20 bis 30 Jahrringe sind gut zu erkennen und erhalten. Die Frühjahrs-Siebröhren kollabieren vom 2. Jahr an vollständig, wohingegen die engeren offen bleiben. Dadurch kommt im Frühbast ein Abknicken der Markstrahlen zustande. Ab dem 3. Jahr bilden sich in der Rinde viele auffällige Steinzellennester. Weitere Einzelheiten zur Rindenanatomie finden sich bei HOLDHEIDE [50].

Wurzeln

Die Schwarz-Erle bildet ein sehr tiefreichendes Herzwurzelsystem aus [76] und vermag auch schwere Tonböden zu erschließen. Auch Pseudogleye und Gleye werden tief und intensiv durchwurzelt. Dagegen fehlen ihr die bei anderen Baumarten häufig zu beobachtenden, kräftigen, seitlich streichenden Hauptseitenwurzeln. Der Anteil der Vertikalwurzeln beträgt 70 bis 90 %, was bedeutet, daß die Fläche zwischen den Stämmen nur schwach durchwurzelt ist. Ein weiteres auffälliges Merkmal ist nach KREUTZER [58] das Fehlen von Starkwurzeln. Die Hauptwurzelmasse besteht aus Wurzeln zwischen 0,5 und 3 cm Durchmesser, die weitgehend parallel nebeneinander in die Tiefe vordringen. Es werden auffallend wenige Feinwurzeln ausgebildet. Diese treten gehäuft im gut durchlüfteten Oberboden und büschelartig an den Enden der Vertikalwurzeln auf. Daher wird das Wurzelsystem der Schwarz-Erle auch als Herzwurzelsystem mit Merkmalen des Senkerwurzelsystems bezeichnet [55]. MCVEAN [67] unterscheidet zwei physiologisch verschiedene Teile des Wurzelsystems:

a) Die eher weichen, in das Grundwasser vordringenden Tiefenwurzeln haben ein Xylem mit hohem Luftgehalt und dienen besonders in Trockenzeiten der Wasserversorgung.

b) Die oberflächennahen Wurzeln sind härter und schwerer, ebenfalls reich an Luft, dienen jedoch infolge Knöllchen und Mykorrhiza insbesondere der Nährstoffaufnahme.

Der Luftaustausch wird durch auffallend große Lenticellen an der Stammbasis und den oberflächennahen Wurzeln, außerdem über die Wurzelknöllchen ermöglicht. Erst eine längere Überschwemmung auch der Stammbasis kann zum Absterben der Erlen führen.

Eine Besonderheit der Erlenwurzeln ist das Vorkommen knolliger Anschwellungen (Rhizothamnien) von Stecknadelkopfgröße bis zur Größe eines Apfels.

Sie bestehen aus kurzen, dicken, gabelig verzweigten Wurzelästchen, die weiter in die Länge wachsen, sich intensiv verzweigen, aber so dicht zusammenstehen, daß sie wie eine mehr oder weniger kugelige, größere oder kleinere Knolle aussehen. Diese Wurzelknöllchen, die sich nur in den oberen Bodenhorizonten finden, beherbergen als stickstoffbindenden Symbionten einen Actinomyceten der Gattung *Frankia* [86], einer Gattung, deren Taxonomie noch nicht abschließend geklärt werden konnte [24]. Werden Erlen mit und ohne Knöllchen in stickstofffreier Nährlösung kultiviert, sterben die Individuen ohne Knöllchen nach kurzer Zeit ab, während die anderen annähernd normal wachsen [18].

An Schwarzerlen-Wurzeln kommt ektotrophe Mykorrhiza vor, jedoch nicht so intensiv wie bei anderen Baumarten [53, 97]. Als Pilzpartner treten vor allem Arten der Gattungen *Russula, Lactarius, Naucoria, Cortinarius, Paxillus* und *Alnicola* auf [77, 82]. Selten sind auch Ektendo- oder vesiculär-arbusculäre Mykorrhizen gefunden worden [43].

SCHMIDT-VOIGT [89] stellt bei Schwarz-Erlen herkunftsbedingte Unterschiede in der Ausprägung des Wurzelsystems fest.

Das jährliche Wurzelwachstum setzt bei *Alnus glutinosa* wenige Tage nach dem Austrieb ein, hält während der gesamten Vegetationsperiode an und schließt etwa Mitte Oktober ab. Das Tiefenwachstum ist in der Jugend rasch, so daß bereits nach zwei Jahren 30 bis 50 cm und nach zehn Jahren 120 bis 150 cm durchwurzelt werden. Damit hat die Schwarz-Erle als Jungpflanze neben einigen Pappelarten das stärkste Wurzelwachstum. Auch mit zunehmendem Alter hält das Tiefenwachstum an, so daß im Alter von 25 bis 30 Jahren bereits Tiefen von 150 bis 175 cm gemessen wurden. Dabei dringen die Vertikalwurzeln auch in die ganzjährig vom Grundwasser beeinflußten Bodenhorizonte vor [9].

Taxonomie, genetische Differenzierung, Bastardierung

Die Gattung *Alnus* MILL. gehört zur Familie der *Betulaceae.* Sie wird in weitere 3 bis 4 Taxa unterteilt, die je nach Auffassung den Rang einer Sektion, Untergattung oder Gattung erhalten [87, 88]. *Alnus glutinosa* (L.) GAERTN. wird der Series *Glutinosae* CZER. in der Sektion *Alnus* des Subgenus *Alnus* zugeordnet und in folgende drei Unterarten gegliedert:

Alnus glutinosa ssp. *glutinosa*

Alnus glutinosa ssp. *barbata* (C. A. MEY.) YALT (Transkaukasien, N-Anatolien, N-Iran)

Alnus glutinosa ssp. *antitaurica* YALT (S-Anatolien)

Hierbei ist lediglich die Einordnung der Unterart *barbata* umstritten, die bei enger Auffassung des Artbegriffes als eigenständige Art geführt wird [14, 56]. Des weiteren wird in der Literatur eine Vielzahl von Varietäten und Formen beschrieben, die sich in blattmorphologischen und generativen Merkmalen unterscheiden [13, 48, 59, 88]. Die Merkmalsunterschiede treten im natürlichen Areal zum Teil spontan auf, für andere konnte eine klinale Variation entlang von Klimagradienten nachgewiesen werden [65, 69]. Hinzu kommt eine Vielzahl an Kultursorten, die in der Gartengestaltung jedoch nur wenig Bedeutung erlangt haben und häufig nur in Spezialsammlungen zu finden sind [88].

Von *Alnus glutinosa* sind die folgenden Hybriden bekannt:

A. incana x *A. glutinosa* = *A. x hybrida* A. BRAUN et REICHENB. (syn: *A. x pubescens* TAUSCH.) kommt nahezu im gesamten Gebiet der gemeinsamen Verbreitung beider Arten als spontaner Bastard vor, entstand aber auch mehrfach durch gelenkte Kreuzungen. Die Merkmale der F_1 sind intermediär und es entstehen keimfähige Samen. Bei Nachkommen der reziproken Kreuzung ist die Fertilität deutlich geringer, bis hin zur Sterilität [107].

A. cordata x *A. glutinosa* = *A. x elliptica* REQUIEN entsteht spontan. Der Bastard hat einen sehr regelmäßig gezähnten Blattrand und zeigt nur sehr selten eine schwache Lappenbildung [13].

A. glutinosa x *A. rugosa* = *A. x silesiaca* FICK., wurde in Schlesien, Brandenburg und Böhmen gefunden. Die Fruchtschuppen sind zugespitzt und ähneln denen von *A. rugosa* SPENGEL [13].

Aus gelenkten Kreuzungen entstanden auch die Hybriden *A. rubra* x *A. glutinosa* und *A. glutinosa* x *A. hirsuta.*

Generell gelingen Artkreuzungen mit der Schwarz-Erle nur innerhalb des Subgenus *Alnus.* In einer Arbeit zur Züchtung mit *Alnus glutinosa* stellt WEISS weitere Hybriden aus gelenkter Kreuzung zusammen und vergleicht deren Wuchseigenschaften [107, 108, 110].

Wachstum, Entwicklung, Ertrag

Für die Schwarz-Erle wurden mehrere Ertragstafeln entwickelt [39, 42, 57, 70, 94, 99, 101, 111], die sich insbesondere in den jeweils zugrunde liegenden Durchforstungsintensitäten unterscheiden. Dabei ist in jüngerer Vergangenheit generell eine Zunahme der Durchforstungsintensität mit immer stärkerer und frühzeitiger einsetzender Stammzahlreduzierung zu verzeichnen. In der forstlichen Praxis ist zumeist die Ertragstafel von MITSCHERLICH [70] in Gebrauch. Die Tabelle 2 enthält jedoch Daten der neuesten Arbeit von LOCKOW [62, 63]. Ihr liegt das Konzept einer gestaffelten Durchforstung zugrunde, mit der in kürzeren Zeiträumen qualitativ wertvolles Starkholz erzielt und der Kernfäule vorgebeugt werden soll.

Tab. 2: Auszug aus der Ertragstafel für Schwarz-Erle von LOCKOW [61, 62, 63]

Alter (Jahre)	mittl. Höhe (m)	Stammzahl	mittl. BHD (cm)	Gesamtleistung (fm Derbholz o.R.)	lfd. jährl. Zuwachs (fm Derbholz o.R.)	dGZ (fm Derbholz o.R.)
verbleibender Bestand				Gesamtbestand		
I. Ertragsklasse						
20	16,2	896	16,3	204	17,8	10,2
60	28,1	306	36,6	688	7,4	11,5
100	31,4	221	44,3	858	2,4	8,6
II. Ertragsklasse						
20	14,0	1105	13,6	142	12,8	7,1
60	24,5	427	29,2	507	5,8	8,4
100	27,3	330	34,9	637	1,8	6,4

Aus slowenischen Erlenbeständen wurden durchschnittliche Gesamtzuwächse von 16 bis 17 Festmetern pro Jahr bekannt [9]. Das Höhenwachstum kulminiert nach der Ertragstafel von LOCKOW [61] bereits in den ersten 15 Jahren, nach CLAESSENS [16] bereits im Alter von 6 Jahren. Dies wird auch für den Stockausschlagbetrieb angegeben [53]. CLAESSENS [16] nennt für Bestände in den belgischen Ardennen eine Kulmination der Gesamtwuchsleistung bei 10 bis 14 m^3 pro Hektar und Jahr im Alter 30. Ausgehend von seinen Ertragsdaten empfiehlt er eine Nutzung der Schwarz-Erle im Alter von etwa 65 Jahren bei einem Stammumfang von 150 cm in 1,5 m Höhe. Durch die frühe Ernte wird eine Entwertung des Holzes durch Fäule vermieden.

Für die Behandlung der Bestände gibt CLAESSENS [16] kritische Werte für das Verhältnis von Baumhöhe zu Stammdurchmesser in verschiedenen Altersklassen an. Diese Werte wurden aus der Intensität der Wasserreiserbildung abgeleitet, die als guter Weiser für Konkurrenz und nachlassendes Wachstum gilt. Daraus wiederum wird die waldbauliche Behandlung der Bestände abgeleitet [17, 98].

Verjüngung, Vermehrung, Anzucht

Erlensaatgut kann leicht aus vor der Reife geernteten Zapfen gewonnen werden. Aus ihnen fallen die Früchte nach mehrwöchiger, trockener und luftiger Lagerung heraus [6, 21]. ROHMEDER [79] empfiehlt für eine längere Aufbewahrung die Trocknung auf einen Wassergehalt unter 3 % und die Lagerung in luftdichten Gefäßen bei –4 bis –10 °C [6].

Das Keimprozent von Saatgut mit voll entwickelten Embryonen liegt bei annähernd 100 %. Eine Kältebehandlung von 6 Wochen empfielt sich, um die Keimung zu beschleunigen und die minimale Keimtemperatur von 18 °C auf 7 °C herabzusetzen [66]. Erlensaatgut keimt bei Frühjahrssaat nach 4 bis 5 Wochen [53]. Wenige Samen können bis zu 3 Jahren überliegen, die Keimlinge sind dann jedoch wenig vital und es kommt zu hohen Ausfällen [67].

Bestandesbegründung erfolgt auch mit Saat. Dafür empfiehlt MCVEAN [68] die Beimpfung mit zerkleinerten Wurzelknöllchen zur Einbringung des Symbionten auf vorher nicht von Erle besiedelten, nassen und sauren Standorten.

Die Keimung erfolgt epigäisch mit zwei kleinen, eiförmigen Kotyledonen. Sehr selten wurden auch 3 Kotyledonen beobachtet [53]. Die Primärblätter sind schon wechselständig, gekerbt und, wie alle 6 Blätter des 1. Jahres, noch zugespitzt.

Manchmal sind vollständige Ausfälle sehr individuenreicher Verjüngungen bereits in den ersten Lebensjahren zu beobachten; nach MCVEAN [66] beruhen sie auf Lichtmangel, aber auch auf Wurzelkonkurrenz insbesondere mit verschiedenen Grasarten.

Die Schwarz-Erle zeigt reichlich Stockausschlag, vermehrt sich jedoch nicht über Wurzelbrut [7, 80]. Das starke Stockausschlagsvermögen bleibt bis zum 60. Lebensjahr erhalten [21].

Selten werden Veredlungen durch Geißfuß-Technik oder Kopulation im Winter im Gewächshaus vorgenommen. Vegetative Vermehrung erfolgt durch frühes Abstecken (Mitte Juni) unter Sprühnebel und Anwendung von Wuchsstoffen [6] oder in vitro [32].

Ökologie

Standort- und Klimaansprüche

Die Schwarz-Erle besitzt die Fähigkeit, nasse Standorte zu besiedeln und so der Konkurrenz anderer Baumarten auszuweichen. Grundlage hierfür ist die Fähigkeit, über den Mechanismus des thermo-osmotischen Gastransportes [11, 40, 41, 90] ihre Wurzeln mit Luft zu versorgen, so daß diese auch in anaeroben Bodenhorizonten wachsen können. Das Wachstum von Adventiv-Wurzeln nach plötzlicher Überflutung hält bei der Erle auch noch nach einer Woche an, und selbst nach längeren Überflutungen ist sie in der Lage, durch sofortige Nachbildung von Wurzeln abgestorbene Teile zu ersetzen. Dennoch zeigt auch sie bei längerer Überflutung vermindertes Triebwachstum oder Blattchlorosen [38].

Die Erle erträgt nicht nur Nässe, sondern sie stellt auch sehr hohe Ansprüche an die Wasserversorgung. Immerhin gilt sie – noch vor einigen Birken- oder Weidenarten – als die Baumart mit der höchsten Transpiration [29, 31, 53]. Anders als bei der Buche tragen auch Blätter aus dem Kroneninneren zu den hohen Transpirationswerten bei. Das führt – insbesondere bei Wasserstreß – zu dem erwähnten sommerlichen Blattfall [29, 30].

Von der Stickstoff-Versorgung macht sich die Erle durch eine Symbiose mit Actinomyceten der Gattung *Frankia* weitgehend unabhängig. Eine detaillierte Beschreibung dieses endophytischen Symbionten geben CHING-YAN et al. [15]. Die Bakterien kommen in den Wurzelknöllchen der Erle vor und haben die Fähigkeit, mit Hilfe des Enzyms Nitrogenase elementaren Stickstoff der Luft zu binden. Sie ernähren sich von den Assimilaten des Wirtsbaumes. DITTERT [24] errechnet eine Stickstoffixierung bis zu 70 kg pro Hektar und Jahr in intakten Erlenbruchwäldern, wobei der Anteil des fixierten Stickstoffes am Gesamtstickstoff der Biomasse 70 % beträgt. Es werden aber auch Werte von 200 bis 300 kg/ha und Jahr errechnet [16]. Generell wird die Symbioseleistung entscheidend von dem N-Gehalt der Bodenlösung beeinflußt. Hohe Stickstoff-Werte beeinträchtigen die Bildung von Wurzelhaaren und damit auch die Voraussetzung zur Entstehung der Symbiose (Infektion über Wurzelhaare) [24, 51, 52].

Die N-Konzentration in den Blättern von *Alnus glutinosa* wird mit 2,95 % angegeben [64]. Am Ende der Vegetationsperiode wird kaum Stickstoff aus den Blättern abgezogen [19, 22]. Die somit besonders stickstoffreiche Laubstreu mit einem C/N-Verhältnis von etwa 15 [85] kann rasch zersetzt werden und ist bereits im späten Frühjahr des Folgejahres umgesetzt [103].

Die Intensität der Knöllchenbildung hängt u.a. vom pH des Bodens ab [24]. Das Maximum stellt sich bei pH-Werten um 5 ein und bei pH 3 tritt eine mehr oder weniger deutliche Verminderung der Nodulation, keinesfalls aber ein Ausfall ein.

Abb. 10: Sylleptisch verzweigter Triebabschnitt

Abb. 11: Syllepsis

Abb. 12: Blauer Erlenblattkäfer (Agelastica alni L.)

Andere Untersuchungen ergaben, daß unterhalb pH 3 der *Frankia*-Symbiont nicht mehr in die Wurzelhaare eindringen konnte und später einging. Dies wurde auf Aluminium-Toxizität zurückgeführt [16].

Die Schwarz-Erle hat einen sehr hohen Lichtbedarf. Sie benötigt im zweiten Lebensjahr mindestens 20 % der Freilandstrahlung [16]. In älteren Beständen ist ein Großteil der abgestorbenen Erlen auf die Überschirmung durch Nachbarbäume zurückzuführen [92].

Mit diesen Eigenschaften gilt die Schwarz-Erle als typische Pionierbaumart auf sehr gut wasserversorgten Standorten.

Vergesellschaftung

Die im Folgenden vorgestellte systematische Gliederung von Wäldern, in denen die Schwarz-Erle vorkommt, folgt OBERDORFER [74] und ELLENBERG [26].

Alnus glutinosa tritt in Mitteleuropa im wesentlichen in zwei Verbänden auf. Hier sind zunächst der bachbegleitende Winkelseggen-Erlen-Eschenwald (*Carici remotae-Fraxinetum*) und der Hainmieren-Schwarzerlenwald (*Stellario nemorum-Alnetum glutinosae*) mit einer quellnahen Ausprägung, dem *Ribo-Alnetum*, zu nennen. Diese Assoziationen werden dem *Alno-Ulmion* zugeordnet und stehen dem Schwarzerlen-Eschenwald (*Alno-Fraxinetum*) wiederum sehr nahe. Die Bach-Eschen-Erlenwälder zählen zu den echten Auenwäldern. Sie werden regelmäßig überschwemmt und mit mineralischen Sedimenten versorgt, stocken also auf mineralischem Untergrund. In ihnen gedeiht die Schwarz-Erle besser als im Erlenbruch, obwohl sie dort unbestritten herrscht.

Der Erlen-Eschenwald ist auch außerhalb der Bach- und Flußauen anzutreffen, in Niederungen oder flachen Uferregionen von Seen, so z.B. im Spreewald, dessen Vegetation mit allen verschiedenen Ausprägungen dieses Waldtyps von SCAMONI [84] und PASSARGE [75] ausführlich beschrieben wurde. Obwohl dort im Wuchsoptimum, muß sich die Erle diese Standorte mit der Esche teilen.

Mit zunehmender Feuchtigkeit und steigendem Humusgehalt des Oberbodens kommt es nach OBERDORFER [74] zur Ausprägung einer *Caltha palustris-Alnus glutinosa* Gesellschaft, die durch das regelmäßige Auftreten der Sumpfdotterblume gekennzeichnet ist, die sich aber weder eindeutig den Auenwäldern (*Alno-Ulmion*) noch den Bruchwäldern (*Alnion*) zuordnen läßt.

Der Erlen-Bruchwald (*Alnetum glutinosae*) zeichnet sich dadurch aus, daß der Grundwasserstand stets sehr hoch ist und nur wenig schwankt. Der Boden bleibt stets naß und wird nur im zeitigen Frühjahr einmal während der Schneeschmelze überschwemmt, wobei im Gegensatz zu Auenwäldern aber keine Sedimente und Nährstoffe zugeführt werden. Der Bruchwald stockt auf typischem, 10 bis 20 cm mächtigem Bruchwaldtorf.

Die Schwarz-Erlen-Bruchwälder stehen systematisch sehr isoliert und bilden eine besondere Klasse und Ordnung (*Alnetea glutinosae*, *Alnetalia glutinosae*), die nur wenige Assoziationen umfaßt. Soweit es sich dabei um Wälder handelt, werden sie alle dem Verband *Alnion glutinosae* zugeordnet. Als Charakterarten dieses Verbandes werden neben *Alnus glutinosa* noch *Carex laevigata, C. elongata, Ribes nigrum* und *Osmunda regalis* genannt.

Innerhalb des Verbandes unterscheidet man zwischen zwei Assoziationen: Der westeuropäische Schwarzerlenwald (*Sphagno-Alnetum glutinosae*) hebt sich im wesentlichen durch das häufige Auftreten von verschiedenen Torfmoosarten vom mitteleuropäischen Schwarzerlenwald (*Carici elongatae-Alnetum glutinosae*) ab. Letzterer wird wiederum neben der typischen Assoziation (*Carici elongatae-Alnetum typicum*) in einen Quellwald (*Carici elongatae-Alnetum cardaminetosum amarae*) und einen zu den noch saureren Birken-Bruchwäldern überleitenden Birken-Erlen-Bruchwald (*Carici elongatae-Alnetum betuletosum pubescentis*) unterteilt.

Die einzelnen Bruchwaldgesellschaften, die häufig aus echten Verlandungsreihen hervorgegangen sind, variieren in der Ausprägung sehr stark, je nach Grundwasserqualität (Kalkgehalt) oder Basenzufuhr mit Regen- und Schmelzwasser, aber auch durch menschliche Einflüsse wie z.B. Grundwasserabsenkungen.

Die von der Schwarz-Erle beherrschten, grundwasserbeeinflußten Bruchwälder gehören zwar nicht zu den Waldgesellschaften mit der höchsten Artendiversität, doch gerade der Anteil seltener und gefährdeter Pflanzen- und Tierarten ist hier besonders hoch [102]. Auch die erlenreichen Erlen-Eschen-Auenwälder mit ihren vielfältigen landeskulturellen Funktionen sind in ihrem Bestand stark zurückgegangen. Als Gefährdungsursache dieser Lebensräume gelten im wesentlichen Entwässerungsmaßnahmen. So überrascht es nicht, daß diese Waldgesellschaften in den bisher publizierten Roten Listen gefährdeter Biotoptypen enthalten sind [25, 36] und nach § 20c Bundesnaturschutzgesetz unter Schutz stehen.

Pathologie

Gegen abiotische Schäden ist die Schwarz-Erle relativ unempfindlich. Sie gilt als rauchhart [107] und kann auch Frost sogar auf der Freifläche ertragen. Gegen Sturm wird sie durch ihr intensives Wurzelwerk gesichert, ist jedoch als dünnrindige Baumart empfindlich gegenüber Sonnenbrand [12].

Nach HEYDEMANN [47] gibt es in Mitteleuropa 54 phytophage Insektenarten, die auf der Schwarz-Erle leben. Ihre Bedeutung für die Fauna liegt damit zwar noch weit hinter der der Hauptbaumarten (Fichte: 150 Arten, Eiche: 298 Arten), ist jedoch immer noch größer als die von Esche oder Ahorn (37 bzw. 24 Arten).

Die Mehrzahl dieser Insekten-Arten ist jedoch keinesfalls bedrohlich und daher auch forstlich ohne Bedeutung. Lediglich der Erlenrüßler (*Cryptorrhynchus lapathi* L.) kann durch den Larvenfraß unter der Rinde und im Holzkörper insbesondere in Erlenkulturen, die zusätzlich unter Vergrasung oder Befall durch Schildläuse und Zikaden leiden, zu erheblichen Ausfällen führen [96]. Die Larven des Blauen Erlenblattkäfers (*Agelastica alni* L.) können bei Massenvermehrung insbesondere in Beständen auf nichtoptimalen Standorten (Vorwälder in Kiefernkulturen, Brandschutzstreifen) Kahlfraß verursachen, der zu erheblichen Zuwachsverlusten führt. Der Erzfarbene Erlenblattkäfer (*Melasoma aenea* L.) ist dagegen unbedeutend [95].

Alnus glutinosa wird nur von wenigen Pilzerkrankungen bedroht. Dazu gehört die durch *Taphrina tosquinetii* (WESTEND.) TULASNE ausgelöste Kräuselkrankheit der Erle. Sie führt zu blasenartigen Auftreibungen und muschelartigen Verkrümmungen der Blätter sowie zu Verformungen der befallenen Triebe und kann so stark auftreten, daß in Baumschulen Bekämpfung mit Fungiziden notwendig wird [12].

Bei einer Erhebung des Schad- und Totholzvolumens in Erlen-Beständen des Nationalparks Vorpommersche Boddenlandschaft fand SCHUMACHER [92] insgesamt 31 holzzerstörende Pilzarten. Auch hier wurde keine Art als bedrohlich eingestuft, die meisten waren Saprophyten. Lediglich der Hallimasch (*Armillaria mellea* s.l. (VAHL ex FR.) KUMM.) konnte als Schwächeparasit identifiziert werden. Die höchste Stetigkeit in den untersuchten Beständen zeigte der Erlen-Schillerporling (*Inonotus radiatus* (SOW. ex FR.) KARST.), der ebenfalls als Wund- oder Schwächeparasit auftreten kann.

Obwohl die holzzerstörenden Pilze kaum vitale Erlen befallen, stellt die sehr häufige Stammfäule ein großes Problem bei der Bewirtschaftung von Schwarz-Erlen-Beständen dar. Sie ist Ursache für die sehr kurzen Umtriebszeiten von 60 bis 65 Jahren [16].

Bedeutsam ist in jüngerer Zeit eine Wurzelhalsfäule, ausgelöst durch *Phytophthora cambivora* (PETRI) BUISM., die nach Wundgummiausscheidungen und Rindennekrosen zu Kronenverlichtung und Absterben der Erlen führt und eine zunehmende Bedrohung für Erlenbestände darstellt [37, 44, 106].

Eine in der älteren Literatur wiederholt beschriebene Komplexerkrankung der Schwarz-Erle, das sogenannte Erlensterben [3, 45, 71], konnte von MÜNCH [72] auf den Anbau ungeeigneter Provenienzen zurückgeführt werden [5].

Nutzung

Das Holz der Schwarz-Erle wird als Massivholz in der Kunst- und Möbeltischlerei eingesetzt, aber auch häufig zu Furnieren verarbeitet, da es von sehr feiner Textur ist und sich zudem leicht färben läßt [73]. Dafür ist astfreies Stammholz erforderlich, das an der spezifischen Form der Astnarben zu erkennen ist [28]. Die Schwarz-Erle war früher der „Holzschuh-Baum“ (im Oldenburgischen „Holschenboom“) wegen der häufigen Verwendung des Holzes für diesen Zweck [34]. Auch für Küchengeschirr und Schusterleisten wurde es genutzt. Heute werden Spanplatten daraus hergestellt. Für die Papierindustrie eignet es sich aufgrund der starken Färbung durch Oxidationsvorgänge nicht [16]. Seine beste Eignung und Dauerhaftigkeit als Bauholz hat es nach CLAESSENS [16], wenn es zwischen dem 15. August und 8. September eingeschlagen wird. Dies ist jedoch aufgrund der nassen und empfindlichen Standorte nur schwer erreichbar. In der Regel findet ein Wintereinschlag bei Bodenfrost statt [35]. Das Holz gilt allgemein für Bauzwecke als zu wenig dauerhaft, insbesondere bei wechselnden Feuchteverhältnissen. ELLENBERG [26] berichtet allerdings über den Bau von Blockhäusern aus Erlenstämmen im Spreewald, was jedoch eher auf die Geradschaftigkeit und auf den Mangel an anderem Holz zurückzuführen ist als auf die Dauerhaftigkeit. In Wasser dagegen zeigt Erlenholz eine besonders große Dauerhaftigkeit, und es wird daher gerne für Wasser- und Mühlenbauten, Wasserleitungsröhren und Stalldielen verwendet [10, 73]. Der Energiegehalt des Holzes (4700 kcal/kg) läßt es auch als Energieträger nur bedingt geeignet erscheinen. FRANK [35] stellt weitere Eigenschaften des Erlenholzes zusammen, die bei seiner Verarbeitung beachtet werden sollten.

Trotz der genannten Verwendungsmöglichkeiten stand das Holz der Erle auf den Märkten lange Zeit deutlich zurück [4] und wurde von den Sägewerken als Bestandteil von Sammellosen überwiegend nur geduldet. Heute ist jedoch das Interesse der Möbelindustrie und anderer Holzverbraucher an hochwertigem Erlenholz deutlich gestiegen, so daß für Erlen-Sägeholz oder -furniere hohe Preise erzielt werden können, was diese Baumart auch für die Forstwirtschaft wieder attraktiv werden läßt [1, 91].

Das Holz wurde überdies zur Bleistiftherstellung verwendet [49] und liefert eine gute Holzkohle [8].

In der Heilkunde hat die Erle bisher keine große Rolle gespielt. Blätter und Rinde ergeben gerbstoffhaltige Drogen, die äußerlich bei Geschwüren, Beulen, Wunden, Hals- und Mandelentzündung, Angina und Darmblutung Verwendung finden. Innerlich sollen sie bei Rheuma helfen [20]. Die besonders gerbstoffreichen Blütenstände sowie die Rinde wurden zum Gerben eingesetzt [53], die Zapfen auch zur Herstellung von Tinte [34]. Ausführlich geht STRASSMANN [100] auf die Heilkräfte der Schwarz-Erle ein.

Schwarz-Erlen-Pflanzungen werden zur Eindämmung der durch Wasser verursachten Erosion eingesetzt [78]. Mit ihrem intensiven Wurzelwerk dienen sie auch der Uferbefestigung von Bächen und Flüssen [2, 10], und wegen ihrer standortverbessernden Eigenschaften setzt man sie bisweilen auch in landwirtschaftlichen Mischkulturen ein, z.B. mit Hirse [15].

Verschiedenes

- Der botanische Name der Schwarz-Erle setzt sich aus dem Gattungsnamen *Alnus*, dem römischen Namen der Erle und dem Epitheton „glutinosus“ = klebrig (die jungen Blätter und Knospen) zusammen [7]. Der deutsche Name Rot-Erle geht auf die rötliche Verfärbung des saftfrisch geschnittenen Holzes durch Oxidation von Inhaltsstoffen zurück. Er ist jedoch abzulehnen, da er zu Verwechslungen mit der im nordwestlichen Nordamerika beheimateten *Alnus rubra* führt.

  Weitere im deutschsprachigen Raum gebräuchliche Bezeichnungen der Erle sind Eller oder Else. Auch hier bestehen sehr enge Beziehungen zu dem lateinischen Namen Alnus. Nach bisheriger Auffassung der Etymologen geht der Name auf die indoeuropäische Wutzel „el-“ oder „ol-“ zurück, womit ein gewisser Glanz bzw. Schimmer, insbesondere für rötliche oder bräunliche Farben bezeichnet wurde [105].

- Die bekannte Ballade vom Erlkönig hat nichts mit dieser Baumart zu tun, da es sich vielmehr um eine fehlerhafte Übersetzung des dänischen ‘ellerkonge’ (Elfenkönig) handelt [18].

- Orts- und Flurnamen, die auf die Erle zurückgehen, sind z.B. Irlach und Ellern [8].

- Die Früchte der Schwarz-Erle bleiben sehr lange am Baum (Wintersteher) und dienen in dieser Jahreszeit vielen Vogelarten, z.B. Erlen- und Bergzeisig sowie Stieglitz, als wichtige Nahrungsquelle [73].

- Vieles in der Mythologie, was um die Schwarz-Erle entstanden ist, hat mit ihrem ökologischen Optimum auf nassen, sumpfigen Böden zu tun. Sie war den Menschen daher seit jeher etwas unheimlich. So fürchteten Wanderer, vom Wege abzukommen und dem unheimlichen Erlenweib zu begegnen, das sie aus Hinterlist in den dunklen Sumpf ziehen könnte – das Erlenweib wurde mit Hexerei in Verbindung gebracht [60]. In einer Erlenlandschaft soll es Hexen mit Haaren so blutrot wie das frisch gefällte Holz gegeben haben [34].

- Die heutige Redensart „über jemanden den Stab brechen“ geht auf den Brauch zurück, nach altfränkischem Recht vor Gericht über dem Kopf eines aus der Sippe ausgestoßenen Menschen vier Erlenstäbe zu zerbrechen und sie dann in vier verschiedene Richtungen zu werfen. Dies sollte die vollständige Lossagung des Betroffenen von seiner Familie symbolisieren [60].

- Orakelstätten auf Inseln bestehen oft aus einem Erlenhain [60].

Abb. 13: Freigespülte Basis eines Altbaumes

Abb. 14: Solitär im Erzgebirge (Sommeraspekt des Baumes von Abb. 1)

Weiterführende Literatur

[1] Anonymus, 1992: Die einheimischen und die wichtigsten fremdländischen Baumarten. Institut für Waldbau, Abt. Waldbau der Tropen u. Naturwaldforschung. Göttingen.

[2] Arbeitskreis Forstliche Landespflege, 1991: Waldlandschaftspflege. Hinweise und Empfehlungen für Gestaltung und Pflege des Waldes in der Landschaft. Ecomed Verlag. Landsberg.

[3] Appel, 1904: Über bestandsweises Absterben von Roterlen. Naturw. Zeitschr. f. Land- u. Forstw. **2**, 313.

[4] Baltensweiler, W., 1955: Vorkommen und wirtschaftliche Bedeutung der Schwarzerle in der Umgebung Zürichs. Schweiz. Z. Forstwes. **106**, 32-49.

[5] Bansi, E., 1924: Zur Provenienzfrage der Roterle. Z. Forst- u. Jagdwes. **56**, 166-168.

[6] Bärtels, A., 1994: Gehölzvermehrung. 2. Aufl. Ulmer Verlag, Stuttgart.

[7] Bartels, H., 1993: Gehölzkunde: Einführung in die Dendrologie. Ulmer Verlag, Stuttgart.

[8] BFV (Bayerischer Forstverein) 1998: Bäume und Wälder in Bayern. Ecomed Verlag, Landsberg.

[9] Bibelriether, H., 1964: Die Bewurzelung von Schwarzerlen in den Auwäldern von Prekmurje (Slowenien). AFZ **19**, 638-640.

[10] Brändli, U. B., 1996: Die häufigsten Waldbäume der Schweiz. Ber. Eidgen. Forsch. Anst. f. Wald, Schnee u. Landsch. 342.

[11] Büchel, H. B.; Grosse, W., 1990: Localization of the porous partition responsible for pressurized gas transport in Alnus glutinosa (L.) Gaertn. Trees **3**, 38-44.

[12] Butin, H., 1996: Krankheiten der Wald- und Parkbäume. Diagnose – Biologie – Bekämpfung. 2. Aufl. Thieme Verlag, Stuttgart/New York.

[13] Callier, A., 1918: Alnus-Formen der europäischen Herbarien und Gärten. Mitt. Dtsch. Dendrol. Ges. **27**, 39-185.

[14] Cerepanov, S. K., 1995: Vascular plants of Russia and adjacent states (the former USSR). Cambridge Univ. Press, Cambridge.

[15] Ching-Yan, L.; Strzelczyk, E.; Pokojska, A., 1996: Nitrogen-fixing endophyte Frankia in Polish Alnus glutinosa (L.) Gaertn. Microbiol. Res. **151**, 371-374.

[16] Claessens, H., 1990: L'aulne glutineux (Alnus glutinosa (L.) Gaertn.). Une essence forestiere oubliee. Silva Belgica **97**, 25-33.

[17] Claessens, H.; Thibaut, A., 1994: Ou peut-on cultiver l'aulne glutineux avec succes? Silva Belgica **101**, 7-12.

[18] Conert, H. J.; Hamann, U. et al. (Hrsg.), 1981: Gustav Hegi: Illustrierte Flora von Mitteleuropa. 3. Aufl. Bd. 3, Teil 1. Parey Verlag, Hamburg/Berlin.

[19] Coté, B.; Dawson, J. O., 1986: Autumnal changes of total nitrogen, salt-extractable proteins and amino acids in leaves and adjacent bark of black alder (Alnus glutinosa), eastern cottonwood (Populus deltoides) and white basswood (Tilia heterophylla). Physiologia Plantarum **67**, 102-108.

[20] Dapper, H., 1989: Nützliche Heckenpflanzen – Schwarzerle. Wissenswertes über heimische Gehölze. Modernes Leben – natürliches Heilen **114**, 356-357.

[21] Dapper, H., 1992: Heckengehölze: Handbuch für Biologie, Kultur und Verwendung. Patzer Verlag, Berlin.

[22] DAWSON, J. O.; FUNK, D. T., 1981: Seasonal change in foliar nitrogen concentrations of Alnus glutinosa. Forest Science **27**, 239-243.

[23] DEWALD, L. E.; STEINER, K. C., 1986: Phenology, Hight Increment and Cold Tolerance of Alnus glutinosa Populations in a Common Environment. Silvae Genetica **35**, 205-211.

[24] DITTERT, K., 1992: Die stickstoffixierende Schwarzerle-Frankia-Symbiose in einem Erlenbruchwald der Bornhöveder Seenkette. EcoSys, Suppl. Bd. 5. Kiel.

[25] DRACHENFELS, O.V., 1986: Überlegungen zu einer Liste der gefährdeten Ökosystemtypen in Niedersachsen. Schriftenr. f. VegKd. **18**, 67-73.

[26] ELLENBERG, H., 1996: Vegetation Mitteleuropas mit den Alpen in ökologischer, dynamischer und historischer Sicht. 5. Aufl. Ulmer Verlag, Stuttgart.

[27] ELLING, W., 1966: Untersuchungen über das Jahrringverhalten der Schwarzerle. Flora Abt. B, **156**, 155-256.

[28] ERTELD, W.; ACHTERBERG, W., 1955: Die Bedeutung der Narbenbildung und des Faulkerns bei Roterlenschälholz. Archiv f. Forstwes. **4**, 611-638.

[29] ESCHENBACH, C., 1995: Zur Physiologie und Ökologie der Schwarzerle (Alnus glutinosa). Diss. Univers. Kiel.

[30] ESCHENBACH, C., 1996: Zur Ökophysiologie der Primärproduktion der Schwarzerle Alnus glutinosa (L.) Gaertn. Verh. Ges. Ökologie **26**, 89-95.

[31] ESCHENBACH, C.; HERBST, M. et al, 1996: Transpiration eines Erlenwaldes (Alnus glutinosa) und eines Buchenwaldes (Fagus sylvatica) an benachbarten Standorten. Verh. Ges. Ökologie **26**, 97-103.

[32] EVERS, P. W.; DONKERS, J. et al., 1988: Micropropagation of forest trees through tissue culture. Pudoc, Wageningen.

[33] FIRBAS, F., 1949: Spät- und nacheiszeitliche Waldgeschichte Mitteleuropas nördlich der Alpen. Fischer Verlag, Jena.

[34] FISCHER-RIZZI, S., 1993: Blätter von Bäumen. 6. Aufl. Hugendubel Verlag, München.

[35] FRANK, F., 1954: Der Rohstoff Holz. Erle. Die Dtsch. Holzwirtschaft **8**, 5-8.

[36] FREDE, A., 1990: Liste schutzbedürftiger und gefährdeter Ökosystemtypen für ein Biotopschutzkonzept in Nordhessen. Naturschutz in Nordhessen **11**, 99-104.

[37] GIBBS, J. N.; LIPSCOMBE, M. A.; PEACE, A. J., 1999: The impact of Phytophthora disease on riparian populations of common alder (Alnus glutinosa) in southern Britain. Eur. J. For. Path. **29**, 39-50.

[38] GILL, C. J., 1975: The ecological significance of adventitious rooting as a response to flooding in woody species, with special reference to Alnus glutinosa (L.) Gaertn. Flora **164**, 85-97.

[39] GLAVAC, V., 1972: Über Höhenwuchsleistung und Wachstumsoptimum der Schwarzerle auf vergleichbaren Standorten in Nord-, Mittel- und Südeuropa. Schriftenr. Forstl. Fak. Univ. Göttingen u. Mittlg. Nieders. Forstl. Vers. Anst. Bd. **45**. J.D. Sauerländer, Frankfurt/M.

[40] GROSSE, W., 1997: Gas transport in trees. Trees **11**, 57-74.

[41] GROSSE, W.; SCHRÖDER, P., 1984: Oxygen supply of roots by gas transport in alder-trees. Zeitschr. f. Naturforsch. **39c**, 1186-1188.

[42] HALLER, B., 1932: Untersuchungen über den Wachstumsgang der Schwarzerle (*Alnus glutinosa* (L.) Gaertn.). Mitt. Forstw. Abt. Univ. Tartu nr. **21**.

[43] HARLEY, J. L.; HARLEY, E. L., 1987: A check-list of mykorrhiza in the British flora. New Phytol. Suppl. **105**, 1-102.

[44] HARTMANN, G., 1995: Wurzelhalsfäule der Schwarzerle (Alnus glutinosa) – eine bisher unbekannte Pilzkrankheit durch Phytophthora cambivora. Forst u. Holz **50**, 555-557.

[45] HERMANSEN, S., 1927: Das Erlensterben. Der Deutsche Forstwirt **9**, 47.

[46] HERRE, K., 1935: Über das Wachstum europäischer Gehölze in Südafrika. Mitt. Dtsch. Dendrol. Ges. **47**, 219-221.

[47] HEYDEMANN, B., 1982: Der Einfluß der Waldwirtschaft auf die Waldökosysteme aus zoologischer Sicht. Schr.R. Dt. Rat Landespfl. **40**, 926-944.

[48] HIEKE, K., 1989: Praktische Dendrologie. VEB Deutscher Landwirtschaftsverlag, Berlin.

[49] HÖFKER, 1935: Jahresversammlung in Nürnberg, Erlangen und Bamberg. Mitt. Dtsch. Dendrol. Ges. **47**, 268-295.

[50] HOLDHEIDE, W., 1951: Anatomie mitteleuropäischer Gehölzrinden. In: H. Freund: Handbuch der Mikroskopie in der Technik, Bd V/1. Umschau Verlag, Frankfurt/M.: 193-368.

[51] HUSS-DANELL, K., 1997: Transley Review No. 93. Actinorhizal symbioses and their N_2 fixation. New Phytol. **136**, 375-405.

[52] KAMMANN, C.; KAPPEN, L., 1996: Der Einfluß der N-Ernährung auf CO_2-Gaswechsel, Stickstoff- und Biomasse-Verteilung bei der Schwarzerle. Verh. Ges. Ökologie **26**, 109-114.

[53] KIRCHNER, O.; LOEW, E.; SCHRÖTER, C., 1914: Lebensgeschichte der Blütenpflanzen Mitteleuropas. Ulmer Verlag, Stuttgart.

[54] KIRUZAWA, K., 1980: Why do alder leaves fall in summer? Jap. J. Ecol. **30**, 359-368.

[55] KÖSTLER, J. N.; BRÜCKNER, E.; BIBELRIETHER, H., 1968: Die Wurzeln der Waldbäume. Parey Verlag, Hamburg/Berlin.

[56] KOMAROV, V. L. (ed.), 1935: Flora of the USSR. Bd. 5. Izdatel'stvo Akademii Nauk SSSR, Leningrad.

[57] KORSUN, F., 1966: Massen- u. Ertragstafeln für die Erle. Lesn. Cas. **21**, 839-856.

[58] KREUTZER, K., 1961: Wurzelbildung junger Waldbäume auf Pseudogley. Forstw. Cbl. **80**, 356-392.

[59] KRÜSSMANN, G., 1976: Handbuch der Laubgehölze. Bd 1. 2. Aufl. Parey Verlag, Berlin, Hamburg.

[60] LAUDERT, D. 1998: Mythos Baum. BLV Verlag, München.

[61] LOCKOW, K. W., 1994: Ertragstafel für Roterle (Alnus glutinosa (L.) Gaertn.) in Mecklenburg-Vorpommern. Eberswalde.

[62] LOCKOW, K. W., 1995a: Neue Ertragstafel für die Roterle. Der Wald **45**, 268-271.

[63] LOCKOW, K. W., 1995b: Die neue Ertragstafel für Roterle – Modellstruktur und Anwendung in der Forstpraxis. Beitr. f. Forstw. u. Landschaftsökol. **29**, 49-55.

[64] LYR, H.; FIEDLER, H. J.; TRANQUILLINI, W. (Hrsg.), 1992: Physiologie und Ökologie der Gehölze. Fischer Verlag, Jena/Stuttgart.

[65] MCVEAN, D. N., 1953: Regional variation of Alnus glutinosa (L.) Gaertn. in Britain. Watsonia **3**, 26-32.

[66] MCVEAN, D. N., 1955: Ecology of Alnus glutinosa (L.) Gaertn. Part 1 + 2. Journal of Ecology **43**, 46-71.

[67] MCVEAN, D. N., 1956: Ecology of Alnus glutinosa (L.) Gaertn. Part 3 – 6. Journal of Ecology **44**, 195-225, 321-333.

[68] MCVEAN, D. N., 1959: Ecology of Alnus glutinosa (L.) Gaertn. Part 7. Journal of Ecology **47**, 615-618.

[69] MEJNARTOWICZ, L., 1972: Untersuchungen zur Variation der Populationen von Alnus glutinosa in Polen. Arbor. Kornickie **17**, 43-120.
[70] MITSCHERLICH, G., 1945: Ertragstafel für die Schwarzerle, Starke Durchforstung. In: Schober, R., 1987: Ertragstafeln wichtiger Baumarten. Sauerländer's Verlag, Frankfurt/M.
[71] MÜNCH, E., 1927: Erlensterben in Norddeutschland. Vorläufige Mitteilung. Silva **15**, 3.
[72] MÜNCH, E., 1936: Das Erlensterben. Forstwiss. Cbl. **58**, 173-248.
[73] NOAK, H., 1989: Die Schwarzerle Alnus glutinosa (L.) Gaertn. Baum-Ztg. **23**, 62-64.
[74] OBERDORFER, E. (Hrsg.), 1992: Süddeutsche Pflanzengesellschaften. Teil IV Wälder und Gebüsche. G. Fischer Verlag. Jena, Stuttgart, New York.
[75] PASSARGE, H., 1956: Die Wälder des Oberspreewaldes. Arch. Forstwes. **5**, 46-95.
[76] POLOMSKI, J.; Kuhn, N., 1998: Wurzelsysteme. Verlag P. Haupt, Bern.
[77] PRITSCH, K.; MUNCH, J. C.; BUSCOT, F., 1997: Morphological and anatomical characterisation of black alder Alnus glutinosa (L.) Gaertn. ectomycorrhizas. Mycorrhiza **7**, 201-216.
[78] RÖHRIG, E.; BARTSCH, N., 1992: Waldbau auf ökologischer Grundlage. Begr. von A. DENGLER. Bd. 2. Der Wald als Vegetationsform und seine Bedeutung für den Menschen. 6. Aufl. Parey Verlag, Hamburg/Berlin.
[79] ROHMEDER, E., 1972: Das Saatgut in der Forstwirtschaft. Parey Verlag, Hamburg/Berlin.
[80] ROLOFF, A., 1989: Kronenentwicklung und Vitalitätsbeurteilung ausgewählter Baumarten der gemäßigten Breiten. Sauerländer's Verlag, Frankfurt/M.
[81] ROLOFF, A.; BÄRTELS, A., 1996: Gehölze: Bestimmung, Herkunft und Lebensbereiche, Eigenschaften und Verwendung. Ulmer Verlag, Stuttgart.
[82] RYMAN, S.; HOLMASEN, I., 1992: Pilze – über 1500 Arten ausführlich beschrieben. Thalacker Verlag, Braunschweig.
[83] SACHSSE, H., 1984: Einheimische Nutzhölzer und ihre Bestimmung nach makroskopischen Merkmalen. Parey Verlag, Hamburg/Berlin.
[84] SCAMONI, A., 1954: Waldvegetation des Unterspreewaldes. Arch. Forstwes. **3**, 122-161 u. 230-260.
[85] SCHAEFFER, F.; SCHACHTSCHABEL, P., 1992: Lehrbuch der Bodenkunde. 13. Aufl. Enke Verlag, Stuttgart.
[86] SCHLEGEL, H. G. 1992: Allgemeine Mikrobiologie. 6. Aufl. Thieme Verlag, Stuttgart.
[87] SCHMIDT, P. A., 1996: Zur Systematik und Variabilität der mitteleuropäischen Erlen (Gattung Alnus Mill.) Mitt. Dtsch. Dendrol. Ges. **82**, 15-42.
[88] SCHMIDT, P. A., 1998: Zur Systematik und Variabilität der Erlen insbesondere der Schwarz-Erle (Alnus glutinosa (L.) Gaertn.). Jahrb. Ges. f. Ingenieursbiologie **7**, 119-143.
[89] SCHMIDT-VOIGT, H., 1971: Wachstum und Wurzelentwicklung von Schwarzerlen verschiedener Herkunft. Allg. Forst- u. Jagdztg. **6**, 149-156.
[90] SCHRÖDER, P., 1989: Characterization of a thermo-osmotic gas transport mechanism in Alnus glutinosa (L.) Gaertn. Trees **3**, 38-44.
[91] SCHRÖTTER, H., 1995: Die Roterle – eine Charakter- und Wirtschaftsbaumart Mecklenburg-Vorpommerns. Der Wald **45**, 196-198.
[92] SCHUMACHER, J., 1998: Die Erfassung der Schad- und Totholzvolumina in ausgewählten Beständen des Nationalparks Vorpommersche Boddenlandschaft bei gleichzeitiger Diagnose der Schädigungs- bzw. Absterbeursachen, insbesondere phytopathogener Pilze. Dipl. Arb. Fachr. Forstwiss. TU Dresden.
[93] SCHÜTT, P.; SCHUCK, H.J.; STIMM, B. (Hrsg.), 1992: Lexikon der Forstbotanik. Ecomed Verlag, Landshut.
[94] SCHWAPPACH, A., 1902: Untersuchungen über Zuwachs und Form der Schwarzerle. Mitt. forstl. Vers. wes. Preussens.
[95] SCHWENKE, W., 1974: Die Forstschädlinge Europas. 2. Bd. Käfer. Verlag P. Parey. Hamburg, Berlin.
[96] SCHWERDTFEGER, F., 1981: Die Waldkrankheiten. 4. Aufl. Verlag P. Parey. Hamburg, Berlin.
[97] SCOHY, Ir. J. P., 1990a: Promotion de la petite propriété forestière. L'aulne glutineux (1ère partie). Silva Belgica **97**, 47-52.
[98] SCOHY, Ir. J. P., 1990b: Promotion de la petite propriété forestière. L'aulne glutineux (2ème partie). Silva Belgica **97**, 35-40.
[99] SOPP, L., 1974: Fatömegszamitasi tablazatok. Budapest.
[100] STRASSMANN, R. A. 1994: Baumheilkunde. AT Verlag, Aarau.
[101] THIBAUT, A.; RONDEUX, J.; CLAESSENS, H., 1998: Tarifs de cubage pour l'aulne glutineux (Alnus glutinosa (L.) Gaertn.) en Belgique Meridionale. Rev. For. Fr. **45**, 244-250.
[102] THOMASIUS, H.; SCHMIDT, P.A., 1996: Wald, Forstwirtschaft und Umwelt. Economia Verlag, Bonn.
[103] ULRICH, B., 1988: Stoffhaushalt von Wald-Ökosystemen: Bioelement-Haushalt. Inst. f. Bodenkd. u. Waldernährung. Univers. Göttingen.
[104] WAGENFÜHR, R., 1996: Holzatlas. 4. Aufl. Fachbuchverlag, Leipzig.
[105] WEDECK, H., 1993: Zur Ethymologie der Schwarz-Erle (Alnus glutinosa (L.) Gaertn.) aus ökologisch-standörtlicher Sicht mit Beispielen aus dem Raum Höxter. Mitt. Dtsch. Dendrol. Ges. **81**, 19-26.
[106] WERRES, S., 1998: Erlensterben – Mikroorganismen aus der Gattung Phytophthora. Allg. Forstztschr. **53**, 548-549.
[107] WEISS, M., 1963: Möglichkeiten einer züchterischen Verbesserung der heimischen Erlenarten, insbesondere der Schwarzerle Alnus glutinosa (L.) Gaertn. Diss. TU Dresden.
[108] WEISS, M., 1965: Mehr Beachtung der Rassenfrage beim Anbau von Erlen! Die sozial. Forstw. **15**, 110-112.
[109] WILLKOMM, M., 1875: Forstliche Flora von Deutschland und Österreich. Leipzig, Heidelberg.
[110] WOLFER, S., 1965: Beobachtungen an 6-jährigen Erlennachkommenschaften. Dipl. Arb. Tharandt.
[111] ZIMMERLE, H., 1942: Untersuchungsergebnisse bei der Schwarzerle. Allg. Forst- u. Jagdztg. **118**, 297-308.

Die Autoren:

Dipl.-Forstw. ULRICH PIETZARKA und
Prof. Dr. ANDREAS ROLOFF
Institut für Forstbotanik und Fortzoologie und
Forstbotanischer Garten der TU Dresden
Pienner Str. 7
D-01737 Tharandt

Alnus incana (L.) MOENCH, 1794

syn.: Alnus lanuginosa GILIB., 1792

Grau-Erle, Weiß-Erle

engl.: Speckled alder, Grey alder
franz.: Aune blanc
ital.: Ontano bianco
poln.: Olsza szara

Familie: Betulaceae
Unterfamilie: Betuloideae
Subgenus: Alnus

Abb. 1: Alnus incana. Freistehender Einzelbaum im Alpenvorland

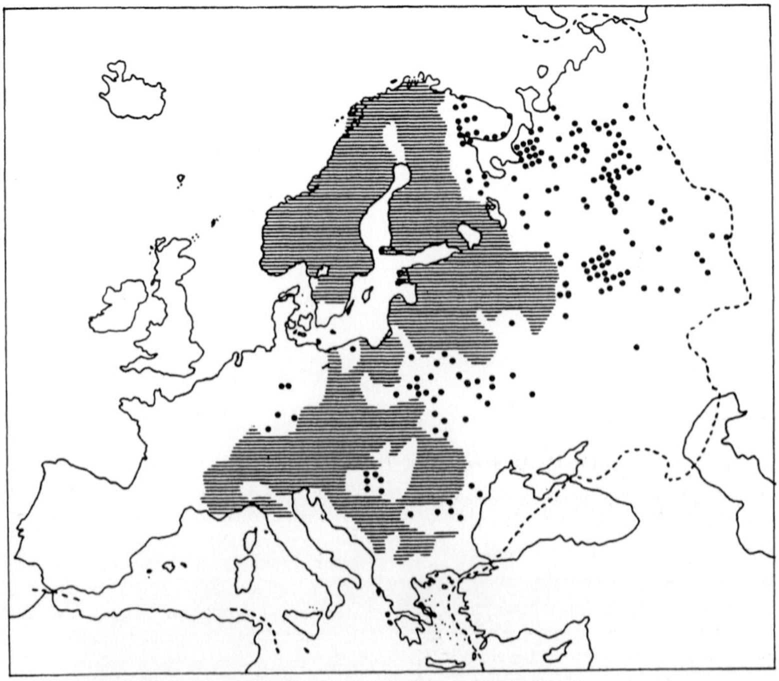

Abb. 2: Europäischer Teil des Verbreitungsgebietes (aus [34], verändert), • = Einzelvorkommen

Alnus incana, eine sommergrüne, in Mittel- und Nordeuropa sowie in weiten Teilen Rußlands häufig vertretene, bestandesbildende Baumart, ist anspruchslos und frosthart. Sie wächst anfangs sehr rasch, ist aber kurzlebig und erreicht nur selten eindrucksvolle Dimensionen. Ihre Bedeutung liegt weniger im forstlichen Bereich, sondern in der Fähigkeit zur Bodenmelioration durch die Bindung von Luftstickstoff sowie zur Befestigung rutschgefährdeter Hänge und Böschungen. Von Natur aus ist die Art häufig auf kalkhaltigen Kies- und Schotterterrassen der Alpenflüsse anzutreffen. *A. incana* bildet reichlich Stockausschläge und Wurzelbrut. Sie kann daher im Niederwaldbetrieb bewirtschaftet werden.

Zu erkennen ist die Art u.a. an den mehr oder weniger deutlich zugespitzten, unterseits graugrünen Laubblättern und an der stets glatten, ebenfalls grauen Rinde. Auf eben diese Merkmale bezieht sich auch der artbeschreibende Name *„incana"* (lat.: aschgrau).

Verbreitung

A. incana ist eine Baumart Nord-, Mittel- und Osteuropas [15]. Ihr Areal reicht im Süden bis in die Seealpen und den nördlichen Apennin, weiter zu den Gebirgen des Balkan (Albanien, Serbien, Bulgarien) und zum Kaukasus. ZANDER [35] schließt Ost-Sibirien, Kamtschatka und Korea ein. In Skandinavien liegt die Nordgrenze der Verbreitung bei 70° 30' n.Br., weiter östlich verläuft sie durch die Halbinsel Kola [15].

Weniger eindeutig ist der Verlauf der westlichen Arealgrenze, denn Grauerlen werden seit langem in Westeuropa angebaut und sind häufig aus Kultur verwildert. HEGI [15] nennt eine Linie vom Schweizer Jura über den Ober- und Mittelrhein zum Harz und zum mittleren Norddeutschland. Danach würde die Art in Schleswig-Holstein und in der nordwestdeutschen Tiefebene von Natur aus fehlen. Vertreten ist sie hingegen in Mecklenburg, Pommern, Ost- und Westpreußen sowie in Schlesien, selten aber in Sachsen. In Bayern soll es verstreute Vorkommen u.a. in den Bereichen Neuburg a.d.D., Ingolstadt, Regensburg und Amberg, gewiß aber im Alpenvorland und in den Bayerischen Alpen geben [15].

Über die obere Höhengrenze der Verbreitung liegen folgende Angaben vor [15, 32]:

Bayer. Alpen	1400 m	Tessin	1800 m
Berner Oberland	1600 m	Apennin	1800 m
Graubünden	1850 m	Erzgebirge	700 m

Insgesamt besiedelt die Grauerle höhere Lagen als *Alnus glutinosa.*

Nach SCHWABE [34] ist bei manchen in der Literatur angefügten Regionen die Ursprünglichkeit der Grauerlen-Populationen nicht sicher nachgewiesen. Dazu gehören u.a. Westfalen, die Rhön, der Harz und das mittlere Württemberg.

Beschreibung

A. incana entwickelt sich im gemäßigten Klima zu einem monocormen oder mehrstämmigen, 10 bis 25 m hohen, reich verzweigten Baum mit dichter Krone. Die Stammform ändert sich mit der Qualität des Standortes. Gerade und wipfelschäftig auf den besseren Bonitäten, bleiben die Stämme auf schwächeren Standorten selbst im geschlossenen Bestand kurz und mehr oder weniger krumm. Oft sind sie sogar drehwüchsig oder spannrückig und bilden Klebäste [33].

Knospen, Blätter, Zweige

Die bis 5 mm lang gestielten, verkehrt eiförmigen Winterknospen haben rot-violette, anfangs dicht behaarte, nichtklebrige Tegmente. Die Endknospen (Länge ca. 8 mm) laufen stumpf oder spitz zu und sind kaum größer als die dem Sproß anliegenden, ebenfalls deutlich gestielten Seitenknospen [11, 14].

Die wechselständig angeordneten Laubblätter haben einen 2 bis 3 cm langen Stiel und eine eiförmige bis elliptische, grob doppelt gesägte Spreite mit dunkelgrüner Ober- und graugrüner, anfangs graufilzig behaarter Unterseite. Die Spreitenbasis ist rundlich oder schwach herzförmig, der Apex deutlich zugespitzt. Als Abmaße werden genannt: Länge 4 bis 10 (12) cm, Breite 3 bis 7 (9) cm. Blattform und Blattgröße variieren jedoch selbst am selben Jahrestrieb erheblich. Überdies wird die Blattform vom Mikroklima beeinflußt, nicht aber die Länge des Stiels und die Form der Spreitenbasis[1)]. Die obere Epidermis enthält reichlich Gerbstoffe, nicht so die anschließenden Zellen des Hypoderms [15].

Die beiden behaarten Nebenblätter werden sehr bald abgestoßen. Grauerlen-Blätter fallen im Herbst grün vom Baum.

Junge Zweige sind an der Spitze deutlich behaart [11], haben eine graugrüne bis rötlich braune Farbe sowie ein dreistrahliges Mark [15] und sind mit kleinen, ebenfalls rotbraunen Lenticellen besetzt. Außerdem lassen sich zahlreiche dreieckige Blattnarben mit drei Bündelspuren erkennen [11, 14].

Blüten, Früchte, Samen

Wie alle Erlen, ist auch *A. incana* eine windblütige, monoezische Art, deren Blüten in eingeschlechtigen, kätzchenförmigen Infloreszenzen zusammengefaßt sind. Als Ausnahmen kommen androgyne Blütenstände und auch Zwitterblüten vor [15].

Die Blütezeit fällt in den Februar/März und liegt etwa drei Wochen vor der Schwarzerlen-Blüte. Zwischen Bestäubung und Entwicklung der Samenanlage vergehen etwa zwei Monate [34].

Männliche und weibliche Infloreszenzen werden im Herbst angelegt, überwintern ohne Knospenschuppen [11] und blühen vor dem Blattaustrieb. Die hängenden männlichen Kätzchen stehen zu drei bis fünf an Zweigspitzen auf kurzen, weich behaarten Stielen, sind während der Anthese bräunlich, 7 bis 9 cm lang und haben dunkelbraune, in der Mitte meist mit einem dunklen Fleck versehene Tragblätter. In deren Achsel befinden sich dreiblütige Dichasien. Jede Blüte hat vier Staubblätter mit erst rötlichen, dann gelben Antheren und ein vierteiliges, oft verkümmertes Perigon [15].

Anders als *Alnus glutinosa* entwickelt die Grauerle sitzende oder fast sitzende weibliche Kätzchen. Diese sind blattachselständig, 0,5 bis 1,5 cm lang, von rötlich brauner Farbe und setzen sich aus maximal acht dicht behaarten Teilblütenständen zusammen, die später zu kleinen, eiförmigen Zapfen von 13 bis 16 mm Länge und ca. 10 mm Durchmesser heranwachsen. Diese reifen in der zweiten Septemberhälfte, haben dann dunkle, verholzte Schuppen mit schmaler Basis und stark verbreitertem Apex und enthalten als Diasporen zahlreiche 3 bis 4 mm große, mit einem schmalen Flügelrand versehene, einsamige Nußfrüchte.

Weiblichen Einzelblüten fehlt das Perigon. Sie stehen paarweise in der Achsel eines Tragblattes, das später mit vier Vorblättern verwächst und zur Fruchtschuppe wird.

Weil A. *incana* etwa drei Wochen eher blüht als *A. glutinosa*, entstehen in ihrem Hauptverbreitungsgebiet keine natürlichen Bastarde zwischen diesen Arten [34].

Rinde und Holz

Bei Grauerlen bleibt das relativ mächtige Periderm als Abschlußgewebe von Stämmen und Ästen erhalten. Borkebildung entfällt somit. Es entsteht eine hellgraue, glatte, auch im Alter kaum aufreißende Rinde, die lockere Querreihen von Lenticellen aufweist [14, 15].

Über das Holz von *A. incana* wird nicht viel mehr berichtet, als daß es im Aufbau, im Erscheinungsbild und in der Anatomie große Ähnlichkeit mit Schwarzerlenholz hat [13, 15]. Allenfalls ist es etwas heller, weniger grobfaserig und stärker glänzend.

Somit handelt es sich um ein zerstreutporiges, durchgehend einfarbiges Holz mit undeutlichen Jahrringgrenzen. Die zahlreichen Tracheen stehen entweder einzeln, zu zweit oder in kleinen Gruppen und haben leiterförmige Gefäßdurchbrechungen. Die für *A. glutinosa* angegebene Darrdichte (r_0) von 0,38 ... 0,49 ... 0,60 g/cm^3 [13] dürfte im großen und ganzen auch für *A. incana* zutreffen.

1) For. Abstr. **49**, 3280, 1988

Abb. 3: Seitenknospe (links) und junger, beblätterter Trieb

Abb. 4: Zweig mit männlichen und weiblichen Blütenständen (links) und leere Fruchtzapfen

Abb. 5: Rinde mit Lenticellen (links) und Rinde eines alten Stammes

Bewurzelung

Für *A. incana* ist ein Herzwurzelsystem typisch, das wegen der bevorzugten Entwicklung kräftiger Horizontalwurzeln recht flach ausfällt und sich 2 bis 3 m weit in die Horizontale erstreckt. Auf tiefgründigen Böden erreicht es 90 cm Tiefe [34], auf Pseudogley-Standorten wird jedoch nur der Oberboden durchwurzelt [21].

Auf länger überfluteten Standorten entstehen Adventivwurzeln bis in 30 cm Stammhöhe, die später zu Stelzwurzeln werden können und dann zahlreiche Lenticellen aufweisen [15, 34].

Zwei Gegebenheiten sind für *A. incana* von großer ökologischer Bedeutung:

- die stark ausgeprägte Fähigkeit zur Bildung von Wurzelbrut, welche allerdings nur für Bäume über 25 Jahre und – zumindest in Rußland – nur bis zu einer Entfernung von 5 oder 6 m vom Stamm auftritt[2] [34].
- die Fähigkeit zur Bindung von Luftstickstoff über die Symbiose mit einer *Frankia*-Art (Actinorhiza), angezeigt durch die Bildung von Wurzelknöllchen.

Grauerlen bilden mit Bodenpilzen eine Ektomykorrhiza. In Amerika wurden als Pilzpartner *Alpova diplophloeus* (Zeller et Dodge) Trappe et Smith, *Astraeus pteridis* (Shear) Zeller und *Paxillus involutus* (Batsch.) Fr., in Deutschland *Gyrodon lividus*[3] genannt.

Verjüngung und Anzucht

A. incana verjüngt sich am natürlichen Standort sowohl generativ wie vegetativ. Die reifen, mit einem sehr schmalen Flügelsaum versehenen, kleinen Früchte fallen während der Wintermonate aus den Zäpfchen. Sie werden teils vom Wind verbreitet, sind aber auch hydrochor.

Aus Feld- und Laborversuchen weiß man, daß auf Mineralboden höhere Keimraten (33 bis 36 %) auftreten als auf organischen Substraten (3 bis 15 %) [29]. Das pH-Optimum liegt bei pH 5.

Der Keimvorgang verläuft epigäisch und setzt relativ rasch ein. Schnell verläuft auch die Keimlingsentwicklung (bis 50 cm Höhe im 1. Jahr), sofern der Oberboden nicht austrocknet [32].

Zur künstlichen Vermehrung erntet man, sobald die Zapfenschuppen auseinanderzuweichen beginnen. In gut belüfteten, nicht temperierten Räumen öffnen sich die Zapfen in wenigen Wochen, nach dem Klengen (25 bis 30 °C) wesentlich eher [36].

[2] For. Abstr. 30, 355, 1969
[3] Z. Mykologie 1993, 131-140

Abb. 6: Lagerndes Stammholz

Abb. 7: Holz-Längsschnitt

Abb. 8: Junge Erlen auf Flußschotter

Die Keimung erfolgt bei frischem wie bei getrocknetem Saatgut ohne Vorbehandlung zu etwa 28 % [36], wird aber durch 180 Tage andauernde Stratifikation bei +5 °C und anschließender Aufbewahrung bei -20 °C deutlich gefördert. Stratifiziert: 35 %; stratifiziert plus 3 Tage Kälte: 45 % [29].

Luftgetrocknete Früchte der Grauerle (var. *rugosa*) waren nach 10jähriger Lagerung bei 2 bis 5 °C noch keimfähig [36].

In der Praxis erfolgt die Aussaat im zeitigen Frühjahr (Februar/März), örtlich sogar unmittelbar auf der Freifläche [5, 36]. Anders im Flurholzanbau, wo man 40 bis 50 cm hohe, aus Wurzelbrut gewonnene und mehrfach verschulte Pflanzen verwendet oder 1 bis 1,5 m hohe Heister im Verband 1,3 x 2 m verpflanzt [33].

Im natürlichen Habitat verliert die generative Propagation unter extremen Umweltbedingungen stark an Gewicht. So vermehrt sich die Art zwischen der Wald- und der Baumgrenze in Skandinavien allein durch Wurzelbrut und epikormische Stammtriebe [9].

Stecklingsbewurzelung als Verfahren der Vegetativvermehrung gelingt, wenn Grünstecklinge verwendet werden, die aus nur einem Internodium mit einem Blatt plus Achselknospe bestehen. Dabei ist Leitungswasser als Bewurzelungsmedium einer Nährlösung überlegen [16]. IBS-Behandlung (10^{-6} bis 10^{-4}) und Licht erhöhen die Zahl der Wurzeln pro Steckling [17].

Taxonomie, Artbastarde und genetische Differenzierung

In einer Arbeit über die *Alnus*-Arten Mitteleuropas stellt SCHMIDT [31] die unterschiedlichen Auffassungen zur taxonomischen Abgrenzung von *Alnus incana* zusammen. Er selbst bezeichnet die Grauerle als eine „europäisch-eurasiatisch-euroamerikanisch-zirkumpolare Art" und gliedert sie in mehrere Sippen, die als vikariierende Glieder eines holarktisch verbreiteten Artkomplexes anzusehen sind. Dazu zählen:

in Europa:

- *A. incana* ssp. *incana* (syn.: var. *vulgaris* SPACH) als Typus-Unterart mit zahlreichen, zumeist blattmorphologisch abweichenden Sippen
- *A. incana* ssp. *kolaensis* (ORLOVA) A. et D. LÖVE

in Asien:

- *A. incana* ssp. *hirsuta* A. et D. LÖVE (syn.: var. *hirsuta* SPACH), die Sibirische Grauerle, mit breiteren, unterseits dicht bräunlich behaarten Blättern. Häufig als separate Art (*A. hirsuta* (SPACH) (TURCZ. ex RUPR.) betrachtet und ihrerseits wieder in *A. hirsuta* var. *sibirica* (SPACH) SCHNEID. mit kleineren Fruchtständen unterteilt.

in Nordamerika:

- *A. incana* ssp. *rugosa* (Du Roi) R. T. Clausen im östlichen
- *A. incana* ssp. *tenuifolia* (Nutt.) Breitw., im westlichen Nordamerika

Die hier skizzierte intraspezifische Gliederung [31] wird auch von Farrar [7] und von Zander [37] vertreten. Demgegenüber betrachten andere Autoren [8, 20, 27] die Subspecies *rugosa* und *tenuifolia* als echte Arten (*A. rugosa* (Du Roi) Spreng. bzw. *A. tenuifolia* Nutt.).

Ältere intraspezifische Differenzierungen bezogen sich allein auf Unterschiede in der Blattmorphologie. Hegi [15] führt sieben Varietäten an, die sich hauptsächlich hinsichtlich Form, Größe und Behaarung der Blätter sowie in der Zahl der Seitennerven unterscheiden. Außerdem wurden mehrere Gartenformen (z.B. f. *acuminata* Rgl. mit tief fiederspaltigen Blättern) erwähnt.

In Finnland registrierte man eine rotblättrige Form (*A. incana* f. *rubra* Palmén) [25].

Natürliche Bastarde zwischen *A. incana* und *A. glutinosa* (und reziprok) kommen in den baltischen Staaten vor. Oft zeigen sie luxurierendes Wachstum[4]:

> *A. incana* x *A. glutinosa*, 35- bis 40jährig: 25 bis 26 m Höhe, 37 bis 38 cm BHD
> Der Bastard ist damit 16 % höher und 45 % stärker als *A. incana* sowie 12 % höher und 33 % stärker als *A. glutinosa*.
> Auch die Nachkommen gelenkter Rückkreuzungen waren sehr wüchsig, keineswegs aber die Bäume der F_2[5].
> In Kornik, Polen, war die 12jährige F_1 der Kombination *A. incana* x *A. glutinosa* 11,03 m hoch und hatte einen BHD von 12,6 cm. Gleichalte Schwarzerlen lagen mit 9,9 m Höhe und 8,9 cm BHD deutlich darunter[6].

Zur Identifizierung der Artbastarde eignen sich die folgenden Merkmale besonders gut[7]:

- das Verhältnis Spreitenlänge : Spreitenbreite: *Glutinosa* 1,15; Bastard 1,26; *Incana* 1,41
- die Zahl der Seitennervenpaare 1. Ordnung: *Glutinosa* 6 bis 7, Bastard 7 bis 9; *Incana* 10 bis 12.

Konkrete Daten über herkunftsbedingte Unterschiede in der Wuchsleistung, der Morphologie oder der Physiologie sind unseres Wissens für *A. incana* nicht publiziert worden. Es wird allerdings vermutet, daß Grauerlen aus dem Baltikum und aus Finnland wüchsiger, geradschäftiger und weniger lichtbedürftig sind als mitteleuropäische [21].

[4] For. Abstr. 23, 1609, 1962
[5] For. Abstr. 30, 3581, 1969
[6] Arboretum Kornickie **26**, 15-29, 1981
[7] Mets. Uurim, Est. SSR 1979, 149-155
[8] Res. Rep. Inst. For. Gen. Korea 1985, 21

Ökologie

Es fällt schwer, die Klimaansprüche der Grauerle knapp und präzise zu kennzeichnen. Ebensowenig kann es gelingen, Mittelwerte von Temperatur und Niederschlägen anzuführen, die alle Teile ihres ausgedehnten Areals abdecken. Ellenberg [6] spricht von einer Art des schwach subozeanischen bis schwach subkontinetalen Klimas und Schwabe [34] erwähnt, daß die Jahresminima der Lufttemperatur in großen Teilen des östlichen Areals unter – 20 °C. liegen.

Offenbar verträgt die Art eine breite Skala von Klimabedingungen [21], zumal sie auch im atlantischen Mitteleuropa (außerhalb des natürlichen Areals) gut gedeiht [5]. *A. incana* ist frosthart und leidet auch nicht unter Spätfrösten. Gegen Hitze und Dürre ist sie ebenfalls weitgehend unempfindlich [21]. Hinsichtlich der Lichtansprüche wird *A. incana* teils als sehr lichtbedürftig [14], teils als „Licht- bis Halbschattenpflanze“ [11], als „zwischen Halbschatten- und Halblichtpflanze“ liegend [6], teils aber auch als schattenfest (auf guten Böden) [33] beschrieben. Nach Schrötter [33] verträgt sie stärkere Beschattung als *Alnus glutinosa*, die einheimischen Birkenarten und *Populus tremula*.

Die Grauerle ist vornehmlich ein Baum der Flußufer. Sie begleitet Bergbäche und Bergflüsse bis in die Ebene [32], besiedelt gut durchlüftete und gut durchfeuchtete (keineswegs aber nasse), meist kalkhaltige und nährstoffreiche Sand-, Schotter- und Kiesböden im neutralen oder schwach alkalischen Bereich [6, 12]. Temporäre Überschwemmungen werden vertragen, nicht aber stagnierende Nässe. Saure Substrate und Bruchstandorte meidet die Grauerle.

Als weitgehend bodenvage Art besiedelt *A. incana* außerhalb des Waldes u.a. aufgelassene Kiesgruben, Geröllhalden und frische Böschungen [33]. Auf derartigen Problemstandorten fungiert sie als Pionierpflanze, festigt und verbessert den Boden.

In autochthonen Beständen der montanen Vegetationsstufe bildet *A. incana* die Charakterart des *Alnetum incanae* [24]. Begleitet wird sie u.a. von mehreren *Salix*-Arten, von *Sorbus aucuparia, Populus tremula, Prunus padus* und *Hippophae rhamnoides*.

Grundlage für die immer wieder betonte bodenverbessernde Wirkung der Grauerle bildet ihre Fähigkeit zur Bindung von Luftstickstoff mittels einer Actinorhiza. Dadurch steigt der N-Gehalt der Blätter, die Abbaurate der Laubstreu und der Stickstoff-Pegel des Oberbodens. Diese Zusammenhänge werden gleichermaßen durch Experimente und in situ-Untersuchungen belegt. So hatten bereits zweijährige Sämlinge pro Pflanze 0,52 g N_2 gebunden [18] und in einem anderem Versuch stieg die Sämlingshöhe nach Inokulation mit *Frankia alni* um 17 %, der Stickstoffgehalt ihrer Blätter um 13 % an[8].

Verglichen mit einem reinen Fichtenbestand gab es im Boden eines Fichten/Grauerlen-Mischbestandes zwar keinerlei Abweichungen im pH und im Basengehalt, wohl aber Steigerungen im N-Gehalt des Oberbodens und im C : N-Verhältnis. Außerdem waren die Fichtennadeln im Mischbestand länger, heller grün und sie enthielten mehr N, K, Mg, Fe, Na, Cu und Mo, aber weniger Ca, Mn, Al, Ba und Co[9)].

Norwegische Untersuchungsergebnisse beziffern die von einem 30jährigen *A. incana*-Bestand gebundene Stickstoffmenge mit 43 kg/ha/Jahr[10)]. Ganz ähnliche Dimensionen errechnen sich aus Inventuren von *A. incana*-Dickichten (72 kg) und -Waldbeständen (42,5 kg) in den französischen Alpen (1450 m ü.NN). Hier werden die abgeworfenen Blätter innerhalb eines Jahres abgebaut[11)]. Andere Autoren betonen ebenfalls den raschen Abbau der Streu [21], und sie begrenzen ihn auf bessere Standorte [33].

Wachstum

Grauerlen wachsen in der Jugend rasch, werden aber kaum älter als 50 Jahre. Die Höhe schwankt bei zweijährigen Sämlingen zwischen 0,16 und 1,24 m, bei fünfjährigen Pflanzen zwischen 4,3 und 5 m [15]. Nach 10 bis 15 Jahren geht der Zuwachs erheblich zurück [15, 21]. Mayer [21] weist auf unterschiedliche Wuchsleistungen in verschiedenen Arealteilen hin und nennt für den „baltischen Ökotyp" bei einem Lebensalter von 50/60/80 Jahren Höhen von 20 bis 25 m und BHD von 30 bis 50 cm.

Ein zwölfjähriger belgischer Bestand hatte bei einer Mittelhöhe von 11,6 m einen BHD von 11,5 cm, wies eine Grundfläche von 107,5 cm^2/ha und eine Gesamt-Blattmasse von 3,64 t/ha auf. Kronenschluß war mit 10 Jahren eingetreten[12)]. In Finnland enthielt eine achtjährige Population 34 t Biomasse, wovon 58 % auf das Stammholz, 16 % auf die Stammrinde und 19 % auf die Äste entfielen[13)]. Selbst zwischen der Wald- und der Baumgrenze werden skandinavische Grauerlen mit 26 Jahren 9 m hoch [19].

Das rasche Wachstum trifft auch für Stockausschläge und Wurzelbrut zu. Erstere werden schon im ersten Jahr 1,5 m hoch [33], und für 4 bis 5 Jahre alte Wurzelbrut liegen aus Skandinavien Höhenangaben von 1 m vor [19].

Einblicke in den Volumenzuwachs des Einzelbaumes vermittelt Tab. 1. Die Daten stammen von Reinbeständen im Jungdiluvium Ostdeutschlands [31]. Durchforstungsversuche führte man in Schweden durch [26].

Sie ließen nach 13 Jahren keine Einwirkung von 13 % und 44 % Stammentnahmen auf die Biomasse des verbleibenden Bestandes erkennen. Beide Durchforstungsvarianten wiesen aber geringere Abgänge sowie weniger, aber größere Stämme auf als die Kontrollparzellen.

Tab. 1: Derbholzmasse des Einzelbaumes (m^3) in Abhängigkeit von Höhe und BHD [33].

	Baumhöhe (m)			
BHD	10	20	25	30
10 cm	0,0274	0,0771	-	-
20 cm	0,1484	0,2870	0,3534	0,4185
30 cm	-	0,6680	0,8190	0,9669
40 cm	-	1,2060	1,4764	1,7413

Pathologie

Grauerlen sind weder durch biotische noch durch abiotische Schadfaktoren ernsthaft gefährdet.

Auffällige, aber meist harmlose Symptome rufen zwei *Taphrina*-Arten *(Taphrinaceae)* hervor:

- *T. epiphylla* Sadeb. induziert die Bildung von Hexenbesen. Das Mycel überwintert in den Knospen und infiziert die jungen Blätter, welche vorzeitig dürr werden und abfallen. Bei intensivem Befall (bis zu 100 Hexenbesen pro Baum) werden die Wirtsbäume stark geschwächt, Äste und ganze Bäume können absterben.
- *T. alni-incanae* (Kuhn) Magn. (syn.: *T. amentorum* (Sadeb.) Rostr.), der Erreger der „Kätzchenkrankheit". Infiziert werden die Brakteen der weiblichen Infloreszenzen, welche sich lappig verformen, stark vergrößern und dunkelrot verfärben („Narrentaschen").

Zu erwähnen sind außerdem:

- *Inonotus radiatus* (Sow. ex Fr.) Karsten, 1889, der sog. „Erlen-Schillerporling", ein konsolenbildender Holzzerstörer (*Polyporaceae* s.l.), der über Wunden eindringt und eine rasch fortschreitende Weißfäule hervorruft. Besonders häufig werden geschwächte Erlen auf feuchten Standorten befallen. Die dunkelbraunen, mitunter resupinat wachsenden Fruchtkörper erscheinen im September und stehen oft in Reihen übereinander [30].
- *Mycosphaerella* spec. ruft eckige, scharf begrenzte Flecke auf der Blattunterseite hervor [15].
- In Finnland gehört *A. incana* zu den Wirtspflanzen von *Heterobasidion annosum* (Fr.) Bref.[14)]

9) Skogsekol. Skoglik-Markl. 1989, 61
10) Oikos 1978, 475-479
11) Acta Oecol. 1986, 165-175
12) Silva Gendav. 1989, 73-97
13) Folia Forest. Fenniae 1982, 500
14) For. Abstr. **40**, 4609, 1979

Abb. 9: Typischer Grauerlen/Weiden-Mischbestand

Abb. 10: Grauerlen-Reinbestand im Isartal

Unter den an Grauerlen vorkommenden Schadinsekten ist *Cryptorrhynchus lapathi* L. *(Curculionidae)*, der Erlenrüßler oder Erlenwürger, am gefährlichsten. Die Larven überwintern in der Rinde und werden dort durch das Nagen von Gängen und Brutplätzen schädlich. Außerdem bohren sie bis zu 10 cm lange Gänge ins Holz, und Jungkäfer fressen an jungen Trieben. Schadsymptome sind: welke Triebe, aufgetriebene Rindenteile, Fluglöcher und Nagespäne. Chemische Bekämpfung ist möglich.

Eine Reihe von Lepidopteren überwintert in den Blütenkätzchen und frißt an Früchten und Knospen. Dabei treten starke regionale Unterschiede auf. Beteiligt sind *Argyresthia goedartella (Yponomeutidae)* und mehrere *Epinotia*-Arten *(Tortricidae)* [10].

Im Drau-Tal erfolgte nach starkem Schneedruck erheblicher Schadfraß durch *Agrilus viridis*[15].

Zu nennen ist schließlich der blaue Erlenblattkäfer *Agelastica alni* L. *(Chrysomelidae)*, der die Erlen im Extrem bis zu dreimal im Jahr kahlfressen kann [34], in anderen Regionen jedoch kaum Schäden anrichtet [33].

Über die Empfindlichkeit von *A. incana* gegenüber Immissionen läßt sich aus der relativ spärlichen Literatur kein eindeutiges Bild gewinnen.

Nach Begasungsversuchen stuft Däßler [3] die Art gegenüber NH_3 und Cl_2 als sehr empfindlich, gegen HF nur als empfindlich ein. Nach 50tägiger O_3-Exposition (25 bis 82 nl/l, 7 Std./Tag) nahm das Frischgewicht von Sprossen und Wurzeln parallel zur Konzentration ab. Schadsymptome traten ab 53 nl/l auf[16].

Langzeit-Begasung mit SO_2 und NO_2 (100nl/l, 5 Tage pro Woche) hatte unterschiedliche Wirkungen. SO_2: Rückgang des Trockengewichtes im ersten Jahr; NO_2: Steigerung des Triebwachstums. Die Hemmwirkung fiel nach kombinierter SO_2/NO_2-Applikation stärker aus als nach SO_2 allein [9].

Gegen Auftausalze (NaCl) reagieren Grauerlen empfindlicher als andere an Straßenrändern gepflanzte Baum- und Straucharten. Während dreier winterlicher Salzungsperioden waren drei- bis sechsjährige Pflanzen sowohl über den Boden wie durch Besprühen der oberirdischen Teile behandelt worden. *A. incana* gehörte danach zur Gruppe der am stärksten geschädigten Arten, *A. glutinosa* blieb hingegen weitgehend schadfrei [1].

Nutzung

Die praktische Bedeutung der Grauerle liegt eher in der Stabilisierung rutschgefährdeter Hänge und Böschungen, in ihrem Einsatz bei der Wildbachverbauung sowie in der Melioration nährstoffarmen Ödlands als in ihrer Rolle als Holzlieferant. Besonders gut bewährt hat sie sich bei der Kultivierung kleinerer Problemflächen im Rahmen des Flurholzanbaus [33].

In der waldbaulichen Praxis nutzt man sie bisweilen als frostharte Vorwaldbaumart, in deren Schutz spätfrostempfindliche Arten angebaut werden [21]. Im sog. „Adorfer Verfahren" wird die bodenverbessernde Wirkung der Art umgesetzt. Hier führte der Grauerlen-Unterbau in schwachwüchsigen Kiefernbeständen des Vogtlandes zu Zuwachssteigerungen von 1,2 m^3 Schaftholz pro Jahr und Hektar [Forstarchiv 1990, 234 ff.].

A. incana liefert in der Hauptsache Brenn- und Faserholz, wird aber auch zur Herstellung von Spielwaren und Holzschuhen sowie für Drechslerarbeiten verwendet [21]. In den polnischen Karpaten beträgt der zur Herstellung von Span- und Faserplatten geeignete Vorrat 3 bis 4 Mio m^3. Davon werden pro Jahr >100 000 m^3 genutzt[17].

[15] For. Abstr. 22, 3374, 1961
[16] New Phytologist 1990, 165-170
[17] For. Abstr. 37, 7641, 1976

Der Brennwert des Stammholzes beträgt etwa 19 000 MJ/kg [23]. Sein Stickstoffgehalt liegt bei 0,44 % und ist damit mehr als doppelt so hoch wie bei *A. glutinosa* und noch höher als bei anderen einheimischen Baumarten. Gleiches gilt für die Rinde und insbesondere für die Blätter (2,79 %), was die Meliorationswirkung der Art erklären kann [23].

Dennoch wird *A. incana* von ökonomisch orientierten Forstleuten zumeist negativ beurteilt, als „Kulturhindernis" betrachtet und gelegentlich sogar als „Unkraut des Waldes" bezeichnet [33].

In England hat sich *A. incana* für Straßenrand-Bepflanzungen bewährt[18)].

Verschiedenes

- Das Eiszeit-Refugium der Grauerle lag wahrscheinlich in den Karpaten und in Zentral-Rußland. Mit Beginn der Mittleren Wärmezeit setzte erneut eine starke Ausbreitung nördlich der Alpen ein [15].
- Für Haselhühner *(Bonasa bonasia)* in Skandinavien und in den rumänischen Ostkarpaten stellen männliche Kätzchen sowie Knospen der Grauerle die wichtigste Winternahrung dar. Die Tagesration eines Huhnes beträgt etwa 46 g [34].
- *A. incana* wird kaum verbissen (allenfalls vom Rotwild), wohl aber gefegt und ab 10 bis 20 Jahren geschält. Schälwunden führen oft zu Weißfäule [33].
- An der natürlichen Astreinigung der Grauerle sind etwa 20 Pilzarten beteiligt. Deren Verteilung und Verbreitung in Rinde und Holz wird bei Butin/Kowalski [2] beschrieben.

[18)] Arboric. J. 1978, 273-280

Literatur

[1] Braun, G.; Schönborn, A. von; Weber, E., 1978: Untersuchungen zur relativen Resistenz von Gehölzen gegen Auftausalz (Natriumchlorid). Allgem. Forst- u. Jagdztg. **149**, 21-35.

[2] Butin, H.; Kowalski, T., 1986: Die natürliche Astreinigung und ihre biologischen Voraussetzungen, Teil III. Europ. J. For. Path. **16**, 129-138.

[3] Dässler, H. G., 1991: Einfluß von Luftverunreinigungen auf die Vegetation. 4. Aufl., Gustav Fischer Verlag, Jena.

[4] Dengler, A., 1992: Waldbau. 6. Aufl. (Herausgeber Röhrig/Bartsch). Verlag Paul Parey, Hamburg und Berlin.

[5] Ehlers, M., 1960: Baum und Strauch in der Gestaltung der deutschen Landschaft. Verlag Paul Parey.

[6] Ellenberg, H., 1979: Zeigerwerte der Gefäßpflanzen Mitteleuropas, 2. Aufl., Verlag E. Goltze, Göttingen.

[7] Farrar, J. L., 1995: Trees in Canada. Fitzhenry and Whiteside Ltd., Markham, Ont.

[8] Fitschen, J. 1994: Gehölzflora. Quelle und Meyer Verlag, Heidelberg und Wiesbaden.

[9] Freer-Smith, P. H., 1984: The responses of six broadleaved trees during long-term exposure to SO_2 and NO_2. New Phytologist **97**, 1, 49-61.

[10] Gharadjedaghi, B., 1995: Phytophage an Kätzchen, Früchten und Knospen von Grau- und Schwarzerle. Forstwiss. Cbl. **114**, 3, 129-140.

[11] Godet, J. D., 1983: Knospen und Zweige der einheimischen Baum- und Straucharten. Verlag J. Neumann-Neudamm, Melsungen.

[12] Godet, J. D., 1984: Blüten der einheimischen Baum- und Straucharten. Verlag J. Neumann-Neudamm, Melsungen.

[13] Grosser, D., 1977: Die Hölzer Mitteleuropas. Springer-Verlag, Berlin, Heidelberg, New York.

[14] Hecker, U., 1995: BLV Handbuch Bäume und Sträucher. BLV Verlagsgesellschaft München.

[15] Hegi, G., 1981: Illustrierte Flora von Mitteleuropa, Band 3, Teil 1, 3. Aufl. (Hsg. G. Wagenitz). Verlag Paul Parey, Berlin und Hamburg.

[16] Huss-Danell, K., 1981: Clonal differences in rooting of Alnus incana leafy cuttings. Plant and Soil **59**, 2, 193-199.

[17] Huss-Danell, K.; Eliasson, L.; Öhberg, J., 1980: Conditions for rooting of leafy cuttings of Alnus incana. Physiologia Plant. **49**, 113-116.

[18] Huss-Danell, K.; Ohlsson, H., 1992: Distribution of biomass and nitrogen among plant parts and soil nitrogen in a young Alnus incana stand. Can. J. Bot. **70**, 1545-1549.

[19] Kullman, L., 1992: The ecological status of grey alder (Alnus incana [L.] Moench) in the upper subalpine birch forest of the central Scandes. New Phytol. **120**, 445-451.

[20] Little, E. L., 1979: Checklist of United States Trees. USDA Forest Serv., Agric. Handb. 541, Washington, D.C.

[21] Mayer, H., 1984: Waldbau auf soziologisch-ökologischer Grundlage. Gustav Fischer Verlag, Stuttgart, New York.

[22] Molina, R., 1981: Ectomycorrhizal specificity in the genus Alnus. Can. J. Bot. **59**, 325-334.

[23] Nurmi, J., 1993: Heating values of the above ground biomass of small-sized trees. Acta Forestalia Fennica 236, 1-29.

[24] Oberdorfer, E., 1970: Pflanzensoziologische Exkursionsflora für Süddeutschland und die angrenzenden Gebiete, 3. Aufl., Verlag Eugen Ulmer, Stuttgart.

[25] Palmén, A.; Hämet-Ahti, L., 1992: Alnus incana f. rubra and Betula pendula f. palmeri (Betulaceae) in Finland. Ann. Bot. Fennici **29**, 329-330.

[26] Rafn, J., 1914: Forstsamen-Untersuchungen für 1913-1914. Mitt. Dt. Dendrol. Ges. **23**, p. 242.

[27] Rehder, A., 1940: Manual of Cultivated Trees and Shrubs. Dioscorides Press, Portland, OR.

[28] Rytter, L., 1995: Effects of thinning on the obtainable biomass, stand density, and tree diameters of intensively grown grey alder plantations. For. Ecol. Managem. **73**, 1-3, 135-143.

[29] Schalin, I., 1968: Germination analysis of grey alder (Alnus incana) and black alder (Alnus glutinosa) seeds. In: Biology of Alder, Proc. Symp. 40. Ann. Meeting NW Sci. Ass., Pullman, WA., April 1967.

[30] SCHLECHTE, G., 1986: Holzbewohnende Pilze. Jahn und Ernst-Verlag, Hamburg.
[31] SCHMIDT, P. A., 1996: Zur Systematik und Variabilität der mitteleuropäischen Erlen (Gattung Alnus Mill.) Mitt. Dt. Dendrol. Ges. **82**, 15-42.
[32] SCHOENICHEN, W., 1933: Deutsche Waldbäume und Waldtypen. Gustav Fischer Verlag, Jena.
[33] SCHRÖTTER, H., 1983: Waldbaulich-ertragskundliche Untersuchungen an Weißerle (Alnus incana (L.) Moench) im Jungpleistozän der DDR. Beiträge f. d. Forstwirtschaft 17, 2, 89-102.
[34] SCHWABE, A., 1985: Monographie Alnus incana-reicher Waldgesellschaften in Europa. Variabilität und Ähnlichkeiten einer azonal verbreiteten Gesellschaftsgruppe. Phytocoenologia 13, 197-302.
[35] SCHWERDTFEGER, F., 1981: Die Waldkrankheiten. 4. Aufl. Verlag Paul Parey, Hamburg und Berlin.
[36] YOUNG, J. A.; YOUNG, C. G., 1992: Seeds of Woody Plants in North America. Dioscorides Press, Portland, Oregon.
[37] ZANDER, R., 1994: Handwörterbuch der Pflanzennamen. Verlag E. Ulmer, Stuttgart.

Die Autoren:

Prof. em. Dr. PETER SCHÜTT
Lehrstuhl für Forstbotanik
Ludwig-Maximilians-Universität München
Am Hochanger 13
D-85354 Freising

ULLA M. LANG
Schützenstraße 6
D-82383 Hohenpeißenberg

Alnus rubra Bong., 1832

syn.: Alnus oregona Nutt., 1842

Roterle, Oregon-Erle

Familie: Betulaceae

engl.: Red alder, Oregon alder, Western alder
franz.: Aune d'Orégon, Aune rouge
ital.: Ontano rosso

Abb. 1: Alnus rubra. Altbäume an der Küste in Vancouver, B.C.

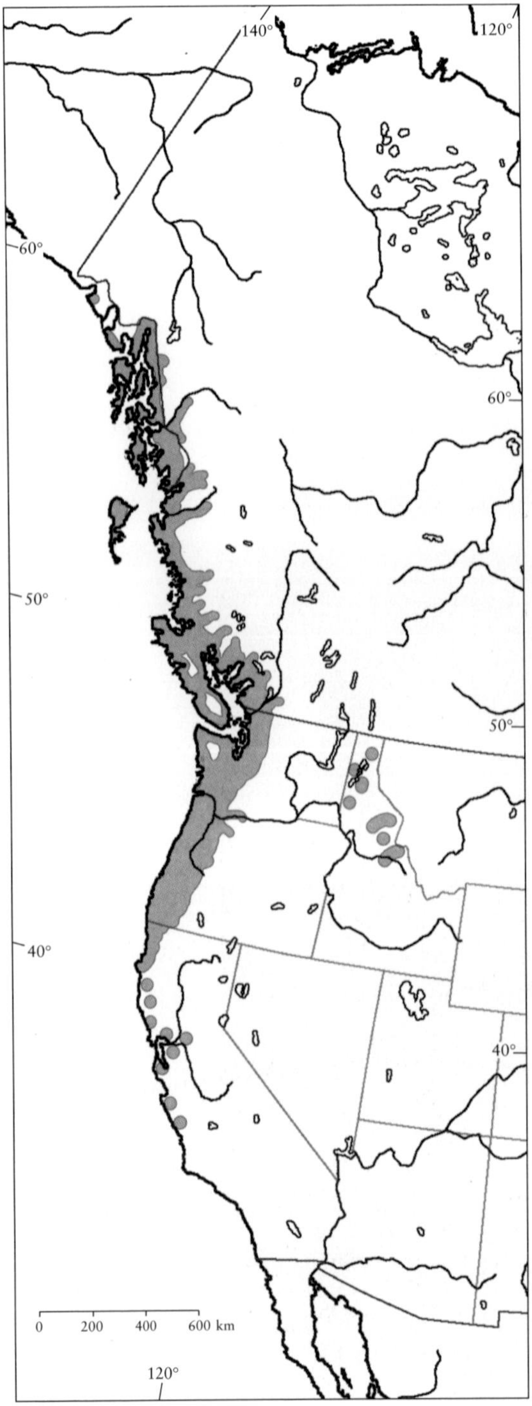

Abb. 2: Natürliches Verbreitungsgebiet (verändert nach [7])

Alnus rubra ist die am häufigsten vorkommende und wirtschaftlich wichtigste Laubbaum-Art im pazifischen Nordwesten der USA und in British Columbia. Ihr Vorkommen konzentriert sich auf die sehr humiden, küstennahen Lagen. Dort stellt sie sich nach Brand und Kahlschlag sogleich als Pionierpflanze ein, wird aber häufig als vermeintlicher Konkurrent für die wirtschaftlich wertvolleren Nadelhölzer mit Herbiziden bekämpft.

Roterlen werden unter günstigen Bedingungen 30 m, im Extrem sogar 40 m hoch. Ihr hellbraunes Holz, das sich an den Schnittstellen rötlich-orange verfärbt, findet Absatz in der Möbelindustrie und gilt als das ideale Material zum Räuchern von Lachsen.

Wie viele Erlenarten, so bildet auch *A. rubra* reichlich Stockausschläge, wird allerdings nicht als Niederwald bewirtschaftet. Selten erreicht sie ein Alter über 100 Jahre. Im Habitus und durch die hellgraue, fast weiße Rinde ähnelt sie in der Jugend einer Birke. Den artbeschreibenden Namen „*rubra*“ verdankt sie der roten inneren Rinde, welche nach dem Abschaben der äußeren Borkenschichten sichtbar wird [18].

A. rubra geht mit Actinomyceten der Gattung *Frankia* eine Symbiose ein, vermag dadurch Luftstickstoff zu binden und wirkt bodenverbessernd. Sie ist frosthart und spielt eine Rolle bei Aufforstungen in Schottland.

Verbreitung

A. rubra ist zur Hauptsache eine Baumart der nebel- und regenreichen Pazifik-Küste British Columbias, Washingtons und Oregons. Das natürliche Areal reicht von 60°N bis 34°N und hat seine Nordgrenze in der Yakut-Bay (SW-Alaska), die Südgrenze in den Canyons der Santa Inez-Berge (Santa Barbara County, CA) [21].

Im allgemeinen erstrecken sich die natürlichen Bestände nicht weiter als 200 km ins Landesinnere. Allerdings hat man wenige natürliche Populationen geringen Umfangs auch im nördlichen Idaho festgestellt [7].

Die Höhenverbreitung der Art liegt in der Hauptsache zwischen Meereshöhe und 750 m ü. NN [7].

Außerhalb ihres Areals ist die Roterle in zahlreichen europäischen und nordamerikanischen Sammlungen vertreten. Forstliche Anbauversuche auf breiterer Basis fanden vor allem in Großbritannien und Frankreich statt, wo man die Art wegen ihres raschen Jugendwachstums und ihrer bodenverbessernden Eigenschaften Bedeutung beimißt.

Abb. 3: Blattunter- und Blattoberseiten

Beschreibung

Roterlen wachsen am natürlichen Habitat sowohl in relativ dichten Beständen wie in kleinen Gruppen oder einzeln. Stets haben sie gerade Stämme, aber die Krone setzt im Freistand wesentlich tiefer an und die etwas groben, waagrecht vom Stamm abgehenden Äste laden weit aus. Die Kronen junger Bäume sind jedoch schmal. Dendrologen skizzieren den Habitus bisweilen als „anmutig".

Der Baum findet sein Optimum an der Küste des Puget Sound und erreicht dort Maximalhöhen von 40 m und Durchmesser (BHD) von 90 cm. 198 cm wird als höchster je gemessener Stammdurchmesser (BHD) angegeben [7]. In anderen Regionen liegen die Spitzenwerte bei 25 bis 30 m bzw. 40 bis 60 cm.

Knospen, Blätter und junge Triebe

Die gestielten, etwa 8 mm langen, dunkelroten Winterknospen schließen mit 2 bis 3 schorfig behaarten Tegmenten ab [13, 21].

Die wechselständig angeordneten, ovalen bis elliptischen Blätter sind in der Mitte am breitesten, haben einen zugespitzten Apex und eine plötzlich oder allmählich verschmälerte Basis. Beim Austrieb sind sie filzig behaart. Der doppelt gesägte, etwas wellige Blattrand ist andeutungsweise gelappt und leicht nach unten gebogen. Die Blattlänge beträgt 7,5 bis 12,5 cm, die Breite 4,5 bis 7,5 cm [21]. An Stockausschlägen wurden bis zu 25 cm lange Blätter gemessen.

Recht auffällig ist der Kontrast zwischen der dunkel-, machmal auch gelblich grünen, meist kahlen Ober- und der graugrünen, entlang der Adern rostfarben behaarten Unterseite. Die relativ breite Mittelrippe sowie die Blattadern 1. Ordnung sind blattoberseits vertieft und grün, unterseits aber orangefarben. Die gleiche Farbe hat der leicht rinnige, 0,6 bis 1,8 cm lange, rundliche Blattstiel [21]. Die beiden blaßgrünen, ovalen Nebenblätter sind behaart und 3 bis 6 mm lang. Im Herbst fallen die Blätter grün vom Baum, durchlaufen also keinerlei Herbstverfärbung.

Die ziemlich schlanken, jungen Triebe der Roterle haben einen dreieckigen oder runden Querschnitt. Auch das Mark ist undeutlich dreieckig [13]. Anfangs hellgrün und wollig behaart, nehmen sie im 2. Jahr eine glänzend hellbräunlich rote Farbe an und werden im 3. Jahr aschgrau [16].

Wurzeln

A. rubra wurzelt meistens flach und extensiv. Das gilt schon für 2jährige Sämlinge, die man in der Baumschule mit der Schaufel ausheben muß, um das weitreichende Wurzelwerk nicht zu zerstören [7].

Abb. 4: Bestandesrand auf Vancouver Island. Bäume mit hellen, birkenähnlichen Stämmen

In gut drainierten Böden entstehen auch tiefreichende Wurzeln, welche den Baum verankern und festere Bodenschichten durchdringen können [10, 16]. Nähere Beschreibungen der Wurzel-Morphologie liegen uns nicht vor.

Die Feinwurzeln bilden hauptsächlich mit dem spezifischen Pilzpartner *Alpova diplophloeus* und mit *Lactarius obscuratus* eine ektotrophe Mykorrhiza [10]. Weitere, unspezifische Pilzsymbionten sind *Paxillus involutus*, *Astraeus pteridis* und *Scleroderma hypogaeum* [1]. Neuere Untersuchungsergebnisse differenzieren zwischen 11 morphologischen Typen von Ektomykorrhizen und nennen als weitere Pilzpartner *Telephora terrestris*, *Cortinarius bibulus*, *Laccaria laccata* und *Hebeloma cristuliniforme* [2].

Darüber hinaus leben die Wurzeln in Symbiose mit Luftstickstoff bindenden *Frankia*-Arten (*Actinomycetes*). Die Bildung von Wurzelknöllchen setzt bald nach der Keimung ein, so daß wenige Monate alte Sämlinge bereits Dutzende von Knöllchen ab Stecknadelkopfgröße bis zu einem Durchmesser von 25 mm aufweisen. Bei alten Bäumen findet man Wurzelknöllchen an verholzten Grobwurzeln wie an Feinwurzeln. Sie erreichen Durchmesser von 8 bis 9 cm [7].

Blüten und Früchte

A. rubra ist eine windblütige Art. Ihre einhäusig verteilten Blüten stehen in Infloreszenzen; entweder an überwinternden Kätzchen (♂) oder an kleinen, während des Winters von der Knospe umschlossenen Zäpfchen (♀). Blütezeit ist das zeitige Frühjahr.

Während des Winters haben die ca. 3 cm langen, zu 3 bis 5 zusammenstehenden männlichen Kätzchen dicht anliegende, glänzend dunkelrote Deckblätter.

Abb. 5: Diesjährige und vorjährige (leere) Fruchtstände (links) und männliche Blütenkätzchen im Herbst (rechts)

Abb. 6: Rote innere Rinde (links) und Borke eines alten Stammes (rechts)

Beim Abblühen strecken sie sich auf eine Länge von 10 bis 15 cm und die ovalen Deckblätter werden orangefarben. Das unscheinbare, gelbliche Perigon bleibt kürzer als die 4 Staubblätter. Immer drei Blüten stehen in einem Dichasium, viele Dichasien mit je 4 Vorblättern an der flexiblen Kätzchenachse.

An den nur 8 bis 12 mm langen weiblichen Infloreszenzen sind die Einzelblüten ebenfalls in Dichasien angeordnet, allerdings nur paarweise, denn die mittlere Blüte obliteriert. Wiederum sind 4 Vorblätter und dunkelrote Deckblätter vorhanden. Ein Perigon fehlt. Die roten, zweilappigen Narben sind etwa 2 mm lang [10].

Die anfangs unverholzten, 12 bis 25 mm langen Fruchtstände (Zäpfchen) stehen an kräftigen, orangefarbenen Stielen (ca. 12 mm lang), haben einen Durchmesser von 8 bis 12 mm und enthalten zahlreiche, winzige, rundliche bis breit ovale, rings von einem dünnen, schmalen Flügel umgebene Nußfrüchte. Die Fruchtschuppen sind am Ende verdickt. Die Zapfenfarbe verändert sich mit zunehmender Höhe ü. NN (0 bis 915 m) von dunkelbraun nach gelbbraun, das Zapfengewicht nimmt von 0,3 auf 0,17 g und das Tausendkorngewicht der Nußfrüchte von 0,48 auf 0,3 g ab.

Das Tausendkorngewicht der Nüßchen scheint erheblich zu schwanken, denn die Angaben variieren zwischen 0,409 g = 2.440.000 Samen/kg [3], 0,7 g[3] sowie 0,33 bis 1,25 g [7, 10]. Ursache dafür könnte der unterschiedliche Hohlkornanteil sein [10]. Im Zentrum des Areals setzt die Fruchtreife im September ein [10].

---

[1] For. Abstr. **42**, 184, 1981; **50**, 5336, 1989
[2] For. Abstr. **53**, 2018, 1992
[3] Bärtels, A., 1989: Gehölzvermehrung. Verlag E. Ulmer, Stuttgart

Rinde und Holz

Schon von weitem fallen Roterlen durch die hellgraue, manchmal fast weiße Rinde auf, die – abgesehen von kleinen warzigen Erhebungen – lange Zeit glatt bleibt und erst an der Basis starker, alter Stämme schmale und flache, miteinander verbundene Risse zeigt [18, 21]. Unter der dünnen Borke – sie ist selten stärker als 2 cm – sind die inneren Rindenschichten von hellroter Farbe.

Das zerstreutporige Holz ist leicht, weich und spröde, hat einen hellbraunen, etwas rötlich schimmernden Kern und einen relativ breiten, weißen Splint. Gleich nach dem Einschlag verfärbt sich die Schnittfläche orangerot. SCHENCK [22] gibt die Rohdichte (r_{15}) mit 0,45 g/cm^3 an. Die Jahrringe sind gut zu erkennen. Es kommen sehr schmale, meist uniseriate und auch zusammengesetzte Holzstrahlen vor [17].

Roterlenholz läßt sich gut polieren und leimen. Es schwindet wenig [22], ist aber häufig drehwüchsig [14].

Abb. 7: Stammquerschnitt

Vermehrung und Anzucht

Einzeln stehende Roterlen können bereits mit 3 bis 4 Jahren mannbar werden; im Bestand blühen sie erstmals mit 6 bis 8 Jahren [7]. Mittlere Ernten sind nahezu in jedem Jahr zu erwarten, Vollmasten alle 3 bis 5 Jahre.

Die Früchte werden vornehmlich vom Wind verbreitet, sind aber auch hydrochor. Trocken und kühl gelagertes Saatgut benötigt keine Stratifikation, sofern die Keimtemperaturen periodisch zwischen 20 und 30 °C wechseln. 2- bis 4wöchige Kalt/Naß-Vorbehandlung erhöht aber die Keimrate und die Keimschnelligkeit bei Keimtemperaturen von 5 oder 15 °C [4)].

Die kurzfristige Aufbewahrung des Saatgutes ist in geschlossenen Gefäßen im Kühlschrank möglich. Zur mehrjährigen Lagerung muß das gereinigte Saatgut (Wassergehalt 4 bis 8 %) tiefgefroren werden (18 °C) [10].

Die endospermlosen Samen keimen epigäisch. Die günstigsten Keimbedingungen herrschen auf feuchtem Mineralboden und – bedingt durch die hohe Phytochrom-Empfindlichkeit der Samen – im vollen Licht. In einem vergleichenden Feldversuch betrugen die Keimraten auf einem Kahlschlag 68,6 %, in einem Douglasien-Bestand 47,4 % und innerhalb des Roterlen-Mutterbestandes 11,7 % [6].

BERRY [2] gibt in einer mehrere Erlenarten einschließenden Arbeit folgende Hinweise für die erfolgreiche Anzucht von Containerpflanzen:

- Saatgut vor der Aussaat 16 bis 24 Stunden wässern
- Konstant hohe Feuchtigkeit und 16 std.-Langtag bieten
- Beim Eintopfen *Frankia*-Inoculum aus 4 Wochen alten Kulturen dem Boden zusetzen oder die Wurzeln eintauchen
- Günstigstes Substrat für Knöllchenbildung ist eine 1:1-Mischung aus Torf und Vermiculit, pH 5 bis 5,8.

Zur Einleitung der natürlichen Verjüngung ist Bodenverwundung vorteilhaft; besonders gute Keimbedingungen herrschen nach einem Bodenfeuer.

Künstlich verjüngt man *A. rubra* durch Pflanzung und verwendet dazu sowohl wurzelnackte Sämlinge wie Containerpflanzen. In den ersten Jahren tolerieren die Sämlinge zwar Halbschatten, benötigen später aber volles Licht. Bei günstigen Boden- und Lichtverhältnissen entwickelt *A. rubra* ein so ungewöhnlich rasches Jugendwachstum, daß man erst im Juni aussät, um zu vermeiden, daß die Sämlinge in der ersten Vegetationsperiode so groß werden, daß man sie kaum noch verpflanzen kann.

Höhenzuwächse von 1 m und darüber sind normal und bei 2 bis 5 Jahre alten Bäumen hat man Höhentriebe von mehr als 3 m gemessen.

HIBBS et al. [10] geben die Gesamthöhen von Sämlingen auf einer Brandfläche und einer vergleichbaren Nicht-Brandfläche an:

	ohne Brand	Brand
Jahr 1	0,8 m	0,9 m
Jahr 2	1,9 m	2,5 m
Jahr 3	3,2 m	4,3 m
Jahr 4	4,8 m	6,7 m

4) For. Abstr. 53, 6260, 1992

In der Baumschule läßt sich die Vitalität der Pflanzen durch Boden-Impfungen mit *Frankia*-Stämmen steigern. Ähnlich wirkte sich die Zugabe zerriebener Wurzelknöllchen aus. Auf Moorböden reagiert *A. rubra* positiv auf Phosphor-Düngung [10].

Junge Roterlen bilden häufig Stockausschläge, insbesondere wenn im Winter eingeschlagen wird und die Schnitthöhe mindestens 10 cm beträgt. Schneidet man die Stockausschläge junger Pflanzen auf 7 bis 10 cm Höhe zurück und übererdet die Schnittstelle, entwickeln sich 6 bis 7 kräftige, bewurzelte Triebe pro Stock [5]; von Belang ist ferner die Schnittrichtung und die Jahreszeit des Rückschnitts [6].

Nach Wuchsstoffbehandlung gelingt auch die Bewurzelung von Grünstecklingen (50 % Bewurzelung bei Stecklingen von 3jährigen Pflanzen). Einzelheiten in For. Abstr. 45, 3759, 1984.

Genetische Differenzierung

Das sich über 26 Breitengrade erstreckende und einige disjunkte Vorkommen einschließende natürliche Areal läßt a priori eine rassische Differenzierung erwarten. In Nordamerika, wo die Art kaum künstlich angebaut wird, besteht wenig Anlaß zu planmäßiger Provenienzforschung. Anders in Großbritannien, wo man *A. rubra* in relativ großem Umfang zu standörtlich schwierigen Aufforstungsvorhaben heranzieht [16] und der Herkunft des Saatgutes große Beachtung schenkt.

Herkunftsunterschiede stellten sich u.a. im Einsetzen der winterlichen Frosthärte ein. Mit der Verschiebung des Herkunftsortes um einen Breitengrad nach Norden trat dieser Zeitpunkt 2 Tage eher ein. In Schottland trieben 15 Herkünfte aus verschiedenen Teilen des Areals einheitlich innerhalb einer Woche aus und waren deswegen gleichermaßen anfällig gegen Spätfröste. Wegen der geringeren Frühfrost-Gefährdung eignen sich Provenienzen aus Alaska besser für den Anbau als Herkünfte aus British Columbia [4].

Unbehandeltes Saatgut der Roterle keimt meist zu mehr als 90 %, wenn auch die Keimkraft des Saatgutes von Herkünften aus der geographischen Mitte des Areals etwas höher liegt. Wichtiger sind jedoch die Ausnahmen, nämlich Provenienzen (Haney, B. C.), deren Saatgut eine endogen fixierte winterliche Keimruhe durchläuft [5].

Ein französischer Feldversuch mit Absaaten von 15 Populationen aus 4 Herkünften (45° bis 49° Br.), angebaut an 4 Versuchsorten, ließ nach 7 bis 8 Jahren erhebliche Unterschiede in der Wüchsigkeit und in der Höhe der Ausfälle erkennen, deren Rangfolge jedoch zwischen den Anbauorten variierte. In der Tendenz schnitten Erlen aus NW-Washington mit ca. 10 m Höhe und einem BHD von 8,8 cm am besten ab [11].

Die 3 Rubra-Provenienzen (45° bis 47° n. Br.) eines 19jährigen Herkunftsversuches in Hessen (FA Wächtersbach) fielen durch hohe Durchmesser, herkunftsbedingte Verschiedenheiten in der Stammform und durchweg hohe Mortalitätsraten auf [1].

Einfluß auf die Wuchsleistung hat auch die Höhenlage des Herkunftsortes. Nachkommenschaften von 36 Familien, die in verschiedenen Höhenlagen entlang von 4 Flußläufen wuchsen, wiesen mit 3 Jahren deutliche Unterschiede im Trockengewicht ihrer oberirdischen Biomasse auf. Nachkommenschaften aus Höhenlagen > 300 m produzierten weniger Biomasse als jene aus < 300 m ü. NN. Die Heritabilitätswerte für die Summe mehrerer trockengewichtsbestimmter Parameter (Höhe, Durchmesser etc.) lagen bei der zuletzt genannten Herkunftsgruppe zwischen 0,39 und 0,69 [7].

Genetisch fixierte Unterschiede bestehen schließlich auch hinsichtlich der Wachstumsraten auf Standorten mit hoch anstehendem Grundwasserspiegel [12].

Das Vorkommen natürlich entstandener Artbastarde zwischen *A. rubra*, *A. tenuifolia* und *A. rhombifolia* wird für das Überschneidungsgebiet dieser Arten im nördlichen Idaho [7], zwischen *A. rubra* und *A. tenuifolia* im Osten Oregons angenommen [10]. Künstliche Artkreuzungen gelangen zwischen *A. rubra* und *A. cordata*, *A. glutinosa*, *A. hirsuta*, *A. japonica* und *A. sinuata* [7, 10].

Ökologie

A. rubra, eine Baumart des mild-humiden Klimas der Pazifikküste und der unteren luvseitigen Hänge der Küstengebirge, ist an hohe Jahresniederschläge angepaßt (bis zu 5.600 mm), die vorwiegend als Regen im Winter fallen. Die Sommer sind relativ kühl und trocken. Davon weichen allerdings die kontinentalen Vorkommen in Idaho ab (min. 400 mm). Als Extremwerte der Lufttemperatur werden –30 °C (Alaska und Idaho) und +46 °C (Calif.) genannt [7].

Roterlen vertragen keine Beschattung, ausgenommen in früher Jugend, wo Halbschatten toleriert wird. Auf nassen Standorten kommen sie in dichten Reinbeständen vor und bilden dort die Klimax-Baumart [23].

Generell werden keine hohen Standortsansprüche gestellt und die Amplitude ihres Vorkommens reicht von lockeren Kies- und Sandböden bis zu kurzfristig staunassen Tonen, Gleyen und organischen Substraten [7]. Besonders leistungsfähig ist die Art auf tiefgründigen, wohldrainierten, reinen oder sandigen Lehmen alluvialen Ursprungs, aber auch auf Verwitterungsböden vulkanischer Gesteine.

---

5) For. Abstr. 51, 2636, 1990
6) For. Abstr. 45, 6951, 1984
7) For. Abstr. 51, 7978, 1990

Abb. 8: Sämling auf Flußschotter

Ein Boden-pH von 4,5 bis 6,5 gilt als optimal sowohl für das Wachstum wie für die N-Fixierung [24]. Eine ausführliche Behandlung der Bodenansprüche findet man bei HIBBS et al. [10].

Während der Vegetationszeit verträgt *A. rubra* leichte, periodische Überschwemmungen. Sie kommt in begrenztem Umfang auch auf Mooren und Marschen vor, bleibt dort aber unwüchsig – vermutlich weil das saure und schlecht durchlüftete Substrat die Bildung von Wurzelknöllchen erschwert. Einzelne Roterlen sind sogar an süd- und südwestexponierten Steilhängen bis in 1.100 m Höhe ü. NN registriert worden.

Dichte Reinbestände bildet der Jungwuchs entlang der zur Küste fließenden Bäche und Flüsse. In Idaho und Kalifornien sind Fluß- und Seeufer die hauptsächlichen Standorte, in Alaska sind es die unmittelbaren Küstenbereiche.

Keineswegs selten kommt die Art aber auch in Mischung mit wirtschaftlich wichtigen Nadelbaumarten wie *Pseudotsuga menziesii*, *Tsuga heterophylla* und *Abies grandis* oder mit den Laubbaumarten *Populus trichocarpa*, *Acer macrophyllum*, *Rhamnus purshiana* und *Cornus nuttallii* vor. Vergesellschaftet ist sie überdies mit Sträuchern wie *Sambucus caerulea*, *Oplopanax horridus*, *Gaultheria shallon* und mehreren *Cornus*-Arten [7, 10, 13].

Forstlich interessant ist an *A. rubra* außer dem sehr raschen Wachstum auch die Fähigkeit zur Bodenverbesserung über die symbiontische Fixierung von Luftstickstoff. TARRANT und TRAPPE [23] sprechen von einer durchschnittlichen Stickstoffanreicherung unter Erlen von 100 bis 300 kg pro Jahr und Hektar. HIBBS et al. [10] führen 100 bis 200 kg/a/ha an und nennen zahlreiche Einzelwerte. Auch in Erlen-/Nadelholz-Mischbeständen war der N-Gehalt des Bodens stets höher als unter vergleichbaren reinen Koniferen-Beständen [10]. Als weitere Wirkungen wurden festgestellt:

- Rückgang der Bodenverdichtung und entsprechend positive hydrologische Effekte
- Wachstumsförderung (BHD und Höhe) der Mischbaumarten (u.a. Douglasie)
- Bessere Stammformen der herrschenden Nadelhölzer
- Nitrat-Anreicherung im Oberboden
- Erhöhter Artenreichtum der Boden-Mikroflora

Anderen Untersuchungen zufolge betrug die jährliche N-Zufuhr unter 5- bis 41jährigen Roterlen in den oberen 20 cm des Mineralbodens 35 kg/ha/a. Verglichen mit einem benachbarten Douglasien-Bestand war der Gehalt des Bodens an organischer Substanz um 20 % höher [8]. Von Belang ist weiterhin die sehr kurze Abbauzeit der Roterlen-Streu [9].

Wachstum und Entwicklung

Als typische Pionierbaumart besiedelt *A. rubra* in kurzer Zeit durch Bodenfeuer und Kahlschlag entstandene Freiflächen, gewinnt durch rasches Jugendwachstum einen beträchtlichen Höhenvorsprung und wird von konkurrierenden Nadelbäumen (u.a. von Douglasie) selten vor 45 Jahren eingeholt.

Auf gut geeigneten Standorten kann sie mit 5 Jahren 9 bis 10 m Höhe, mit 10 Jahren 16 m und mit 20 Jahren 24 m Höhe erreichen [7, 23]. Danach läßt der Höhenzuwachs erheblich nach. Die anfängliche Stammzahl von 124.000 fünfjährigen Sämlingen pro Hektar reduziert sich bis zum Alter 20 auf 1.665 Stämme. Der Grundflächenzuwachs liegt in 5jährigen Beständen bei 9 m^2/ha/a [23].

Im Dichtstand reinigt sich die Art sehr gut und bildet relativ lange, astfreie Schäfte. Durchforstungen im Alter 15 bis 20 führen zu einem beträchtlichen Lichtungszuwachs. Starke Lichtstellung hat jedoch Wasserreiserbildung zur Folge, hauptsächlich auf der Südseite des Stammes.

Alnus rubra wird im allgemeinen 60 bis 70 Jahre, maximal 100 Jahre alt. Weitere Höchstwerte liegen im Optimum je nach Standort und Höhenlage bei 30 bis 40 m Höhe und 55 bis 75 cm BHD. Bäume mit einem Stammdurchmesser über 90 cm kommen vor, sind aber sehr selten. Im Alter 50 bis 70 ist mit einer Holzmasse von etwa 500 m^3 pro Hektar zu rechnen, unter sehr günstigen Bedingungen beträgt der dGZ 21 m^3/ha/Jahr (Papierholz: Umtrieb 10 bis 12 Jahre) oder 14 m^3/ha/a (Sägeware: Umtrieb 30 bis 32 Jahre).

Am Puget Sound, dem Wachstumsoptimum der Art, dauert das Dickenwachstum von Mitte April bis Mitte September. Das Höhenwachstum setzt etwas später ein [7].

---
[8] For. Abstr. **43**, 643, 1982
[9] For. Abstr. **42**, 2391, 1981

Abb. 9: Sehr dichte, natürlich entstandene Jungbestände an den Ufern eines küstennahen Flusses nahe Vancouver, B.C.

Pathologie

Im natürlichen Verbreitungsgebiet existieren für *A. rubra* keine art- oder bestandesbedrohenden pathologischen Einwirkungen. Nennenswerte Schäden treten erst im höheren Alter (ab 35 Jahren) auf. Nach HIBBS et al. [10] beträgt der Anteil stammfauler Roterlen auf Vancouver Island:

15 – 24 Jahre	18,8 %
35 – 44 Jahre	35,0 %
55 – 64 Jahre	65,0 %
> 75 Jahre	93,8 %

Anders in Europa, wo erste Anbauerfolge oft von abiotischen Schäden beeinträchtigt werden [16].

Einen Überblick über die an Roterlen festgestellten pathogenen Pilze vermittelt HEPTING [9]. Die weit überwiegende Zahl ist ohne Belang. Ältere Bäume werden aber häufig und auch stark vom Feuerschwamm *Phellinus igniarius* (L.) QUEL., einem intensiven Weißfäuleerreger befallen, der über mechanische Stamm- und Astwunden eindringt. Auffällig aber belanglos ist hingegen der Befall mehrerer *Nectria*- und zweier *Taphrina*-Arten (*T. occidentalis* RAY., *T. amentorum* (SADEB.) ROSTR.). Letztere induziert die Entstehung zungenförmiger Wucherungen an den Fruchtschuppen unreifer Zapfen [9].

Nördlich von San Francisco zählt *A. rubra* zu den häufigen Wirtsarten der dort um 1900 eingeführten europäischen Mistel (*Viscum album*) [8].

Auch die durch Insekten ausgelösten Schäden halten sich in engen Grenzen und führen nur ausnahmsweise zum Tod des Baumes. Blattwespen (*Tenthredimidae*), u.a. *Eriocampa ovata* („Alder woolly sawfly") und *Hemichroa crocea* fressen an Blättern, *Malacosoma distria* („Forest tent caterpillar") und *M. californicum pluviale* bilden auffällige, ganze Äste einhüllende Gespinste, vornehmlich an der Südseite der Bäume [10)] und *Agrilus burkei*, ein Prachtkäfer (*Buprestidae*) bringt Zweige und Äste zum Absterben.

10) For. Abstr. **49**, 4869, 1988

Unter den abiotischen Schadursachen sind Sturm und Feuer weitgehend zu vernachlässigen. Zur Zeit der Winterstürme sind die Erlen bereits entlaubt und auf tiefgründigen Böden machen die tief- und weitstreichenden Wurzelsysteme die Bestände stabil. Vom Sturm geworfene Bäume treten daher allenfalls an geöffneten Bestandsrändern auf [7]. Auch gegen Salzwassergischt ist die Art weitgehend unempfindlich [10].

Weil im Bestandesinneren nur wenig trockenes Material anfällt, kommt es relativ selten zu Waldbränden und diese bleiben meist ohne ernste Folgen, denn die zwar dünne Rinde ist nur schwer entflammbar.

Schwerwiegender sind Spätfröste. In Olympia, WA riefen sie Ende April/Anfang Mai an bis zu 90 % der 3jährigen Baumschulpflanzen Stammschäden hervor. Gedüngte Pflanzen waren besonders stark betroffen [11)].

Hohe Ausfälle trotz guter Wuchsleistungen hat man wiederholt bei Feldversuchen in Europa festgestellt [1, 12, 16], ohne die Primärursache ermitteln zu können. Besonders bei Aufforstungen auf Grenzertragsböden in Schottland wurden erhebliche Kronenschäden registriert, welche mit herbstlichen Blattnekrosen und Blattverlusten bis zu 30 % begannen und im Sommer mit Kronenbrüchen endeten. Wiederholte Früh- und Spätfrostschäden werden als auslösende Ereignisse diskutiert [16].

Nutzung

Alnus rubra nimmt als großflächig und schnell den Boden deckende Pionierbaumart mit deutlich bodenverbessernden Eigenschaften eine wichtige ökologische Position in den küstennahen Wäldern des amerikanischen Nordwestens ein. Obwohl sie überdies die Wachstumsbedingungen benachbarter Nadelbäume deutlich verbessert, wird sie nicht in waldbauliche Planungen einbezogen.

Versuchsweise nutzt man die Art bei der Anlage von Feuer- und Windschutzstreifen, bei der Begrünung von Abraumhalden und bei der Aufforstung erodierter Flächen. Weitere Versuche laufen in Richtung Biomasse-Produktion im Kurzumtrieb. Schließlich scheinen sich Blätter und junge Triebe als Viehfutter (gemeinsam mit Luzerne) zu eignen.

Das nagel- und schraubenfeste Holz der Roterle hat im amerikanischen Nordwesten durchaus einen gewissen Marktanteil beim Möbelbau (vornehmlich Kleinmöbel aus Massivholz) und es wird überdies für die Herstellung von Spielsachen und Spanplatten sowie für Stege und Brückenpfeiler genutzt [17, 19].

Sägespäne verwendet man in relativ großem Umfang zum Räuchern von Fisch und Fleisch. Und bei der Bevölkerung hat Roterlenholz einen guten Ruf als gleichmäßig und ohne Funkenflug abbrennendes Brenn- und Kaminholz. Besonders gern nutzt man es zum Räuchern von Lachsen. Schließlich läßt es sich zu Holzkohle von hoher Qualität verarbeiten. Von Nachteil ist seine geringe Dauerhaftigkeit, insbesondere bei Bodenkontakt.

Bis heute findet die Verarbeitung und Nutzung des Roterlenholzes hauptsächlich auf lokaler Ebene statt. Weder für den Großwaldbesitz noch für die holzverarbeitende Industrie stellt *A. rubra* derzeit ein interessantes Objekt dar.

Die Indianer Alaskas höhlten Roterlenstämme aus und stellten Kanus daraus her [21].

Verschiedenes

- 2 Jahre nach dem Ausbruch des Mount St. Helen begründete man Feldversuche mit autochthonen Baumarten, um deren Anwuchsvermögen und Entwicklung auf den von eruptiven Bodenbewegungen geprägten, aber gut mit Wasser versorgten Böden zu testen. Nach 2 Jahren lag *A. rubra* hinsichtlich Wachstum (Höhe: 96 cm, max. 200 cm) und Überlebensrate gegenüber mehreren Koniferen, *Alnus sinuata, Salix sitchensis* und *Populus trichocarpa* weit an der Spitze [20].
- *Alnus rubra* wird nicht von *Poria weirii* MURR., einem aggressiven, an Nadelbäumen weit verbreiteten Wurzelpathogen befallen. Nach Untersuchungen von LI et al. [15] dürfte die Resistenz auf phenolische Inhaltsstoffe der Erle zurückgehen, von denen die Linolensäure, eine ungesättigte, langkettige Fettsäure das Wachstum des Pilzes in vitro sehr stark hemmt.
- Angesichts der riesigen Holzvorräte in den Nadelwäldern des amerikanischen Nordwestens und wegen geringer Erfahrungen mit den bodenverbessernden Wirkungen der Roterle hat *A. rubra* bis heute nicht die Aufmerksamkeit der Waldbesitzer und der Holzindustrie gefunden. Im Gegenteil: sie wird nach wie vor als „Problem-Baumart" angesehen und auf Kulturflächen konsequent mit Herbiziden bekämpft [19]. Das folgende, in der Sache unrichtige Zitat gibt die derzeit vorherrschende Meinung wieder: „Invading Alnus rubra virtually excluded Douglas fir in the absence of bush control" [12)].

---

11) For. Abstr. **51**, 5703, 1990
12) For. Abstr. **46**, 5036, 1985

Weiterführende Literatur

[1] BEHRENS, V., 1979: Ergebnisse einer Versuchspflanzung mit einigen exotischen Erlenarten. Allgem. Forst- und Jagdz. **150**, 89 – 93.
[2] BERRY, A. M.; TORREY, J. G., 1985: Seed germination, seedling inoculation and establishment of Alnus ssp. in containers in greenhouse trials. Plant and Soil **87**, 161 – 173.
[3] CAMPBELL, A.; CHING, K. K., 1980: Genetic differences in red alder populations along an elevation transect. Oregon State Univ., For. Res. Lab., Res. Note 64.
[4] CANNEL, M. G. R.; MURRAY, M. B.; SHEPPARD, L. J., 1987: Frost hardiness of Red Alder (Alnus rubra) provenances in Britain. Forestry **60**, 57 – 67.
[5] ELLIOTT, D. M.; TAYLOR, I. E. P., 1981: Germination of red alder (Alnus rubra) seed from several locations in ist natural range. Can. J. For. Res. **11**, 517 – 521.
[6] HAEUSSLER S.; TAPPEINER II, J. C., 1993: Effect of light environment on seed germination of red alder (Alnus rubra). Can. J. For. Res. **23**, 1487 – 1491.
[7] HARRINGTON, C., 1990: Alnus rubra Bong., Red Alder. In: BURNS/HONKELA (Techn. Coord.) Silvics of North America, vol. 2. Hardwoods. USDA For. Serv., Agriculture Handbook 654, Washington, D.C.
[8] HAWKSWORTH, F. G.; SCHARPF, R. F., 1986: Spread of European mistletoe (Viscum album) in California, USA. Europ. J. For. Path. **16**, 1 – 5
[9] HEPTING, G. H., 1971: Diseases of Forest and Shade Trees of the United States. USDA For. Serv., Agriculture Handbook 386, Washington, D.C.
[10] HIBBS, D. E.; DE BELL, D. S.; TARRANT, R. F. (edts.), 1994: The biology and management of red alder. Oregon State University, Corvallis, Oregon.
[11] HIBBS, D. E.; BOUVAREL, L.; TEISSIER DU CROS, E., 1994: Performance of red alder seed sources in France. Can. J. For. Res. **24**, 1008 – 1014.
[12] HOOK, D. D.; MURRAY, M. D., et al. 1987: Variation in growth of red alder families in relation to shallow water table level. For. Sci. **33**, 224 – 229.
[13] HOSIE, R. C., 1990: Native Trees of Canada, 8. ed., Fitzhenry and Whiteside Ltd., Markham, Ont.
[14] KENNEDY, R. W.; ELLIOTT, G. K., 1957: Spiral grain in red alder. For. Chronicle **33**, 238 – 251.
[15] LI, C. Y.; LU, K. J.; TRAPPE, J. M.; BOLLEN, W. B., 1970: Inhibition of Poria weirii and Fomes annosus by Linolic Acid. For. Sci. **16**, 329 – 330.
[16] MC IVER, H. W., 1991: Red alder: a broadleaved species for Central Scotland. Scottish Forestry **45**, 95 – 105.
[17] PANSHIN, A. J.; DE ZEEUW, C.; BROCON, H. P., 1964: Textbook of Wood Technology, Vol. 1, 2. ed.. New York – San Francisco – Toronto – London.
[18] PEATTIE, D. C., 1980: A Natural History of Western Trees. Univ. Nebraska Press. Lincoln and London.
[19] RESCH, H., 1980: Utilization of Red Alder in the Pacific Northwest. Forest Products Journal **30**, 21 – 26.
[20] RUSSELL, K., 1985: Revegetation Trials in a Mount St. Helen Eruption Debris Flow. Proc. Symp. „Mount St. Helens. Five Years Later“. Eastern Wash. Univ. Cheney, WA, 1985.
[21] SARGENT, C. S., 1965: Manual of the Trees of North America. Dover Publ. Inc., New York.
[22] SCHENCK, C. A., 1939: Fremdländische Wald- und Parkbäume. 3. Band. Die Laubhölzer. Verlag Paul Parey, Berlin.
[23] TARRANT, R. F.; TRAPPE, J. M., 1971: The role of Alnus in improving the forest environment. Plant and Soil, Special volume, 335 – 348.
[24] WHEELER, C. T.; MCLAUGHLIN, M. E.; STEELE, P., 1981: A comparison of symbiotic nitrogen fixation in Scotland in Alnus glutinosa and Alnus rubra. Plant and Soil **61**, 169 – 188.

Die Autoren:

Prof. em. Dr. PETER SCHÜTT
Lehrstuhl für Forstbotanik
Ludwig-Maximilians-Universität München
Hohenbachernstraße 22
D-85354 Freising

ULLA M. LANG
Schützenstraße 6
D-82383 Hohenpeißenberg

Arbutus menziesii PURSH, 1814

Amerikanischer Erdbeerbaum

Familie: Ericaceae

engl: Pacific madrone, Strawberry tree
franz.: Arbousier de Californie
ital.: Madrona

Abb. 1: Arbutus menziesii an der Ostküste von Vancouver Island

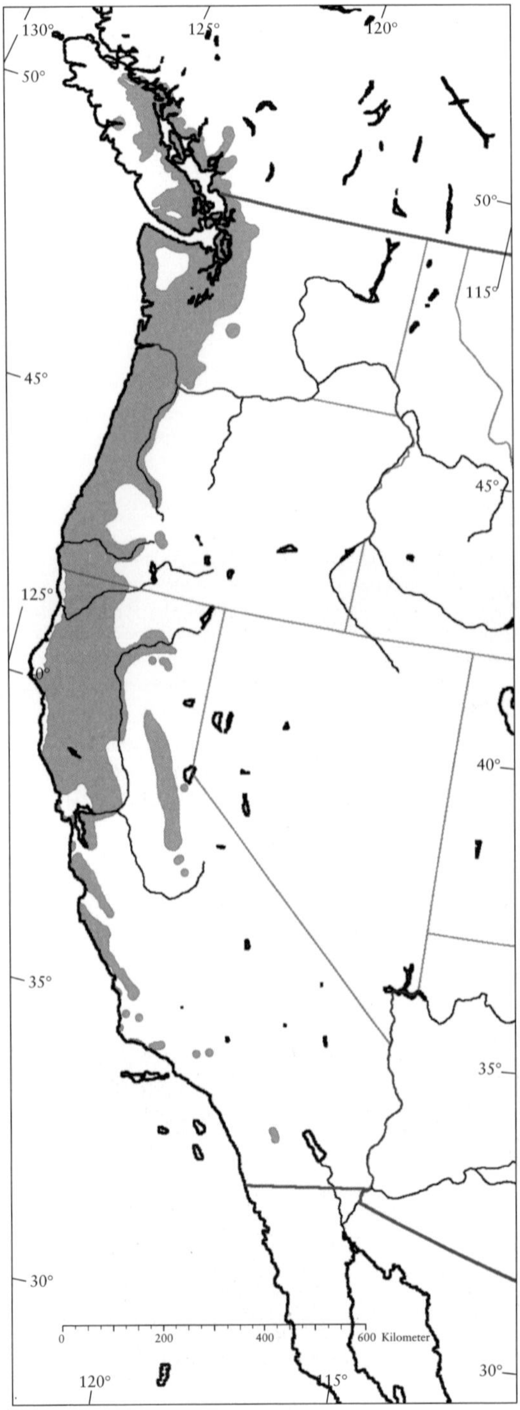

Abb. 2: Natürliches Verbreitungsgebiet, nach McDonald und Tappeiner [5]

Arbutus menziesii, eine der wenigen Laubbaumarten des amerikanischen Nordwestens, wächst vorwiegend in Küstennähe und variiert hinsichtlich Größe und Wuchsform in weitem Rahmen. Kennzeichnend ist vor allem die leuchtend rotbraune, platanenartig abblätternde Rinde, welche mit den ledrigen, glänzend grünen, sich vor dem Blattfall purpurrot verfärbenden Blättern in reizvollem Farbkontrast steht.

Die immergrünen, sehr auffälligen, aber selten geradschäftigen Bäume können maximal 40 m hoch werden (S-Oregon, NW-Kalifornien). Im allgemeinen wachsen sie nicht in Reinbeständen. *A. menziesii* unterliegt keiner forstlichen Bewirtschaftung und erreicht bestenfalls dadurch eine gewisse lokale Bedeutung, daß stärkere Stämme furnierfähiges Holz für die Möbelherstellung liefern. Die reifen, etwas süßlich schmeckenden, orangeroten Beeren wurden von Indianern in rohem und gekochtem Zustand verzehrt.

Der in Kalifornien gebräuchliche Name ‚Madrone' geht auf Juan Crespi, Botaniker und Teilnehmer an einer spanischen Expedition (1769), zurück, der die enge Verwandtschaft der Art mit *Arbutus unedo*, dem mediterranen Erdbeerbaum (spanisch: Madroño) erkannte [7].

Verbreitung

A. menziesii besiedelt von Natur aus ein entlang der Pazifikküste verlaufendes, knapp 1.900 km langes, relativ schmales Areal (50° N bis 32° N). Die Nordgrenze liegt im Osten von Vancouver-Island (sowie auf gleicher geographischer Breite an der Küste von British Columbia), die Südgrenze an der Küste von San Diego County, CA. Generell werden die Westhänge der Coast Ranges in den Staaten Washington, Oregon und California besiedelt [5]. Einzelheiten über den Verlauf des Areals im südlichen Oregon und im nördlichen Kalifornien, dem Optimum der Art, vermittelt Jepson [4]. Ostwärts dringt *A. menziesii* bis zu den Westhängen der Sierra Nevada vor (800 bis 1.300 m ü. NN), ist dort allerdings relativ selten und bleibt meist strauchartig [10].

Morphologie

Erscheinungsbild

A. menziesii ist ein sehr auffälliger, immergrüner Baum, der je nach Standort Höhen von 7 bis 40 m und Stammdurchmesser (BHD) von 15 bis 150 cm erreicht, unter ungünstigen Bedingungen aber auch strauchförmig bleibt. Gerade Stämme mit kreisrundem Querschnitt stellen die Ausnahme dar. Oft entspringen der stark verbreiterten Stammbasis zahlreiche Schößlinge [4].

Kennzeichnend ist die sehr unregelmäßig geformte, weit ausladende, oft asymmetrische Krone der Altbäume. Junge Bäume haben dagegen sehr harmonisch aufgebaute, ovale Kronen.

Knospen und junge Triebe

Die stumpfen, bis 0,8 cm langen, hellbraunen Winterknospen haben zahlreiche breit eiförmige, dachziegelartig übereinandergreifende, spärlich bewimperte Knospenschuppen, deren Rückseiten gekielt sind [10]. Während des Austriebs wachsen einige Schuppen in die Länge, im Extrem bis 3,7 cm [4], und biegen sich um [7].

Die jungen Triebe sind kahl und haben eine glatte, hellrote oder orangefarbene Rinde [10], die sich später in einzelnen Schuppen ablöst [4].

Abb. 3: A. menziesii, eingesprengt in einen dichten Nadelholzbestand

Abb. 4: Frischer Trieb

Blätter

Die ledrigen, oberseits glänzend dunkelgrünen, unterseits blaßgrünen, meist ganzrandigen Blätter sind von elliptischer bis länglich-eiförmiger Gestalt. Der leicht verdickte Blattrand kann bei Blättern an besonders kräftigen Trieben oder an Stockausschlägen gesägt sein [4]. Nach eigenen Beobachtungen kommen gesägte und ganzrandige Blätter am selben Trieb vor.

Voll entwickelte Blätter sind 7,5 bis 12,5 cm lang, 3 bis 7 cm breit und haben eine relativ starke, blaßgrüne Mittelrippe [10]. Die Spreite läuft am Apex abgerundet oder kurz zugespitzt, an der Basis schwach herzförmig, keilförmig oder ebenfalls abgerundet aus. Sie mündet in einen derben, 1,2 bis 2,5 cm langen, rinnig vertieften Blattstiel.

Bei der Entfaltung sind die jungen Blätter hellgrün, oft auch rosa gefärbt (insbesondere die Blattunterseiten).

Abb. 5: Verfärbung vor dem Blattfall

Abb. 6: Unreife Früchte

Sie bleiben bis zum Frühsommer des zweiten Jahres am Baum und fallen, nachdem sie sich zuvor orange bis scharlachrot verfärbt hatten, mehr oder weniger gleichzeitig ab. Als Folge bildet sich im Juni/Juli auf dem Boden eine dichte und relativ mächtige Laubstreuschicht.

Blüten, Früchte, Samen

Im natürlichen Areal blüht *A. menziesii* je nach Höhenlage und geographischer Breite von Mitte März bis Mitte Mai. Die kleinen, weißlichen Zwitterblüten stehen zu vielen in ährenförmigen, 12,5 cm langen und ebenso breiten, behaarten Blütenständen. Die ca. 0,8 cm lange Einzelblüte ist kurz gestielt und entspringt der Achsel eines spitzen, am Rande bewimperten, trockenhäutigen Tragblattes [10]. Die glockenförmig verwachsene Blütenkrone ist schwach fünflappig, der Fruchtknoten kahl. Die zehn freien Staubblätter sind kürzer als die Kronblätter, die Narbe ist fünflappig, der sehr kleine Kelch tief fünfzähnig.

Abb. 7: Reifer Fruchtstand

Als Früchte entstehen annähernd kugelige bis birnenförmige, trocken-mehlige Beeren von 8 bis 12 mm Durchmesser, die zwischen Mitte September und Mitte November reif werden. Reife Beeren sind rosa- oder orangerot und enthalten im Mittel 20 (2 bis 37) Samen [5]. In jedem der fünf Fruchtfächer liegen mehrere, dicht aneinandergepreßte, dunkelbraune Samen. Neben reifen Beeren findet man in den Fruchständen oft noch unreife grüne, grünlich gelbe oder gelbe Früchte.

Das recht dünne, drüsenreiche Exokarp der Beeren ist in charakteristischer Weise warzig skulpturiert [9, 10]. Reife Früchte können bis zum Dezember am Baum bleiben [9].

Pro Baum werden 13.000 bis 100.000 Beeren gebildet. Ca. 5.000 trockene Früchte wiegen 1 kg und das Tausendkorngewicht (auf Samen bezogen) liegt zwischen 1,5 und 2,5 g. *A. menziesii* fruktifiziert erstmals im Alter von 3 bis 5 Jahren und setzt im allgemeinen Jahr für Jahr Früchte an [12]. Jahre mit geringem oder fehlendem Fruchtansatz wiederholen sich ca. alle zehn Jahre [5].

Abb. 8: Borkeformen

Rinde und Holz

Zweige und junge Stämme bilden anfangs eine tiefrote, glatte Rinde, die sich schon im Herbst des ersten Jahres in dünnen Schichten abzulösen beginnt. Darunter wird eine blaßgrüne, junge Rindenschicht sichtbar. Diese verfärbt sich nach und nach dunkelbraun, löst sich aber nicht mehr platanenartig ab, sondern wird zu einer Borke mit annähernd quadratischen Schuppen [4].

A. menziesii bildet ein schweres und hartes Holz mit hellbraunem, oft rötlich getöntem Kern und einem relativ schmalen, heller gefärbten Splint [10]. Die Rohdichte (r_{15}) liegt im Mittel bei 0,80 g/cm^3 [8]. Beim Trocknen schwindet das Holz beträchtlich [4].

Bewurzelung

Kennzeichnend für *A. menziesii* ist die Ausbildung eines Herzwurzelsystems, dessen Wurzelstock bei alten Bäumen einen Durchmesser von 1,5 m erreicht. Kräftige Seitenwurzeln breiten sich sehr stark in vertikaler und horizontaler Richtung aus [5].

Arbutus-Arten bilden zumeist „arbutoide" Mykorrhizen, bei denen – abweichend von anderen *Ericaceen*-Gattungen – die Feinwurzeln von einem Myzelmantel umgeben sind und ein Hartig'sches Netz entwickeln. Die Pilzhyphen wachsen intrazellulär und die Feinwurzelmorphologie entspricht der einer Ektomykorrhiza bei *Pinus* [6].

Unter Laborbedingungen gingen mehr als 20 Pilzarten arbutoide Mykorrhiza-Symbiosen mit *A. menziesii* ein, darunter weit verbreitete, unspezifische Pilzpartner wie *Amanita muscaria*, *Paxillus involutus* und *Pisolithus tinctorius*, aber auch vorwiegend auf andere Baumarten fixierte Arten wie *Suillus cavipes* (*Larix*) oder *Rhizopogon vinicolor* (*Pseudotsuga*) [6].

In Nordkalifornien treten *Lycophyllum spec.* und *Cenococcum graniforme* als Pilzsymbionten an *Arbutus menziesii* auf.

Insgesamt ist *A. menziesii* offensichtlich in der Lage, mit einem relativ breiten Pilzspektrum arbutoide Mykorrhiza-Symbiosen einzugehen.

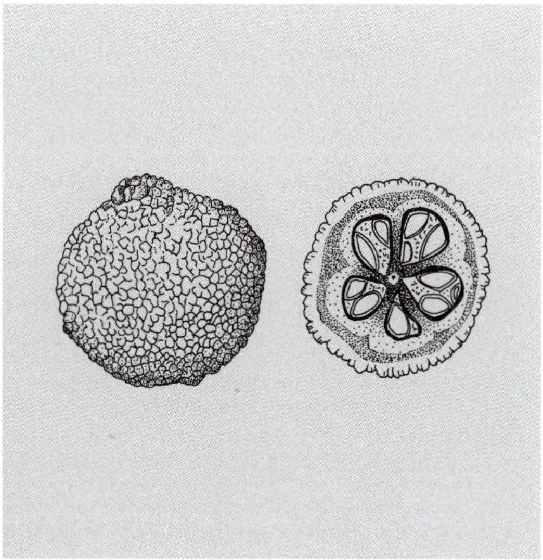

Abb. 9: Frucht in Aufsicht (links) und im Schnitt, nach Roy [9] (ca. 4 x nat. Größe)

Anzucht und Vermehrung

Die Früchte des Amerikanischen Erdbeerbaumes werden durch Vögel, Nager und Schalenwild verbreitet. Insbesondere Wildtauben spielen hierbei eine dominierende Rolle.

McDonald/Tappeiner [5] berichten von einer Taube, die 111 Beeren im Kropf hatte und deswegen nicht mehr flugfähig war.

Die Samen keimen epigäisch, benötigen aber eine 30- bis 40tägige Stratifikation bei 2 °C, um 94% Keimung zu erreichen [5]. Dennoch findet im Bestand normalerweise keine Naturverjüngung statt. Schuld daran ist das Fehlen freiliegenden Mineralbodens, der wichtigsten Voraussetzung für das Fußfassen der Keimlinge. Starke Verluste durch Umfallerreger kommen hinzu, und im Schatten findet oft intensiver Schneckenfraß statt [5, [1)]].

Von Bedeutung sind überdies Konkurrenznachteile durch das extrem langsame Sämlingswachstum. Sechs Monate alte, lichtexponierte Keimlinge hatten Wurzellängen von 10 cm und Trieblängen von 4 cm. Im Schatten lagen die Werte bei 4 bzw. 3 cm. In der Sierra Nevada waren zwei Jahre alte Sämlinge nicht höher als 9 cm. Weitere, für die künstliche Verjüngung relevante Nachteile bestehen in den hohen Ausfallraten beim Verschulen und Verpflanzen [5].

Abb. 10: A. menziesii-Furnier

Sehr viel erfolgreicher verläuft die vegetative Vermehrung. Das gilt in gleichem Maße für natürliche und künstliche Verfahren (Stecklingsbewurzelung, Absenkerbildung, Pfropfung). *A. menziesii* bildet reichlich Stockausschläge. Oberhalb des Wurzelanlaufs entstehen regelmäßig viele Knospen zwischen Rinde und Holz [4]. An einem 25 cm starken Stubben wurden mehr als 300 Stockausschläge gezählt. Die daraus entstehenden Schößlinge wachsen rasch (3,1 m in drei Jahren oder 1,5 m pro Jahr an 2- bis 5-jährigen Stockausschlägen) und sind daher sehr konkurrenzstark [5].

1) For. Abstr. 50, 3994, 1989

Abb. 11: A. menziesii als Parkbaum, Victoria, B.C.

Wachstum und Entwicklung

Obwohl umfassende ertragskundliche Daten fehlen und auch keine Analysen des Zuwachsganges vorliegen, läßt sich aussagen, daß Kernwüchse von *A. menziesii* eine extrem langsame Jugendphase durchlaufen und daß zwischen verschiedenen Standorten und Arealteilen erhebliche Höhen- und Durchmesserunterschiede vorkommen. Gesamthöhen von 42 m und kerzengerade Stämme in Flußtälern des nordwestkalifornischen Optimums stehen Maximalhöhen von 17 m bei durchweg schlechten Stammformen in Kanada sowie Mehrstämmigkeit und strauchförmiger Wuchs in höheren, südexponierten Lagen der Sierra Nevada und auf armen Standorten gegenüber.

Wiederholt wird betont, daß Höhen von 34 m und Durchmesser von 150 cm nur selten überschritten werden.

Die meisten älteren Exemplare sind offenbar aus Stockausschlägen hervorgegangen.

Die wenigen ertragskundlichen Daten gehen auf stammzahlreiche Mischbestände aus der nördlichen Sierra Nevada mit *Quercus kelloggii* und *Lithocarpus densiflorus* (1.630 Stämme/ha; 45,4 m^2/ha Grundfläche) zurück. Dort waren

20 cm starke Bäume 15 m hoch,
40 cm starke Bäume 23 m hoch,
60 cm starke Bäume 28 m hoch [5].

Die Art reagiert auf Freistellung mit starkem Lichtungszuwachs. Über Derbholzerträge und Volumenzuwachs liegen keine Angaben vor.

Für *A. menziesii* ist ein Höchstalter zwischen 200 und 250 Jahren mehrfach belegt. Besonders starke Bäume schätzt man doppel so alt ein.

Ökologie

A. menziesii ist eine Baumart des relativ milden, wolkenreichen pazifischen Küstenklimas, gekennzeichnet durch mittlere Januar-Temperaturen zwischen 2 und 8 °C, mittlere Juli-Temperaturen zwischen 10 und 20 °C sowie eine lange frostfreie Zeit. Die Jahresniederschläge schwanken zwischen 790 und 3.000 mm. Drei Viertel davon fallen von Oktober bis März, zumeist als Regen [5].

Die absoluten Temperaturextreme im Areal liegen bei -21 °C und +46 °C. Nach besonders strengen Frösten wurden Schäden an *A. menziesii* registriert.

Die Art gilt als relativ widerstandsfähig gegen Trockenheit. Hat sie einmal fußgefaßt, stellt sie keine hohen Ansprüche an die Bodenfeuchtigkeit [3]. In der Mehrzahl der Fälle besiedelt sie schwach saure Substrate [3], gedeiht aber generell auf Böden unterschiedlicher Herkunft und Zusammensetzung, so u.a. auf vulkanischen Tuffen, Sedimentgesteinen und diluvialen Sanden [5]. Tolerant ist *A. menziesii* auch hinsichtlich der Bodenstruktur. Lehme, Tone, grobe und kiesige Sande werden ebenso besiedelt wie geschiebereiche oder flachgründige Substrate [5].

Die besten Wuchsleistungen werden in Canyon-artigen Flußtälern beobachtet. Andererseits besiedelt die Art eher die Süd- und Westhänge und weicht in Mischbeständen gern auf trocknere Bestandespartien aus. Die Obergrenze ihres Vorkommens liegt in den Klamath Mts. bei 1.435 m.

In der Jugendphase ist Halbschatten vorteilhaft; mit zunehmendem Alter steigen jedoch die Lichtansprüche, und im hohen Alter ist völlige Kronenfreiheit erforderlich. Die Schattentoleranz scheint vom Süden zum Norden des Areals abzunehmen [5].

A. menziesii ist in aller Regel den häufigsten küstennahen Waldtypen gruppen- oder einzelstammweise beigemischt. Reinbestände sind selten.

In British Columbia, Washington und Oregon kommt die Art gemeinsam mit *Pseudotsuga menziesii*, *Tsuga heterophylla*, *Alnus rubra*, *Acer macrophyllum* und *Quercus garryana*, in den südlichen Cascaden und in den Klamath Mts. in Mischung mit *Pseudotsuga menziesii*, *Pinus ponderosa*, *Pinus lambertiana*, *Pinus attenuata*, *Quercus kelloggii* und *Lithocarpus densiflorus* vor.

Pathologie

Waldbrände gefährden *A. menziesii* am meisten, denn die sehr dünne Rinde ist kaum in der Lage, das Kambium zu schützen. Andererseits entstehen aber nach Brand zahlreiche Stockausschläge, so daß für Verjüngung gesorgt ist.

Schadinsekten sind allenfalls von lokaler Bedeutung, ebenso pathogene Pilze, wenn auch zahlreiche Blattparasiten, vornehmlich der Gattungen *Mycosphaerella*, *Rhytisma* und *Phyllosticta* regional Schäden durch Fleckungen und Blattfall hervorrufen [3, 5].

Abgänge werden durch Stammkrebse ausgelöst, welche auf *Phytophthora cactorum* (nahe der Bodenoberfläche und zur Krone hin fortschreitend) und den „madrone canker“ *Botryosphaeria dothidea* (Nebenfruchtform: *Fusicoccum aesculi*) zurückgehen. Letzterer befällt zunächst die Zweigspitzen, dringt allmählich in den Stamm vor, führt zur Schwärzung der Rinde und dann zum Absterben von Ästen und Stämmen.

Anfällig ist die Art auch für *Heterobasidion annosum*, der sogar zu kleinflächigen Abgängen führen kann.

Als Holzzerstörer treten *Phellinus igniarius* und *Fomitopsis cajanderi* auf.

Nutzung

A. menziesii ist gegenwärtig eine Waldbaumart ohne forstliche Bedeutung. Sie hat weder Gewicht auf dem Holzmarkt, noch ist sie Gegenstand waldbaulicher Planungen. Schuld daran tragen zum großen Teil die schlechten Stammformen und die geringen Abmaße. Lange, gerade Stämme werden auch heute noch zu Furnieren für Möbel, als Dielung oder für Paneele verwandt. Krumme Ware wird zu Brennholz.

Früher lieferte die Art eine hochwertige Holzkohle, wichtig und gesucht für die Herstellung von Schwarzpulver. Des weiteren eignet sich das Holz zum Drechseln und – weil es geruchfrei ist – als Material für Gefäße zur Aufbewahrung von Lebensmitteln [8].

Abb. 12: Weitverbreitete rote Flecke an Blattstiel und Mittelrippe

Die Rinde des Erdbeerbaumes ist reich an Tanninen und fand deswegen Verwendung zum Gerben von Leder.

Auch die Früchte wurden in früheren Jahrhunderten genutzt. Kalifornische Indianer verzehrten die süßlichen Beeren roh oder gekocht. Die weißen Siedler hielten sie indessen für nur bedingt eßbar, denn die Samen sorgen für Schärfe, und ein Überkonsum löst Krämpfe aus [7].

Verschiedenes

- In Biotests haben wäßrige Blatt- und Streuextrakte von *A. menziesii* die frühe Keimlingsentwicklung mehrerer Testarten, darunter auch Douglasie, erheblich gehemmt. Es wird diskutiert, ob die oft beobachtete Arten- und Individuenarmut unter den Kronen Amerikanischer Erdbeerbäume auf derartige allelopathische Effekte zurückgeht [2, [2]].

  Auf künstlichen Substraten festgestellte Hemmwirkungen der Streuextrakte ließen sich im gewachsenen Boden jedoch nicht reproduzieren [11].

- *A. menziesii*-Sämlinge erwiesen sich in Gewächshausversuchen als extrem empfindlich gegen Bor. Bereits Konzentrationen von 0,2 mmol/l führten zu deutlichen Wachstumsdepressionen [3].

---

2) For. Abstr. 47, 2358, 1986

3) For. Abstr. 46, 4728, 1985

Abb. 13: Mehrstämmigkeit durch Stockausschläge

Weiterführende Literatur

[1] ACSAI, J.; LARGENT, D.L., 1983: Mycorrhizae of Arbutus menziesii PURSH and Arctostaphylos manzanita PARRY in Northern California. Mycotaxon **16**, 519 – 536.

[2] del MORAL, R.; CATES, R.G., 1971: Allelopathic potential of the dominant vegetation of Western Washington. Ecology **52**, 1030 – 1037.

[3] HEPTING, G.H., 1971: Diseases of forest and shade trees of the United States. USDA, Forest Service, Agriculture Handbook No 386, Washington, D.C.

[4] JEPSON, W.L., 1910: Silva of California. Memoirs Univ. California 272 – 277.

[5] MCDONALD, P.M.; TAPPEINER, II, J.C., 1990: Arbutus menziesii PURSH in: BURNS/HONKALA (Techn. Coord.): Silvics of North America, vol. 2, Hardwoods. USDA, Forest Service, Agriculture Handbook 654, Washington, D.C.

[6] MOLINA, R.; TRAPPE, J.M., 1982: Lack of mycorrhizal specificity by the ericaceous hosts Arbutus menziesii and Arctostaphylos uva-ursi. New Phytol. **90**, 495 – 509.

[7] PEATTIE, D.C., 1964: A natural history of western trees. Univ. Nebraska Press. Lincoln and London.

[8] RECORD, S.J.; HESS, R.W., 1949: Timbers of the New World. Yale Univ. Press.

[9] ROY, D.F., 1974: Arbutus menziesii PURSH in: SCHOPMEYER, C.S. (Coord.), Seeds of Woody Plants in the United States. USDA, Agric. Handbook 450, Washington, D.C.

[10] SARGENT, C.S., 1965: Manual of the Trees of North America, vol. 2. Dover Publ. Inc., New York.

[11] TINNIN, R.O.; KIRKPATRICK, L.A., 1985: The allelopathic influence of broadleaf trees and shrubs on seedlings of Douglas-fir. Forest Sci. **31**, 945 – 952.

[12] YOUNG, J.A.; YOUNG, C.G., 1992: Seeds of Woody Plants in North America. Dioscorides Press, Portland OR.

Die Autoren:

Prof. em. Dr. PETER SCHÜTT
Lehrstuhl für Forstbotanik
Ludwig-Maximilians-Universität München
Hohenbachernstraße 22
D-85354 Freising

ULLA M. LANG
Schützenstraße 6
D-82383 Hohenpeißenberg

Betula pendula ROTH, 1788

syn.: B. verrucosa EHRH., 1791; B. alba L.P.P., 1753

Sand-Birke, Hänge-Birke, Weiß-Birke   Familie: Betulaceae

engl.: European Birch, Silver Birch
franz.: Bouleau verruqueux

Abb. 1: Betula pendula. Exemplare aus dem Erzgebirgsvorland im Frühjahr

Die Sand-Birke ist in ganz Europa verbreitet. Besonderheiten sind ihr ungewöhnlicher und sehr schöner Habitus, ihre auffällige Rinde und ihre lichte Krone. Sie kann das Landschaftsbild erheblich verschönern (durch ihre weiße Rinde), in der düsteren Jahreszeit Hoffnung symbolisieren und hat eine Reihe ökologischer Vorteile. Das Holz findet vielfältige Verwendung, wenn auch in Mitteleuropa z.Z. eher selten. Hingegen hat es in Skandinavien und Osteuropa seit langem eine herausragende Bedeutung. Auch andere Bestandteile dieser Baumart wie ihr Frühjahrssaft und die Rinde werden genutzt.

Betula pendula ist eine Baumart, die es im natürlichen Konkurrenzkampf gegen andere Baumarten sehr schwer hat. Allerdings kann sie auf ärmeren Standorten großflächig die Sukzession einleiten, und mit ihr hat nach der letzten Eiszeit die Wiederbewaldung begonnen. Dauerhaft kann sie sich in Mitteleuropa jedoch nur auf Extremstandorten behaupten, z.B. auf Felsen.

In der Forstwirtschaft hatte sie bis vor kurzem teilweise noch den Ruf des „Unkrautes", inzwischen hat man im ökologisch orientierten Waldbau jedoch eine Reihe positiver Eigenschaften wiedererkannt. In der Stadt macht sich die Sand-Birke in der heutigen Zeit z.T. durch ihre vielen und weit fliegenden Früchte und bei Allergikern durch ihren Pollen unbeliebt.

Waldgeschichte und Verbreitung

Obwohl es nicht gelingt, die verschiedenen Birkenarten pollenanalytisch sicher zu trennen, ist anzunehmen, dass baumförmige Birken die Eiszeiten auch nördlich der Alpen überdauert haben [35]. In vielen Landschaften Mitteleuropas leitete die Birke dann die nacheiszeitliche Wiederbewaldung ein. Während dieser Birkenzeit, die vor ca. 13 000 Jahren begann, konnte sie auf Grund ihres schnellen Wanderungsvermögens nahezu ganz Mitteleuropa besiedeln und lichte Birkenwälder ausbilden. Der Anteil des Birkenpollens in Proben aus dieser Zeit liegt im Maximum bei 92 %.

Während der Allerödzeit (Beginn vor ca. 12 000 Jahren) wurden die Birken durch die sich nach Norden und Nordwesten ausbreitende Kiefer (*Pinus sylvestris* L.) verdrängt. In der Vorwärmezeit kam es regional immer wieder zu Ausbreitungen der Birkenarten, aber auch zu ihrem Rückgang. Vom Beginn der Wärmezeit an geht die Verbreitung der baumförmigen Birken zurück. Hatten sie vorher den gesamten Landschaftscharakter bestimmt, unterlagen sie nun der Konkurrenz anderer Baumarten. Erst als der Mensch mit einer verstärkten Nutzung des Waldes begann, boten sich neue Standorte und Ausbreitungsmöglichkeiten für Birkenarten.

Das heutige Verbreitungsgebiet von *Betula pendula* erstreckt sich über ganz Europa einschließlich der Britischen Inseln. Es erreicht im Norden Skandinaviens 69° n.Br., im Norden Russlands 65° n.Br., im Osten das Jenisseigebiet und im Südosten den Altai, zieht sich durch das mittlere Wolga-Don-Gebiet bis auf die Balkanhalbinsel, wo die Art in den Gebirgen Mazedoniens und Albaniens vorkommt. *B. pendula* erreicht am Ätna bei 37°40' n.Br. den südlichsten Punkt ihrer Verbreitung [57]. Schließlich verläuft die Verbreitungsgrenze durch die Gebirge der Auvergne und kreuzt die Iberische Halbinsel auf der Höhe des nördlichen Portugal [5].

Eine besondere Förderung der Birke liegt heute in der nordeuropäischen Subarktis vor, in der die Kiefer fehlt oder selten ist. Die Erscheinung wird mit guten Gründen auf das geringere Wärmebedürfnis der Birke während der Vegetationszeit zurückgeführt, das ihr in den kühl-ozeanischen Gebieten ein Fortkommen auch dort noch gestattet, wo die Kiefer keinen zureichenden Wärmegenuss mehr findet [57]. Die Kältegrenze ist bei einer mittleren Januartemperatur von unter –20 °C bzw. bei einer mittleren jährlichen Minimumtemperatur von unter –45 °C anzusetzen; die Moor-Birke ist noch kältetoleranter [5].

Die vertikale Verbreitung der Sandbirke erreicht an der südlichen Grenze des Verbreitungsgebietes am Ätna 2176 m, im Bergell 1800 m [123]. In den westlichen Zentralalpen steigt sie auf 2000 m, im Wallis auf 1900 m [13]. Nach Norden sinkt die Höhengrenze auf 1234 m in den Nordkarpaten, 974 m im Harz und 845 m in den Sudeten und im Riesengebirge [123].

Beschreibung

B. pendula ist ein sommergrüner, bis 30 m hoher Baum mit schraubiger Blattstellung und Zweiganordnung. Sie erreicht ein Höchstalter von 120 Jahren, ihr Höhenwachstum ist jedoch bereits mit 60 Jahren abgeschlossen [11]. Der Stammdurchmesser geht nur selten über 60 cm hinaus, kann aber im Extrem 103 cm erreichen [57]. Die Krone ist schlank und hat einen zunächst durchlaufenden Stamm, der sich später in mehrere steil stehende Starkäste auflöst. Jüngere Zweige an den Enden der Äste hängen charakteristisch perücken- und mähnenförmig über, was zu dem Trivialnamen Hänge-Birke führte. Bei Trauerformen ist dieses Merkmal besonders ausgeprägt. Die Zweigreinigung setzt bereits nach 2 Jahren ein, kann sich auf Grund der lichten Krone bei vitalen Ästen aber auch bis über 20 Jahre hinziehen [97].

Die Birke entwickelt Kurz- und Langtriebe, wobei alle Übergänge möglich sind. Langtriebe sind gemischt prä- und neoformiert und verzweigen sich sympodial. Kurztriebe wachsen dagegen monopodial und ausschließlich gebunden. An den gebunden wachsenden Triebabschnitten befinden sich lediglich Knospenrudimente. Dies führt dazu, dass sich Kurztriebe und die basalen Abschnitte von Langtrieben nicht verzweigen können [97].

Sehr eingehende Analysen von Sprosssystem und Blattanordnung finden sich bei SCHNEIDER [107]. Die Sand-Birke wächst nach dem Architekturmodell RAUH bzw. SCARRONE, je nach Bewertung der terminalen Blütenstände an Seitenzweigen im Alter. In höherem Alter wächst sie eher nach dem Modell TROLL, da sich ihre Wipfeltriebe dann erst nachträglich, schließlich überhaupt nicht mehr aufrichten. Damit ist die Sand-Birke ein besonders geeignetes Beispiel für fließende Übergänge zwischen einigen Architekturmodellen [98].

Knospen, Blätter, junge Triebe

Die Knospen der Sand-Birke sind schmal-eiförmig, zugespitzt und an der Spitze auf Grund von Harzausscheidungen oft glänzend. Spitzen- und Seitenknospen unterscheiden sich in der Größe bei einer Länge von 8 mm und einem Durchmesser von 3 mm nicht. Die Knospenschuppen sind braun und vorn abgerundet. Sie werden von den Nebenblattpaaren der untersten Blattanlagen gebildet. In der Knospe sind nur wenige entlang der Nerven gefaltete Blätter mit Seitenknospenanlagen präformiert [11, 38]. Zwischen ihnen findet sich ein gelbes, klebriges Sekret der Blattdrüsen [57]. Näheres zur Knospenruhe findet sich bei MYKING [83].

Die Blätter der Sand-Birke sind bei ihrer Entfaltung zerstreut behaart, sehr bald aber kahl und mehr oder weniger klebrig. Sie sind oberseits lebhaft grün, unterseits heller grün und im allgemeinen rautenförmig bis dreieckig mit verlängerter Spitze. Der Blattrand ist doppelt gesägt. (Die Blätter der Moorbirke sind unregelmäßig gesägt und unterseits zumindest in den Nervenwinkeln mit Achselbärten behaart). Sandbirken-Blätter sind 4 bis 7 cm lang und 2,5 bis 4 cm breit, mit einem 2 bis 3 cm langen, glatten Stiel [57, 99]. Die Hauptnerven der Blätter der Sandbirke sind blattunterseits kaum fühlbar, die der Moorbirke dagegen deutlich.

Die Blattspreite ist bifacial gebaut. Das Pallisadenparenchym ist 1- bis 2-, manchmal auch mehrschichtig. Sowohl im Pallisaden- als auch im Schwammparenchym befinden sich Zellen mit Kristalldrusen. Zahlreiche Epidermiszellen enthalten eine in Wasser quellende Schleimschicht in ihren Innenmembranen. Ihr wird eine Wasserspeicherfunktion zugeschrieben [57].

Die Herbstfärbung der Sand-Birke ist oft rein goldgelb, was sehr zum Farbwechsel in der Landschaft und in Wäldern beiträgt.

Die einjährigen Triebe der Sand-Birke sind kahl und mit kleinen, klebrigen Harzdrüsen versehen (weshalb sie oft auch Warzen-Birke genannt wird). Die Beweglichkeit der jungen Zweige übertrifft alle anderen Laubbäume. Sie rührt aus der besonderen Schlankheit dieser Triebe her, die zugleich den Gasaustausch durch die Bewegung der Blätter fördert [57].

Blüten, Früchte

Die Mannbarkeit tritt im Freistand ab dem 10. Lebensjahr ein, im geschlossenen Bestand etwa 20 Jahre später. Von da an werden in jedem Jahr, und in etwa jedem dritten Jahr besonders reichlich, Früchte gebildet. Die Blüte setzt Ende März, Anfang April ein [57]. Birken sind in der Regel einhäusig, es wurden jedoch in seltenen Fällen auch rein männliche und weibliche Individuen gefunden [126]. In äußerst seltenen Fällen treten zweigeschlechtige Blüten an der Basis der Kätzchen auf.

Die Blüten stehen in Kätzchen, männliche und weibliche getrennt. Männliche Kätzchen sind 1 bis 2 cm lang und 4 mm breit und überwintern ungeschützt. Sie sind schon im Juli des Vorjahres zu finden. Die weiblichen Kätzchen sind zu dieser Zeit noch in den Knospen verborgen und erscheinen erst beim Austrieb im Frühjahr. Sie werden 1,5 bis 3 (- 3,5) cm lang und 7 mm dick. Genauere Angaben zum Ablauf der Blütenbildung finden sich bei KIRCHNER et al. [57]. Männliche wie weibliche Kätzchen tragen an ihrer Achse schraubig angeordnete Deckschuppen, in deren Achsel dreiblütige Dichasien sitzen. Die Mittelblüte eines jeden Dichasiums besitzt 2 Vorblätter, welche bei weiblichen Blüten schon frühzeitig mit der Deckschuppe verwachsen und so die dreilappigen Schuppen der reifen Kätzchen bilden. Zwischen diesen Schuppen und den Staubfäden finden sich in jedem Dichasium noch einige weitere schuppenartige Gebilde, deren Anzahl schwankt und die als Perigonblätter der männlichen Blüten gedeutet werden. Jede männliche Blüte hat 2 Staubfäden, die fast bis zum Grunde gespalten sind.

Den weiblichen Blüten fehlt das Perigon. Sie bestehen nur aus einem Fruchtknoten mit 2 langen, roten Narben und 2 einsamigen Fächern.

Die Fremdbestäubung wird einerseits durch geringe Unterschiede im Blühzeitpunkt der männlichen und weiblichen Kätzchen eines Baumes, aber auch durch die Stellung der Kätzchen begünstigt. Dabei stehen die weiblichen aufrecht, während sich die männlichen strecken und schlaff überhängen [57].

Die Pollenkörner sind annähernd kugelig, besitzen in der Regel 3 Keimporen, enthalten reichlich Stärke [57] und werden vom Wind weit verfrachtet. Nachdem die Bestäubung erfolgt ist und die Pollenschläuche bereits in die Narbe eingedrungen sind, tritt eine Ruhephase von ca. 4 Wochen ein. Die Befruchtung findet Anfang Juni statt. Eine detaillierte Beschreibung des Vorganges findet sich ebenfalls bei KIRCHNER et al. [57].

Die Früchte der Sand-Birke sind kleine Nüsse mit zwei Flügeln, sog. Flügelnüsschen. Letztere sind 1,5 bis 2,5 mal breiter als die Nuss selbst und reichen bis an die Narben. Die Früchte haben ein Tausendkorngewicht von 0,14 g und eine mittlere Keimfähigkeit von 24,3 % [96], die in günstigen Jahren auch bei 30 bis 40 % liegen kann [60]. Ab August bis zum Herbst segeln sie mit drehenden Bewegungen zu Millionen aus den Kronen zu Boden.

Abb. 2: **a** Zweig zur Blütezeit mit männlichen Kätzchen (K) und weiblichem Blütenstand (B), **b** Zweig im Sommer mit jungen männlichen Blütenkätzchen, **c** Zweig im Winter, **d** Deckschuppe des Fruchtstandes, **e** Früchte

Dabei ist eine Distanz von 3 km beobachtet worden [35], die meisten Früchte landen jedoch in viel geringerer Entfernung vom Mutterbaum, und LEDER [71] weist einen erheblichen Rückgang der Verjüngung ab 150 m Entfernung nach. Die Dichte der Verjüngung in geringerer Entfernung zum Mutterbaum kann im Extremfall 50 000 Keimlinge/m² betragen.

Die Früchte werden bis zu ihrer Reife von den Fruchtschuppen der Kätzchen umhüllt. Deren Mittellappen ist klein und kürzer als die breiteren, mehr oder weniger gerundeten und meist zurückgebogenen Seitenlappen.

Keimlinge, die noch im Spätsommer entstehen, werden vom Frost zunichte gemacht, die meisten Samen keimen jedoch erst im Frühjahr.

Holz, Rinde

Das Holz der Sand-Birke besitzt die typische Struktur eines zerstreutporigen Laubholzes mit einzeln stehenden oder in Gruppen angeordneten Gefäßen. Es zählt zu den Splinthölzern, doch im höheren Alter kann im zentralen Schaftteil eine gelblich-rötliche Zone beobachtet werden, die physiologisch alle charakteristischen Kerneigenschaften besitzt, die Dauerhaftigkeit jedoch nicht erhöht. Die Jahrringgrenzen sind sehr undeutlich und werden durch 3 bis 4 Reihen abgeflachter Faserzellen markiert. Die Holzstrahlen sind sehr schmal und heben sich kaum vom Grundgewebe ab. Sie verlaufen oftmals leicht gewellt. Insektenfraßgänge im Kambium, die später einwachsen, führen zu „Markflecken" im Frühholz der Jahrringe [102]. Sie werden durch *Phytobia betulae* KANG verursacht, einer Minierfliege, deren Eier in die noch junge, weiche Rinde abgelegt werden und deren Larve bis über zwei Meter lange Fraßgänge anlegt, die das Kambium schürfen [114].

In einer umfassenden Untersuchung verschiedener Birkenarten, so auch der Sand-Birke, stellt SACHSSE [102, 103] heraus, dass sowohl aus anatomischer Sicht, als auch auf Grund der Festigkeitseigenschaften, das Birkenholz von hohem technologischen Gebrauchswert ist. Dies liegt an dem gleichmäßigen anatomischen Bau mit geringen Eigenschaftsstreuungen.

Die Festigkeiten des Holzes werden nur relativ wenig von der Wachstumsgeschwindigkeit beeinflusst, weshalb Birken bei sehr starker Durchforstung im 40-jährigen Umtrieb bewirtschaftet werden sollten [20, 27]. Das Holz ist leicht und sauber bearbeitbar, insbesondere messer- und schälbar. Es ist jedoch nur wenig dauerhaft, pilz- und insektenanfällig, neigt zur Verstockung und ist schwierig zu imprägnieren [101, 122]. Wundreaktion und abnorme Holzbildung sind bei NOVITSKAYA [87] beschrieben.

Tab. 1: Anatomische und mechanische Holzeigenschaften von *Betula pendula* ROTH (nach [34, 101, 103, 122]).

	Min.	Mittel	Max.
Jahrringbreite (mm)		2,17	11
Rohdichte (ρ_{12-15}, g/cm³)	510	650	830
Schlagbiegefestigkeit (J/cm²)	4,41	8,33	12,74
Druckfestigkeit (kp/cm²)	380	510	1000
Zugfestigkeit (kp/cm²)	350	1370	2700
Biegefestigkeit (kp/cm²)	760	1470	1550
Elastizitätsmodul (kp/cm²)	142 000	162 000	165 000
Volumenschwindsatz ges. (%)		13,7	
Durchmesser Holzgefäße (µm)	30	90	130
Anteil Längsparenchym (%)		2	
Höhe Holzstrahlen (µm)	130	240	400
Länge Holzfasern (µm)	340	1000	1700
Durchmesser Holzfasern (µm)	4,0	8,5	14,5
Wanddicke Holzfasern (µm)	4,2	5,3	6,7

Abb. 3: Holz (links) und Rinde (Ringelkork, rechts)

Eine Besonderheit an der Birke ist ihre hellweiße Rinde, die nur von den schwarzen Querlenticellen durchsetzt ist. Dadurch kann die Birke als Baum der Freiflächen die Oberflächentemperatur auf ihrer Rinde deutlich verringern. Die weiße Farbe kommt durch den Farbstoff Betulin zustande, der die Rinde gleichzeitig wasserundurchlässig macht. Ältere Rindenschichten lösen sich regelmäßig und für die Birke charakteristisch vom Stamm ab, indem sich größere Flächen der Rinde waagerecht einrollen (Ringelkork, [11]). Darunter kommen immer wieder neue schneeweiße Rindenschichten zum Vorschein. Die Rinde der Sand-Birke ist heller und glänzender als die vieler anderer Birkenarten, was auch zu dem deutschen Namen Weiß-Birke geführt hat.

Verschiedenheiten der Rinde beschreibt GARDINER [36]. Anatomisch ist die Rinde von *B. pendula* wegen der zahlreichen Steinzellenaggregate etwas unübersichtlich. Bastfasern fehlen, die Siebröhren kollabieren bereits nach einem Jahr [54].

Auf der Rinde bleiben Astnarben und durch frühere Äste verursachte Rindenstauchungen („Chinesenbärte") lange sichtbar und liefern wichtige Informationen für die Nutzungsmöglichkeiten des Holzes. Erst in höherem Alter entwickelt sich ein Tiefenperiderm und damit eine schwarze und grobe Schuppenborke am Stammfuß [11].

Wurzeln

Die Sand-Birke bildet bei ungestörter Entwicklung ein typisches Herzwurzelsystem aus, reagiert in ihrer Bewurzelung aber stark auf wechselnde Bodenverhältnisse, besonders hinsichtlich Wasser- und Nährstoffversorgung [63]. Dieses Herzwurzelsystem ist bereits in früher Jugend ausgebildet, nur sehr selten werden Ansätze zur Pfahlwurzel beobachtet. Dabei herrscht eine starke Verzweigungstendenz und schon früh wurde erkannt, dass die Birke nur relativ wenig Wurzelmasse ausbildet [46, 91, 95].

Besonders auf verdichteten Böden können auch flach streichende Horizontalwurzeln mit engstehenden Senkern und besonders starken Wurzelanläufen ausgebildet werden [7]. Letztere können mit Wurzeln benachbarter Birken verwachsen, so dass auch Stocküberwallungen beobachtet wurden [17].

Die Feinwurzeln der Birke konzentrieren sich insbesondere auf die oberen, humosen Bodenhorizonte, in denen die Durchwurzelungsintensität so hoch ist, dass sie zu einer erheblichen Wurzelkonkurrenz für andere Baumarten führt (Tellerwirkung der Birke [7, 63]). In größeren Tiefen nimmt die Durchwurzelung ab und Feinwurzeln treten nur noch büschelartig auf. Nach KREUTZER [65] leistet die Birke daher nur schwache Erschließungsarbeit im Unterboden.

Zur Tiefendurchwurzelung der Birke liegen unterschiedliche Angaben vor, die bei KÖSTLER et al. [63] zusammengestellt sind. So wurde bereits nach 10 bis 12 Jahren ungehemmter Entwicklung eine Tiefe von 110 cm erreicht, auf besonders armen Standorten sogar 260 cm. Als maximale Tiefe werden 400 cm angegeben [92], auf verdichteten oder wasserbeeinflussten Standorten ist der Verlauf deutlich flacher und geknickt oder gekrümmt.

Bereits im Alter von 80 bis 100 Jahren beginnen erste Vertikalwurzeln abzusterben, was zur Stammfäule und besonders zu erhöhter Windwurfgefährdung führt.

Das Wurzelwachstum der Birke setzt je nach Witterung bereits Mitte April etwas vor dem Austrieb ein, hat sein Maximum im Juni/Juli und endet im Oktober, kann sich aber auch bis Dezember hinziehen [53].

Sand-Birken sind oft mit Fliegenpilzen (*Amanita muscaria* (L.) PERS.) und Birkenpilzen (*Leccinum scabrum* GRAY) als Mykorrhizapartnern vergesellschaftet. Literatur zu weiteren Endo- und Ektendomykorrhizapilzen nennen HARLEY & HARLEY [44].

Taxonomie, genetische Differenzierung und Bastardierung

KOMAROW [64] stellt die Sand-Birke zusammen mit 22 weiteren Arten in die Sektion *Albae* RGL. des einzigen Subgenus *Eubetula* RGL. der Gattung *Betula* L., welche den *Betulaceae* innerhalb der Ordnung *Fagales* zugeordnet wird.

Von der Sandbirke sind folgende Varietäten beschrieben worden [127]:

- *B. pendula* var. *vulgaris* (REGEL) H.WINKL.
- *B. pendula* var. *oycoviensis* (BESS.) DIPP.; eine strauchförmige Sippe, die in Galizien und NO-Ungarn, dem Tal von Oycow gefunden wurde
- *B. pendula* var. *arbuscula* (FRIES) H.WINKL. aus Dalecarien und Uppsala
- *B. pendula* var. *obscura* (KOTULA) GÜRKE aus den Beskiden, der Weichselniederung und Schlesien.

In neuerer Literatur ist lediglich die Varietät *oycoviensis* aufgeführt, sie wird aber auch als eigenständige Art *B. oycoviensis* BESS. geführt [37].

Zu den genannten Sippen treten eine ganze Reihe Cultivare, die in Laubfärbung und Habitus variieren [8, 52, 66, 125].

B. pendula kommt in ihrem weiten Verbreitungsgebiet weitgehend sympatrisch mit der Moor-Birke (*B. pubescens* EHRH.) vor. Ob und in welchem Ausmaß es zur natürlichen Hybridisierung zwischen diesen beiden Arten kommt, wird in der Literatur kontrovers diskutiert. So stellt WINKLER [128] Veröffentlichungen zusammen, nach denen Sand- und Moor-Birke sehr leicht hybridisieren und auch die Hybriden fertil sind. Es wird angeführt, dass die Hybridschwärme sogar häufiger sind als die reinen Arten. Auch WETTSTEIN [126], der die Chromosomenzahlen der Birkenarten (*B. pendula*: 2n = 28; *B. pubescens*: 2n = 56) verglichen hat, weist auf fertile Hybriden mit einem Chromosomensatz von 2n = 42 sowie verschiedene Rückkreuzungen (2n = 46 – 53) hin. NATHO [84] kommt nach Untersuchung morphologischer und cytologischer Merkmale zu einem ähnlichen Schluss.

Hybridisierung soll schließlich auch zu der Vielzahl von beschriebenen Sippen geführt haben, denen zum Teil Artrang zugemessen wird [1, 21, 64]. HYLANDER [55] unterscheidet allein für Skandinavien 12 intraspezifische Sippen und weitere 6 Hybridsippen mit *B. pubescens*.

Von anderen Autoren werden diese Hybriden, die unter dem Namen *Betula x aurata* BORKH. zusammengefasst wurden, jedoch als sehr selten und zudem meistens steril angesehen [11, 26, 29, 30, 50, 51, 121]. Sie führen die vielen beschriebenen Sippen auf eine sehr hohe intraspezifische Variabilität der Sand-Birke und insbesondere der Moor-Birke zurück [111], konnten jedoch Hybridschranken [50] auch nicht mit Sicherheit feststellen [104, 105]. So hängt beispielsweise der Blühzeitpunkt der Sand-Birke erheblich von den jeweiligen Umweltbedingungen ab [118], damit könnte zumindest zeitweilig eine gemeinsame Blüte von Sand- und Moor-Birke stattfinden. Zudem ist die Neigung zur Hybridisierung individuell sehr unterschiedlich, und sowohl die Chromosomenzahl als auch morphologische Merkmale der Hybriden sind nicht immer intermediär, sondern es treten auch Hybriden mit Chromosomensätzen von 2n = 28 auf [29, 30]. Für weitere Untersuchungen stehen mittlerweile genetische und chemische Marker zur Verfügung [47, 75].

Bei einigen gelenkten Kreuzungen konnte ein erheblicher Heterosiseffekt nachgewiesen werden, indem die Höhen-Wuchsleistungen der Bastarde in den ersten drei Jahren das bis zu 3,5-fache entsprechender Kontrollen betrugen [28].

Neben Hybriden mit der Moor-Birke werden auch solche mit Papier-Birke (*B. pendula* x *B. papyrifera* : *Betula x koehnei* SCHNEID.) [106], Zwerg-Birke (*B. pendula* x *B. nana*: *Betula x fennica* DOERFL.) [94] und Strauch-Birke (*B. humilis* x *B. pendula*: *B. x zabelii* SCHELLE) beschrieben [58, 84]. Für den Dreifachhybriden *B. humilis* x *B. pendula* x *B. pubescens* schlägt NATHO [84] den Namen *Betula x grossii* vor. In Niedersachsen wurden im Rahmen eines Züchtungsprogrammes [61] auch Versuche zur Kreuzung von *B. pendula* und *B. platyphylla* SUKACHEV var. *japonica* (MIQ.) HARA angestellt. Diese Hybriden waren der Sand-Birke in der Massenleistung deutlich überlegen [62].

Wachstum, Entwicklung, Ertrag

Samen der Birke, die im Sommer oder Herbst der Reife ausgesät werden, keimen bereits nach 8 Tagen. Gelagerte Samen, die im Frühjahr ausgebracht werden, keimen erst nach mehreren Wochen. Die Keimlinge sind auffallend klein, kaum 1 cm hoch und haben zwei kleine, etwa 2 bis 4 mm lange, oblonge, kurzgestielte Kotyledonen. Darüber erscheint ein 3- bis 5-nerviges Primärblättchen, dem dann in spiraliger Anordnung weitere Laubblätter folgen, die den späteren Blättern immer ähnlicher werden. Bald nach der Keimung setzt ein starkes Höhenwachstum ein, so dass bereits nach dem ersten Jahr eine Höhe von 30 cm erreicht wird und ca. 6 Laubblätter ausgebildet sind [57].

Über das weitere Wachstum junger Birken liegt eine ausführliche Untersuchung von FIEDLER [34] vor. Er konnte nachweisen, dass ein schnelles Höhenwachstum insbesondere von einer ausreichenden Wasserversorgung abhängt. Ist diese gesichert, können Höhenzuwächse von 75 cm pro Jahr im Alter von 10 Jahren erreicht werden. Die Kulmination des Höhenwachstums liegt je nach Standort jedoch bereits im Alter zwischen 7 und 9 Jahren [34, 57].

In Tabelle 2 ist ein Auszug aus der gängigen Ertragstafel von SCHOBER [110] zusammengestellt, es sei jedoch auch auf die neuere Arbeit von LOCKOW [74] verwiesen, die frühere Ergebnisse von DE [24] bestätigt. Als Beispiel für das Wachstum an der Verbreitungsgrenze der Art nennen KIRCHNER et al. [57] einen Stamm in Lappland mit einem Durchmesser von 77 mm im Alter von 100 Jahren. Bezüglich der Herkunftsfrage wiesen ERIKSSON und ILLSTEDT [32] nach, dass skandinavische Birken in Deutschland ein deutlich vermindertes Wachstum zeigen. Zum Vergleich sei auf Zuwachsuntersuchungen an *B. pendula* in Skandinavien hingewiesen [68, 93].

Tab. 2: Auszug aus der Ertragstafel für die Birke [110]

Alter (Jahre)	mittl. Höhe (m)	Stammzahl	mittl. BHD (cm)	Gesamtleistung (fm Derbholz o.R.)	lfd. jährl. Zuwachs (fm Derbholz o.R.)	dGZ (fm Derbholz o.R.)
verbleibender Bestand				Gesamtbestand		
I. Ertragsklasse						
40	18,3	713	17,0	150	8,4	3,8
60	23,0	427	23,6	295	6,2	4,9
80	26,0	230	32,0	389	4,0	4,9
II. Ertragsklasse						
40	14,1	948	14,0	110	6,7	2,8
60	18,3	535	19,7	222	4,6	3,7
80	20,9	284	26,5	291	3,0	3,6

Abb. 4: Blätter der Sandbirke (links dunkle Varietät)

Ab einem Alter von etwa 80 Jahren ist der Zuwachs nur noch sehr gering, und die Entwertung des Holzes durch Stammfäule steigt stark an, so dass eine Nutzung bereits in diesem Alter erfolgen muss. Auch aus diesem Grund wird häufig eine deutlich intensivere Stammzahlreduzierung und kürzere Umtriebszeit von nur 40 Jahren empfohlen [20, 27, 85, 86].

Neben der Wahl der richtigen Provenienz [61, 62, 108] sowie der intensiven Standraumregulierung mit frühzeitiger Auslese ist für die Wertholzerzeugung häufig auch eine Ästung erforderlich [60].

Verjüngung, Vermehrung, Anzucht

Birkensaatgut reift etwa zwischen Juni und Oktober. Es fällt dann bis in den Winter hinein aus. Die Nüsse besitzen eine hohe Kälteresistenz, und Temperaturen von –10°C wirken bei einem Wassergehalt der Samen von 10 bis 16 % keimfördernd [109].

Lagerung des Saatgutes ist bei einem Feuchtigkeitsgehalt von weniger als 4 % auch länger als 2 Jahre möglich. Die Aussaat erfolgt im Oktober oder März – April, doch auch Schneesaat im Winter ist möglich [9]. Das Saatgut sollte nicht übererdet, sondern nur mit gut durchlässigem, aber feuchtem Boden vermischt werden, wie es bereits HARTIG [45] vorsah. Auf Mineralboden keimt die Birke um ein vielfaches besser als auf Laubstreu [71]. Weitere Angaben zur generativen Vermehrung in der Baumschule findet man bei SCHOLZ [112].

Zur Bestandesbegründung wird weitgehend die sich überall reichlich einfindende Naturverjüngung genutzt, was auf Brandflächen auch ohne Bodenvorbereitung erfolgreich ist. Um jedoch die Qualität der Birkenbestände zu verbessern, schlagen KLAEHN und RUNQUIST [59, 60] zunächst gezielte Pflanzungen vor. Steht dann aus diesen Beständen ausreichend Saatgut zur Verfügung, soll weitere Begründung durch Saat erfolgen.

Zur vegetativen Vermehrung von besonders wertvollen Phänotypen schlägt SCHOLZ [112] ein Ablegerverfahren vor, bei dem die Birken auf den Stock gesetzt werden, um die unverholzten Ausschläge bereits Anfang Mai bis Ende Juni abzulegen. Weiterhin kommen auch Verfahren der Stecklingsbewurzelung und Veredlungen in Frage, die bei BÄRTELS [9] und MC CARTHAIGH/SPETHMANN [78] ausführlich beschrieben sind.

Ökologie

Standortsansprüche

B. pendula ist der Inbegriff einer Pionierbaumart mit den charakteristischen Eigenschaften:

- Blüte schon im Alter von wenigen Jahren,
- jährlich reichliche Samenproduktion,
- weit fliegende Samen,
- extreme Anspruchslosigkeit hinsichtlich Nährstoffbedarf und Wasserversorgung,
- schraubige Blattstellung und allseitige Zweigausrichtung,
- herabhängende Blätter und dadurch Lichtdurchlässigkeit der Krone,
- mehrschichtige Blattanordnung,
- rasches Jugendwachstum,
- geringes Höchstalter (max. etwa 120 Jahre).

Für ein Pioniergehölz ist auch der sehr hohe Lichtbedarf charakteristisch. Dieser ist so hoch, dass junge Birken sogar Schwierigkeiten haben, unter älteren aufzuwachsen, obwohl diese eine der lichtesten Kronen unter den heimischen Baumarten haben. Bei weniger als 15 % Freilandhelligkeit beginnt die Birke bereits zu kümmern und abzusterben [97]. In Kiefernbeständen fanden MESSIER und PUTTONEN [79] mit zunehmender Beschattung ein geringeres Höhen- und Dickenwachstum der Birke, gesteigerte Höhe/Durchmesser-Verhältnisse, verringerte Blattdicke aber erhöhtes Blattgewicht. Insgesamt schließen sie auf eine relativ geringe morphologische Plastizität der Birke. Mit zunehmender Beschattung gehen der Chlorophyllgehalt der Blätter, der Sättigungspunkt und die maximale Photosyntheserate deutlich zurück [89].

Wie die Namen bereits andeuten, kommen Sand- und Moor-Birken oft auf recht unterschiedlichen Standorten vor. Allerdings gibt es davon reichlich Ausnahmen.

B. pendula besiedelt eher trockenere, nährstoffarme Standorte, von sandigen Substraten bis Felsen. Sie gilt als ausgesprochen bodenvag [11], und ihre pH-Amplitude reicht von Werten um 3 bis 8 [5].

Die geringen Ansprüche an die Wasserversorgung [6] sind allerdings insofern zu erläutern, als der Einzelbaum den Verhältnissen von Beginn an angepasst sein muss. Plötzliche Verschlechterungen des Wasserhaushaltes (z.B. durch Baumaßnahmen) verträgt die Sandbirke extrem schlecht, und sie kann dann sogar absterben. In sehr trockenen Sommern wirft sie als eine der ersten Baumarten einen Teil ihrer Blätter gelb verfärbt vorzeitig ab, um die Verdunstungsfläche zu reduzieren. Auch Keimlinge von *B. pendula* sind wenig widerstandsfähig gegen Austrocknung [5].

Ist genügend Wasser vorhanden, gehört die Birke jedoch zu den Baumarten mit dem höchsten Wasserverbrauch. Nach LARCHER [69] werden von 12 m hohen Birken pro Tag bis zu 140 Liter Wasser verdunstet, von gleich hohen Buchen und Fichten lediglich bis zu 30 Liter. Das macht man sich im Landschaftsbau zunutze, indem man Birken zur Drainage von feuchten Standorten einsetzt.

B. pendula ist eine der unempfindlichsten Baumarten gegen Frost und Klimaextreme, was auch ihr Vorkommen in ganz Europa, im hohen Norden sowie in den Hochlagen vieler Gebirge erklärt und im Waldbau genutzt wird. Selbst Temperaturen unter –40 °C verträgt sie problemlos, da sie in ihren Zweigen Stärke in Öl umwandelt und so einen Wärmespeicher entwickelt, der beim Gefrieren Wärme freisetzt [123].

Vergesellschaftung

B. pendula hat als sehr mobile, schnellwüchsige und zugleich anspruchslose Pionierbaumart Anschluss an die frühen Sukzessionsstadien vieler Waldgesellschaften [31]. Sie gelangt jedoch auf Grund ihrer hohen Lichtansprüche und ihres geringen Alters nie dauerhaft zur Herrschaft.

Die inzwischen selten gewordenen Birken-Eichenwälder (*Betulo-Quercetum*) haben eine spezielle Krautflora mit vielen lichtbedürftiger Arten sowie eigenen Tiergemeinschaften und weisen dadurch eine hohe Artenvielfalt auf. Diese Gesellschaft ist auf wenig fruchtbaren Quarzsanden im nördlichen Tiefland Mitteleuropas ausgebildet. Auch in diesen Wäldern kommt der Sand-Birke eher eine Rolle als Vorwald-Baumart zu, die schließlich von der später einwandernden Eiche abgelöst wird. Viele Birken-Eichenwaldbestände im nordwestlichen und westlichen Mitteleuropa sind allerdings erst durch jahrhundertelange Niederwaldwirtschaft so schattholzarm geworden, wie wir sie heute vorfinden [48].

Birken-Eichenwälder lassen sich nach der Bodenfeuchtigkeit in drei Subassoziationen aufgliedern. Dabei ist gerade die typische heute besonders selten geworden, da diese Wälder auf relativ trockenen Standorten weitgehend gerodet, umgewandelt oder verheidet sind [72].

Abb. 5: Links: Piptoporus betulinus (Braunfäuleerreger an B. pendula), Mitte: Blutende Sand-Birke nach Schnittmaßnahme im Frühjahr, rechts: Maser-Birke

Das Bild dieser Gesellschaft beruht weitgehend auf der feuchten Variante (*Betulo-Quercetum molinietosum*), die im nordwestdeutschen altpleistozänen Flachland sehr weit verbreitet ist und in der zu den üblichen Säurezeigern auch Moor-Birke (*B. pubescens*), Pfeifengras (*Molinia caerulea*) und Glocken-Heide (*Erica tetralix*) hinzutreten. Schließlich ist auch noch eine nasse Variante, das *Betulo-Quercetum alnetosum,* beschrieben worden [31].

Für Nordeuropa nimmt DIERSSEN [25] eine Gliederung der Birken-Eichenwälder nach der Trophiestufe vor und trennt von der typischen Subassoziation eine nährstoffreichere Variante, das *Betulo-Quercetum milietosum*. Insgesamt kommt *B. pendula* in Skandinavien eine noch bedeutendere Rolle zu als in Mitteleuropa. Sie kann dort auf nährstoffarmen-trockenen Standorten durchaus mit der Fichte konkurrieren und diese gerade im ozeanischen Bereich ersetzen [4]. Im kühlen, luftfeuchten Baltikum, in Skandinavien und in Russland bildet die Sand-Birke auch Reinbestände [3, 11].

Pathologie

Auf die Birke haben sich in Mitteleuropa ca. 300 bis 400 Tierarten spezialisiert [49]. ATKINSON [5] stellt eine umfassende Liste von Organismen zusammen, die an der Birke festgestellt wurden, von denen jedoch die meisten keine bedeutsamen Schädigungen hervorrufen [15]. Birkenpopulationen zeigen Veränderungen des Gehaltes verschiedener Inhaltsstoffe als Anpassung an wiederholten Blattfraß [81, 82].

An der Sand-Birke sind auch eine ganze Reihe pilzlicher Schaderreger festgestellt worden, die im Falle des Birkensterbens besonders in jüngerer Zeit Aufmerksamkeit erlangen. So haben die im Rahmen der Waldschadensinventur diagnostizierten Schäden an der Sand-Birke erheblich zugenommen, oder sie stagnieren auf hohem Niveau. Das Schadbild ist häufig durch Rindenrisse am Stamm und besonders durch Befall mit *Marssonina betulae* (LIB.) MAGN. gekennzeichnet. Des weiteren tritt Befall mit *Melampsoridium betulinum* (PERS.) KLEB. und *Discula betulina* (WESTEND.) ARX auf. Makroskopische Symptome dieser Pilzerkrankungen sind kleine, dunkelbraun bis schwärzlich gefärbte Blattflecken, Vergilbung und vorzeitiges Abfallen der Blätter [10]. Schließlich folgen Zweigdürre und das Absterben junger Bäume. Die Schäden treten besonders im Erzgebirge ab 750 m über NN auf und haben auf tschechischem Gebiet teilweise katastrophale Ausmaße angenommen. Eine alleinige Ursache für dieses „Birkensterben“ ist nicht bekannt, vielmehr wird eine Komplexerkrankung auf Grund des Zusammenwirkens verschiedener Belastungsfaktoren vermutet [100]. Hier sind vor allem Störungen des Wasserhaushaltes sowie Schadstoffbelastungen zu nennen, die zum Absterben der Bäume führen können [10]. Weitere Informationen zu den genannten Erregern finden sich auch bei SINCLAIR et al. [116].

Die Bildung von Hexenbesen kann bei der Sand-Birke durch Milbenbefall oder den Pilz *Taphrina betulina* ROSTRUP ausgelöst werden. Es kommt dann zum Austreiben zahlreicher Proventivknospen, was schließlich zur Bildung dichtästiger, kugeliger Büsche in der Krone des Baumes führt. Kennzeichnend für den pilzlichen Erreger sind zwiebelförmige Anschwellungen an der Basis der Triebe und die im Frühsommer an der Blattunterseite ausgebildeten Asci. Das Mycel überwintert in den Knospen oder unter der Rinde. Birkenhexenbesen können mehrere Jahre alt werden [19].

Der Birken-Porling (*Piptoporus betulinus* (BULL.) KARST.) ist ein ausschließlich an Birken auftretender Braunfäuleerreger, der typische, hell graubraune, einjährige Fruchtkörper ausbildet. Er befällt insbesondere auf Grund hohen Alters oder Lichtmangels geschwächte Birken und dringt durch Aststummel in den oberen Stamm ein, von wo er stammabwärts wächst. Bei befallenen Birken besteht erhöhte Bruchgefahr auch im oberen Stammbereich [19].

Auch vom Zunderschwamm (*Fomes fomentarius* (L.) FR.), einem sehr häufigen Weißfäuleerreger, wird die Birke befallen. Er ist an seinen grauen, mehrjährigen Fruchtkörpern und den typischen, im befallenen Holz verlaufenden Demarkationslinien zu erkennen [19].

Ciboria betulae WHITE kann Saatgut befallen und unbrauchbar machen. Der Befall ist an dunklen, undurchsichtigen Früchten zu erkennen, die mit Dauermycel angefüllt sind [96]. Weitere parasitische Pilze an Birken sind bei BRANDENBURGER [14] aufgeführt.

Gegenüber Immissionen ist die Sand-Birke relativ unempfindlich, zeigt aber bei andauernder Einwirkung geringere Trieblängen [43], was auch bei der Entwicklung eines Vitalitätsstufenschlüssels zum Ausdruck kommt [97]. *B. pendula* gilt als relativ ozonempfindlich.

Entsprechende Auswirkungen werden, auch in Abhängigkeit von der Nährstoffversorgung, ausführlich bei MAURER et al. [76] und MAURER und MATYSSEK [77] beschrieben. Es gibt aber Anzeichen für eine Akklimatisierung bei anhaltendem, geringem Ozonstress [41].

Nutzung

In der Forstwirtschaft galt die Sand-Birke lange Zeit als „Unkraut“ [18, 39, 67]. Dazu mag beigetragen haben, dass junge Birken mit ihren besonders elastischen Zweigen und dem dadurch möglichen Peitschen bei Wind und Sturm benachbarte Fichten und Kiefern so beschädigen können, dass deren Wipfeltrieb abstirbt. Bei Eisanhang im Winter können sich Birken unter der Last bis zum Boden biegen, um sich im anschließenden Frühjahr wieder vollständig aufzurichten (zumindest bis zu einem Alter von etwa 20 Jahren).

Mit dem Anbau schnellwachsender und unempfindlicher Baumarten als Vorwald rückte aber die Sand-Birke wieder in das Blickfeld der Forstwirtschaft [2, 12, 33, 34, 39, 73]. Schon COTTA [22] beschreibt die Birke als Hilfs- und Schutzbaumart bei Buchenfreisaat. Die lichten Kronen schaffen einen für viele Baum- und Straucharten günstigen Halbschatten und einen Schutz gegen Spätfröste [88, 124]. Ihre Streu mit einem C/N-Verhältnis von 15 bis 20 wird schnell abgebaut [71]. Eine Zusammenstellung von Blattanalysedaten findet sich bei LEDER [71].

Das Holz von *B. pendula* ist wirtschaftlich nur bei ausgezeichneter, furnierfähiger Qualität interessant. Dann wird es auf Grund der leichten Bearbeitbarkeit, der hellen Farbe und leichten Färbbarkeit für die Herstellung von Küchen- oder Schlafzimmermöbeln genutzt. Dabei steht das Holz der Sand-Birke im Wert etwas hinter dem der Moor-Birke zurück. Handelt es sich jedoch um gemasertes Holz, das insbesondere im Norden des Verbreitungsgebietes und ausschließlich bei der Sand-Birke auftritt, kann dieses ganz außergewöhnlichen Wert erlangen [59, 60, 120]. Hier sind die Flammen-Birke und die Braunmaser-Birke zu nennen [112], die durch unregelmäßigen Jahrringverlauf bei tangentialem Anschnitt besondere Farbeffekte zeigen [122]. Als Bauholz findet die Birke keine Verwendung, liefert jedoch reichlich Rohstoff für die Zellstoffindustrie und wurde auch als Faserholz genutzt [67].

Aus dem Holz werden ferner Täfelungen, Schlittenkufen, Felgen, Deichseln, Propeller, Holzschuhe, Tröge, Tassen, Löffel u.a., aus Birkenmaserholz dekorative Gebrauchsgegenstände und Schmuck hergestellt. Auch Postkarten aus Birkenfurnier und Trinkbecher aus Birkenholz sind in Gebrauch.

Gern wird Birkenholz als Brennholz, insbesondere als Kaminholz verwendet. Der Brenn- und damit der Heizwert ist unter mitteleuropäischen Bedingungen zwar nicht sehr hoch (dies ist in den nördlichen und östlichen Teilen des Verbreitungsgebietes mit hohem Spätholzanteil anders), doch es brennt ohne Funkenflug. Außerdem wird bereits der Holzstapel mit weißer Rinde vor dem Kamin als besonders attraktiv empfunden, was z.B. in stadtnahen Wäldern bis heute den Anbau dieser Baumart fördert.

Im innerstädtischen Bereich gilt die Birke als eine der Baumarten mit dem höchsten Staubfangvermögen [90].

Die weiße Rinde haben unsere Vorfahren als Papier verwendet. Da der Inhaltsstoff Betulin die Rinde witterungsfest macht, gibt es in Skandinavien Häuser, deren Dächer mit Birkenrinde gedeckt sind. Die Lappen fertigen daraus Umhänge und Schuhe. In Notzeiten wurde Mehl aus der Rinde hergestellt und Pfannkuchen daraus gebacken.

Für Besen und Ruten sind Birkenzweige besonders geeignet. Mit Birkenruten peitschen die Besucher nordischer und russischer Dampfbäder ihre schwitzenden Körper.

Birkenteer ist ein vorzügliches Lederkonservierungsmittel und gab früher dem Juchtenleder einen eigenen Geruch. Birkenpech diente zum Kleben von Pfeilspitzen und Abdichten von Booten und war der Kaugummi unserer Urahnen, wie archäologische Fundstücke von Kinderzähnen verraten haben.

Einträglicher als die Holznutzung war in manchen Regionen bis vor gar nicht so langer Zeit die Gewinnung von Birkensaft [40]. In einzelnen Forstbetrieben Ostdeutschlands z.B. wurden bis zur Wiedervereinigung in jedem Frühjahr Hunderttausende von Litern Birkensaft gewonnen. Wenn man eine Birke im zeitigen Frühjahr 2 bis 4 cm tief anbohrt (oder sie ungewollt verletzt), tritt aus der Wunde wochenlang eine klare Flüssigkeit aus, der sog. Blutungssaft. Auf diese Weise kann man in jedem Frühjahr bis zu 50 l Flüssigkeit pro Baum ernten. Dieser Birkensaft wird dann weiterverarbeitet zu Wein, Limonade oder Haarwasser.

Durch Anritzen der Rinde im Sommer lässt sich eine weitere, aber trübe, zuckerhaltige Flüssigkeit gewinnen, die durch ihren süßen Geschmack und ihre wertvollen Inhaltsstoffe in armen Ländern oder in Krisenzeiten eine Bedeutung haben kann.

Birkenblätter sind nach dem deutschen Arzneimittelbuch ein anerkanntes Heilmittel. Als Teeaufguss wirken sie schweiß- und harntreibend sowie heilend bei Gicht, Rheuma, Borreliose, Nierenleiden, Blasensteinen und Wassersucht. Längere Trinkkuren mit Birkenblättertee wirken entschlackend und blutreinigend. Junge Birkenblätter lassen sich auch sehr gut in einen Wildsalat mischen oder in Quarkspeisen und Frühlingssuppen verwenden [119].

Birkenknospen dienen der Therapie bei Heuschnupfen [119].

Abb. 6: Goldgelbe Herbstfärbung

Verschiedenes

Der mythologischen Bedeutung der Linde und Eiche bei mitteleuropäischen Völkern entspricht bei den Russen und Finnen die der Birke [12, 42, 80]. In Mythologie und Esoterik verkörpert sie den Inbegriff des Weiblichen, was zu ihrem deutschen Namen „Frauen-Birke" geführt hat.

Der Mai gilt als der Birkenmonat, was zum deutschen Namen Mai-Birke geführt hat. So ist auch der Maibaum oft eine Birke. Birkengrün empfängt das Brautpaar an der Kirchenpforte und daheim an der Haustür. Heiratsanträge werden gelegentlich gemacht, indem der Angebeteten eine Birke vors Haus gestellt wird, und Festumzüge werden von Birkengrün gesäumt.

Der mumifizierte, auf 5300 Jahre vor unserer Zeit datierte Leichnam eines in den Ötztaler Alpen gefundenen Mannes, führte zwei Gefäße aus Birkenrinde mit sich. Eines davon diente offensichtlich zum Transport von Glut zur Entfachung des Lagerfeuers. Des weiteren führte der Mann auch zwei Birken-Porlinge mit sich [117].

Für Vogelarten wie den Birkenzeisig (*Acanthis flammea* L.) oder das Birkhuhn (*Lyrurus tetrix* L.) bilden Samen und Knospen der Birke die wichtigste Winternahrung [5].

Vom Großen Birkenspanner (*Biston betularia* L.) treten neben den normalerweise hellgrau mit dunklen Flecken gefärbten Tieren auch besonders dunkel gefärbte Exemplare auf. Diese sind für die Fressfeinde sehr leicht auf der hellen Birkenrinde zu erkennen. Ist diese jedoch, insbesondere in der Nähe von Industrieanlagen, durch Staub und Ruß dunkler gefärbt, steigt der Anteil der dunklen Individuen erheblich an (Industrie-Melanismus) [15, 113, 115].

Nach dem 2. Weltkrieg war die Sand-Birke der ‚Trümmerbaum', da sie als erste und massenhaft die Ruinen besiedelte.

Besonders schöne Bilder mit Birken hat der Worpsweder Jugendstilkünstler Heinrich Vogeler gemalt und ebenso der bekannte schwedische Maler Karl Larson.

Der Name 'Birke' wird von dem indogermanischen Wortstamm 'bhereg' abgeleitet, der 'Hellschimmerer' bedeutet und sich auf die Rinde bezieht [70]. Familiennamen wie Pirchner und Birkheimer gehen auf die Birke zurück, ebenso Ortsnamen wie Birkigt, Pirken, Birchau u.a. [123].

Literatur

[1] ADAMOW, W., 1932: Zur Kenntnis der Birken in Weißrussland. Mitt. Dtsch. Dendrol. Ges. **44**, 345-350.

[2] AMANN, H., 1930: Birkenwald als Schutz gegen Spätfröste. Forstw. Cbl. **52**, 493-502, 581-592.

[3] ANONYMUS, 1992: Die einheimischen und die wichtigsten fremdländischen Baumarten. Inst. f. Waldbau, Göttingen.

[4] ARNBORG, T., 1990: Forest types of northern Sweden. Introduction to and translation of „Det nordsvenska skogstysschemat". Vegetatio **90**, 1-13.

[5] ATKINSON, M. D., 1992: Betula pendula and Betula pubescens. Biol. Flora British Isles **80**, 837-870.

[6] BACKES, K., 1996: Der Wasserhaushalt vier verschiedener Baumarten der Heide-Wald-Sukzession. Curvillier Verlag, Göttingen.

[7] BALDER, H., 1998: Die Wurzeln der Stadtbäume. Parey Verlag, Berlin.

[8] BÄRTELS, A., 1991: Gartengehölze. 3. Aufl. Ulmer Verlag, Stuttgart.

[9] BÄRTELS, A., 1996: Gehölzvermehrung. 4. Aufl. Ulmer Verlag, Stuttgart.

[10] BARTELS, H., 1993: Gehölzkunde. UTB, Ulmer, Stuttgart.

[11] BÄUCKER, B.; HEYDECK, P., 2000: Pilzinfektionen auf Blättern von Sandbirke in Sachsen. AFZ **55**, 368-369.

[12] BAYERISCHER FORSTVEREIN (Hrsg.), 1997: Bäume und Wälder in Bayern. ecomed, Landsberg.

[13] BRÄNDLI, U.-B., 1996: Die häufigsten Waldbäume der Schweiz. Ber. Eidgenöss. Forsch.anst. Wald, Schnee u. Landsch. **342**.

[14] BRANDENBURGER, W., 1985: Parasitische Pilze an Gefäßpflanzen in Europa. Fischer Verlag, Stuttgart/New York.

[15] BRAUNS, A., 1976: Taschenbuch der Waldinsekten. Fischer Verlag, Stuttgart.

[16] BROWN, I. R.; KENNEDY, D.; WILLIAMS, D. A., 1982: The occurrance of natural hybrids between Betula pendula ROTH and B. pubescens EHRH. Watsonia **14**, 133-145.

[17] BUCHHOLZ, E., 1956: Über das Verwachsen der Baumwurzelsysteme. AFZ **11**, 211-212.

[18] BURKHART, H., 1893: Säen und Pflanzen. 6. Aufl. Trier.

[19] BUTIN, H., 1996: Krankheiten der Wald- und Parkbäume. 3. Aufl. Thieme Verlag, Stuttgart/New York.

[20] CAMERON, A. D.; DUNHAM, R. A.; PETTY, J. A., 1995: The effect of heavy thinning on stem quality and timber properties of silver birch (Betula pendula ROTH). Forestry **68**, 275-285.

[21] CEREPANOV, S. K., 1995: Vascular Plants of Russia and adjacent states. Cambridge University Press, Cambridge.

[22] COTTA, J. H., 1817: Anweisung zum Waldbau. Dresden.

[23] DÄSSLER, H.-G., 1991: Einfluss von Luftverunreinigungen auf die Vegetation. Ursachen-Wirkung-Gegenmaßnahmen. G.Fischer Verlag, Jena.

[24] DE, V. X., 1978: Untersuchungen über die Rekonstruktion von Birkenbeständen in Nordwestsachsen. Diss. TU Dresden, Tharandt.

[25] DIERSSEN, K., 1996: Vegetation Nordeuropas. UTB, Ulmer, Stuttgart.

[26] DIETERICH, H., 1963: Untersuchungen zum ökologischen und genetischen Birkenproblem. Silvae Genetica **12**, 110-124.

[27] DUNHAM, R. A.; CAMERON, A.D.; PETTY, J.A., 1999: The effect of growth rate on the strength properties of sawn beams of silver birch (Betula pendula ROTH). Scand. J. For. Res. **14**, 18-26.

[28] EIFLER, I., 1956: Artkreuzungen bei Birken. Der Züchter **26**, 342-346.

[29] EIFLER, I., 1958: Kreuzungen zwischen Betula verrucosa und Betula pubescens. Der Züchter **28**, 331-336.

[30] EIFLER, I., 1960: Untersuchungen zur individuellen Bedingtheit des Kreuzungserfolges zwischen Betula pendula und Betula pubescens. Silvae Genetica **9**, 159-165.

[31] ELLENBERG, H., 1996: Vegetation Mitteleuropas mit den Alpen in ökologischer, dynamischer und historischer Sicht. 5. Aufl., UTB, Stuttgart.

[32] ERIKSSON, G.; ILLSTEDT, B., 1986: A review of the genetics of Betula. Scand. J. For. Res. **1**, 421-434.

[33] FIEDLER, F., 1962: Die Entwicklung des Vorwaldgedankens unter besonderer Berücksichtigung der Birke. Archiv. f. Forstwes. **11**, 174-190.

[34] FIEDLER, F., 1963: Das Jugendwachstum der Birke in Vorwaldbestockungen. Diss. TU Dresden, Tharandt.

[35] FIRBAS, F., 1949: Spät- und nacheiszeitliche Waldgeschichte Mitteleuropas nördlich der Alpen. Jena.

[36] GARDINER, A. S., 1958: Variation in bark characteristics in birch. Scottish Forestry **12**, 191-195.

[37] GARDINER, A. S.; JEFFERS, J. N. R., 1962: Analysis of the collective species Betula alba L. on the basis of leaf measurements. Silvae Genetica **11**, 156-161.

[38] GODET, J. D., 1995: Knospen und Zweige der einheimischen Baum- und Straucharten. Naturbuch Verlag, Augsburg.

[39] GRAMI, A., 1972: Die Birke, das Aschenbrödel unter unseren heimischen Holzarten. Mitt. Dtsch. Dendrol. Ges. **65**, 77-80.

[40] GRUBER, H.; MIERSCH, K., 1994: Gewinnung von Birkensaft. Allg. Forstztschr. **49**, 1252-1254.

[41] GÜNTHARDT-GOERG, M. S.; MATYSSEK, R.; KELLER, T., 1993: Birke (Betula pendula): Mögliche Akklimatisation an Ozon-Stress. Forstw. Cbl. **112**, 46-49.

[42] HAERKÖTTER, G.; HAERKÖTTER, M., 1996: Das Geheimnis der Bäume. Sagen, Geschichte, Beschreibungen. Weltbild Verlag, Augsburg.

[43] HALBWACHS, G.; KISSER, J., 1967: Durch Rauchimmissionen bedingter Zwergwuchs bei Fichte und Birke. Cbl. ges. Forstwesen **84**, 156-173.

[44] HARLEY, J. L.; HARLEY, E. L., 1987: A check-list of mykorrhiza in the British flora. New Phytol. **105** (Suppl.), 1-102.

[45] HARTIG, G. L., 1791: Anweisung zur Holzzucht für Förster. Akademische Buchhandlung, Marburg.

[46] HARTIG, R., 1891: Lehrbuch der Anatomie und Physiologie der Pflanzen unter besonderer Berücksichtigung der Forstgewächse. Berlin.

[47] HATTEMER, H. H.; STEINER, W.; KOWNATZKI, D., 1990: Genetic Markers in Birch. Silvae Genetica **39**, 45-50.

[48] HEINKEN, TH., 1995: Naturnahe Laub- und Nadelwälder grundwasserferner Standorte im niedersächsischen Flachland: Gliederung, Standortsbedingungen, Dynamik. Diss. Bot. **239**.

[49] HEINRICH, C., 1993: Leitlinie „Naturschutz im Wald". NABU, Wetzlar.

[50] HIBSCH-JETTER, C., 1994: Birken in den Alpen. ecomed, Landsberg.
[51] HIBSCH-JETTER, C., 1997: Betula pubescens EHRHART. In: SCHÜTT, P.; SCHUCK, H.J.; LANG, U.M.; ROLOFF, A.(Hrsg.): Enzyklopädie der Holzgewächse. ecomed, Landsberg.
[52] HILLIER NURSERIES, 1996: The Hillier Manual of Trees and Shrubs. David and Charles, Devon.
[53] HOFFMANN, G., 1972: Wachstumsrhythmik der Wurzeln und Sprossachsen von Forstgehölzen. Flora **161**, 303-319.
[54] HOLDHEIDE, W., 1951: Anatomie mitteleuropäischer Gehölzrinden. In: FREUND, H.: Handbuch der Mikroskopie in der Technik, 193-367. Umschau Verlag, Frankfurt / M.
[55] HYLANDER, N., 1957: On cut-leaved and small-leaved forms of Scandinavian birches. Svensk. Bot. Tidskr. **51**, 417-436.
[56] KENNEDY, D.; BROWN, I. R., 1983: The morphology of the hybrid Betula pendula ROTH x B. pubescens EHRH. Watsonia **14**, 329-336.
[57] KIRCHNER, O.v.; LOEW, E.; SCHRÖTER, C., 1931: Lebensgeschichte der Blütenpflanzen Mitteleuropas. Ulmer Verlag, Stuttgart.
[58] KLAEHN, F. U., 1952: Zur Kreuzungsmöglichkeit einiger Birkenarten und der Möglichkeit ihres Anbaues. AFZ **7**, 448-450.
[59] KLAEHN, F. U.; RUNQUIST, E., 1951: Die Maserbildung an der Birke. Ihre Verbreitung, Formen und Ursachen. Holz-Zentralblatt **77**, 1293, 1295.
[60] KLAEHN, F. U.; RUNQUIST, E., 1951/52: Die Birke. Eine Zusammenfassung der neuesten Untersuchungsergebnisse in forstbotanischer und forstbenutzlicher Hinsicht und zur waldbaulichen Behandlungsweise dieser Holzart. Allg. Forst- u. Jagdz. **123**, 172-177.
[61] KLEINSCHMIT, J.; OTTO, H.-J., 1980: Prüfung von Birkenherkünften und Einzelbäumen sowie Züchtung mit Birke. Der Forst- und Holzwirt **30**, 81-88.
[62] KLEINSCHMIT, J.; SVOLBA, J., 1983: Prüfung von Birken-Herkünften und Einzelbäumen durch die Abt. Forstpflanzenzüchtung der Niedersächsischen Forstlichen Versuchsanstalt. Die Holzzucht **37**, 14-17.
[63] KÖSTLER, J. N.; BRÜCKNER, E.; BIEBELRIETHER, H., 1968: Die Wurzeln der Waldbäume. Parey Verlag, Hamburg/Berlin.
[64] KOMAROV, V. L., 1985: Flora of the USSR. Vol. V. Engl. Transl. Koelz, Koenigstein.
[65] KREUTZER, K., 1961: Wurzelbildung junger Waldbäume auf Pseudogleyböden. Forstw. Cbl. **80**, 356-392.
[66] KRÜSSMANN, G., 1976: Handbuch der Laubgehölze. 2.Aufl. Parey Verlag, Berlin/Hamburg.
[67] LANDBECK, H., 1956: Die Birke, ein forstliches Unkraut? Forst u. Jagd **6**, 81-83.
[68] LANGHAMMER, A., 1982: Growth studies on silver birch (Betula verrucosa EHRH.) in Norway. Medd. Norg. Landbr. hogsk. **61**, 1-43.
[69] LARCHER, W., 1984: Ökologie der Pflanzen. 4. Aufl. Ulmer Verlag, Stuttgart.
[70] LAUDERT, D., 1998: Mythos Baum. BLV Verlag, München.
[71] LEDER, B., 1992: Weichlaubhölzer. Zimmermann Verlag, Balve.
[72] LEUSCHNER, CH.; IMMENROTH, J., 1993: Landschafts-Veränderungen in der Lüneburger Heide 1770 – 1985. Dokumentation und Bilanzierung auf der Grundlage historischer Karten. Arch. Nat. u. Landsch. **33**, 35-139.
[73] LINDNER, A., 1956: Günstige Auswirkung des Birkenschirmes auf das Wachstum gleichzeitig eingebrachter Kulturen. Forstw. Cbl. **75**, 239-242.
[74] LOCKOW, K.-W., 1998: Die neue Sandbirken-Ertragstafel. AFZ **53**, 258-261.
[75] LUNDGREN, L. N.; PAN, H. et al., 1995: Development of a new chemical method for distinguishing between Betula pendula and Betula pubescens in Sweden. Can. J. For. Res. **25**, 1097-1102.
[76] MAURER, S.; MATYSSEK, R. et al., 1997: Nutrition and the ozone sensitivity of birch (Betula pendula). I. Responses at the leaf level. Trees **12**, 1-10.
[77] MAURER, S.; MATYSSEK, R. 1997: Nutrition and the ozone sensitivity of birch (Betula pendula). II. Carbon balances, water-use efficiency and nutritional status of the whole plant. Trees **12**, 11-20.
[78] MC CARTHAIGH, D.; SPETHMANN, W., 2000: Krüssmanns Gehölzvermehrung. Parey Verlag, Berlin.
[79] MESSIER, C.; PUTTONEN, P., 1995: Growth, allocation and morphological responses of Betula pubescens and Betula pendula to shade in developing Scots pine stands. Can. J. For. Res. **25**, 629-637.
[80] MOROSOW, G. F., 1959: Die Lehre vom Walde. Neumann Verlag, Radebeul.
[81] MUTIKAINEN, P.; WALLS, M. M.; OVASKA, J., 1996: Herbivore-induced resistance in Betula pendula: The role of plant vascular architecture. Oecologia **108**, 723-727.
[82] MUTIKAINEN, P.; WALLS, M. et al., 2000: Herbivore resistance in Betula pendula: Effect of fertilisation, defoliation and plant genotype. Ecology **81**, 49-65.
[83] MYKING, T., 1999: Winter Dormancy Release and Budburst in Betula pendula and Betula pubescens EHRH. Ecotypes. Phyton **39**, 139-146.
[84] NATHO, G., 1959: Variationsbreite und Bastardbildung bei mitteleuropäischen Birkensippen. Fedd. Repert. **61**, 211-273.
[85] NIEMISTÖ, P., 1995a: Influence of initial spacing and row-row distance on the crown and branch properties and taper of silver birch (Betula pendula). Scand. J. For. Res. **10**, 235-244.
[86] NIEMISTÖ, P., 1995b: Influence of initial spacing and row-row distance on the growth and yield of silver birch (Betula pendula). Scand. J. For. Res. **10**, 245-255.
[87] NOVITSKAYA, L. L., 1998: Regeneration of bark and formation of abnormal birch wood. Trees **13**, 74-79.
[88] NÜSSLEIN, S., 1999: Birken wirken wuchsfördernd. AFZ **54**, 615.
[89] NYGREN, M.; KELLOMÄKI, S., 1983: Effects of shading on leaf structure and photosynthesis in young birches, Betula pendula ROTH. and B. pubescens EHRH. For. Ecol. Managem. **7**, 119-132.
[90] PASKOVA, M., 1990: Bewertung ausgewählter Baum- und Straucharten nach ihrem Staubfangvermögen. Mitt. Dtsch. Dendrol. Ges. **79**, 141-147.
[91] PFEIL, W., 1860: Die deutsche Holzzucht. Leipzig.
[92] POLOMSKI, J.; KUHN, N., 1998: Wurzelsysteme. Haupt Verlag, Bern/Stuttgart/Wien.
[93] RAULO, J.; KOSKI, V., 1977: Growth of Betula pendula Roth progenies in southern and central Finland. Commun. Inst. For. Fenn. **90**, 1-39.

[94] REHDER, A., 1990: Manual of cultivated trees and shrubs hardy in North America. Reprint. Dioscorides Press, Portland.
[95] REUM, J. A., 1837: Forstbotanik. Dresden/Leipzig.
[96] ROHMEDER, E., 1972: Das Saatgut in der Forstwirtschaft. Parey Verlag, Hamburg/Berlin.
[97] ROLOFF, A., 1993: Kronenentwicklung und Vitalitätsbeurteilung ausgewählter Baumarten der gemäßigten Breiten. Sauerländer Verlag, Frankfurt /M.
[98] ROLOFF, A., 2000: Die Baumkrone. Ulmer Verlag, Stuttgart.
[99] ROLOFF, A.; BÄRTELS, A., 1996: Gehölze. Ulmer Verlag, Stuttgart.
[100] SÄCHSISCHES STAATSMINISTERIUM für UMWELT und LANDWIRTSCHAFT, 1999: Waldzustandsbericht 1999. Dresden.
[101] SACHSSE, H., 1984: Einheimische Nutzhölzer und ihre Bestimmung nach makroskopischen Merkmalen. Parey Verlag, Hamburg/Berlin.
[102] SACHSSE, H., 1988: Holzqualität von Birken. Die Baumart Birke und ihre anatomischen Holzeigenschaften. Holz als Roh- und Werkstoff **46**, 441-446.
[103] SACHSSE, H., 1989: Holzqualität von Birken. Strukturelle und physikalisch-mechanische Eigenschaften von Birkenhölzern. Holz als Roh- und Werkstoff **47**, 27-30.
[104] SCHMIDT, P. A.; SCHMIEDER, B., 1997: Zur Unterscheidung von Hängebirke (Betula pendula ROTH.) und Moorbirke (Betula pubescens EHRH.). Sächs. Flor. Mitt. **4**, 148-160.
[105] SCHMIEDER, B., 1996: Untersuchungen zur Variation von Birkenpopulationen (Betula pubescens EHRH., Betula pendula ROTH) im Elbsandsteingebirge. Dipl.Arb. TU Dresden, Tharandt.
[106] SCHNEIDER, C. K., 1906: Illustriertes Handbuch der Laubholzkunde. Fischer Verlag, Jena.
[107] SCHNEIDER, H., 1994: Sproßorganisation und Blattarchitektur bei Betulaceae und extratropischen Fagaceae. Diss. Botanicae **219**, 1-229.
[108] SCHÖNBACH, H., 1948: Anbauversuche mit Sand- und Moorbirke im Tharandter Wald. Forstw. – Holzw. **2**, 261-265.
[109] SCHÖNBORN, A.v., 1964: Die Aufbewahrung des Saatgutes der Waldbäume. BLV Verlag, München.
[110] SCHOBER, R., 1987: Ertragstafeln wichtiger Baumarten. 3. Aufl. Sauerländer Verlag, Frankfurt/M.
[111] SCHOLZ, E., 1962: Beiträge zur Formenmannigfaltigkeit von Betula pendula ROTH und Betula pubescens EHRH. Diss. TH Dresden, Tharandt.
[112] SCHOLZ, E., 1963: Die rationelle Bewirtschaftung der Birke. Sozialistische Forstw. **13**, 337-343.
[113] SCHWENKE, W., 1978: Die Forstschädlinge Europas. 3. Band. Schmetterlinge. Parey Verlag, Hamburg/Berlin.
[114] SCHWENKE, W., 1982: Die Forstschädlinge Europas. 4. Band. Hautflügler und Zweiflügler. Parey Verlag, Hamburg/Berlin.
[115] SCHWERDTFEGER, F., 1981: Die Waldkrankheiten. Parey Verlag, Hamburg/Berlin.
[116] SINCLAIR, W. A.; LYON, H. H.; JOHNSON, W. T., 1989: Diseases of trees and shrubs. Cornell University Press, Ithaca/London.
[117] SPINDLER, K., 1993: Der Mann im Eis. Die Ötztaler Mumie verrät die Geheimnisse der Steinzeit. Bertelsmann Verlag, München.
[118] STERN, K., 1963: Über die Abhängigkeit des Blühens der Sandbirke von Erbgut und Umwelt. Silvae Genetica **12**, 26-31.
[119] STRASSMANN, R. A., 1994: Baumheilkunde. AT Verlag, Aarau.
[120] TAUCHNITZ, E., 1958: Beiträge zur Frage der Birkenzüchtung im Süden der Deutschen Demokratischen Republik. Dipl.Arb. TH Dresden, Tharandt.
[121] TUTIN, T. G.; BURGES, N. A. et al., 1996: Flora Europaea. Vol. 1. reprint. Cambridge University Press, Cambridge.
[122] WAGENFÜHR, R., 1996: Holzatlas. 4. Aufl. Fachbuchverlag, Leipzig.
[123] WAGENITZ, G., 1981: Gustav Hegi. Illustrierte Flora von Mitteleuropa III, 1. 3. Aufl. Parey Verlag, Berlin/Hamburg.
[124] WAGNER, S.; RÖKER, B., 2000: Birkenanflug in Stieleichenkulturen – Untersuchungen zur Dynamik der Konkurrenz über 5 Vegetationsperioden. Forst u. Holz **55**: 18-22.
[125] WARDA, H.-D., 1998: Das große Buch der Garten- und Landschaftsgehölze. Bruns Pflanzenexport GmbH, Bad Zwischenahn.
[126] WETTSTEIN, W. v., 1942: Die Grundlagen der Züchtung von Forstpflanzen. Mitt. Dtsch. Dendrol. Ges. **55**, 169-176.
[127] WINKLER, H., 1904: Betulaceae. In ENGLER, A.: Das Pflanzenreich. Engelmann Verlag, Leipzig.
[128] WINKLER, H., 1930: Der gegenwärtige Stand der Betula-Systematik. Mitt. Dtsch. Dendrol. Ges. **42**, 36-40.

Die Autoren:

Prof. Dr. ANDREAS ROLOFF und
Dipl.-Forstw. ULRICH PIETZARKA
Institut für Forstbotanik und Forstzoologie
und Forstbotanischer Garten Tharandt
01737 Tharandt / TU Dresden

Betula pubescens EHRHART, 1791

Moorbirke, Haarbirke, Besenbirke, Bruchbirke

Familie: Betulaceae

engl.:	Downy birch, European birch
franz.:	Bouleau pubescent
ital.:	Betulla pubescente
span.:	Abedul
poln.:	Brzoza omszona

Abb. 1: Betula pubescens. Typischer Altbaum mit kräftigen, nicht überhängenden Ästen (Foto: P. Schütt)

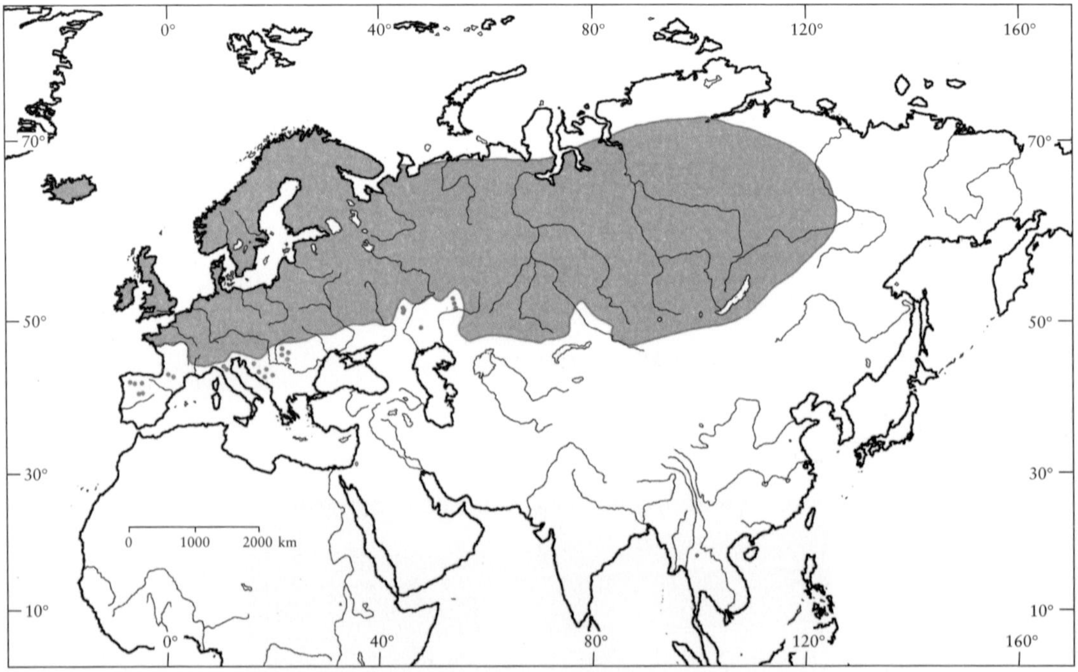

Abb. 2: Natürliches Verbreitungsgebiet (ohne Vorkommen in Grönland), nach [66] (• = Einzelvorkommen)

Betula pubescens EHRH., ist neben der Hängebirke (*B. pendula* ROTH) einer der beiden baumförmigen Vertreter dieser Gattung in Europa.

Ihr Holz besitzt nur geringen Wert, weswegen sie von forstlicher Seite wenig geschätzt ist. Daher wurde und wird sie in Wirtschaftswäldern Mitteleuropas und Großbritanniens zum Teil intensiv bekämpft. Mit dieser Pionierart sind jedoch bedeutsame ökologische und damit forstlich-landschaftspflegerische Vorteile verbunden [52, 61]. Solchem möglichen Nutzen ist nur in einzelnen forstlichen Züchtungs- und Forschungsprogrammen Rechnung getragen worden [7, 54, 86]. Während in den skandinavischen Ländern sowohl eine planmäßige Nutzung als auch andauernde Forschungsaktivität bestand, scheint in Mitteleuropa das Interesse an den heimischen Birken erst in jüngerer Zeit wieder zu wachsen [11, 55, 61, 76, 97].

Mit ihrer Schwesterart *B. pendula* teilt sich die Moorbirke fast ihr gesamtes Verbreitungsgebiet. Im Gegensatz zur trockenresistenteren Hängebirke reicht sie jedoch weniger weit nach Süden, aufgrund ihrer höheren Frostresistenz dagegen weiter nach Norden.

Der deutsche Name Moor- oder Bruchbirke deutet darauf hin, daß sie gegenüber der Sandbirke meist feuchtere Standorte bevorzugt. Die beiden Arten sind ökologisch jedoch nicht völlig voneinander isoliert, sondern wachsen mitunter gemeinsam auf denselben Standorten [36]. Die Bezeichnungen Haar- und Besenbirke beziehen sich auf äußere Merkmale des Baumes: zum einen auf die behaarten Triebe und zum anderen auf die ±steif nach oben gerichteten Zweige (im Gegensatz zu kahlen Trieben und hängenden Zweigen bei *B. pendula*).

Verbreitung

Das Hauptverbreitungsgebiet von *B. pubescens* ist eurosibirisch und liegt in der borealen bis temperaten Zone. Es reicht in West-Ost-Richtung von Süd-Grönland, Island und den Britischen Inseln über Europa bis etwa 127° ö. L.; die Sippe fehlt in Ostsibirien [66]. Nördlichste Vorkommen liegen in Grönland etwa bei 62° n. B. [53], in Island bei 65° n. B. [36], in Großbritannien bei 59° n. B. [15], in Lappland (Nordkap) und Mittelsibirien bei 71° n. B. [95]. Die Art bildet in den ozeanischen Bezirken des subarktischen Europa als schmaler Birkengürtel nördlich der borealen Nadelwälder die Wald- und Baumgrenze [47]. Stellenweise steigt sie in der Subarktis 100 bis 200 m höher als die Nadelbäume des entsprechenden Gebietes [58]. Die Südgrenze des Hauptareals erstreckt sich in Europa entlang der großen Gebirge: von den Pyrenäen über die südlichen Alpen (Dauphiné, nicht in den Seealpen bzw. im mediterranen Bereich) bis zu den Karpaten (einschließlich Südkarpaten).

Weiter verläuft sie nördlich der großen russischen Steppen (Kasachstan) bis zum südlichen Altai und Sajan [53]. Außerdem befinden sich Teilareale in den Gebirgen Serbiens und Montenegros, der Iberischen und der Balkan-Halbinsel sowie im Apennin und im Kaukasus [36].

Geschlossene, ausgedehnte Wälder bildet *B. pubescens* in Rußland zwischen 60° und 65° n. B. [53]. Außerdem sind zusammenhängende, reine Birkenbestände in Schottland und Skandinavien zu finden [47, 52]. Im übrigen Gebiet ist die Art entweder Wäldern beigemischt, die von Nadel- oder anderen Laubhölzern dominiert werden, oder sie bildet aufgrund besonderer Standortbedingungen nur lokal reine Bestände.

Entsprechend ihrer Fähigkeit, in die subarktische Vegetationszone vorzudringen, steigt *B. pubescens* in den Gebirgen der borealen Zone in der subalpinen Stufe ebenfalls bis zur Baumgrenze. Für die Alpen werden folgende Werte höchster Vorkommen angegeben [36, 53, 59]:

Westalpen	Höhe [m] ü.NN	Ostalpen	Höhe [m] ü.NN
Oberengadin (Fornogletscher)	1950	Nördliche Kalkalpen (Inntal: Spitzbühel)	1700
Graubünden (Val Demat)	2150		
Bernina (Rübel)	2050	Nördliche Kalkalpen (Inntal: Saile)	1920
Ofengebiet (Furrer)	2120		
Berner Alpen (Oberaletsch-gletscher: Coaz)	1900	Zentralalpen (Pitztal: Taschach-Gletscher)	2200
		Zentralalpen (Ötztal: Rofen)	2050

Abb. 3: Winterbild eines lückigen Bestandes auf nasser Wiese (Foto: U. M. Lang)

Abb. 4: Winterknospen

Morphologie

Erscheinungsbild

B. pubescens ist ein rasch wachsender, unter günstigen Standortbedingungen im Baltikum bis zu 30 m hoher, sommergrüner Laubbaum. Im Bestand ist der Schaft meist gerade und bis zu 10 m Stammhöhe astfrei. Auf nassen Torfböden sind häufiger knorrige, kleinere Bäume mit deutlich kürzeren, astfreien Schäften zu beobachten [37].

Strauchartiger Habitus kann durch wiederholten Stockausschlag und die daraus resultierende Mehrstämmigkeit hervorgerufen werden [92]. Strauchformen sind vor allem im Gebiet der nördlichsten Vorkommen (*B. pubescens* ssp. *tortuosa*) zu finden [47]. Erhöhter Stockausschlag wird hier als genetisch fixiertes Merkmal angesehen [92]. Auch an Gebirgsstandorten südlicher Breiten ist Strauchwuchs – insbesondere in Hanglage – häufig zu beobachten [9, 68]. Hier scheinen jedoch die sekundären Triebbildungen primär durch äußere Einflüsse induziert und gefördert zu werden [20, 38].

Die Äste wachsen stumpfwinkelig aufwärts oder horizontal ausgebreitet. Im Gegensatz zu *B. pendula* hängen die jungen Zweige nicht oder nur an der Spitze alter Bäume leicht über [36].

Knospen, Blätter und Triebe

Die spitz-eiförmigen Winterknospen sind meist etwas gebogen und 6 bis 9 mm lang, die Endknospen etwas länger als die Seitenknospen. Ihre bräunlichen Tegmente sind weiß bewimpert, werden nach Aufbruch der Knospe bleich, spreizen seitlich vom Sproß ab und fallen schließlich ab [53].

Die heranwachsenden Laubblätter sind gegen Trockenheit und tierische Schädlinge durch dichte Behaarung und ein Harzdrüsensekret geschützt. Die voll entwickelten Blätter sind meist nicht mehr so dicht behaart, werden aber nie ganz kahl. Insbesondere auf der Spreitenunterseite verbleiben die einzelligen Trichome auf den Adern und als Domatien in deren Achseln [53] (Achselbärte). Die sommergrünen, wechselständigen, rundlich-eiförmigen oder rautenförmigen, einfach oder unregelmäßig doppelt gezähnten Blätter sind 3 bis 8 cm lang und 1,5 bis 6 cm breit, der Blattstiel 1 bis 2,5 cm lang [36]. Früh- und Spätblätter lassen sich morphologisch nicht unterscheiden [80]. Im Herbst färben sich die Blätter leuchtend gelb.

Es sind Kurz- und Langtriebe zu unterscheiden, die beide entweder steril oder fertil sein können. Die Langtriebe setzen das sympodiale Wachstum der Äste mit bis zu 70 cm langen Jahrestrieben fort [80]. Die diesjährigen Langtriebe gehen aus pseudoterminalen Seitenknospen hervor, nachdem die kaum entwickelte vegetative Endknospe noch im Vorjahr vertrocknet ist und abgeworfen wurde [53]. Die Triebachsen sind im ersten Jahr schwach bis dicht filzig behaart, anfangs grün, später braun und werden mit der Korkbildung in den folgenden Jahren weiß.

Die Kurztriebe tragen meist 2 (bis 3), maximal bis zu 5 Blätter [40], wachsen nur wenige Millimeter pro Vegetationsperiode und bleiben unverzweigt. Sterile Kurztriebe können bis zu 10 Jahre alt werden. Sie schließen jährlich mit einer vegetativen Endknospe ab, die im Folgejahr das monopodiale Wachstum fortsetzt. Mitunter geht aus ihnen ein frei wachsender, steriler Langtrieb hervor, der im Folgejahr wieder von einem Kurztrieb abgelöst werden kann. Fertile Kurztriebe schließen mit 1 (selten 2) weiblichen Kätzchen ab und setzen das Wachstum im folgenden Jahr mit einer Seitenknospe fort [53].

Abb. 5: Blatt eines vegetativen Kurztriebs (links) und unregelmäßig gezähnter Blattrand (rechts)

Abb. 6: Typische Blattformen

Blüten und Früchte

Birken sind monözisch. Die unscheinbaren, bei *B. pubescens* stets gestielten Blütenstände sind in der Regel getrenntgeschlechtig. Männliche Kätzchen (1 bis 3) stehen terminal an Langtrieben, weibliche an Kurztrieben unterhalb des diesjährigen Triebes [53]. Ausnahmsweise kommen bei der Moorbirke männlich-sterile oder weiblich-sterile Individuen ebenso wie zweigeschlechtige Blütenstände vor [21].

Abb. 7: „Achselbärte" auf der Blattunterseite

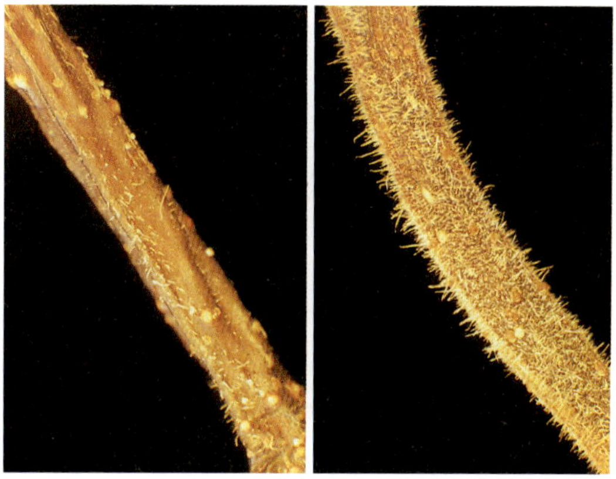

Abb. 8: Junge Langtriebe. Fast kahl (links) und dicht behaart (rechts)

Die Blüten werden im Jahr vor ihrer Reife angelegt. Die weiblichen Blütenstände überwintern in der Knospe, die männlichen nackt, nur durch ihre Deckschuppen geschützt [36]. Das Ausstäuben beginnt einige Tage nach Laubausbruch, in südlichen Gebieten um Mitte März, im Norden Mitte April bis Ende Mai [45, 87]. Die triporaten Pollenkörner haben einen mittleren Durchmesser von 27,5 µm [45]. Der Pollen kann bis zu 2000 km weit fliegen [39].

An den Kätzchen reihen sich um die Spindel dichasiale, drei-blütige Teilblütenstände. Die weiblichen Blüten haben keine Blütenhülle.

Abb. 9: Männliche Blütenstände im zeitigen Frühjahr (links) und zur Zeit des Stäubens (rechts)

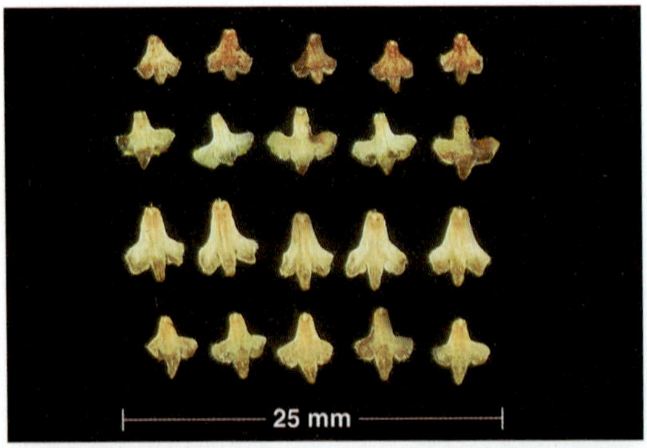

Abb. 10: Fruchtschuppen vier verschiedener Bäume aus dem Alpenvorland

Die männlichen Blüten besitzen je ein zweiblättriges Perigon und zwei Staubblätter, deren Theken voneinander getrennt sind (gespaltene Staubblätter). Bei den weiblichen Dichasien geht aus einer Verwachsung von Deckblatt (Mittellappen) und zwei Vorblättern (Seitenlappen) die zur Fruchtreife abfallende (nicht verholzende) Schuppe hervor [53]. In ihrer Achsel sitzen je drei einsamige, so gut wie endospermlose Nüßchen mit pergamentartigen Flügeln, die bei *B. pubescens* etwa so breit sind wie der Fruchtkörper. Ebenso wie der Pollen werden die Früchte windverbreitet. Letztere fallen in ihrer Mehrzahl im September und Oktober in einem Radius von 50 m zu Boden. Bei einer Windgeschwindigkeit von 5 m/s wird eine maximale Distanz von 145 m erreicht [74].

Holz und Rinde

B. pubescens ist ein Splintholzbaum, dessen Holz mittelschwer, relativ weich, zäh und elastisch ist. Die kleinen, im Querschnitt zerstreut angeordneten Gefäße sind im Frühholz etwas größer und zahlreicher als im Spätholz. Die Jahrringgrenzen sind als helle Linien erkennbar. Das Holz ist hell (gelblich bis rötlich oder bräunlich), leicht zu bearbeiten und zu biegen, läßt sich beizen und färben, ist aber schwer spaltbar und schwindet stark. Es ist anfällig gegen Pilz- und Insektenbefall, aber imprägnierbar. Beim Trocknen besteht Verwerfungsgefahr [83].

Rohdichte r_0	0,46 .... 0,61 0,80	g/cm³
Druckfestigkeit $\sigma_{dB\parallel}$	372 .... 500 980	da N/cm²
Zugfestigkeit $\sigma_{zB\parallel}$	343 ...... 1343 ... 2647	da N/cm²
Biegefestigkeit σ_{bB}	745 ...... 1441 ... 1520	da N/cm²
Schlagzähigkeit a	4,41 .... 8,33 .. 12,74	J/cm²
Volumenschwindung β_v	113,7	%

[83]

Abb. 11: Stammquerschnitt (Foto: P. Schütt)

Das Holz von *B. pubescens* und *B. pendula* läßt sich anatomisch kaum unterscheiden [83]. Braun-, Eis- und Flammmaserung sind jedoch nur für die Hängebirke nachgewiesen [17].

Abb. 12: Stammborke eines jungen (links) und eines alten Baumes (rechts)

In der primären Rinde enthält das Kollenchym einzelne Steinzellennester. Im sekundären Phloem wechseln mehrfach, jedoch nicht in jahreszeitlich-periodischem Rhythmus, Weich- und Hartbastlagen. Das erste Phellogen wird subepidermal bereits im ersten Lebensjahr angelegt und bleibt mehrere Jahrzehnte aktiv. Als kleine, dunkle Querstreifen sind die Lenticellen deutlich sichtbar [53].

Die weiße ‚Farbe' der Ringelborke entsteht durch Lichtbeugung und -reflexion an nadelförmigen (farblosen) Betulin-Kristallen in den lufterfüllten Korkzellen. In Kreuzungsversuchen mit weiß- und graustämmigen Moorbirken erwies sich das Grau dominant über Weiß und als oligogenisch gesteuert [45]. An der Stammbasis älterer Bäume entstehen schwärzliche Risse in der Borke [36].

Wurzelsystem

B. pubescens besitzt ein Herzwurzelsystem. Der Oberboden wird bis zu 40 cm Tiefe intensiv durchwurzelt; darunter nimmt die Durchwurzelungsdichte rasch ab [57]. Lateralwurzeln können in Oberflächennähe bis zu 25 m weit reichen, vertikal werden bis zu 3 m tiefe Senker gebildet [5]. Das plastische Wurzelsystem paßt sich an jeweilige Standortgegebenheiten an [74], was bei ungünstigen Bodenbedingungen zu einem sehr flachen Wurzelsystem und damit zu Windwurfgefahr führt [76]. Aus Adventivknospen kann Wurzelbrut entstehen [92]. Diese Form der vegetativen Regeneration ist aber im Vergleich zu ausschlagenden Knospen der Stammbasis nur selten zu beobachten [93].

Die Wurzeln von *B. pubescens* können mit Pilzarten aus mindestens zwölf Gattungen (*Basidiomycotina*: *Amanita*, *Hebeloma*, *Inocybe*, *Laccaria*, *Lactarius*, *Leccinum*, *Paxillus*, *Ramaria*, *Russula*, *Telephora*; *Ascomycotina*: *Peziza*) ektotrophe Mykorrhizen bilden. Ein Teil davon ist in hohem Maß wirtsspezifisch. Die Pilze infizieren den Baum in festgelegter zeitlicher und räumlicher Ordnung, wobei diese Sukzession auf vorher baumlosen Standorten anders verläuft als in intakten Birkenbeständen [65]. Eine frühe Infektion ist von großer Bedeutung für den Wachstumserfolg der Sämlinge. Pilze wie *Hebeloma crustuliniforme* (BULL.) QUÉLET können organischen Stickstoff für den Baum verfügbar machen [1] oder wie *Amanita muscaria* (FRIES) HOOKER dessen Zinktoleranz erhöhen [14].

Taxonomie und genetische Differenzierung

Die europäischen baumförmigen Birken faßte LINNÉ ursprünglich unter *B. alba* zusammen [63]. Später wurde dieses Taxon in die zwei Arten *B. pendula* ROTH und *B. pubescens* EHRH. unterteilt [24, 81].

B. pubescens ist morphologisch sehr variabel, was sich in den Schwierigkeiten widerspiegelt, diese Art interspezifisch abzugrenzen oder intraspezifisch zu gliedern. Trotz weitreichender Untersuchungen (Übersichten in [5, 19, 47]) sind noch viele Fragen zur Phylogenese, taxonomischen Stellung und innerartlichen Gliederung dieses Taxons offen.

Zwischen *B. pubescens* und *B. pendula* überschneidet sich die Ausprägung einzelner Merkmale, wie z.B. die Winkelgröße von Blattbasis oder -spitze, mitunter beträchtlich [40]. Auch bei (subjektiver) Diagnose mehrerer Parameter einer integrierten Größe, wie der Form eines Blattes, können die beiden Sippen oft nur schwer oder gar nicht differenziert werden. Daher wurde angenommen, daß diese Arten aufgrund introgressiver Hybridisierung durch vielfältige Übergangsformen miteinander verbunden seien [30, 68, 69].

Eine Zuordnung fraglicher Individuen ist auf der Basis ihrer Chromosomenzahlen möglich: *B. pendula* besitzt 2n = 28 und *B. pubescens* 2n = 56 Chromosomen; als Chromosomengrundzahl wird x = 14 oder x = 7 angegeben (Übersicht in [13]). Auch mit Hilfe von multivariaten Analysen meßbarer und standardisiert erhobener Merkmale lassen sich die beiden Arten mit hoher Sicherheit (90 bis 97%) unterscheiden [6, 22, 38]. Hohen diagnostisch-diskriminatorischen Wert besitzen Merkmale der Behaarung von Blättern und Trieben und die Blattform [38, 40, 50, 72].

Reproduktionsbarrieren und Artkreuzungen

B. pubescens und *B. pendula* sind in vielen Teilen ihres Verbreitungsgebietes sympatrisch und kommen häufig in Mischbeständen vor [5, 71]. Zwischen ihnen bestehen dennoch folgende prä- und/oder postzygotische Reproduktionsbarrieren:

- Im mitteleuropäischen Raum ist die Blütezeit von *B. pubescens* gegenüber *B. pendula* um etwa eine Woche verzögert [87]. Ihre blühphänologische Trennung ist jedoch nicht vollkommen [89], insbesondere im nördlichen Teil ihres gemeinsamen Areals (SARVAS zit. in [45]).
- Zwischen dem Pollenschlauch von *B. pendula* und der Narbe von *B. pubescens* besteht eine anatomisch-mechanische Inkompatibilität [27]. Gelenkte Kreuzungen mit *B. pendula* als Pollenspender haben daher meist keinen keimfähigen Samen ergeben (Übersicht in [45]).
- Kreuzungsversuche mit *B. pubescens* als Pollenspender ergaben mit wenigen Ausnahmen geringe Mengen keimfähigen Samens. Z.B. erhielt EIFLER [27] aus 2 × 36 Kombinationen durchschnittlich 1,3%, in einem Fall sogar 11,4% keimfähigen Samen. Eine individuelle Bedingtheit des Kreuzungserfolges [26, 87] und ein Einfluß der Temperatur zum Zeitpunkt der Befruchtung wurden festgestellt [12, 89]. Im Vergleich dazu liegen die Anteile keimfähigen Samens (je nach Herkunftsgebiet) für *B. pendula* × *B. pendula* bei 48 bis 67% und für *B. pubescens* × *B. pubescens* bei 55 bis 70% (SARVAS zit. in [45]).
- Die F_1-Bastarde zeigen in ihren ersten Lebensjahren luxurierendes Wachstum [25], später aber zunehmende Hybridschwäche [89]. Sie sind hochgradig steril [12, 87]. STERN [89] fand jedoch in einzelnen Rückkreuzungen zu *B. pubescens* (mit dem F_1-Hybrid als Pollenspender) bis zu 65% keimfähige Samen, aus denen tetraploide Nachkommen erwuchsen.
- Für die Fertilität und Rückkreuzungspotenz der F_2-Generation liegen nur wenige, auf hohe Hybridschwäche hinweisende Ergebnisse vor [89].

Cytologisch nachgewiesene *B. pendula* × *B. pubescens*-Bastarde (triploid, 2n = 42) fallen morphologisch in den Variationsbereich von *B. pubescens* [12, 50] und morphologisch intermediäre Individuen sind tetraploid (2n = 56), somit *B. pubescens* zugehörig [32].

In Stichproben aus mittel- bis nordeuropäischen Gebieten fand man meist keine, selten aber auch bis zu 8% cytologisch intermediäre Individuen [10, 12, 22].

Mixoploide Bäume weisen im Gegensatz zur diploiden *B. pendula* und zur tetraploiden *B. pubescens* meist eine sehr hohe Variation der Chromosomenzahl innerhalb eines Individuums auf. Z.T. wird ein hybridogener Ursprung, z.T. Aneuploidie in *B. pubescens* angenommen [10, 13]. Diese Frage scheint auf cytologischem Weg nicht endgültig klärbar zu sein; eingehende chemotaxonomische und/oder molekular-genetische Untersuchungen stehen aber noch aus.

Zusammengenommen läßt sich folgern: Die *in natura* gefundenen intermediären Chromosomenzahlen scheinen zumindest teilweise auf interspezifische Kreuzungen zurückzugehen. Sie zeigen, daß die reproduktive Isolation zwischen den beiden Arten nicht vollkommen ist, und daß ein gewisser Grad an Gendrift von *B. pendula* zu *B. pubescens* möglich ist. Andererseits kann aber aufgrund der geringen Kreuzungserfolge zwischen *B. pendula* und *B. pubescens* sowie zwischen deren F_1-Nachkommen und aufgrund der beobachteten Hybridschwäche keine vorherrschende und andauernde Hybridschwarmbildung bestehen.

Für den nördlichen Teil ihres Verbreitungsgebietes sind hybridogene Nachkommen zwischen *B. pubescens* (ssp. *tortuosa* sowie var. *appressa*) und dem Zwergstrauch *B. nana* L. [51, 92] als auch zwischen *B. p.* ssp. *tortuosa* und dem Strauch *B. glandulosa* MICHX. [90] mit jeweils 2n = 42 beschrieben worden. In Schottland erwiesen sich Nachkommen von Individuen, die morphologisch zwischen *B. pubescens* und *B. nana* standen, als diploid oder sie besaßen Chromosomenzahlen um 35. Dies wird als Ergebnis von Rückkreuzungen zwischen dem F_1-Bastard *B. nana* × *B. pubescens* und der Elternart *B. nana* gedeutet [4].

Intraspezifische Differenzierung

Die Untergliederung der formenreichen Sippe *B. pubescens* s.l. ist unterschiedlich vorgenommen worden [3, 56, 77]. Viele der taxonomischen Unsicherheiten im Artkomplex *B. pubescens* resultieren aus der Tatsache, daß identische Sippen von verschiedenen Autoren beschrieben und unterschiedlich benannt worden sind (Angaben zu Synonymen in [36, 77]). Außerdem können vermeintliche Untergruppen nicht durch ein einzelnes Merkmal sicher voneinander unterschieden werden. Die Stellung und Berechtigung dieser infraspezifischen Sippen ist nicht abschließend geklärt.

Einige ursprünglich nicht der Art *B. pubescens* EHRH. zugerechnete Taxa erwiesen sich erst im Lauf der Zeit aufgrund von cytologischen und weiteren morphologischen Analysen als infraspezifische Sippen (z.B. *B. carpatica* [96] zu *B. pubescens* ssp. *carpatica* (WALDST. et KIT.) ASCHERS. et GRAEBN. [3]). Solche Untergruppen sind teilweise, auch entgegen zahlreicher Abgrenzungsschwierigkeiten und trotz fehlender Reproduktionsbarrieren, im Rang von eigenständigen Arten geführt worden. So sind z.B. nach ADAMOV [2] und WALTERS [95] auch *B. borysthenica* KLOKOV und *B. kussmischeffii* (REGEL) SUK., die für die Ukraine bzw. Weißrußland beschrieben worden sind, in die Art *B. pubescens* einzuschließen.

Aktuell werden folgende Unterarten für Europa unterschieden [36, 95]:

- *B. pubescens* EHRH. ssp. *pubescens* (2n = 56)
  In ihrer typischen Ausprägung ist die Moorbirke ein aufrechter, bis 20(30) m hoher Baum. Selten ist sie strauchförmig. Sie hat schlanke Äste und meist eine weiße, mitunter auch bräunliche oder rötliche Borke. Die diesjährigen Zweige sind stets behaart, ebenso wie die Unterseiten der (länglich) eiförmigen, unregelmäßig bis scharf doppelt gesägten Blätter (Behaarung hier oft nur als Achselbärte der Seitennerven) [36].
- *B. pubescens* EHRH. ssp. *tortuosa* (LEDEB.) NYMAN (2n = 56)
  Nach der Originalbeschreibung [60] handelt es sich um Bäume mit breit-eiförmigen oder rundlich-rhombischen, spitzen, unregelmäßig gezähnten, anfangs behaarten, später kahlen Blättern. Die jungen Zweige sind behaart, die älteren ohne Harzwarzen. Die dicken Fruchtkätzchen stehen aufrecht. Die Fruchtschuppen besitzen aufsteigende, schief abgestutzte und behaarte Seitenlappen. Die rundlich-elliptischen Nüßchen sind mit schief-elliptischen Flügeln gesäumt, die so lang und etwa so breit wie das Nüßchen sind.
  Unter diese aus dem Altaigebirge (Süd-Rußland) stammende Beschreibung fallen auch die baumförmigen Birken in Lappland. Ob es sich bei diesen beiden geographisch getrennten Sippen tatsächlich um dasselbe Taxon handelt, ist jedoch nicht endgültig nachgewiesen [47]. Als weiteres, besonders charakteristisches Kennzeichen der nordeuropäischen 'tortuosa'-Sippe wird ihre ausgeprägte Fähigkeit zum Stockausschlag angesehen [92].
- *B. pubescens* EHRH. ssp. *carpatica* (WALDST. et KIT.) ASCHERS. et GRAEBN. (2n = 56).
  Zuerst wurde diese Birke für die Karpaten (Name!) beschrieben als „mit rhombischen, doppelt gezähnten, an der Basis ganzrandigen, kahlen Blättern, mit Blattstielen länger als die Blütenstandstiele und mit bewimperten Fruchtschuppen, deren Seitenlappen länglich, schief abgestutzt sind" [96]. Seither wurden andere Gebiete, wie verschiedene europäische Mittelgebirge, die Alpen und die Pyrenäen genannt, in denen diese Sippe ebenfalls vertreten sein soll [9, 34, 59, 72]. Außerdem erweiterte und veränderte man deren Typus-Beschreibung (Übersicht in [38]). Mitunter wurde sie *B. pubescens* ssp. *tortuosa* oder *B. pubescens* ssp. *odorata* zugeordnet [29]. Dies führte zu taxonomischer Unbestimmtheit von *B. pubescens* ssp. *carpatica*.

Der Vergleich von subarktischen mit südlicheren Tief- und Hochlagen-Populationen von *B. pubescens* s.l. zeigt, daß eine scharfe Trennung zwischen nordischen und montanen Herkünften nicht möglich ist, selbst wenn mehrere Blatt- und Behaarungsparameter herangezogen werden [29]. Unter zusätzlicher Verwendung von Fruchtschuppen-Merkmalen zeichnet sich eine Diskontinuität ab. Die montanen „Karpatenbirken" nehmen eine vermittelnde Stellung zwischen *B. p.* ssp. *pubescens* und *B. p.* ssp. *tortuosa* ein. Je nach betrachtetem Merkmal sind sie dabei der einen oder anderen Sippe ähnlicher [38].

- *B. pubescens* EHRH. ssp. *murithii* (GAUD.) ASCHERS. et GRAEBN.
  Nach MURITH (zit. in [31]) handelt es sich hierbei um eine Birke mit rhombisch eiförmigen, spitzen, doppelt gezähnten Blättern und behaarten Zweigen. Diese Originalbeschreibung wurde später ergänzt [3]: Strauch oder kleiner, bis 5 m hoher Baum mit knorrigem, meist kurzem, glattem, grauem Stamm und schwarzgrauen Ästen; die Blätter zum Teil breiter als lang und bis auf Bärte in den Achseln der Seitennerven verkahlend. Die Berechtigung eine solche Sippe auszuweisen erscheint fraglich, da am locus classicus nur einzelne Exemplare mit der angegebenen Farbe zu finden sind, die übrigen Kriterien jedoch ohne Diskontinuität in den Variationsbereich von *B. pubescens* fallen [38].

B. callosa NOTØ, beschrieben für Skandinavien, Island und die Halbinsel Kola, ist eine weitere Sippe, die nach KALLIO et MÄKINEN [47] unter *B. pubescens* EHRH. einzuordnen ist. Sie zeichnet sich besonders durch einen auffallend geraden Stamm und durch kurze, dicke, eiförmige, fast ungestielte Fruchtkätzchen aus [47, 95].

B. pubescens wird in Nord- und Zentralspanien sowie Nord-Portugal von *B. celtiberica* ROTHM. et VASC. (2n = 56) vertreten [95]. Dieses Taxon sollte nach Auffassung von RIVAS-MARTÍNEZ (zit. in [72]) ebenfalls den Rang einer Unterart von *B. pubescens* erhalten. Dagegen wird *B. celtiberica* ROTHM. et VASC. von anderen Autoren als nah verwandte Art von *B. pendula* [36] oder als Art hybridogenen Ursprungs (aus Karpaten- und Hängebirke) [72] angesehen. Nach PEINADO et MORENO [72] zeichnet sich *B. celtiberica* ebenso wie die für dasselbe Gebiet beschriebenen Karpatenbirke durch behaarte junge Zweige aus, und soll sich von dieser anhand abwärts gegenüber aufwärtsgebogener Fruchtschuppenseitenlappen unterscheiden lassen.

Wegen ihrer eher starren bis knorrigen Wuchsform ist die Moorbirke als Zierbaum kaum geschätzt. Nur wenige Cultivare sind daher im Handel erhältlich [85]:

- *B. pubescens* 'Aurea' (Baum; junge Blätter gelb; Triebe dicht behaart)
- *B. pubescens* 'Urticifolia' (kleiner Baum; Blätter mattgrün, tief und scharf doppelt gesägt mit ausgezogener Spitze; Fruchtkätzchen bis 4 cm lang, schmäler als bei gewöhnlicher Moorbirke; Flügel des Nüßchens weniger breit als der Fruchtkörper)
- *B. pubescens* 'Crenata Nana' (kleiner, rundlicher und langsam wachsender Strauch)

B. pubescens var. *appressa* (2n = 56) stellt nach KALLIO et MÄKINEN [47] eine genetisch kontrollierte, lokale Rasse in Süd-Inari (Finnisch-Lappland) dar, die in vielen Merkmalen der Subspecies *tortuosa* ähnelt, aber am Boden kriecht.

Verjüngung, Vermehrung und Anzucht

B. pubescens blüht durchschnittlich im Alter von 5 bis 10 Jahren zum ersten Mal [64]. Seltener kann sie bereits mit 2 Jahren weibliche Kätzchen [73] oder männliche Kätzchen [45] tragen. Der Baum fruktifiziert jährlich, trägt aber alle 3 Jahre überdurchschnittlich viele Fruchtstände [74].

Die Kätzchen sollten noch grün (kurz vor ihrer vollen Reife) geerntet werden, damit sie nicht auseinanderfallen. Ein Fruchtstand enthält durchschnittlich 450 (80 bis 740 [68]) Früchte, ein ganzer Baum 9 bis 10 × 10^6. Ein Gramm gereinigtes Saatgut enthält etwa 3800 Nüßchen [74]. Das mittlere Tausendkorngewicht liegt also bei 0,26 g. Ein Baum liefert bis zu 4 kg (handelsüblich ungereinigtes) Saatgut, die Fruchtschuppen machen dabei zwei Drittel des Gesamtgewichts aus [79].

Die Lebensdauer der Samen beträgt *in natura* bis zu 2 (3) Jahre [79], wobei bereits nach einem halben Jahr die Keimfähigkeit stark abnimmt. Das Saatgut ist äußerst widerstandsfähig gegen starke Austrocknung und Kälte. Die Resistenz gegen sehr tiefe Temperaturen wird mit abnehmendem Wassergehalt noch erhöht. So zeigt feuchtes Saatgut (46% Wassergehalt) erste Schädigungen bei -7 °C, dagegen führen Temperaturen bis zu -70 °C bei Samen mit 16% Wassergehalt zu keiner negativen Reaktion. Trocknung auf 16 bis 10% Wassergehalt und Aufbewahrung um -10 °C soll die Keimkraft erhöhen. Für längerfristige Lagerung (mehrere Jahre) wird empfohlen, die Früchte nach Trocknung schnell unter Luftabschluß zu bringen und einen Wassergehalt von ≤ 4% sowie eine Temperatur von ≤ -4 °C (≤ -10 °C) konstant zu halten [88].

Für die Bestandesbegründung auf offenem (Mineral-)Boden wird empfohlen, auf 1 ha folgende Saatgutmengen auszustreuen: 5 kg bei sehr günstigem Bodenzustand und überdurchschnittlicher Saatgut-Qualität (= 500 keimfähige Körner in 1 g ungereinigtem Handelssaatgut), bis 10 kg bei durchschnittlichen Bedingungen und mehr als 10 kg bei geringer Qualität von Boden und Saatgut. Es kann im Früh- oder Spätherbst, im Winter (auf Schnee) oder im Frühjahr (nach Schneeschmelze) gesät werden. Der günstigste Termin (für Mitteleuropa) ist September [79]. Die Saat soll nur leicht mit Erde bedeckt werden [74]. Mit Birke wird nur selten (Finnland) aufgeforstet [45], ihre Bedeutung als Vorwald- und Mischbaumart wird jedoch wieder zunehmend betont [61].

Abb. 13: Lawinenhang in den Ostalpen. Strauchförmige Moorbirke nach vermehrtem Stockausschlag

B. pubescens kann sich vegetativ aus schlafenden (Proventiv-)Knospen, seltener auch aus Adventiv-Knospen (primär an der Stammbasis) vermehren [49, 78]. Sie verliert ihre Fähigkeit zum Stockausschlag im Alter von 40 bis 60 Jahren [74]. Die Bildung von Sekundärtrieben wird durch Stammverletzungen gefördert [49]. Wird der Hauptstamm gefällt, korrelieren Anzahl und Überlebensfähigkeit der Stockausschläge mit dem Zeitpunkt des Hiebes und mit der geographischen Breitenlage des Standortes. Zur Erhöhung der Biomasseproduktion und Verhinderung von Frostschäden wird (für Schweden) empfohlen, den Hauptstamm junger Birken in der Zeit von Mai bis Juni zu fällen [42], bei älteren Birken dagegen genau diese Periode zu meiden [43]. Die Höhe des verbleibenden Stocks soll dabei 10 bis 25 cm auf Torfböden und weniger als 10 cm auf Böden ohne Humusauflage betragen [44].

Ökologie

B. pubescens ist eine typische Pionierbaumart mit sehr schnellem Jugendwachstum, früher Zuwachskulmination, geringem Lebensalter, früher und reichlicher Produktion an windverbreitetem Samen, geringer Schattentoleranz und hoher Frostresistenz.

Wegen ihrer weiten ökologischen Amplitude kann die Moorbirke in vielen verschiedenen Pflanzengesellschaften wachsen, die sich in ihrer Artzusammensetzung vielfältig unterscheiden. Aufgrund ihres hohen Lichtbedarfs bildet sie häufig ein frühes Sukzessionsstadium, nicht den zonalen Klimaxwald. Sie kann sich nur auf extremen, insbesondere nassen und nährstoffarmen Standorten behaupten, die von anderen Baumarten gemieden werden. So sind Moorbirken – zum Teil dominierender – Bestandteil sowohl von bodensauren Bruchwäldern als auch von boreal-alpinen Nadelwäldern oder in Moorlandschaften: z.B. prägt *B. pubescens* auf nassen, meso- bis oligotrophen Torfböden (über kalkarmen oder kalkreichen Unterlagen) den Ohrweiden-Birkenbruch in kühl-humiden Berglagen oder im Alpenvorland (submontane bis montane Stufe), wo sie Flach- und Quellmoore oder den Lagg von Hochmooren begleitet. In hohen Gebirgen kann sie zusammen mit *Sorbus aucuparia* L. eine Dauergesellschaft auf Blockhalden bilden, die meist mächtige Moder- oder Rohhumusauflagen und nicht-ausgefüllte Hohlräume aufweisen. In Höhenlagen von 100 bis 1100 m findet sich in Mitteleuropa in der Laggzone von Hochmooren, auf entwässerten Hoch- und Zwischenmooren und auf sehr sauren, staunassen mineralischen Böden (Anmoorgley) der ‚Birken-Moorwald'. Kiefer und/oder Fichte sind ihm fast immer beigemengt. Diese nordische Reliktgesellschaft ist im subozeanischen Bereich als Dauergesellschaft, im subkontinentalen Bereich dagegen als Folgegesellschaft (im Übergang zu Kiefern-Moorwäldern) anzusehen [71].

Desweiteren findet sich die Moorbirke als steter Begleiter oder/und als Vorwaldbaumart sowohl in den Buchen- und sommergrünen Eichenwäldern als auch in den boreal-alpinen Fichtenwäldern. Etwas höhere Anteile am Bestandesaufbau (mit einer Stetigkeit der Art bis zu 33%) erreicht sie in den westeuropäischen (atlantischen bis subatlantischen), sauren Eichen-Mischwäldern. Ebenso ist sie aber auch auf trockenen, kalkreichen Flußschottern anzutreffen [71].

Wachstum und Entwicklung

Birkensamen keimen epigäisch. Binnen einer Woche entwickelt sich ein zarter, nur wenige Millimeter hoher Keimling; drei Wochen später folgt das erste Laubblatt. Im ersten Jahr erreichen die Pflanzen eine Höhe bis zu 3 cm, im zweiten bis zu 50 cm, im dritten bis zu 150 cm und im vierten bis zu 300 cm [53]. *B. pubescens* ist eine schnellwachsende Baumart, die meist kein höheres Alter als 100 Jahre erreicht [33]. Als Umtriebszeiten werden in Abhängigkeit von der Standortsgüte 40 bis 70 Jahre (für Norwegen) angegeben [5].

Abb. 14: Keimling (nat. Größe), Folgeblätter locker und lang behaart

Die Sämlinge können sich am besten auf Mineralboden ohne dicke Humusschicht oder auf Torfboden etablieren, solange dieser nicht oberflächlich austrocknet. Auf Brandflächen oder auf verrotteten Wurzeln und Stöcken wird ihre Entwicklung wegen der besseren Nährstoffversorgung gefördert. Im Wurzelbereich von Überhältern kann sich die Moorbirke wegen der Konkurrenz um die Wasserversorgung nicht natürlich verjüngen [74, 79]. Auch der Faktor Licht spielt hier vermutlich eine entscheidende Rolle. Meist bieten also nur solche Standorte günstige Entwicklungsbedingungen, deren Vegetationsdecke anthropogen oder natürlich zerstört worden ist. Die rasche Wiederbesiedelung solcher Flächen durch Birken hat zur Folge, daß entsprechende Bestände in der Regel eine homogene Altersstruktur aufweisen [33].

Abb. 15: Sämling im 2. Lebensjahr

Pathologie

B. pubescens ist sehr frosthart, worauf schon ihr Vorkommen bis zur subalpinen und subarktischen Baumgrenze hindeutet. Ihre östliche Verbreitungsgrenze in Sibirien entspricht in etwa der -30 °C-Januar-Isotherme [5]. Dies stimmt mit Messungen überein, wonach eine Wintertemperatur von durchschnittlich -33 °C (maximal bis -40 °C) keine Vitalitätseinbußen hervorruft [91]. Die Frosthärte bleibt trotz zwischenzeitlicher Erwärmung (bis zu 18 °C) den ganzen Winter stabil [84]. Ebenso bleibt der Samen unter geeigneten Feuchtebedingungen nach sehr harten Wintern keimfähig. Auch Spätfröste können dieser Baumart nicht allzuviel anhaben. Halbentfaltete Laubknospen überstehen Temperaturen bis -4 °C. Junge Pflanzen sind jedoch vor allem im ersten Lebensjahr wenig resistent gegenüber Austrocknung [61, 79].

Birken gelten als relativ widerstandsfähig gegenüber Luftschadstoffen [97]. So wurden Moorbirken z.B. bei Leningrad als Schutz für Kiefernbestände gegen Rauchschäden gepflanzt (PODZOROV zit. in [16]). Simulierter saurer Regen (pH 3, Schwefel- und Salpetersäure enthaltend) wirkt sich im natürlichen Keimbett nicht negativ auf die Keimung des Samens von *B. pubescens* (ssp. *tortuosa*) aus. Die Pollenkeimung wird bei einem pH-Wert ≤ 4 gehemmt [94]. Starke Schädigungen können durch flüchtige organische Schadstoffe hervorgerufen werden. So führten in Finnland windverfrachtete, photooxidierte Herbizide zu Nekrosen und zu frühzeitigem Laubfall. Abhängig von der Bestandesdichte wurden die Bäume graduell unterschiedlich geschädigt [70].

Moorbirken werden vom Kirschen-Blattroll-Virus (CLRV) infiziert, was jedoch nicht lethal wirkt [5]. Die Blätter bekommen blaßgelbe Flecken und hellgrüne Adern und sind ungewöhnlich klein. In Großbritannien wurde eine viel höhere Befallsrate an gepflanzten Straßenbäumen als in natürlichen Birken-Beständen beobachtet, was auf eine Infektion eingeführter Ziersorten der Gattung *Betula* hinweist. Der Erreger wird durch Samen oder Pollen verbreitet [18].

Unter den für Moorbirken pathogenen Pilzen kommen die folgenden besonders häufig vor:

Melampsoridium betulinum (FR.) KLEB. (Birkenblattrost, *Uredinales*) kann indirekt zu hohen Ausfällen in Saatbeeten führen, denn die Pflänzchen werden aufgrund der Entlaubung für Frühfrost oder den Befall durch andere Pilze disponiert. Der Pilz vollzieht einen Wirtswechsel zwischen Birke und Lärche, kann aber vermutlich auch auf Birke alleine existieren [8]. Finnische Herkünfte von *B. pubescens* scheinen partiell resistent gegen *M. betulinum* zu sein [75].

Taphrina betulina ROSTR. (*Ascomycotina*, *Taphrinales*) löst die vermehrte Bildung von Knospen aus, deren Austreiben „Hexenbesen"-Wuchs hervorruft.

Abb. 16: Mistelbefall (Viscum album) (Foto: P. Schütt)

Die Zweige der Hexenbesen, in denen der Pilz perenniert, sind verdickt und die Blätter vergilben frühzeitig. *T. betulina* erwies sich als weitgehend wirtsspezifisch für *B. pubescens* [8].

Unter den holzzersetzenden Pilzen an Birke sind vor allem die Wundparasiten *Piptoporus betulinus* (BULL. ex FR.) KARST. (Birkenporling) und *Fomes fomentarius* (L.) FR. (Zunderschwamm), ferner auch *Inonotus obliquus* (FR.) PILÁT (Schiefer Schillerporling) zu nennen. Der Birkenporling ist am häufigsten anzutreffen und erzeugt eine Braunfäule, die beiden letztgenannten eine Weißfäule [8].

Ciboria betulae (WORON.) WHITE (*Coelomycetes*) infiziert die weiblichen Blüten im Frühling und vewandelt den Fruchtknoten in ein schwarzes, fruchtartiges Gebilde. Der Pilz ist über die gesamte boreale Zone verbreitet [8].

Auf den europäischen Baum-Birken lebt eine vergleichsweise hohe Anzahl von Insekten. Diese Fauna ist besonders für Großbritannien eingehend erfaßt. Die meisten Angaben unterscheiden jedoch nicht zwischen *B. pubescens* und *B. pendula*.

Vertreten sind Arten aus den Ordnungen *Thysanoptera* (Fransenflügler), *Hemiptera* (Schnabelkerfe), *Lepidoptera* (Schmetterlinge), *Coleoptera* (Käfer), *Hymenoptera* (Hautflügler) und *Diptera* (Zweiflügler). Die Mehrzahl davon stellt keine Gefahr für diese Bäume dar [5].

Eine Ausnahme bildet die Spannerraupe *Epirrita autumnata* BORKHAUSEN (*Lepidoptera, Geometridae*), die im nördlichen Skandinavien periodisch durch komplette Entlaubung epidemische Schäden an *B. pubescens* (ssp. *tortuosa*) anrichten kann [23, 35]. Die Gallmücke *Senudobia betula* WINNERT kann jährlich (in Schottland und Schweden) bis zu 10% der Moorbirken-Samen befallen [45, 73].

Jungwuchs kann durch Wild oder Weidevieh stark verbissen oder ganz vernichtet werden [33, 79].

Nutzung

Einer der ersten Belege für die Nutzung von Birken in Europa durch den Menschen geht bis ins Mesolithikum (ca. 7500 v. Chr.) zurück. Seither haben Birkenbestände zumeist als Waldweide oder/und Vorwald gedient. Das Holz ist für Kleinmöbel oder zur Herstellung von Holzkohle genutzt worden. Die Zweige wurden für rituelle Zwecke verwendet [62].

Da das Holz von *B. pubescens* nicht sehr tragfähig ist und leicht fault [83], eignet es sich nicht als Bauholz. Dagegen ist es beliebt als Drechsler- und Möbelholz, insbesondere für Furniere. Des weiteren liefert die Birke sehr gutes Brennholz und wird (z.B. in Frankreich, Belgien) zur Papierherstellung genutzt. Die forst- und holzwirtschaftliche Bedeutung von Birken ist jedoch in Mitteleuropa und Großbritannien im Vergleich zu Skandinavien nur gering. Zudem liegt aber auch dort *B. pendula* in der Wertschätzung stets vor *B. pubescens* [62].

Abb. 17: Fruchtkörper von Fomes fomentarius (links) und Piptoporus betulinus (rechts) (Fotos: P. Schütt)

Der Anbau als Vorwaldbaumart, insbesondere auf spätfrostgefährdeten, feuchten bis nassen Standorten, hat sich bewährt. Die Moorbirke trägt dabei nicht nur zur Bodenverbesserung bei [67], sondern übt auch positiven Einfluß auf das Wuchsverhalten der Hauptbaumart aus [61]. Hierbei sollte autochthones Pflanzenmaterial verwendet werden. In Mitteleuropa hat bei dieser Baumart eine langjährige Negativauslese stattgefunden, was zur Dezimierung gerade der wuchskräftigsten Birken geführt haben dürfte [76].

Aus ökologisch-landschaftsschützenden Erwägungen wird der Erhalt und die Förderung von Moorbirkenbeständen in Schottland empfohlen [52, 62].

B. pubescens dürfte auch in Zukunft ökonomisch kaum an Bedeutung gewinnen, wenngleich sie bezüglich der Trockenmasseproduktion durchaus mit Koniferen konkurrieren kann [11]. Im Vordergrund sollte der Erhalt ökologisch wertvoller, im Rückgang befindlicher Landschaftsbereiche (wie z.B. Hochmoorkomplexe und andere Extremstandorte) stehen, mit denen diese Baumart unmittelbar verbunden ist.

Abb. 18: Moorbirken-Reinbestand im Alpenvorland (Herbstaspekt) (Foto: P. Schütt)

Verschiedenes

- Schon 1664 wird von einem aus zuckerhaltigem Birkensaft gebrauten Wein berichtet. Außerdem verwendete man getrocknete Blätter als Kräutertee [62]. Die ‚Folia Betulae' enthalten ätherisches Öl, Flavonoide und Saponin; der Tee wirkt leicht schweißtreibend. Pix betulina (Birkenteer) wirkt hautreizend und antibiotisch [97].
- Die Herstellung eines ‚neuen' Sirups aus finnischen Moorbirken beschreiben Kallio et al. [46]: durch geeignete Hitzebehandlung kann ein goldgelber, milder, leicht holzig schmeckender Sirup karamelisiert werden, der sich im Aroma und in der chemischen Zusammensetzung deutlich von dem bekannteren Ahornsirup unterscheidet.

  Außerdem läßt sich aus dem Birkensaft Xylitol (ein Süßstoff für Diabetiker) gewinnen [62].
- Der Pollen kann Allergien auslösen. Daher sind groß angelegte phänologische Studien zur zeitlichen und räumliche Verteilung des Birkenpollens durchgeführt worden [28, 41, 82]. Ziel dieser Bemühungen ist die Entwicklung eines effektiven Pollenflug-Warnsystems.
- Das in jungen Birken-Schößlingen vorhandene Chlorophyll, dessen Gehalt im Frühling ansteigt, deutet auf die Fähigkeit zur kortikalen Photosynthese hin. Dieses Phänomen könnte insbesondere bei hoher Stockausschlagrate in der subarktischen Zone einen ökologischen Vorteil für *B. pubescens* gegenüber *B. pendula* darstellen [48].

Weiterführende Literatur

[1] Abuzinadah, R.A.; Read, D.J., 1989: The Role of Proteins in the Nitrogen Nutrition of Ectomycorrhizal Plants. V. Nitrogen Transfer in Birch (Betula pendula) Grown in Association with Mycorrhizal and Non-mycorrhizal Fungi. New Phytologist 112, 61-68

[2] Adamow, W., 1932: Zur Kenntnis der Birken in Weißrußland. Mitt. Dt. Dendrol. Ges. 44, 345-350.

[3] Ascherson, P.; Graebner, P., 1911: Synopsis der Mitteleuropäischen Flora Vol. IV. Leipzig.

[4] Aston, D., 1984: Betula nana L., a Note on its Status in the United Kingdom. Proc. Royal Soc. Edinb. 85B, 43-47.

[5] Atkinson, M.D., 1992: Betula pendula Roth (B. verrucosa Ehrh.) and B. pubescens Ehrh. – Biological Flora of the British Isles. J. Ecol. 80, 837-870.

[6] Atkinson, M.D.; Codling, A.N., 1986: A Reliable Method for Distinguishing between Betula pendula and B. pubescens. Watsonia 16, 75-76.

[7] BEHRNDT, G., 1951: Zur Birkenzüchtung. Z. Forstgenetik 1, 33-35.

[8] BENELL, A.P.; MILLAR, C.S., 1984: Fungal Pathogens of Birch in Britain. Proc. Royal Soc. Edinb. 85B, 153-167.

[9] BORATYNSKI, A.; DANIELEWICZ, W., 1989: Chronione i godne ochrony drzewa i krzewy poskiej czesci Sudetow, Progorza i Przedgorza Sudeckiego. (Protected and Deserving Protection Trees and Shrubs of the Polish Sudety Mts. with its Prealps) 5. Betula pubescens EHRH. subsp. carpatica (WALDST. et KIT.) ASCH. et GRAEBNER. Arboretum Kornickie 34, 71-88.

[10] BROWN, I.R.; AL-DAWOODY, D.M., 1977: Cytotype Diversity in a Population of Betula alba L. New Phytologist 79, 441-453.

[11] BROWN, I.R.; KENNEDY, D., 1982: The Future of Birch in Scottish Forestry. In: Proceedings 10th Int. Forest Students Symp., Univ. Aberdeen, S. 102-106.

[12] BROWN, I.R.; KENNEDY, D.; WILLIAMS, D.A., 1982: The Occurence of Natural Hybrids between Betula pendula ROTH and B. pubescens EHRH. Watsonia 14, 133-145.

[13] BROWN, I.R; WILLIAMS, D.A., 1984: Cytology of Betula alba L. Complex. Proc. Royal Soc. Edinb. 85B, 49-64.

[14] BROWN, M.T.; WILKINS, D.A., 1985: Zinc Tolerance of Mycorrhizal Betula. New Phytologist 99, 101-106.

[15] CHAPMAN, H.M.; CRAWFORD, R.M.M, 1982: Growth and Regeneration in Britain's Most Northerly Natural Woodland. Trans. Bot. Soc. Edinb. 43, 327-335.

[16] CLAUSEN, K., 1968: Ornamental Potential in the Birches. In: Proc. 6th Centr. States For. Tree Impr. Conf., 21-23. Missouri.

[17] CONRAD, J., 1988: Seltene, abnorme Holzstrukturen und -farben bei Laubhölzern. Holzzucht 42, 1-9.

[18] COOPER, J.I.; MASSALSKI, P.R., 1984: Viruses and Virus-like Diseases Affecting Betula spp. Proc. Royal Soc. Edinb. 85B, 183-195.

[19] CRANE, P.R., 1989: Early Fossil History and Evolution of the Betulaceae. In: CRANE, P.R. et al., Evolution, Systematics, and Fossil History of the Hamamelidae. Vol. 2 'Higher' Hamamelidae. The Systematics Association Special Volume No. 40B. S. 87-116. Clarendon Press, Oxford.

[20] DANIELEWICZ, W., 1991: Wartosc diagnostyczna wybranych ceck morfologiczynch brzozy karpackiej (Betula carpatica WALDST. et. KIT.). (Diagnostic Value of Selected Morphological Traits of Betula carpatica WALDST. et. KIT.). Roczniki Academii Rolniczej w Poznaniu 231, 27-36.

[21] DELLINGHAUSEN, M. VON; STERN, K., 1958: Über einige besondere Blütenformen der Birke. Silvae Genetica 7, 181-188.

[22] DIETERICH, H., 1963: Untersuchungen zum ökologischen und genetischen Birkenproblem. Silvae Genetica 12, 110-124.

[23] ECKSTEIN, D.; HOOGESTEGER, J.; HOLMES, R.L., 1991: Insect-Related Differences in Growth of Birch and Pine at Northern Treeline in Swedish Lapland. Holarctic Ecol. 14, 18-23.

[24] EHRHART, J.F., 1791: Beiträge zur Naturkunde Vol. VI. Hannover, Osnabrück.

[25] EIFLER, I., 1956: Artkreuzungen bei Birken. Der Züchter 26, 342-346.

[26] EIFLER, I., 1960: Untersuchungen zur individuellen Bedingheit des Kreuzungserfolges zwischen Betula pendula und Betula pubescens. Silvae Genetica 9, 159-165.

[27] EIFLER, I., 1964: Untersuchungen zum Bestäubungsvorgang und Samenentwicklung bei Birkenartkreuzungen. Der Züchter 34, 305-312.

[28] EMBERLIN, J.; SAVAGE, M. et al., 1993: Annual Variations in the Concentrations of Betula Pollen in the London Area, 1961-1990. Grana 32, 359-363.

[29] GARDINER, A.S., 1984: Taxonomy of Infraspecific Variation in Betula pubescens EHRH., with Particular Reference to the Scottish Highlands, Proc. Royal Soc. Edinb. 85B, 13-26.

[30] GARDINER, A.S.; PEARCE, N.J., 1979: Leaf-Shape as an Indicator of Introgression between Betula pendula and B. pubescens. Trans. Bot. Soc. Edinb. 43, 91-103.

[31] GAUDIN, J., 1830: Flora Helvetica. Vol. III: Turici.

[32] GILL, J.A.; DAVY, A.J., 1983: Variation and Polyploidy within Lowland Populations of the Betula pendula/B. pubescens Complex. New Phytologist 94, 433-451.

[33] GIMINGHAM, C.H., 1984: Ecological Aspects of Birch. Proc. Royal Soc. Edinb. 85B, 65-72.

[34] HAMPE, E., 1973: Flora Hercynica. Halle.

[35] HAUKIOJA, E., 1991: Cyclic Fluctuations in Density – Interactions Between a Defoliator and Its Host Tree. Acta Oecol. 12, 77-88.

[36] HEGI, G., 1981: Illustrierte Flora von Mitteleuropa Vol. III. München.

[37] HEISKANEN, V., 1958: Quality of the Common Birch and the White Birch on Different Sites. Comm. Inst. For. Fenn. 48, 91-99.

[38] HIBSCH-JETTER, C., 1994: Birken in den Alpen – taxonomisch-ökologische Untersuchungen an Betula pubescens EHRH. und Betula pendula ROTH. Contributiones Biologiae Arborum 6, pp. 170

[39] HJELMROOS, M., 1991: Evidence of Long-Distance Transport of Betula Pollen. Grana 30, 215-228.

[40] JENTYS-SZAFEROWA, J., 1951: Analysis of the Collective Species Betula alba L. on the Basis of Leaf Measurements. III.: Betula oycoviensis BESS. and B. obscura, KOTULA. Determination on the Basis of an Single Leaf. Bull. Intern. Acad. Pol. Sci. Letr. /Classe Sci. math.& nat. 1-41.

[41] JOHANSEN, S., 1992: Aerobiological Studies in Subalpine Birch Forest at Dovrefjell, Central Norway, 1982-1984. Grana 31, 131-142.

[42] JOHANSSON, T., 1992: Sprouting of 2-Year-Old to 5-Year-Old Birches (Betula pubescens EHRH. and Betula pendula ROTH) in Relation to Stump Height and Felling Time. Forest Ecol. Manage. 53, 263-281.

[43] JOHANNSON, T., 1992: Sprouting of 10-Year-Old to 50-Year-Old Betula pubescens in Relation to Felling time. Forest Ecol. Manage. 53, 283-296.

[44] JOHNSOHN, T., 1992: Dormant Buds on Betula pubescens and Betula pendula Stumps Under Different Field Conditions. Forest Ecol. Manage. 47, 245-259.

[45] JOHNSSOHN, H., 1974: Genetic Characteristic of Betula verrucosa EHRH. and B. pubescens EHRH. Annales Forestales 6, 87-151.

[46] KALLIO, H.; TEERINEN, T. et al., 1988: Composition and Properties of Birch Syrup (Betula pubescens). J. Agric. Food Chem. 37, 51-54.

[47] KALLIO, P.; MÄKINEN, Y., 1978: Vascular Flora of Inari Lapland. 4. Betulaceae. Reports Kevo Subarctic Research Station 14, 38-63.

[48] KAUPPI, A., 1991: Seasonal Fluctuations in Chlorophyll Content in Birch Stems with Special Reference to Bark Thickness and Light transmission, a Comparison between Sprouts and Seedlings. Flora 185, 107-125.

[49] KAUPPI, A.; RINNE, P.; FERM, A., 1987: Initiation, Structure and Sprouting of Dormant Basal Buds in Betula pubescens. Flora 179, 55-83.
[50] KENNEDY, D.; BROWN, I.R., 1983: The Morphology of the Hybrid Betula pendula ROTH × B. pubescens EHRH. Watsonia 14, 329-336.
[51] KENWORTHY, J.B.; ASTON, D.; BUCKNALL, S.A., 1972: A Study of Hybrids between Betula pubescens EHRH. and Betula nana L. from Sutherland – an Integrated Approach. Trans. Bot. Soc. Edinb. 41, 517-539.
[52] KIRBY, K.J., 1984: Scottish Birchwoods and their Conservation – a Review. Trans. Bot. Soc. Edinb. 44, 205-218.
[53] KIRCHNER, O.; LEOW, E.; SCHRÖTER, C., 1911: Lebensgeschichte der Blütenpflanzen Mitteleuropas Vol. 12/2. Stuttgart.
[54] KLÄHN, F.; RUNQUIST, E., 1952: Die Birke. Allg. Forst- u. Jagdztg. 123, 172-177.
[55] KLEINSCHMIT, J.; SVOLBA, J., 1982: Prüfung von Birkenherkünften und Einzelbäumen – erste Ergebnisse der Feldversuche. Forst-und Holzwirt 37, 257-263.
[56] KOMAROV, V.L., 1970: Flora of the U.S.S.R. Israel Program for Scientific Translation, Jerusalem . (engl. Übersetzung von Flora SSSR Vol. 5. (1936).
[57] KREUTZER, K., 1961: Wurzelbildung junger Waldbäume auf Pseudogleyen. Forstw. Cbl. 80, 356-392.
[58] KULLMAN, L., 1991: Pattern and Process of Present Tree-Limits in the Tärna Region, Southern Swedish Lapland. Fennia 169, 25-38.
[59] KUTZELNIGG, H.; DÜLL, R., 1989: Die Gefäßpflanzen des Pitztals/Tirol. Bad Münstereifel, Ohlerath.
[60] LEDEBOUR, C.F.v., 1851: Flora Rossica III. Stuttgart.
[61] LEDER, B., 1992: Weichlaubhölzer, Verjüngungsökologie, Jugendwachstum und Bedeutung in Jungbeständen der Hauptbaumarten Buche und Eiche. Landesanstalt für Forstwirtschaft Nordrhein-Westfalen.
[62] LINES, R., 1984: Man's Use of Birch. Proc. Royal Soc. Edinb. 85B, 203-213.
[63] LINNÉ, C.v., 1753: Species plantarum. Stockholm.
[64] LONGMAN, K.A., 1984: Physiological Studies in Birch. Proc. Royal Soc. Edinb. 85B, 97-113.
[65] MASON, P.A.; WILSON, J.; LAST, F.T., 1984: Mycorrhizal Fungi of Betula spp.: Factors Affecting their Occurrence. Proc. Royal Soc. Edinb. 85B, 141-151.
[66] MEUSEL, H. JÄGER, E. et al., 1965: Vergleichende Chorologie der zentraleuropäischen Flora. Jena.
[67] MILLER, H.G., 1984: Nutrient Cycles in Birchwoods. Proc. Royal Soc. Edinb. 85B, 83-96.
[68] MORGENTHALER, H., 1915: Beiträge zur Kenntnis des Formenkreises der Sammelart Betula alba L. Dissertation, Zürich.
[69] NATHO, G., 1959: Variationsbreite und Bastardbildung bei mitteleuropäischen Birkensippen. Feddes Repert. 61, 211-273.
[70] NOROKORPI, Y.; FRANK, H., 1993: Effect of Stand Density on Damage to Birch (Betula pubescens) Caused by Phytotoxic Air Pollutants. Ann. Bot. Fennici 30, 181-187.
[71] OBERDORFER, E., 1992: Süddeutsche Pflanzengesellschaften. Vol. IV: Wälder und Gebüsche. Fischer Verlag, Jena, Stuttgart, New York.
[72] PEINADO, M.; MORENO, G., 1989: The Genus Betula (Betulaceae) in the Sistema Central (Spain). Willdenowia 18, 343-359.
[73] PELHAM, J.; KINNAIRD, J.W. et al., 1984: Variation in, and Reproductive Capacity of, Betula pendula and B. pubescens, Proc. Royal Soc. Edinb. 85B, 27-41.
[74] PERALA, D.A; ALM, A.A., 1990: Reproductive Ecology of Birch: A Review. Forest Eco. Manage. 32, 1-38.
[75] POTERI, M., 1992: Screening of Betula pendula and B. pubescens Clones against Melampsoridium betulinum. Europ. J. For. Path. 22, 166-173.
[76] RAU, H.-M., 1988: Nachkommenchaften in- und ausländischer Birken für problematische Standorte in der Bundesrepublik Deutschland. Holzzucht 42, 11-17.
[77] REGEL, E., 1860: Monographische Bearbeitung der Betulaceen. Petersburg.
[78] RINNE, P.; KAUPPI, A.; FERM, A., 1987: Induction of Adventitious Buds and Sprouts on Birch Seedlings (Betula pendula ROTH and B. pubescens EHRH.). Can. J. For. Res. 17, 545-555.
[79] ROHMEDER, E., 1950: Samenmenge und Saatzeit bei Gründung des Birkenvorwaldes. Allgemeine Forstzeitschrift 5, 91-96.
[80] ROLOFF, A., 1989: Kronenentwicklung und Vitalitätsbeurteilung ausgewählter Baumarten der gemäßigten Breiten. Schriften Forstl. Fak. Univ. Göttingen 93.
[81] ROTH, A.W., 1788: Tentamen Florae Germanicae Vol. I. Leipzig.
[82] RUFFALDI, P.; GREFFIER, F., 1991: Birch (Betula) Pollen Incidence in France (1987-1990). Grana 30, 248-254.
[83] SACHSSE, H., 1984: Einheimische Nutzhölzer und ihre Bestimmung nach makroskopischen Merkmalen. Pareys Studientexte Vol. 44, Berlin, Hamburg.
[84] SAKAI, A., 1973: Characteristics of Winter Hardiness in Extremely Hardy Twigs of Woody Plants. Plant & Cell Physiol. 14, 1-9.
[85] SCHILLING, A.D., 1984: Birch in Cultivation. Proc. Royal Soc. Edinb. 85B, 197-202.
[86] SCHOLZ, E., 1963: Die rationelle Bewirtschaftung der Birke. Sozialistische Forstwirtschaft 13, 337-367.
[87] SCHOLZ, E., 1972: Zur introgressiven Hybridisierung von Betula pendula ROTH and B. pubescens EHRH. Beitr. f.d. Forstwirtsch., 11-15.
[88] SCHÖNBORN, A.v., 1964: die Aufbewahrung des Saatgutes der Waldbäume. BLV, München, Basel, Wien.
[89] STERN, K., 1963: Über einige Kreuzungsversuche zur Frage des Vorkommens von Arthybriden Betula verrucosa × B. pubescens. Deutsche Baumschule 15, 1-10.
[90] SULKINOJA, M., 1990: Hybridization, Introgression and Taxonomy of the Mountain Birch in SW Greenland Compared with Related Results from Iceland and Finnisch Lapland. Bioscience 33, 21-29.
[91] TILL, O., 1956: Über die Frosthärte von Pflanzen sommergrüner Laubbäume. Flora 143, 499-542.
[92] VAARAMA, A.; VALANNE, T., 1973: On the Taxonomy, Biology and Origin of Betula tortuosa LEDEB. Reports Kevo Subarctic Research Station 10, 70-84.
[93] VERWIJST,T., 1988: Environmental Correlates of Multiple-Stem Formation in Betula pubescens ssp. tortuosa. Vegetatio 76, 29-36.
[94] VIENO, M.; KOMULAINEN, M. et al., 1993: Seed Bank Compsition in an Subarctic Pine Birch Forest in Finnish-Lapland – Natural Variation and the Effect of Simulated Acid Rain. Can J. Bot. 71, 379-384.

[95] WALTERS, S.M., 1964: Betula L. In: Tutin, T.G., Flora Europaea Vol. I. S. 57-58. Cambridge.
[96] WILLDENOW, C.L., 1805: Species plantarum Bd. IV. Berlin.
[97] ZEITLINGER, J., 1991: Die Sandbirke und die Moorbirke. Österreichische Forstzeitung 102, 31-42.

Die Autorin:

Dr. Carola HIBSCH-JETTER
c./o. Dept. of Botany
Washington State University
Pullman, WA 99164-4238
USA

Carnegiea gigantea (ENGELM.) BRITT. et ROSE,1908

syn.: Cereus giganteus ENGELM., 1848

Riesenkaktus

Familie: Cactaceae

engl.: Saguaro

Abb. 1: Saguaro-Bestand im Organ Pipe Cactus Natl. Monument, Arizona

Abb. 2: Etwa 80 Jahre altes Exemplar mit beginnender Verzweigung, Saguaro Natl. Monument, Arizona

Unter den baumförmigen, blattlosen Säulenkakteen Amerikas gehört Carnegiea gigantea zweifellos zu den eindrucksvollsten, bekanntesten und (regional) stark in ihrer Existenz gefährdeten Arten.

Saguaro kommt im ariden Süden Arizonas sowie in Teilen Kaliforniens und der mexikanischen Provinz Sonora natürlich vor. Er kann Höhen von fast 20 m sowie ein Gewicht von mehreren Tonnen erreichen und verändert seinen Durchmesser je nach der Menge des im Stamm gespeicherten Wassers um mehrere Zentimeter. Ein Höchstalter von annähernd 200 Jahren ist verbürgt.

Durch eine Reihe geradezu perfekter Einrichtungen zur raschen Wasseraufnahme, zur umfangreichen und lange andauernden Wasserspeicherung wie auch zur fast völligen Reduktion der Wasserabgabe gelingt es der Art, mit Jahresniederschlägen von 90 bis 250 mm auszukommen.

Riesenkakteen wachsen in lichten Beständen. Die ältesten haben sich wiederholt verzweigt und nehmen so ungewöhnliche Formen an, daß sie immer wieder als beliebte Foto- und Filmmotive dienen. Dazu tragen ebenfalls die großen, weißen Blüten bei (State flower of Arizona).

Saguaros lieferten seit vielen Jahrhunderten Nahrung und Gebrauchsgegenstände für wüstenbewohnende Indianerstämme. Vielen Tieren bieten sie Schutz, Brutplätze, Nahrung und Lebensraum.

Verbreitung

Der größere Teil des natürlichen Areals von C. gigantea liegt in der Sonora-Wüste, hauptsächlich in deren mexikanischem Bereich. Hier bildet der Rio Mayo (ca. 27° n.Br.) die Südgrenze. Außerdem sind wenige, weit verstreute, kleine Populationen am unteren Colorado River in Californien bekannt (N-Grenze ca. 35° n.Br.) [2].

Die vertikale Verbreitung reicht bis in Höhenlagen um 1.050 m ü.NN.

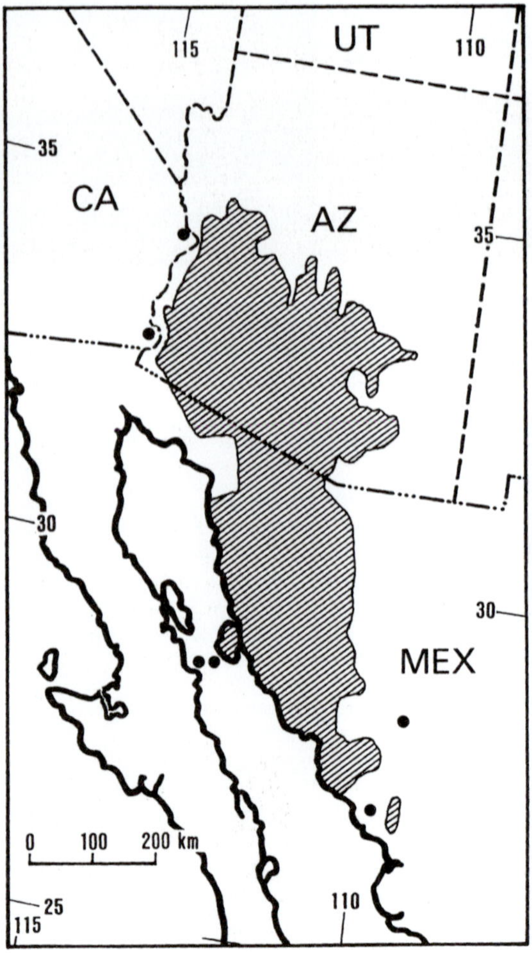

Abb. 3: Natürliches Verbreitungsgebiet (nach Little, 1976) (● = Einzelvorkommen)

Beschreibung

C. gigantea entwickelt bis 20 m hohe, säulenförmige, mit vielen Dornen besetzte **Stämme**, die unterhalb der Mitte am stärksten sind und zur Spitze hin schlanker werden. Kennzeichnend sind deutliche, vertikal verlaufende Leisten, die in der Trockenzeit, d.h. bei geringem Wassergehalt des Stammes, besonders stark hervortreten. Auch der Stammdurchmesser variiert zwischen Regen- und Trockenzeit. BOWERS [2] erwähnt entsprechende Veränderungen von 38 auf 25 cm. Ältere Exemplare erreichen Durchmesser von 60 cm.

Abb. 4: Saguaro, etwa 200 Jahre alt, Saguaro Natl. Monument, Arizona

Verzweigungen finden nicht vor 75 Jahren statt [2]. An besonders alten Exemplaren werden mehr als 20 „Arme" gezählt. „Grandaddy", ein ca. 13 m hoher Baum im Saguaro National Monument East hat sich 50mal verzweigt [4].

Der Stamm baut sich aus vier klar voneinander zu trennenden Gewebekomplexen auf:

1) ein weißliches, wasserspeicherndes Mark, umgeben von
2) mehreren hellbraunen, verholzten und miteinander verbundenen Bündelsträngen. Diese dienen der Stabilisierung und übernehmen den Transport von Wasser, Nährsalzen und Assimilaten. Nach außen schließt sich
3) ein ebenfalls wasserspeicherndes Rindengewebe an, welches von einer
4) assimilierenden, rel. dicken und mit Cuticularwachsen bedeckten Epidermis abgeschlossen wird.

Die Anzahl der Bündelstänge beträgt bei jungen Exemplaren 10 bis 13, bei älteren etwa 20 bis 30 und in den „Armen" ca. 15. Vor 7 Jahren werden keine Stränge gebildet. Sekundäres Dickenwachstum findet nicht statt.

Saguaros haben ihre **Blätter** zu Blattdornen umgewandelt. Diese stehen zu mehreren an behaarten Areolen (Durchm.: ca. 1,2 cm), das sind rückgebildete Seitenknospen, also Sproßanlagen, angeordnet am Kamm der vertikalen Rip-

Abb. 5: Stammquerschnitt. Von innen nach außen: Mark-Leitbündelstränge – Rindengewebe – Epidermis

pen. In der Nähe des Vegetationskegels sind die Dornen gelblich und biegsam, zur Stammbasis hin werden sie braun, dann schwärzlich und zunehmend spröde. Pro Areole entstehen 20 bis 25 Dornen, die längsten (bis 3,5 cm) im Zentrum.

Alte Stämme bekommen mitunter eine rauhe, fast borkenähnliche Basis – besonders an der Südseite. Diesem Vorgang geht eine Bräunung der Epidermis nach physikalischen Veränderungen der Cuticularwachse und Verstopfung der Stomata voraus [3].

C. gigantea entwickelt ein intensives, unmittelbar unter der Bodenoberfläche verlaufendes **Wurzel**system, das sich etwa so weit ausbreitet, wie der Stamm lang ist.

Das Holz der Bündelstränge ist sehr dauerhaft. Diese bleiben noch lange nach dem Tode des Baumes als „Skelett" erhalten, nachdem sich die anhaftenden sukkulenten Gewebe völlig zersetzt haben.

Saguaro hat sehr hübsche, cremig-weiße Zwitter**blüten** (Länge: 10 - 11 cm, Durchm.: ca. 6 cm), die meist zu mehreren nahe dem Vegetationskegel des Sprosses entstehen

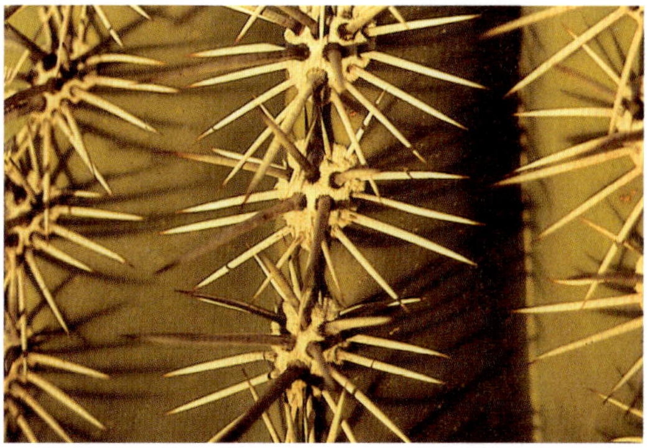

Abb. 6: Areolen mit Blattdornen in 3 senkrecht verlaufenden Reihen

Abb. 7: Borkeähnliche Strukturen an der Stammbasis

Abb. 8: Freiliegende Bündelstränge an einem verwitternden Stamm

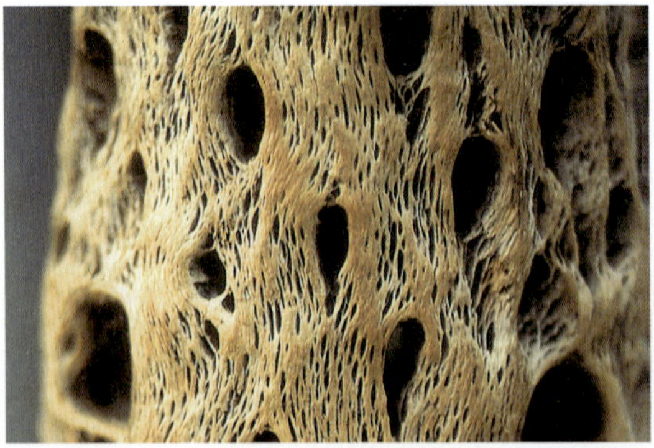

Abb. 9: Bündelrohr eines jungen Stammes

Abb. 10: „Skelett" eines vor Jahren abgestorbenen Saguaros

Abb. 11: Blüte, total

Abb. 12: Blüte, Längsschnitt

und nur kurze Zeit offenbleiben. Sie öffnen sich wenige Stunden nach Sonnenuntergang und schließen sich bereits am Nachmittag des folgenden Tages. Vögel (u.a. Weißflügel-Tauben) und Bienen bestäuben bei Tag, Fledermäuse nachts.

Pro Kaktus öffnen sich täglich ca. 6 Blüten und das etwa 30 Tage lang. Die ungestielte Einzelblüte hat ein vielzähliges (25 - 30), etwas fleischiges Perianth und zahlreiche Staubblätter. Letztere sind zur Hälfte ihrer Länge mit der Kelchröhre verwachsen. Mehrere Fruchtblätter treten zu einem mittel- bis unterständigen Fruchtknoten zusammen. Blütezeit: Mai bis Juli.

Etwa die Hälfte der Blüten entwickelt sich zu eßbaren, leuchtend roten, beerenartigen Früchten. Zwischen Blüte und Fruchtreife (Ende Juni/Anfang Juli) vergehen i.a. etwa fünf Wochen. Dann öffnen sich die eiförmigen, ca. 5 bis 9 cm langen Früchte mit 3 oder 4 Klappen und exponieren ein dunkelrotes, saftiges Fruchtfleisch, in welches viele sehr kleine, glänzend schwarzbraune, rundliche Samen

Abb. 13: Blütengruppe in situ

eingebettet sind. Fast alle Samen werden inclusive Fruchtfleisch von Tieren aufgenommen, die sie zerstören, verdauen (Ameisen bzw. Tauben) oder unzerstört ausscheiden (Erdhörnchen, Coyoten).

Saguaros fruchten nicht vor dem 30. Lebensjahr. Alte Exemplare entwickeln etwa 100 Früchte pro Jahr; bis zum Alter von 100 Jahren haben sie etwa 40 Millionen Samen produziert [4].

Abb. 14: Reife Früchte

Vermehrung

Unter kontrollierten Bedingungen keimen mehr als 90% der Samen und entwickeln sich zu Sämlingen. Nicht so im natürlichen Biotop, wo höchstens einer von 1.000 Samen zum Keimling wird. Hauptursachen für die vielen Ausfälle sind verspätete oder ausbleibende Monsunregen, fehlende Beschattung und Tierfraß.

Unter günstigen Bedingungen (südexponierte Hänge, steiniger, gut durchlüfteter Boden) keimen die Samen schon nach 2 bis 3 Tagen. Die anfangs dornlosen, grünen Keimlinge stellen eine Wasserquelle für mancherlei Tiere dar.

Ökologie und Wachstum

Saguaro ist ein Baum des ariden Klimas. Dennoch schwanken die Niederschläge im natürlichen Areal beträchtlich.

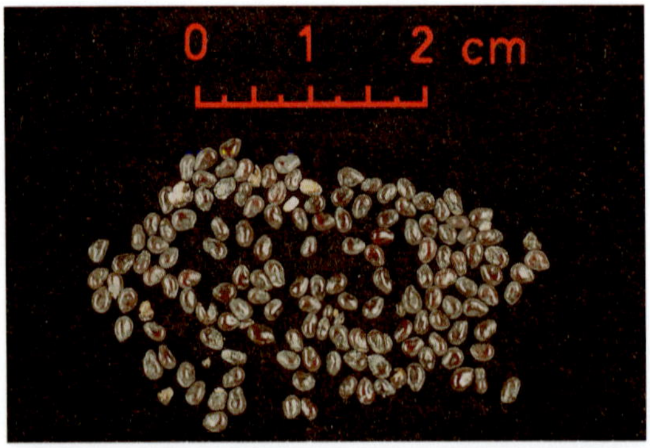

Abb. 15: Samen

	Summe der Niederschläge Jahr	Sommer
Ost-Arizona (Sonora Natl. Mon.)	375 mm	160,9 mm
Süd-Arizona (Organ Pipe Cact. Natl. Mon.)	230 mm	122,5 mm
West-Arizona (Yuma)	91 mm	ohne Angabe

(nach [4])

Diese Unterschiede schlagen sich (neben Temperaturdifferenzen) in der Wuchsleistung nieder. So werden die Bäume im feuchten östlichen und im warmen südlichen Teil des Areals etwa doppelt so hoch wie im trockenen Westen, im kühlen Norden und in Höhenlagen.

Insgesamt wächst die Art in der Jugend sehr langsam – bestenfalls 2,5 cm in den ersten 5 Jahren. HODGE [4] gibt folgende Durchschnittswerte an:

Jahre	Ost-Arizona	Süd-Arizona
5	1,5 cm	0,86 cm
10	6,9 cm	2,6 cm
25	80,5 cm	18,3 cm
50	3,74 m	88,7 cm
100	9,26 m	4,84 m
150	12,47 m	8,69 m

Ein zuverlässiges Indiz für ausgewogene ökologische Verhältnisse stellt die Mischung von Saguaro mit Palo Verde (Cercidium floridum, C. microphyllum) und Mesquite (Prosopis glandulosa, P. velutina) dar. Derartige Bestände sind auf die feuchten Bereiche des östlichen Areals begrenzt und stellen die kontinuierliche Verjüngung des Riesenkaktus sicher. Im extrem trockenen Westen ist der Boden zwischen den in weit größeren Abständen wachsenden Saguaros weitgehend vegetationslos.

Gefährdung

C. gigantea ist frostempfindlich. Im Norden des Areals und in höheren Lagen sind hauptsächlich Sämlinge davon betroffen. Bei älteren Exemplaren führt Frost zum Herabhängen der „Arme", welche später das Wachstum in veränderter Richtung fortsetzen.

Auch Blitzschlag und Feuer sind für Saguaros verderblich. Flächenbrände entstehen leicht, wenn es durch rel. hohe Winterniederschläge zu einer deutlichen Vermehrung der Bodenvegetation gekommen ist [5].

Weiterhin werden die schweren, extrem flach wurzelnden Bäume bei regennassem Boden gelegentlich vom Wind geworfen. Gemessen daran spielen biotische Erkrankungen eine untergeordnete Rolle. Lediglich eine durch Insekten verbreitete, bakterielle Stammfäule führt periodisch zu Abgängen.

Bei weitem übertroffen werden alle diese Schäden von den Einwirkungen des Weideviehs und den Aktivitäten des Menschen.

Abb. 16: Frostschäden führen zur Deformation der Äste

Abb. 17: „Callus boot“ aus dem Stamm eines alten Saguaro

Trampelschäden sowie Verbiß an den begleitenden Baum- und Straucharten bewirkten eine nachhaltige Störung des ökologischen Gleichgewichts und einen über viele Jahrzehnte anhaltenden Rückgang der Populationsdichte auf weiter Fläche.

Die Beliebtheit der Art als Zierelement und ihr langsames Wachstum haben zur Folge, daß die Nachfrage das Angebot seit langem weit übertrifft. Saguaros sind teuer. Deswegen werden sie trotz Verbots in so großem Umfang gefrevelt, daß allein davon der Bestand an jüngeren Pflanzen zurückgeht.

Nutzung

Für die Indianer der Sonora-Wüste war Saguaro eine wichtige, für viele Zwecke genutzte Pflanze. Aus den Früchten stellten sie Marmelade, Sirup und Mehl her und überbrückten damit die Zeit bis zur Ernte der Feldfrüchte.

Die Bündelrohre wurden zur Herstellung von Möbeln und Vogelkäfigen genutzt sowie zum Bau von Dächern oder als Zaunpfähle verwendet. Touristen werden sie in Form von Wanderstöcken als Souvenir angeboten.

Verbreitet war schließlich die Herstellung von Wein aus dem vergorenen Fruchtsirup.

Verschiedenes

- Der Gattungsname Carnegiea ehrt den amerikanischen Stahl-Magnaten Andrew Carnegie (1835 - 1919), der außer den schönen Künsten („Carnegie-Hall“, New York) auch die Erforschung der Wüsten förderte.
- Einzelne alte Saguaros weisen eine auffällige kammartige Verbreiterung der Stammspitze auf. Der Entstehung dieser sog. cristaten Formen geht wahrscheinlich die mechanische Zerstörung des Vegetationskegels (durch Blitzschlag oder Frost) voraus. Auch genetische Ursachen werden diskutiert. Man rechnet mit einer cristaten Form unter 200.000 Individuen.
- Eine Besonderheit stellt die Entstehung sogenannter „callus-boots“ dar. Dabei geht es zunächst um Nisthöhlen, die von einigen Vogelarten in den Saguaro-Stämmen angelegt werden. Als Abwehrreaktion bildet der Baum ein Kallus-Gewebe, welches die Höhle vom lebenden Stamm abriegelt. Dieses Gewebe ist dauerhafter als das Rindenparenchym, so daß die „callus-boots“ nach dem Tod des Baumes separat und unverwittert erhalten bleiben. Die Indianer verwendeten diese „boots“ als Taschen oder Gefäße.
- Nahe einer Mülldeponie benutzen hunderte von Geiern (Coragyps atratus, Cathartes aura) hohe Saguaros als Schlafbäume. Durch ihre Exkremente (Ammoniak?) wird die Zahl der Blütenknospen und der Früchte erheblich herabgesetzt [1].

Abb. 18: Eingang zu einer Nisthöhle

Abb. 19: Kammartige Verbreiterung der Stammspitze (sog. cristate Form)

Weiterführende Literatur

[1] BENNET, P.S.; KUNZMANN, M.R., 1994: Suppression of Saguaro Cactus flower-bud formation by roosting vultures in Arizona. Southwestern Natural. **39**, 200 - 203.

[2] BOWERS, J.E., 1993: Shrubs and Trees of the Southwest Deserts. Southwest Parks and Monuments Association Tucson, AZ.

[3] EVANS, L.S.; CANTARELLA, V.A.; STOLTE, K.W.; THOMPSON, K.H., 1994: Epidermal browning of Saguaro Cacti (Carnegiea gigantea): surface and internal characteristics associated with browning. Environm., Experim. Bot. **34**, 9 - 17.

[4] HODGE, C., 1991: All about Saguaros, Arizona Highways Book, Phoenix, AZ.

[5] MCLAUGHLIN, S.P.; BOWERS, J.E., 1982: Effects of Wildfire on a Sonoran Desert Plant Community. Ecology **63**, 246 - 248.

[6] SARGENT, C.S., 1965: Manual of the Trees of North America. Vol. 2, Dover Publ., Inc., New York.

[7] SHELTON, N., 1985: Saguaro. National Park Service. US Dept. Interior.

Die Autoren:

Prof. em. Dr. PETER SCHÜTT
Lehrstuhl für Forstbotanik
Ludwig-Maximilians-Universität München
Hohenbachernstraße 22
D-85354 Freising

ULLA M. LANG
Schützenstraße 6
D-82383 Hohenpeißenberg

Carpinus betulus Linné, 1753

syn.: Carpinus caucasica Grossh.

Hainbuche, Weißbuche, Hagebuche

Familie: Betulaceae

engl.: European hornbeam
franz.: Charme
ital.: Carpino bianco

Abb. 1: Carpinus betulus, ca. 120jährig, im Arboretum Kornik, Polen

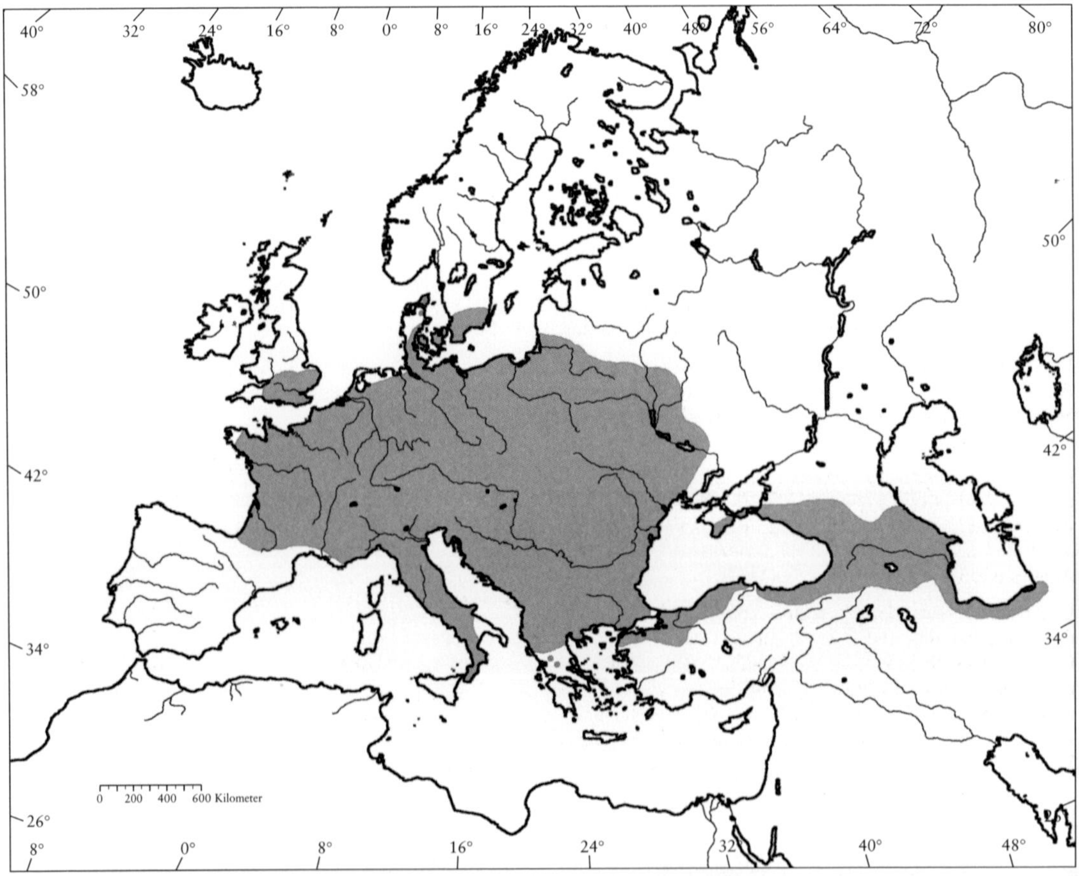

Abb. 2: Natürliches Verbreitungsgebiet (nach BORATYNSKA, 1993; SW-Teil nach BROWICZ & ZIELINSKI, 1982)

Verbreitung und Taxonomie

Hainbuchen sind sommergrüne, 26 bis 28 m, außerhalb Mitteleuropas auch über 30 m hoch werdende, intensiv beastete Waldbäume mit großer, dichter Krone.

Sie stellen eine wichtige, bodenverbessernde Komponente in verschiedenen europäischen Waldgesellschaften dar, haben aber keine überdurchschnittliche wirtschaftliche Bedeutung.

Die Art ist leicht an den grauen, deutlich „spannrückigen" Stämmen zu erkennen, hat ein hartes, fast weißes Holz und entwickelt – wie die Rotbuche – keine Borke, sondern eine relativ dünne, aus einem sekundären Korkgewebe aufgebaute Rinde.

Hainbuchen verfügen über ein intensives vegetatives Reproduktionsvermögen und eignen sich hervorragend als Heckenpflanze.

Die Gattung *Carpinus* gehört zur Familie *Betulaceae* und darin zur Unterfamilie der *Coryloideae*. Ein Vorschlag, die Genera *Carpinus*, *Ostrya* und *Ostryopsis* in einer separaten Familie (*Carpinaceae*) zusammenzufassen, fand keine Berücksichtigung [45].

Die Gattung *Carpinus* besteht aus 20 Arten [8, 9] und mehreren Dutzend in Ostasien, hauptsächlich in China [3, 32, 76, 77] beschriebener, sogenannter Kleinarten. Man unterteilt sie in die beiden, gelegentlich als Subgenera aufgefaßten Sektionen *Carpinus* (*Eucarpinus* SARGENT) und *Distegocarpus* (SIEB. et ZUCC.) SARGENT, welche sich hauptsächlich in der Form der Fruchthülle, in der Form der Deckblätter an den männlichen Blütenständen und hinsichtlich der Zahl der Blattadern unterscheiden. *Carpinus betulus* gehört der Sektion *Carpinus* an.

Krüssmann [44] führt als Gartenformen u. a. an:

- var. *angustifolia* (Medwed.) O. Radde mit länglichen Blättern, scharf zugespitzten Lappen der Fruchthülle und konischen, spitz zulaufenden, stark gerippten Früchten. Heimat: Ukraine.
- var. *carpinizza* (Host) Neilr. mit kleineren, am Grunde herzförmigen Blättern mit nur 7 bis 9 Adernpaaren. Fruchtbecher nicht gelappt. Heimat: Rumänien.
- var. *parva* O. Radde, ebenfalls mit kleineren Blättern, die zudem vom Grunde bis zur Mitte der Spreite behaart sind. Frucht in der Mitte aufgetrieben, mit Perianthspitzen besetzt, am Apex behaart. Heimat: Ukraine.

Die Gattung *Carpinus* ist fossil aus jurassisch-tertiären Ablagerungen bekannt, unter anderem aus Wieliczka in Süd-Polen [51, 67, 80]. *C. betulus* wurde in Sedimenten des Quartärs nachgewiesen.

Die Eiszeit-Refugien der Hainbuche lagen in Südeuropa und im Kaukasus [11, 12, 36, 66, 75]. Um 7000 v. Chr. wanderte sie in Mitteleuropa ein, war bereits 4000 bis 5000 v. Chr. weit verbreitet und erreichte ihr heutiges Areal um etwa 2000 v. Chr. [25, 52, 57].

Das rezente Areal der Hainbuche umfaßt Mitteleuropa, das nördliche Anatolien, den Kaukasus und das Elburs-Gebirge. Die Nordwest-Grenze verläuft von SW-Frankreich durch das südöstliche Großbritannien, N-Belgien und den Norden der Niederlande bis nach N-Dänemark, wo die Art bei 57°30' n. Br. den nördlichsten Punkt ihrer Verbreitung erreicht.

Abb. 3: Natürlicher Bestand im Winterzustand, Drawa Nationalpark, NW-Polen (Foto: J. Plotkowiak)

Von dort aus biegt die Arealgrenze nach Südosten um, kreuzt Südschweden, Lettland, Litauen, Bjelorussland und die Ukraine, in deren zentralem Bereich sie sich gen Westen und Südwesten wendet und unter Aussparung der süd-ukrainischen Steppe und des Südostens von Rumänien in Bulgarien und der Europäischen Türkei das Schwarze Meer erreicht [14, 40, 44]. Die Iberische Halbinsel, Korsika, Sardinien und Sizilien gehören nicht zum natürlichen Areal, wohl aber Italien und die Balkan-Halbinsel.

An ihrer Nordgrenze wächst *C. betulus* in Meereshöhe, erreicht aber in Gebirgslagen folgende Höhen ü. NN [8, 9, 14]:

700 – 1000 m in Mitteleuropa
1300 m in den Seealpen
1250 m in den Südkarpaten
2000 m im Kaukasus
2300 m im Elburs-Gebirge

Morphologie

Erscheinungsbild

C. betulus erreicht in geschlossenen Beständen Höhen zwischen 26 und 28 m, im Nationalpark Białowieża (Ostpolen) bis zu 32 m [4, 81], im Kaukasus sogar bis 35 m [49]. Die maximalen Stammdurchmesser liegen bei ca. 1 m [4].

Im geschlossenen Bestand werden 8 bis 10 m, gelegentlich sogar 16 bis 18 m lange Schäfte ausgebildet, deren Basis tief eingeschnitten ist. Fast immer weist der Stamm einen unregelmäßigen Querschnitt auf, ist im oberen, kronennahen Teil weniger „spannrückig", nimmt aber auch hier keinen gleichmäßigen Umriß an. Häufig sind die Stämme krumm.

Junge Bäume sind durch senkrecht orientierte Äste gekennzeichnet, welche erst im späteren Alter in die Waagerechte umbiegen. Die dichten Kronen sehr alter Exemplare setzen sich aus weit ausladenden basalen und unregelmäßig senkrecht orientierten, kräftigen Ästen des oberen Kronenbereichs zusammen. Im Freistand erwachsene, alte Hainbuchen haben kurze, abholzige Stämme und breit-ovale, mächtige Kronen.

Knospen, Blätter und junge Triebe

Die spindelförmigen Winterknospen der Hainbuche sind 5 bis 8 mm lang, laufen spitz zu und liegen dem Trieb dicht an. Sie haben braune oder rotbraune, am Rande bewimperte Knospenschuppen. Blütenknospen werden etwas größer, dicker und laufen weniger spitz zu als vegetative Knospen.

Abb. 4: **a** Trieb mit weibl. Blütenstand (oben) und männl. Blütenkätzchen (unten), **b** Zweig im Winterzustand, links Knospen mit männl. Blütenkätzchen, **c** Frucht mit Hülle, **d** Nüßchen, Seitenansicht, **e** Nüßchen, Vorderansicht, **f** Zweig im Fruchtstand, **g** Keimling (aus Schütt, Schuck, Stimm: Lexikon der Forstbotanik) (ca. 1/2 natürliche Größe)

Die gewöhnlich glänzend braunen oder etwas grünlich braunen, schwach behaarten jungen Triebe werden im Laufe der Zeit bräunlich-grau und kahl. Sie sind mit zahlreichen kleinen, weißen, elliptischen Lenticellen besetzt.

Die einfachen, wechselständig angeordneten, eiförmigen Blätter werden 4 bis 10 cm lang, 2 bis 4 cm breit und laufen am Apex spitz zu. Der Blattrand ist doppelt gesägt, die Blattspreite am Grunde keilförmig, abgerundet oder unsymmetrisch bis schwach herzförmig. Es werden 10 bis 15 Blattadern-Paare gebildet; die Unterseite ist anfangs behaart oder trägt zumindest Haarbüschel in den Nervenwinkeln, später wird sie kahl.

Blüten und Früchte

Die eingeschlechtigen, monoezisch verteilten Blüten von *C. betulus* haben keine Kronblätter. Die männlichen Blüten stehen einzeln in reduzierten Cymen an vielblütigen, hängenden, 4 bis 6 cm langen, gelbgrünen Kätzchen. Jede Blüte enthält 8 (manchmal weniger, selten mehr) gespaltene Staubblätter und ist in der Achsel eines Deckblattes inseriert. Brakteolen fehlen. Ein Perianth wird nicht gebildet.

Weibliche Blüten stehen zu zweit in reduzierten Cymen, diese wiederum in der Achsel von Deckblättern und alle gemeinsam in vielblütigen, 2 bis 4 cm langen, grünen Infloreszenzen. Jede Einzelblüte hat ein kleines, unregelmäßig gelapptes Perianth und wird von Deckblättern und Vorblättern umgeben. Die Samenanlagen haben 2 Integumente und der Embryosack entwickelt sich nach dem Polygonum-Typ. Die Befruchtung verläuft chalazogam und die Entwicklung des Endosperms nucleär [31]. Die Blüten erscheinen etwas vor oder gleichzeitig mit den ersten Blättern.

Die Frucht ist eine kleine, flache, gerippte, grüne bis bräunliche, einsamige Nuß. Die Nüsse stehen in Achseln leicht asymmetrischer, dreilappiger, durch die Verwachsung dreier Vorblätter entstandener Blattorgane, deren mittlerer Lappen etwa 3 bis 5 cm lang wird. Nüsse mit Vorblättern sitzen an hängenden, etwa 12 bis 17 cm langen, traubigen Fruchtständen. Reifezeit der Früchte: Ende August und September. Fruchtfall: Oktober/November.

Die Schwankungsbreite in der Form der Blätter, der Früchte und der Fruchthülle ist in verschiedenen Waldtypen des nordöstlichen und des südöstlichen Polen untersucht worden. Blätter variierten nur wenig, waren aber in allen Waldtypen an den Langtrieben länger, etwas schlanker und stärker zugespitzt als an den Kurztrieben. Bei der Fruchthülle und den Nüssen fielen die Unterschiede zwischen den Waldgesellschaften ungleich größer aus. So wichen Bäume im Optimum des *Carpinion betuli* durch größere und stärker gezähnte Fruchthüllen von Bäumen im *Quercion robori-petraeae*, *Alno-Padion* und *Alnion glutinosae* ab, wo die Mittellappen der Fruchthüllen weniger stark oder gar nicht gezähnt sind und spitz zulaufende Apices besitzen.

Abb. 5: Unreife Früchte (einsamige Nüsse in dreilappiger Fruchthülle)

Hainbuchen-Früchte aus der *Carpinion betuli*-Gesellschaft sind in der Regel am breitesten und enden stumpf. In anderen Assoziationen sind sie etwas kleiner, schmaler und spitzer [6, 7].

Wurzeln

In tiegründigen Böden entwickeln Hainbuchen ein tiefreichendes Herzwurzelsystem, auf feuchten Substraten konzentrieren sich die Wurzeln hingegen in den obersten 30 bis 35 cm und nur wenige dringen tiefer ein. Das erklärt die Anfälligkeit der Art gegen Sturmwurf [24]. Hainbuchen gehen mehrere Formen der Ektomykorrhiza-Symbiose ein, bevorzugen aber keinen spezifischen Pilzpartner [54]. Zu den möglichen Symbionten zählen ca. 25 *Basidiomyceten* [71], aber nur wenige *Ascomyceten* und *Deuteromyceten* [60].

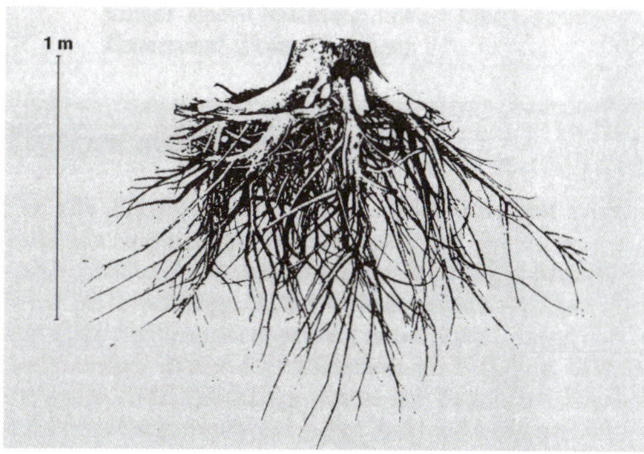

Abb. 6: Wurzelsystem (mit freundl. Genehmigung aus Köstler, Brückner, Bibelriether, 1968: Die Wurzeln der Waldbäume, Parey Buchverlag)

Holz und Rinde

Das weiße bis gräulich-weiße, harte und schwere Holz zeigt keine Farbunterschiede zwischen Splint und Kern, ist gleichmäßig aufgebaut und splittert leicht. Jahrringe lassen sich schwer erkennen. Die relativ breiten, braunen bis dunkelbraunen Schein-Markstrahlen sind nur wenige Zentimeter hoch.

Abb. 7: Formen der Stammrinde (Foto: P. Schütt)

Hainbuchen-Holz ist zerstreutporig, wird aber wegen der recht deutlichen Größenunterschiede zwischen den Gefäßen des Früh- und Spätholzes manchmal als halb-ringporig bezeichnet. Es enthält 10 % Gefäße, 66 % Holzfasern inkl. Tracheiden und ca. 22 % Markstrahlen [74].

Der Aufbau des Holzes wird durch die relativ langen Gefäße bestimmt (0,4 bis 0,7 mm). Kennzeichnend ist außerdem die einfache Perforation der Gefäßwände. Eng verwandte Genera wie *Corylus, Alnus* und *Betula* haben leiterförmige Gefäßdurchbrechungen. Die Holzfasern sind 880 bis 6670 µm lang, haben einen Durchmesser von 5,3 bis 16,3 µm und eine Lumenbreite zwischen 3,5 und 9,7 µm [74].

Die Rohdichte r_{11} variiert zwischen 0,69 und 0,95 g/cm^3, der pH zwischen 4,8 und 5,2 [62].

Das Holz setzt sich im Mittel aus 18 bis 28 % Ligninen, 43 bis 49 % Cellulose und 19 bis 27 % Pentosanen zusammen und hat folgende technologischen Kennwerte [62]:

Druckfestigkeit (parallel zur Faser)	43,1	<u>64,7</u>	78,4	MPa
Zugfestigkeit (parallel zur Faser)	72,5	<u>104,9</u>	196,0	MPa
Biegefestigkeit	46,0	<u>105,0</u>	136,4	MPa
Scherfestigkeit		8,33		MPa

Wegen des geringen Tannin-Gehaltes ist die natürliche Dauerhaftigkeit recht gering. Nur völlig trockenes Holz behält seine physikalischen Eigenschaften für längere Zeit bei.

Die dünne und glatte, graue Rinde kann bei sehr alten Bäumen entlang des Stammes ein wenig aufreißen. Sie bildet ca. 0,12 mm breite, aus Rindenparenchym, Siebröhren und Fasern aufgebaute Jahrringe. Die Siebröhrenglieder können Längen bis zu 1 mm erreichen [31].

Vermehrung

In natürlichen Wäldern Mitteleuropas beginnt *C. betulus* mit 30 Jahren zu blühen und zu fruchten. Samenjahre wiederholen sich in Abständen von 2 bis 3 Jahren. Mitte bis Ende August sind die Samen reif und können sogleich geerntet und ausgesät werden. Sie keimen dann im nächsten Frühjahr. Das gelingt auch, wenn sie erst im September geerntet und ohne vorherige Trocknung an einem feuchten Ort im Bestand aufbewahrt werden. Später geerntete und getrocknete Früchte müssen stratifiziert werden: einige Wochen bei > 15 °C, anschließend 3 Monate bei 3 °C [63, 64]. Lagerung des getrockneten (8 % Wasser) Saatgutes bei 0 bis 3 °C in luftdicht verschlossenen Gefäßen ist bis zur Dauer von 5 Jahren ohne Verlust an Keimkraft möglich. Das gilt auch für stratifiziertes Saatgut, welches dann unmittelbar nach der Aussaat zu keimen beginnt [64]. Bärtels [2] gibt Keimprozente zwischen 30 und 70 an.

C. betulus vermehrt sich nach dem Abtrieb durch Stockausschläge und setzt die generative und die vegetative Form der Vermehrung als Überlebensstrategie ein. Im Urwald von Bialowieża garantiert ein im Boden vorhandener Vorrat keimfähiger Samen für die Überdauerung der Art. Die 1- oder 2jährigen Samen keimen nach einem natürlichen Stratifikationsprozeß regelmäßig in jedem Frühjahr. Hainbuchen-Keimlinge sind anspruchsvoll hinsichtlich der Boden- und der Lichtverhältnisse. Lichtmangel, Trockenheit und ein ungünstiges Mikrorelief führen sogleich zum Absterben [22, 24].

Abb. 8: Früchte (einsamige Nüsse)

Die Vegetativvermehrung erweist sich besonders in Waldgesellschaften von Bedeutung, die periodischen Belastungen ausgesetzt sind. Die aus dem Wurzelhals austreibenden, raschwüchsigen Schößlinge sind besonders konkurrenzstark. Diese Besonderheit der Art wird in den Niederwäldern vieler Länder praktisch genutzt [39, 49].

Genetische Differenzierung

Die meisten *Carpinus*-Arten weisen einen diploiden Chromosomensatz von 2n = 16 auf. Auch *C. betulus* ist im südlichen Teil des Areals ausschließlich diploid, im Norden überwiegen jedoch oktoploide Individuen [37, 58, 78, 79].

Zur herkunftsbedingten Variation von *C. betulus* fanden nur wenige Untersuchungen statt [40]. In Tharandt existiert ein um 1926 begründeter Provenienzversuch mit Herkünften aus Königsberg (Kaliningrad), Bayern und Sachsen, dessen Ergebnisse im Alter 12 eine gewisse Überlegenheit nordöstlicher Provenienzen im Höhenwachstum sowie in der Stamm- und Kronenform erkennen ließen [28, 59].

Natürlich entstandene Bastarde zwischen *C. betulus* und *C. orientalis* werden unter dem Namen *C. betulus* var. *arnotae* DUMITRIU-TATARNARU aus Rumänien beschrieben [17]. Wegen der geringen Bedeutung der Hainbuche sind anfängliche züchterische Aktivitäten nicht fortgesetzt worden.

Einige Zierformen und Varietäten werden gärtnerisch genutzt. Teils hatte man sie in der Natur ausgelesen, teils waren sie durch Züchtung entstanden [44]:

- *'Columnaris'*: Langsam wachsend. Dicht beastete, erst schmale, dann säulenförmige, im Alter fast ovale Krone.
- *'Fastigiata'*: Einer der häufigsten und raschwüchsigsten Cultivare mit regelmäßiger, konisch geformter Krone (= *'Pyramidalis'* = *'Erecta'*).
- *'Incisa'*: Mit schmalen, tief gelappten Blättern, z. T. mit zugespitzten Lappen (= *'Asplenifolia'* = *'Heterophylla'* = *'Laciniata'*).
- *'Quercifolia'*: Blätter noch schmaler als bei 'Incisa', tief gelappt und gesägt, Lappen abgerundet.
- *'Marmorata'*: Blätter marmoriert (= *'Albomarmorata'*)
- *'Variegata'*: Blätter unregelmäßig und gelb gefleckt (= *'Aureovariegata'*)

Ökologie

C. betulus ist eine Baumart des subozeanischen Klimas. Sie toleriert warme Sommer, erträgt an ihrer nördlichen und nordöstlichen Arealgrenze aber auch kalte Winter bis -30°C.

Im südlichen Teil des Verbreitungsgebietes, insbesondere im submediterran-montanen Bereich, bevorzugt sie schattige, luftfeuchte Tallagen oder aber niederschlagsreiche Gebiete wie Nordanatolien, die Colchis-Region an der Südküste des Schwarzen Meeres sowie die Nordhänge des Kaukasus oder des Elburs-Gebirges. Nahe der nördlichen Verbreitungsgrenze wird *C. betulus* zu einer wärmebedürftigen Art und sie meidet gegen Kaltluft exponierte Lagen [24].

Optimale Wachstumsbedingungen findet die Hainbuche auf nährstoffreichen, mesotrophen bis mesoeutrophen, frischen oder periodisch nassen Böden.

In Mitteleuropa, nördlich der Alpen- und Karpatenkette wächst sie zumeist auf Braunerden, welche sich aus diluvialen Ton- oder Ton/Sand-Ablagerungen entwickelt haben. In den Bergen und in Südeuropa kommt sie auf Rendzinen, in Südost-Europa auch auf Löß-Boden vor. Manchmal ist sie auf ausgetrockneten Flußablagerungen zu finden. Generell gehört die Hainbuche zu den standorttoleranten Baumarten, denn sie gedeiht auf vielen verschiedenen Böden im pH-Bereich (H_2O) zwischen 4,0 und 7,0. *C. betulus* spricht gut auf Mineraldünger an und die jeweilige Nährstoffversorgung läßt sich leicht an den Blattspiegelwerten der Mikro- und Makroelemente ablesen.

Im August enthalten die Blätter junger Hainbuchen im Mittel [72]:

1,9 % Stickstoff	0,3 % Phosphor	1,0 % Kalium
0,6 % Calcium	0,1 % Magnesium	

Diese Werte schwanken zwischen bestimmten Jahren und variieren auch innerhalb der Vegetationsperiode.

Blätter älterer Bäume enthalten im September [33]:

1,8 % Stickstoff	0,1 % Phosphor	0,6 % Kalium
2,3 % Calcium	0,3 % Magnesium	

Die Werte sind mit den entsprechenden Daten von *Tilia cordata*, *T. platyphyllos* oder *Fagus sylvatica* vergleichbar [26, 27]. Im Gegensatz zu diesen Arten werden Hainbuchenblätter jedoch sehr schnell abgebaut und geben die Nährelemente rascher ab.

Die Fähigkeit zur kurzfristigen Mineralisierung der Blätter, verbunden mit der Förderung der Streuzersetzung und -mineralisierung anderer Arten gehört zu den wichtigsten Eigenarten von *C. betulus* [18, 19, 47].

Die Hainbuche stellt eine der wichtigsten Komponenten des Eichen-Linden-Hainbuchenwaldes, eines vielschichtigen, artenreichen Laub- oder Nadel-/Laubwaldes dar. Die durch die stetige, oft dominierende Stellung von *C. betulus* gekennzeichnete Gesellschaft ist in die Assoziationsgruppe *Carpinion betuli* sensu lato eingebunden. So ist die Hainbuche auch stets in der *Tilio-Carpinetum*-Assoziation des Urwaldes von Białowieża vertreten. Dort gehört sie jeder Vegetationsschicht an und stellt in der Regel die am häufigsten vertretene Baumart dar. Pro Hektar Eichen-Linden-Hainbuchenwald kommen ca. 360 bis 400 Bäume vor, wovon *C. betulus* etwa die Hälfte ausmacht [24].

Wachstum und Entwicklung

Man kann folgende Wachstums- und Entwicklungsphasen unterscheiden:

1. Keimungsphase: Sproß und Kotyledonen erscheinen über dem Boden
2. Jugendphase: Keimlinge bilden Primärblätter, tragen noch Kotyledonen, sind aber noch nicht verzweigt.
3. Späte Jugendphase: Erste Verzweigungen treten auf.
4. Vorreife: Phase raschen Wachstums. Sämling wird allmählich zum Baum.
5. Reife (Mannbarkeit): Blüte und Fruchtbildung setzen ein.

Die ungestörte Ausprägung einiger dieser Phasen läßt sich nur unter günstigen Wachstumsbedingungen beobachten. Ungünstige Lichtverhältnisse führen zum Ausfall von > 90 % der Keimlinge in den ersten beiden Entwicklungsstadien. Hainbuchen benötigen während dieser beiden Phasen 2 bis 4mal soviel Licht wie Ulmen-, Linden-, Ahorn- und Eschensämlinge [22]. Erst ab der 3. Phase können Hainbuchen-Sämlinge unter den für die genannten Arten ausreichenden Lichtverhältnissen überleben [42].

Hainbuchenkeimlinge sind klein, haben verkehrt-eiförmige bis elliptische, ca. 10 bis 12 mm lange und 8 bis 10 mm breite, hellgrüne Kotyledonen und ein kurzes, am Grunde weißliches Hypokotyl. Die 2 bis 3 eiförmigen, etwas asymmetrischen Primärblätter sind behaart und haben einen gesägten Blattrand.1 bis 2 Jahre alte Sämlinge (Phase 3) lassen sich bereits gut verpflanzen. In der forstlichen Praxis hat die natürliche Verjüngung der Art jedoch Vorrang.

Abb. 9: Alte Hainbuche (BHD 94 cm) im Tilio-Carpinetum des Roztocze Nationalparks, NW-Polen (Foto: J. Plotkowiak)

Abb. 10: Vielstämmigkeit nach Stockausschlag, Drawa Nationalpark, NW-Polen (Foto: J. Plotkowiak)

Die Lebensdauer von Hainbuchen liegt bei etwa 150 Jahren. Im Extrem werden Einzelbäume bis 300 Jahre alt, erreichen Höhen bis 35 m und Stammdurchmesser (BHD) von über 100 cm [49]. Ein Einzelbaum von 26 m Höhe und einem BHD von 53 cm kann einen Inhalt von 3,3 m^3 haben [15]. Reinbestände im Kaukasus enthalten 440 m^3/ha Holzmasse im verbleibenden Bestand [49].

Pathologie

Insgesamt können mehr als 200 Pilzarten in den verschiedenen Entwicklungsphasen der Hainbuche Krankheiten auslösen oder Holz abbauen.Unter feucht-warmen Bedingungen lagerndes Saatgut wird oft faul nach Infektionen polyphager Pilzarten der *Hymenomyceten* oder *Zygomyceten*.

Ein Komplex bodenbürtiger Pilze der Arten *Pythium debaryanum* HESSE, *Phytophthora cactorum* (LEB. et COHN), *Fusarium* spp., *Cylindrocarpon* spp., *Alternaria* spp., *Rhizoctonia solani* KÜHN rufen Umfallkrankheit und Keimlingsfäule hervor [29, 48, 56]. Sie werden im Pflanzgarten mit Fungiziden bekämpft [30].

An Blättern parasitieren Anthraknose-, Blattflecken- und Mehltauerreger (*Phyllactinia guttata* (WALLR.: FR.)) sowie Rostpilze (*Melampsoridium carpini* (FUCK. DIET.)) Wegen ihrer geringen Bedeutung bekämpft man sie nur gelegentlich in Parks oder Baumschulen.

Anthraknose wird u. U. ausgelöst durch *Mamiania fimbriata*, *Gnomoniella carpinea*, *Gloeosporium carpinii* und andere; Blattflecken durch *Mycosphaerella maculiformis*, *M. punctiformis* und *Plagiostoma rehmii*. Diese Pilze befallen auch Blätter anderer Arten [46, 70]. *Nectria cinnabarina* (TOBE: FR.) FR. s. l. ruft knotige Auftreibungen an Ästen und Stämmen hervor. Stärkere Schäden in Form von Stammkrebs lösen die rindenbewohnenden *Nectria*-Arten *N. coccinea* (PERS.) FR., *N. ditissima* TUL. und N. galligena BRES. aus, Trieb- und Rindensterben unter anderen die Arten *Diaporthe carpinicola* und *Pezicula carpinea*. *Taphrina carpini* ist der Erreger eines recht auffälligen Hexenbesens an Hainbuche.

Die Wurzeln von *C. betulus* werden von *Heterobasidion annosum*, von *Armillaria mellea* s. l., manchmal auch von Nematoden befallen.

Unter den holzzerstörenden Pilzen sind die Weißfäule-Erreger *Phellinus igniarius* (L.) OUEL., *Fomes fomentarius* (L.) FR., *Fomitopsis pinicola* (SWARTZ) KARST., *Gandoderma lipsidense*, *Armillaria mellea* s. l., *Trametes gibbosa* (PERS.) FR. an erster Stelle zu nennen [53]. Sie kommen ohne Ausnahme auch an anderen Baumarten vor. Braunfäule-Erreger treten demgegenüber zurück. Zu erwähnen sind lediglich *Coniophora puteana* (SCHUM.) KARST., *Serpula lacrimans* und *Tyromyces* spp. Das Holz der Hainbuche wird besonders leicht und rasch abgebaut, besonders wenn es mit Rinde an feuchten Plätzen lagert.

Mindestens 70 Insekten- und Milbenarten greifen *C. betulus* an. Nur wenige davon können als spezifisch für die Hainbuche gelten.

Blattgallen werden u. a. durch *Zygobia carpini* F. LOEW, *Contarinia carpini* KIEFFER (*Lepidoptera*) ausgelöst. Zu den blattminierenden Arten zählen *Parornix carpinella* FREY und *Bacculatrix thoracella* THUN. (*Lepidoptera*), aber auch die Larven des Buchenspringrüßlers *Rhynchaenus fagi* L.. *Myzocallis carpini* KOCH gehört zu den blattsaugenden Lausarten an *C. betulus*. Weitere blattschädigende Insekten nennt SZMIDT [65].

Anzuführen sind überdies rindenbewohnende Insekten der Heteropteren-Gattung *Aradus,* insbesondere die auf Hainbuche spezialisierte Schildlaus *Parthenolecanium rufulum* COCKERELL.

Beachtung verdient noch *Scolytus carpini* RATZ., ein auf Hainbuche spezialisierter Borkenkäfer.

Hainbuchen-Jungwuchs wird hin und wieder von Rot- und Rehwild verbissen. Kleinnager beschädigen Sämlinge und fressen Früchte [65].

Hainbuchen werden nur wenig durch extreme Klimabedingungen geschädigt. In entsprechend exponierten Lagen ist die Art jedoch empfindlich gegen Spätfröste und sie leidet Schaden durch Wassermangel [20, 21].

Wegen ihres kräftigen und tiefreichenden Wurzelsystems gilt *C. betulus* allgemein als sturmfest. Im Nationalpark Bialowieża kommen jedoch erstaunlich viele vom Sturm geworfene Exemplare vor [23, 24].

Aufgetreten sind überdies verschiedene Schadensfälle durch Umweltgifte. So durch Fluoride und durch Immissionen aus der Salzsäureherstellung [5, 10, 35], durch Abgase aus Kupferhütten sowie allgemein durch Aschen und komplexe Immissionen in Industriegebieten [1, 5, 38].

Offensichtlich treten auch deutliche und wiederholte Schäden durch Auftausalze (NaCl) auf [13, 68]. Eutrophierungen infolge erhöhten Stickstoffeintrages in der Nähe von Düngerfabriken haben sich als nicht nachteilig erwiesen [55, 69].

Abb. 11: Alte Hainbuche mit *Fomes fomentarius*-Fruchtkörpern (Roztocze Nationalpark)

Nutzung

Als Waldbaum hat *C. betulus* zwar eine sehr wichtige bodenverbessernde und stabilisierende Aufgabe, ihre wirtschaftliche Bedeutung ist aber gering.

Hainbuchenholz wird wegen seiner physikalischen und mechanischen Eigenschaften gern für bestimmte Maschinenteile, für Gußformen und andere Spezialzwecke genutzt. Es liefert Holzkohle, Parkettholz, eignet sich zur Herstellung von Spielzeug, Modeartikeln und neuerdings auch zur Produktion von kräuselfähigem Halbfertig-Zellstoff.

Abb. 12: Hainbuchenholz, Längsschnitt (Foto: Ulla M. Lang)

In der Landwirtschaft verwendet man das Holz für Werkzeugteile, für Gerätegriffe und – wegen der hohen kalorischen Werte – als Brennholz [62].

Hainbuchenholz läßt sich gut schleifen, polieren und färben. Man nutzt es daher als Ebenholz-Imitation [74]. Eine sehr spezielle Verwendungsart liegt schließlich in der Anfertigung von Hammer-Systemen im Klavierbau.

In einigen Teilen Europas hat sich *C. betulus* als Heckenpflanze bewährt. Wiederholt beschnitten, wird sie so dicht, daß sie als Windschutz dienen kann und deswegen u. a. in Baumschulen und in Parkanlagen angebaut wird. Schon in der französischen Gartenkunst stellte sie wegen ihres intensiven Ausschlagvermögens ein beliebtes gestalterisches Element dar.

Heute pflanzt man Hainbuchenhecken auch am Rande vielbefahrener Straßen an. Grund dafür ist neben dem Umweltschutz-Effekt auch die Fähigkeit der Blätter zur Aufnahme erheblicher Mengen von Blei [16, 41].

Weiterführende Literatur

[1] Açatay, A., 1968: Smoke damage from the copper-smelting works in Mugul. Istanbul Universitesi, Örman Fak. Derg. 18 A, 1-17.

[2] Bärtels, A., 1989: Gehölzvermehrung, Ulmer Verlag, Stuttgart.

[3] Berger, W., 1953: Studien der Systematik und der Geschichte der Gattung *Carpinus*. Bot. Notiser, Lund, **1**, 1-47.

[4] Białobok, S., 1993: [Protection of trees and shrubs]. In: Bugała, W. (ed.). Grab zwyczajny – *Carpinus betulus* L. Nasze drzewa leśne 9: 331-346. Sorus, Poznań. (auf polnisch).

[5] Białobok, S.; Oleksyn, J.; Rachwał, L., 1984: Selection of Trees and Shrubs for Forest Restructuring in Industrial Regions. In: Białobok, S., Fabijanowski J. (ed.). Forest Functions in Industrial Regions. In: Grodziński W., Weiner J., Maycock P.F. (ed.). Forest Ecosystems in Industrial Regions. Ecol. Stud. 49, 239-244.

[6] Białobrzeska, M., 1966: Variability of the leaves and fruits of *Carpinus betulus* in analogous associations of the primeval forests of Puszcza Bialowieska, Puszcza Borecka, Puszcza Niepołomicka and of the Carpathians, 1 and 2. Acta Soc. Bot. Poloniae 35, 401-424, ibidem, 35, 529-559. (auf polnisch).

[7] Białobrzeska, M., 1970: [European hornbeam (*Carpinus betulus L.*)] In: Jentys-Szaferowa J. (ed.). Variability of the leaves and fruits of trees and shrubs in the forest associations of the Białowieża National Park. Monogr. Bot. 32, 86-100. (auf polnisch).

[8] Boratyńska, K., 1981: [Chorology and forest regionalisation of the family *Betulaceae*]. PhD thesis, Institute of Dendrology, Kórnik. (auf polnisch).

[9] Boratyńska, K., 1993: [Systematics and geographical distribution]. In: Bugała, W. (ed.). Grab – *Carpinus betulus* L., Nasze drzewa leśne 9, 17-50. Sorus, Poznań. (auf polnisch).

[10] Borsdorf, W., 1960: Beiträge zur Fluorschadendiagnostik. I. Fluorschaden-Weiserpflanzen in der Wildflora. Phytopath. Z. 38, 309-315.

[11] Botema, S., 1975: Reconstruction of the late quaternary vegetation of northeastern Greece. In: Problems of Balkan Flora and Vegetation, 58-63. Sofia.

[12] Bozhilova, E., 1975: Correlation of the vegetational development and climatic changes in the Rila and Pirin mountains during the late glacial and post glacial time compared to other areas. In: Problems of Balkan Flora and Vegetation, 64-71. Sofia.

[13] Braun,G.; Schönborn, A., von; Weber, E., 1978: Untersuchungen zur relativen Resistenz von Gehölzen gegen Auftausalz (Natriumchlorid). Allg. Forst- u. Jagdztg. 149, 21-35.

[14] Browicz, K.; Zieliński J., 1982: Chorology of Trees and Shrubs in South-West Asia and Adjacent Regions, 1. Polish Sci. Publishers, Warszawa – Poznań.

[15] Czuraj, M.; Radwański, B.; Strzemski, S., 1960: (Tables of volume of standing trees) Tablice miąższości drzew stojących. PWRiL, Warszawa. 192 pp. (in polnisch).

[16] Deroanne-Bauvin, J.; Impens; R.; Delcarte, E., 1977: Rôle des écrans végétaux. Ann. Gembloux 83, 223-234.

[17] DUMITRIU-TATARNARU, T., 1951: Insemnari dendrologice. 1. O statiune cu biota (*Thuja orientalis*) subspontanea. 2. *Carpinus betulus* L. var. *arnotae* n. var. Revista Padurilor 66, 11-12. (auf rumänisch).

[18] DZIADOWIEC, H., 1987: The decomposition of plant litter fall in an oak-linden-hornbeam forest and oak-pine mixed forest of the Białowieża National Park. Acta Soc. Bot. Pol. 56, 169-185.

[19] DZIADOWIEC, H., 1990: (The decomposition of plant litter falls in selected forest ecosystems) Rozkład ściółek w wybranych ekosystemach leśnych (mineralizacja, uwalnianie składników pokarmowych, humifikacja). Rozpr. Uniw. Mikołaja Kopernika, Toruń. 137 pp. (auf polnisch).

[20] ELIAŠ, P.; KRATOCHWILOVA, I.; JANOUS, D.; MAREK, M.; MASAROVIČOVA, E., 1989: Stand microclimate and physiological activity of the leaves in an oak-hornbeam forest. Trees 3, 227-233.

[21] ELLENBERG, H., 1978: Vegetation Mitteleuropas mit den Alpen in ökologischer Sicht. Ulmer Verlag, Stuttgart 982 pp.

[22] ESTIVGNEEV, O. I., 1988: [Development of broadleaved trees in various light conditions under the forest cover]. Osobennosti razvitiya shirokolistvennykh derevev pod pologami lesa pri razlichnoi osveshchennosti. Bot. Zhurn. 73, 1730-1736. (auf russisch).

[23] FALIŃSKI, J.B., 1978: Uprooted trees, their distribution and influence in the primeval forest biotope. Vegetatio, 38, 175-183.

[24] FALIŃSKI, J. B.; PAWLACZYK, P., 1993: [Outline of ecology.] In: BUGAŁA, W. (ed.) Grab zwyczajny – *Carpinus betulus* L. Nasze drzewa leśne 9:157-263. Sorus, Poznaµ. (auf polnisch).

[25] FIRBAS, F., 1949: Spät- und nacheiszeitliche Waldgeschichte Mitteleuropas nördlich der Alpen, 1. Jena. 480 pp.

[26] FOBER, H., 1990. (Mineral nutrition.) In: BIAŁOBOK, S. (ed.). Buk zwyczajny – *Fagus sylvatica* L. Nasze drzewa leśne 10, 143-157. PWN, Poznań – Warszawa. (auf polnisch).

[27] FOBER, H., 1991: [Mineral nutrition.] In: BIAŁOBOK, S. (ed.). Lipy –*TILIA*. Nasze drzewa leśne 15, 121-131. Arkadia, Poznan. (auf polnisch).

[28] GIERTYCH, M., 1993: (Genetics). In. BUGAŁA, W. (ed.). Grab zwyczajny – *Carpinus betulus* L. Nasze drzewa leśne 9, 145-156. Sorus, Poznań. (auf polnisch).

[29] GRZYWACZ, A., 1990: (Damping off in forest tree seedlings). Choroby drzew leśnych 3, 1-8. PWRiL, Poznań. (auf polnisch).

[30] GRZYWACZ, A., 1993: (More important infectious diseases). In: BUGAŁA, W. (red.) Grab zwyczajny – *Carpinus betulus* L. Nasze drzewa leśne 9, 265-298. Sorus, Poznań. (auf polnisch).

[31] HEJNOWICZ, A., 1993: (Anatomy and karylogy). In: BUGAŁA, W. (ed.). Grab zwyczajny – *Carpinus betulus* L. Nasze drzewa leśne 9, 51-59. Sorus, Poznaµ. (auf polnisch).

[32] HU, H.-H. 1964: (The materials on the Monography of Genus *Carpinus* LINN. of China). Acta Phytotax Sinica 9, 281-298. (auf chinesisch).

[33] HUZULÁK, J., 1973: Seasonal changes in the macronutrient and boron content in the leaves of woody species of the oak-hornbeam forest. Biologia (Bratislava) 28, 263-273.

[34] JALAS. J.; SUOMINEN, J., 1975: Atlas florae Europaeae 3. Helsinki.

[35] JAMŘICH, V., 1984: (Possibilities of classifying the resistance of woody plants to fluorine intoxication by means of visual damage symptoms). Folia Dendrologica 11, 83-107.

[36] JENTYS-SZAFEROWA, J., 1964: The role of the glacial epoch in the history of the *species Carpinus betulus* in Europe. Report of the 6th. Intern. Congress on Quaternary, Warsaw 1961, 433-437.

[37] JOHNSSON, H., 1942: Die Chromosomenzahl von *Carpinus betulus* L. Hereditas 28, 228-230.

[38] JÓZEFACIUKOWA, W., 1988: (Determination of the vitality of selected tree and shrub species in regions affected by industrial emissions). Prace Inst. Bad. Leśn. 666-670, 666, 3-23. (auf polnisch).

[39] JURKEVICH, I.D.; TYUTYUNOV, A. Z., 1985: (Hornbeam forests of Belorussiya. Typology, structure, productivity) Nauka i Technika, Minsk. 206pp. (auf russisch).

[40] KALELA, A., 1937/38: Zur Synthese der experimentellen Untersuchungen über Klimarassen der Holzarten. Comm. Inst. Forest. Fenniae 26.

[41] KELLER, T., 1974: Filtering effect of hedges on air-pollutant dusts created by road traffic, especially lead compounds. Schweiz. Z. Forstw. 125, 719-735.

[42] KOOP, H., 1989: Forest dynamics. SILVI-STAR: a comprehensive monitoring system. Springer Verlag, Berlin et al. 229pp.

[43] KRÓL, S., 1972: (Seedlings of trees and shrubs). PWRiL, Warszawa, 216pp. (auf polnisch).

[44] KRÜSSMANN, G. (translated by EPP M.E.), 1986: Mannual of cultivated broad-leaved trees and shrubs. Batsford Ltd., London.

[45] KUPRIANOVA, L.A., 1963: On a hitherto undescribed family belonging to the Amentiferae. Taxon 12, 12-13.

[46] LANIER, L.; JOLY, P.: BOUNDOUY, P.; BELLEMERRE, A., 1976: Mycologie et pathologie forestières. 2. Masson, Paris, New York, Barcelone, Milan.

[47] LEMEE, G.; BICHAUT, N., 1973: Investigations into the ecosystems of the nature reserves of the forest of Fontainbleau. II Decomposition of tree leaf litter and the liberation of major mineral elements: Oecol. Plant. 8, 153-174.

[48] MAŃKA, K., 1992: (Forest phytopathology) 4th ed., PWRiL, Warszawa. (auf polnisch).

[49] MATIKASHVILI, V.I., 1961: *Carpinus* L. In: GULISASHVILI V.Z. (ed.). (Woody flora of the Caucasus), 2, 131-149. Academy of Sciences of Georgian S.S.R., Tbilisi (auf russisch).

[50] MEUSEL, H.; JÄGER, E.; WEINERT, E., 1965: Vergleichende Chorologie der Zentraleuropäischen Flora 1, 2. G. Fischer Verlag, Jena.

[51] NĚMEJC, F., 1975: (Paleobotany) Paleobotanika, 4. Českoslow. Akad.Ved, Praha. (auf tschechisch).

[52] OPRAVIL, E., 1983: [Hornbeam (*Carpinus betulus* L.) in the Czechoslovakian quaternary]. Zas. Slez. Muzea, Opava (A) 32, 67-82. (auf tschechisch).

[53] ORTOŚ, H., 1960: [Investigations on the ecological function of fungi from *Polyporaceae* family in the various forest sites in the Białowieża National Park]. Prace IBL 193. (auf polnisch).

[54] PACHLEWSKI, R., PACHLEWSKA, J., 1965: Investigations on the mycorrhizas of spruce (*Picea* excelsa) and hornbeam (*Carpinus betulus*) in the natural forest communities of the Białowieża National Park]. Prace IBL 28, 3-52. (auf polnisch).

[55] PASTERNAK, P.S.; MAZEPA, V.G.; PRISTUPA, G.K., 1988: (The resistance of tree and shrub species to industrial emissions in the Poles'e region of Ukraine). Lesn. Khoz. (7): 54-57. (auf russisch).

[56] PŘIHODA, A., 1956: (Diseases of forest nurseries and thicket). SNTL, Praha (auf tschechisch).

[57] RALSKA-JASIEWICZOWA, M., 1983: Isopollen maps for Poland: 0 – 11000 years B.P. New Phytol. 94, 133-175.

[58] ROHMEDER, E.; SCHÖNBACH, H., 1959: Genetik und Züchtung der Waldbäume. P. Parey Verlag, Hamburg. 338 pp.

[59] RUBNER, K., 1938: Verbreitung und Rassen der Hainbuche (*Carpinus betulus* L.). Forstwiss. Cbl. 60, 255-264.

[60] RUDAWSKA, M., 1993: [Mycorrhizae]. In: BUGAŁA, W. (ed.): Grab zwyczajny – *Carpinus betulus* L. Nasze drzewa leśne 9, 135-143. Sorus, Poznań. (auf polnisch).

[61] SCHWEINGRUBER, F.H., 1978: Mikroskopische Holzanatomie. Eidgenössische Anstalt, Zürcher Ag.

[62] SURMIŃSKI, J., 1993: (Technical properties and possibilities of utilization of wood). In: BUGAŁA, W. (ed.). Grab zwyczajny – *Carpinus betulus* L. Nasze drzewa leśne 9, 352-330. Sorus, Poznań. (auf polnisch).

[63] SUSZKA, B., 1968: Conditions for the breaking of dormancy and germination of hornbeam (*Carpinus betulus* L.) seeds. Arbor. Kórnickie 13, 147-172.

[64] SUSZKA, B., 1993: [Propagation]. In: BUGAŁA, W. (ed.). Grab zwyczajny – *Carpinus betulus* L. Nasze drzewa leśne 9, 97-134. (auf polnisch).

[65] SZMIDT, A., 1993: (More important pests). In: BUGAŁA, W. (ed.). Grab zwyczajny – *Carpinus betulus* L. Nasze drzewa leśne 9, 299-322. (auf polnisch).

[66] ŚRODOŃ,. A-. 1993: (Hornbeam in the history of the forests.) In : BUGAŁA, W. (ed.). Grab zwyczajny – *Carpinus betulus* L. Nasze drzewa leśne 9, 7-16. Sorus, Poznań. (auf polnisch).

[67] TAKHTADJAN, A., 1981: Flowering plants origin and dispersal, Oliver & Boyd, Edinburgh.

[68] TEMMERMAN, L.O. de; VANDEPUTTE, R.; VANDERMEIREN, K.; BAETEN, H., 1984: The use of *Carpinus betulus* as an indicator plant for HCI in ambient air. 13th International meeting of specialists in air pollution damages in forests (IUFRO S.09) 5 ref. Jiloviště Štrnady, Czechoslovakia, 378-389.

[69] THIMONIER, A.; DUPOUEY, J.L.; TIMBAL, J., 1992: Floristic changes in the herb-layer vegetation of a deciduous forest in the Lorraine Plain under the influence of atmospheric deposition. Forest Ecol. Managm. 55, 149-167.

[70] TOMILIN, B.A., 1979: (Key for determination of the fungi from genus *Mycosphoerella* Johans.) Nauka, Leningrad. (auf russisch).

[71] TRAPPE, J.M., 1962: Fungus associates of ectotrophic mycorrhizae. Bot. Rev. 28, 538-606.

[72] TRILLMICH, H.D.; UEBEL, E., 1974: Ein Düngungstest zu Hainbuche. Beiträge für die Forstwirtschaft 8, 135-150.

[73] TUTIN, T.G. 1964: *Corylaceae*. In: TUTIN T.G. et al. (eds.). Flora Europaea 1, 60. Cambridge, University Press.

[74] WAGENFÜHR, W.R.; SCHEIBER, C., 1974: Holzatlas. VEB-Fachbuchverlag, Leipzig.

[75] WIJMSTRA, T.; SMIT, A., 1975: Vegetation development during the eemian in Eastern Macedonia (Greece). In: Problems of Balkan Flora and Vegetation,: 50-57. Sofia.

[76] WINKLER, H., 1904: *Betulaceae*. In: ENGLER A. (ed.). Das Pflanzenreich, Regni Vegetabilis Conspectus, 19. Wanheim.

[77] WINKLER, H., 1914: Neue Revision der Gattung *Carpinus*. Bot. Jahrb. 50 (Suppl.), 488-508.

[78] WOODWORTH, R. H., 1930: Cytological studies in the *Betulaceae* IV. *Betula, Carpinus, Ostrya, Ostryopsis*. Bot Gaz. 90, 108-115.

[79] WOODWORTH, R.H., 1931: Polyploidy in the *Betulaceae*. Journ. Arnold Arbor. 12, 206.

[80] ZABŁOCKI, J., 1928: Tertiäre Flora des Salzlagers von Wieliczka I. Acta Soc. Bot. Pol. 5, 174-208.

[81] ZARĘPBA, R., 1968. (Trees and stands of Białowieża National Park). In FALIŃSKI, J.B. (ed.). Białowieża Primeval Forest. PWRiL, Warszawa: 228-236. (auf polnisch).

Der Autor:

Doc. Dr. ADAM BORATYŃSKI
Polish Academy of Sciences
Institute of Dendrology
PL-62-035 Kórnik
Polen

Aus dem Englischen übertragen von P. Schütt

Carya illinoensis (Wangenh.) K. Koch, 1869

syn.: C. olivaeformis (Michx.) Nutt., 1818
C. pecan (Marsh.) Engl. et Graebn., 1902

Pekan, Pekannussbaum

engl.: Pecan
span.: Nogal morado, nuez encarcelada

Familie: Juglandaceae
Unterfamilie: Juglandoideae
Sektion: Apocarya

Abb. 1: Unpaarig gefiedertes Laubblatt (links), unreife Früchte in situ (rechts oben) und reife Steinkerne („Pekan-Nüsse"), offen, halbiert und geschlossen

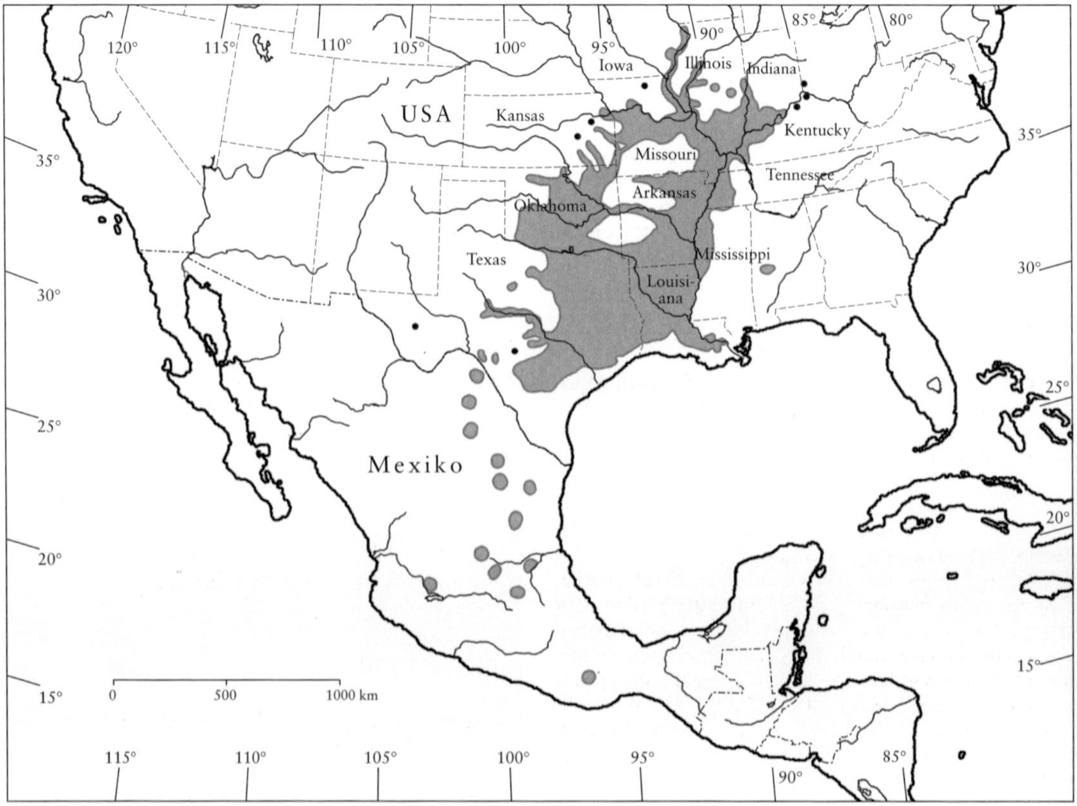

Abb. 2: Natürliches Verbreitungsgebiet, nach [16]

Carya illinoensis, ein sommergrüner, windblütiger Waldbaum aus dem östlichen Nordamerika, ist von Illinois und Iowa bis nach Mexiko verbreitet und gilt als die raschwüchsigste der Hickory-Arten. Auf wohldrainierten, nährstoffreichen Böden kann sie bis 60 m hoch werden und 2,5 m starke Stämme bilden. *C. illinoensis* verträgt strenge Winterfröste und ist in mitteleuropäischen Sammlungen vertreten.

Kennzeichnend sind u.a. die unpaarig gefiederten Laubblätter mit 9–17 fein gesägten, annähernd eiförmigen und lang zugespitzten Fiederblättchen.

Außer dem harten, dunkelbraunen Kernholz nutzt man die wohlschmeckenden Steinkerne (Pekannüsse). Sie stellen roh als Nahrungsmittel oder in Backwaren und Süßigkeiten verarbeitet einen nicht zu unterschätzenden Wirtschaftsfaktor dar.

Für Füchse, Waschbären und mehrere Vogelarten sind sie ein wichtiges Futter.

Verbreitung

C. illinoensis ist eine Baumart des Mississippi-Tales. Ihr natürliches Areal reicht von den Bundesstaaten Illinois und Indiana im Norden bis zum Golf von Mexiko im Süden. In westlicher Richtung erstreckt es sich bis Ost-Kansas und Zentral-Texas, nach Osten bis W-Mississippi und W-Tennessee.

Die Ostgrenze besteht aus kleineren Vorkommen zwischen SW-Ohio und Kentucky bis Alabama. Örtlich begrenzte Populationen kommen auch in Nordost- und Zentral-Mexiko vor [15].

In Texas findet man die Art im Rio Grande-Valley sowie im mittleren und östlichen Teil des Staates. Von hier aus setzt sich das Areal ins östliche Oklahoma, ins östliche Kansas und in Teile Missouris fort [7, 12, 14].

C. illinoensis wächst bis in Höhenlagen um 600 m ü.NN. [13].

Beschreibung

Pekan wird größer als andere *Carya*-Arten. Adulte Bäume können Höhen von 50 (bis 55), nach Godfrey [6] sogar 60 m und Stammdurchmesser (BHD) von 180 bis 210 cm, im Extrem bis 2,5 m erreichen [6, 15]. Der Stamm ist gerade, die Krone breit und rund [15, 20]. Angaben zur Ausdehnung und Morphologie des Wurzelsystems fehlen. *Pisolithus tinctorius* fungiert als Mykorrhiza-Partner [13].

Knospen, Blätter und Zweige

Die gelbbraunen, nicht gestielten Terminalknospen haben einen relativ spitzen Apex, sind ca. 1,2 cm lang und werden von kleinen, anfangs kahlen, später kurz behaarten, valvaten Tegmenten umgeben [6].

C. illinoensis ist eine sommergrüne Art.

Die wechselständigen, 25–50 cm langen, unpaarig gefiederten Laubblätter setzen sich aus 5 bis 17 (meist 9 bis 17) lanzeolat-eiförmigen, mitunter etwas sichelförmigen Fiederblättchen zusammen. Diese sind kurz gestielt oder sitzend, i.A. 10 bis 20 cm lang, 2,5 bis 5 cm breit, haben einen fein gesägten Rand, eine dunkel gelbgrüne Ober- und etwas blassere Unterseite [14]. Godfrey [6] spricht indessen von einer (glänzend) dunkelgrünen Ober- und einer mattgrünen, kahlen oder auf den Nerven unregelmäßig mit büscheligen, zottigen Haaren besetzten Unterseite.

Der Apex der Fiederblättchen ist in der Regel lang zugespitzt, ihre Spreitenbasis schräg abgerundet oder schief keilförmig. Junge, sich gerade entfaltende Blätter haben eine weiche, weißliche Behaarung und zahlreiche sitzende oder kurz gestielte, harzige Drüsen [6, 10].

Stets sind die mittleren und oberen Fiederblättchen etwas größer als die Endfieder.

Weich behaart sind auch die relativ kräftigen, rötlich braunen jungen Triebe. Später verkahlen sie weitgehend und sind mit orange-braunen, schmalen, länglichen Lenticellen besetzt [14, 20].

Blüten und Früchte

In ihrem natürlichen Areal wird *C. illinoensis* mit etwa 20 Jahren mannbar. Danach blüht sie regelmäßig im Abstand von 1 bis 3 Jahren [15]. Die anemogamen Blüten erscheinen von April bis Mai und stehen in 7,5 bis 12,5 cm langen männlichen oder weiblichen Kätzchen am selben Baum. [14].

Männliche und weibliche Infloreszenzen treten stets in separaten Gruppen auf, wobei i.A. mehr ♂ als ♀ Kätzchen zusammenstehen.

Letztere haben gelbe, behaarte, in mehrblütigen Ähren angeordnete Blüten mit 2 bis 4 Narben. Männliche Blüten enthalten 5 bis 6 Staubblätter mit spärlich behaarten, gelben Antheren und werden von einem zwei- oder dreiteiligen Kelch umschlossen, dessen mittleres Sepalum länger ist als die beiden seitlichen [16]. Den Pollen kann man bei –80 °C bis zu 3 Jahren lagern, ohne dass die Keimfähigkeit verlorengeht [23].

Pekan-Früchte reifen im September/Oktober und werden von September bis Ende Dezember verbreitet. Es handelt sich um dünnschalige (2-3 mm), mehr oder weniger eiförmige, ovale oder birnenförmige Steinfrüchte mit rundem Querschnitt. Diese sind schwach geflügelt, 3,7 bis 6,3 cm (3,7 bis 8,7 cm) lang [15, 21], haben ein glänzend hellbraunes, glattes Endokarp und werden von länglichen Hüllblättern umgeben, welche sich bei Reife braun bis schwarz verfärben und von den 4 Valven der Nuss abspreizen [15]. 220 bis 350 (gereinigte) Steinkerne wiegen 1 kg. Bärtels[1)] nennt ein Tausendkorngewicht von 4500 g, Torikata et al. [20] von 6000 g für eine Zuchtsorte.

Verbreitet werden die schwimmfähigen Früchte durch Wasser und Tiere (zumeist Eichhörnchen).

Borke und Holz

Die verhältnismäßig dicke, graubraune oder hellbraune, oft etwas rötlich schimmernde Stammborke ist tief und unregelmäßig gefurcht. Auf den schmalen, gabelig verzweigten Rippen liegen zahlreiche kleine Schuppen [6, 15].

Das ringporige Pekan-Holz bleibt in der Qualität hinter anderen Hickory-Arten zurück [21]. Es hat einen dunkelbraunen Kern, einen sehr schmalen, fast weißen Splint, ist hart, aber spröde und weist ein Trockengewicht von 72,2 g/cm^3 auf.

Informationen zur Holzanatomie und nähere holztechnologischen Daten enthält die angegebene Literatur nicht.

Genetische Differenzierung und Artbastarde

Für *C. illinoensis* ist eine straffe genetische Verankerung von Samengröße und Samengewicht belegt. Beide Merkmale korrelieren überdies mit dem Höhenwachstum einjähriger Sämlinge [2]. Aus Nachkommenschaftsprüfungen mit 40 selektierten Mutterbäumen errechneten sich für die Sämlingshöhe am Ende des 2. Jahres Heritabilitätswerte i.w.S. von 0,57 bis 0,74 [1].

---

1) Bärtels, A., 1989: Gehölzvermehrung, Ulmer-Verlag

Insgesamt nutzt man mehr als 100 Hochleistungsklone mit besonders großen und dünnschaligen Steinkernen für die Fruchtproduktion [16].

Mit folgenden Hickory-Arten geht *C. illinoensis* interspezifische Kreuzungen ein [12, 16]:

- *Carya aquatica* (= *C. x lecontei* LITTLE)
- *Carya cordiformis* (= *C. x brownii* SARG.)
- *Carya laciniosa* (= *C. x nussbaumeri* SARG.)
- *Carya ovata*
- *Carya tomentosa* (= *C. x schneckii* SARG.)

Über Wuchsleistungen und Standortsansprüche dieser Bastarde liegen uns keine Angaben vor.

Ökologie

Pekan ist eine Art des gemäßigten humiden Klimas. Während des Sommers herrschen in ihrem natürlichen Areal Mitteltemperaturen bis zu 27 °C, und die Höchstwerte liegen bei 41 °C und 46 °C. Die mittleren Wintertemperaturen schwanken zwischen +10 °C und –1°C und Extremwerte können im Bereich von –18° bis –29 °C auftreten [16].

Während der Vegetationszeit fallen im Minimum 510 mm Niederschläge. Die Jahresmittel variieren zwichen 760 und 2010 mm [16].

Die Art ist intolerant gegen Beschattung, wenn auch weniger stark als *Salix*-Arten oder als *Populus deltoides*. Auf Durchforstung und Lichtstellung reagiert sie in allen Altersklassen mit erhöhtem Zuwachs, vorausgesetzt, es handelt sich um vitale Exemplare [16].

Ihr Optimum findet *C. illinoensis* auf wohldrainierten, lehmigen Böden, die nicht lange überflutet werden. Sie kommt ferner auf jungen alluvialen Standorten sowie auf schweren Substraten grober Textur natürlich vor, fehlt aber auf tonigen, schlecht entwässerten Böden des Flachlandes. Hier wird sie von *Carya aquatica* abgelöst. Trockene Standorte meidet sie ebenfalls [7, 16]. Sämlinge vertragen kurze Überschwemmungen.

Auf typischen Standorten wächst *C. illinoensis* in Mischung mit *Platanus occidentalis*, *Ulmus americana* und *Salix nigra*, außerdem gemeinsam mit *Acer negundo*, *A. saccharinum*, *Celtis laevigata*, *C. occidentalis*, *Fraxinus pennsylvanica* und *Quercus nigra*. Im Unterstand finden sich häufig *Asimina triloba*, *Arundinaria gigantea*, *Phytolacca americana* sowie *Toxicodendron radicans*, mehrere *Smilax*-Arten und *Lonicera japonica* [16].

Abb. 3: Männliche Blütenkätzchen (oben), reife Steinkerne (Mitte) und US-Exportware

Abb. 4: Alter Solitär in Middleton Place, nahe Charleston, S.C. (Höhe: ca. 30 m; BHD: ca. 150 cm)

Vermehrung und Anzucht

Grob gerechnet setzen Pekan-Bäume im Alter zwischen 20 und 300 Jahren Früchte an. Als besonders ertragreich gilt der Zeitraum von 75 bis 200 Jahren [21].

Vor der hypogäischen Keimung im April bis Juni durchlaufen die Samen eine endogene Keimruhe [16]. Andere Autoren sprechen jedoch von mehr oder weniger schwankenden Keimraten zu jeder Zeit, sofern optimale Bedingungen herrschen [19]. Die für Wasser und Gase permeable Schale des Steinkerns behindert mechanisch das Wachstum der Radicula, was durch

(a) Inkubation bei 30–35 °C oder

(b) 30 bis 90 Tage andauernde Stratifizierung in Sand oder Torf bei 2–5 °C und anschließendem Aufenthalt bei Raumtemperatur

verhindert werden kann. Die Keimrate lag nach entsprechender Behandlung bei fast 100 % (a) bzw. 50 % (b) [19, 21].

Saatgut von *C. illinoensis* kann man in geschlossenen Gefäßen bei 5 °C und 90 % rel. Feuchte 3 bis 5 Jahre keimfähig halten [16].

Die Saatdichte in Baumschulen liegt bei 18–25 Steinkernen pro lfd. Meter, der Reihenabstand beträgt i.A. 20–30 cm. Zwischen Aussaat und Keimung hat sich das Mulchen mit Stroh oder Blättern bewährt [21].

Die Bewurzelung von Stecklingen gelingt zu fast 100 % nach Applikation von IBA (1000 ppm) im Frühbeet; höchstens 30 % davon überleben bis zum nächsten Jahr [18]. Bewährt hat sich auch die Vereinzelung von Stockausschlägen. Ablegerbildung kommt vor.

Wachstum

Hepting [7] nennt *C. illinoensis* die raschwüchsigste und höchste der *Carya*-Arten. Maximalwerte von 55 bis 60 m Gesamthöhe und 180–210 cm Stammdurchmesser (BHD) werden wiederholt angeführt [6, 7, 15].

Abb. 5: C. illinoensis – Plantage nahe San Joaquin Valley, Ca.

In natürlichen, nicht-bewirtschafteten Beständen Nordost-Louisianas nehmen die Stammdurchmesser (BHD) 15 bis 75 cm starker Bäume innerhalb von 10 Jahren um 5 bis 6 cm zu [16].

Bei Anbauversuchen in Stoneville, Miss. war *C. illinoensis* 15 Jahre nach der Pflanzung mit 6,3 m Höhe *Liquidambar* (10 m) und *Populus deltoides* (20 m) deutlich unterlegen [9].

Hervorzuheben ist das hohe jährliche Sämlingswachstum. Es liegt auf Lehmböden und unter günstigen Witterungsbedingungen im Durchschnitt bei 90 cm und wird in gleicher Größenordnung mehrere Jahre beibehalten [16].

Pathologie

Pekan ist in allen Entwicklungsstadien mehreren bakteriellen, pilzlichen und tierischen Schädlingen ausgesetzt, welche aber die Existenz der natürlichen Bestände nicht gefährden:

- „Pecan bunch disease", gekennzeichnet durch das Auftreten zahlreicher Hexenbesen, geht auf MLO zurück, welche in den Siebzellen des Phloems, aber nur selten in Geweben ohne Schadsymptome vorkommen [16].
- Zu den Blattparasiten zählt *Elsinoe randii* JENK et BITAN, ein zumeist in Baumschulen auftretender Anthraknose-Erreger, der anfangs kleine, rötliche Läsionen, später Löcher auf beiden Blattseiten hervorruft.

  Blattflecken verursachen auch mehrere *Gnomonia*-Arten sowie *Cladosporium effusum* (WINT.) DEM. („pecan scab"), dessen Infektionen auch den Fruchtansatz herabsetzen [15].
- Wurzelschäden entstehen durch *Armillaria tabescens* (SCOP.; FR.) BRES. und *Helicobasidium purpureum* (TUL.) PAT., eine Reduzierung des Feinwurzelsystems alter Bäume vor allem durch *Pythium irregulare* BUISM. und die Nematoden-Art *Meloidogyne incognita* (KOF. et WHITE) CHITW. [7].
- Unter den Holzzerstörern ist *Poria spiculosa* CAMPB. et DAVIDS besonders häufig und besonders schädlich. Befallene Stämme schwellen an und weisen Stammkrebse auf [15].
- Mehrere Borkenkäfer-Arten, wie *Scolytus quadrispinosus* SEY oder *Goes pulcher* HALDEMAN bohren Gänge in Stämme und Äste, was in trockenen Sommern starke Schäden hervorruft. Anders verhalten sich *Xyloberus*-Arten, die im Südosten der USA vornehmlich die durch Trockenheit oder mechanische Schäden praedisponierten Bäume befallen [15].
- In Indien angebaute Pekan-Bäume erlitten Blattschäden durch den Befall mit einer Blasenfuß-Art (*Aeolothripidae*), ähnlich *Haplothrips ceylonicus* SCHMUTZ [4].

C. illinoensis ist empfindlich gegen Winterkälte, Dürre und Feuer. Waldbrände gefährden sowohl den Jungwuchs wie die relativ dünnborkigen Altbäume [7].

Nutzung

Pekan-Holz war lange von geringer wirtschaftlicher Bedeutung [20]. In letzter Zeit hat die Nachfrage jedoch ständig zugenommen. Man nutzt es als Möbelholz und für verschiedene Schreinerarbeiten, zu Täfelungen sowie für die Herstellung von Paletten und Furnieren [15]. Es lässt sich gut mit Maschinen bearbeiten.

Züchterisch verbesserte Cultivare baut man in den USA zur Fruchtproduktion an. Das trifft selbst für Tadzhikistan zu, wo man die Art seit 1935 kultiviert und auch als Stadt- und Straßenbaum anpflanzt [8]. Auch in Europa sind die wohlschmeckenden Pekan-Nüsse als Delikatesse hoch geschätzt.

Im natürlichen Areal stellen die Früchte eine wichtige Nahrungsquelle für Vögel, Füchse, graue Eichhörnchen, Opossums und Waschbären dar. Borke und Blätter verwendet man als Adstringens [20].

Verschiedenes

- *C. illinoensis* geht mit den bodenbürtigen Pilzarten *Russula aeruginea* LINDB., *R. foetens* PERS. ex FR. und *Xerocomus chrysenteron* BULL. ex ST.AM. Mykorrhiza-Symbiosen ein [7]. Experimentell belegt ist die Steigerung des Wachstums und der Überlebensrate nach Mykorrhizabildung mit *Pisolithus tinctorius* (PERS.) COK. et COUCH.
- Besonders hohe Erträge sind bei Plantagenbäumen zu erzielen, wenn Reiser von Hochleistungs-Klonen auf Unterlagen von Wildsorten gepfropft werden [14]. Das geschah erstmals 1846.
  Heute werden Pekan-Plantagen selbst in Kalifornien und Oregon bewirtschaftet.
- Der Blatt-Inhaltsstoff Juglon (5-hydroxy-1,4-naphtaquinone) wird mit Resistenz gegen *Cladosporium caryigenum* in Verbindung gebracht [3]. Auf *Fusicladium effusum* wirkt er bereits in der natürlichen Konzentration von 0,1 mg/ml toxisch [11].
- Durch die ersten französischen Siedler im heutigen Louisiana wurde bekannt, dass viele Indianerstämme im unteren Mississippi-Tal Pekan-Nüsse als Vorrat lagerten [14].

Der durchschnittliche Ertrag eines ausgewachsenen Baumes liegt bei 175 kg Früchten pro Jahr [DUNCAN; DUNCAN, 1988: Univ. of Georgia Press, Athens, GA].

Literatur

[1] ADAMS, J. C., 1976: A study of genetic variability in wild populations of pecan (Carya illinoensis [Wangenh.] K. Koch). Dissert. Abstr. Intern. B. 37, 6, 2589 B.

[2] ADAMS, J. C.; THIELGES, B. A., 1977: Research underway on pecan timber improvement. Louisiana Agriculture **20**, 2, 14-15.

[3] BORAZJANI, A.; GRAVES, CH., JE.; HEDIN, P. A., 1985: Occurrence of juglone in various tissues of pecan and related species. Phytopathology **75**, 12, 1419-1421.

[4] CHOWDHURI, A. N.; PAL, S. K., 1970: Thrips damaging pecannut in Himachal Pradesh. Indian J. Entomol. **32**, 2, 165.

[5] FITSCHEN, J., 1994: Gehölzflora, 10. Aufl., Quelle und Meyer Verlag, Heidelberg.

[6] GODFREY, R. K., 1988: Trees, Shrubs, and Woody Vines of Northern Florida and Adjacent Georgia and Alabama. The University of Georgia Press, Athens and London.

[7] HEPTING, G. H., 1971: Diseases of Forest and Shade Trees of the United States. USDA Forest Serv., Agric. Handb. 386, Washington, D.C.

[8] KHOLDOROV, U.-KH.; KANUNOV, I. K., 1975: Pecan in Tadzhikistan Subtropich. Kultury 1, 86-88.

[9] KRINARD, R. M.; KENNEDY, H. E., Jr., 1987: Fifteen-year growth of six planted hardwood species on sharkey clay soil. USDA Forest Serv., Southern For. Expt. Stn. Res. Note, No. 50-336.

[10] KRÜSSMANN, G., 1976: Handbuch der Laubgehölze, Band I, 2. Aufl. Verlag Paul Parey, Berlin und Hamburg

[11] LANGHANS, V. E.; HEDIN, P. A.; GRAVES, C. H., JR., 1976: Fungitoxic substances found in pecan (*Carya illinoensis* K. Koch) Proc. Amer. Phytopath. Soc. **3**, 339.

[12] LITTLE, E. L., Jr., 1979: Checklist of United States Trees (Native and Naturalized). USDA Forest Serv., Agric. Handb. 541, Washington, D.C.

[13] LITTLE, E. L., 1983: The Audubon Society Field Guide to North American Trees. Eastern Region. Alfred A. Knopf, New York.

[14] MARX, D. H., 1977: Tree host range and world distribution of the ectomycorrhizal fungus Pisolithus tinctorius. Can. J. Microbiol. **23**, 2, 217-223.

[15] PEATTIE, D. C., 1991: A Natural History of Trees of Eastern and Central North America. Houghton Mifflin Company, Boston.

[16] PETERSON, J. K., 1990: Carya illinoensis (Wangenh.) K. Koch, Pecan. In: Burns/Honkala: Silvics of North America, vol. 2. Hardwoods, p. 205-210. USDA Forest Serv., Agric. Handb. 654, Washington, D.C.

[17] SELISKAR, C. E.; KENKNIGHT, B. E.; BOURNE, C. E., 1974: Mycoplasma-like organism associated with pecan bunch disease. Phytopathologie **64**, 10, 1269-1272.

[18] SMITH, I. E.; WOLSTERHOLME, B. N.; ALLAN, P., 1974: Rooting and establishment of pecan (Carya illinoensis [Wang.] K.Koch) stem cuttings. Agroplantae **6**, 2, 21-28.

[19] STANDEN, J. VAN; DIMALLA, G. G., 1976: Regulation of germination of pecan, Carya illinoensis. Z. Pflanzenphysiol. **78**, 1, 66-75.

[20] TORIKATA, H.; KOBAYASHI, Y.; SUGANUMA, H., 1988: Investigation of flowering and bearing of pecan trees in Aichi Prefecture. J. Japanese Soc. Horticult. Sci. **57**, 2, 145-151.

[21] VINES, R. A., 1976: Trees, Shrubs and Woody Vines of the Southwest. University of Texas Press, Austin and London.

[22] WORLEY, R. E.; HARMON, S. A.; CARTER, R. L., 1972: Correlation among growth, yield, and nutritional factors for pecan (Carya illinoensis W. cv. Stuart): correlations with yield, quality, and terminal shoot growth. J. Americ. Soc. Hortic. Sci. **97**, 4, 514-521.

[23] YATES, I. E; SPARKS, D., 1990: Three-year-old pecan pollen retains fertility. J. Amer. Soc. Horticult. Sci. **115**, 359-363.

Die Autoren:

Prof. em. Dr. PETER SCHÜTT
Lehrstuhl für Forstbotanik
Technische Universität München
Am Hochanger 13
D-85354 Freising

ULLA M. LANG
Schützenstraße 6
D-82383 Hohenpeißenberg

Castanea sativa MILLER, 1768

syn.: Castanea vesca GAERTNER, Castanea vulgaris LAM., Fagus castanea L.

Eßkastanie, Edelkastanie

Familie: Fagaceae
Unterfamilie: Castanoideae

engl.: Sweet chestnut
franz.: Chatâignier commun
ital.: Castagno
span.: Castaño regoldo

Abb. 1: Castanea sativa. Freistehender Altbaum

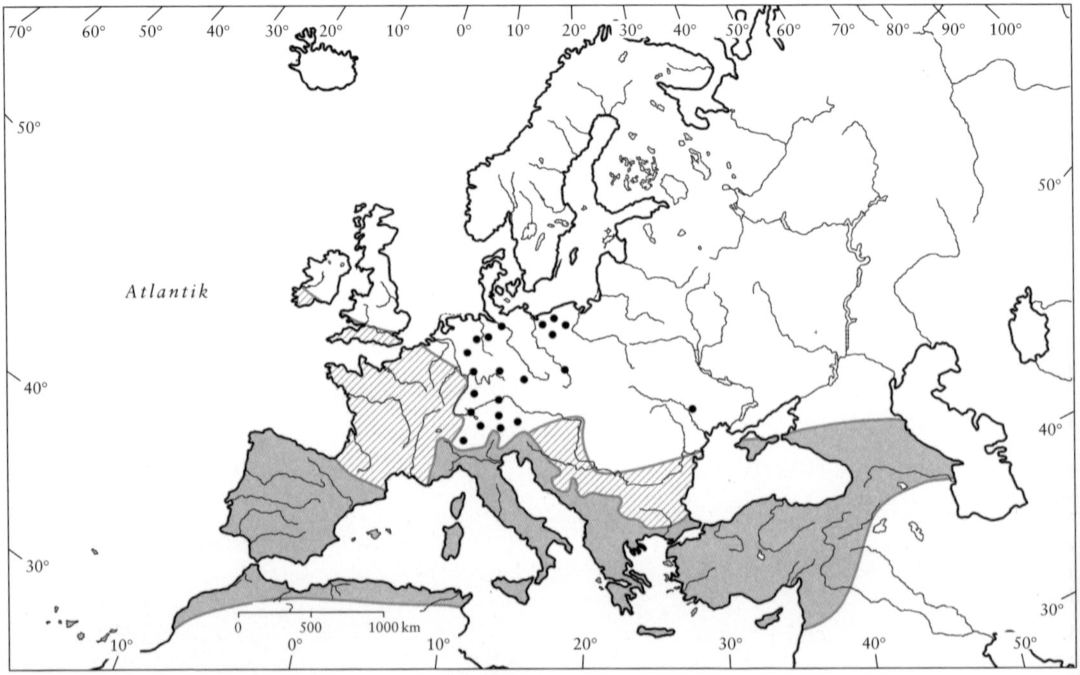

Abb. 2: Natürliches ▒ und künstliches ▨ Verbreitungsgebiet (• = Einzelvorkommen)

Verbreitung

Castanea sativa, eine laubabwerfende Baumart des Mittelmeerraumes mit breiter Krone und kräftigem Stamm, ist auch nördlich der Alpen weitgehend frosthart und als stattlicher Parkbaum wohlbekannt. Im Süden wird sie teils im Niederwald bewirtschaftet und dient dann der Holzproduktion, oder man kultiviert sie in lückigen Beständen und erntet die eßbaren Früchte. Diese werden bei der Wildform zu Mehl verarbeitet, bei einfrüchtigen Zuchtsorten aber als „Maroni“ angeboten.

C. sativa ist die einzige *Castanea*-Art Europas. Seit dem Altertum steht sie in so vielen Ländern in Kultur, daß man heute die Grenzen ihres natürlichen Areals nicht mehr rekonstruieren kann.

Seit einigen Jahrzehnten wird sie von *Cryphonectria parasitica,* einem aggressiven Rindenparasiten, befallen, der aus Amerika eingeschleppt worden war und ganze Bestände vernichtet. An ihm beginnt sich ein neues Verfahren der biologischen Bekämpfung zu bewähren, welches die Verdrängung der vorhandenen virulenten durch eine eingebrachte hypovirulente Erregerrasse bewirkt.

C. sativa ist mit Sicherheit eine Baumart des südlichen Europa. Weil sie aber seit langer Zeit im Mittelmeergebiet angebaut wird, läßt sich der genaue Grenzverlauf ihres natürlichen Areals nicht angeben. Pyrenäen und Alpen bilden die Nordgrenze, ebenso die Bosnischen Gebirge, das Rhodopen-Gebirge und der Kaukasus [5, 11].

Die vertikale Verbreitung ist durch die Zugehörigkeit der Art zur Klimazone des *Castanetum* im Sinne von MAYR, von PAVARI und DE PHILIPPIS gekennzeichnet [17, 21]:

Alpen:	200 - 1000 m
Apennin:	bis 1000 m
Sardinien, Sizilien:	1500 m
Spanien:	1600 m
Kaukasus:	1800 m

Gegenwärtig kommt *C. sativa* spontan in einem riesigen, jedoch nicht zusammenhängenden Gebiet rings um das Mittelmeer vor, das von Portugal bis zur Türkei (Taurus-Gebirge) und von den Kanarischen Inseln bis nach Algerien (Tell-Atlas) reicht.

In Kultur steht die Art in Süd- und Westeuropa, sporadisch sogar in Großbritannien, Deutschland und im südlichen Skandinavien. Außerhalb Europas sind Anbauten auf Madagaskar und den Philippinen, in Japan, den USA, Mexiko und Chile bekannt [15].

Nördlich des 48. bis 50. Breitengrades fruktifizieren Edelkastanien nicht regelmäßig und werden hauptsächlich als Parkbaum kultiviert.

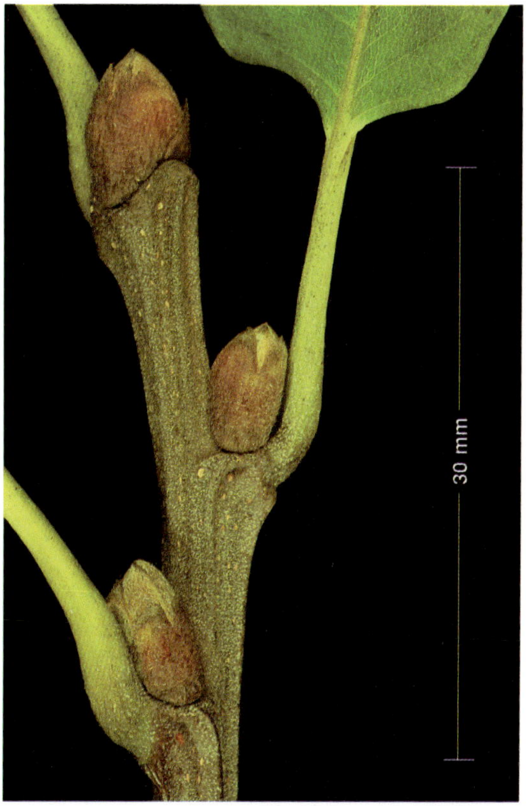

Abb. 3: Junger Trieb mit Winterknospen und Blattansätzen

Beschreibung

Im Mittel werden Eßkastanien 20 bis 25 m, maximal 35 m hoch und erreichen i. a. Stammdurchmesser (BHD) von 1 bis 2 m, sehr alte Bäume sogar von 4, im Extrem von 6 m. Sie haben gerade, kräftige Stämme, die sich oft schon in geringer Höhe verzweigen, aber nur wenige starke Äste bilden. Die ebenfalls geraden, aus Stockausschlägen entstandenen Stämme haben einen sehr gleichmäßigen Aufbau [32], während stark fruktifizierende Sorten eher gedrungen erscheinen und Stammdurchmesser bis zu 3 m erreichen [6, 11]. Alte Stämme sind infolge Pilzbefalls oft hohl.

Die typischen, weit ausladenden Kastanienkronen sind von rundlicher Form und weisen zahlreiche gabelförmige Verzweigungen auf [9]. Es werden Lang- und Kurztriebe gebildet.

Eßkastanien werden 500 bis 600 Jahre alt. Eines der ältesten Exemplare (geschätzt: 2000 Jahre) wächst am Nordhang des Ätna, besteht aus 5 Stämmen, nimmt einen Kronenumfang von 56 m ein und ist unter dem Namen „Kastanie der 100 Pferde" bekannt. Man sagt, 100 Pferde können unter ihrer Krone Schutz finden [25].

Knospen, Blätter und junge Triebe

Die rötlichen, etwa 8 bis 10 mm langen, etwas gestauchten Winterknospen haben 2 bis 3 Tegmente, einen abgerundeten Apex und stehen entweder einzeln an der Triebspitze oder (als Seitenknospen) spiralig verteilt entlang der Triebe. *C. sativa* verzweigt sich sympodial. Nachdem die Terminalknospen im Herbst absterben, setzt die nächst tiefer inserierte Seitenknospe das Längenwachstum des Triebes im Frühjahr fort.

Durch eine Drehung der Blattstiele kann die spiralige Anordnung der Blätter zweizeilig erscheinen. Beim Austrieb (Ende April/Anfang Mai) spärlich behaart, verkahlen die Blätter bald danach. Ihre Abmaße betragen: Länge 12 bis 20 cm, Breite 3 bis 6 cm, Blattstiel 1,5 bis 2,5 cm. An der Basis befinden sich zwei lineare, 15 bis 20 mm lange Nebenblätter, die schon früh abfallen.

Die elliptische bis lanzeolate Blattspreite läuft in einem kurz zugespitzen Apex und in einer rundlichen bis leicht keilförmigen Basis aus.

Abb. 4: Gemischtgeschlechtiger Blütenstand (links) und Zweigrinde mit Lenticellen

Abb. 5: Beblätterter Zweig mit Blütenständen und jungen Früchten (Foto: Ulla M. Lang)

Abb. 6: Reife Früchte (Kastanien), z. T. noch innerhalb der Cupula

Der Blattrand ist gezähnt oder gekerbt, wobei die Zähne in einer winzigen, zum Apex gerichteten Spitze enden. Normalerweise läuft in jedem Zahn eine Blattader aus. Die etwas ledrigen Blätter sind oberseits glänzend tiefgrün und kahl, auf der helleren Unterseite treten die 12 bis 20 Adernpaare deutlich hervor. Im Herbst werden sie gelbbraun, kurz vor dem Abfallen braun.

An den jungen, hell rotbraunen Zweigen fallen die zahlreichen runden oder elliptischen, weißlichen Lenticellen auf. Die Rinde junger Triebe hat einen Reifbelag von unterschiedlicher Stärke, welcher bei den Ertragssorten später verschwindet. Sie ist außerdem bedeckt mit leicht erhabenen, dreieckigen Blattnarben, in denen drei Gruppen von Bündelspuren erkennbar sind. Die Zweige enthalten ein im Querschnitt fünf- gelegentlich auch dreieckiges, braunes Mark.

Blüten und Früchte

Die eingeschlechtigen Blüten sind monoezisch verteilt und stehen an aufrechten, ca. 20 bis 25 cm langen, gelben, kätzchenartigen Blütenständen, die entweder zweigeschlechtig oder rein männlich sind.

Männliche Infloreszenzen entstehen am Grunde junger Triebe und setzen sich aus ca. 40 köpfchenartigen Teilblütenständen mit je 7 Blüten zusammen, die perlschnurartig an einer langen, beweglichen Achse aufgereiht sind. Zweigeschlechtige Infloreszenzen sind komplexer aufgebaut: achselständige Cymen am Grunde des Kätzchens enthalten drei weibliche Blüten, umgeben von einer schuppigen Scheide, welche sich später zum Fruchtbecher (Cupula) entwickelt. Die Teilinfloreszenzen (Durchm.: ca. 5 mm) im oberen Bereich des Kätzchens haben hingegen nur zwei männliche Blüten. Stets entspringen die gemischtgeschlechtigen Blütenstände der Spitzenregion diesjähriger Triebe und tragen 1 bis 4 weibliche sowie 15 bis 20 männliche Cymen [26].

Die Einzelblüten sind in der Anlage zwittrig und differenzieren sich erst später zu rein männlichen Blüten, denen das Ovar fehlt oder zu rein weiblichen, bei denen die Staubblätter nicht voll entwickelt sind. ♂ Blüten haben ein 6zähliges Perigon, 8 bis 12 Staubblätter mit sehr vielen, intensiv duftenden Pollen (Trimethylamin). ♀ Blüten weisen ebenfalls ein 6zähliges, ca. 2 mm langes, behaartes Perigon auf, dazu einen unterständigen, 6- bis 8fächerigen Fruchtknoten sowie 4 bis 9 relativ starre, am Grunde behaarte Griffel.

C. *sativa* blüht im Juni. Die männlichen Blüten werden schon im Frühsommer des Vorjahres angelegt. Es findet sowohl Wind- wie Insektenbestäubung statt. Letztere wird zu etwa 60 % durch Käfer vollzogen, welche durch den Trimethylamin-Geruch angezogen werden. Es herrscht Proterandrie, und fertile Früchte entstehen nur nach Fremdbestäubung.

Die Früchte, glänzend dunkelbraune Nüsse, werden von einem intensiv bestachelten Fruchtbecher umgeben. Die flexiblen Stacheln sind anfangs grün und bei Reife (Herbst des 1. Jahres) gelblich braun. Bei der Wildform mißt die Cupula 5 bis 6 cm im Durchmesser, bei Kultursorten bis zu 10 cm [5]. Bei Vollreife öffnet sie sich mit 4 Klappen und entläßt 1 bis 3 Früchte mit glattem, ledrigem, homogen braunem oder etwas gestreiftem Perikarp. Am Grunde jeder Frucht befindet sich ein weißliches Hilum, am Apex eine kleine Spitze, im Inneren ein behaartes Endokarp.

Die von einer häutigen Schale umgebenen Samen speichern Reservestoffe (vorwiegend Stärke) in zwei elfenbeinfarbenen Kotyledonen. Mit etwa 25 bis 35 Jahren beginnen die Bäume zu fruktifizieren. Vögel und Nager beteiligen sich an der Verbreitung.

Abb. 7: Borke eines drehwüchsigen Stammes (Foto: P. Schütt)

Borke und Holz

Die rötlich braune Rinde junger Äste ist glatt und hat quer verlaufende, kleine, weißliche Lenticellen. Auch bei jungen Stämmen ist sie zunächst noch glatt, aber silbergrau gefärbt. Später wird sie graubraun, reißt allmählich auf und entwickelt sich zu einer sehr dicken, in langen und breiten, erhabenen Streifen meist spiralig um den (drehwüchsigen) Stamm verlaufenden Borke. In 99 % aller Fälle verläuft die Spirale linksdrehend [20]. Kastanienborke ist reich an Gerbstoffen (Tanningehalt 4 bis 12 % des Trockengewichtes).

Das ringporige, mittelschwere Holz hat eine Rohdichte (r_{15}) von 0,63 g/cm^3: Der meist schmale, weißlich gelbe Splint setzt sich deutlich von dem braunen, mitunter dunkler gestreiften Kern ab, und die Jahrringe sind gut zu erkennen. Die zahlreichen, homogen aufgebauten, ein- oder zweireihigen Holzstrahlen können 15 bis 30 Zellreihen hoch werden. Sie sind mit bloßem Auge nicht wahrzunehmen. Im Querschnitt rufen sie eine geflammte Zeichnung hervor – ein Kriterium, um Kastanien- von Eichenholz zu unterscheiden [15]. Bemerkenswert ist der hohe Tanningehalt des Holzes (bis 13 % des Trockengewichtes). Die holzphysikalischen Kennziffern lauten [15]:

Druckfestigkeit, achsial	50 N / mm^2
Zugfestigkeit	132 N / mm^2
Biegefestigkeit	76 N / mm^2
Elastizitätsmodul	11 400 N / mm^2
Schwindung (Volumen)	ca. 11,3 %

Das Holz ist relativ dauerhaft, insbesondere unter Wasser, wird aber leicht abgebaut, wenn es größeren Schwankungen der Luftfeuchte ausgesetzt ist. Zu den häufigsten Holzfehlern gehören radiale Risse und sog. Ringrisse, die durch Jahrringausfälle entstehen.

Abb. 8: Stammlängsschnitte (rechts präpariert) (Foto: Ulla M. Lang)

Wurzeln

Edelkastanien haben ein sehr kräftiges Wurzelsystem mit einer Pfahlwurzel, die jedoch nicht tief in den Boden eindringt. Die relativ wenigen Seitenwurzeln sind intensiv verzweigt, schließen den Boden sowohl vertikal wie horizontal gut auf und sorgen für eine feste Verankerung.

Sämlinge entwickeln bereits im 1. Jahr eine starke, 30 bis 40 cm lange Pfahlwurzel, im 2. und 3. Jahr dann die ersten Lateralwurzeln. Besonders in sauren Substraten gehen die Feinwurzeln zahlreiche Ektomykorrhiza-Symbiosen mit Pilzarten der Gattungen *Amanita, Lactarius, Boletus* und *Russula* ein [19, 24].

Anzucht, Wachstum und Entwicklung

C. sativa keimt hypogäisch. Sie erreicht Keimraten bis zu 90 %, entwickelt einfache, lanzettliche, am Apex spitz zulaufende Primärblätter, von denen die beiden ersten einen unregelmäßig gewellten, die späteren einen grob gesägten Blattrand aufweisen. Die Keimhemmung geht von Stoffen aus, welche in der äußeren Samenschale lokalisiert sind und ist leicht zu überwinden.

Die Art wird vegetativ und generativ vermehrt. Wegen der sehr intensiven Bildung von Stockausschlägen bewirtschaftet man sie hauptsächlich im Niederwaldbetrieb mit einem oder zwei Umtrieben. Vor dem Abtrieb stehen auf 700 bis 1200 Wurzelstöcken 3000 bis 6000 nutzbare Stämme [5, 30]. Sehr viel seltener wird die Art zur Holz- oder zur Fruchtproduktion im Hochwald angezogen. Letzteres geschieht gelegentlich im Süden des Anbaugebietes und wird dann eher wie eine landwirtschaftliche Kultur mit regelmäßig wiederkehrenden Astungs-, Pfropfungs- und Sanierungsmaßnahmen betrieben. Hier liegen die Umtriebszeiten über 100 Jahren, und die Bestandesdichte beträgt 25 bis 150 Bäume pro Hektar [31].

Ausgelöst durch den starken Krebsbefall hat man in diesem Jahrhundert viele Hochwälder in weniger anfällige Niederwälder umgewandelt.

Bestände zur Fruchtproduktion werden im Normalfall mit 1- bis 2jährigen Sämlingen, seltener mit Wildlingen im 2 x 2 m-Verband begründet. Zur Holznutzung vorgesehene Bestände entstehen durch Saat (3 bis 4 Früchte pro Pflanzloch). Weder die Applikation von Nager-Repellents noch die Verwendung vorgekeimter Früchte haben sich bewährt.

Bei Aussaaten in der Baumschule sind Reihenabstände von 15 bis 20 cm, Pflanzenabstände von 5 bis 6 cm und Aussaattiefen von 4 bis 5 cm günstig. Dabei sollten die Früchte mit der Flachseite aufliegen.

Obwohl viele Früchte Jahr für Jahr von Tieren verzehrt werden, verjüngt sich die Edelkastanie problemlos durch Samen. Zur künstlichen Vermehrung kann die Aussaat im wärmeren Klima gleich nach der Ernte (Herbst), im kalten Klima besser im nächsten Frühjahr geschehen. Die Überwinterung des Saatgutes sollte bei geringer Luftfeuchte in gut belüfteten Mieten erfolgen, in denen eine Schicht Früchte mit einer Schicht Sand oder Sägespäne abwechselt. Sehr selten läßt sich das Saatgut länger als 6 bis 7 Monate lagern [37].

Kultursorten vermehrt man durch Pfropfung. Stecklingsvermehrung stößt wegen der geringen natürlichen Bewurzelungsfähigkeit allgemein auf Schwierigkeiten [14, 34]. Etwas besser eignen sich Stecklinge von Adventivsprossen, aber auch sie bewurzeln sich nur im Juni/Juli und Oktober/November [27].

Als vorteilhaft erwies sich eine kombinierte Applikation von IBA + PVP + Naphtol, Borsäure und Vitaminen in alkoholischer Lösung [27] sowie Behandlung der Triebbasis mit *Agrobacterium rhizogenis* [30].

Ökologie

Edelkastanien sind an temperat-humide, ozeanische Klimabedingungen und an saure Böden angepaßt. Nur ausnahmsweise gedeihen sie auf kalkführenden Substraten [1]. Die Art ist wärmeliebend und gehört zu den submontanen, mediterranen Baumarten (sensu BRAUN-BLANQUET [3]). Lagen mit Jahresmitteltemperaturen von +8 bis +15 °C und warme Herbstmonate sagen ihr besonders zu, vorausgesetzt, das Temperaturmittel liegt in mindestens 6 Monaten höher als 10 °C. *C. sativa* ist extrem spätfrostempfindlich und benötigt eine Wärmesumme (Tagesmittelwerte) um 3600 °C, um sich gut zu entwickeln. Die entsprechenden Werte zur Beendigung der Winterruhe liegen bei 500 °C, zum Blühbeginn bei 700 °C und zur Fruchtreife bei ca. 2000 °C [9].

Hinsichtlich der Niederschläge stuft man *C. sativa* als mesophil ein. Ungestörte Entwicklung ist im Bereich 600 bis 1600 mm/Jahr zu erwarten. Andauernde Niederschläge im Juni, dem Monat der Blüte, sind von Nachteil. Generell gemieden werden dürregefährdete Lagen sowie Standorte mit stagnierender Nässe. Starke Schneefälle richten oft Schäden in Fruchtplantagen an [22]. *C. sativa* zählt zu den Lichtbaumarten und wird mit zunehmender geographischer Breite des Anbauortes lichtbedürftiger.

Innerhalb ihres ausgedehnten Verbreitungsgebietes kann man – analog zu den jeweiligen Klimabdingungen – drei ökologische Typen unterscheiden:

- Der atlantische Typ wächst in Regionen mit sehr ausgeglichenem Jahresklima. Es herrschen milde Winter (Mitteltemperatur des kältesten Monats > 3 °C) und kühle Sommer.

- Der kontinentale Typ kommt in Gebirgen mit mittleren Jahrestemperaturen > +10 °C vor (Mitteltemperatur des kältesten Monats > -1 °C; Minimum -1 °C bis -4 °C). Es herrschen größere jahreszeitliche Temperaturdifferenzen, auch größere Unterschiede zwischen Minima und Maxima. Sommer und Herbst sind sehr warm.
- Der mediterrane Typ dominiert im typischen Mittelmeerklima, vorausgesetzt, es fallen genügend Niederschläge zwischen Mai und September.

Edelkastanien wachsen besonders gut auf frischen, lockeren und tiefgründigen Böden mit relativ hohem K- und P-Gehalt. Sofern es sich nicht um junge Böden handelt, der Kalkgehalt 20 % nicht überschreitet und verfügbares K und P vorliegt, kommen sie auch auf Kalkstandorten vor. Schwere, tonige Böden werden gemieden, phosphorreiche vulkanische Standorte sind besonders gut geeignet. Die Laubstreu wird schnell abgebaut [8].

Genetische Differenzierung

Im Hinblick auf die Verwertung unterscheidet man zwischen Kastanien- und Maronen-produzierenden Bäumen [18]:

- *C. sativa* var. *domestica eudomestica* enthält pro Cupula 2 bis 4 Früchte mit dunkelbraunem, filzig behaartem Perikarp. Die ins Sameninnere reichende Testa umschließt 2 bis 3 Keimblätter. Größe der Früchte: 2,5 bis 3,5 cm lang, 3 bis 4 cm breit.
- *C. sativa* var. *domestica macrocarpa* mit 1 bis 2 großen, ovalen Früchten (Maronen) pro Cupula sowie einem blassen, mit dunklen Längsstreifen versehenen Perikarp. Die dünne Samenschale reicht nicht in das Innere des Samens hinein. Nur ein Keimblatt pro Samen [9, 25]. Größe der Früchte: 3 bis 4 x 3,5 bis 4,5 cm.

Zur Holzerzeugung vorgesehene Cultivare haben exzellente Holzeigenschaften, sind raschwüchsig und bilden lange, ungeteilte Stämme. Zu ihnen gehört der Cultivar 'Politora di Stozzema' mit jährlichen Massenleistungen von 11 m^3/ha und monokormen, bis 20 m hohen Stämmen [12].

Einige gärtnerisch genutzte Varietäten fallen durch abweichende Blattformen auf. Dazu gehören var. *latifolia*, var. *asplenifolia* (tief gelappte Blätter), var. *prolifera* mit schmalen, unterseits filzig behaarten Blättern und var. *aureomaculata* (goldgelbe Streifen) [2].

An Artbastarden werden beschrieben: *C. sativa* x *C. dentata* (= *C. blaringhemii* A. CAMUS), *C. sativa* x *C. pumila* (= *A. pulchella* A. CAMUS) sowie die gegen den Kastanienkrebs widerstandsfähige Kombination *C. sativa* x *C. mollissima* [16].

Pathologie

Zwei pathogene Pilze können Einzelbäume und Bestände der Edelkastanie ernsthaft gefährden:

- *Phytophthora cambivora* BUISM. [25], Wurzelparasit und Erreger der sogenannten Tintenkrankheit, infiziert vornehmlich Bäume auf frischen Böden. Mittels dunkler Mycellappen dringt der Pilz von den Wurzeln zur Krone vor. Blattwelke, fehlende Fruchtbildung und Absterben der Krone von außen nach innen sind die Symptome. Mitunter schwarze Exsudate an der Stammbasis.
- *Cryphonectria parasitica* (MURR.) BARR. (syn.: *Endothia parasitica* (MURR.) AND.), Erreger des Rindenkrebses der Eßkastanie, infiziert über Wunden das Rindengewebe von Stamm und Ästen und löst Krebsbildung aus. Pilzstämme mit normaler Virulenz verursachen das Absterben von Ästen und den Tod des Baumes. Hypovirulente Stämme werden von den Wirtsbäumen abgeblockt. Mitunter entstehen unter den Stammkrebsen zahlreiche neue Triebe.

  Insbesondere im Süden des Areals hat der Pilz zur Auflösung ganzer Bestände geführt. Neuerdings gelingt biologische Bekämpfung mit hypovirulenten Stämmen, welche ihre Anlage zu geringer Virulenz auf normale Stämme durch Anastomosen der Hyphen übertragen [23, 33].

Gemessen an diesen beiden Pathogenen ist der Blattparasit *Mycosphaerella maculiformis* HUBN. wenig bedeutend. Er ruft dunkle Blattflecken mit hellem Rand hervor und tritt gewöhnlich im unteren Kronenbereich auf.

Unter den tierischen Schädlingen ist der Rüsselkäfer *Balaninus elephas* GYLL. erwähnenswert, dessen Larven sich innerhalb der Früchte entwickeln, an den Kotyledonen fressen und durch ein Loch ins Freie gelangen. *Carpocapse splendoma* beschädigt ebenfalls die Früchte durch Fraß an Keimblättern und Fruchtwand.

Nutzung

Edelkastanien können auf vielfältige Weise genutzt werden. Holz aus Niederwäldern dient unter anderem als Brennmaterial mittlerer Qualität. Es hat einen niedrigeren Heizwert als Buchen-, Eichen- und Lärchenholz und knistert beim Verbrennen. Stockausschläge geringeren Durchmessers verwendet man als Stöcke und Stangen in Gärtnereien und Baumschulen. Weit größere Mengen dienen zunächst der Gerbstoffgewinnung und danach der Papierproduktion. Die früher übliche Herstellung von Holzkohle ist heute nicht mehr rentabel.

Hochwald-Bestände und im langen Umtrieb bewirtschaftete Niederwälder erzeugen Bau- und Möbelholz sowie Material für Faßdauben. Unter günstigen Klimabedingungen beträgt der jährliche Massenzuwachs im Eßkastanien-Niederwald 22 m^3/ha. Aus Deutschland liegen für einen 123 Jahre alten Bestand folgende Daten vor: 526 m^3/ha Gesamtmasse, 29,9 m^2/ha Grundfläche und 11,4 m^3/ha Jahreszuwachs [32].

Von wirtschaftlicher Bedeutung ist überdies die Fruchtproduktion. Das gilt sowohl für die Wildform (Kastanien) wie für die selektierten, einfrüchtigen Maronen. Durchschnittlich entstehen in Eßkastanien-Hainen 0,7 bis 1,0 t Früchte verschiedener Größe pro Hektar und Jahr. Diese Werte können unter besonders günstigen Bedingungen bis auf 3 t/ha ansteigen. 1 kg Kastanien enthält i. a. 100 bis 120, 1 kg Maronen nur 80 bis 90 Früchte [9].

Die Trockensubstanz der Früchte besteht zu 54 % aus Stärke, zu 30 % aus Fasern und zu 7 % aus Proteinen. Unter den Mineralsalzen nimmt Kalium den mit Abstand größten Anteil ein [9, 10].

Aus Kastanien stellt man nach trockenem Erhitzen, Schälen und Mahlen Mehl her: 1 kg Mehl aus etwa 3 kg trockener Früchte. Maronen werden hingegen in unverändertem Zustand angeboten. Sie sind für den direkten Verzehr bestimmt oder finden Verwendung bei der Herstellung von Konditorwaren, z. B. als „marrons glacés". Eine durchaus beachtenswerte Nebennutzung stellt die Ernte von Speisepilzen dar. Es bestehen zahlreiche Mykorrhiza-Symbiosen mit eßbaren Pilzen, u. a. mit mehreren *Boletus*-Arten, so daß der Verkauf von Speisepilzen für den Waldbesitzer durchaus lohnend sein kann. Zur Stabilisierung der Pilzproduktion verspricht es Erfolg, bei der Bestandesbegründung mit Mykorrhizapilzen inokuliertes Pflanzenmaterial zu verwenden.

Hinzuzufügen ist noch, daß von Edelkastanien ein schwarzer Honig von hoher Qualität gewonnen wird.

Abb. 9: Keimlinge (Foto: P. Schütt)

Abb. 10: Eßkastanien-Reinbestand im Winter

Verschiedenes

Man nimmt an, daß Edelkastanien bereits zu Zeiten des Römischen Imperiums in Kultur genommen worden sind, denn es wurde differenziert zwischen „Silvae palaris" (Wälder zur Nutzung von Masten und Brennholz) und „Silvae castaneariae" (Wälder zur Fruchtproduktion).

Weiterführende Literatur

[1] ARRIGONI, P. V.; MARRAS, G., 1990: Fitosociologia e struttura dei castagneti della Sardegna centrale. Webbia **44**, 217-231.

[2] BAILEY, L. H., 1963: The standard cyclopedia of horticulture. MacMillan Comp., New York.

[3] BRAUN-BLANQUET, J., 1932: Plant sociology. McGraw Hill Book Comp., New York.

[4] BREVIGLIERI, N., 1955: Ricerche sulla disseminazione e sulla germiazione del polline nel castagno. C.N.R., Centro di studio sul Castagno, Publ. **2**, 5-25.

[5] BUCCIANTI, M., 1992: Il Castagno in Provincia di Lucca. Ed. Provincia di Lucca, 132 pp.

[6] CAMUS, A., 1929: Le châtaigniers. Monographie des genres Castanea e Castanopsis. Paris.

[7] CHANSON, B.; LEBAN, J. M.; THIBAUT, B., 1989: La roulure du châtaignier. For. Méditerr., XI, 15-34.

[8] COUTEAUX, M. M.; MOUSSEAU, M. et al., 1991: Increased atmospheric CO_2 and litter quality: decomposition of sweet chestnut leaf litter with animal food webs of different complexities. Oikos **61**, 54-64.

[9] DESMAISON, A. M.; ADRIAN, J., 1968: La place de la chateigne en alimentation. Med. Nut. **22**, 174-180.

[10] FENAROLI, L., 1945: Il castagno. REDA ed., Roma. 222 pp.

[11] FERREIRA-CARDOSO, J. V.; FONTAINHAS-FERNANDES, A. A., et al., 1994: Nutritive value and technological characteristics of Castanea sativa MILL. fruits. Comparative Study of some Northeastern Portugal cultivars. Proc. Intern. Congr. on Chestnut, Spoleto, Oct. 1993.
[12] FRASCARIA, N.; CHANSON, B. et al., 1992: Génotypes et résistance mécanique radiale du bois de châtaignier (Castanea sativa MILL.). Analyse d'un des facteurs explicatifs de la roulure. Ann. Sci. For. **49**, 49-62.
[13] GELLINI, R., 1975: Botanica Forestale. Vol. II. Ed. Clusf., 170 pp.
[14] GELLINI, R.; FALUSI, M. et al., 1977: La cultivar „Politera" di Stazzema e saggi sulla propagazione del castagno. Proc. „Giornata del Castagno", Caprese Michelangelo (AR), 1977, 260-273.
[15] GELLINI, R.; SABATO, S. et al., 1977: Chiave di riconoscimento delle latifoglie di interesse forestale e dei principali arbusti d'Italia. Ann. Ist. Sperimentale Selv. di Arezzo, vol. 8.
[16] GESTO, M. D. V.; VAZQUEZ, A. et al., 1981: Changes in rooting inhibitory effect of chestnut extracts during cold storages of the cuttings. Physiologia Plant. **51**, 365-367.
[17] GIORDANO, G., 1990: Classificazione delle specie legnose per destinazione d'impiego. Ministero Agricoltura e Foreste, 282 pp.
[18] KRÜSSMANN, G., 1962: Handbuch der Laubgehölze. Bd. 1. Verlag Paul Parey, Berlin.
[19] MAYR, H., 1906: Fremdländische Wald- und Parkbäume für Europa, Berlin.
[20] MEDEL, F. S., 1990: Castaño: especies y cultivares. Agro Sur, **18**, 30-34.
[21] MEOTTO, F.; PELLEGRINO, S., 1989: Comporamento in campo di querce e castagni micorizzat con Boletus edulis. L'Informatore agrario **45**, 57-61.
[22] PARDÉ, L., 1952: Les feuilles. Ed. La Maison Rustique.
[23] PARVARI, A., 1916: Studio preliminare sulla coltura di specie forestali esotiche in Italia. Annali Regio Istituto Superiore Forestale, 1.
[24] PARVARI, A., 1959: Note sur l'écologie du Châtaignier. C. N. R., Centro di studio sul Castagno, Publ. N. **5**, 13-16.
[25] PETRI, L., 1924: La malattia de Castagno detta dell'inchiostro. Istruzioni practiche per riconoscerla e per combatterne la diffusione. Nuovi Annali dell'Agricoltura **2**, 276.
[26] PEYRONEL, 1921: Nouveaux cas de rapports mycorhizique entres Phanerogames et Basidiomycetes. Bull. Soc. Myc. de France **36**, 146.
[27] PICCIOLI, L., 1922: Monografia sul Castagno. Tipolito Spinelli, Firenze.
[28] PORSCH, O., 1950: Geschichtliche Lebenswertung der Kastanienblüte. Österr. Bot. Z. **97**, 3-4.
[29] RINALLO, C.; GELLINI, R. et al., 1987: Studies on rhizogenesis in Castanea sativa MILLER cuttings. Adv. Hort. Sciences **1**, 27-33.
[30] RINALLO, C.; MARIOTTI, D., 1993: Rooting of Castanea sativa MILL. shoots: effects of Agrobacterium rhizogenes T-DNA genes. J. Hort. Sciences **68**, 399-407.
[31] SANDER, I. L., 1974: Castanea MILL. In: „Seeds of woody plants in the United States", USDA For. Serv. Washington, D.C.
[32] SPRUTE, F. J., 1987: Über einen Edelkastanienbestand im Moseltal. Forst- und Holzwirt **42**, 408-411.
[33] TOKAR, F., 1989: Index listovej plochy korún ako dôlezité kritérium produkcie nadzemnej biomasy rôznych typov porastov gastana jedlého (Castanea sativa). Lesnictvi **35**, 599-606.
[34] VALLE, G., 1959: Osservationi sulla morfologia dei rami di un anno in abito invernale in alcune „cultivar" di Castanea sativa MILL. C. N. R., Centro di studio sul Castagno, Publ. n. 5., 65-75.
[35] VAN ALFEN, N. K.; JAYNES, R. A. et al., 1975: Chestnut blight: biological control by transmissible hypovirulence in Endothia parasitica. Science **189**, 890-891.
[36] VAZQUEZ, A.; GESTO, M. D. V., 1982: Juvenility and endogenous rooting substances in Castanea sativa MILLER. Biologia Plant. **24**, 48-52.
[37] WOODROOF, J. G., 1963: Storing and handling chestnuts. North. Nut Growers Assoc. Ann. Rep. **54**, 38-40.

Der Autor:

Dr. ALESSANDRO BOTTACCI
Via Garibaldi 51
I-50063 Figline Val d'Arno

Aus dem Englischen übertragen von P. Schütt

Catalpa speciosa (WARDER ex BARNEY) ENGELM., 1880

Prächtiger Trompetenbaum,
Westlicher Trompetenbaum

Familie: Bignoniaceae

engl.: Western Catalpa, Northern Catalpa
franz.: Bois chavanon, Catalpa élégant
ital.: Catalpa cordifolia

Abb. 1: Catalpa speciosa. Alter Solitär im Arnold Arboretum, nahe Boston, Mass. (Foto: Ulla M. Lang)

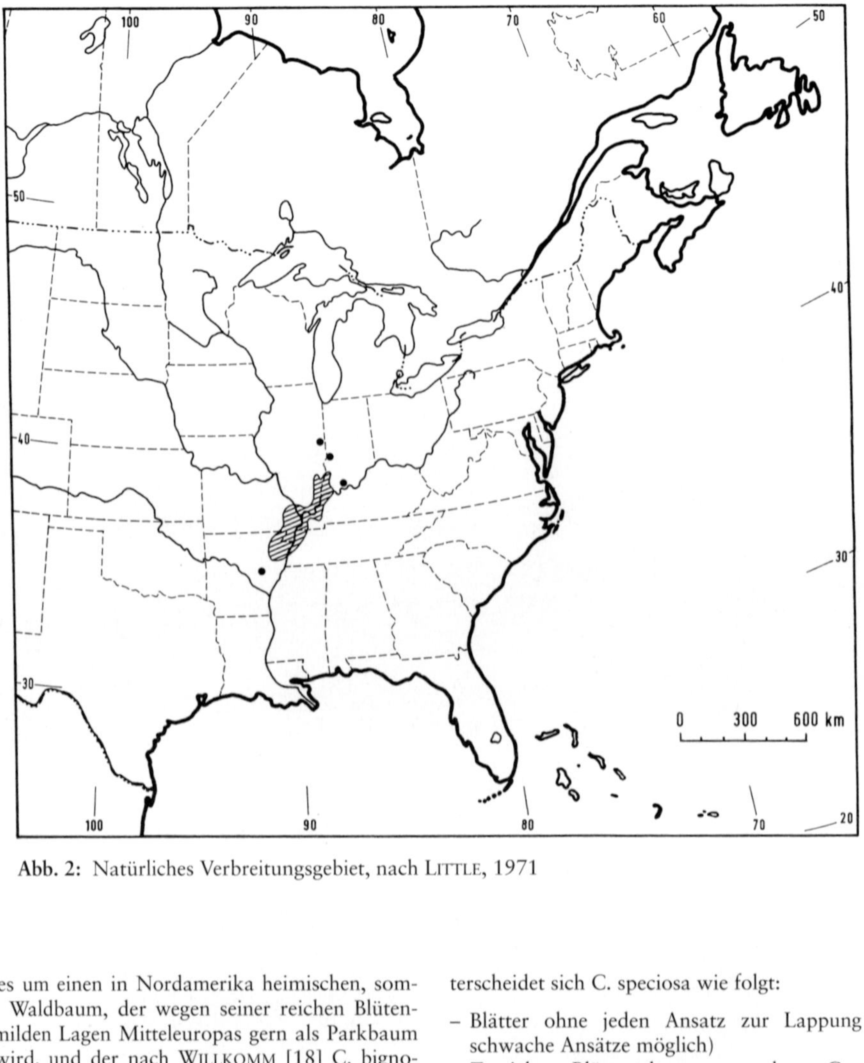

Abb. 2: Natürliches Verbreitungsgebiet, nach LITTLE, 1971

Hier geht es um einen in Nordamerika heimischen, sommergrünen Waldbaum, der wegen seiner reichen Blütenpracht in milden Lagen Mitteleuropas gern als Parkbaum kultiviert wird, und der nach WILLKOMM [18] C. bignonioides, den anderen nordamerikanischen Trompetenbaum an Schönheit bei weitem übertrifft.

Am Anfang des Jahrhunderts hatte C. speciosa wegen seines relativ leichten und dennoch dauerhaften Holzes, das sich vorzüglich für Eisenbahnschwellen eignet, auch größeres forstliches Interesse erweckt. Baumhöhen bis zu 38 m auf besten Standorten in natürlichen Beständen förderten hochgesteckte Erwartungen.

Forstliche Anbauten außerhalb des natürlichen Areals schlugen aber meistens fehl, so auch in Nord- und Ostdeutschland, wo die Art wegen extremer Empfindlichkeit gegen Frühfröste und Winterkälte völlig ausfiel.

Von der ebenfalls als Parkbaum angebauten, noch empfindlicheren und weniger wüchsigen C. bignonioides unterscheidet sich C. speciosa wie folgt:

- Blätter ohne jeden Ansatz zur Lappung (C. bign.: schwache Ansätze möglich)
- Zerriebene Blätter ohne unangenehmen Geruch
- Blütenstand wenigblütig (C. bign.: vielblütig)
- Einzelblüten 5–6 cm weit (C. bign.: 4 cm)
- Kapsel dickwandig.

Verbreitung

C. speciosa kommt hauptsächlich auf Schwemmland, an Fluß- und Bachufern im nördlichen Illinois und in Indiana (Tal des Vermilion River, [12]) natürlich vor; daneben auch im westlichen Kentucky, in Tennesse, sowie in SO-Missouri und im NO von Arkansas. Die Art ist relativ selten, wurde aber im SO der USA in einigen Staaten eingebürgert und in vielen Ländern als Parkbaum kultiviert.

Morphologie

Erscheinungsbild

C. speciosa kann unter besonders günstigen Verhältnissen am natürlichen Standort Höhen bis zu 38 m und Durchmesser (BHD) von 1,3 m erreichen [12], bleibt aber im Freistand oft unter 16 m [17] und bildet dann abgerundete Kronen mit weit ausladenden Ästen.

Knospen und junge Triebe

Die relativ großen, kastanienbraunen Winterknospen werden von dachziegelartig übereinandergreifenden, ovalen, auf der Rückseite gekielten Tegmenten umschlossen [12, 17]. Neue Triebe erscheinen im natürlichen Areal mitunter erst im Juni. Sie sind auffallend kräftig, im Querschnitt rundlich, von rötlichbrauner bis schwach purpurroter Farbe und mit zahlreichen orangefarbenen Lenticellen besetzt. Außerdem fallen die großen, aufgewölbten Blattnarben auf, von denen jede mit einem Kranz von Bündelspuren versehen ist [17]. Im Inneren enthalten die Triebe ein weißliches, in der Nähe der Knoten mitunter gefächertes Mark, welches älteren Zweigen fehlt [13].

Blätter

C. speciosa bildet große, mehr oder weniger herzförmige, sommergrüne Blätter aus, die in der Größe deutlich variieren (15–30 cm lang; 10–20 cm breit), nicht aber in der Form. Sie haben eine lang ausgezogene Spitze, eine etwas eingezogene Basis, sind ganzrandig oder andeutungsweise mit einem oder zwei Zähnen versehen [12, 17] und laufen in einem kräftigen, im Querschnitt runden, 10–15 cm langen, filzig behaarten Blattstiel aus [12].

Abb. 3: Blütenstände

Abb. 4: Typisches Blatt mit lang ausgezogener Spitze und eingezogener Basis (Foto: Ulla M. Lang)

Die relativ dicke, recht derbe Blattspreite ist oberseits dunkelgrün und kahl, unterseits heller grün und behaart. An der deutlich hervortretenden Mittelrippe und in den Aderwinkeln befinden sich mitunter dunkle Drüsen. Zerriebene Speciosa-Blätter strömen keinen unangenehmen Geruch aus (Unterschied zu C. bignonioides). Die Blätter stehen gegenständig am Sproß oder sie sind in Quirlen zu dritt angeordnet. Ausschlaggebend dafür ist offenbar die Zahl der subterminalen Lateralknospen am vorjährigen Trieb und die Reihenfolge ihres Austreibens, nachdem die Terminalknospe bei Eintritt der Winterruhe abgestoßen worden war [1].

Blüten, Früchte, Samen

Die recht auffälligen, zygomorphen Blüten stehen an 13–20 cm langen und etwa ebenso breiten, aufrechten Rispen mit dünnen, purpurroten Ästen [12, 17]. Sie erscheinen Ende Mai bis Mitte Juni, sind selbststeril und bleiben nur 2 Tage offen [16].

Abb. 5: Einzelblüten

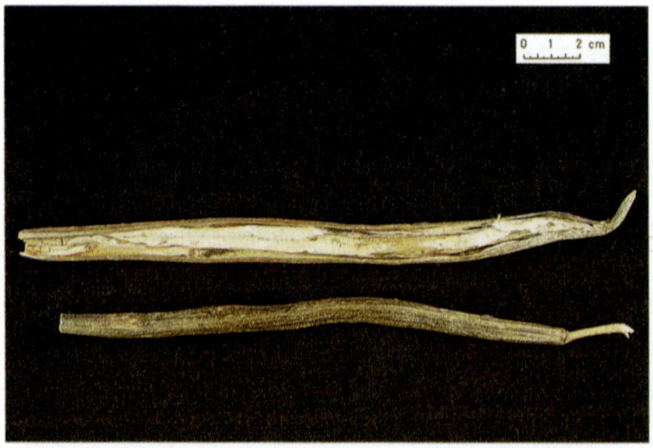

Abb. 7: Reife Kapsel, offen und geschlossen

Es handelt sich um Zwitterblüten von etwa 5 cm Länge und ca. 6 cm Durchmesser. Die glockenförmige, 5-lappige, weiße Krone hat deutlich gewellte Ränder und ist am Grunde mit rotbraunen und gelben Flecken und Bändern versehen. Der purpurfarbene, zweilappige Kelch ist außen behaart [12]. Von 5 angelegten Staubblättern sind nur 2 funktionsfähig, die anderen entwickeln sich nicht oder werden zu Staminodien [17]. An der Basis der Filamente befinden sich langgestreckte purpurrote Flecke [12]. Chromosomenzahl: 2n = 40 [15].

Als Früchte entstehen 20–50 cm lange, bleistiftstarke (ca. 15 mm), an den Enden spitz zulaufende Kapseln, die zur Reife (im Oktober) eine hellbraune Farbe annehmen und später mit 2 Klappen aufspringen. In der Regel wird ein Teil der Früchte lange vor der Reife abgestoßen, so daß die vorhandenen Reservestoffe den verbleibenden Kapseln zugute kommen [16]. Die Kapseln enthalten zahlreiche, in 2–4 Reihen angeordnete, hellbraune Samen, die im Winter ausfallen. Ihre Länge beträgt 25 mm, die Breite 6–8 mm. Die endospermlosen Samen sind an beiden Enden mit abgerundeten, breit ausgefransten Flügeln versehen. Das Tausendkorngewicht beträgt 21,6 g [17].

Holz und Rinde

Das zerstreutporig aufgebaute Holz von C. speciosa wird übereinstimmend als leicht, weich und sehr dauerhaft bezeichnet [12, 13, 17]. Der sehr schmale, fast weiße Splint setzt sich deutlich von einem hellbraunen Kern ab. Äußerlich besteht Ähnlichkeit mit dem Holz von Juglans cinerea. Eine relativ grobe Textur und die wenig günstigen Werte der Druck- und Biegefestigkeit [17] schränken die Qualität jedoch ein. Die Rohdichte (r_{15}) beträgt 0,40–0,45 g/cm^3 [11]. Der Übergang vom Früh- zum Spätholz vollzieht sich manchmal sehr abrupt. Holzstrahlen sind mit bloßem Auge kaum zu erkennen [5]. Alte Bäume haben eine braune, leicht rötliche 2 bis 2 ½ cm dicke, tief gefurchte, schuppige Borke.

Anzucht und Vermehrung

Bäume über 20 Jahre setzen alle 2–3 Jahre reichlich Samen an [17]. Zur Samengewinnung sollten am Boden liegende, trockene, braune Früchte verwendet werden [3].

Abb. 6: Früchte am Baum

Abb. 8: Samen, ca. 25 mm lang

Durch Schütteln lassen sich die Samen leicht von den Kapseln trennen. Februar/März verspricht als Erntetermin eine bessere Samenqualität als der Herbst. Die Keimung erfolgt ohne Vorbehandlung des Saatgutes zu etwa 80 %, wobei die Aussaat im Frühjahr zu besseren Ergebnissen führt als ein Termin gleich nach der Samenreife im Herbst. C. speciosa keimt epigäisch und entwickelt tief gespaltene Kotyledonen, so daß die Keimlinge aussehen als hätten sie 4 Keimblätter. Die Primärblätter sind leicht und unregelmäßig gesägt. In Deutschland werden die Sämlinge im ersten Jahr 30 cm hoch. Auf die Freifläche bringt man sie als 2-jährige verschulte Pflanzen [14]. In Amerika hat sich der Rückschnitt 2-jähriger Pflanzen gut bewährt [4]. Für gärtnerische Zwecke vermehrt man gern durch Pfropfung auf C. bignonioides-Unterlagen. Die Art bildet reichlich Stockausschläge.

Abb. 9: Borke eines alten Stammes (links), eines Astes und eines Zweiges (rechts)

Wachstum und Entwicklung

C. speciosa ist in der Jugend raschwüchsig, wird aber nicht alt (<100 Jahre). In Illinois sollen 4jährige Sämlinge 3,75–6 m Höhe erreicht haben [4] und in Norddeutschland wurde trotz des regelmäßigen Zurückfrierens der Gipfeltriebe 6 m Höhe bei 10jährigen Pflanzen gemessen [14]. Vom 12. Jahr an ging hier der Höhenzuwachs stark zurück und hörte im Alter 30 fast ganz auf [2]. Als Höchstleistungen wurden registriert:

Freienwalde, Mark.Br.	Aschaffenburg
28 Jahre Höhe: 9,0 m BHD: 17 cm	40 Jahre Höhe: 12,0 m BHD: 30 cm

Anders im natürlichen Verbreitungsgebiet der Art, wo einzelne Bäume unter besonders günstigen Standortsverhältnissen bei einem BHD von 1,3 m 38 m hoch werden, im Süden des Staates Illinois 18,5 m lange, astfreie Schäfte bilden und Jahrringbreiten bis zu 5 cm erreichen sollen.

Abb. 10: Keimling, nat. Größe; die lichtwendigen Kotyledonen sind schwarz gezeichnet: **a** 6 Tage alt, **b** ca. 1 Monat alt

Ökologie

C. speciosa ist ein sehr anspruchsvoller Waldbaum des gemäßigten Klimas; anspruchsvoll in Bezug auf Licht und Wärme sowie auf den Nährstoff- und den Wassergehalt des Bodens. Die natürlichen Standorte, auf denen die Art in Mischung mit Liquidambar styraciflua, Quercus palustris und Celtis laevigata vorkommt, zählen zu den „allerbesten Talgrundböden" [13]. Sie sind tiefgründig, frisch und nährstoffreich [17].

Die zu Anfang dieses Jahrhunderts im Zuge einer Anbau-Kampagne für C. speciosa herausgestellte Anspruchslosigkeit der Art trifft nicht zu. C. speciosa gedeiht weder auf „jedem Boden der USA" noch ist reiner Sandboden ihr bevorzugtes Substrat [4]. Unbestritten und an vielen Anbauorten bestätigt ist ihre Frühfrostempfindlichkeit. Widersprüchliche Erfahrungen liegen jedoch hinsichtlich der Winterfrosthärte vor. Einerseits wurden bei Probeanbauten in Kriwoy-Rog Temperaturextreme von +39 °C und -32 °C bei jährlichen Niederschlägen zwischen 400 und 450 mm ohne Schaden ertragen[1]), wobei allerdings Schutz gegen Nord- und Ostwinde gegeben sein mußte, andererseits waren in Norddeutschland Pflanzungen ohne Winterschutz stets fehlgeschlagen [2].

Pathologie

Unter den abiotischen Schadursachen sind Frühfröste an erster Stelle zu nennen. Sie reduzieren die Anbaueignung der Art erheblich [2, 13]. In Südwestdeutschland traten überdies Gipfel- und Astbrüche nach Naßschnee auf. Schutz vor Rot- und Rehwild sowie vor Mäusen ist angebracht.

Pathogene Pilze stellen für C. speciosa weder am natürlichen Standort noch in Anpflanzungen eine ernste Bedrohung dar. Größere Bedeutung kann allenfalls die Verticillium-Welke (Erreger: V. albo-atrum), eine Tracheomykose, erhalten. In Nordamerika wie in Europa sind hauptsächlich Straßen- und Parkbäume davon betroffen [7, 9 [2])]. Die Krankheit grassiert aber auch in Baumschulen.

Alternaria catalpae ruft Blattflecken hervor, ohne nennenswerte Schäden anzurichten [3]) und im Saatbeet verursachen Nematoden (Meloidogyne spec.) gelegentlich größere Ausfälle.

Nutzung

C. speciosa spielt weder auf dem internationalen noch auf dem nordamerikanischen Holzmarkt eine Rolle [11]. Starke Nutzungen um die Jahrhundertwende haben die ohnehin geringen Vorräte drastisch reduziert. Zu jener Zeit wurde das Holz bevorzugt für die Herstellung von

Abb. 11: Alter Solitär im Herbst. Jena, Bot. Garten

Eisenbahnschwellen genutzt [8]. Überdies ist es wegen seiner Dauerhaftigkeit vorzüglich für Zaunpfähle, Masten und Dachschindeln geeignet. 30 Jahre alte Pfähle zeigten selbst nahe der Bodenoberfläche keine Spuren von Holzfäule [4]. Als Parkbaum findet die Art in vielen Ländern des gemäßigten und des subtropischen Klimas weite Verbreitung.

Verschiedenes

- Wegen des dauerhaften Holzes wurde C. speciosa so stark exploitiert, daß die natürlichen Vorräte erschöpften. Trotzdem ist die Art nicht vom Aussterben bedroht. Ihr intensives Austriebsvermögen und die Fähigkeit, sich unter geeigneten Standortbedingungen auf Dauer gegen konkurrierende Arten durchzusetzen, stellt ihr Überleben sicher [7].

---

[1]) For. Abstr. **23**, 609, 1962
[2]) For. Abstr. **19**, 3171, 1958
[3]) For. Abstr. **15**, 1538, 1954

- Im Arnold Arboretum gelang 1940 die Artkreuzung C. ovata x C. speciosa [14].
- Alkoholische Extrakte des Spätholzes, der Rinde und insbesondere des Kernholzes hemmten das Wachstum von Schizophyllum commune, einem holzzerstörenden Pilz, der neben vielen anderen Baumarten auch Catalpa befällt [4]).
- Gärtnerisch haben Catalpa-Arten auch Schattenseiten [8]. So werden die Blätter im Herbst braun und unansehnlich; nach dem Blattfall bilden sie eine dichte Streulage.

Catalpa-Holz ist sehr spröde und bei Sturm brechen viele kleine Äste ab. Schließlich dauert die Blütezeit kaum länger als eine Woche.

---

[4]) For. Abstr. 12, 3044, 1950

Weiterführende Literatur

[1] BAKER, E.F., 1967: Phyllotaxy of Catalpa speciosa. Amer. J. Bot. **54**, 631–632.

[2] BODEN, 1924: Anbauversuche mit ausländischen Holzarten im akademischen Lehrrevier Freienwalde a.O. Mitt. Dt. Dendrol. Ges. **34**, 32–54

[3] BONNER, F.T.; GRANEY, D.L., 1974: Catalpa Scop. In: SCHOPMEYER, C.S.: Seeds of woody plants in the United States. USDA, Agric. Handbook No. 450, Washington, D.C.

[4] BROWN, J., 1920: Catalpa speciosa in den Vereinigten Staaten von Nordamerika. Mitt. Dt. Dendrol. Ges. **29**, 80–95.

[5] BROWN, H.P.; PANSHIN, A.J.; FORSAITH, C.C., 1949: Textbook of Wood Technology, Vol. 1, Mc Graw Hill, New York.

[6] BURK, C.J., 1988: Growth and extension of naturalized Western Massachusetts stand of Catalpa speciosa Warder. Rhodora **90**, 457–459.

[7] BUTIN, H., 1989: Krankheiten der Wald- und Parkbäume, 2. Aufl. Georg Thieme Verlag, Stuttgart.

[8] DEL TREDICI, P., 1986: The Great Catalpa Craze. Arnoldia **46**, 2; 2–10.

[9] HEPTING, G.H., 1971: Diseases of forest and shade trees of the United States. USDA, Forest Service, Agriculture Handbook No. 386, Washington, D.C.

[10] PACLT, J., 1951: Synopsis of the genus Catalpa (Bignoniaceae) Part. **IV.**, Diseases. Sydowia **5**, 160–168.

[11] RECORD, S.J.; HESS, R.W., 1943: Timbers of the New World, Yale Univ. Press.

[12] SARGENT, C.S., 1965: Manual of the trees of North America, Vol. 2, 2.ed., Dover Publ., Inc., New York.

[13] SCHENCK, C.A., 1939: Fremdländische Wald- und Parkbäume. 3. Bd. Die Laubhölzer. Verlag Paul Parey, Berlin.

[14] SCHWAPPACH, A., 1911: Die weitere Entwicklung der Versuche mit fremdländischen Holzarten in Preußen. Mitt. Dt. Dendrol. Ges. **20**, 3–37.

[15] SMITH, E.C., 1941: Chromosome behavior in Catalpa hybrida Spaeth. J. Arnold Arb. **22**, 219–221.

[16] STEPHENSON, A.G., 1980: Fruit set, herbivory, fruit reduction, and the fruiting strategy of Catalpa speciosa (Bignoniacae). Ecology **61**, 57–64.

[17] VINES, R.A., 1976: Trees, shrubs, and woody vines of the Southwest. Univ. Texas Press. Austin and London.

[18] WILLKOMM, M., 1887: Forstliche Flora von Deutschland und Österreich. Winter'sche Verlagsbuchhandlung, Leipzig.

Der Autor:

Prof. em. Dr. PETER SCHÜTT
Lehrstuhl für Forstbotanik
Ludwig-Maximilians-Universität München
Hohenbachernstraße 22
D-85354 Freising

Ceratonia siliqua Linné, 1753

syn.: Ceratonia coriacea Salisb., Ceratonia inermis Stokes, Siliqua edulis Bauhin

Johannisbrotbaum, Karobenbaum, Bockshornbaum

Familie: Caesalpiniaceae
Unterfamilie: Cassieae

engl.: Carob tree, Locust bean
franz.: Caroubier
ital.: Carroba, Pan de San Giovanni
span.: Algarrobo, Pan de San Juan
port.: Alfarrobeira, Pão de São João
griech.: Charoupia, Teratsia (auf Zypern)
türk.: Keci boynuzu

Abb. 1: Ceratonia siliqua. Solitäre auf der Halbinsel Akamas, West-Zypern

Abb. 2: Sehr alter, abgestützter Einzelbaum auf Akamas, Zypern

Neben dem Ölbaum gehört *Ceratonia siliqua* zu den prägenden Charakterarten der küstennahen, unteren Vegetationsstufe im ostmediterranen Florengebiet. Schon vor ca. 4000 Jahren in Kultur genommen, dient der Johannisbrotbaum den Menschen mit seinen Früchten zur Nahrung, mit seinem Holz als Roh- und Werkstoff und hat seitdem eine weltweite Verbreitung gefunden wie nur wenige andere Baumarten.

Zur kommerziellen Produktion der süßen und nahrhaften Früchte (Karoben) begründet man Plantagen mit besonders ertragreichen, durch Pfropfung vermehrten Kultursorten.

Der immergrüne, allenfalls mittelgroße Baum bildet einen kurzen, oft krummen Stamm und eine breite Krone. Seine Blüten entspringen meist direkt den Ästen und Stämmen (Cauliflorie) und können männlich, weiblich und zwittrig sein. In Mitteleuropa ist die Art nicht winterhart.

Florengeschichte und Verbreitung

Als geographischer Ursprung der Gattung wird die Arabische Halbinsel vermutet. Gestützt wird diese Annahme durch die 1945 entdeckte, aber erst 1980 beschriebene zweite Art der Gattung, *Ceratonia oreothauma* HILLCOAT, LEWIS et VERDC., die nur in engbegrenzten, kleinen Arealen in Oman und Nordsomalia vorkommt [26, 32, 59, 60].

Die für die Küsten des Mittelmeergebietes charakteristische Baumart ist in großen Teilen ihres heutigen Areals ein Exot, wenngleich ein seit langer Zeit eingebürgerter. Die Grenzen des natürlichen, meist mit „östlicher Mittelmeerraum“ angegebenen Areals sind umstritten. Durch Ergebnisse archäologischer Untersuchungen ist aber sicher nachgewiesen, daß die Art seit 43000 v. Chr. an verschiedenen Orten des heutigen Israel vorkommt. Der Baum muß anfänglich selten gewesen sein und konnte sich vermutlich erst unter menschlichem Einfluß stärker ausbreiten [32].

Auch im Jemen und in Nordsomalia kommen ausgedehnte natürliche Bestände der Wildform vor. Im Norden Tunesiens ist *C. siliqua* schon seit dem frühen Pleistozän nachgewiesen. Größere und kleinere Vorkommen wildwachsender Exemplare im Süd-Iran und im Libanon, in Syrien, Süd-Jordanien, der südöstlichen Türkei, auf Zypern, in Ägypten, Libyen und Algerien könnten autochthon oder subspontan entstanden sein.

Unbestritten ist es, daß die Verbreitung des Johannisbrotbaumes spätestens seit dem 3. vorchristlichen Jahrhundert bis ins frühe Mittelalter durch Anbauten im gesamten Mittelmeerraum und darüber hinaus stark gefördert wurde.

Seit dem 17. Jahrhundert folgten dann Anbauten in Mexiko, Nord- und Südamerika, Indien, Ostasien und Australien, mit Erfolg, wo immer die geeigneten klimatischen Voraussetzungen gegeben waren. Oft ist der Zeitpunkt der Einbürgerung nicht mehr feststellbar. Die sogenannten „Giant Carob Trees“ in Mexiko sollen auf Anpflanzungen spanischer Missionare zurückgehen [27]. In den USA (Kalifornien, Arizona, Neu-Mexiko, Texas) erfolgten planmäßige Anbauten etwa seit der Mitte des vorigen Jahrhunderts [12, 40]. Nach Australien brachten Einwanderer aus mediterranen Ländern den Baum vermutlich bereits in der ersten Hälfte des 19. Jahrhunderts [18]. In Indien wird er zwischen 1875 und 1879 erwähnt, in Südafrika und anderen afrikanischen Ländern südlich der Sahara in den ersten Jahrzehnten dieses Jahrhunderts [52]. Erst spät (1964) und ohne großen Erfolg wird er in China, Guangzshou/Kanton angebaut [50].

Die Vertikalverbreitung liegt i. a. zwischen 0 und 650 m ü. NN, der optimale Bereich zwischen 0 und 350 m. Seltener wurden einzelne Vorkommen in Höhenlagen von 650 bis 1200 m beobachtet, so auf Zypern im westlichen Troodos*) und in Marokko [6] (beide in 1150 m ü. NN), bei Petra, Süd-Jordanien [8] und im Iran (Bander Shahpur) in 900 bis 1200 m [45]. In Jerusalem befindet sich entlang der König-David-Avenue eine wüchsige, fruktifizierende Johannisbrotbaum-Allee in ca. 800 m ü. NN.

In mittel- und nordeuropäischen Arboreten ist diese Baumart nur als Kübelpflanze zu finden.

*) Hierbei handelt es sich um den höchstgelegenen Fundort mit genauer Ortsangabe: ein ca. 3 m hohes, basiton verzweigtes Exemplar zwischen den Dörfern Chandria und Agridia.

Beschreibung

Durch seine im Alter mächtige, gewölbte, bis 15 m breite, dunkelgrüne Krone hebt sich der Johannisbrotbaum – zumal im Spätsommer, Herbst und Winter – von den vorwiegend grauen und braunen Farbtönen seiner ausgetrockneten Umgebung augenfällig ab und vermittelt einen Eindruck von Vitalität und Frische.

Hinsichtlich der Wuchsform wie auch nach der Morphologie der Blätter, Blüten und Früchte bestehen sowohl unter den regional vorkommenden Wildformen, als auch zwischen den zahlreichen Kultursorten z.T. ausgeprägte Unterschiede [21, 43, 48].

Die Höhe der Bäume schwankt meist zwischen 4 und 12 m, seltener werden sie 15 m, in Einzelfällen sogar 20 m hoch. Der Stamm ist kurz und gedrungen, selten gerade und aufrecht und wird bis über 1 m dick. Er ist stark hohlkehlig oder spannrückig, im Alter vielfach auch einseitig hohl. Angaben über das Höchstalter reichen von > 100 bei Kulturformen bis 500 Jahre bei Wildformen [7, 27].

Die Rinde jüngerer Stämme und stärkerer Äste ist hellgrau und zunächst glatt, reißt aber mit zunehmendem Durchmesser in unregelmäßige, teils schuppige Felder auf. Die Risse zwischen den Feldern sind von gelblich-bräunlicher bis schwärzlicher Farbe. Die Äste verzweigen sich stark und unregelmäßig, sind aufrecht oder leicht hängend und z. T. knorrig, durch wiederholte cauliflore Blütenbildung auch stark warzig oder höckerig.

Abb. 3: Laubblätter (Foto: P. Schütt)

Blätter

Die wechselständigen Blätter sind paarig gefiedert, wobei zwischen (1) 2 und 4 (8) Paar fast sitzender, ganzrandiger, breit ovaler bis verkehrt eiförmiger, an der Spitze meist ausgerandeter Blättchen ausgebildet werden. Diese sind kahl, jung hellgrün, später derb ledrig, oberseits dunkelgrün glänzend, unterseits graugrün und matt.

Abb. 4: Männlicher Blütenstand der Wildform „Agria" (links) und männliche Blütenstände in verschiedenen Entwicklungsstadien

Stiel und Rhachis sind oben gefurcht, ganz spärlich, kurz und anliegend behaart und bei manchen Sorten mehr oder weniger rötlich überlaufen. Die Blättchen sind fiedernervig, allerdings erreichen die Seitennerven den Rand nicht, sondern laufen bogig zusammen. Im Blattquerschnitt fällt die einschichtige, mit ca. 40 μm (= 13 % des Querschnitts) sehr dicke obere Epidermis mit zahlreichen kondensierten phenolischen Einschlüssen auf [11, 38].

Voll entwickelte Blätter haben eine Länge von ca. 12 bis 30 cm und die Fiederblättchen messen je nach Varietät oder Sorte um 4 bis 8 x 3 bis 4,5 cm, sind plan oder leicht gewellt; sie bleiben 1½ bis 3 Jahre funktionsfähig [33].

Blüten, Früchte, Samen

Die ersten Blüten erscheinen auf der nördlichen Hemisphäre bereits im Juni, die letzten im Dezember. Die Hauptblütezeit liegt in den mediterranen Anbauländern im September und Oktober.

Abweichend von anderen Gattungen der *Cassieae* werden keine Kronblätter gebildet und es kommen neben zwittrigen auch weibliche und männliche Blüten in gyno- bzw. andromonözischer Verteilung vor. Zwar werden alle Blüten zwittrig angelegt, durch Unterdrückung des jeweils anderen Geschlechts entstehen funktionell weibliche und männliche Blüten.

Die seltener ein-, meist aber zweihäusig verteilten, 3,5 bis 15 (25) cm langen, racemösen oder zymösen Infloreszenzen stehen als traubige Scheinähren einzeln oder gebüschelt an altem Holz (Cauliflorie) oder an einjährigen Trieben. Sie bestehen in der Regel aus 20 bis 50, im Extrem aus 135 Einzelblüten. Eine Terminalblüte kann fehlen.

Abb. 5: Weibliche Blütenstände

Die Geschlechtsverteilung in den Infloreszenzen kann wie folgt variieren:

1. nur männliche Blüten
   a) Filamente 6 bis 7 mm lang, mit rudimentärem Pistill (dolichostaminate Blüten)
   b) Filamente nur bis 2 mm lang, ohne rudimentäres Pistill (brachystaminate Blüten)
2. nur weibliche Blüten, die aber Staminodien enthalten
3. ausschließlich zwittrige Blüten
4. sowohl zwittrige als auch weibliche und männliche Blüten (polygame Infloreszenzen).

Die Blüten beiderlei Geschlechts sind in den frühen Entwicklungsstadien rötlich. Später treten bei weiblichen Blüten hellgrüne, bei männlichen neben grünen auch ockergelbe Farbelemente hervor. Die Blütenentwicklung erstreckt sich über mehrere bis acht Wochen.

Abb. 6: Weibliche Blütenstände (links) und weibliche Einzelblüte

Die Blütenorgane sind schraubig angelegt und in der Regel fünfzählig, seltener vier- oder sechszählig; sie bestehen aus einer kurzen Kelchröhre mit fünf 1,5 bis 2,5 mm langen, schmal lanzettlichen Sepalläppchen und einem 2 bis 4 mm breiten, seicht gebuchteten, gelben bis hellgrünen Diskus.

In regulären staminaten Blüten befinden sich 5 Staubblätter. Ihre Filamente tragen längliche, zuerst rötliche, später gelbliche, dorsal befestigte, introrse Staubbeutel. Die Pollenkörner sind 25 bis 28 µm groß, von ellipsoider Gestalt und haben vier Keimspalten. Die Bestäubung erfolgt vorwiegend durch Insekten; Windbestäubung wird für möglich gehalten [21].

In zwittrigen und weiblichen Blüten erhebt sich aus dem Blütenbecher ein gebogener, gelbgrüner, zylindrischer, zuletzt 5 bis 8 mm langer Stempel mit einer herz-/schildförmigen, papillösen Narbe und 10 bis 12 [18] Samenanlagen. In den zwittrigen Blüten sind die Staubblätter stark, in den weiblichen Blüten extrem reduziert, fast sitzend und mehr oder weniger von den Kelchblattläppchen verdeckt. Diskus und Carpell besitzen Nektardrüsen. Die Blüten an der Spitze des Blütenstandes zeigen nicht selten Ausbildungsanomalien: so wies eine Terminalblüte 8 Kelchblätter, 14 Staubblätter und 2 Fruchtknoten auf [55]. Von den zahlreichen weiblichen Blüten gelangen – je nach Varietät, Sorte und Wuchsbedingungen – meist nur 1 bis 5 zur Fruchtbildung.

Die Früchte des Johannisbrotbaumes, auch Karoben genannt, sind Bruchfrüchte (Gliederhülsen). Die Fruchtentwicklung verläuft je nach Varietät, Sorte und Standort in zwei oder drei Phasen und dauert bis August/September des nächsten Jahres.

Die Fruchtreife überlappt zeitlich mehr oder weniger mit der nächsten Blüte. Die ausgereifte Frucht ist glänzend schokoladenbraun, kurz gestielt, gestreckt oder hornartig (Name!) gebogen und flach. Die Größe und Form der Frucht ist nach Varietät und Sorte recht unterschiedlich. Sie schwankt in der Länge zwischen 10 und 20 cm, in der Breite von 1,5 bis 2,5 cm. Die Fruchtgröße dient u.a. als gebräuchliches Merkmal zur Unterscheidung der Wildformen von Kultursorten. Die beiden in Griechenland und Zypern als „Agria“ und „Apostolika“ bezeichneten Wildformen haben die kleineren Früchte. Die zahlreichen veredelten, unter den Sammelbegriff „Imera“ zusammengefaßten Lokalsorten oder Provenienzen haben größere sowie an Zuckern und anderen Inhaltsstoffen reichere Früchte. Infolge unterschiedlicher Ausbildung eines Trenngewebes am Stielgrund wird ein Teil der ausgereiften Früchte abgeworfen, ein Teil verbleibt noch mehrere Wochen am Baum. Auch bei dieser Eigenart bestehen ausgeprägte Sortenunterschiede, die sich in Form erhöhter Erntekosten auf die Wirtschaftlichkeit des Anbaus auswirken können [40].

Anatomie und stoffliche Zusammensetzung der Karoben wurden mehrfach beschrieben [17, 20, 43 u.a.]. In Hinblick auf ihre Verwendbarkeit haben beide Aspekte wirtschaftliche Bedeutung.

Die Fruchtwand ist mehrschichtig aufgebaut; sie besteht aus dem kaum 0,1 mm dicken, dunkelbraunen, hartfaserigen Exokarp, dem bis zur Reife saftig fleischigen, danach zäh krümeligen, honigfarbenen Mesokarp, der sog. „Pulpe“ und dem ebenfalls um 0,1 mm dicken, pergamentartigen Endokarp. Unter den Randwülsten der Hülse befinden sich tropfenförmige Hohlräume.

Die glatten, eiförmigen, oben abgeflachten, gelb- bis rotbraunen, leicht glänzenden Samen haben einen kleinen, hellgelben Nabel und liegen in einer kleinen Vertiefung. Ihre Länge schwankt zwischen 8 und 10 mm, die Breite zwischen 6,5 und 7,5 mm; sie sind 3,4 bis 4,5 mm dick und wiegen 158 bis 207 mg (Tausendkorngewicht ca. 190 g).

Abb. 8: Reife Früchte und Samen

Abb. 7: Fruchtstand zu Beginn der Reifungsphase

Es werden meist weniger Samen gebildet als Samenkammern vorhanden sind. Zuweilen entstehen auch hypotrophe Samen.

Die harte Testa umschließt ein graues Endosperm und den Embryo mit breiten, gelben Kotyledonen. Zahl und Gewichtsanteil der Samen pro Hülse schwanken in den nordmediterranen Anbauländern je nach Sorte zwischen 6 und 14 % des Erntegewichtes, liegen bei Sorten mit geraden, dicken Früchten höher und bei Wildformen am höchsten [53].

Keimlinge

Ceratonia siliqua-Keimlinge haben ein weißliches, 30 bis 40 mm langes, 1,5 bis 2 mm dickes, kahles und glattes Hypokotyl, das anfangs rund ist, später aber vierkantig wird. Die kahlen, relativ langlebigen Kotyledonen sind kurz spatelförmig und am Grunde schwach geöhrt (Länge: 16 bis 17 mm, Breite: ca. 13 mm).

Das Primärblatt hat einen 8 bis 10 mm langen, spärlich behaarten, rinnigen Stiel mit pfriemlichen Stipeln. Es besteht aus nur 2 dunkelgrünen, verkehrt eiförmigen, 14 bis 20 mm langen Fiederblättchen. Die 3 bis 9 Folgeblätter sind ebenfalls noch zweizählig, aber entsprechend größer, vorn ausgerandet und mucronat.

Die Wurzel ist in diesem Stadium meist unverzweigt, kann aber bereits bis zu 25 cm lang werden. Im Experiment blieb sie bei exzessiver Wasserversorgung relativ kurz und bildete zahlreiche Faserwurzeln aus, während sie unter Wasserstreß bis zu 80 cm lang wurde, ohne Seitenwurzeln zu bilden [11].

Ein einzigartiges Phänomen ist das Vorkommen von Spaltöffnungen auf der Rhizodermis der Primärwurzel [11].

Abb. 9: Keimlinge, 2 Wochen alt

Wurzelsystem

Das kräftige, reich verzweigte Wurzelsystem ist hervorragend an die ariden Bedingungen während der Vegetationszeit angepaßt. Die lange, kräftige Keimwurzel entwickelt sich zu einer mehrere Meter in tiefe Bodenschichten vordringenden Pfahlwurzel. Zusätzlich erschließen viele weitreichende, gewundene Seitenwurzeln, welche bis 20 m lang werden und tief in Gesteinsspalten eindringen können, die verfügbaren Wasserreserven des Standraums. Auf schweren Böden werden nur die oberen Bodenschichten intensiv durchwurzelt. Rhizobiensymbiose und Knöllchenbildung wurden nicht beobachtet.

Abb. 10: Borke (links) und Astholz (Längs- und Querschnitt)

Holz

C. siliqua bildet ein sehr attraktives, zerstreut- bis halbringporiges Holz, das durch einen roten Farbkern mit dunkelroter Maserung und einen elfenbeinfarbigen Splint auffällt. Splint und Kern gehen durch einen graurosa Bereich ineinander über. Wachstumsringe bleiben meist undeutlich.

Die oft mit roten Inhaltsstoffen gefüllten Gefäße sind ziemlich weit (80 bis 200 µm), in lockeren, radialen Reihen angeordnet und haben einfache Wanddurchbrechungen. Ihre Wände sind nicht schraubig verdickt. Das apotracheale Holzparenchym ist in marginalen Bändern angeordnet, die Libriformfasern sind gekammert. Die zahlreichen, sehr feinen, mit bloßem Auge gerade noch sichtbaren Holzstrahlen sind meist 3- bis 4reihig und 200 bis 450 µm hoch. Sie enthalten viele prismatische Kristalle [28, 46].

Das schwere Holz r_{15} = 0,90 (0,827 bis 0,908) g/cm^3 [4, 5] hat eine mittlere bis große Härte und läßt sich i. a. gut bearbeiten. Verbindungen durch Leim, Nägel und Schrauben sind sehr haltbar, es schwindet mäßig, neigt beim Trocknen aber zum Reißen und Werfen und ist nur mäßig dauerhaft. Es läßt sich drechseln, messern, gut hobeln und polieren, streichen und lackieren [22].

Ökologie

Der Johannisbrotbaum ist die wärmebedürftigste wildwachsende Baumart der mediterranen Macchie. Er übersteht Temperaturen über 50 °C in trockener Luft (6 % r.D.) ohne Schaden [11, 31]. Als untere Grenze der Kälteerträgnis wird der Bereich zwischen –4 °C und –7 °C genannt, wobei Keimlinge und Jungpflanzen empfindlicher (–2 bis –3 °C), einzelne adulte Bäume aber toleranter sein dürften. Länger andauernde Frostperioden (–9 °C) führen aber auch bei alten Exemplaren zu völliger Entlaubung.

Frühfröste im Spätherbst/Frühwinter schädigen die noch nicht ausgereiften Früchte und die neuen Blüten, verringern somit die Ernte zweier Jahre.

Als geeignet für den *Ceratonia*-Anbau gelten generell Gebiete ohne Früh- und Spätfrostgefahr mit einer Januar-Mitteltemperatur von 4 bis 10 °C und einem Junimittel von 24 bis 27 °C [20, 40]. Trotz ihres relativ hohen Wasserverbrauchs ist die Art widerstandsfähig gegen Trockenheit [33]. Auf Böden mit ausreichender Wasserspeicherkapazität überlebt sie bereits bei Jahresniederschlägen von 300 bis 350 mm. Für die wirtschaftliche Nutzung der Fruchtproduktion sind ohne zusätzliche Bewässerung allerdings minimal 500 mm erforderlich.

Hohe Luftfeuchte und häufige Taubildung wirken sich negativ auf die Entwicklung von Blüten und Früchten aus und erhöhen die Krankheitsanfälligkeit [40, 57].

Über die Lichtansprüche liegen keine genauen Angaben vor. Sie dürften jedoch hoch sein, denn im natürlichen Habitat unterliegt der Johannisbrotbaum oft den mit ihm ums Licht konkurrierenden Arten [32].

C. siliqua wächst gut bis befriedigend auf durchlässigen und gut durchlüfteten Böden zwischen pH 5,0 und 8,3 [17], so auf Sanden, tonigen Lehmen und auch auf Böden mit hohem Skelettanteil, insbesondere Kalksteinböden. Sie toleriert auch Bodenversalzung bis zu einem Gehalt von 3 % NaCl [20]. Tiefgründige Böden mit mäßiger bis hoher Nährstoffversorgung fördern besonders das vegetative Wachstum, während die Menge der Früchte und ihr Zuckergehalt auf ärmeren Böden höher liegen [40].

Verjüngung, Anzucht und Vermehrung

Bei ausreichender Sommerwärme, milden, feuchten Wintern, durchlässigen Böden und offenem Gelände verjüngt sich der Johannisbrotbaum zufriedenstellend bis gut [44]. Hinderlich ist die bei Trockenheit mangelhafte Freisetzung der Samen aus den harten Hülsen und die keimhemmende, harte Testa. Förderlich hingegen der Verzehr der Früchte durch Tiere, deren Verdauungstrakt die Samen z.T. unversehrt passieren und dieserart freigesetzt, verbreitet und keimbereit werden.

Es sind mehrere, traditionelle Anzuchtverfahren beschrieben worden [2, 16, 20, 27], die darauf ausgerichtet sind, die Pfahlwurzel des Sämlings zu fördern und bei der Verpflanzung nicht zu beschädigen.

An sich ist die Vermehrung durch Samen unproblematisch; die Aussaat kann im Grundsatz ohne Vorbehandlung und während des ganzen Jahres erfolgen und die Lagerung des Saatgutes gelingt ohne größere Keimkraftverluste bis zu 4 Jahren. Gewöhnlich sät man von Ende Februar bis April in Schalen oder Foliencontainer aus. Älteres Saatgut wird mehrere Tage vorgequollen oder in Heißwasser oder Schwefelsäure gebadet. Die Keimrate liegt zwischen 60 und 90 %. Der Keimvorgang ist licht- und temperaturabhängig. Als optimal haben sich 27 bis 30 °C und eine 24stündige Beleuchtung erwiesen [49]. Unterhalb 5 °C und oberhalb 40 °C bleibt die Keimung praktisch aus.

Um Wurzelverletzungen zu vermeiden, verschult man bereits 6 Wochen alte, 5 bis 10 cm hohe Sämlinge. Für Aufforstungen kommen sie als einjährige Containerpflanzen, für die Anlage von Alleen und Plantagen erst als 1 bis 1,8 m hohe Container-Großpflanzen auf die Freifläche. Die Verwendung wurzelnackter Pflanzen führt zu hohen Ausfällen.

Abb. 11: Durch Asphondylia-Befall verkümmerte Früchte

Fruchtplantagen entstehen aus Pfropflingen, die teils im Gelände, teils in der Baumschule veredelt wurden. Der Pflanzverband beträgt 5 x 10 oder 10 x 10 m und angestrebt wird eine Dichte von 80 bis 100 Bäumen pro Hektar. Die Pflanzlöcher füllt man nur zu $^2/_3$ mit einer geeigneten Bodenmischung, um abfließendes Regenwasser aufzufangen.

Zur Anwendung gelangen verschiedene Pfropfverfahren, vorzugsweise das seitliche Anplatten sowie das Okulieren mit T-Schnitt oder mit der Rindenschildmethode. Autovegetativ durch Luftableger oder Steckhölzer vermehrte Pflanzen sind den Kernwüchsen wegen ihres schwächeren Wurzelsystems unterlegen.

Auf Zypern wendete man lange Zeit eine Erneuerungsmethode besonderer Art an [21]. Überalterte Bestände wurden abgetrieben, ein Teil der Stämme, der Äste und des Reisigs über den Stöcken aufgeschichtet und abgebrannt. Bis zum nächsten Frühjahr hatten sich an den Wurzelanläufen mehrere Schößlinge gebildet, von denen die kräftigsten im 2. oder 3. Jahr veredelt und die anderen entfernt wurden. Wegen der hohen Brandgefahr ist dieses Verfahren nicht mehr in Gebrauch.

Genetische Differenzierung und Entwicklung

Die große Variabilität der Blütenorgane deutet bei der Gattung *Ceratonia* auf eine ursprüngliche Entwicklungsstufe und hat neben der von den *Cassieae* (n = 14) abweichenden Chromosomenzahl, n = 12, u. a. zu Überlegungen geführt, diese einem selbständigen Tribus der *Ceratonieae* zuzuordnen [55].

Auch die morphologische Schwankungsbreite der vegetativen Organe und die Variation der physiologischen Eigenschaften dieser Baumart ist beträchtlich. Auf diese Unterschiede innerhalb autochthoner und subspontan entstandener Wildformen in verschiedenen Teilarealen wird in der Literatur mehrfach hingewiesen, was sich auch in der Vielzahl von Varietäten und Sorten ausdrückt [15, 16, 20, 40, 43]. Diese sind meist mit dem Namen von Orten oder Regionen der Hauptanbauländer bezeichnet und in der Mehrzahl aus heterovegetativ, selten autovegetativ vermehrten Individuen der Lokalpopulationen hervorgegangen. Dabei spielten vornehmlich ertragsorientierte Auswahlkriterien eine Rolle. Abschließende genetische Analysen zum Ordnen der Vielfalt liegen nicht vor.

Forstliche oder landschaftsgestalterische Verwendungszwecke hat man bei der Erfassung und Bonitur der verschiedenen Wildformen nicht verfolgt. Die Fruchterzeugung dominierte bei entsprechenden Selektionen, ebenso die Standortseignung. So wurden Formen mit kurzen Schäften und breiten Kronen gefördert.

Pathologie

Generell zeichnet sich *C. siliqua* durch geringe Anfälligkeit gegenüber biotischen Schaderregern aus. Dies gilt sowohl für sein ursprüngliches Herkunftsgebiet um das Mittelmeer als auch für die Anbaugebiete in Übersee. Es werden jedoch eine Reihe von tierischen Schädlingen und pathogenen Mikroorganismen genannt, die gebietsweise stärker in Erscheinung treten, so daß Gegenmaßnahmen ergriffen werden mußten.

In europäischen Plantagen wurden Verbißschäden durch Weidevieh, Cerviden und Nagern angerichtet [12, 16, 17, 20, 21, 53].

Auch in den USA sind es vornehmlich Kleinsäuger, außerdem Wild und Weidevieh, welche örtlich bedeutende Schäden in Anpflanzungen verüben.

In einer aktuellen Mitteilung aus Australien [19] wird über Schäden an jungen Bäumen durch Papageien berichtet, welche die jungen Triebspitzen verbeißen.

In Europa, Westasien und Nordafrika treten mehrere Schadinsekten an *C. siliqua* auf. Der Bockkäfer *Cerambyx velutinus* BRULLE, als Schädling an Eichen bekannt, befällt auf Zypern auch *C. siliqua*. Der Weidenbohrer (*Cossus cossus* L.) sowie das Blausieb (*Zeuzera pyrina* L.), beide polyphage Schädlinge an Baumarten im ganzen Mittelmeerraum, wurden in Spanien (Tarragona und Valencia) auch an *C. siliqua* schädlich. Die Weiße Fliege *Trialeurodes* sp. richtet dort mitunter merkliche Schäden an [16].

Auf Kreta und Zypern verursachen mehrere Gallmückenarten, darunter *Asphondylia gennadii* MARCH. Mißbildungen junger Früchte, verhindern deren Entwicklung und bewirken z.T. den vorzeitigen Abfall. Nach ORPHANIDES [41, 42] werden diese Schäden jedoch meist überschätzt.

Von anderen polyphagen Schadinsekten verdient die Johannisbrotmotte *Ectomyelois ceratoniae* ZELL. als Vorratsschädling besondere Aufmerksamkeit [23]. Sie tritt in den europäischen, vorderasiatischen und nordafrikanischen Mittelmeerländern auf und wurde auch nach Mittelamerika und Australien verschleppt [37]. Beim Johannisbrot erfolgt der Befall z.T. bereits am Baum und setzt sich verstärkt an ganzen oder zerkleinerten Früchten, dem sog. „kibble“ während des Trocknungsprozesses fort. Bei unsachgemäßer Lagerung können daher spürbare Verluste eintreten.

Aus Argentinien wird berichtet, daß die Raupe der Geometride *Tephrinopsis subumbracata* Kahlfraß an *C. siliqua* im Santa-Maria-Tal mit Zuwachsverlusten und Ernteausfall in der Folge verursacht hat [29].

Wächst *C. siliqua* unter zusagenden Standortsbedingungen, spielen auch Mikroorganismen als Krankheitserreger nirgendwo eine wirtschaftlich bedeutende Rolle. Bei hoher Luftfeuchtigkeit tritt die Pilzart *Oidium ceratoniae* C. örtlich auf und befällt Blätter, junge Triebe, Blüten und junge Früchte [56, 57].

In Israel wurden in Baumschulen u.a. *Fusarium* sp., *Alternaria* sp. und *Rhizoctonia solani* KÜHN als Wurzelfäuleerreger festgestellt, von denen sich letztere Art als die gefährlichste erwies [35]. Kleinstandörtlich trat bei hoher Luftfeuchtigkeit, Luftruhe und häufiger nächtlicher Taubildung *Cercospora ceratoniae* SACC. massiv auf, verursachte Blattnekrosen und z.T. völlige Entlaubung der befallenen Bäume im Winter [57].

Bei zu hoher Bodenfeuchte ging im Süden von Texas der Baumwoll-Wurzelfäuleerreger *Phymatotrichium omnivorum* (SHEAR) DUG. auf *C. siliqua* über. Gegen Infektionen mit nordamerikanischen Stämmen des Hallimasch (*Armillaria mellea* (VAHL ex FR.) KUMM.) erwies sich die Art als resistent [34].

Abb. 12: Stammfäule an einem Alleebaum in Jerusalem

Als Verursacher der an alten Bäumen häufig zu beobachteten Stammfäulen werden der Schwefelporling *Laetiporus sulphureus* (BULL. ex FR.) MURRILL und der Graue Feuerschwamm *Phellinus igniarius* (L. ex. FR.) QUEL. genannt [20].

Nutzung

C. siliqua wird seit Jahrhunderten in vielfältiger Weise genutzt, wobei die Früchte eindeutig im Zentrum des Interesses stehen. Die Art fruktifiziert erstmals mit 5 bis 7 Jahren und produziert als Wildform um 5 kg, bei ertragreichen Kultursorten (z.B. „Tylliria“) und Bewässerung bis zu 80 kg Früchte pro Baum und bis zu 3,5 t pro Jahr und Hektar [16, 38, 44].

Gern werden die Hülsen wegen ihres herbsüßen Geschmacks roh verzehrt, in Notzeiten wurden sie oft zur Hauptnahrung. Auf Zypern und in Griechenland verarbeitet man den Saft zu Sirup (Charopomelo). Eingedickter Fruchtsaft ist unter dem Namen „Kaftanhonig“ bekannt.

Die reifen Früchte, aber auch Rückstände aus der Verarbeitung, dienen als Kraftfutter für Weidevieh und Pferde, wirken jedoch wegen des hohen Gerbstoffgehaltes verdauungshemmend und sollten daher nur anteilig (10 bis 20 % für Huftiere) verfüttert werden [25, 44].

Johannisbrotfrüchte werden in erheblichem Umfang auf dem Weltmarkt gehandelt, allein für die industrielle Verwertung ca. 300.000 t.

Davon fallen auf:

Spanien	39,4 %	Türkei	6,6 %
Italien	14,8 %	Griechenland und Zypern	je 5,0 %
Marokko	13,2 %	andere Länder zusammen	6,2 %
Portugal	9,8 %		

Die Anbaufläche in den Ländern der Europäischen Union wird auf 195.000 ha geschätzt [16].

Ceratonia-Früchte haben einen höheren Zuckergehalt als Zuckerrohr und Zuckerrüben. Lokalisiert sind die Zucker fast ausschließlich im Mesokarp. Sie variieren zwischen 40 und 52 % des Trockengewichtes und bestehen zu etwa $^3/_4$ aus Saccharose und zu $^1/_4$ aus Glucose, Fructose und Maltose im Verhältnis 1:1:0,7. Recht hoch ist im Perikarp auch der Anteil an Tanninen (4 bis 13,5 %) und der Gehalt an Calcium und Phosphor, relativ gering hingegen der Proteingehalt (3 bis 5,5 %) [10, 16, 17].

Seit den 40er Jahren hat die Verwertung der Samen – hauptsächlich wegen des hohen Gehaltes (88 %) an Galaktomannanen – deutlich zugenommen. Diese werden wegen ihrer hohen Quellfähigkeit als Dickungs- und Geliermittel sowie als Stabilisator in der Nahrungs- und Genußmittelindustrie, ebenso bei Arzneimitteln und kosmetischen Produkten eingesetzt. Weitere Bestandteile aus Johannisbrot finden als Zusatzstoffe in der Papier- und Textilindustrie, als Schmier- und Gleitmittel und als Feuchtigkeitsbinder bei Sprengstoffen Verwendung.

In der Volksmedizin wird ein 10 %iger Dekokt der Früchte zur Behandlung von Gastritis empfohlen. Verschiedene Pflanzenteile nutzt man als antikatarrhetisch, resolvent, adstringent, pectoral/antitussiv und purgativ wirksame Mittel.

Die forstliche Bedeutung des Johannisbrotbaumes liegt in seiner Fähigkeit zur Sanierung entwaldeter Ödflächen im sommertrockenen Klima. Dort hat er sich als Erosions- und Bodenschutz bewährt. Entsprechende Erfolge liegen in Israel [57] und in mehreren anderen Ländern vor.

Abb. 13: C. siliqua als einziger überlebender Baum nach einem Waldbrand

Die Nutzung des Holzes hat nur lokale Bedeutung. Es eignet sich als Schreiner- und Drechslerware, wird zur Herstellung von Messerfurnieren und Gewehrschäften genutzt, findet im Möbelbau Verwendung und liefert eine hochwertige Holzkohle [4]. Die Rinde dient wegen ihres hohen Tannin-Gehaltes (50 bis 55 %) zum Gerben.

Schließlich eignen sich Johannisbrotbäume wegen ihrer immergrünen, dichten Kronen vorzüglich als schattenspendende Allee- und Parkbäume und als Unterstand für das Weidevieh.

Verschiedenes

- Zum ersten Male schriftlich erwähnt ist der Johannisbrotbaum zur Zeit des ägyptischen Pharao Tuthmosis III., ca. 500 v. Chr. Dessen Premierminister Rekhmara schildert die Kunst der Möbeltischler bei der Herstellung von Truhen u. a. aus Holz des Johannisbrotbaumes. Auf den Listen ägyptischer Feldherren über Kriegsbeute aus eroberten Gebieten, die sich bis Syrien erstreckten, sind Tische und Stühle aus Karobenholz aufgeführt. Auch die Frucht ist in hieroglyphischen Inschriften erwähnt [36, 54].
- Theophrast (390 bis 305 v. Chr.) ist der Baum unter der ionischen Bezeichnung Keronia bekannt. Er beschreibt zutreffend einige der botanischen Merkmale und Eigenschaften, irrt aber bei der Blütenfarbe, die er mit weiß angibt [51].
- In dem „Alfabet“ des Ben Sira (11. Jahrhundert) ist der Johannisbrotbaum mit seinem aramäischen Namen „charuba“ in den Pflanzenlisten der königlichen Gärten des Nebukadnezar, die noch älter sind, aufgeführt.

- Als Fruchtbaum zur Nahrung für Mensch und Tier ist er auch in Mischna und Talmud mehrfach namentlich unter der Bezeichnung „charuv" erwähnt. Dieser Name ist in semitischen Sprachen in klangähnlicher Form noch heute gebräuchlich. Auch das bereits im 5. Mose (20:19) enthaltene strikte Fällungsverbot, selbst bei Belagerungen unter Kriegsrecht, kann als indirekter Hinweis auf den Johannisbrotbaum verstanden werden [57]. Ferner wird die Meinung vertreten, daß die vom verlorenen Sohn (Lukas, 15:16) vergeblich begehrte Nahrung, von Luther mit „Treber" übersetzt, nicht Rückstände von Weintrauben, sondern jene von der seinerzeit verbreiteten Saftgewinnung aus Johannisbrot gewesen seien.
- Über ausgedehnte Anpflanzungen des Johannisbrotbaumes in Palästina und umfangreiche Exporte von Früchten schon in der frühchristlichen und der arabischen Periode liegen mehrere Berichte von Pilgern vor [32]. Aufgrund des hohen Gehalts der Früchte an Kohlenhydraten war die Johannisbrotbaum-Kultur auch von strategischer Bedeutung, zumindest solange Pferde in den saisonal vegetationsarmen Gebieten des Nahen und Mittleren Ostens bei kriegerischen Auseinandersetzungen als Transportmittel unentbehrlich und zusätzlich auf solche Kraftnahrung angewiesen waren.
- Wegen der erstaunlichen Gewichtskonstanz normal entwickelter, trockener Samen – sie wiegen fast immer zwischen 0,19 und 0,20 g – sollen diese vormals im Orient als Maßeinheiten für die Gewichtsbestimmung von Gold und Juwelen gedient haben. Die aus dem Arabischen stammende Bezeichnung „Karat" wird daher auf den altgriechischen Namen des Baumes und seiner Frucht „Keration" zurückgeführt [54 u. a.].

Weiterführende Literatur

[1] AIDA Associacão Interprofissional para o Desenvolvimento da Producão e Valorizacão da Alfarroba, 1990: Notas sobre al cultura de alfarrobeira. Vida Rural **13**, 19–21.

[2] AMICO, G., 1916: Il carrubo. Bibl. d'Agric. et Ind. Affini. vol. LXIII. Catania.

[3] ANONYMUS, 1979: The Potential for Carob Production in South Australia. Dept. Agric., S-Australia.

[4] BEGEMANN, H.F., 1985: Das große Lexikon der Nutzhölzer Bd. IV, p. 660.

[5] BÄRNER, J., 1942: Die Nutzhölzer der Welt, II.

[6] BORATINSKY, A. et al., 1992: Chorology of trees and shrubs in Greece. Poznan/Kornik.

[7] BOYKO, H., 1947: Science and Erosion Problems in the Middle East. J. Middle East Soc. **1**, 22 pp.

[8] BORATINSKY, A.K.; BROWICZ, K.; ZIELINSKY, J., 1992: Chorology of Trees and Shrubs in Greece, p. 52. Sorus Verl. Poznan/Kornik.

[9] BROWICZ, K., 1983: Chorology of Trees, Vol. II.

[10] CHARALAMBOUS, J. (ed.), 1966: The composition and uses of Carob bean. Cyprus Agric. Res. Inst., Nicosia.

[11] CHRISTODOULAKIS, N.S., 1992: Structural Diversity and Adaptations in some Mediterranean Evergreen Sclerophyllous Species. Environmtl., Exper. Bot. **32**, 295–305.

[12] COIT, J.E., 1951: Carob or St. John's Bread. Econ. Bot., 82–96.

[13] CONDIT, J., 1919: The Carob in California. Coll. Agric. Bull, 309, Univ. California, Berkeley.

[14] DA MATTA, G.J., 1952: A Alfarrobeira em Portugal. Sua cultura e comercio. Boletim Junta Nac. das Frutas, **12**, 18–56.

[15] DIAPOULIS, Ch., 1950: Ceratonia siliqua L., expecially in Greece. Min. Agric. Athen (zit. n. MITRAKOS, 1968).

[16] DROSTE, R., 1993: Möglichkeiten und Grenzen des Anbaus von Johannisbrot (Ceratonia siliqua L.) als Bestandteil eines traditionellen Anbausystems im Algarve, Portugal. Göttinger Beitr. Land- und Forstw. in den Tropen u. Subtropen, H. 87.

[17] DUKE, J.A., 1929: Handbook of Legumes of World Economic Importance. I. Legumes.

[18] ESBENSHADE, H., 1994: Olives and Carobs for Landcare and Profit in Southern Australia. Proc. Nat. Symp. on Olives and Carobs for Landcare and Profit. Univ. of Adelaide.

[19] EBENSHADE, H., 1996: Briefl. Mitteilung.

[20] EVREINOFF, V.A., 1967: Etude pomologique sur le caroubier Ceratonia siliqua L. Trav. Lab. Forestier Toulouse T. 1, Vol. VI, 1–16.

[21] GENNADIUS, P., 1902: The Carob-Tree. Govnmt. Print. Office, Nicosia.

[22] GIORDANO, G., 1976: Tecnologia del legno, III, pp. 403–4, Unione Tipografico Turin.

[23] GOTTHILF, S., 1968, 1969, 1970: The biology of the Carob Moth Ectomyelois ceratoniae (ZELL.) in Israel. Israel J. Ent. **3**, 109–118, **4**, 107–116, **5**, 161–175.

[24] GRAINGER, A.; WINER, N., 1980: A bibliography of Ceratonia siliqua, the carob tree. Int. Tree Crops J. **1**, 37–47.

[25] HALL, G.A.B.; RODRIGUEZ, A.A., 1977: Avaliacao da Vagem da Alfarrobeira Ceratonia siliqua na Alimentacao Animal. (Evaluation of the Seed Pod of Ceratonia siliqua as a Feed for Animals) II. Performance and Apparent Digestibility with Rats. Rev. Centro Ciencias Rurais **7**, 1–8.

[26] HILLCOAT, D.; LEWIS, G.; VERDCOURT, B., 1980: A new species of Ceratonia (Leguminosae-Caesalpinioideae) from Arabia and the Somali Republic. Kew Bull. **35**, 261–271.

[27] HILLS, L.D., 1980: The cultivation of the carob tree (Ceratonia siliqua). Int. Tree Crops J. **1**, 27–36.

[28] HUBER, B.; ROUSCHAL, Ch., 1954: Mikrophotographischer Atlas mediterraner Hölzer. Fritz Haller Verl. Berlin.

[29] KOHLER, P., 1969: Lepidop. Note. Rev. de la Soc. Entom. Argentina, Buenos Aires.

[30] KÖNIG, R.; WINKLER, G., 1973: Historia Naturalis – C. Plinii Sec. d. Älteren Naturkunde, lat – deutsch, Bd. 13, 133–135 Bd. 14, 72–73, Bd. 15 p. 169. Wiss. Buchges. Darmstadt.

[31] KONIS, E., 1949: The resistance of maquis plants to supramaximal temperatures. Ecology **30**, 425–429.

[32] LIPHSCHITZ, N., 1987: Ceratonia siliqua in Israel: An Ancient Element or a Newcomer? Israel J. Bot. **36**, 191–197.

[33] LO GULLO, M.A.; SALLEO, S., 1988: Different strategies of drought resistance in three Mediterranean sclerophyllous trees growing in the same environmental conditions. New Phytol. **108**, 267–276.

Abb. 14: Wildform an einem Kloster im westl. Troodos/Zypern, ca. 750 m ü. NN

[34] LORETO, F.; BURDSALL, H.H., Jr. et al., 1993: Armillaria infection and water stress influence gas exchange properties of Mediterranean trees, Hort. Science. **28**, 222–224.

[35] MADAR, Z., 1989: Waldkrankheiten in Israel. AFZ Sonderheft 24–26, 674–676.

[36] MEIGGS, R., 1982: Trees and Timber in the Ancient Mediterranean World. Oxford.

[37] MICHAEL, P., 1968: The Carob Moth (Ectomyelois ceratoniae). J. Dept. Agric. West. Australia, Perth **9**, 81–82.

[38] MITRAKOS, K., 1968: The Carob (Ceratonia siliqua). A Report to Tate & Lyle Ltd.

[39] MITRAKOS, K., 1990: The Botany of Ceratonia. Parártima Próton Tómon Epetirìdhas Tmimatos Biologìas, A.P.Th. 1989–1990, 149–157.

[40] MERWIN, M.L., 1980: The Culture of Carob (Ceratonia siliqua L.) for Energy Co-Production in Farms, pp. 79–95. YMCA of the Rockies, Estes Parks, Colorado.

[41] ORPHANIDES, G.M., 1975: Biology of the carob midge complex Asphondylia spp. (Diptera; Cecidomyiidae), in Cyprus. Bull. ent. Res. **65**, 381–390.

[42] ORPHANIDES, G.M., 1976: Damage Assessment and Natural Control of the Carob Midge Complex Asphondylia spp. (Dipt., Cecidomyiidae) in Cyprus. Boll. di Ent. Agr. „Filippo Silvestri“ di Portici, **23**, 80–98.

[43] ORPHANOS, P.I.; PAPACONSTANTINOU, J., 1969: The Carob Varieties of Cyprus. Tech. Bull. **5**, Agric. Res. Inst., Nicosia.

[44] PAULA NOGUEIRA, J.V. de, 1937: A alfarrobeira e o seu fruto. Gazetas Aldeias 1864, Zootecnia, 83–85.

[45] RECHINGER, K.H., 1982: Flora Iranica, p. 9.

[46] SCHWEINGRUBER, F.H., 1990: Anatomie europäischer Hölzer. Verl. Paul Haupt, Bern und Stuttgart.

[47] SEBASTIAN, K.T.; MCCOMB, J.A., 1986: A micropropagation system for carob (Ceratonia siliqua). Sci. Horticultura, **28**, 127–131.

[48] SECMEN, Ö., 1973: Ceratonia siliqua L'nin Ekolojisi. I. Morfolojik Incelemeler. (Ecology of Ceratonia siliqua L.I. Morphological studies). Ege Üniversitesi Fen Fakültesi Ilmi Raporlar Serisi **148**, 1–25, Izmir.

[49] SECMEN, Ö., 1973: Ceratonia siliqua L'nin Ekolojisi, II Cimlenme (Ecology of Ceratonia siliqua L. II. Germination). Ege Üniversitesi Fen Fakültesi Ilmi Raporlar Serisi **149**, 1–13, Izmir.

[50] SHAO, QING HUAN, 1995: Chinese Academy of Forestry, Beijing, briefl. Mittlg.

[51] SPRENGEL, K., 1971: Theophrasts Naturgeschichte der Gewächse, 4. B., 4. p. 134. Georg Olms Verl. Hildesheim/New York.

[52] STREETS, R.J., 1962: Exotic Trees in the British Commonwealth, Oxford.

[53] TOUS, J.; BATLLE, I., 1990: El Garrobo. Mundi Prensa, Madrid, 102 pp.

[54] TSCHIRCH, A., 1912: Handbuch der Pharmakognosie, III. Rohrzuckerfrüchte.

[55] TUCKER, S.C., 1992: The Developmental Basis for Sexual Expression in Ceratonia siliqua (Leguminosae: Caesalpinioideae: Cassieae). Amer. J. Bot., **79**, 318–327.

[56] VARDAR, Y.; DIZBAY, M.; SECMEN, Ö., 1973: Oidium ceratoniae AMES. hakkinda bir ön calisma. Türk. Biol. Dergisi, Cilt. **23**, 99–100.

[57] WEITZ, J., 1974: Forests and Afforestation in Israel, pp. 16, 56, 239–256.

[58] WINTON, L.A.; WINTON, K.B., 1935: The Structure and Composition of Foods, New York.

[59] ZOHARY, M.; ORSHAN, G., 1959: The Maquis of Ceratonia siliqua in Israel. Vegetatio **8**, 285–297.

[60] ZOHARY, M., 1973: Geobotanical Foundations of the Middle East. Bd. I, II, Gustav Fischer Verlag, Stuttgart.

Der Autor:

Prof. Dr. H.E. KNOPF*)
Fachhochschule Hildesheim/Holzminden
Fachbereich Forstwirtschaft und Umweltmanagement
Büsgenweg 4
D-37077 Göttingen

*) gewidmet meiner Frau

Corylus colurna LINNÉ, 1753

Baumhasel, Türkische Hasel

Familie: Betulaceae
Unterfamilie: Coryleae MEISSN.

engl.: Turkish hazel, Turkish filbert
franz.: Coudrier en arbre, Noisetier de Bysance

Abb. 1: Corylus colurna am natürlichen Standort

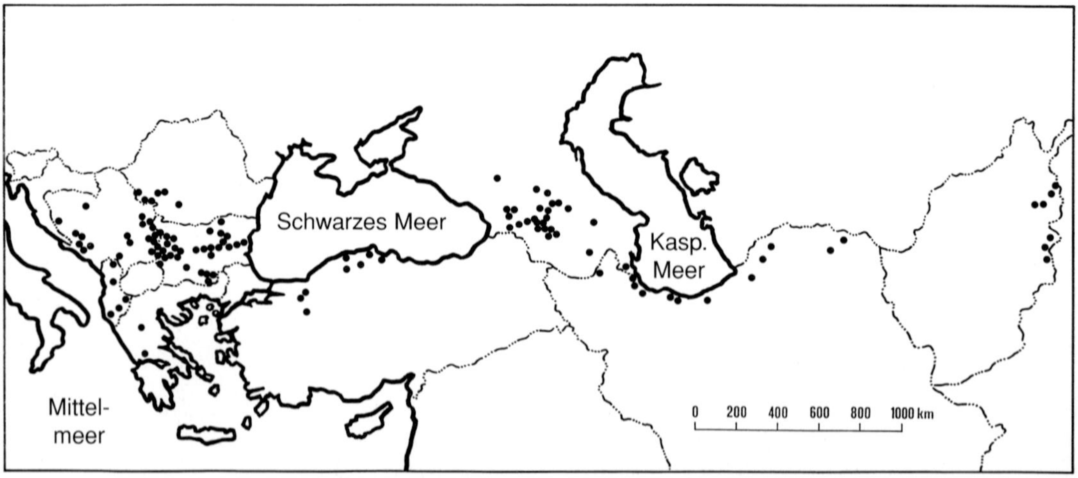

Abb. 2: Natürliches Verbreitungsgebiet

Corylus colurna, ein auf der Balkan-Halbinsel und in Kleinasien heimischer, recht anspruchsloser Waldbaum, wird in vielen europäischen Städten als Park- und Straßenbaum hoch geschätzt. Seine forstliche Bedeutung ist demgegenüber gering, obwohl er auf besten Standorten 30 m hoch werden kann. Bedeutung hat die Art aber als Erosionsschutz auf trockenen, kaum zu kultivierenden Extremstandorten.

Genutzt werden die Früchte, die im Aufbau, Nährstoffgehalt, Geschmack und in der Verwendung der Haselnuß sehr ähnlich sind.

Die Art ist praktisch frei von Krankheiten. Sie widersteht auch Luftverunreinigungen und wird weder vom Wild noch vom Weidevieh verbissen.

Verbreitung

Das natürliche Verbreitungsgebiet der Baumhasel umfaßt die Balkanhalbinsel, Teile Kleinasiens, das Bergland im Norden Persiens und Afghanistan.

Auf dem Balkan findet man die Art in Rumänien, Bulgarien, Serbien, in Bosnien und der Herzegowina, in Albanien und in Griechenland, zumeist in Höhenlagen zwischen 300 und 800 m (Gesamtbereich: 100 – 1300 m). Meist tritt sie in Mischung mit einigen der folgenden Arten auf: Fagus sylvatica, F. orientalis, Carpinus betulus, C. orientalis, Quercus petraea, Q. frainetto, Fraxinus excelsior, F. ornus, Acer pseudoplatanus, A. platanoides, Tilia tomentosa. In Rumänien wächst sie hauptsächlich in den Süd-Karpaten, und zwar in den Distrikten Berzasca, Socolari, Dubova, Dzenkova, Domogled, Suscu, Baile Herculane, Păd. Pula Galului, Mrea Tismana, Motrolui, Varciorova etc. [8].

Die bulgarischen Vorkommen liegen auf der Balkan-Kette, der Sredna Gora, dem Rhodope-Gebirge sowie in den Bergen des westlichen und in den Wäldern des nordöstlichen Bulgarien. In Serbien ist die Art in Belanitsa, Ozren, Rtan, Suva Planina, Mali, Yashelats, Vardenik und Kapaonik, im Kossovo in Prokletija, Koziyak, Koprivnik, Yalitsi vertreten [9].

Die Nordwestgrenze des natürlichen Areals verläuft durch Bosnien und die Herzegowina. Die Bezirke Ozren, Troglav, Prenj, Bjelasica, Viduša, Sitnica, Snježnica, Velež und andere sind noch eingeschlossen [3].

In Griechenland kommt die Baumhasel im Pindus-Gebirge – Pindo dolopico und Acarnania vor [6], in Albanien ist sie in den Gebieten um Çikë, Tatzatit, Topovës, Lliarit, Trebeshinë, Dhëmbël, Nemërçhë, Tomor, Quafë-Shtamës, Velës, Malavanë, Mullarit etc. autochthon [12].

In Kleinasien ist C. colurna vornehmlich im Norden vertreten: im Raum Bolu (Düzce, Yiğlica), im Raum Ankara (Nallihan, Köstebek, Sarilar), im Raum Kastamonu (Azdavay, Tosya, Giaurdagh), im Raum Amasya (Sana Da), im Raum Sinop (Ayancik, Zindan, Konaği) und im Raum Eskişehir (Mihaliççik, Çatacik) [5].

Im westlichen, östlichen und mittleren Kaukasus und auch in W-, SW- und Zentral-Zakavkaziye [23] kommt die Art von 840 bis 1750 m ü. NN (Buchengürtel), u.a. in Mischung mit Carpinus-, Acer- und Quercus-Arten vor und hat dort einen Anteil von etwa 10 %, in Armenien sogar bis 30 % [22, 25].

Die natürlichen Vorkommen im Nord-Iran liegen in den Bergen der Hyrkanischen und der Turanischen Regionen. In Afghanistan kommt C. colurna im Raum Konar und Packtya vor [13].

Abb. 3: Kronenaufbau. Solitär im Botanischen Garten Darmstadt (Foto: P. Schütt)

Abb. 4: Kurz- und Langtriebe mit Winterknospen

Beschreibung

Erscheinungsbild

C. colurna ist ein sommergrüner, geradstämmiger Baum, der im Alter eine Höhe von 15 bis 20 m und einen Durchmesser (BHD) von 50 bis 60 cm erreicht, gelegentlich aber auch 30 – 32 m hoch und 100 bis 110 cm stark werden kann. Zwischen dem 20. und dem 40. Jahr wachsen Baumhaseln am schnellsten, je nach Standort können sie ein Höchstalter bis zu 200 Jahren erreichen.

Die Krone ist in der Jugend pyramidenförmig, im Alter breiter, sehr kompakt und auffallend dunkelgrün. Sie bildet aufstrebende Äste.

Hinsichtlich der Borkenstruktur läßt sich unterscheiden:
(a): Rel. dünne, längsrissige Schuppenborke.
(b): Streifenförmige, mäßig dicke Borke mit Längsrissen, die von flachen Querbändern unterbrochen werden.
(c): Grobe und bis zu 2 cm dicke Borke, Längsrisse durch ein Netz von Schuppen unterbrochen.

Werden die Wachstumsbedingungen arider, nehmen die Anteile der Formen (b) und (c) zu Lasten der Form (a) zu.

Knospen, Blätter, junge Triebe

C. colurna hat 6 – 8 mm lange, hellbraune Winterknospen mit behaarten Schuppen. Die wechselständig angeordneten, beiderseits dunkelgrünen Blätter laufen an der Basis herzförmig und am Apex spitz aus. Die Länge der Spreite schwankt zwischen 7 und 15 cm, die Breite zwischen 5 und 10 cm. Oberseits sind sie kahl, unterseits entlang der Mittelrippe spärlich behaart. Behaart ist auch der 1,5 bis 5 cm lange Blattstiel. Die gelblich grauen oder hellgrauen Triebe sind normalerweise mit feinen Drüsenhaaren bedeckt.

Blüten, Samen, Früchte

Die monoezisch verteilten Blüten erscheinen vor dem Laubaustrieb (Ende Februar bis April) und entsprechen im Aufbau und Aussehen weitgehend der Haselnuß (Corylus

Abb. 5: Beblätterter Langtrieb

Abb. 8: Reife Nüsse, rechts incl. stark zerschlitzter Fruchthülle

Abb. 6: Behaarung an Blattstielen und jungen Trieben (Foto: P. Schütt)

Abb. 7: Vier männliche und zwei weibliche Blütenstände an gemeinsamem Stiel (nat. Größe), aus Hempel und Wilhelm, 1907

avellana). Die knospenähnlichen, weiblichen Blütenstände enthalten jeweils 2 Blüten, deren dunkelrote Narben gut zu erkennen sind. Das Perigon ist unscheinbar.

Männliche Blüten stehen hingegen zu vielen an hängenden, 5 bis 10 cm langen, graubraunen, etwas rötlich getönten Kätzchen (Durchmesser ca. 5 bis 6 mm). Sie haben keine Blütenkrone, 4 (2 + 2) Staubblätter mit gespaltenen Antheren und entspringen der Achsel behaarter Tragblätter. Die Kätzchen treten meistens in kleinen Gruppen auf. Der kugelförmige Pollen ist dreiporig.

Chromosomenzahl: 2n = 28.

Die Früchte (einsamige Nüsse) der Baumhasel sind zu 2 – 8 in büscheligen Fruchtständen angeordnet. Jede einzelne Frucht wird von einer becherförmigen Hülle (Durchmesser 2 – 4 cm) mit grob gezähnten Zipfeln umgeben, welche 2 bis 3 mal so lang sind wie die Nuß.

Die Hüllen sind anfangs weich und hellgrün, verhärten später und nehmen eine dunkelbraune Farbe an.

Die etwas abgeflachten, mehr oder weniger kantigen Nüsse haben eine Länge von 17 bis 20 mm und einen Durchmesser von 12 bis 18 mm. Die harte und relativ dicke, hellbraune oder gelblich braune Schale weist dunkelbraune Längsstreifen auf. Reif werden die Nüsse im September/Oktober.

Die Samen werden von einer gelblichen, faserigen Testa umgeben. Sie sind kleiner als Samen von C. avellana, enthalten aber mehr Fett und 13 – 15 % Eiweiß. Im Durchschnitt keimen sie zu 70 – 75 % und haben ein Tausendkorngewicht (bezogen auf Nüsse) von 800 – 1000 g.

Die Mannbarkeit beginnt mit etwa 12 Jahren und i.a. fruktifizieren die Bäume jedes 2., 3. oder 4. Jahr.

C. colurna wird sowohl über Samen wie über Schößlinge vermehrt.

Abb. 9: Holz, Längsschnitt

Abb. 10: Borke

Holz und Rinde

Das Holz der Baumhasel setzt sich aus einem blaß gelblichen bis rötlichen Splint und einem hell rötlich-braunen Kern zusammen, der in alten Stämmen 50 – 60 % des Stammquerschnittes in Brusthöhe ausmacht. Der Wassergehalt des waldfrischen Kernholzes liegt bei 40 – 45 %, der des Splintholzes bei 62 – 68 %.

Das mittelharte Holz ist zerstreutporig, Jahrringe und Holzstrahlen sind nur wenig ausgeprägt.

Die technischen Daten lauten [19]:

Rohdichte	0,61 g/cm^3
Druckfestigkeit	62 MN/m^2
Biegefestigkeit	127 MN/m^2
Radiale Schwindung	4,7 %
Tangentiale Schwindung	9,1 %

Nachteilig ist das gelegentliche Vorkommen von Wimmerwuchs („curly grain") und von eingewachsenen Ästen, die allerdings selten, klein und gesund sind.

Die graue, bis 2 cm dicke Borke ist meist deutlich längsrissig.

Bewurzelung

Baumhaseln entwickeln ein intensives Wurzelsystem mit einer tiefreichenden Pfahlwurzel (3 – 4 m), die auch skelettreiche Böden durchdringt und mit Seitenwurzeln, die bei alten Stämmen brettwurzelartige Anläufe ausbilden, in einiger Entfernung vom Stamm aber runde oder seilartige Formen annehmen. Sie können 15 bis 18 m lang werden und damit über den Bereich der Kronenprojektion hinauswachsen.

Genetische Differenzierung

In bezug auf die Blattform, die Behaarung von Blattstiel und Fruchtbecher sowie die Borkenstruktur muß C. colurna als eine recht polymorphe Art gelten. Man unterscheidet daher bezüglich der:

Blattform:

- f. rotundifolia: rundliche Blätter mit stumpfen Spitzen,
- f. cuspidata: längliche Blätter mit spitzen, etwas gekrümmtem Apex.

Behaarung von Blattstiel und Fruchtbecher:

- f. colurna: mit kahlem Blattstiel und kahlem Fruchtbecher,
- f. glandulifera: Blattstiel und Fruchtbecher fein drüsig behaart [7].

Außer diesen Formen sind die folgenden Artbastarde bekannt:

Corylus avellana x C. colurna [22].
Corylus colurna x C. avellana [25].

Ökologie

Baumhaseln sind bis in Höhenlagen von 1600 oder 1700 m einzeln oder in kleinen Gruppen in Wälder unterschiedlicher Zusammensetzung eingesprengt. Sie bilden keine Reinbestände.

In Bulgarien ist fast die Hälfte aller Baumhaseln in Wäldern zu finden, in denen die genannten Fagus-Arten dominieren, und gelegentlich auch Carpinus-Arten von Bedeutung sind.

Im Norden der Balkan-Halbinsel wächst C. colurna bis 450 m hauptsächlich in schattigen Lagen, ebenso bis 600 m ü. NN im südlichen Balkan. In größeren Höhen kommt sie zu etwa gleichen Anteilen an Schatt- und Sonnenseiten vor.

Die Jahresmittel der Lufttemperatur schwanken im natürlichen Areal der Balkanhalbinsel zwischen 5 – 6 °C und 12 – 13 °C. Die meisten Vorkommen wachsen jedoch bei Jahresmittelwerten von +8 °C bis +10 °C, bei jährlichen Niederschlagssummen zwischen 570 und 850 mm sowie bei einer mittleren rel. Luftfeuchte von 50 – 70 % im Juli. Die Niederschläge weisen im Sommer das Maximum auf.

Die Art hat kurzzeitig Temperaturmaxima von +40 °C und -minima von -38,2 °C ohne Schaden überstanden und leidet weder unter Spät- noch unter Frühfrösten [16].

C. colurna ist eine sehr anpassungsfähige Art, die auf unterschiedlichen Standorten gedeiht. Sie kommt auf tiefgründigen, nährstoffreichen, fast nassen bis trockenen Waldböden, auf alluvialen Böden, auf Flußterrassen, aber auch auf armen, geschiebereichen Böden, auf steinigem, erosionsgefährdetem Gelände, selbst auf Geröllfeldern vor.

Sie meidet aber stark vernäßte wie extrem trockene Standorte und entspricht daher einer xeromesophilen Species.

C. colurna-Bestände stocken am häufigsten auf braunen oder grauen Waldböden, aber auch auf Kalk. Blattanalysen belegen einen Calcium-Spiegel mit doppelt so hohen Werten wie Hainbuche und den dreifachen Werten der Buche.

C. colurna wächst auf flachen und mäßig tiefgründigen Böden, welche teils trocken, teils halbtrocken, teils frisch sind und einen pH-Bereich von 6,6 bis 8 aufweisen [14, 16].

Unter bestimmten Bedingungen verhält sich C. colurna wie eine Schattbaumart und ihr Jungwuchs toleriert dichte Beschirmung. In Südexposition auf steinigem, nicht kultivierbarem Gelände reagiert sie hingegen wie eine Lichtbaumart.

Ihre Konkurrenzkraft gegenüber mesophilen Baumarten geht mit ansteigendem Nährstoffgehalt und zunehmender Feuchtigkeit des Bodens zurück, nimmt aber auf trockenen, armen Standorten in Mischung mit Quercus frainetto, Fraxinus ornus, Carpinus orientalis, Crataegus spec. und anderen Arten zu.

Wachstum und Entwicklung

In der Baumschule erreichen C. colurna-Sämlinge folgende Höhen [15, 17]:

	durchschnittlich	maximal
1-jährige Sämlinge	14 – 26 cm	37 – 50 cm
2-jährige Sämlinge	70 – 110 cm	115 – 145 cm

12-jährige Bäume im Bestand werden i.a. 2,3 – 5 m und maximal 3,8 – 6,3 m hoch.

Optimale Wachstumsbedingungen bestehen für die Baumhasel in schattigen, luftfeuchten Lagen von Buchen/Hainbuchenwäldern auf nährstoffreichen, frischen bis halbtrockenen Böden. Unter derartigen Bedingungen weist sie bis zum Alter 45 den gleichen Höhenzuwachs auf wie Fagus orientalis. Später wächst sie sogar rascher.

Unter etwas weniger günstigen Bedingungen ist die Baumhasel der Hainbuche bis zum 35. Jahr hinsichtlich Höhen- und Dickenwachstum um weniges überlegen [16].

Auf flachgründigen, armen, trockenen Kalkböden (Östl. Balkan, 200 m ü. NN), wo andere Nebenholzarten unwüchsig und wenig widerstandsfähig sind, hebt sich C. colurna durch eine fast doppelt so hohe Wuchsleistung ab.

	Höhe	**Durchmesser**
C. colurna, 90-jährig	12 m	25 cm
Carpinus orientalis, Cornus mas	6 – 7 m	14 cm

Unter vergleichbaren Verhältnissen, aber auf Böden mittlerer Tiefgründigkeit, nimmt C. colurna eine mittlere Höhe von 16 m und einen mittleren BHD von 38 cm ein. Sie bildet das Kronendach und ist wüchsiger als Carpinus betulus, C. orientalis und Acer campestre.

Auf frischen Böden kommt C. colurna – wiederum bei sonst gleichen Bedingungen – fast an die Wuchsleistung von Acer pseudoplatanus, Fagus orientalis, Fraxinus excelsior und Quercus petraea heran [1].

Gelegentlich auftretende kleine Gruppen der Baumhasel mit 2, 3 oder mehr Individuen bestehen nicht allein aus Kernwüchsen, sondern enthalten auch vegetativ entstandene Stämme, welche sich i.a. durch besonders schnelles Höhenwachstum, geringere Durchmesser und gerade Stämme abheben. Derartige Gruppen kommen unter ungünstigen Standortsbedingungen häufiger vor.

Anzucht

Außerhalb ihres natürlichen Areals wird C. colurna in Nordamerika, in Mittelasien und in vielen europäischen Ländern als Ziergehölz angebaut. Man trifft die Art sogar im südlichen Norwegen und in St. Petersburg an, wo sie allerdings hin und wieder unter Frost leidet. Seit längerem ist sie in der Ukraine, in Bjelorussland, in den russischen Distrikten Voronezh, Kursk, Rostov und auf der Krim vertreten [18, 24]. Die Nordgrenze ihrer künstlichen Verbreitung fällt mit der Arealgrenze von Quercus robur zusammen.

Künstlich begründete Reinbestände kommen nur auf kleiner Fläche vor. Sie wurden meist im Pflanzverband 2 x 1 und 2 x 2 m begründet. Üblich und günstiger ist es, die Art gruppen- oder einzelbaumweise einzubringen.

Nutzung

Corylus colurna ist mehr als ein Ziergehölz. Wegen ihrer Unempfindlichkeit gegen Immissionen eignet sie sich gut als Straßenbaum, ebenso für Schutzpflanzungen an Industrieanlagen.

Infolge ihrer dichten Beblätterung stellt sie überdies einen wirksamen Lärmschutz dar und erfreut sich großer Beliebtheit als Schattenspender.

Das Holz findet Verwendung als Bauholz, im Möbelbau, in der Holzschnitzerei und der Drechslerei.

Baumhaseln werden gern als Pfropfunterlagen für hochstämmige Corylus maxima benutzt. Die entsprechenden Pfropflinge lassen sich leicht beernten [2, 10].

Die Samen finden Absatz in der Süßwarenindustrie. Das aus ihnen gewonnene Öl wird in der pharmazeutischen Industrie verarbeitet oder man nutzt es bei der Herstellung von Ölfarben. Der Fettgehalt des Samens beträgt bis zu 62 %. Ihr Karotin- und Ascorbinsäuregehalt sowie die Zahl der Mikroelemente liegen höher als bei C. maxima und C. avellana.

Verschiedenes

- Corylus colurna ist erstaunlich widerstandsfähig gegen Krankheiten aller Art. Auch abiotische Schadursachen und Insekten spielen keine Rolle. Sie wird sogar vom Wild und vom Weidevieh verschont.

  Gelegentlich kommt Blattfleckung durch Gnomoniella coryli (BATSCH ex FR.), SACC., Labrella coryli SACC. oder Phyllosticta coryli WESTD. vor. Mehltau wird durch Phyllactinia corylea (PERS.) hervorgerufen und Larven des Nußrüßlers Balaninus nucum L. (COL.) (Curculionidae) verzehren den Samen.
- Unter den etwa 15 in gemäßigten Klimazonen der Nordhalbkugel verbreiteten Corylus-Arten gehört C. colurna zu den wirtschaftlich wichtigsten. Sie war schon den Griechen und Römern als Nutzpflanze bekannt und wird bei VERGIL unter dem Namen „colurnus“ erwähnt. Von den vielen von Land zu Land wechselnden Trivialnamen („wilde Hasel“, „weiße Hasel“, „Bär-Hasel“ oder „Türkische Hasel“) ist Baumhasel zweifellos der treffendste.

Abb. 11: Typischer, freistehender Baum mit dichter, dunkelgrüner Krone

Weiterführende Literatur

[1] ALEXANDROV, A.; POPOV, S., 1971: Ecology and forms of Corylus colurna L. Forest Economy, Sofia No. 6, 24–28 (in Bulgarisch).

[2] ANADOLIEV, G., 1976: Vegetative Propagation of Corylus maxima L. by Grafting onto Corylus colurna L. Fruticulture, Sofia, No. 11, 39–43 (in Bulgarisch).

[3] BEUS, V., 1970: Beitrag zum Kennenlernen der Fundorte der Baumhasel (Corylus colurna L.) in Bosnien und Herzegowina. Narodni Šumar, Sarajevo, XXIV, No. 8 – 10, 425–436 (in Serbisch).

[4] CHERNYAVSKI, P.; NEDYALKOV, S.; PLOSHTAKOVA, L.; DIMITROV, I., 1959: Trees and Shrubs in the Forests of Bulgaria. Zemizdat, Sofia.

[5] DAVIS, P.; EDMONDSON, J.; MILL, R.; TAN, K., 1982: Flora of Turkey. Vol. VII, University Press, Edinburgh.

[6] DE HALÀCSY, E., 1904: Florae Graecae, Vol. III.

[7] DOBRINOV, I.; DOYKOV, G.; GAGOV, V., 1982: Forest Gene Pool in Bulgaria. Zemizdat, Sofia (in Bulgarisch).

[8] Flora Republicii Populare Române, 1952: v.I, Editura Academiei RP Române, Bucureçti.
[9] Flora SR Srbiye, 1970: v.II, Beograd.
[10] KAVARDJIKOV, L., 1972: Possibilities for Grafting Hazel Scion on a Dendroid Hazelnut Stock in Nursery Conditions. Fruticulture, Sofia, No. 10, 22–26 (in Bulgarisch).
[11] KRÜSSMANN, G., 1976: Handbuch der Laubgehölze. Band I. Verlag Paul Parey, Berlin und Hamburg.
[12] MITRUSHI, J., 1955: Drurët e shkurret e Shqipërisë, Tiranë.
[13] NEDYALKOV, S., 1978: Ecological areas of the forest tree and bush vegetation in Afghanistan. Forest Science, Sofia, No. 2, 71–89.
[14] PALASHEV, I.; MANOLOVA, J.; NICKOLOV, V., 1974: State and Perspectives of Tree-like Hazel in the Forests of East Bulgaria. In: On Some Problems of Preservation and Enrichment of the Specific Diversity in Forests, Sofia, 153–162 (in Bulgarisch).
[15] PALASHEV, I.; NICKOLOV, V.; LYAPOVA, J., 1975: The Effect of Micro-soil Differences on the Growth of Corylus colurna L. Forest Science, Sofia, Vol. XII, No. 5, 61–69 (in Bulgarisch).
[16] PALASHEV, I.; NICKOLOV, V., 1979: On the Distribution, Ecology and Biological Peculiarities of Dendriform Hazel (Corylus colurna) in Bulgaria. Forest Science, Sofia, Vol. XVI, No. 5, 26–42 (in Bulgarisch).
[17] PALASHEV, I.; NICKOLOV, V., 1988: White Hazel. Nature, Sofia, No. 6, 57–60 (in Bulgarisch).
[18] PYATNITSKIY, S., 1960: A Course of Dendrology. Kharkov (in Russisch).
[19] RANGELOV, K., 1972: Properties and Disadvantages of Turkish Hazel Wood. Woodworking and Furniture Industry, Sofia, Vol. XV, No. 1 – 2, 44–46 (in Bulgarisch).
[20] REHDER, A., 1960: Manual of Cultivated Trees and Shrubs. The Mac-Millan Co., New York.
[21] RONKOV, B.; STAEVA, L.; LATSCHKOVA, V.; EVANGELATOVA, N., 1983: Untersuchung der chemischen Zusammensetzung der Blätter und Früchte verschiedener Haselbüsche (Corylus L.). Wissenschaftliche Arbeiten, Band XXVII und XXVIII, Sofia, Zemizdat, 133–141 (in Bulgarisch).
[22] SMOLYANINOVA, L., 1936: Hazel. In: Flora of Cultivated Plants, Vol. XVII, State Agricultural Publishing Company, Moscow-Leningrad, 125–205 (in Russisch).
[23] SOKOLOV, S.; SVYAZEVA, O.; KUBLY, V., 1977: Areographia Arborum Fruticumque URSS. Vol. I, Nauka Publ. House, Leningrad (in Russisch).
[24] Trees and Shrubs of the USSR, 1951: Vol. II, Academy Press, Moscow-Leningrad (in Russisch).
[25] VASSILEV, A.; GOULISASHVILI, V.; DMITRIEVA, A.; DOLOUHANOV, A.; MATIKASHVILI, V.; MAHATADZE, L.; MOULKIDZANYAN, I.; PRILIPKO, L.; SAHOKIA, M., 1961: Dendroflora of the Caucasus. Tbilisi (in Russisch).

Der Autor:

Prof. Dr. ALEXANDER H. ALEXANDROV
Forest Research Institute
132 Kliment Ohridski Blv.
BG-1756 Sofia, Bulgarien

Aus dem Englischen übertragen von P. Schütt

Erica arborea Linné, 1753

Baum-Heide

Familie: Ericaceae
Unterfamilie: Ericoideae

engl.: Tree heath, White heath
franz.: Bruyère
ital.: Erica
span.: Brezo

Abb. 1: Erica arborea. Reinbestand auf den Kanarischen Inseln

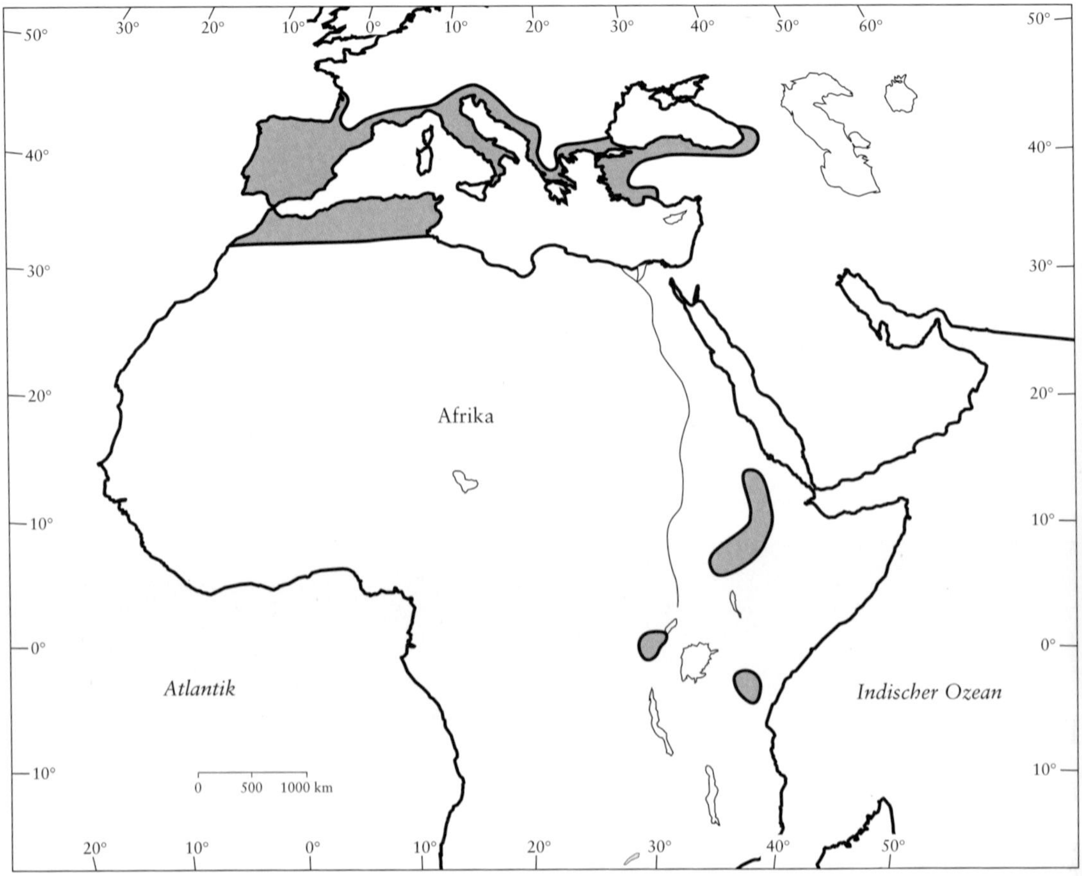

Abb. 2: Natürliches Verbreitungsgebiet, gezeichnet nach Angaben der Autoren

Verbreitung

Erica arborea gehört zu den besonders vielgestaltigen, weit verbreiteten und sehr anspruchslosen Gehölzarten.

Sie wächst als Strauch wie auch als über 20 m hoher Baum, hat Teilareale im Mittelmeerraum, im tropischen Afrika sowie auf den Inseln vor Nordwestafrika, und sie nimmt auf erosionsgefährdeten Standorten seit altersher eine wichtige Schutzfunktion wahr.

Als Besonderheit bildet die Art eine, als „Wurzelkrone" bezeichnete unterirdische Verdickung des Wurzelstocks, aus der viele Wurzeln entspringen, nach Feuer und Verletzungen aber auch neue Triebe entstehen.

Aus dem schweren, braunen Kernholz des Wurzelstocks stellt man die von Rauchern hochgeschätzten Bruyère-Pfeifen her.

Chevalier [7] zufolge bestand im tropischen Afrika vor dem Quartär eine xerotherme Flora, zu der auch *Erica*-Arten gehörten. Infolge späterer Klimaänderungen wurden diese auf höhere Berge und andere geographische Breiten zurückgedrängt, insgesamt in drei separate Regionen:

- den Mittelmeerraum (Südfrankreich, Iberische Halbinsel und Nordafrika ostwärts bis Kleinasien bis 1500 m ü. NN)
- Madeira und Kanarische Inseln
- Tropisches Afrika mit Vorkommen in den Gebirgen von Abessinien und Kenia, u.a. im Ruwenzori-Gebirge und im Kilimandscharo-Massiv [3] in Höhenlagen oberhalb 3000 m ü. NN

Genetische Differenzierung und Artbastarde

In der Literatur werden gelegentlich vom Typus (*E. arborea* var. *arborea*) abweichende Varietäten oder Subspecies genannt:

- *E. arborea* ssp. *riojana* (SENNEN et ELIAS ROMO), mit Antheren-Anhängseln und mit weich behaarten Zweigen. Angesichts der beträchtlichen morphologischen Variationsbreite in spanischen Populationen ist die Abtrennung dieser Varietät jedoch unsicher [2].
- *E. arborea* var. *alpina* DIECK ex BEAN, eine aus West-Spanien stammende, gärtnerisch genutzte Varietät [10] mit hellgrünen Blättern und weißen Blüten, die nur 1 m Höhe erreicht

Herkunftsversuche wurden mit *E. arborea* bisher nicht angelegt.

Im gleichen Habitat wachsende *Erica*-Arten bilden mit *E. arborea* gelegentlich Artbastarde. Dazu zählen:

- *E. x veitchii* BEAN = *E. arborea* x *E. lusitanica*
- *E. x lazaroana* = *E. arborea* x *E. umbellata* (?)
- *E. arborea* x *E. scoparia* [2]

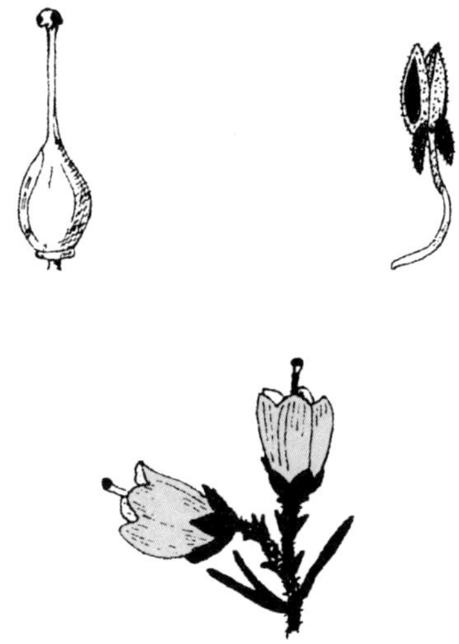

Abb. 3: Stempel (oben links), Staubblatt (oben rechts) und Blüten (nach Angaben der Autoren)

Beschreibung

E. arborea entwickelt sich im Mittelmeerraum meist zu einem immergrünen, 2 bis 4 m hohen Strauch, ausnahmsweise auch zu einem kleinen Baum von 8 bis 10 m Höhe. Auf Madeira, den Kanarischen Inseln und im tropischen Afrika wird die Art über 20 m hoch und erreicht Stammdurchmesser von 70 bis 80 cm [5].

Bei Bäumen ist die graue rotbraune Borke leicht längs rissig bis schuppig. Alte Exemplare sind mitunter drehwüchsig. Sie tragen stark verzweigte, tief ansetzende Kronen, die sich aus steil aufwärts gerichteten Ästen und Zweigen aufbauen.

Blätter und junge Triebe

E. arborea hat winzige, nadelförmige Blätter von frischgrüner Farbe, die wenigstens 2 Jahre am Zweig bleiben und deren Ränder nach unten eingerollt sind. Der Blattaustrieb wiederholt sich mehrmals im Jahr. Die Länge der kurz gestielten Blätter beträgt 3 bis 6 mm, die Breite 0,5 bis 0,7 mm [2]. Sie können kahl oder behaart sein, stehen zu dritt oder zu viert in dicht aufeinander folgenden Wirteln [6]. Junge Blätter riechen aufgrund von Drüsenhaaren leicht aromatisch.

Zweige und junge Triebe sind mit einem weißlichen Haarfilz bedeckt, aus dem einzelne lange Haare herausragen.

Blüten, Früchte und Samen

Die Baum-Heide ist entomogam und selbstfertil. Selbstbestäubung erfolgt durch die männlichen Imagines von *Taeniothrips ericae* (*Thysanoptera*), welche die Blüten nicht verlassen, Fremdbestäubung durch die Weibchen derselben Art [15].

Sie blüht je nach Standort und Klima vom zeitigen Frühjahr bis zur Mitte des Sommers, und sie fruchtet vom späten Frühjahr bis zum Spätsommer. Die zahlreichen, relativ langlebigen, weißen bis schwach rosafarbenen Blüten stehen zu vielen in endständigen, 20 bis 40 cm langen, aufrechten Rispen. Der Blütenstiel ist länger als die Corolla und weist an der Basis mehrere Brakteolen auf. Der Kelch hat länglich eiförmige, am Grunde miteinander verwachsene Sepalen.

Die Petalen der weißlichen, 2 bis 4 mm langen, vierzipfeligen und glockenförmigen Blütenkrone sind verwachsen und umschließen 8 Staubblätter, deren Antheren mit länglichen, gezähnten Anhängseln versehen sind, außerdem einen Stempel mit scheibenförmiger Narbe und einen kahlen vierfächerigen, oberständigen Fruchtknoten. Die Staubblätter ragen nicht über die Krone hinaus.

Die kugelrunde, vierfächerige Kapselfrucht enthält zahlreiche braune, annähernd elliptische, fein geriffelte, 0,4 bis 0,6 mm große Samen. Reife Früchte sind braun.

Die welkende Corolla umschließt die reifende Frucht für längere Zeit [2].

Abb. 4: Spitze eines beblätterten Zweiges (Foto: P. Schütt) und rispenartiger Blütenstand (rechts)

Abb. 5: Trockene, reife Früchte

Abb. 6: Sämlinge, 1 bis 10 Wochen alt

Wurzeln

Typisch für die Bewurzelung ist die sog. „root crown", eine mehr oder weniger glockenförmige, unterirdische Anschwellung des Wurzelstocks, von der zahlreiche stark verzweigte Wurzeln schräg in den Boden eindringen [1]. Nach Feuer oder mechanischer Verletzung entstehen aus Adventivknospen der „Wurzelkrone" neue Triebe [13].

Die Art geht mit Deutero- und Basidiomyceten eine ektendotrophe, ericoide Mykorrhiza ein. Die Hauptfruchtform eines der Pilzpartner ist *Pezizella ericae* [14, 16].

Holz

Das harte, dauerhafte und sehr schwere, zerstreut- bis halbringporige Holz ist durch kurze Fasern und einen rötlichen Farbkern mit fungiziden und insektiziden Einlagerungen gekennzeichnet.

Der Splint ist hellbraun gefärbt [8]. Die Rohdichte (r_{12}) liegt bei 0,89 g/cm^3, die Volumenschwindung bei 15,2 %. Weitere physikalische Kennwerte sind [12]:

Druckfestigkeit, parallel zur Faser	713 kg/cm^2
Zugfestigkeit, parallel zur Faser	1433,1 kg/cm^2
Biegefestigkeit, statisch	1374,8 kg/cm^2

Die Gefäße (Durchm. 30 - 80 µm) stehen einzeln und sind regelmäßig über den Querschnitt verteilt. Es kommen uniseriate und 3- bis 5-reihige, bis 25 Zellreihen hohe Holzstrahlen vor [20].

Das Holz der Baum-Heide lässt sich genauso gut polieren wie das für Drechslerarbeiten bevorzugte Buchs- und Ebenholz. Auf den ersten Blick ist es leicht mit dem Holz von *Arbutus unedo* zu verwechseln [12].

Anzucht

E. arborea wird durch Samen vermehrt. Die Keimung tritt noch bis zu 4 Wochen nach der Ernte ein, fällt aber insgesamt gering aus; selbst unter kontrollierten Bedingungen liegt sie nicht über 20 % nach 3 Wochen.

Auf den Kanarischen Inseln werden stark devastierte, alte Heidebestände durch Pflanzungen erneuert. Dazu sät man in vorbereitete Saatbeete aus, verschult die 6 bis 12 Monate alten Sämlige in Container mit natürlichem Heide-Substrat und bringt sie ein Jahr später bei einer Höhe von 25 bis 30 cm ins Freiland (Torres, pers. Mitt.).

Einige Gartenformen wie ´Alpina´ und ´Gold tips´ werden durch Bewurzelung im Frühjahr geschnittener Sprossstecklinge vermehrt [9].

Abb. 7: Natürlicher Mischbestand mit Juniperus procera, Mt. Kenya, ca. 3600 m ü.NN (Foto: U. M. Lang)

Abb. 8: Wurzelkrone („root crown"), eine arttypische Anschwellung des Wurzelstockes

Abb. 9: Stammborke, z. T. mit grünem Flechtenbesatz

Ökologie und Wachstum

E. arborea unterscheidet sich in ihren ökologischen Ansprüchen nicht wesentlich von anderen heidebesiedelnden *Erica*-Arten, verträgt aber mehr Schatten. Sie ist anspruchslos, silikat- und säureliebend und dank der ektendotrophen, ericoiden Mykorrhiza gut an leichte, nährstoffarme Böden angepasst.

Standörtlich bevorzugt die Art frische Böden, schattige Lagen, Schluchten und Flussufer. Nur dort erreicht sie Baumform.

In der Schattentoleranz kann man *E. arborea* zwischen Kiefern- und *Ilex*-Arten einordnen. Auf den Kanarischen Inseln ist ihr Wachstum im Unterstand von *Pinus radiata*-Plantagen jedoch deutlich reduziert. Andererseits fungiert sie in nebelreichen Lagen als Pionier-Art [6].

Im Mittelmeergebiet, wo die Baum-Heide zwischen Meereshöhe und (unter kontinentalen Bedingungen) 1500 m ü. NN wächst, verträgt sie Höchsttemperaturen um 30 °C und Winter-Minima von –8 °C. Dort entwickelt sie sich nach dem Abtrieb von *Quercus suber*-Beständen (auch *Q. pyrenaica* und *Q. faginea*) auf den entstehenden Freiflächen.

Häufig trifft man *E. arborea* als Unterstand in Kiefernbeständen (*Pinus sylvestris*, *P. pinaster*, *P. nigra*) an, wo sie aber nicht höher wird als 2 bis 3 m. In den subozeanischen Heiden dieses Gebietes kommt die Art gemeinsam mit weiteren Ericaceen (*Arbutus unedo*, *Erica scoparia*, *Calluna vulgaris*) sowie mit *Cistus ladanifer* und *C. populifolius* vor [17]. Hier bildet sie eine typische Komponente der mediterranen Macchia [4].

Auf höheren Bergen wird sie unter humiden Verhältnissen u.a. von *Juniperus nana* begleitet; auf sauren Böden ist sie Teil einer von *Genista florida* und *Cytisus* spec. geprägten Gesellschaft oder sie gehört zum *Quercus pyrenaica*-Wald. An steilen Flusstälern im subhumiden Klima kommen schließlich einzelne baumförmige Exemplare zusammen mit *Ilex aquifolium* und anderen mesophilen Baumarten vor [16].

Hiervon abweichend stellt sich die ökologische Situation der baumförmigen *E. arborea*-Populationen auf Madeira und den Kanarischen Inseln dar. Begünstigt durch nebelführende Nordost-Winde kommen sie bis 1800 m Höhe vor; auf Madeira erreichen sie damit die Berggipfel, auf den Kanarischen Inseln gehen nur die *Pinus canariensis*-Wälder weiter hinauf. Vorteilhaft ist hier die Fähigkeit, die Nebeltropfen mit den extrem kleinen und schmalen Blättern auszukämmen.

Unter diesen Bedingungen stellt *E. arborea* die dominierende Baumart dar. Begleitet wird sie von *Laurus canariensis*, *Ilex canariensis*, *Prunus lusitanica* und *Persea indica*, allesamt Komponenten des Lauretums. In Mischung mit *Myrica faya* ist sie außerdem Bestandteil der weit verbreiteten Fayal-Heide.

Andernorts bleiben von den ursprünglichen, bis 15 m hohen Baum-Heide-Exemplaren nach weit zurückliegender Nutzung oft nur mehrere etwa 5 cm starke Stockausschläge zurück.

Informationen über das Höchstalter der Art fehlen, und es bestehen auch keinerlei Hinweise auf das Überleben alter Exemplare aus der Zeit der spanischen Eroberung im 15. Jahrhundert [5].

Im tropischen Afrika sind die natürlichen Baum-Heide-Populationen auf Vorkommen in Gebirgslagen über 3000 m ü. NN beschränkt. Dort kommt die Art oft in Mischung mit *Juniperus procera* vor, und sie wird bis 30 m hoch. Die Jahresniederschläge gehen zwar nicht über 1000 mm hinaus, aber es dominieren Nebellagen und es herrschen milde Temperaturen, die nicht unter den Gefrierpunkt sinken [3].

Pathologie

Ischnorhynchus ericae var. *trunculatus*, eine Wanze (*Heteroptera*, *Cimbicidae*) tritt als endemischer Schädling an den Blüten von *E. arborea* im Lauretum der Kanarischen Inseln auf [5] und ruft u.a. einen unangenehmen Geruch hervor.

In der Baumschule werden die Gartenformen der Baum-Heide durch die wurzelpathogenen Pilzarten *Phytophthora cinnamomi* RANDS, *Rhizoctonia* spec. und *Pythium* spec. geschädigt [9].

Blätter und Rinde überstehen nach 15tägiger Abhärtung (–1 bis –3 °C) Fröste bis –15 °C ohne Schäden [19].

Nutzung

Im Mittelpunkt der Nutzung steht das Wurzelholz, genauer gesagt der stark verdickte Wurzelstock („root crown"). Er wird zur Herstellung der von Rauchern hochgeschätzten Bruyère-Pfeifen verwendet. Die Hersteller differenzieren dabei in „männliche" (wenig taugliche) und „weibliche" (geeignete) Wurzelstöcke, wobei letztere runder sind und ein größeres Volumen haben [1].

Man schätzt, dass in französischen Baum-Heide-Beständen pro Hektar 70–140 kg Wurzelstöcke anfallen, deren durchschnittliches Volumen bei 40-jährigen Bäumen 3,2 bis 6,0 dm^3 beträgt. Als Mindestgröße für die Entnahme wird ein Durchmesser von 15 bis 20 cm genannt [1].

Darüber hinaus werden in abgelegenen Teilen Zentral- und Nordwest-Spaniens auch größere Stammabschnitte zur Herstellung handgeschnitzter Dudelsäcke herangezogen.

Gehandelt wird außerdem der während langer Zeiträume in schattigen Heideflächen entstandene Oberboden („soil of bruyère"). Er ist wegen seines Nährstoffgehaltes und seiner bodenverbessernden Eigenschaften bei Gärtnern beliebt [10].

Verschiedenes

- Wegen der harntreibenden Wirkung hat *E. arborea* eine gewisse volksmedizinische Bedeutung.
- Der Gattungsname „Erica“ geht auf das griechische Wort „erico“ (zerbrechen) zurück und wurde u.a. mit der Fähigkeit zum Auflösen von Nierensteinen in Verbindung gebracht.
  Wahrscheinlich bezieht sich der Name eher auf die Sprödigkeit der Zweige [10]. Allerdings sind diese robust und zäh genug, um als Besen und als Scheuerbürsten Verwendung zu finden.
- Aus den Blättern der Baum-Heide werden allelopathisch wirksame Substanzen ausgewaschen, welche die Samenkeimung anderer Arten hemmen. So weiß man, dass *Calluna*-, *Erica*- und *Arctostaphylos*-Arten durch freiwerdende Carboxy-Phenolsäuren und Hydroxy-Zimtsäuren das Wachstum von Gräsern und Kräutern beeinträchtigen [11].

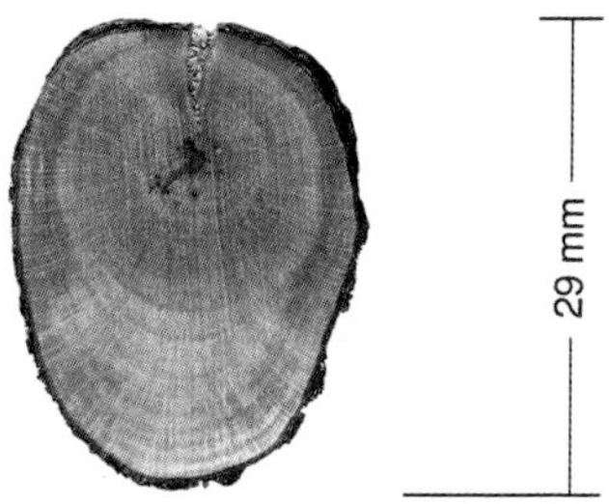

Abb. 10: Querschnitt durch einen starken Ast eines ca. 20jährigen Baumes

Literatur

[1] ALEXANDRIAN, D., 1981: Une etude sur la bruyere arborescente pour la fabrication des pipes. Rev. For. Franc. 33, 2, 127-133.

[2] BAYER, EHR., 1993: Erica. In: Flora Ibérica, Plantas Vasculares de la Peninsula Ibérica e Islas Baleares, Vol. IV, 485-506. S. Castroviejo et al., Eds., Jardin Botánico, CSIC, Madrid.

[3] BENITO, N. DE, 1948: Brezales y brezos, 72, IFIE, M° de Agricultura, Madrid.

[4] CEBALLOS, L., 1945: Los matorrales españoles y su significación. E.T.S.I. Montes, Madrid.

[5] CEBALLOS, L.; ORTUÑO, F., 1951: Vegetación y flora forestal de las Canarias occidentales, 465, IFIE, M° de Agricultura, Madrid.

[6] CEBALLOS, L.; RUIZ DE LA TORRE, J., 1979: Arboles y arbustos de la España Peninsular, 512, E.T.S.I. Montes & Fucovasa, Madrid.

[7] CHEVALIER, A., 1923: L`Origine geographique et les migrations des Bruyères. Bull. Soc. Bot. Fran., 70.

[8] GARCIA ESTEBAN, L.; GUINDEO, A., 1990: Anatomia de Frondosas Españolas. AITIM, Madrid.

[9] HUTCHINSON, D., 1982: Disease control in Ericas and Calluna. The Int. Plant Prop.`s Soc. **32**, 228-230.

[10] JOHNSON, A. J., 1956: Hardy heaths and some of their nearer allies, 127. Blandford Press, London.

[11] LARCHER, W., 1995: Physiological Plant Ecology. 3. ed., Springer-Verlag.

[12] LAVISCI, P.; JANIN, G.; UZIELLI, L., 1989: Qualité du bois de six essences du maquis méditerranéen. Forêt Méditerranéenne. **11**, 1, 69-78.

[13] MESLÉARD, F.; LEPART, J., 1989: Continuous basal sprouting from a lignotuber: Arbutus unedo L. and Erica arborea L., as woody Mediterranean examples. Oecologia **80**, 127-131.

[14] MOSER, M.; HASELWANDTER, K., 1983: Ecophysiology of Mycorrhizal Symbioses. In: Physiological Plant Ecology III, O. D. LANGE; P. S. NOBEL; C. B. OSMOND; H. ZIEGLER (Eds.), Encyclopedia of Plant Physiology New Series Vol. 12 C, 392-421.

[15] PESSON, P. 1951: Super-ordre des Thysanoptéroïdes. Ordre des Thysanoptera. In: (P.P. GRASSÉ Ed.). Traité de Zoologie, **10**, 2, 1805-1869.

[16] READ, D. J., 1993: Mycorrhiza in plant communities. In: „Advances in Plant Pathology. Mycorrhiza Synthesis“, INGRAM, D. S.; WILLIAMS, P. H. (Eds.), 1-32, Academic Press.

[17] RIVAS GODAY S., 1946: Los brezales de España, 7, Bol. Coleg. Farm., Madrid.

[18] RIVAS MARTINEZ, S., 1979: Brezales y jarales de Europa occidental. Revisión fitosociológica de las clases Ulicetea y cisto- Lavanduletea, 127, Lazaroa, Vol. 1, Dpto Botánica. Fac. Farmacia, Madrid.

[19] SAKAI, A.; MIWA, S., 1979: Frost hardiness of Ericoideae. J.Am. Soc. Hort. Sci. **104**, 26-28.

[20] SCHWEINGRUBER, F. H., 1990: Anatomie europäischer Hölzer. Paul Haupt, Bern und Stuttgart.

Die Abbildungen 1, 5 und 10 wurden freundlicherweise vom „Archivo fotografico de la Vice Consejeria de medio Ambiente del Gobiemo de Canarias“ zur Verfügung gestellt.

Die Autoren:

JOSÉ A. PARDOS
Professor
School of Forestry
Politechnic University of Madrid
ES-28040 Madrid

MARTA PARDOS
Ph. D. in Forestry, INIA, Madrid

Aus dem Englischen übertragen von P. Schütt

Eucalyptus globulus LABILLARDIÈRE, 1799

engl.: Blue gum, Tasmanian bluegum
franz.: Gommier bleu
span.: Gomero azul

Familie: Myrtaceae
Subgenus: Symphomyrtus

Abb. 1: Eucalyptus globulus. Aufforstung in der Provinz Yünnan, VR China

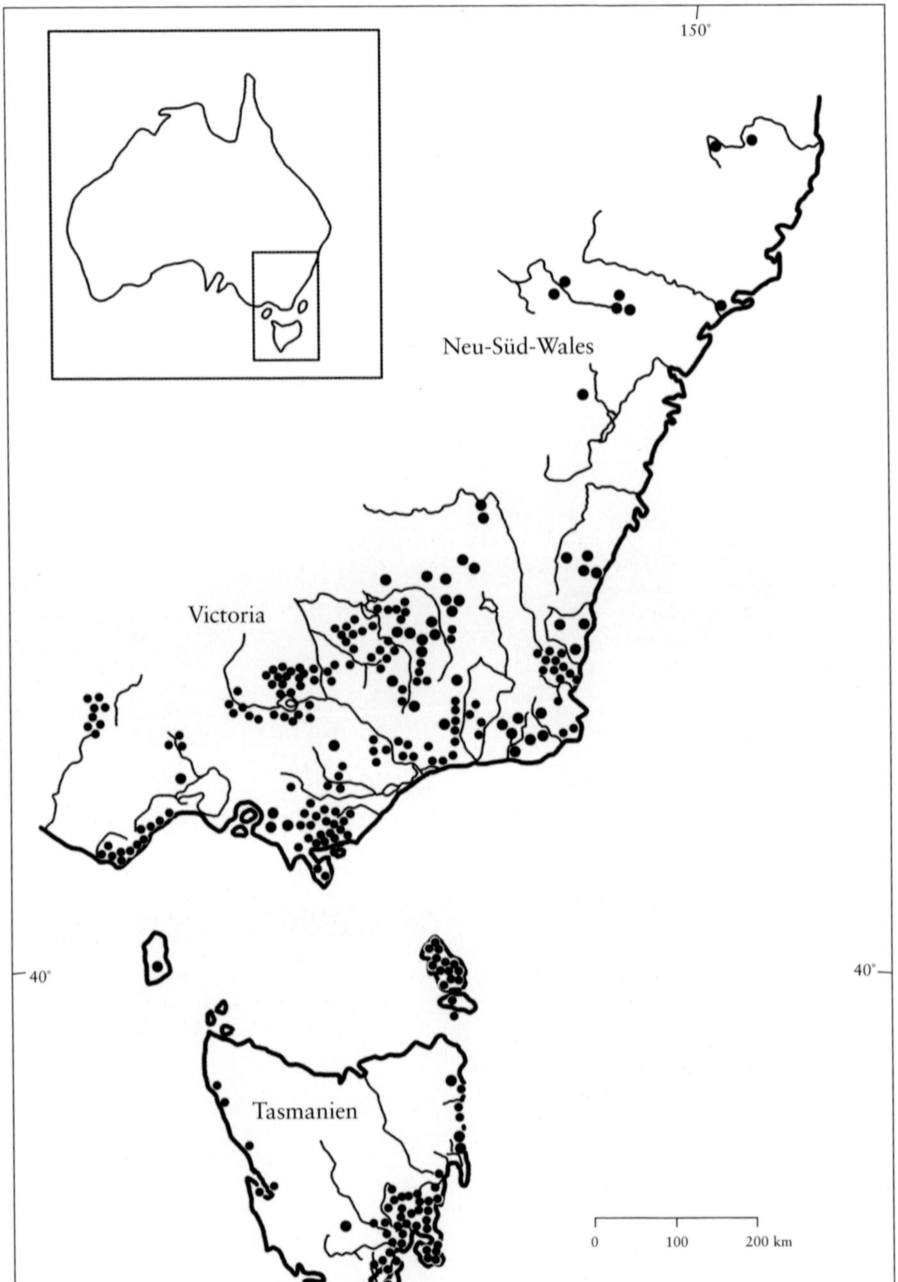

Abb. 2: Fundorte von E. globulus in Australien und auf Tasmanien, nach KIRKPATRICK [8]

Eucalyptus globulus ist ein schnell wachsender, immergrüner Laubbaum, der auf guten Standorten Höhen bis 70 m erreichen kann. Die Art ist in ihrem Jugendstadium an den weißlich bereiften, gegenständigen, ungestielten Blättern, die an ebenfalls weißbereiften, vierkantigen Trieben sitzen, leicht zu erkennen. Später verliert sich die weiße Bereifung, die sog. Altersblätter entwickeln Blattstiele, werden schmal sichelförmig und sind wechselständig angeordnet.

Von allen *Eucalyptus*-Arten ist dies wohl die Art, die außerhalb Australiens als Exot am weitesten verbreitet ist. Die Anbaugebiete liegen in der Subtropenregion und den Hochlagen innerhalb der Tropenzone. In Europa befindet sich eines der Anbauzentren auf der Iberischen Halbinsel.

Verbreitung

Die natürliche Verbreitung von *Eucalyptus globulus* (38°30' bis 43°30' s. Br.) beschränkt sich auf Tasmanien sowie auf Victoria und New South Wales (NSW) in Australien. Die Art kommt sehr häufig in Ost-Tasmanien, der Fourneaux Gruppe, den Otway Ranges, Süd- und Ost-Gippsland, der Südküste von NSW und den Vorgebirgen der Great Dividing Range zwischen Supmor und Burrinjuck vor.

Die untere Grenze der sehr ausgedehnten vertikalen Verbreitung liegt nahe der Meereshöhe, so im südlichen Teil des Areals. Das höchste Vorkommen liegt in ca. 1100 m Höhe in den Snowy Mountains. In Tasmanien, dem südlichen Victoria und in Ost-Gippsland wächst die Art zwischen Meereshöhe und 300 m, an der Südküste von NSW zwischen 200 und 750 m Höhe ü. NN. An den Hängen der Great Dividing Range findet man sie in 350 bis 800 m ü. NN.

Allgemein nimmt die obere Grenze der vertikalen Verbreitung nach Süden hin ab [9].

E. globulus ist die am häufigsten außerhalb Australiens angepflanzte *Eucalyptus*-Art. Die größte Konzentration von Plantagen befindet sich auf der Iberischen Halbinsel. In Spanien wurde die Art in der Provinz Santander angepflanzt, in einer Höhe bis zu 400 m ü. NN und bei Niederschlägen von 1000 mm/Jahr. Des weiteren befinden sich Plantagen in der Provinz Huelva, nahe dem Meeresspiegel und bei jährlichen Niederschlägen von nur 440 mm. In Portugal liegen die meisten Plantagen an der Nordwest-Küste, wo bis zu 850 mm Niederschlag pro Jahr fallen [27].

Außerhalb Europas wird *Eucalyptus globulus* in Chile, Peru, Uruguay, den USA, Äthiopien, Südafrika und in den Nilgiri Hills in Indien seit Mitte des 19. Jahrhunderts angebaut [5].

E. globulus ist eine der bewährtesten Exoten der subtropischen Regionen sowie der innertropischen Hochlagen.

Beschreibung

Unter günstigen Bedingungen erreicht *E. globulus* Höhen von 40 bis 70 m, wobei ssp. *maidenii* mit 60 bis 70 m am höchsten wird und ssp. *globulus* mit 45 bis 55 m i.a. mittlere Höhen einnimmt [5]. Nach WAGENFÜHR und SCHEIBER [28] werden Stammdurchmesser (BHD) von 3 m, in Ausnahmefällen sogar von 7 m gemessen.

Im weiteren wird nur auf die Morphologie der am häufigsten angepflanzten Unterart *E. globulus* ssp. *globulus* eingegangen.

Der meist zylindrisch und gerade gewachsene Stamm ist bis zu einem Drittel der Stammlänge astfrei [10].

Die weit ausladende Krone kann man in mehrere Kroneneinheiten unterteilen. Jede hat die Gestalt eines kleinen Baumes und besteht aus einem „Stamm" mit 4 bis 5 Astordnungen [5].

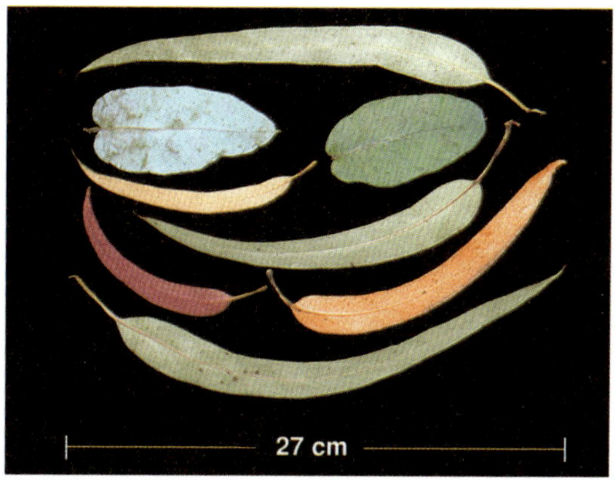

Abb. 3: Laubblätter alter (sichelförmig, lang gestielt) und junger Triebe (eiförmig; links = Ober-, rechts = Unterseite) (Foto: H. Gilge)

Knospen und Blätter

Für alle *Eucalyptus*-Arten sind nackte Knospen typisch. Ruhende Knospen werden nicht gebildet. Die zarte Sproßspitze produziert in regelmäßigen Intervallen Blattpaare. Wird sie beschädigt, bildet sich innerhalb weniger Tage aus einer der Seitenknospen ein neuer Sproß. Junge Triebe und Knospen dienen vielen Insekten als Nahrung. Werden sie durch Fraß beschädigt, kann der Baum den Schaden rasch regenerieren, denn an der Basis jeder Knospe befindet sich ein meristematisches Gewebekissen, das eine oder sogar mehrere neue Knospen bilden kann. Diese sog. akzessorischen Knospen entstehen erst, wenn hormonelle Hemmstoffe durch die Beschädigung höher inserierter Knospen beseitigt worden sind.

Eucalyptus-Arten verfügen außerdem über einen Schutzmechanismus gegen Waldbrände, die in ihrem natürlichen Areal häufig vorkommen. Wird die Krone durch Feuer entlaubt und werden kleinere Äste zerstört, kann sich die Krone durch Adventivknospen neu belauben. Stamm und verbliebene Äste sind dann fast vollständig von Adventivtrieben bedeckt. Deren Blätter entsprechen denen an jungen Trieben [5], sind also bläulich-weißlich bereift und gegenständig.

Bei *Eucalyptus globulus* bestehen zwischen Blättern an alten und an jungen Trieben erhebliche Unterschiede. Die auffallend blau gefärbten, eilanzettlichen bis eiförmigen Blätter des Jugendstadiums findet man bei Jungbäumen bis ins Heisterstadium (ca. 1,5 m Höhe) sowie bei Stockausschlägen und Wasserreisern. Sie stehen an vierkantigen Trieben, sind 8 bis 16 cm lang, 4 bis 8 cm breit, haben eine herzförmige Spreitenbasis, sind ungestielt bis stengelumfassend und gegenständig. Die Blaufärbung ist nach Lamprecht [10] bei Jungbäumen und Stocklohden am stärksten ausgeprägt. Blätter älterer Triebe sind ebenfalls ganzrandig, aber sichelförmig, 3 bis 4 cm lang gestielt und wechselständig angeordnet. Sie haben deutlich erkennbare Blattnerven, die im Winkel von 30° bis 40° zur Mittelrippe stehen [17] und laufen an der Blattspitze lang aus. Bevor sie abfallen, durchlaufen die Blätter eine sehenswerte Verfärbung von grün in Rosatöne und ein leuchtendes Orangerot bis zum Weinrot.

Abb. 4: Blüte

Blüten, Früchte und Samen

E. globulus gehört zu den wenigen *Eucalyptus*-Arten, deren Blüten einzeln (selten zu 2 oder 3) in den Blattachseln stehen. Ein Operculum bedeckt vor der Blütezeit die Reproduktionsorgane und wird während der Blüte abgeworfen. Wie bei allen Arten der Untergattung *Symphomyrtus* setzt es sich aus zwei Kappen zusammen, einer äußeren und einer inneren. Diese werden als Kelch bzw. als Blütenkrone gedeutet. Die vier Sepalen wachsen zu der äußeren Kappe zusammen und die Petalen bilden die innere Kappe [21].

Abb. 5: Reife Früchte

Kreiselförmige, blaugrüne Blütenknospen (Größe: 1,5 bis 2,3 cm x 1,4 bis 1,8 cm) mit 4 hervortretenden Rippen und einem warzigen, knopfartig verlängerten Operculum entwickeln sich zu typischen, vierzähligen, 5 cm weiten *Myrtaceen*-Blüten. Diese fallen durch zahlreiche weiße, 12 mm lange, fädige, nach Kampfer riechende Staubblätter auf, deren langgestreckte Antheren sich mit Längsspalten öffnen. Der Stempel hat einen unterständigen, 3- bis 5fächerigen Fruchtknoten und einen langen Griffel [13].

Etwa 11 Monate nach der Blüte sind die Früchte reif: Es handelt sich um verholzte, becherförmige, gestielte Kapseln von 15 bis 20 mm Durchmesser mit 4 hervortretenden Leisten. Der flache oder konvexe, weißliche Deckel öffnet sich mit 3 bis 5 Schlitzen. Die Samenkammern sind von dichtem, fleischigem Gewebe umgeben, das bei Austrocknung stark schwindet. Jede Samenkammer enthält bis 2 fertile und bis zu 10 taube Samen. Die flügellosen Samen füllen die Samenkammern vollständig aus. Sie werden durch den Wind, manchmal auch durch Vögel verbreitet, welche die noch frische Fruchtkapsel knacken. Normalerweise werden sie jedoch erst entlassen, wenn die Kapsel ausgetrocknet ist. Das Tausendkorngewicht der unregelmäßig elliptischen, 2 bis 3 mm langen, schwarzen Samen beträgt 2,9 bis 4,3 g.

Eucalyptus globulus blüht zwar jedes Jahr, reiche Mastjahre kommen aber nur alle 2 Jahre [4], nach anderen Quellen alle 3 bis 5 Jahre vor [26].

Wurzel

Mathur et al. [15] schlossen anhand von fünf ausgegrabenen Wurzelsystemen auf den Wurzelaufbau von Bäumen bis zu einem Alter von 20 Jahren. Danach bildet die Art von einer kurzen Pfahlwurzel ausgehende, weitstreichende Seitenwurzeln aus. Das Hauptwurzelvolumen befindet sich im oberen ersten Meter des Bodens. Die Wurzel erster Ordnung ist nicht länger als 1,5 m, und das gesamte Wurzelsystem dringt nach 10 Jahren nicht tiefer als 3 m in den Boden ein. Inwieweit die Wurzelausbildung bei dieser Art vom Boden abhängt, ist nicht bekannt.

Abb. 6: Lignotuber mit frischen Trieben

Lignotuber

Jüngere Exemplare besitzen an der Stammbasis auffällige Schwellungen, sog. Lignotuber, die es dem Baum ermöglichen, neue Triebe zu bilden, wenn der oberirdische Teil der Pflanze zerstört wird [5]. Lignotuber entwickeln sich bereits im ersten Lebensjahr des Baumes als zwei kugelförmige Schwellungen in den Achseln der Kotyledonen. Weitere Knollen können in den Achseln der Folgeblätter entstehen [21]. Die Schwellungen verschmelzen um den Stamm herum und breiten sich bis zum Erdboden aus. Lignotuber sind nicht nur in der Lage, starke neue Triebe zu bilden, sie dienen auch als Vorratsspeicher und Nährstoffreserve [5].

Nach PRYOR [21] kann man Lignotuber bei Stämmen mit einem BHD größer als 20 cm nicht mehr erkennen, weil sie durch das Dickenwachstum des Baumes überwallt werden.

Rinde und Holz

Die Rinde von *E. globulus* löst sich jährlich in langen Streifen ab. Die neue Rinde ist zunächst grau, dann grün und nimmt später eine gelbliche und rote Färbung an. Sie ist glatt, häufig gefleckt und am unteren Stammteil rauh [28].

Die anfangs vierkantigen Zweige sind weißlich bereift, werden mit zunehmendem Durchmesser rundlich und haben 4 Korkleisten. Später, an etwa 4 cm starken Ästen, beginnt die weiße Rinde allmählich aufzuplatzen, und es setzen sich braune Farbtöne durch.

Das Holz ist farblich in einen weißlichen bis gelblich grauen Splint und einen blaß gelblich braunen bis rötlichen Kern zu differenzieren [13, 28]. Jahrringe lassen sich gut erkennen [1].

Die Darrdichte (r_0) liegt bei 0,66 bis 0,79 g/cm^3, die Rohdichte (r_{12} - r_{15}) bei 0,77 g/cm^3 [28]. Für die Druckfestigkeit werden 370 bis 650 kp/cm^2, für die Biegefestigkeit 750 bis 1045 kp/cm^2 angegeben [28].

Die Bearbeitung ist gut bis schwierig, Werkzeuge werden rasch stumpf, beim Nageln und Schrauben wird Vorbohren empfohlen. Bei der Trocknung besteht starke Neigung zum Werfen. Das Holz gilt als dauerhaft, ist pilzfest sowie witterungsbeständig, aber anfällig gegen Termiten und Bohrmuscheln [7]. Bei 12 % Feuchtigkeit beträgt die radiale Schwindung 3,1 bis 4 %, die tangentiale Schwindung > 7,1 % [7].

Der äußere Stammteil jedes *Eucalyptus*-Stammes steht entlang der Längsachse unter Spannung. Der Grund hierfür scheint eine leichte Verkürzung der Fasern des äußeren im Vergleich zu denen des inneren Stammteils zu sein. Obwohl die Verkürzung mit zunehmendem Durchmesser abnimmt, kommt es zu starkem Verdichtungsstreß (140 kg/cm^2) im inneren und starkem Spannungsstreß (84 kg/cm^2) im äußeren Teil des Stammes [5].

Abb. 7: Rinde an **a** Jungwuchs, **b** Stamm eines jungen Baumes, **c** mittl. Stammbereich eines ca. 30 j. Baumes, **d** altem Stamm

Taxonomie

Eucalyptus globulus gehört zu den *Myrtaceen*. Innerhalb der Gattung *Eucalyptus* wird er der Untergattung *Symphomyrtus* zugeordnet [21]. Bis zur Revision durch KIRKPATRICK [8] existierten vier eigenständige Arten, die sich in den Extremen zwar stark unterscheiden, aber durch fließende Übergänge miteinander verbunden sind. Dies hat KIRKPATRICK [8] dazu bewogen, den ursprünglichen Arten jetzt nur noch den Rang von Unterarten zukommen zu lassen, nämlich

a) E. *globulus* LABILL. ssp. *bicostata* (MAIDEN, BLAKELY, SIMMONDS) KIRKPATRICK

b) E. *globulus* LABILL. ssp. *globulus*

c) E. *globulus* LABILL. ssp. *pseudoglobulus* (NAUDIN ex MAIDEN) KIRKPATRICK

d) E. *globulus* LABILL. ssp. *maidenii* (F. MUELL.) KIRKPATRICK.

Abb. 8: Keimling (Foto: U. M. Lang)

Anzucht, Wachstum und Ertrag

Eucalyptus globulus fruktifiziert in Plantagen bereits im Alter von 8 bis 10 Jahren. Ein kg gereinigtes Saatgut enthält 230.000 bis 340.000 Samen (nach [26] ca. 460.000), das Keimprozent beträgt etwa 60 [10], und die luftgetrockneten Samen können über mehrere Jahre bei 1 bis 4 °C in dunklen Räumen gelagert werden [5].

Die Samen sind weder mit Vorrichtungen für Windverbreitung versehen, noch sind sie attraktiv für tierische Vektoren. KIRKPATRICK [9] vermutet daher, daß Bäche und Flüsse den Transport übernehmen, was das häufige Vorkommen entlang von Wasserläufen erklären könnte. Auf frischen Sedimentböden finden die Samen einen weitgehend konkurrenzfreien Raum, und die Sämlinge können sich etablieren.

Ferner kommen starke Aufwinde bei den in Australien häufigen Waldbränden als Verbreitungsmechanismen für kleine Zweige mit Samenkapseln in Betracht. Wenn ein solcher Zweig auf abgekühlten, vegetationsfreien Boden fällt, finden die Sämlinge beste Startbedingungen.

Die Anzucht der Sämlinge erfolgt in flachen Kästen mit einem sterilisierten Sand/Erde-Gemisch. Die epigäische Keimung erfolgt in 7 bis 10 Tagen. Wenn die Kotyledonen ausgebildet sind, pflanzt man die Sämlinge in Container. *E. globulus* wird meist als Container-Pflanze auf die Freifläche gebracht. Der Pflanzzeitpunkt sollte so früh wie möglich in der feuchten Jahreszeit liegen [5].

Für die Industrieholzproduktion liegen die Pflanzverbände zwischen 2 x 2 und 2,5 x 2,5 m. Dies ist der Endverband; durchforstet wird in Industrieplantagen nicht. Zur Schnittholzerzeugung wählt man meist einen Pflanzverband von 3 x 3 m [5]. In Portugal beläßt man nach der zweiten oder dritten Vornutzung 100 bis 150 der besten Stämme, damit diese in Schnittholzstärken hineinwachsen.

Wichtig sind in den ersten beiden Jahren Unkrautbekämpfung und eine sorgfältige Jungwuchspflege, da die Art – wie alle Eucalypten – empfindlich ist gegen jede Art von Konkurrenz. Junge Bäume reagieren gut auf N- und P-Düngung. In Gippsland, Australien, düngt man kurz nach der Pflanzung mit Superphosphat und ein Jahr später mit einem Stickstoff/Phosphat-Dünger [27]. In Portugal düngt man auf Sandsteinböden mit NPK-Dünger und auf Schiefer-Gesteinen mit Ca [5]. In Spanien ließen sich die Erträge durch Düngung mehr als verdoppeln [2].

Eucalyptus globulus verfügt über ein sehr gutes Stockausschlagvermögen; die Bewirtschaftung erfolgt daher im Niederwaldbetrieb. Normalerweise können 3 bis 5 Nutzungszyklen pro Stock durchgeführt werden, danach sinkt der Ertrag deutlich ab, und es muß neu gepflanzt werden. Bei der Nutzung ist darauf zu achten, daß ein ca. 12 cm hoher Stock mit unbeschädigter Rinde erhalten bleibt, damit ein ausreichender Ausschlag erfolgt. Will man gute Stammqualität erzielen, sollten nur 1 bis 2 Lohden pro Stock verbleiben [10].

Wie alle Pionierbaumarten wächst *Eucalyptus globulus* in der Jugend sehr rasch, jedoch läßt das Wachstum nach der Kulmination schnell nach.

Plantagen in Tasmanien erzeugten mit 17 Jahren 35 m^3/ha/a, in Canberra erreichten sie mit 13 Jahren 15,5 m Höhe und einen BHD von 21 cm. In Kalifornien und auf Hawaii begründete man die ersten *E. globulus*-Bestände bereits im letzten Viertel des 19. Jahrhunderts. Die wüchsigsten davon waren mit 80 bzw. 70 Jahren 61 m hoch [26].

Nach Buff [2] wurden in den portugiesischen Plantagen bei 12jähriger Umtriebszeit 25 Efm pro ha und Jahr produziert. In Nordwest-Spanien liegt der Zuwachs auf gedüngten Flächen bei 70 m^3/ha/a, ohne Düngung werden hier aber nur 20 bis 30 m^3/ha/a erreicht.

In Äthiopien erwartete man einen jährlichen Zuwachs von 35 m^3/ha, erreicht wurden bislang allerdings nur 10 m^3/ha [5].

Bei Anbauten außerhalb Australiens liegen die Umtriebszeiten für die Industrieholzerzeugung im Stockausschlagbetrieb bei 10 bis 12 Jahren. Die Erträge schwanken im Rahmen von 12 bis 20 m^3/ha/Jahr [27].

Abb. 9: Bestandsrand mit Naturverjüngung, nahe San Francisco (Foto: U. M. Lang)

Ökologie

E. globulus stellt von früher Jugend an sehr hohe Lichtansprüche.

Das Klima im natürlichen Areal ist warm-gemäßigt. In allen Monaten fallen ausreichend Niederschläge, und in mindestens 4 Monaten liegt die Mitteltemperatur über 10 °C. Die Sommer sind mild bis warm, die Winter kühl bis mild.

Die Zahl der Frosttage schwankt zwischen 0 an der Küste und 70 im Landesinneren; die entsprechenden Temperaturminima des kältesten Monats liegen bei 8 °C bzw. 0 °C. An der Westküste Tasmaniens beträgt das Temperaturmaximum des wärmsten Monats 18 °C, im Inneren von NSW hingegen 31 °C [9].

Niederschläge fallen im natürlichen Verbreitungsgebiet meist als Regen, in höheren Lagen kommt es vereinzelt zu Schneefällen. *E. globulus* meidet Gebiete mit weniger als 500 mm und kommt hauptsächlich bei 600 bis 1100 mm/Jahr vor. Einige Populationen in West-Tasmanien wachsen in Gebieten mit mehr als 1250 mm Jahresniederschlag.

An der Küste von New South Wales findet man ein ausgeprägtes Niederschlagsmaximum im Sommer, während im Inland Victorias der Regen hauptsächlich im Winter fällt. Außerdem ist der Niederschlag im Süden des Areals regelmäßiger über das Jahr verteilt, im Norden sind die Regenfälle stärker [9].

Außerhalb des natürlichen Verbreitungsgebietes gedeiht *E. globulus* am besten in milden, subtropischen Klimaten und in den Hochlagen der kühlen Tropen. Ideale Klimabedingungen herrschen an der Nordwest-Küste Spaniens und Portugals, wo der jährliche Niederschlag über 900 mm liegt, keine ausgeprägte Trockenzeit herrscht und die Temperaturen nicht unter -7 °C sinken [5].

Nach Pryor [21] wächst *E. globulus* auch gut an der Nordküste Chiles. Dort fallen zwar weniger als 500 mm Niederschlag, häufige Nebel und niedrige Nachttemperaturen bewirken aber einen gewissen Ausgleich. Auch sind die Böden hier tiefgründig und fruchtbar. Grenzen des Anbaus findet man sowohl in tropischen Hochlagen mit ausgeprägter Trockenzeit (z.B. in Kenia) sowie in innertropischen Feuchtgebieten.

E. globulus wächst auf mehreren Ausgangssubstraten, ist aber vor allem auf Granitgestein verbreitet. In Victoria und New South Wales gibt es Vorkommen auf plutoniumhaltigem Gestein und Sandstein, in Tasmanien vor allem auf Dolorit [27]. Die Art meidet Kalkböden und Substrate mit hohem pH-Wert. Pflanzungen auf solchen Böden neigen zu Chlorose. Bevorzugt werden tiefgründige, sandigtonige Böden. Gutes Wachstum wird auch auf tonig-lehmigen und tonigen Böden erreicht, vorausgesetzt, sie sind gut drainiert. Nachteilig sind: Flachgründigkeit, Staunässe und Salinität. Wo die Klimabedingungen günstig sind, kann *E. globulus* aber auch auf flachgründigen, steinigen Böden gedeihen [5].

Ökologische Wirkungen von Eucalyptus-Plantagen

Die ökologischen Wirkungen von *Eucalyptus*-Plantagen werden sehr kontrovers diskutiert. Viele Untersuchungen basieren auf Vergleichen von Beständen, die nicht in allen kritischen Parametern vergleichbar sind. Generell sind die in einer Untersuchung erzielten Ergebnisse und Folgerungen wegen wechselnder Rahmenbedingungen nicht auf andere Regionen zu übertragen [20]. Auch die folgenden Aussagen sind mit gewisser Vorsicht zu betrachten, zudem beziehen sie sich nicht nur auf *Eucalyptus globulus*, sondern ebenfalls auf Untersuchungen an ähnlichen Arten.

Abb. 10: Alter Solitär (Foto: U. M. Lang)

Den *Eucalyptus*-Plantagen wird immer wieder der hohe Wasserverbrauch angelastet. Zunächst ist davon auszugehen, daß die Wasserspende aus einem unbewaldeten Wassereinzugsgebiet nach Aufforstung mit jeder Baumart absinkt. Untersuchungen in Indien zeigen, daß

- die Interzeption bei den meisten *Eucalyptus*-Arten geringer ist als bei Naturwaldbestockung [3]. Nach einer Zusammenstellung von POORE and FRIES [20] liegt die Interzeption bei Eucalypten stets um 20 %, bei anderen Baumarten bei vergleichbaren Niederschlägen jedoch zwischen 20 und 38 %;
- auch die Transpirationsrate von *E. camaldulensis* und *E. tereticornis* liegt in Südindien in der gleichen Größenordnung wie die der Naturwaldbestockung. Nur dort, wo die Wurzeln Zugang zum Grundwasser haben, steigt die Transpirationsrate in den Jahreszeiten mit hohem atmosphärischem Feuchtigkeitsdefizit gewaltig an, da die Eucalypten ihre Spaltöffnungen bei hohem Sättigungsdefizit nicht automatisch schließen. Der überaus hohe Wasserkonsum dürfte aber nicht der Regelfall sein, da die Wurzeln den Grundwasserspiegel normalerweise nicht erreichen [3].

  POORE und FRIES [20] kommen hingegen nach Auswertung zahlreicher Untersuchungen zu dem Schluß, daß *Eucalyptus*-Plantagen in den humiden Tropen wohl doch mehr Wasser verbrauchen und den Abfluß weniger effektiv regeln als gemischte Naturwälder, können dies aber nicht eindeutig belegen.

Eucalypten bewirken einen sehr dürftigen Erosionsschutz, da die Bodenvegetation wegen Wasserkonkurrenz und allelopathischer Wirkungen in der Regel nur schwach ausgebildet ist. Die Probleme verschärfen sich, wenn die schützende Streuauflage durch Bodenfeuer vernichtet wird.

Die Laubstreu von *E. globulus* zersetzt sich wegen ihres ungünstigen C:N-Verhältnisses schlechter als z.B. die von *Quercus suber* in Portugal [14]. Die Holzernte von schnell gewachsenen Eucalypten in kurzen Umtriebszeiten bewirkt einen hohen Nährstoffexport besonders bei der Ernte ganzer Bäume, jedoch ist der Nährstoffexport bei vergleichbaren *Pinus radiata*-Beständen noch höher [22].

Eucalypten reagieren sehr empfindlich gegenüber Konkurrenz, die von überlegenen Mitbewerbern ausgeht. Der Mangel an Bodenbewuchs unter *Eucalyptus*-Plantagen ist wohl in erster Linie auf Wasserkonkurrenz durch die flachen *Eucalyptus*-Wurzeln zurückzuführen, in zweiter Linie vielleicht auf allelopathische Wirkungen. Die Lichtverhältnisse unter *Eucalyptus* sind jedenfalls günstiger als unter den meisten anderen Baumarten [20].

Pathologie

Ssp. *globulus* und ssp. *bicostata* haben sich sowohl bei Feldversuchen wie im Gewächshaus als relativ resistent gegenüber *Phytophthora cinnamomi* erwiesen. TURNBULL und PRYOR [27] empfehlen die Art daher für Aufforstungen in Gebieten, deren Wälder durch diesen Pilz vernichtet wurden.

Die Sämlinge im Pflanzengarten sind sehr anfällig für *Botrytis cinerea*. Junge Plantagen in Tasmanien, die durch den Befall mit *Cylindrosporium samueli* und *Septoria* ssp. vollständig entlaubt waren, erholten sich aber bereits im folgenden Frühjahr.

Im natürlichen Areal besteht zwischen *Eucalyptus globulus* und einer Vielzahl von Insekten ein ökologisches Gleichgewicht. Anderswo verursachen dieselben Insekten, wenn eingeschleppt, dagegen verheerende Schäden. Käfer und Larven der Gattung *Gonipterus* beispielsweise zerstören durch Blattfraß Bestände in Neuseeland, Südamerika und Südafrika [27].

In Spanien und Portugal kommt es zu Kalamitäten durch *Rhinicola eucalypti*, dessen Nymphen sich von Blattsaft ernähren. Das Insekt wurde aus Tasmanien eingeschleppt.

Larven von *Melolontha* sp. verursachen Wurzelschäden in Portugal.

In Chile werden Kalamitäten von *Phoracantha semipunctata* verursacht [5]. Dieser Holzbohrer beschädigt jetzt auch junge Plantagen in Westaustralien [27].

Eucalyptus globulus ist besonders außerhalb des natürlichen Areals als frostempfindlich einzustufen. Im mediterranen Raum ist der Anbau durch das periodische Vorkommen von niedrigen Temperaturen (-5 °C bis -10 °C) in den Wintermonaten beschränkt [24]. Nach LARCHER [11] steigt die Frostresistenz mit zunehmendem Alter stark an. In Tasmanien erträgt *E. globulus* Temperaturen bis -8 °C [6]. Gutes Wachstum und hohe Produktivität sind auch auf frostgefährdeten Standorten möglich, wenn geeignete Provenienzen verwendet werden.

Trotz wirksamer Schutzmechanismen (Adventivknospen und Lignotuber) ist die Art vor allem in Plantagen durch Feuer gefährdet; deshalb müssen diese zur Feuerbekämpfung jederzeit erreichbar sein sowie von Feuerwachttürmen und aus der Luft überwacht werden [5].

Nutzung

Holz aus Plantagen mit kurzen Umtriebszeiten findet Verwendung in der Papier- und Zellstoffindustrie. Ansonsten liefert *E. globulus* ein Holz für starke Beanspruchung im Innen- und Außenbau, es kann auch für Möbel und Parkett verwendet werden.

Abb. 11: Bestand nach Schneiteln zur Ölgewinnung, Yünnan, VR China

Aus den Blättern von *Eucalyptus globulus* wird vielerorts ein ätherisches Öl destilliert, welches vor allem in der fernöstlichen Medizin Verwendung findet. In den Nilgiri-Bergen, Südindien, erntet man im Durchschnitt 2750 kg Blätter pro Hektar, wobei der Ölertrag mit etwa 1 % des Trockengewichts veranschlagt wird [5].

In Portugal schätzt man *E. globulus* besonders als Bienenweide, da die Art noch vor den meisten anderen Nektarlieferanten blüht.

Im Südwesten Chinas wird die Art sehr häufig als Mehrzweckbaum entlang der Straßen angepflanzt (Windschutz, Brennholz, Öl, Bienenweide).

Verschiedenes

- *Eucalyptus globulus* unterdrückt, wie alle *Eucalyptus*-Arten, vor allem in trockenen Klimaten die Bodenvegetation durch Ausschüttung allelopathisch wirksamer Substanzen. Diese Hemmstoffe sind in den Blättern und der Rinde enthalten und werden mit dem Regen ausgewaschen. Ihre stärkste Wirkung zeigen sie, wenn ihr Ausgangsmaterial zerkleinert, aber noch nicht verrottet ist. Unter natürlichen Verhältnissen spielt der Stammabfluß eine große Rolle, in ihm sind die meisten allelopathischen Substanzen enthalten.

  Ausschlaggebend für die Konzentration der Hemmstoffe im Boden ist u.a. das Bodenwasserregime. Man nimmt an, daß bei ungenügendem Abfluß durch zu geringen Niederschlag die Konzentration der allelopathischen Substanzen am größten ist und somit auch die Unterdrückung der Bodenvegetation [16]. RICE [23] führt Phenole als die wirksamsten Substanzen an.

  In der Praxis dürften aber die Wirkungen der Wasserkonkurrenz durch das oberflächennahe Wurzelsystem von denen der Allelophatie nicht leicht zu trennen sein.
- Ein mit 19 Herkünften angelegter Provenienzversuch erbrachte bereits nach 30 Monaten signifikante Unterschiede im Durchmesser- und Höhenwachstum. Herkünfte der ssp. *globulus* waren der ssp. *bicostata* überlegen [27].
- Natürlich entstandene Bastarde wurden sowohl zwischen verschiedenen Globulus-Unterarten wie zwischen *E. globulus* und anderen *Eucalyptus*-Arten (u.a. mit *E. cinerea, E. ovata, E. tereticornis, E. viminalis*) registriert [5, 9, 26].

Weiterführende Literatur

[1] BOLAND, D.J.; BROOKER, M.I.H. et al., 1984: Forest trees of Australia, Nelson-CSIRO, Melbourne.

[2] BUFF, J., 1986: Portugal – ein Waldland mit Zukunft. Holzzentralblatt **8**, 105–107.

[3] CALDER, I.R., 1992: Water use of eucalypts – a review. In: CALDER/HALL/ADLARD: Growth and water use of forest plantations. John Wiley & Sons.

[4] CREMER, K.W., 1965: How eucalypt fruits release their seed. Australian J. Bot. **13**, 11–16.

[5] FAO, 1979: Eucalyptus for planting. Rome, 677 S.

[6] HALLAM, P.M.; REID, J.B.; BEADLE, C.L., 1989: Frost hardiness of commercial Eucalyptus species at different elevations. Can. J. For. Res. **19**, 1235–1239.

[7] KEATING, W.G.; BOLZA, E., 1982: Characteristics, properties and uses of timbers. Vol. 1. Inkata Press, Melbourne, Sidney, London.

[8] KIRKPATRICK, J.B., 1974: The numerical intraspecific taxonomy of Eucalyptus globulus LABILL. (Myrtaceae). Bot. J. Linn. Soc. **69**, 89–104.

[9] KIRKPATRICK, J.B., 1975: Natural distribution of Eucalyptus globulus LABILL. Australian Geographer **13**, 22–35.

[10] LAMPRECHT, H., 1986: Waldbau der Tropen. Paul Parey, Hamburg und Berlin.

[11] LARCHER, W., 1971: Kälteresistenz subtropischer Bäume. Oecologia plantarum **6**, 1–13.

[12] LINNARD, W., 1969: Cultivation of Eucalypts in the U.S.S.R. Forestry Abstracts **30**, 199–209.

[13] LITTLE, E.L., Jr., o. J.: Common Fuelwood Crops. PARSONS, W.V.

[14] MADEIRA, M.A.V.; ANDREUX, F.; PORTAL, J.M. 1989: Changes in soil organic matter characteristics due to reforestation with Eucalyptus globulus in Portugal. Science total Environm. 81/82, 481–488.

[15] MATHUR, H.N.; RAJ, F.H.; RAJAGOPAL, K., 1986: Root studies on Eucalyptus globulus. Eucalypts in India: Past, Present and Future, 225–228.

[16] MAY, F.E.; ASH, J.E., 1990: Eucalyptus allelopathy. Australian J. Bot. **38**, 245–254.

[17] PENFOLD, A.R.; WILLIS, J.L., 1961: The Eucalypts. Leonhard Hill Ltd., London and New York, 100–109, 388.

[18] PEREIRA DE ALMEIDA, A.; RIEKIERK, H., 1990: Water balance of Eucalyptus globulus and Quercus suber forest stands in South Portugal. For. Ecol. Managem. **38**, 55–64.

[19] POHJONEN, V.; PUKKALA, T., 1990: Eucalyptus globulus in Ethiopian forestry. For. Ecol. Managem. **36**, 19–31.

[20] POORE, M.E.D.; FRIES, C., 1985: The ecological effects of Eucalyptus. FAO Forestry Div. Paper 59, Rome.

[21] PRYOR, L.D., 1976: The biology of Eucalypts. London, 82 S.

[22] RAISON, R.J.; KANNA, P.K.; CRANE, W.J.B., 1982: Effects of intensified harvesting on rates of nitrogen and phosphorus removal from Pinus radiata and Eucalyptus forests in Australia and New Zealand. N.Z.J. For. Sci. **12**, 394–403.

[23] RICE, E.L., 1974: Allelopathy. Academic Press, New York, San Francisco, London.

[24] SCARASCIA-MUGNOZZA, G.; VALENTINY, R.; et al., 1989: Freezing mechanisms, acclimation processes and cold injury in Eucalyptus species planted in the mediterranean region. For. Ecol. Managem. **29**, 81–94.

[25] SHERIFF, D.W.; NAMBIAR, E.K.S., 1991: Nitrogen nutrition, growth and gas exchange in Eucalyptus globulus LABILL. seedlings. Australian J. Plant Physiol. **18**, 37–52.

[26] SKOLMEN, R.G.; LEDIG, F.T., 1990: Eucalyptus globulus LABILL., Bluegum Eucalyptus. In: BURNS/HONKALA: Silvics of North America, vol. 2. Hardwoods. USDA For. Serv., Washington, D.C.

[27] TURNBULL, J.W.; PRYOR, L.D., 1978: Eucalypts for wood production. Hrsg. HILLIS, W.E./BROWN, A.G., Australien.

[28] WAGENFÜHR, R.; SCHEIBER, C., 1974: Holzatlas. 690 S.

[29] WANG, D.; BACHELARD, E.P.; BANKS, J.C.G., 1988: Growth and water relations of seedlings of two subspecies of Eucalyptus globulus. Tree Physiol. **4**, 129–138.

Der Autor:

Prof. Dr. H.-J. WEIDELT
Institut für Waldbau der Tropen
Büsgenweg 1
D-37077 Göttingen

Fagus sylvatica LINNÉ, 1753

syn.: Fagus silvestris GAERTN., Castanea fagus SCOP.

Rot-Buche, Gemeine Buche

Familie: Fagaceae
Unterfamilie: Fagoideae

engl.: European beech
franz.: Hêtre
ital.: Fago, Fo
span.: Haya
poln., russ., tschech.: Buk

Abb. 1: Fagus sylvatica. Solitär im Herbst

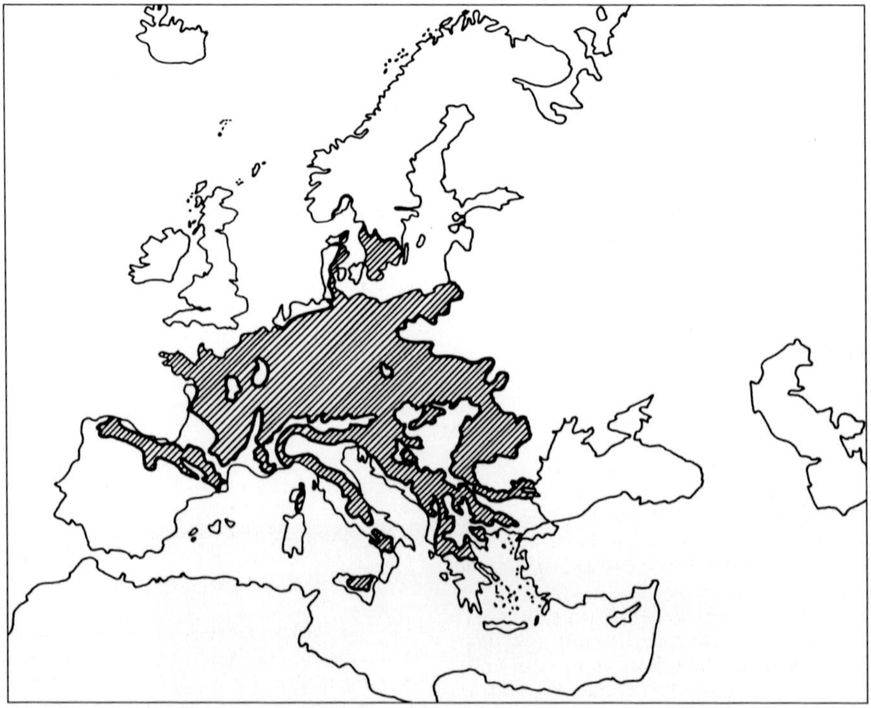

Abb. 2: Natürliches Areal, aus [136]

Fagus sylvatica ist eine sommergrüne Baumart, deren natürliche Verbreitung in den gemäßigten bis warm gemäßigten Klimaten Europas liegt. Auf Grund ihrer hohen Schattentoleranz dominiert sie dort die natürliche Waldentwicklung. Die ältesten bekannten Individuen sind 900 Jahre alt. In den wenigen noch vorhandenen Urwaldresten erreicht sie regelmäßig ein Alter von 300 Jahren. Das wirtschaftliche Nutzungsalter liegt aus Gründen der Holzqualität zwischen 80 und 140 Jahren. Das Holz der Rot-Buche ähnelt in seinen technischen Eigenschaften tropischen Hölzern. Es findet in Handwerk und Industrie breite Verwendung. Die Rot-Buche gehört zu den wirtschaftlich bedeutendsten Laubhölzern Europas.

Verbreitung

Das natürliche Areal deckt sich mit den gemäßigten und warm gemäßigten Regionen Europas, die keine ausgeprägte Dürreperiode aufweisen. Seine Südgrenze erstreckt sich von Nordgriechenland und Sizilien über Korsika nach Nordspanien. Im Westen wird es durch den Atlantik begrenzt. Die Rot-Buche besiedelt Südengland und das südliche Skandinavien.

Die Ostgrenze des Areals verläuft von der Ostsee über Warschau bis zum Schwarzen Meer. Größere Areallücken existieren in den winterkalt-trockenen Zentralalpen, den sommerwarm-trockenen Beckenlandschaften Deutschlands, Frankreichs und Ungarns sowie an den Unterläufen von Rhône, Po und Donau. Die Fläche des natürlichen Areals beträgt 276 Mio. ha [86]. Die Höhengrenze liegt in Skandinavien geringfügig über Meeresniveau und steigt dann nach Süden auf 900 m im Harz und Thüringer Wald, 1500 m im Schwarzwald und den Nordalpen, 1800 m in den Südalpen und dem Apennin, bis zu 2250 m Seehöhe auf Sizilien. Im ozeanisch geprägten Westen, in den Südalpen und in der mediterranen Gebirgsnebelzone bildet die Rot-Buche die obere Waldgrenze [34, 152].

Als klimatische Ursachen für Verbreitungsgrenzen der Rot-Buche werden mangelnde Frostresistenz von Knospen, Trieben und Rinde [150], Spätfrostschäden an jungen Blättern und Blüten [34, 100] sowie Trockenschäden an Blättern [34] genannt. Die Verbreitung von Bodentypen und der Verlauf der Grenze des Rot-Buchen-Areals decken sich in zahlreichen Regionen: In Nordgriechenland, Albanien, Jugoslawien, Italien, Südfrankreich und Nordspanien endet das natürliche Areal mit dem Übergang zu mediterranen Braunerden und Terra-rossa-Böden.

Areallücken existieren auf den Aueböden der Poebene und der pannonischen Tiefebene, den Rasenpodsolen und staunassen Braunerden in der Mitte Frankreichs sowie den Parabraunerden in Südwestfrankreich, Norditalien und der pannonischen Tiefebene. An der Elbe und entlang der Donau endet die Rot-Buchen-Verbreitung an den Schwarzerdegebieten. Die Rot-Buchen-Grenze tritt bei Marschböden der Nordseeküste sowie Podsolen der Atlantikküste Südwestfrankreichs und im westlichen Teil Dänemarks ins Landesinnere zurück.

Waldgeschichte

In Europa wuchsen während des Tertiärs 6 Buchenarten, von denen allein *Fagus orientalis fossilis* Palib. in ihrer heutigen Form als *Fagus orientalis* Lipsky erhalten blieb [30]. *F. sylvatica* lässt sich für diesen Zeitraum nicht nachweisen [86]. *Fagus*-Fossilien, die auf pleistozäne Kaltzeiten datiert werden, liegen allein aus dem Mittelmeergebiet vor. Funde aus dem übrigen Europa existieren nur in geringer Dichte und stammen aus den Spätphasen der Warmzeiten [30, 64]. Die Artzugehörigkeit der wenigen pleistozänen Funde aus Mitteleuropa ist nicht eindeutig. So werden mittelpleistozäne Makrofossilien von den Britischen Inseln sowohl *F. sylvatica* [30] als auch *F. orientalis* zugeordnet [64].

Eine neue Entwicklung wird erkennbar an erstmals hohen Buchenpollenanteilen in Südosteuropa, welche auf das Ende des letzten Interglazials datiert werden. Weiteres Indiz hierfür ist eine hohe Dichte von *Fagus*-Pollen in Kalabrien, die während der letzten Kaltzeit vor 37 000 Jahren sedimentierten. Diese Befunde werden als frühester Hinweis gewertet, dass erstmals eine konkurrenzkräftigere Unterart der Buche entstanden ist, die sich zu *F. sylvatica* weiterentwickelte [9, 30, 64].

Pollenanalytische Befunde zeigen, dass die Rot-Buche seit dem frühen Holozän von ihren Ursprungsgebieten aus über zwei Wanderungsbahnen Mitteleuropa besiedelte [64]: Der östliche Weg verlief von der südlichen Balkanhalbinsel über das Dinarische Gebirge zu den Ost-Alpen und dann über die vorgelagerten Mittelgebirge ins norddeutsch-polnische Tiefland bis nach Südschweden. Der westliche Weg begann auf der südlichen Apenninen-Halbinsel und führte in die West-Alpen. Von dort verbreitete sie sich nach Westen durch die Pyrenäen bis in das Kantabrische Gebirge und nach Norden über das Französische Zentralmassiv bis Nordwestfrankreich, Südengland und Wales. Die durchschnittliche Wanderungsgeschwindigkeit der Rot-Buche betrug 200 bis 300 m im Jahr [86].

F. sylvatica besiedelte anfangs vermutlich die durch holozäne Klimaerwärmung zugänglichen offenen Gebirgsräume und bildete dort montane Wälder [64]. Ein Vordringen in die bereits geschlossenen Wälder der tieferen Lagen erfolgte erst vor 7000 Jahren.

Dieser Vorgang korreliert mit einer globalen Klimaabkühlung [43], dem starken Rückgang der Gattungen *Ulmus* und *Tilia* [64], der Einführung des Wanderfeldbaues durch die Kultur der Linearbandkeramiker [127] und erstmals höheren Bevölkerungsdichten in Mitteleuropa [7, 64, 84]. Welche dieser Faktoren den Anstoß für die Ausbreitung der Rot-Buche gaben, ist unbekannt. Bemerkenswert sind in diesem Zusammenhang auch große Zeiträume von 500 bis 2500 Jahren zwischen erstem Auftreten und Massenausbreitung [86].

Die aus Pollenanalysen rekonstruierte Rot-Buchen-Verbreitung erreichte vor 1000 Jahren ihr Maximum. In den darauffolgenden Jahrhunderten veränderte sich das Verteilungsmuster des Rot-Buchen-Polleneintrages, weil unterschiedliche Waldnutzungen in einigen Fällen zur Förderung der Rot-Buche gegenüber anderen Baumarten beitrugen, meistens jedoch ihre Verdrängung zur Folge hatten [8, 10, 17, 31, 49, 50, 67, 103, 112, 140, 142, 149]. Besonders stark ging der Rot-Buchen-Polleneintrag infolge der Waldzerstörungen im Mittelalter zurück. Mit Einsetzen der geregelten Forstwirtschaft traten an die Stelle von Buchen- oft Nadelwälder. Die heutige Fläche der von *F. sylvatica* dominierten Wälder beträgt 17 Mio. ha [111].

Trotz der starken Eingriffe ist das aktuelle Rot-Buchen-Vorkommen in Europa immer noch völlig geschlossen und reicht sogar über das natürliche Areal hinaus [154]. Die Rot-Buche ist demnach in Europa allgegenwärtig, auch wenn sie in zahlreichen Gebieten nur noch in Restbeständen erhalten ist. In Schottland und Irland, wo die Art ursprünglich nicht vorkam, wurde sie erfolgreich forstwirtschaftlich angebaut [69, 132]. Daraus kann man folgern, dass das natürliche Areal der Rot-Buche in Ausbreitung begriffen war, als der Mensch begann, auf die Waldentwicklung Einfluss zu nehmen.

Beschreibung

Rot-Buchen zeichnen sich im Freistand durch tiefe Beastung und weit ausladende Kronen [57], im Bestandesschluss durch einen vollholzigen, bis zu 25 m astfreien Schaft aus [117]. Ein typisches Merkmal ist die bis ins hohe Alter glatte, relativ dünne Rinde. Die maximale Baumhöhe liegt bei 45 m, der größte dokumentierte Stammdurchmesser in Brusthöhe beträgt 2,9 m [79, 116, 134]. Mehrstämmigkeit und Stammverwachsungen kommen vor. Solitäre können mit ihrer Krone bis 500 m^2 Boden überschirmen. An der natürlichen Waldgrenze verkümmert die Rot-Buche zu Buschformen [166]. Durch Rückschnitt lässt sie sich als Hecke formen [82].

Die Orientierung aller regulären Triebe ist ursprünglich plagiotrop angelegt. Daher findet man an ihnen eine ausgeprägte Ober- und Unterseite [151].

Abb. 3: a) beblätterter, fruchtender Zweig, b) Trieb mit ♀ (oben) und ♂ (unten) Blütenständen, c) Cupula, d) reife Frucht, e) Sämling; aus [136]

Bei ausreichender Belichtung richtet sich der entwickelnde Trieb auf [125]. Lediglich die Primärachse der Keimpflanze [151] und Johannistriebe sind von Beginn an orthotrop ausgerichtet [125]. Die Verzweigung ist distich monopodial. Buchentriebe unterliegen strenger Akrotonie. In der Spitzenregion des Zweiges befinden sich Langtriebe mit voll entwickelten Terminal- und Seitenknospen. Im Bereich der Zweigbasis entstehen Kurztriebe, bei denen sich allein die Terminalknospe voll entwickelt. Kurztriebe verzweigen daher im Regelfall nicht [151].

Knospen, Triebe und Blätter

Die Blattknospen sind schlank, zugespitzt, bis zu 3 cm lang und 4 mm dick [107]. Blütenknospen sind dagegen etwas dickbauchiger [124]. Die Knospenschuppen werden von Nebenblättern gebildet (Stipularschuppen) und sind schmal-lanzettlich, an ihrer Basis rotbraun, sonst hellbraun [107]. Die abgefallenen Schuppen der ausgetriebenen Terminalknospe hinterlassen am Trieb ringförmige Narben. Diese kann man zur Rekonstruktion der Triebzuwächse nutzen, da sie die Jahrestriebgrenzen kennzeichnen [125].

Buchenknospen treiben nach einem fast zweijährigen Entwicklungszyklus [125] Ende April/Anfang Mai aus. Unter guten Wachstumsbedingungen kommt es vor, dass die Terminalknospen vorzeitig heranreifen und bereits im Sommer zu so genannten Johannistrieben austreiben (Prolepsis). Sind die Witterungsbedingungen im Sommer nicht optimal, dann bleiben diese bereits weit entwickelten Knospen geschlossen. Im Bereich des Vegetationskegels bilden sich dennoch in der gleichen Vegetationsperiode die regulären Anlagen für Laubblätter und Blattachselknospen. Die nun in der Knospe vorhandenen zwei Triebgenerationen entwickeln sich beim Knospenaustrieb des nachfolgenden Frühjahrs gleichzeitig: Aus dem basalen Teil des Knospentriebs entstehen keine Blätter mehr, wohl aber treiben die Seitenknospenanlagen zu sylleptischen Zweigen aus. Der Spitzenbereich mit Blatt- und Achselknospenanlagen entwickelt sich zu einem normalen Fortsetzungstrieb [125].

Buchentriebe sind nach dem Austreiben hellgrün und elastisch. Die Triebstreckung erfolgt bis Anfang Juni. Nach Abschluss des Längenwachstums richten sich die Triebe auf, verholzen und bekommen eine purpurbraune Farbe. An den Narben abgefallener Blätter bildet sich Periderm [125]. Der fertig ausgebildete Rot-Buchen-Trieb besitzt zahlreiche Lenticellen.

Ist das Rippenmeristem des Apex gut ausgebildet und aktiv, entwickelt sich aus der Knospe ein Langtrieb. Ist es schwach entwickelt und inaktiv, entsteht ein Kurztrieb. Kennzeichnend für den Kurztrieb sind die Reduktion der Internodienzahl [151], die geringe Internodienstreckung [125, 151] und die Hemmung der Seitenknospen [151]. Diese verbleiben solange im Ruhezustand, bis die Triebspitze verletzt wird oder sich der Kurztrieb langtriebartig fortentwickelt [151]. Bei Kontaktreizung können Äste und Stämme desselben Individuums oder benachbarter Rot-Buchen miteinander verwachsen [94].

Abb. 4: Seitliche Kurztriebe mit Knospen

Abb. 5: Frischer Blattaustrieb (Foto: Ulla M. Lang)

Abb. 6: Laubblatt (links: Oberseite, rechts: Unterseite)

Die Laubblätter sind eiförmig, kurz zugespitzt, an der Basis keilförmig bis abgerundet, netz- und fiedernervig, am Rand mehr oder weniger wellig-buchtig bis leicht gekerbt [161], behaart und mit kurzen Zähnen an den Enden der 6 bis 7 Nervenpaare versehen [107]. Sie sind 5 bis 10 cm lang und 4 bis 7 cm breit. Die Blattunterseite ist locker bis dicht behaart. Die Haare sitzen auf den Hauptnerven, in den Nervenachseln und auf den Intercostalfeldern. Die Stomata stehen in einer Dichte von 12 je cm^2. Ihre Länge beträgt 30 µm, die Breite 22 µm. Cuticularstrukturen und auffällige Wachskristalloide fehlen auf beiden Blattseiten [161]. Der Stiel hat eine Länge von 1–1,5 cm und ist behaart [107].

Im Frühjahr haben die Laubblätter eine frischgrüne Farbe und sind anfangs seidig behaart, im Sommer dann oberseits glänzend dunkelgrün, unten heller. In Abhängigkeit vom Strahlungsgenuss der Triebe im August des Vorjahres bildet die Rot-Buche Sonnen- und Schattenblätter [38]. Die Herbstfärbung der Laubblätter ist zunächst blassgelb, später orangerot bis rotbraun [107]. Zahlreiche ausgetrocknete Blätter verbleiben über den Winter an den Ästen.

F. sylvatica keimt epigäisch [82] und bildet große, nierenförmige, oberseits glänzend grüne Kotyledonen. Die Primärblätter ähneln den Folgeblättern. Es werden jeweils ein Paar Kotyledonen und Primärblätter gebildet, die im Gegensatz zu den Folgeblättern kreuzgegenständig angeordnet sind.

Blüten und Früchte

F. sylvatica ist windblütig und bildet unscheinbare, eingeschlechtige, einhäusig verteilte, hellgrüne Blüten, welche sich mit dem Austreiben der ersten Blätter in deren Achseln an Kurztrieben entfalten [124, 141]. Die männlichen gelangen früher als die weiblichen zur Blüte (Protandrie). Die Induktion der Blüten findet mit der Bildung der Blattanlagen in der Vegetationsperiode des Vorjahres statt [124]. Die Blüten sind in der Lichtkrone konzentriert.

Männliche Blüten befinden sich zu mehreren an 3–5 cm lang gestielten, köpfchenartigen, dichasialen Blütenständen. Die 4 bis 15 Staubblätter stehen vor 5 bis 7 Perigonblättern. Der Pollen ist kugelig und tricolporat (3 von Pol zu Pol verlaufende Porenfalten). Die Pollengröße beträgt 35–40 µm, das Gewicht 37 ng und die mittlere Sinkgeschwindigkeit 5,5–6,0 cm/s [43]. Eine männliche Blüte erzeugt bis zu 175 000 Pollen [86].

Weibliche Blüten stehen in zweiblütigen, 1–2 cm lang gestielten, aufrechten Dichasien, die von einer vierspaltigen Cupula umgeben sind [124]. Die Blüte hat 6 behaarte Perigonblätter, drei Narben und einen unterständigen, coenokarpen, dreifächrigen Fruchtknoten mit je zwei hängend-anatropen Samenanlagen. Man geht heute davon aus, dass die vier Cupula-Klappen als sterile Achsen höherer Ordnung des Blütenstandes zu interpretieren sind und paarweise zu je einer der beiden Blüten gehören [16, 96].

Abb. 7: Kurz- (oben) und Langtriebe (unten); nach Rauh

Die Bestäubung erfolgt Anfang bis Mitte Mai [57]. Vom Auskeimen der Pollenkörner bis zur Befruchtung vergehen 2 bis 3 Wochen [20]. Anfangs entwickeln sich nur Frucht und Cupula. Erst gegen Ende Juni beginnt sich eine der 6 Samenanlagen zum Samen zu entwickeln. Bis Mitte August wird durch Wassereinlagerung ein hohes Frischgewicht erreicht. Die Reifung unter Umsetzung von Stärke in Fett mit Anstieg der Trockensubstanz erfolgt erst in den darauf folgenden 6 bis 8 Wochen [124].

Die dreikantigen, endospermlosen, bei Reife 1–2 cm langen und 0,9 cm dicken Nussfrüchte (Bucheckern) stehen zu zweien innerhalb der stacheligen Cupula, die sich bei Reife mit 4 Klappen öffnet. Der Samen (mit häutiger Testa) wird von einem lederigen, glänzend braunen und scharf bis geflügelt kantigen Perikarp umschlossen. Die beiden fleischigen, ölhaltigen Kotyledonen des Embryos sind mehrfach gefaltet. In der Nähe der Radicula erkennt man noch vertrocknete Reste der abgestorbenen Samenanlagen.

Die Früchte fallen im Oktober zu Boden. Ihr Wassergehalt liegt zu dieser Zeit zwischen 20 und 55 %, später bei 25–35 %. Das Tausendkorngewicht beträgt abhängig vom Wassergehalt 190 bis 220 g [4, 5], die Keimkraft von Handelssaatgut liegt zwischen 70 und 100 % [4]. Keimhemmende Stoffe akkumulieren sich kurz vor der Vollreife [82] und unterdrücken die Keimung bis zum folgenden Frühjahr [4]. Die Rot-Buche beginnt im Freistand mit 40 bis 50 Jahren, im Bestand mit 50 bis 80 Jahren zu fruktifizieren. Vollmasten treten ein- bis zweimal im Jahrzehnt auf. Die Dichte der am Boden liegenden Früchte kann dann auf über 500 Stück/m² ansteigen [1].

Wurzel

Die Primärwurzel der Rot-Buche ist eine Pfahlwurzel [57, 156]. Sekundäre Wurzeln mit spitzwinklig abgehenden und gabelförmigen Verzweigungen führen im Laufe der Ontogenese zum typischen Herzwurzelsystem mit intensiver Durchwurzelung im Stammfußbereich. Die Pfahlwurzel wird dabei überwachsen und stirbt spätestens im 5. Lebensjahrzehnt ab [44, 57, 156]. In der Regel besitzen Rot-Buchen dann kräftige Seitenwurzeln und schwache vertikale Wurzeln, die sich bis 1 m Entfernung vom Stammfuß vollständig in leicht gekrümmte Feinwurzeln verzweigt haben. Der Feinwurzelanteil ist ausgesprochen hoch. Mit zunehmendem Alter kommt es zu Wurzelverwachsungen innerhalb eines Individuums und mit benachbarten Rot-Buchen [78]. Die Wurzelstruktur wird stark von den Bodenverhältnissen geprägt. Das Feinwurzelwerk orientiert sich am Nährstoffangebot [78], wobei Form und Krümmung der Feinwurzeln von der Bodenart und den Mykorrizapilzen beeinflusst werden [15, 78]. Nährstoffreiche Schichten befinden sich oft im Oberboden, so dass dieser intensiv durchwurzelt wird und es zur Ausbildung von Wurzeltellern um Altbuchen kommt [59]. Das Grobwurzelwerk reagiert stark auf Dichtlagerung, Sauerstoffmangel und hohen Skelettanteil [78].

Auf pseudovergleyten Standorten dringen fast nur noch die Feinwurzeln entlang von Schwundrissen in die verdichteten Horizonte ein [3, 44, 80]. Unter Sturmbelastung bricht die Rot-Buchen-Wurzel dann bevorzugt oberhalb des Verdichtungshorizontes ab [32]. Bei oberflächennahem Grundwasser enden die Rot-Buchen-Wurzeln im Bereich des durchschnittlichen jährlichen Grundwasserstandes [78]. Auf Skelettböden wurzelt die Rot-Buche im oberen Teil tellerförmig, kann aber tief in darunter liegende lehmgefüllte Gesteinsklüfte eindringen [56, 102]. Bei ungestörter Entwicklung erschließt sie den Boden gleichmäßig und intensiv. Die Wurzeltiefe liegt mit 20 Jahren durchschnittlich bei 120–140 cm, im Alter 80 bei 160–180 cm. Die maximale beobachtete Wurzeltiefe beträgt auf Sand 3 m [44, 101] und auf zerklüfteten Felsböden 5 m [56, 102].

Die Rot-Buchen-Wurzel ist obligat auf eine Symbiose mit Pilzen vom Typ einer Ektomykorrhiza angewiesen. Die Wurzelhaube ist nur schwach ausgebildet. Mykorrhizierte Feinwurzeln sind keulig verdickt und haben eine halbkugelförmige Spitze [15]. Als Mykorrhiza-Partner konnten bisher Arten aus den Basidiomyceten-Gattungen *Lactarius*, *Russula*, *Cortinarius*, *Tricholoma* und den Ascomyceten-Ordnungen *Tuberales*, *Elaphomycetales* und *Pezizales* identifiziert werden [15]. Rot-Buchen-Sämlinge haben die gleichen Pilzpartner wie die Altbäume [15]. Mykorrhizierte Wurzeln findet man bis in 3 m Bodentiefe, vor allem jedoch in Bodenhorizonten mit Humusanteilen. Die größte Dichte an Mykorrhizawurzeln befindet sich in der Fermentationszone der Humusschicht. Das Artenspektrum wird von der Humusform bestimmt [15].

Holz

Die Rot-Buche besitzt ein rötlich-weißes, zerstreutporiges Reifholz mit feinen Poren und scharfen Jahrringgrenzen. Charakteristisch sind zahlreiche breite bis sehr breite Holzstrahlen, die tangential als rötliche Spindeln und radial als auffällige, mehrere Millimeter hohe Spiegel zu erkennen sind. Rot-Buchen-Holz ist schwer und hart. Das Stehvermögen ist durchschnittlich, die Festigkeitswerte liegen überdurchschnittlich hoch. Das Holz ist sehr zäh und tragfähig, wenig elastisch, gut spaltbar und abriebfest [52]. Allgemein schwankt die Rohdichte zwischen Wuchsgebieten und Bestandesbehandlungen weniger als innerhalb von Individuen. Sie nimmt vom Stammfuß zur Krone ab [91]. Der Wassergehalt wird kontinuierlich von der Rinde zum Stammzentrum hin geringer [12]. Die physikalischen Kenngrößen betragen [52]:

Rohdiche 0 % (r_0)	0,49 ... 0,68 ... 0,88	g/cm³
Rohdichte 15 % (r_{15})	0,54 ... 0,72 ... 0,91	g/cm³
Rohdichte frisch (r_{frisch})	0,82 ... 1,07 ... 1,27	g/cm³
Elastizitätsmodul EII	16 000	N/mm²
Druckfestigkeit dBII	53	N/mm²
Zugfestigkeit zBII	135	N/mm²
Biegefestigkeit bBII	105	N/mm²
Scherfestigkeit BII	8	N/mm²
Schwindmaß, längs	0,3	%
Schwindmaß, radial	5,8	%
Schwindmaß, tangential	11,8	%
Schwindmaß, Volumen	17,9	%
Wärmeleitfähigkeit	0,157	W/mK

Insgesamt setzt sich Rot-Buchen-Holz jeweils zu rund einem Drittel aus Tracheiden/Libriformfasern (37 %), Tracheen (31 %) und Parenchym (Längsparenchym 5 %, Holzstrahlen 27 %) zusammen [42]. Tracheen sind 300 bis 700 mm lang und haben einen Durchmesser von 50 bis 100 µm. Sie stehen einzeln oder bilden kleine Gruppen. Ihre Zahl und Größe nimmt zum Spätholz hin ab. Die Durchbrechungen sind sowohl einfach als auch leiterförmig mit bis zu 20 Sprossen. Hoftüpfel sind in horizontalen Reihen oder schwach leiterförmig angeordnet [42]. Die Tracheidenlänge beträgt 0,6 bis 1,3 mm, der Tracheidendurchmesser 15 bis 20 µm. Dickwandige Libriformfasern sind reichlich, Fasertracheiden hingegen selten vorhanden. Die Zellen des Längsparenchyms liegen einzeln oder in Gruppen zwischen den Faserzellen. Die spindelförmigen Markstrahlen besitzen horizontal 1 bis 25 Zellreihen und sind mehrere mm hoch. Die breiteren Strahlen sind an den Jahrringgrenzen verdickt [52]. Der Säuregrad des Holzes liegt zwischen pH 5,1 und pH 5,4 [51]. Rot-Buchen-Holz besteht aus 43 % Cellulose, 32 % Polyosen und 25 % Lignin [42]. Es besitzt damit im Vergleich zu anderen europäischen Hölzern einen hohen Celluloseanteil.

Im Alter kann sich durch Verthyllung der Gefäße ein roter bis rotbrauner Falschkern bilden. Dabei sinkt die Holzfeuchte ab, das noch im Reifholz vorhandene Parenchym stirbt ab, Stärke wird hydrolisiert und Kernstoffe werden aufgebaut. Rotkerne sind annähernd rund. Ihre Ausdehnung im Stammquerschnitt nimmt meist von unten nach oben zu. Sie können auch nebeneinander gelagert vorkommen (Schmetterlingskern) und in der Farbintensität stark variieren (Wolkenkern). Die Holzeigenschaften erfahren durch die Verkernung keine wesentliche Änderung. Der Anteil verkernter Stämme steigt mit zunehmendem Durchmesser und kann im Bestandesalter von 170 Jahren 90 % der Stämme betreffen [65]. Pathologische Formen des Rotkerns wie der gezackt erscheinende Spritzkern wirken sich hingegen negativ auf die Holzqualität aus (siehe Pathologie).

Buchentotholz wird innerhalb von 15 bis 25 Jahren vollständig zersetzt [76]. Verbautes unbehandeltes und ungeschütztes Rot-Buchen-Holz ist anfällig gegen Pilzbefall und besitzt unter normalen Witterungsbedingungen nur geringe Dauerhaftigkeit. Es neigt zur Farbveränderung infolge Luftzutritt (Einlaufen), zu weißgrauer Verfärbung durch Pilzbefall (Verstocken) sowie zum Reißen und Verwerfen.

Rinde

Die Rinde der Rot-Buche ist in der Jugend graubraun, später grau bis weiß-grau. Im Gegensatz zu den meisten anderen Bäumen bleibt die Aktivität des primären Korkkambiums (Oberflächenperiderm) dauerhaft erhalten, das sich im Regelfall dauernd erweitert und im Maß der Abschülferung neue Korkzellen bildet. Dadurch entsteht keine Borke und die Rot-Buchen-Rinde bleibt bis ins hohe Alter glatt. Lediglich bei so genannten „Steinbuchen" überwiegt die Bildung von Korkzellen, so dass diese eine Borke entwickeln.

Abb. 8: Astnarbe bestehend aus Rundnarbe mit charakteristischer Winkelnarbe eines Steilastes

Abb. 9: Stammquerschnitt mit „Rotkern"

Die Härte der Rinde ist aufgrund zahlreicher Steinzellen groß. Die Rindenstärke beträgt bis zu 15 mm. Die glatte, dünne Rinde hat zur Folge, dass Holzeigenschaften wie Dreh- und Wimmerwuchs sowie Astnarben über lange Zeit erkennbar bleiben. Die typische Astnarbe besteht aus einer Rund- und einer Winkelnarbe. Aus dem Verhältnis von Höhe zu Breite der Rundnarbe lässt sich die relative Tiefe des überwallten Astes im Stamm schätzen. Die Winkelnarbe gibt Auskunft darüber, wie steil der Ast am Stamm ansetzte.

Sämtliche Jahrringe im Bast bleiben erhalten und sind gut erkennbar. Ihre Breite beträgt im ersten Jahr 0,18–0,25 mm. Sie werden in den darauffolgenden Jahren auf eine Dicke von 0,05 mm zusammengepresst. Die Siebröhren bilden den Frühbast in einem geschlossenen Band. Die größten Siebröhren besitzen durchschnittlich einen Durchmesser von 0,05 mm und fast horizontal gestellte, grobporige Siebplatten, deren Poren 6–8 µm weit sind.

Parenchym kommt nur im Spätbast vor und schließt den Jahrring mit 1–2 Lagen ab. Die Baststrahlen sind ein- bis vielschichtig, mehr oder weniger stark gewellt. Die breitesten Baststrahlen sklerotisieren von der Rinde her keilförmig nach innen (Rindenkämme). Alle Markstrahlen sind mit Ausnahme der sklerotischen Teile kristallfrei. Bastfasern fehlen. Sklereiden (Steinzellen) treten massenhaft auf. Der Anteil an sklerotischem Gewebe kann bis zu 60 % der gesamten Rinde betragen. Die Dilatation erfolgt in der sekundären Rinde von den Markstrahlen ausgehend. Die Markstrahlen mit sklerotischem Kern erweitern sich dabei nach außen schmal keilförmig [61].

Verjüngung, Vermehrung und Anzucht

Die natürliche Vermehrung erfolgt vorwiegend generativ. Die Früchte werden von Säugetieren und Vögeln bis zu mehrere Kilometer weit verteilt [68, 110]. In Normaljahren kann der gesamte Fruchtfall vor allem von Nagetieren verzehrt werden. In Mastjahren überlebt dagegen ein Großteil der Bucheckern [68]. Rot-Buchen-Verjüngung findet sich vereinzelt bereits unter dem geschlossenen Kronendach ein, entwickelt sich dann jedoch auf Grund des lang anhaltenden plagiotropen Wachstums zu grobastigen Individuen. Nach Ausfall oder Aushieb von Altbuchen stimuliert die Besonnung die Fruktifikation der verbleibenden Rot-Buchen und verbessert der verstärkte Lichteinfall am Waldboden die Überlebensraten der jungen Buchen. Dadurch erhöht sich die Verjüngungsdichte, und das orthotrope Wachstum der Jungbuchen wird gefördert. Waldbauliche Versuche zeigen eine maximale Verjüngungsdichte bis zu 200 000 Keimlingen je Hektar bei einer Auflichtung, die eine relative Beleuchtungsstärke von etwa 40 % am Boden zur Folge hat.

Vereinzelt vermehrt sich die Rot-Buche auch vegetativ: Nach der Fällung erfolgt Stockausschlag vorzugsweise aus Adventiv-, seltener aus Proventivknospen [56, 125]. Wurzelbrut aus Adventivknospen entsteht an sehr alten Rot-Buchen und traumatisch nach Sturmwurf [125].

Bei Bodenkontakt können Buchenzweige Wurzeln bilden (Absenkerbildung). Die daraus entstandenen Bäume erkennt man lange am gebogenen unteren Stammabschnitt [56, 125].

Die künstliche Vermehrung erfolgt im Allgemeinen generativ. Sie beginnt mit der Saatguternte Ende September bis Anfang November. Die Ernte mit Netzen verhindert Pilzinfektionen durch Bodenkontakte und erhält so die Keimfähigkeit am besten [28]. Eine Einengung der genetischen Variabilität durch das Ernteverfahren wurde bislang nicht beobachtet [167]. Aus der Anzahl der Fruchtstände je Trieb lässt sich die zu erwartende Samenmenge bereits im Frühjahr abschätzen. 2–4 Blütenstände deuten auf eine Vollmast, 2 auf eine Halbmast und 1 Blütenstand auf eine Sprengmast hin. Voll keimfähige Samen sind im Querschnitt weiß.

Die geernteten Bucheckern können unbehandelt $^1/_2$ Jahr ohne nennenswerte Keimverluste gelagert werden. Bei Absenkung des Wassergehaltes auf 25 bis 30 % bleiben sie in luftdurchlässigen Säcken bei –4 bis –5 °C zwei Jahre, nach Trocknung im Kaltluftstrom auf 8 bis 10 % Feuchte und luftdichter Lagerung bei –5 bis –10 °C mindestens 5 Jahre keimfähig [109, 135, 147].

Für die Aussaat im Wald wird das im Herbst gesammelte Saatgut bis zum Frühjahr in Erdmieten, Schuppen oder Kellern gelagert. Die Aussaat erfolgt in der Regel nach Bodenbearbeitung in Streifen oder Rillen. Der Saatgutbedarf beträgt bei vollständiger Verjüngung auf Buche 200 bis 300 kg/ha. Für die Etablierung eines Buchenanteils von 30 % in Nadelholzbeständen werden 30 bis 40 kg Bucheckern je Hektar benötigt.

Für die Anzucht in Baumschulen wird das Saatgut 2–3 Monate in luftigen Räumen in maximal 10 cm dicker Schicht gelagert und alle 2 Tage gewendet, um nachzureifen und die Keimhemmung abzubauen. Der Wassergehalt soll dabei auf 30 % absinken. Ab Januar wird das Saatgut winterfest eingelagert. Dazu breitet man die Bucheckern in geschlossenen, kühlen Räumen in einer Schichthöhe von 30 cm aus und deckt sie mit Juteplanen oder Stroh ab. Lagerung in Sandgruben mit 30 cm Schichthöhe und Laubabdeckung von 20 cm Höhe ist auch möglich. Etwa in der 2. Märzhälfte werden die Bucheckern in feuchten Sand eingeschichtet [4]. Sobald die ersten Keimwurzeln im April und Mai erscheinen, erfolgt die Aussaat in das vorbereitete Saatbeet [4] in Reihen von mindestens 30 cm Abstand [82]. Zum Schutz vor Spätfrost werden die Sämlinge mit Netzen abgedeckt. Im Herbst wird im Verband von 10 x 25 cm verschult. Die Pflanzen werden im Oktober des ersten Standjahres oder im darauf folgenden Frühjahr unterschnitten [82]. Die Ausbeute beläuft sich auf bis zu 1000 Sämlinge und 900 Verschulpflanzen je kg Saatgut.

Einjährige Sämlinge erreichen Höhen bis zu 50 cm [82]. Die Pflanzen werden in der Regel als 2- bis 3-jährige Sämlinge (2+0, 1+1, 1+2) mit 30 bis 100 cm Sprosslänge in einer Mindestdichte von 5000 bis 6000 Stück je Hektar ausgebracht [18, 69, 148]. Bei einem ausgewogenen Spross/Wurzel-Verhältnis haben 3-jährige Buchen einen Wurzelhalsdurchmesser von 5 mm.

Das Artenspektrum von Mykorrhizapilzen ist bei den so erzeugten Buchenpflanzen geringer als bei Naturverjüngungspflanzen. Bis zum Ausbringen ist die sachgemäße Lagerung im Einschlag oder Kühlhaus von entscheidender Bedeutung für den Anwuchserfolg.

Die künstliche vegetative Vermehrung ist von geringer Bedeutung. Die Stecklingsvermehrung gelingt bei Sämlingspflanzen, selten jedoch bei älterem Material [82]. Die beste Bewurzelung wird erreicht, wenn der Stecktermin unmittelbar nach dem Austrieb liegt [143]. Die Bewurzelung kann durch Applikation von Wuchsstoffen (z.B. IES, IBS) gefördert werden [82]. Etiolierung tritt bei Verdunklung der Basis in 70 % der Fälle auf [82].

Auch durch Propfung lässt sich *F. sylvatica* vermehren. In der Regel erfolgt die Veredelung Februar/März im Gewächshaus. Als Unterlage dienen 2- bis 3-jährige Sämlinge, die 2–3 Wochen vor der Veredelung trockengestellt und langsam angetrieben werden [17]. Als Reiser verwendet man 2-jährige Triebe mit angeschwollenen Knospen oder kräftige 1-jährige Triebe mit mindestens 2–3 Augen. Als Propfmethode wird meist die Kopulation mit Gegenzungen angewendet. Die Veredelung sollte möglichst nah am Wurzelhals erfolgen. Die Pfropflinge werden ein Jahr im Folienhaus bei Bodentemperaturen von 15 °C gehalten, danach im Freiland kultiviert [4]. Immer häufiger wird im September veredelt. Die Pfropflinge werden dann in Kisten in Einschlag gebracht und wie bei Winterveredelung behandelt. Die Mikrovermehrung aus Gewebekulturen war bislang nicht erfolgreich [37].

Genetische Differenzierung

Die westeurasische Verbreitung der Gattung *Fagus* erstreckt sich von Europa über Kleinasien bis zum Kaukasus und zum Kaspischen Meer. Die taxonomische Gliederung innerhalb des Verbreitungsgebietes erfolgt nach morphologischen Kennzeichen. Traditionell werden zwei Arten unterschieden: *F. sylvatica* L. in Europa und *F. orientalis* LIPSKY im asiatischen Verbreitungsgebiet [154]. Besonders schwer fällt die Differenzierung im Übergangsbereich von *F. sylvatica* zu *F. orientalis* [21]. Man geht heute davon aus, dass die früher in Südosteuropa ausgeschiedenen Übergangsarten [30] den Arten *F. sylvatica* und *F. orientalis* anzugliedern sind. So wird heute *F. moesiaca* (K. MALY) CZECZOTT (Balkan) der Rot-Buche und *F. taurica* POPL. (Krim) der Orientbuche als Subspecies zugeordnet. Im Übergangsbereich beider Buchenarten findet man *F. orientalis* vorwiegend in den Tallagen bis zur Meeresküste und *F. sylvatica* im Gebirge [47, 154].

Systematisch-morphologische Vergleiche im gesamten Verbreitungsareal beider Arten lassen jedoch auch den Schluss zu, dass es sich bei *Fagus* im westlichen Eurasien nur um eine Art handelt, die in zwei Subspecies *F. sylvatica* ssp. *sylvatica* (sensu DENK) und *F. sylvatica* ssp. *orientalis* (LIPSKY) GREUTER et BURDET gegliedert werden kann.

Die Übergangsformen zwischen beiden Subspecies werden dann als weitere Subspecies von *F. sylvatica* oder Variationen der beiden Unterarten *F. sylvatica* ssp. *sylvatica* (sensu DENK) und *F. sylvatica* ssp. *orientalis* (LIPSKY) GREUTER et BURDET beschrieben [25, 24, 36].

Genetische Analysen an *F. sylvatica* L. ergeben in Bezug auf die untersuchten Genorte folgendes Bild: Populationen besitzen unterschiedliche Allelhäufigkeiten [11, 145, 167]. Der Heteorzygotiegrad ist unerwartet gering [23, 88, 167], kann aber durch den hohen Anteil der Selbstbefruchtung und Befruchtung durch unmittelbare Nachbarbäume erklärt werden [23, 144]. Die genetische Variabilität ist innerhalb von Populationen wesentlich größer als zwischen den Populationen [23, 88, 167].

In Bezug zum Regionalklima zeigen sich folgende Relationen: In mediterranen Gebieten ist die genetische Variabilität zwischen Populationen größer als in kontinentalen Regionen [23]. Mit der klimatischen Heterogenität nimmt die genetische Diversität zu. Sie wächst außerdem von kontinentalen Regionen zu den mediterranen Gebieten und vom Flachland zu den Hochlagen [23]. Das Maximum des genetisch fixierten Polymorphismus wird in den klimatischen Grenzbereichen der Rot-Buche, vor allem im mediterranen Südwesten, beobachtet [23, 111].

Aus den Befunden werden folgende Schlussfolgerungen gezogen: *F. sylvatica* ist eine evolutiv sehr junge Baumart [62]. Die Populationen im Verbreitungsgebiet sind sehr ähnlich, zeigen jedoch an den kontinentalen und mediterranen Arealgrenzen deutliche Unterschiede [23].

Herkunftsversuche erbrachten folgende Resultate: Provenienzen aus wintermildem, maritimem Klima erreichen in subkontinentalen Gebieten eine geringere Massenleistung [101, 122]. Herkünfte aus den Hochlagen und von der nördlichen Verbreitungsgrenze sind allgemein langsamwüchsiger, besitzen aber eine höhere Frostresistenz [101, 122, 128]. Herkünfte aus tieferen Lagen treiben früher aus und verfärben sich später als solche aus höheren Gebieten [101]. Die phototropische Reizbarkeit sinkt von Süden nach Norden [94]. Die Schaftform ist in erster Linie von den Umweltbedingungen und nicht von der Provenienz abhängig [101, 122].

Bei der Rot-Buche werden zahlreiche Varietäten beschrieben, die vorwiegend in Gärten und Parks kultiviert wurden. Sie zeichnen sich vor allem durch Abweichungen im Habitus und in der Belaubung aus. Von den 146 dokumentierten Formen [26] sind folgende besonders verbreitet [81, 107]:

- ‚Atropunicea‘ (vor 1680, Schweiz): Blätter schwärzlich purpurn („Blutbuche“) mit veränderlicher Größe und Form, Sämlinge im Austrieb meist purpurn, bis zum Sommer vergrünend.
- ‚Zlatia‘ (1892, Serbien): Austrieb hell goldgelb, im Juli vergrünend.

- ‚Tricolor' (1879, Frankreich): Blätter grün und weiß gefleckt mit rosa Rand.
- ‚Roseomarginata': Blätter dunkelpurpurrot mit unterschiedlich breitem rosa Rand („zweifarbige Blutbuche")
- ‚Ansorgei': Blätter weidenartig, ganzrandig, purpurrot.
- ‚Rohanii': Blätter eichenartig gelappt, dunkelpurpurbraun.
- ‚Dawyk' = ‚Fastigiata' (1860, bei Dawyk in Schottland gefunden): Wuchs pyramidenartig, schmal, alle Äste aufrecht, mitunter bogig abstehend.
- ‚Pendula' (1820, Europa): Äste oft lang waagrecht ausgebreitet und dann plötzlich scharf herabhängend („Trauerbuche"), Krone meist sehr breit und unregelmäßig.
- ‚Laciniata' = ‚Heterophylla' (1836, England): Blätter sehr unterschiedlich, teils weidenförmig, teils mehr dreieckig mit langen, schmalen Lappen, oft bis fast zur Mittelrippe eingeschnitten („Farnbuche", „Schlitzblättrige Buche"). Dichtere Beastung als Normalform.
- ‚Cristata' (1836): Blätter teils kreisrund, teils hahnenkammförmig eingeschnitten, teils auch ständig geschlossen („Hahnenkamm-Buche"). Krone locker, mit langen Ästen.
- ‚Rotundifolia' (1870, Surrey): Blätter kreisrund.

Ökologie

Die Rot-Buche siedelt in gemäßigten bis warm gemäßigten Klimazonen mit ausreichend Niederschlag während der Vegetationsperiode. Sie erhöht mit steigender Lufttemperatur ihre Produktivität [41] und erträgt hohe Lufttemperaturen, wenn diese nicht mit Trockenperioden gekoppelt sind [41]. Hohe Wachstumsraten werden ab einer Jahresmitteltemperatur von 7 bis 8 °C und 600 bis 700 mm Jahresniederschlag erreicht [41, 71, 120].

F. sylvatica siedelt in ihrem Hauptverbreitungsgebiet unabhängig von der Exposition an Hängen, auf Ebenen und in Mulden [34]. Sie gedeiht dort auf allen Gesteinen und fast allen Bodentypen [34]. Die Bodentiefe ist unbedeutend, solange die Wurzeln in humushaltige Klüfte des Ausgangsgesteins eindringen können [56]. Die bodenchemische Amplitude erstreckt sich von stark sauren (pH<3), nährstoffarmen Böden [90] bis zu Kalkstandorten (pH>7) [153]. Die Streuzersetzung ist allgemein gut, kann aber bei Nährstoffarmut auf sauren Standorten herabgesetzt sein und zur Rohhumusbildung führen [101]. Die besiedelten Humusformen umfassen Mull bis Niedermoortorf [34]. Die hydrologische Amplitude reicht von grund- und stauwasserbeeinflussten Böden bis zu Trockenstandorten [133]. Die Rot-Buche nutzt Wasser sehr effizient. Der Transpirationskoeffizient beträgt 180 l/kg TS [35]. Auf Standorten mit regelmäßiger, längerer Überschwemmung oder einem bis dicht an die Bodenoberfläche reichenden Grundwasserspiegel kommt die Art nicht vor [46, 166].

Im Bereich der klimatisch bedingten Verbreitungsgrenzen bestimmt vor allem die Wechselwirkung von Strahlungshaushalt und Topographie die Besiedlung. An der Trockengrenze sind Südhänge im Frühjahr durch große Temperaturwechsel und im Sommer durch eine starke Austrocknung infolge hoher Luftsättigungsdefizite der Luft gekennzeichnet. *F. sylvatica* siedelt in diesen Gebieten auf nordexponierten Hängen und vermag dann auch dreimonatige Trockenperioden zu überstehen [2]. An der Kältegrenze meidet die Rot-Buche Niederungen, in denen sich Kaltluftseen mit extremer Winterkälte und Spätfrösten bilden. Sie bevorzugt in diesen Gebieten Südlagen, die eine längere Vegetationszeit ermöglichen.

Die Winterruhe der Knospen wird durch Winterkälte [39] und Langtage [94, 158] abgebaut. Über den Zeitpunkt des Austriebes im Frühjahr entscheidet dann allein die Lufttemperatur [40]. Die Geschwindigkeit und Reihenfolge des Austriebs wird allerdings wieder von den zuvor aufgetretenen Wintertemperaturen und der Tageslänge beeinflusst [39]. Das Sprosswachstum wird auf Grund des Zeitpunktes der Manifestation von Kurz- und Langtrieb maßgeblich von der Witterung des Vorjahres bestimmt. Das Wachstum der Langtriebe ist jedoch abhängig von der Witterung während des Austriebs.

Die Blätter überschirmter Rot-Buchen nutzen das Licht sehr effizient bei sehr niedrigem Lichtkompensationspunkt [146]. Das Lichtgenussminimum liegt bei 1–2 % der Strahlung im Freiland [94, 160]. Die Überlebensrate und das Wachstum junger Rot-Buchen nehmen mit dem Lichtangebot zu, wobei das Spross/Wurzelverhältnis sinkt [106]. Die Nährstoff- und Wasserversorgung spielen bei starker Lichtlimitierung eine untergeordnete Rolle und nehmen erst ab einer relativen Beleuchtungsstärke von 10 % Einfluss auf das Wachstum [97, 106]. Bei Wassermangel sinkt vor allem der Wassergehalt älterer Blätter, so dass bei Dauertrockenheit nur wenige Blätter um die Endknospe am Leben bleiben [82]. Im Herbst erfolgt mit abnehmender Temperatur und dem Auftreten von Kurztagen der Herbstblattfall und Übergang zur Winterruhe [94, 158].

Die Anzahl der Blüten hängt von der Witterung des vergangenen Sommers ab. So werden bei niedrigen Temperaturen und hohen Niederschlägen im Juni und Juli des Vorjahres kaum Blütenknospen gebildet [159].

Bucheckern überwintern in der Streu und werden dort zu erheblichen Teilen von Tieren gefressen oder zur Bevorratung vergraben. So ernähren sich 26 Vogelarten und 17 Säugetierarten im Winter vorwiegend von den Früchten [138]. Die Bereitschaft zur Keimung wird durch den Abbau keimhemmender und den Aufbau wachstumsfördernder Hormone bei Wintertemperaturen von 2 bis 4 °C erreicht [33]. Das Wachstum der Radicula beginnt ab 2 °C [19].

Das Wurzelwachstum weist bei ausreichender Bodenfeuchte und Bodentemperatur während der Vegetationsperiode keinen Stillstand auf [60].

Abb. 10: Die Formen „Roseomarginata" (links) und „Laciniata" (Fotos: P. Schütt)

Aus Gewächshausversuchen weiß man, dass die optimale Wurzelentwicklung von Jungbuchen, genau wie das Triebwachstum und die gesamte Biomasseproduktion, eine Temperatur von 15–20 °C voraussetzt [95]. Im Jahresverlauf, vor allem nach Abschluss des Triebwachstums, kommt es zu kräftigem Wurzelwachstum, das nach dem Blattfall noch etwa einen Monat anhält, bevor es dann – vorwiegend hormonell gesteuert – eingestellt wird. Insgesamt durchläuft die Wurzel eine längere Vegetationsperiode als der Blattapparat [60]. Niedrige Temperaturen im Wurzelraum während der Vegetationszeit führen zu verringerter Evapotranspiration der Laubblätter [66].

Das Kambium ist ab 5 °C aktiv. Bei Trockenheit geht der Durchmesserzuwachs zurück und die Rohdichte des gebildeten Holzes steigt an [89]. Je geringer die Sommerniederschläge, desto kleiner sind die Gefäße [131]. An Rot-Buchen auf Böden mit niedriger Wasserspeicherkapazität und starker Einstrahlung treten diese Vorgänge regelmäßig auf und manifestieren sich in der Jahrringstruktur [137].

Buchenwaldgesellschaften (Fageten) entstehen dort, wo junge Rot-Buchen nicht durch Klima und Wild behindert werden und die Rot-Buche sich auf Grund ihrer hohen Schattentoleranz in der Verjüngungsphase unter dem Kronendach vor allen anderen Baumarten etablieren kann. Dieser Vorgang greift umso mehr, je dichter und stabiler das Kronendach ist. In Europa deckt sich daher das Optimum des Waldwachstums mit der Dominanz der Rot-Buche [34]. Nur dort, wo durch häufige Störungen oder geringes Wachstum die Ausbildung einer geschlossenen Kronenschicht unterbleibt, vermögen sich andere Baumarten zu etablieren. Ohne Überschirmung unterliegt *F. sylvatica* zunächst lichtbedürftigeren Baumarten und krautigen Pflanzen im Wachstum und wird häufig durch klimatisch bedingte Schäden – vor allem Frost – in ihrer Entwicklung gehemmt [119].

Die soziologische Gliederung der Buchenwälder orientiert sich im Zentrum der Verbreitung an den Standortseigenschaften und der damit verbundenen Bodenvegetation, da die ökologische Amplitude der Rot-Buche diejenigen der Krautschicht bei weitem übertrifft. In andere zonale Waldgesellschaften reicht Rot-Buche in subdominanter Form weit hinein [46, 100]. Diese Gesellschaften werden entsprechend den beteiligten Baumarten (v.a. *Quercus, Picea abies, Abies alba)* klassifiziert.

Von den mitteleuropäischen Tierarten leben $^{1}/_{6}$ in Buchenwäldern. Davon sind 1800 Arten eng an diesen Lebensraum angepasst [123].

Wachstum und Ertrag

Die Bucheckern keimen ab Januar bis Ende Mai [14, 19]. Abhängig von den Wachstumsbedingungen während der ersten Vegetationsperiode entstehen verschiedene Keimlingsformen: Bei ungünstigen Verhältnissen entwickelt der Keimling nur die Kotyledonen und schließt mit einer aus der Plumula hervorgegangenen Terminalknospe ab. Bei mittleren Wachstumsbedingungen entstehen ein Primärblattpaar und eine dem Primärblattnodium aufsitzende Endknospe. Unter optimalen Konditionen entstehen Folgeblattriebe mit wechselständigen Blättern, die bereits mehrere Internodien und sylleptische Triebe haben können [53].

Das Baumwachstum ist in der Jugend bei voller Belichtung im Vergleich zu anderen Baumarten gering, hält aber dann bis ins hohe Alter an. So erreicht auf gutem Standort eine dominierende Rot-Buche bis zum Alter von 100 Jahren eine Höhe von 30 m und bis 150 Jahre von 40 m. Der laufende Höhenzuwachs kulminiert dann im Alter 30, der durchschnittliche Höhenzuwachs im Alter 40. Das Stammvolumen beträgt im Alter 100 rund 1,5 Vfm, mit 150 Jahren das Dreifache. Laufender und durchschnittlicher Volumenzuwachs eines solchen Baumes steigen über die gesamte Lebensspanne exponentiell an.

Eine in der Jugend stark beschattete, später aber freigestellte Rot-Buche erreicht auf Grund des langanhaltenden Wachstums die gleiche Endhöhe wie unbeschattete Rot-Buchen, allerdings sehr viel später. Das Holzvolumen liegt dann aber auf Grund der schlankeren Stammform unter dem der von Beginn an dominierenden Rot-Buche [76].

Die Rot-Buchen-Wälder in den Urwaldgebieten der Karpaten erreichen im Alter 100 zunächst ein Bestandesholzvolumen von rund 700 m^3 je ha [76, 117], welches mit Erreichen der durchschnittlichen physischen Altergrenze von 200 bis 250 Jahren jedoch wieder absinkt. Auf größerer Fläche überlagern sich Verjüngungs- und Zerfallsphasen, so dass im Durchschnitt das Bestandesvolumen kontinuierlich zwischen 400 und 600 m^3 je ha schwankt [76]. Das Durchschnittsalter dieser Urwaldbestände liegt bei 90 Jahren, das der oberen Baumschicht beträgt im Mittel 160 bis 170 Jahre [76]. Fast alle alten Urwaldbuchen sind rotkernig [117].

Dauerbeobachtungsflächen und Inventuren zeigen für Rot-Buchen-Wälder eine standörtlich bedingte Variation der Bestandesoberhöhe von 15 bis 40 m im Alter 100. Die Gesamtwuchsleistung schwankt in diesem Alter abhängig vom Höhenwachstum und der Wuchsregion zwischen 400 und über 1000 m^3 [54, 105]. Der Blattflächenindex liegt zwischen 5 und 9 [124]. Der Holzzuwachs nimmt $^2/_3$, die Blatterzeugung $^1/_5$ der Biomasseproduktion ein [108]. In Mastjahren wird bis zu $^1/_5$ der Biomasseproduktion für die Fruktifikation verwendet.

Buchenbestände werden im Regelfall durch ein Schirmschlagverfahren natürlich verjüngt [55]: Das geschlossene Kronendach wird anfangs zur Verbesserung des Humuszustandes um etwa 15 % aufgelichtet (Vorbereitungshieb). In einem Buchenmastjahr wird nach Abfall der Bucheckern 30–40 % der Altholzmasse eingeschlagen, um für die Verjüngung Licht zu schaffen (Besamungshieb). Der Schirm der Altbuchen wird in den darauffolgenden Jahren abhängig von der Verjüngungsentwicklung und dem Holzbedarf schrittweise aufgelichtet (Lichtungshiebe). An den Rändern der gleichaltrigen, meist gleichmäßig aufgebauten Buchenverjüngung werden die restlichen Altbäume entnommen und damit das Verjüngungsverfahren abgeschlossen (Räumungshieb).

Bei der Verjüngung von Mischbeständen bietet sich als Modifikation des Schirmschlages das Femelschlagverfahren an. Die Hiebe werden dann nicht gleichmäßig, sondern ungleichmäßig auf der Fläche geführt. Dies schafft unterschiedliche ökologische Bedingungen, die neben der schattentoleranten Buche auch anderen Baumarten mit höherem Lichtbedürfnis Wachstumsnischen eröffnen [45].

Waldbau

Die Bewirtschaftung von Rot-Buchen-Wäldern erfolgt heute fast ausschließlich im Hochwaldbetrieb [18]. Von den ehemals weitverbreiteten Buchennieder- und -mittelwäldern sind nur noch Relikte vorhanden. Der Nieder- oder Mittelwaldbetrieb ist dem Hochwaldbetrieb hinsichtlich des Wuchspotentials unterlegen [56, 57, 114]. Buchenhochwald wird in der Regel schlagweise bewirtschaftet. Schlagfreie Plenterwälder findet man jedoch in größerem Umfang als reine Buchenplenterwälder in Thüringen [85] oder als gemischte Fichten-Tannen-Buchen-Plenterwälder in der montanen Stufe [77].

Ziel des Buchenwaldbaus ist die Erzeugung von gutem Stammholz mit möglichst hohem Wertholzanteil. Dazu werden ausreichend bestockte Buchenbestände (5000 bis 10 000 Verjüngungspflanzen je ha) im frühen Entwicklungsstadium unter dichtem Schluss gehalten, um die natürliche Astreinigung und damit Wertholzqualität im unteren Schaftbereich zu gewährleisten [130]. Sobald der astfreie Schaft die gewünschte Höhe (meist $^1/_4$ der Endhöhe, d.h. 8 m von 32 m Endhöhe bei 200 Bäumen je ha) erreicht hat, werden stärkere Eingriffe zur Förderung der besten Bäume vorgenommen [162 bis 165]. Damit wird der Lichtungszuwachs ausgenutzt und in bemessenen Umtriebszeiten Starkholz von über 60 cm BHD erzeugt [18]. Varianten dieses Verfahrens legen die Auslesebäume frühzeitig fest und führen dann sehr starke Eingriffe [73]. Die Lichtwuchsdurchforstungen können sich gleichmäßig über den ganzen Bestand erstrecken oder gezielt Gruppen gut entwickelter und qualitativ hochwertiger Buchen herausarbeiten [72].

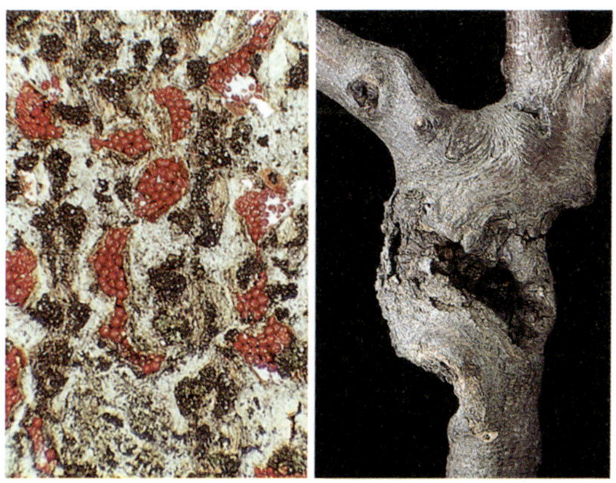

Abb. 11: Perithecien von Nectria coccinea (PERS. ex FR.) FR. (links) und Krebs verursacht von Nectria galligena BRES. (rechts) (Fotos: K. J. Lang)

Pathologie

Die Anzahl letaler Krankheiten ist bei *F. sylvatica* im Vergleich zu anderen Baumarten Europas gering [57, 74]. Flächenhafte Ausfälle treten meist nur im Verjüngungsstadium auf. Großkalamitäten sind nicht bekannt. Empfindlich ist die Rot-Buche gegenüber Frösten:

Organ	Grenztemperatur für Frostschäden
Blüte	0 °C [159]
Bucheckern, freiliegend	–6 °C [132]
Keimwurzel	–8 °C [19]
Keimblätter	–4 °C (–2 °C beim Austrieb) [121]
Triebe	–30 °C (Winter), –5 °C (Sommer) [150]
Knospen	–20 °C (Winter) [150]
Blätter	–5 °C [150]

In kühlen, niederschlagreichen oder in trockenen Sommern bleiben Bucheckern taub oder fallen vorzeitig ab [159]. Die Fruchtentwicklung wird durch den Fraß von Buchenwickler (*Cydia fagiglandana* Z.) und Buchenspringrüssler (*Rhynchaenus fagi* L.) gestört. Buchenwickler können dabei bis 40 % der Bucheckern schädigen [157]. Eine Infektion der Bucheckern mit *Rhizoctonia solani* KÜHN [29] oder Verletzungen der Frucht durch Nagetiere, vor allem Mäuse, setzen die Keimkraft herab. Bucheckern werden ferner durch Trockenheit und Fröste geschädigt [14, 19]. Ein Pilzbefall der Früchte kann bei der Saatguternte im Herbst durch den Einsatz von Netzen verringert werden, da infektiöse Bodenkontakte der Früchte vermieden werden [28]. Bei der Überwinterung hingegen werden Fraß- und Frostschäden durch Abdeckung der Früchte mit Erde und Streu verhindert [18]. Biotische Schäden bei der Lagerung und Aussaat können durch Beizung des Saatgutes herabgesetzt werden.

An Keimlingen verursachen Drahtwürmer, Schnecken (*Agriolimax agrestis* L., *Arion*) und Pilze (*Phytophthora cactorum* (LEB. u. COHN) SCHROETER, *P. cinnamomi* RANDS, *Pythium debaryanum* HESSE, *P. ultimum* TROW.) hohe Ausfälle [138]. Die Keimwurzeln tolerieren Nachtfröste, reagieren jedoch extrem empfindlich auf Sonneneinstrahlung [19]. Bei mächtigen Streuschichten kann die Wurzel den Mineralboden nicht erreichen, so dass der Keimling im Sommer durch Austrocknung der Humusauflage gefährdet ist [14]. Die Keimblätter sind während der Entfaltung extrem frostgefährdet. Nach leichten Frösten erholen sich die Keimlinge, wenn sie beschattet sind und sich langsam wieder erwärmen können. Sie sterben jedoch bei raschem Temperaturanstieg und Sonneneinstrahlung ab [121]. An besonnten Südhängen ist infolgedessen die Mortalität von Buchenkeimlingen nach Frostnächten besonders hoch [14].

Die bedeutendsten Erkrankungen der Rot-Buche betreffen Stamm und Zweige. Die Pilzarten *Nectria ditissima* TUL et C. TUL., *N. galligena* BRES. und *N. coccinea (*PERS. ex. FR.) FR. verusachen Krebs und setzen die Holzqualität herab.

Fomes fomentarius (L. ex. FR.) FR., *Fomitopsis pinicola* (SWARTZ ex. FR.) KARST. und *Polyporus*-Arten sind an Rot-Buche häufig zu findende Holzfäuleerreger, welche das Holz vollständig entwerten.

Die Infektion erfolgt über Rindenverletzungen [138]. Diese entstehen verbreitet durch das Aufreißen der Rinde bei intensiver Sonneneinstrahlung nach plötzlicher Freistellung (Sonnenbrand) [58], durch Frostrisse in kalten Wintern, beim Fällen und Holzrücken sowie durch Fraß von Nagetieren [69] und Schalenwild [138]. Eine bedeutende Rolle bei der Entstehung von Infektionspfaden bildet die Buchenwollschildlaus (*Cryptococcus fagisuga* LIND.). Sie verursacht kleinste Verletzungen in der Rinde mit nachfolgenden biochemisch induzierten Nekrosen. Bei massenhaftem Befall bilden diese Stammwunden Eintrittspforten für Sekundärpathogene. Zuerst infiziert der Pilz *Nectria coccinea (*PERS. ex. FR.) FR. die so disponierte Rinde und vermag sie großflächig abzutöten. Ein auffallendes Symptom sind dann braun-schwärzliche, bis handtellergroße, anfangs feuchte Flecken auf der Stammrinde. Unter den Flecken ist die Rinde orange bis rötlich verfärbt und das Kambium abgestorben. Die daraufhin austretenden Pflanzensäfte verfärben sich rasch durch Bakterien und Pilze („Schleimflusskrankheit"). Im Bereich dieser Flecken sind häufig holzbohrende Insekten anzutreffen (z.B. Nutzholzborkenkäfer, *Xyloterus domesticus* L., und Werftkäfer, *Hylecoetus dermestoides* L.), deren Fraßgänge dann das Eindringen weiterer Pathogene fördern. Vor allem Weißfäuleerreger (z.B. *Fomes fomentarius* (L. ex. FR.) FR.) bewirken, dass bereits nach wenigen Jahren die Bäume vom Sturm gebrochen werden [93, 138]. Diese auch als „Buchensterben" oder „Buchen-Rindennekrose" bezeichnete Krankheit tritt in Mitteleuropa meist chronisch an einzelnen Standorten, aber auch auf größeren Flächen auf.

Pathologische Formen des Rotkerns entstehen oft durch Verletzungen des Stammes oder starke Totäste: Braune bis braungraue Spritzkerne haben im Stammquerschnitt eine unregelmäßige Form mit sternförmig-zackigen Ausläufern. Sie nehmen am Stammfuß die gesamte Querschnittsfläche ein und weisen eine kegelförmige Längsausdehnung im Schaft auf. Spritzkerne sind besonders stark verthyllt und haben im Randbereich Kernstoffe konzentriert. In Form und Farbe ähnlich dem Spritzkern ist der so genannte „abnorme Kern", der jedoch einen durch Buttersäure hervorgerufenen, unangenehmen Geruch besitzt und dunkel gefärbte Randpartien aufweist. Grau- und Frostkerne nehmen auf Grund der beteiligten holzzersetzenden Pilze eine schmutziggraue bis rötlich graue Färbung an [139].

Maßnahmen gegen biotische Erkrankungen beschränken sich auf den sofortigen Aushieb erkrankter Bäume. Schäden aufgrund starker Sonneneinstrahlung können durch eine entsprechende Hiebsführung vermieden werden.

Buchenknospen werden im Winter bevorzugt von Schalenwild gefressen. Austreibende Knospen und junge Triebe werden durch saugende Insekten (*Contarinia fagi* RÜBS., *Dasyneura fagicola* BARN.) und Spätfröste zerstört [69, 138]. Nach Ausfall der Terminalknospe kommt es vielfach zur Zwieselbildung. Spätfrostschäden an jungen Bäumen lassen sich durch Schirmstellung des Altbestandes minimieren.

Zahlreiche Insektenarten (z.B. *Operophthera fagata* Scharfb., *Ennomos quercinaria* Hfn., *Rhynchaenus fagi* L., *Dasychira pudibunda* L.) können die Blattmasse der Rot-Buche reduzieren. Die Fraßschäden treten jedoch erst spät in der Vegetationszeit auf, so dass es nur zu Zuwachsverlusten und verringerter Samenproduktion kommt [138].

Die Hitzelatenzgrenze der Blätter liegt bei 43 °C, die Hitzeletalgrenze bei 47 °C [115]. Starker Wasserstress führt zu Blattvergilbungen, zur Lignifizierung von Stomata-Nebenzellen, zur Verdickung der Epidermis, zu extremer Kutinisierung mit verdickten amorphen Schichten und Chloroplastendegradation [22]. Bei trocken-heißer Witterung kommt es durch Wassermangel zum Einrollen der Blattspreiten in Längsrichtung [58].

Buchenblätter reagieren sehr empfindlich auf Streusalz [87]. Eine Verdoppelung der natürlichen Ozonkonzentration beeinträchtigt die Photosynthese [92] und beschleunigt die Blattalterung [104]. Andere abiotische Schäden und Mangelkrankheiten lassen sich gut anhand von Blattsymptomen bestimmen [58]:

Ursache	**Symptome**
Magnesiummangel	Chlorosen an älteren Blättern, später fleckige Nekrosen der Interkostalfelder, die stets von der Blattmitte ausgehen
Kaliummangel	Von der Blattspitze über die Ränder fortschreitende Vergilbung mit späterer Verbraunung und Einrollen der Blätter
Akute Ozonschäden	Bronzefarbene Sprenkelung der Blattspreite
Akute Fluorschäden	Vom Blattrand ausgehende, gelbliche, später braune bis fast schwarze Verfärbung und Nekrosen mit scharfer Begrenzung zur noch grünen Blattspreite
Akute Schwefeldioxidschäden	Große Teile der Blattspreite vergilben
Streusalzschäden	Im Frühjahr zuerst chlorotische Blattränder, später Verbraunung, Einrollen und Vertrocknen der Blätter

In Altbeständen treten bei *F. sylvatica* Verlichtungserscheinungen auf, die mit luftchemischen Belastungen und bodenchemischen Veränderungen in Verbindung gebracht werden (Waldsterben/neuartige Waldschäden). Kennzeichnend ist der zunehmende Anteil der Kurztriebe im äußeren Kronenbereich und die damit zusammenhängende Verlichtung dieser Kronenpartien durch geringeren Blattaustrieb und vermehrtes Abbrechen der Triebe [126]. Hinzu kommt die Vergilbung der Blattorgane. In Europa wurden im Jahr 2000 22 % der aufgenommenen Rot-Buchen als geschädigt eingestuft [155].

Belastungen durch Schwermetalle (Cadmium, Blei) und Aluminium-Ionen behindern die Nährstoffaufnahme und verringern das Trockengewicht von Wurzel und Spross junger Rot-Buchen. Ein stark saures Bodenmilieu fördert diesen Mechanismus [70, 129]. In Einzelfällen kann auf ausgewählten Standorten der Bodenversauerung durch Kalkung entgegengewirkt werden [118].

Gefälltes Holz unterliegt einem raschen Zerfall durch sogenanntes Verstocken. Darunter versteht man den Pilzbefall toten Holzes, welches dadurch verfärbt (blaue Verfärbung: *Ophiostoma piceae* (Müch.) Syd. et P. Syd., braune Verfärbung: *Ceratocystis bacillospora* But. et Zim., *C. torulosa* But. et. Zim., violette Verfärbung: *Chondrostereum purpureum* (Pers. ex Fr.) Pouzar) oder durch Holzfäule zerstört wird (*Hydnum diversidens* (Fr. ex Fr.) Karst., *H. coralloides* Scop. ex Fr.). Fraßschäden im Holz werden durch zahlreiche Käfer verusacht (*Xyloterus domesticus* L., *Hylecoetus dermestoides* L., *Xestobium plumbeum* Ill.). Die Entwertung des Holzes durch das Verstocken lässt sich durch rechtzeitige Abfuhr aus dem Wald und Trocknung vermeiden.

Nutzung

Holz

Die Verwendung von Rot-Buchen-Holz hat im letzten Jahrhundert eine tiefgreifende Veränderung erfahren. Diente es zu Beginn des 20. Jahrhunderts vor allem als Brennholz, so ist es heute eines der Hölzer mit den größten Verwendungsmöglichkeiten. Rot-Buchen-Holz ist gut zu bearbeiten, leicht spaltbar und mit Ausnahme des rotkernigen Bereiches gut zu imprägnieren [83]. Es kann geschält, gemessert, gedrechselt und poliert werden. Nagel-, Schraub- und Leimverbindungen sind leicht durchzuführen. Vorbohrungen sind nur in Ausnahmefällen notwendig. Die Trocknung muss langsam und sehr sorgfältig erfolgen, da das Holz leicht zur Rissbildung und zum Werfen neigt. Auch nach der Trocknung arbeitet Rot-Buchen-Holz bei Schwankungen von Luftfeuchtigkeit und Temperatur. Es lässt sich jedoch sehr gut dämpfen, wodurch diese für die Holzverwendung nachteilige Eigenschaft verringert wird. Das Holz erhält dabei zunächst einen hellroten, später nachdunkelnd einen rotbraunen Ton. In heiß gedämpftem Zustand ist es gut formbar [6]. Neben Schwindungs- und Spannungsrissen wirken sich vor allem Totäste nachteilig auf die Verwendbarkeit aus [75]. Schaftfehler treten gehäuft bei Buchen auf, die in Hanglagen geerntet werden [98].

Buchenindustrieholz wird in großem Umfang zu Holzwerkstoffen verarbeitet. Es ist Bestandteil von Tischler-, Verbund-, Partikel-, Span-, Faser- und Gipsplatten. Es eignet sich für die Produktion von vergütetem Holz und Holzwolle. Durch Zermahlen wird Holzmehl erzeugt, das als Füllstoff Einsatz findet. Durch Auflösung des Holzgefüges entstehen Halbstoffe – Holzschliff, Zellstoffe und Halbzellstoffe. Verbreitet ist die Produktion von Kunstfasern aus Buchenhalbstoffen. Viskose wird überwiegend aus Rot-Buchenholz hergestellt. Die Verwendung von Buchenzellstoff in der Papierherstellung bleibt auf Grund der kurzen Faserlänge begrenzt [75]. Außerdem muss Sulfitzellstoff aus Rot-Buche auf Grund seines besonders hohen Ligninanteils nachträglich intensiv gebleicht werden [13]. Die Kunststoffproduktion aus Buchenhalbstoffen hingegen basiert auf Ligninkondensaten bzw. Cellulosederivaten [75].

Abb. 12: Schleimflussflecke (links) und Fruchtkörper von Weißfäuleerregern (Fomes fomentarius (L. ex Fr.) Fr.)

Durch thermische Zersetzung von Rot-Buchen-Holz lässt sich Gas erzeugen. Die Verkohlung liefert Holzkohle, Pech und Holzteer [75]. Holzkohle wird heute vor allem zum Grillen und in geringem Umfang in der Pharmazie verwendet. Früher war Holzkohle oft die einzige Möglichkeit zur Metallerzeugung. So benötigte man für die Herstellung von 1 kg Stahl 1 t Holzkohle [117]. Die Produktion von Essigsäure, Methylalkohol und Azeton war bis zum Beginn des 20. Jahrhunderts von Bedeutung [75]. Pech und Holzteer wurden zur Konservierung verwendet. Buchenholzteer enthält aromatische Kohlenhydrate – vor allem Phenole, Phenolderivate und Harze, welche in der organischen Chemie und Pharmazie, bei der Konservierung und Desinfektion sowie als Geschmacksstoffe verwendet werden [27, 168]. Die pharmazeutische Bedeutung des Buchenholzteers (*Oleum Fagi empyreumaticum*, Ergänzungsbuch zum Deutschen Arzneibuch) beruht vor allem auf den Stoffen Guajakol, Kresol und Kreosot. Früher war Guajacol Bestandteil von Hustensäften, Kreosot von Katarrh-Pillen. Heute ist Buchenholzteer in alkoholischer Lösung oder als Salbe Bestandteil von dermatologischen Arzneimitteln [27].

Besondere Bedeutung hat Buchenholz immer noch als Energieholz. Insbesondere gut getrocknetes Brennholz wird auf Grund seines hohen Energiegehaltes und günstigen Brennverhaltens nachgefragt [57, 130]. Buchenholzasche wurde früher zur Glas- und Seifenherstellung verwendet und dient heute noch als Pottasche [130].

Stammholz normaler Qualität wird in vielfältiger Weise genutzt. In der Bautischlerei werden Treppen, Parkett und Holzpflaster hergestellt. Auch im Möbelbau ist es vielseitig einsetzbar. Ferner lassen sich aus Rot-Buchen-Holz Werkzeug- und Gerätestiele, Werkbänke, Fässer, Webstühle, Instrumententeile, Spielwaren, Schlitten, Gefäße, Haus- und Küchengeräte, Bürstenrücken und andere Holzwaren herstellen [48, 117].

Auf Grund seiner guten Haltbarkeit unter Wasser findet es im Schiffbau als Kielholz Verwendung [63]. „Wiener Möbel“ entstehen durch Verformung frisch gedämpften Buchenholzes [63]. Stammholz minderer Qualität wird zu Paletten und Eisenbahnschwellen verarbeitet. In Teeröl getränkte Eisenbahnschwellen haben eine Lebensdauer von 40 Jahren [75].

Aus Buchenwertholz werden meist Furniere hergestellt. Schälfurniere dienen zur Produktion von Sperrholz, Tischlerplatten, Sperrholzformteilen, Sperrholzfässern und Spankörben. Außerdem finden sie im Möbel- und Innenausbau Verwendung [48]. Messerfurniere kommen vor allem im Möbelbau zum Einsatz [52].

Das als Abfallprodukt entstehende Holzmehl wird entweder in der Plattenproduktion genutzt oder dient als Brennstoff, der direkt bei der Energiegewinnung eingesetzt oder zu Holzbriketts verarbeitet wird.

Sonstige Nutzungen

Bucheckern bestehen zu 23 % aus Eiweiß, zu 40 bis 50 % aus Fett und enthalten in der häutigen Samenschale das zur Giftstoffgruppe der Saponine gehörende Fagin, welches beim Verzehr größerer Mengen von Bucheckern zu Vergiftungen führen kann [136].

Bis ins Mittelalter hatten Bucheckern eine große Bedeutung für die Schweinemast [130]. Nach gründlicher Vorbehandlung und Entfernen der Samenhaut lässt sich aus Bucheckern jedoch auch Speiseöl gewinnen. Reines „Buchelöl“ ist hellgelb, geruchlos, ungiftig und bei sachgemäßer Lagerung gut haltbar. Aus 4 kg Bucheckern gewinnt man 1 l Öl. Reines Buchelöl, *Oleum Fagu depuratum*, kann dermatologisch eingesetzt werden [57, 63].

Die Buchenrinde diente als Rohstoff zur Gerbstoffgewinnung (Gerbstoffgehalt 3–4 %). Aus der Rinde wurden im Altertum Gefäße hergestellt [63]. Buchenblätter wurden früher häufig als Viehfutter, Einstreu und auf Grund seiner Fäuleresistenz als Füllmaterial verwendet [130].

Verschiedenes

Mit *Fagus* wurde bereits in der römischen Literatur die Buche bezeichnet. Der Wortstamm stammt aus dem Griechischen, wobei „phag“ essen bedeutet, „phagos“ eine reichliche Mahlzeit war und „phegos“ als Bezeichnung für fruchttragende Bäume verwendet wurde. Hier kommt zum Ausdruck, dass die Buchenfrüchte als Nahrungsmittel und Viehfutter auf Grund des hohen Nährstoffgehaltes genutzt wurden [113]. Das Wort Buche leitet sich etymologisch aus der indogermanischen Wurzel bhàug-s, dann althochdeutsch buchla und schließlich mittelhochdeutsch buoche ab [63, 99]. Die Bezeichnung Rot-Buche bezieht sich auf die rötliche Färbung des Holzes [107].

Literatur

[1] AMANN, G., 1956: Bäume und Sträucher des Waldes. Neumann-Neudamm, Melsungen.

[2] ARANDA, I.; GIL, L.; PARDOS, J., 1996: Seasonal water relations of three broadleaved species (Fagus sylvatica L., Quercus pertraea (Mattuschka) Liebl. and Quercus pyrenaica (Willd.)) in a mixed stand in the centre of the Iberian Peninsula. For. Ecol. Managem. **84**, 219–229.

[3] ASCHE, N.; THOMBANSEN, K.; BECKER, A., 1995: Untersuchungen zur Wurzelverteilung unterschiedlich belaubter Buchen – Eine Fallstudie. Forstw. Cbl. **114**, 340–347.

[4] BÄRTELS, A., 1996: Gehölzvermehrung. Ulmer, Stuttgart.

[5] BECK, O. A., 1989: Schäden durch Eisregen im Solling. Forst und Holz **5**, 128–129.

[6] BEGEMANN, H. F., 1987: Encylcopedia of commercial timbers. Volume VII. Deutscher Betriebswirte-Verlag, Gernsbach.

[7] BEHRE, K. E., 1988: The role of man in European vegetation history. In: HUNTLEY, B.; WEBB, T. (Eds.): Vegetation history. Kluwer, Amsterdam.

[8] BESSERES, F., 1990: Die Forstwirtschaft Frankreichs und die Idee des naturnahen Waldbaues. Allg. Forstz. **45**, 749–750.

[9] BIRKS, H. J. B., 1989: Holocene isochrone maps and patterns of tree-spreading in the British Isles. Biogeography, 503–540.

Abb. 13: Bestand bei Wessobrunn, Obb. (Foto: Ulla M. Lang)

[10] BIRKS, H. J .B., 1990: Changes in vegetation and climate during the holocene of Europe. In: BOER, M. M.; GROOT, de, R. S. (Eds.): Landscape-ecological impact of climatic change. IOS Press, Amstersdam, Washington, Tokyo.

[11] BORGHETTI, M.; LEONARDI, S. et al., 1993: Ecotypic variation of xylem embolism, phenological traits, growth parameters and allozyme characteristics in Fagus sylvatica. Functional Ecology **7**, 713–720.

[12] BOSSHARD, H. H., 1984: Holzkunde. Band 2. Zur Biologie, Physik und Chemie des Holzes. Birkhäuser Verlag, Basel; Boston; Stuttgart.

[13] BOSSHARD, H. H., 1984: Holzkunde. Band 3. Aspekte der Holzbearbeitung und Holzverwertung. Birkhäuser Verlag, Basel; Boston; Stuttgart.

[14] BOURNE, R., 1945: Neglect of natural regeneration. Forestry **9**, 33–40.

[15] BRAND, F., 1991: Ektomykorrhizen an Fagus sylvatica. Libri Botanici, Bd. 2, 1–185, IHW-Verlag, Eching.

[16] BRETT, D. W., 1964: The inflorescence of Fagus and Castanea, and the evolution of the cupules of the Fagaceae. New Phytologist **63**, 96–118.

[17] BURGER, D., 1969: Wald- und Forstwirtschaft in den Niederlanden. Allg. Forstz. **24**, 652–664.

[18] BURSCHEL, P.; HUSS, J., 1997: Grundriß des Waldbaus. Parey, Berlin.

[19] BURSCHEL, P.; HUSS, J.; Kalbhenn, R., 1964: Die natürliche Verjüngung der Buche. Sauerländer, Frankfurt/M.

[20] BÜSGEN, M., 1917: Bau und Leben unserer Waldbäume. Fischer, Jena.

[21] BUSOV, V. B., 1995: Discrimination between the European (Fagus sylvatica L.) and Oriental beech (Fagus orientalis LIPSKY) by SDS-page of seed proteins. In: BARADAT, P.; ADAMS, W. T.; MÜLLER-STARCK, G. (Eds.): Population genetics and genetic conservation of forest trees. SPB Academic Publishing, Amsterdam.

[22] BUSSOTTI, F.; BOTTACCI, A. et al., 1995: Morpho-anatomic alterations in leaves collected from beech trees (Fagus sylvatica L.) in conditions of natural water stress. Environ. and Experim. Botany **35**, 291–213.

[23] COMPS, B.; THIEBAUT, B.; MERZEAU, D., 1991: Genetic variation in European beech stands. In: MÜLLER-STARCK, G.; ZIEHE, M. (Eds.): Genetic variation in European populations of forest trees. Sauerländer, Frankfurt am Main.

[24] DENK, T., 1999: The taxonomy of Fagus in western Eurasia. 1. Fagus sylvatica subsp. orientalis (= F. orientalis). Feddes Repertorium **110**, 177–200.

[25] DENK, T., 1999: The taxonomy of Fagus in western Eurasia. 2. Fagus sylvatica subsp. sylvatica. Feddes Repertorium **110**, 381–412.

[26] DÖNIG, G., 1994: Die Park- und Gartenformen der Rotbuche – Fagus sylvatica L.. Verlag Gartenbild Heinz Hansmann, Rinteln.

[27] DÖRFLER, F.; ROSELT, G., 1965: Unsere Heilpflanzen. Franckh'sche Verlagsbuchhandlung, Stuttgart.

[28] DUBBEL, V., 1989: Die Bedeutung des Bodenkontaktes für die Qualität des Buchensaatgutes. Forst und Holz **44**, 512–516.

[29] DUBBEL, V., 1992: Pilze an Bucheckern. Allg. Forstz., 642–645.

[30] DUTY, J., 1985: Die Fagus-Sippen Europas und ihre geographisch-soziologische Korrelation zur Verbreitung der Assoziationen des Fagion s.l.. Vegetatio **59**, 177–184.

[31] EDWARDSON, T. E., 1969: Probleme und Entwicklung des Waldbaus in den Britischen Staatsforsten. Allg. Forstz. **24**, 372–377.

[32] EICHHORN, J., 1992: Wurzeluntersuchungen an sturmgeworfenen Bäumen in Hessen. Forst und Holz **47**, 555–559.

[33] EL-ANTABLY, H. M. M., 1976: Changes in auxin, germination inhibitors, gibberellins, and cytokinins during the breaking of seed dormancy in Fagus sylvatica. Biochemie und Physiologie der Pflanzen **170**, 51–58.

[34] ELLENBERG, H., 1996: Vegetation Mitteleuropas mit den Alpen in ökologischer, dynamischer und historischer Sicht. Ulmer, Stuttgart.

[35] ELLENBERG, H.; MAYER, R.; SCHAUERMANN, J., 1986: Ökosystemforschung: Ergebnisse des Sollingprojekts 1966–1986. Ulmer, Stuttgart.

[36] ENCKE, F.; BUCHHEIM, G.; SEYBOLD, S., 1993: Zander: Handwörterbuch der Pflanzennamen. Eugen Ulmer, Stuttgart.

[37] ESCHRICH, W., 1989: Stofftransport in Bäumen. Sauerländer, Frankfurt/M.

[38] ESCHRICH, W.; BUCHARDT, R.; ESSIAMAH, S., 1989: The induction of sun and shade leaves of the European beech (Fagus sylvatica L.): anatomical studies. Trees **3**, 1–10.

[39] FALUSI, M.; CALAMASSI, R., 1990: Bud dormancy in beech (Fagus sylvatica L.): Effect of chilling and photoperiod on dormancy release of beech seedlings. Tree Physiology **6**, 429–438.

[40] FALUSI, M.; CALAMASSI, R., 1996: Geographic variation and bud dormancy in beech seedlings (Fagus sylvatica L.). Ann. Sc. Forest. **53**, 967–979.

[41] FELBERMEIER, B., 1993: Der Einfluß von Klimaänderungen auf die Areale von Baumarten: Methodenstudie und regionale Abschätzung für die Rotbuche (Fagus sylvatica L.) in Bayern. Forstliche Forschungsberichte München Nr. 134, München.

[42] FENGEL, D.; WEGENER, G., 1989: Wood: Chemistry, Ultrastructure, Reactions. Walter de Gruyter, New York.

[43] FIRBAS, F., 1949: Waldgeschichte Mitteleuropas: Erster Band. Fischer, Jena.

[44] GANSSEN, R. H., 1934: Untersuchungen an Buchenstandorten Nord- und Mitteldeutschlands. Z. Forst- und Jagdw. **66**, 225–249.

[45] GAYER, K., 1898: Der Waldbau. Parey, Berlin.

[46] GEHU, J. M.; JULVE, P., 1989: Die atlantischen Wälder mit Buche: Struktur, Pflanzengeographie, Ökologie, Dynamik und Syntaxonomie. 93–105, Ber. Reinhold Tüxen-Gesellschaft, Bd. 1, Hannover.

[47] GÖMÖRY, D.; PAULE, L.; VYS´NY, J., 1993: Isozyme polymorphism of beech populations in the transition zone between Fagus sylvatica and Fagus orientalis. In: MUHS, H. J.; WUEHLISCH, G. (Eds.): The scientific basis for the evaluation of forest genetic resources of beech. EC, DG VI, Brüssel.

[48] GRAMMEL, R., 1989: Forstbenutzung. Parey, Hamburg; Berlin.

[49] GRASS, N., 1980: Die Almwirtschaft in der Urzeit und im Mittelalter. In: JANKUHN, H. (Hrsg.): Untersuchungen zur eisenzeitlichen und frühmittelalterlichen Flur in Mitteleuropa.

[50] GROSS, H., 1934: Die Rotbuche in Ostpreußen. Z. Forst- und Jagdwesen **66**, 622–651.

[51] GROSSER, D., 1977: Die Hölzer Mitteleuropas. Springer, Berlin; Heidelberg; New York.

[52] GROSSER, D., 1984: Buche. Kontor für Grafik und Design, Arbeitsgemeinschaft Holz e.V.: Informationsdienst Holz, Gauting.

[53] GRUBER, F., 1997: Kombinierte Altersbestimmung von Jungbuchen. Allg. Forstz., 250–252.

[54] HAMILTON, G. J.; CHRISTIE, J. M., 1971: Forest management tables. Forestry Commision Booklet No. 34, London.

[55] HARTIG, G. L., 1791: Anweisung zur Holzzucht für Förster. Marburg.

[56] HARTIG, T., 1851: Vollständige Naturgeschichte der forstlichen Culturpflanzen Deutschlands. Förstner'sche Verlagsbuchhandlung, Berlin.

[57] HARTIG, T., 1877: Luft-, Boden- und Pflanzenkunde in ihrer Anwendung auf Forstwirtschaft und Gartenbau. Verlag der Cotta´schen Buchhandlung, Stuttgart.

[58] HARTMANN, G.; NIENHAUS, F.; BUTIN, H., 1988: Farbatlas Waldschäden: Diagnose von Baumkrankheiten. Ulmer, Stuttgart.

[59] HILF, H. H., 1927: Wurzelstudien an Waldbäumen. Schaper, Hannover.

[60] HOFFMANN, G., 1972: Wachstumsrhythmik der Wurzeln und Sproßachsen von Forstgehölzen. Flora **161**, 303–319.

[61] HOLDHEIDE, W., 1950: Anatomie mitteleuropäischer Gehölzrinden (mit mikrophotographischem Atlas). Forstbotanisches Institut, München.

[62] HORVAT-MAROLT, S., 1992: A historical analysis of beechwoods. In: ROSSELLO, R. E. (Ed.): International congress on beech, Pamplona – 1992. Investigacion Agraria, Pamplona.

[63] HOTOVY, R., 1948: Fagus sylvatica L., Rotbuche. Pharmazie **3**, 513–523.

[64] HUNTLEY, B.; BIRKS, H. J. B., 1983: An atlas of past and present pollen maps for Europe: 0–13000 years ago. Cambridge University Press, Cambridge.

[65] HUPFELD, M.; BERENDES, G.; LEHNARDT, F., 1997: Buchenrotkern und Zielstärkennutzung. Allg. Forstz., 1024–1027.

[66] HURST, A., 1987: Wirkung von Bodenabkühlungen auf die Wasserbilanz und das Wachstum von Bäumen. Diss. ETH Zürich.

[67] JAHN, G., 1979: Zur Frage der Buche im nordwestdeutschen Flachland. Forstarchiv **50**, 85–95.

[68] JENSEN, T. S., 1985: Seed-seed predator interactions of European beech, Fagus sylvatica and forest rodents, Clethrionomys glareolus and Apodemus flavicollis. Oikos **44**, 149–156.

[69] JOYCE, P. M.; HUSS, J. et al., 1998: Growing broadleaves. National Council for Forest Research and Development, Nat. Univ. Ireland, Dublin.

[70] KAHLE, H.; BRECKLE, S. W., 1992: Critical concentrations of lead and cadmium for young beech trees (Fagus sylvatica L.). In: TELLER, A.; MATHY, P.; JEFFERS, J. N. R. (Eds.): Responses of forest ecosystems to environmental changes. Elsevier Applied Science, London; New York.

[71] KAHN, M.; PRETZSCH, H., 1997: Das Wuchsmodell SILVA – Parametrisierung der Version 2.1 für Rein- und Mischbestände aus Fichte und Buche. Allg. Forst- u. J-Ztg. **168**, 115–123.

[72] KATO, F.; MÜLDER, D., 1978: Über die soziologische und qualitative Zusammensetzung gleichaltriger Buchenbestände. Sauerländer, Frankfurt/M.

[73] KLÄDTKE, J., 1997: Buchen-Lichtwuchsdurchforstung. Allg. Forstz., 1019–1023.

[74] KLIMETZEK, D., 1992: Schädlingsbelastung der Waldbäume in Mitteleuropa und Nordamerika. Forstw. Cbl. 111, 61–69.

[75] KNIGGE, W.; SCHULZ, H., 1966: Grundriss der Forstbenutzung. Parey, Hamburg; Berlin.

[76] KORPEL, S., 1995: Die Urwälder der Westkarpaten. Fischer, Stuttgart; Jena; New York.

[77] KÖSTLER, J. N., 1956: Allgäuer Plenterwaldtypen. Forstw. Cbl. **75**, 423–458.

[78] KÖSTLER, J. N.; BRÜCKNER, E.; BIBELRIETHER, H., 1968: Die Wurzeln der Waldbäume. Parey, Hamburg; Berlin.

[79] KRAMER, H., 1988: Waldwachstumslehre. Parey, Hamburg; Berlin.
[80] KREUTZER, K., 1959: Wurzelbildung junger Waldbäume auf Pseudogleyböden. Diss. Univ. München.
[81] KRÜSSMANN, G., 1960: Handbuch der Laubgehölze. Parey, Berlin; Hamburg.
[82] KRÜSSMANN, G., 1997: Die Baumschule. Parey, Berlin.
[83] KUCERA, L. J.; PÖHLER, E., 1998: Das Holz der Buche und die Farbkernbildung. Schweiz. Z. Forstw. **149**, 931–942.
[84] KÜSTER, H., 1997: Die Rolle von Buche, Eiche und Hainbuche in der postglazialen Vegetationsgeschichte. In: GUNDERMANN, E.; BECK, R. (Hrsg.): Forum Forstgeschichte des Arbeitskreises Forstgeschichte in Bayern 1996, 87–96, Forstliche Forschungsberichte München, Nr. 161, Freising.
[85] LANDBECK, H., 1952: Über die Buchenplenterwalder in Nordthüringen. Der Wald **9**, 279–282.
[86] LANG, G., 1994: Quartäre Vegetationsgeschichte Europas: Methoden und Ergebnisse. Fischer, Jena; Stuttgart; New York.
[87] LARCHER, W., 1994: Ökophysiologie der Pflanzen. Ulmer, Stuttgart.
[88] LEONARDI, S.; MENOZZI, P., 1995: Genetic variability of beech (Fagus sylvatica L.) in Italy. In: Baradat, P.; Adams, W.T.; Müller-Starck, G. (Eds.): Population genetics and genetic conservation of forest trees. SPB Academic Publishing, Amsterdam.
[89] LESNINO, G., 1996: Auswirkungen standörtlicher Wachstumsbedingungen auf die Jahrringstruktur. Allg. Forstz. **19**, 1048–1051.
[90] LEUSCHNER, C.; RODE, M. W.; HEINKEN, T., 1993: Gibt es eine Nährstoffmangel-Grenze der Buche im nordwestdeutschen Flachland ? Flora **188**, 239–249.
[91] LEWARK, S., 1987: Untersuchungen an Buchenbeständen Nordwestdeutschlands über die Variation der Rohdichte. Sauerländer, Frankfurt/M.
[92] LIPPERT, M.; STEINER, K. et al., 1996: Assessing the impact of ozone on photosynthesis of European beech (Fagus sylvatica L.) in environmental chambers. Trees **10**, 268–275.
[93] LUNDERSTÄDT, J., 1992: Stand der Ursachenforschung zum Buchensterben. Forstarchiv **63**, 21–24.
[94] LYR, H.; FIEDLER, H. J.; TRANQUILLINI, W., 1992: Physiologie und Ökologie der Gehölze. Fischer, Jena; Stuttgart.
[95] LYR, H.; GARBE, V., 1995: Influence of root temperature on growth of Pinus sylvestris, Fagus sylvatica, Tilia cordata and Quercus robur. Trees **9**, 220–223.
[96] MACDONALD, A. D., 1979: Inception of the cupule of Quercus macrocarpa and Fagus grandifolia. Canadian J. Bot. **57**, 1777–1782.
[97] MADSEN, P., 1995: Effects of soil water content, fertilization, light, weed competition and seedbed type on natural regeneration of beech (Fagus sylvatica). For. Ecol. Managem. **72**, 251–264.
[98] MARVIE-MOHADJER, M. R., 1975: Über Qualitätsmerkmale der Buche. Untersuchungen über die Abhängigkeit verschiedener morphologischer Merkmale der Buche (Fagus silvatica L.). Beihefte Schweiz. Z. Forstw., Nr. 54.
[99] MARZELL, H., 1972: Wörterbuch der deutschen Pflanzennamen. Hirzel, Leipzig.
[100] MATUSZKIEWICZ, W., 1989: Über die standörtliche und regionale Gliederung der Buchenwälder in ihrem osteuropäischen Rand-Areal, 83–92, Ber. Reinhold Tüxen-Gesellschaft, Bd. 1, Hannover.
[101] MAYER, H., 1992: Waldbau. Fischer, Stuttgart.
[102] METELMANN, 1935: Die Muschelkalkböden Mitteldeutschlands und ihre land- und forstwirtschaftliche Bedeutung. Reichsnährstand Verlags GmbH, Berlin.
[103] MIGROET, M., 1990: Möglichkeiten naturnaher Waldbewirtschaftung in Belgien. Allg. Forstz. **45**, 738–740.
[104] MIKKELSEN, T. N.; HEIDE-JORGENSEN, H. S., 1996: Acceleration of leaf senescence in Fagus sylvatica L. by low levels of tropospheric ozone demonstrated by leaf colour, chlorophyll fluorescence and chloroplast ultrastructure. Trees **10**, 145–156.
[105] MILESCU, I.; ALEXE, A. et al., 1967: Fagul. Editura Agro-Silvica, Bucuresti.
[106] MINOTTA, G; PINZAUTI, S., 1996: Effects of light and soil fertility on growth, leaf chlorophyll content and nutrient use efficiency of beech (Fagus sylvatica L.) seedlings. For. Ecol. Managem. **86**, 61–71.
[107] MITCHELL, A., 1979: Die Wald- und Parkbäume Europas: Ein Bestimmungsbuch für Dendrologen und Naturfreunde. Parey, Hamburg; Berlin.
[108] MÖLLER, C. M., 1946: Untersuchungen über Laubmengen, Stoffverlust und Stoffproduktion des Waldes. Forstlige Forsogsvaesen i Denmark 21.
[109] MULLER, C.; BONNET-MASIMBERT, M., 1982: Long term storage of beechnuts: results of large scale trials. In: WANG, B. S. P; PITEL, J. A. (Eds.): Proceedings, international symposium on forest seed storage. Canadian Forest Service, Ottawa.
[110] NILSSON, S. G., 1985: Ecological and evolutionary interactions between reproduction of beech Fagus sylvatica and seed eating animals. Oikos **44**, 157–164.
[111] PAULE, L., 1992: Geographic variation and genetic diversity of the European beech (Fagus sylvatica L.) in Europe. In: ROSSELLO, R. E. (Ed.): International congress on beech, Pamplona – 1992, Vol. 1. Investigacion Agraria, Pamplona.
[112] PERKO, F., 1988: Tannen-Buchenwirtschaft im Dinarischen Hohen Karst. Allg. Forstz. **43**, 180–181.
[113] PETERS, R., 1992: Ecology of beech forests in the Northern hemisphere. Diss. Landbouwuniv. Wageningen.
[114] PFEIL, W., 1829: Das forstliche Verhalten der deutschen Waldbäume und ihre Erziehung. Boike, Berlin.
[115] PISEK, A.; LARCHER, W. et al., 1968: Kardinale Temperaturbereiche der Photosynthese und Grenztemperaturen des Lebens der Blätter verschiedener Spermatophyten. II. Temperaturmaximum der Netto-Photosynthese und Hitzeresistenz der Blätter. Flora Abt. B 158, 110–128.
[116] PRENTICE, C. I.; HELMISAARI, H., 1991: Silvics of north European trees: Compilation, comparisons and implications for forest succession modelling. For. Ecol. Managem. **42**, 79–93.
[117] RADULESCU, V., 1934: Wuchs-Leistung, Nutzung und Verjüngung der urwüchsigen Buchenbestände in den Karpaten. Diss., München.
[118] REHFUESS, K.-E., 1999: Indikatoren der Fruchtbarkeit von Waldböden – zeitliche Veränderungen und menschlicher Einfluss. Forstw. Cbl. 118, 88–96.
[119] REIF, A.; PAPP-VARY, T, 1995: Spätfrostschäden in Südwestdeutschland im Mai 1995. Allg. Forstz. **23**, 1282–1286.
[120] RÖHE, P., 1984: Untersuchungen über das Wachstum der Buche in Baden-Württemberg. Selbstverlag der Landesforstverwaltung Baden-Württemberg, Diss. Freiburg.
[121] ROHMEDER, E., 1951: Beiträge zur Keimungsphysiologie der Forstpflanzen. BLV, München.
[122] ROHMEDER, E.; SCHÖNBACH, H., 1959: Genetik und Züchtung der Waldbäume. Parey, Hamburg; Berlin.
[123] RÖHRIG, E., 1991: Seasonality. In: RÖHRIG, E.; ULRICH, B. (Eds.): Temperate deciduous forests. Elsevier, Amsterdam; London; New York; Tokyo.
[124] RÖHRIG, E.; BARTELS, H. et al., 1978: Untersuchungen zur natürlichen Verjüngung der Buche (Fagus sylvatica). Forstw. Cbl. **97**, 121–131.

[125] ROLOFF, A., 1985: Morphologie der Kronenentwicklung von Fagus sylvatica L. (Rotbuche) unter besonderer Berücksichtigung möglicherweise neuartiger Veränderungen. Diss. Univ. Göttingen.
[126] ROLOFF, A., 1989: Kronenentwicklung und Vitalitätsbeurteilung ausgewählter Baumarten der gemäßigten Breiten. Sauerländer. Frankfurt/M.
[127] ROZSNYAY, Z., 1994: Mit den Bandkeramikern begann die Forstgeschichte Mitteleuropas. Forst und Holz **49**, 227–230.
[128] RZEZNIK, Z.; NEBE, W., 1987: Wachstum und Ernährung von Buchen-Provenienzen. Beitr. Forstwirtsch. **21**, 106–111.
[129] SANDER, K., 1996: Röntgenmikroanalytische Untersuchungen zur Aluminium-Toxidität an Buchenfeinwurzeln aus Altbeständen. Berichte des Forschungszentrums Waldökosysteme, Reihe A, Göttingen.
[130] SANDHOF, C. H., 1809: Unterricht über den Anbau der nützlichsten, zum Theil geschwind wachsenden Laub- und Nadelhölzer. Goedsche, Meissen.
[131] SASS, U.; ECKSTEIN, D., 1995: The variability of vessel size in beech (Fagus sylvatica L.) and its ecophysiological interpretation. Trees **9**, 247–252.
[132] SAVILL, P.; EVANS, J. et al., 1997: Plantation silviculture in Europe. Oxford University Press, Oxford; New York; Tokyo.
[133] SCAMONI, A., 1989: Eine seltene Kombination von Baumarten: Alnus glutinosa (L.) Gaertn. – Fagus sylvatica L.. Flora **183**, 97–102.
[134] SCHOENICHEN, W., 1950: Von deutschen Bäumen. Walter de Gruyter, Berlin.
[135] SCHÖNBORN, A., 1964: Die Aufbewahrung des Saatgutes der Waldbäume. BLV, München.
[136] SCHÜTT, P.; SCHUCK, H. J.; STIMM, B. (Hrsg.), 1992: Lexikon der Forstbotanik. ecomed, Landsberg/Lech.
[137] SCHWEINGRUBER, F. H.; ECKSTEIN, D. et al., 1990: Identification, presentation and interpretation of event years and pointer years in dendrochronology. Dendrochronologia **8**, 9–38.
[138] SCHWERDTFEGER, F., 1981: Die Waldkrankheiten. Parey, Hamburg; Berlin.
[139] SEELING, U., 1991: Abnorme Kernbildung bei Rotbuche (Fagus sylvatica L.) und ihr Einfluß auf holzbiologische und holztechnische Kenngrößen. Diss. Univ. Göttingen.
[140] SISSINGH, G., 1962: Dänische Buchenwälder. Vortrag auf Internationalem Fagion-Kolloqium in Stolzenau an der Weser.
[141] SITTE, P.; ZIEGLER, H. et al., 1998: Strasburger: Lehrbuch der Botanik für Hochschulen. Fischer, Stuttgart; Jena; Lübeck; Ulm.
[142] SOLYMOS, R., 1990: Die Entwicklung zur naturnahen Waldwirtschaft in Ungarn. Allg. Forstz. **45**, 753–755.
[143] SPETHMANN, W., 1982: Stecklingsvermehrung von Laubbaumarten. I Versuche mit Ahorn, Esche, Eiche, Buche, Kirsche, Linde, Birke. Allg. Forst- u. J-Ztg. **153**, 13–24.
[144] STARKE, R., 1996: Die Reproduktion der Buche (Fagus sylvatica L.) unter verschiedenen waldbaulichen Gegebenheiten. In: Müller-Starck, G. (Ed.): Biodiversität und nachhaltige Forstwirtschaft. ecomed, Landsberg.
[145] STARKE, R.; HATTEMER, H. et al., 1995: Genetische Variation an Enzym-Genloci der Buche. Allg. Forst- u. J-Ztg. **166**, 161–167.
[146] STICKAN, W.; ZHANG, X., 1992: Seasonal changes in CO_2 and H_2O gas exchange of young European beech (Fagus sylvatica L.). Trees **6**, 96–102.
[147] SUZSKA, B., 1974: Storage of beech (Fagus sylvatica L.) seeds for up to 5 winters. Arboretum Kornickie, 105–128.
[148] TEISSIER DU CROS, E., 1981: Le Hétre. Institut National de la Recherche Agronomique, Paris.
[149] THOMASIUS, H., 1990: Der Treibhauseffekt in seinen Auswirkungen auf die Waldökologie und Forstwirtschaft. Geographische Berichte **125**, 105–118.
[150] TRANQUILLINI, W.; PLANK, A., 1989: Ökophysiologische Untersuchungen an Rotbuchen (Fagus sylvatica L.) in verschiedenen Höhenlagen Nord- und Südtirols. Cbl. ges. Forstwesen **106**, 225–246.
[151] TROLL, W., 1954: Praktische Einführung in die Pflanzenmorphologie. VEB Gustav Fischer Verlag, Jena.
[152] TSCHERMAK, L., 1929: Die Verbreitung der Rotbuche in Österreich. Frick, Wien.
[153] TSCHERMAK, L., 1950: Waldbau auf pflanzengeographisch-ökologischer Grundlage. Springer, Wien.
[154] TUTIN, T. G.; HEYWOOD, V. H. et al., 1964: Flora europaea. Cambridge University Press, London; New York; Ibadan.
[155] UN/ECE, 2001: Forest condition in Europe – 2001. Technical Report. Brüssel; Genf.
[156] VATER, H., 1927: Die Bewurzelung der Kiefer, Fichte und Buche. Tharandter Forstliches Jahrbuch **78**, 5–85.
[157] VELDMANN, G., 1978: Einfluß biotischer Schadfaktoren auf das Gelingen von Buchen-Naturverjüngungen. Diss. Techn. Univ. Dresden.
[158] VINCE-PRUE, D., 1975: Photoperiodism of plants. McGraw Hill, London; New York.
[159] WACHTER, H., 1964: Über die Beziehungen zwischen Witterung und Buchenmastjahren. Forstarchiv **35**, 69–77.
[160] WALTER, H.; BRECKLE, S. W., 1986: Ökologie der Erde, Band 3. Spezielle Ökologie der Gemäßigten und Arktischen Zonen Euro-Nordasiens. Fischer, Stuttgart.
[161] WESTERKAMP, C.; DEMMELMEYER, H., 1997: Blattoberflächen mitteleuropäischer Laubgehölze. Gebrüder Borntraeger, Berlin; Stuttgart.
[162] WILHELM, G. J.; LETTER, H. A.; EDER, W., 1999: Zielsetzungen und waldbauliche Prinzipien. Allg. Forstz./Der Wald **54**, 232–233.
[163] WILHELM, G. J.; LETTER, H. A.; EDER, W., 1999: Die Phase der Qualifizierung. Allg. Forstz./Der Wald **54**, 234–236.
[164] WILHELM, G. J.; LETTER, H. A.; EDER, W., 1999: Die Phase der Dimensionierung. Allg. Forstz./Der Wald **54**, 236–238.
[165] WILHELM, G. J.; LETTER, H. A.; EDER, W., 1999: Die Phase der Reife. Allg. Forstz./Der Wald **54**, 239–240.
[166] WILMANNS, O., 1989: Die Buchen und ihre Lebensräume. Ber. Reinhold Tüxen-Gesellschaft, Bd. 1, Hannover.
[167] WOLF, H.; BRAUN, H., 1996: Beiträge der Forstpflanzenzüchtung zur Erhaltung und Erhöhung der genetischen Vielfalt. In: MÜLLER-STARCK, G. (Ed.): Biodiversität und nachhaltige Forstwirtschaft. ecomed, Landsberg.
[168] ZINK, C. (Ed.), 1990: Pschyrembel: Klinisches Wörterbuch. de Gruyter, Berlin; New York.

Für die kritische Durchsicht des Manuskripts und Mithilfe bei Materialbeschaffung danken wir Frau H. Gärtner, Herrn Dr. K. J. Lang und Herrn Prof. A. Roloff.

Die Autoren:

Dr. BERNHARD FELBERMEIER
Prof. Dr. REINHARD MOSANDL
Lehrstuhl für Waldbau und Forsteinrichtung
Am Hochanger 13
D-85354 Freising

Fraxinus excelsior LINNÉ, 1753

Gemeine Esche, Äsch

Familie: Oleaceae

engl.: Common ash
franz.: Frêne, fraisne, fresne,
fraine commune
ital.: Frassino

Abb. 1: Fraxinus excelsior. Freistehender, mittelalter Baum im Erzgebirge

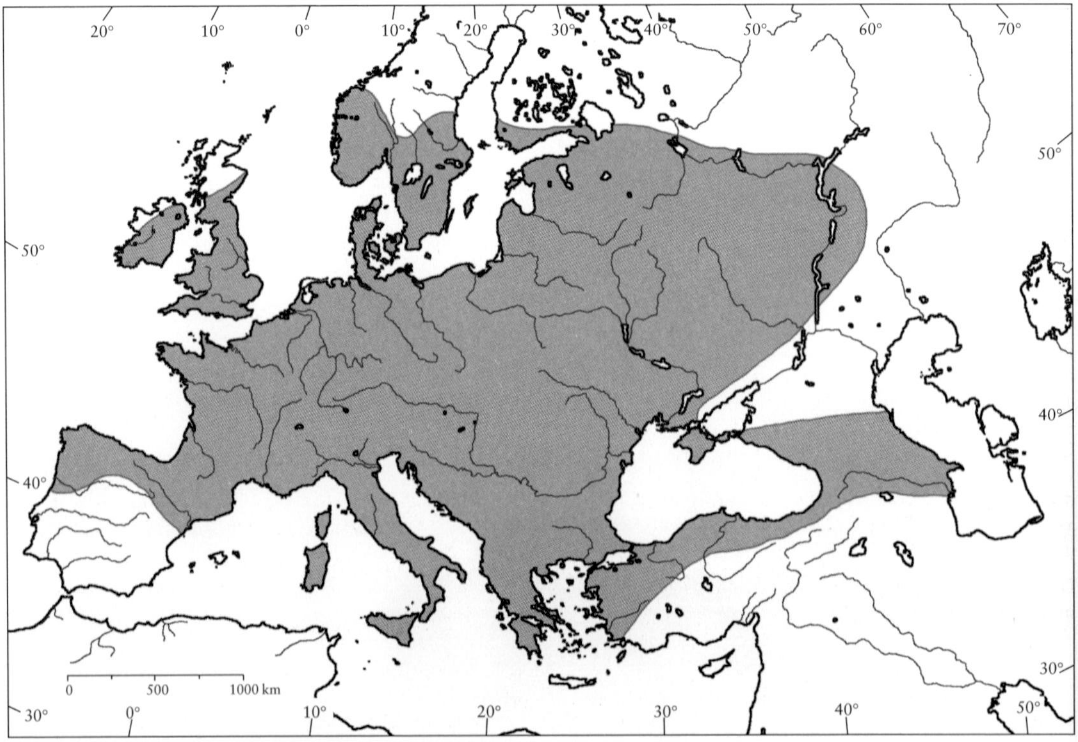

Abb. 2: Natürliche Verbreitung in Europa (nach RÖHRIG, 1990)

Bei *Fraxinus excelsior* handelt es sich um eine wuchskräftige, mitteleuropäische Baumart mit großer Amplitude hinsichtlich des Wasserhaushaltes: sie besiedelt sowohl Standorte mit zeitweiligem Trockenstreß (z.B. flachgründige Kuppen) als auch Auenstandorte und kann sich fast nur in diesen Extrembereichen gegen konkurrenzstärkere Schattenbaumarten, insbesondere die Buche, behaupten. In ihrem Optimalbereich wird sie von letzterer verdrängt. Trotz des damit verbundenen, eher inselartigen Vorkommens ist eine genetische Differenzierung in sogenannte Standortsrassen bisher nicht nachgewiesen, sondern sogar widerlegt.

Die Esche verändert im Laufe ihres Lebens ihre Lichtansprüche sehr grundlegend: in der Jugend sehr schattentolerant, benötigt sie mit zunehmendem Alter immer mehr Licht und schließlich eine vollkommen freie Krone für zufriedenstellendes Wachstum, d.h., sie wird von einer schattentoleranten zu einer lichtbedürftigen Baumart.

Aufgrund ihrer hohen Holzqualität gehört *F. excelsior* zu den sogenannten Edellaubhölzern. Die holztechnischen Eigenschaften sind im Reinbestand besonders günstig, so daß man das Aufwachsen in Gruppen anstrebt. Größere Eschen-Reinbestände sind hingegen waldbaulich unerwünscht, vor allem wegen der dann einsetzenden Vergrasung.

Verbreitung

Nach der Eiszeit wanderte die Esche zusammen mit anderen Eichen-Mischwald-Arten in Mitteleuropa ein (7000 bis 6000 v. Chr.). Sie ist jedoch bereits in der Kreide Grönlands und im Tertiär der Nordhemisphäre nachgewiesen. Die eiszeitlichen Rückzugsgebiete lagen in Süd- und Südwesteuropa. Über die nacheiszeitliche Wiederausbreitung ist wenig bekannt, da Schwierigkeiten bei der Pollenbestimmung die Unterscheidung zu anderen Arten der Gattung *Fraxinus* erschweren. Als seltenere Eichen-Mischwald-Art erlangte sie erst kurz vor Eintreffen der Buche einen größeren Anteil in Mitteleuropas Wäldern, wurde jedoch bald danach von der Buche wieder verdrängt.

Die Nordgrenze des heutigen Verbreitungsgebiets verläuft von Schottland zum Drontheim-Fjord (63° 40' N), schließt in Schweden etwa Südnorrland ein und zieht sich durch die finnischen Provinzen Satakunta und Tawastehus bis zum Ladogasee. Sie geht also nicht sehr hoch nach Norden hinauf; ihre Grenze stimmt in Schweden ziemlich genau mit der +12°C-Isotherme für August bis September überein und liegt dort zwischen 61° 25' und 60° nördlicher Breite. Strauchförmig kommt die Esche in Norwegen sogar bis zum 69. Breitengrad vor.

An der westlichen Verbreitungsgrenze wächst sie in England, bis hinauf in den Nordwesten Schottlands, fehlt jedoch auf den vorgelagerten kleineren Inseln. In Rußland fehlt die Esche in den nordöstlichen Teilen, desgleichen im Steppengebiet. Ihre östliche Verbreitungsgrenze ist wahrscheinlich durch die heißen Sommer mit entsprechender Beeinträchtigung des Wasserhaushalts bedingt. Am weitesten dringt sie in Galeriewäldern entlang der Flüsse nach Osten vor. Auch in den östlichsten Bereichen ihres Verbreitungsgebietes wächst sie häufig in Strauchform. Im Raum St. Petersburg erreicht sie Baumform und gelangt zur Blüte, die Samen reifen jedoch nicht aus.

Von der Krim springt das Areal zum Kaukasus über, auf der Balkanhalbinsel erstreckt es sich bis zum Pindus, auf der Apenninhalbinsel bis zur Nordgrenze Kalabriens und auf der Pyrenäenhalbinsel bis zur Linie mittleres Galizien – Kantabrisches Gebirge – Ebro. WARDLE [54] nennt eine Quelle, nach der *Fraxinus excelsior* auch in Nordafrika vorkommen soll, doch komme es durch die Überschneidungen des Verbreitungsgebiets mit den Arealen von *Fraxinus ornus* und *Fraxinus angustifolia* zu Unsicherheiten in diese Aussage.

Die vertikale Verbreitung erstreckt sich von der Ebene bis in folgende Höhenlagen [13]:

mitteldeutsche Gebirge:	800 m
Kärnten, Steiermark:	ca. 1.000 m
Niederösterreich:	1.120 m
Bayerische Alpen:	1.360 m
Graubünden (Mathon):	1.400 m
Südalpen:	1.400 m
Berner Alpen:	1.510 m
Zentralalpen:	1.630 m
Tirol, Pustertal (kultiviert):	1.700 m
Kaukasus:	1.800 m

Die Esche ist ein verbreiteter Straßen- und Stadtbaum vor allem in Nord- und Osteuropa sowie in den höheren Lagen der Mittelgebirge.

Morphologie

Habitus, Verzweigung, Rinde

F. excelsior ist ein bis 40 m hoher Baum mit kugelförmiger Krone und erreicht Stammdurchmesser bis zu 2 m. Im Alter von 100 Jahren beträgt die Höhe auf durchschnittlichen Standorten etwa 30 m bei 30 bis 40 cm Brusthöhen-Durchmesser [40, 50]. An den Grenzen des Verbreitungsgebietes und auf geringen Standorten werden diese Werte deutlich unterschritten [17]. Das Höchstalter der Esche beträgt 250 bis 300 Jahre.

Abb. 3: Krone einer mittelalten Esche

Das monopodiale Sproßsystem bildet ohne negative Umwelteinflüsse gewöhnlich eine gerade, sich nicht gabelnde Stammachse. Das Wachstum ist in der Regel gebunden (d.h. der Jahrestrieb einschließlich seiner Blätter wird vollständig im Vorjahr in der Knospe angelegt), kann aber unter besonders günstigen Bedingungen – lichte, frische oder nährstoffreiche Standorte – auch frei erfolgen (d.h. aus Triebanlagen, die erst im laufenden Jahr entstanden sind und sich noch in der selben Vegetationsperiode ohne Ruheperiode entfalten). Auch sylleptische Verzweigung (gleichzeitige Verzweigung der Hauptachse bei deren Austreiben ohne Knospenstadium der Seitentriebe) und das Auftreten von Johannistrieben (Prolepsis) können in der Jugend beobachtet werden. Es werden Lang- und Kurztriebe, außerdem noch sog. „Lineartriebe" gebildet [37]. Letztere unterscheiden sich von den Kurztrieben durch ihre größere Länge und von den Langtrieben durch die fehlende Verzweigung. Die Verzweigung ist akroton entwickelt und hypo- bzw. exoton gefördert.

Die Äste gehen fast rechtwinklig vom Stamm ab, wenngleich die Zweigspitzen i.d.R. orthotrop, d.h. senkrecht, stehen. Die Astreinigung setzt ein, sobald die Zweige nicht mehr genügend Licht empfangen. Die ersten Seitentriebe sterben schon nach 3 bis 5 Jahren ab. Der Zweigabfall erfolgt nicht durch Absprünge, sondern nur durch Abbrechen nach Absterben oder mechanischer Belastung. Die Länge des astfreien Stammabschnittes beträgt etwa 60 bis 70% der Baumhöhe, hängt aber von den Lichtverhältnissen während des Bestandeswachstums ab. Die maximale Anzahl von Zweigordnungen beträgt 7, im Grunde sind die Blattspindeln der gefiederten Blätter als eine weitere Ordnung hinzuzuzählen.

Abb. 4: Netzborke eines alten Stammes

Eschen-Rinde ist zunächst glänzend grau oder grünlich, mit spärlichen Lenticellen versehen und kahl. Die natürliche Verborkung setzt im allgemeinen (je nach Wüchsigkeit) zwischen 15 und 40 Jahren ein. Es handelt sich um einen Netzborke. Die Rinde ist verhältnismäßig dick und reich an sklerenchymatischen Elementen. Echte Bastfasern fehlen. Auf dem Querschnitt erkennt man charakteristische Fasersklereidenbündel und Steinzellnester. Durch die Dilatation kommt es zu trichterförmigen, sklereiden-freien Strukturen. Jahrringe in der Rinde sind deutlich. Das Phellogen der inneren Periderme ist jahrelang tätig. Weitere Einzelheiten zur Anatomie der Eschenrinde finden sich bei Holdheide [16].

Die Eschenrinde enthält das bittere, bläulich fluoreszierende Glykosid Fraxin, ferner Mannit, Gerbstoffe und fast 50% Wasser [16].

Knospen und Blätter

Die Knospen sind kurz pyramidenförmig, dicht filzig mit schwarzen und gerbstoffhaltigen Becherhaaren versehen und weisen oft Übergangsblätter zwischen Tegmenten und Blattspreiten auf. Die dichte Haarschicht der Knospenschuppen dient dem Frost- und Verdunstungsschutz. Die Terminalknospe ist auffallend größer als die Seitenknospen, erreicht Längen und Breiten bis 1 cm, ist etwas zusammengedrückt und von 4 stark gekielten Blattgrundschuppen umhüllt. Die viel kleineren Seitenknospen (maximale Länge und Breite 0,5 cm) sind von 2 bis 4 Schuppen umgeben, von denen die beiden untersten am unteren Ende röhrig miteinander verwachsen sind. Blütenknospen sind kugeliger und stumpfer als vegetative Knospen. An wüchsigen Gipfeltrieben sind häufig Beiknospen zu beobachten. Sie können – falls sie nicht absterben, sondern ruhend bleiben – Ausgangspunkt von Reiterationen werden oder in seltenen Fällen zu zwei direkt übereinanderstehenden Seitenzweigen führen. Die Knospen sind bereits Ende Juli fertig angelegt. Charakteristisch für die Esche ist, daß an Haupttrieben die beiden Knospen eines Knotens sehr oft gegeneinander versetzt sind.

Die beiden schmalen, länglichen, netznervigen Kotyledonen erreichen 5 cm Länge und 7 mm Breite. Sie ähneln denen des Ahorns, die jedoch Parallelnerven aufweisen. Auf die Kotyledonen-Anatomie geht Napp-Zinn [29] näher ein.

Die Primärblätter sind ungeteilt, folgende Laubblätter dreizählig gefiedert. Primärblätter weisen nur eine Schicht Palisadenparenchym auf, die Folgeblätter zwei. Ausgewachsene Laubblätter stehen kreuzweise gegenständig. An besonders wüchsigen Trieben finden sich mitunter 3zählige Blattquirle. Die Blätter sind etwa 5 bis 10 cm lang gestielt, mitsamt dem Stiel 40 cm lang und (7-) 9- bis 15zählig gefiedert. Die Fiederblättchen sind eilanzettlich, am Grunde keilförmig, lang zugespitzt, klein und scharf gesägt, oberseits kahl, sattgrün, unterseits am Mittelnerv und an den stärkeren Seitennerven lockerfilzig behaart oder fast kahl, hellbläulichgrün, sehr kurz gestielt oder sitzend, das Endblättchen länger gestielt. Die Fiederblättchen erreichen 4 bis 10 cm Länge bei einer Breite von 1,2 bis 3,5 cm. Die Blattspindel ist gefurcht, in der Furche behaart und weist Lenticellen auf. Nebenblätter fehlen.

Abb. 5: Seitenknospen

Abb. 6: Beblätterter Zweig (ca. 2/3 nat. Größe) (aus SCHÜTT, SCHUCK, STIMM: Lexikon der Forstbotanik)

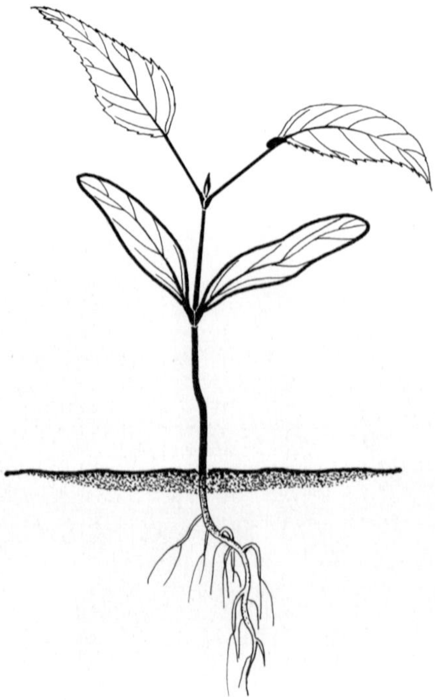

Abb. 7: Keimling, ca. einen Monat alt (nat. Größe)

Detaillierte Untersuchungen weisen auf eine außerordentliche Variabilität von Blattgröße, Spreitengröße, Anzahl der Fiederblätter und Blattorientierung in Abhängigkeit vom Lichtgenuß und von der Nährstoffversorgung hin.

Jungpflanzen bilden auch Schattenblätter aus, die gegenüber dem sonst zweilagigen Palisadenparenchym nur eine Zellage aufweisen. Bei besonders starker Beschattung kann das Palisadenparenchym auch fehlen. Die ersten Blätter eines Jahrestriebes weisen immer Schattenblattstrukturen auf, auch bei starker Belichtung [29]. Schwamm- und Palisadenparenchym nehmen erst beim Austrieb ihre charakteristische Struktur an. Blattunterseits kommen bis zu 665 Spaltöffnungen je mm^2 vor.

Zur Blattentwicklung werden bei HULDEN [17] die folgenden phänologischen Daten genannt: Zeitpunkt des Blattaustriebs zwischen 13.5. und 3.6., Beginn des Blattfalls zwischen 25.9. und 18.10. (beide Zeitbereiche abhängig von vorangegangener Witterung und geographischer Breite, von Jahr zu Jahr sehr variabel).

Im Herbst verfärben sich die Blätter höchstens gelblich (vor allem im kontinentalen Osten des Verbreitungsgebietes), die meisten fallen jedoch (fast) unverfärbt vom Baum (in Mitteleuropa).

Aufgrund ihres sehr günstigen C/N-Verhältnisses von 15 bis 25 wird die Streu sehr rasch zersetzt (schon im Winterhalbjahr). Ausführungen zur Anatomie der Trennzone finden sich bei NAPP-ZINN [29].

Holz

Eschenholz ist ringporig. Es hat schmale Holzstrahlen und regellos angeordnete Spätholzgefäße. In höherem Alter bildet sich ein hellbrauner Kern aus, der von einem hellgelblichen, breiten Splint umgeben ist. Den Hauptanteil des Xylems stellen tote oder lebende Holzfasern. Bei den sog. Oliveschen ist ein Alternieren von dunkel gefärbten Streifen mit schmalen Zonen helleren Holzes im Kern zu beobachten, was bei der Furnierherstellung hoch bewertet wird.

Die wichtigsten anatomischen und mechanischen Holzeigenschaften (Mittelwerte und Variationsbreite) sind folgende [39, 52]:

Jahrringbreite (mm)	0,25	1,75	9,00
Rohdichte ($r_{12...15}$, g/cm^3)	0,41	0,65	0,82
Schlagbiegefestigkeit (mkp/cm^2)	0,11	0,78	2,45
Druckfestigkeit (kp/cm^2)	225	509	784
Zugfestigkeit (kp/cm^2)	686	1618	2873
Biegefestigkeit (kp/cm^2)	568	1176	2059
Elastizitätsmodul (kp/cm^2)	43149	131409	177500
Volumenschwindsatz (%)	12,8		13,6

Durchmesser Frühholzporen (µm)	60	120	350
Durchmesser Spätholzporen (µm)	15	50	130
Anteil Längsparenchym (%)	5,7	10,6	15,1
Höhe Holzstrahlen (µm)	90	290	500 (etwa10 Zellen)
Länge Holzfasern (µm)	150		1600

Abb. 8: Stammquerschnitt (Foto: U. M. Lang)

Das Holz ist nicht sehr dauerhaft und wird leicht von Pilzen und Insekten befallen. Die Esche weist eine besonders hohe Zugfestigkeit auf, die nahezu doppelt so hoch ist wie die der Eiche und der Ulme (anderen einheimischen ringporigen Hölzern). Auch die Biegefestigkeit und die Schlagzähigkeit liegen deutlich über den Werten der Eiche. Gegenüber dem zerstreutporigen Holz der Buche bleiben die Festigkeitswerte mit Ausnahme der Zugfestigkeit deutlich zurück, liegen jedoch noch über denen anderer Edellaubhölzer wie Bergahorn oder Winterlinde. Eine besonders ausführliche Darstellung des Aufbaus und der anatomischen, chemischen und technischen Eigenschaften des Eschenholzes gibt KOLLMANN [20].

Zwischen Eschen, die im Reinbestand erwachsen sind und solchen, die aus Mischbeständen stammen, bestehen deutliche Unterschiede in den holztechnischen Eigenschaften [26]. So weisen erstere deutlich erhöhte Schlagbiegefestigkeiten und Zugfestigkeiten auf. Dies wird von MAURER [26] mit einem gleichmäßigeren Jahrringaufbau in Reinbeständen erklärt. Daher wird empfohlen, die Eschen in Horsten oder Gruppen zusammenzufassen, um die günstigeren Holzeigenschaften zu erzielen, jedoch die Nachteile von Eschen-Reinbeständen (Vergrasung) zu vermeiden.

Wurzeln

Die Hauptwurzel der Esche wächst zunächst kurze Zeit senkrecht, biegt dann jedoch nach wenigen cm bis dm in die Waagerechte um. Später entwickelt sie ein typisches Senkerwurzelsystem mit kräftigen, weitstreichenden, flach im Oberboden verlaufenden Seitenwurzeln. Von diesen und von der Stockunterseite entspringen vertikal, seltener schräg nach unten wachsende, kräftige, senkerartige Wurzeln. Daher wird die Art auch manchmal als Herzwurzler beschrieben. Die Feinwurzeln treten in einigen Bereichen konzentriert auf und fehlen in anderen Zonen völlig.

Die maximale Ausbreitung des Wurzelsystems einer 90jährigen Esche beträgt nach KÖSTLER et. al. [19] vertikal 140 cm, horizontal 350 cm (von der Stammbasis aus).

Gegenüber Bodenverdichtung ist die Esche sensibel. Verdichtete Horizonte werden von ihr nicht durchwurzelt. Auf pseudovergleyten und nassen Böden entsteht ein Flachwurzelsystem. Hingegen hat die Esche keine Probleme mit skelettreichen Böden, auf denen sie eine hohe mechanische Wurzelenergie entwickelt.

Abb. 9: Eschendickicht aus Naturverjüngung

Nach Untersuchungen von RYSAVY [38] ist in einer stammzahlreichen Verjüngung das Wurzelwachstum der Eschen so intensiv und so stark auf die oberen Bodenhorizonte (0 bis 15 cm) konzentriert, daß die Wurzeln der mit ihnen vergesellschafteten Buchen in tiefere Bodenhorizonte verdrängt werden. Dies hat zur Folge, daß die jungen Buchen in sommerlichen Dürreperioden, während derer die Pflanzen ihren Wasserbedarf aus den spärlichen Niederschlägen decken und keine Infiltration in tiefere Bodenschichten stattfindet, Trocknisschäden erleiden oder absterben („Vereschung"). Es bilden sich dann forstlich unerwünschte Eschen-Reinbestände. Dies ist nur zu verhindern, wenn über der Verjüngung ein ausreichender Schirm erhalten bleibt, der durch Beschattung das Wachstum der Esche und damit auch ihr Wurzelwachstum soweit hemmt, daß sich auch die Buche halten kann.

Hinsichtlich der Mykorrhizierung liegen bei der Esche nur wenige Untersuchungsergebnisse vor. Nachgewiesen ist eine endotrophe Mykorrhiza mit *Glomus fasciculatus* als Pilzpartner.

Blüten und Früchte

Die Mannbarkeit der Eschen tritt im Freistand mit 20 bis 30 und im Bestandesschluß mit 30 bis 35 Jahren ein. Eschenblüten sind zwittrig, wobei jedoch auf einem Baum das eine, auf einem anderen Baum das andere Geschlecht mehr oder weniger reduziert ist. Dieses gleichzeitige Vorkommen monözischer und diözischer Individuen wird auch als triözisch (dreihäusig) bezeichnet.

Zwitterblüten bestehen aus zwei Staubblättern und einem synkarpen, aus zwei Carpellen entstandenen, grünlichen Fruchtknoten. Die Staubbeutel sind zunächst purpurrot und stehen auf kurzen Staubfäden; Kelch- und Kronblätter fehlen. *Fraxinus excelsior* wird durch den Wind bestäubt, der Blütenaufbau läßt jedoch auf eine senkundäre Windblütigkeit schließen, da die Blumenesche (*Fraxinus ornus*) noch eine vollentwickelte Blütenhülle aufweist.

Die Blüten befinden sich in reichblütigen, an den Sprossen des Vorjahres erscheinenden, seitenständigen Rispen, die anfangs aufrecht stehen, zuletzt überhängen und bereits vor den Laubblättern hervorbrechen. Da die oberen Seitenzweige jedoch immer vegetativ entwickelt sind, haben Blüten und Fruktifikation keinen wesentlichen Einfluß auf die Kronen- und Verzweigungsentwicklung.

Die Früchte sind Flügelnüsse und befinden sich an dünnen Stielen in den aufrechten oder überhängenden, dichten Rispen. Sie sind 19 bis 35 mm lang und 4 bis 6 mm breit, schmal länglich bis länglich verkehrt-keilförmig, glänzend braun, schwach gedreht und einsamig. Die Nuß ist schmal länglich, unten im Querschnitt rundlich, oben gewölbt-zusammengedrückt, 8 bis 15 mm lang und 2 bis 3 mm breit.

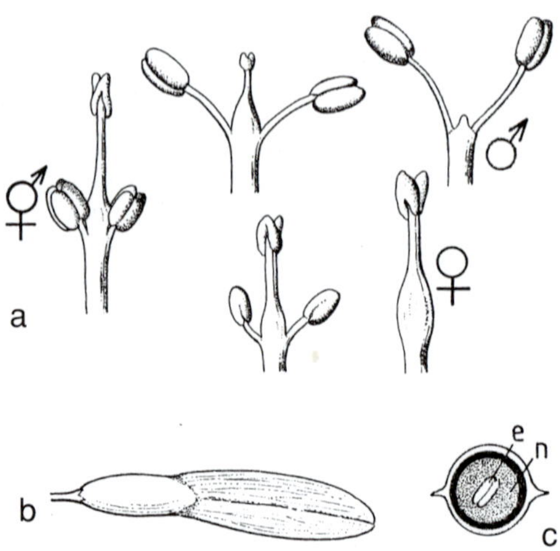

Abb. 10: **a** Blüten (links: zwittrig, oben: männlich, unten: weiblich), **b** Frucht in Aufsicht, **c** Frucht im Querschnitt (e: Embryo, n: Nährgewebe)

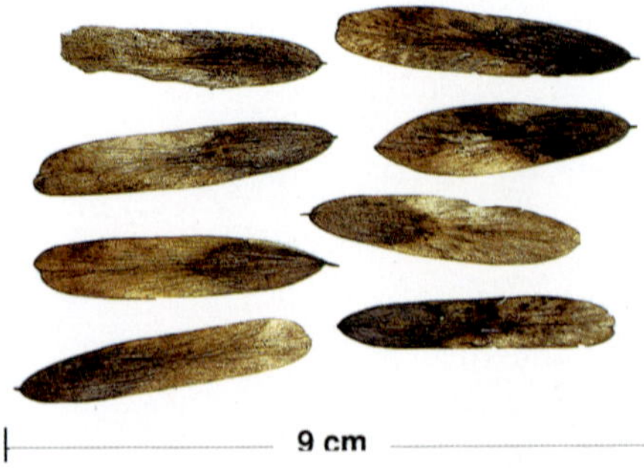

Abb. 11: Reife Früchte (Foto: U. M. Lang)

Der Flügelsaum läuft höchstens bis etwa zur Hälfte der Nuß herab. Er ist zungenförmig, gerade oder schief gestutzt, oft ausgerandet und seltener zugespitzt. Die Früchte sind im Oktober bis November ausgereift und besitzen ein Tausendkorngewicht von durchschnittlich 59 g sowie eine mittlere Keimfähigkeit von 58%. Sie fallen während des ganzen Winters und erreichen als Schraubenflieger in dichten Beständen Entfernungen bis zu 60 m vom Mutterbaum, z.T. sogar 125 m. Durch stetes und reichliches Fruchten können bei rein weiblichen Eschen Zuwachsverluste verursacht werden [35].

Über die Saatgutlagerung liegen nur wenige Erfahrungen vor, da aufgrund der fast jährlichen, reichen Fruktifikation keine Vorratshaltung notwendig ist. ROHMEDER [36] empfiehlt nach gründlicher Trocknung eine Aufbewahrung in luftdicht verschlossenen Gefäßen bei konstanten Temperaturen von –4 bis –10°C. So kann die Keimfähigkeit bis zu 7 Jahren erhalten bleiben.

Als weitere Reproduktionsform der Esche muß ihr gutes Stockausschlagvermögen genannt werden, weshalb sie Rückschnitt sehr gut verträgt. Außerdem kann sie sich dadurch z.B. gegenüber der Buche Konkurrenzvorteile an Steilhängen verschaffen, da der in Bewegung befindliche Boden häufig zu Beschädigungen führt und ausschlagfreudige Arten wie die Esche dies eher tolerieren.

Anzucht und Vermehrung

Vor der Anzucht junger Eschen ist zunächst die beschriebene, starke Keimhemmung des Saatgutes zu überwinden. Dies geschieht nach ROHMEDER [36] am besten durch ein mehrmonatiges Stratifizieren (Einschichten in feuchten Sand). Dabei sollen die Samen zunächst zwei Monate bei 20°C gelagert werden, um das Embryo-Wachstum zu fördern.

Abb. 12: Zwitterblüten

Anschließend folgt eine 7monatige Lagerung bei 3 bis 5°C, um die durch Abscisinsäure bewirkte Keimhemmung zu überwinden.

Auch sofortige Aussaat nach frühzeitigem (vor der Vollreife) Ernten der noch grünen Früchte (etwa Mitte August bis Mitte September) wird empfohlen. Dadurch erhalten die Samen zunächst die noch nötige Wärme zum Heranwachsen der Embryonen und im Spätherbst und Winter die zur weiteren Überwindung der Keimhemmung erforderlichen geringen Temperaturen. Durch die höheren Temperaturen im Herbst wird ebenfalls gewährleistet, daß die Bodenmikroorganismen das harte Perikarp angreifen können und dadurch den Gasaustausch des Embryos verbessern.

Andere Methoden zur Überwindung der Keimhemmung, wie z.B. die Simulation unterschiedlicher Tageslängen oder die Behandlung des Saatgutes mit verschiedenen Chemikalien in unterschiedlicher Konzentration hatten keinen Erfolg [49]. Einzig die Behandlung der Samen mit Gibberellinen führte zur Keimstimulation, ebenso eine für die Praxis zu umständliche, 10 bis 21 Tage dauernde Behandlung mit 21°C warmem, sprudelndem Wasser [1].

Eine aus neueren Untersuchungen abgeleitete Methode der Stratifizierung beruht auf einer Warm-Kalt-Behandlung von jeweils 16 Wochen Dauer mit mehrmaligen Wasserbädern zum Auswaschen von keimhemmenden Stoffen [48].

Eschen lassen sich auch sehr gut durch Stecklinge von 2- bis 4jährigen Mutterpflanzen vermehren (Stecktermin Juni in Torf und Sand, Behandlung mit IBS/Aceton, nach [1]). Steckholz-Vermehrung zeigt die besten Erfolge bei einem Stecktermin im April in Kies (Behandlung ebenfalls mit IBS/Aceton). Veredlung ist möglich durch Okulation auf das schlafende Auge im Sommer, durch Pfropfen mit langem Schnitt hinter die Rinde im Frühjahr oder als Winterveredlung im Januar/Februar (Einschlagen bis zum Auspflanzen im Frühjahr [1]).

Systematik und genetische Differenzierung

Fraxinus excelsior gehört in die Familie der *Oleaceae* (Ölbaumgewächse), der einzigen Familie der Ordnung *Oleales* (Ölbaumartige). Die Gattung *Fraxinus* ist mit 50 bis 60 Arten in Eurasien, Nordafrika und Nordamerika vertreten.

Von der Esche sind eine ganze Reihe von Varietäten bekannt, die bei KRÜSSMANN [22] und HEGI [13] zusammengestellt sind. Zusätzlich wurde die Frage einer Differenzierung in zwei Rassen, die Wasser- und die Kalkesche diskutiert. In umfangreichen Untersuchungen konnten jedoch keine gesicherten Unterschiede in der Wuchsleistung sowie in morphologischen und phänologischen Merkmalen der zwei „Rassen“ nachgewiesen werden, so daß von einer besonders weiten Standorttoleranz der Esche auszugehen ist (vgl. Abschnitt Ökologie). Die fehlende genetische Differenzierung wird waldgeschichtlich verständlich, da erst vor 3000 bis 4000 Jahren das ehemals zusammenhängende Areal der Esche durch Konkurrenz von Schattenbaumarten (*Carpinus* und *Fagus*) getrennt wurde und der kurze Zeitraum von etwa 50 Generationen offensichtlich nicht zur Rassenbildung ausreichte.

Ökologie

Standort und Klima

Zum Erreichen ihrer maximalen Dimensionen und zur Ausbildung einer großen Krone verlangt die Esche mineralische, tiefgründige, frische bis feuchte Böden in spätfrostfreien, nicht zu warmen, ziemlich luftfeuchten Lagen und rundum hohen Lichtgenuß [13]. Doch ist sie auch auf recht flachgründigen und trockenen Rendzinen aus Kalksteinverwitterungsböden verbreitet, was zur Diskussion von zwei „Bodenrassen“ (Ökotypen) führte: einer „Wasseresche“ und einer „Kalkesche“. Durch umfangreiche Untersuchungen und Verpflanzungsexperimente [18, 36, 55, 56, 57] wurde aber gezeigt, daß dies nicht der Fall ist, sondern daß sich die Esche außergewöhnlich gut an sehr verschiedene Standortverhältnisse anpaßt.

Ausreichende Wasserversorgung ist für ein gutes Wachstum der Esche von besonderer Bedeutung, da sie zu den am stärksten transpirierenden Baumarten Mitteleuropas zählt [4, 13, 18].

Abb. 13: Eschen an einem Extremstandort (Ostsee-Küste)

Für das Überleben werden jedoch keine sehr hohen Anforderungen an die Wasserversorgung gestellt, wie die Vorkommen auf flachgründigen Kalksteinverwitterungsböden zeigen. Doch ist die Art besonders von den Niederschlägen in den Monaten Mai und Juni abhängig, selbst wenn während der vegetationsfreien Periode die Wasserspeicherkapazitäten der Böden aufgefüllt wurden. Daher ist *F. excelsior* an den niedriger gelegenen, feuchten Abschnitten der Hänge in den Mittelgebirgen und in den Bachtälern deutlich stärker vertreten als der Bergahorn.

Die Konkurrenz um Wasser, aber auch um Stickstoff ist nach WARDLE [53, 54] auch der Grund für eine Hemmung der Eschennaturverjüngung bei zu dichter Bodenvegetation, z.B. aus *Mercurialis perennis* oder Gräsern. Starker Wassermangel führt zu verfrühtem Abwurf der Blätter und kann ein Austreiben der Gipfelknospen im nächsten Frühjahr verhindern [54].

Von ähnlicher Bedeutung ist auch eine ausreichende Durchlüftung des Bodens. Nach HULDEN [17] ist ein Wassergehalt von 25 bis 30% in sandhaltigem Humus und horizontalem Gelände optimal. An Hängen mit fließendem Wasser kann der Wassergehalt auch höher liegen.

Nach WARDLE [54] kommt die Esche auf Standorten unter pH 4,2 nicht mehr vor. HULDEN [17] setzt diese Grenze deutlich höher an (pH 5,8). ZOLLNER und KÖLLING [58] kommen unter Berücksichtigung von Aluminiumtoxizität und Austauschkapazität des Bodens ebenfalls zu einem Ausfallen der Esche bei niedrigen pH-Werten.

Die ökologische Strategie der Esche ist im Schatten darauf gerichtet, sehr schnell in die Höhe zu wachsen, um eine Lücke im Kronendach zu erreichen [17]. Dabei vermeidet sie zunächst fast jegliche Verzweigung. Im Extremfall wurde ein Baum mit nur 3,05 cm Stammbasisdurchmesser bei einer Höhe von 9,57 m gefunden (angelehnt an eine Kiefer [37]).

Untersuchungen von MIEGROET und LUST [27], bestätigen die ausgeprägte Schattentoleranz der Esche in der Verjüngung, in der sie bis zu 20 Jahre unterdrückt verbleiben kann und auch dann noch mit deutlich gesteigertem Wachstum auf Freistellung reagiert. WARDLE [53] gibt den Kompensationspunkt der Photosynthese für junge Eschen mit 7 bis 9% der vollen Freilandstrahlung an und betont die hohe Überlebensrate von Eschen-Naturverjüngungen im Bestandesschatten.

Vergesellschaftung

ELLENBERG [7], nennt die folgenden 4 Mischwälder mit Eschen, die sich auf recht unterschiedlichen Standorten entwickeln:

1. An nordwest- bis ostgerichteten Steilhängen und Schluchten mit feinerdearmen, aber stark humosen, mehr oder minder basenreichen Fels- oder Steinschuttböden ist in der submontanen bis montanen Stufe der Eschen-Ahorn-Schatthangwald ausgebildet.

2. Auf den mit fruchtbarem Auelehm erfüllten Sohlen schattiger Kerbtäler gedeiht selbst in kalkarmen Gebieten wie dem Harz der Lerchensporn-Eschen-Ahorn-Talsohlenwald.

3. Auf kolluvialen, tiefgründigen Hangfußböden, die sehr nährstoffreich und zumindest im Frühjahr frisch bis feucht sind, findet in der collinen bis submontanen Stufe ein Ahorn-Eschen-Hangfußwald üppige Lebensbedingungen.

4. Entlang schmaler, in Lehm eingekerbter Bachrinnen, deren Hänge nicht überflutet, aber zuweilen unterspült und durch Rutschung erneuert werden sowie auf entsprechenden Böden in quelligen Hangnischen, gedeiht in submontanten oder planaren Buchengebieten der Eschen-Bachrinnenwald *(Carici remotae-Fraxinetum)*.

Des weiteren finden sich auch eschenreiche Bestände in den Hartholzauen der Flüsse. Sie gehören nach OBERDORFER [31] ebenfalls dem *Alno-Ulmion* an und werden als *Querco-Ulmetum minoris* bezeichnet. Diese Bestände sind besonders struktur- und artenreich. Die Esche ist hier neben Stieleiche *(Quercus robur)*, Feldulme *(Ulmus minor)* und Bergahorn *(Acer pseudoplatanus)* eine der wichtigen Baumarten.

Die von ELLENBERG [7] genannten Eschen-Ahorn-Schatthangwälder und Ahorn-Eschen-Hangfußwälder werden nach OBERDORFER [31] den Edellaubbaum-Mischwäldern *(Tilio platyphyllos-Acerion pseudoplatani)* zugeordnet.

Diese Mischwälder treten meist am Rande der Bestände im Übergang zu Rotbuchen-Wäldern auf und sind durch das verstärkte Vorkommen der Edellaubbäume Bergahorn (*Acer pseudoplatanus*), Sommerlinde (*Tilia platyphyllos*), Bergulme (*Ulmus glabra*) und Spitzahorn (*Acer platanoides*) gekennzeichnet. Doch auch die Esche tritt häufig und auch in größeren Mengen hinzu. Besonders in den genannten Eschen-Ahorn-Steinschuttschatthangwäldern *(Fraxino-Aceretum pseudoplatani)* ist die Esche stark vertreten [31]. Standörtlich sind diese Bestände durch geringere Extreme der Luft- und Bodentemperatur sowie der Luftfeuchte ausgezeichnet, und auch die Evaporation bleibt aufgrund der niedrigen Windgeschwindigkeiten sehr gering [7]. Auch hinsichtlich der Nährstoffversorgung, besonders der Stickstoffversorgung stellen die nördlich bis östlich gerichteten Hänge, an denen diese Waldgesellschaft ausgebildet ist, ausgezeichnete Standorte dar. Auch in anderen Assoziationen dieses Verbandes, die teilweise Übergänge vom Fraxino-Aceretum zu etwas wärmeren und trockneren Standorten, z.B. denen der *Aceri platanoides-Tilietum platyphylli* oder zu nährstoffärmeren Standorten (z.B. *Querco petreae-Tilietum platyphylli*) darstellen, ist die Esche vertreten.

Als weitere Vergesellschaftung der Esche, die sich von den bisher genannten, auf nährstoffreichen und frischen bis feuchten Standorten ausgebildeten Mischbeständen deutlich unterscheidet, ist hier deren Vorkommen in buchendominierten Gesellschaften des *Fagion sylvaticae* zu nennen. Im Kalk-Buchenwald frischer Standorte *(Hordelymo-Fagetum)* des Unterverbandes der Waldmeister-Buchen- und -Tannen-Buchenwälder *(Galio odorati-Fagenion)* ist die Rotbuche zwar absolut herrschend, doch finden sich auch hier die Esche und andere Edellaubbaumarten eingemischt [31]. Bemerkenswert ist auch das Vorkommen der Esche in den Assoziationen des *Cephalanthero-Fagenion* (Kalk-Buchenwälder flachgründiger und/oder warmtrockener Standorte). Der entscheidende Standortfaktor ist hier die in der Vegetationszeit sehr begrenzt verfügbare Wassermenge, die die Wuchskraft der Baumarten so stark einschränkt, daß unter ihnen eine Krautschicht gut ausgebildet ist und auch Sträucher in begrenztem Maße vorkommen [7]. Daß sich die Esche auch auf diesen, von ihrem Optimum weit entfernten Standorten in den natürlichen Waldgesellschaften halten kann, zeigt ihre bereits oben erwähnte außerordentliche Standorttoleranz.

Eine andere als die zuvor vorgestellte, an OBERDORFER [31] orientierte Systematik stellen PASSARGE und HOFFMANN [34] für die Pflanzengesellschaften des nordostdeutschen Flachlandes vor. Sie scheiden eine Klasse der Stauden-Eschenmischwälder (*Geranio-Fraxinetea excelsae*) aus, in der zwei Ordnungen jeweils die Vergesellschaftung der Esche mit der Erle (*Alno-Fraxinetalia excelsae*) und den anderen Edellaubbaumarten (*Ulmo-Fraxinetalia excelsea*) zusammenfassen. Außerdem findet sich in der Klasse der Carpino-Fagetea (Hainbuchen- und Buchenmischwälder) ein Verband der Eschen-Buchenwälder (*Fraxino-Fagion sylvaticae*) auf grundfrischen Lehmstandorten.

Eine weitere Auflistung von Eschengesellschaften gibt WARDLE [54] für die Britischen Inseln, die gut den oben genannten Gesellschaften entspricht.

Wachstum und Entwicklung

F. excelsior keimt epigäisch. Die Samen sind keimgehemmt und liegen in der Regel zwei Winter über. Sie können aber auch bis zu 6 Jahre keimfähig im Boden verbleiben.

Die Keimhemmung ist z.T. dadurch bedingt, daß der Embryo zur Zeit der Fruchtreife noch nicht völlig entwickelt ist. Die Embryonen haben zum Zeitpunkt der herbstlichen Fruchtreife erst etwa die Hälfte ihrer späteren Größe. Außerdem ist ein hemmendes Prinzip im Endosperm lokalisiert. Hierfür ist die Abscisinsäure verantwortlich, die den Ruhezustand des Samens fördert und verlängert. Es konnte auch gezeigt werden, daß das Perikarp den Gasaustausch des Embryos behindert und daher die Keimung verzögert.

Die Sämlinge weisen eine sehr hohe Schattentoleranz auf, was ihnen ein Gedeihen auch unter einem geschlossenen Bestandesschirm erlaubt. Diese Schattentoleranz läßt jedoch bald nach, und für eine weitere Entwicklung ist dann zunehmende Beleuchtung von entscheidender Bedeutung, so daß die Esche im Alter schließlich zur Lichtbaumart wird.

Es ist keine Seltenheit, auf Naturverjüngungsflächen bis zu 100.000 junge Eschen je ha zu finden.

Auf Freiflächen und in stärker aufgelichteten Altbeständen hat die Art ein rasches Höhenwachstum, das oft etwas schneller ist als bei Berg- und Spitzahorn, aber bald wieder nachläßt. Die Kulmination des Höhenwachstums liegt (wie auch bei Erle, Birke und Pappel) zwischen 2 und 15 Jahren, wobei Trieblängen bis zu 1,5 m erreicht werden. Dadurch vermag sich die Esche einen Vorsprung gegenüber anderen, mit ihr vergesellschafteten Baumarten (z.B. Buche) zu verschaffen. In sehr dichten Beständen wird das Dickenwachstum zunächst zugunsten des Höhenwachstums zurückgestellt. Unter günstigen Bedingungen hingegen legt die Esche in der Jugend bis zu 9 mm breite Jahrringe an.

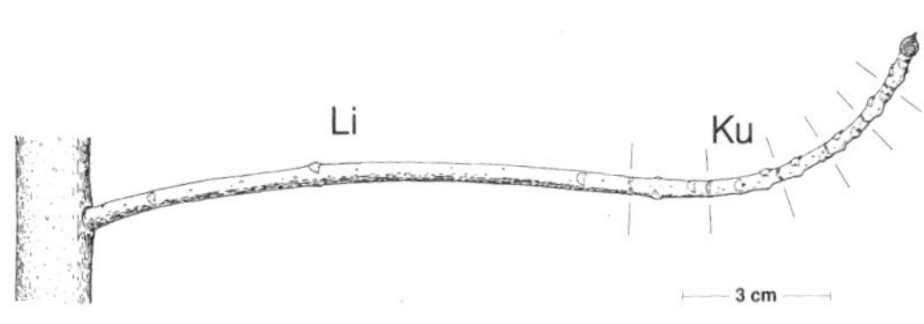

Abb. 14: Lineartrieb (Li) und Kurztriebkette (Ku) an einem Seitenzweig (stark verkleinert)

Die Ertragstafeln [40] geben folgende Werte an:

Alter (Jahre)	mittl. Höhe (m)	Stammzahl	mittl. BHD (cm)	Gesamtleistung (fm Derbholz o.R.)	lfd. jährl. Zuwachs (fm Derbholz o.R.)	dGZ (fm Derbholz o.R.)
verbleibender Bestand				Gesamtbestand		
I. Ertragsklasse						
40	20,6	650	18,0	218	9,2	5,5
80	30,0	253	34,6	555	6,9	6,9
120	33,1	164	44,0	729	3,3	6,1
II. Ertragsklasse						
40	16,1	1355	12,0	144	8,6	3,6
80	25,2	425	25,2	414	5,2	5,2
120	28,4	298	31,2	542	2,3	4,5

Pathologie

Fraxinus excelsior wird von zahlreichen Insekten und Mikrooganismen angegriffen, ist jedoch weder durch Insekten noch durch Pilze, Bakterien oder Viren in ihrer Existenz bedroht. Extreme Klimaverhältnisse können örtlich Verluste hervorrufen.

Weit verbreitet ist der sog. Eschenkrebs, der dauerhafte Veränderungen an Rinde und Holz hervorrufen kann. Er geht auf zwei Erreger zurück. In dem einen Fall sind Bakterien die Krankheitsursache, im anderen werden Pilzarten dafür verantwortlich gemacht. Beide Krankheiten lassen sich anhand des Krankheitsbildes voneinander unterscheiden [5].

Der Bakterienkrebs der Esche bewirkt durch Absterben von Kambiumzellen mit nachfolgender verstärkter, jedoch immer wieder gestörter Wundheilung die Ausbildung gekröseartiger, schwärzlicher Anschwellungen. Ursache dieser „Stamm- oder Astkrebse" sind Bakterien einer besonderen Form von *Pseudomonas syringae* Janse, die durch Wunden, Lenticellen oder Blattnarben in das Rindenparenchym gelangen [12, 30].

Im Gegensatz zum Bakterienkrebs besitzt der Nectria-Krebs („Schießscheibenkrebs") der Esche (Erreger: *Nectria galligena* Bres.) einen gleichmäßigen und fast symmetrischen Aufbau. An meist älteren Eschen kommt es, ausgehend von Astabbrüchen oder anderen Eintrittsöffnungen zur Ausbildung ovaler Rindennekrosen, die sich im Laufe der Zeit zu kraterähnlichen, bis zu 30 cm breiten Wunden entwickeln. Charakteristisch für derartige Wunden sind die meist jährlich angelegten, ellipsenförmigen Kalluswülste, aus deren Anzahl auf das Alter des Baumkrebses geschlossen werden kann.

Das Schadbild des Eschenbastkäfers (*Hylesinus fraxini* Pz.) zeichnet sich durch einen 6 bis 10 cm langen, doppelarmigen Quergang (Klammergang) aus. Die Larvengänge sind nur bis zu 4 cm lang, dicht gestellt und meist sehr regelmäßig. Der Reifungs- bzw. Regenerationsfraß erfolgt in der grünen Rinde von Ästen oder jüngeren Stämmen. Dabei werden kurze, bis 2 cm lange, nach allen Richtungen verlaufende Gänge angelegt. Durch wiederholten Befall derselben Stellen bekommt die Rinde ein grindiges Aussehen („Eschengrind", „Rindenrosen"), das Kambium wird jedoch im Gegensatz zu den Krebserkrankungen nicht geschädigt. Der Befall erfolgt gleichermaßen an geschlagenen Stämmen und Schichtholz wie an lebenden Eschen jeden Alters. Es können auch gesunde Bäume befallen werden, doch werden bereits geschwächte Individuen (durch Grundwasserabsenkung, Hagelschlag oder Schildlausbefall) bevorzugt. Der Befall kann zum Absterben der Bäume führen.

Raupen der 1. Generation von *Prays curtisellus* Dup., der Eschen-Zwieselmotte fressen je nach Entwicklungsstadium unterschiedlich intensiv an Blättern. Die Raupen der 2. Generation bohren sich Anfang Oktober zur Überwinterung in die Terminalknospen ein und fressen sie. Der Befall führt daher zur Zwieselbildung.

Die zu den Zwergzikaden zählende Art *Tettigella viridis* L. (Grüne Zikade) kann in seltenen Fällen ebenfalls in bedeutendem Ausmaß Eschenkulturen schädigen. An Ästen und Zweigen kann durch das Einschneiden von Eiablageschlitzen die Rinde absterben.

Abb. 15: Befallssymptome des Bakterienkrebses der Esche (Foto: P. Schütt)

In der Nachbarschaft von Tannenbeständen kann die Eschenblattnestlaus (*Prociphilus fraxini* HTG.) dichte Nester gekräuselter Blätter durch Blattstielstauchung und -krümmung hervorrufen, die Eschenzweiglaus (*Prociphilus bumeliae* SCHRK.) lockere Blattnester [30].

Starker Wildverbiß durch alle Schalenwildarten ist an der Esche häufig zu beobachten. Dies fällt umso mehr ins Gewicht, als Verbiß an den geraden, jungen Bäumen zu erheblichen Formfehlern (Zwieselwuchs) führen kann. Auch Kaninchen und verschiedene Mäusearten benagen gerne junge Eschen.

Bei WARDLE [54] findet sich eine ausführliche Auflistung weiterer Pathogene aus dem Bereich der Insekten und Pilze, die unter anderem auch Blüten und Samen befallen. Bei SCHWERDTFEGER [45] sind weitere Insekten aufgeführt, deren Wirkungen auf das Wachstum der Eschen jedoch allesamt recht unbedeutend sind.

Gegenüber Frost ist die Esche an sich schon empfindlich; verstärkt wird diese Gefährdung noch durch die oft lagebedingte Frostgefährdung, da sie häufig in Mulden und Tälern oder an deren Rändern angebaut wird und dort von Natur aus vorkommt. In Reinbeständen ist durch die starke Vergrasung die sowieso schon bedrängte Verjüngung durch Frost verstärkt gefährdet. Besonders Spätfröste führen zu erheblichen Schäden. Obwohl Eschen relativ spät austreiben, genügen schon Temperaturen von wenig unter 0°C, um Frostschäden an den Blättern hervorzurufen. Die noch vor den Blättern erscheinenden Blütenstände werden ebenfalls häufig vom Frost betroffen, wobei die weiblichen Anlagen offensichtlich stärker geschädigt werden [17].

Gegen Wind und Eisanhang ist *F. excelsior* ebenfalls äußerst empfindlich, da ihre Zweige sehr leicht gebrochen werden. Auch können Blätter und Früchte bei Wind vorzeitig abfallen. In jüngeren, dichten Beständen werden die langen, biegsamen Stämme leicht in Schwingungen versetzt, wodurch die Krone beschädigt wird und Rindenverletzungen entstehen, die Pilzbefall nach sich ziehen können. Große Bedeutung kommt dem Wind auch durch seine austrocknende Wirkung zu, die auf gefährdeten Standorten Wuchsminderungen oder Veränderungen der Wuchsform (Gipfeldürre, Strauchwuchs) verursachen kann [17].

Die Esche wird gegenüber SO_2 und Ozon als empfindlich, gegenüber HF und NH_3 als etwas toleranter eingestuft [6, 47]. Nach stärkerer Begasung wurde bei ihr ein mittleres Regenerationsvermögen festgestellt [6].

Abb. 16: Seltene Herbstverfärbung im Voralpenland (Foto: P. Schütt)

Nutzung

Die wichtigste Verwendung des Eschenholzes ist heute die Herstellung von Sportgeräten, Werkzeugstielen, Möbeln (Biegemöbel) und Deckfurnieren (gemessert). Das Eschenholz zählt seit langem zu den wertvollsten Hölzern des mitteleuropäischen Waldes und wurde früher besonders in der Wagnerei und Tischlerei zu Radreifen, Schlittenkufen, Achsen, Deichseln, Rudern, Schneeschuhen, Ackergeräten, Gerätestielen, Möbeln, Musikinstrumenten, Turngeräten etc. verwendet.

Aufgrund seiner besonders hohen Toleranz gegenüber Stoßbeanspruchung fand es früher z.B. in der Stellmacherei vor allem für die Felgenteile des Radkranzes Verwendung. Auch Waffen wurden hergestellt, und bereits in den Pfahlbauten wurden diverse Gegenstände aus Eschenholz vorgefunden.

Eschenlaub war früher ein wichtiges Winterfutter für das Vieh, das teilweise an eigens dafür angelegten Schneitelbäumen gewonnen wurde, indem es im Sommer geschnitten und getrocknet wurde. Solche Laubwiesen werden noch von HESSELMAN [15] und auch HULDEN [17] beschrieben. Die Verwendung des Eschenlaubes für Futterzwecke ist bereits so alt, daß in der germanischen Mythologie davon berichtet wird.

Verschiedenes

In der Mythologie spielte die Esche seit jeher eine bedeutende Rolle. Die Druiden maßen ihr eine besondere Macht über das Wasser zu. Sie verwendeten das Holz, um Regen zu machen oder um die zerstörende Kraft des Wassers zu bannen. In der nordischen Mythologie wird die Esche ferner zum allumfassenden Weltenbaum, der wie eine lebende Säule die verschiedenen Welten durchdringt und verbindet. Wie der Dorfbaum die Gemeinde, so beschützt die Weltesche, Yggdrasil, die ganze Menschheit (Eddalieder aus dem 13. Jahrhundert [25]).

Literatur

[1] BÄRTELS, A., 1989: Gehölzvermehrung. 3. Aufl. Stuttgart

[2] BARTELS, H., 1993: Gehölzkunde. Stuttgart.

[3] BECK, O.; GÖTTSCHE, D., 1976: Untersuchungen über das Konkurrenzverhalten von Edellaubhölzern in Jungbeständen. Forstarchiv, **47**, 89-91.

[4] BÜSGEN, M., 1927: Bau und Leben unserer Waldbäume. 3. Aufl. Jena.

[5] BUTIN, H., 1983: Krankheiten der Wald- und Parkbäume. Stuttgart, New York.

[6] DÄSSLER, H.-G., 1991: Einfluß von Luftverunreinigungen auf die Vegetation. 4. Aufl. Jena.

[7] ELLENBERG, H., 1992: Vegetation Mitteleuropas mit den Alpen in ökologischer Sicht. 4. Aufl. Stuttgart.

[8] FIRBAS, F., 1949: Spät- und nacheiszeitliche Waldgeschichte Mitteleuropas nördlich der Alpen. 1. Band: Allgemeine Waldgeschichte. Jena.

[9] FISCHER, 1930: Eschensterben durch den Eschenbastkäfer. Mitt. Dt. Dendrol. Ges. **42**, 379-380.

[10] FRANKENBERG, G. v., 1941: Der Eschen-Bastkäfer. Natur und Volk **71**, 367-372.

[11] FREIST, H., 1990: Esche und Buche gemischt. Allg. Forstz. **20**, 493-495.

[12] HARTMANN, G.; NIENHAUS, F.; BUTIN, H., 1988: Farbatlas Waldschäden. Stuttgart.

[13] HEGI, G., 1975: Illustrierte Flora von Mitteleuropa. Band V, Teil 3. 1926-1934. Hamburg, Berlin.

[14] HENSCHEL, G., 1880: Die Rindenrosen der Esche und Hylesinus fraxini. Zbl. Ges. Forstwesen, **6**, 514-516.

[15] HESSELMANN, H., 1904: Zur Kenntnis des Pflanzenlebens schwedischer Laubwiesen. Eine physiologisch-biologische und pflanzengeographische Studie. Beih. Bot. Cbl. **17**, 311-460.

[16] HOLDHEIDE, W., 1951: Anatomie mitteleuropäischer Gehölzrinden. In: H. Freund: Handbuch der Mikroskopie in der Technik. Bd. 5, 193-368. Frankfurt/M.

[17] HULDEN, E., 1941: Studien über Fraxinus excelsior L. Act. Bot. Fennica **28**. Helsingfors.

[18] KNORR, A., 1987: Ernährungszustand, Standortsansprüche und Wuchsleistung der Esche (Fraxinus excelsior L.) in Bayern. Forstl. Forschungsber. München **82**.

[19] KÖSTLER, J.N.; BRÜCKNER, E.; BIBELRITHER, H., 1968: Die Wurzeln der Waldbäume. Hamburg, Berlin.

[20] KOLLMANN, F., 1941: Die Esche und ihr Holz. Springer-Verlag. Berlin.

[21] KRAMER, H., 1988: Waldwachstumslehre. Hamburg. Berlin.

[22] KRÜSSMANN, G., 1977: Handbuch der Laubgehölze. Band II. 2. Aufl. Berlin, Hamburg.

[23] LAKON, G., 1911: Anatomie und Keimphysiologie der Eschensamen. Naturwiss. Zeitschr. Land- u. Forstw. **9**, 285-298.

[24] LEIBUNDGUT, H., 1956: Beitrag zur Rassenfrage der Esche. Schweiz. Z. Forstw. **107**, 165-175.

[25] MARZELL, H., 1925: Die deutschen Bäume in der Volkskunde. I. Die Esche. Mitt. Dt. Dendrol. Ges. **37**, 75-86.

[26] MAURER, E., 1963: Waldbauliche und holzkundliche Untersuchungen an Eschen im Allgäu. Forstw. Cbl. **82**, 162-188.

[27] MIEGROET, M. v.; LUST, N., 1972: Aufbau, Wachstum und Reaktionsvermögen von unterdrückten Eschenverjüngungen. Sylva Gandavensis **34**, 1-38.

[28] MÜNCH, D.; DIETRICH, H., 1925: Kalkeschen und Wassereschen. Forstl. Wochenschrift Silva 13, 129-135.

[29] NAPP-ZINN, K., 1974: Anatomie des Blattes II – Blattanatomie der Angiospermen. Berlin/Stuttgart.

[30] NIENHAUS, F.; BUTIN, H.; BÖHMER, B., 1988: Farbatlas Gehölzkrankheiten. Stuttgart.

[31] OBERDORFER, E., 1992: Süddeutsche Pflanzengesellschaften. Jena, Stutgart, New York.

[32] OELKERS, J., 1941: Kalkesche und Wasseresche. Mitt. Forstwirtsch. und Forstwiss. **12**, 69-82.

[33] OKALI, D. U. U., 1966: A comparative study of the ecologically related tree species Acer pseudoplatanus and Fraxinus excelsior. II The analysis of adult tree distribution. Journ. Ecol. **54**, 419-425.

[34] PASSARGE, H.; HOFFMANN, G., 1968: Pflanzengesellschaften des nordostdeutschen Flachlandes II. Pflanzensoziologie **16**, Jena.

[35] ROHMEDER, E., 1949: Der geschlechtliche Dimorphismus als pflanzenzüchterisches Problem, dargestellt an den Wuchsleistungen männlicher und weiblicher Eschen. Forstw. Cbl. **68**, 680-691.

[36] ROHMEDER, E., 1972: Das Saatgut in der Forstwirtschaft. Hamburg, Berlin.

[37] ROLOFF, A., 1993: Kronenentwicklung und Vitalitätsbeurteilung ausgewählter Baumarten der gemäßigten Breiten. 2. Aufl. Frankfurt/M.

[38] RYSAVY, T., 1992: Vereschung – Ursachen und Möglichkeiten ihrer Vermeidung. Diss. Forstwiss. Fachber. Univ. Göttingen.

[39] SACHSSE, H., 1984: Einheimische Nutzhölzer und ihre Bestimmung nach makroskopischen Merkmalen. Hamburg, Berlin.

[40] SCHOBER, R., 1987: Ertragstafeln wichtiger Baumarten. 3. Aufl. Frankfurt.

[41] SCHÖNBORN, A. v., 1967: Gibt es Bodenrassen bei Waldbäumen? Allg. Forstz. **22**, 294-296.

[42] SCHWENKE, W., 1972: Die Forstschädlinge Europas. 1. Band: Würmer, Schnecken, Spinnentiere, Tausendfüßler und hemimetabole Insekten. Hamburg/Berlin.

[43] SCHWENKE, W., 1974: Die Forstschädlinge Europas. 2. Band: Käfer. Hamburg, Berlin.

[44] SCHWENKE, W., 1978: Die Forstschädlinge Europas. 3. Band: Schmetterlinge, Hamburg/Berlin.

[45] SCHWERDTFEGER, F., 1981: Die Waldkrankheiten. Hamburg, Berlin.

[46] SEIFERT, A., 1932: Eschensterben. Mitt. Dt. Dendrol. Ges. **44**, 292-294.

[47] TATTAR, T.A., 1978: Diseases of Shade Trees. New York/San Francisco/London.

[48] TYLKOWSKI, T., 1993: After-ripening of European Ash (Fraxinus excelsior L.) seeds matured in dry weather conditions. Arbor. Kornickie **38**, 131-139.

[49] VILLIERS, T.A.; WAREING, P.F., 1964: Dormancy in fruits of Fraxinus excelsior. J. Exp. Bot. **15**, 359-367.

[50] VOLQUARDTS, G., 1958: Die Esche in Schleswig-Holstein. Ertragskundlich – waldbauliche Untersuchungen. Diss. Forstl. Fakultät Univ. Göttingen.

[51] WACHTER, H., 1950: Wuchsleistungen männlicher und weiblicher Eschen. Beitr. Forst. u. Holzw. **4**, 336-339.

[52] WAGENFÜHR, R.; 1996: Holzatlas. 4. Aufl. Leipzig.

[53] WARDLE, P., 1959: The regeneration of Fraxinus excelsior in woods with a field layer of Mercurialis perennis. J. Ecol. **47**, 483-497.

[54] WARDLE, P., 1961: Biological flora of the British Isles. Fraxinus excelsior L. J. Ecol. **49**, 739-751.

[55] WEISER, F., 1962: Beitrag zur Frage der rassischen Differenzierung von Esche (Fraxinus excelsior) trockener Kalkstandorte und grundwasserbeeinflußter Standorte. Diss. Forstl. Fak. TU Dresden, Abt. Forstw., Tharandt.

[56] WEISER, F., 1965: Untersuchungen generativer Nachkommenschaften von Eschen (Fraxinus excelsior L.) trockener Kalkstandorte und grundwasserbeeinflußter Kalkstandorte im Gefäßversuch bei differenzierten Wasser- und Kalkgaben. Forstw. Cbl. **84**, 44-64.

[57] WEISER, F., 1974: Ergebnisse 10jähriger vergleichender Anbauversuche mit generativen Nachkommenschaften von Eschen (Fraxinus excelsior L.) trockener Kalkstandorte und grundwasserbeeinflußter Standorte. Beitr. f.d. Forstw. **8**, 11-16.

[58] ZOLLNER, A.; KÖLLING, C., 1994: Eschenkulturen auf ungeeignetem Standort. Allg. Forstz. **49**, 61-64.

[59] ZÜGE, J., 1986: Wachstumsdynamik eines Buchenwaldes auf Kalkgestein – mit besonderer Berücksichtigung der interspezifischen Konkurrenzverhältnisse. Diss. Forstwiss. Fachb. Univ. Göttingen.

Die Autoren:

Prof. Dr. ANDREAS ROLOFF und
Dipl.-Forstw. ULRICH PIETZARKA
Institut für Forstbotanik und
Forstzoologie der TU Dresden
Pienner Straße 7
D-01737 Tharandt

Fraxinus ornus LINNÉ, 1753

syn.: Ornus europaea Pers.

Mannaesche, Blumenesche

Familie: Oleaceae
Sektion: Ornus

engl.: Manna ash, Flowering ash
franz.: Frêne à fleurs
ital.: Orniello

Abb. 1: Fraxinus ornus. Fruchtender Altbaum im natürlichen Bestand

Abb. 2: Natürliches Verbreitungsgebiet (nach MEUSEL et al., 1978, verändert) (● = Einzelvorkommen)

Fraxinus ornus ist eine in Südeuropa beheimatete Baumart niedrigen Wuchses mit stark verzweigtem Stamm und breiter Krone. Sie stellt hohe Licht- und Wärmeansprüche, gedeiht gut auf lockeren, flachgründigen Böden und ist dürreresistent. Mannaeschen-Bestände haben oft Schutzwaldcharakter. Die ökonomische Bedeutung der Art ist gering. Wegen ihrer Anspruchslosigkeit und der attraktiven, weißen Blüten wird sie jedoch gern als Parkbaum kultiviert.

Den Namen „Mannaesche" verdankt die Art dem aus frischen Rindenwunden austretenden, zuckerhaltigen Phloemsaft.

Verbreitung

Das natürliche Areal von F. ornus, eines ostmediterranen Florenelementes, erstreckt sich von der Küste Spaniens bis in den Nordwesten Anatoliens. Auf den meisten Mittelmeerinseln kommt die Art ebenfalls vor [17]. Die Nordgrenze der Verbreitung liegt am Südrand der Alpen, im ungarischen Mittelgebirge und in Transsylvanien (Bihar-Gebirge) [10]. Nördlich dieser Linie sind nur wenige, sporadische Vorkommen bekannt.

Als kollin-montane Art erscheint F. ornus nicht im Flachland. In Südtirol wächst sie noch in 1500 m ü.NN, in den ungarischen Mittelgebirgen i. a. nur in Höhenlagen bis 600 m. Sie ist eine charakteristische Art der Karstwälder Südosteuropas und bildet Mischwälder mit der Flaumeiche (Quercus pubescens), der Ungarischen Eiche (Q. frainetto), der Zerreiche (Q. cerris), der Hopfenbuche (Ostrya carpinifolia) und der Orient-Weißbuche (Carpinus orientalis) [20].

Morphologie

Erscheinungsbild

Die Mannaesche gehört zu den Bäumen geringer bis mittlerer Größe. Im nördlichen Teil des Areals bleibt sie oft strauchförmig und wird nur selten 10 m hoch. In Südeuropa erreicht sie Höhen bis zu 20 m und Stammdurchmesser (BHD) bis 50 cm (im Mittel um 30 cm). Der kurze, oft krumme Stamm geht rasch in eine starkastige tief ansetzende Krone über, deren Äste aufwärts gerichtet sind und sich häufig gabeln.

Abb. 3: Kleinbestand im Karstbuschwald

In jungen Jahren locker und von ovaler Form, wird sie mit dem Alter immer dichter und – infolge starker phototropischer Reaktionen – oft asymmetrisch.

Die dunkelgraue Borke bleibt lange glatt. Erst im hohen Alter entstehen Risse und helle Flecke. Das flache Wurzelsystem der Mannaesche besteht aus starken Seitenwurzeln, die sich nahe der Bodenoberfläche intensiv verzweigen und Senkerwurzeln nach unten senden [1].

Knospen, Blätter und junge Triebe

Die Winterknospen stehen an den Sproßspitzen i. a. zu dritt. Die relativ große, kegelförmige Terminalknospe hat 4 Tegmente: Die äußeren sind gekielt, laufen spitz zu und biegen sich am Apex ein wenig nach außen; die inneren enden mit stumpfer Spitze. Lateralknospen sind kleiner, eher rundlich, haben nur 2 Knospenschuppen und stehen vom Sproß ab. End- und Seitenknospen sind von silbergrauer, manchmal etwas rötlicher Farbe.

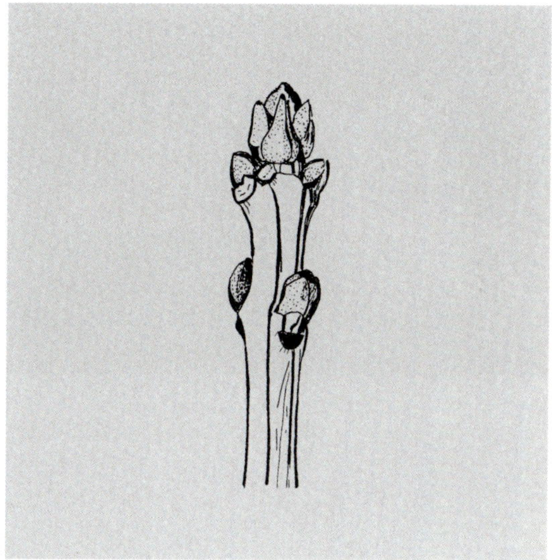

Abb. 4: Winterknospen (nat. Größe)

Die jungen, matt-grünlichen oder gelblich-grauen, kahlen Triebe sind mit winzigen, gleichmäßig verteilten Korkwarzen besetzt.

Die kreuzgegenständig angeordneten, unpaarig gefiederten Blätter werden bis 20 cm lang. Sie tragen 5 bis 9, meist 7 kurz gestielte, ovale bis elliptische Fiederblättchen (Länge: 4 – 8 cm) mit relativ breiter, unsymmetrischer Basis und kurz zugespitztem Apex. Der Blattrand ist gesägt oder unregelmäßig gekerbt, die Spindel gefurcht und im apikalen Bereich etwas abgeknickt. Oberseits sind die ein wenig ledrigen Blätter glänzend mittelgrün, unterseits hellgrün. Nahe der Basis ist der Mittelnerv rostbraun behaart. Im Herbst verfärben sich die Blätter gelb oder violettrot.

Abb. 5: Borke alter Stämme

Abb. 6: Blütenstände (Foto: Ulla M. Lang)

Blüten, Früchte und Samen

Die Blüten stehen an reich verzweigten, 10 bis 20 cm langen, endständigen Rispen, haben 4 gelblich-weiße, längliche Kronblätter (5 – 10 mm), einen glockenförmigen, vierzähnigen Kelch und 2 auffällige Staubblätter, die am Grunde der Krone angewachsen sind. Polygame Infloreszenzen kommen häufig vor (vgl. S. 6).

Blütenformel: *K (4) [C4A2] G (2).
Chromosomenzahl: 2n = 46.

Die Blütezeit fällt in die erste Maihälfte und damit in die Zeit nach dem Blattaustrieb. Die süßlich duftenden Blüten werden von Bienen und Hummeln bestäubt [18].

Abb. 7: Fiederblätter

Die rötlich-braunen, geflügelten Nußfrüchte reifen schon Ende Juli. Sie werden incl. Flügel 2 bis 3 cm lang, sind von lanzettlicher Form und haben eine gerippte Oberfläche. Die Flügel laufen stumpf aus oder sind schwach ausgerandet. Tausendkorngewicht: 60 – 70 g.

Nach epigäischer Keimung erscheinen längliche, fiedernervige Kotyledonen, welche den gesamten Sommer in Funktion bleiben. Im gleichen Jahr erscheinen einfache Primärblätter mit gesägtem Blattrand [15, 16].

Abb. 8: Fruchtstände in situ (Foto: P. Schütt)

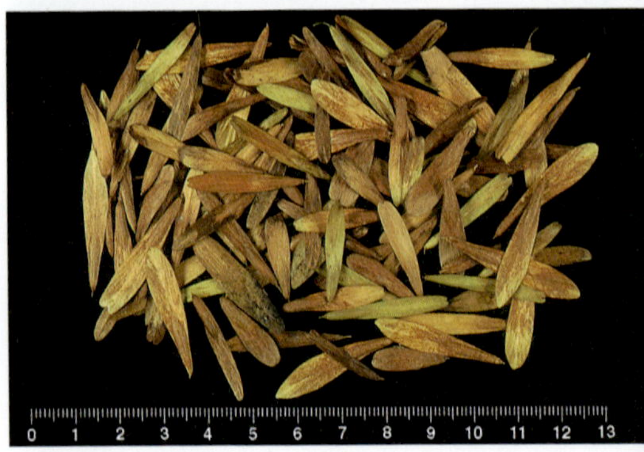

Abb. 9: Halbreife und reife Früchte

Holz

Stammquerschnitte der Mannaesche sind durch schmale Jahrringe und durch die für Splint und Kern einheitliche schwach gelbliche Farbe gekennzeichnet. Insgesamt ist das ebenfalls ringporige Ornus-Holz heller als das von F. excelsior. Die relativ englumigen Gefäße sind nur schwer erkennbar, ebenso die vier Zellagen hohen Holzstrahlen.

Die Dichte des darrtrockenen Holzes (r_0) liegt bei 0,65 g/cm^3 die Dauerhaftigkeit wird mit ca. 40 Jahren (im Freien bzw. mit ca. 10 Jahren (unter Wasser) angegeben.

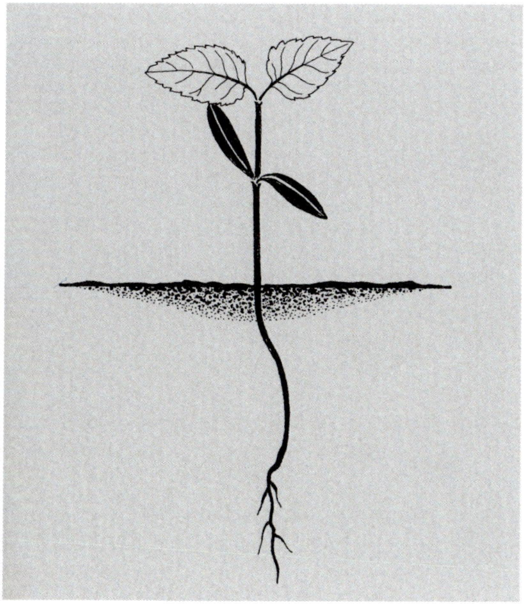

Abb. 10: Keimling, 2 Wochen alt (nat. Größe)

Taxonomie

Infolge der starken geographischen Gliederung des Areals weist F. ornus eine beträchtliche morphologische Mannigfaltigkeit auf, die sich besonders in der Form, Größe und Anzahl der Fiederblättchen sowie in der Morphologie des Blütenstandes und der Früchte niederschlägt [7, 8, 13].

Man unterscheidet folgende wichtige Varietäten:

- var. juglandifolia TEN.: Relativ große, elliptische, am Grunde mehr oder weniger gestutzte Fiederblättchen. Länge bis 9 cm, Breite bis 4 cm.
- var. angustifolia TEN.: Fiederblättchen lanzettlich, am Apex spitz auslaufend, bis 7 cm lang (3 bis 4,5 mal so lang wie breit).
- var. rotundifolia (LAM.) TEN.: Fiederblättchen rundlich (3 – 4 cm lang, 2 – 3 cm breit).
- var. obtusata KÁRP.: Fiederblättchen oval mit stumpfer oder abgerundeter Spitze.

Ökologie

Die Mannaesche stellt hohe Wärmeansprüche. Im nördlichen Teil des Areals wächst sie hauptsächlich an südexponierten Hängen und auf leicht erwärmbaren Böden. Die mittleren jährlichen Niederschlagssummen liegen zwischen 500 und 650 mm. Die Verteilung der Niederschläge ist aber sehr unterschiedlich.

Ihre ausgeprägte Dürreresistenz beruht auf einer spezifischen Strategie des Wasserhaushaltes. Zunächst werden die nach heftigen Niederschlägen des Frühsommers allmählich abnehmenden Wasservorräte mittels des dicht verzweigten Wurzelsystems intensiv genutzt. Während der zweiten Sommerhälfte herrscht Trockenheit. Nun reduziert die Art ihre Transpiration auf ein Minimum, so daß sie hohe Wasserdefizite ohne Blattverluste übersteht [5].

In Mitteleuropa wächst F. ornus vor allem auf Kalkstein und Dolomit; auf Andesit, Basalt und Löß kommt sie seltener vor [3]. Demgegenüber ist sie in Südeuropa auch auf Silikatgestein zu finden. Im Osten Europas ist sie wegen ihres hohen Wärmebedarfs wiederum an Kalkgestein und Dolomit gebunden. Generell wächst sie im pH-Bereich 6,0 bis 8,5.

Die Wurzeln der Mannaesche vollziehen einen intensiven Gasaustausch. Deswegen benötigt die Art Böden mit lockerer Struktur.

F. ornus reagiert in der Jugend wie eine Halbschatt-Baumart; später nehmen ihre Lichtansprüche zu. Infolge der meist lockeren Belaubung wird der Boden nur wenig beschattet.

Im natürlichen Areal richten Winterfröste selten, Spätfröste aber öfter Schäden an.

Wachstum und Entwicklung

F. ornus besitzt Eigenschaften einer Pionierbaumart. Auf mesophilen, tiefgründigen Standorten kann sie sich wegen geringer Konkurrenzkraft nicht auf Dauer halten [21].

In den beiden ersten Lebensjahren wird vornehmlich das Wurzelsystem entwickelt. Kräftiges Höhenwachstum setzt im 3. Jahr ein (60 bis 80 cm/Jahr) und bleibt etwa bis zum Alter von 15 Jahren erhalten.

Abb. 11: Stammquerschnitt

Mit 20 bis 25 Jahren wird das Höhenwachstum eingestellt. Danach nimmt nur noch das Kronenvolumen zu.

In Mitteleuropa erreicht die Art mit 50 Jahren ca. 10 m Höhe und einen Stammdurchmesser (BHD) von 30 cm. In Südeuropa liegen die entsprechenden Werte bei 20 m und 40 cm. Die Lebensdauer der Art geht selten über 80 bis 100 Jahre hinaus. Alte Bäume sind oft wipfeldürr [9, 11].

Mannbarkeit tritt oft schon mit 5 Jahren ein, wobei junge Bäume meist nur männlich blühen. Auch später bestehen gravierende Unterschiede in der Geschlechterverteilung. So kommen neben ein- und mehrgeschlechtigen Bäumen ein- und mehrgeschlechtige Blütenstände, wie auch ein- und mehrgeschlechtige Einzelblüten vor.

Deswegen ist auch der Samenertrag deutlichen individuellen Schwankungen unterworfen. Generell ist die Samenproduktion aber reichlich, die Keimfähigkeit mit 20 bis 40% jedoch niedrig. Stratifikation (Kalt/Naß-Vorbehandlung) erhöht das Keimprozent, wenn die Aussaat im nächsten Frühjahr erfolgt. Herbstsaat führt zu ähnlichen Ergebnissen.

Insbesondere nach dem Absterben der Krone oder des Stammes bildet F. ornus reichlich Wurzelbrut. Die Entstehung neuer Triebe aus schlafenden Knospen des Stammes ist demgegenüber wenig ausgeprägt. Die Krone regeneriert sich nur bei jungen Bäumen in ausreichendem Maße.

Pathologie

Außer Phenolglykosiden enthält die Rinde nur wenige Abwehrstoffe. Deswegen wird sie oft von Bakterien und pathogenen Pilzen befallen [4].

Rindennekrosen ruft vor allem Pseudomonas syringae, Stammkrebse Nectria galligena hervor und bei den Stammfäuleerregern ist Phellinus torulosus herauszustellen [12].

Unter den Schadinsekten fällt die Gallmilbe Aceria fraxinivora am meisten auf, denn sie ruft an den Blütenständen Büschel von braunen Gallen hervor [2].

Zikaden verursachen Schäden durch Saugen an jungen Trieben.

Die lange Zeit glatt bleibende Borke wird mit Vorliebe vom Rotwild geschält [9].

Abb. 12: Freistehender, alter Baum im Karstbuschwald

Nutzung

Obwohl das Holz der Mannaesche recht günstige technische Eigenschaften hat, findet es wegen des unzureichenden Anfalls, der geringen Dimensionen und der schlechten Stammformen keine industrielle Verwendung [14].

Früher wurde es von den Wagenmachern genutzt und aus den Schößlingen stellte man Rebstöcke oder Stützen für stark fruktifizierende Obstbäume her. In Südeuropa diente der aus verletzten Stämmen austretende, bis zum Abend zu Körnern eintrocknende Phloemsaft (Manna) zur Herstellung von Mannose-Zucker.

Ökologische Bedeutung erhält die Art als wichtige Komponente von Schutzwäldern und bei der Aufforstung extrem trockener Felsstandorte [19].

Wegen ihrer Toleranz gegenüber dem Stadtklima, wegen ihrer attraktiven, weißen Blüten und der hübschen herbstlichen Laubverfärbung, hat Fraxinus ornus eine gewisse Bedeutung als Parkbaum erlangt.

Weiterführende Literatur

[1] ABDUL-HADI, A.; ZUPANCIC, M., 1984: Strategija zivljenja listavskih drevesnih vrst na zelo suhem rastiscu glede na njihov koreninski sistem. [Life strategies of broad-leaved tree species on extreme sites with respect to their root system.] Zbornik Gozdarstva in Lesarstva (Ljubljana) **24**, 65–81.

[2] ANTHONY, M.; SATTLER, R.; COONEY-SOVETTS, C., 1983: Morphogenetic potential of Fraxinus ornus under the influence of the gall mite Aceria fraxinivora. Can. J. Botany **61**, 1580–1594.

[3] BORYSZLAWSZKY, J., 1887: Die Blumenesche (Fraxinus ornus L.) und die Felsenabhänge. Erdészeti Lapok **26**, 497–500.

[4] BOSCAGLI, A., 1982: The starch content of Fraxinus ornus L. during the yearly cycle. Histological observations. Giornale Botanico Italiano **116**, 41–49.

[5] DEBRECZY, Z., 1987: Fluctuating-dynamic equilibrium of photophil, xerophil rupicolous plant communities and scrub woods at the lower arid woodland limit. Ann. Hist. Nat. Mus. Nat. Hung. **79**, 89–112.

[6] DOMIN, K., 1936: Zimnař (Fraxinus ornus L.)Čachtických kopcích. Věda Přir. **17**, 71.

[7] DOMOKOS, J., 1938: Dendrologische Notizen II. Fraxinus ornus L. var. diversifolia ROCHL. Kertészeti Tanintézet Közleményei **4**, 21–24.

[8] DOMOKOS, J., 1953:. Die Veränderlichkeit der Blumenesche. Kertészeti és Szölészeti Föisk. Évkönyve **17**, 187–192.

[9] FEKETE, L., 1879: Der Untergang von Fraxinus ornus in der Bakony-Gegend. Erdészeti Lapok **18**, 81–91.

[10] FEKETE, L.; BLATTNY, T., 1914: Die Verbreitung der forstlich wichtigen Bäume und Sträucher im Ungarischen Staate I–II. Joerges Verlag, Schemnitz.

[11] HARACSI, L., 1926: Zwei bemerkenswerte Baumarten. Erdészeti Lapok **65**, 493–504.

[12] IGMÁNDY, Z., 1982: Die Polyporales (Polyporaceae s.l.) unserer Holzarten. EFE Tud. Közl. 1982/1, 5–24.

[13] KÁRPÁTI, Z., 1958: Die Variabilität der Manna-Esche (Fraxinus ornus L.). Acta Bot. Acad. Sci. Hung. **4**, 93–112.

[14] LAVISCI, P.; JANIN, G.; UZIELLI, L., 1989: Qualité du bois des six essences du maquis mediterranéen. Forêt Mediterranéenne **11**, 69–78.

[15] LINGELSHEIM, A., 1908: Vorarbeiten zu einer Monographie der Gattung Fraxinus. Engler Botanische Jahrbücher **40**, 185–223.

[16] LINGELSHEIM, A., 1920: Oleaceae-Oleoideae-Fraxineae. In: Engler, A. (Hrsg.): Das Pflanzenreich. Regni vegetabilis conspectus. Heft **72** (IV, 243), Leipzig.

[17] MEUSEL, H.; JÄGER, E.; RAUSCHERT, S.; WEINERT, E., 1978: Vergleichende Chorologie der zentraleuropäischen Flora. Gustav Fischer Verlag, Jena.

[18] MINCIGRUCCI, G.; BRICCHI, E.; ROMANO, B.; FRENGUELLI, G., 1987: Studio preliminare sulla pollinazione die Oleaceae. Ann. Fac. Agr. Univ. Stud. Perugia **41**, 929–940.

[19] MINOTTA, G., 1988: Reafforestation of old agricultural land in the Appennines: preliminary results of tilling techniques. Italia Forestale e Montana **43**, 474–483.

[20] MORARIU, I.; CIUCĂ, M., 1956: Fraxinus ornus L. Sistematica, răspîndirea în RPR si întrebuintarile lui. [Systematik, Vorkommen und Verwendung von Fraxinus ornus in Rumänien.] Buletin Ştienţific. Secţia de Biologie şi Ştiinţe Agricole 8, 209–219.

[21] THEBAUD, C.; DEBUSSCHE, M., 1991: Rapid invasion of Fraxinus ornus L. along the Herault River system in southern France: the importance of seed dispersal by water. J. Biogeography **18**, 7–12.

Der Autor:

Univ.-Doz. Dr. DÉNES BARTHA
Universität Sopron
Fakultät für Forstwirtschaft
Lehrstuhl für Forstpflanzenkunde
Bajcsy-Zs. u. 4
H-9401 Sopron, Ungarn

Juglans regia LINNÉ, 1753

Walnußbaum

Familie: Juglandaceae
Unterfamilie: Juglandoideae

engl.: European walnut
franz.: noyer commun
ital.: noce comune
span.: nogal europeo

Abb. 1: Plantage zur Nußproduktion in der Dordogne (Foto: D. Grosser)

Einleitung

Juglans regia L. ist eine aus wirtschaftlichen, ästhetischen und mythologischen Gründen geschätzte, sommergrüne Kulturbaumart asiatischer Herkunft, deren heutige Verbreitung in Europa, Nordamerika und Asien durch den Anbau zur Nuß- und Holzproduktion bestimmt ist. Sie gehört zu den Windblütlern, zeigt optimales Wachstum im Weinbauklima und erreicht ein Höchstalter von 150 bis 160 Jahren. Im Bestand erreicht die Art Höhen von 35 m und bildet lange, astfreie Schäfte aus einem besonders dekorativen und wertvollen Holz. Solitärstellung reduziert ihr Höhenwachstum und führt zu weit ausladenden, kugelförmigen Kronen, die durchschnittliche Fruchterträge von 20 bis 30 kg/Jahr erbringen. Die im September reif werdenden „Nüsse" haben einen hohen Nährwert; Fruchtschalen und das Laub werden für Arzneimittel genutzt. Abgesehen von Frösten, wird die Entwicklung des Walnußbaumes nur durch wenige Schadfaktoren beeinträchtigt.

Verbreitung

Das natürliche Areal des Walnußbaumes reicht von der Osttürkei, Armenien und dem Iran über Afghanistan und Nordindien bis China, Korea und Japan [27, 33, 52]. In Kleinasien tritt der Walnußbaum im Taurus und Alma-Dagh-Gebirge in einer Höhe von 600 bis 1200 m auf, im Kaukasus bei 1400 m, in geschützten Gebirgslagen Mittelasiens kommt er in 2000 m Höhe vor, im Himalaja erreicht er im Quellgebiet des Indus Meereshöhen bis zu 2500 m, und im Punjab und in Xizang in Südwestchina findet er sich sogar in Höhen von 3000 bis 4000 m [36]. Die wärmeklimatische Verbreitungsgrenze liegt bei der Jahresisotherme von +5 °C [38].

Die heutige Verbreitung ist im wesentlichen durch den Anbau zur Walnußproduktion bestimmt, das Interesse an einem Anbau als Waldbaum zur Holzgewinnung nimmt gegenwärtig aber stark zu [3, 4, 15, 49]. Nußerwerbsanbau wird v. a. in Weinbauklimaten Europas, Asiens und Nordamerikas bei Jahresmitteltemperaturen von 8,5 bis 10 °C betrieben und erbrachte z.B. im Jahr 1978 weltweit eine Walnußernte von 785082 t. Davon entfielen 19% auf die Türkei, 18% auf die USA, wo in Kalifornien und Oregon J. regia schon seit Ende des 19. Jahrhunderts angebaut wird, 15% auf China, 3% auf Griechenland, 3% auf Bulgarien, 2% auf Indien und der Rest vor allem auf Frankreich, Italien, Rumänien und Deutschland [12].

Walnußbäume sind heute in der gesamten gemäßigten Zone der nördlichen Hemisphäre verbreitet. Den Anbau in Mitteleuropa förderten schon die Römer und später Karl der Große aus Gründen der Nußproduktion. Das Holz wurde zunächst als Nebenprodukt angesehen und gewann erst in der Renaissance an Bedeutung. Die größten Vorkommen in Mitteleuropa bilden heute Nußplantagen in Frankreich, Bestände in der Schweiz und in den Auewäldern im südlichen Mitteleuropa. In den Vogesen und im Bayerischen Wald kommt J. regia bis 750 m Höhe vor, in den Nordalpen bis 850 m und in den Schweizer Alpen, in Südtirol und Griechenland bis in eine Höhe von 1200 m, 1250 m bzw. 1300 m.

In Deutschland war J. regia bis Anfang des 20. Jahrhunderts in Feldfluren, Mittel- und Niederwäldern viel weiter verbreitet als heute, der Bestand ist dann aber durch Übernutzung und versäumten Neuanbau stark zurückgegangen. Diese Dezimierung des deutschen Nußbaumbestandes konnte durch das Wirken von REBMANN, der sich in den zwanziger Jahren um einen Erhalt von J. regia als Fruchtbaum und den Anbau als Waldbaum verdient gemacht hat, etwas kompensiert werden [30, 31].

Geschichtliches zum Walnußbaum

Bedeutung und Entstehung des lateinischen Artnamens Juglans regia L. belegen die besondere mythologische Rolle des Walnußbaumes, dessen majestätischer Habitus und ergiebige Nußtracht von alters her mit Königswürde und Fruchtbarkeit in Verbindung gebracht werden. Im Altertum dem Jupiter geweiht, tauchen der Baum und seine Nüsse bis in die Gegenwart als Fruchtbarkeitssymbole in Volkserotik und Hochzeitsbräuchen auf. Die Griechen, die den Walnußbaum nach Aussage Plinius des Älteren in seiner Naturalis Historia im 7. bis 5. Jahrhundert v.Chr. von Asien nach Europa brachten, sprachen von J. regia als Δτοσ βαλανοσ (Dios balanos = göttliche Kugeln). Ins Lateinische übertragen, ergab sich daraus Jovis glans (= Jupiter-Eichel, Jupiter-Nuß) und durch Umbildung der heutige Gattungsname Juglans, den Linné um das Epitheton „regia" (= königlich) ergänzte [16].

Die heutige deutsche Bezeichnung Walnuß (früher Wallnuß) geht auf den früheren Namen Welschnuß oder Welsche Nuß und dieser wiederum auf die spätlateinische Bezeichnung *nux gallica* (= gallische Nuß) zurück. Diese vormaligen Namensgebungen haben ihren Ursprung darin, daß die Walnuß in römischer Zeit über Italien und Frankreich (Gallien) nach Deutschland gelangte und die Bezeichnung der Bewohner dieser Länder als Gallier bzw. Walchen oder Welche auf die eingeführte Nuß übertragen wurde [39]. Seit seiner Einführung aus Asien vor 2000 bis 3000 Jahren ist der Walnußbaum in Mitteleuropa aus wirtschaftlichen, ästhetischen und mythologischen Gründen zu einem besonders geschätzten Kulturbaum geworden und bereichert das Umfeld vieler Bauerngehöfte, freie Plätze in Dörfern und Städten, Kinderspielplätze, Raststellen, Weinberge und Weideflächen. Im Verschenken von Nüssen zu Festtagen (St. Martin, St. Nikolaus und Weihnachten), in zahlreichen Bräuchen, Spielen, Rätseln und Reimen (Regnets am St. Jakobstag, fehlt die Nuß mit einem Schlag; gute Nußjahre – gute Weinjahre) sowie Orts- und Flurnamen (Nußbach, Nußdorf, Nußbrunn), kommt die gelungene Einbürgerung von J. regia zum Ausdruck [24, 38].

Abb. 2: Fiederblatt ($^1/_2$ nat. Größe)

Morphologie

Erscheinungsbild

J. regia ist eine sommergrüne Baumart, die freiständig zur Krumm- und Kurzschaftigkeit mit astfreien Stammlängen von etwa 3 m neigt, eine breite Krone ausbildet und eine Höhe von 25 bis 30 m erreicht. Im Bestand wird sie 30 bis 35 m hoch und bildet gradschaftige, zylindrische und astfreie Stammstücke von 6 bis 10 m aus. Die silbergraue Borke ist in der Jugend dünn und glatt und gewährt dann nur ungenügenden Schutz gegen Verletzungen, wird aber in höherem Alter rissig und unempfindlicher.

Blätter, Knospen, Triebe

Junge Triebe sind unbehaart, grünlich-braun, ältere glänzend braun mit gefächertem Mark. Ihre Endknospen sind kräftig entwickelt, kuppelförmig, bei älteren Bäumen 6 mm lang und ebenso dick, am Apex stumpf und mit 2 Paaren behaarter Außenschuppen geschützt. Die schwächer ausgebildeten, seitlichen Triebknospen sind kugelig, kleiner, dunkler und kahler als die Endknospe, und sie stehen mit 1 oder 2 Beiknospen in den Blattachseln. Männliche Blütenknospen sind im März etwa 10 mm lang und an der Basis 5 mm dick. Die wechselständigen Blätter setzen sich mit Ausnahme der einblättrigen Walnuß (Juglans regia monophylla) aus 5 bis 9, in der Regel 7 Fiederblättchen zusammen. Demgegenüber sind die 6 bis 12 cm langen, 2 bis 6 cm breiten, elliptischen bis eilänglichen, fast ganzrandigen, bis auf Achselbärte kahlen Fiederblättchen streng gegenständig. Jungtriebe sind im Herbst grünlich-braun, vorjährige Triebe glänzend braun und haben ein gelbliches, quer gekammertes Mark.

Abb. 3: Borke alter Stämme, rechts mit überwalltem Frostriß (Foto links: Ulla M. Lang)

Abb. 4: Knospen kurz vor und während des Austriebs (Fotos: Ulla M. Lang)

Blüten, Früchte, Samen

Der Walnußbaum gehört zu den Windblütlern, und seine männlichen und weiblichen Blüten befinden sich getrennt angeordnet am selben Baum (Monözie). Junge und frisch veredelte Bäume können Diözie vortäuschen, indem sie vorübergehend nur männliche oder weibliche Blüten ausbilden [38].

Die dicken, walzenförmigen, 6 bis 12 cm langen, sehr reichblütigen, grünlich-gelben männlichen Blütenstände gehen als Kätzchen aus Seitenknospen hervor, die im Unterschied zu den kugelförmigen Triebknospen spitzkegelförmig sind. Die Achsen der Kätzchen sind mit Einzelblüten (Formel: *P 3–5 A ∞–2) besetzt, die aus je 3 bis 5 unscheinbar grünlichen Perigonblättern bestehen, die mit 2 Vorblättern und dem Deckblatt zahlreiche Staubfäden umschließen.

Die 10 bis 15 mm langen und 5 bis 10 mm breiten weiblichen Blüten (Formel: *P 4 G $(\bar{2})$) entwickeln sich endständig an letztjährigen Trieben und stehen an kurzen, meist 3-blütigen, bei Strauchwalnüssen bis zu 24blütigen, ährigen Blütenständen. Das vierteilige Perigon ist mit Deckblatt- und Vorblatthülle verwachsen und umschließt den sehr kurzen, 2teiligen Griffel, der in einer für die windblütigen Juglandaceen typischen Form in zwei kurzen, schmalen Narben ausläuft. Die Narben sind vor der Befruchtung grün und glänzend-klebrig, nehmen danach gelbe bis rotbraune Farbe an [38].

In der Blütezeit zwischen April und Juni erscheinen meist zuerst die männlichen und vier Wochen später die weiblichen Blüten. J. regia kann auch ohne Befruchtung keimfähige „Nüsse“ hervorbringen (Apomixis), die im Gewicht wenig variieren und Sämlinge einheitlichen Wachstums hervorbringen [34]. Wie die meisten Juglandaceen ist auch der Walnußbaum diploid und hat in seinen Körperzellen 32 jeweils 0,78 bis 2,60 µm lange Chromosomen (2n = 32) [17].

Abb. 5: Männliche Blütenstände (Kätzchen) (links), weibliche Blüten in kurzen, ährigen Ständen (rechts) (Fotos: Ulla M. Lang)

Im September bis Oktober, etwa fünf Monate nach der Blüte, sind die Früchte reif. Mißernten sind meist auf Pollenmangel zurückzuführen, der durch frostbedingte Schädigung frühblühender männlicher Kätzchen oder eine mangelnde Koinzidenz von Pollenflug und weiblicher Blüte entsteht. Ein Baum mittleren Alters bildet circa 5000 Kätzchen mit jeweils 1 bis 4 Millionen Pollenkörnern. Nur wenige der 5 bis 20 Milliarden Pollenkörner, die ein Baum erzeugt, werden aber über 100 m hinausgetragen [51]. Mit einem Anbau der Walnuß in Gruppen können die Blütezeitpunkte so gestreut und die Baumentfernungen so gering gehalten werden, daß Mißernten aufgrund von Pollenmangel kaum vorkommen.

Die entstehenden Steinfrüchte mit holzig-knöchernem Endokarp, bis zur Fruchtreife grünem, rindenartigen Exokarp und ledrig-fleischigem Mesokarp, sind kugelig und grün und hängen der Schwerkraft folgend in Ähren nach unten [46].

Abb. 6: Junge Früchte

Bei Reife platzen das Exokarp und Mesokarp in medianen Spalten auf und geben den Steinkern frei, der in Größe (Länge 2,5 – 8 cm, Breite 2,5 – 5 cm), Form (rund, ovalwalzenförmig, eiförmig, schnabelförmig) und Schalendicke (1,8 – 2,2 mm) erheblich variieren kann [21], aber immer eine gut sichtbare, häufig durch einen Wulst verstärkte Naht zwischen beiden Hälften aufweist. Diese Naht ist nicht identisch mit der Verwachsungsnaht der beiden beteiligten Fruchtblätter.

Bewurzelung

J. regia bildet eine verhältnismäßig dicke und lange Pfahlwurzel mit spärlicher Seitenbewurzelung aus. In den ersten Jahren kann die Wurzel eine Länge von $^1/_3$ bis $^1/_1$ der Sproßlänge erreichen. Sie weist zumeist eine rübenartige Verdickung auf; das Rindenparenchym dient der Speicherung von Reservestoffen. Die Art reagiert äußerst empfindlich auf Wurzelverletzungen, die beim Verschulen und Verpflanzen entstehen [30].

Abb. 7: Steinfrüchte in verschiedenen Schnittebenen mit Exo-, Meso-, Endokarp und Samen

Holz

Der Walnußbaum gehört zu den Kernholzbäumen, denn sein grauweißer bis rötlich-weißer Splint setzt sich deutlich vom farbigen Kern ab. Das Kernholz kann je nach Standort und Alter hellgrau, mausgrau oder dunkelbraun, rotbraun oder schwarzbraun sein, ist häufig dunkel geadert, tiefbraun gestreift oder wolkig. Wegen der standortbedingten Farbvariationen wird im Handel zwischen Provenienzen wie deutschem, französischem, kaukasischem, türkischem oder persischem Nußbaum unterschieden. Aufgrund der Gefäßanordnung ist Nußbaumholz als halbringporig einzustufen. Die wenig zahlreichen, im Frühholz größeren, im Spätholz kleineren Gefäße sind mit glitzernden Thyllen verstopft. Die Halbringporigkeit erbringt auf Längsflächen eine dekorative Fladerung (Tangentialschnitt) bzw. Streifung (Radialschnitt).

Abb. 8: Walnußholz mit streifiger und wolkiger Farbgebung (Foto: D. Grosser)

Durch die streifige oder wolkige Farbgebung des Kernholzes und Abweichungen im Faserverlauf von der Stammachse ergeben sich geflammte, geriegelte oder gemaserte Holzbilder. Riegeleffekte entstehen, wenn die Stammwellung die radiale Schnittebene kreuzt. Maserung bedeutet einen weitgehenden Verlust paralleler Strukturelemente im Holz und wird durch eine örtliche oder völlige Unterbrechung der stammachsenparallelen Zeichnung erzielt, wie sie bei der exzentrischen Furnierschälung aus Stamm- und Wurzelknollen auftritt (= Kopffurniere oder Nußbaumköpfe). Das mittelharte und schwere, einfaserige, zähe und wenig elastische Holz weist folgende technische Eigenschaften auf [6, 32]:

Raumdichte:	r_0 = 0,53 … 0,64 … 0,66 g/cm^3
Radialschwund:	β_r = 5,4 %
Tangentialschwund:	β_t = 7,5 %
Volumenschwund:	β_v = 13,4 %
Druckfestigkeit:	σ_{dB} = 465 … 725 … 890 daN/cm^2
Zugfestigkeit:	σ_{zB} = 900 … 1000 … 1250 daN/cm^2
Biegefestigkeit:	σ_{bB} = 890 … 1470 … 1780 daN/cm^2
Scherfestigkeit:	τ_{sB} = 65 … 90 daN/cm^2

Splintholz und Kernholz sind wenig gefährdet durch Pilz- und Insektenbefall. Frisch geschlagen hat das Holz von J. regia einen arttypischen säuerlichen Geruch, es dunkelt nach und schwindet wenig [13].

Taxonomie und genetische Differenzierung

Die Juglandaceen bilden eine alte, entwicklungsgeschichtlich zumindest bis in die Kreidezeit zurückreichende Familie, die vermutlich vor etwa 25 Millionen Jahren, im Miozän, den Höhepunkt ihrer Verbreitung hatte. Walnußgewächse bilden eine Familie mit großer sippenspezifischer und individueller Variabilität und werden in die Unterfamilie Juglandoideae (Juglans, Pterocarya, Cyclocara) und Platycaryoideae (Carya, Platycarya, Engelhardia, Oreomunnea, Alfaroa) gegliedert. Von diesen acht rezenten Gattungen werden hierzulande im wesentlichen nur die Gattungen Juglans mit den Arten Juglans regia L. und Juglans nigra L. (Gemeine Walnuß bzw. Schwarznuß) sowie Carya und Pterocarya (Hickory bzw. Flügelnuß) kultiviert [33].

Unterarten und Sorten

J. regia ist genetisch sehr variabel. Allein in dem weiten chinesischen Teil des Verbreitungsgebietes unterscheidet Xi [52, 53] als Varietäten die im Südwesten verbreitete, kommerziell bedeutsamste Yanbian-Walnuß, die in besonderem Maße krankheitsresistente Nördliche Walnuß, die Xijinag-Walnuß, die schon ab dem Alter von 5 bis 8 Jahren zweimal pro Jahr qualitativ hochwertige Nüsse erbringt und die Trauben-Walnuß, die 10 bis 38 Früchte in traubenförmiger Anordnung trägt. Um das große genetische Potential von J. regia in China zu erhalten und züchterisch besser nutzbar zu machen, wurde im Jahr 1980 eine nationale Genbank eingerichtet [53, 54].

Mit Ausnahme der eindeutigen v. a. im asiatischen Raum verbreiteten Subspecies J. regia L. subsp. turcomanica Popov, J. regia L. subsp. fallax (Dode) Popov und J. regia L. subsp. sinensis C. Dc. erscheint Kindel [21] eine endgültige systematische Ausscheidung von Unterarten verfrüht.

Aufgrund von Nußform, Herkunft, Baumhabitus, Austriebsverhalten, Fruchtbarkeit, Reifezeit und Lage werden allein in Deutschland mehrere hundert Varietäten unterschieden, von denen die Große Steinnuß (J. regia var. durissima), die Kleine Steinnuß (J. regia var. connata), die Zugespitzte Walnuß (J. regia var. acuta), die Walzenförmige Walnuß (J. regia var. cylindrica), die Leistenwalnuß (J. regia var. carinata), die Längliche Walnuß (J. regia var. oblonga), die Gemeine Walnuß (J. regia var. rotunda), die Kleine runde Walnuß (J. regia var. minor), die Riesenwalnuß (J. regia var. maxima), die Dünnschalige Pferdewalnuß (J. regia var. tenera), die Gemeine Pferdewalnuß (J. regia var. quadrangularis), die Schalenlose Pferdewalnuß (J. regia var. membranacea), die Büschelnuß (J. regia var. fructicosa), die Traubenwalnuß (J. regia var. fertilis) und die Spätaustreibende Walnuß (J. regia var. serotina) am bekanntesten sind [22, 33].

Unter den zahlreichen Varietäten ist J. regia maxima, deren Früchte Ausmaße von 6 bis 8 cm Länge und 4 bis 5 cm Breite erreichen und die deshalb auch Riesenwalnuß genannt wird, als die größte aller Walnüsse bekannt. Mit 2,7 bis 3,0 cm Länge und 2,5 bis 2,7 cm Breite trägt J. regia var. minor besonders kleine, runde und dickschalige Nüsse [21].

Die Büschelnuß (J. regia var. fructicosa), bei der 5 bis 9 Früchte in Büscheln herabhängen, und die Traubenwalnuß (J. regia var. fertilis), bei der 9 bis 24 Früchte traubenartig zusammenhängen, bleiben strauchförmig und haben einen wesentlich geringeren Standraumbedarf (16 – 20 qm/Baum) als alle anderen Varitäten. Sie blühen ab dem 3. Jahr, haben eine hohe Ertragsleistung pro Standfläche (durchschnittlich 280 g/m^2 im Vergleich zur Baumwalnuß, die selbst bei Rekordernten nur 120 g/m^2 erzielt) und finden v. a. in Kleingärten Verwendung [22, 38]. Kämmerlings spätaustreibende Walnuß (J. regia var. serotina), die aufgrund ihrer Spätblütigkeit im Juni auch Johannisbaum genannt wird, ist besonders frostunempfindlich und daher für rauhe, frostgefährdete und weniger standortgünstige Lagen geeignet.

Große Nüsse werden im Volksmund auch als Pferde-, Faust- oder Paffennüsse, harte, dickschalige als Stein- oder Grübelnüsse und dünnschalige als Papier-, Vogel- oder Meisennüsse bezeichnet, wobei die Schale der letztgenannten nur papierdick ist und selbst von kleinen Vögeln wie Meisen aufgepickt werden kann [33]. Nach einer Hypothese von Bertsch und Werneck [5, 48], die sich mit früh- und vorgeschichtlichen Nußfunden befassen, handelt es sich bei der 3 cm großen, dickschaligen Stein- oder Dribbelnuß nicht um eine durch den Menschen eingeführte, sondern um eine als J. regia germanica bezeichnete Reliktnuß.

Im Gegensatz zur Forstwirtschaft verfügt der Obstbau heute schon über Züchtungsergebnisse sowie fundierte Richtlinien und Empfehlungen für die Sortenwahl. Entscheidende Kriterien dafür sind primär Frostresistenz, Nußertrag und das Kern-Schalenverhältnis der „Nüsse" (optimales Gewichtsverhältnis Kern:Schale beträgt 1:1). Beispielsweise werden im Deutschen Nußkatalog [1] die deutschen Sorten „Geisenheim-Rüdesheim", „Güls/Mosel", „Weinheim/Bergstraße", „Gochsen/Württemberg" und „Mehlen/Niederlausitz" empfohlen. Als besonders geeignet haben sich außerdem die Sorten „Esterhazy", „Seifersdorfer Runde" und „Ockerwitzer Lange" erwiesen [22, 25, 45].

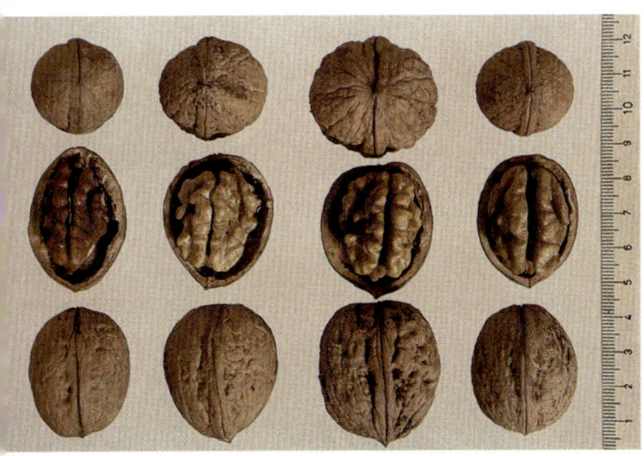

Abb. 9: Früchte der Sorten Geisenheim 26, Geisenheim 120, Esterhazy II und einer Blutwalnuß (von links nach rechts) (Foto: K. Duhan)

Abb. 10: Juglans x intermedia (links), Juglans regia (rechts); beide 35-jährig (Fotos: Mettendorf)

Als Zuchtsorten für den Nußerwerbsanbau werden in Frankreich „Ferankel", „Mait", „Parisien", „Marbots", „Cornes", „Grenobles" [19, 43], in Bulgarien „Schejnovo", „Drjanovsky", „Dzinowsky", „Rosova Dolina", „Batcho Kiro" u.a. [43], in Rumänien „Sibisel", „Geoagin", „Pestisani Ostrov", „Falticeni", in Ungarn „Alsoszentivani Festödi", „Milotai Eszterhazai" [33], in der Slowakei und in Tschechien „Apollo", „Buchlov", „Jupiter", „Magdon", „Mars", „Saturn" und in den GUS-Staaten die Sorten „Podoli", „Sotchinskaja", „Armenia", „Abchasia", „Dagestan" empfohlen [10].

Kriterien zur Auswahl geeigneter Mutterbäume für die Forstwirtschaft sind Frosthärte (v. a. später Austrieb im Frühjahr), Wüchsigkeit, Wipfelschäftigkeit und qualitativ hochwertiges Kernholz bis ins hohe Alter. Bei der Auswahl haben spättreibende und alleinstehende Walnußbäume den Vorteil, daß sie sich nur durch eigene Pollen befruchten und deshalb eine bestmögliche Konstanz in der Vererbung gewährleisten. Bisher scheint das züchterische Potential von J. regia weder für den Nußerwerbs- noch für den Holzanbau ausgeschöpft zu sein [55].

Hybriden

Für die forstliche Wertholzerzeugung in Mitteleuropa kommt Juglans x intermedia Carr. (= J. vilmoriniana Meúnissier), einem Artbastard zwischen J. nigra als Mutterbaum und J. regia als Pollenspender besondere Bedeutung zu, weil er folgende für die forstwirtschaftliche Nutzung positive Eigenschaften der Elternarten in sich vereinigt: die Wipfelschäftigkeit und Winterfrosthärte der J. nigra mit den relativ geringen Standortansprüchen der J. regia [40]. In der Höhen-, Durchmesser- und Wertleistung ist der Bastard den Elternarten erheblich überlegen (Heterosis), sehr eingeschränkt ist dagegen die Fruktifikation, was für die Holzproduktion einen weiteren Vorteil darstellt.

Abb. 11: Keimling, einen Monat alt (nat. Göße)

Die Zahl der Fiederblättchen (9 – 13) liegt bei J. x intermedia zwischen J. regia (5 – 9) und J. nigra (13 – 25). Die Triebe sind nach dem Austrieb zunächst fein behaart wie bei J. nigra, später dann teilweise kahl wie bei J. regia. Die netzartig gerippte Borke unterscheidet sich deutlich von der rissigen und gefurchten Borke der Elternarten. Im Gesamthabitus ähnelt J. x intermedia demnach eher dem Walnußbaum. Wie bei diesem erfolgt der Fruchtfall bei dem Bastard bei teilweise aufreißender Fruchthülle vor dem Blattfall, während die Früchte von J. nigra mit geschlossener Fruchthülle mit oder nach den Blättern zu Boden fallen [26, 40]. Der Originalbaum der Kombination J. nigra x J. regia befindet sich im Arboretum Vilmorin bei Verrières/Paris.

Außerdem sind folgende Artbastarde bekannt [23]:

J. x notha Rehd. (J. ailantifolia Carr. x J. regia L.),
J. x quadrangulata (Carr.) Rehd. (J. cinerea L. x J. regia L.),
J. x sinensis (DC.) Dode (J. mandshurica Maxim. x J. regia L.).

Pfropfungen

Gute Sorteneigenschaften lassen sich am sichersten durch Veredelung und vegetative Vermehrung erhalten. Älteste und sicherste Veredelungsart ist das Ablaktieren, bei dem Unterlage und Edelreis so lange lebend miteinander verbunden werden, bis beide miteinander verwachsen sind und das Edelreis unter der Veredelungsstelle abgeschnitten wird, so daß die Unterlage mit angefügtem Reis verpflanzt werden kann [47]. Die Freilandveredelung durch Spaltpfropfung oder durch Einsetzen kräftig entwickelter Knospen vom letztjährigen Trieb (Okulieren) erfordert günstige Klimabedingungen und ist in Kalifornien, Frankreich, Ungarn und Bulgarien sowie im natürlichen asiatischen Verbreitungsgebiet besonders erfolgreich [33, 39]. Häufigste Methoden sind hierzulande das Rindenpfropfen mit Sattelschnitt, die Platten- und Ringokulation, und bei alten Bäumen die Spaltpfropfmethode [39]. Als gute Methode der Freilandveredelung hat sich unter mitteleuropäischen Verhältnissen die Geisenheimer Plattenokulation erwiesen. In den USA werden zur Veredelung von J. regia wegen ihres vitaleren Wuchses auch J. nigra, J. californica oder J. california x J. nigra als Unterlage eingesetzt [20].

Unter mitteleuropäischen Klimaverhältnissen hat sich außerdem die Winterveredelung im Gewächshaus als günstig herausgestellt. Hierbei werden kräftige, im Durchmesser mindestens 12 mm starke, gut verholzte Edelreiser mit möglichst schmaler Markröhre nach verschiedenen Kopulationstechniken (z.B. Gegenzunge, Geißfuß, Spaltpfropfung, Sattelschaft) auf eine eingetopfte spättreibende Unterlage aufgesetzt und im Spätfrühling im Freien ausgepflanzt [38]. Das von Duhan [10] in den fünfziger Jahren entwickelte, weitgehend technisierte Verfahren der Lamellenschnittpfropfung hat sich für die Baumschulpraxis als besonders geeignet erwiesen.

Anzucht und Kulturbegründung

Wenn im September und Oktober die grünen Schalen aufplatzen und die Walnüsse vom Baum fallen, ist der richtige Zeitpunkt für die Saatgutgewinnung gekommen. Zur Überwinterung, Verbesserung der Keimung und des Aufsprießens ist es üblich, die Nüsse von den Resten der Fruchtschale zu befreien und sie nach einer Kurztrocknung schichtweise mit feuchtem Sand in Holzkisten oder Fässer bei Temperaturen einzulagern (Stratifikation), die etwa der Freilandtemperatur entsprechen [22, 25]. Trocken gelagerte Nüsse erbringen zwar ohne Stratifikation dieselben Keimerfolge, Sämlinge aus vorgekeimten Nüssen wachsen aber rascher und gleichmäßiger an und sind im ersten Jahr weniger von Schäden bedroht. Bei beiden Verfahren der Lagerung schwankt die Keimfähigkeit je nach Herkunft zwischen 10 und 95%. Das auf die Steinfrüchte bezogene Tausendkorngewicht beträgt etwa 11 kg [56]. Bei Nußgewichten über 15 g wurde wiederholt eine geringere Keimfähigkeit festgestellt [8]. Um trotz schwankender Nußerträge der heimischen Herkünfte eine stete Versorgung mit Jungpflanzen sicherzustellen, kann die Keimfähigkeit durch Temperaturabsenkung auf –18 °C über drei Jahre ohne große Minderung erhalten werden.

Die überwinterten Nüsse werden im Frühjahr im Abstand von 5 bis 6 cm in der Reihe und 30 bis 60 cm zwischen den Reihen in Saatbeete gelegt. Um eine Verdrehung am Stammfuß zu vermeiden, wie sie an Sämlingen und Heistern häufig zu beobachten ist, sollte die Nuß bei der Saat etwa 8 cm tief so in den Boden gelegt werden, daß die Nahtebene der Nuß senkrecht nach oben steht und ihre Mittellinie waagerecht liegt [18]. Die Ebene, in der die Naht verläuft, wird als Nahtebene bezeichnet, die Verbindungslinie zwischen Nabel und Spitze der Nuß als Mittellinie. Nach Stratifikation keimt J. regia zeitlich relativ gleichmäßig von April bis Mai. Beginnt die Nuß zu keimen, dann werden ihre beiden Schalenhälften von der Spitze her entlang der Naht durch die Kotyledonen auseinandergesprengt. Hierdurch treten die beiden flachen Keimblattstiele hervor, zwischen denen die Plumula liegt. Liegen Nahtebene lotrecht und Mittellinie waagerecht, so wächst die Stammknospe ungehindert in die Höhe. Die Wurzel wächst einige Millimeter aufwärts und biegt sich dann, eng an die Nußschale geschmiegt, der Erde zu [18].

Im ersten Jahr erreicht der Sämling eine Höhe von 30 bis 40 cm, im zweiten Jahr werden im Verschulbeet 60 bis 70 cm Höhe erreicht. Erst im zweiten Jahr nach der Verschulung setzt starkes Höhenwachstum ein, so daß mit drei Jahren 1 bis 1,5 m, mit vier Jahren 1,5 bis 2 m Höhe erreicht werden. Die Pflanzen werden bereits im Juli bis August des ersten Jahres im Saatbeet unterschnitten, um ihre Pfahlwurzel zu kappen und die Bildung von Seitenwurzeln zu fördern. Nach einem Jahr im Saatbeet und zwei Jahren im Verschulbeet hat sich das Wurzelsystem so weit regeneriert, daß es ein rasches Jugendwachstum der Pflanze ermöglicht.

Die Direktsaat im Wald hat den Vorteil, daß sich die Pfahlwurzel, die schon im ersten Jahr 50 cm lang werden kann und ein rasches Jugendwachstum gewährleistet, unbeeinträchtigt vom Verschulen entwickelt. Von den 2 bis 3 Nüssen, die gemeinsam eingebracht und 3 bis 5 cm dick mit Erde und Laub bedeckt werden, beläßt man den bestwüchsigsten Sämling. Da eine direkte Saat im Wald aber erhöhte Ausfälle der Nüsse durch Pilze und Nagetiere sowie eine Beeinträchtigung durch Unkraut und Konkurrenz bedingen, wird J. regia in Plantagen und im Waldverband meist mit 3-jährigen, 1 bis 1,5 m hohen Heistern begründet.

Plantagen zur Koppelproduktion von Holz und Frucht oder zur ausschließlichen Nußgewinnung werden in der Regel mit Heistern im Weitverband von 10 x 10 m bis 12 x 12 m begründet (100 bzw. 70 Pflanzen pro ha). Die Kulturen sind durch Startdüngung, wiederholte Beseitigung von Konkurrenzflora, Hacken des Bodens im Umfeld der Pflanzen sowie durch Anbinden der Heister an Pfähle in ihrer Pflegeintensität mit dem Obstbau vergleichbar. Die weitständigen Kulturen fördern die Entwicklung von Altbäumen mit Solitärcharakter, die eine geringe Endhöhe, 1 bis 2 m lange astfreie Schäfte und 10 bis 12 m breite Kronen haben. Von herausragender Flächenausdehnung und wirtschaftlicher Bedeutung sind die kalifornischen Walnußplantagen zur Fruchtgewinnung, die in den sechziger Jahren des letzten Jahrhunderts mit importiertem Saatgut aus Chile begründet wurden [2].

Für den forstlichen Anbau, bei dem möglichst lange, schlanke Stämme angestrebt werden, ist eine solche weitständige Kulturbegründung nicht geeignet. Zur optimalen Holzerzeugung sind Pflanzenzahlen von 1200 bis 3300 pro ha zu empfehlen, da durch den Dichtstand das Höhenwachstum und die natürliche Astreinigung gefördert und der Bildung von Wasserreisern im astfreien Stammabschnitt entgegengewirkt wird. In der forstlichen Praxis wird J. regia sowohl in Reinbeständen als auch in verschiedenartiger Mischung kultiviert. Je nach Standort eignen sich Buche, Hainbuche, Erle, Esche, Bergahorn oder auch Linde als Mischbaumarten. Mit ihnen kann J. regia auch auf trockenen Böden im Wachstum Schritt halten, da ihre Pfahlwurzel selbst tiefere Bodenschichten zu erschließen vermag [50]. Die Mischbaumarten werden häufig reihenweise entweder zeitgleich mit den Nußbaumpflanzen oder 10 bis 20 Jahre später als Unterbau eingebracht. Es ist aber auch möglich, J. regia in Einzelbaum-, Gruppen- oder Horstmischung in Buchen- oder Edellaubholzbestände zu pflanzen, wobei dann auf eine konsequente Förderung gegenüber konkurrenzstärkeren Mischbaumarten geachtet werden muß. Ist J. regia im Alter eine ausgesprochene Lichtbaumart, so verträgt sie in der Jugend eine gewisse Beschattung, etwa durch einen lichten Altholzschirm aus Buche oder Erle, der sie vor Frostschäden schützen kann [49, 50].

Ökologie

Juglans regia stellt mittlere Ansprüche an die Bodenfrische und braucht eine mittlere bis gute Nährstoffversorgung. Günstig sind tiefgründige, gut durchlüftete und erwärmbare, nährstoffreiche Braunerden und Karbonatböden mit reichem Humusanteil und schwach saurer bis schwach alkalischer Bodenreaktion (pH ≈ 6,5 – 7,5). Während lehmige Sandböden, humusreiche Rendzinen und Lößböden diese Bedingungen am besten erfüllen, scheiden leichte Sande, schwere Tone und Böden mit hohem Grundwasserstand aus [22, 45]. In autochthonen Beständen des westlichen Himalaja kommt die Art auf guten Standorten in Urwäldern u.a. in Mischung mit Acer caesium WALL., Quercus semicarpifolia SMITH, Aesculus indica COLEBR., Prunus padus L., Ulmus wallichiana PLANCH. und Taxus baccata L. vor. Unter weniger günstigen Wuchsbedingungen mischt sich J. regia auf trockenen Hängen als Halbbaum mit Pinus wallichiana A.B. JACKS. In Reinbeständen kommt sie dort an Hangfüßen und in Tallagen vor [36]. Das breiteste ökologische Spektrum deckt J. regia in China ab, dessen Bestand von etwa 200 Millionen Walnußbäumen in dem Gürtel von 23 bis 42 Grad nördlicher Breite liegt und sich dort in einer Meereshöhe von 500 m ü. NN in der Inneren Mongolei bis zum wohl höchsten Walnußvorkommen der Erde in 4030 m ü. NN in Xizang im Südwesten des Landes erstreckt. In diesem Gebiet schwankt die Länge der Vegetationszeit zwischen 160 Tagen im Norden und 280 Tagen im Süden. Die jährlichen Niederschläge variieren zwischen nahezu 0 mm in Xinjiang und 20000 mm im Südwesten und die Jahrestiefsttemperaturen zwischen –37 °C in der Inneren Mongolei und 0 °C im Süden des Landes, wo sich auch heute noch – beispielsweise in den Inversionslagen des Tian Shan bei Yining – natürliche Walnußbestände befinden [53].

Aufgrund ihres hohen Lichtbedarfs vermag J. regia in Mischbeständen allenfalls im Jugendstadium im Unter- oder Zwischenstand zu gedeihen und kann sich dauerhaft nur behaupten, wenn sie gegenüber konkurrenzstärkeren Arten einen Altersvorsprung hat oder durch Pflegemaßnahmen begünstigt wird [10]. Der herausragende Standortfaktor ist das Klima, denn J. regia leidet unter niedrigen Wintertemperaturen und Spätfrösten. Hiervon ist sie besonders in ebenen, einen Kaltluftstau begünstigenden Lagen betroffen. Dagegen findet sie an luftbewegten Süd- und Westhängen im Zentrum und im Grenzgebiet von Weinbaulagen optimale klimatische Voraussetzungen. Daß viele Nußbäume die Tiefsttemperaturen in den Wintern 1928/1929 und 1939/1940 ohne nachhaltigen Schaden überlebt haben, zeigt, daß weniger die absoluten Kältegrade als vielmehr die Spätfröste bedrohlich sind. Beispielsweise verursachten im Winter 1928/1929 Tiefsttemperaturen von –28 °C eher geringere Schäden und erst Temperaturen zwischen –29 und –45 °C größere und sehr schwere Schäden. Übertemperaturen im Winter und Frühjahr lassen die Bäume verfrüht in Saft kommen, austreiben und dann bei Rückgang der Temperatur empfindliche Schäden erleiden.

Solche Schäden ziehen kaum Zuwachsverluste nach sich, beeinträchtigen aber die Nußproduktion. Das Überstehen selbst extremer Hitze- und Frostereignisse sichert sich J. regia durch die Fähigkeit zum Wurzelausschlag.

In grünen Organen von J. regia wird das Glucosid des 1,4,5,-Trihydroxynaphthalens gebildet, das nach Freisetzung über die Wurzeln oder Blätter im Boden in das allelopathisch wirkende Juglon umgewandelt wird. Juglon wirkt auf zahlreiche Pflanzenarten keim- und wachstumshemmend, so daß unter Walnußbäumen nur gegenüber Juglon tolerante Arten, z.B. Rubus- und Poa-Arten, gedeihen können [37].

Pflege

J. regia zeigt besonders auf schlechten Standorten eine forstwirtschaftlich unerwünschte Neigung zur frühzeitigen Auflösung der Stammachse und zur Ausbildung einer tiefansetzenden Kugelkrone, der durch Formschnitt, Astung und Auf-den-Stock-setzen (= bodennahes Abschneiden des Stamms) begegnet werden kann. Durch einen Formschnitt läßt sich der Kronenaufbau junger Walnußbäume formen, durch die Astung ihre Stammform und künftige Holzqualität verbessern. Die Häufigkeit, mit der gipfelnahe Knospen von Walnußheistern zu Ästen austreiben, die den Gipfeltrieb überwachsen, erfordert dabei eine konsequentere Unterscheidung und Ausführung beider Maßnahmen als bei anderen Baumarten. Lassen sich unerwünschte Stammformen weder durch Formschnitt noch durch Astung korrigieren, so kann durch ein Auf-den-Stock-setzen ein besserformiger und raschwüchsiger Stockausschlag ausgelöst werden. Im Nußerwerbsanbau zielen die Pflegemaßnahmen auf die Ausformung nicht zu hoher, kronenausladender, möglichst stark fruktifizierender Bäume mit 1 bis 2 m astfreier Stammlänge (= leicht beerntbare Halbstämme), im forstwirtschaftlichen Anbau aber auf die Ausbildung dichtbekronter, möglichst wipfelschäftiger und in den unteren 6 bis 8 m astfreier Bäume.

Da J. regia in belaubtem Zustand weniger blutet und Schnittwunden rasch überwallt, sollten Formschnitt, Astung und Auf-den-Stock-setzen im Juni oder Juli erfolgen. Bei J. regia besteht in besonderem Maße die Gefahr, daß durch zu intensives Entasten die frühzeitige Bildung einer Kugelkrone ausgelöst wird. Soll das Höhenwachstum nicht nachhaltig beeinträchtigt werden, so müssen beim Entasten mindestens die Äste von zwei Jahrestrieben verbleiben. Im Gegensatz zum Formschnitt, bei dem man die Äste nur einkürzt, werden sie bei der Astung so entfernt, daß stammnah glatte Schnittflächen entstehen. Da die arttypischen, weiten Markröhren Entrittsstellen für Wasser und Pilze bilden, ist im wertvollen unteren Stammbereich eine Behandlung der Schnittstellen mit Baumwachs empfehlenswert.

Zur Wertholzerzielung im Waldverband wird J. regia ähnlich behandelt wie Stiel- und Traubeneiche, mit denen sie sich auch mischen läßt. Ausgehend von zunächst relativ dichten Verbänden von 1200 bis 3300 Pflanzen pro ha, wird sie in der Jugendphase nur schwach durchforstet, um die Selbstdifferenzierung und natürliche Astreinigung nicht zu beeinträchtigen und das Höhenwachstum nicht durch vorzeitige Freistellung zu bremsen. Wenn eine astfreie Schaftlänge von 6 bis 10 m erreicht ist, also etwa im Alter von 40 Jahren, geht man zu einer lichtwuchsartigen Behandlung über und fördert den Unterstand, der entweder schon bei der Kulturbegründung oder 10 bis 20 Jahre später einzubringen ist. Waldbauliches Ziel sollte ein Bestandesaufbau sein, bei dem die Stämme von J. regia zur Verhinderung von Wasserreisern beschattet bleiben, die Kronen aber zur Förderung des Durchmesserzuwachses allseitig umlichtet sind. Durch eine zu starke Auflichtung oder zu starken Dichtstand kann es zur Ausbildung von Wasserreisern kommen, die auch dann die Holzqualität des Schaftes deutlich mindern, wenn sie nach kurzer Zeit wieder absterben. Sofern einzelne Wasserreiser am Stamm günstige Wachstumsbedingungen finden, können sie in kurzer Zeit zu qualitätsmindernden dicken Ästen heranwachsen. Um eine geeignete Bestandesstruktur und -dichte herzustellen, erfolgen alle 5 bis 8 Jahre lichtwuchsartige Durchforstungseingriffe, mit denen die Stammzahl bis zum Erntealter auf 100 bis 150 Walnußbäume pro ha reduziert wird.

Indem J. regia im Weitverband eine maximale Nußernte erbringt und selbst in Solitärstellung noch Wertholz liefert, eignet sie sich auch als Element agroforstlicher Kulturen.

Wuchsleistung

Im geschlossenen Waldbestand wächst J. regia ähnlich wie Buche (Fagus sylvatica L.) und Eiche (Quercus robur L. bzw. Quercus petraea LIEBL.) schlank und astrein in die Höhe, ihr Dickenwachstum ist dann aber geringer als bei freistehenden Bäumen und ihr Fruchtertrag kaum von Belang. J. regia ist ein in der Jugend raschwüchsiger und mit einem Höchstalter von 150 bis 160 Jahren nicht so langlebiger Baum, wie ihr das in Literatur und Volksglauben oft unterstellt wird. Alte Bäume bleiben meist so lange erhalten, bis ihr Inneres hohl und eine Altersbestimmung nur noch spekulativ möglich ist. Auf guten Standorten bewegt sich das Höhenwachstum mit 100 Jahren gegen Endwerte, die im geschlossenen Bestand mit 30 bis 35 m deutlich höher liegen als bei Solitären (25 – 30 m). Das Dickenwachstum dagegen hält bei Solitären länger an als im Bestand, so daß freistehende Bäume im Alter von 100 Jahren einen Durchmesser von durchschnittlich 80 bis 90 cm, Bäume im Bestand aber nur von 70 bis 80 cm erreichen. Das entspricht einer mittleren Jahrringbreite von 0,35 bis 0,45 cm/Jahr.

Da uns langfristig beobachtete Versuchsflächen fehlen, stützen sich waldwachstumskundliche Leistungsdaten auf temporäre Erhebungen und Einzelstammanalysen.

Die im folgenden angegebenen Stammdimensionen (Durchmesser in 1,3 m und Baumhöhe), die auf 450 teils frei, teils im Wald stehenden Walnußbäumen gründen [30, 31], unterstreichen die für J. regia charakteristisch enge Beziehung zwischen Standortgüte und Wuchsleistung.

Standort	Alter in Jahren				
	20	40	60	80	100
armer Sandboden	7	18,5	31	40,5	49 cm
Schieferboden	14	30,5	44	55	64 cm
Diluvialsand	21	39	50	–	– cm
Lehm-, Kalk- und Lößboden	22	41,5	56	68,5	90 cm

Der von Rebmann [31] angegebene mittlere arttypische Durchmesser- und Höhenwachstumsgang auf günstigen Standorten

Alter	Durchmesser in cm	Höhe in m
20	22	10
40	41	17
60	56	23
80	67	27
100	77	30
120	85	31

zeigt den gestreckten Verlauf der Alterswachstumskurven, der es bei forstlichem Anbau erlaubt, J. regia im Bestand mit langsamwüchsigeren Arten zu mischen und schon mit 80 bis 100 Jahren, also im halben Produktionszeitraum der Eiche, Zielstärken zu erreichen.

Nutzung

Früchte, Blätter und Rinde

Im Juni halbreif geerntete grüne Nüsse ergeben ein äußerst Vitamin C-reiches Einmachobst und eignen sich zur Herstellung von Nußlikör. Walnüsse sind im September bis Oktober reif, wenn die fleischige, grüne Fruchtschale aufplatzt und die Steinkerne („Nüsse") zu Boden fallen. Das früher übliche Herunterschlagen von Nüssen in den noch grünen Schalen, wovon man sich eine erhöhte Fruktifikation versprach, gefährdet die Bildung von Fruchtholz und die Ernte im Folgejahr. Das vielzitierte chauvinistische englische Sprichwort *A woman, a spaniel, a walnut tree, the more you beat them, the better they be,* entbehrt also schon im Hinblick auf den Baum jeder Grundlage.

J. regia trägt ab einem Alter von 10 bis 20 Jahren zunächst wenige Nüsse, bis zum Alter 40 steigt der Nußertrag an, erreicht bei 40- bis 80-jährigen Bäumen sein Maximum und geht im höheren Alter wieder zurück. Die im folgenden angegebenen Durchschnittserträge bis zum Alter von 100 Jahren beziehen sich auf allseitig freistehende Bäume und gute bzw. schlechte Standortbedingungen in Mitteleuropa. Auf sehr guten Standorten kann von einer Erhöhung des Ertrags um 10 %, auf sehr schlechten Standorten von Ertragseinbußen bis 30 % ausgegangen werden. In der Tabelle wurde berücksichtigt, daß in einem Zeitraum von 4 Jahren durchschnittlich eine Mißernte, zwei mittlere und eine gute Ernte zu erwarten sind [38].

Alter	mittlerer Jahresertrag in kg	Gesamtertrag in kg	mittlerer Jahresertrag in kg	Gesamtertrag in kg
	guter Standort		schlechter Standort	
1– 15	0	0	0	0
16– 25	10	100	7	70
26– 35	25	250	15	150
36– 60	45	1125	22	550
61– 80	55	1100	13	260
81–100	32	640	13	260

Auf guten Standorten entspricht das bis zum Alter von 100 Jahren einem durchschnittlichen Jahresertrag von 32 kg Nüssen/Baum, auf schlechtem Standort werden 30 bis 40% weniger produziert. 75 – 150 Nüsse wiegen etwa 1 kg, so daß im leistungsfähigsten Alter bei guten Ernten jährlich 7500 bis 15000 Nüsse pro Baum anfallen können. Durch geeignete Sortenwahl, Züchtung und Veredelung dürften sich die heute erreichten durchschnittlichen Nußerträge noch wesentlich steigern lassen.

Reife Nüsse werden von Schalenresten befreit, gewaschen, luftig und trocken gelagert und 2 bis 3 Tage lang mehrfach gewendet. Danach können sie in luftdurchlässigen Netzen aufbewahrt werden. Durch Schwefeln und Bleichen kann ihr Verkaufswert erhöht werden. Die früher in Walnußanbaugebieten verbreiteten hausgroßen Nußspeicher, deren Böden und Wände luftdurchlässig waren und aus Latten bestanden, werden heute kaum mehr zur Trocknung und Aufbewahrung genutzt. Durch die Trocknung kann das Gewicht der Frischnüsse bis zu 50% schwinden. Ihr hoher Nährwert (50 – 65% Fett, 18 – 25% Eiweiß, 0,3 mg Vitamin B_1, 30 – 50 mg Vitamin C pro 100 g Frischgewicht und Spuren von Vitamin A und B_2) qualifizieren Walnüsse nach neuen Ernährungserkenntnissen in besonderer Weise für eine gesunde Frisch- und Pflanzenkost und steigern die Nachfrage, die z.Zt. überwiegend durch kalifornische Importnüsse gedeckt wird. Vergleichbar mit der Reifung der Weintrauben erbringen Nüsse, die im nördlichen Reizklima mit langer Reifezeit und intensiver Einlagerung geschmacksbildender Stoffe wachsen, ein ansprechenderes Aroma als schnellwachsende, großfruchtige Nüsse aus dem Mittelmeerraum oder Kalifornien. Walnüsse können zu Backwaren, Konfitüren, Nußmus, Nußmilch und Walnußöl, einem der feinsten, an ungesättigten Fettsäuren und Linolsäure reichen Pflanzenöle, weiterverarbeitet werden (50 kg Nüsse liefern 20 – 25 kg Samen und 10 – 12 l Nußöl).

Aus den grünen Fruchtschalen werden Gerb-, Beiz- und Färbemittel sowie Arzneien hergestellt. Die Nußbaumrinde wird von der Branntweinindustrie auch heute noch mitunter als Typage- und Alterungsmittel eingesetzt und liefert Beiz- und Färbemittel. Im Frühsommer geerntete Walnußblätter, unreife und reife Früchte und ihre Schalen finden seit dem Mittelalter vielseitige medizinische Verwendung. So gehören halbreife Nüsse und Nußlaub zu den Vitamin C-reichsten Pflanzenteilen (Vitamin C-Gehalt bis 1%) [22].

Holznutzung

Das Holz des Walnußbaums gilt als das wertvollste und begehrteste des mitteleuropäischen Waldes. Nußbäume werden zumeist, nicht wie bei anderen Wirtschaftsbaumarten üblich, oberhalb der Erde gefällt, sondern mit dem Wurzelstock ausgegraben (= ausgestockt). Denn die untersten, knollenartig verdickten und häufig bis in die Erde reichenden Baumteile bilden die für die Herstellung von Maserfurnieren wertvollsten Stammabschnitte.

Nußbaumholz ist knapp und in allen Qualitätsstufen Jahr für Jahr ohne größere modebedingte Schwankungen sehr gefragt für die Herstellung von Furnieren, Möbeln, Innenausstattungen sowie kleiner Holzwaren. Besonders beliebt ist das Holz ferner für Uhrengehäuse, Musikinstrumente, Parkett, Gewehrschäfte, Chorgestühl in sakralen Bauten, Schachfiguren und andere Drechsler- und Schnitzerwaren.

Abb. 12: Wurzelmaserknollen (Foto: AG Holz)

Unregelmäßiger Jahrringaufbau, Ästigkeit, Krümmungen und Zwiesel sind bei Nußbaumholz weniger wertmindernd als bei anderen Baumarten, da unregelmäßige Faserverläufe, wie sie in Astgabeln und Wurzelstöcken vorkommen, für manche Zwecke sogar erwünscht sind. Selbst erhebliche Holzfehler wie Kernschäle, Mondringe, Verletzungen, Krümmungen und Äste wirken sich wenig mindernd auf den Preis aus. Aus Astgabelungen stellt man wertvolle Pyramidenfurniere her und Starkäste werden für die Holzschuh-Fabrikation herangezogen. Den höchsten Wert besitzen Maserknollen und Maserköpfe, aus denen hochwertige Furniere hergestellt werden. Oberirdisch entstehen gemaserte Schaftstücke durch eine Anhäufung von Präventivknospen oder Verletzungen. Unterirdisch sind es die z.T. mächtigen Wurzelknollen aus dem Stamm-Wurzel-Übergangsbereich, welche mit dem Wurzelstock ausgegraben werden und die höchsten Furnierqualitäten liefern. Nußbaumholz wurde aufgrund seiner ausgezeichneten physikalischen und ästhetischen Eigenschaften zum Ersatz von Tropenholz.

Die Stammholzerlöse pro Festmeter hängen außer von Qualitätsmerkmalen wie Farbgebung und Verkernung des Holzes stark vom erreichten Mitteldurchmesser ab. Höchste Erträge bringen Stammstücke mit einem Mitteldurchmesser von 60 bis 70 cm. Daß solche Baumstärken in 80 bis 100 Jahren, d.h. in etwa halb so viel Zeit wie Furniereichen heranwachsen und dabei die Eichenpreise meist noch übertreffen, läßt das zukunftsträchtige forstwirtschaftliche Potential des Walnußbaums erkennen. Selbst bei Nußbäumen, die in herkömmlicher Weise ohne besondere waldbauliche Pflege in der Feldflur zur Nußerzeugung kultiviert werden, haben zu 40 bis 50% des Stammholzes die Güte von Furnier- oder Teilfurnierholz. Bei den neuerdings eingeleiteten, von intensiver Pflege begleiteten J. regia-Anbauten im Waldverband, läßt sich der Anteil hochwertigen Holzes noch beträchtlich steigern [14].

Pathologie

J. regia ist vor allem im Jugendstadium frostempfindlich. Mittelalte und alte Bäume reagieren auf extreme Fröste mit einem Aufplatzen und Reißen des Stammes, der dann lange Zeit blutet, einen Angriffspunkt für Sekundärschädlinge bildet und absterben kann. Der Walnußbaum besitzt eine mittlere Toleranz gegen Salz-, Schwefeldioxid-, Ozon- und Fluorbelastung [44]. Das Wachstum von J. regia wird – von Winter- und Spätfrösten abgesehen – von relativ wenigen abiotischen oder biotischen Schadfaktoren beeinträchtigt. Durch die im folgenden genannten Schädlinge wird der Walnußanbau in keinem Fall großregional in Frage gestellt, sie können aber lokal, vor allem in Plantagen, vorübergehende Schäden oder vereinzelte Ausfälle verursachen.

An J. regia tritt vielfach das Kirschenblattroll-Virus (CLRV = Cherry leafroll virus) auf.

Eher harmlos ist der Befall der Blätter, die gelbstreifig überzogen werden, sich zusammenrollen und abfallen können. Bedeutsamer ist die vor allem in nordwestamerikanischen Walnußplantagen durch dieses Virus hervorgerufene ‚blackline-disease', die beträchtliche Zuwachs- und Ertragseinbußen nach sich ziehen kann. An Bäumen jeden Alters, die aus Veredelung hervorgegangen sind, wird die Nahtstelle zwischen Edelreis und Unterlage von einem schwarzen Band aus nekrotischem Gewebe umgeben. Erst seitdem J. regia wegen ihrer Anfälligkeit gegen Armillaria mellea (VAHL) KUMM. vermehrt veredelt auf Unterlagen aus anderen Juglans-Arten und Juglans-Hybriden gepfropft wird, hat diese Krankheit zugenommen [28].

Die gefährlichste Bakterienerkrankung der Walnuß wird durch Xanthomonas juglandis (PIERCE) DOWSON hervorgerufen und hat seit Ende des letzten Jahrhunderts in nordwestamerikanischen und europäischen Nußbaumplantagen wiederholt beträchtliche Verluste bei der Nußernte ausgelöst. Da das Bakterium durch Regentropfen über kurze Strecken weiterverbreitet wird, bergen dichtständige Nußbaumplantagen ein erhöhtes Risiko. An der Spitze der Blätter entstehen zunächst vereinzelte eckige, schwarze Flecken, die allmählich die gesamte Blattoberfläche überziehen und sich auf Kätzchen und junge Triebe ausdehnen können, wonach das Gewebe oberhalb der Befallsstellen absterben kann [29]. Rindenkrebs, verursacht durch die Bakterienarten Erwinia rubrifaciens und Erwinia nigrifluens, hat erst seit dem Einsatz von automatischen Nußerntemaschinen in den sechziger Jahren an Bedeutung gewonnen. Rüttelmaschinen, wie sie beispielsweise in kalifornischen Nußbaumplantagen zur Ernte eingesetzt werden, verursachen Wunden und Eingangspforten für Erwinia-Arten. An Stamm und stärkeren Ästen wird der Krebs sichtbar, sondert einen rotbraunen Schleim ab und kann Fruktifikation und Nußertrag mindern [44].

Unter den Pilzerkrankungen können Armillaria mellea s.l. (VAHL) KUMM. und verschiedene Phytophthora-Arten zur Erkrankung von Wurzeln und unteren Stammteilen führen. Der Hallimasch gefährdet J. regia bevorzugt bei der Erstaufforstung ehemals landwirtschaftlicher Böden und in Agroforstkulturen [28]. Die häufigste und wirtschaftlich bedeutsamste Pilzerkrankung an den Blättern und jungen Früchten von J. regia wird durch Gnomonia leptostyla (FR.) CES. (stat. conid. Marssonina juglandis (LIB. MAGN.) ausgelöst. Die schwarz-braunen Befallsstellen an Blättern und Nüssen können bei starkem Befall zur Entlaubung führen und den Nußertrag mindern [29]. Ein Triebsterben der Walnuß wird gelegentlich durch Cytospora juglandina SACC. verursacht [29]. Chalaropsis thielavioides PEYRONEL ist eine Pilzerkrankung, die bei der Pfropfung mitunter Pfropfreis und Unterlage befällt, mit einer dunkelbraunen Schicht von Sporen bedeckt und die Pfropfung zum Scheitern bringen kann. Bei der Anzucht von Pflanzmaterial, das im Gewächshaus für die Begründung nußertragreicher Plantagen veredelt wird, kann C. thielavioides zu beträchtlichen Ausfällen führen [29].

Von den Schnabelkerfen (Hemiptera) können Callaphis juglandis GOEZE., die die Blattoberseiten befällt und Chromaphis juglandicola KALTENBACH, die an den Blattunterseiten und Früchten Saft entzieht, in Nußbaumplantagen gelegentlich zu Ertragseinbußen führen. Von einiger Bedeutung sind außerdem die zwei Schmetterlinge Alsophila pometaria HARRIS. und Halisidota caryae HARRIS., die v. a. in nordamerikanischen Obstgärten und Nußbaumplantagen durch heftige Vermehrung vorübergehend Ertragseinbußen oder -ausfälle nach sich ziehen. Unter den Säugern kann das graue amerikanische Eichhörnchen Sciurus carolinensis GMELIN. außer in Nordamerika auch in England, Irland und Südafrika durch den Fraß von Nüssen und innerem Bast junger Triebe erhebliche Schäden verursachen. Bei forstlichem Anbau treten an jungen Pflanzen häufig Fegeschäden durch Reh- und Rotwild auf. Während zur Sicherung der Saat eine Mäusebekämpfung notwendig ist, werden die jungen Pflanzen aufgrund ihres Gerbsäuregehaltes kaum von Mäusen, Kaninchen und Hasen verbissen [7].

Abb. 13: Altbaum im Alpenvorland, ca. 900 m ü.NN, kurz vor dem Austrieb (Foto: Ulla M. Lang)

Weiterführende Literatur

[1] AID, 1960: Deutscher Nußkatalog 1960, Richtlinien für den Wal- und Haselnußanbau, Land- und Hauswirtschaftlicher Informationsdienst, Bonn/Bad Godesberg.

[2] BATCHELOR, L.D., 1929: Walnut culture in California, Bulletin 379, University of California, Berkeley.

[3] BECQUEY, J., 1991: Aktivitäten zur Förderung des Walnußanbaus als Holzproduzent in Frankreich, Allgemeine Forst Zeitschrift, **46**, 614–616.

[4] BERNYI, G., CSURKA, E., Srvri, J. und SZODFRIDT, I., 1991: Erfahrungen über den forstlichen Walnußanbau in Ungarn, Allgemeine Forst Zeitschrift, **46**, 619–621.

[5] BERTSCH, K., 1953: Geschichte des deutschen Waldes, 3. Aufl., Stuttgart.

[6] BOSSHARD, H.H., 1982: Holzkunde, 2. Aufl., Birkhäuser Verlag, Basel, Boston, Stuttgart.

[7] BROWNE, F.G., 1968: Pests and diseases of forest plantation trees, Clarendon Press, Oxford.

[8] DELLINGER, R., 1990: Untersuchungen zur Vermehrung von Juglans regia, Allgemeine Forst Zeitschrift, **45**, 1240–1242.

[9] DILLOW, M.K., 1975: Bibliography of Walnut, USDA, Tech. Rep., NC-13.

[10] DUHAN, K., 1956: Das in Niederösterreich besonders erfolgreich angewandte Walnuß-Veredlungsverfahren, Verfahrensbeschreibung des Instituts für Obstbau der Hochschule für Bodenkultur, Wien.

[11] FISCHER, F., 1953: Die Nachzucht des Nußbaumes als Waldbaum, Mitt. Eidgenöss. Anst. Forstl. Versuchsw., **29**, 267–292.

[12] FRANKE, W., 1985: Nutzpflanzenkunde, 3. Aufl., Stuttgart und New York.

[13] GROSSER, D., 1977: Die Hölzer Mitteleuropas, Springer-Verlag Berlin, Heidelberg New York.

[14] GÜRTH, P., 1986: Eine Erlösstatistik für Nußbaumstammholz, Holz-Zentralblatt, **112**, 972.

[15] GUINIER, P., 1953: Le noyer, le productuer de bois, Revue forestière française, **5**, 157–176.

[16] HADFIELD, M., 1958: Jupiter's tree: The walnut in Britain, Quaterly J. Forestry, **52**, 191–196.

[17] HANS, A.S., 1970: Chromosome numbers in the Juglandaceae, J. Arnold Arb., **51**, 534–539.

[18] HOFFMANN, R., 1942: Untersuchungen über die Keimung und das Jugendwachstum der Schwarz- und Walnuß, Forstwiss. Cbl., **64**, 59–91.

[19] HOPPE, H.A., 1975: Drogenkunde, 8. Aufl., Berlin.

[20] JAYNES, R.A. (Hrsg.), 1969: Handbook of North American nut trees, North. Nut Grow. Assoc., Geneva, New York.

[21] KINDEL, K.H., 1984: Nüsse in meiner Hand II., Juglandaceae-Juglans L. und Carya Nutt., Mitt. Dtsch. Dendrol. Ges., **75**, 141–158.

[22] KÖNEMANN, E., 1978: Nußbau in allen Lagen, Wilhelm Braumüller, Wien, 107 S.

[23] KRÜSSMANN, G., 1977: Handbuch der Laubgehölze, Bd. II, 2. Aufl., Paul Parey, Berlin und Hamburg, 196–200.

[24] MARZELL, H., 1938: Geschichte und Volkskunde der deutschen Heilpflanzen, 2. Aufl., Stuttgart.

[25] MAURER, K.J., 1968: Schalenobst-Anbau, Stuttgart, Ulmer Verlag.

[26] METTENDORF, B., 1991: Die Schwarznußhybride Juglans x intermedia Carr., Allgemeine Forst Zeitschrift, **46**, 605–607.

[27] NEKRASSOWA, V., 1930: Review of the Juglandaceae in the U.S.S.R., J. Arnold Arb., **11**, 1–7.

[28] PEACE, T.R., 1962: Pathology of trees and shrubs, Oxford University Press.

[29] PHILLIPS, D.H. und BURDEKIN, D.A., 1982: Diseases of forest and ornamental trees, The Macmillan Press, London, Basingstoke.

[30] REBMANN, 1907: Juglans regia und Juglans nigra, Mitt. Dtsch. Dendrol. Ges., **16**, 187–209.

[31] REBMANN, 1920: Der Anbau von Walnußbäumen und amerikanischen Nußbaumarten im Walde. Verlag J. Neumann, Neudamm.

[32] SACHSSE, H., 1984: Einheimische Nutzhölzer und ihre Bestimmung nach makroskopischen Merkmalen. Verlag Paul Parey, Hamburg und Berlin.

[33] SCHAARSCHMIDT, H., 1988: Die Walnußgewächse, Wittenberg, Lutherstadt.

[34] SCHANDERL, H., 1964: Untersuchungen über die Blütenbildung und Embryonenbildung von Juglans regia L., Biol. Zentralbl. **83**, 71–102.

[35] SCHEEDER, Th., 1990: 1882 bibliographische Hinweise zu den Juglandaceen, Schwaigern, Selbstverlag.

[36] SCHENCK, C.A., 1939: Fremdländische Wald- und Parkbäume, III. Band, Paul Parey, Berlin.

[37] SCHLEE, D., 1986: Ökologische Biochemie, Springer-Verlag, Berlin.

[38] SCHNEIDERS, E., 1941: Der neuzeitliche Walnußanbau. Grundlagen und Fortschritte im Garten- und Weinbau, **62**.

[39] SCHÖNBERG, F., 1917: Der Walnußbaum, seine Anzucht und Pflege. Stuttgart, Eugen Ulmer.

[40] SCHOTT, A., 1991: Vermehrung von Juglans spc. und der Hybride Juglans intermedia, Allgemeine Forst Zeitschrift, **46**, 611.

[41] SCHWAPPACH, A., 1888: Über den Anbau der Carya- und Juglans-Arten, Z. Forst- u. Jagdwes., **20**, 14–18.

[42] SCHWAPPACH, A., 1911: Die weitere Entwicklung der Versuche mit fremdländischen Holzarten in Preußen, Z. Forst- u. Jagdwes., **43**, 591–611.

[43] SDRAWKOW, K., 1973: Gegenwärtiger Stand und Probleme des Anbaus sowie der Bewirtschaftung von Walnußbäumen in der VR Bulgarien, Soz. Forstw. **5**, 152–153.

[44] SINCLAIR, W.A., LYON, H.H., JOHNSON, W.T., 1987: Diseases of trees and shrubs, Cornell University Press.

[45] STRITZKE, S., 1985: Seltene Obstarten im Garten, 5. Aufl., Berlin.

[46] TROLL, W., 1957: Praktische Einführung in die Pflanzenmorphologie, VEB Gustav Fischer Verlag, Jena.
[47] WAGNER, O., 1935: Der Walnußbaum und der Haselstrauch, Anleitung für sachgemäße und vermehrte Anpflanzung.
[48] WERNECK, H.L., 1953: Die Formenkreise der bodenständigen Wildnuß in Ober- und Niederösterreich, Verh. Zool.-Bot. Ges. Wien, **93**, 112–119.
[49] WINTER, R., 1982: Der Walnußbaum – die vergessene Baumart, Holz-Zentralblatt, **108**, 737–738.
[50] WINTER, R. und GÜRTH, P., 1990: Anmerkungen zum forstlichen Walnußanbau, Forst und Holz, **45**, 117–120.
[51] WOOD, M.N., 1934: Pollination and blooming habits of the Persian walnut in California, USDA, Tech. Bull., Nr. 387.
[52] XI RONGTING, 1990: Discussion on the origin of walnut in China, Acta Horticulturae, **284**, 353–361.
[53] XI, S.K., 1985: Walnut research and production in China, 76th Annual Report of the Northern Nut Growers Association, Southwest Missouri State University, Springfield, 131–134.
[54] XI, S.K., 1990: Walnut improvement in China, Acta Horticulturae, **284**, 195–198.
[55] YADROV, A.A., 1990: Resources of genetic improvement of walnuts. Acta Horticulturae, **284**, 363–366.
[56] YOUNG, J.A. und Young, Ch.G., 1992: Seeds of Woody Plants in North America, Dioscorides Press, Portland, Oregon.

Abb. 14: Freistehende, zur Nußproduktion genutzte Walnußbäume nahe Lahnstein (Foto: Ulla M. Lang)

Der Autor:

Prof. Dr. HANS PRETZSCH
Lehrstuhl für Waldwachstumskunde
Ludwig-Maximilians-Universität München
Hohenbacherstraße 22
D-85354 Freising

Liquidambar styraciflua LINNÉ, 1753

syn.: L. macrophylla OERST., 1863

Amerikanischer Amberbaum,	Familie:	Hamamelidaceae
Amerikanischer Storaxbaum	Unterfamilie:	Liquidambaroideae

engl.: Sweetgum, Sapgum, American sweetgum
franz.: Copalme

Abb. 1: Liquidambar styraciflua. Freistehender zweistämmiger Baum mittleren Alters

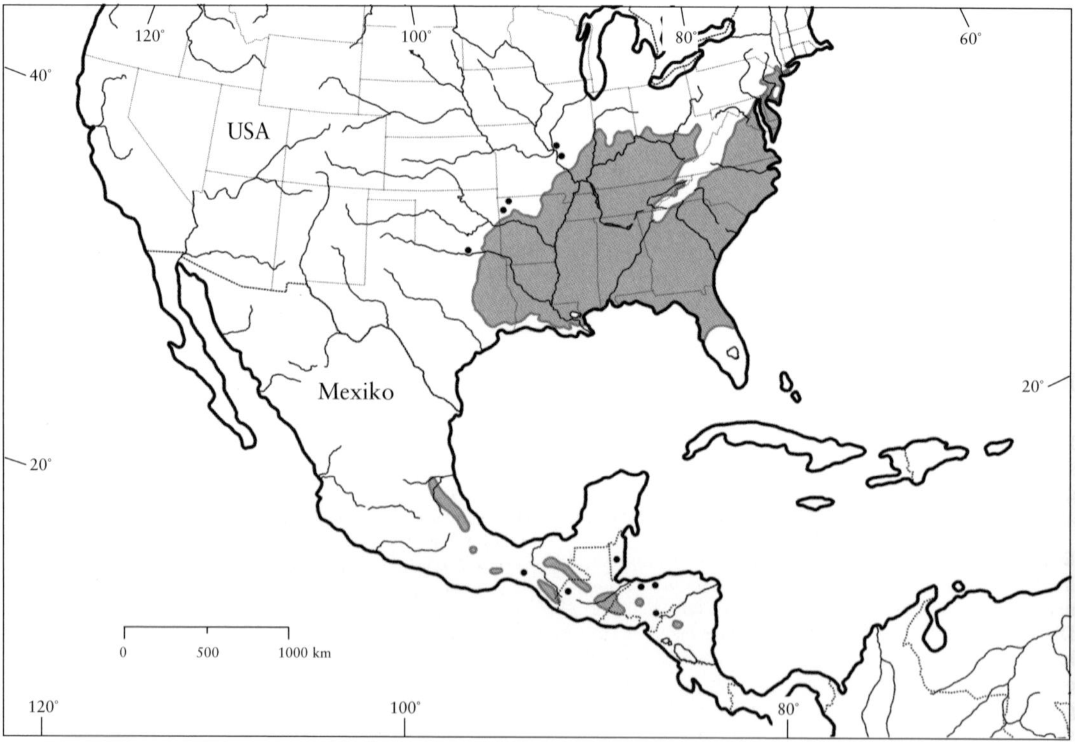

Abb. 2: Natürliches Verbreitungsgebiet, verändert nach LITTLE, 1971; • = Einzelvorkommen

Liquidambar styraciflua, ein sommergrüner, weitgehend winterharter Laubbaum aus dem Osten und Südosten Nordamerikas, hat wegen seiner langen, astfreien Schäfte und seines relativ wertvollen Holzes wirtschaftliche Bedeutung. Genutzt wird auch der aus Stammwunden austretende Harzbalsam. Er gab der Art sowohl die lateinischen Artnamen („flüssiger Balsam" bzw. „fließender Styrax") als auch die englischen Trivialnamen, hatte bereits bei den Mayas volksmedizinische Bedeutung und wird noch heute Körperseifen als Geruchskomponente zugesetzt.

Kennzeichnend für die Art sind die tiefgelappten, ahornähnlichen Blätter sowie Korkleisten an älteren Zweigen.

Wegen seines sehr harmonischen Umrisses und der ungemein attraktiven orangefarbenen bis purpurroten Herbstverfärbung ist der Amberbaum ein sehr geschätzter, gelegentlich auch in Europa angebauter Parkbaum. In Mitteleuropa fehlt er in kaum einer Sammlung.

Verbreitung

Liquidambar styraciflua ist ein Waldbaum des östlichen und des südöstlichen Nordamerika. Sein natürliches Areal erstreckt sich vom südwestlichen Connecticut, New York und Long Island südwärts bis Zentral-Florida, westwärts bis in den Osten von Texas und nordwestwärts bis Süd-Indiana und Ohio. Mehrere weit im Süden vorgelagerte, isolierte Teilvorkommen befinden sich in Mexiko (Berge in Veracruz, Puebla, Hidalgo, Oaxaca und Chiapas) sowie in Guatemala, Belize, El Salvador, Honduras und Nicaragua [9, 12].

L. styraciflua ist vorwiegend ein Baum des Flachlandes, der in den Appalachen allenfalls bis in Höhen um 1200 m vordringt [12]. Abweichend davon findet man die Art in den Gebirgen der mexikanischen Provinzen Hidalgo, Veracruz und Puebla auf frischen Standorten in 1800 bis 2400 m ü.NN. – meist in Mischung mit *Pinus tecumanii, P. chiapensis, P. greggii* und anderen Kiefernarten [13].

1681 wurde die Art erstmals in Kultur genommen. Seitdem haben Anbauten als Allee- und Parkbaum in vielen Regionen der Nordhemisphäre, insbesondere im Westen der USA stattgefunden. In Osteuropa friert sie oft zurück und wächst meist strauchförmig[1].

[1] For. Abstr. 20, 1543, 1959

Beschreibung

L. styraciflua gehört zu den leistungsfähigsten Laubbäumen gemäßigter Klimazonen. In seinem Optimum, dem Mississippi-Delta erreicht er in geschlossenen Beständen Höhen knapp über 45 m, Stammdurchmesser (BHD) von 150 cm und entwickelt lange, kerzengerade und astfreie Schäfte [12, 15, 17]. Anders als im Bestand haben freistehende Bäume im Alter eine rundliche, eher breite Krone, und bei jungen Exemplaren können die Äste spitzwinkelig bis rechtwinkelig am Stamm ansetzen [8].

Knospen, Blätter, Zweige

Die eiförmig-elliptischen, zugespitzen Terminalknospen sind kahl, 6 bis 10 mm lang, haben eine rötliche oder gelblich braune Farbe und 6 bis 8 dachziegelartig übereinandergreifende Tegmente. Die Seitenknospen sind kleiner.

Die einfachen, aber deutlich gefingerten, sternförmigen Laubblätter sind wechselständig angeordnet und treiben je nach Klima im April oder in der ersten Maihälfte aus [7]. Die Spreite ist fast so breit wie lang (10 bis 17 cm) und hat 5 bis 7, an jungen Bäumen oft nur 3 länglich-dreieckige, spitz auslaufende Lappen und eine breitwinkelige, gerade oder herzförmig eingezogene Basis. Junge Blätter sind anfangs dicht behaart und weisen 8 bis 10 mm lange, lanzeolate, bald hinfällige Stipeln auf. Der sehr schlanke und biegsame, etwas rinnig vertiefte und an der Basis ein wenig verbreiterte Blattstiel wird etwa so lang wie die Spreite (6 bis 14 cm). Diese ist oberseits glänzend grün bis gelbgrün und kahl, unterseits aber hell- bis stumpfgrün, mit Achselbärten versehen und auch entlang der Adern behaart. Der Blattrand ist mit unregelmäßigen, stumpfspitzigen, drüsig behaarten Zähnen besetzt [4, 15]. Angaben zur quantitativen Blattanatomie findet man bei Wylie [20].

Kennzeichnend für die Art ist ein bei adulten Bäumen auftretender Blatt-Dimorphismus[2]. Im Frühjahr erscheinende, in Winterknospen angelegte Laubblätter haben flache Buchten, Blätter neu formierter Triebe jedoch tiefe Buchten und kurze Stiele. Diese Unterschiede sind bei jungen Amberbäumen weniger stark ausgeprägt.

Von September bis November durchläuft *L. styraciflua* eine sehenswerte Laubverfärbung. Vor dem Laubfall verändern die Blätter ihre Farbe in ein leuchtendes Gelb, Scharlachrot und Purpurn. Zerriebene Blätter riechen stark aromatisch [4].

Die relativ schlanken, hell orangefarbenen und mit großen, halbrunden oder elliptischen Blattnarben (3 Bündelspuren) besetzten, jungen Triebe entwickeln sich zu kräftigen, steifen Zweigen, die vom 2. Jahr an mit Korkleisten oder -warzen besetzt sein können und ein sternförmiges, weißes oder bräunliches Mark aufweisen [2, 4, 12].

Blüten, Früchte und Samen

L. styraciflua blüht von März bis Anfang Mai [8]. Selbstbestäubung kommt vor, hat aber erhebliche Verluste an Keimkraft und geringe Wüchsigkeit der Nachkommenschaften zur Folge[3]. Bei entsprechenden Vergleichen entstanden nach Fremdung 46 Samen pro Fruchtstand, nach Selbstung nur 2[4].

Die sehr kleinen, unauffälligen Einzelblüten haben kein Perianth und sind kaum unterscheidbar. Männliche Infloreszenzen (Köpfchen) stehen zu mehreren in aufrechten Ähren am Ende vegetativer Triebe und sind ungestielt, während sich die kompakten weiblichen Blütenköpfchen (Durchm. 2 bis 3 cm) einzeln an langen, schlanken, herabhängenden Stielen befinden. Diese entspringen den Achseln sich entfaltender Laubblätter.

Die in großer Zahl gebildeten blaßgrünen weiblichen Einzelblüten bleiben etwa 3 Wochen fängisch. Sie bestehen aus zwei miteinander verwachsenen Fruchtblättern, besitzen keinen Kelch und weisen eine stark reduzierte Kronröhre auf, die dem basalen Teil des 2fächerigen Fruchtknotens angewachsen ist. Letzterer hat zwei Griffel mit Narben an der Innenseite der einwärts gebogenen Spitzen. Er weist zahlreiche Samenanlagen auf, pro Lokulament in 4 Längsreihen angeordnet, wovon nur die basalen in Funktion treten [4].

Männliche Blüten enthalten ebenfalls eine stark reduzierte Kronröhre. Auf deren Rand stehen 4, nach anderen Angaben 5 bis 9 oder zahlreiche Staubblätter mit kurzen, dünnen Filamenten [1, 4, 17]. Die terminalen Stamina verfärben sich vor der Pollenentlassung rot [7]. Die chalazogame Befruchtung findet 17 bis 21 Tage nach der Bestäubung statt[5].

Die kugelrunden, aus zahlreichen Kapseln bestehenden Sammelfrüchte werden vom September bis in den November des Blütejahres reif. Sie haben einen Durchmesser von 2,5 bis 3,7 cm [12, 17] und hängen an langen, dünnen Stielen herab. Auffällig ist ihre sehr unregelmäßige, stachelig erscheinende Oberfläche, welche durch die vielen verhärteten und persistenten Griffel bestimmt wird, deren Narbenspitzen bei der Fruchtreife miteinander verschmelzen [4].

Die Fruchtstände setzen sich aus zahlreichen septiziden, schnabelförmigen Kapseln zusammen, die 1 bis 2 geflügelte, braune, nicht immer voll entwickelte Samen enthalten. Deren Länge beträgt inkl. Flügel ca. 10 mm [4]. Sie werden während des Winters entlassen und vom Wind verbreitet. Die leeren Fruchtstände fallen im Frühjahr ab.

Das Tausendkorngewicht der Samen liegt im Mittel bei 5 g [1] und schwankt zwischen 4,6 und 7 g [8].

---

[2] For. Abstr. **29**, 140, 1968
[3] For. Abstr. **35**, 5923, 1974
[4] For. Abstr. **26**, 1791, 1965
[5] For. Abstr. **26**, 4719, 1965

Abb. 3: Männliche Blütenstände

Abb. 4: Weibliche Blütenstände

Abb. 5: Bereits leere, reife Fruchtstände

Wurzeln

In lockeren, wohldrainierten Böden entwickelt sich ein tiefes Pfahlwurzelsystem mit intensiv verzweigten Lateralwurzeln, auf Standorten mit hohem Grundwasserspiegel jedoch eine tellerartige, flache, weitstreichende Bewurzelung. An Hängen und auf Kuppen entstehen oft starke Pfahlwurzeln, welche die Art relativ sturmfest machen [8, 15].

VA-Mykorrhizen verbessern die Qualität von Baumschulpflanzen[6)]. Im natürlichen Habitat kommt *Glomus mosseae* als Pilzpartner vor [8], während sich in Feldversuchen teils Inokulationen mit *Glomus macrocarpum* als besonders effektiv erwiesen[7)], teils keine Unterschiede zwischen verschiedenen *Glomus*-Arten bestanden[8)]. Kormanik et al. [8], wiederum, teilen die folgenden Daten zur Wirkung von *Glomus*-Mykorrhizen bei einjährigen Sämlingen mit:

Mykorrhiza-Partner	Höhe (cm)	Durchmesser (cm)	Wurzel-Trockengewicht (g)
Glomus fasciculatus	29,6	0,70	6,1
Glomus-Mischung	25,8	0,60	5,5
Artenmischung	32,9	0,72	6,5
Kontrolle	4,4	0,20	0,2

Borke und Holz

L. styraciflua hat ein hochwertiges, geradfaseriges und hartes, leicht zu bearbeitendes Holz mit breitem, weißem bis leicht rosafarbenem Splint und rötlichem bis rotbraunem, mitunter rötlich gebändertem Kern. Die Gefäße sind zerstreutporig verteilt, Holzstrahlen kann man nur schwer erkennen.

Die Rohdichte beträgt 0,56 g/cm³ [15], die Biege- und Druckfestigkeit sollen etwas tiefer liegen (ca. 80 %) als bei *Quercus robur* [15]. Bäume aus Höhenlagen haben Holz mit längeren Fasern und höherer Rohdichte als Bäume aus dem Flachland[9)].

Die graubraune, tiefrissige Borke bildet zahlreiche schmale, senkrecht verlaufende, etwas abgerundete und miteinander verbundene Leisten.

Lenticellen

Nach Hengst/Dawson [5] weist die Stammborke 40jähriger Amberbäume mit 0,44 g/cm³ ein relativ geringes spez. Gewicht auf, und sie bleibt mit 0,7 cm auch dünner als bei anderen Laubbaumarten des amerikanischen Ostens.

6) For. Abstr. **37**, 2174, 1976
7) For. Abstr. **46**, 6972, 1985
8) For. Abstr. **43**, 1620, 1982
9) For. Abstr. **41**, 5990, 1980

Verjüngung und Anzucht

Im natürlichen Habitat beginnen Amberbäume mit 20 bis 30 Jahren zu fruktifizieren und stellen die Samenproduktion im Alter von ca. 150 Jahren wieder ein. Andererseits kann die Blüte bei baumschulmäßig angezogenen, frei abgeblühten Sämlings-Nachkommenschaften bereits 4 oder 5 Jahre nach dem Auspflanzen einsetzen[10].

Im allgemeinen fruchten die Bäume in jedem Jahr, und Vollmasten sind alle drei Jahre zu erwarten [8]. Unter optimalen Bedingungen enthält ein Fruchtstand 56, im Mittel 20 bis 30 und nach langer Sommertrockenheit nur 7 bis 8 keimfähige Samen [8]. In geschlossenen Beständen fallen 920 000 bis 15,3 Mio. Samen pro Jahr und Hektar zu Boden[11].

Von Bedeutung ist die hohe Samenproduktion hauptsächlich bei der Besiedelung aufgelassener landwirtschaftlicher Nutzflächen. Innerhalb der Bestände und auch nach deren Abtrieb verjüngt sich *L. styraciflua* nämlich fast ausschließlich durch Wurzelbrut. Bis zu 40 Schößlinge entstehen aus dem Wurzelsystem eines Baumes. Dabei ist die Höhe der Schößlinge positiv mit dem Durchmesser der „Mutterwurzel" korreliert [8].

In der forstlichen und der gärtnerischen Praxis vermehrt man die Art sowohl vegetativ wie über Samen. Zum einen werden Wurzelstecklinge von oberflächennahen Seitenwurzeln gewonnen, die dann bei Lichtexposition zuverlässig austreiben[12], zum anderen und wesentlich häufiger erfolgt die Anzucht aus vorbehandeltem, im Herbst geerntetem Saatgut.

Dazu pflückt man die sich gelb verfärbenden Fruchtstände vom Baum, trocknet sie im Freien bis sie sich öffnen, gewinnt die Samen durch Schütteln und reinigt nach 5 bis 10 Tagen das Saatgut im Luftstrom [21]. Vorzeitig gepflückte Fruchtstände reifen nach, wenn man sie ca. einen Monat bei 5 °C feucht aufbewahrt.

Ausgesät wird im Frühjahr. Trotz der nur schwach ausgeprägten endogenen Keimruhe ist eine längere Kalt-Naß-Vorbehandlung vorteilhaft. Empfohlen wird mindestens 30 Tage Lagerung in Plastiktüten bei 2 °C oder – gemischt mit feuchtem Sand – bei 5 °C. Keimraten um 70 % sind so erreichbar [17, 21]. Samen aus Hochlagen keimen generell schlechter, und Saatgut aus dem Süden des Areals benötigt eine weniger intensive Stratifikation.

Langfristige Lagerung von Saatgut mit einem Wassergehalt von 10 bis 15 % gelingt bei 3 °C in geschlossenen Gefäßen für mindestens 4 Jahre ohne Keimkraft-Verluste [21], nach einer anderen Quelle bei 5 bis 10 % Wassergehalt und Temperaturen von 0 bis 5 °C[13]. Vines [17] und Schenck [15] empfehlen 20tägiges Tauchen in warmes Wasser, 15 bis 20 Tage vor der Aussaat.

In der Baumschule sät man breitwürfig oder in Rillen aus und deckt mit höchstens 1,25 cm Sägemehl, Sand oder zerkleinerten Kiefernnadeln ab. Angestrebt werden 210 bis 260 Sämlinge pro m². Die Keimung erfolgt epigäisch.

Pflanzen mit Wurzelhals-Durchmessern über 6 mm und mit fünf oder mehr Seitenwurzeln 1. Ordnung wachsen nach dem Verpflanzen am besten an [8].

Abb. 6/7: Laubblätter. Triebspitze mit austreibender Terminalknospe

Abb. 8/9: Borke eines alten Stammes. Holz-Längsschnitt

Abb. 10/11: Sämling. Junger Baum mit kompaktem Habitus

10) For. Abstr. **31**, 6095, 1970
11) For. Abstr. **26**, 330, 1965
12) For. Abstr. **29**, 3583, 1968
13) For. Abstr. **50**, 4218, 1989

Ökologie

Im natürlichen Areal wächst *L. styraciflua* unter folgenden Klimabedingungen:

	im Norden	**im Süden**
Temperaturmittel im Januar	< –1 °C	ca. 10 °C
Temperaturminimum (Jahr)	–21 °C	–4 °C
Temperaturmaximum (Jahr)	+38 °C im größten Teil des Areals	
Jahresniederschläge	1020 mm	1520 mm
Niederschläge in der Vegetationsperiode		510 bis 610 mm

Die Zahl der frostfreien Tage pro Jahr erhöht sich von 180 im Norden auf 320 Tage im Süden des Areals [8]. Im besonders strengen Winter 1976/77 erlitten Amberbäume bei –29 °C starke Schäden [2], und weibliche wie männliche Blüten werden oft durch Spätfröste geschädigt [8].

SCHENCK [15] nennt *L. styraciflua* einen „Baum der im Frühjahr überschwemmten Flußniederungen" und tatsächlich liegt sein Optimum auf nährstoffreichen, feuchten alluvialen Standorten am Unterlauf des Mississippi [8]. Dort besiedelt er zumeist lehmige bis tonige Substrate, die sich bei hohem K-Gehalt besonders gut, bei starkem Tonanteil weniger gut eignen.

Insgesamt gilt die Art als anpassungsfähig, bleibt aber auf ärmeren und trockneren Standorten im nördlichen Arealteil klein und eher derb [12]. Zu den häufigsten Mischbaumarten des Amberbaumes gehören generell *Acer rubrum*, *A. negundo*, *Betula nigra*, die *Carya*-Arten *C. glabra*, *C. ovata* und *C. tomentosa*, weiterhin *Celtis laevigata*, und im Unterstand wachsen mehrere *Cornus*- und *Alnus*-Arten sowie *Cercis canadensis*.

Der *L. styraciflua*-Jungwuchs auf verlassenen Feldern wird oft von *Pinus echinata* und *Pinus taeda* begleitet. In den Überschwemmungsgebieten des Mississippi-Deltas findet man als Begleiter *Nyssa sylvatica*, *Liriodendron tulipifera*, *Fraxinus americana*, *Platanus occidentalis*, *Quercus phellos*, *Q. lyrata* und wiederum den Rotahorn *Acer rubrum*.

L. styraciflua stellt in allen Entwicklungsphasen hohe Ansprüche an den Lichtgenuß und erträgt Überflutungen bis zu 20 Tagen Dauer[14].

Wachstum

L. styraciflua wächst in den ersten Jahren relativ langsam und benötigt in Kultur Schutz vor Unkrautkonkurrenz. Für günstige Standorte im unteren Mississippi-Tal werden 0,6 m Höhenwachstum pro Jahr angegeben, für höhere Lagen 1 bis 2 m in fünf Jahren [8].

Dichtstehender Jungwuchs reagiert auf Freistellung wegen der geringen Regenerationsfähigkeit der Kronen kaum mit Lichtungszuwachs. Nach starker Durchforstung bilden sich zahlreiche proleptische Triebe.

Zum Durchmesserzuwachs und zum Holzertrag in Reinbeständen liegen aus dem Süden des Areals folgende Daten vor [8]:

Altbäume	4,8 cm in 10 Jahren
Wüchsige Bäume mittleren Alters	8,9 cm in 10 Jahren
Mittlere Bonität	84 bis 112 m^3/ha
Sehr gute Bonität	210 bis 280 m^3/ha
Spitzenwerte auf ausgewählten Kleinflächen	420 bis 560 m^3/ha

Sechs Jahre nach dem Abtrieb erreichten Stockausschläge auf Tonböden 4,9 m, auf frischen, milden Lehmen sogar 6,7 m Höhe[15].

Einzelbäume können erstaunliche Dimensionen einnehmen. Mehrfach werden Höhen über 42 m und Stammdurchmesser von 1,5 m genannt [8, 12], und HEPTING [6] führt sogar einen 62 m hohen und 2,1 m starken Baum an der Küste South Carolinas an. Demgegenüber bleiben die Bäume in den „uplands" klein (6 bis 12 m) und relativ gedrungen [12].

In Gewächshaus-Versuchen erwiesen sich Langtag-Bedingungen als wachstumsfördernd. Gesteigert wurden die Intensität (nicht die Dauer) des Höhenzuwachses, die Zahl der Nodien und die Länge der Internodien[16].

Genetische Differenzierung und Artkreuzungen

L. styraciflua ist eine von 6 Arten der Gattung *Liquidambar*, die in Nord- und Mittelamerika, West- oder Ostasien heimisch sind. Die Chromosomenzahl beträgt 2 n = 30 [1].

Die innerartliche Differenzierung umfaßt neben Ökotypen sowie geographischen oder morphologischen Varietäten vor allem Gartenformen. So werden die mexikanischen Populationen als var. *mexicana* OERST., die Vorkommen in Guatemala als var. *macrophylla* OERST. zusammengefaßt. Erstere soll meist 3lappige Blätter, letztere deutlich größere Blätter aufweisen [15, 16].

---

14) For. Abstr 23, 2167, 1962
15) For. Abstr. 25, 3399, 1964
16) For. Abstr. 36, 1364, 1975

DIRR [2] führt 16 Cultivare an, die sich hauptsächlich in der Blattfarbe unterscheiden. Als Gartenformen haben sich u. a. bewährt:

L. styraciflua f. *rotundiloba* REHD. mit 3 bis 5 kurzen Blattlappen

L. styraciflua f. *pendula* REHD., eine Säulenform mit kurzen Ästen.

Die Ergebnisse mehrerer Gewächshausversuche lassen deutliche Herkunftsunterschiede im Keimverhalten und in der Sämlingsentwicklung erkennen. So weisen die nördlichsten Provenienzen das geringste Sproßwachstum auf, sie beginnen als erste mit der Winterruhe und sind frosthärter als südliche Herkünfte[17]. Eine klinale, vom Breitengrad bestimmte Variation besteht außer in der Höhe und der Überlebensrate 1jähriger Sämlinge auch im Zeitpunkt des Blattfalls und im Samengewicht [18]. Diese Tendenz bestand auch bei Versuchen mit mittelamerikanischen Provenienzen[18].

Artkreuzungen mit *L. styraciflua* galten lange als wenig erfolgversprechend [8]. Inzwischen gelang es SANTAMOUR [14], von den beiden folgenden Kombinationen Sämlingsnachkommenschaften anzuziehen, welche im ersten Jahr – wie auch *L. styraciflua* x *L. styraciflua* – Höhen von 19 cm einnehmen:

L. styraciflua x *L. orientalis* und reziprok sowie

L. styraciflua x *L. formosana.*

Pathologie

Amerikanische Amberbäume werden von gefährlichen Pilzkrankheiten und Schadinsekten weitgehend verschont, wohl aber bestehen Probleme infolge Verbiß des Jungwuchses durch Kaninchen, Mäuse und Weidevieh [8]. Größere Schäden entstehen durch Feuer, einschließlich der darauf folgenden Infektionen holzzerstörender Pilze. Im Mississippi-Delta weisen 42 % der Bäume Brandspuren und nachfolgend Holzfäule auf, und Bäume, die in 8 Jahren mehrfach Bränden ausgesetzt waren, wurden zu 79 % faul – zumeist nach Infektionen durch *Fomes geotropis* CKE., *Pleurotus ostreatus* (JACQ. ex FR.) KUMM., *Lentinus tigrinus* FR. und *Ganoderma lucidum* (CURT.) KARST. [6, 8]. Wirtschaftlich wichtig ist auch der Befall liegenden Holzes durch die Bläue-Erreger *Ceratocystis coerulescens* (MÜNCH) BAK., *C. pluriannulata* (HEDGC.) C. MOR. und *C. moniliformis* (HEDGC.) C. MOR. [5].

„Sweetgum blight“ ist der Name einer abiotischen Komplexkrankheit, die durch Kronenverlichtung auffällt und von 1950 bis 1960 fast im gesamten Areal zu Abgängen führte. Auslösend wirkt offenbar Wassermangel, und vegetativ entstandene Populationen sind stärker betroffen.

Wirtschaftlich weniger gravierende Pilzkrankheiten kommen an Blättern, an der Stammrinde und an Keimlingen vor:

- *Cercospora liquidambaris* CKE. et ELL. und *Septoria liquidambaris* CKE. et ELL. rufen Blattflecken hervor und treten keineswegs selten auf.
- Stammkrebse gehen zumeist auf Rinden-Infektionen durch *Botryosphaeria ribis* (TOD. ex FR.) GROSS et DUG. (*Pleosporales*) zurück. Der Befall ist mit dem Austritt von Harzbalsam verbunden.
- In Saatbeeten tritt Wurzelfäule durch *Cylindrocladium scoparium* MORG. und durch *Calonectria*-Arten, in Mississippi auch durch *Pythium sylvaticum* CAMPB. et HENDR. auf[19].

Unter den Schadinsekten spielen die Borkenkäfer *Pityophthorus liquidambarus* und *Dryocoetis betulae* eine gewisse Rolle. Sie befallen hauptsächlich vorgeschädigte Bäume. Nicht selten, aber relativ harmlos sind auch die blattfressenden Arten *Malacosoma distria* (*Lasiocampidae*) und *Actias luna.*

Die Mistelart *Phoradendron serotinum* (RAF.) M. C. JOHNST. ist in den Kronen der Amberbäume entlang der Atlantik- und der Golfküste häufig zu beobachten. Auch ihr Befall wird als harmlos eingestuft [6].

L. styraciflua reagiert empfindlich auf Salzwassergischt. Die Art ist aber relativ widerstandsfähig gegen SO_2 und gegen Überschwemmungen [5].

Nutzung

Nach Entwicklung besserer Trocknungsverfahren stieg die forstliche Nutzung des Amberbaumes in den letzten 50 Jahren so stark an, daß er nach Eiche den höchsten Einschlag aller nordamerikanischer Laubbäume erfährt. Als raschwüchsiger Waldbaum liefert *L. styraciflua* geradschäftige Stämme mit hohem Nutzholzanteil. Das hochwertige, gut polier- und färbbare Kernholz bildet sich allerdings erst in Bäumen über 60 Jahre [12]. Es findet Verwendung als Bau-, Sperr- und Möbelholz, eignet sich gut für Außen- und Innenverkleidungen und liefert begehrte Furniere. Im Holzhandel unterscheidet man zwischen „red gum“ (Kernholz) und „sap gum“ (Splintholz) [12]. Aus Liquidambar-Zellstoff läßt sich ein weißes Papier hoher Qualität herstellen[20].

---

17) For. Abstr. **33**, 2274, und 4001, 1972
18) For. Abstr. **52**, 6152, 1991
19) For. Abstr. **29**, 4092 und 42, 5434, 1989
20) For. Abstr. **4**, 4005, 1942/43

Wegen der harmonischen Wuchsform, seiner Anspruchslosigkeit und der spektakulären Herbstverfärbung stellt *L. styraciflua* einen idealen Parkbaum dar, der allerdings einen relativ großen Wurzelraum benötigt und deshalb in der Stadt nicht überall gedeiht [2]. Dennoch gehört er in Kalifornien zu den beliebtesten Straßenbäumen [6], und in N- und S-Carolina steht er am Rande fast jeder Landstraße [12].

Nach Verletzung treten aus Rinde und Splint Tropfen eines wohlriechenden Harzbalsams (Storax) aus. Die gelblich braune Flüssigkeit wird an der Luft hart und Kolophonium-ähnlich. Sie gleicht dem „Styrax“ von *L. orientalis* und hat wie dieser pharmazeutische Bedeutung als Mittel („copalm balsam“) gegen Halsschmerzen und Hautkrankheiten [12] sowie gegen Diarrhoe und Ruhr [17].

Abb. 12: Ca. 30 m hoher, säulenförmiger Altbaum bei Athens/Georgia

Abb. 13: Taxodium/Liquidambar/Nyssa – Mischbestand eines Swamps in South Carolina

Storax fügte man schon im Aztekenreich dem Tabak als Geschmackskomponente hinzu; auch seine Verwendung als Kaugummi ist uralt und wird noch heute praktiziert [12]. Schließlich nutzt die Seifenindustrie *Liquidambar*-Storax als Geruchszusatz.

Den Balsam gewinnt man im Frühjahr durch partielles Schälen des Stammes. Die austretende Flüssigkeit läßt man trocknen, kratzt den Rückstand nach wenigen Tagen ab, erhitzt diesen vorsichtig, filtriert und füllt in Dosen ab. Pro Baum läßt sich diese Prozedur 3 bis 5 Jahre wiederholen [12]. Im Süden des Areals produzieren die Bäume mehr Balsam als im Norden [17].

Verschiedenes

- Nach Stammverletzungen bildet das Kambium ein Schutzgewebe („barrier zone“), das sich 2 x 60 cm in der Vertikalen und über 20 cm im Stammumfang erstreckt und die radiale Ausbreitung von Fäule und Verfärbung begrenzt.

Zu den wirksamen Komponenten zählen traumatische, balsamführende Harzkanäle und dünnwandige Faser-Tracheiden [MOORE].

- *Festuca arundinacea* gehört zu den wichtigsten, mit *L. styraciflua* konkurrierenden Elementen der Bodenflora. Die wachstumshemmende Wirkung des Grases dürfte auf allelopathischen Effekten beruhen, denn wässrige Extrakte aus lebenden und toten *Festuca*-Wurzeln sowie aus lebenden Blättern reduzieren die Biomasse und den Mineralstoffgehalt des Amberbaumes erheblich[21)].
- Ein Schnellverfahren zur Ermittlung des Pollen-Keimprozentes verwendet hängende Tropfen von Nygaards Nährlösung und ermöglicht in 4 Stunden die Feststellung von Keimraten bis zu 90 bis 100 %[22)].
- *L. styraciflua* hat ökologische Bedeutung als Nahrungsquelle und als Unterschlupf für Kleinsäuger und Vögel. Wenigstens 25 Vogelarten ernähren sich von den Samen [17].

---

21) For. Abstr. **31**, 1148, 1978
22) For. Abstr. **35**, 3427, 1974

Literatur

[1] BARTELS, H., 1993: Gehölzkunde. Uni-Taschenbuch 1720. Verlag Eugen Ulmer, Stuttgart.
[2] DIRR, M. A., 1990: Manual of Woody Landscape Plants. Stipes Publ. Comp., Champaign, IL.
[3] GERHOLD, H. D.; WANDELL, W. N. et al., 1989: Street Tree Factsheets. Penn. State Univ., Coll. Agric., University Park, PA.
[4] GODFREY, R. K., 1988: Trees, Shrubs, and Woody Vines of Northern Florida and Adjacent Georgia and Alabama. The Univ. of Georgia Press, Athens and London.
[5] HENGST, G. E.; DAWSON, J. O., 1994: Bark properties and fire resistance of selected tree species from the central hardwood region of North America. Can. J. For. Res. **24**, 4, 688-696.
[6] HEPTING, G. H., 1971: Diseases of Forest and Shade Trees of the United States. USDA Forest Serv., Agric. Handb. 386, Washington D.C.
[7] HICKS, R. R., Jr.; RHEINES, M., 1968: The phenology of sweetgum Liquidambar stryraciflua L. Proc. 15th Northeastern Forest Tree Impr. Conf., Morgantown WV, 1967.
[8] KORMANIK, P. P., 1990: Silvics of North America, vol. 2, Hardwoods. USDA Forest Serv., Agric. Handb. 654, Washington, D.C.
[9] KORMANIK, P. P.; SCHULTZ, R. C.; BRAYN, W. C., 1982: The influence of vesicular-arbuscular mycorrhizae on the growth and development of eight hardwood tree species. Forest Sci. **28**, 3, 531-539.
[10] LITTLE, E. L., JR., 1979: Checklist of United States Trees. USDA Forest Serv. Agric. Handb. 541, Washington D.C.
[11] MITCHELL, A., 1975: Die Wald- und Parkbäume Europas. Verlag Paul Parey, Hamburg und Berlin.
[12] PEATTIE, D. C., 1991: A Natural History of Trees of Eastern and Central North America. Houghton Mifflin, Boston.
[13] PERRY, J. P., JR., 1991: The Pines of Mexico and Central America. Timber Press, Portland, OR.
[14] SANTAMOUR, F. S., JR., 1972: Interspecific Hybridization in Liquidambar. Forest Sci. **18**, 23-26.
[15] SCHENCK, C. A., 1939: Fremdländische Wald- und Parkbäume. 3. Band. Laubhölzer. Verlag Paul Parey, Berlin.
[16] SCHNEIDER, C. K., 1906: Illustriertes Handbuch der Laubholzkunde. Gustav-Fischer-Verlag, Jena.
[17] VINES, R. A., 1976: Trees, Shrubs and Woody Vines of the Southwest. Univ. Texas Press, Austin and London.
[18] WELLS, O. O.; SWITZER, G. L.; SCHMIDTLING, R. C., 1991: Geographic variation in Mississippi loblolly pine and sweetgum. Silvae Gen. **40**, 105-119.
[19] WISNIEWSKI, M.; BOGLE, A. L., 1982: The ontogeny of the inflorescence and flower of Liquidambar styraciflua L. (Hamamelidaceae). Amer. J. Bot. **69**, 1612-1624.
[20] WYLIE, R. B., 1951: Principles of foliar organisation shown by sun-shade leaves from ten species of deciduous dicotyledonous trees. Amer. J. Botany **38**, 355-361.
[21] YOUNG, J. A.; YOUNG, C. G., 1992: Seeds of Woody Plants in North America. Dioscorides Press, Portland, OR.

Abb. 14: Beginnende Herbstverfärbung

Die Autoren:

Prof. em. Dr. PETER SCHÜTT
Lehrstuhl für Forstbotanik
Ludwigs-Maximilians-Universität München
Am Hochanger 13
D-85354 Freising

ULLA M. LANG
Schützenstraße 6
D-82383 Hohenpeißenberg

Liriodendron tulipifera L., 1753

Tulpenbaum

Familie: Magnoliaceae
Unterfamilie: Liriodendroideae

engl.: Yellow-poplar, Tuliptree, Whitewood
franz.: Tulipier

Abb. 1: Liriodendron tulipifera. Einzelbaum in Herbstverfärbung (Natl. Arbor., Washington, D.C.)

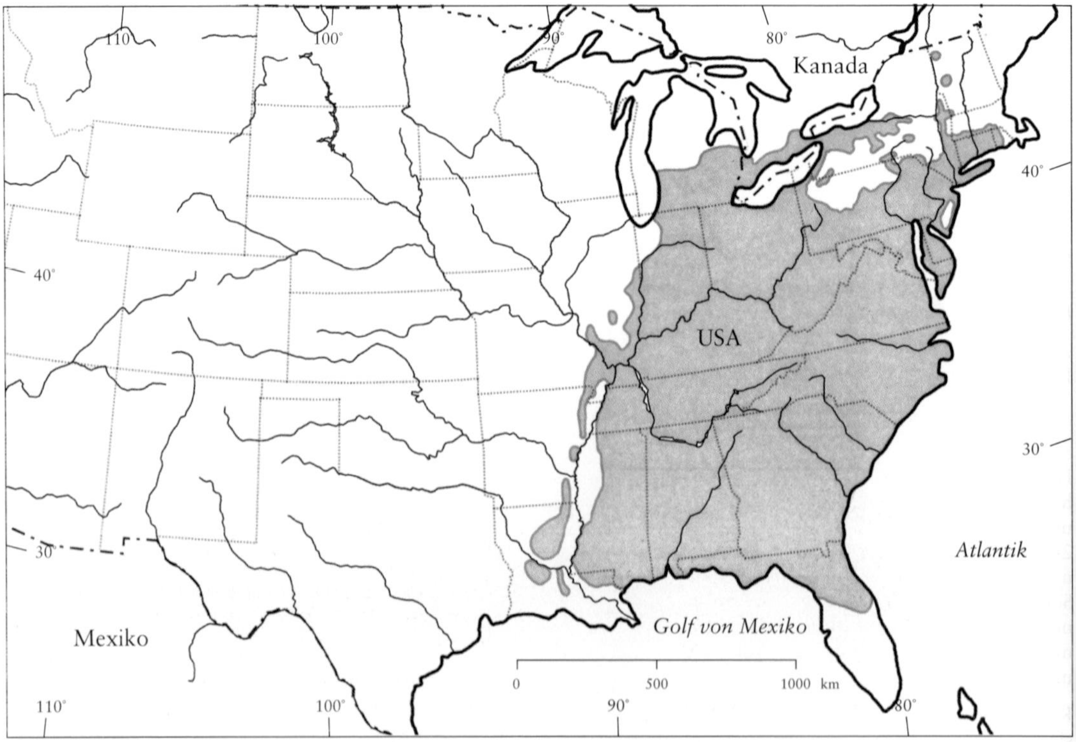

Abb. 2: Natürliches Verbreitungsgebiet, nach [2]

LITTLE [23, 24] zählt *Liriodendron tulipifera* zu den höchsten und schönsten Laubbäumen des amerikanischen Ostens. Das natürliche Areal reicht von Vermont und den Großen Seen bis in den Norden Floridas. Ein wichtiges Verbreitungszentrum erstreckt sich entlang des Appalachen-Kammes.

Tulpenbäume erreichen Maximalhöhen von 60 m und Stammstärken (BHD) bis 150 cm. Sie sind raschwüchsig, ungemein ertragsstark, liefern ein hochwertiges Stammholz und werden durch Krankheiten nicht ernsthaft gefährdet. Kennzeichnend für die Art sind die langgestielten, in charakteristischer Weise gelappten Blätter, die großen, gelben, tulpenähnlichen Zwitterblüten, zapfenartige, aus vielen geflügelten Nussfrüchten zusammengesetzte Fruchtstände sowie dunkelrote Winterknospen.

Die sommergrüne Lichtbaumart stellt hohe Bodenansprüche, verträgt tiefe Wintertemperaturen, ist aber empfindlich gegen Schneedruck und Ozon.

Das relativ leichte, wenig arbeitende Holz wird in vielfältiger Weise genutzt, u.a. im Bauwesen und zur Möbelproduktion.

Probeanbauten in Deutschland hatten Erfolg, sofern sie auf besseren Standorten erfolgten. In mitteleuropäischen Sammlungen ist die Art regelmäßig vertreten.

Verbreitung

L. tulipifera ist im Osten Nordamerikas heimisch. Die Nordgrenze des natürlichen Areals verläuft von den US-Bundesstaaten Rhode Island, Massachusetts und Vermont westwärts zum äußersten Süden Ontarios und weiter zum südlichen Michigan [23]. Im Bereich der Großen Seen gehören die Südküste des Lake Huron, die Nordküste des Erie-Sees und die Niagara-Halbinsel zum Grenzbereich [6].

Im Westen endet das natürliche Verbreitungsgebiet in S-Illinois, SO-Missouri, O-Arkansas und N-Louisiana [28], die Südgrenze verläuft durch den Norden Floridas [24].

Besonders vital und sehr häufig ist die Art im Tal des Ohio-River und an Berghängen in North Carolina, Tennessee, Kentucky und West-Virginia. 75 % aller Tulpenbäume wachsen in den Appalachen sowie in den Piedmontflächen von Pennsylvania bis Georgia.

Die vertikale Verbreitung endet bei 300 m im Norden des Areals und bei 1380 m ü. NN[1)] in den südlichen Appalachen [39].

Beschreibung

Im Mischbestand aufwachsende Tulpenbäume können auf nährstoffreichen Böden 61 m hoch werden, Stammdurchmesser (BHD) bis 1,5 m einnehmen und ein Höchstalter von 300 Jahren erreichen [2]. Gleiche Dimensionen erreicht der „Michigan Big Tree" in Cass County (60 m bzw. 230 cm) [1]. Andere Autoren nennen davon abweichende Maxima. So gibt FARRAR [6] für Kanada 35 m bzw. 100 cm und 150 Jahre an, und GODFREY [7] erwähnt einen „national champion" von 37,8 m Höhe und 2,9 m Durchmesser.

Auch die in der Literatur angeführten Streubreiten der Baumhöhen variieren erheblich:

24 bis 37 m	35 bis 45 m	21 bis 27,5 m
[24]	[33]	[4]

Die Stammform wird hingegen einheitlich als gerade, vollholzig und weitgehend astrein, die Krone als relativ klein und schmal, erst im Alter breit werdend beschrieben [6, 24, 33]. Glatte, astfreie Stämme entstehen, wenn sie von unterständigen Hemlockstannen beschattet werden. Nach SCHENCK [33] „kann selbst die Fichte den Tulpenbaum nicht an Geradschaftigkeit übertreffen". Der Stammdurchmesser (BHD) alter Bäume schwankt i.A. zwischen 60 und 90 cm [24].

Kennzeichnend für den *Liriodendron*-Stamm und die Äste sind ferner das gekammerte Mark und die deutlichen Stipularnarben [4].

Knospen, Blätter und Zweige

Die kurzgestielten, dunkelroten Terminalknospen werden i.A. 12 bis 14 mm [4, 6, 28] oder 13–20 mm [1], nach [33] aber nur 8 mm lang und 7 mm breit. Im Süden des Areals sind sie zumindest an der Basis bereift und weiß punktiert [4, 28]. Gleiches gilt für die wechselständigen, deutlich kleineren (bis 5 mm) Seitenknospen [4]. Die beiden äußeren Tegmente stoßen mit den Rändern zusammen [6].

Die einfachen, sommergrünen Laubblätter sind wechselständig angeordnet und kahl. Sie werden 8 bis 15 cm lang und mindestens ebenso breit, haben einen 5 bis 10 cm, nach [1] 12–16 cm langen, an der Basis verdickten Stiel, sind ganzrandig und weisen am Apex eine flache Kerbe sowie 2 kurze, zugespitzte Lappen auf. Auch an den Seiten befinden sich jeweils drei oder vier, manchmal sogar sechs spitz auslaufende oder kurz zugespitzte Blattlappen. Nicht selten ist der Blattstiel länger als die Spreite, deren Basis gestutzt oder von rundlicher Form sein kann. Die untersten drei der sechs bis acht Blattnervenpaare enden in den Seitenlappen. Generell treten die spärlich behaarten Hauptnerven auf der Blattunterseite deutlich hervor [33].

Liriodendron-Blätter hängen ein wenig herab, sind auf der Oberseite sattgrün, unterseits etwas blasser und nehmen im Herbst eine oft spektakuläre, goldgelbe Farbe an [3, 4].

Vorhanden sind außerdem längliche, laubblattähnliche Stipeln, die im Frühjahr besonders gut zu erkennen sind und an kräftigen Trieben oft bis in den Sommer erhalten bleiben [7].

Die oft kurzen, relativ kräftigen Zweige haben im ersten Frühjahr eine hell gelbgrüne, im ersten Winter eine glänzend rötlichbraune Farbe und sind mit blassen Lenticellen besetzt [28, 33].

An den Nodien treten ringförmige, etwas erhabene Blattnarben mit mehreren undeutlichen Bündelspuren auf [6]. Im Zentrum befindet sich ein weißes, im Querschnitt rundes, durch Membranen (Diaphragmen) gekammertes Markgewebe [7, 33].

Ältere Zweige haben eine mattgraue Rinde [7].

Blüten, Früchte und Samen

Tulpenbäume beginnen mit 15 bis 20 Jahren zu blühen und stellen die Blütenbildung erst im Alter von ca. 200 Jahren ein [2].

Die Blütezeit liegt im Frühjahr (März bis Anfang Juni [4]) und dauert pro Baum zwei bis sechs Wochen. Die Bestäubung muss gleich zu Beginn der Anthese geschehen. Sie erfolgt (in abnehmender Häufigkeit) durch Fliegen, Käfer, Honigbienen und Hummeln, zu einem beträchtlichen Teil auch durch Selbstbestäubung [2]. Nach freiem Abblühen liegt der Vollkornanteil maximal bei ca. 35 %, nach kontrollierter Bestäubung jedoch bei ca. 90 % [2].

Form und Größe der radiärsymmetrischen, einzeln und aufrecht an der Spitze belaubter Zweige stehenden Zwitterblüten waren entscheidend für die Wahl des Artnamens „Tulpenbaum". Diese sind 4 bis 5 cm lang, ebenso breit und bestehen aus

- drei zurückgebogenen, grünen, länglichen bis lanzeolaten Kelchblättern, die früh abfallen, 3 bis 4 cm lang sind und einen stumpfen oder spitzen Apex aufweisen [7, 28, 33].
- sechs abgerundet spatelförmigen, grünlichen oder gelblich grünen Petalen, welche zu dritt in zwei Kreisen stehen, etwas kürzer sind als die Sepalen und an der Basis orangefarben gefleckt sind.
- zahlreichen Stamina, deren linealische Antheren wesentlich länger sind als die Filamente [7], und die unterhalb der Fruchtknoten ansetzen.
- vielen an einer spindelförmig verlängerten Achse spiralig übereinanderstehenden Fruchtblättern [7, 21].

---

[1] nach PEATTIE [28] bei 1520 m

Abb. 3: Sich öffnende Terminalknospe (Foto: P. Meyer)

Abb. 4: Offene Einzelblüte

Abb. 5: Blüte, Seitenansicht

Noch im Herbst des Blütejahres werden Früchte (Flügelnüsschen) reif: Anfang August im Norden und Ende Oktober im Süden des Areals. Entlassen werden sie hauptsächlich im Oktober/November, vereinzelt noch im folgenden März. Gute Samenjahre sind fast alljährlich zu erwarten [39].

Als Sammelfrucht bildet *L.tulipifera* schmale, trockene, hellbraune Zapfen von 5 bis 7,5 cm Länge, die aufrecht an den Zweigspitzen stehen und an deren Achse sich zahlreiche spiralig angeordnete, geflügelte Nüsse befinden. Diese sind einschließlich des hell rotbraunen Flügels und dessen etwas abgesetzter Spitze 35 bis 55 mm lang, 6 bis 12 mm breit, und sie enthalten einen oder zwei Samen.

Pro Zapfen rechnet man mit 60 bis 100 Früchtchen, wobei südliche Herkünfte größere Nüsschen ausbilden als nördliche (13 : 31 Früchtchen pro Gramm). 1 kg Saatgut enthält etwa 20 000 Samen [33], was einem Tausendkorngewicht von 50 g entspricht. Bei Reife lösen sich die Nüsschen von der Blütenachse. Diese kann bis zum kommenden Sommer am Zweig verbleiben [4, 6, 33].

In geschlossenen Gefäßen oder Plastiktüten lässt sich getrocknetes Saatgut bei 3 bis 5 °C jahrelang ohne Keimverluste aufbewahren [39].

Borke und Holz

In der graubraunen Borke alter Stämme wechseln deutliche, miteinander verbundene Längsrisse und abgerundete Rippen miteinander ab. Junge Stämme haben eine glatte, anfangs dunkelgrüne Borke [6, 7] mit deutlich sichtbaren weißen, vertikalen Lenticellen [1].

Das zerstreutporige, feinfaserige und mit $r = 0{,}43\ g/cm^3$ relativ leichte Holz [38] lässt sich leicht bearbeiten und sehr gut polieren. Es schwindet kaum, nimmt Farbe gut an, ist aber weich, nicht sehr dauerhaft sowie wenig druck-, zug-, biege- und scherfest. Nägel und Schrauben dringen gut ein, halten aber ziemlich schlecht [5].

Das Stammholz aus künstlich begründeten Beständen hat einen sehr breiten, weißen Splint und einen kleinen, aber deutlich gefärbten, etwas schimmernden Farbkern [29]. Durst [5] beschreibt den Splint hingegen als schmal und weißlich, den Kern als gelblich bis gelblich braun. Zur Wahrnehmung der Gefäßporen und der sehr schmalen tangentialen Parenchymbänder braucht man eine Lupe. Jahrringe und Holzstrahlen sind jedoch mit bloßem Auge erkennbar [5, 6]. Letztere sind häufig zwei- oder dreireihig und mit den Gefäßen durch deutliche Tüpfel verbunden. Das Grundgewebe besteht hauptsächlich aus Libriformfasern [8].

Wegen seines relativ hohen Luftgehaltes wirkt *Liriodendron*-Holz isolierend gegenüber Schall, Hitze und Kälte [28].

Wurzeln

Tulpenbäume entwickeln ein tiefes und weitstreichendes Wurzelsystem. Schon bei Sämlingen entsteht eine rasch wachsende Pfahlwurzel [2, 6], die von DIRR [4] als fleischig und wenig verzweigt beschrieben wird.

Die Feinwurzeln gehen mit Bodenpilzen (u.a. *Glomus*-Arten und *Endogone fasciculatus* THAXT.) eine Mykorrhiza-Symbiose ein, die in Experimenten das Sämlingswachstum förderte [11]. Mykorrhizierte Wurzeln sind kurz, dick und ohne Wurzelhaare. Dadurch unterscheiden sie sich deutlich von den langen, schlanken Wurzeln ohne Pilzsymbiose [11, 12].

Abb. 6: Laubblätter

Verjüngung und Anzucht

Für North Carolina gilt als Faustregel, dass ein 25 cm starker (BHD) Baum pro Jahr 750 Zapfen mit ca. 7500, ein 51 cm starker Baum 3250 Zapfen mit insgesamt 29 000 Vollkörnern produziert [2]. Pro Hektar fallen 741 000 bis 1 482 000 Samen zu Boden, und für 19 Bestände der Süd-Appalachen werden sogar 3,7 Mio. Nüsschen je Hektar und Jahr genannt.

Keimfähige Früchte (Samen) fallen in einer Dichte von 2470 bis 24 700 Stck/ha und bis 60 m Entfernung vom Mutterbaum (Hauptwindrichtung) zu Boden. Dort bleiben sie vier bis sieben Jahre am Leben [2].

Die Entlassung der Flügelnüsschen erreicht das Maximum in der Zeit von Mitte Oktober bis Anfang November, wobei die Keimfähigkeit nicht über 5 bis 20 % hinausgeht. Das Tausendkorngewicht der Nüsschen variiert zwischen 25,0 und 90,0 g (11 000 bis 40 000 Stck/kg) [2].

Die günstigste Erntezeit liegt im Oktober. Aber auch dann beträgt das Vollkornprozent infolge der sehr unregelmäßigen Bestäubung im Mittel nur 10 %, maximal 35 % [39].

Gleich nach der Ernte breitet man die Zapfen für 7 bis 20 Tage zum Trocknen aus und gewinnt danach durch Schütteln oder Dreschen die Nüsschen [39].

Zur Herbstaussaat in Baumschulen verwendet man unbehandeltes, zur Frühjahrsaussaat jedoch trocken gelagertes, skarifiziertes oder in folgender Weise stratifiziertes Saatgut [39]:

a) Lagerung in feuchtem, aber gut drainiertem Boden, Sand oder Torf. Dauer: 1 Woche bis 3 Jahre, oder

b) Kälteschock (5 °C) in Beuteln mit *Sphagnum* oder in Sand plus Torf. Dauer: 60 bis 90 Tage [4], oder

c) Kalt-Nass-Behandlung in Plastiktüten. Dauer: 140 bis 168 Tage.

Abb. 7: Stammborke

Zur Anzucht in Pflanzgärten und Baumschulen sind schwach saure Böden gut geeignet [4]. Bewährt haben sich auch die breitwürfige Aussaat (8,8 bis 24 kg pro 37 m²) wie die Reihensaat (20 bis 30 cm Reihenabstand, 160 bis 240 Samen pro lfd. m) einschließlich der Abdeckung mit 0,6 cm Sägespänen. Nach der epigäischen Keimung sollte ein bis zwei Monate schattiert werden [39].

Auf Mineralboden entwickeln sich die Sämlinge besser als auf Substraten mit hohen organischen Anteilen. Daraus folgt, dass die durch Rückemaßnahmen verursachte Bodenverwundung die Verjüngung begünstigt. Als förderlich erweisen sich in diesem Stadium auch relativ geringe Lichtintensitäten (optimal: 3 bis 10 % der vollen Einstrahlung) sowie der Schutz gegen Austrocknung und Auffrieren [2]. Dirr [4] empfiehlt demgegenüber die Anzucht in voller Sonne, für die Verschulung der Ballenpflanzen jedoch ein feuchtes, wohldrainiertes, lehmiges Substrat.

Die Art vermehrt sich vegetativ durch Stockausschläge. Diese entstehen aus schlafenden Knospen an der Basis toter oder absterbender Stämme, zumeist unter oder direkt an der Bodenoberfläche [39].

Von den im Juli geschnittenen Sprossstecklingen schlägt erfahrungsgemäß nur die Hälfte Wurzeln [4].

Ökologie

L. tulipifera ist eine anspruchsvolle Lichtbaumart des gemäßigten Klimas. In ihrem natürlichen Areal schwanken Lufttemperatur und Niederschläge in weitem Rahmen:

	Norden (Neu-England-Staaten)	Süden (Mittel-Florida)
Mittl. Lufttemperatur		
Januar	–7,2 °C	16,1 °C
Juli	20,6 °C	27,2 °C
Niederschläge	750 bis 2030 mm/Jahr	
Frostfreie Tage	150 bis 310	

Tulpenbäume verlangen feuchte, aber wohldrainierte, tiefgründige Böden mit hohem Nährstoffgehalt. Nach Schenck [33] ist ihnen das Beste gerade gut genug. In Mischbeständen steigt ihr Anteil mit zunehmender Bodengüte an, wobei bodenphysikalische Eigenschaften von größerem Einfluss sind als chemische [2]. Auf alluvialen Standorten, d.h. in Flusstälern, auf gut mit Wasser versorgten Kiesböden oder in Schluchten, wächst *L. tulipifera* besonders rasch. Als günstig haben sich auch sanft nach Norden oder Osten geneigte, konkave Hänge erwiesen. Trockene und ausgesprochen nasse Substrate hemmen das Wachstum hingegen.

In Kanada wächst *L. tulipifera* selten in Reinbeständen, sondern zumeist in Mischung mit *Tsuga canadensis* und diversen Laubbaumarten [6].

In höheren Lagen der Appalachen treten *Castanea dentata*, *Quercus alba* und *Q. borealis* als wichtigste Begleiter auf, daneben aber auch *Pinus strobus*, *Tsuga canadensis*, *Aesculus glabra*, *Fraxinus americana*, die *Carya*-Arten *C. glabra*, *C. alba* und *C. ovata*, *Nyssa sylvatica*, *Oxydendrum arboreum* und *Acer rubrum* sowie *Tilia glabra*, *Betula lenta*, *Cornus florida*, *Prunus serotina*, *Morus rubra*, *Fagus grandifolia* und *Juglans nigra*. Im Unterstand finden sich u.a. die Straucharten *Hamamelis virginiana* L., *Rhododendron maximum* L., *Kalmia latifolia* L. und *Euonymus atropurpurea* Jacqu. [33].

Einige dieser Arten begleiten den Tulpenbaum auch im Flachland des nördlichen Arealteils, so *Fraxinus americana*, *Fagus grandifolia*, *Nyssa sylvatica* und *Cornus florida*. Hinzu kommen *Acer saccharum*, *Quercus velutina* und *Q. rubra* [12].

Für gut drainierte Standorte der Küstenebene führt Hepting [12] Mischung mit *Nyssa aquatica* und *N. sylvatica*, mit *Taxodium distichum*, *Acer saccharum*, *Liquidambar styraciflua* und *Pinus taeda*, für Wälder des Piedmont außerdem noch *Pinus echinata*, *P. virginiana*, *Oxydendrum arboreum* und *Juniperus virginiana* als Mischbaumarten an.

Schließlich seien noch mit *Quercus nigra* und *Q. phellos* die wichtigsten Begleitbaumarten auf nährstoffreichen Tonen, speziell in Flusstälern genannt. Beigemischt sind hier u.a. *Quercus lyrata*, *Liquidambar styraciflua*, *Ulmus americana*, *Acer rubrum* und *Populus heterophylla* [33].

Kalkstandorte besiedelt die Art in den US-Bundesstaaten Tennessee und Kentucky.

Der Tulpenbaum gehört zu den Lichtholzarten, reagiert aber dennoch auf Freistellung relativ schwach [2]. Andererseits führen Seitendruck und Dichtstand zu deutlichen Zuwachsverlusten [36]. Das gilt auch für 5- bis 10-jährige Sämlinge, deren Höhenwachstum im Freistand (nach Kahlschlag) zwei- bis dreimal größer war als unter Schirm. Ein ähnlicher Rückgang trat bereits in Bestandeslücken bis zu 1,24 ha ein [12].

Generell kann *L. tulipifera* bei der Erstbesiedelung von aufgelassenen Ackerflächen und Kahlschlägen mitwirken [2].

Genetische Differenzierung

Die Gattung *Liriodendron* war während der Kreidezeit mit zahlreichen Arten in Europa und Nordamerika vertreten. Heute existieren nur noch zwei Species, *L. chinense* [Hemsl.] Sarg. in Zentral-China und *L. tulipifera* im Osten Nordamerikas.

Für letztere weisen sowohl praktische Erfahrungen wie Feldversuche auf das Vorhandensein herkunftsbedingter Unterschiede in der Morphologie und im Wachstum hin.

So ermittelte man eine klinale Variation (a) für die Dicke der Stammborke, (b) die Tiefe der apikalen Blattlappen, (c) die Zapfenlänge und die Anzahl Nüsschen pro Zapfen sowie (d) für die Breite der Nüsschen [2, 18].

Nördliche Herkünfte beginnen das jährliche Höhenwachstum später und beenden es eher als südliche.

Bei Anbauten nahe Charleston, S.C., waren Jungpflanzen aus der Küstenebene North Carolinas doppelt so hoch wie jene einer Höhenherkunft aus dem westlichen North Carolina. Auf einer Parallelfläche im Piedmont verhielt es sich genau umgekehrt [2]. Weiterhin fallen Nachkommenschaften aus küstennahen Beständen oft durch kupferrote Blätter mit rundlichen Lappen auf [2].

Provenienzunterschiede gibt es schließlich auch in der Reaktion auf die Tageslänge, denn Langtagbedingungen (18 Std.) hemmten nördliche, nicht aber südliche Herkünfte [2].

Vines und Dirr [4] führen mehrere Zierformen an, darunter:

- *L. tulipifera* f. *aureo-marginatum* Schwerin mit gelb umrandeten Laubblättern,
- *L. tulipifera* f. *integrifolium* mit nicht-gelappter, fast quadratischer Blattspreite,
- *L. tulipifera* var. *fastigiatum* (L.) Jaeg. mit schmaler Krone und aufwärts gerichteten Seitenzweigen.

Wachstum und Ertrag

Übereinstimmend wird *L. tulipifera* als eine sehr raschwüchsige Art beschrieben, die große Dimensionen erreicht und lange, astfreie Schäfte ausbilden kann [2, 4, 6, 33, 36]. Maximalhöhen von > 60 m, Stammdurchmesser von 2,4 bis 3,7 m und Höchstalter von 200 bis 250 Jahren sind verbürgt. Damit nimmt der Tulpenbaum eine Spitzenposition unter den Laubbaumarten des amerikanischen Nordostens ein [2]. Im Durchschnitt liegen die Baumhöhen aber bei 30 bis 46 m und die Stammstärken (BHD) zwischen 0,6 und 1,5 m. Für den mittleren Volumenzuwachs werden je nach Standortsgüte 5,2 bis 11,6 m^3 pro Hektar und Jahr angegeben [2].

Ihre größten Abmaße erreicht die Art im Süden des Appalachengebirges mit Höhen bis 65,6 m, Stammdurchmessern zwischen 2,4 und 3,05 m und astfreien Schäften von 24 bis 30 m Länge [28]. Die vorzügliche natürliche Astreinigung setzt bereits im angehenden Stangenholzalter ein [33].

Ein weiteres Kennzeichen der Art ist das rasche Jugendwachstum. Es werden Höhen von 3 bis 5,5 m für das Ende des fünften Lebensjahres [2, 36], von 4,6 bis 6 m für die ersten sechs bis acht Jahre [4] und sogar von 15,2 m für einen 11-jährigen Jungwuchs genannt [2].

Pathologie

Das Auftreten pilzlicher und tierischer Schaderreger scheint beträchtlichen regionalen Schwankungen zu unterliegen. So wird für Kanada das Fehlen jeglicher Pilz- und Insektenschäden [6], für den südlichen Arealteil aber die Präsenz einer Vielzahl verschiedener Schädlinge betont [4]. Schenck [33], wiederum, führt einige Insekten mit sporadischem, eher belanglosem Vorkommen (*Scolitidae*, *Cecidomyia*-Arten) an, vermag aber keine als pathogen einzustufenden Pilze zu nennen.

Unter den abiotischen Schadursachen ist extreme Winterkälte weniger bedrohlich als Schneelast und Eisbehang [2, 12]. Diese führen zu Ast- und Kronenbrüchen, während Kältegrade bis –32 °C meist schadlos überstanden werden [4].

Abb. 8: Sämling

In Deutschland richtete der Extremwinter 1928/29 kaum Schaden an, nahe der Bergstraße entstanden an Tulpenbaum-Stämmen jedoch schon bei –22 °C tiefe Frostrisse [33].

Junge Tulpenbäume sind wegen ihrer dünnen Rinde sehr empfindlich gegen Feuer, selbst gegen Bodenfeuer. In hohem Alter, wenn die Stammborke etwa 1,3 cm stark ist, nimmt diese Gefährdung deutlich ab [2].

Des Weiteren kommen mangelhafte Durchlüftung und hoher Salzgehalt des Bodens sowie Überflutung und Salzwassergischt als nicht-biotische Krankheitsursachen vor. Sinclair et al. [35] zählen den Tulpenbaum zur Gruppe der gegen Ozon empfindlichen Baumarten.

Abb. 9: Sammelfrucht, Samen (geflügelte Nüsschen) sowie Laubblatt im Herbst und Stamm-Längsschnitt (lackierte Oberfläche)

An *L. tulipifera* auftretende, von Pilzen verursachte Stamm-, Wurzel-, Blatt- und Sämlingskrankheiten werden erschöpfend und übersichtlich bei HEPTING [12] abgehandelt.

Demnach bleiben Wurzelpathogene ohne Belang, und Blattkrankheiten reduzieren das Wachstum kaum, weil sie meist gegen Ende der Vegetationszeit ausbrechen. Das gilt z.B. für *Mycosphaerella liriodendri* (CKE.) WOR. sowie für die Anthraknose-Erreger *Gloeosporium liriodendri* E. et E. und *Glomerella cingulata* (STON.) SPAULD. et SCHRENK.

In Baumschulen kann der Wurzelparasit *Cylindrocladium scoparium* MORG. zu größeren Abgängen führen. Der zu den *Hypocreaceae* gehörende Pilz infiziert über Seitenwurzeln, die danach absterben, und er ruft dunkelbraune bis schwarze Rinden-Nekrosen an der Stammbasis und der Pfahlwurzel hervor.

Weit größeres wirtschaftliches Gewicht haben Stammfäule-Erreger, unter ihnen vor allem *Armillaria mellea*. Häufig wurde auch Befall durch *Pleurotus ostreatus* (JACQU. ex FR.) KUMM., *Hydnum erinaceus* FR. und *Hypholoma* spec., außerdem durch *Fomes applanatus* (PERS. ex S. F. GRAY) GILL, *F. connatus* (WEINM. ex FR.) GILL sowie die *Polyporus*-Arten *P. sulphureus* (BULL. ex FR.), *P. graveolens* (SCHW.) FR. und *P. zonalis* BERK. nachgewiesen [12].

Der Blätterpilz *Collybia velutipes* (CURT.) FR. dringt nach Kronenschäden und Astbrüchen in den Stamm ein [2], und *Nectria magnoliae* LOHM. et HEPT. ruft Stammkrebse vornehmlich am Jungwuchs hervor. Seltener, aber wesentlich gefährlicher sind die Tracheomykose auslösenden Arten *Ceratocystis coerulescens* (MÜNCH.) BAK. und *Verticillium albo-atrum* REINKE et BERTH. *Verticillium*-Befall lässt sich anfangs durch das Welken von Blättern und Triebspitzen, später durch Grün- bis Braunfärbung des Frühholzes in dem vom Pilz besiedelten Jahrring erkennen [12].

Örtlich wird der Jungwuchs von *L. tulipifera* durch Kletterpflanzen, insbesondere *Vitis*-Arten, aber auch von *Lonicera japonica*, *Pueraria lobata* oder *Celastrus scandens* behindert. Schieflage und Triebkrümmungen sind die Folgen [2].

Verglichen mit anderen wirtschaftlich wichtigen Baumarten, wird *L. tulipifera* nur wenig von Schadinsekten befallen [2]. Allenfalls können Läuse zu einem Problem werden. Zum einen scheiden sie Honigtau aus, der dann von meist saprophytischen Pilzen besiedelt wird (Rußtau-Bildung) [4], zum anderen fressen sie an Blättern und Rinde.

Insgesamt kommen ca. 30 pathogene Insektenarten am Tulpenbaum vor, aber nur vier von ihnen sind wirtschaftlich relevant. Dazu zählen [2]:

- *Toumeyella liriodendri* GMELIN („tuliptree scale"), eine phloemsaugende Laus, welche Gipfeltriebe von Sämlingen und vom Jungwuchs besiedelt und deren Absterben bewirkt.
- der Rüsselkäfer *Odontopus calceatus* (SAY), der erhebliche Fraßschäden an Knospen und Blättern anrichtet.

Nutzung

Als eine der wirtschaftlich wichtigsten Laubbaumarten des amerikanischen Nordostens liefert *L. tulipifera* ein Stammholz, das für viele Zwecke genutzt wird. In großen Mengen verwendet man es zur Herstellung von Türen und Fenstern, von Furnieren, Sperrholz, Verschalungen sowie von Regalen und Gussformen [29], außerdem auch zur Fertigung von Spielwaren, Körben, Musikinstrumenten und Särgen [5, 33]. Aus schwächeren Dimensionen stellt man Bleistifte und Zündhölzer her [33].

Von besonderem Vorteil ist die Stabilität des Holzes. Es reißt nicht, ist nagelfest und lässt sich leicht bearbeiten. Im Gegensatz zu dem recht dauerhaften Kernholz ist das Splintholz jedoch rasch hinfällig und gegen Bläueerreger (u.a. *Ceratocystis pluriannulata*) an liegenden Stämmen [2] empfindlich.

Um die Wende vom 19. zum 20. Jahrhundert (1896–1910) war der Absatz von *Liriodendron*-Rundholz wie auch dessen Export nach Europa besonders hoch. Heute sind die Vorräte erschöpft [33].

Eine relativ starke ökonomische Position nimmt die Art in den Süd-Appalachen ein [28], wobei die Verwendung als Material für die Zellstoff- und Papierproduktion eine dominierende Rolle spielt. *Liriodendron*-Zellstoff ist fester als Pappel-Zellstoff, lässt sich aber genauso gut bleichen [33].

Wegen der attraktiven Blüten und der eindrucksvollen Herbstverfärbung hat *L. tulipifera* auch außerhalb seines natürlichen Areals eine weite Verbreitung als Park- und Gartengehölz gefunden.

In Deutschland hatten forstliche Anbauten auf besseren Standorten, u.a. in Auwäldern, Erfolg. Dabei zeigten Herkünfte aus höheren Lagen der südlichen Appalachen (1000–1400 m ü.NN) die besten Ergebnisse [33].

Bedeutung hat die Art schließlich auch als Honigpflanze. Bäume unter 20 Jahren liefern pro Saison etwa 3,6 kg Nektar (≈1,8 kg Honig) [2, 39].

Verschiedenes

- Die ersten weißen Siedler haben Tulpenbaum-Bestände konsequent eingeschlagen, weil sie zuverlässige Indikatoren für nährstoffreiche, landwirtschaftlich nutzbare Böden darstellen [31]. Besonders starke Stämme (> 75 cm BHD) höhlte man aus und verwendete sie als lange, aber leichte Kanus [24]. Heutzutage nutzt man bereits Bäume mit einem BHD um 22 bis 25 cm [31].
- Angebaut wird die Art seit 1663 [39], und in Deutschland pflanzte man den ersten Tulpenbaum im Schlosspark zu Harbke bei Helmstedt [33].
- Alle Teile der Pflanze sind für Menschen giftig, besonders aber Holz und Rinde. Bei den relevanten Inhaltsstoffen handelt es sich um (a) das Alkaloid Glaucin im Holz, (b) digitaloide Verbindungen in der Rinde und (c) saponinartige und cyanogene Stoffe in den Blättern [31].
- An der dem Licht zugewandten Seite des Stammes können epikorme Triebe entstehen [2].
- Die relativ zarten Blätter und Zweige werden gern vom Weidevieh und vom Schalenwild aufgenommen. Verbissschäden am Jungwuchs sind daher häufig. Außerdem nagen Kaninchen an der Rinde und fressen die Knospen der Sämlinge.
- Zur Zeit des Saftsteigens reagiert die Rinde sehr empfindlich auf Rückeschäden. Selbst wenn keine äußerlichen Verletzungen erkennbar sind, trocknet sie ein und fällt später ab.
- *Liriodendron*-Samen stellen für viele Säugetiere und Vögel ein wichtiges Futter dar, so u.a. für Kaninchen, Graue Eichhörnchen, Mäuse, Wachteln und Finken [2].

Literatur

[1] Barnes, B. V.; Wagner, Jr., W. H., 1985: Michigan Trees. A Guide to the Trees of Michigan and the Great Lakes Region. The Univ. of Michigan Press, Ann Arbor.

[2] Beck, D. E., 1990: Liriodendron tulipifera L. Yellow-Poplar. In: Burns; Honkala (eds.): Silvics of North America, vol. 2 Hardwoods. USDA Forest Service, Agric. Handb. 654, Washington, D.C.

[3] Boerner, F., 1985: Blütengehölze für Garten und Park, 3. Aufl. Verlag Eugen Ulmer, Stuttgart.

[4] Dirr, M. A., 1990: Manual of Woody Landscape Plants; 4. ed., Stipes Publishing Company, Champaign, Il.

[5] Durst, J., 1959: Handbuch der Nutzhölzer. Fachbuchverlag Leipzig.

[6] Farrar, J. L., 1995: Trees in Canada. Fitzhenry and Whiteside, Ltd., Markham, Ont.

[7] Godfrey, R. K., 1988: Trees, Shrubs and Woody Vines of Northern Florida and Adjacent Georgia and Alabama. The Univ. of Georgia Press, Athens and London.

[8] Grosser, D., 1977: Die Hölzer Mitteleuropas. Springer-Verlag, Berlin, Heidelberg, New York.

[9] Guzzo, F.; Baldan, B. et al., 1994: Pollendevelopment in Liriodendron tulipifera: some unusual features. Can. J. Bot. **72**, 3, 352–358.

[10] Harrar, E. S.; Harrar, J. G., 1962: Guide to Southern Trees, 2. ed., Dover Publications, Inc., New York.

[11] Hay, R. L.; Rennie, J. C.; Ford, V. L., 1989: Survival and development of VAM containerized yellow poplar seedlings. Northern J. Appl. Forestry **6**, 1, 20–22.

[12] Hepting, G. H., 1971: Diseases of Forest and Shade Trees of the United States. USDA Forest Service, Agric. Handb. 386, Washington, D.C.

[13] Houston, D. B.; Joehlin, K. A., 1989: Are pollination bags needed for controlled pollination programs with yellow-poplar? Silvae Genetica **38**, 3–4, 137–140.

[14] HUANG-HSU, C. Y.; CHEN, C. L.; HSU, C. Y. H., 1991: Antimicrobial activities of aporphine alkaloids isolated from heartwood and discolored sapwood of Liriodendron tulipifera. Holzforschung **45**, 5, 325–331.

[15] HYCHE, L. L., 1994: The yellow-poplar leaf-mining weevil. A guide to recognition and habits in Alabama. Bull. Alabama Agricultural Expt. Stn. 622.

[16] KAVANAGH, K.; CARLETON, T. J., 1990: Seed production and dispersal patterns in populations of Liriodendron tulipifera at the northern edge of its range in southern Ontario, Canada. Canadian J. Forest Res. **20**, 9, 1461–1470.

[17] KEELER, H. L., 1908: Our Native Trees and how to identify them, 6. ed. Charles Scribner´s Sons, New York.

[18] KELLISON, R. C., 1968: Natural variation of Yellow-Poplar in North-Carolina. Proc. 15th Northeastern Forest Tree Impr. Conf., Morgantown, WV, 1967.

[19] KOLB, T. E., 1988: Allelopathic effects of Kentucky bluegrass on northern red oak and yellow poplar. J. Arboriculture **14**, 11, 281–283.

[20] KOLB, T. E.; BOWERSOX; T. W. et al., 1989: Effects of shade and herbaceous vegetation on first-year germination and growth of direct-seeded northern red oak, white ash, white pine and yellow-poplar. USDA Forest Service, North-Central For. Expt. Stn., Techn. Report NC-132, 156–161.

[21] KRÜSSMANN, G., 1977: Handbuch der Laubgehölze, Band II, 2. Aufl., Verlag Paul Parey, Berlin und Hamburg.

[22] LAJTHA, K., 1994: Nutrient uptake in eastern deciduous tree seedlings. Plant and Soil **160**, 2, 193–199.

[23] LITTLE, E. L., JR., 1979: Checklist of United States Trees (Native and Naturalized). USDA Forest Serv., Agric. Handb. 541, Washington, D.C.

[24] LITTLE, E. L., 1983: The Audubon Society Field Guide to North American Trees, Eastern Region. Alfred A. Knopf, New York.

[25] MERKLE, S. A., 1992: Propagation of Liriodendron and Magnolia via somatic embryogenesis. Magnolia **27**, 2, 1–8.

[26] MEYER, C. J.; MICHAEL, J. H. et al., 1992: Wood material use in the U.S. wood furniture industry. Forest Products J. **42**, 5, 28–30.

[27] PARKS, C. R.; WENDEL, J. F. et al., 1994: The significance of allozyme variation and introgression in the Liriodendron tulipifera complex (Magnoliaceae). Amer. J. Bot. **81**, 7, 878–889.

[28] PEATTIE, D.C., 1991: A Natural History of Trees of Eastern and Central North America. Houghton Mifflin Company, Boston.

[29] RECORD, S. J.; HESS, R. W., 1949: Timbers of the New World. Yale University Press, New Haven.

[30] REHDER, A., o.J.: Manual of Cultivated Trees and Shrubs, Hardy in North America, 2. ed., Dioscorides Press, Portland, Or.

[31] ROTH, L. ; DAUNDERER, M.; KORMANN, K., 1984: Giftpflanzen – Pflanzengifte, 2. Aufl. ecomed Verlagsges. Landsberg/Lech.

[32] SACHSSE, H.; LANGER, U., 1994: Untersuchung technologisch wichtiger Holzeigenschaften des Tulpenbaumes aus einem norddeutschen Versuchsanbau. Forst und Holz **49**, 9, 232–234.

[33] SCHENCK, C. A., 1939: Fremdländische Wald- und Parkbäume, 3. Band. Verlag Paul Parey, Berlin.

[34] SHUPE, T. F.; CHOONG, E. T.; GIBSON, M. D., 1995: Differences in moisture content and shrinkage between outerwood, middlewood and corewood of two yellow-poplar trees. Forest Products J. **45**, 9, 85–90.

[35] SINCLAIR, W. A.; LYON, H. H.; JOHNSON, W. T., 1987: Diseases of Trees and Shrubs. Cornell Univ. Press, Ithaka and London.

[36] STRATMANN, J., o.J.: Ausländeranbau in Niedersachsen und den angrenzenden Gebieten. Schriften aus der Forstl. Fak. der Univ. Göttingen und der Nieders. Forstl. Versuchsanst. Bd. 91. J. D. Sauerländer´s Verlag, Frankfurt a.M.

[37] TIMBAL, J.; MONNIER, C., 1991: Le tulipier de Virginie (2). Office National de Forets, Bull. Technique No. 20, 61–73.

[38] VOLKERT, E., 1956: Holzeigenschaften von Gartenbaumarten. Holz als Roh- und Werkstoff **14**, 81–86.

[39] YOUNG, J. A.; YOUNG, C. G., 1994: Seeds of Woody Plants in North America, 2.ed., Dioscorides Press, Portland, Or.

Die Autoren:

Prof. em. Dr. PETER SCHÜTT
Lehrstuhl für Forstbotanik
Ludwig-Maximilians-Universität München
Am Hochanger 13
D-85354 Freising

ULLA M. LANG
Schützenstraße 6
D-82383 Hohenpeißenberg

Magnolia grandiflora LINNÉ, 1759

syn.: Magnolia foetida (LINNÉ) SARG., 1889

Immergrüne Magnolie

Familie: Magnoliaceae

engl.: Southern magnolia, Evergreen magnolia, Bull bay
franz.: Magnolia a grandes fleurs

Abb. 1: Magnolia grandiflora. Alter Solitär auf Hilton Head Island, S.C.

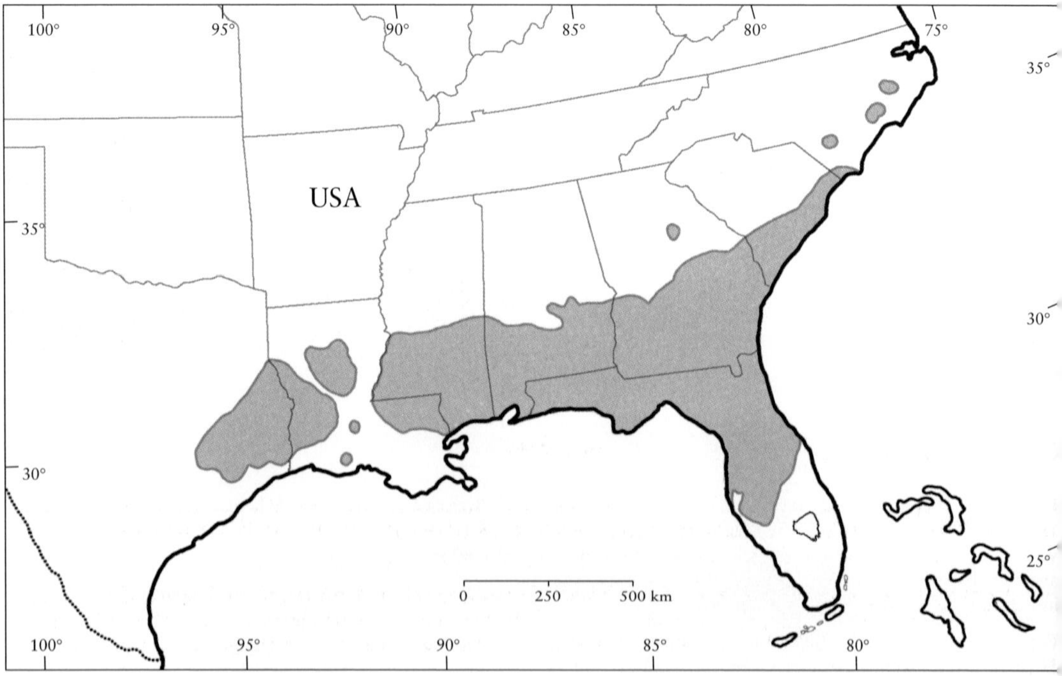

Abb. 2: Natürliches Verbreitungsgebiet, nach LITTLE, 1971

Verbreitung

Unter den nordamerikanischen *Magnolia*-Arten ist *M. grandiflora* gewiß die auffälligste, die bekannteste und die am weitesten verbreitete. Auf der Küstenebene der Südost-Staaten wächst sie auf frischen, nährstoffreichen Böden zumeist als 20 bis 30 m hoher Waldbaum – vornehmlich allerdings in Einzelmischung und nicht in Reinbeständen. Forstwirtschaftlich spielt sie keine wesentliche Rolle.

Demgegenüber ist ihr Zierwert wegen der großen, weißen Blüten und der glänzend dunkelgrünen, ledrigen Blätter beträchtlich. Sie wird daher weltweit als immergrüner Parkbaum kultiviert. Frostgefährdete Lagen sind davon jedoch ausgenommen. Deswegen fehlt sie in weiten Teilen Mitteleuropas, keineswegs aber auf den Britischen Inseln, in Frankreich und im Mittelmeerraum.

Kennzeichnend für die Art sind vor allem die immergrünen, unterseits filzig rostrot behaarten Blätter. *M. grandiflora* ist relativ widerstandsfähig gegen SO_2.

M. grandiflora ist eine Baumart des südöstlichen Nordamerika. Ihr natürliches Areal entfernt sich höchstens 200 Meilen von der Küste. Es setzt im südlichen North Carolina (ca. 77° w. L.) ein, verläuft entlang der Atlantikküste bis ins mittlere Florida (Peace River) und weiter am Golf von Mexiko über das südliche Alabama und Teile Louisianas bis ins östliche Texas (ca. 96° w. L.). Kleinere Einzelvorkommen liegen im äußersten Südosten von Virginia.

Die Höhenverbreitung erstreckt sich von der Meereshöhe bis in 150 m ü. NN [5].

Auch außerhalb ihres natürlichen Areals wird die Art häufig als Ziergehölz kultiviert, so in den USA, in Westeuropa, Großbritannien und im Mittelmeerraum. Sie erliegt aber – selbst in geschützten Lagen – strengen Winterfrösten.

Beschreibung

Die meist geradschaftigen Bäume werden im allgemeinen 20 bis 30 m [3], nach anderen Quellen [4] 18 bis 24 m hoch. Maximalhöhen liegen bei 40 m. Als mittlerer BHD werden Werte von 50 bis 75 cm und von 100 cm, Höchstwerte von 120 cm angegeben [4].

M. grandiflora wird selten älter als 300 Jahre [4]. Im Bestand bildet sie relativ kurze, aber dicht belaubte, pyramidenförmige Kronen und 9 bis 15 m lange, astfreie Schäfte. Im Freistand reichen die Kronen oft bis zum Boden und die Stämme sind recht abholzig [4]. Alte Stämme haben oft kräftige Wurzelanläufe und dadurch eine etwas spannrückige Stammbasis [8].

Abb. 4: Einzelblüte, fast völlig aufgeblüht

Knospen, Blätter und junge Triebe

Die Winterknospen sind schmal kegelförmig und haben nur ein Tegment. Angaben über ihre Länge schwanken zwischen 1,5 cm [4] und 2,5 bis 3,7 cm [10]. Sie haben samtig behaarte, rostbraune Spitzen [3]. Lateralknospen sind kleiner, sonst aber gleich gestaltet [4].

Wegen ihrer filzig braun behaarten Unterseite und der glänzend dunkelgrünen, kahlen Oberseite, sind die ledrigen, breit elliptischen Laubblätter von *M. grandiflora* kaum zu verwechseln. Eine filzig rostbraune Behaarung weisen auch die relativ dicken, etwa 2 cm langen Blattstiele, die rasch hinfälligen, blattförmigen Stipeln sowie die jungen Triebe auf.

M. grandiflora-Blätter sind wechselständig und ganzrandig. Ihre Länge beträgt i.a. 10 bis 20 cm, an kräftigen Trieben auch bis 30 cm. Die Breite liegt zwischen 6 und 10 cm. Oft ist der Blattrand ein wenig gewellt. An ihrer Basis stehen Nebenblätter, die anfangs das junge Blatt umschließen, später aber abfallen.

Abb. 3: Oberseite und filzig-rostbraune Unterseite eines Laubblattes

Die Spreite läuft am Grunde keilförmig, selten auch schief keilförmig aus und der Apex ist meistens kurz zugespitzt oder seltener rundlich [3].

Die Blätter bleiben i.a. 2 Jahre am Baum und fallen nach Verfärbung (rotbraun) teils im Frühjahr, teils im Herbst ab. Am Boden werden sie nur sehr langsam abgebaut [2].

Junge Zweige verlieren im 2. Jahr ihre rostbraune Behaarung, werden dann dunkelbraun und sind mit zerstreut verteilten, kleinen, hellbraunen Lenticellen sowie mit relativ großen, halbkreisförmigen Blattnarben besetzt, an denen die Bündelspuren schwer zu erkennen sind [3].

Blüten, Früchte und Samen

M. grandiflora blüht von April bis Juni/Juli, nachdem die neuen Triebe voll ausgebildet sind. Während dieser Zeit sind immer nur einige der attraktiven, cremig weißen Zwitterblüten geöffnet [3]. Sie stehen einzeln terminal an kurzen, kräftigen Stielen, duften sehr angenehm und werden von Insekten bestäubt. Voll aufgeblüht sind die etwas fleischigen Petalen flach ausgebreitet. Die Blüte hat dann einen Durchmesser von 15 bis 22 cm [4]. Sie setzt sich zusammen aus 6, 9 oder 12 ovalen, am Grunde verschmälerten Kronblättern (7,5 bis 10 cm lang, 3,8 bis 5 cm breit), 3 fleischigen Sepalen, zahlreichen, spiralig an der säulenartigen Blütenachse angeordneten Staubblättern mit roten Filamenten sowie zahlreichen, ebenfalls spiralig angeordneten Fruchtblättern, von denen jedes einen einfächerigen Fruchtknoten mit kurzem Griffel bildet [3, 4, 10]. Postfloral fallen die äußeren, relativ kleinen Petalen schnell ab, die anderen krümmen sich in verschiedenen Richtungen [3]. Vines [12] gibt die Zahl der Kronblätter mit 6 bis 18 an.

Im Herbst des Blütejahres reifen die zapfenähnlichen, länglich elliptischen, 5 bis 10 cm langen Sammelfrüchte.

Abb. 5: Reife Sammelfrucht und rote Samen

Sie setzen sich aus zahlreichen einsamigen, zottig behaarten, orangeroten Balgfrüchten zusammen, haben einen Durchmesser von 4 bis 6,5 cm und enthalten 40 bis 60 Samen [3, 4, 12]. Die Testa gliedert sich in eine fleischige äußere und eine feste, aber dünne innere Schicht [8, 13]. Andere Autoren sprechen von einem Arillus [4]. Bei Reife hängen die leuchtend roten, ca. 1,2 cm langen, etwas abgeflachten Samen an einem dünnen Faden (Leitbündel zur Samenanlage) aus der geöffneten Frucht herab. Sie haben ein Tausendkorngewicht von 70,4 g. 14 200 Samen (12 800 bis 15 000) wiegen 1 kg [8] und werden hauptsächlich durch Vögel und Kleinsäuger verbreitet.

M. grandiflora wird mit 10 Jahren mannbar. Im Wald setzt die volle Samenproduktion aber nicht vor 25 Jahren ein. Ab diesem Alter kann jährlich mit reichen Ernten gerechnet werden [8].

Abb. 6: Borke eines alten Stammes

Borke und Holz

Kennzeichnend für *M. grandiflora* ist die dünne, glatte, hellbraune Stammborke junger Bäume. Sie wird später unregelmäßig schuppig und nimmt eine graubraune bis schwärzlich graue Farbe an [4].

Das zerstreutporige Holz hat einen weißlichen Splint, der sich mehr oder weniger deutlich von dem in der Farbe wechselnden, entweder gelben, grünlich gelben, grünlich braunen, mitunter sogar grünlich schwarzen Kern abhebt. Jahrringe sind deutlich zu erkennen, falsche Jahrringe kommen vor.

Die durchweg kleinen Gefäße stehen oft in radialen Reihen und an den Grenzen der Jahrringe ist Längsparenchym zu erkennen. Die Holzstrahlen sind teils homogen, teils heterogen aufgebaut und werden maximal 20 bis 25 Zellagen hoch. Holzfasern weisen einen Durchmesser von 25 bis 35 µm und eine Länge von 1,5 bis 2,25 mm auf [4].

Hinsichtlich der physikalischen Eigenschaften besteht Ähnlichkeit mit dem etwas leichteren und etwas weicheren Holz von *Liriodendron tulipifera*. Die Schwindungswerte (von waldfrisch bis 6 % Wasser) betragen: radial 4,3 %; tangential 5,3 %; Volumen 9,8 %. Weitere Kennziffern (ermittelt bei 12 % Wassergehalt):

Rohdichte	0,50 g/cm^3
Bruchfestigkeit	5460 p. s. i.
Biegefestigkeit	11200 p. s. i.
Druckfestigkeit (senkrecht zur Faser)	1060 p. s. i.

[4]

Generell wird *Magnolia*-Holz als geradfaserig und von gleichmäßiger Textur beschrieben. Bei Feuchtigkeitsschwankungen bleibt es recht stabil. In Kontakt mit dem Boden ist es wenig dauerhaft und sollte nicht ohne Behandlung mit Holzschutzmitteln verbaut werden [4].

Wurzeln

M. grandiflora gilt generell als eine tiefwurzelnde Art. Die Ausnahme besteht auf Standorten mit hohem Grundwasserstand.

Sämlinge entwickeln rasch eine kräftige Pfahlwurzel, die aber bald einem extensiven Herzwurzelsystem Platz macht. Mit *Glomus fasciculatus* inokulierte Sämlinge entwickeln eine Endomykorrhiza und waren 6 Monate danach doppelt so hoch wie die Kontrollpflanzen[1].

Verjüngung, Anzucht und Entwicklung

Die Früchte werden per Hand geerntet sobald sie sich rot färben oder wenn sich die Balgkapseln öffnen. Danach breitet man sie zum Trocknen in flachen Schichten aus. Wenige Tage später lassen sich die Samen mühelos ausschütteln [13].

[1] For. Abstr. 42, 865, 1981

Sät man bereits im Herbst aus, sollte der fleischige Teil der Testa durch Reiben oder Mazerieren entfernt werden, denn er enthält Hemmstoffe. Zur Aussaat im nächsten Frühjahr läßt man die äußere Testa jedoch eintrocknen [13]. Im letzteren Fall wird es notwendig, das Saatgut zu stratifizieren (90 bis 120 Tage bei 5 °C in feuchtem Torf), um die Ruheperiode der Embryonen zu brechen [2, 12, 13]. Längere Lagerung des gereinigten Saatgutes gelingt in geschlossenen Gefäßen bei Temperaten zwischen 0 und +5 °C. Aufbewahrung während des Winters bei Raumtemperaturen führt zu Keimverlusten [13].

M. grandiflora keimt epigäisch. Nährstoffreiche, feuchte Böden mit Laubstreu stellen das günstigste Keimbett dar. In Baumschulen liegen die Keimraten bei 60 bis 70 % [12]. Halbschatten fördert das Sämlingswachstum in den beiden ersten Jahren. Unter günstigen Bedingungen können einjährige Pflanzen 46 bis 61 cm hoch werden [8]. In diesem Alter sind sie aber extrem frostempfindlich.

Zur Anzucht wird Reihensaat (20 bis 30 cm Reihenabstand) und Abdecken mit 0,6 cm Boden empfohlen [13]. Weil die zarten Feinwurzeln sehr empfindlich gegen mechanische Verletzungen sind, ist beim Ausheben der Pflanzen und beim Verschulen Vorsicht geboten. Ein Pflanzschock in Form von Blattverlusten kommt relativ häufig vor [4].

Am natürlichen Standort vermehrt sich die Art auch vegetativ in Form von Wurzelbrut und Stockausschlägen [8]. Stecklingsbewurzelung gelingt von Juli bis September bei Applikation von 5000 bis 10 000 ppm alkoholischer IBA- und NAA-Lösung [3].

Konkrete Vorstellungen über das Wachstum in späteren Entwicklungsstadien lassen sich aus der Literatur nicht entnehmen. Gleiches gilt für flächenbezogene Zuwachs- und Ertragsdaten.

Auf guten Standorten rechnet man für 80 bis 120 Jahre alte Bestände mit Höhen zwischen 18 und 24 m und mit Stammdurchmessern von 61 bis 91 cm. Aus Florida werden Maximalhöhen von 30 bis 38 m sowie (für Bäume bis 50 Jahre) mittlere Jahreszuwächse von 0,76 cm für den Durchmesser und von 46 cm für die Höhe angegeben [8].

Ökologie

M. grandiflora ist eine frostempfindliche Baumart des warmen, subtropischen Klimas, in deren Verbreitungsgebiet Jahresniederschläge zwischen 1020 und 1520 mm gemessen werden. Im Westen des Areals kommen sommerliche Trockenperioden vor [8]. Die Temperaturmittel liegen im Januar bei 9 bis 12 °C in South Carolina und Georgia, und bei 11 bis 21 °C in Florida. Im Juli betragen sie ca. 27 °C. Temperaturen unter –9 °C und über 38 °C sind selten. Die frostfreie Zeit dauert 210 bis 240 Tage [8].

Am besten entwickelt sich die Art auf nährstoffreichen, feuchten, aber wohldrainierten Standorten. Häufig kommt sie an Flußläufen oder in der Nähe von Mooren vor, keineswegs aber in vernäßten Lagen. Längere Überschwemmungen verträgt sie nicht.

M. grandiflora wächst in Mischung mit anderen feuchtigkeitsliebenden Laubbäumen; nur sehr selten bildet sie Reinbestände. Sie gehört verschiedenen Waldgesellschaften an, in denen sie hauptsächlich vergesellschaftet ist mit *Sabal palmetto, Pinus taeda, Quercus michauxii, Q. virginiana, Nyssa sylvatica* var. *biflora* und *Magnolia virginiana*. Daneben kommen *Fagus grandifolia, Liquidambar styraciflua, Liriodendron tulipifera, Quercus falcata* und *Carya tomentosa* als weitere Arten der oberen Kronenschichten sowie *Aralia spinosa, Cornus florida, Callicarpa americana, Myrica cerifera* und andere im Unterstand vor. In den Wäldern der Küstenebene gehört die Immergrüne Magnolie zu den Klimaxarten.

Hinsichtlich der Lichtansprüche stuft man sie als mehr oder weniger schattentolerant ein, was eher für die Jugendphase als für die spätere Entwicklung zutrifft. Auch die natürliche Verjüngung wächst nur in Bestandeslücken zur vollen Baumhöhe heran [8].

Taxonomie und genetische Differenzierung

Die Gattung *Magnolia*, benannt zu Ehren des französischen Botanikers Pierre MAGNOL (Montpellier, 1638 bis 1715), besteht aus etwa 35 Arten, die teils in Nord- und Mittelamerika, teils in Ostasien und im Himalaya heimisch sind.

REHDER [9] zählt *M. grandiflora* L., wie auch die eng verwandte *M. virginiana* L. zum Subgenus *Magnoliastrum* DC., dessen Arten durch Knospen mit nur einem Tegment, länglich eiförmige Sammelfrüchte und geschnäbelte Carpelle gekennzeichnet sind. KRÜSSMANN [6] folgt einer stark davon abweichenden Gliederung des Genus.

Für die intraspezifische Taxonomie von *M. grandiflora* ist die Ausscheidung von weit mehr als 100 Gartenformen kennzeichnend, die sich hauptsächlich in der Wuchsform, der Blatt- und Blütenmorphologie und der Blütezeit unterscheiden. Sie werden ausschließlich vegetativ vermehrt und müssen allesamt gegen Frost geschützt werden [3, 6].

Weiterhin werden 2 Varietäten genannt [9]:

- *M. grandiflora* var. *lanceolata* AIT. mit länglichen, unterseits weniger rostbraunen Blättern und schmaler pyramidaler Wuchsform.
- *M. grandiflora* var. *gallissoniensis* K. KOCH mit größerer Frosthärte.

M. grandiflora x *M. virginiana*, ein im National Arboretum, Washington D. C. entstandener Artbastard, unterscheidet sich nur wenig von *M. grandiflora* [6].

Nachkommenschaftsprüfungen mit 36 aus freier Bestäubung entstandenen Familien erbrachten signifikante Unterschiede in der Höhe, der Blütenzahl pro Baum und in der Anzahl blühender Bäume[2)]. Provenienzversuche werden in der Literatur nicht erwähnt.

Pathologie

Nennenswerte Schäden durch abiotische Ursachen entstehen durch Feuer, wobei Sämlinge besonders stark gefährdet sind. Altbäume können selbst nach Wipfelfeuern wieder austreiben [8]. Gefährlich für den Jungwuchs sind auch Trockenperioden während des Winters. Andererseits ist die Art widerstandsfähig gegen Salzwassergischt und offenbar auch gegen SO_2-Immissionen [5, 8]. Bei Temperaturen unter –9 °C und über 38 °C tritt Blattbräunung ein [5].

Ernstzunehmende Pilzkrankheiten kommen am natürlichen Standort kaum vor, wohl aber mehrere Erreger von mehr oder weniger deutlichen Blattflecken. So z. B. *Glomerella cingulata* (STON.) SPAULD. et SCHRENK, eine *Polystigmatacee*, die relativ große, runde, dunkelbraune Blattnekrosen oder *Cercospora magnoliae* ELL. et HARK., ein zu den *Moniliales* gehörender, in Baumschulen auftretender Pilz, der schwarze Flecke mit gelbem Rand hervorruft [5, 11].

Neolecanium cornuparium („Magnolia scale") und andere Schildlaus-Arten wie *Asterolecanium pustulans* oder *Tourneyella liriodendri* saugen an der Rinde und richten unterschiedlich starke Schäden an [8].

Im US-Staate Mississippi trat schließlich von 1976 bis 1985 ein Krankheitssyndrom an Park- und Straßenbäumen auf, das durch Blattverfärbungen, Blattverluste und Wurzelschäden eine erhebliche Schwächung der Magnolien hervorrief [7].

Nutzung

Große Bedeutung hat *M. grandiflora* als beliebter, in vielen subtropischen Ländern angebauter Park- und Straßenbaum, der auch im Zentrum von Städten gedeiht. So gehört er in Kalifornien zu den 5 wichtigsten Straßenbäumen[3)].

Demgegenüber ist das wirtschaftliche Gewicht des Holzes gering. Zusammen mit *M. virginiana* werden in den Südost-Staaten der USA jährlich etwa 60 000 m^3 eingeschlagen [4]. Genutzt wird das Holz als Brennmaterial, zur Möbelherstellung, zur Anfertigung von Kisten und Jalousien und als Sperrholz [12]. Weil Farben und Lacke besonders gut haften, eignet es sich gut für die Fabrikation französischer Stilmöbel [4].

Schließlich sei erwähnt, daß *Magnolia*-Samen eine Nahrungsquelle für Eichhörnchen, Opossums und Truthähne darstellen und daß aus Blättern und Früchten sowie aus der Borke und dem Holz phenolische Stoffe für die pharmazeutische Industrie gewonnen werden [1, 8].

Verschiedenes

- Samen von *M. grandiflora* enthalten phenolische Sub stanzen, u.a. Magnolol und Honokiol, mit antibioti scher Wirkung gegen *Bacillus subtilis, Staphylococcu aureus* und *Mycobacterium smegmatis* [1]
- *M. grandiflora* ist die „state flower" der US-Bundes staaten Louisiana und Mississippi

2) For. Abstr. 53, 6713, 1992
3) For. Abstr. 47, 3836, 1986

Weiterführende Literatur

[1] CLARK, A. M.; EL-FERALY, F. S.; LI, W. S., 1981: Antimicro bial activity of phenolic constituents of Magnolia grand flora L., J. Pharm. Sci. 70, 951 - 952.

[2] DIRR, M. A., 1990: Manual of Woody Landscape Plants. 4 ed., Stipes Publ. Comp., Champaign, IL.

[3] GODFREY, R. K., 1988: Trees, shrubs and woody vines c Nothern Florida and adjacent Georgia and Alabama. Uni Georgia Press, Athens and London.

[4] HARRAR, E. S., 1963: Hough's Encyclopedia of America Woods. Robert Speller & Sons, New York.

[5] HEPTING, G. H., 1971: Diseases of Forest and Shade Tree of the United States. USDA For. Serv., Agric. Handb. 38(Washington, D. C.

[6] KRÜSSMANN, G., 1977: Handbuch der Laubgehölze, Ban II. 2. Aufl., Verlag Paul Parey, Berlin und Hamburg.

[7] MC CRACKEN, F. I., 1985: Observations on the decline an death of southern magnolia. J. Arboriculture II, 253 - 256.

[8] OUTCALT, K. W., 1990: Magnolia grandiflora L., Souther Magnolia. In BURNS/HONKALA (Techn. Coord.). Silvics c North America, Vol. 2, Hardwoods. USDA For. Serv Agric. Handb. 654, Washington, D. C.

[9] REHDER, A., 1960: Manual of cultivated trees and shrub 2. ed. Dioscorides Press, Portland, OR.

[10] SARGENT, C. S., 1965: Manual of the Trees of North Ame rica. Vol. 1. Dover Publ., Inc., New York.

[11] SINCLAIR, W. A.; LYON, H. H.; JOHNSON, W. T., 198 Diseases of Trees and Shrubs. Cornell Univ. Press, Ithac and London.

[12] VINES, R. A., 1976: Trees, shrubs and woody vines of th Southwest. Univ. Texas Press, Austin and London.

[13] YOUNG, J. A.; YOUNG, C. G., 1992: Seeds of Woody Plant in North America. Dioscorides Press, Portland, OR.

Die Autoren:

Prof. em. Dr. PETER SCHÜTT
Lehrstuhl für Forstbotanik
Ludwig-Maximilians-Universität München
Am Hochanger 13
D-85354 Freising

ULLA M. LANG
Schützenstraße 6
D-82383 Hohenpeißenberg

Melia azedarach LINNÉ, 1753

Zedrachbaum, Persischer Flieder

engl.: Chinaberry, Persian lilac, Pride-of-India
franz.: Margousier, Lilas de Perse
span.: Paraiso

Indien: Bakein, dek, padrei

Familie: Meliaceae
Unterfamilie: Melioideae
Tribus: Melieae

Abb. 1: Melia azedarach. Solitär in Wushan, Prov. Guangzhou

Abb. 2: Blütenstand

Abb. 3: Fruchtstand mit reifen und unreifen Steinfrüchten

Abb. 4: Stammborke

Melia azedarach, ein kleiner bis mittelgroßer, relativ kurzlebiger, sommergrüner Baum aus dem indisch-südasiatischen Raum, wird wegen seiner ansprechenden, schwach purpurfarbenen Blüten und der auffallenden, leuchtend gelben Früchte gern als Ziergehölz gepflanzt.

Er bevorzugt feucht-warmes Klima, ist in der Jugend sehr raschwüchsig, allerdings auch empfindlich gegenüber strenger Winterkälte, Trockenheit und Beschattung.

Weder das Holz noch das aus den Samen gewonnene Öl haben eine überregionale wirtschaftliche Bedeutung. Das Fruchtfleisch ist für Menschen und einige Tierarten giftig. In Mitteleuropa benötigt *M. azedarach* Winterschutz.

Der artbeschreibende Name „azedarach" geht auf das persische „azad dirakht" = prächtiger Baum zurück [13].

Verbreitung

Melia azedarach kommt im Süden und Südosten Asiens natürlich vor. Die genauen Grenzen des Areals sind allerdings nicht bekannt. Man vermutet aber, daß es sich auf dem Indischen Subkontinent von Belutschistan bis nach Kaschmir erstreckt. Außerdem schließt es Burma ein. In China ist die Art besonders häufig im Flach- und Hügelland südlich des Huang-River vertreten. Natürliche Vorkommen gibt es weiterhin in den Provinzen Hebei, Hainan und Yunnan sowie vom Osten Sichuans über Yunnan und Gansu bis nach Taiwan [4, 5].

Im Himalaya wächst der Zedrachbaum bis in Höhenlager von ca. 2000 m ü.NN [12, 19].

Unter tropischen und warm-temperierten Klimabedingungen baut man *M. azedarach* weltweit als Park- unc Straßenbaum an. Das gilt u.a. für Länder der Neuen Wel von den Bermudas und den Westindischen Inseln bis nach Argentinien und Brasilien, vor allem auch für die USA Dort ist die Art hauptsächlich in Texas und Florida, abe auch nördlich bis Oklahoma und SO-Virginia häufig au Kultur verwildert. Auf Hawaii baut man sie erfolgreich bis in Höhenlagen von 2750 m an [14].

Beschreibung

M. azedarach wird durchweg als kleiner bis mittelgroße Baum mit kurzem Stamm und breiter, rundlicher, dich beasteter Krone beschrieben. Die Höhe schwankt i.a zwischen 6 und 15 m (China: bis 20 m), der BHD von 3(bis 60 cm [12]. In Indien hat man Stammdurchmesser vor 84 cm [19], auf Hawaii Höhen von 22,9 m und Kronenbreiten über 29 m gemessen [14].

Auffällig sind neben der intensiven Wurzelbrut-Bildung [17, 19] die knollenartigen Auswüchse („burls") an de Basis alter Stämme [19].

Die Art entwickelt eine meist schwach ausgebildete Pfahlwurzel, aber viele kräftige und raschwüchsige Seitenwurzeln.

Blätter und Zweige

Die 20 bis 40 cm langen, wechselständig angeordneten, doppelt unpaarig gefiederten und lang gestielten Laubblätter werden zu Beginn des Winters abgeworfen, und der neue Austrieb erfolgt kurz vor der Blüte, zumeist im März [2, 19].

Sehr viele kurzgestielte, 2,5 bis 5 cm lange und 1 bis 2 cm breite, kahle oder fast kahle Fiederblättchen stehen paarweise an den Blattachsen 2. Ordnung (ca. 8 cm lang). Das einzelne Fiederblättchen ist i.a. dünn, von elliptischer Form und läuft am Apex lang, am Grunde aber kurz und mehr oder weniger einseitig zugespitzt aus. Der Rand ist unregelmäßig grob gezähnt, selten auch ganzrandig. Oberseits sind die Blättchen dunkelgrün, unterseits etwas heller grün. Beim Zerreiben entsteht ein stechender Geruch [12, 21].

Die kahlen oder fast kahlen Zweige des Zedrachbaumes haben eine grüne Rinde.

Abb. 6: Samen und Steinfrüchte

Blüten, Früchte und Samen

M. azedarach blüht erstmals mit 3 oder 4 Jahren und entwickelt fortan eine große Zahl attraktiver und angenehm duftender, perfekter, fünfzähliger Blüten, die radiär aufgebaut sind und in der Farbe von weißlich bis schwach purpurrot variieren. Sie erscheinen zwischen März und Mai und stehen an 10 bis 25 cm langen, den Blattachseln entspringenden, lockeren Infloreszenzen (Rispen).

In der Länge messen sie einschließlich der dünnen Stiele ca. 10 mm, in der Breite 15 bis 19 mm. Der Kelch hat 5 grünliche, etwa 1,5 mm lange Sepalen, die schmalen, hellpurpur- oder fliederfarbenen Petalen (10 mm lang) sind horizontal ausgebreitet und am Rand ein wenig zurückgebogen. Vorhanden sind außerdem 10 bis 12 mit ihren Filamenten zu einer engen, violetten, 8 mm langen Röhre verwachsene Staubblätter mit pfeilförmigen Antheren sowie ein blaßgrüner, auf einem Diskus stehender Stempel mit relativ langem Griffel, 3- bis 6kammerigem Ovar und 3- bis 6lappiger Narbe [12, 21].

Bereits im September/Oktober des Blütejahres beginnen die gelben bis goldgelben Steinfrüchte zu reifen. Der Reifeprozeß hält während der kalten Jahreszeit an, und noch während der nächsten Blühperiode findet man viele mit leuchtend gelben „Beeren“ besetzte, hängende Fruchtstände an den Bäumen [19].

Die fast runden, etwas ledrigen und bei Reife ein wenig gefurchten Früchte (Durchm. ca. 15 mm) öffnen sich nicht. Sie sind giftig und enthalten einen harten, gefurchten Steinkern mit 4 oder 5 schmalen, dunkelbraunen bis schwarzen, 8 mm langen Samen mit spitzen oder stumpfen Enden. Diese haben ein Tausendkorngewicht zwischen 550 und 930 g (ca. 715 g nach [23]), behalten zumindest für 1 Jahr ihre Keimfähigkeit bei [19] und werden von Vögeln oder Säugetieren verbreitet. 1100 bis 1800 Steinkerne wiegen 1 kg.

Abb. 5: Unpaarig gefiederte Laubblätter (Foto: U. M. Lang)

Abb. 7: Holz, Längsschnitt

Rinde und Holz

Ältere Bäume haben eine dunkelbraune oder rotbraune Stammborke. Die anfangs grünen und mit Sternhaaren besetzten Äste werden im Alter ebenfalls rötlich braun und tragen zahlreiche Lenticellen. Innere Rindenschichten haben eine gelbbraune Farbe.

Das ringporige oder halbringporige, glänzende Holz ist in einen schmalen (1 bis 2 cm), gelblich weißen Splint und einen nicht immer klar abgesetzten, hellbraunen bis rotbraunen Kern mit sehr attraktiver Streifung differenziert. Die gut sichtbaren Jahrringe werden bis zu 3 cm breit. Die Frühholzgefäße stehen in mehreren Reihen, und ihre Poren lassen sich mit bloßem Auge erkennen. Im Spätholz stehen die Gefäße entweder einzeln, in Gruppen oder in Längsreihen. Das vasizentrisch angeordnete Längsparenchym tritt hauptsächlich an den Jahrringgrenzen auf, und die schmalen Holzstrahlen stehen sehr dicht beieinander.

Das Kernholz des Zedrachbaumes ist recht dauerhaft und läßt sich gut bearbeiten. Es hat eine relativ grobe, oft ungleiche Textur, ist weich und dennoch brüchig. KEATING [10] nennt folgende Daten zur Holzphysik:

Rohdichte	0,58 – 0,64 g/cm^3 (0,47 g/cm^3 nach [12])
Biegefestigkeit**)	10,7 MPa
Druckfestigkeit**)	46,0 MPa
Bruchfestigkeit**)	79,0 MPa
Schwindung, radial*)	3,1 – 4,0 %
Schwindung, tangential*)	5,6 – 7,0 %

*) bis 12 % Wasser
**) bei 12 % Wasser

Holzstaub von *M. azedarach* kann Nasenbluten auslösen [10].

Vermehrung und Anzucht

M. azedarach läßt sich leicht durch Samen, Stecklinge und Steckhölzer vermehren. Die Bäume fruktifizieren Jahr für Jahr reichlich und werden normalerweise im Spätherbst oder Frühsommer, d.h. im blattlosen Zustand, per Hand beerntet. Gleich danach wässert man die Früchte, entfernt das Fruchtfleisch, trocknet die Steinkerne und lagert sie in einem trockenen Raum bis zur Aussaat, wodurch sich die Keimkraft nicht verringert [23]. Als Alternative kann man die gesamte Frucht (incl. Mesokarp) aussäen; das muß aber unmittelbar nach der Ernte geschehen.

Eine Vorbehandlung des Saatgutes ist nicht erforderlich, denn die Keimrate beträgt normalerweise 80 bis 90 % [2]. Bei Aufforstungen werden 300 bis 375 kg Steinkerne für eine Fläche von 1 Hektar benötigt [23].

Zur künstlichen Anzucht erfolgt die Aussaat gewöhnlich von Februar bis April/Mai in Pflanzabständen von 15 bis 20 cm (5 bis 7,5 cm nach [19]). Der Reihenabstand beträgt 20 bis 30 cm. Abgedeckt wird mit einer ca. 2,5 cm starken Bodenschicht.

Etwa 3 Wochen später setzt die epigäische Keimung ein, wobei sich pro Steinkern 3 bis 4 Keimlinge entwickeln, die man vereinzelt, wenn sie 5 bis 10 cm hoch sind. Der stärkste bleibt erhalten, der Rest wird verschult (mit Ballen) und im folgenden Jahr nach Wurzelschnitt bei einer Höhe von 1 bis 1,5 m auf die Freifläche gepflanzt. Auf einer Baumschulfläche von 1 ha lassen sich 120 000 bis 150 000 Pflanzen anziehen.

Melia-Keimlinge haben zwei sukkulente, längliche Kotyledonen (Länge 9 – 14 mm) und gegenständige oder fast gegenständige, zunächst dreilappige Primärblätter. Erst die Folgeblätter sind gefiedert und stehen (nach und nach) wechselständig am Sproß [19]. Ausführlich wird die Sämlingsmorphologie bei BURGER [1] behandelt.

Im ersten Jahr werden die Sämlinge kaum höher als 25 cm. Später wachsen sie wesentlich rascher und erreichen am Ende des 2. Jahres bei Wässerung und Unkrautbeseitigung Höhen zwischen 1,5 und 2,4 m, unter natürlichen Bedingungen von ca. 90 cm [19]. Schon früh entsteht eine kräftige, tiefreichende Pfahlwurzel.

Voraussetzung für eine optimale Entwicklung ist voller Lichtgenuß.

Die Gewinnung von Wurzelstecklingen hat sich als Verfahren der vegetativen Vermehrung bewährt. Stärkere Seitenwurzeln trennt man in 60 cm Entfernung vom Mutterbaum ab, legt dann 20 cm lange Abschnitte flach in den Boden und vereinzelt später die austreibenden Sprosse [2, 3].

Ökologie

M. azedarach ist ein Baum humider Regionen des warmen und des tropischen Klimas. Im natürlichen Areal besiedelt er Lagen mit Jahresniederschlägen zwischen 600 und 1000 mm, dringt an Flußläufen aber auch in trockene Gebiete vor [12].

Die Art ist empfindlich gegen Trockenheit, Kälte und Beschattung [12, 21]. In China kommen Frostschäden u.a. im Norden der Provinz Jiangsu und nördlich des Huaihe-River vor. Das gilt vor allem für junge Pflanzen und deckt sich in dieser Hinsicht mit Erfahrungen aus den USA, wo alte Zedrachbäume allerdings Kältegrade von –8 °C und –18 °C überstanden haben [12].

M. azedarach ist als standortstolerante Lichtbaumart einzustufen. Sie wächst auf sauren, neutralen und sogar auf alkalischen Substraten mit einem Salzgehalt bis zu 0,46 %. Optimale Bedingungen findet sie auf nährstoffreichen, feuchten, aber wohldrainierten Sanden tiefer Gründigkeit. Längere Austrocknung und Überschwemmungen werden nicht toleriert.

Wachstum

Konkrete Angaben über die Wuchsleistungen von *M. azedarach* sind spärlich und Daten zur flächenbezogenen Holzproduktion fehlen völlig.

Allgemein wird die Art als raschwüchsig bezeichnet [3, 12], und für junge Bäume sind beträchtliche Zuwächse bekannt geworden:

- Prov. Hunan (Anxiang County), 2jährig: Höhe 4 – 5 m, BHD 7 cm
- Prov. Guangdong (Zhanjiang), 2 $^1/_2$jährig: Höhe 7,7 m
- Prov. Hunan (Hengyang), Straßenbäume: 3jährig: BHD 11 – 19 cm; 5jährig: BHD 19 bis 25 cm; 10jährig: BHD 35 cm
- Indien: Im Jugendstadium Durchm.-Zuwachs: 1,6 cm/Jahr.

Pathologie

Neben Spinnmilben („rote Spinne") sind Läuse die häufigsten Schadinsekten an Sämlingen und am Jungwuchs. Die Bekämpfung gelingt mit Rangour-Emulsion (1 : 1000 oder 1 : 1500), Prävention mit Kalk/Schwefel-Anstrich des Stammes.

Phyllocoptruta oleivora, eine weitere Milbenart (*Eriophyidae*), saugt an Blättern und ruft Wachstumsdepressionen hervor. Sie durchläuft von Mai bis Oktober mehrere Generationen und kann mit Insektiziden bekämpft werden.

Pilzbefall bleibt für die in den USA wachsenden Zedrachbäume ohne ernste Folgen. Das trifft sowohl für die zahlreichen Blattparasiten wie für Wurzel- und Stammfäule-Erreger zu. Zu erwähnen ist lediglich *Phyllactinia guttata* (FR.) LEV., eine Erysiphacee, die im Spätsommer auf den Blattorganen häufig Mehltau-artige Schadsymptome hervorruft. Außerdem ist noch *Nectria galligena* BRES., der Erreger von „Schießscheiben-Krebsen" an der Stammborke zu nennen sowie *Fomes meliae* (UNDERW.) MURR., als einziger an lebenden Stämmen vorkommender Holzzerstörer [6].

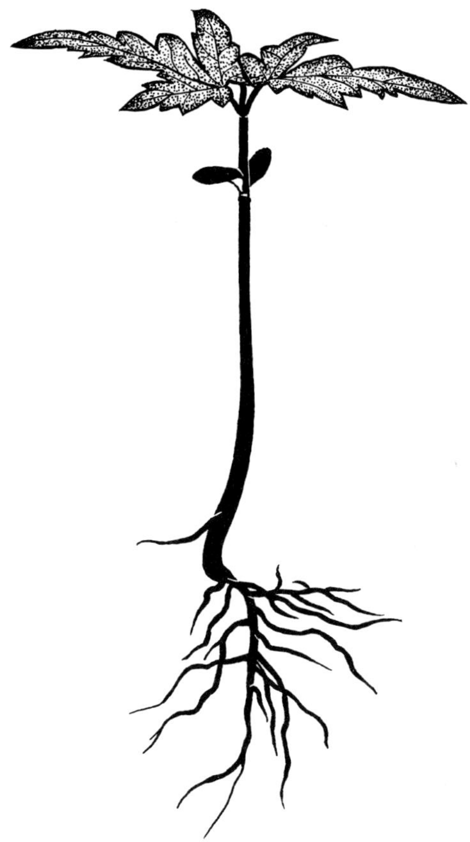

Abb. 8: Keimling

Nutzung

Aus dem Holz des Zedrachbaumes stellt man kleine Möbel, Spielsachen, landwirtschaftliche Geräte und Werkzeugstiele [12], in China auch Schiffe, Musikinstrumente und Pistolengriffe her. Weiterhin verwendet man es als Sperrholz, für Kisten, als Brennmaterial [12], in Indien auch zur Papierherstellung [19] und in Ostafrika für dauerhafte Pfähle [18].

Die Samen bestehen zu ca. 42 % aus einem Öl, welches als Schmiermittel genutzt wird, außerdem für die Farben- und Seifenindustrie von wirtschaftlichem Interesse ist.

Das getrocknete Endosperm der Samen verwendet man in vielen Ländern für Halsketten, und aus der Borke werden sowohl die Tannine (7 %) wie mehrere andere Inhaltsstoffe extrahiert. Dazu gehören Chuanliansa, Kulacton, Methylkulonat und Julolacton. In Indien verwendet man die Bastfasern zur Herstellung von Seilen [20].

Die größte Bedeutung hat *M. azedarach* zweifellos als weltweit kultiviertes, schattenspendendes Ziergehölz. Dabei geht es stets um den Anbau von Einzelbäumen oder kleinen Gruppen.

Zu erwähnen bleibt schließlich die insektizide Wirkung von Blättern und getrockneten Früchten. Beide werden eingesetzt, um eingelagerte Textilien vor Insekten zu schützen.

Verschiedenes

- Vines [21] erwähnt eine in Texas angebaute Form des Zedrachbaumes mit schirmförmiger Krone (*M. azedarach* f. *umbraculiformis* Berckm., „Texas Umbrella China-berry")
- In mehreren Arbeiten aus Afrika und den USA wird auf die Giftigkeit des reifen Fruchtfleisches für Menschen und Tiere hingewiesen. Todesfälle bei Kindern, bei Schweinen und Ziegen sind vorgekommen, für Rinder und Vögel blieb die Aufnahme jedoch ohne gravierende Folgen [3, 12, 17, 18]. Außerdem ist eine narkotische Wirkung der Früchte bekannt, so wird über verwirrte Singvögel (Amseln und Spottdrosseln) nach gierigem Verzehr vieler Früchte berichtet [3].
- Für mehrere Teile des Baumes ist eine traditionelle volksmedizinische Anwendung überliefert:
  - Umschläge mit Früchten und Blättern lindern Kopfschmerzen und Neuralgien [2]
  - Das Fruchtfleisch wird als Wurmmittel verwendet [21]
  - Infusionen mit alkoholischen Rinden-Extrakten heilen pilzliche Hautkrankheiten, Räude und Ekzeme, sind aber schädlich für Hepatitis-Patienten [1, 7, 9]
- In Persien, Malaysia, Indien und Sri Lanka wird *M. azedarach* als heilig verehrt [2, 3].
- Von den Mönchen südeuropäischer Klöster wurden Melia-Steinkerne erstmals zur Herstellung von Rosenkränzen verwendet [2].

Literatur

[1] Burger, hzn., D., 1972: Seedlings of some Tropical Trees and Shrubs mainly in South East Asia. Ctr. Agric. Publishing and Document., Wageningen.

[2] Cowen, D. V., 1984: Flowering Trees and Shrubs in India, 6.ed., Thacker and Co., Ltd., Bombay.

[3] Cox, P. W.; Leslie, P., 1991: Texas Trees, 3.ed., Corona Publ. Comp., San Antonio.

[4] Editorial Comm. Woody Flora of China, 1978: Silvicultural Technology of Important Trees in China, 594-598, Agric. Press.

[5] Editorial Off., Guangdong Forest, 1983: The Silvicultural Technology of Important Trees in Guangdong Province, China, 160-163. Guangdong Science, Technol. Press.

[6] Hepting, G. H., 1971: Diseases of Forest and Shade Trees of the United States. USDA Forest Serv., Agric. Handb. 386, Washington, D.C.

[7] Hsue Hsiang-Hao, 1981: Plant Ecology and Geography of Guangdong Province, China, 73. Guangdong Science, Technol. Press.

[8] Huang, Shusheng, 1984: Recognition and Uses of Timber, 544-546. Hunan Science, Technol. Press.

[9] Huang, Maoxian, 1991: Meliaceae, Flora of Guangdong Vol. 2, 285-286. Guangdong Science, Technol. Press.

[10] Keating, W. G.; Bolza, E., 1982: Characteristics, Properties and Uses of Timbers, vol. 1. South-east Asia, Northern Australia and the Pacific. Inkata Press, Melbourne, Sidney, London.

[11] Li, Hui-Lin, 1963: Woody Flora of Taiwan, 399-400. Livingston Publ. Comp., Narbenth, PA.

[12] Little, E. L., Jr., o.J.: Common Fuelwood Crops. Communi-Tech Associates, Morgantown, WV.

[13] Little, E. L., Jr., 1979: Checklist of United States Trees. USDA Forest Serv., Agric.Handb. 541, Washington, D.C.

[14] Little, E. L., Jr.; Skolmen, R. G., 1989: Common Forest Trees of Hawaii. USDA Forest Serv., Agric. Handb. 679, Washington, D.C.

[15] Lo, Hsien Shui, 1993: Coloured Icones of Chinese Medicine, vol. 2, 322-323. Guangdong Science, Technol. Press.

[16] Nanking Forest Industrial College, 1978: Illustration of the Important Tree Seedlings, 188-189. Agriculture Press.

[17] Noad, T.; Birnie, A., 1992: Trees of Kenya, 3.ed., Nairobi, Kenia.

[18] Styles, B. T.; White, F., 1991: Meliaceae. In: Polhill, R.M. (ed.), Flora of Tropical East Africa. A.A. Balkema, Rotterdam.

[19] Troup, R. S., 1986: The Silviculture of Indian Trees, vol. 1, Nazia Printers, Delhi.

[20] Vartak, V. D., 1966: Enumeration of Plants from Gomantak, India. Maharashtra Assoc. Cultiv. of Science, Poona.

[21] Vines, R. A., 1976: Trees, Shrubs and Woody Vines of the Southwest. 4. ed., Univ. Texas Press, Austin and London.

[22] Xu Xianghao; Hsue Hsiang-Hao et al., 1984: Chinese Traditional Medicine of Guangdong Province, China, vol.1, 369-374. Guangdong Science, Techn. Press.

[23] Young, J. A.; Young, C. G., 1994: Seeds of Woody Plants in North America. Dioscorides Press, Portland, OR.

Die Autoren:

Ass. Prof. Xu Songjun
Dept. Geography
South China Normal Univ.
Guangzhou, P.R. China

Prof. Hsue Hsiang-hao (Xu Xianghao)
Dept. Biology
South China Agric. Univ.
Guangzhou, P.R. China

Aus dem Englischen übertragen von P. Schütt

Mespilus germanica LINNÉ, 1753

Mispel

Familie: Rosaceae
Unterfamilie: Pomoideae

engl.: Medlar
franz.: Néflier
ital.: Nespolo

Abb. 1: Borke eines alten Stammes (Foto: P. Schütt). Blüten in verschiedenen Stadien. Reife Frucht (Foto: Ulla M. Lang)

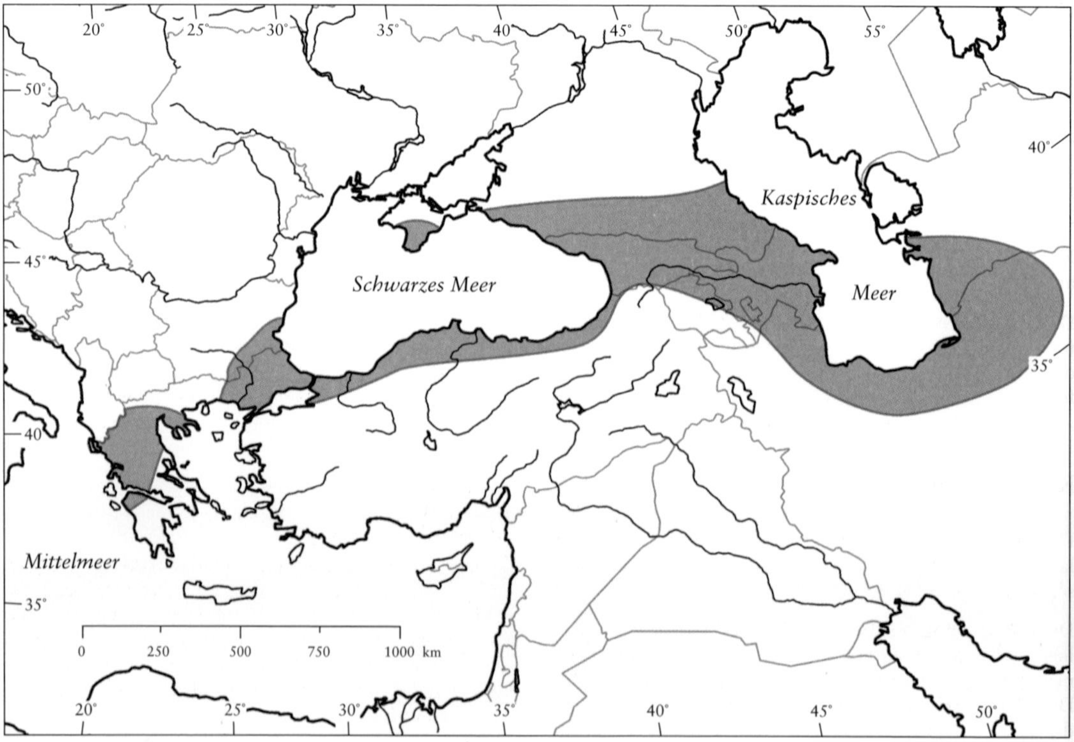

Abb. 2: Natürliches Areal nach BROWICZ [15] und BAIRD/THIERET [2]

Mespilus germanica, ein kleiner, sommergrüner, weitgehend frostharter Baum mit krummem Stamm, breiter Krone und eßbaren Früchten, ist heute nur noch selten in Kultur. Von Assyrern und Babyloniern soll er als Obstbaum angebaut worden sein, den Griechen und Römern war er wohlbekannt, und im Mittelalter diente er in Zentral- und Südeuropa, im 17. und 18. Jahrhundert auch in England, als vielgenutztes Obstgehölz. Ein in Herfordshire zu Beginn des 17. Jahrhunderts gepflanzter Solitär war 1985 noch am Leben. Die „George Herbert Mispel", 1632 nach Salisbury, U. K. gepflanzt, erreichte ein Alter von etwa 300 Jahren.

Heute hat die Mispel in Europa weder als Obstbaum noch (wegen ihrer schönen, weißen Blüten) als Zierelement wirtschaftliche Bedeutung. In mehreren Regionen ist sie aber aus Kultur verwildert. Intensiv bewirtschaftete Plantagen gibt es noch in einigen Ländern Südwestasiens (Aserbaidschan) [21].

Das Epitheton „germanica" dürfte auf den Irrtum zurückgehen, *M. germanica* sei in Deutschland autochthon, denn hier war die Art lange vor LINNÉ bekannt.

Verbreitung

Bis heute ist das ursprüngliche Verbreitungsgebiet von *M. germanica* nicht mit Sicherheit anzugeben. VAVILOV [29] hält Kleinasien, Transkaukasien, den Iran und Turkmenistan für die Heimat der Art, JOHNSON [17] das mittlere und südliche Europa, BALL [3] hingegen die Krim, Griechenland, Bulgarien, möglicherweise auch Italien einschließlich Sizilien und Sardinien. Auch Aserbaidschan und Armenien werden als Teile des natürlichen Areals diskutiert [12]. BROWICZ [9] wiederum beschränkt das Herkunftsgebiet aufgrund von Literatur- und Herbarstudien auf den Südosten der Balkan-Halbinsel, auf Kleinasien, den Kaukasus, die Krim, Nordpersien und (evtl.) Turkmenien. Kaum damit zu vereinbaren sind indessen Fossilfunde aus dem Interglacial Ostdeutschlands [30].

Kultiviert wurde die Art auch außerhalb ihres angenommenen Areals. So u.a. in Mittel- und Südeuropa inkl. Korsika und Malta, im Süden Englands und auf den Kanalinseln. Im Laufe der letzten Jahrhunderte fanden außerdem Anbauten in den USA, in Nord- und Südafrika, Südamerika, Australien und Neuseeland statt.

Beschreibung

M. germanica ist ein kleiner, laubabwerfender Baum mit annähernd runder, weit ausladender Krone und unregelmäßig geformtem Stamm. Meist sind die Bäume breiter als hoch, manchmal bleibt die Art auch strauchförmig. Die Höhe liegt bei 3 bis 5 m, der BHD zumeist bei 20 bis 25 cm, ausnahmsweise bei 50 cm [2].

Mispeln haben eine reich verzweigte und weitstreichende, aber flache Bewurzelung.

Das Verzweigungssystem ist in Lang- und Kurztriebe differenziert. Nur letztere sind fertil. Bei der Wildform tragen die schwach filzig behaarten Jungtriebe Dornen; Kulturformen sind aber unbewehrt.

Knospen und Blätter

Die spitz eiförmigen Winterknospen werden 3 bis 5 mm lang und haben rötlichbraune, gekerbte, am Rand fast schwarze, aber hell bewimperte Tegmente [16].

Die sommergrüne Art hat einfache, wechselständige, länglich ovale, etwas zugespitzte Laubblätter mit dunkelgrüner, verkahlender Ober- und hellerer, behaarter Unterseite. Die Länge der Spreite schwankt zwischen 6 und 12 cm, die Breite zwischen 2 und 4 cm. Am Grunde des kurzen Blattstiels stehen 2 ovale, bleibende Stipeln mit aufgesetzter Stachelspitze und drüsig bewimpertem Rand.

Blüten und Früchte

Die auffallenden, relativ großen Zwitterblüten (Durchm. 3 bis 5 cm) stehen einzeln an Kurztrieben. Sie haben eine doppelte Blütenhülle, 5 freie, weiße oder schwach rosafarbene, rundliche Petalen, gewöhnlich 5 kahle Griffel und 30 bis 40 Staubblätter mit roten Antheren. Die 5 schmalen, lanzettlichen Sepalen sind auf der Außen- und der Innenseite behaart, stehen zwischen den Kronblättern und sind deutlich länger als diese. Das Gynoeceum ist unterständig; Selbstbestäubung ist die Regel [14].

Die bräunliche Frucht hat die Gestalt einer abgeflachten Kugel und trägt an der Spitze die persistierenden Kelchblätter. Sie wird teils als Steinfrucht [13], teils als Sammelsteinfrucht (18), am häufigsten aber als Apfelfrucht [1, 8, 26] definiert. Generell entwickeln sich die 5 einsamigen Carpelle zu Steinkernen (Nüßchen). Diese bleiben ständig vom fleischigen Achsengewebe umschlossen.

Während die Früchte der Wildform einen Durchmesser von 1,5 bis 3 cm und eine Länge von 1,6 bis 2,4 cm aufweisen, beträgt der Fruchtdurchmesser bei Kulturformen 3 bis 6,5 cm, ausnahmsweise sogar 7 bis 8 cm.

M. germanica blüht im Mai und Anfang Juni, und die Früchte werden gegen Ende Oktober, Anfang November des selben Jahres reif. Der Gehalt an Nähr- und Mineralstoffen verändert sich mit zunehmender Fruchtreife nur bei wenigen Elementen.

Holz und Borke

Das sehr harte, zerstreutporige Holz der Mispel ist von feiner Textur; es hat einen weißen, etwas rosa getönten Splint und einen bräunlichen Kern. Die Jahrringe sind gut zu erkennen und die Rohdichte (r_{12}) variiert zwischen 0,758 und 0,773 g/cm^3 [2, 10]. Im allgemeinen entsprechen die holztechnischen Eigenschaften denen von *Malus sylvestris* und *Pyrus pyraster* [15].

Vermehrung und Anzucht

Wildformen der Mispel vermehren sich generativ. Die Keimfähigkeit hält 18 bis 20 Monate vor [28]. Oft setzt die Keimung verzögert ein oder die Nüßchen liegen 1 Jahr über. Verbreitet werden sie durch Vögel und Eichhörnchen, wahrscheinlich auch durch Schalenwild und Wildschweine. Kulturformen vermehrt man durch Okulieren und durch Pfropfung auf verschiedenen Unterlagen (*Crataegus*, Birne, Quitte, Eberesche). Das Veredeln auf Mispel-Sämlingen wird wegen des langsamen Wuchses der Pfropflinge nicht empfohlen [28].

Nähr- und Mineralstoffgehalt von homogenisierten Früchten zu Beginn (A) und zu Ende (E) der Reifezeit, nach [7]:

		l-Ascorbinsäure (mg/l)	Glucose (mg/l)	Fructose (mg/l)	K (ppm)	Ca (ppm)
1984	A	1,64	53,75	37,31	47,2	4,7
	E	1,54	61,74	70,06	43,0	4,5
1985	A	2,64	43,50	35,70	48,9	5,2
	E	1,41	60,30	60,50	46,1	5,0

Vermehrung durch Absenker gelingt ebenfalls [23]. Dagegen bewurzeln sich Stecklinge i.a. schlecht; die Behandlung einjähriger Triebstecklinge mit 5000 ppm IBA in 50 % Isopropanol im Sprühbeet führte allerdings zu 75 % Bewurzelung.

Im Plantagenbetrieb können Bewässerung und Düngung das Wachstum stimulieren. Schneidet man die fruchttragenden Triebe nach der Ernte zurück, wird die Bildung neuer fertiler Kurztriebe gefördert.

Den vollen Fruchtansatz erreichen Kultursorten 6 bis 7 Jahre nach der Pfropfung und sie behalten ihn für 20 bis 25 Jahre bei. Je nach Sorte und Alter schwankt die Fruchtproduktion pro Baum und Jahr von 30 bis 70 kg.

Genetische Differenzierung und Artkreuzungen

Lange Zeit hielt man *Mespilus* für eine monotypische Gattung. Unlängst wurde in den USA (Arkansas) mit *M. canescens* Phipps jedoch eine weitere *Mespilus*-Art gefunden und beschrieben [25].

Als Chromosomenzahl werden zum einen 2n = 32 [31], von anderen Autoren [11, 20] aber 2n = 34 angegeben.

Innerhalb der Art hat man insgesamt 23 Taxa ausgeschieden, teils als Varietäten, teils als Rassen, Ökotypen oder Zierformen [12], so z. B.:

- var. *gigantea* Kirchn. (var. *macrocarpa* Hort.) mit sehr großen Früchten [1]
- var. *abortiva* Kirchn. (var. *apyrena* Koch) mit samenlosen Früchten [1]
- Die Kultivare 'Dutch Medlar', 'Common Medlar' mit besonders großen, 'Early Medlar' mit früh reifenden, hochwertigen Früchten, sind seit etwa 1800 bekannt [28]
- 'Royal'. Sehr ertragreich, aber kleinfrüchtig
- 'Seedless' mit samenlosen Früchten geringer Qualität
- var. *argenteo-variegata* mit weiß und var. *aureo-variegata* mit gelb panaschierten Blättern haben Zierwert.

Unter + *Crataegomespilus* versteht man Pfropfchimären zwischen einer *Crataegus*-Art und *Mespilus germanica*.

Sie sind ebenfalls von Interesse als Zierelement, insbesondere + *Crataegomespilus dardarii*. Weiterhin sind seit langem Kreuzungsbastarde zwischen *M. germanica* und *Crataegus*-Arten (x *Crataemespilus* Camus) bekannt und schließlich bastardiert die Mispel auch mit *Sorbus*-Arten [31]. Sie entwickeln sich zu kleinen, recht dekorativen Bäumen mit großen Infloreszenzen sowie Blättern mit orangefarbener und gelber Herbstfärbung. Vermehrt werden sie in der Regel durch Okulieren oder Pfropfen.

Die beiden folgenden Chimären entstanden um 1894 a dem selben Baum im Garten von M. Dardar, Bronveaux nahe Metz:

- *Crataegomespilus dardarii* Simon Louis (*Crataegus monogyna* + *Mespilus germanica*) besteht im Zentrum de Sprosses aus *Crataegus*- und an der Peripherie aus *Mespilus*-Gewebe. Blätter und Früchte entsprechen dene der Mispel und oft tragen die Äste Dornen. Die weiße Blüten stehen in Infloreszenzen (Corymben) und habe 15 bis 20 Staubblätter. Die Früchte sind zu mehrere gehäuft, erreichen nur 1,2 bis 2 cm im Durchmesse und haben nur 1 bis 3 Steinkerne.

  Manche Äste schlagen zu der anderen Elternart um.
- *Crataegomespilus asnièresii* Schneid. (C. Jules d'Asnières Simon Louis) gleicht eher *Crataegus monogyna* un besteht aus zentralem *Mespilus*- und peripherem Weiß dorn-Gewebe. Junge Triebe sind behaart, die Blätter a blühenden Trieben oval und oft ganzrandig. Dem gegenüber haben die Langtrieb-Blätter eiförmige Gestal und weisen an jeder Seite 1 bis 3 Lappen auf. Di weißen Blüten stehen in behaarten Corymben un haben 20 Staubblätter. Die dem Weißdorn sehr ähnli chen Früchte messen im Durchmesser < 1,2 cm.
- *Crataegomespilus potsdamiensis* cv. Diekto und cv Monekto. Hierbei handelt es sich um zwei sogenannt Rotdornmispeln, d.h. Pfropfchimären zwischen Rotdor (*Crataegus monogyna* cv. Paulii) und *Mespilus germanica*, welche den gleichen Aufbau aufweisen wie + C *dardarii* [5].

Abb. 3: Voll entwickelte Früchte. Junge Triebe mit Winterknospen

Abb. 4: M. germanica als Gartenbaum im nördl. Apennin

Ökologie

M. germanica entwickelt sich optimal unter temperaten und submediterranen Klimabedingungen. Sie stellt nur geringe Standortsansprüche. Unter günstigen Bedingungen kann *M. germanica* sehr alt werden. Es sind mehrere über 70jährige Bäume bekannt.

Die für das Wachstum günstigste Lufttemperatur beträgt 18 bis 20 °C, Kältegrade von –20 °C werden vertragen; in den USA sollen einige Bäume sogar –30 und –34 °C überlebt haben. Spätfröste richten i.a. keinen Schaden an.

In Italien wächst die Wildform in Gebieten mit Jahresniederschlägen über 700 mm, wobei zwischen April und September mindestens 300 oder 350 mm fallen. Frische, wohldrainierte Lehmböden werden als besonders günstig für *M. germanica* angegeben. Im übrigen vermag sich die Art sehr unterschiedlichen Böden anzupassen, sofern diese im pH-Bereich von 6 bis 8 liegen.

In Italien kommt die Mispel zwischen 0 und 1100 m ü. NN vor.

Pathologie

Mespilus germanica wird nur selten von Krankheiten befallen und von Schadinsekten angegriffen.

In Plantagen richten allerdings die Larven des blattminierenden Schmetterlings *Lithocolletis blancardella* (*Tineidae*) Schäden an [28], und unter den pathogenen Pilzen ruft *Monilia fructigena* eine Fruchtfäule hervor, während der Befall durch den Mehltau-Erreger *Podosphaera clandestina* (*Erysiphaceae*) zu Welkeeffekten an Blättern und Trieben führt.

Mispeln sind außerdem anfällig gegen den an Rosaceen parasitierenden Erreger des Feuerbrandes, das Bakterium *Erwinia amylovora* (BURRILL) WINSLOW. In Italien ist es bislang nicht zu nennenswerten Infektionen gekommen. Nach Befall durch *Nectria cinnabarina* (TODE) FR., den Erreger der „Rotpustelkrankheit“, entsteht im Splintholz von *M. germanica* ein Dibenzofuran-Phytoalexin mit fungitoxischen Eigenschaften [19].

Nutzung

Mispelfrüchte sind erst nach längerer Lagerung oder Frosteinwirkung eßbar. Dadurch werden Tannine und Fruchtsäuren abgebaut, der Zuckergehalt steigt an, und die zuvor harten Früchte werden mürbe. Zumindest bis zum Laubfall sollen die Früchte am Baum bleiben – aber selbst dann sind sie noch hart und adstringierend.

Nach vorzeitiger Ernte führt Lagerung in kühlen, trockenen und luftigen Räumen, entweder auf Lattenrosten, auf Stroh oder auf trockenem Sand zum Weichwerden des Fruchtfleisches. Durch einen 48stündigen Aufenthalt in einer Atmosphäre von 50 % O_2, 1 % CO_2 und 1 bis 1,2 % Äthylen läßt sich dieser Prozeß beschleunigen. Früchte, die auf diese Weise nachbehandelt wurden, kann man roh verzehren sowie zu Marmelade oder Gelee verarbeiten.

Wegen ihrer harntreibenden und adstringierenden Wirkungen fanden die Früchte zeitweise eine gewisse volksmedizinische Anwendung [24].

Blätter, Borke und unreife Früchte wurden wegen ihres Tannin-Gehaltes (ca. 2,6 % in unreifen Früchten [27]) zum Gerben genutzt. Außerdem setzte man sie dem Wein sowie dem Apfel- und Birnenmost zu, um die Trübung zu verringern (Ausflockung der Proteine durch Tannin).

Mispelholz eignet sich gut als Material für die Kunsttischlerei, für Intarsien und zum Drechseln, weiterhin nutzt man es als Brennholz und zur Herstellung von Holzkohle.

Hervorzuheben ist die gärtnerische Bedeutung der panaschierten Formen sowie der Pfropfbastarde mit Weißdorn, und Erwähnung verdient schließlich die Verwendung der Art als Pfropfunterlage für Birne und Quitte; u.a. könnte sie bei der Entwicklung einer Zwergform der europäischen Birne Bedeutung erlangen [22].

Weiterführende Literatur

[1] BAILEY, L. H., 1944: Mespilus. Standard cyclopedia of horticulture, Mc Millan, New York 2, 2043-2044.

[2] BAIRD, J. R.; THIERET, J. W., 1989: The Medlar (Mespilus germanica, Rosaceae) from Antiquity to Obscurity. Economic Botany **43**, 328-372.

[3] BALL, P. W., 1968: Mespilus L. Flora Europaea **2**, 31.

[4] BECKER, A., 1982: Wer hilft der deutschen Mispel? Deutsche Baumschule **12**, 452-453.

[5] BERGANN, F.; BERGANN, L., 1984: Gelungene experimentelle Synthese zweier neuer Pfropfchimären, die Rotmispeln von Potsdam: +Crataegomespilus potsdamiensis cv. Dietko, cv. Monekto. Biol. Zentralbl. **103**, 283-293.

[6] BERNAL, A. A., 1976: Hormonal treatment and accelerated ripening of medlar. Summary of a 3 years study. Hort. Abstr. 1977, 10282.

[7] BOUNOUS, G.; ZANINI, E., 1988: Variabilità di alcuni componenti e caratteri biometrici dei frutti di 6 specie arboree ed arbustive. Proc. workshop „Lampone mirtillo ed altri piccoli frutti“, Trento (Italy), June 1987, 189-197.

[8] BROWICZ, K., 1968: Distribution of woody Rosaceae in W. Asia II. On the distribution of Mespilus germanica L. Arbor. Kornickie **3**, 27-36.

[9] BROWICZ, K., 1972: Mespilus L. Flora Turkey and the East Aegean Islands **4**, 128-129.

[10] BUTZKE, H., 1986: Zur geographischen und standörtlichen Verbreitung der echten Mispel (Mespilus germanica L.) im westlichen Teil Nordrhein-Westfalens und über die Eigenschaften des Mispelholzes. Decheniana **139**, 178-192.

[11] BYATT, I. K. FERGUSON; MURRAY, B. G., 1977: Intergeneric Hybrids between Crataegus L. and Mespilus L.; a fresh look at an old problem. J. Linn. Soc. Bot. **74**, 329-343.

[12] EVREINOFF, V. A., 1953: Notes sur l'origine, la biologie et les varietes du neflier. Rev. Hort. **125**, 976-979.

[13] FENAROLI, L.; GAMBI, G., 1976: Mespilus germanica. Alberi, Museo Tridentino di Scienze Naturali, Trento, 460-461.

[14] FRASER, H., 1961: Quince and medlar. Gard. Chron., 149-397.

[15] GIORDANO, G., 1980: I legnami del mondo, Il Cerilo Editrice, 1184 pp.

[16] GODET, J.-D., 1983: Knospen und Zweige der einheimischen Baum- und Straucharten. Verlag J. Neumann – Neudamm.

[17] JOHNSON, C. P., 1862: The useful plants of Great Britain. William Kent, London.

[18] KALKMAN, C., 1973: The Malesian species of the subfamily Maloideae (Rosaceae). Blumea **21**, 413-442.

[19] KOKUBUN, T.; HARBORNE, J. B. et al.,1995: 4-dibenzofuran phytoalexins from the sapwood of Mespilus germanica. Phytochemistry **39**, 1039-1042.

[20] KOVANDA, M. 1965: On the generic concepts in the Maloideae. Preslia **37**, 27-34.

[21] KULIEV, K. M., 1979: Medlar on the Apsheron peninsula. Byulleten` Glavnogo Botanicheskogo Sada **111**, 26-27.

[22] LOMBARD, P., 1989: Dwarfing rootstocks for European pear. Compact-Fruit-Tree **22**, 74, Fresno, USA.

[23] LOUDON, J. C., 1865: An encyclopaedia of gardening. New ed. Longmans, Green and Co., London.

[24] PEYRE, P., 1945: Les Nefliers: Les Arbres & Leurs Fruits, Usage Medicaux Pharmaceutiques & Dietetiques. Les Presses Rapides, Paris.

[25] PHIPPS, J. B., 1988: Crataegus (Maloideae, Rosaceae) of the Southeastern United States, I, Introduction and series Aestivales. J. Arnold Arbor. **69**, 401-431.

[26] PHIPPS, J. B., 1990: Mespilus canescens a new Rosaceous endemic from Arkansas. Systematic Botany **15**, 26-32.

[27] SARTORY, R.; WEIL, E.; AZIZ, S, 1940: The composition of the fruits of Mespilus germanica (Abstr.). Chem. Abstr. **34**, 537.

[28] SCORTICHINI, M., 1989: Il nespolo comune. Frutticoltura **10**, 63-66.

[29] VAVILOV, N. I., 1949: Phytogeographic basis in plant breeding. Chronica Botanica, 15-53.

[30] VENT, W., 1977: Neue Ergebnisse über die Flora des Travertins von Burgtonna. Gleditschia **5**, 53-57.

[31] ZUKOVSKIJ, P. M., 1962: Cultivated plants and their wild relatives. Commonwealth Agriculture Bureaux, Farnham Royal, Bucks, England.

Der Autor:

Dr. GIANFRANCO MINOTTA
Dipartimento di Colture Arboree – University of Bologna
Via Filippo Re, 6
40126 Bologna (Italy)

Aus dem Englischen übertragen von P. Schütt

Olea europaea LINNÉ, 1753

Ölbaum, Olivenbaum   Familie: Oleaceae

engl.: Olive tree
franz.: Olivier
ital.: Olivo
span.: Olivo

Abb. 1: Olea europaea. Alter Einzelbaum in einer aufgelassenen Plantage (Foto: Ulla M. Lang)

Der Ölbaum gehört zu den ältesten Kulturpflanzen der Menschheit und seine Plantagen prägen noch heute das Bild und die Wirtschaft des Mittelmeerraumes. Jährlich werden hier fast 1,8 Millionen Tonnen Olivenöl produziert. Hinzu kommen – besonders in jüngster Zeit – die sogenannten Speiseoliven.

Der Habitus des xeromorphen, sehr knorrigen, immergrünen Baumes wird zum Teil durch die am Stammfuß gebildeten Auswüchse (Ovoli) bestimmt. Sie treiben nach Rückschnitt oder Verletzung in Form von Schößlingen aus, so daß es zu strauchartigen Wuchsformen kommt.

Olea europaea stellt nur geringe Ansprüche an Standort und Klima. Er verträgt Sommertrockenheit, meidet schwere, staunasse Böden und verträgt milde Fröste.

Nördlich der Alpen kommt er nicht natürlich vor und benötigt Winterschutz.

Verbreitung und Taxonomie

Olea europaea gehört zu den ältesten großflächig angebauten Kulturpflanzen der Alten Welt. Weil die Kultivierung jedoch in vorgeschichtlichen Zeiten und in ganz verschiedenen Regionen stattfand, weil sie zudem mit unterschiedlichen Varietäten (Subspecies) oder mit anderen *Olea*-Arten vorgenommen wurde und weil schließlich großräumig und über lange Zeiträume mit Oliven gehandelt worden ist, gelingt es nicht mehr, die Grenzen der natürlichen Verbreitung zu rekonstruieren. Im Mittelmeerraum bilden die Oliven ein sehr komplexes Gemisch genetisch verbundener Wildformen und Kultursorten mit ganz ähnlichen Klima- und Standortansprüchen.

Wildformen des Olivenbaumes ordnet man im allgemeinen einer separaten Unterart *Olea europaea* ssp. *oleaster* (HOFFMGG. et LINK) NEGODI oder Varietät (var. *sylvestris* (MILL.) BROT. = var. *oleaster* (HOFFMGG. et LINK) DC.), zu [19]. Sie heben sich von den Kultursorten hauptsächlich durch kleinere Früchte und bedornte Jungtriebe ab. Das dünnere Mesokarp enthält weniger Öl, die Steinkerne haben aber dieselbe Größe. Die Flora Europaea differenziert in var. *europaea* (Kultur-Olive) und var. *sylvestris* BROT. (Wild-Olive).

Kultur-Oliven und Wildformen sind eng verwandt und miteinander, wie auch mit mehreren nicht im Mittelmeerraum heimischen *Olea*-Arten, insbesondere mit *O. africana* MILL. oder *O. chrysophylla* LAM. in Afrika und *O. ferruginea* ROYLE in Asien, kreuzbar. Andere eng verwandte, nicht-mediterrane Wildformen sind *O. laperrinei, O. europaea* L. ssp. *cerasiformis und O. europaea* L. var. *maderiensis*. Die Ähnlichkeit der Steinkerne aller dieser Taxa erschwert die zuverlässige Einordnung der zahlreichen archäologischen Funde. Sicher ist jedoch, daß *Olea europaea* neben Weinstock, Feige und Dattel zu den ältesten Kulturpflanzen des Mittelmeerraumes zählt [20].

Früchte und Olivenöl stellen hier – hauptsächlich zwischen 30 und 45° n. Br. – seit der Bronzezeit (ca. 4000 v. Chr.) einen zentralen Wirtschaftsfaktor dar. In jüngerer Zeit hat sich der Olivenanbau auf klimatisch ähnliche Gebiete in Lateinamerika (Argentinien, Brasilien, Mexiko, Peru), Kalifornien, Ozeanien, Südafrika sowie Süd- und Ostasien (Pakistan, Japan) ausgeweitet.

Abb. 2: Adulte Bäume auf dem Mt. Elgon, Kenia (Foto: P. Schütt)

Genutzt wurden Oliven, lange bevor man sie in der frühen Bronzezeit erstmals kultivierte. Das geschah – wie archäologische Funde ausweisen – in den Küstenregionen des östlichen Mittelmeeres, wo Wildformen des Ölbaumes noch heute gut gedeihen [19]. Weitere uralte Anbauzentren lagen im Norden des Toten Meeres. Gut dokumentiert ist auch ein umfangreicher Olivenöl-Export von Palästina nach Ägypten, und die Begründung künstlicher Plantagen im mediterranen Raum geht wahrscheinlich auf Initiativen phoenizischer und griechischer Ansiedler zu Beginn des 1. Jahrtausends v. Chr. zurück. Schon bronzezeitliche Gefäße waren mit Darstellungen des Ölbaumes verziert.

Beschreibung

Ölbäume in Kultur werden im Süden des Anbaugebietes bis 20 m hoch und erreichen Stammdurchmesser von 1 m. Im Norden bleiben sie kleiner. Die Krone baut sich je nach Sorte aus vorwiegend aufrechten oder mehr oder weniger hängenden Ästen auf. Die relativ starke und knorrige Stammbasis ist mit hyperplastischen Auswüchsen, sogenannten „Ovoli", besetzt. Aus ihnen entspringen neben Wurzeln auch Schößlinge, welche den beschädigten oder alten Stamm ersetzen [9], deren Triebe man aber in Plantagen regelmäßig zurückschneidet. Typisch ist weiterhin die bevorzugte Entwicklung basisnaher gegenüber apikalen Ästen. Der obere, gleichmäßiger aufgebaute Teil des Stammes ist anfangs von einer glatten, graugrünen, in höherem Alter von einer dunklen, schuppigen Borke bedeckt.

Im trockenen Klima entsteht an den Stämmen eine dicke Korkschicht; das Xylem ist hart, kompakt und durch phenolische Stoffe dunkel gefärbt. Bewässerte Bäume haben hingegen eine dünne Borke sowie ein helles, relativ lockeres Holz.

Abb. 3: Beblätterter Zweig mit Blütenständen (Foto: P. Schütt)

Abb. 4: Steinkerne unterschiedlicher Cultivare (im Uhrzeigersinn oben beginnend: Leccino, Gremignolo, Maurino, Canino, Mitte: Coratino)

Knospen und Blätter

Neben terminalen Gipfel- und axillären Seitenknospen, die sich entweder zu rein vegetativen Sprossen, zu Blütenständen oder zu Trieben mit Blütenknospen entwickeln, werden am Stamm und an den Ästen zahlreiche Adventivknospen angelegt, die nach mechanischen Verletzungen oder bei Streß sogleich zu neuen Schößlingen austreiben. Sie alle sind während des Winters nur wenige Millimeter groß, von graugrüner Farbe und am Apex zugespitzt. Knospenschuppen fehlen. Gemischt vegetativ/generative Knospen stehen meistens an der Spitze einjähriger Zweige.

Die kreuzweise gegenständigen, ganzrandigen und kurzgestielten Laubblätter bleiben etwas länger als ein Jahr am Baum. Ihr Wachstum dauert vom Frühjahr bis zum Oktober, und abgestoßen werden sie Ende April/Anfang Mai des folgenden Jahres. Die Abmaße variieren zwischen den Kultursorten von 40 mm Länge und 9 mm Breite (cv. 'Maremmano') bis 75 mm bzw. 18 mm (cv. 'Leccione'), und die Form schwankt zwischen lanzeolat und elliptisch. Die Blattoberseite kann hell- oder dunkelgrün, die Unterseite blaßgrün bis aschgrau sein.

Anatomisch sind die Blätter oberseits durch langgestreckte Epidermiszellen mit dicker Cuticula, eine drei- oder vierschichtige Palisadenschicht und ein großzelliges Schwammparenchym gekennzeichnet. Bei ausdifferenzierten Blättern sind die Stomata gleichmäßig auf der Unterseite verteilt. Eine Schicht mehrzelliger Sternhaare verringert Tanspirationsverluste und zu hohe Blattemperaturen (siehe Abb. 6).

Abb. 5: Früchte unterschiedlicher Reife

Abb. 6: Sternhaare auf der Blattunterseite (100 x)

Blüten und Früchte

Die kleinen, gelblich weißen *Olea*-Blüten erscheinen Ende Mai/Anfang Juli. Sie stehen an traubenförmigen Infloreszenzen, die den Blattachseln vorjähriger Triebe entspringen. Sie haben einen vierzähnigen Kelch, eine vierzipfelige Corolla mit kurzer Röhre und zwei Staubblätter. Der zweifächerige Fruchtknoten enthält pro Loculament zwei Samenanlagen, von denen sich nur eine nach der Befruchtung weiterentwickelt. Der kurze Griffel trägt eine kopfförmige Narbe.

Abweichungen im Blütenaufbau kommen bei *Olea europaea* häufig vor, u.a. kann der Fruchtknoten verkleinert sein oder ganz ausfallen.

Die Art ist windblütig, hat runde Pollenkörner, und viele Zuchtsorten sind selbststeril [1, 9]. Normalerweise blühen die Bäume reichlich, fruktifizieren aber mitunter schwach. Schuld daran tragen die zweijährige Periodizität des Fruchtansatzes, außerdem auch ungünstige Kultur- und Klimabedingungen. In anderen Fällen werden physiologische Besonderheiten des betreffenden Klons als Ursache angeführt.

Zahlreiche kleine Früchte sind erstmals 10 bis 15 Tage nach der Blüte erkennbar. Anfang Juli setzt nur ein Teil davon die Entwicklung fort, wächst im August/September je nach der Menge des verfügbaren Wassers weiter heran und beginnt Anfang Oktober, sich dunkel, aber sortenspezifisch zu verfärben. Die Verbreitung der Früchte erfolgt durch Vögel.

Sortentypisch ist auch die Fruchtform. Manche Steinfrüchte sind kugelrund, andere oval, wieder andere länglich und mehr oder weniger deutlich geschnäbelt. Das zunächst grüne Exokarp kann bei reifen Früchten strohfarben, rötlich bis dunkel purpurn oder schwarz sein sowie unterschiedlich viele weißliche Punkte aufweisen, die auf kleine Hohlräume unter der Epidermis zurückgehen.

Relativ große, grüne Früchte werden nach spezieller Präparation als sogenannte Speise- oder Salzoliven angeboten. Sie stammen zumeist von spezifischen Zuchtsorten und werden unreif geerntet.

In den Parenchymzellen des Mesokarps werden ab August Fetttröpfchen gespeichert, die im weiteren Verlauf an Zahl und Größe zunehmen. In überreifen Früchten treten Fetttropfen sogar in den Interzellularen auf.

Steinkerne haben eine stark geriffelte Oberfläche, wobei die Rillen unterschiedlich stark, regelmäßig oder unregelmäßig ausgeprägt sein können. Die Form des Steinkerns ist fast immer asymmetrisch, gleicht i.a. aber weitgehend der Fruchtform. Generell variieren die Merkmale des Endokarps nur wenig zwischen den Individuen derselben Sorte.

Demgegenüber ist die Schwankungsbreite in der Fruchtgröße beträchtlich. 18 g bei Speiseoliven stellt das eine, weniger als 2 g bei einigen ölliefernden Sorten das andere Extrem dar. Die Tausendkorngewichte (Steinfrüchte) liegen i.a. zwischen 300 und 450 g.

Olea-Steinkerne enthalten einen oder zwei Samen mit dünner Testa und einem stärkespeichernden Endosperm.

Wurzeln

Das im frühen Sämlingsstadium gebildete Pfahlwurzelsystem wird bis zum 7./10. Jahr völlig durch kräftige Lateralwurzeln ersetzt, die zum Teil aus der Stammbasis hervorgehen.

In einem mäßig lockeren Substrat dringen die Wurzeln junger Pflanzen bis in eine Bodentiefe von 20 cm, die Wurzeln alter Bäume bis in 60 bis 70 cm Tiefe ein. Die horizontale Ausdehnung des Wurzelsystems erreicht die doppelte oder dreifache Länge der Kronenprojektion. VA-Mykorrhiza ist weit verbreitet und fördert die Phosphor-Aufnahme. Als Pilzpartner ist *Glomus mosseae* (NICOL. et GERD.) GERDERMANN et TRAPPE bekannt.

Holz und Rinde

Das harte und schwere, zerstreutporige Ölbaum-Holz hat einen gelben bis hellbraunen, etwas nachdunkelnden Splint und einen rötlichbraunen, oft dunkel oder violett gestreiften Kern. Es ist von feiner Textur.

Die Jahrringe sind auf dem Querschnitt gut zu erkennen, und die im Mittel 790 µm langen, dickwandigen Fasern überkreuzen sich oft.

Pro mm² rechnet man mit 80 Gefäßen, die teils einzeln oder zu zweit, teils in kurzen, radialen Reihen, gelegentlich auch in Gruppen angeordnet sind [4]. Der tangentiale Durchmesser beträgt 30 bis 60 µm. Pro Millimeter treten 8 bis 13 ein- oder zweireihige, meist bis zu 12 Zellreihen hohe Holzstrahlen auf. Heterozelluläre Strahlen enthalten oft zahlreiche nadelförmige Kristalle. Das Längsparenchym gehört häufig dem diffus-paratrachealen Typ an [5].

Die Rohdichte des frischen Holzes ($r_{>30}$) beträgt 0,90 bis 1,05 g/cm³ [5]. Weitere holzphysikalische Kennziffern liegen nicht vor.

Anzucht, Anbau und Züchtung

Früher wurden Ölbaum-Plantagen zumeist mit ausgelesenen Klonen begründet, die aus spontanen Kreuzungen innerhalb lokaler Wild-Populationen entstanden waren. Heute geht die große Zahl der Cultivare auf gelenkte Kreuzungen zwischen bewährten Populationen und auf Klone aus anderen Ländern zurück.

Züchtungsprogramme bestehen sowohl für Speise- wie für Öl-Oliven [11, 12, 15, 16]. Der dabei berücksichtigte Merkmalskatalog enthält u.a. Selbstkompatibilität, Bewurzelungsfähigkeit, Reifezeit, Krankheitsresistenz, Wuchskraft sowie Widerstandsfähigkeit gegen Frost und Salz. Die selben Ziele versucht man auch durch geeignete Kulturmaßnahmen wie Astung, Bewässerung und Ernährung zu erreichen [7].

Kultursorten weisen einen sehr hohen Heterozygotiegrad auf und werden deswegen vegetativ durch „truncheons", Stecklinge und durch Pfropfung vermehrt. Bei alten Bäumen kommt Kronenpfropfung zur Anwendung, junge Pflanzen werden im Frühjahr veredelt, und Stecklingsbewurzelung mit einjährigen Zweigabschnitten gelingt im Sprühbeet nach IBS-Behandlung (3000 ppm in wäßriger oder alkoholischer Lösung [8]).

Zur generativen Vermehrung befreit man die Steinkerne vom Mesokarp, bewahrt sie an einem trockenen Ort in Stoffbeuteln auf und sät im Juni/Juli nach zwölfstündiger Wässerung aus. Im September setzt die Keimung ein und hält während des Winters an. Sie bleibt im 1. Jahr nach der Ernte gering, durchläuft ihr Maximum im 2. Jahr und fällt im 3. Jahr wieder ab. Die Keimraten schwanken je nach Sorte und Erntezeitpunkt zwischen 10 und 80 %.

Früher begründete man Olivenplantagen mit einstämmigen Ramets, und die Beerntung fand – je nach deren Höhe – mechanisch oder per Hand statt. Das änderte sich im Laufe der Zeit. So ermöglichen vasenförmige Bäume mit kurzem Stamm schon im 3. Jahr nach der Pflanzung die kommerzielle Nutzung. Die mechanische Beerntung wird ferner durch dichter stehende, kleine Bäume begünstigt, und aufrechte Ramets sind für die Effizienz entsprechender Erntemaschinen besser geeignet als vielstämmige, vasenförmige Exemplare [17].

Auf trockenen Standorten spielt Bewässerung eine immer größere Rolle. Dadurch geht zwar der Ölgehalt der Früchte zurück, die Fruchtgröße und der Ölertrag pro Hektar nehmen aber zu. Beregnung hat sich als besonders wirkungsvoll erwiesen.

Für die Produktion von Speiseoliven hat sich mancherorts die Verdünnung des Fruchtansatzes bewährt, und in intensiv bewirtschafteten Plantagen südlicher Anbaugebiete stimuliert man die Blütenbildung durch Ringelung der Äste im Winter. In Kombination mit einem sachgemäßen Baumschnitt führen diese Maßnahmen zu mehr oder weniger gleichbleibenden Jahresernten.

Der Einsatz von Beerntungsmaschinen lohnt sich nur in großen Plantagen eines einzigen, gleichzeitig reifenden Cultivars und bei einem Minimalertrag von 30 kg pro Baum. Speiseoliven werden im Regelfall per Hand geerntet.

Die Erntezeit für Oliven beginnt im November und erstreckt sich über den Winter. Oft dauert es Wochen, bis die geernteten Früchte zur Ölpresse gelangen. Während dieser Zeit erhöht sich der Gehalt an freien Fettsäuren.

Abb. 7: Querschnitt eines 50jährigen Stammes

Abb. 8: Stammborke

Ökologie

Olea europaea ist ein Baum des mediterranen Klimas, gekennzeichnet durch relativ milde, meist feuchte Winter und warme, oft trockene Sommer.

Strenge Winterkälte (–12 ° oder –14 °C) begrenzt den Oliven-Anbau, andererseits stellen 10 bis 12 Wochen mit Lufttemperaturen unter 12 °C die Voraussetzung für einen intensiven Blütenansatz dar.

Längere Trockenperioden und selbst Jahresniederschläge von 200 mm werden toleriert.

Generell läßt sich *Olea europaea* als xeromorphe Art einstufen, die sowohl hohe Luft- und Bodenfeuchtigkeit wie auch schlecht durchlüftete Böden meidet. Auf staunassen Substraten fehlt sie, und Überflutung verträgt sie nicht. Auf trockenen Standorten breitet sich das Wurzelsystem besonders weit aus und erreicht dadurch auch entfernte Wasservorräte. Wassermangel während der Sommermonate schränkt die Erträge erheblich ein.

Ölbäume sind nicht auf spezielle Bodenverhältnisse festgelegt. Besonders gut gedeihen sie auf gut drainierten, mittelschweren, kalkhaltigen Substraten im Bereich von pH 4 bis pH 8. Hier läßt sich Öl der besten Qualität gewinnen.

Abb. 9: Bizarre Stammform durch Ovoli-Bildung (Foto: Ulla M. Lang)

Pathologie

Die größte Bedeutung unter den biotischen Schaderregern haben Insekten. Gemessen daran sind Pilzkrankheiten für *Olea europaea* allenfalls örtlich von Belang.

Demgegenüber tritt der Bakterienkrebs *Pseudomonas syringae* pv. *savastanoi* (E. F. SMITH) JANSEN überall auf, wo Oliven in Kultur stehen, denn anfällig sind praktisch alle Sorten. Das Bakterium dringt hauptsächlich durch Rindenwunden ein, die durch Baumschnitt oder mechanische Beerntung entstanden waren. Feuchtes Wetter fördert den Befall. Zunächst entstehen lokale Anschwellungen, später sterben Äste und Zweige ab. Chemische Bekämpfung mit Kupfer-Präparaten ist möglich.

Blattflecken und vorzeitigen Blattfall, verbunden mit Ertragsverlusten, verursachen Infektionen des Deuteromyceten *Spilocaea oleaginea* (CAST.) HUGH. („peacock spot"), der mit kupferhaltigen Fungiziden bekämpfbar ist.

Welkeeffekte entstehen durch *Verticillium dahliae* KLEB., und schließlich wird noch *Armillaria mellea* s.l. als Wurzelparasit schädlich.

Zu einer ganz anderen Größenordnung gehören – zumindest im Mittelmeerraum – die wirtschaftlichen Verluste durch die Olivenfliege *Bactrocera oleae* (GMEL.). Das Insekt überwintert als Puppe im Boden, fliegt als Imago die jungen Früchte an und deponiert die Eier in der Frucht, die schließlich von den Larven weitgehend ausgehöhlt wird.

Gefährlich ist außerdem *Prays oleae* (BERNARD), die Oliven-Motte *(Tineidae)*, deren erste Generation von April bis Juni die Blüten angreift und deren zweite Generation den Fruchtansatz dezimiert. Noch im selben Jahr deponiert die dritte Generation die Gelege auf den Blattunterseiten, und aus ihnen schlüpfen im nächsten Frühjahr Larven, die das Mesophyll zerstören, erhebliche Blattverluste hervorrufen und außerdem Jungtriebe beschädigen. Versuche zur biologischen Bekämpfung mit endophagen Parasiten und mit *Bacillus thuringiensis* sind eingeleitet.

Saissetlia oleae (OLIV.) („black scale") ist das dritte, den Ölbaum gefährdende Schadinsekt [10]. Die polyphage, überwiegend parthenogenetische Laus *(Lecaniidae)* produziert reichlich Honigtau, setzt dadurch die Photosynthese herab, führt Blattverluste herbei und reduziert die Erträge u.U. für mehrere Jahre. *S. oleae* wird von zahlreichen tierischen Feinden angegriffen und ist mit Mineralöl und Phosphorsäure-Estern chemisch zu bekämpfen.

Winterkälte von –5/–6 °C überstehen Ölbäume im allgemeinen ohne negative Folgen.

Bei tieferen Temperaturen sind aber Schäden an Blättern und Zweigen zu erwarten. Stammschäden treten jedoch erst bei Kaltlufteinbrüchen von –17 °C oder –20 °C auf. Sie gehen auf Erfrierungen des Kambiums zurück. Die Stammrinde reißt auf, der Assimilatstrom wird unterbrochen und die Krone trocknet zurück, wobei Klonunterschiede vorkommen. Die unterirdischen Teile des Stammes bleiben aber am Leben, und aus den Ovoli treiben viele Schößlinge aus, die sogleich Wurzeln schlagen.

Bei extrem hohen Temperaturen werden innere Gewebe exponierter Teile geschädigt – das geschieht insbesondere auf ausgetrockneten Böden.

Nutzung

Olivenöl, eines der hochwertigsten Speiseöle, ist im typischen Fall goldgelb, verliert aber die Farbe bei Lichteinfall und wird dann ranzig. Chemisch besteht es größtenteils aus Triglyceriden und Fettsäuren (97 bis 99 %). Ihnen beigemischt sind geringe Mengen von Kohlenwasserstoffen, Wachsen, Sterolen, Alkoholen, Pigmenten, Vitaminen, Polyphenolen, Geruchs- und Geschmacksstoffen.

Ungesättigte Fettsäuren machen 70 bis 80 % des Olivenöls aus, davon ist Oleinsäure die wichtigste. Mit geringeren Anteilen sind Linol- und Palmitinsäure beteiligt. Das Öl wird durch kalte Pressung, nicht durch Extraktion gewonnen. Dadurch bleiben viele Komponenten mit spezifischen therapeutischen Eigenschaften erhalten, welche die Überlegenheit des Olivenöls gegenüber anderen Speiseölen ausmachen.

Grüne und schwarze Speiseoliven stellt man auf verschiedene Weise her. So werden grüne Oliven vorzeitig, d.h. vor dem Verfärben des Exokarps, geerntet, im sog. Siviglano-Verfahren mit einer ätzenden Sodalösung von Bitterstoffen befreit und mit Milchsäure in Salzwasser fermentiert. Kalifornische schwarze Speiseoliven setzt man nach Entfernung von Bitterstoffen der Luft und Polyphenyl-Oxiden aus, fixiert die Farbe mit Eisen-Gluconat, sterilisiert und verpackt.

In Europa wurden in den letzten Jahren per annum etwa 1,5 bis 1,8 Mio. Tonnen Olivenöl produziert (Tab.):

	1995/96	1996/97
Italien	625 000 t	445 000 t
Spanien	375 000 t	964 000 t
Griechenland	445 000 t	409 000 t
Portugal	34 000 t	39 000 t
Frankreich	2 400 t	2 400 t

Quelle: Committee for Fat and Oils, E.U.

Das sehr schwere, lebhaft gezeichnete Olivenholz spielt auf dem Weltmarkt keine Rolle. Man nutzt es für Parkettböden und als Paneel und verwendet es zum Schnitzen oder für Skulpturen. Verwendet wird es ferner von Drechslern wie von Kunstschreinern, und schließlich findet man Gegenstände aus Olivenholz auch im Haushalt, unter anderem in Form von Schüsseln oder Vorlegebestecken.

Verschiedenes

- Einige Ölbaum-Klone mit aufrechten oder hängenden Zweigen oder besonders kleinem Wuchs finden Verwendung als Ziergehölz [14]. Sie tragen Früchte von normaler Größe, können in Töpfen gehalten werden, benötigen aber in nördlichen Regionen Winterschutz.
- Nach griechischem Glauben wurde der Ölbaum von der Göttin Athenae erschaffen und auf der Akropolis zur Wache über die Stadt Athen postiert. Columella betrachtete die Art als den ersten und großartigsten aller Bäume: „Olea prima omnium arborum est". *Olea* wurde auch zum Symbol für Sieg und Frieden erkoren, und schließlich kehrte laut Altem Testament die von Noah entsandte Taube mit einem Olivenzweig zurück und kündigte damit ein Zeitalter des Friedens nach der Flut an.
- Die Blätter enthalten Oleuropein, ein Glykosid, das den Blutdruck herabsetzt.

Weiterführende Literatur

[1] BARRANCO, D.; FERNANDEZ-ESCOBAR, D.; RALLO, L., 1997: El coltivo del olivo. Ed. Mundiprensa and Junta de Andalucia, Madrid.

[2] BARTOLINI, G.; PREVOST, G. et al., 1998: Olive germplasm: cultivars and world-wide collections. FAO, Rome.

[3] BOGANI, P.; CAVALIERI, D. et al., 1994: Identification of olive tree cultivars by using random amplified polymorphic DNA. 2. Int. Symposium of Olive Growing. Jerusalem, 1993. Acta Hortic. **356**, 98-101.

[4] FAHN, A.; WERKER, E.; BAAS, P., 1986: Wood Anatomy and Identification of Trees and Shrubs from Israel and Adjacent Regions. Israel Acad. Sciences and Humanities, Jerusalem.

[5] GIORDANO, G., 1988: Tecnologia del legno, vol. III., Utet, Torino.

[6] HARTMANN, H. T.; KESTER, D. E.; DAVIES, F. T., 1990: Plant propagation. Prentice-Hall, Inc.

[7] LAVEE, S., 1990: Aims, methods and advances in breeding of new olive (Olea europaea L.) cultivars. Acta Hortic. **286**, 23-26.

[8] LEVA, A. R.; MULEO R.; PETRUCCELLI, R., 1995: Long term somatic embryogenesis from immature olive cotyledons. J. Hort. Sci. **70**, 417-421.

[9] MORETTINI, A., 1972: Olivicoltura. Reda, Roma.

Abb. 10: Oliven-Plantagen in Apulien (Foto: P. Schütt)

[10] ROSELLI, G., 1978: Indagini sulla suscettibilità alla Saissetia oleae di cultivar di olivo da mensa. Riv. Ortoflorofrutt. Ital. 3, 287-294.

[11] ROSELLI, G., 1989: Il miglioramento genetico dell'olivo da tavola. Riv. Frutticoltura **11**, 25-30.

[12] ROSELLI, G., 1990: Miglioramento genetico dell'olivo: la selezione del materiale di moltiplicazione e la tutela del germoplasma. Convegno su: Nuove prospettive del vivaismo olivicolo. Floricoltura pesciatina **10**, 1-6.

[13] ROSELLI, G.; BENELLI, G.; MORELLI, D., 1989: Relationship between stomatal density and winter hardiness in olive (Olea europaea L.). Hort. Sci. **64**, 119-203.

[14] ROSELLI, G.; DONINI, B., 1982: „Briscola". Nuova cultivar di olivo a sviluppo compatto. Riv. Ortoflorofrutt. Ital. **66**, 103-114.

[15] ROSELLI, G.; DONINI, B.; PETRUCCIOLI, G., 1982: Aspects of olive tree breeding. In: Induced mutation for improvement of oil seeds and other industrial crops. Joint FAO/IAEA Division of atomic energy in food and agriculture. IAEA-Vienna.

[16] SCARAMUZZI, F.; ROSELLI, G., 1986: Olive genetic improvement. Olea, n. 17 extraordinario 7-17.

[17] TOMBESI, A.; FAMIANI, F. et al., 1995: Confronto tra diversi sistemi di raccolta delle olive. Atti del Convegno: L'Olivicoltura mediterranea, Rende, Cosenza.

[18] VIOLA, P., 1991: Attualità nutrizionale dell'olio di oliva. Giornata di studio sulle definizioni di qualità per l'olio di oliva. Spoleto.

[19] ZOHARY, D.; HOFF, M., 1993: Domestication of plants in the Old World. Clarendon Press.

[20] ZOHARY, D.; SPIEGEL-ROY, P., 1975: Beginning of fruit growing in the Old World. Science 187, 319-327.

Der Autor:

Prof. GIANCARLO ROSELLI
Istituto sulla Propagazione delle Specie Legnose
Via Ponte di Formicola, 76
I-50018 Scandicci (Firenze)

Aus dem Englischen übertragen von P. SCHÜTT.

Ostrya carpinifolia Scop., 1772

syn.: Carpinus ostrya L., 1753; Ostrya vulgaris Willd., 1805; O. italica (Scop.) Spach subsp. carpinifolia Winkler, 1904

Gemeine Hopfenbuche

Familie: Betulaceae

engl.: Hop-hornbeam
franz.: Charme-houblon
ital.: Carpino nero

Abb. 1: Ostrya carpinifolia. Männliche und (wesentlich kleinere) weibliche Blütenkätzchen (links oben), Stammborke (links unten), Stamm-Querschnitt (rechts oben) und unreifer Fruchtstand (Fotos: Ulla M. Lang)

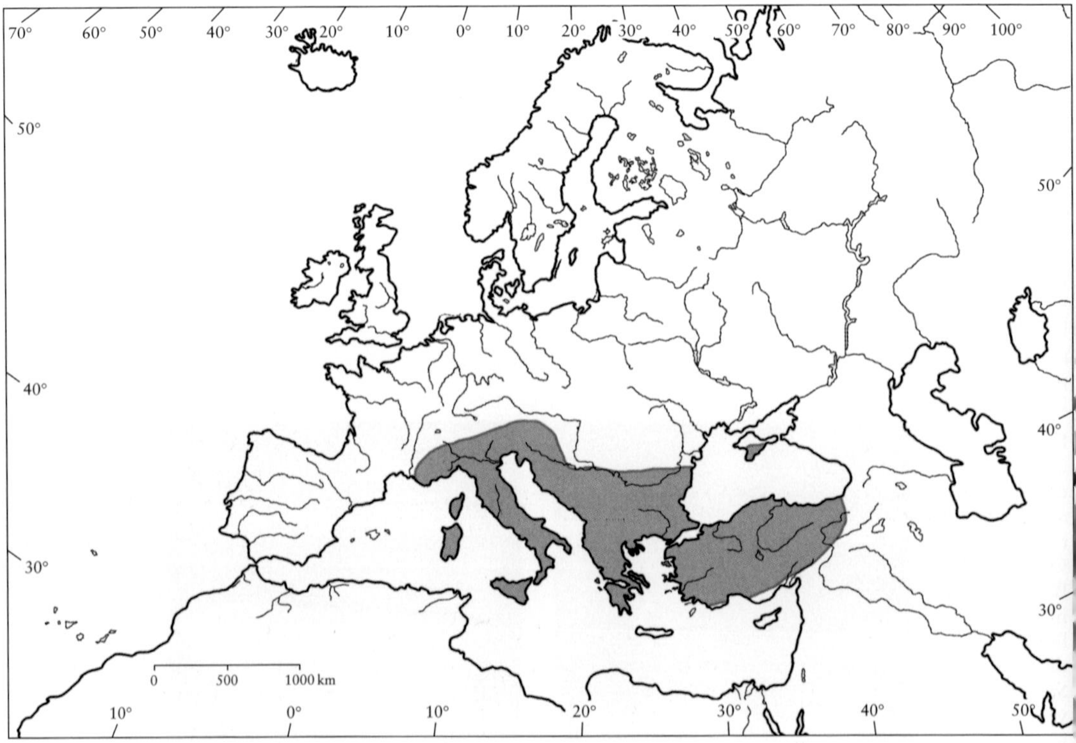

Abb. 2: Natürliches Verbreitungsgebiet, nach [8] und [10]

Ostrya carpinifolia wächst zu einem mittelhohen Baum heran, der in vegetativem Zustand der Hainbuche sehr ähnelt. Auffallend ist der hopfenähnliche Fruchtstand.

Die Gemeine Hopfenbuche weist eine submediterrane Verbreitung auf, ihre Vorposten befinden sich am Alpensüdrand und in den Zentralalpen. In erster Linie besiedelt sie kalkreiche, warme Standorte und ist charakteristisch für die submediterranen Laubmisch- und Buschwälder. *O. carpinifolia* hat ein schweres, zähes und hartes Holz, ist aber forstwirtschaftlich nicht bedeutsam.

Verbreitung

Das natürliche Areal der Hopfenbuche umfasst Teile des Mittelmeergebietes und die submediterrane Zone der Alpenländer – von der Provence ostwärts durch die südlichen Alpen, Kroatien und Serbien bis Griechenland sowie Korsika, Sardinien und Italien einschließlich Sizilien –, ferner Kleinasien bis zum Taurus und Libanon [8, 10].

Das interessanteste Vorkommen befindet sich am Fuße der Alpen. In den Zentralalpen ist *O. carpinifolia* nur noch vereinzelt als Relikt vertreten. Nach Österreich ist die Art vermutlich in einer nacheiszeitlichen Wärmeperiode eingewandert; sie findet sich dort zerstreut in der Mittel- und Untersteiermark sowie in den Flusstälern im südlichen Kärnten. Darüber hinaus gibt es kleinere Fundorte in Südtirol und im Krainer Karstgebiet. In der Schweiz sind einzelne Vorkommen lediglich im Tessin und in den südalpinen Tälern Graubündens bekannt [5, 11].

In Südeuropa war die Hopfenbuche in früherer Zeit wahrscheinlich weitaus stärker vertreten als heute. Als Ursache für den Rückgang wird übermäßige Holznutzung angenommen. Auch die ehemaligen Vorkommen im Tal der Drau in Südungarn sind inzwischen nicht mehr vorhanden.

Die vertikale Verbreitung erreicht in der Alpenregion folgende Seehöhen:

Karawanken:	800– 900 m
Val Trompia:	950–1000 m
Krain:	1000 m
Sollsteinkette bei Innsbruck:	1155 m
Monte Boglia, Tessin:	1280 m
Gall bei Meran:	1300 m

Beschreibung

O. carpinifolia, ein sommergrüner Baum, erreicht eine Höhe bis zu 15 (20) m. Kennzeichnend ist die tief ansetzende, in der Jugend mehr oder weniger kegelförmige, später offenere Krone. Die Zweige sind braun, glänzend, fein behaart und mit weißen, meist elliptischen, 0,2 bis 0,4 (0,5) mm langen und 0,15 bis 0,3 mm breiten Lenticellen versehen. Die Hopfenbuche verfügt über ein tief und weit streichendes Wurzelsytem.

Knospen, Blätter und junge Triebe

Die Winterknospen sind spitzkegelförmig, von der Achse abstehend, stark glänzend und deutlich klebrig. Die Knospenschuppen weisen eine grüne Grundfarbe mit braunen Flecken auf [6].

Die zweizeilig angeordneten, eilänglichen Blätter verfügen über eine 7 bis 9 cm lange und 3 bis 5 cm breite Spreite, deren größte Breite sich meist in der unteren Hälfte befindet. Die – ähnlich wie bei Ulmen – asymmetrische Spreitenbasis ist abgestutzt bis abgerundet oder schwach herzförmig, der Apex spitz bis zugespitzt. Der doppelt gesägte Blattrand weist in der Spreitenmitte zwischen zwei Seitennerven 3 bis 6 (8) Zähne auf. Die Zähne sind zur Spitze hin etwas gekrümmt und am Rand leicht umgerollt. Die oberseits glänzend dunkelgrünen, unterseits hellgrünen Spreiten sind je Hälfte mit 14 bis 16 (18) Sekundärnerven versehen. An etwa 2 bis 6 von ihnen zweigen in Randnähe je 1 bis 3 (6), auf der Blattunterseite deutlich erhabene Tertiärnerven zur Basis hin ab. Der unterste Sekundärnerv hat einen Abstand zum Blattrand von 3 bis 5 mm und ist mit 4 bis 5 deutlich erkennbaren, zur Basis hin gerichteten Tertiärnerven ausgestattet.

Die Spreitenoberseite ist fast kahl und drüsenlos. Lediglich am Hauptnerv lassen sich steife, anliegende, dauerhafte Haare beobachten, und zwischen den Seitennerven befindet sich ein Mittelstreifen aus mehr oder weniger anliegenden, steifen, dauerhaften Haaren. Die Spreitenunterseite junger Blätter ist reichlich mit ungestielten Drüsen versehen; auf alten Blättern finden sie sich hingegen spärlicher und oft nur entlang der Adern. Haupt- und Seitennerven sind dicht mit mehr oder weniger anliegenden, steifen Haaren ausgestattet, während die Interkostalfelder keine oder nur vereinzelt eine kurze Behaarung aufweisen. Die Haarbüschel in den Winkeln zwischen Hauptader und unteren bis mittleren Seitenadern sind meist etwas weniger dicht als bei *Carpinus betulus* [2, 4, 6, 9].

Der Blattstiel ist 3 bis 9 mm lang und meist dicht mit abstehenden, steifen Haaren, anfangs (im Frühling) mit länglichen, großen, ungestielten Drüsen besetzt. Stipeln sind 6 bis 10 mm lang und 1,5 bis 3 mm breit; großenteils fallen sie bald nach Laubausbruch ab.

Die jungen Triebe sind meist dicht behaart und verkahlen kaum. Neben sehr kurzen (0,05–0,1 mm), abstehenden Haaren lassen sich auch beträchtlich längere (0,5–1,5 (2,0)), anliegende bis aufrecht stehende, steife Haare beobachten.

Blüten und Früchte

Bereits im Herbst des Vorjahres erscheinen (2) 3 (4) männliche Blüten dicht gedrängt am Triebende und überwintern als 1 bis 2 cm lange geschlossene Kätzchen. Zum Zeitpunkt des Aufblühens vergrößern sie sich beträchtlich bis zu einer Länge von 6 bis 8 cm und einer Breite von 4 bis 6 mm. Die dicht bewimperten Deckblätter sind blassgrünlich, an der Spitze rotbraun. Die 4 bis 10 Staubblätter überragen nicht oder kaum. Die Staubfäden sind zweiteilig und die Staubbeutel an der Spitze mit einem Haarschopf ausgestattet. Die weiblichen Kätzchen sind 4 bis 6 cm lang, dichtblütig und endständig; sie stehen einzeln und bis zur Anthese aufrecht, später hängen sie. Die mit unscheinbarem Perigon versehenen weiblichen Blüten werden jeweils von einer sackartigen Hülle umgeben und stehen zu zweit in den Achseln hinfälliger, lanzettlicher Tragblätter. Die Narbe ist lang und rötlich [2, 4, 6, 9].

Der hängende, zapfen- bis eiförmige Fruchtstand ähnelt weiblichen Blütenständen des Hopfens und wird bis 6 cm lang und 1,5 bis 3 cm dick. Die durch Verwachsen der beiden Vorblätter entstandene Fruchthülle erscheint zunächst eiförmig bis flachgedrückt-sackartig und gelblichweiß, später aufgeblasen und bräunlich. Sie wird 10 bis 25 mm lang und 6 bis 14 mm breit, ist netzförmig geadert, ganzrandig, anliegend behaart, am Grunde borstig und mit kurzem, filzigem Spitzchen versehen. Die Fruchthülle schließt ein kleines, braunes, glänzendes und schwach geripptes, an der Spitze meist behaartes Nüsschen von spitz-eiförmiger, zusammengedrückter Gestalt ein. Zum Zeitpunkt der Fruchtbildung ist die nach dem Abwurf der vorjährigen Früchte und ihrer Hülle durch deren verbleibende Narben auffällig gegliederte Achse des alten Fruchtstandes noch vorhanden [2, 6, 8].

Die Blüte erfolgt im April/Mai, die Früchte erreichen in der Zeit von August bis Oktober ihren Reifezustand.

Rinde und Holz

Die Rinde ist glatt und grau, die später erscheinende Borke längs- und querrissig, schuppig abblätternd und dunkel gefärbt.

O. carpinifolia hat ein schweres, zähes und hartes Holz. Es ist zerstreutporig und weist einfache Gefäßdurchbrechungen auf. Das hell- bis dunkelbraune, kernähnliche Stammzentrum ist nicht scharf vom Splint abgegrenzt. Große Spiegel fehlen, die Holzstrahlen sind klein und gleichmäßig verteilt, Markflecken kommen häufig vor. Folgende physikalisch – mechanische Eigenschaften werden in der Literatur angegeben [1, 3]:

Gewicht ungetrocknet (r_{12-15})	0,9–1,1	g/cm^3
darrtrocken (r_0)	0,77	g/cm^3
Druckfestigkeit (lufttrocken)	60	N/mm^2
Biegefestigkeit (lufttrocken)	136	N/mm^2

Die Schwindung ist hoch, und bei Trocknung kommt es, vergleichbar mit Rot- und Hainbuche, zu Rissbildungen. Bei der Bearbeitung des stoßfesten und schwer spaltbaren Holzes entstehen glatte Flächen, die Härte wirkt sich kaum nachteilig aus [1, 3]. Hain- und Hopfenbuchenholz sind leicht zu verwechseln.

Tab. 1: Wichtige Unterscheidungsmerkmale zwischen Gemeiner Hopfenbuche (*O. carpinifolia*) und Hainbuche (*Carpinus betulus*) nach FISCHER [4]

Merkmale	*Ostrya carpinifolia*	*Carpinus betulus*
Knospen und Triebe		
Winterknospen	stark glänzend, deutlich klebrig	schwach glänzend, nicht klebrig
Haarlänge der Jungtriebe	0,5–1,5 (2,0) mm	1,2–2,0 (2,3) mm
Lenticellen der Zweigachsen	meist elliptisch	meist linealisch bis spindelig
Blätter		
Stiellänge	3–9 (2–12) mm	7–17 (5–20) mm
Spreitenlänge/-breite	7–9 (5–11) / 3–5 (5,5) cm; größte Breite meist in unterer Hälfte	6–12 / 3,5–6 cm; größte Breite meist in Spreitenmitte
Rand: Zahl der Zähne in Spreitenmitte zwischen zwei Seitennerven	3–6 (8)	5–8 (3–10)
Sekundärnerven je Blatthälfte	14–16 (18)	12–14 (10–16)
Tertiärnerven	deutlich	fehlend oder undeutlich
unterster Seitennerv: Abstand zum Blattrand	meist 3–5 (2–6) mm	meist 1–2 (3) mm
Drüsen auf der Spreitenunterseite	mit ungestielten Drüsen	meist ohne Drüsen
Blüten		
weibliche Kätzchen	dichtblütig; zur Anthese aufrecht; Fruchtstandachse des Vorjahrs noch vorhanden	lockerblütig; schon zur Anthese hängend; Fruchtstandachse des Vorjahrs nicht mehr vorhanden
männliche Kätzchen	schon im vorangehenden Herbst erscheinend; dicht gedrängt am Triebende	im Herbst und Winter nicht sichtbar; meist seitlich, nicht am Triebende gedrängt

Verjüngung, Vermehrung, Anzucht, Wachstum

O. carpinifolia vermag konkurrenzfreie Stellen geeigneter Standorte rasch zu besiedeln. Die Keimblätter sind im Unterschied zu *Carpinus betulus* nicht runzelig, aber spitz geöhrt und an der Spitze am breitesten. Die Folgeblätter sind an der Basis abgerundet, doppelt gezähnt und behaart.

Durch hohes Stockausschlagvermögen ist die Gemeine Hopfenbuche zudem zu vegetativer Vermehrung befähigt.

Für die Anzucht ist folgendes zu beachten: Das Tausendkorngewicht beträgt 25 bis 30 g. Die Behandlung des Saatgutes erfolgt in ähnlicher Weise wie *Carpinus betulus*. Bewährt hat sich eine 150- bis 180-tägige Lagerung in Sand. Das Keimprozent liegt bei 50 bis 80 %. Die Keimlinge wachsen sehr langsam (5–15 cm/Jahr) und sind gegen Spätfröste empfindlich.

Die waldbaulichen Eigenschaften lassen sich mit denen der Hainbuche vergleichen. *O. carpinifolia* ist raschwüchsig und erreicht selten ein Alter von über 100 Jahren.

Abb. 3: Keimling (1 : 1) mit glatten, an der Basis spitz geöhrten Kotyledonen und doppelt gezähnten Primärblättern

Ökologie

Die Hopfenbuche benötigt ein sommerwarmes, wintermildes und niederschlagsreiches Klima. Für die natürlichen Vorkommen werden folgende Grenzwerte genannt [7]:

Mittlere Jahrestemperatur	12,5–15,5 °C
Mittlerer Jahresniederschlag	1200–1450 mm.

O. carpinifolia bevorzugt felsige, kalkreiche und warme Unterhanglagen, ist jedoch auch auf Urgesteinsböden im Gebirge anzutreffen. Wegen ihrer zweizeilig angeordneten Blattstellung vermag sie, sich relativ gut an geringe Lichtverhältnisse anzupassen.

In den nördlichen Bereichen des natürlichen Verbreitungsgebietes findet sich *O. carpinifolia* vor allem an trockenen Kalk-Südhängen des Alpenrandes. In Mitteleuropa ist sie winterhart, wird aber nur selten angepflanzt.

Als charakteristischer Repräsentant der submediterranen Laubmisch-, Karst- und Buschwälder vergesellschaftet *O. carpinifolia* mit *Quercus pubescens, Fraxinus ornus, Acer campestre, A. monspessulanum, Prunus mahaleb, Paliurus spina-christi, Staphylea pinnata, Cotoneaster tomentosus, Rhamnus saxatilis, Cotinus coggygria, Euonymus verrucosa, Colutea arborescens, Amelanchier ovalis, Cornus mas* und *Viburnum lantana* [6, 11].

Pathologie

An den Blättern verursacht *Taphrina ostryae* MASSAL blasige Auftreibungen. Im Spätsommer kann der Mehltau-Erreger *Phyllactinia guttata* (WALLROTH ex FRIES) LÉVEILLÉ auftreten und die Blattunterseiten ektoparasitisch mit Myzel überziehen. Möglich ist auch ein an braunen Blattnekrosen erkennbarer Befall durch *Monostichella robergei* (DESF.) HÖHN.

An abgestorbenen Zweigen kommen folgende Arten saprophytisch vor: *Diaporthe eres* NITSCHKE, *Valsa ambiens* (PERSOON ex FRIES) FRIES, *Hypoxylon mediterraneum* (DE NOTARIS) MILLER sowie *Massarina corni* (FUCKEL) SACCARDO. Darüber hinaus ruft *Fusarium lateritium* NEES Rindennekrosen hervor.

Verschiedene pilzliche Erreger können Stammfäulen verursachen, insbesondere *Inonotus obliquus* (PERS. ex FR.) PILÁT, *Phellinus igniarius* (L. ex FR.) QUÉL. und *Pleurotus ostreatus* (JACQ. ex FR.) KUMMER. Wurzelfäule wird durch *Armillaria mellea* (VAHL. ex FR.) KARST hervorgerufen.

Die genannten Parasiten treten nicht bestandesbedrohend auf. Informationen über tierische Schädlinge liegen nicht vor.

Abb. 4: Altbaum im Nationalpark „Plitvička Jezera“, Kroatien

Nutzung

Das Holz der Hopfenbuche lässt sich gut drechseln, fräsen und bohren. Auf Grund seines überdurchschnittlich hohen Abnutzungswiderstandes wird es überwiegend als Vollholz überall dort verwendet, wo hohe Festigkeitseigenschaften und eine dichte Oberfläche erforderlich sind: für gefräste, gedrechselte oder geschnitzte Möbelelemente, insbesondere Stühle, für Teile von Musikinstrumenten, Spulen, Walzen, Hämmer, Winkel, Spindeln oder Kugeln [1, 3].

Literatur

[1] ANONYMUS, 1991: Hainbuche und verwandte Hölzer. Informationsdienst Holz, Blattr. Holzarten, Bl. 96.

[2] ASCHERSON, P.; GRAEBNER, P., 1910: Ostrya. In: ASCHERSON, P.; GRAEBNER, P. (Hrsg.): Synopsis der mitteleuropäischen Flora 4. W. Engelmann, Leipzig, 371–378.

[3] FARMER, R. H., 1972: Handbook of Hardwoods. B. R. E. Princes Risborough, London.

[4] FISCHER, M., 1996: Beitrag zur Differentialdiagnostik von Ostrya carpinifolia und Carpinus betulus. Flora Austr. Novit. **4**, 32–40.

[5] FRITSCH, K., 1904: Die Hopfenbuche, ihre Nomenklatur und ihre Verbreitung in der Steiermark. Mitt. Naturwiss. Verein Steiermark **34**, 102.

[6] HEGI, G. (bearb. RECHINGER, K. H.; SCHREIBER, A.), 1957: Illustrierte Flora von Mittel-Europa. 2. Aufl., 3/1, 180–189.

[7] HORVAT, I.; GLAVAC, V.; ELLENBERG, H., 1974: Vegetation Südosteuropas. Gustav Fischer Verlag, Stuttgart.

[8] JALAS, J.; SUOMINEN, J. (eds.), 1976: Atlas Florae Europeae. Distribution of Vascular Plants in Europe 3. Univ. Press, Cambridge.

[9] KIRCHNER, O.; LOEW, E.; SCHRÖTER, C., 1925: Ostrya carpinifolia Scop. Gemeine Hopfenbuche. In: Lebensgeschichte der Blütenpflanzen Mitteleuropas 2/1, 191–196.

[10] MEUSEL, H.; JÄGER, E. et al., 1978: Vergleichende Chorologie der zentraleuropäischen Flora. Gustav Fischer Verlag, Jena.

[11] SCHARFETTER, R., 1928: Die Hopfenbuche, Ostrya carpinifolia Scop., in den Ostalpen. Mitt. Dt. Dendrol. Ges. **40**, 11–19.

Der Autor:

Univ.-Prof. Dr. DÉNES BARTHA
Westungarische Universität
Institut für Botanik
Bajcsy-Zs. u. 4
H-9401 Sopron
Ungarn

Phellodendron amurense Rupr., 1857

Amur-Korkbaum | Familie: Rutaceae

engl.: Amur corktree
franz.: Phellodendron de l'Amour, Arbre liege de Chine
ital.: Sughera cinese
chin.: Huangbo

Abb. 1: Phellodendron amurense. Junger Baum auf einer Kahlfläche im natürlichen Areal

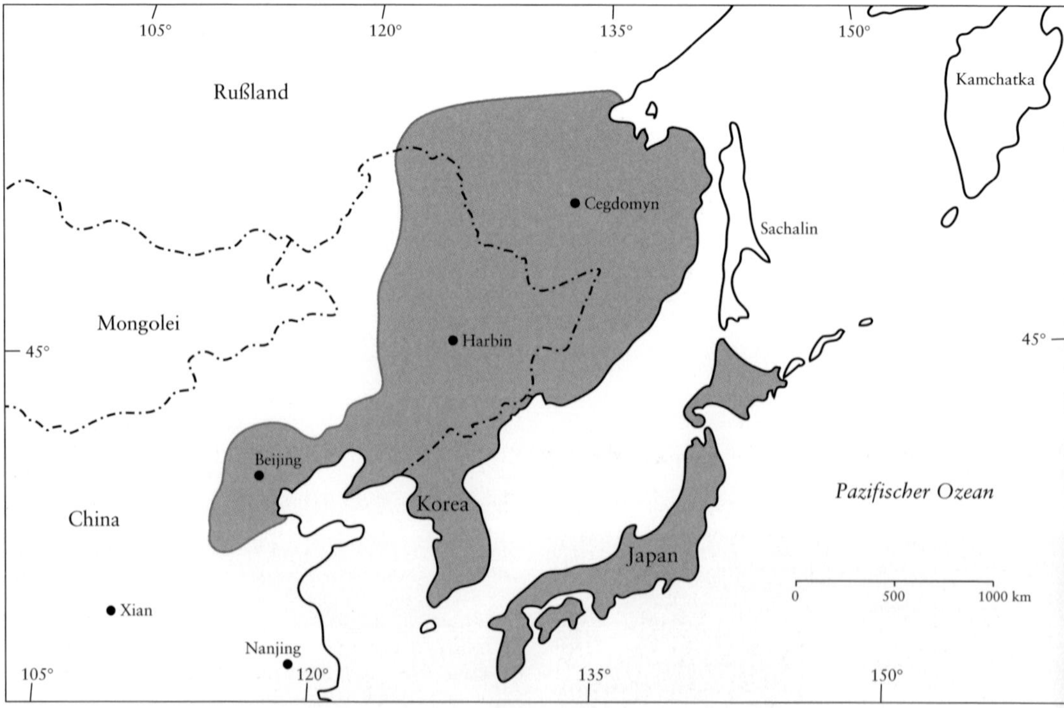

Abb. 2: Natürliches Verbreitungsgebiet

Phellodendron amurense kommt als mittelgroßer, schattenliebender Waldbaum in Ostasien vor, wo er – zumindest im Nordosten Chinas – wegen seines sehr wertvollen Holzes seit langem stark übernutzt wird.

Die sommergrüne Art ist auch in Mitteleuropa völlig winterhart. Ihr Trivialname bezieht sich auf die charakteristischen, sehr auffälligen Korkleisten der Borke. Kork gehört ebenfalls zu den regelmäßig genutzten Pflanzenteilen, außerdem die leuchtend gelbe innere Rinde, die als Färbemittel Bedeutung hat und mehrere volksmedizinisch wirksame Inhaltsstoffe enthält.

Verbreitung

Das ausgedehnte natürliche Verbreitungsgebiet des Amur-Korkbaumes liegt zwischen 32° bis 52° nördl. Breite und 115° bis 145° östl. Länge. Es hat sein Zentrum im Nordosten und Norden Chinas, wo es in der Hauptsache die Provinzen Heilongjiang (südl. des Daxingan-Gebirges sowie im Xiaoxingan-, Wanda- und Zhangguangchai-Gebirge) [3], Jilin (Changbai-Gebirge), Liaoning (Qian-Gebirge und östl. Bergland), Hobei sowie die Innere Mongolei (Yanshan-Gebirge) erfaßt. Im Norden des chinesischen Arealteils findet man die Art in Lagen bis 700 m, im Süden bis 1500 m Seehöhe.

Darüber hinaus erstreckt sich die natürliche Verbreitung auf die Koreanische Halbinsel, einschließlich der Insel Cheju [7], die Gebirgsregionen in Japan (Hokkaido, Honshu, Kyushu, Shikoku) [8] und auf den Raum Ussuri, Amur im Fernen Osten Rußlands.

Künstlich hat man *P. amurense* in NO-China, im Osten Rußlands, in Korea und in Japan angebaut. Das geschah meist in geringem Umfang – entweder als wertvolles Nutzholz oder (in verschiedenen Städten) als Ziergehölz. In mitteleuropäischen und nordamerikanischen Gehölzsammlungen ist die Art regelmäßig vertreten. Forstliche Probeanbauten schlugen in Deutschland fehl [10].

Beschreibung

P. amurense, ein mittelgroßer, sommergrüner Laubbaum, kann 22 m hoch werden und einen Stammdurchmesser (BHD) von 100 cm erreichen. Der kurze Stamm trägt im Freistand eine sehr breite, rundliche Krone mit weit ausladenden, manchmal gabelig verzweigten Ästen. Wegen ihrer stark hervortretendenden, regelmäßig angeordneten Korkleisten ist die hell- bis dunkelgraue oder graubraune Borke besonders charakteristisch. Die inneren Rindenschichten sind von gelber Farbe.

Während freistehende Bäume kräftige, lange und waagrecht abstehende Äste haben, sind diese im geschlossenen Bestand schlanker und aufwärts orientiert.

In tiefgründigen Böden entwickelt die Art sehr kräftige und lange Pfahl- und Seitenwurzeln.

Abb. 3: Borke eines mittelalten (links) und eines sehr alten Baumes

Knospen, Blätter und junge Triebe

Die Winterknospen des Korkbaumes haben keine Tegmente. Sie sind mit weichen Haaren besetzt, von gelbbrauner Farbe und werden von der Basis des Blattstiels bedeckt.

Die unpaarig gefiederten, bis 35 cm langen, meist gegenständig, gelegentlich aber auch wechselständig angeordneten Blätter befinden sich oft büschelig gehäuft an den Sproßspitzen. Sie sind bis 10 cm lang gestielt, haben 5 bis 15 länglich ovale, 5 bis 11 cm lange und 2 bis 4 cm breite Fiederblättchen, die am Apex spitz, an der Basis aber konisch oder schief abgerundet auslaufen, durchscheinend drüsig punktiert sind und einen undeutlich gesägten, bewimperten Blattrand aufweisen. Sie sind kurz gestielt (2 bis 3 mm), oberseits dunkelgrün und kahl, unterseits jedoch graugrün und zumindest entlang der Mittelrippe mit weichen, weißen Haaren besetzt.

Ab September beginnen die Blätter, sich grünlich-gelb oder gelb zu verfärben.

Junge Triebe sind von bräunlich-gelber, graubrauner oder gelbgrauer Farbe, kahl und weisen auffällige, hufeisen- oder herzförmige Blattspuren auf.

Blüten, Früchte und Samen

P. amurense ist eine dioezische Baumart, deren Blüten in Cymen-ähnlichen, 6 bis 8 cm breiten, endständigen Rispen stehen. Besonders viele Blüten sind im Spitzenbereich der Infloreszenzen angeordnet. Stiele und Äste der Blütenstände sind behaart.

Die nur kleinen Einzelblüten haben fünf 3 bis 4 mm lange, gelblich grüne Kronblätter, wobei männliche Blüten fünf den Petalen gegenüberstehende, doppelt so lange Staubblätter und ein stark reduziertes Ovar aufweisen. Bei den weiblichen Blüten sind die Stamen zu kleinen Schuppen zurückgebildet und der Fruchtknoten ist von verkehrt eiförmiger Gestalt.

Die fast runden, anfangs gelblichen Steinfrüchte mit einem Durchmesser von etwa 12 mm werden bei Reife schwarz und haben dann einen auffälligen, terpentin-artigen Geruch sowie einen bitteren Geschmack. Jede Frucht enthält 2 bis 5 schwärzliche, ebenfalls charakteristisch duftende Steinkerne. Das Tausendkorngewicht liegt bei 15 g, die Keimrate bei 70 bis 80 % [6].

Die Verbreitung der Steinkerne erfolgt durch Vögel, in erster Linie durch *Bombycilla garrula centralasia* POJALKOV, eine Seidenschwanz-Art.

Holz

Das ringporig aufgebaute Holz hat einen blaß gelblichbraunen Splint und einen dunkelbraunen Kern. Der Gefäßdurchmesser beträgt 210 µm im Früh- und 45 µm im Spätholz. Pro mm^2 kommen 1 bis 5 Holzstrahlen vor, und die Jahrringe lassen sich gut erkennen.

Das Holz ist mittelschwer (r_{15} = 0,45 g/cm^3) und hat folgende physikalische Kennwerte:

Volumen-Schwindung	0,368 %
Druckfestigkeit (senkrecht zur Faser)	337 kg/cm^2
Biegefestigkeit	761 kg/cm^2 [3].

Anzucht und Entwicklung

Der Amur-Korkbaum verjüngt sich reichlich in Bestandeslücken, auf Kahlschlägen und an Bestandesrändern. Gegen Kräuter und Sträucher setzt sich die Naturverjüngung i. a. durch.

Auch die künstliche Verjüngung erfolgt über Samen. Noch im Herbst ausgesätes Saatgut benötigt keine Vorbehandlung; Frühjahrssaat macht jedoch Stratifikation notwendig.

Erreichen einjährige Sämlinge eine Höhe von >35 cm, werden sie auf die Freifläche verpflanzt. Kleinere Pflanzen verbleiben ein weiteres Jahr an sonnigen, windgeschützten Plätzen in der Baumschule. Diese sollte auf tiefgründigen, kalkreichen, gut drainierten, lehmigen Böden angelegt werden. Zur Bestandesbegründung eignen sich vornehmlich Braunerden in Flußniederungen oder nährstoffreiche Lehme auf alluvialen Standorten; ungeeignet sind sandige, nasse und trockene Substrate. Selbst auf stark basischen Böden vermag die Art zu gedeihen [2], sofern genügend Feuchtigkeit zur Verfügung steht.

Junge Korkbäume haben oft durchsichtige Kronen und schlecht geformte Stämme. Außerdem wachsen sie langsam. Um diese Nachteile auszuschließen, sollten Bestände mit hohen Stammzahlen begründet werden [2]. In den ersten 5 Jahren sind Unkrautbekämpfung und Astung erforderlich.

In natürlichen Mischbeständen mit *Larix olgensis, Larix gmelinii* und *Fraxinus mandshurica* im Norden Chinas wächst die Art indessen geradschäftig und rasch.

P. amurense läßt sich mühelos vegetativ vermehren. Das gilt gleichermaßen für die Bewurzelung von Stecklingen, für Wurzelbrut und Stockausschläge. Letztere treten regelmäßig nach Kahlschlag auf und entwickeln sich zu besonders gut geformten Bäumen.

Ökologie

Im Nordosten Chinas, dem Zentrum der natürlichen Verbreitung von *P. amurense,* herrscht ein warm gemäßigtes bis kalt gemäßigtes Klima, gekennzeichnet durch warme, feuchte Sommer und kalte, trockene Winter mit lang andauernder Frostperiode und ausdauernder Schneedecke.

Die Jahresniederschläge schwanken zwischen 400 und 800 mm und das Jahresmittel der Lufttemperatur variiert im Changbai-Gebirge von 4,9 °C bis –7,3 °C. Im wärmsten Monat (Juli) beträgt die Mitteltemperatur etwa 22,3 °C, im kältesten Monat (Januar) liegt sie zwischen –23 °C und –12,9 °C.

Im allgemeinen bevorzugt die Art ein feuchtes, relativ mildes Klima.

Abb. 4: Triebspitze mit Winterknospen (Foto: H. Gilge)

Abb. 5: Laubblätter und junger Fruchtstand (Foto: P. Schütt)

Abb. 6: Unreife Früchte in situ (Foto: Ulla M. Lang)

Abb. 7: Herbstverfärbung an Altbäumen im Arnold Arboretum, Boston (Foto: Ulla M. Lang)

P. amurense gehört zu den Lichtbaumarten. Sie wächst und verjüngt sich am besten im Freistand oder im lockeren Bestandesschluß, aber nur stark eingeschränkt im Dichtstand [5].

Hinsichtlich der Bodenansprüche ist *P. amurense* nicht festgelegt, gedeiht aber am besten auf gut durchlüfteten, wohldrainierten, tiefgründigen und humusreichen, lehmigen Substraten im pH-Bereich 6 bis 7,2 [7], insbesondere auf fluvialen und alluvialen Standorten in Tal- und unteren Hanglagen. Schlecht wächst sie hingegen auf nassen, tonigen und nährstoffarmen Böden. Korkbäume ertragen Wintertemperaturen bis zu –40 °C [5] und sind überdies wegen ihres kräftigen, tiefreichenden Pfahlwurzelsystems weitgehend sturmfest.

Pathologie

Der Amur-Korkbaum kommt von Natur aus nur in Mischung mit anderen Baumarten vor und ist deswegen kaum von Pilz- und Insektenkalamitäten betroffen. Dennoch sind biotische Krankheiten nicht ungewöhnlich. Bei feucht-wamen Klimabedingungen bedeckt z. B. das schwarze Mycel von *Fumago vagans* PERS. epiphytisch Blätter und Triebe. Lichtstellung schafft Abhilfe. *Papilio xuthus* L., ein Schmetterling und einige Aphiden werden besonders in Baumschulen und Kulturen schädlich. Das gilt ebenfalls für den Rostpilz *Coleosporium phellodendri*, der mit Schwefelpräparaten bekämpfbar ist[1)].

Nutzung

Wegen seines sehr wertvollen Holzes gehört *P. amurense* seit langem zu den gesuchtesten Baumarten Nordostchinas. Besonders gut eignet sich das glänzend gelbbraune, nur wenig schwindende Kernholz zur Herstellung hochwertiger Möbel. Es ist hart, dauerhaft weil widerstandsfähig gegen Feuchtigkeit und Holzfäule und läßt sich gut bearbeiten. Genutzt wird es überdies als Bauholz und für militärische Zwecke.

1) For. Abstr. **22**, 763, 1961

Abb. 8: Saatgut

Die äußeren Schichten der Borke sind sehr korkreich und werden zur Herstellung von Flaschenkork, Bojen und Schwimmwesten sowie als Grundmaterial für Einrichtungen zur Lärm- und Vibrationsdämmung und zur Wärmeisolierung verwendet.

Nutzbar ist auch die leuchtend gelbe innere Rinde, und zwar als Färbemittel für Wolle und Seide [11], wofür vor allem die Verbindungen Berberin (1,6 %); Phellodendrin, Jatrorrhizin und Magnoflorin verantwortlich sind.

Andere Inhaltsstoffe der Rinde haben fiebersenkende, bakteriostatische und spannungsreduzierende Wirkung [1]. Auch die Samen finden volksmedizinische Anwendung und zwar als Mittel gegen Husten und Luftröhrenentzündung.

Schließlich hat *P. amurense* Bedeutung als Honigpflanze und als Ziergehölz im Garten und Park. Palaeobotanisches Interesse besitzt ihr Status als Glacial-Relikt des Tertiärs [5].

Verschiedenes

- Durch die weit zurückreichende, intensive Übernutzung (Möbel, Heil- und Färbemittel) ist *P. amurense* im Zentrum seines Areals stark zurückgegangen. Schuld daran trägt überdies die sehr spärliche Verjüngung der ohnehin seltenen Art im Bestandesinneren.

- Zu ihrer Erhaltung, aber auch zur Steigerung der Holz- und Korkproduktion ist es dringend erforderlich, Reservate einzurichten und den Anbau erheblich auszudehnen. Darüber hinaus wäre es wichtig, die Forschungen zur Entwicklung von Ersatzstoffen für Kork und Inhaltsstoffe zu intensivieren.

Weiterführende Literatur

[1] Anonymus, 1982: Medicinal Plants of Changbai Mountain. Jilin people's Press, Changchun.

[2] Anonymus, 1983: Reforestation techniques of major crop tree species in China. 3rd ed. China Forestry Press, Beijing.

[3] Cheng, J. Q., 1985: Wood sciences. China Forestry Press, Beijing.

[4] Chou, Y. L. (ed.), 1986: Ligneous flora of Heilongjiang. Heilongjiang Science Press, Harbin.

[5] Fu, L. G., Jin, J. M. (eds.), 1992: The red book of plants: the rare and endangered plants. vol. 1. Science Press, Beijing.

[6] Huang, D. Z. (ed. in chief), 1964: Economic timbers of northeastern China. Science Press, Beijing.

[7] Jin, T. S., 1992: Tree nursery. Heilongjiang Science Press, Harbin.

[8] Mori, T., 1922: An enumeration of plants from Corea. Government of Chosen, Seoul.

[9] Ohwi, J., 1978: Flora of Japan. Shibundo Co. Ltd. Publishers, Tokyo.

[10] Schenck, C. A., 1939: Fremdländische Wald- und Parkbäume, 3. Band, Die Laubhölzer. Paul Parey, Berlin.

[11] Schweppe, H., 1992: Handbuch der Naturfarbstoffe, ecomed, Landsberg/Lech.

Die Autoren:

Prof. Dr. Qingli Wang und Assoc. Prof. Limin Dai
Institute of Applied Ecology
The Chinese Academy of Sciences
P. O. Box 417, Shenyang 11 00 15
P. R. China

Aus dem Englischen übertragen von P. Schütt

Platanus orientalis Linné

Morgenländische Platane

Familie: Platanaceae

engl.: Oriental plane
franz.: Platane d'Orient
ital.: Platano orientale
türk.: Çinar, Dogu Çinari

Abb. 1: Platanus orientalis. Typischer Altbaum mit tief ansetzender Krone, Süd-Türkei

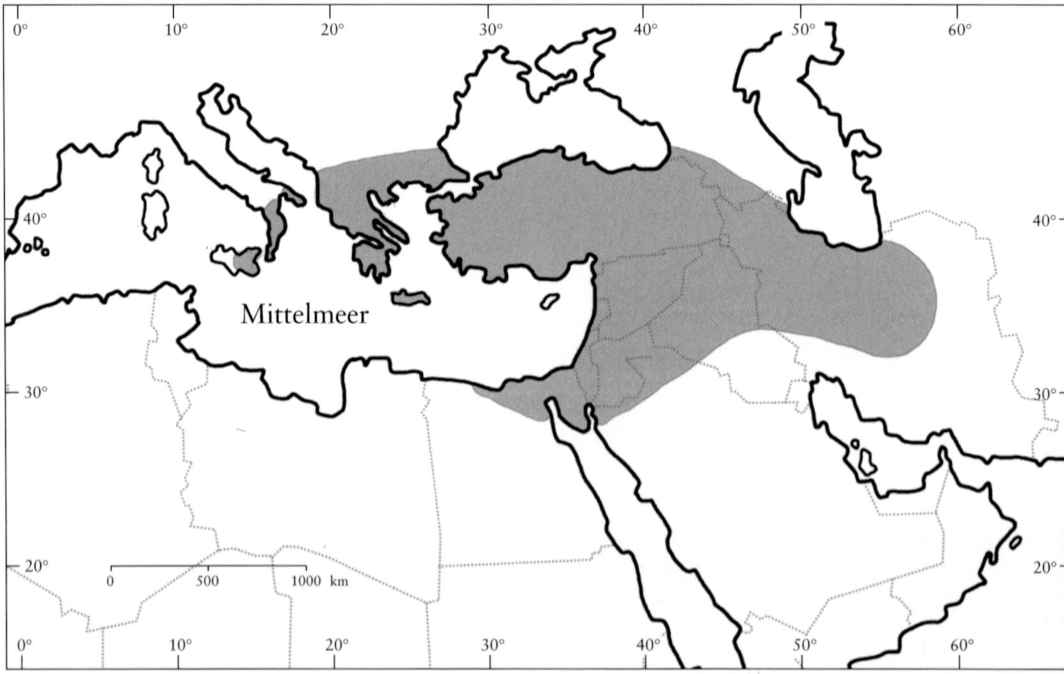

Abb. 2: Natürliches Verbreitungsgebiet

Bereits im Altertum war *Platanus orientalis* in den Ländern des östlichen Mittelmeerraumes und in Kleinasien als mächtiger, schattenspendender Baum hochgeschätzt. Und noch heute prägt er mit seinen 50 bis 60 m weiten und oft bizarr beasteten Kronen die Marktplätze vieler kleiner Ortschaften.

Das natürliche Vorkommen der Art ist auf grundwassernahe Standorte wie Bach-, Fluß- und Seeufer sowie Auwälder begrenzt. Sie ist weder waldbildend noch hat sie forstwirtschaftliche Bedeutung. Anders in den großen Städten ihrer Heimat, wo sie wegen ihrer Unempfindlichkeit gegen das Stadtklima, gegen Bodenverdichtung und mechanische Verletzungen zu den häufigsten Straßenbäumen zählt.

Trotz ausreichender Frosthärte ist *P. orientalis* in Mitteleuropa nur selten vertreten.

Historisches

Bereits im alten Persien, Griechenland und Rom wurden Morgenländische Platanen wegen ihrer Schönheit und der schattenspendenden Wirkung der mächtigen, weit ausladenden Kronen gepriesen, einzelne von ihnen auch näher beschrieben. Einer dieser historischen, in Anatolien besonders bekannten Bäume stand im Tal von Büjükdere bei Istanbul [3]. Von einer anderen Platane, deren Alter auf 4000 Jahre geschätzt wird, besteht sogar eine Zeichnung [17]. Sie hatte einen Kronendurchmesser von 112 m, war hohl und bestand aus 7 Stämmen. Die Türken nannten sie deswegen „Sieben Brüder", die Griechen „hepta adelpina". Bei den Europäern hieß sie indessen „Platane von Godefreu". Dieser Name bezog sich auf den Kommandanten eines Heeres, welches 1096 während des 1. Kreuzzuges durch Konstantinopel zog und unter der Krone des Baumes lagerte. Viele osmanische Herrscher feierten rings um diesen Baum Feste. Schließlich erbaute man während des 1. Weltkrieges zwischen den 7 peripheren Stämmen der Platane ein Teehaus, welches später abbrannte und dadurch den alten Baum vernichtete.

Bei den Griechen hatte diese Platane auch den Namen „Philosophenbaum"; offenbar war sie ein beliebter Treffpunkt philosophierender Bürger.

Gerühmt wurden weiterhin die Platanen, welche die Wege der Akademie des Platon in Athen beschatteten, und auf der Insel Kos zeigt man einen uralten Platanenbaum, unter dem Hippokrates gelehrt haben soll [1].

Selbst in der griechischen Mythologie ist von Platanen die Rede, denn es heißt, Zeus habe sich unter einer immergrünen Platane mit Europa vermählt.

Verbreitung

Das natürliche Verbreitungsgebiet der Morgenländischen Platane erstreckt sich vom Balkan über Kreta nach Anatolien, Ägypten ins westliche Syrien; weiterhin setzt es sich über den Norden des Irak und den Iran bis zum westlichen Himalaya fort. In der Türkei ist *P. orientalis* hauptsächlich in NO-Anatolien vertreten, kommt aber vereinzelt auch im mediterranen Bereich vor. Generell kann man nicht von einem zusammenhängenden Gebiet sprechen, denn die Art ist als Auwaldbaum strikt an feuchte Standorte gebunden.

Im allgemeinen liegen die natürlichen Vorkommen zwischen 0 und 1100 m ü. NN. Vereinzelt werden auch Höhenlagen von 1450 m erreicht, so in Aslanköy am Mittelmeer, wo Einzelbäume noch 25 m hoch werden.

Beschreibung

Der sommergrüne Baum kann über 30 m hoch werden und Stammdurchmesser (BHD) bis zu 3,5 m einnehmen. Im Freistand bildet er kurze, besonders starke, im Bestand aber schlanke und gerade Schäfte. Oft sind alte Stämme hohl und die breite Krone baut sich aus sehr starken, manchmal miteinander verwachsenen Ästen auf. In den ersten Jahrzehnten wachsen die Äste bogenförmig nach oben, im Alter können sich besonders starke, untere Äste bis zum Boden neigen.

Das sehr kräftige Herzwurzelsystem bildet Seitenwurzeln aus, die sich je nach den Wasserverhältnissen des Bodens bis über die Kronentraufe hinaus ausdehnen.

Knospen und Blätter

Die kegelförmigen, am Apex ein wenig abgerundeten, hellbraunen Winterknospen werden bis zum Blattfall von manschettenförmig verwachsenen Nebenblättern umgeben. Später stehen sie im Zentrum der kreisförmigen, etwas wulstigen Blattnarbe. Auch die abgefallenen, tütenförmigen Nebenblätter hinterlassen eine halbkreisförmige Narbe.

Terminalknospen werden 8 bis 15 mm, Lateralknospen 5 bis 12 mm lang. Beide haben seidig behaarte innere und kahle, kapuzenförmige äußere Tegmente.

Die wechselständigen, handförmig eingeschnittenen Blätter sind zumeist in 5, seltener in 3 oder 7 Lappen gegliedert, und die relativ schmalen Buchten erstrecken sich bis etwa zu einem Viertel der Blattbreite. Jeder Blattlappen kann so stark gezähnt sein, daß mitunter Lappen 2. Ordnung entstehen, deren Buchten u. U. bis zur Mittelrippe reichen.

Abb. 3: Langtrieb mit Winterknospen (nat. Größe)

Abb. 4: Laubblatt-Unterseite (Foto: P. Schütt)

Die Länge der Lappen wird mit 7 bis 10 cm, die Breite mit 2,5 bis 6 cm angegeben. Für *P. orientalis* ist es kennzeichnend, daß der Mittel-Lappen stets länger als breit ist (wobei die Breite am Grunde des Lappens gemeint ist). Die oberseits glänzend hellgrüne, allenfalls unterseits schwach behaarte Spreite kann ganzrandig oder grob buchtig gezähnt sein und läuft am Grunde breit keilförmig aus. An der Basis des 2,5 bis 5,5 cm langen Blattstiels befinden sich 2 zusammengewachsene Nebenblätter, die ihn manschettenartig umgeben [7, 11, 18]. Die stark verbreiterte Basis des Blattstiels schließt die Knospe ein. Bevor die Blätter im Herbst vom Baum fallen, verfärben sie sich braun.

Blüten, Früchte, Samen

P. orientalis wird bereits mit 3 bis 4 Jahren mannbar. Die gelblich grünen Blüten sind in eingeschlechtigen, monoezisch verteilten, lang gestielten und hängenden Infloreszenzen angeordnet. Jeder Blütenstand besteht aus 3 bis 7 kugelförmigen Teilinfloreszenzen (Durchm.: 7 bis 10 mm).

Weibliche Einzelblüten bestehen aus 3 bis 8 freien Carpellen [8] mit je einem langen Griffel sowie einem Fruchtknoten mit nur einer Samenanlage pro Ovar (selten 2). Mitunter wird jedes der 3 bis 8 freistehenden Fruchtblätter als separate Einzelblüte gedeutet. Vorhanden ist außerdem ein Perianth mit 3 bis 8 in zwei Kreisen angeordneten Kronblättern.

Männliche Blüten haben ein zweireihiges Perigon mit 3 bis 8 dreieckigen äußeren und spatelförmigen inneren Tepalen sowie 3 bis 8 Staubblättern mit sehr kurzen Filamenten und Antheren mit schildförmigem Konnektiv.

Orientalis-Pollen sind fast kugelrund. Ihre Größe beträgt

19 µm (17,5 bis 22 µm) auf der polaren Achse
22 µm (19,5 bis 24,5 µm) auf der äquatorialen Achse.

Sie haben eine relativ dicke Intine und eine mittelstarke Exine.

Die Pollen keimen leicht in Wasser; auf der Narbe wurde jedoch keine Keimung beobachtet. Deswegen schließt man auf die Entstehung parthenokarper Früchte. *P. orientalis*-Pollen rufen Allergien hervor.

Zur Zeit des Pollenstäubens (März bis Mai) ist die Samenanlage noch nicht voll ausgebildet. Tritt der Reifezustand ein, hat der Griffel bereits begonnen einzutrocknen und die Frucht verholzt [2]. Offenkundig bestehen zur Vermehrungsbiologie in der Gattung *Platanus* noch eine Reihe offener Fragen.

Platanus-Früchte sind kleine, längliche und vierkantige Nüsse, zu vielen in Fruchtständen angeordnet (Durchm.: 2 bis 2,5 cm), von denen sich bei *P. orientalis* drei bis sechs an 13 bis 19 cm langen, herabhängenden Stielen befinden [7].

Die Früchte reifen im Oktober/November. Zur Ernte trocknet man die Fruchtstände und separiert dann die Früchte mechanisch.

Abb. 5: 3 fast reife Fruchtstände (Foto: P. Schütt)

Durch Lagerung in kühl-trockenen, gut belüfteten Räumen kann man die Keimfähigkeit 1 Jahr lang erhalten. Das Tausendkorngewicht (Früchte) beträgt ca. 3,8 g.

Unter normalen Bedingungen keimen *P. orientalis*-Samen innerhalb von 2 Wochen zu 36 % [14]. Die geringe Keimrate und die große Zahl von Hohlkörnern werden als Hinweis für das Auftreten parthenokarper Früchte angeführt.

Holz und Borke

Das zerstreutporige, gelbliche bis hellbraune Holz von *P. orientalis* ist farblich kaum in Splint und Kern zu differenzieren. Hinsichtlich Aufbau und Struktur hebt es sich weder makro- noch mikroskopisch von *P. occidentalis* und *P. x acerifolia* ab [10]. Sowohl die Jahrringe wie die glänzenden und relativ breiten (1- bis 12reihig) Holzstrahlen treten auf dem Stammquerschnitt deutlich hervor. Im radialen Längsschnitt bilden letztere glänzend braune Spiegel.

Das wenig dauerhafte Platanenholz läßt sich gut bearbeiten und polieren. Es weist eine Darrdichte (r_0) um 0,55 g/cm^3 auf [10].

Abb. 6: Stammquerschnitt

Abb. 7: Bohrkern mit schmalen Jahrringen

Abb. 8: Stammborke (Foto: U. M. Lang)

Taxonomie

Die *Platanaceae* umfassen allein die Gattung *Platanus* und dürften sehr alt sein. Nachzuweisen sind Platanen seit dem Unteren Karbon, und im Tertiär waren sie auf der Nordhalbkugel bis nach Grönland verbreitet [8]. Auch in Anatolien sind aus dem Neozoikum *Platanaceen* nachzuweisen [9] und Mägdefrau [12] zählt *Platanus* zu den typischen Fossilien des westdeutschen Tertiärs, die vom Oligozän bis zum Pliozän auftreten. Offenbar besiedelten die Platanen sporadisch überschwemmte, tertiäre Auwälder.

Die Gattung *Platanus* setzt sich aus 9 bis 10 Arten zusammen, von denen 3 im kühl gemäßigten oder mediterranen Klima der Nordhemisphäre vorkommen: *P. orientalis* in der Alten Welt, *P. occidentalis* im Osten sowie *P. racemosa* im Südwesten Nordamerikas. Weit verbreitet als Park- und Straßenbaum ist *P. x acerifolia (P. x hispanica, P. x hybrida)*, vermutlich ein Artbastard zwischen *P. orientalis* und *P. occidentalis* [18], der sich von den genannten Elternarten vor allem unterscheidet durch:

	P. orientalis	P. x acerifolia	P. occidentalis
Blattform	Mittellappen länger als breit	Mittellappen so lang wie breit	Mittellappen breiter als lang
Zahl der Frucht-stände pro Stiel	3–6	1–2 (3)	1

Abb. 9: Junger Baum in Herbstfärbung (Foto: U. M. Lang)

Ökologie und Entwicklung

P. orientalis, eine Baumart die sowohl Licht wie Schatten verträgt, ist unempfindlich gegen Wind und Frost. Winterkälte bis -20 °C überlebt sie ohne Schaden. In ihrem türkischen Verbreitungsgebiet schwankt das Jahresmittel der Lufttemperatur zwischen 9° und 19 °C, und die Summe der Jahresniederschläge variiert zwischen 350 und 2340 mm.

Die Art übersteht im Auwald sogar längere sommerliche Trockenperioden, vorausgesetzt allerdings, daß die Wurzeln während dieser Zeit das Grundwasser erreichen. Das gilt ebenfalls für viele Solitärbäume in Städten und Ortschaften. So wachsen auch die besonders eindrucksvollen „Platanen-Naturdenkmäler" ausnahmslos in unmittelbarer Nähe von Brunnen oder Flußläufen.

Bevorzugte Standorte sind neben Auwäldern auch kiesige Substrate an Bachläufen und Flußufern. In Hochtälern (700 bis 800 m ü. NN) ist *P. orientalis* am Aufbau natürlicher Galeriewälder beteiligt. Als optimal gelten frische oder mäßig nasse, durchlässige Böden im neutralen bis stark alkalischen Bereich. Die Art verträgt Kalk und wächst auch auf Rohböden.

Platanus orientalis wird nicht forstlich bewirtschaftet und wächst nur selten in Reinbeständen. Mit den folgenden Baum- und Straucharten kommt sie in Mischung vor:

SW-Anatolien: *Liquidambar orientalis, Nerium oleander, Styrax officinalis, Vitex agnus-castus, Paliurus spina-christi.*

NW- und N-Anatolien: *Fraxinus excelsior, Fraxinus ornus, Fraxinus oxycarpa, Alnus orientalis, Alnus glutinosa.*

Vermehrt wird die Art sowohl mit Samen wie mit Stecklingen. Letztere bewurzeln sich nur zu 10 %. Schon am Ende der ersten Vegetationsperiode bringt man die Pflanzen auf die Freifläche. Sämlinge sind dann im Mittel 35 cm, Stecklinge 60 cm hoch.

Pathologie

Apiognomonia veneta (Sacc. et Speg.) Höhn. (Konidienform: *Gloeosporium platani* Oudem.), die Blattbräune der Platane, gehört zu den auffälligsten und gravierendsten Pilzkrankheiten an *Platanus*-Arten. Obwohl weniger anfällig als *P. x acerifolia* und *P. occidentalis*, erleidet nach feuchtkühlen Frühjahren auch die Morgenländische Platane Blattbräunungen (stark gezackte Nekrosen entlang der Blattadern) und Blattverluste. Unter günstigen Voraussetzungen wächst der Pilz über die Rinde in junge Triebe ein, so daß die Blätter welken [5] und es zu einer Zweigdürre kommt [15].

Zu erwähnen ist ferner ein durch *Ceratocystis fimbriata* (Ell. et Halst.) Davidson f. *platani* Walter ausgelöster Stammkrebs („canker stain"), der sich – aus Übersee eingeschleppt – schnell im Mittelmeerraum (Italien, Frankreich) ausbreitet und erhebliche Ausfälle hervorruft. Seine Verbreitung erfolgt hauptsächlich über mechanische Wunden. *P. orientalis* ist ebenso anfällig wie *P. occidentalis* und *P. x acerifolia* [13].

Nutzung

Die häufigste und auffälligste Nutzung der Morgenländischen Platane erfolgt heute im Bereich der Landschaftspflege. In den Parkanlagen und Gärten ihrer Heimat ist sie ein beliebtes Zierelement, in den Städten ein häufiger und bewährter Straßenbaum.

Das Holz nutzt man als Brennmaterial, für Dachschindeln und zum Möbelbau. In der Türkei liefern die Stammenden häufig Hauklötze für Fleischereien und mit den Zweigen löst man zur Ernte der Pinienkerne die Pinienzapfen vom Baum.

Rinde und Blätter enthalten Gerbstoffe und werden volksmedizinisch genutzt. Anwendung finden sie als Mittel gegen Verstopfung und gegen Fieber sowie äußerlich als Antisepticum. Augenspülungen mit wäßrigen Aufgüssen der Blätter lindern Augenentzündungen. Entsprechende Applikationen heilen auch Hautverbrennungen und sie fördern die Wundheilung. Schließlich gewinnt man aus den Wurzeln ein Mittel gegen Schlangengift [4].

Weiterführende Literatur

[1] Baumann, H., 1986: Die griechische Pflanzenwelt. Hirmer Verlag, München.

[2] Baytop, T., 1959: Büyükdere Cinari, Türk Biyoloji Dergisi, 9, 89.

[3] Baytop, T., 1984: Türkiye'de Bitkilerle Tedavi, Ist. Üniv. Ecz. Fakültesi Yayn. 204.

[4] Brouwer, J., 1924: Studies in Platanaceae, Rec. Tr. Bot. Neerland., T. XXI.

[5] Butin, H., 1989: Krankheiten der Wald- und Parkbäume. Georg Thieme Verlag, Stuttgart, New York.

[6] Charpin, J.; Surinyach, R.; Frankland, A.W.: Atlas of European allergenic pollens. Sandoz editions.

[7] Davis, P.H., 1982: Flora of Turkey and the East Aegean Islands, vol. 7, 656–657.

[8] Emberger, L., 1960: Traite de Botanique Systematique, Tome II: Les vegetaux vascularies, fasé, II, 1346–1348.

[9] Gemici, Y.; Akgün, F.; Ve Akyol, E., 1994: Türkiye'de Neojen'de iklim ve vejetasyon özellikleri, XIII. Ulusal Biyoloji Kongresi., Edirne.

[10] Grosser, D., 1977: Die Hölzer Mitteleuropas. Springer Verlag, Berlin, Heidelberg, New York.

[11] Kayacik, H., 1977: Orman ve Park agaclarinin Özel Sistematigi, Ist. Üniv. Orman Fak. Yayn. No. 247, 187–188.

[12] Mägdefrau, K., 1968: Paläobiologie der Pflanzen. VEB Gustav Fischer, Jena.

[13] Panconesi, A., 1981: Ceratocystis fimbriata of plane trees in Italy – biological aspects and control possibility. Europ. J. For. Path. **11**, 385–395.

[14] Saatcioglu, F., 1971: Orman Agaci Tohumlari, Ist. Üniv. Orman Fakültesi Yayn. No. 173.

[15] Sury, R. von, 1992: Baumkrankheiten und Umweltbelastungen – Die Wirkung städtischer Streßfaktoren auf die Anthraknose der Platane. ecomed Verlagsges., Landsberg/Lech.

[16] T.C. Basbakanlik Devlet Meteorolojisi Isleri Genel Müdürlügü Ortalama, Ekstrem Sicaklik ve Yagis Degerleri, 1984, Ankara.

[17] Tchihatcheff, P. De, 1866: Asie Mineure, Botanique Atlas, Librairie Theodore Morgand 5, Rue Bonaparte, Paris.

[18] Tutin, T.G.; Heywood, V.H.; Burges, N.A., et al., 1965: Flora Europaea, **1**, 384.

[19] Yaltirik, F., 1981: Dendrologji-I, Orman ve Parklarimizdaki Bazi Agac ve Calilarin Kisin Taninmasi, Ist. Üniv. Orman Fakültesi Yayn. No. 899.

Die Autoren:

Prof. Dr. Ilcin Aslanboğa und
Prof. Dr. Y. Gemici
Ege Üniversitesi
Ziraat Fakültesi
TR–35100 Bornova-Izmir
Türkei

Populus alba Linné, 1753

syn.: Populus nivea Willd.
syn.: Populus major Willd.

Weiß-Pappel, Silber-Pappel

engl.: White poplar
franz.: Peuplier blanc
ital.: Pioppo bianco

Familie: Salicaceae
Sektion: Leuce
Subsektion: Albidae

Abb. 1: Populus alba. Freistehender Altbaum in Oberbayern (Foto: P. Schütt)

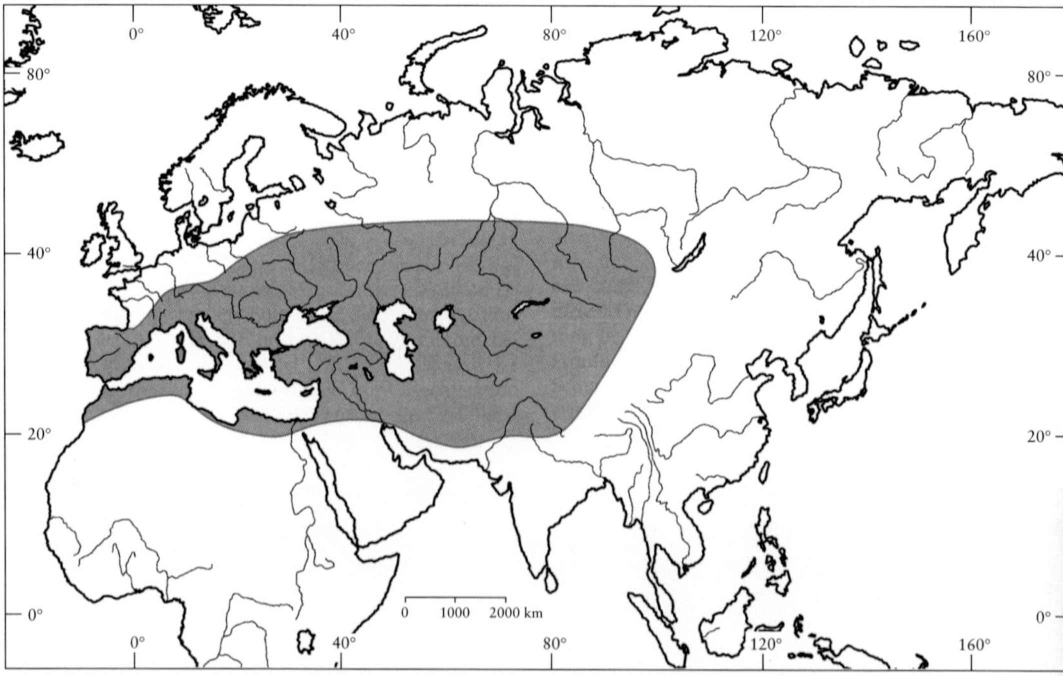

Abb. 2: Natürliches Verbreitungsgebiet, nach [7]

Populus alba, eine weitgehend frostharte, standörtlich und klimatisch ungemein anpassungsfähige Baumart, ist vor allem im Mittelmeerraum sowie in weiten Teilen Südwestasiens natürlich verbreitet. Auf armen, trockenen Standorten wächst sie strauchförmig, auf gut mit Wasser und Nährstoffen versorgten Böden entwickelt sie sich zu einem bis 35 m hohen Baum.

Das langfaserige, cellulosereiche Holz hat nur geringe Qualität, wird aber gern von der Zellstoff- und Papierindustrie genutzt.

Ihren artbeschreibenden Namen verdankt die Weiß-Pappel der sehr hellen Borke und den fast weißen Blattunterseiten.

Verbreitung

P. alba ist schwerpunktmäßig im mediterranen Süd-Eurasien verbreitet. Das südlichste Vorkommen liegt bei etwa 25° n.Br. im Iran und die westliche bzw. die nördliche Arealgrenze bilden das Rhonetal, das mittlere Rheinland, der Oberlauf der Donau und das tschechische Becken. In der Ukraine und in der russischen Steppenzone dringt die Art jedoch bis zum 52. Breitengrad vor. Vorkommen in England, auf der Pyrenäen-Halbinsel und im Odertal sind möglicherweise nicht autochthon [8].

P. alba ist eine Baumart des Flachlandes und kommt nur bis in Höhenlagen von 250 bis 300 m ü. NN vor.

Beschreibung

P. alba kann auf günstigen Standorten schlanke, fast gerade und ziemlich astreine Stämme bilden und bis 35 m hoch werden. Ausnahmsweise erreichen einzelne 40-jährige Bäume sogar Höhen von 40 m. Der mittlere BHD liegt bei 50 bis 60 cm. Maximale Stammdurchmesser von 150 bis 200 cm wurden in Ungarn gemessen. Andererseits werden Weiß-Pappeln auf schwachen Standorten und solche, die aus Stockausschlag oder Wurzelbrut entstanden sind, oft krumm und astig.

Die Krone besteht aus wenigen, unregelmäßig ansetzenden, starken Ästen. Bei freistehenden Bäumen nimmt sie eine breit-elliptische, im geschlossenen Bestand eine hoch ansetzende, mehr oder weniger dachartige Form an. Astwinkel und Astlänge werden ebenfalls stark von der soziologischen Stellung des Baumes beeinflusst. Im Freistand liegt der Astwinkel über 45°, im trockenen und warmen mediterranen Raum eher darunter.

Einige schmalkronige „Pyramidenformen" finden Verwendung als Park- und Straßenbaum.

Knospen, Blätter und junge Triebe

Weiß-Pappeln haben gedrungen eiförmige, weißlich behaarte Winterknospen mit spitzem Apex, die dem Zweig eng anliegen. Lang- und Kurztriebknospen sind etwa gleich groß. An den Kurztrieben gehäuft stehende Blütenknospen – besonders die männlichen – sind meist größer und auffälliger als vegetative Knospen.

Die wechselständig angeordneten, beim Austrieb flaumig behaarten Laubblätter variieren stark in der Form. An Kurztrieben sind sie länglich eiförmig, buchtig gezähnt und 4 bis 7 cm lang. Langtriebblätter werden länger (6 bis 16 cm) und breiter (3 bis 5 cm), haben eine etwas lederige, glänzend dunkelgrüne Ober-, eine weißfilzig behaarte Unterseite und weisen eine handförmige Lappung auf. Der runde, anfangs behaarte, später verkahlende, 2 bis 5 cm lange Blattstiel hat an der Basis 2 Drüsen.

Abb. 3: Trieb mit Knospen

Abb. 4: Beblätterter Kurztrieb

Blüten, Früchte und Samen

P. alba beginnt im Freistand mit 10 bis 15 Jahren vereinzelt zu blühen. Reichlich und regelmäßig fruktifiziert sie aber erst ab 20 Jahren. Die Blütezeit fällt in die zweite Märzhälfte, und die Samen sind bereits vor Abschluss der Laubentfaltung (Ende April / Mitte Mai) ausgereift.

Die locker aufgebauten männlichen Blütenstände sind etwa 4 bis 5 cm lang und haben einen flaumig behaarten Stiel. Sie tragen Einzelblüten mit 8 bis 10 Staubblättern und purpurroten Antheren.

Weibliche Blütenkätzchen sind kürzer und dünner. Der ovale Fruchtknoten weist 4 grün-gelbliche, fadenförmige, kreuzgegenständige Narben auf und die ovalen, gelblichen oder blass bräunlichen Petalen sind dreifach gelappt [8].

Nach Bestäubung entstehen noch im selben Frühjahr 10 bis 15 cm lange Fruchtstände. Deren hellgrüne, ei- bis spindelförmige Kapselfrüchte enthalten i.d.R. drei sehr kleine, behaarte Samen, deren Tausendkorngewicht bei 0,5 g liegt. In einem Kilogramm Saatgut befinden sich 2,1 bis 2,5 Mio. Samen. Die Kapseln öffnen sich bei trockener Witterung und die Samen werden vom Wind weit verbreitet.

Abb. 5: Blattober- und -unterseite mit beginnendem Herbstaspekt (Foto: R. Schulzke)

Abb. 6: Junge Fruchtstände (Foto: P. Schütt)

Rinde und Holz

Die Stammrinde bleibt lange glatt und ist weiß bis grün- oder gelbgrau. Nur bei alten Bäumen bildet sie tiefe Längsrisse und verfärbt sich dunkelgrau.

Das zerstreutporige Holz hat ein gleichmäßig lockeres Gefüge mit relativ weitlumigen, dünnwandigen Holzfasern, wodurch es weich und – gemessen an anderen Laubbaumarten – sehr leicht ist (Darrdichte (r_0) = 0,38 bis 0,44 g/cm^3). Die mittlere Länge der Gefäße liegt zwischen 0,39 und 0,61 mm. Das Verhältnis Gefäßlänge : Gefäßdurchmesser beträgt etwa 13 : 2. Das weiße Splintholz hebt sich gut vom gelben, später rotgelben oder gelbbraunen Kern ab, und die Jahrringgrenzen sind wegen der geringen anatomischen Unterschiede zwischen Früh- und Spätholz nicht sehr deutlich. *P. alba* hat mit 0,5 bis 1,6 mm längere Fasern als viele andere Laubbäume. Das Holz besteht zu 53,7 % aus Cellulose und zu 20,2 % aus Lignin [16].

Wurzeln

P. alba entwickelt in der Jugendphase ein typisches Pfahlwurzelsystem, das bald durch kräftige, nahe der Bodenoberfläche verlaufende Seitenwurzeln ergänzt wird.

Auf Sanden der Ungarischen Tiefebene können Weiß-Pappeln ein dreischichtiges Wurzelsystem ausbilden, welches die Nährstoff- und Wasserversorgung sicherstellt und die Bäume fest verankert: (1) in 20 bis 25 cm Bodentiefe verlaufende, seilartige Seitenwurzeln bis zu 20 m Ausdehnung. Von ihnen gehen mehr oder weniger starke Senkerwurzeln aus, (2) andere Seitenwurzeln, die sich in 60 bis 70 cm Tiefe verzweigen und Feinwurzeln bis in 1,4 bis 1,7 m Tiefe entsenden und (3) mehrere Pfahlwurzeln, von denen einige bis in > 5 m Tiefe vordringen können.

Etwa ein Dutzend der in Pappelbeständen vorkommenden Bodenpilz-Arten gehen mit Feinwurzeln der Weiß-Pappel Mykorrhiza-Verbindungen ein. Die wichtigsten Arten gehören zu den *Boletaceae*, *Russulaceae* und *Cortinariaceae* (z.B. *Russula, Hebeloma*).

Abb. 7: Rinde und starke Borke im unteren Stammteil

Anzucht

Die kleinen, leichten Samen werden weit vom Wind fortgetragen und können unter günstigen Bedingungen bereits im Mai keimen.

Die Keimung erfolgt epigäisch und setzt bereits 8 bis 10 Stunden nach der Saat ein. Am Wurzelansatz bildet sich ein Kranz sekundärer Wurzeln, der den Keimling verankert. Schon sehr früh zeigt sich die Tendenz zur Ausbildung eines Pfahlwurzelsystems. Die schmalen Primärblätter unterscheiden sich deutlich von den gestielten, schaufelförmigen Kotyledonen.

Weil sich Stecklinge der Weiß-Pappel sehr schlecht bewurzeln, zieht man das Pflanzgut aus Saat an – ein recht arbeitsintensiver Vorgang. Ausgesät wird auf lockerem Sand oder sandigem Lehm in 1 bis 2 cm tiefe, 5 bis 8 cm breite und 50 bis 70 cm voneinander entfernte, schwach verdichtete Saatrillen. Pro lfd. Meter sollen etwa 1700 Samen gleichmäßig verteilt sowie mit Torf oder feuchtem Sand leicht bedeckt werden. Zum Schutz vor Auswaschung und Austrocknung bedeckt man die Rillen dünn mit Stroh. Erforderlich ist eine wenigstens 14tägige Beregnung, die den Boden ständig feucht, aber nicht nass hält. Mit dem Erscheinen des ersten Blattpaares müssen Stroh und Unkraut zwischen den Reihen beseitigt werden und das Vereinzeln der Pflanzen beginnen.

In situ vermehrt sich die Art nur spärlich durch Stockausschläge, aber intensiv durch Wurzelbrut. Häufig sind im 10 bis 15 m weiten Umkreis von freistehenden Weiß-Pappeln mehrere, z.T. gutgeformte junge Bäume verschiedenen Alters zu beobachten, die aus Wurzelbrut entstanden sind.

Genetische Differenzierung und Artbastarde

P. alba weist im Erscheinungsbild wie im Wuchsverhalten eine beträchtliche intraspezifische Varianz auf. Deswegen gab es mancherlei Bestrebungen, sie in verschiedene Arten, Varietäten oder Ökotypen zu untergliedern. So bildete man anhand habitueller Verschiedenheiten zwei Herkunftsgruppen [2]:

a) zentraleuropäische Formen. Sie stimmen mit den von LINNÉ für *P. alba* vorgegebenen Artmerkmalen überein (u.a. größere, tief 5- bis 7fach gelappte Blätter an Langtrieben).
Unterschieden wird hier zwischen *Populus nivea* WILLD., *P. paroneana*, *P. paletzkyana* DODE, *P. bolleana* LAUCHE und *P. comesiana* [2].

b) Weiß-Pappeln der westlichen Gruppe sind durch relativ kleine, fast rundliche und gezähnte Blätter charakterisiert. Hierzu gehören die Arten *Populus hickeliana* DODE, *P. subintegerrima* LANGE und *P. macrophylla* MAIRE.

Abb. 8: Relativ schmalkronige Weiß-Pappeln („Pyramiden-Pappel") als Straßenbaum (Foto: P. Schütt)

Aufgrund eingehender Untersuchungen vertritt man in Ungarn die Ansicht, dass die Ausscheidung neuer Arten nicht gerechtfertigt ist und man empfiehlt die Einführung der Varietäten [4]:

- *P. alba* var. *alba*. Blätter an Langtrieben nicht oder nur wenig gelappt, an Kurztrieben mit gewelltem Rand.
- *P. alba* var. *nivea* (AIT.). Blätter an Langtrieben tief gelappt, an Kurztrieben buchtig gezähnt.

Unabhängig von dieser Einteilung hat man sowohl in Mittel- und Südeuropa wie in Westasien mehrere Ökotypen und Kultivare beschrieben, z.B.

- *P. alba* cv. 'Bolleana': schmalkronig, mit dünnen, aufsteigenden Ästen und graugrüner Rinde. Größere Anbauten in West- und Osteuropa und in Argentinien.
- *P. alba* cv. 'Roumi': Große, gutgeformte Bäume mit geradem Stamm. Blätter an Langtrieben groß, oberseits glänzend grün, unterseits weißlich grün. Spreite mit 5 bis 7 tiefen Lappen. Häufig kultiviert im Mittleren Osten und in Afghanistan.

Weitere Klone sind aus Selektion nach künstlicher Hybridisierung hervorgegangen (z.B. 'I.58/57' in Italien, 'Raket' in den Niederlanden, 'Ankara AT' in der Türkei) und werden z.T. als Ziergehölz, z.T. als Holzproduzenten kultiviert. In Marokko gingen aus entsprechenden Selektionen Klone mit hoher Leistungsfähigkeit im trocken-warmen Klima hervor [2].

Unter den Artbastarden nehmen Nachkommen der Kombination *Populus tremula* x *P. alba* (= *P.* x *canescens* SMITH) die wichtigste Position ein. Sie verhalten sich in mehreren morphologischen Merkmalen, u.a. in der Blattform intermediär zu den Elternarten und sind z.T. sehr wüchsig (z.B. die sog. „Bachofenii-Pappel" in Serbien und die Klone D 500 bis D 507 in Deutschland).

In Südkorea werden Nachkommenschaften der Artkreuzung *P. glandulosa* x *P. alba* erfolgreich auf mehreren 10 000 ha angebaut [2].

Die diploide Chromosomenzahl beträgt 2n = 38. Zuweilen kommen triploide und polyploide Formen vor [10].

Ökologie

P. alba ist eine raschwüchsige, licht- und wärmebedürftige Baumart, die Trockenheit wie kalte Winter und heiße Sommer verträgt. In Zentral-Europa wächst sie bei Jahresmitteltemperaturen von 10,5 °C, und in ihrem Verbreitungsgebiet kommen Temperaturextreme von +40 °C und –30 °C vor. Frostrisse entstehen nicht durch extreme Kälte, sondern durch starke, kurzfristig auftretende Temperaturdifferenzen (z.B. tagsüber +10 °C, nachts –10 °C).

Die Art verträgt 2 bis 3 Monate lange Trockenperioden und kommt in Teilen ihres Areals mit Jahresniederschlägen von 220 bis 250 mm aus, wächst unter diesen Bedingungen allerdings strauchartig. Kühle Standorte mit hoher Luftfeuchte werden meist gemieden, warme Flussniederungen mit hoher Luftfeuchtigkeit aber bevorzugt besiedelt.

Weiß-Pappeln stellen geringe Ansprüche an den Wassergehalt des Bodens und tolerieren selbst starke Schwankungen in der Wasserversorgung. So findet man sie sowohl auf trockenen, humosen Sanden wie auf Überschwemmungsböden und vernässten organischen Substraten. Staunässe und verdichtete Böden werden allerdings gemieden, und leistungsstarke Bestände stocken nur auf Standorten mit guter, ausgeglichener Wasserversorgung.

Relativ hoch sind die Ansprüche an den Nährstoffgehalt des Bodens, insbesondere an die K- und N-Versorgung. Optimal eignen sich frische Braunerden sowie Auen und Wiesen, und selbst auf Alkali-reichen (Soda-) Böden kann die Art gut gedeihen. Bestände auf landwirtschaftlich genutzten Tschernosem-Böden wurden zumeist künstlich begründet.

P. alba kommt auf sauren bis stark basischen Substraten vor, wächst aber auf neutralen bis schwach alkalischen Böden am besten.

Infolge ihres breiten Standortsspektrums ist die Weiß-Pappel als Pionierart in zahlreichen Pflanzengesellschaften vertreten. Auf Sand tritt sie in folgenden Assoziationen als vorherrschende Baumart auf:

– *Junipero-Populeto albae*	– Wacholder/ Weiß-Pappel-Wälder
– *Crataego-Populeto albae*	– Weißdorn/ Weiß-Pappel-Wälder
– *Festuco Quercetum Populetosum albae*	– Heide/Puszta-Pappel-Eichen-Gesellsch.
– *Convallario Quercetum roburis Populetosum albae*	– Maiglöckchen/ Weiß-Pappel-Eichen-Gesellschaft

Weiterhin ist sie auf frischen bis halbfrischen Auestandorten eine wichtige Mischbaumart in Eschen/Eichen/Ulmen-Gesellschaften, ferner auch in Weichholz-Auen, so im *Sali cetum albae fragilis*.

Für Ost- und Mitteleuropa sind Wacholder (*Juniperu communis*)-Weiß-Pappel-Gesellschaften besonders charakteristisch. Großflächig kommen sie vor allem in Ungar auf Sandhügeln zwischen Donau und Theiß sowie in de angrenzenden Deliblater Sandsteppen (Serbien) vor. Ma interpretiert sie zum einen als ersten Sukzessionsschrit zur Bildung eines Eichenwaldes, zum anderen aber auc als Degradationsstadium alter Eichenwälder. In reine Wacholder-Beständen erscheint die Weiß-Pappel anfang nur vereinzelt am Rand von *Juniperus*-Gruppen, in welch sie allmählich mit Wurzelbrut eindringt. Später entstehe Pappelgruppen im Wacholder-Grundbestand. Sie ent wickeln nach und nach ein geschlossenes Kronendach wodurch der Wacholder infolge Lichtmangels zurückgeh und Begleitarten wie *Euonymus europaea* und *Rhamnus catharticus*, später auch Birke, Wildbirne, Esche und Stieleiche auftreten.

Als Klimax-Stufe entsteht ein geschlossener Weiß-Pappel-Bestand, an dessen Rand nur noch wenige Wacholder verbleiben. Die geschilderten Entwicklungsphasen lassen sich gut im Nationalpark des ungarischen Donau-Theiß-Sandgebietes verfolgen.

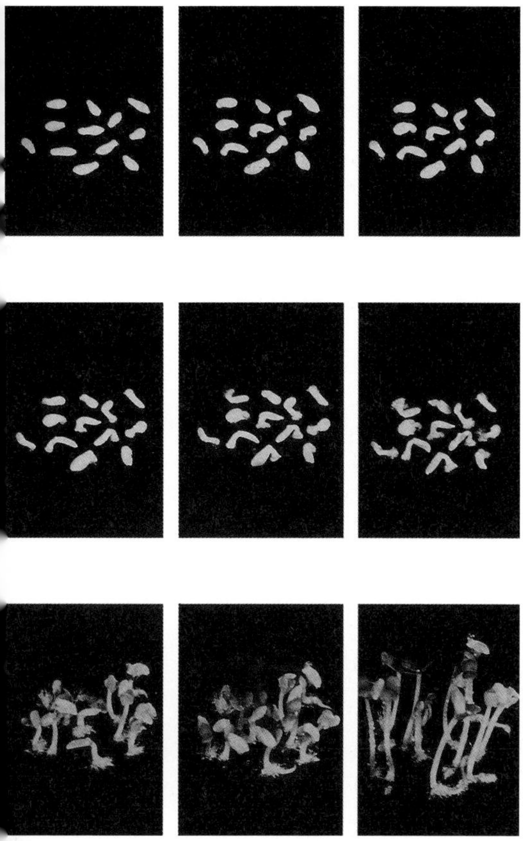

Abb. 9: Ablauf der Keimung bei 30 °C Temperatur; von oben links:
1. Saatgut;
2. Quellung der Samen (nach 3 Stunden);
3. Hypokotyl erscheint (n. 7 St.);
4. Hypokotyl dreht sich nach außen (n. 10 St.);
5. erscheinen des Wurzelkranzes (n. 14 St.);
6. Keimling verankert sich mit dem Wurzelkranz (n. 17 St.);
7. Keimling richtet sich auf (n. 27 St.);
8. Radicula erscheint, Samenschale fällt ab (n. 53 St.);
9. ausgebildeter Keimling (n. 57 St.)

Wachstum

P. alba ist eine raschwüchsige Baumart mit früh kulminierendem Höhenwachstum. Auf guten Standorten können im Mai gekeimte Sämlinge schon in der ersten Vegetationsperiode 80 cm hoch werden, und die intensive Wachstumsphase mit jährlichen Höhenzuwächsen von 80 bis 100 cm dauert ca. 25 Jahre an. Danach lässt das Höhenwachstum nach, ist aber bis zum Alter 40 bis 50 immer noch stark ausgeprägt. Die Phase des stärksten Dickenwachstums (max. Jahrringbreite: 6 bis 8 mm) setzt mit 15 bis 20 Jahren ein. Es werden Stammdurchmesser von 1,5 bis 2 m erreicht. Das Höchstalter beträgt 150 bis 200 Jahre.

Auffällig ist der bereits erwähnte Zusammenhang zwischen Standortsgüte und Stammform. Auf trockenen, nährstoffarmen Sanden wächst *P. alba* strauchförmig. Treten auf armen Standorten wüchsige und gut geformte Einzelbäume oder kleine Gruppen auf, so ist das oft die Folge von Wurzelfusionen mit den besser versorgten, tiefer wurzelnden Mutterbäumen.

Pathologie

Natürliche Weiß-Pappel-Bestände sind widerstandsfähiger gegen Schädlinge als viele durch Züchtung entstandene Hochleistungsklone („Kultursorten").

P. alba ist unempfindlich gegen Hitze, kann aber durch lang andauernde, strenge Winterkälte Schaden nehmen. In Ungarn wurden auf Sandböden an bis zu 62 % der Bäume Frostrisse festgestellt. Spätfröste schädigen austreibende Knospen. Demgegenüber treten Schneebruch- und Hagelschäden selten auf, und Immissionen rufen nur bei akuter Belastung Schadsymptome hervor. Konzentrationen, die bei anderen Baumarten Schäden auslösen, bleiben für *P. alba* ohne Folgen.

Unter den biotischen Erkrankungen spielen MLO und Viren keine Rolle, unter den Bakteriosen ist allein ein Rindenkrebs erwähnenswert, der durch *Xanthomonas populi* ssp. *populi* (RIDÉ) RIDÉ et RIDÉ ausgelöst wird, und auch pathogene Pilze stellen – gemessen an anderen Leuce-Pappeln – nur eine geringe Bedrohung dar. Die am häufigsten auftretenden Arten sind in Tabelle 1 aufgeführt.

Wichtig ist hiervon in erster Linie *Venturia macularis* (FR.) MÜLLER et ARX (syn. *V. tremulae* ADERH., Konidienform *Pollaccia radiosa* (LIB.) BALD. et CIF.), Erreger der sog. Triebspitzenkrankheit. In feucht-warmen Frühjahren erscheinen dunkel umrandete Blattflecke mit olivgrünen bis bräunlichen Konidienrasen. Das Mycel kann über den Blattstiel in den jungen Trieb eindringen. Dieser krümmt sich und verfärbt sich braunschwarz.

Tabelle 1: An P. alba vorkommende Pilzarten; + = selten, ++ = häufig

Art	Ort			
	Blatt	Ast	Rinde/Stamm	Wurzel
Melampsora pinitorqua	+			
Melampsora larici-tremulae	+			
Melampsora rostrupii	+			
Melampsora pulcherrima[1)]	+			
Melampsora populea[2)]	+			
Marssonina castagnei[3)]	++			
Marssonina brunnea f. sp. brunnea	+			
Pollaccia radiosa	+			
Gloeosporium populi-albae	+			
Septoria populi[2)]	+			
Cladosporium humili	+			
Dothichiza populea		+	+	
Phellinus tremulae			+	
Phellinus pilatii			+	
Heterobasidion annosum			+	+
Armillaria ssp.			+	+

[1)] In Italien, For. Abstr. **51**, 7267, 1990
[2)] In Indien/Kaschmir, For. Abstr. **52**, 501, 1991
[3)] In Neuseeland, Bulgarien, For. Abstr. **47**, 1226, 1986; **48**, 4675, 1987

Abb. 10: Krankheitssymptome an Weiß-Pappel-Blättern, verursacht durch Pollaccia radiosa

Abb. 11: „Stammkrebs", durch Xanthomonas populi ssp. populi (Ridé) Ridé et Ridé verursacht

Auch unter den Schadinsekten dominieren Arten, die nur bestimmte Teile des Baumes schädigen. Eine Ausnahme bilden die Maikäfer *Melolontha melolontha* L. und *M. hippocastani* Farb. Bei Massenvermehrungen fressen die Käfer an Blättern, den wesentlich größeren Schaden richten aber die Engerlinge an den Wurzeln an – insbesondere in Baumschulen, Kulturen und Jungbeständen.

Wichtige Blattschädlinge wie *Melosoma populi* L. oder *Phyllodecta*-Arten treten an *P. alba* kaum auf. Gleiches gilt für Stammholzschädlinge der Gattungen *Agrilus* und *Saperda*.

Als wesentlich gravierender erweisen sich hingegen Schäl- und Verbissschäden durch Mäuse, Hasen, Reh- und besonders durch Dam- und Rotwild, vor allem in Plantagen.

Bewirtschaftung und Nutzung

Bis zum Beginn des 20. Jahrhunderts war *P. alba* eine wichtige Baumart der Überschwemmungsgebiete natürlicher Flussläufe und mehrerer Spezialstandorte (z.B. Sodaböden). Durch umfangreiche Regulierungen der Flüsse haben diese Flächen inzwischen stark abgenommen. Andererseits wurden mehrere 10 000 ha große Sandflächen in der Ungarischen Tiefebene mit Weiß- oder Grau-Pappeln in Mischung mit Robinie und Schwarz-Pappel-Hybriden aufgeforstet.

Weil die Baumarten der Hartlaub-Auen eine wesentlich längere Lebensdauer haben als Leuce-Pappeln, müssen Weiß-Pappeln schon mit ca. 50 Jahren genutzt und durch Wurzelbrut vermehrt werden. Andernfalls verschlechtert sich ihr Gesundheitszustand, die Fähigkeit zur Wurzelbrutbildung geht zurück und sie sterben ab.

Wegen der fast weißen Borke, des dunkelgrünen, unterseits aber hellen Laubes eignet sich *P. alba* auch gut für den Anbau außerhalb des Waldes, teils im Rahmen der Landschaftspflege, teils als Ziergehölz.

Die Verwendung des Holzes erfährt jedoch durch mehrere ungünstige Eigenschaften wie Frostrisse und Sprödigkeit eine Einschränkung. Industriell eignet es sich nur zur Herstellung untergeordneter Sortimente wie Ladeplatten und -paletten, Kisten, Holzfasern und -späne.

Wegen des hohen Cellulosegehaltes und der beträchtlichen Faserlänge werden aber selbst schwache, kurze und fehlerhafte Sortimente häufig in der Zellstoff- und Papierindustrie genutzt. Gut eignet sich Weiß-Pappel-Holz auch für die Herstellung von Zellwolle.

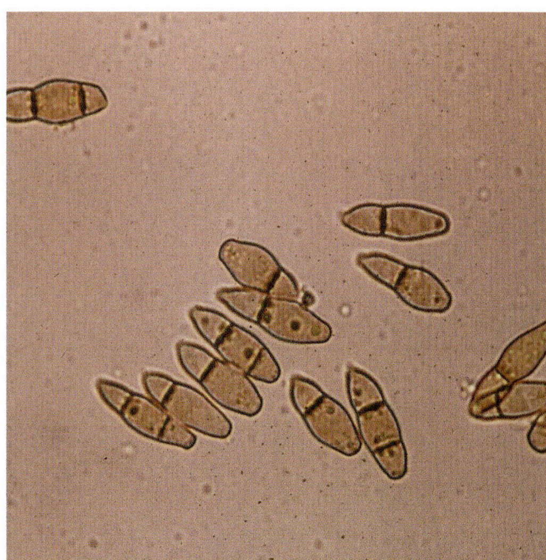

Abb. 12: Konidiosporen des Pilzes Pollaccia radiosa

Literatur

[1] Anonymus, 1955: Mezögazdasági utasitás. Hg. Országos Erdészeti Föigazgatöság.

[2] Anonymus, 1979: Poplars and willows in wood production and land use. FAO, United Nations, Rome.

[3] Babos, I., 1955: A nyárfások homokbuckán elöforduló formái. Erdészeti Kutatások, Budapest, 4, 31-87.

[4] Bartha, D., 1990: A változatosság vizsgálata a fehérnyár (Populus alba L.) hazai populácioinál. Hab. Thesis EFE-Univ. Sopron.

[5] Butin, H., 1957: Die blatt- und rindenbewohnenden Pilze der Pappel unter besonderer Berücksichtigung der Krankheitserreger. Mitteil. BBA Berlin-Dahlem, Heft 91, 1-64.

[6] Csapody, I.; Csapody, V.; Rott, F., 1966: Erdei fák és cserjék.. OEF, Mezögazd. Könyv és Folyoir. Kiadó, Budapest.

[7] Fröhlich, H.J.; Grosscurth, 1973: Züchtung, Anbau und Leistung der Pappeln. J.D. Sauerländer's Vlg., Frankfurt/M.

[8] Gencsi, L.; Vancsura, R., 1992: Dendrologia. Erdészeti növénytan II. Mezögazd. Kiadó, Budapest.

[9] Halupa, L., 1967: A. fehér-és szürkenyár termesztésének nékány bérdése a Duna-Tisza közi homokháton Az Erdö Budapest, XVI., 319-323.

[10] Keresztesi, B. (Hrsg), 1962: Nyárfatermesztés. Verl. Mezögazdasagi kiadó, Budapest.

[11] Keresztesi, B. (Hrsg.), 1978: A nyárak és a füzek termesztése, Mezögazdasági Kiadó, Budapest.

[12] Szodfridt, I., 1968: Borokás nyárasok Bugac környékén. Bot. Közl., Budapest 56, 159-165.

[13] Schönhar, S., 1953: Triebspitzenkrankheit der Zitter- und Graupappel in Süddeutschland, Allg. Forstz., 8, 494.

[14] Schönhar, S., 1962: Schutz der Pappel gegen Krankheiten und Schädlinge. Forst- und Holzwirt, 17, 236-240.

[15] Zycha, H., 1962: Krankheiten der Weiß-Pappeln und Aspen, Forst-und Holzwirt, 17, 234-236.

[16] Zycha, H.; Röhrig, E. et al., 1955: Die Pappel. Anbau, Pflege und Verwertung. Verlag Paul Parey, Hamburg und Berlin.

Die Autoren:

Prof. Dr. Lyubomir Dimitri
Hessische Landesanstalt für Forsteinrichtung,
Waldökologie und Waldforschung – Abt. Waldschutz
Prof.-Oelkers-Str. 6
D-34346 Hann. Münden

Dr. Lajos Halupa
Erdészeti Tudomiényos Intézet
Frankel-Leo-út 44
H-1023 Budapest

Populus euphratica OLIVIER, 1801

Syn.: Populus denhardtiorum DODE, Populus diversifolia SCHRENK, Populus illicitana DODE

Euphrat-Pappel

Familie: Salicaceae
Sektion: Turanga BGE.

engl.: Euphratica poplar
franz.: Peuplier de l'Euphrate

Abb. 1: Populus euphratica. 80jähriger Altbaum in der Tarim-Niederung, nördlich der Wüste Takla-Makan, Sinkiang, China

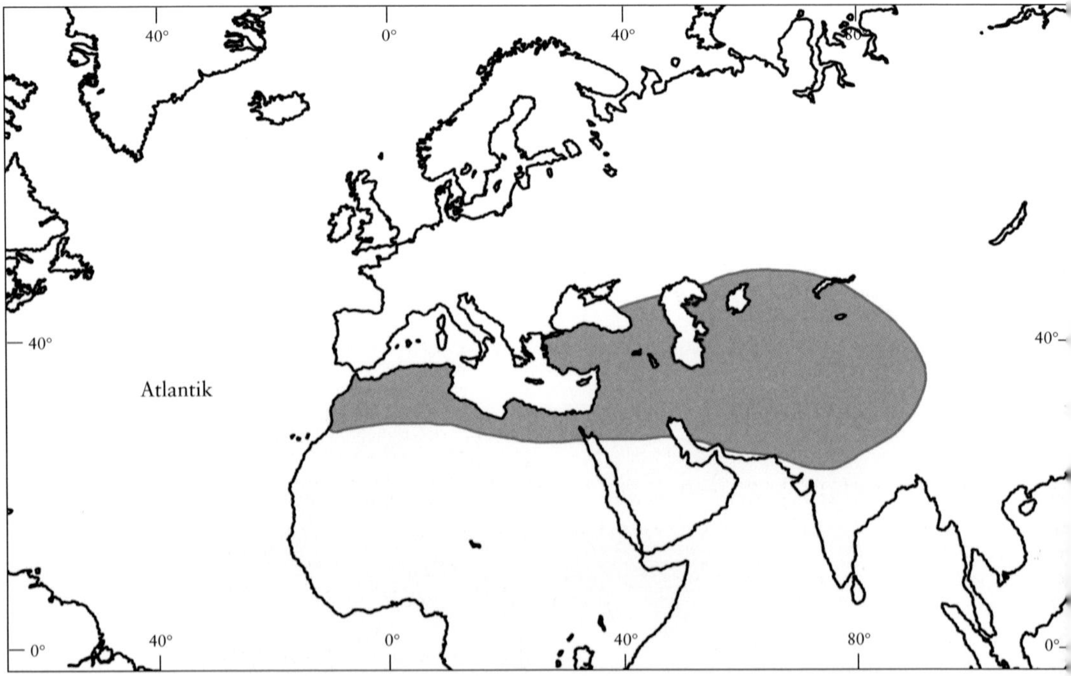

Abb. 2: Natürliches Verbreitungsgebiet, nach [11], verändert (Grenzen zum Teil nicht gesichert)

Populus euphratica wächst in unterschiedlichen Erscheinungsformen: Als Baum erster Größe mit gedrungenem Schaft und mäßig ausladender Krone werden Wuchshöhen von mehr als 20 m, als Strauch, oft auch krummschaftiger Baum geringer Größe hingegen nur Höhen von 5 bis 12 m erreicht. Die Lebensdauer beträgt 50 bis teilweise über 100 Jahre.

Die der Sektion *Turanga* zugehörige Euphrat-Pappel ist in einem weiten, diskontinuierlichen Areal in Zentral-, Süd- und Vorderasien sowie in Nordwestafrika beheimatet. Als Pionierbaumart besiedelt sie vorwiegend Flussniederungen kontinental-arider Klimaregionen. Sofern Grundwasser verfügbar ist, toleriert sie extreme Temperaturen, geringe Niederschläge, Sandstürme und salzhaltige Böden. Die Vermehrung erfolgt generativ oder, über Wurzelbrut, vegetativ.

In wüstennahen Trockengebieten mit ertragsarmer Landwirtschaft dient *P. euphratica* als wichtiger Rohstofflieferant (Bau-, Werk-, Brennholz); die Bestände werden zudem als Windschutz und Waldweide geschätzt. Vielfältige Einwirkungen des Menschen haben indessen zu einer starken Dezimierung der Naturwälder geführt. Maßnahmen zur Erhaltung der verbliebenen Ressourcen sind vordringlich.

Taxonomie

P. euphratica wurde von OLIVIER anlässlich einer Reis durch Vorderasien und Ägypten nach einem größere Vorkommen am Euphrat benannt. Nach der traditionelle Gliederung der Gattung *Populus* in fünf Sektionen gehör diese Pappel als einzige Art der Sektion *Turanga* an [11] Die diskontinuierliche Verbreitung über zwei Kontinent mit regional differenzierten morphologischen Erschei nungsformen gibt jedoch seit langem Anlass, an der Rich tigkeit, der Sektion nur diese Art zuzuordnen, zu zweifeln Dies führte zu taxonomischen Unstimmigkeiten. Seit de wissenschaftlichen Beschreibung durch ENGLER 1895 [4 findet *P. euphratica* deshalb in der Literatur unter zahlrei chen Synonymen Erwähnung: *P. ariana* DODE, *P. bonneti ana*, *P. denhardtiorum* DODE, *P. diversifolia* SCHRENK, *P glaucicomans*, *P. ilicifolia* ROULEAU, *P. illicitana* DODE, *P litwinowiana* DODE, *P. mauritanica*, *P. pruinosa* SCHRENK.

Umstritten ist vor allem die Nomenklatur für das isoliert südliche, früher gleichfalls *P. euphratica* zugewiesene Pap pelvorkommen in Kenia. Nach Überzeugung mehrere Autoren handelt es sich dort um eine eigenständige Art [4 5, 10, 29]; sie wird als *P. ilicifolia* (ENGL.) ROULEAU be zeichnet. Durch gaschromatographische Untersuchunge konnte inzwischen nachgewiesen werden, dass die Phenole in Knospenexsudaten von *P. ilicifolia* und *P. euphratica* signifikant differieren [15].

Die taxonomischen Probleme bei diesen und anderen Pappelarten führten zu mehreren neuen Klassifizierungsvorschlägen für die Gattung *Populus*. Soweit davon die *P. euphratica*-Gruppe betroffen ist, sind insbesondere die beiden folgenden Varianten bekannt und zum Teil in Gebrauch:

- Gliederung der Gattung in die beiden Untergattungen *Balsamiflua* mit zwei und *Populus* mit vier Sektionen [4]; *P. euphratica* wird der *Balsamiflua*-Sektion *Turanga*, *P. ilicifolia* der *Balsamiflua*-Sektion *Tsavo* zugeordnet.
- Gliederung der Gattung in sechs Sektionen ohne Untergattungen [10]; der Sektion *Turanga* gehören *P. euphratica* OLIV., *P. ilicifolia* (ENGL.) ROULEAU und *P. pruinosa* SCHRENK als eigenständige Arten an.

Empfehlungen anderer Taxonomen haben darüber hinaus regionale Bedeutung erlangt. So wird in Kasachstan zwischen *P. diversifolia* SCHRENK, *P. pruinosa* SCHRENK und *P. x litwinowiana* DODE unterschieden [36].

Die nachstehenden Ausführungen orientieren sich auf der Grundlage neuerer Erkenntnisse an der Gliederung der Sektion *Turanga* in die drei eigenständigen Arten *P. euphratica*, *P. ilicifolia* und *P. pruinosa*.

Verbreitung

P. euphratica ist in Nordwestafrika, Vorder-, Süd- und Zentralasien verbreitet. Das natürliche Areal erstreckt sich in diskontinuierlicher Form über eine Distanz von 110 Längengraden zwischen Marokko im Westen und China im Osten sowie zwischen dem 30. Breitengrad in Nordafrika und dem 47. Breitengrad in Kasachstan. Vermutungen über eine geringfügige Ausbreitung von *P. euphratica* in europäischen Mittelmeerländern haben sich nicht bestätigt [25].

Als Pionierbaumart besiedelt *P. euphratica* bei sehr unterschiedlichen Klimabedingungen in erster Linie Niederungen entlang von Gewässern. Schwerpunkte der natürlichen Verbreitung befinden sich in Nordost-Marokko, in Mesopotamien (Irak) sowie am Oberlauf des Euphrat in Syrien und der Türkei, ferner in der westiranischen Provinz Khusistan, in Tälern und Seitentälern des Indus in Pakistan, am Balchaschsee und entlang im Binnenland versiegender Flüsse in Kasachstan. Das weltweit größte, in sich geschlossene Naturwaldvorkommen erstreckt sich im Tarim-Becken (Sinkiang) auf einer Fläche von 140 000 ha entlang des Flusses Tarim und einiger kleinerer Wasserläufe.

Abb. 3: Beblätterter Zweig sowie männliche (oben) und weibliche Blüte, stark vergrößert, verändert nach WANG et al. 1996

Abb. 4: Stammbasis eines mehr als 200 Jahre alten Baumes (Höhe: 25 m, BHD: 150 cm)

Abb. 5: Laubblätter eines Altbaumes, oben: von Kurztrieben, Mitte und unten: von Langtrieben

Die Höhenverteilung reicht in einem breiten Bereich vielfach vom Oberlauf bis zum Unterlauf großer Flüsse und deren Einzugsgebiete. Im Irak werden Niederungen von Euphrat und Tigris mit ihren Seitenflüssen in allen Höhenlagen von 2000 m bis in die Marschgebiete am Schatt el-Arab besiedelt. In ähnlicher Weise ist die Pappel in Pakistan entlang des Indus vom Karakorum bis zur Mündung in das Arabische Meer verbreitet. In Ladakh und Tibet dringt *P. euphratica* bis in Seehöhen von 3000 bis 4000 m vor [31, 37].

Beschreibung

Die in verstreuten, mitunter weit voneinander entfernten Vorkommen aufwachsenden Euphrat-Pappeln unterscheiden sich im Erscheinungsbild beträchtlich. In Strauchform oder als krummwüchsiger Baum zweiter Größe erreicht die Art bei relativ geringer Lebensdauer von etwa 50 Jahren oft nur Wuchshöhen bis 12 (15) m. Unter optimalen Bedingungen können hingegen auch geradschaftige, 20 bis über 30 m hohe Bäume erwachsen, die 80 bis weit über 100 Jahre alt werden [16, 26, 34, 36]. Einzeln stehende, gut entwickelte Altbäume sind durch dicke, gedrungene Schäfte und lichte Kronen mit starker, relativ kurzer Beastung gekennzeichnet.

Knospen, Blätter und junge Triebe

Die bräunlichen, elliptischen Knospen werden unabhängig von ihrer Position bis etwa 7 mm lang. Sie sind zweischuppig und kahl [22, 36].

Die grau- bis blaugrün gefärbten, wechselständigen Blätter können in Abhängigkeit von Standort, Entwicklung und Alter der Euphrat-Pappeln unterschiedlich gestaltet sein [22, 36]. Darauf weist auch die als Synonym häufig gebrauchte Artbezeichnung *P. diversifolia* hin.

An Langtrieben sowie an Jungpflanzen und Strauchformen werden meist lanzettliche, linealische oder rautenartige, zugespitzte, ganzrandige oder mit je 6 bis 10, oft nur angedeuteten Zähnen versehene Blätter gebildet. Die Spreiten sind 5 bis 12 cm lang und 1 bis 4 cm breit, die im Querschnitt runden Stiele 0,5 bis 2 cm lang.

Demgegenüber weisen die Kurztriebe sowie Altbäume in der Regel ovoide bis breit rundliche, zum Teil auch nierenförmige, ganzrandige oder mit je 11 bis 15 groben, bis 6 mm langen Zähnen ausgestattete, an der Basis quer- bis keilförmige Blätter mit meist kurz- bis breitspitzem Apex auf. Die Länge der Spreiten wie auch der abgeflachten Stiele beträgt jeweils 3 bis 6 cm, die Breite der Spreiten 3 bis 8 cm.

Kennzeichnend sind ferner die starke Kutikula und die im Jugendstadium zu beobachtende Behaarung, die sich mit zunehmendem Alter verliert.

Die gelbbraunen, an Schösslingen rötlichen jungen Triebe sind zunächst fein behaart; später verkahlen sie. Im Querschnitt haben sie eine runde Form.

Blüten, Früchte und Samen

Euphrat-Pappeln sind diözisch und windblütig. Die Blüten stehen in kurz gestielten Kätzchen. Die Blütezeit variiert in Abhängigkeit von den regional-klimatischen Gegebenheiten; sie liegt beispielsweise in Indien im April/Mai, in Sinkiang im Mai.

Die männlichen Kätzchen sind schlank, säulenförmig und 2 bis 3 cm lang. Jede Blüte verfügt über 15 bis 25 Staubblätter mit purpurroten Antheren [36].

Die hellroten oder gelblich-grünen weiblichen Kätzchen erreichen eine Länge von 2,5 bis 5 cm. Die länglich-ovalen Fruchtknoten der perianthlosen Blüten sind gestielt und von zwei dreilappigen Narben gekrönt. Fruchtknoten und Griffel werden ungefähr gleich lang.

Im Stadium der Fruchtentwicklung wachsen die Kätzchen zu einer Länge von etwa 10 cm heran. Die ovalen, unbehaarten, 7 bis 10 (12) mm langen Kapseln sind zwei-, seltener dreiklappig. Sie enthalten jeweils 20 bis 25 1 bis 1,3 mm lange und in der Mitte 0,3 bis 0,6 mm breite Samen, an deren Basis sich ein Büschel weißlicher, 5 bis 7 (10) mm langer Haare befindet [36]. Analog zur Blütenbildung wird die Fruchtreife meist in den Monaten Juli, August oder September des Blütejahres erreicht.

Abb. 6: Rindenanschnitt mit Einlagerungen von Na_2CO_3

Rinde und Holz

Die Rinde ist im Jugendstadium hellbraun bis grau und glatt; später lösen sich die äußeren Schichten des Periderms häufig in breiten Streifen ab. Die Borke ist dunkler, grob und längsrissig; bei über 60-jährigen Bäumen erreicht sie eine Stärke von 5 bis 10 cm.

Das zerstreutporige Holz zeigt eine geradlinig gemaserte Struktur. Es ist weich und leicht, jedoch bei mittleren Darrdichten um 0,46 g/cm^3 [36] etwas schwerer als bei Pappelarten der Sektionen *Aigeiros* und *Tacamahaca*. Es wird als dauerhaft beschrieben, was auch durch die Niederschlagsarmut im natürlichen Areal begründet sein mag. Der rotbraun gefärbte Kern unterscheidet sich gut sichtbar von dem blassgelben bis weißlichen Splint. Die Jahrringe sind deutlich markiert.

Der Feinbau des Holzes bei *P. euphratica* ist durch folgende, auch zur Unterscheidung von Pappeln anderer Sektionen geeignete Merkmale gekennzeichnet [3, 36]; sie weisen zugleich auf die spezifische Anpassung der Art an aride Standortsverhältnisse hin:

- Die Porenzahl je mm^2 übertrifft mit 97 bis 149 diejenige anderer *Populus*-Arten im Durchschnitt um ein Drittel bis zum Zweieinhalbfachen.
- Die mittleren Faserlängen in der Altersgruppe 10 bis 20 sind mit 0,95 bis 1,02 mm im Durchschnitt um 15 bis 20 % kürzer.

Abb. 7: Wurzelbrut

- Im Gegensatz zu den bei vielen Balsam-, Schwarz- und Weißpappeln beschriebenen homogenen Markstrahlen mit ausschließlich liegenden Zellen verfügt *P. euphratica* wie die Weidenarten über heterogene Strahlen mit liegenden Innen- und aufrechten Randzellen.
- Charakteristisch sind ferner die im Vergleich zu anderen Pappelarten kleineren tangentialen Gefäßdurchmesser und stärkeren Faserwände.

Die mechanisch-technischen Eigenschaften weisen relativ niedrige Werte auf, bewirken aber bei gleichmäßigem Holzaufbau ein günstiges Rohdichte-Festigkeitsverhältnis [14]. Für lufttrockenes Holz werden angegeben [36]: Längsdruckfestigkeit 333 kg/cm²; Längszugfestigkeit 882 kg/cm²; Biegefestigkeit 614 kg/cm².

Wurzeln

Die bei Altbäumen nur bis ungefähr 50 bis 80 cm Tiefe reichenden Hauptwurzeln können sich bei großer Wuchsintensität in einem Radius von mehr als 10 m zu einem dichten Netz von Seiten- und Faserwurzeln verzweigen. Unter ariden Bedingungen wurden Durchwurzelungstiefen von 14 m gemessen. Horizontal wachsende Wurzeln weisen eine ausgeprägte Neigung zur Wurzelbrutbildung auf [36, 38].

Ökologie

In ihrem natürlichen Areal besiedelt *P. euphratica* vorzugsweise kontinental-aride Klimaregionen mit starker Sonneneinstrahlung, geringen Niederschlägen (zum Teil unter 100 mm), hoher Verdunstung (teilweise über 3000 mm) sowie extremen Temperaturen im Sommer und Winter (im Tarim-Becken in Sinkiang bis etwa +/– 40 °C) [7, 8, 16, 24, 28, 33, 36]. Im Einflussbereich der Wüste Takla-Makan wächst die Baumart bei Temperaturschwankungen von + 43 °C bis zu –6 °C im Tagesverlauf und bei Niederschlägen von 20 bis 80 mm im Jahresdurchschnitt.

Überlebensfähigkeit, Wuchsverhalten und Reproduktion von *P. euphratica* sind unter den gegebenen Umständen in erster Linie vom Anschluss an Grundwasser wie auch von regelmäßigen Überschwemmungen in Flussniederungen abhängig. Darüber hinaus ist ein ökonomischer Wasserverbrauch zwingend. Vergleichbar mit Xerophyten verfügt die Euphrat-Pappel über transpirationshemmende Einrichtungen der Blattorgane. Auffällig sind neben der Vielgestaltigkeit der Blätter deren verdickte, stark kutikularisierte Epidermisaußenwände; der Wachsüberzug ist auch auf den Zweigen sichtbar. Darüber hinaus vermögen die Blätter, Wasser in dem großzelligen Grundgewebe zu speichern [16, 36].

Als einzige Art der Gattung *Populus* toleriert *P. euphratica* salzhaltige Böden: Konzentrationen bis 2 % führten zu keinen, höhere Werte bis 5 % lediglich zu geringen Beeinträchtigungen des Wachstums [12]. Bei pH-Werten zwischen 9,5 und 11,8 wurden in verschiedenen Gewebebereichen Chlorid-, Sulfat- und Carbonatsalze in Konzentrationen bis 2,5 % nachgewiesen.

Auf Grund ihrer gedrungenen Statur und vergleichsweise geringen Kronenoberfläche bietet die Euphrat-Pappel Sandstürmen nur geringe Angriffsflächen. Wurf- und Bruchschäden sind nicht bekannt. In Wüstennähe werden die Bäume ohne Beeinträchtigung ihrer Lebensfähigkeit häufig und mitunter langfristig vom Sand der Wanderdünen bis an den Kronenbereich zugeschüttet.

Als lichtbedürftige Pionierbaumart kommt *P. euphratica* in den Hauptverbreitungsgebieten überwiegend in Form von Reinbeständen vor. Entsprechend den ökologischen Gegebenheiten dominieren in den von ihr besiedelten Pflanzengesellschaften xerophile, psammophile und halophile Arten. Auf günstigeren Standorten im westlichen Tarim-Becken findet man auch Mischung mit der etwas anspruchsvolleren und weniger salztoleranten *Populus pruinosa*. Darüber hinaus vergesellschaften Euphrat-Pappeln je nach Arealbereich mit genügsamen Sträuchern, insbesondere mit *Calligonum*-, *Ephedra*-, *Haloxylon*-, *Kalidium*-, *Prosopis*- und *Tamarix*-Arten [16, 33, 35].

Die *P. euphratica*-Wälder nördlich der Wüste Takla-Makan bilden einen natürlichen, bis zu 100 km breiten „grünen Korridor". Sie sind von überragender ökologischer Bedeutung als Windschutz, zur Fixierung von Wanderdünen sowie als Schutz gegen Wassererosionen und Uferabbrüche. Ohne die gegen die Wüste abriegelnde Wirkung dieser Wälder wäre eine rentable landwirtschaftliche Produktion im Hinterland kaum möglich; den dort lebenden Ackerbauern und Schafzüchtern würde die Existenzgrundlage weitgehend entzogen.

Vermehrung, Wachstum und Entwicklung

P. euphratica wird mit 5 bis 10 Jahren mannbar. Auf geeigneten Standorten entlang von Fließgewässern mit ungestörter Überflutungsdynamik findet eine intensive generative Vermehrung statt. Die schwimmfähigen Samen können im Wasser ohne Vitalitätsverlust über Entfernungen von mehreren Kilometern transportiert werden. Auf feuchten alluvialen Schwemmböden beginnt die Keimung bereits nach 6 bis 10 Stunden.

Das Tausendkorngewicht von enthaartem Saatgut wird mit 96 bis 101 mg angegeben [36]. Die Keimkraft beträgt anfangs 95 bis 98 %, nimmt aber schon nach fünf Tagen auf Werte um 85 % und nach zwei Wochen auf 15 bis 20 % ab [12].

Darüber hinaus vermehrt sich die Euphrat-Pappel auch auf vegetativem Wege über Adventivtriebe aus Wurzeln (Wurzelbrut). In einigen Naturwäldern findet man daher mosaikartig verteilte Klonareale.

Abb. 8: Mischbestand mit Tamarix rosmarinus und Prosopis estephaniana an einem Nebenfluß des Des, Prov. Khusistan, Iran

Die künstliche Verjüngung ist, von einigen Regionen in China abgesehen, wenig gebräuchlich. In Sinkiang, Gansu und der Inneren Mongolei werden *P. euphratica*-Pflanzungen vorwiegend als Windschutz für die landwirtschaftliche Produktion genutzt. Die Anzucht erfolgt meist auf generativem Wege. Dabei hat sich eine zwölfstündige Vorquellung des Saatgutes in kaltem Wasser bewährt. Günstige Keimbedingungen lassen sich durch einwöchige gleichmäßige Befeuchtung des Saatbeetes vom Zeitpunkt der Aussaat an erzielen. Für die Kulturbegründung werden zwei- bis dreijährige Sämlinge oder verschulte Pflanzen verwendet.

Die bei natürlicher Verjüngung meist hohe Keimlingszahl wird in den ersten Wochen der Entwicklung vor allem witterungsbedingt stark dezimiert. Die Wuchsintensität ist zunächst gering und begünstigt die Wurzel gegenüber dem Spross: Bei einjährigen, 6 bis 8 cm großen Sämlingspflanzen wurden Wurzellängen von 20 cm gemessen [36]. Erst nach etwa sieben Jahren beschleunigt sich das Sprosswachstum und kulminiert mit 10 bis 15 Jahren. Spätestens ab Alter 20 ist der Höhenzuwachs, nach weiteren 5 bis 10 Jahren auch der Durchmesserzuwachs rückläufig.

Unter extremen Standortsbedingungen in den Niederungen der Flüsse Karun, Des und Karche erreichen iranische *P. euphratica*-Vorkommen mit mehr oder weniger stark gekrümmten Schaftformen im Alter 50 Baumhöhen bis 12 m und Brusthöhendurchmesser bis 30 cm [27]. Bei Euphrat-Pappeln im Einflussbereich der Wüste Takla-Makan werden im gleichen Zeitraum Höhen um 16 m und Durchmesser um 40 cm erzielt. Im Alter 80 liegen dort die entsprechenden Leistungswerte im Mittel bei 18 m bzw. 52 cm [40]; bei 100 Bäumen je Hektar ergibt sich ein Vorrat von 130 Vfm/ha.

Genetische Differenzierung und züchterische Bearbeitung

Die regional wie höhenzonal stark divergierende Verbreitung von *P. euphratica* sowie deren Überlebens- und Reproduktionsfähigkeit selbst unter extremen Bedingungen lassen auf ein großes genetisches Anpassungspotential schließen. Bislang mangelt es aber an Erkenntnissen über das natürliche Variationsmuster dieser Baumart. Die wenigen in der Literatur ausgewiesenen Untersuchungen über Lokalpopulationen basieren in der Regel auf Einzelbaum-Analysen.

In Überlappungsgebieten mit der nahe verwandten *P. pruinosa* finden bei wechselseitigem Genfluss offensichtlich Introgressionen statt. Die in Kasachstan nachgewiesenen Hybridschwärme wurden von BESCHENOV *P. x litwinowiana* zugeordnet [36].

Züchtungsarbeiten sind in erster Linie darauf ausgerichtet, die Genügsamkeit der Euphrat-Pappel zu nutzen. Von intersektionellen Kreuzungen mit raschwüchsigen und leicht vermehrbaren Pappelarten der Sektionen *Aigeiros* und *Tacamahaca* werden für Aufforstungsmaßnahmen in ariden Gebieten geeignete Hybriden erwartet. Die bisherigen, meist mit Hilfe von Mentorpollen [39] durchgeführten Versuche waren jedoch aus genetischen oder physiologischen Gründen erfolglos, führten nur zu geringem Samenansatz oder resultierten in mattwüchsigem, für Anbauzwecke kaum geeignetem Pflanzenmaterial [9, 23, 36].

Da Erscheinungsformen und Nutzholztauglichkeit von *P. euphratica* erheblich differieren können, wird auf die Plusbaumauslese und den Aufbau von Klonquartieren Wert gelegt [17, 27, 31, 33]. Die Entwicklung brauchbarer Methoden der vegetativen Vermehrung für Zwecke der Auslesezüchtung bereitete zunächst Schwierigkeiten [13, 25, 30, 41]. Von den konventionellen Verfahren erwies sich lediglich die Bewurzelung von Wurzelschösslingen als bedingt geeignet für die Erzeugung kleiner bis mittlerer Pflanzenzahlen. Inzwischen ist jedoch die Großvermehrung über In vitro-Techniken gelungen [18, 32].

Pathologie

Bei ungestörter Entwicklung im natürlichen Verbreitungsgebiet vermag *P. euphratica*, extreme Temperaturen, geringe, phasenweise ausbleibende Niederschläge, Sandstürme und relativ hohe Salzkonzentrationen des Bodens zu tolerieren. Über auffällige Schadeinflüsse durch Wettererscheinungen und Luftverunreinigung ist nichts bekannt.

Auch biotisch bedingte Krankheiten sind bei zusagenden ökologischen Voraussetzuungen meist nur von lokaler Bedeutung. Anthropogen verursachte Beeinträchtigungen des Habitats, insbesondere durch Grundwasserabsenkungen, haben jedoch vielerorts zur physiologischen Schwächung der Bestände und verstärktem Auftreten von Schaderregern geführt. Kennzeichnend ist die Verbreitung von *Apocheima cineraris* ERSCHOFF im Tarim-Becken. Die massenhafte Vermehrung dieser zu den Spannern (*Geometridae*) gehörenden Großschmetterlingsart hatte in den vergangenen Jahren wiederholt Kahlfraß zur Folge [38].

Schon aus früherer Zeit sind beträchtliche Blattschäden an Euphrat-Pappeln im Irak bekannt, hervorgerufen durch den *Rutelidae*-Käfer *Adoretus irakanus* OHS. [19]. Die ungewöhnliche Befallszunahme wird gleichfalls auf hydrologische Veränderungen in Flussniederungen (Dammbau am Tigris und Trockenlegung von Uferwaldbeständen) zurückgeführt. Zudem haben sich die dortigen *P. euphratica*-Vorkommen als Reservoir für die Erhaltung des Schädlings erwiesen, von denen eine fortwährende Gefährdung der verbreitet angebauten, aber vielfach nicht standortsgemäßen Wirtschaftspappeln ausgeht [19]. Nach starkem Blattfraß erhöht sich, demselben Autor zufolge, das Befallsrisiko gegenüber dem Prachtkäfer *Melanophila picta* PALL., der als Sekundärparasit im Larvenstadium Rinde und Holz schädigt.

Andere, im Irak an *P. euphratica* beobachtete Insekten wie die Eulenart (*Noctuidae*) *Apatele aceris* L. oder der Pappelglasschwärmer *Paranthrene tabaniformis* ROTT. (*Aegeriidae*) haben offensichtlich nur geringe Krankheitserscheinungen, vor allem an Blättern und Trieben, verursacht [21]. In China wird über zunehmende Schäden durch pflanzensaugende Insekten, insbesondere durch die Blattfloh-Arten *Egeirotrioza* sp. und *Trioza* sp. an Sämlingen, durch die Wolläuse *Pemphigus immunis* BUCKTON und *P. sinobursarius* ZHANG sowie durch die Zwergzikade *Cicadella viridis* L. an Blättern und Trieben vorwiegend junger Pflanzen berichtet [36].

Bei den parasitären, durch Pilze verursachten Krankheiten dominieren *Marssonina*- und *Melampsora*-Arten als Erreger. Der auch an Schwarzpappeln verbreitete Ascomycet *Marssonina brunnea* (E. et E.) MAGN. und der in Zentralasien beobachtete Rostpilz *Melampsora pruinosae* TRANZ befallen die Blätter. Wiederholte Infektionen können zum Absterben insbesondere junger Bäume führen. Setzen sich die Erkrankungen über mehrere Jahre hin fort, so besteht die Gefahr des zusätzlichen Auftretens sekundärer Schwächeparasiten [6]. Im Irak besiedelt *Valsa sordida* NIT. (*Diaporthaceae*) mit der Nebenfruchtform *Cytospora chrysosperma* (PERS.) FR. als Saprophyt absterbende Rindenpartien, meist im Verbund mit dem erwähnten Prachtkäferbefall [20].

Auf andere Pilzkrankheiten finden sich in der Literatur nur spärliche Hinweise. Beispielsweise werden krebserregende *Phoma*- und Stammfäule verursachende *Pleurotus*-Arten erwähnt [36], doch scheinen sie bisher weniger bedeutsam zu sein.

Nutzung

Das Holz von *P. euphratica* lässt sich gut bearbeiten. Als Folge des relativ hohen Zugholzanteils entstehen allerdings häufig wollige Oberflächen. Bei begrenzter Nutzholztauglichkeit ist in den Ländern des natürlichen Areals zwar vielfach nur eine Verwendung als Brennmaterial möglich; Euphrat-Pappeln mit günstigeren Qualitätsmerkmalen, insbesondere mit geraden Schaftformen, werden aber auch in vielfältiger Weise für die Herstellung von Geräten und Waren des täglichen Gebrauchs, von Kisten, Paletten und Holzwerkstoffen sowie zum Teil auch im Haus-, Möbel- und Bootsbau genutzt [2, 17, 28, 31]. Die papier- und zellstofftechnologischen Eigenschaften sind günstig. In Sinkiang findet das Holz auch im Kunsthandwerk der dortigen ethnischen Minderheiten und als Resonanzholz für Musikinstrumente Verwendung.

Abb. 9: Nach Grundwassersenkung abgestorbener, natürlicher Populus euphratica-Wald am Mittellauf des Tarim, Prov. Sinkiang, China

Für die ertragsarme Landwirtschaft in den Trockengebieten erweisen sich die *P. euphratica*-Wälder in mehrfacher Hinsicht als vorteilhaft: Sie bieten Windschutz und bewirken ein erträglicheres Lokalklima. Häufig trifft man auch auf künstlich mit Euphrat-Pappeln angelegte Gehöfteinbindungen und Windriegel um die Felder. Zudem bietet die Waldweide Nahrungsgrundlage und Schutz für Schaf, Ziege, Rind oder Kamel.

Erhaltung

Die natürlichen Vorkommen von *P. euphratica* wurden in den vergangenen Jahrzehnten durch menschliche Einflüsse stark dezimiert. Verbliebene Bestände sind in den meisten Arealbereichen in hohem Maße gefährdet. Beispielsweise haben sich in einem Zeitraum von 20 Jahren die Pappelflächen des Tarim-Flusssystems in Sinkiang um 62 % verringert; ihre rasche und vollständige Vernichtung wird befürchtet [36].

Nach einer Erhebung der Internationalen Pappelkommission [1] sind für diese Entwicklung in den betroffenen Ländern vielfältige Ursachen maßgebend: Exploitation und Rodung für landwirtschaftliche und Siedlungszwecke, Brennholzmangel und Überweidung, wasserbauliche und infrastrukturelle Maßnahmen sowie verschiedene Formen der Industrialisierung. Außer durch Raubbau wird der Zerstörungsprozess vor allem durch erhöhten Wasserverbrauch, Absenkung des Grundwassers und Kalamitäten hervorgerufen.

Im Tarim-Becken hat der Waldrückgang die Ausbreitung der Wüste Takla-Makan zur unmittelbaren Folge. Regional haben Dauer und Intensität von Sandstürmen bereits beträchtlich zugenommen. Von Wanderdünen bedroht, ist die landwirtschaftliche Produktion inzwischen teilweise stark rückläufig oder musste sogar aufgegeben werden [38].

Die Erhaltung der verbliebenen *P. euphratica*-Ressourcen erfordert eine enge internationale Zusammenarbeit. Folgende Maßnahmen bedürfen der zügigen Realisierung [1, 36, 38]:

- Hydrologische Zustandserfassung; Erarbeitung nachhaltig wirksamer Wasser- und Landnutzungsplanungen;
- Ausweisung von Naturwaldreservaten als Schutzgebiete nach jeweiligem nationalen Recht;
- verantwortliche Mitwirkung der Bauern; Interessensicherung unter anderem durch langfristige Nutzungsverträge;
- Gliederung der Schutzgebiete nach Extensitätsstufen der Bewirtschaftung; Überwachung von Nutzungsverboten;
- Förderung der Naturverjüngung; Ergänzung, soweit erforderlich, durch generativ und vegetativ vermehrte Pflanzen derselben Art und Herkunft;
- Erhaltung bedrohter Vorkommen ex situ in Samenplantagen und Klonsammlungen sowie durch Lagerung von Vermehrungsgut in Genbanken;
- Aufbau von Kurzumtriebsplantagen zur Erzeugung von Feuerholz außerhalb der Schutzgebiete, sofern regional sinnvoll.

Literatur

[1] Ball, J.; Russo, L.; Thomson, L., 1996: Status of Populus euphratica and proposals for its conservation. Intern. Poplar Comm., XXth Sess., Oct. 1996, Budapest, Hungary.

[2] Barkoudah, Y., 1995: The status of Populus euphratica Oliv. in Syria. University of Damascus, Syria.

[3] Bonnemann, A., 1980: Die Eigenschaften des Pappelholzes. Schriften Forschungsinst. schnellwachs. Baumarten, Hann. Münden, Bd. 1, DRW-Verlag, Stuttgart.

[4] Browicz, K., 1966: Populus ilicifolia [Engl.) Rouleau and its taxonomic position. Acta Soc. Botanic. Poloniae **35**, 325-334.

[5] Browicz, K., 1977: Chronology of Populus euphratica Olivier. Arboretum Kornickie **22**, 5-24.

[6] Butin, H., 1983: Krankheiten der Wald- und Parkbäume. Georg Thieme Verlag, Stuttgart, New York.

[7] Calagari, M.; Modir-Rahmati, A.R.; Hemmati, A., 1996: Ecological study on Populus euphratica Oliv. on the margin of rivers of Khuzistan Province. 20th Sess. Intern. Poplar Comm., Budapest, Hungary, Proc., Vol. II, 901.

[8] Chianese, L., 1958: Poplar growing in Syria. Cellulosa e Carta **9**, 16-22.

[9] Dong, T., 1980: Subgeneric sexual hybridization between Populus simonii and P. euphratica or P. diversifolia. Hereditas **2**, 25-28.

[10] Eckenwalder, J. E., 1996: Systematics and evolution of Populus. In: Stettler, R.F.; Bradshaw Jr., H.D. et al. (Eds.): Biology of Populus and its implications for management and conservation. NRC Res. Press, Nat. Res. Counc. Canada, Ottawa, ON. 7-32.

[11] FAO, 1979: Poplars and willows in wood production and land use. FAO Forestry Series 10, Rome, Italy.

[12] Forstakademie, 1991: Erhaltung, Nutzung und Behandlung von Populus euphratica-Vorkommen am Oberlauf des Tarim-Flusses. Forstakademie Sinkiang, Ürümqi, VR China (chinesisch).

[13] Garcia-Valdecantos, J. L.; Padro, A., 1989: Vegetative propagation of Populus euphratica in Spain. Proc. IUFRO WP S2.02.10, Oct. 2-6, 1989, Hann.Münden, Germany, 185-188.

[14] Götze, H., 1965: Über Struktur, physikalische Eigenschaften und Verwendung des Pappelholzes. 3. Elastizität, Festigkeit und Verwendung. Holzind. Leipzig **18**, 315-318.

[15] Greenaway, W.; Gumusdere, I.; Whatley, F. R., 1991: Analysis of phenolics of bud exudate of Populus euphratica by GC-MS. Phytochemistry **30**, 1883-1885.

[16] Han, Y. F.; Weisgerber, H., 1997: Genressourcen von Pappeln in China. In: Zhou, H.; Weisgerber, H. (Hrsg.): Beiträge zur Wiederbewaldung der Lößhochebene in Nordchina. Ergebnisse nach zwölf Jahren chinesisch-deutscher Zusammenarbeit in Jinshatan, Provinz Shanxi. Datong, Hann.Münden, 220-230.

[17] Hassan, M.; Nima, S. H.; Mansour, H. F., 1995: The status of Populus euphratica in Iraq. Ministry of Agriculture, Baghdad.

[18] Huang, Q. C., 1992: P. euphratica propagation by tissue culture. Forestry Science **5**, 125-131.

[19] Knopf, H. E., 1969: Forstentomologische Studien im Irak. I. Adoretus irakanus Ohs. [Rutelidae, Coleoptera) – ein bedeutender Schädling in Pappelplantagen des Nordirak. Anz. f. Schädlingsk. **42**, 136-138.

[20] Knopf, H. E., 1972: Forestentomological studies in Iraq. II. The pest problem of poplar cultivation. Zeitschr. angew. Entomologie **71**, 83-89.

[21] Knopf, H. E., 1975: Contributions to the knowledge of th insect fauna of trees in Iraq. II. Coleoptera and Lepidop tera. Zeitschr. angew. Entomologie **78**, 237-240.

[22] Koltzenburg, M., 1999: Bestimmungsschlüssel für i Mitteleuropa heimische und kultivierte Pappelarten un -sorten (Populus spec.). Flor. Rundbr., Beih.6.

[23] Li, W.; Zhu, T., 1988: Embryological studies on the incom patibility in intersectional hybridization between P. euphra tica Oliv. and P. simonii Carr. Intern. Poplar Comm., 18t Sess., Sept. 5-8, 1988, Beijing, PR China.

[24] Ma, H.-C.; Fung, L. et al., 1996: Photosynthesis of Populu euphratica in saline soil. Intern. Poplar Comm., 20th Sess. Budapest, Hungary, Proc., Vol. II, 596-603.

[25] Maestro, C.; Padro, A., 1994: Studies on Populus euphra tica Oliv. in Spain. FAO/IPC, Executive Committee, 37t Sess., Sapanca, Turkey. FO:CIP: BR/90/4.

[26] M'Hirit, O., 1994: Situation du peuplier de l'Euphrate a Maroc: propositions d'actions. Ministère de l'Agriculture e de la Mise en Valeur Agricole, Rabat, Maroc.

[27] Modir-Rahmati, A.,1997: Pappelanbau im Iran. Die Holz zucht **51**, 41-43.

[28] Negi, D. V.; Kapoor, K. S., 1996: Conservation of indige nous poplars in India. Project TO/94/02T, Himalayan Fo Res. Inst., Shimla, India.

[29] Oballa, P. O., 1996: Status of Populus ilicifolia in Kenya Kenya For. Res. Inst., Occas. Paper No. 3.

[30] Qadri, M. S. A., 1969: Artificial regeneration of Populu euphratica Olivier. Pakistan J. For. **19**, 175-184.

[31] Siddiqui, K. M., 1995: A report on the status of Populu euphratica Oliv. in Pakistan. Pakistan For. Inst., Peshawa Pakistan.

[32] Sun, X. X., 1992: A study on tissue culture of Populu euphratica. Bull. Botany, spec. ed. (in Chinese).

[33] Toplu, F., 1994: Information on natural range and conser vation of gene resources of Populus euphratica Oliv. i Turkey. Poplar and Fast Growing For. Trees Res. Inst. Izmir, Turkey.

[34] Viart, M., 1988: Mini-monographie sur Populus euphra tica. FAO/IPC, 18th Sess., Beijing, P.R. China. FO:CIP MISC/88/6.

[35] Wang, S. J., 1994: The status of Populus euphratica i China. Chin. Acad. For., Beijing, VR China.

[36] Wang, S. J.; Chen, B. H.; Li, H. Q., 1996: Euphrate Poplar Forest. China Environm. Sc. Press, Beijing.

[37] Wei, Q. J., 1988: Populus euphratica. Chin. Forstverlag Peking, VR China (chinesisch).

[38] Weisgerber, H., 1996: Walderhaltung und Wiederbewal dung im Rahmen des Sanbei-Programms („Grüne Groß Mauer"). GTZ-Mission, VR China, GTZ, Eschborn.

[39] Willing, R. R.; Pryor, L. D., 1976: Interspecific hybridiza tion in poplar. Theor. Appl. Genetics **47**, 141-151.

[40] Xu, W. Y. (Ed.), 1988: Poplar. Heilongjiang People's Press Harbin, PR China (in Chinese).

[41] Yang, Z. L.; Wang, L. H., 1988: A comparative study o softwood and hardwood cuttings for propagation of Populus diversifolia. Ningxia J. Agrofor. Sci. Techn. **1**, 30-32.

Der Autor:

Dr. Dr. habil. H. Weisgerber
Im Grübchen 16
D-34346 Hann. Münden

Populus nigra LINNÉ, 1753

Schwarzpappel

Familie: Salicaceae
Sektion: Aigeiros DUBY

engl.: Black poplar
franz.: Peuplier noir
ital.: Pioppo nero

Abb. 1: Populus nigra. Ca. 70jähriger Baum an der Werra, Nordhessen

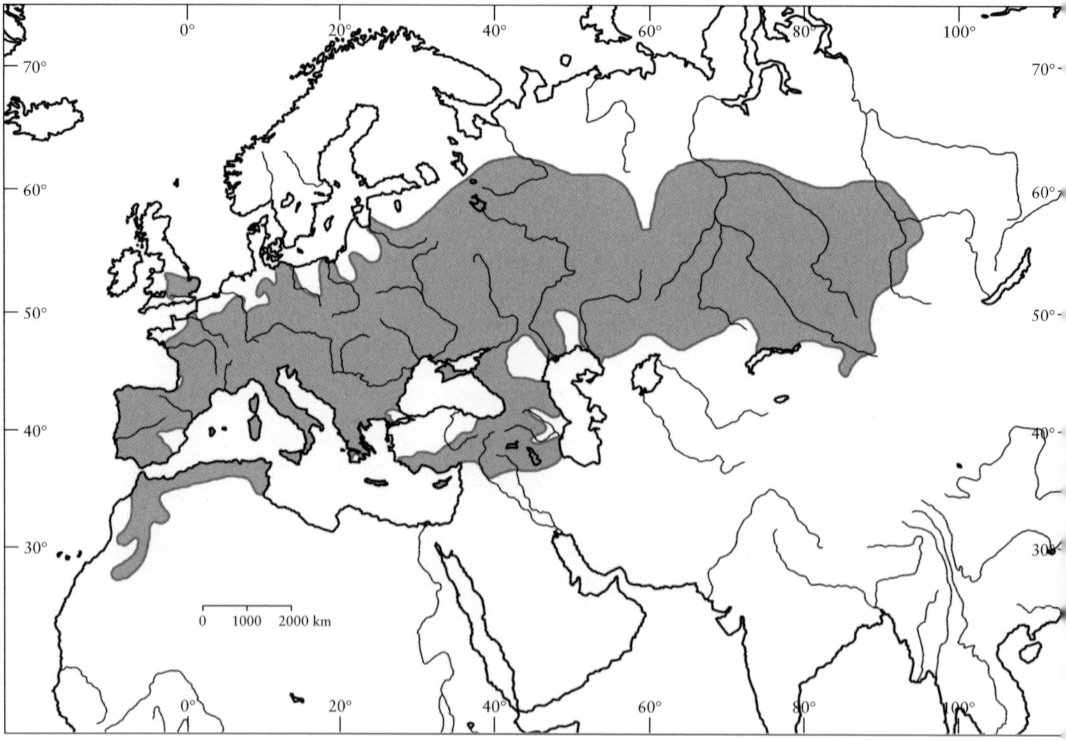

Abb. 2: Natürliches Verbreitungsgebiet, nach MEUSEL et al., 1965, verändert

Populus nigra ist ein rasch- und starkwüchsiger Baum mit meist breit ausladender, unregelmäßig beasteter Krone. Bei günstigen Standortsverhältnissen können Baumhöhen um 30 m und Stammdurchmesser in Brusthöhe um 2 m erreicht werden. Die Lebensdauer beträgt etwa 100, gelegentlich auch bis zu 300 Jahre.

Die der Sektion *Aigeiros* DUBY zugehörige Schwarzpappel kommt in gemäßigten Klimabereichen Europas, Nordafrikas sowie West- und Zentralasiens vor. Als Pionierbaumart besiedelt sie bei hohem Lichtbedarf vorzugsweise nährstoffreiche, gut wasserversorgte Böden der Flußauen. Unter natürlichen Bedingungen vermehrt sie sich überwiegend durch Samen.

Schwarzpappeln wurden bereits frühzeitig für siedlungs- und landwirtschaftliche Zwecke genutzt, insbesondere im Mittelmeergebiet und im Nahen Osten [22]. Dies geschah in vielfältiger Weise als Bau- und Brennholz oder durch Verwendung der Blätter bei der Tierhaltung. In einigen Ländern werden darüber hinaus seit langem vegetativ vermehrte Schwarzpappeln mit pyramiden- und säulenförmigen Kronen als Windschutz und zur Landschaftsgestaltung entlang von Verkehrswegen und Fließgewässern angebaut.

Die Zerstörung von Auwäldern mit ungestörter Überflu tungsdynamik sowie die Verdrängung artreiner Vorkom men durch Hybridpappeln und andere Baumarten, die au ökonomischen Gründen bevorzugt angebaut wurden, ha ben den natürlichen Lebensraum der Art erheblich einge schränkt. In vielen Ländern ist *P. nigra* nur noch in gerin gem Umfang in verbliebenen Auwaldresten anzutreffen.

In den vergangenen Jahren wurden daher vor allem in Eu ropa nationale und internationale Programme zur Erhal tung der Schwarzpappelvorkommen erarbeitet, deren Ko ordination seit 1993 von EUFORGEN (European Fores Genetic Resources Programme) erfolgt [26].

Verbreitung

P. nigra ist die einzige in Europa und Asien heimische Ar der Pappelsektion *Aigeiros*. Als Flußbegleiter kommt si in den Niederungen großer Ströme vor, in Europa insbe sondere an Loire, Rhône, Po und Donau sowie Rhein Elbe, Oder und Weichsel [28].

Das natürliche Areal läßt sich wegen zahlreicher Anpflanzungen schwer festlegen. Im nord- und nordwesteuropäischen Tiefland ist die sporadische Verbreitung der Schwarzpappel offenbar nicht auf natürlichem Wege erfolgt. In Ost- und Mittelengland werden hingegen heimische Vorkommen vermutet [16, 71].

Auch die Tallagen des nördlichen Hohen Atlas in Nordafrika sind wahrscheinlich spontan von *P. nigra* besiedelt worden [66]. In Algerien sowie in Ägypten und Syrien ist die Verbreitung indessen wohl eher durch Pflanzung zustande gekommen.

In Osteuropa und Asien erstreckt sich das Areal über die Niederungsgebiete im Bereich des Nordrussischen Landrückens und des Westsibirischen Tieflandes bis etwa zum 61. Breitengrad im Norden und bis zum Jenisseirücken im Osten. Im Südosten dringt *P. nigra* bis in die Täler des Altai-Gebirges in Sinkiang vor [34, 35]. Die südliche Verbreitungsgrenze verläuft etwa entlang der Kasachensteppe.

Die höhenzonale Differenzierung ist unterschiedlich. Die höchstgelegenen Vorkommen liegen bei 1600 m in den zentralen Westalpen [11] und bei 1800 m in den Rätischen Alpen [37].

Beschreibung

Schwarzpappeln beeindrucken als Altbäume durch ihren starken, knorrigen Wuchs. Die Silhouette ähnelt der von alten Solitäreichen.

Kennzeichnend sind vielfach Stammkrümmungen und die frühe Kronenauflösung. Die Krone ist breit und unregelmäßig aufgebaut; sie besteht aus starken, oft waagerecht gestellten oder zur Peripherie hin bogenförmig übergeneigten Ästen mit einer Vielzahl von Seitenzweigen und Kurztrieben [23, 37, 42]. Am Stamm von Altbäumen sind insbesondere die grobe, x-förmig ausgebildete, dunkelgrau-schwärzliche Borke, das häufige Auftreten von Maserknollen sowie die Bildung zahlreicher Wasserreiser auffällige Merkmale [52, 105].

In Deutschland können Schwarzpappeln eine Baumhöhe von 35 m und einen Stammdurchmesser von 2 m erreichen [3]. Im Rahmen einer Aufnahme von 800 Schwarzpappeln in Hessen wurden bei den über 40jährigen Bäumen Höhen zwischen 25 und 35 m sowie Brusthöhendurchmesser zwischen 80 und 100 cm gemessen.

Über den altersbezogenen Wachstumsverlauf finden sich in der Literatur nur spärliche Hinweise. Bei Sortenvergleichsprüfungen waren erhebliche klonspezifische Unterschiede zu beobachten. Wüchsige Schwarzpappeln erwiesen sich gegenüber mitangebauten Hybridpappeln in der Höhenleistung als ebenbürtig, blieben aber in der Durchmesserentwicklung um etwa 10 % zurück [28].

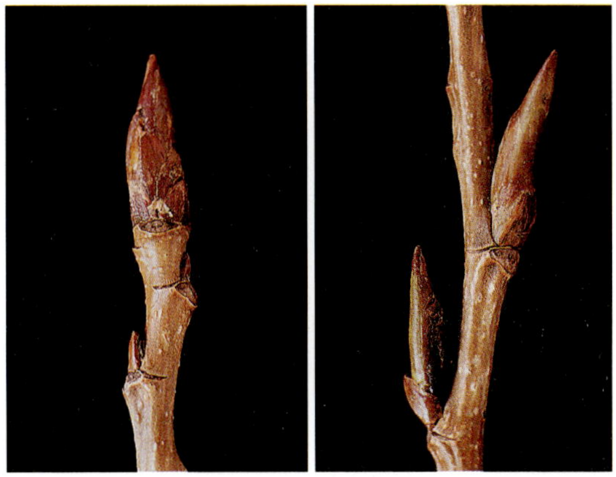

Abb. 3: Winterknospe, terminal (links) und Winterknospen, lateral (rechts)

Abb. 4: Stammbasis eines Altbaumes mit Maserknollen und Wasserreisern

Abb. 5: Junger Trieb im Winterzustand. P. nigra (links), P. deltoides (rechts)

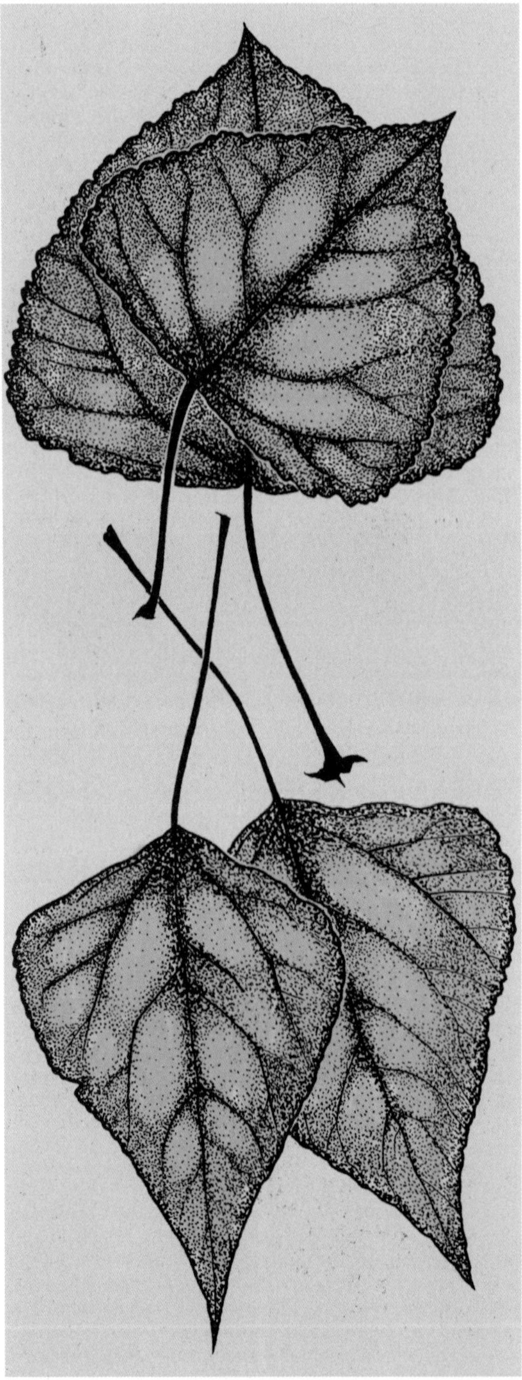

Abb. 6: Laubblätter an Kurztrieben eines Altbaumes (oben) und Normblätter einer Baumschulpflanze (unten), nat. Größe

Knospen und junge Triebe

Die gelb- bis rotbraunen Knospen von *P. nigra* sind kurz (Vegetativknospen: 6 - 8 mm) oder langgestreckt (Blütenknospen: 8 - 15 mm), dem Zweig anliegend, oft aber mit deutlich nach außen gebogener Spitze, klebrig, kahl oder nur schwach behaart.

Aus dem zunächst hellgrünen bis gelb-rötlichen Austrieb entwickeln sich Triebe mit typisch bleigrauer Farbe. Sie sind unbehaart und mit runden Lenticellen in mehr oder weniger gleichmäßiger Verteilung versehen. Die äußeren Schichten des Periderms lösen sich in Streifen ab.

Die jungen Triebe haben, von dem vorderen Bereich abgesehen, im Querschnitt eine runde Form. Sie weisen mithin keine Korkrippen auf und unterscheiden sich so von der nordamerikanischen Schwarzpappel *P. deltoides*.

Blätter

Wie bei anderen Pappelarten ist Blattdimorphismus zu beobachten. Die Blätter am Kurztrieb unterscheiden sich durch ihre geringere Größe und meist rhombische Form von denen des Langtriebs, die vielfach auch rhombisch-eiförmig oder eiförmig gestaltet sind. Zudem differieren die Blätter an jungen und alten Bäumen. Als artspezifisch werden daher „Normblätter" beschrieben. Sie finden sich am jeweils letztjährigen Langtrieb gut entwickelter Baumschulpflanzen [29].

Verglichen mit anderen Schwarzpappeln sind die Blätter von *P. nigra* in allen Altersstadien des Baumes klein. In der Literatur werden Spreitenlängen von 5 bis 12 cm und Breiten von 3 bis 8 cm angegeben [3, 20, 43, 63, 74]. Bei den Normblättern ist der Spreitenquotient (Verhältnis der Hauptaderlänge zur Spreitenbreite, multipliziert mit 100) mit 80 bis 85 deutlich geringer als beispielsweise bei *P. x euramericana*-Hybriden (> 100).

Die Blätter von *P. nigra* sind ferner durch ihre ausgezogene Spitze und keilförmige, teilweise auch schwach herzförmige Spreitenbasis gekennzeichnet. Petiolardrüsen werden nur selten ausgebildet. Die grüne Blattfarbe ist auf der Oberseite in der Regel etwas dunkler als auf der Unterseite. Nur im Jugendstadium läßt sich eine leichte Behaarung beobachten, die sich jedoch mit zunehmendem Alter rasch verliert. Der Blattrand ist gesägt mit abgerundeten Blattzähnen und kahl. Als arttypisches Merkmal von *P. nigra* hat sich zudem der Aderverlauf an der Spreitenbasis erwiesen: Im Gegensatz zu der Struktur bei anderen Schwarzpappeln und Schwarzpappel-Arthybriden zweigt das untere dominierende Nebenaderpaar meist bereits am Übergang vom Blattstiel zur Blattspreite von der Hauptader ab [108]. Der nicht oder gering behaarte Blattstiel ist mit einer Länge von 6 bis 8 cm meist kürzer als das Blatt und seitlich zusammengedrückt.

Abb. 7: Männliche Blüten in einem dickwalzigen Kätzchen (links) und weibliche Blüten (rechts)

Abb. 8: Zahlreiche mit einem Haarschopf versehene Samen

Abb. 9: Fruchtstände, 2 Wochen nach der Blütenbestäubung (links) und Fruchtkapseln unterschiedlicher Größe (rechts)

Blüten und Früchte

Wie alle *Populus*-Arten sind auch Schwarzpappeln diözisch und windblütig. Die nackten Blüten entwickeln sich in kurz gestielten, hängenden, bis 11 cm langen Kätzchen. Dies geschieht vor der Blattentfaltung, in Mitteleuropa im April/Mai.

Die männlichen Kätzchen sind dickwalzig mit purpurroten Staubbeuteln. Jede Blüte verfügt über etwa 10 bis 30 Staubgefäße. Die Tragblätter der Blüte sind geschlitzt und kahl.

Die gelb-grünen weiblichen Kätzchen erscheinen schlanker. Sie enthalten jeweils annähernd 50 Einzelblüten. Der Fruchtknoten ist mit je zwei gelblichen, sitzend oder auf sehr kurzen Griffeln angebrachten Narben ausgestattet. Fruchtknoten und Fruchtknotenstiel sind ungefähr gleich lang.

Im Stadium der Fruchtentwicklung verlängern sich die Kätzchen. Die kurz gestielten, eiförmigen, etwa 6 mm langen Kapseln sind zweiklappig. In jeder Kapsel werden im Regelfall fünf Samen ausgebildet. In Mitteleuropa sind die Früchte Ende Mai/Anfang Juni reif.

Artbestimmung

Die leichte Vermehrbarkeit der Art und die Möglichkeit zum Austausch von Stecklingsmaterial haben bereits Ende des 17. Jahrhunderts zur Herstellung von Arthybriden zwischen der nordamerikanischen Schwarzpappel *P. deltoides* und *P. nigra* geführt [48, 67]. Durch weitere Bastardierungen und Rückkreuzungen entstanden in der Folgezeit die meisten der später als „Altsorten" der Schwarzpappelhybriden in Deutschland wie auch in anderen Ländern bekannt gewordenen und rasch verbreiteten Klone wie 'Serotina' oder 'Marilandica'. Auch viele der später als Neusorten und Zuchtsorten gehandelten und für den Anbau bedeutsam gewordenen Wirtschaftspappeln sind aus der Kombination zwischen *P. deltoides* und *P. nigra* hervorgegangen. Zudem wurde *P. nigra* in diesem Jahrhundert zunehmend für gelenkte Kreuzungen mit asiatischen und nordamerikanischen Pappelarten der Sektion *Tacamahaca* verwendet [28, 90].

Die auf Grund ihrer Wüchsigkeit und vorteilhaften Holzeigenschaften großflächige Verbreitung von Arthybriden hatte zur Folge, daß die heimische *P. nigra* in den Flußniederungen mehr und mehr verdrängt wurde. Vielfach kam es zur Mischung von Restpopulationen mit den Wirtschaftspappeln. Dies hatte teilweise eine erneute Hybridisation zur Folge.

Die Identifizierung noch vorhandener artreiner *P. nigra*-Vorkommen erwies sich daher als schwierig. Die in der älteren Literatur enthaltenen botanischen Beschreibungen beziehen sich in der Regel auf Altbäume und sind für eine präzise Abgrenzung und Zuordnung unzureichend.

Tabelle 1: Häufig zu beobachtende schaft- und blattmorphologische Unterschiede zwischen Schwarzpappeln und Schwarzpappelhybriden im Baumschulstadium

Merkmal	*P. nigra*	*P. x euramericana*
Schaft		
Form	ohne Leisten, im Querschnitt rund	mit Leisten, im Querschnitt eckig
Farbe	bleigrau	andersfarbig, oft olivgrün bis braunrot
Triebspitzenfarbe	hellgrün bis gelbrötlich	dunkler, oft olivbraun
Blatt		
Größe, Konsistenz	klein, fest	meist groß, breit, weich
Spreitenquotient*)	80 - 85	> 100
Blattaderstruktur	untere Seitenverzweigung meist an der Spreitenbasis	untere Seitenverzweigung stets zur Blattspitze hin versetzt
Petiolardrüsen	selten vorhanden	immer vorhanden

*) Verhältnis der Hauptaderlänge zur Spreitenbreite, multipliziert mit 100

Eine zumindest näherungsweise Artbestimmung ist jedoch anhand von morphologischen und phänologischen Merkmalen bei jungen Pflanzen im Baumschulalter nach Absteckungen möglich [29, 43, 44]. Insbesondere eignen sich Schaft- und Blattmerkmale durch ihre charakteristische Ausprägung zur Trennung der Arthybriden von *P. nigra*. Dabei ist indessen zu beachten, daß eine einzelne Eigenschaft für die Identifizierung keinesfalls ausreicht. Nur durch die kombinierte Beurteilung mehrerer morphologischer wie auch phänologischer Merkmale sind Rückschlüsse auf die Art möglich.

Die einfache Methode der Feldbeobachtung hat sich vor allem bei Vergleichen von *P. nigra* mit *P. deltoides* sowie mit den verbreiteten Hybridsorten bewährt. In Naturverjüngungen, die teilweise aus Rückkreuzungen von *P. x euramericana* mit *P. nigra* hervorgegangen sein und zahlreiche Übergangsformen enthalten können, ist eine sichere Ansprache der artreinen Schwarzpappel nach den genannten Kriterien hingegen nicht erreichbar.

Hierfür eignen sich aber zwei biochemisch-genetische Verfahren, die in jüngerer Zeit erfolgreich angewendet wurden. Die eine der beiden Methoden basiert auf der Erkenntnis, daß sich *P. nigra*, *P. deltoides* und die zugehörigen *P. x euramericana*-Arthybriden eindeutig an mehreren Isoenzym-Genorten unterscheiden [75, 76, 77, 79]. So gelang es, zahlreiche im Rahmen von Inventuren erfaßte Altbäume mit Hilfe von vier Isoenzym-Genorten jeweils einer der beiden Arten oder der Gruppe der Arthybriden zuzuordnen [49, 50, 51]. Bei Rückkreuzungen von *P. x euramericana* mit *P. nigra* in der F_2-Generation können lediglich 6,25 % der Nachkommen nicht von reiner *P. nigra* unterschieden werden, weil sie das gleiche Allelmuster zeigen.

Die zweite molekularbiologische Methode ermöglicht eine Identifizierung durch Analyse der nur maternal vererbten Chloroplasten-DNA. Mit Hilfe einer spezifischen DNA-Sonde können *P. deltoides* und *P. nigra* auf Grund von Restriktionsfragment-Längenpolymorphismen (RFLP) voneinander unterschieden werden [103, 107]; dabei geht man von der experimentell belegbaren Annahme aus, daß *P. deltoides* stets mütterlicher Kreuzungspartner ist. Auch dieses Verfahren wurde inzwischen zur Praxisreife entwickelt [86, 102]. Es eignet sich indessen nicht zur Trennung von *P. nigra* und *P. nigra* x *P. x euramericana*-Hybriden.

Isoenzym- und DNA-Analysen [38, 39, 40] sind nicht von Baumschul-Nachzuchten abhängig und führen rasch zu Ergebnissen.

Fortpflanzung und Vermehrung

Auf geeigneten Standorten entlang von Fließgewässern, insbesondere in Flußauen mit ungestörter Überflutungsdynamik, findet eine intensive generative Vermehrung statt. Als Pionierbaumart ist *P. nigra* bereits nach ungefähr zehn Jahren fruktifikationsfähig. Die stärkste Blühphase wird etwa im Alter 30 bis 40 erreicht. In der Regel gibt es bei jährlich annähernd gleichmäßigem Blütenansatz keine größeren Fruktifikationsintervalle unter der Voraussetzung, daß Bestäubung und Samenentwicklung nicht durch Spätfröste nach Öffnung der Blütenknospen beeinträchtigt werden.

Die im Mai oder Juni ausgereiften Samen sind im Freiland meist nur wenige Tage lebensfähig.

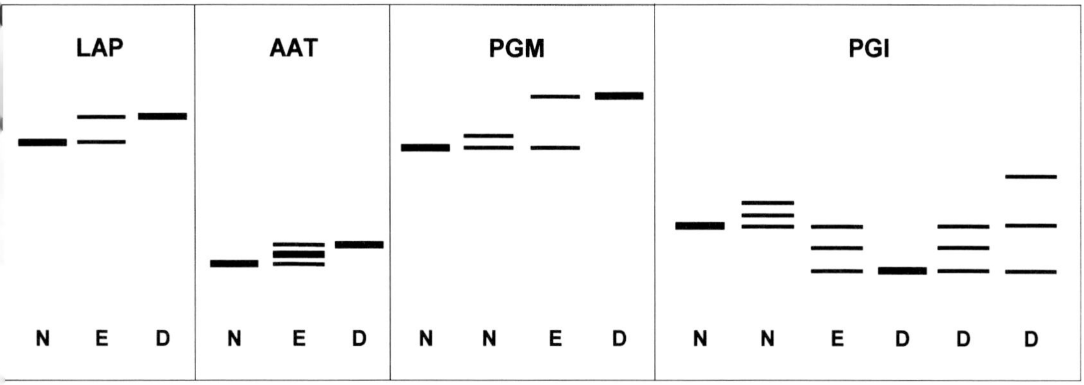

Abb. 10: Isoenzymanalyse bei P. nigra (N), P. deltoides (D) und P. x euramericana (E). Schematische Darstellung der aufgetretenen Allelmuster an den Genorten LAP-A (LAP = Leucinaminopeptidase), AAT-B (AAT = Aspartataminotransferase), PGM-A (PGM = Phosphoglucomutase) und PGI-B (PGI = Phosphoglucoseisomerase) [49]

In Folienbeuteln kann frisches Saatgut bei Temperaturen von 2 bis 4 °C jedoch bis zu einem Jahr aufbewahrt werden [46]. Darüber hinaus bleibt die Vitalität durch Lagerung im Kühlraum bei etwa –10 °C auch über mehrere Jahre erhalten [68].

Die fluviatile Verbreitung der schwimmfähigen Samen kann ohne Vitalitätsverlust über Entfernungen von mehreren Kilometern erfolgen. Auf feuchten alluvialen Schwemmböden beginnt die Keimung bei optimalen Wuchsbedingungen bereits nach 48 Stunden. Dabei werden Keimprozente um 90 erreicht.

Die Keimlinge sind in den ersten Wochen ihrer Entwicklung durch Witterungseinflüsse (hohe Sonneneinstrahlung, Trockenheit, starke Niederschläge) und Pilzbefall erheblich gefährdet. Zudem verfügt das Saatgut nur über relativ wenige Reservestoffe. Das während dieses kritischen Stadiums zunächst schwache Wachstum beschleunigt sich nach etwa vier bis sechs Wochen, sofern genügend Licht verfügbar ist.

Wegen des in der ersten Jugendphase mäßigen Wuchspotentials ist die Konkurrenzfähigkeit der Schwarzpappelsämlinge anfangs gering. Als Substrat sind daher sandige Rohböden am besten geeignet, auf denen sich keine üppige Krautflora entwickeln kann.

Nach einer Vegetationsperiode erreichen die Sämlinge in Deutschland Wuchshöhen von etwa 50 cm. Bei günstigen Standortsverhältnissen und hoher Keimlingszahl beginnt die natürliche Selektion frühzeitig: Im Wuchs zurückbleibende Pflanzen sterben gewöhnlich schon nach ein bis zwei Jahren ab.

Für die natürliche Verbreitung von *P. nigra* ist neben der generativen auch die vegetative Vermehrung bedeutsam. Sie erfolgt in erster Linie über Stockausschläge. Wurzelbrut wird insbesondere bei Verletzungen von Wurzeln beobachtet, die an der Bodenoberfläche verlaufen und nach Winterhochwasser oder Eisgang freigelegt worden sind. Auch Astabbrüche können sich, vor allem auf Rohböden, bewurzeln.

Autovegetative Vermehrung

P. nigra läßt sich auf einfache Weise und in großen Stückzahlen durch Steckholzbewurzelung reproduzieren. Dabei können Vermehrungsraten um 80 % erzielt werden.

Als Ausgangsmaterial eignen sich am besten einjährige Triebe von Jungpflanzen sowie einjährige Wasserreiser oder Stockausschläge von Altbäumen. Diese Triebe lassen sich leicht zu Steckhölzern mit brauchbaren Dimensionen (20 cm lang, 10 bis 15 mm stark) verarbeiten. Die Absteckung erfolgt im Frühjahr ebenerdig in ein gut gelockertes, krümeliges, nicht staunasses Bodensubstrat im Freiland.

Bei alten Schwarzpappeln ist häufig kein geeignetes Reisermaterial verfügbar, so daß auf ein- bis zweijährige Endtriebe aus dem Kronenbereich zurückgegriffen werden muß. Kennzeichnend für dieses Material sind die geringen Jahrestrieblängen. Zudem wirkt sich der verhältnismäßig hohe Markanteil (bis zwei Drittel des Durchmessers) nachteilig aus. Da die Steckhölzer im Freiland häufig austrocknen oder von Pilzen befallen werden, sollte die Anzucht unter Gewächshausbedingungen mit Regner- oder Nebelanlagen erfolgen. Die Bewurzelungsraten liegen dann auch bei Steckholzmaterial aus den Kronen von Altbäumen zwischen 60 und 70 %.

Bei geringer Distanz zwischen Entnahme- und Vermehrungsort kann *P. nigra* in Gewächshäusern mit Nebelanlagen auch im Juni über belaubte Grünstecklinge mit hoher Erfolgsaussicht (bis 100 %) vermehrt werden. Durch den Aufbau von Mutterquartieren in der Nähe des Vermehrungsortes ist das Verfahren darüber hinaus für weiter entfernt gelegene Schwarzpappel-Vorkommen bedingt anwendbar.

Neben diesen konventionellen Methoden können mikrovegetative Vermehrungstechniken genutzt werden. Sie kommen insbesondere in Betracht, wenn das Ausgangsmaterial in beträchtlichem Umfang durch Bakterien und Pilze kontaminiert ist. Durch Anwendung von in vitro-Verfahren werden Sproßkulturen erzeugt, die unter sterilen Bedingungen wachsen und pathogenfreie Pflanzen produzieren [30].

Abb. 11: P. nigra – Naturverjüngung nach einem Dammbruch am Rhein, Forstamt Groß-Gerau, Hessen, 1983

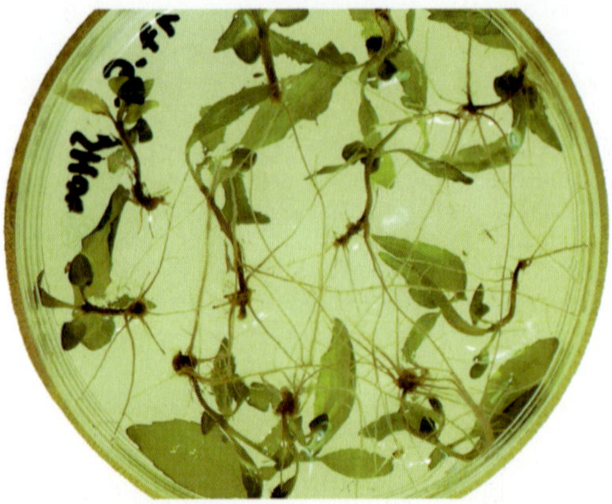

Abb. 12: Bewurzelte Sproßkulturen in vitro

Abb. 13: Plantage mit neunjährigen P. x euramericana-Hybriden bei Arezzo, Italien

Heterovegetative Vermehrung

Bei ungünstigen Voraussetzungen für die autovegetative Vermehrung von *P. nigra*-Altbäumen ist auch eine Reproduktion über Pfropfungen möglich. Hierfür eignen sich insbesondere zwei Methoden [58]:

Bei der der Okulation ähnlichen Chip-Veredlung wird anstelle eines Reises lediglich eine mit einem Basisschild (Chip) von mehrjährigem Holz versehene Knospe (Auge) auf die Unterlage übertragen. Für das Verfahren kommen auch kleine Äste dritter und vierter Ordnung aus dem Kronenbereich von Altbäumen in Betracht. Die Transplantation kann als Topf- oder Handveredlung[1)] in dem Zeitraum von der Ruhephase bis zu dem Stadium des Knospenaufbruchs der Unterlage im Winter oder Frühjahr erfolgen.

Bei der anderen Methode wird ein Kopulationsreis zwischen Holz und Rinde der Unterlage geschoben. Auf Grund des rasch einsetzenden Verwachsungsprozesses lassen sich auch sehr dünne Reiser von etwa 2 mm Durchmesser nutzen. Günstiger Pfropftermin ist das Stadium des Knospenaufbruchs. Zum Zeitpunkt der Übertragung müssen die Unterlagen eine ausreichende Saftzirkulation aufweisen.

Beide Verfahren können bei unterschiedlichen Freilandbedingungen, aber mit besseren Erfolgsaussichten im Gewächshaus angewandt werden. Die Ergebnisse variieren klonspezifisch; unter der Voraussetzung fachgerechter Handhabung ist auch bei schwach dimensioniertem Reisermaterial mit relativ hohen Veredlungserfolgen um 80 % zu rechnen.

Die Pfropflinge eignen sich gut als Ausgangspflanzen für die weitere autovegetative Vermehrung: Beide Methoden ermöglichen bereits im Verlauf des Pfropfjahres die Gewinnung von Grünstecklingen im Frühsommer oder von Ruten zur Steckholzvermehrung im Herbst.

Ökologie

Ansprüche an Klima und Boden

P. nigra ist auf die relativ günstigen Milieuverhältnisse der Flußniederungen in warm-gemäßigten und borealen Klimabereichen weitgehend angewiesen. Diese Voraussetzungen werden in Zentraleuropa in erster Linie in den planaren, kollinen und submontanen Wuchszonen bei Temperaturen von wenigstens 14 °C in der Vegetationszeit (Mai bis September) und bei einer Dauer der Vegetationszeit von mindestens 150 Tagen erreicht. Salzhaltige Seewinde wirken sich nachteilig aus, wie die geringe Verbreitung der Art und ihre Krankheitsanfälligkeit in küstennahen Gebieten von Nord- und Ostsee erkennen läßt [28].

1) Topfveredlung: Veredlung auf eingewurzelte Unterlage im Topf; Handveredlung: Veredlung auf wurzelnackte, in der Hand gehaltene Unterlage

Kennzeichnend sind die hohen Ansprüche an Licht und Wärme sowie an gut durchlüftete und wasserversorgte, eutrophe Böden. pH-Werte um 7 werden bevorzugt, stark saure Substrate werden gemieden. Periodische Überschwemmungen von jeweils kurzer Dauer und Überschlickung begünstigen, langanhaltende Hochwasser und insbesondere stagnierende Nässe hingegen beeinträchtigen Verbreitung, Vitalität und Wachstum der Schwarzpappel. Besiedlungsstrategie und Fitness der Baumart sind mithin an die ungestörte Dynamik von Fließgewässern mit wiederkehrenden, zeitlich begrenzten Überflutungsphasen angepaßt [41]. Als optimal haben sich locker gelagerte, gut durchwurzelbare sandig-lehmige Auwaldböden aus humosen Sedimenten mit Grundwasserständen zwischen 0,5 und 2,0 m erwiesen [105].

Ein ausreichendes Kalk- und Phosphorangebot ist vorteilhaft, doch können bei sonst günstigen Standortsbedingungen auch ärmere Böden genutzt werden.

Vergesellschaftung

Als seitendruckempfindliche, relativ konkurrenzschwache Pionierbaumart vergesellschaftet *P. nigra* überwiegend mit Weiden- und anderen Pappelarten, die sukzessionsökologisch vergleichbar und für die Weichholzauen charakteristisch sind. Für die europäischen Waldregionen einschließlich der angrenzenden Gebiete Kleinasiens und Nordafrikas wurden die Pflanzengesellschaften, an denen *P. nigra* beteiligt ist, im Anhalt an MAYER [64] in Tabelle 2 zusammengestellt.

Genetische Differenzierung und züchterische Bearbeitung

Innerhalb des großen Areals von *P. nigra* haben sich auf der Grundlage der vorhandenen genetischen Variation offensichtlich Lokalpopulationen ausgebildet. Über das Anpassungspotential der Baumart ist jedoch bisher wenig bekannt. Insbesondere mangelt es an systematischen Untersuchungen, die über das natürliche Variationsmuster überregional Auskunft geben könnten. Zudem ist umstritten, ob eine weitergehende Differenzierung nach Unterarten gerechtfertigt ist, oder ob sich Beobachtungen über die Nutzung ökologischer Nischen durch divergierende Überlebens- und Reproduktionsstrategien allein über Herkunftsunterschiede erklären lassen [95].

Über die Varietäten von *P. nigra* gibt es in der Literatur unterschiedliche, teilweise auch widersprüchliche und taxonomisch unklare Angaben [vgl. insbesondere 109]. Unter anderem wird dabei zwischen Erscheinungsformen mit fein behaarten jungen Blättern und Trieben (*P. nigra* var. *betulifolia* TORR. in Frankreich und England, *P. nigra* var. *caudina* TEN. in Südeuropa, Nordafrika und Iran) und Formen mit unbehaarten Assimilationsorganen getrennt (*P. nigra* var. *neapolitana* TEN. in Nordafrika, Süditalien, Balkan, Syrien und Irak).

Die Beschreibung anderer morphologischer Merkmale läßt eine weitergehende präzise Charakterisierung und Unterscheidung von dem Arttypus nicht zu [22].

Von den gleichfalls als Varietäten ausgewiesenen Schwarzpappeln mit säulenähnlicher Wuchsform sind vor allem *P. nigra* L. var. *italica* DU ROI, *P. nigra* L. var. *plantierensis* SCHNEIDER und *P. nigra* L. var. *thevestina* (DODE) BEAN zu nennen. Überwiegend handelt es sich dabei indessen um einzelne, durch Mutation entstandene Genotypen, die vegetativ in großem Umfang vermehrt und als Alleebäume oder an Fluß- und Kanalufern auch außerhalb des natürlichen Areals angepflanzt wurden.

Der Bestand an Genen und deren Häufigkeitsverteilung je Population kann durch natürliche interspezifische Hybridisation innerhalb der Gattung *Populus* (Introgression) erheblich verändert werden [57, 104]. Dabei folgen einander in der Regel drei verschiedene Phasen [1]:

- die Entstehung von F_1-Hybriden;
- deren Rückkreuzung mit einer der beiden Elternarten;
- die natürliche Selektion bevorzugter Genotypen aus den Nachkommenschaften.

Abb. 14: Einjährige, aus Steckhölzern angezogene Pappeln in Jinshatan, Prov. Shanxi, VR China. Vorne: P. deltoides-Hybriden mit zahlreichen Ausfällen. Hinten: Sehr wüchsige P. nigra-Klone

Tabelle 2: Vergesellschaftung von *P. nigra* in den Weichholzauen europäischer Waldregionen nach [64]

Waldregion	Flußniederung	Pflanzengesellschaft	Baum- und Straucharten (außer *P. nigra*)
Ost- und nordosteuropäische Laub-Nadelwaldregion	u.a. Wolga, Dnjepr, Weichsel	*Salicetum albae* (Weiden-Pappel-Auwald)	*Populus alba, Salix alba, S. fragilis, S. purpurea, S. viminalis, Fraxinus excelsior, Prunus padus*
Mitteleuropäische Eichen-Buchenwaldregion	Oder, Elbe, Havel, Rhein, Main, Neckar	*Salicetum albae* (Silberweidenaue)	*Salix alba, S. fragilis, Rubus caesius, Cornus sanguinea*
		Salici albae-Populetum nigrae (Schwarzpappelaue)	*Salix alba, S. purpurea*
Südosteuropäische Laubmischwaldregion	Donau, Theiß	*Salici-Populetum* (Pappel-Weidenaue)	*Salix alba, Populus alba*
	Theiß, Save, Donau	*Salici albae-Populetum* (Silberweiden-Pappelaue)	*Salix alba, S. fragilis, Ulmus laevis, Populus alba*
	Drau	*Salicion albae* (Weichholzauwald)	*Salix alba, S. fragilis, S. triandra, Populus alba, P. x canescens, Rubus caesius, Cornus sanguinea*
Mediterrane Hartlaub-Waldregion	Garonne, Ebro	*Populetum albae* (Silberpappel-Auwald)	*Populus alba, Salix alba, Fraxinus parvifolia, Ulmus minor, Alnus glutinosa*
	Ebro	*Rubo ulmifolii-Populetum albae*	*Ulmus minor, Populus alba, Fraxinus parvifolia, Celtis australis, Quercus lusitanica*
	Flußniederungen auf Korsika	*Populetum albae* (Korsischer Flußauwald)	*Populus alba, Fraxinus parvifolia, Alnus cordata*
	Vardar(Mazedonien)	*Salicetum albo-fragilis* (Silberweiden-Auwald)	*Salix alba, S. fragilis, Populus x canescens, Ulmus minor*
	Gediz nehri (Anatolien)	*Platanetum orientalis* (Schwarzpappel-Platanen-Auwald)	*Platanus orientalis, Pyrus amygdaliformis, Punica granatum, Cercis siliquastrum, Quercus macrolepis*
	Flußniederungen im Sahara-Atlas und Antiatlas	(Silberpappel-Auwald)	*Populus alba*

Der Vorgang der introgressiven Hybridisation findet auch bei künstlicher Einbringung von *P. nigra* in Verbreitungsgebiete anderer Pappelarten oder von anderen Arten in das *P. nigra*-Areal statt. Vor allem in den auf diese Weise entstandenen Kontaktzonen mit den *Aigeiros*-Arten *P. deltoides* und *P. fremontii* sind zum Teil stammzahlreiche Hybridschwärme mit vielfältigen Merkmalskombinationen nachgewiesen [15, 21]. Auch mit Pappeln der Sektion *Tacamahaca* ist spontaner interspezifischer Genaustausch bekannt, beispielsweise zwischen *P. laurifolia* und *P. nigra*.

Die genetische Differenzierung der Schwarzpappel wurde in vielfältiger Weise für Züchtungszwecke genutzt. Die einfache Handhabung der Stecklingsvermehrung ermöglichte die Verklonung wüchsiger Bäume und deren großflächige Verbreitung. In der Türkei ist nach Inventurangaben eine Fläche von 60 000 ha mit *P. nigra* bestockt [15]; in weiten Anbaugebieten dominieren hierbei wenige Klone. Um Gefahren der Genverarmung zu vermeiden, wurden in den vergangenen Jahren ergänzende Programme zur Erfassung von Schwarzpappelvorkommen durchgeführt und Selektionsmaßnahmen eingeleitet [93]. In den Ländern des Nahen Ostens und im Iran hat sich der Anbau der *P. nigra* var. *thevestina*-Sorte 'Hamoui' (regionale Handelsbezeichnungen auch 'Spindar' und 'Tabrizih') unter den gegebenen Klimabedingungen bewährt. Sie wird wegen ihrer Nutzholztauglichkeit wie wegen ihrer Schutzwirkung in gleicher Weise geschätzt und ist daher sowohl in Reihen als auch flächenhaft weit verbreitet [22]. In europäischen Ländern waren zunächst teilweise gleichfalls *P. nigra*-Klone im Anbau, die später aber weitgehend durch wüchsigere euramerikanische Hybriden verdrängt wurden. In einigen Regionen, beispielsweise in Spanien, Frankreich, Holland und Ungarn, ist die Pflanzung von Schwarzpappeln in begrenztem Umfang vorwiegend als Flurgehölz nach wie vor üblich [83].

Über die Erkenntnisse bei ausschließlich selektiver Vorgehensweise hinaus liegen vor allem für den Bereich der Kreuzungszüchtung vielfältige Erfahrungen mit *P. nigra* vor [45, 88]. 63 % der Pappelklone, die in dem Verzeichnis der Internationalen Pappelkommission aufgeführt sind, lassen sich auf vorwiegend interspezifische Hybridisation mit *P. nigra* zurückführen [99].

Weite Verbreitung in vielen Ländern Europas, Asiens, Nord- und Südamerikas haben aus spontanen wie aus gelenkten Kreuzungen zwischen *P. deltoides* und *P. nigra* hervorgegangene *P. x euramericana*-Klone gefunden. Sie zeichnen sich durch Kombination vorteilhafter quantitativer und qualitativer Eigenschaften aus, die auf beide Eltern verteilt sind [2, 6, 28, 72]: Genügsamkeit hinsichtlich der Bodentextur, einfache vegetative Vermehrbarkeit und Toleranz gegenüber wesentlichen Blatt- und Rindenpathogenen *(Marssonina brunnea, Xanthomonas populi)* bei *P.*

nigra; Raschwüchsigkeit, gute Holzqualität und Widerstandsfähigkeit gegenüber verschiedenen Blatterkrankungen bei *P. deltoides*. Nicht selten konnten in der F_1-Generation auf einer stimulierenden Wirkung der Heterozygotie beruhende Heterosiseffekte nachgewiesen werden. Einzelne Klone aus Nachkommenschaften dieser Artkreuzungen wie 'Robusta' oder 'I-214' sind nahezu in allen Ländern der Erde verbreitet, in denen Pappelanbau plantagenmäßig betrieben wird. Positive Kreuzungsergebnisse wurden allerdings nur mit *P. nigra* als Vater erzielt. Bei der reziproken Kombination *P. nigra* x *P. deltoides* sterben die Embryonen offenbar bereits in einem frühen Stadium der Entwicklung ab [65].

Darüber hinaus hat sich *P. nigra* als Partner in zahlreichen Kreuzungen mit Pappelarten der Sektion *Tacamahaca* bewährt. Einschlägige Untersuchungen in größerem Umfang wurden erstmals in den zwanziger Jahren für die Oxford Paper Company in USA durchgeführt [84, 89, 90]. Einige der aus den damaligen Kombinationen von *P. nigra* oder *P. nigra*-Bastarden mit nordamerikanischen oder asiatischen Balsampappeln *(P. trichocarpa, P. laurifolia, P. maximowiczii)* entstanden Arthybriden wie 'Oxford' und 'Rochester' sind in verschiedenen Ländern lange Zeit bevorzugt für Anbauzwecke verwendet worden.

Die später in Europa, vor allem in Belgien, intensivierten Kreuzungsarbeiten mit *P. trichocarpa* führten indessen nur teilweise zu befriedigenden Ergebnissen: Viele dieser Arthybriden zeichneten sich zwar durch Raschwüchsigkeit und Widerstandsfähigkeit gegenüber dem Krebserreger *Xanthomonas populi* aus, erwiesen sich aber als anfällig für andere Pathogene *(Melampsora larici-populina, Dothichiza populea)* und reagierten auf Pflegemaßnahmen mit starker Wasserreiserbildung.

Bei Artkreuzungen von Schwarz- mit Balsampappeln in China wurde lange Zeit die Kombination *P. simonii* x *P. nigra* bevorzugt (HSU, zit. nach [106]). Aus ihr sind einige im Norden des Landes weit verbreitete Klongemische wie *P. x opera, P. x popularis* und *P. x simonigra* hervorgegangen. Neuerdings wird *P. nigra* zunehmend auch für interspezifische Kreuzungen mit weiteren chinesischen Balsampappeln verwendet. Wüchsige Nachkommenschaften haben sich insbesondere aus der Kombination *P. cathayana* x *P. nigra* entwickelt [33, 106].

Über andere intersektionelle Hybridisierungen von *P. nigra* mit Arten der Sektionen *Turanga, Leuce* und *Leucoides* ist bisher erst wenig bekannt. Durchgeführte Kreuzungsversuche waren aus genetischen oder physiologischen Gründen vielfach erfolglos, führten nur zu geringem Samenansatz oder resultierten in mattwüchsigem, für Anbauzwecke nicht oder wenig geeignetem Pflanzenmaterial [33, 78, 82].

In den vergangenen Jahren haben Intensität und Erkenntnisbreite der Hybridforschung mit *P. nigra* weiter zugenommen. Ihre große Bedeutung für den praktischen Pappelanbau in vielen Ländern der Erde ist unverkennbar. Weiterführende Informationen dazu sind in einer gesonderten Monographie über Pappelhybriden enthalten.

Abb. 15: Populus nigra var. italica als Straßenbaum in einer südtiroler Ortschaft (Foto: P. Schütt)

Pathologie

Während bei den wirtschaftlich bedeutsamen Schwarzpappelhybriden zahlreiche Untersuchungsbefunde über Vitalitätsverluste und Minderungen des quantitativen und qualitativen Leistungsvermögens durch biotische wie abiotische Einflüsse vorliegen, mangelt es bei den natürlichen Vorkommen von *P. nigra* an vergleichbaren Erkenntnissen.

Die in vielen Ländern nur noch in Reliktform vorhandenen Naturwaldbestände lassen keine auffälligen, durch Wettererscheinungen und Luftverunreinigung bedingten Krankheiten erkennen. Von erheblicher Tragweite sind indessen die durch anthropogene Maßnahmen verursachten Veränderungen wesentlicher Bodeneigenschaften, insbesondere des Wasserhaushalts. Die Auswirkungen werden in dem Abschnitt „Erhaltung von Reliktvorkommen" behandelt.

Systematische Erhebungen über arttypische Erkrankungen durch Pilze und Bakterien sowie über Insektenschäden sind nicht bekannt. In der Literatur enthaltene Angaben beziehen sich auf kleinere Baumgruppen, Einzelbäume oder Klone, die in Versuchsserien hinsichtlich ihrer Anfälligkeit oder Abwehrbereitschaft getestet wurden. Diese Informationen lassen darauf schließen, daß *P. nigra* auf zusagenden Standorten in der Regel nicht durch parasitäre Erkrankungen in bedrohlichem Ausmaß beeinträchtigt wird. Erhebungen in Deutschland ergaben:

- keinen oder nur geringen Befall an den Blättern durch die mit den Namen ihrer Konidienform bekannten Schlauchpilze *Marssonina brunnea* (E. et E.) MAGN. und *M. populi-nigrae* KLEB. [110];
- überwiegend schwache bis mäßige, selten mittlere bis starke Infektionen der Blattorgane durch den Rostpilz *Melampsora larici-populina* KLEB. [80];
- keine oder geringe, selten stärkere Schädigungen der Rinde durch den bakteriellen Krebserreger *Xanthomonas populi* subsp. *populi* (RIDÉ) RIDÉ et RIDÉ [56].

Die physiologisch bedingte Schwächung von Schwarzpappeln durch anthropogen verursachte Beeinträchtigungen des Habitats, insbesondere nach vorangegangener Flußregulierung und Grundwasserabsenkung, hat in der Regel ein verstärktes Auftreten von pathogenen Organismen als Schaderreger zur Folge. Die bei Feuchtigkeitsverlusten und Frostschäden verminderte Abwehrbereitschaft des Rindengewebes von *P. nigra* begünstigt die auch als „Rindentod" bezeichnete Rindenbrand-Erkrankung [13]. Sie wird verursacht durch den Ascomyceten *Cryptodiaporthe populea* (SACC.) BUTIN (Konidienform: *Dothichiza populea* SACC. et BR.). Bäume aller Altersstufen können befallen werden und bei erhöhter Disposition absterben.

Bei den gleichen Streßerscheinungen ist an älteren Schwarzpappeln häufig Braunfleckengrind zu beobachten. Kennzeichnend für die von einigen Phytopathologen der Symptomatik des Rindenbrandes zugeordneten Krankheit sind etwa handtellergroße, elliptische, eingesunkene Rindennekrosen. Bei gehäuftem Auftreten sterben die Pappeln oder zumindest Teile der Krone ab.

Die beiden genannten Krankheiten haben sich in Deutschland wie auch in anderen Ländern bei Schwarzpappeln und zahlreichen Schwarzpappelhybriden zum Teil epidemisch ausbreiten können. In erster Linie waren davon Bäume mit herabgesetzter Vitalität auf feuchtigkeitslabilen Standorten betroffen [13, 56].

Die Zusammenhänge zwischen der Disposition von Schwarzpappeln und der Entwicklung pathogener Organismen sind bei den Insekten ähnlich wie bei Pilzen und Bakterien zu beurteilen: Bei vitalen Vorkommen von *P. nigra* unter günstigen Milieubedingungen kommen verschiedene Insektenarten in jeweils geringer Anzahl vor. Massenvermehrungen sind hingegen hauptsächlich bei mattwüchsigen Pflanzen auf wenig geeigneten Standorten zu erwarten. Zu den verbreitet vorkommenden Schaderregern zählen insbesondere [4, 12, 70, 87]:

- an den Assimilationsorganen die der Familie der Blattkäfer *(Chrysomelidae)* zugehörigen *Melasoma-* und *Phyllodecta*-Arten sowie der Pappelspinner *Leucoma salicis L.*
- im Holzkörper die der Familie der Bockkäfer *(Cerambycidae)* zugeordneten *Saperda*-Arten, der Weidenbohrer *Cossus cossus* L., der Große Pappelglasflügler *Aegeria apiformis* CL. sowie der Kleine Pappelglasschwärmer *Paranthrene tabaniformis* ROTT.

Nutzung

Eigenschaften und Verwendung des Holzes

Die für die Holzgüte wesentlichen äußeren Merkmale weisen bei *P. nigra* auf eine relativ geringe Nutzholztauglichkeit hin: Schaftkrümmungen, frühe Kronenauflösung, starke Ast- und Wasserreiserbildung sowie mangelhafte natürliche Astreinigung prägen das Erscheinungsbild dieser Baumart. Die für die Rohstoffverwendung nachteiligen Eigenschaften sind Ursache für die Verdrängung von *P. nigra* durch eine Vielzahl von zudem raschwüchsigeren Hybridpappelsorten in zahlreichen Ländern. Soweit großflächig artreine Schwarzpappeln angebaut werden, handelt es sich stets um selektiertes und verklontes Material mit besserer Schaftform und Beastung sowie höherem Wuchspotential oder mit spezifischer Eignung, beispielsweise für Windschutzanlagen.

Bei den äußerlich nicht erkennbaren, die Holzqualität kennzeichnenden Merkmalen unterscheidet sich *P. nigra* nur wenig von anderen Pappeln der Sektion *Aigeiros* [9]. In frischem Zustand hebt sich das hellbraune Kernholz von dem weißlich-grauen Splint ab, verliert aber während der Trocknung weitgehend seine Färbung. Die Jahrringe sind meist deutlich markiert. Früh- und Spätholz lassen sich hingegen kaum unterscheiden.

Abb. 16: Stammscheibe einer 38jährigen P. nigra

Abb. 17: Fraßbild des Bockkäfers Anoplophora glabripennis im Holz von P. nigra var. thevestina, Jinshatan, Prov. Shanxi, VR China

Das Holz ist weich und bei mittleren Darrdichten um 0,34 g/cm^3 leichter als bei den meisten Laubbaumarten anderer Gattungen [9, 10]. Die Werte für die statischen Festigkeiten liegen innerhalb, teilweise auch oberhalb des Bereiches von Baumarten mit vergleichbarer Rohdichte. Der Feuchtigkeitsgehalt ist wie bei anderen Pappeln auffällig hoch; er übertrifft im Kernholz den Wert für das Splintholz um 60 %.

Soweit die äußeren Wuchseigenschaften es zulassen, können Schwarzpappeln in vielfältiger Weise verwendet werden. Das Holz läßt sich meist leicht und sauber bearbeiten [31]. Bei relativ hohem Zugholzanteil entstehen allerdings häufig wollige Oberflächen.

In Ländern mit großer Ausbreitung wird *P. nigra* auf Grund des geringen Gewichtes für die Produktion von Holzschuhen und Prothesen, darüber hinaus für die Herstellung von Holzwolle, Kisten, Paletten, Verschlägen und Haushaltsgeräten, für Schnitzereien sowie zum Teil auch im Haus- und Möbelbau genutzt. Ferner liefern Schwarzpappeln geeignete Rohstoffe für die Holzwerkstoffindustrie, zumal sich dort neben dem Gewicht auch andere Merkmale wie helle Farbe, geringe Querdruckfestigkeit, Geruchs- und Harzfreiheit als vorteilhaft erweisen.

Andere Verwendungen

Die wahrscheinlich aus dem Iran oder aus Afghanistan stammende *P. nigra* var. *italica,* cv. 'Italica' ist unter den Namen „Spitzpappel", „Napoleonspappel" oder „Lombardische Pappel" von Italien und Frankreich aus bereits seit dem 18. Jahrhundert in vielen Ländern angebaut worden und findet sich heute unter anderem am Rio Negro in Argentinien.

Napoleon I. ließ sie in großem Umfang zur Markierung der Fernverbindungsstraßen für Heer und Post pflanzen und verbesserte damit vor allem im Winter die Orientierung. Auf ähnliche Weise wurden verschiedene Klone von *P. nigra* var. *thevestina* in Südosteuropa, den Ländern des Nahen Ostens sowie im Iran verbreitet; auch in einigen Gebieten Nordchinas wird sie vorzugsweise als Straßenbaum und für Windschutzpflanzungen verwendet.

Die seit langem bekannte volksmedizinische Bedeutung von *P. nigra* beruht auf den Hauptwirkstoffen Salicin und Populin [91]. Sie werden neben Gerbstoffen, ätherischen Ölen, Chrysin, Flavonen und Harz vorwiegend aus den Knospen und der Rinde gewonnen.

Die als Tee oder zur äußerlichen Behandlung zubereiteten Extrakte wirken vor allem harnsäurelösend, entzündungshemmend und schmerzstillend. Sie können bei zahlreichen Erkrankungen des Urogenitalsystems sowie bei Verbrennungen, Hautausschlägen, Verdauungsstörungen, Bronchitis, Grippe oder Rheuma erfolgversprechend angewendet werden.

Erhaltung von Reliktvorkommen

Ursachen der Verdrängung

In Deutschland wie in anderen, vor allem europäischen Ländern wurden seit Anfang des 19. Jahrhunderts schwerwiegende Eingriffe in die Auensysteme der Flußniederungen vorgenommen. Begradigungen der „Wasserstraßen" zur besseren Schiffbarkeit sowie Eindeichungen oder Kanalisierungen zum Hochwasserschutz oder zur Stromerzeugung hatten nachteilige Folgen für die natürliche Entwicklung der Auenbiotope und damit auch für die Lebensfähigkeit der Schwarzpappel [18, 19]. Beispielsweise waren umfangreiche Baumaßnahmen zur „Rectification des Rheinbettes" am südlichen Oberrhein durch Oberst Tulla im vergangenen Jahrhundert sowie die Entstehung des Rhein-Seitenkanals und der Ausbau des Flusses mit Durchstichen, Staustufen und Schleusen in diesem Jahrhundert Ursache für größere Fließgeschwindigkeiten mit den Folgeerscheinungen erhöhter Sohlenerosion und verstärkter Grundwasserabsenkung [24, 61, 63]. Meist wurden dadurch weitere Aktivitäten ausgelöst und die Auen schließlich durch Besiedlung, Rodung für landwirtschaftliche Zwecke, infrastrukturelle Nutzung, Kiesabbau und verschiedene Formen der Industrialisierung weitgehend zerstört.

Neben solchen durch wasserbauliche Maßnahmen und spezielle Nutzungsansprüche bedingten ökologischen und landschaftsprägenden Veränderungen hat der großflächige Anbau leistungsstarker Wirtschaftspappelsorten beträchtlich zu der Verdrängung von *P. nigra* in vielen Flußniederungen beigetragen. Die Nachteile für die in ihrem Wuchspotential unterlegene heimische Art wurden erst in den achtziger Jahren zunehmend erkannt [59]. Zum Teil kam es auch zu gezielten Entnahmen von Schwarzpappeln in der Absicht, die Ausbreitung von Schadinsekten, Pilzen oder anderen pathogenen Organismen und damit die Gefährdung der empfindlichen Hybridklone zu verringern [25].

Initiativen und Erfassungsmaßnahmen

Der Schutz noch verbliebener intakter Auen mit ungestörter Überflutungsdynamik und charakteristischer Flora und Fauna ist in vielen Ländern zu einem wichtigen Anliegen geworden. In Deutschland sind Weich- und Hartholzauen in der Roten Liste der gefährdeten Biotoptypen mit dem Attribut versehen: „von vollständiger Vernichtung bedroht" [5].

Soweit Schwarzpappeln noch als kleinere Restvorkommen vorhanden sind, handelt es sich meist um überalterte, physiologisch geschwächte und daher krankheitsanfällige Bestände mit stark verminderter Reproduktionsfähigkeit. Die vielerorts drastische Verringerung der Populationsgrößen hat nachteilige Folgen für die Funktionsfähigkeit des genetisch adaptiven Systems; es muß mit zufallsbedingten Genverlusten (genetische Drift) gerechnet werden.

Als überregionale Reaktion werden daher im Rahmen des „European Forest Genetic Resources Programme" (EUFORGEN) derzeit für *P. nigra* wie auch für andere Baumarten Generhaltungsnetzwerke mit dem Ziel der Erhaltung und nachhaltigen Nutzung vorhandener Genressourcen aufgebaut. Die internationale Zusammenarbeit zu dieser Thematik basiert auf der Resolution Nr. 2 (Erhaltung der genetischen Ressourcen des Waldes) der 1990 in Straßburg durchgeführten Ministerkonferenz über den Schutz der Wälder in Europa. Die fachliche Koordination erfolgt durch das „International Plant Genetic Resources Institute" (IPGRI) in Verbindung mit der Welternährungsorganisation (FAO).

Über die bisherigen EUFORGEN-Initiativen zur Erhaltung von *P. nigra* liegen erläuternde Berichte vor [26, 96, 97]. Inventurartige Erfassungsmaßnahmen in mehreren Ländern haben unter anderem zu folgenden Ergebnissen geführt: In Großbritannien lassen sich vermutlich weniger als 1000 unterscheidbare Genotypen lokalisieren [92]. In Holland und Belgien ist *P. nigra* extrem gefährdet und kommt nur noch vereinzelt vor [17, 98]. In Frankreich wird die vorhandene Sammlung auf 500 Klone erweitert und deren genetische Diversität untersucht [62]. Das italienische Pappelforschungsinstitut hat in zwei Aufnahmeperioden zunächst 350 und dann weitere 270 Schwarzpappeln erfaßt und identifiziert [14]. Bei den ungarischen Erhebungen wurden über 1400 Bäume registriert, deren Artbestimmung jedoch überwiegend noch aussteht [94]. Begonnene Untersuchungen in Kroatien lassen erwarten, daß 400 bis 500 Genotypen für einen wirksamen Ressourcenschutz erforderlich sind [60]. Auch aus Jugoslawien wird über vergleichbare Forschungsarbeiten berichtet [32].

In Deutschland ist *P. nigra* in den Roten Listen der Farn- und Blütenpflanzen mehrerer Bundesländer als „gefährdet" oder „stark gefährdet" aufgeführt. Die Seltenheit artreiner Vorkommen gab bereits vor 35 Jahren Anlaß zur Durchführung einer Inventur [27]. Inzwischen werden insbesondere in Brandenburg, Sachsen-Anhalt, Hessen, Nordrhein-Westfalen, Rheinland-Pfalz und Baden-Württemberg spezielle Erfassungs- und Schutzprogramme realisiert [25, 36, 51, 53, 54, 69, 85]. Überwiegend in den Niederungen von Oder, Elbe, Weser und Rhein sowie der zugehörigen Nebenflüsse konnten bisher mehr als 3000 *P. nigra*-Vorkommen als Einzelbäume oder in Baumgruppen lokalisiert, identifiziert und kartiert werden [7]. Bei einem geringen Teil der erfaßten Schwarzpappeln ist ungewiß, ob ein künstlicher Anbau nach vorangegangener Verklonung vorliegt.

Tabelle 3: Bisher erfaßte Reliktvorkommen von *P. nigra* in Deutschland

Bundesland	Einzugsgebiet	Anzahl der Bäume
Brandenburg	Oder, Elbe	320
Sachsen-Anhalt	Elbe	460
Hessen	Weser, Rhein	800
Nordrhein-Westfalen	Weser, Rhein	280
Rheinland-Pfalz	Rhein	70
Baden-Württemberg	Rhein, Donau	1120

Beiträge zur Sanierung

Die Wirksamkeit von Erhaltungsmaßnahmen bei *P. nigra* ist weitgehend von erfolgreichen Bemühungen zur Renaturierung von Fließgewässern sowie zur Regeneration und Neuanlage von Auwäldern abhängig. Nur wenn es gelingt, die durch wasserbauliche Maßnahmen bedingten Standortsveränderungen wenigstens regional für bestimmte Gewässerabschnitte rückgängig zu machen, können bei der Schwarzpappel wie auch bei anderen Charakterarten der Weichholzaue wieder natürliche Verjüngungs- und Sukzessionsabläufe erwartet werden. Bei Beachtung der heutigen ökologischen Rahmenbedingungen liegen dazu inzwischen realisierbar erscheinende Vorschläge und erste Untersuchungsbefunde vor [8, 55, 73, 81, 100, 101].

Die Erhaltung noch vorhandener Reliktvorkommen von *P. nigra* erfolgt vorrangig über in situ-Maßnahmen. Durch Dokumentation sowie Einschlagsverzicht und gezielte Pflegeeingriffe werden direkte Schutzwirkungen erreicht. Darüber hinaus ist, sofern möglich, die Ausweisung als Schonwald, Biotopschutzwald oder Naturdenkmal für den Erhaltungszweck vorteilhaft [24, 51].

Eine Verbesserung der natürlichen Verjüngung kann indessen ohne die überflutungsbedingten Naßphasen während des Keimungsprozesses offenbar nicht erzielt werden. Bemühungen um eine Stimulation durch Bodenverwundung scheiterten. Für eine nachhaltige Sicherung von Schwarzpappel-Reliktvorkommen sind daher zusätzliche ex situ-Maßnahmen zumindest vorübergehend unverzichtbar. Hierfür stehen inzwischen umfangreiche, von forstlichen Versuchsanstalten betreute Klonsammlungen unter anderem in Hann. Münden, Arnsberg und Freiburg zur Verfügung.

Am Beispiel eines kleinen Auengebietes der zum Flußsystem der Weser zählenden Eder in Nordhessen wurden Möglichkeiten und Verfahren von Generhaltungspflanzungen aufgezeigt [46, 47]. Dabei sind folgende Arbeitsgänge erforderlich:

- Identifikation der Schwarzpappeln;
- Verklonung und Aufbau eines Mutterquartiers;
- Stecklingsanzucht;
- Auspflanzung in kleinen Gruppen an dafür zuvor ausgewiesenen Stellen der Aue;
- Schutz gegen Wildschäden.

Parallel hierzu werden Erhaltungssamenplantagen mit dem Ziel der generativen ex situ-Vermehrung errichtet. Dort bieten sich Möglichkeiten, durch Neukombination vorhandener Erbanlagen, die am Ort des natürlichen Vorkommens nicht mehr oder nur noch in geringem Umfang realisierbar ist, zu einer größeren genetischen Variation zu gelangen. Neben diesen konventionellen Verfahren lassen sich auch in vitro-Techniken (embryo rescue) nutzen [30].

Weiterführende Literatur

[1] ANDERSON, E., 1949: Introgressive Hybridization. John Wiley and Sons, New York.

[2] AVANZO, E.; BISOFFI, S. et al., 1985: Breeding strategy adopted in Italy for poplars of the Aigeiros Section. Genetica Agraria **39**, 308.

[3] BECKER, A., 1983: Artenhilfsprogramm Schwarzpappel. In: Landesanst. Ökologie, Landschaftsentwicklung, Forstplanung Nordrhein-Westfalen (Hrsg.): Naturschutz praktisch. Merkbl. zum Biotop- und Artenschutz 45, Recklinghausen.

[4] BENZ, G.; ZUBER, M., 1993: Die wichtigsten Forstinsekten der Schweiz und des angrenzenden Auslandes. Verlag der Fachvereine, Zürich.

[5] BFN, 1994: Rote Liste der gefährdeten Biotoptypen der Bundesrepublik Deutschland. Bundesamt für Naturschutz, Bonn.

[6] BISOFFI, S., 1989: Recent developments of poplar breeding in Italy. In: Recent Developments in Poplar Selection and Propagation Techniques. Proc. IUFRO WP S2.02.10, Hann. Münden, Germany, 18-45.

[7] BLA, 1998: Tätigkeitsbericht der Bund-Länder-Arbeitsgruppe „Erhaltung forstlicher Genressourcen" über den Zeitraum 1996-1997. Hess. Landesanst. für Forsteinrichtung, Waldforschung und Waldökologie, Abt. Forstl. Genressourcen, Hann. Münden.

[8] BÖWINGLOH, F.; DÖRFER, K.; LEUSHACKE, C., 1996: Initialmaßnahmen zur Verbesserung auendynamischer Vorgänge im Hochflutbereich einer Bundeswasserstraße. Holzzucht **50**, 20-30.

[9] BONNEMANN, A., 1980: Die Eigenschaften des Pappelholzes. Schriften Forschungsinst. für schnellwachsende Baumarten, Hann. Münden, Bd. 1, DRW-Verlag, Stuttgart.

[10] BOSSHARD, H.H., 1974: Holzkunde. Bd. 1. Birkhäuser Verlag, Basel, Stuttgart.

[11] BRAUN-BLANQUET, J., 1961: Die inneralpine Trockenvegetation: von der Provence bis zur Steiermark. G. Fischer Verlag, Stuttgart.

[12] BRAUNS, A., 1991: Taschenbuch der Waldinsekten. 4. Aufl., Gustav Fischer Verlag, Stuttgart, Jena.

[13] BUTIN, H., 1983: Krankheiten der Wald- und Parkbäume. Georg Thieme Verlag, Stuttgart, New York.

[14] CAGELLI, L., 1995: Populus nigra genetic resources in Italy. In: FRISON, E.; LEFEVRE, F. et al. (Eds.): Populus nigra Network. EUFORGEN, Rep. first meeting Oct. 3-5, 1994, Izmit, Turkey. Intern. Plant Gen. Res. Inst. (IPGRI), Rome, 19-24.

[15] CAGELLI, L.; LEFEVRE, F., 1995: The conservation of Populus nigra L. and gene flow with cultivated poplars in Europe. Forest Genetics **2**, 135-144.

[16] CLAPHAM, A.R.; TUTIN, T.G.; WARBURG, E.F., 1952: Flora of the British Isles. Univ. Press, Cambridge.

[17] DE VRIES, S., 1995: Populus nigra in the Netherlands. In: FRISON, E.; LEFEVRE, F. et al. (Eds.): Populus nigra Network. EUFORGEN, Rep. first meeting Oct. 3-5, 1994, Izmit, Turkey. Intern. Plant Gen. Res. Inst. (IPGRI), Rome, 46.

[18] DISTER, E., 1995: Die Ökologie der Flußauen und ihre Beeinträchtigung durch den Verkehrswasserbau. 2. Elbe-Colloquium, Edition Arcum, 56-64.

[19] DISTER, E., 1998: Die Schwarzpappel (Populus nigra) – Entwicklung zur „gefährdeten Baumart". In: WEISGERBER, H.; JANSSEN, A. (Hrsg.): Die Schwarzpappel. Probleme und Möglichkeiten bei der Erhaltung einer gefährdeten heimischen Baumart. Hess. Landesanst. für Forsteinrichtung, Waldforschung und Waldökologie, Forschungsber. Bd. 24, 24-27.

[20] DUTY, J., 1986: Schlüssel für die heimischen und kultivierten Pappelarten in Mitteleuropa. Mitt. Florist. Kart. Halle 12, 34-52.

[21] ECKENWALDER, J.E., 1982: Populus x inopina Hybr. Nov. (Salicaceae). A natural hybrid between the native North American P. fremontii S. WATSON and the introduced Eurasian P. nigra L. Madroño **29**, 67-78.

[22] FAO, 1979: Poplars and willows in wood production and land use. FAO, Rome, Italy.

[23] FIP, 1963: Kennzeichen von einheimischen Pappelarten. Merkblatt 1. Forschungsinstitut für Pappelwirtschaft, Hann. Münden.

[24] FRANKE, A., 1997: Überlegungen und Maßnahmen zur Erhaltung genetischer Ressourcen der Schwarzpappel (Populus nigra L.) in Baden-Württemberg. Holzzucht **51**, 1-5.

[25] FRANKE, A.; JAESCHKE, H.-G.; SEYD, C., 1997: Erfassung letzter Schwarzpappel-Vorkommen (Populus nigra L.) im baden-württembergischen Teil der Oberrheinischen Tiefebene. Holzzucht **51**, 5-14.

[26] FRISON, E.; LEFEVRE, S. et al. (Eds.), 1995: Populus nigra Network. EUFORGEN, Rep. first meeting Oct. 3-5, 1994, Izmit, Turkey. Intern. Plant Gen. Res. Inst. (IPGRI), Rome.

[27] FRÖHLICH, H.-J., 1963: Pappelinventur 1963. Allg. Forstz. **18**, 425-427.

[28] FRÖHLICH, H.J.; GROSSCURTH, W., 1973: Züchtung, Anbau und Leistung der Pappeln. Mitt. Hess. Landesforstverw. Bd. 10, J. D. Sauerländer's Verlag, Frankfurt/M.

[29] FRÖHLICH, H.J.; HOFFMANN, E. et al., 1964: Identifikationsmerkmale von Pappeln der Sektion Aigeiros. Merkblatt 3. Forschungsinst. Pappelwirtschaft, Hann. Münden.

[30] GEBHARDT, K., 1996: Preservation of black poplars by means of embryo rescue. 20th Sess. Intern. Poplar Comm., Oct. 1-4, 1996, Budapest, Hungary. Proc. vol. II, 909.

[31] GROSSER, D.; TEETZ, W., 1985: Einheimische Nutzhölzer (Loseblattsammlung). Merkblatt 14: Pappel. CMA, Bonn, und Arbeitsgemeinschaft Holz e.V., Düsseldorf.

[32] GUZINA, V.; ORLOVIC, S.; AVRAMOVIC, G., 1998: Vorkommen und Variabilität von Schwarzpappeln (Populus nigra L.) in Jugoslawien. In: WEISGERBER, H.; JANSSEN, A. (Hrsg.): Die Schwarzpappel. Probleme und Möglichkeiten bei der Erhaltung einer gefährdeten heimischen Baumart. Hess. Landesanst. für Forsteinrichtung, Waldforschung und Waldökologie, Forschungsber. Bd. 24, 68-78.

[33] HAN, Y.F.; GROSSCURTH, W., 1997: Züchtung von Pappelsorten für den Anbau in semiariden Gebieten. In: ZHOU, H.; WEISGERBER, H. (Hrsg.): Beiträge zur Wiederbewaldung der Lößhochebene in Nordchina. Ergebnisse nach zwölf Jahren chinesisch-deutscher Zusammenarbeit in Jinshatan, Provinz Shanxi. Datong, Hann. Münden.

[34] HAN, Y. F.; WEISGERBER, H., 1997: Genressourcen von Pappeln in China. In: ZHOU, H.; WEISGERBER, H. (Hrsg.): Beiträge zur Wiederbewaldung der Lößhochebene in Nordchina. Ergebnisse nach zwölf Jahren chinesisch-deutscher Zusammenarbeit in Jinshatan, Provinz Shanxi. Datong, Hann. Münden, 220-230.

[35] HAN, Y.F.; WU, M.S. et al., 1997: Auswahl und Erfassung von Plusbäumen der Gattung Populus in Naturwaldbeständen in China. In: ZHOU, H.; WEISGERBER, H. (Hrsg.): Beiträge zur Wiederbewaldung der Lößhochebene in Nordchina. Ergebnisse nach zwölf Jahren chinesisch-deutscher Zusammenarbeit in Jinshatan, Provinz Shanxi. Datong, Hann. Münden, 231-238.

[36] HAUPT, R.; JOACHIM, H.-F., 1989: Restvorkommen autochthoner Schwarzpappeln (Populus nigra L.) in der Saale-Aue. Landschaftspflege und Naturschutz in Thüringen 26, 43-45.

[37] HEGI, G., 1981: Illustrierte Flora von Mittel-Europa. Bd. III, 1. Teil. Verlag Paul Parey, Berlin, Hamburg.

[38] HEINZE, B., 1997a: Molecular genetic and biochemical methods available for the characterization of Populus nigra L. (In press)

[39] HEINZE, B., 1997b: PCR-based chloroplast DNA assays for the identification of native Populus nigra and introduced poplar hybrids in Europe. (In press)

[40] HEINZE, B., 1998: Biochemisch-genetische Erfassung von Schwarzpappel (Populus nigra L.)-Reliktvorkommen. In: WEISGERBER, H.; JANSSEN, A. (Hrsg.): Die Schwarzpappel. Probleme und Möglichkeiten bei der Erhaltung einer gefährdeten heimischen Baumart. Hess. Landesanst. Forsteinrichtung, Waldforschung und Waldökologie, Forschungsber. Bd. 24, 43-60.

[41] HERPKA, I., 1986: A survey of development and possibilities of growing natural forests of poplar and willow. In: GUZINA, V. (ed.): Poplars and willows in Yugoslavia. Poplar Research Institute, Novi Sad, 21-36.

[42] HESMER, H., 1951: Das Pappelbuch. Verlag des Deutschen Pappelvereins, Bonn.

[43] HOFFMANN, H., 1988: Erfassung von Merkmalen an Baumschulpflanzen von Populus nigra und Populus x euramericana (DODE) GUINIER sowie Vergleich mit bisher nicht identifizierten Schwarzpappeln in Nordrhein-Westfalen. Unveröffentl. Diplomarbeit, Univ. Göttingen.

[44] HOFFMANN, H., 1998: Morphologische Beschreibung von Baumschulpflanzen zur Artbestimmung von Populus nigra L. In: WEISGERBER, H.; JANSSEN, A. (Hrsg.): Die Schwarzpappel. Probleme und Möglichkeiten bei der Erhaltung einer gefährdeten heimischen Baumart. Hess. Landesanst. für Forsteinrichtung, Waldforschung und Waldökologie, Forschungsber. Bd. 24, 28-31.

[45] HOFMANN, M., 1998: Die Bedeutung von Populus nigra als Genressource für den praktischen Pappelanbau. In: WEISGERBER, H.; JANSSEN, A. (Hrsg.): Die Schwarzpappel. Probleme und Möglichkeiten bei der Erhaltung einer gefährdeten heimischen Baumart. Hess. Landesanst. für Forsteinrichtung, Waldforschung und Waldökologie, Forschungsber. Bd. 24, 120-125.

[46] HOLZBERG, H., 1998: Vermehrungsstrategien von Populus nigra unter naturnahen Bedingungen und die künstliche Nachzucht im Kampbetrieb. In: WEISGERBER, H.; JANSSEN, A. (Hrsg.): Die Schwarzpappel. Probleme und Möglichkeiten bei der Erhaltung einer gefährdeten heimischen Baumart. Hess. Landesanst. für Forsteinrichtung, Waldforschung und Waldökologie, Forschungsber. Bd. 24, 91-98.
[47] HOLZBERG, H.; WEISGERBER, H., 1996: Die Vergesellschaftung von Populus nigra mit Salix entlang von Fließgewässern. Holzzucht **50**, 31-33.
[48] HOUTZAGERS, G., 1941: Die Gattung Populus und ihre forstliche Bedeutung. Verlag M. u. H. Schaper, Hannover.
[49] JANSSEN, A., 1997: Unterscheidung der beiden Schwarzpappelarten Populus nigra L. und P. deltoides MARSH. sowie ihrer Arthybride P. x euramericana (DODE) GUINIER mit Hilfe von Isoenzymmustern. Holzzucht **51**, 17-23.
[50] JANSSEN, A., 1998: Artbestimmung von Schwarzpappeln (Populus nigra L.) mit Hilfe von Isoenzymmustern und Überprüfung der Methode an Altbäumen, Absaaten von kontrollierten Kreuzungen und freien Abblüten sowie Naturverjüngungen. In: WEISGERBER, H.; JANSSEN, A. (Hrsg.): Die Schwarzpappel. Probleme und Möglichkeiten bei der Erhaltung einer gefährdeten heimischen Baumart. Hess. Landesanst. für Forsteinrichtung, Waldforschung und Waldökologie, Forschungsber. Bd. 24, 32-42.
[51] JANSSEN, A.; WALTER, P., 1997: Die Schwarzpappel in Hessen. AFZ/Der Wald **52**, 968-969.
[52] JOACHIM, H.-F., 1954: Die Rinde von Pappelarten und -sorten und ihre Eignung als Erkennungsmerkmal für die Pappelbestimmung. Arch. Forstwesen **3**, 620-644.
[53] JOACHIM, H.-F., 1991: Heimische Pappeln. Beiträge zur Gehölzkunde, 47-55.
[54] JOACHIM, H.-F., 1998: Verbreitung, Artbestimmung und Inventur von Reliktvorkommen der Schwarzpappel – Populus nigra L. – im Bereich von Oder und Elbe. In: WEISGERBER, H.; JANSSEN, A. (Hrsg.): Die Schwarzpappel. Probleme und Möglichkeiten bei der Erhaltung einer gefährdeten heimischen Baumart. Hess. Landesanst. für Forsteinrichtung, Waldforschung und Waldökologie, Forschungsber. Bd. 24, 61-67.
[55] JÜRGING, P., 1996: Neuanlage von Auwald aus Sicht der Wasserwirtschaft. Holzzucht **50**, 7-10.
[56] KECHEL, H.G., 1983: Resistenzverhalten von Pappelklonen in Nordrhein-Westfalen. Holzzucht **37**, 25-30.
[57] KEIM, P.; PAIGE, K.N. et al., 1989: Genetic analysis of an interspecific hybrid swarm of Populus: occurence of unidirectional introgression. Genetics **123**, 557-565.
[58] KOHNERT, H., 1996: Praktische Anleitung zur Durchführung von Veredlungsschnitten. Hess. Landesanst. Forsteinrichtung, Waldforschung, Waldökologie, Hann. Münden.
[59] KRAUSE, A., 1994: Bewuchs an Wasserläufen. Auswertungs- und Informationsdienst für Ernährung, Landwirtschaft und Forsten (AID), Bonn, Nr. 1087.
[60] KRSTINIC, A.; KAJBA, D., 1995: Conservation of poplar and arborescent willow genetic resources in Croatia. In: FRISON, E.; LEFEVRE, F. et al. (Eds.): Populus nigra Network. EUFORGEN, Rep. first meeting Oct. 3-5, 1994, Izmit, Turkey. Intern. Plant Gen. Res. Inst. (IPGRI), Rome, 29-36.
[61] KUNZ, E., 1975: Von der Tullaschen Rheinkorrektur bis zum Oberrheinausbau. Naturschutz und Gewässerbau. Jahrb. Naturschutz und Landschaftspflege, Bonn-Bad Godesberg.
[62] LEFEVRE, F., 1995: Programme for the conservation of Populus nigra in France. In: FRISON, E.; LEFEVRE, F. et al. (Eds.): Populus nigra Network. EUFORGEN, Rep. first meeting Oct. 3-5, 1994, Izmit, Turkey. Intern. Plant Gen. Res. Inst. (IPGRI), Rome, 18.
[63] LFU, 1996: Pappeln an Fließgewässern. Handbuch Wasser 2. Landesanst. für Umweltschutz Baden-Württemberg, Karlsruhe.
[64] MAYER, H., 1986: Europäische Wälder. Ein Überblick und Führer durch die gefährdeten Naturwälder. Gustav Fischer Verlag, Stuttgart, New York.
[65] MELCHIOR, G.H.; SEITZ, F.H., 1968: Interspezifische Kreuzungssterilität innerhalb der Pappelsektion Aigeiros. Silvae Genetica **17**, 88-93.
[66] MEUSEL, H.; JÄGER, E.; WEINERT, E., 1965: Vergleichende Chorologie der zentraleuropäischen Flora. VEB Gustav Fischer Verlag, Jena.
[67] MÜLLER, R.; SAUER, E., 1958-1961: Altstammsorten der Schwarzpappelbastarde. Holz-Zbl., erweiterter, überarbeiteter Sonderdruck, Stuttgart.
[68] MULLER, C.; TEISSIER DU CROS, E., 1982: Conservation pendant 5 ans de graines de peupliers noirs (P. nigra L.). Ann. Sci. Forest. **39**, 179-185.
[69] NATZKE, E., 1998: Erfassung, Identifizierung, Vermehrung und Wiederansiedlung der Schwarzpappel Populus nigra in Sachsen-Anhalt. In: WEISGERBER, H.; JANSSEN, A. (Hrsg.): Die Schwarzpappel. Probleme und Möglichkeiten bei der Erhaltung einer gefährdeten heimischen Baumart. Hess. Landesanst. für Forsteinrichtung, Waldforschung und Waldökologie, Forschungsber. Bd. 24, 99-111.
[70] NOVAK, V.; HROZINKA, F.; STARY, B., 1982: Atlas schädlicher Forstinsekten. Ferdinand Enke Verlag, Stuttgart.
[71] PERRING, F.H.; WALTERS, S.M., 1962: Atlas of the British Flora. Botanical Society of the British Isles, Nelson Sons Ltd., London.
[72] PICHOT, C.; TEISSIER DU CROS, E., 1988: Estimation of genetic parameters in the European black poplar (Populus nigra L.). Consequence on the breeding strategy. Ann. Sci. For. **45**, 223-238.
[73] PRINZ, P., 1996: Fließgewässerrenaturierung und Auwaldneuanlage. Holzzucht **50**, 17-19.
[74] QUINGER, B., 1990: Populus L. In: SEBALD, O.; SEYBOLD, S.; PHILIPPI, G. (Hrsg.): Die Farn- und Blütenpflanzen Baden-Württembergs 2, Stuttgart, 117-126. Zit. nach LFU, 1996.
[75] RAJORA, O.P., 1989a: Characterization of 43 Populus nigra L. clones representing selections, cultivars and botanical varieties based on their multilocus allozyme genotypes. Euphytica **43**, 197-206.
[76] RAJORA, O.P., 1989b: Identification of some Populus deltoides MARSH. x P. nigra L. clones, developed in North America, with the aid of allozymes. Euphytica **43**, 206-213.
[77] RAJORA, O.P., 1989c: Genetic structure and identification of Populus deltoides clones based on allozymes. Genome **32**, 440-448.
[78] RAJORA, O.P.; ZSUFFA, L., 1984: Interspecific crossability and its relation to the taxonomy of the genus Populus L. FAO/IPC, 17th Session, Ottawa, Canada. FO:CIP:BR/84/4.
[79] RAJORA, O.P.; ZSUFFA, L., 1989: Multilocus genetic structure, characterization, and relationships of Populus x canadensis cultivars. Genome **32**, 99-108.

[80] RAU, H.-M.; SCHULZKE, R.; ALBRECHT, J., 1988: Steigerung und Sicherung der Holzproduktion durch Auswahl, Prüfung und züchterische Verbesserung geeigneten Ausgangsmaterials bei schnellwachsenden Baumarten. Schriften Forschungsinst. schnellwachsende Baumarten, Hann. Münden, Bd. 5.

[81] REICH, M., 1996: Leitbilder für die Auenentwicklung aus Naturschutzsicht. Holzzucht **50**, 2-6.

[82] RONALD, W.G., 1982: Intersectional hybridization of Populus sections, Leuce-Aigeiros and Leuce-Tacamahaca. Silvae Genetica **31**, 94-99.

[83] SCHALK, P.H., 1983: Twintig jaar toetsing van klonen von Europese zwarte populier, Populus nigra L. Populier **20**, 91-99.

[84] SCHREINER, E.J.; STOUT, A.B., 1934: Descriptions of ten new hybrid poplars. Bull. Torrey Bot. Club **61**, 449-460.

[85] SCHULZE, L., 1995: Erhaltung der Schwarzpappel in Nordrhein-Westfalen. Allg. Forstz. **50**, 232.

[86] SCHULZE, L.; VORNAM, B., 1997: Generhaltungsarbeit für die reinrassige Schwarzpappel. AFZ/Der Wald **52**, 966-967.

[87] SCHWERDTFEGER, F., 1981: Die Waldkrankheiten. 4. Aufl., Verlag Paul Parey, Hamburg und Berlin.

[88] STEENACKERS, V., 1998: Populus nigra in the Belgian Poplar Breeding Programme. In: WEISGERBER, H.; JANSSEN, A. (Hrsg.): Die Schwarzpappel. Probleme und Möglichkeiten bei der Erhaltung einer gefährdeten heimischen Baumart. Hess. Landesanst. für Forsteinrichtung, Waldforschung und Waldökologie, Forschungsber. Bd. 24, 112-119.

[89] STOUT, A.B.; MCKEE, R.H.; SCHREINER, E.J., 1927: The breeding of forest trees for pulpwood. J. New York Bot. Garden **28**, 49-63.

[90] STOUT, A.B.; SCHREINER, E.J., 1933: Results of a project in hybridizing poplars. J. Heredity **24**, 216-229.

[91] STRASSMANN, R.A., 1994: Baumheilkunde. AT Verlag, Aarau, Schweiz.

[92] TABBUSH, P., 1996: The status of black poplar conservation in Britain. In: TUROK, J.; LEFEVRE, F. et al. (Eds.): Populus nigra Network. EUFORGEN, Rep. second meeting Sept. 10-12, 1995, Casale Monferrato, Italy. Intern. Plant Gen. Res. Inst. (IPGRI), Rome, 7-10.

[93] TOPLU, F., 1996: Breeding and conservation of genetic resources of black poplar (Populus nigra L.) in Turkey. 20th Sess. Intern. Poplar Comm., Oct. 1-4, 1996, Budapest, Hungary. Proc. Vol. II, 623-632.

[94] TÓTH, B., 1995: Black poplar (Populus nigra): the situation in Hungary. In: FRISON, E.; LEFEVRE, F. et al. (Eds.): Populus nigra Network. EUFORGEN, Rep. first meeting Oct. 3-5, 1994, Izmit, Turkey. Intern. Plant Gen. Res. Inst. (IPGRI), Rome, 27-28.

[95] TUCOVIC, A., 1986: Autochthonous poplars of the Aigeiros DUBY section. In: GUZINA, V. (ed.): Poplars and willows in Yugoslavia. Poplar Research Institute, Novi Sad, 9-13.

[96] TUROK, J.; LEFEVRE, F. et al. (Eds.), 1996: Populus nigra Network. EUFORGEN, Rep. second meeting Sept. 10-12, 1995, Casale Monferrato, Italy. Intern. Plant Gen. Res. Inst. (IPGRI), Rome.

[97] VAN DAM, B.C.; DE VRIES, S., 1998: Activities of the EUFORGEN Populus nigra Network and international cooperation in Research. In: WEISGERBER, H.; JANSSEN, A. (Hrsg.): Die Schwarzpappel. Probleme und Möglichkeiten bei der Erhaltung einer gefährdeten heimischen Baumart. Hess. Landesanst. für Forsteinrichtung, Waldforschung und Waldökologie, Forschungsber. Bd. 24, 126-141.

[98] VAN SLYCKEN, J., 1995: Short note about Populus nigra in Belgium. In: FRISON, E.; LEFEVRE, F. et al. (Eds.): Populus nigra Network. EUFORGEN, Rep. first meeting Oct. 3-5, 1994, Izmit, Turkey. Intern. Plant Gen. Res. Inst. (IPGRI), Rome, 40.

[99] VIART, M., 1992: Presentation du Catalogue International des Cultivars de Peupliers. FAO/IPC, 19th Session, Zaragoza, Spain. FO:CIP:NR/92/1.

[100] VOLK, H., 1996: Neuanlage von Auwald aus forstlicher Sicht. Holzzucht **50**, 11-17.

[101] VOLK, H., 1998: Sanierung und Wiederaufbau von Auewäldern – Waldbäche in den Mittelgebirgen und Auewälder am Oberrhein als Beispiele. In: WEISGERBER, H.; JANSSEN, A. (Hrsg.): Die Schwarzpappel. Probleme und Möglichkeiten bei der Erhaltung einer gefährdeten heimischen Baumart. Hess. Landesanst. für Forsteinrichtung, Waldforschung und Waldökologie, Forschungsber. Bd. 24, 79-90.

[102] VORNAM, B.; FRANKE, A., 1997: DNA-Analysen von Pappelproben zur Bestimmung ihrer Artzugehörigkeit. Holzzucht **51**, 15-17.

[103] VORNAM, B.; HERZOG, S. et al., 1994: Restriction fragment length polymorphisms of a chloroplast photosystem II gene from poplar and their use for species identification. Genome **37**, 747-750.

[104] WEISGERBER, H., 1990: Beiträge zur genetischen Variation der Waldbäume und Gefahren der Genverarmung durch Pflanzenzüchtung. Forstl. Forschungsberichte München, Bd. 107.

[105] WEISGERBER, H., 1998: Vorkommen, Wuchsverhalten und Gefährdungen der Schwarzpappel (Populus nigra L.). In: WEISGERBER, H.; JANSSEN, A. (Hrsg.): Die Schwarzpappel. Probleme und Möglichkeiten bei der Erhaltung einer gefährdeten heimischen Baumart. Hess. Landesanst. für Forsteinrichtung, Waldforschung und Waldökologie, Forschungsber. Bd. 24, 11-23.

[106] WEISGERBER, H.; HAN, Y.F., 1994: Preservation and utilization of poplar resources in China. Findings after ten years of Chinese-German cooperation. FAO/IPC, Executive Committee, 37th Session, Sapança, Turkey. FO:CIP:BR/90/6.

[107] WEIßENBORN, S., 1993: „RFLP"-Analyse zur Bestimmung der Artzugehörigkeit bei Populus nigra. Unveröffentl Diplomarbeit, Univ. Göttingen.

[108] WOLTERSON, J.F., 1961: Populus nigra L. in Nederland Nederlands bosbouwtijdschrift **33**, 281-297.

[109] ZSUFFA, L., 1974: The genetics of Populus nigra L. Annales Forestales **6**, 29-53.

[110] ZYCHA, H.; FRÖHLICH, H.J., 1966: Das Auftreten der Marssonina-Krankheit an Pappelarten und -sorten in der Bundesrepublik im Jahre 1965. Holzzucht **20**, 1-8.

Der Autor:

Dr. Dr. habil. H. WEISGERBER
Hessische Landesanstalt für Forsteinrichtung,
Waldforschung und Waldökologie
Prof.-Oelkers-Straße 6
D-34346 Hann. Münden

Populus tremula L., 1753

Aspe, Espe, Zitter-Pappel

Familie: Salicaceae

engl.: European aspen
franz.: tremble
ital.: pioppo tremolo

Abb. 1: Populus tremula. Mischbestand in Estland

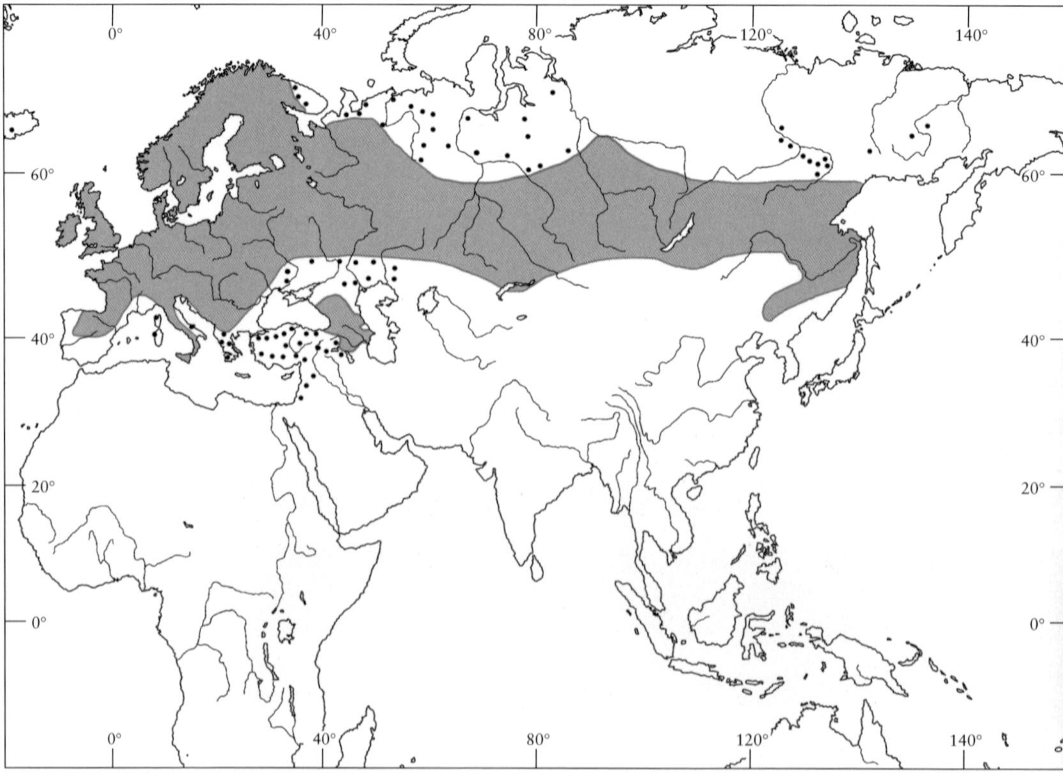

Abb. 2: Natürliches Verbreitungsgebiet, nach [28] • = Einzelvorkommen

Populus tremula, eine in Europa wohlbekannte, i.A. bis 30 m hohe Lichtbaumart, wird maximal 200 Jahre alt. Sie kommt als Waldbaum in Rein- und Mischbeständen vor, stellt nur geringe Temperaturansprüche und ist standörtlich kaum festgelegt.

In waldarmen Gebieten Russlands verwendet man Aspenholz zum Hausbau. Entsprechende Häuser haben eine Lebensdauer von 100 bis 150 Jahren [34].

Das leichte und weiche Aspenholz findet gewöhnlich als Brennmaterial sowie als Rohstoff für die Zellstoff- und Papierindustrie Verwendung. Genutzt wird es auch zur Herstellung von Zündhölzern.

Der Trivialname „Zitter-Pappel" geht auf die schon vom leisesten Luftzug ausgelöste Bewegung der langgestielten Laubblätter zurück. Weil sie selbst strenge Winterkälte vertragen und unempfindlich gegen Rauchgase sind, nutzt man Zierformen von *P. tremula* in Finnland und Schweden für die Stadtbegrünung.

Fossilfunde in Grönland belegen, dass die Aspe bereits in der frühen Kreidezeit präsent war.

Verbreitung

P. tremula ist fast in ganz Eurasien vertreten. Ihr natürliches Verbreitungsgebiet reicht von 23° (20°) n.Br. im Süden bis 70° n.Br. im Norden, wobei das Hauptvorkommen zwischen 53° und 60° n.Br. liegt [68]. Im Norden erreicht die Art die Waldgrenze, im Süden wächst sie u.a. in Steppen, Halbwüsten und sogar auf sumpfigen Standorten.

Einige Autoren zählen Island zum natürlichen Areal [8, 10, 29], andere halten sie dort für eingeführt [44].

In den Alpen besiedelt die Aspe Höhenlagen zwischen 1300 und 2000 m, in den Pyrenäen Standorte um 1600 m und in Kaukasien wie auch im Altai wächst sie noch bei 1900 m ü. NN [19].

In östlicher Richtung reicht das Areal bis in den Norden Japans. Es schließt Sibirien, Kleinasien, die Mongolei und China ein. In Nordafrika ist die Art ebenfalls von Natur aus vorhanden [57].

Abb. 3: Beastung eines starken Baumes

Beschreibung

P. tremula ist ein geradstämmiger, großer Baum, der bis 42 m hoch werden und einen Stammdurchmesser (BHD) von > 1 m erreichen kann [67]. In Ungarn hat man Exemplare mit Durchmessern bis 2,7 m beschrieben [15].

Unter den extremen Bedingungen an der Nordgrenze ihrer Verbreitung, in den Höhenlagen der Gebirge und auf Salzböden bleibt sie ein kleiner, niederliegender Strauch.

Der zylindrisch geformte Stamm trägt eine im Freistand rundlich ovale, in die Breite gehende, meist durchsichtige Krone, die sich aus zahlreichen Kurz- und Langtrieben aufbaut. Bei jungen Bäumen ist die Krone in ihrem unteren Drittel am breitesten, mit zunehmendem Alter verlagert sich der breiteste Bereich spitzenwärts.

P. tremula gilt als eine Art mit schlechter Astreinigung. Selbst in geschlossenen Beständen bleiben Totäste lange erhalten, und bei Hiebsreife geht die Länge des astfreien Schaftes i.A. nicht über 3 bis 4 m hinaus [42].

Knospen, Blätter und junge Triebe

Die glänzend hell- bis dunkelbraunen Winterknospen der Aspe sind von ovaler Form und laufen spitz zu. Terminalknospen haben eine Länge von 6 bis 12 mm, einen Durchmesser von 3 bis 6 mm und einen kegelförmigen Umriss. Blütenknospen sind größer und kugelig bis eiförmig.

Die rundlich ovalen Laubblätter haben einen gezähnten oder welligen Rand. Oberseits sind sie dunkelgrün, anfangs etwas behaart, später aber verkahlend. Auf der hell graugrünen Unterseite treten die Blattadern deutlich hervor [78]. Starkwüchsige Langtriebe und Wasserreiser entwickeln erheblich größere, bis 19 cm lange und 13,5 cm breite, oft herzformige Blätter. Weiterhin hängt die Blattgröße vom Geschlecht des jeweiligen Baumes, von der Standortsgüte, vom Austriebszeitpunkt und von der Ploidiestufe ab [73].

Spreitenlänge und -breite werden mit 6 bis 7 cm angegeben, und der seitlich abgeplattete Blattstiel ist etwa 5 cm lang. Im allgemeinen erreichen Spreitenfläche und Blattstiellänge bei männlichen Bäumen höhere Werte als bei weiblichen. An den Langtrieben werden die breit dreieckig zugespitzten Blattspreiten zur Spitze hin größer und erreichen Werte von 13,5 cm in der Breite und 19 cm in der Länge [78].

Junge Triebe sind meist kahl, glänzend bräunlichgrün bis braun und mit rundlichen Lenticellen besetzt. Das Mark ist fünfstrahlig.

Blüten und Früchte

P. tremula ist zweihäusig und windblütig. Bei ♂ wie bei ♀ Bäumen stehen die Blüten i.a. an Kurztrieben in kätzchenartigen Infloreszenzen und erscheinen schon vor dem Laubausbruch.

Die bräunlichgrauen, 7 bis 12 cm langen männlichen Kätzchen haben einen Durchmesser von 1 bis 2 cm. ♂ Einzelblüten enthalten 8 Staubblätter mit 2 purpurfarbenen Antheren und stehen in der Achsel einer fingerförmig gespaltenen Deckschuppe, deren Rand grau behaart ist.

Weibliche Kätzchen messen anfangs 5 bis 6 cm, verlängern sich aber bis zur Fruchtzeit auf 10 bis 12 cm. Der länglich runde, grünliche Fruchtknoten trägt 2 zweiteilige, rötliche Narben. Auch hier sind die Deckschuppen grau behaart. Die Achse der weiblichen Kätzchen ist steifer und somit weniger biegsam als die der männlichen.

In sehr seltenen Fällen können weibliche und männliche Kätzchen am selben Baum auftreten [22, 23, 40, 66]. In natürlichen Populationen kommen etwa doppelt so viele ♂♂ wie ♀♀ vor [62, 68, 76]. Die Verteilung innerhalb eines Bestandes hängt u.a. vom Relief ab, denn weibliche Bäume wachsen häufig in tieferliegenden Bereichen, zum Beispiel in Talsohlen, männliche hingegen im höher gelegenen Gelände. Gewöhnlich kommen ♂ und ♀ Bäume gruppenweise getrennt vor, wobei die Größe der Einzelgruppe mehr als 1 ha betragen kann.

Abb. 4: Männliche (oben) und weibliche Blütenkätzchen sowie beblätterte Lang- und Kurztriebe (aus: Lexikon der Forstbotanik, ecomed 1992)

Der Beginn der Blütezeit hängt von der Wetterlage ab. Er kann bis zu 21 Tagen differieren. Meistens blüht *P. tremula* in der zweiten April-Hälfte für ca. 6 Tage. Mannbar wird die Art im Alter von 10 bis 20 Jahren.

Die gelblichen Pollen sind glatt, rund und werden nach Untersuchungen in Litauen [49] bis 90 m weit und 10 m hoch vom Wind transportiert. Die größte Pollenmenge wird in der Mittagszeit entlassen.

Die mit einem Haarschopf versehenen Samen entwickeln sich innerhalb von 5 Wochen in Fruchtkapseln, die sich bei Reife zweilappig öffnen. Sie sind birnenförmig, sehr klein und haben ein Tausendkorngewicht von ca. 0,12 g.

Den Samenertrag einer 100-jährigen Aspe schätzt man auf 54 Mio. Samen [62]. Obwohl Aspen in jedem Jahr blühen, treten i.A. alle 3 bis 5 Jahre Mastjahre auf.

Abb. 5: Stammquerschnitt

Borke und Holz

Junge Aspenrinde ist gewöhnlich glatt und von grünlicher bis dunkelgrauer Farbe. Die ebenfalls dunkelgraue Borke weist i.a. keine tiefen Risse auf. Stämme mit gefurchter oder tiefrissiger Borke kommen aber ebenfalls vor.

Das zerstreutporige, gelblich weiße Holz ist farblich meist nicht in Splint und Kern differenziert. Mitunter tritt jedoch fakultative Farbkernbildung auf [9].

Es setzt sich zu 55 % aus Libriformfasern, zu 34 % aus Gefäßen und zu 11 % aus Markstrahlgewebe zusammen. Die Holzstrahlen sind durchweg einreihig aufgebaut [25], und die Gefäße stehen einzeln oder in Gruppen: 26 % einzeln, 39 % zu zweit, 20 % zu dritt, 9 % zu viert, 4 % zu fünft und 2 % zu sechst [68].

Über die stoffliche Zusammensetzung liegen folgende Angaben vor [18]:

0,3 %	Asche
18,3 %	Lignin
27,5 %	Pentosane
47,1 %	Cellulose

Die physikalischen Kenndaten lauten:

Rohdichte (r_0)	0,36...0,45...0,56 g/cm³ [25]
Druckfestigkeit*)	34 N/mm²
Zugfestigkeit*)	76 N/mm²
Schwindung, Volumen*)	13,8 %
Schwindung, radial*)	5,2 %
Schwindung, tangential*)	8,3 %

*) Wassergehalt 12 % [9]

Abb. 6: Kernfäule durch Phellinus tremulae

Abb. 7: Borke an älteren Stämmen

Verjüngung, Vermehrung und Anzucht

Aspen produzieren große Samenzahlen. In einem Mastjahr können innerhalb eines Bestandes etwa 400 Mio. Samen pro Hektar zu Boden fallen [62]. Dennoch sind Aspensämlinge keineswegs häufig. Früher machte man geringe Keimraten dafür verantwortlich, tatsächlich liegen diese aber mit 80 bis 100 % sehr hoch, sodass als Ursache eher die Konkurrenz der Bodenflora infrage kommt. Dafür spricht u.a., dass man Naturverjüngung hauptsächlich auf frischen Brandflächen findet.

Nach Kahlschlag können sich Zitter-Pappeln durch intensive Wurzelbrut vermehren, welche hauptsächlich den bodennahen, dünnen Jungwurzeln entspringt. Schösslinge entstehen schon an einjährigen Wurzeln, gehen aber meist auf 3- bis 6-jährige Wurzeln mit etwa 3 cm Durchmesser zurück, die sich i.A. bis in 20 bis 25 m, in Einzelfällen bis 55 m Entfernung vom Mutterbaum erstrecken [62]. Die Wurzeln einer adulten Aspe können eine Fläche von 1000 bis 1200 m^2 bedecken.

Unter günstigen Feuchtigkeits- und Temperaturbedingungen erscheinen die Keimlinge schon ein bis zwei Tage nach der Aussaat.

Die Sämlingsanzucht erfordert aber sorgfältige Pflege und entsprechend hohen Arbeitsaufwand. Künstlich vermehrt man *P. tremula* daher hauptsächlich vegetativ.

Im Gegensatz zu anderen Pappelarten bewurzeln sich Aspenstecklinge jedoch schlecht. Befriedigende Ergebnisse stellen sich nur nach Wuchsstoffbehandlung ein. Als günstige Konditionen für die Wurzelbildung im Sommer geschnittener, grüner Wurzelstecklinge werden Lufttemperaturen zwischen 20 und 25 °C, > 90 % rel. Luftfeuchte und – nach Wuchsstoff-Applikation – das Abstecken in ein Sand/Torf-Gemisch empfohlen.

Vegetativvermehrung gelingt ebenfalls durch Pfropfung. Hier liegen die Anwuchsprozente zwischen 6 und 27 % [32]. In Lettland verwendet man als Pfropfunterlage 6 bis 8 mm starke Aspensämlinge.

Erste züchterische Selektionen wuchskräftiger Bäume setzten 1935 nach dem Auffinden triploider Aspen ein. Mit steigender Nachfrage der Zündholzindustrie setzten gelenkte Kreuzungen zwischen *P. tremula* und *P. tremuloides* zur Erzeugung raschwüchsiger Hybriden ein [48]. Schon 1939 hatte in Schweden die planmäßige Herstellung von Hybridsaatgut [39] mit *Tremuloides*-Pollen aus den USA eingesetzt. Mit Nachkommen dieser Kreuzungen begründete man Kulturen der Hybridaspe *P. x wettsteinii*, die z.T. noch heute bestehen.

Auch in Finnland begründete man zwischen 1950 und 1960 hunderte von Kleinflächen mit Hybridaspen, und Anfang 1970 hatte man ca. 0,5 Mio. davon ausgepflanzt [45].

25 von 29 ausgewählten Zuchtbäumen wurden mit Methoden der Mikropropagation vermehrt [64]. 7000 dieser Pflanzen brachte man 1997 ins Freiland [45]. Insgesamt soll sich die Bestandesfläche mit Hybridaspen in den kommenden Jahren so stark vergrößern, dass der Jahresbedarf der finnischen Papierindustrie (ca. 300 000 m^3) gedeckt werden kann.

Taxonomie und genetische Differenzierung

P. tremula gehört zur Familie *Salicaceae* und innerhalb der Gattung *Populus* zur Sektion *Populus* (syn.: *Leuce* DUBY), hier wiederum zur Untersektion *Trepidae* (DODE).

Von *P. tremula* sind zahlreiche Formen beschrieben worden, die sich in Farbe und Struktur der Borke unterscheiden. Schon 1857 [77] differenzierte man in

- Aspen mit heller Rinde und guter Holzqualität, häufig vorkommend und
- Aspen mit dunkler Rinde und geringer Holzqualität.

Verschiedenheiten der Rindenfarbe hat man auch in den Wäldern Belorusslands und in anderen Teilen des östlichen Areals festgestellt [53]. Offenbar handelt es sich dabei um Anpassungseffekte an unterschiedliche ökologische Konditionen, vor allem an die Lichtbedingungen [57]. Individuen mit glatter Stammborke scheinen generell schnellwüchsiger zu sein als solche mit rissiger Borke [34, 77].

Die innerartliche Taxonomie ist durch die Ausscheidung zahlreicher Wild- und Zierformen gekennzeichnet, wie zum Beispiel:

- f. *flagelliformis* KARHU. Relativ seltene Form mit aufrechten Ästen und größeren Blättern.
- f. *microphylla* C. HARTM. Niedriger Baum (5–10 m) mit winzigen Blättern, bekannt aus Schweden und Finnland [26, 59].
- f. *sallensis* HÄMET-AHTI. 10 cm hoher Zwergstrauch mit 1 bis 2 cm langen Zweigen. Herkunft: Finnland, Halbinsel Kola und die Tundra von Tshuna [59].
- f. *villosa* (A.F.LANG WESM.). Blätter und junge Sprosse bis zum 2. Jahr filzig behaart.
- f. *gigas* NILSSON-EHLE. Eine triploide Form (3 n = 57), die man erstmals in Schweden, später u.a. auch im Baltikum fand [36, 51, 69]. Sie unterscheidet sich von den diploiden Formen durch größere Knospen und Blätter, durch schnelleres Wachstum und größere Widerstandsfähigkeit gegen Stammfäule.

Kreuzungen zwischen triploiden und diploiden Aspen ergaben Nachkommen mit triploiden bis tetraploiden Chromosomensätzen. Auch lebensfähige aneuploide Formen gehörten dazu.

Abb. 8: P. tremula 'Erecta' in Finnland

Aspen mit 43 und 44 Chromosomen kommen in estnischen Wäldern natürlich vor [73].

Zu den Aspenformen mit hohem Zierwert gehören:

- 'Erecta', Baum mit pyramidaler Krone, 1847 in Schweden gefunden [30, 43]. Zur Begrünung finnischer und schwedischer Städte verwendet.
- 'Pendula', Breitkronige Form mit hängenden Zweigen, 1787 in England gefunden, heute nur aus Kultur bekannt [30, 43].
- 'Pyramidalis', Kegelförmige Krone mit dünnen, aufrechten Zweigen. Bekannte Kulturform [30].
- 'Purpurea', Blätter schwach rötlich. In England gefunden [43].
- 'Tapiau', Raschwüchsige Form mit Jahrestrieben bis zu 2 m Länge aus Ostpreußen. Heute in holländischen Baumschulen vermehrt [43].

Ökologie

Als eine sehr plastische Baumart kann *P. tremula* unter ganz verschiedenen ökologischen Bedingungen gedeihen. Sie ist noch lichtbedürftiger als *Betula pendula* und vermag sich nicht gegen Schattholzarten durchzusetzen. Schattenblätter werden nicht gebildet.

Unter günstigen Bedingungen wächst sie sehr rasch und bildet Bestände hoher Produktivität.

Auch an die Klimaverhältnisse stellt sie keine spezifischen Ansprüche. Das gilt gleichermaßen für Niederschläge und Temperaturen. In besonders strengen Wintern entstehen aber mitunter Frostschäden an einjährigen Trieben.

Die Zeit des Blattaustriebs hängt stark von den Frühjahrstemperaturen ab, und das Sprosswachstum setzt bei Bodentemperaturen von ca. 10 °C ein. Einige Tage danach beginnen auch die Wurzeln zu wachsen [72].

Aspen stocken auf Böden unterschiedlicher Fruchtbarkeit, in Finnland sogar auf steinigen Substraten [38]. Bevorzugt werden aber frische, sandige Lehme und lehmige Sande im pH-Bereich 5,0 bis 6,0.

Wachstum und Entwicklung

Aspen zählen zu den schnellwüchsigen Baumarten, besonders in jungem Alter. Einjährige Sämlinge sind gewöhnlich 20 bis 50 cm hoch, können unter optimalen Bedingungen aber auch 1 m groß werden. Erheblich schneller wachsen Wurzeltriebe. Sie erreichen im 1. Jahr Höhen von 2 bis 3 m [62, 68].

Einige Monate nach dem Abtrieb eines von Aspen dominierten Bestandes entwickelte sich auf der betreffenden Kahlfläche Wurzelbrut mit 115 000–135 000 Schösslingen pro Hektar. Im Laufe der nächsten 4 Jahre nahm die Zahl weiter zu. Andererseits starben im 1. Jahr 15 bis 20 %, im 2. Jahr 30 bis 40 % der Pflanzen wieder ab.

Der Höhenzuwachs hat mit durchschnittlich 75 cm pro Jahr sein Maximum in den ersten 10 Lebensjahren. Danach entwickelt er sich wie folgt [68]:

10–20 Jahre	67 cm	20–30 Jahre	57 cm
30–40 Jahre	42 cm	40–50 Jahre	36 cm

In Aspenbeständen guter Bonität beträgt der Holzvorrat im Alter von 60 Jahren mehr als 600 fm/ha, die gesamte Holzproduktion beläuft sich bis zum Alter von 70 Jahren auf ca. 800 fm/ha.

Gewöhnlich werden Bestandeshöhen von 30 m und Stammdurchmesser (BHD) von 60 bis 80 cm erreicht. Das Höchstalter von *P. tremula* liegt bei 200 Jahren.

Pathologie

Infolge ihres flachen Wurzelsystems leidet *P. tremula* in stark gelichteten Beständen unter Windwurf. Bei Stürmen kommt es außerdem zu Stamm- und Astbrüchen, ohne dass Befall durch den Kernfäuleerreger *Phellinus tremulae* vorliegen muss.

Die folgenden Insekten- und Pilzarten können beträchtliche Schäden an Aspen hervorrufen:

- *Batrachedra praeangusta* HWB. (Batrachedridae) ernährt sich von Aspensamen und kann große Teile des Samenansatzes vernichten [34, 68].
- Unter den blattfressenden Insekten können die aufgeführten Arten die Entwicklung des Jungwuchses erheblich beeinträchtigen: *Melasoma populi* L. (roter Pappelblattkäfer; *Chrysomelidae*), *M. tremulae* F. (roter Espenblattkäfer), *Byctiscus populi* L. (Pappelblattroller; *Rhynchitinae*), *Cladius viminalis* FALL. (gelbe Pappelblattwespe), *Stauronematus compressicornis* F. *(Tenthredinidae), Pseudoclavellaria amerinae* L. (*Cimbicidae*), *Pheosia tremula* CL. (*Notodontidae*) und *Leucoma salicis* L. (*Lymantriidae*), der Pappelspinner.

Weiterhin verursachen die Raupen von *Lithocolletis tremulae* Z. (*Tineidae*) kleine, ovale Flecke von rosa oder weißer Farbe auf Blattunterseiten, und die Raupen von *Phyllocnistis labyrinthella* BJERK. minieren die später silbrig verfärbten Blätter.

Der kleine Pappelbock *Saperda populnea* L. (*Cerambycidae*) ruft durch seinen Fraß spindelförmige Anschwellungen an Stämmen und Ästen hervor. Bei Massenvermehrung können erhebliche Schäden entstehen. Noch schädlicher wird *Saperda carcharias* L., der große Pappelbock. Seine Larven dringen in die Stammbasis vorwiegend junger Aspen (bis ca. 30 Jahre) ein und fressen bis 25 cm lange, vertikale Gänge.

Unter den an Aspen parasitierenden Pilzen spielt der Feuerschwamm *Phellinus tremulae* (BOND.) BOND. et BORISS. die wichtigste Rolle. Die mehrjährigen, konsolenförmigen Fruchtkörper dieses Kernfäuleerregers stehen meist zu mehreren am Stamm. Infektionspforten sind fast immer Totäste, Aststümpfe oder offene Rindenwunden. Pro Jahr breitet sich die Fäule im Stamm um ca. 20 cm in vertikaler Richtung aus.

Von Bedeutung sind weiterhin:

- *Hypoxylon mammatum* (WHAL.) MILLER (syn. *H. pruinatum* (KLOTZ.) CKE.) (*Xylariaceae*), ein Stamm- und Astkrebs auslösender Basidiomycet, der auch Rotfärbung und vorzeitigen Abfall von Blättern bewirkt.
- *Cryptodiaporthe populea* (SACC.) BUTIN (*Diaporthaceae*; Imperfektform: *Dothichiza populea* (SACC.) KLEB.) verursacht Rindenbrand, vornehmlich an jungen Pflanzen.
- *Pollaccia radiosa* (LIB.) BALD. et CIF. (*Venturiaceae*), die Imperfektform des Ascomyceten *Venturia tremulae* ADERH. löst Blattnekrosen und Triebsterben aus.

Nutzung

Weil es harzfrei ist und beim Brennen nicht rußt, stellt Aspenholz seit jeher den wichtigsten Rohstoff für die Zündholzindustrie dar. Große wirtschaftliche Bedeutung hat es ebenfalls als Ausgangsmaterial für die Zellstoff- und Papierherstellung, aber mengenmäßig an der Spitze steht die Nutzung als Brennmaterial. Der Heizwert beträgt – ähnlich wie bei Birkenholz – 18 bis 19 MJ/kg [52].

Trockenes Aspenholz ist leicht, geruchlos, zäh und biegsam. Es eignet sich daher gut als Blindholz für Möbel, als Sperrholz, als Verpackungsmaterial für Lebensmittel, Salz und Mehl sowie zur Herstellung von Spankörben, Schachteln und Holzlöffeln.

Aspen tragen viel zur Erhaltung der natürlichen Vielfalt in Wald-Biozönosen bei. Unter anderem leben in hohlen Altbäumen seltene Vögel, Kleinsäuger, Insekten und Pilze wie der Weißrückenspecht (*Dendrocopus leucatus*) und das Flughörnchen (*Pteromys volans*).

Abb. 9: Fraßgänge von Phyllocnistis labyrinthella BJERK. (Tineidae)

Verschiedenes

- Dachschindeln aus Aspenholz waren ein bewährtes Element der altrussischen Holzarchitektur.
- Sprosse und Rinde von *P. tremula* stellen wichtige Faktoren für die Ernährung des Wildes dar. So weisen die Triebe im Winter mit 4,75 % Proteinen, 1,28 % CaO und 0,27 % P_2O_5 höhere Werte auf als Triebe anderer Baumarten [55].
- *P. tremula* ist keine obligat mycotrophe Baumart, wird aber im Wurzelbereich oft von den Pilzarten *Lactarius controversus* (FR.) FR., *Lactarius roseozonatus* (FR.) BRITZ (= *L. flexuosus* var. *roseozonatus* FR.), *Lactarius zonarius* (ST. AMANS) und *Leccinum aurantiacum* (ST. AMANS) S. F. GRAY s.st. begleitet.

Literatur

[1] ANONYMUS, 1979: Poplars and willows in wood production and land use. FAO Forestry Series 10, Rome.

[2] ARESTSHENKO, V. D., 1957: Rot damage of aspen stands in Byelorussia. Aspen varieties in forests of Byelorussian SSR and their use in forest management. Gomel. (in Russian).

[3] BARANCHUGOV, E. G., 1983: On Distinguishing Phenological Forms in Aspen. Lesovedenije 1, 60-65. (in Russian, summary in English).

[4] BELOV, S. V., 1964: Evaluation of hygienic role of forest. Lesnoije Hozjaistvo, 1, 8-13.

[5] BERGSTRÖM, I., 1940: On the progeny of diploid x triploid Populus tremula. Hereditas, **22**, 191-201.

[6] BEUKER, E.; HAGMAN, M., 1989: Hybridihaapa – esimerki lajiristeytys-jalostuksesta. Metsantutkimusl. Tiedon. 328, 74-76.

[7] BEUKER, E., 1991: Breeding of Aspen and Poplars in Finland. Metsänjal. Tiedonantoja 1, 23-27.

[8] BLÖNDAL, S., 1993: Socioeconomic Importance of Forests in Iceland. Forest Development in Cold Climates. Edts. J. Alden, J. L. Masterantonio and S. Ødum. New York and London.

[9] BOSSHARD, H. H., 1982: Holzkunde, Band 1, 2. Aufl., Birkhäuser Verlag Basel, Boston, Stuttgart.

[10] BRAGASON, A., 1995: Exotic trees in Iceland. Buvisindi Icel. Agr. Sci. 9, 37-45.

[11] BRAY, J. R. , 1960: The chlorophyll content of some native and managed plant communities in Central Minnesota. Canadian J. Bot. **38**, 3, 313-333.

[12] BUGALA W., 1973: Systematyka i zmiennosc. Topole. Populus L. Warszawa-Poznan.

[13] BUNGE, A., 1851: Beitrag zur Kenntnis der Flora Russlands und der Steppen Central-Asiens. St. Petersburg. Seper. (Me'moires des savants e'trag VII).

[14] DANILIN, M. A., 1980: Proportion of male and female individuals of aspen. Forest mensuration and inventory. Krasnojarsk. (in Russian).

[15] DANILOV, E. A., 1922: Die Aspe und ihre Züchtung. Moskau. (in russisch).

[16] DEMINDENKO, V. P. , 1978. Aspen Stands of Middle Ob River Basin. Novosibirsk. (in Russian).

[17] DODE, L.-A., 1905: Extraits d'une monographie inedite du genre Populus. Extrait des Memories de la Societe d'Histoire Naturelle d'Autun. Tome XVIII. Paris.

[18] DURST, J., 1959: Handbuch der Nutzhölzer. Leipzig.

[19] ECKENWALDER, J. E., 1996: Systematics and evolution in Populus. Biology of Populus and its implications for management and conservation. Part I, Chapter 1. Edited by R. F. STETTLER, H. D. BRADSHAW, JR., et al. Ottawa.

[20] EISENREICH, H., 1956: Schnellwachsende Holzarten. Ein Leitfaden. Berlin.

[21] EISELT, M. G.; SCHRÖDER, R., 1977: Laubgehölze. Leipzig-Radebeul.

[22] GORJUNOVA, L. N., 1961: The clone of monoecious Populus tremula in the Kola Peninsula. Russian J. Botany, **46**, 5, 705-707. (in Russian).

[23] GRAMUGLIO, G., 1962: Osservazioni sul comportamento sessuale del Populus tremula L. in Italia. Giorn. Bot. Ital. **69**, 1/3, 78-90.

[24] GRETSHKIN, V. P.; VORONTSOV, A. I. , 1962: Pests and diseases of Populus and measures to handle them. Moscow. (in Russian).

[25] GROSSER, D., 1977: Die Hölzer Mitteleuropas. Springer-Verlag Berlin, Heidelberg, New York.

[26] HARTMAN, C. J., 1870: Handbok i Skandinaviens flora. Stockholm.

[27] HEGI., 1981: Illustrierte Flora von Mitteleuropa. Bd. III. Berlin und Hamburg.

[28] HULTÉN, E., FRIES, M., 1986: Atlas of North European Vascular Plants. North of the Tropic of Cancer. I. Königstein.

[29] HÄMET-AHTI, L.; PALMÉN, A. et al., 1992: Suomen puu- ja pensaskasvio. Helsinki. (in Finnish).

[30] HYLANDER, N., 1966: Nordisk kärlväxtflora II. Stockholm.

[31] ILJIN, A. M., 1973: Proportion of sex of aspen in different growth conditions. Ecologija, 2, 92-93. (in Russian).

[32] IVANNIKOV, S. P., 1959: Aspen tree breeding in forested steppe considering growth rate, resistance to wood rotting and wood quality. Experience and advance in tree breeding, 38. Moscow. (in Russian).

[33] JABLOKOV, A. S., 1941: Giant variety of aspen in the forests of USSR. 23, 1-52. (in Russian).

[34] JABLOKOV, A. S., 1963: Growing and breeding of healthy aspen. Moscow. (in Russian).

[35] JOHNSSON, H., 1940: Cytological studies of diploid and triploid Populus tremula and of crosses between them. Hereditas, **26**, 320-352.

[36] JÄRVEKÜLG, L.; TAMM, Ü., 1970: Triploidne haab Eestis (Triploid Aspen in Estonia). Metsanduslikud uurimused VIII. Tartu. (in Estonian, with summaries in Russian and English).

[37] KAIRIUKŠTIS L.; JUODVALKIS, A.; JONIKAS, J., 1979: Die Gesetzmäßigkeiten der Veränderlichkeit der Baumkronenform und die Berechnung ihrer Holzmasse in Birken und Espenbeständen. Lietuvos Mišku Ukio Mokslino Tyrimo Darbai. Vilnius 13-25. (in russisch, Zusammenfassung in deutsch).

[38] KARHU, N., 1996: Suomen paksuimmat haavat. Sorbifolia, 27,4,164.

[39] KARLSSON, B., 1991: Experiences and ideas of hybrid aspen in Sweden. Metsänjalost. Tiedonantoja, 1, 35-39.

[40] KÖSOUROV, J. F., 1965: The findings of monoecious and dioecious individuals of aspen. Proc. Bashkieran For. Expt. Centre Forest Management, 8, 13-17.

[41] KOTSHANOVSKI, S. B., 1976: Heart rot of aspen. Minsk (in Russian).

[42] KRIGUL, T., 1962: Haavapuistute laasumisest. (Über die Astreinigung der Aspenbestände). EPA teaduslike tööde kogumik 23. Tartu. (in Estnisch. Zusammenfassungen in Russisch und Deutsch).

[43] KRÜSSMANN, G., 1977: Handbuch der Laubgehölze. Bd. II. Berlin und Hamburg.

[44] LOFTSON, J., 1993: Forest Development in Iceland. Forest Development in Cold Climates. Edited by J. ALDEN, J. L. MASTERANTONIO AND S. ØDUM. New York and London.

[45] LEPISTÖ, M., 1971: Haavan käyttomahdollisuudet peltojen metsityksessä. Puumies **17**, 7-8, 209-210.

[46] LEPISTÖ, M., 1998: Haavan mikrotaimituotanto laajenemassa. Metsanjalostussäätio Tiedote 1, 8-9.

[47] MARCET, E., 1963: Die Aspe und ihr Anbau. Hespa Mitt. 13, 3, Lyzern.

[48] MIKOLA, J., 1972: Hybridhaapa. Dendrologian seuran tiedotuksia, 1, 12-17.

[49] MURKAITE, R., 1973: Distribution of aspen pollen. Proc. Lithuanian Forest Res. Inst., 14, 89-91 (in Russian).

[50] NIEMELÄ, T., 1974: On fennoscandian polypores. III. Phellinus tremulae (BOND.) BOND. et BORISOV. Ann. Bot. Fenn. 11, 202-215.

[51] NILSSON-EHLE, H., 1936: Über eine in der Natur gefundene Gigasform von Populus tremula. Hereditas, **21**, 2...3.

[52] NURMI, J., 1993: Heating values of the above ground biomass of small-sized trees. Acta Forestalia Fennica 236, 30.

[53] ORLENKO, J. G., 1957: The basic forms of aspen in the forests of Byelorussian SSR. Lesnoije Hozjaistvo, 5, 7-11. (in Russian).

[54] OSKARSSON, O., 1962: Kokemuksia hybridihaavan viljelystä. Metsataloudellinen aikakauslehti **79**, 5-6, 205-207, 198.

[55] PADAIGA, V. I., 1970: The Reducing Effect of Mass Aspen Cutting down on Damage of the Forest by Roes. Lesovedenije, 6, 94-96. (in Russian, summary in English).

[56] PARMASTO, E.; TAMM, Ü., 1969: Haava hirmsaim vaenlane. (Phellinus tremulae on Aspen in Estonia). Eesti Loodus, 9, 520-524. (in Estonian, summaries in Russian and English).

[57] PEARSON, L. C.; LAWRENCE, D. E., 1958: Photosynthesis in Aspen Bark. American, J. Bot., **45**, 5, 383-387.

[58] PERELÕGIN, L. M., 1960: Wood science. Moscow, (in Russian).

[59] PIIRAINEN, M., 1996: Haavan (Populus tremula) taksonomiaa (on the taxonomy of Populus tremula). Sorbifolia **27**, 4, 147-157. (in Finnish).

[60] RJABININ, V. M., 1962: Effect of industrial pollutant gases on the growth of shrubs and trees. Botanichesky Zhurnal, **47**, 3, 412-416.

[61] REBANE, H., 1965: Waldbauliche Charakteristik der Aspe in Laubholz-Fichten-Jungbeständen vom Bingelkraut-Geissfuss-Standortstyp. Metsanduslikud uurimused IV. Tallinn. (in Estnisch, Zusammenfassungen in Russisch und Deutsch).

[62] REIM, P., 1930: Haava paljunemis-bioloogia (Die Vermehrungsbiologie der Aspe). Tartu Ülikooli Metsaosakonna toimetused, 16. Tartu. (in Estnisch, Zusammenfassung in Deutsch).

[63] RONE, V. M., 1972: Graftage of tree species in forest tree breeding. Moscow. (in Russian).

[64] SALONEN, M., 1998: Hybridihaavan taimia mikrolisäyksellä. Metsänjal. Tiedote 1, 6-7.

[65] SARVAS, R., 1958: Kaksi triploidista haapa ja koivua. Metsäntutkimusl. Julkaisuja **49**, 7. Helsinki. (in Finnish).

[66] SAUER, E., 1954: Beobachtungen an zwittrigen Pappeln. Z. Forstgenet. Forstpflanzenz. **3**, 5, 89-91.

[67] SEPP, R.; TAMM, Ü., 1977: Methoden zur Bestimmung der Farbe der Espenrinde. Metsanduslikud uurimused XIII. Tallinn. (in Russisch, Zusammenfassungen in Estnisch und Deutsch).

[68] SMILGA, J., 1986: European Aspen. Riga. (in Russian, summary in English).

[69] SMILGA, J.; JERVEKILGA, L., 1978: Triploidā aspe Latvijas PSR. Jaun. Mežsaimn., 20 laid., 23-32. (in Latvian).

[70] SPACH, E., 1841: Revisio Populorum. Ann. D. Sci. Nat., t. XV. Paris.

[71] STAROVA, N. V., 1980: Willow tree breeding. Moscow (in Russian).

[72] STRAUB, R. 1966: Experimentelle Untersuchung über die Abhängigkeit des Wurzelwachstumsbeginns bei Aspensämlingen von der Luft- und Bodentemperatur. Schweiz. Z. Forstw. **117**, 1, 60-67.

[73] TAMM, Ü., HANNUS, J., 1977: Zur Morphometrie der Espenblätter. Metsanduslikud uurimused XIII. Tartu. (in russisch, Zusammenfassung in deutsch).

[74] TAMM, Ü.; HENDRIKSON, G., 1994: Haabade lehtimise sõltuvus ilmastikutingimustest (Dependence of budding of Aspens on weather conditions). Metsanduslikud uurimused XXVI. Tartu. (in Estonian, summary in English).

[75] TAMM Y. A.; ROSS, V. A., 1980: Regularities of distribution of aboveground phytomass of Aspen in stands of the Estonian SSR. Lesovedenije, 1, 42-51. (in Russian, summary in English).

[76] TSARYOV, A. P., 1969: Aspen sex dimorphism. Lesovedenije, 2, 76-78. (in Russian, summary in English).

[77] TSHERNJAJEV, V. M., 1857: Importance of Ukrainian forest in regard of Southern Russia. Harkov. (in Russian).

[78] WILLKOMM, M., 1887: Forstliche Flora von Deutschland und Oesterreich, Winter'sche Verlagshandlung, Leipzig.

Der Autor:

Dr. ÜLO TAMM
Forstliches Forschungsinstitut
Fr. R. Kreutzwaldi Str. 5
51014 Tartu
Estland

Prosopis glandulosa Torr., 1828

syn.: Prosopis juliflora var. glandulosa (Torr.) Cockerell, 1895
Prosopis chilensis glandulosa (Torr.) Standl., 1926

Mesquitebaum

Familie: Mimosaceae

engl.: Honey mesquite

Abb. 1: Prosopis glandulosa. Alter Einzelbaum im Death Valley Np., CA

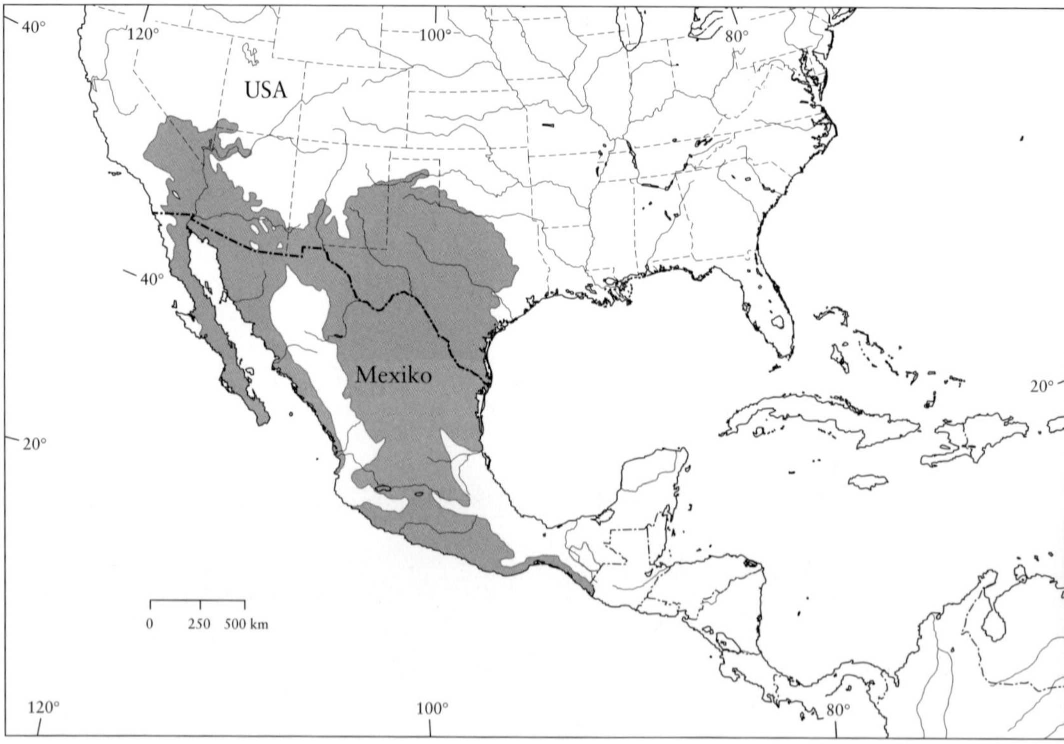

Abb. 2: Natürliches Verbreitungsgebiet (nach LITTLE, E. L., JR., Atlas of United States Trees, vol. 3, 1976)

Prosopis glandulosa kommt als breitkroniger, meist kleiner Baum oder als Strauch in den ausgedehnten, trockenheißen Halbwüsten des südlichen Nordamerika und des nördlichen Mexiko natürlich vor. Dort bildet er lückige Bestände, die sich nach Feuer oder Einschlag durch Austrieb aus der Stammbasis oder dem Wurzelhals erneuern [8].

Die sommergrüne Art war und ist für die eingeborene Bevölkerung, aber auch für die Tierwelt und das Weidevieh, teils wegen des Brenn- und Bauholzes, teils wegen der essbaren, nährstoffreichen Früchte, von erheblicher Bedeutung. Darüber hinaus bindet sie Luftstickstoff und wirkt deshalb bodenverbessernd.

Die tiefwurzelnde, relativ lang bedornte Art unterteilt man in die Varietät *glandulosa* aus Mittel-, Süd- und Ost-Texas bis Süd-Kansas und die kleinblättrige Var. *torreyana* aus West-Texas, Arizona, Kalifornien und Mexiko.

Großflächige Anbauten außerhalb des natürlichen Areals sind u.a. aus Indien und Südafrika bekannt.

Der artbeschreibende Name „glandulosa" (lat. = drüsig) bezieht sich auf eine Drüse an der Basis des Blattstiels [20], nach anderen Quellen auf die mit einer kleinen, hinfälligen Drüse besetzten Konnektive [27, 31].

Verbreitung

P. glandulosa besiedelt trocken-warme Regionen der südlichen USA und des nördlichen Mexiko. Schwerpunkte der Verbreitung liegen in Nordmexiko, im westlichen Texas, in New Mexico und im mittleren Arizona. Allein für Mexiko wird eine Gesamtfläche von 12,15 Mio Hektar angegeben [1]. Nach Norden erstreckt sich das Areal bis in den Westen Oklahomas und das Anbaugebiet bis in den Süden von Kansas und den Südosten von Colorado. Die natürliche Ostgrenze liegt bei Shreveport, Louisiana [27] sowie in Arkansas [31].

Auch in Kalifornien kommt *P. glandulosa* natürlich vor. Hier ist das Areal jedoch stark zerklüftet. Zum einen wächst die Art auf der Ostseite der Mojave-Wüste, im Death Valley wie auch in den Canyons der Panamint- und der Funeral Mts., zum anderen gibt es kleinere Vorkommen im Gebiet um Bakersfield und Taft (Central Valley) sowie im Cuyama Valley, San Luis Obispo County (26). Im San Joaquin-Valley sind die natürlichen Populationen infolge Grundwasser-Absenkungen auf eine Gesamtfläche von ca. 5000 ha zurückgegangen, und nur noch 15 bis 20 % der Bäume weisen die ursprüngliche Vitalität auf [17].

Die vertikale Verbreitung geht über 1370 ü.NN nicht hinaus [19].

Beschreibung

Am natürlichen Standort gehört *P. glandulosa* wegen seiner breiten, abgerundeten Krone trotz relativ geringer Gesamthöhen zu den auffälligen Holzgewächsen. Die Art entwickelt sich zu einem kräftigen, relativ breiten Strauch oder zu einem kleinen Baum mit kurzem Stamm, der sich schon in geringer Höhe verzweigt und Durchmesser (BHD) von 30 cm [27], nach anderen Angaben von 45 cm [8] sowie Höhen von 6 m [27], 9 m [31] oder 12 m [8] erreichen kann. Die Spitzenwerte liegen bei 15,8 m Höhe, 46 cm BHD und bei 21,6 m für den Kronendurchmesser [8].

Kennzeichnend sind u.a. die langen, zickzack-förmig wachsenden, etwas überhängenden Zweige mit kräftigen, geraden, bis 5 cm langen Dornen [31]. Mitunter kommen auch dornlose Zweige vor.

Blätter

Die sommergrünen, wechselständig angeordneten, bipinnaten Laubblätter werden bis 25 cm lang. Sie sind kurz gestielt und haben zwei (selten drei oder vier) Fiederpaare 1. Ordnung, jede Fieder mit 6 bis 13 Fiederblättchen-Paaren [4, 24]. Die dunkelgrünen, linearen Blättchen können am Apex spitz oder stumpf auslaufen. Sie sind kurz gestielt (1 bis 1,5 mm) und werden i.A. 24 bis 45 mm lang, 2,3 bis 4 mm (selten 6 mm) breit und stehen paarig in Abständen von 9 bis 18 mm an der Rhachis [4].

Fiederblättchen der Var. *torreyana* bleiben mit 15 bis 25 mm wesentlich kürzer [24].

Die Menge der produzierten Cuticularwachse variiert je nach der Jahreszeit und den ökologischen Bedingungen zwischen ca. 4 und 10 mg pro Quadratdezimeter Blattfläche. Im April/Mai ist sie am geringsten, ab Juli am stärksten.

Im ariden Westen und im semiariden Süden von Texas produzieren die Blätter nicht mehr Wachs pro Einheit Blattfläche oder Blattgewicht als im humiden Osten [23].

Blüten, Früchte und Samen

P. glandulosa blüht von Mai bis September [31], in Texas hauptsächlich im Frühjahr und sporadisch während des ganzen Sommers [8].

Die kleinen, gelblich grünen Zwitterblüten stehen zu vielen in walzenförmigen, 3,8 bis 10 cm langen, hängenden Ähren, welche zu mehreren den Blattachseln entspringen und 1,3 bis 1,8 cm gestielt sind [8, 27, 31]. Die Einzelblüten sind nicht länger als 2 mm und bestehen u.a. aus einem glockenförmigen Kelch mit 5 dreieckigen Zipfeln, einer kleinen, grünlich weißen Corolla mit 5 aufrechten, im basalen Teil mitunter verwachsenen, linearen Petalen sowie 10 Staubblättern mit fädigen Filamenten und länglichen Antheren. Der gestielte Fruchtknoten hat einen fadenförmigen Griffel mit winziger (0,2 mm) Narbe [27, 31].

Zur Zeit der Reife (Juli/September) sind die hellbraunen, im Querschnitt rundlichen Früchte (Hülsen) 10 bis 22 (25) cm lang, etwa 9 mm breit, gerade bis sichelförmig gekrümmt und zwischen den Samen teils schwach, teils deutlich verengt [27, 31]. Sie hängen in lockeren Ständen zu wenigen herab und bleiben bei Reife geschlossen.

Die braunen Samen, eingebettet in ein weiches, süßes Fruchtfleisch, sind schmal elliptisch und etwa 6 mm lang. 30 000 Samen wiegen 1 kg; das entspricht einem Tausendkorngewicht von 33,3 g [35].

Borke und Holz

Die Stammborke von *P. glandulosa* ist anfangs dünn und rotbraun, später wird sie dunkler, dick und rauh, mitunter auch schuppig und erhält tiefe Risse sowie relativ breite Längsrippen [8, 31].

Das sehr harte und schwere, ringporige Holz weist einen sehr schmalen, blass gelblichweißen Splint und einen gelblich braunen bis rotbraunen Kern auf, der bei Lichtexposition ein warmes Dunkelbraun annimmt [33]. Jahrringe werden gebildet. Durch Präparation des Stammquerschnitts lassen sie sich deutlich genug hervorheben, um die über 200 Jahre alten Stämme dendroklimatologisch bearbeiten zu können [15].

Prosopis-Holz hat eine mittlere bis grobe Textur. Es ist leicht zu bearbeiten, dichtfaserig und sehr dauerhaft [31]. Besonders hervorgehoben wird neben der Widerstandsfähigkeit gegen Fäule und Insekten die Stabilität beim Trocknen [33]:

Schwindung, radial	2,2 %
Schwindung, tangential	2,6 %
Schwindung, Volumen	4,7 %

Weitere technologische Kennziffern lauten [2, 33]:

Rohdichte (r_{15})	>0,7 g/cm^3
Druckfestigkeit, parallel zur Faser*)	56 600 kPA
Druckfestigkeit, senkrecht zur Faser*)	23 100 kPA
Zugfestigkeit, senkrecht zur Faser*)	4 800 kPA

*) = Wassergehalt 10 %

Wurzelsystem

Das Pfahlwurzelsystem kann bis in 30 m Tiefe vordringen [8], während Seitenwurzeln konzentriert in den oberen 30 cm des Bodens auftreten und eine beträchtliche horizontale Ausdehnung erreichen[1)]. In situ erreicht die Pfahlwurzel 4 Monate alter Sämlinge bereits 40 cm Tiefe[2)].

1) J. Range Managem.1988, 227 bis 231
2) For. Abstr. 51, 6785, 1990

Abb. 3: Borke eines alten Baumes und Querschnitt durch einen starken Ast (links) und Blütenstand

Taxonomie und genetische Differenzierung

Die Gattung *Prosopis* ist mit etwa 40 Arten zumeist in trocken-heißen Regionen der Neuen Welt vertreten [21]. Sie gliedert sich nach BENSON [4] in:

Sektion 1 *Algarobia* DC, 1825 u.a. mit *P. juliflora* [SWARTZ] DC. und *P. glandulosa* TORR. Kennzeichen: Langtrieb-Dornen, Corolla sympetal

Sektion 2 *Stranbocarpa* BENTH., 1841 u.a. mit *P. pubescens* BENTH., Kennzeichen: Stipulardornen, Corolla sympetal

Im Gegensatz zu LITTLE [20, 21], COX [8] und JOHNSTON [18], welche *P. glandulosa* als separate Art betrachten, stufen andere Autoren sie als Varietät von *P. juliflora* ein und differenzieren wie folgt [4,31]:

- *P. juliflora* var. *glandulosa* (TORR.) COCKERELL
  Heimat: Mittel-, Süd- und Ost-Texas, Shreveport, LA, S-Kansas
  Fiederblättchen 24–45 (max. 63) mm lang
- *P. juliflora* var. *velutina* (WOOT.) SARG.
  Junge Blätter und Triebe intensiv und kurz behaart
  Heimat: W-Texas, New Mexico, Arizona
- *P. juliflora* var. *torreyana* (L.) BENSON
  Fiederblättchen 15–23 mm lang
  Heimat: West- und Süd-Texas, New Mexico, Arizona, Nevada, Kalifornien, Mexiko. Häufig entlang des Rio Grande

SARGENT [27] unterteilt *P. juliflora* DC. hingegen nur in:

- var. *glandulosa* COCK
  Areal: Ost-Texas bis West-Louisiana (Shreveport), West-Oklahoma und Süd-Kansas, in Arizona, Süd-Kalifornien und Nieder-Kalifornien
  Kennzeichen: Kurze, dichtstehende Blätter
- var. *velutina* SARG.
  Areal: Trockentäler in Süd-Arizona und in der Sonora-Wüste.

JOHNSTON [18], schließlich, differenziert die Art *Prosopis glandulosa* TORR. in zwei Varietäten: Var. *glandulosa* als Art-Typus und Var. *torreyana* (L. BENSON) M. C. JOHNST. (syn. *P. juliflora* var. *torreyana*, BENSON, 1941).

In Laborversuchen mit Sämlingen verschiedener *P. glandulosa*-Provenienzen reagierten Herkünfte aus Oklahoma und Texas auf 10-, 12-, 14- und 16-stündige Photoperioden mit reduzierten Maximalhöhen und früherem Einsetzen der Winterruhe. Südlichere Populationen wurden von Änderungen der Photoperiode weniger beeinflusst [25].

Auch in einem Baumschulversuch wiesen nördliche Provenienzen geringere mittlere Oberhöhen auf und die Ruheperiode setzte ebenfalls früher ein. Frost förderte die Dormanz in mexikanischen Populationen [24].

Wachstum und Ertrag

Die Dichte der *P. glandulosa*-Bestände und deren Biomasse können in weitem Rahmen schwanken. In Texas ermittelte man Werte zwischen 6 und 19 000 Stämmen pro Hektar und Biomassen zwischen 0,65 und 1300 kg pro Baum. Einer Modellrechnung zufolge weisen die Stämme bei einer optimalen Bestandesdichte von 100 Bäumen/ha, das entspricht einem Abstand von 9,5 m, an der Basis einen Durchmesser von ca. 35 cm auf, und die Endnutzung an Stammholz beläuft sich auf 23 m^3/ha [14].

Zehn ca. 25-jährige Bäume in der Sonora-Wüste, südlich Salton Sea (Jahres-Niederschläge ca. 70 mm) variierten im Trockengewicht der oberirdischen Biomasse zwischen 43 und 760 kg, und die Biomasse eines im trockenen Bachbett gelegenen Bestandes hob sich mit 23000 kg/ha deutlich von einer höher gelegenen Population (3500 kg/ha) ab. Die Allokation der primären Photosynthese-Produkte verlief in beiden Fällen zu 51 % in das Stamm- und Astholz und zu 33,6 % in die Blattmasse [28].

In Mexiko rechnet man für *Prosopis*-Plantagen mit einer Biomasse-Produktion von 50 bis 60 t/ha bei 10-jährigem Umtrieb [1].

Höhen- und Dickenwachstum hängen stark vom Wasserangebot ab [5], sodass die unter Gewächshausbedingungen an 2-jährigen Pflanzen ermittelte Trockenmasse von 7 t/ha/a [10] in situ nicht immer erreicht werden dürfte.

Der Fruchtansatz unterliegt erheblichen individuellen Schwankungen [10]. Für das Coachella Valley in Süd-Kalifornien wird pro Baum und Jahr ein Mittelwert von 9,5 kg genannt [5], und die gesamte Fruchternte in der mexikanischen Provinz San Luis Potosi belief sich 1965 auf 12 000 t [1].

Anzucht

Mesquite-Hülsen reifen im August und September. Zur Ernte sollte man sie pflücken, sobald die Samen beim Schütteln klappern oder vom Boden aufsammeln und anschließend 18 Stunden bei 32 °C trocknen und dann dreschen. Schwierigkeiten entstehen durch die rasche Wasseraufnahme der Hülsen nach der Trocknung. Wegen des häufigen Besatzes mit Bruchiden-Larven (Samenkäfern) wird Begasung oder Vereisung des Saatgutes empfohlen. [2, 31, 35].

Die Samen lassen sich problemlos jahrzehntelang lagern, ohne dass sie ihre Keimfähigkeit verlieren. Die sehr harte Samenschale macht allerdings Vorbehandlung des Saatgutes durch Stratifizieren, Ritzen oder Kerben, Säurebehandlung (H_2SO_4, 15 bis 30 min) sowie Tauchen in kochendes Wasser (anschließendes Abkühlen im selben Medium) erforderlich. Nach Anwendung eines dieser Verfahren beträgt die Keimfähigkeit 89 % [31]. Sechs Stunden Wässerung bei 34 °C bewirkt das sofortige Einsetzen der Keimung [2].

In Pakistan erreichte man nach Wässerung, Applikation von IAA und GA_3 und Skarifizierung eine Erhöhung der Keimrate von 18 bis 30 % auf > 90 %[3)].

In natürlichen *Prosopis*-Beständen werden die Hülsen vom Wild oder Weidevieh gefressen und die ausgeschiedenen Samen keimen fast ohne Ausnahme [8].

P. glandulosa ist im Prinzip durch Stecklingsbewurzelung, Gewebekultur und Absenkerbildung auch vegetativ vermehrbar. Interspezifische Pfropfungen gelingen zwischen Arten der Sektion *Algarobia* [34].

Ausgesät wird in wohldrainierte Saatbeete oder direkt in Container. Nach epigäischer Keimung entwickeln sich Sämlinge mit einer kräftigen Pfahlwurzel, bei denen das Wurzel : Spross-Verhältnis bis auf 10 : 1 ansteigen kann. Beim Verschulen besteht daher die Gefahr von Wurzelverletzungen.

Abb. 4: Zweig mit jungen Laubblättern und Dornen (links) und Saatgut

[3)] Pakistan J. For. 1991, 69–73

Ökologie

P. glandulosa ist eine thermophile, lichtbedürftige Baumart des trocken-heißen semiariden bis ariden Klimas. In ihrem natürlichen Areal schwanken die Jahresniederschläge zwischen 150 und 650 mm, die Jahresmitteltemperatur liegt bei etwa 10 °C.

Kurzfristige Winterfröste bis zu –20 °C wirken i.A. nicht tödlich [21]. Gefährlicher sind offenbar länger anhaltende Kälteperioden, wie die Ergebnisse eines Freilandversuches in 1500 m Höhe der San Jacinto Mts. verdeutlichen. Hier waren zahlreiche Ausfälle bei 12 Stunden andauernden Frösten um –6 °C eingetreten [12].

Bevorzugt besiedelt werden sommertrockene Fluss- und Bachläufe und somit Standorte, deren Grundwasserspiegel nicht unter 15 m Tiefe sinkt. Längere Überflutungen toleriert die Art nicht [5], wohl aber NaCl-Konzentrationen von 1,2 %[4]. Sie ist weder bei der Orographie des Geländes noch bezüglich des Bodentyps und der Bodenstruktur festgelegt, gedeiht aber besonders gut auf lockeren Substraten, so auf leichten Tonen bis zu Feinsanden [5]. Der typische, reichliche Fruchtbehang ist auch unter ungünstigen Standortsbedingungen zu beobachten.

P. glandulosa ist ungemein konkurrenzstark. Einmal im Grasland etabliert, beschattet sie die Bodenflora, einschließlich der Futtergräser und drängt diese zurück – auch infolge der Wasserkonkurrenz. Deswegen durchgeführte Bekämpfungsversuche schlugen durchweg fehl, denn sowohl nach Abtrieb wie nach Feuer und oberirdischer Applikation von Arboriziden treiben die Bäume aus der Stammbasis wieder aus [26].

Aus landschaftsökologischer Perspektive sind die Wirkungen von Mesquite äußerst positiv zu beurteilen, denn die Art bindet Flugsand, stabilisiert kahle, trockene Hänge und verhindert Erosion auf großer Fläche [30][5]. Außerdem verbessert sie den Boden durch die Anreicherung von Stickstoff [2] und bietet über weite Teile des Jahres die wichtigste Nahrung für Wildtiere wie Eich- und Erdhörnchen, Coyoten, Skunks, Kaninchen und Schalenwild [31].

Die Sämlinge des Mesquitebaumes wachsen im vollen Sonnenlicht und ohne Bodenflora am schnellsten. Auch die Keimraten werden in der Savanne durch die konkurrierende Gras- und Krautflora stark beeinträchtigt [7]:

Keimung im Labor	93 %
Keimung inmitten der nat. Bodenflora	2 %
Keimung auf gemähten Flächen	7 %
Keimung nach Herbizid-Applikation	19 %

In Klimakammerversuchen zeigten 12 Wochen alte Sämlinge je nach der gebotenen Lichtstärke (6 Wochen 1 bis 42 % des vollen Sonnenlichtes) eine deutliche Zunahme der Blattzahl und der Stammlänge, des Stammdurchmessers sowie der Trockengewichte von Stamm, Blättern und Wurzeln. Das Wurzel:Spross-Verhältnis stieg mit abnehmender Lichtintensität nicht-linear an[6].

Auf den zumeist extrem ungünstigen natürlichen Standorten wird *P. glandulosa* von nur wenigen Baum- und Straucharten begleitet. Dazu gehören u.a. *Larrea tridentata*, *Artemisia*- und *Cholla*-Arten, *Acacia greggii*, *Chilopsis linearis*, *Fouquieria splendens* und weitere Sukkulente wie *Carnegiea gigantea* oder (im Yoshua-Tree-Monument) *Yucca brevifolia*.

Nördlich von San Diego kommt *P. glandulosa* auch gemeinsam mit *Quercus agrifolia* vor.

In Wurzelknöllchen an den *Prosopis*-Feinwurzeln vollzieht sich auch in tiefen Bodenschichten eine Symbiose mit stickstoffbindenden Bakterien der Gattung *Rhizobium*. Daraus resultiert die bodenverbessernde Wirkung der Art via Laubstreu und im Wurzelraum. Die Impfung der Pflanzen mit geeigneten *Rhizobium*-Stämmen stellt ein bewährtes Verfahren zur Induktion der Rhizothamnien-Bildung dar – auch im Jugendstadium [3].

Pathologie

Weder Schadinsekten noch pathogene Pilze stellen für *P. glandulosa* ernste Gefahren dar [31]. Bemerkenswert ist allerdings das häufige Vorkommen der Samenschädlinge *Bruchus amicus* und *B. prosopis*. Die Käfer legen Eier in den Blüten ab, und die Larven fressen im Inneren der Samen. In Teilen von West-Texas entstehen Kronenschäden durch *Oncideres cingulata texana* („Mesquite twig girdler"). Die Käfer (*Cerambicidae*) ringeln ab September 0,5 bis 2 cm starke Zweige, insbesondere an Bäumen unter Wasserstress[7]. Erwähnt wird außerdem die am Stamm parasitierende Mistel *Phoradendron californicum* [5]. Sinclair et al. [29] nennen *Ganoderma lucidum* [Curt.] Karst. als Holzzerstörer bei „mesquite".

In Indien wird *P. glandulosa* in der Hauptsache durch Frost und weiße Ameisen geschädigt[8].

[4] For. Abstr. 50, 658, 1989
[5] For. Abstr. 5, 5407, 1943/44
[6] Southw. Naturalist 1987, 469–473
[7] For. Abstr. 53, 7719, 1992
[8] For. Abstr. 5, 5407, 1943/44

Nutzung

P. glandulosa prägt im Süden Nordamerikas auf riesigen Flächen das Landschaftsbild. Seit vielen Jahrhunderten ist sie dort die einzige Schattenquelle für Mensch und Tier, und sie allein liefert das nötige Brenn- und Nutzholz. Ihre Früchte stellten über Jahrtausende das Grundnahrungsmittel für die eingeborenen Indianerstämme dar, und früher wie heute liefern sie ein wichtiges, nährstoffreiches Futter für Wildtiere und Weidevieh.

Besonders begehrt ist das Brennholz von unterirdischen Stammteilen. Es brennt gleichmäßig langsam und dennoch mit heißer Flamme, lässt eine gut verwertbare Holzkohle zurück, riecht angenehm und eignet sich vorzüglich zum Barbecue [8]. Wegen der geringen Dimensionen der Bäume wird das Stammholz nur in Form von 2 m langen und 15 bis 30 cm starken Abschnitten angeboten [33]. Verwendung findet es seit altersher für sehr dauerhafte Zaunpfähle, später dann für Wagenräder, -naben und -speichen sowie für Eisenbahnschwellen und in neuerer Zeit vor allem für sehr attraktive Fußböden und Möbel [8], weiterhin zur Herstellung von Spielzeug und von kunstgewerblichen Gegenständen [1].

Die Cahuilla-Indianer stellten aus Ästen geeigneter Länge und Form Bögen und Pfeilschäfte her [5]. Die Wurzelrinde verarbeiteten sie nach langer Wässerung zu Tauen und Seilen, und von den Blüten weiß man, dass sie eine hervorragende Honigtracht darstellen [8]. Ein beträchtlicher Teil des eingeschlagenen Holzes wird schließlich zu einer hochwertigen Holzkohle verarbeitet. In Mexiko sind es pro Jahr ca. 2770 t, 70 % allein in der Sonora-Wüste. Davon werden neun Zehntel in die USA exportiert [1].

Mindestens von gleichgroßer Bedeutung wie das Holz waren und sind die Mesquite-Früchte. Sie schmecken süß und haben einen hohen Nährwert. Für die Cahuilla-Indianer stellten sie das Hauptnahrungsmittel dar und wurden roh oder gekocht verzehrt. Nach Vergärung entstand ein mildes alkoholisches Getränk. 45,36 kg (= 100 am.lb.) Hülsen incl. Samen enthalten 3,79 kg (8,36 %) Proteine, 24,52 kg (= 54 %) Kohlenhydrate und 0,99 kg (= 2,2 %) Fette [5]. Nach einer anderen Quelle [2] liegen die Anteile bei 13 % Proteinen, 80 % Kohlenhydraten und 3 % Fetten. Der größere Teil des Eiweiß- und Fettgehaltes wird von den Samen beigesteuert [5]. Unter den essentiellen Aminosäuren in Früchten und Samen dominiert das Leucin, unter den Mineralstoffen mit großem Vorsprung Natrium, Eisen und Zink [16].

Auch die Samen von *P. glandulosa* dienten als Nahrung. Meist wurden sie zu Mehl („pinole“) vermahlen [31] und als Brei oder Kuchen zubereitet [8].

Groß ist die Bedeutung des Mesquitebaumes für die Tierwelt. Zum einen bietet er Unterschlupf und Nistgelegenheit und spendet Schatten, zum anderen stellen die Früchte für Wildtiere und Weidevieh ein ungemein wichtiges, auf großer Fläche verfügbares Futterreservoir dar. Ziegen, Schafe und Schweine vertragen größere Mengen davon als Pferde und Rinder [2]. Trockene Hülsen werden von der Landbevölkerung im mexikanischen San Luis Potosi als Futtervorrat gelagert [1]. 1965 wurden allein in Mexiko 40 000 t Früchte verfüttert [2].

Weit zurück geht die volksmedizinische Nutzung der Art. So weiß man, dass wüstenbewohnende Indianer ein gummiartiges Exsudat der Stammrinde als Süßigkeit schätzten, teils aber auch – in Wasser gelöst – als Mittel gegen Ruhr und Halsschmerzen und zur Beschleunigung der Wundheilung verwendeten. In Mexiko setzt man mit der Borke, der Asche und den Blättern Präparate gegen Gastritis, Ruhr und Diarrhoe an [1].

Verschiedenes

- Bäume in der mexikanischen Chihuahua-Wüste entwickeln teils Blüten mit, teils Blüten ohne Nektar. Stehen Bäume dieser beiden Gruppen nicht unmittelbar nebeneinander, werden die Nektar-Blüten häufiger von Bienen besucht und entwickeln sich öfter zu Früchten [18].
- Über den Ursprung des *P. glandulosa*-Vorkommens im San Joaquin Valley, CA gehen die Ansichten auseinander. Zum einen wird angenommen, dass die Art gemeinsam mit mojavischen Florenelementen während einer Wärmezeit um 8000 bis 5000 v. Chr. einwanderte, zum anderen soll sie erst vor 120 Jahren mit vielen Rinderherden von Mexiko her eingetroffen sein [8, 17].
- In einem Laborversuch hemmten Wurzelexsudate von *P. glandulosa*-Keimlingen die Keimung und die Radicula-Entwicklung von Sorghum-, Mais- und Weizen-Sorten[9]. Ähnliche Wirkungen übten wässrige Blattextrakte auf mehrere Weizen-Cultivare aus, deren Wurzelwachstum noch stärker gehemmt wurde als das Sprosswachstum[10].
- Bei den straff organisierten Cahuilla-Indianern war die Nutzung von *P. glandulosa* als eine ihrer wichtigsten Nahrungsquellen bis ins Einzelne geplant. Der Sprecher eines Clans gab den Reifezeitpunkt der Früchte bekannt, stand sodann mehreren rituellen Handlungen vor, gab für jedes Clan-Mitglied die Erlaubnis zur Ernte, bestrafte jeden, der vorzeitig zu ernten begann und sorgte schließlich für einen Ausgleich zwischen Clan-Mitgliedern mit geringer und reichlicher Ernte. Alle diese Vorgänge wurden von religiösen Zeremonien begleitet [5].
- Mehr als 50 % der eingesehenen 320 Literatur-Auszüge hatten die chemische Bekämpfung von *P. glandulosa* zum Inhalt.

---

[9] J. Mahar. Agric. Univ. 1990, 390–391
[10] Pakistan J. Sci. Industr. Res. 1989, 708

Literatur

[1] ALMANZA, S. G.; MOYA, E. G., 1986: The uses of Mesquite (Prosopis ssp.) in the Highlands of San Luis Potosi, Mexico. Forest Ecol., Managem. 16; 49-56.

[2] BAINBRIDGE, D. A.; VIRGINIA, R. A.; JARRELL, W. M., 1990: Honey Mesquite: A Multipurpose Tree for Arid Lands. NFT Highlights. NFTA 90-07. Nitrogen Fixing Tree Ass., Waimanalo, HI.

[3] BAIRD, L. M.; VIRGINIA, R. A.; WEBSTER, B. D., 1985: Development of root nodules in a woody legume, Prosopis glandulosa TORR. Bot. Gazette **146**, 1, 39–43.

[4] BENSON, L., 1941: The Mesquites and Screw-Beans of the United States. Amer. J. Bot. **28**, 748–754.

[5] BRASHLER, J. G., o. J.: Relationships between the desert Cahuilla Indians and the Honey Mesquite. Michigan Academician, 385–396.

[6] BROWN, J. R.; ARCHER, S., 1989: Woody plant invasion of grasslands: establishment of honey mesquite (Prosopis glandulosa var. glandulosa) on sites differing in herbaceous biomass and grazing history. Oecologia **80**, 19–26.

[7] BUSH, J. K.; VAN AUKEN, O. W., 1990: Growth and survival of Prosopis glandulosa seedlings associated with shade and herbacious competition. Bot. Gazette **151**, 2, 234–239.

[8] COX, P. W.; LESLIE, P., 1991: Texas Trees. Corona Publ. Comp. San Antonio.

[9] FAGG, C. W.; STEWART, J. L., 1994: The value of Acacia and Prosopis in arid and semi-arid environments. J. Arid Environments **27**, 3–25.

[10] FELKER, P.; CANNELL, G. H. et al., 1983: Biomass production of Prosopis species (Mesquite), Leucaena, and other Leguminous trees grown under heat / drought stress. Forest Sci. **29**, 3, 592–606.

[11] FELKER, P.; CLARK, P. R. et al., 1981: Salinity tolerance of the three legumes: Mesquite (Prosopis glandulosa var. torreyana, P. velutina and P. articulata), Algarrobo (P. chilensis), Kiawe (P. pallida) and Tamarugo (P. tamarugo) grown in sand culture on nitrogen – free media. Plant and Soil **61**, 311–317.

[12] FELKER, P.; CLARK, P. R. et al., 1982: Screening Prosopis (Mesquite) for cold tolerance. Forest Sci. **28**, 2, 556–562.

[13] FELKER, P.; CLARK, P. R. et al., 1984: Prosopis pod production – comparison of North American, South American, Hawaiian, and African germplasm in young plantations. Economic Bot. **38**, 1, 36–51.

[14] FELKER, P.; MEYER, J. M.; GRONSKI, S. J., 1990: Application of self-thinning in Mesquite (Prosopis glandulosa var. glandulosa) to range management and lumber production. For. Ecol., Managem. **31**, 4, 225–232.

[15] FLINN, R. C.; ARCHER, S. et al., 1994: Identification of annual rings in an arid-land woody plant. Prosopis glandulosa. Ecology **75**, 3, 850–853.

[16] HARDEN, M. L.; ZOLFAGHARI, R., 1988: Nutritive composition of green and ripe pods of Honey Mesquite (Prosopis glandulosa, Fabaceae). Economic Bot. **42**, 4, 522–532.

[17] HOLLAND, D. C. 1987: Prosopis (Mimosaceae) in the San Joaquin Valley, California: Vanishing relict or recent invader? Madroño 34, 4, 324–333.

[18] JOHNSTON, M. C., 1962: The North American Mesquites Prosopis sect. Algarobia (Leguminosae). Prittonia **14**, 72–90.

[19] LITTLE, E. L., 1980: The Audubon Society Field Guide to North American Trees. Western Region. A. A. Knopf, New York.

[20] LITTLE, E. L., JR., 1979: Checklist of United States Trees. USDA For. Serv., Agric. Handb. 541, Washington, D.C.

[21] LITTLE, E. L., JR., o. J.: Common Fuelwood Crops, Comm.-Tech Assoc., Morgantown, VA.

[22] LÓPEZ-PORTILLO, J.; EGUIARTE, L. E.; MONTAÑA, C., 1993: Nectarless honey mesquites. Functional Ecol. 7, 452–461.

[23] MAYEUX, H. S., JR.; JORDAN, W. R., 1984: Variation in amounts of epicuticular wax on leaves of Prosopis glandulosa. Bot. Gazette **145**, 1, 26–32.

[24] PEACOCK, J. T.; MCMILLAN, C., 1965: Ecotypic differentiation in Prosopis (Mesquite). Ecology **46**, 35–51

[25] PEACOCK, J. T.; MCMILLAN, C., 1968: The photoperiodic response of American Prosopis and Acacia from a broad latitudinal distribution. Americ. J. Bot. **55**, 2, 153–159.

[26] PEATTIE, D. C., 1980: A Natural History of Western Trees. Univ. Nebraska Press, Lincoln and London.

[27] SARGENT, C. S., 1965. Manual of the Trees of North America. vol. 2, 2. ed., Dover Publ., Inc., New York.

[28] SHARIFI, M. R.; NILSEN, E. T.; RUNDEL, P. W., 1982: Biomass and net primary production of Prosopis glandulosa (Fabaceae) in the Sonoran Desert of California. Amer. J. Bot. **69**, 5, 760–767.

[29] SINCLAIR, W. A.; LYON, H. H.; JOHNSON, W. T., 1987: Diseases of Trees and Shrubs. Cornell Univ. Press, Ithaca and London.

[30] TROUP, R. S., 1986: The Silviculture of Indian Trees, vol. 2. Nazia Printers, Delhi.

[31] VINES, R. A., 1976: Trees, Shrubs and Woody Vines of the Southwest. Univ. Texas Press, Austin and London.

[32] VORA, R. S.; MESSERLY, J. F., 1990: Changes in native vegetation following different disturbances in the lower Rio Grande Valley, Texas. Texas J. Sci. **42**, 2, 151–158.

[33] WELDON, D., 1986: Exceptional physical properties of Texas Mesquite Wood. Forest Ecol. Managem. **16**, 149–153.

[34] WOJTUSIK, T.; FELKER, P., 1993: Interspecific graft incompatibility in Prosopis. Forest Ecol. Managem. **59**, 329–340.

[35] YOUNG, J. A.; YOUNG, C. G., 1994: Seeds of Woody Plants in North America. Dioscorides Press, Portland, OR.

Die Autoren:

Prof. em. Dr. PETER SCHÜTT
Lehrstuhl für Forstbotanik
Ludwig-Maximilians-Universität München
Am Hochanger 13
D-85354 Freising

ULLA M. LANG
Schützenstraße 6
D-82383 Hohenpeißenberg

Prunus mahaleb LINNÉ, 1753

syn.: Cerasus mahaleb (L.) MILLER, Padus mahaleb (L.) BORKH.

Weichselkirsche, Steinweichsel, Felsenkirsche

Familie: Rosaceae
Unterfamilie: Prunoideae

engl.: Mahaleb cherry, Saint-Lucy cherry, Rock cherry
franz.: Prunier mahaleb
ital.: Malebo, Ciliegio canino

Abb. 1: Prunus mahaleb. Blühender Einzelbaum

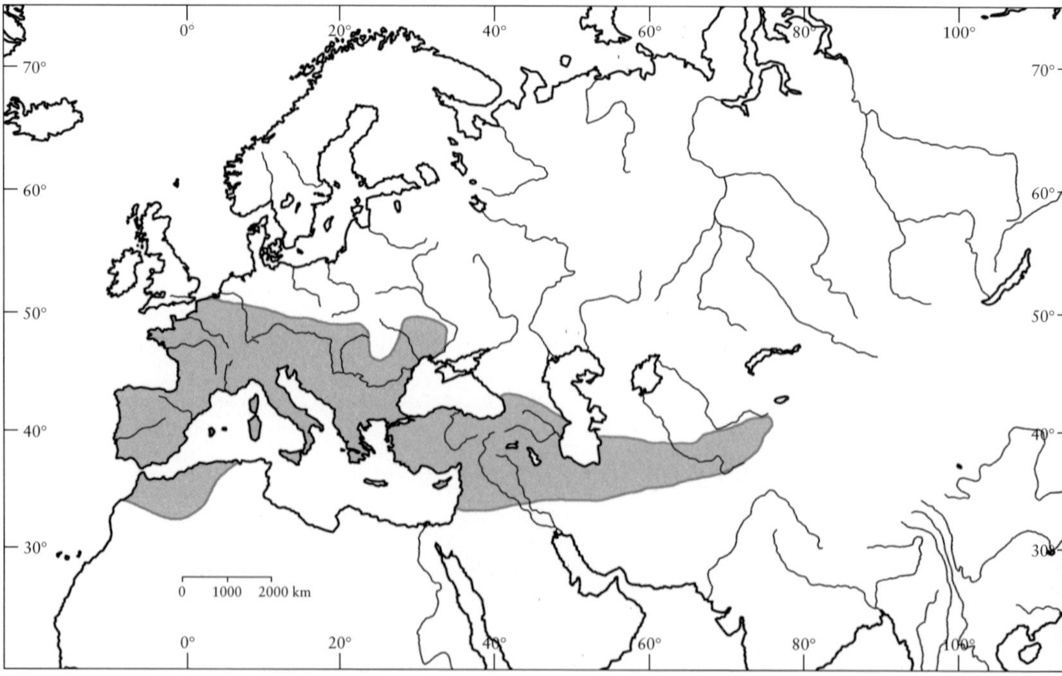

Abb. 2: Natürliches Verbreitungsgebiet, nach TERPÓ, 1968

Die Weichselkirsche ist ein höchstens 10 m hoher, kleiner Baum mit kurzem Stamm und breiter Krone, auf ungünstigen Standorten bleibt sie ein Strauch. Ihr Verbreitungsgebiet liegt in Südeuropa und zieht sich über den Kaukasus bis nach Turkestan hin. Als dürreresistente, thermophile Art mit hohen Lichtansprüchen gedeiht sie vor allem auf felsigen, flachen Kalkböden; in geschlossenen Waldbeständen kommt sie nicht vor.

Da das Holz angenehm nach Cumarin duftet, stellt man Schmuck und kleinere Gebrauchsgegenstände daraus her. Ihre etwas bitter schmeckenden Früchte verwendet man als Aroma-Zusatz von Likören, die Sämlinge dienen als Pfropfunterlage im Obstbau. Forstwirtschaftlich hat die Art nur eine untergeordnete Bedeutung.

Verbreitung

Das Areal von *Prunus mahaleb* liegt in den südlichen und westlichen Teilen Europas sowie im Süden Westasiens. Im Norden geht es noch über das Donautal hinaus, grenzt an das südslowakische Gebirgsland und an Nord-Transsylvanien; über den Kaukasus dehnt es sich sogar bis nach Turkestan aus. In Asien ist die Arealgrenze nicht geklärt. Im Atlas-Gebirge kommt die Art nur sporadisch vor. Die Höhengrenzen der kollin-montanen Art liegen bei folgenden Meereshöhen [20, 22]:

Donautal	bis 740 m
Kleine Karpaten	440 - 750 m
Süd-Karpaten	bis 1100 m
Krim	bis 1000 m
Kaukasus	bis 1800 m
Tienschan	1200 - 1800 m

In geschlossene Waldbestände dringt die Weichselkirsche nirgends ein; sie wird vor allem in Buschwäldern, an den Rändern kalkliebender, thermophiler Eichenwälder sowie in Gebüschen angetroffen. Besonders charakteristische Begleitarten sind *Quercus pubescens, Amelanchier ovalis, Rubus tomentosus, Berberis vulgaris, Cornus mas, Ligustrum vulgare, Viburnum lantana, Euonymus verrucosa* und in mediterranen Regionen *Pistacia lentiscus, Lonicera etrusca, Cotinus coggygria.*

Beschreibung

Die Weichselkirsche ist eine laubabwerfende, monopodial wachsende, meist baumförmige Art, oft bleibt sie jedoch auch in hohem Alter strauchig. Gewöhnlich wird eine Höhe von 10 m und ein Stammdurchmesser (BHD) von 30 cm auch von alten Bäumen nicht überschritten. Baumförmige Exemplare haben einen starkastigen Stamm, eine lichte, breite Krone und etwas abwärts gerichtete Äste. Die Rinde der älteren Äste und des Stammes ist dunkelbraun und mit waagrecht orientierten Lenticellen besetzt. Bei alten Bäumen weist die Borke an der Stammbasis flache Längsrisse auf. Das Wurzelsystem ist stark verzweigt und sehr flach [22].

Knospen und junge Triebe

Das Zweigsystem ist in Lang- und Kurztriebe differenziert. Die anfangs grünen, kurz behaarten Triebe sind ein wenig klebrig, später werden sie hellbraun. Das graue Korkgewebe der ausgereiften Triebe löst sich unregelmäßig ab und nahe der Triebspitze befinden sich besonders auffallende, weißliche Lenticellen. Trockene Triebe riechen angenehm nach Cumarin.

Die kleinen, 3 bis 4 mm langen, ovalen Winterknospen stehen vom Sproß ab. Die hellbraunen Tegmente sind fein behaart. Terminalknospen sind kaum größer als Lateralknospen [22].

Blätter

Die breit eiförmigen oder rundlichen Blätter stehen spiralig an Lang- und Kurztrieben. Sie sind häufig im obersten Drittel am breitesten, werden 4 bis 8 cm lang, sind am Grunde abgerundet oder annähernd herzförmig und am Apex kurz zugespitzt. Der Blattrand ist fein gesägt; die leicht konvexen Zähne haben drüsige Spitzen.

Die glatte, glänzend grüne Blattspreite ist oberseits kahl, auf der Unterseite aber anfangs entlang der Nerven behaart. Der 1 bis 2 cm lange Blattstiel trägt – vor allem bei kräftigen Langtrieben – 1 bis 2 Nektarien in Höhe der Spreitenbasis [20, 22]. Die kleinen Nebenblätter fallen früh ab.

Blüten und Früchte

P. mahaleb blüht zur Zeit des Laubaustriebs, Ende April bis Anfang Mai [7, 10].

Die weißen Zwitterblüten sind in aufrechten, 4- bis 12gliedrigen, doldentraubigen Infloreszenzen angeordnet. Der Blütenstand entwickelt sich aus einer Lateralknospe des vorjährigen Langtriebes. An der Infloreszenz-Basis stehen 2 bis 3 winzige, längliche Blätter.

Abb. 3: Blütenstand

Die langgestielten Blüten haben einen glockenförmigen Blütenbecher (Hypanthium) und 5 verkehrt eiförmige, 5 bis 8 mm lange Kronblätter, 20 Staubblätter, 5 relativ breite, stumpfspitzige Sepalen sowie einen mittelständigen Fruchtknoten. Die Kelchblätter fallen früh ab.

Blütenformel: * K 5 C 5 A 20 G - 1 -

Die eiförmigen oder elliptischen, 8 bis 10 mm großen Steinfrüchte verändern ihre Farbe im Laufe des Reifeprozesses von Rot nach Schwarz. Das nur dünne Fruchtfleisch ist ziemlich saftarm und hat einen bitterlichen Geschmack. Die 6 bis 7 mm langen, zugespitzten, glatten Steinkerne haben ein Tausendkorngewicht von 90 g [1]. Die Früchte werden im Juli reif [4, 19].

Abb. 4: Beblätterter Zweig mit reifen und unreifen Früchten

Abb. 5: Langtrieb mit Seitenknospen (links) und spiralig angeordnete Laubblätter (Ober- und Unterseiten)

Abb. 6: Borke mit flachen Längsrissen an der Basis eines alten Stammes (links) und radialer Stamm-Längsschnitt

Taxonomie

Die verwandtschaftlichen Beziehungen zwischen den Arten der Gattung *Prunus* herauszustellen, ist keine leichte Aufgabe. Die meisten Autoren stellen die Weichselkirsche zur eßbare Früchte tragenden Untergattung *Cerasus*. Diese wiederum wird von anderen Verfassern zur Gattung erhoben oder der Gattung *Padus* zugeordnet [3, 11, 12, 14, 20].

Auch die innerartliche Variation wird unterschiedlich beurteilt. Derzeit werden 3 Subspezies unterschieden [22]:

ssp. *mahaleb*:
westeuropäische Unterart mit dicht behaarten Schößlingen

ssp. *simonkaii* (PÉNZES) TERPÓ:
mittel- und osteuropäische Unterart mit kahlem Sproß-System

ssp. *cupaniana* (GUSS.) TERPÓ:
mediterrane Unterart mit kahlem Sproß-System, winzigen Blättern und niedrigem Wuchs

Innerhalb der Unterarten sind aufgrund der Form und des Aufbaus der Blätter mehrere Varietäten unterschieden worden [16].

Die Weichselkirsche bastardiert selten mit den zur Untergattung *Cerasus* gehörenden Arten, wie *P. avium*, *P. cerasus* oder *P. fruticosa*. Bisher wurden die folgenden Hybriden beschrieben [13, 15]:

Prunus x jávorkae KÁRPÁTI (*P. fruticosa* x *P. mahaleb*)

Prunus x fontanesiana SCHNEIDER (*P. avium* x *P. mahaleb*)

Ökologie

Die Weichselkirsche ist eine thermophile Art mit mediterraner Verbreitung; sie meidet die Klimaextreme des kontinentalen Klimas. Im nördlichen Teil ihres Areals findet man sie an südexponierten, warmen, sonnenbeschienenen Berghängen. Die Transpiration ihrer stark cutinisierten Blätter ist gering. Zur ungestörten Entwicklung benötigen sie jedoch reichlich Niederschläge im Frühsommer. Das jährliche Niederschlagsmittel liegt im natürlichen Areal bei 500 bis 600 mm.

Die kalkliebende Art gedeiht vor allem auf flachgründigen, aus Kalkstein und Dolomit entstandenen Böden, fehlt auf Substraten unter pH 5,5, kommt aber auf Andesit vor. Von tiefgründigen Böden wird sie infolge ihrer geringen Konkurrenzkraft durch andere Arten verdrängt. Ihr Lichtanspruch ist groß, nur in jungem Alter verträgt sie ein wenig Beschattung. Wegen ihres schütteren Laubwerkes spendet sie auch wenig Schatten [20].

Die Nordgrenze des Weichselkirschen-Areals fällt im Karpatenbecken mit der Grenze des Weinbaus zusammen [22]. Die Art ist nicht frostempfindlich.

Wachstum und Entwicklung

Prunus mahaleb keimt epigäisch. Die Keimblätter sind fleischig, kleiner als 10 mm, am Apex zugespitzt und haben eine muldenförmig ausgehöhlte Unterseite. An ihrer Basis befinden sich gestielte Drüsen. Die ersten Laubblätter tragen Nebenblätter und sind den voll entwickelten Blättern ähnlich [18].

Auf günstigen Standorten wächst *P. mahaleb* in der Jugend ziemlich rasch und entwickelt Gipfeltriebe von 60 bis 70 cm Länge, die sich aber bald verzweigen, so daß eine kräftige Krone auf einem kurzen Stamm entsteht. In Gärten und Parkanlagen erreicht der Baum eine Höhe von 10 bis 12 m und einen Stammdurchmesser (BHD) bis zu 40 cm.

Am flachgründigen und zeitweise trockenen natürlichen Habitat wächst der Baum erheblich langsamer; der Stamm bleibt kurz, die Krone wird breit, und er erreicht selten Höhen von mehr als 5 bis 6 m.

Erst mit ca. 10 Jahren beginnt die Weichselkirsche Blüten und Früchte zu tragen. Sodann blüht sie in jedem Jahr reichlich und setzt eine große Zahl von Früchten an [7].

Am natürlichen Standort verjüngt sich *P. mahaleb* leicht durch Samen. Stockausschläge kommen in reichlicher Zahl vor, Wurzelbrut entsteht nicht. Die Bäume haben nur eine kurze Lebensdauer; über 80 Jahre alte Exemplare sind selten [18].

Abb. 7: Glatte, leicht zugespitzte Steinkerne

Pathologie

An Stämmen und Ästen sind der zu den *Polyporaceae* s. l. gehörende Schwefelporling *Laetiporus sulphureus* (BULL. ex FR.) MURRILL sowie die Hexenbesen hervorrufende *Taphrina cerasi* (FUCKEL) SADEBECK häufig vorkommende Schädlinge. An den Blättern parasitiert relativ häufig der Rostpilz *Tranzschelia discolor* (FUCKEL) TRANZSCHEL et LITVINOV. Von Bedeutung sind auch zwei weitere Pilzarten: *Taphrina minor* SADEBECK verursacht Schrumpfen und rotbraune Verfärbung der befallenen Blätter, und nach einem *Phloeosporella padi* (LIB.) ARX-Infekt vergilben die Blätter und fallen sodann ab [22].

Nutzung

Wegen ihrer geringen Abmaße eignet sich die Weichselkirsche nur wenig zur Holzproduktion, und das, obwohl ihr Holz von guter Qualität ist. Das schwer spaltbare, harte Holz hat eine Rohdichte (r_{15}) von 0,74 bis 0,86 g/cm^3. Es riecht angenehm nach Cumarin, läßt sich gut drechseln und gut polieren. Häufig werden kleine Dosen und Gefäße sowie kunstgewerbliche Gegenstände daraus gefertigt, und aus den jungen Schößlingen entstehen Mundstücke für Zigaretten und Zigarren, auch Pfeifenstiele, Spazier- und Skistöcke, wofür man früher in Umtriebszeiten von 2 bis 3 Jahren Stockausschläge heranzog [6].

Die Weichselkirsche ist insektenblütig; ihre Blüten dienen als Pollen- und Nektarquelle für zahlreiche Insekten. Vögel verzehren die Früchte und verbreiten die Steinkerne. Die ölhaltigen Samen dienen kleineren Nagetieren als Nahrung, und aus den etwas bitter schmeckenden Früchten werden Liköre hergestellt [9].

Prunus mahaleb-Bestände haben oft die Eigenschaft von Schutzwäldern, denn das weitreichende Wurzelwerk verhindert Erosion. Wegen ihres Pioniercharakters eignet sich die Art auch für Ödlandaufforstungen sowie zur Rekultivierung kalkhaltiger Schutthalden.

Die Sämlinge dienen als Pfropfunterlagen für Süß- und Sauerkirschen. Weil Weichselkirschen gut das Zurückschneiden vertragen, werden sie vielerorts zur Anlage von Hecken herangezogen [2, 5, 8, 17, 21].

Weiterführende Literatur

[1] BÄRTELS, A., 1989: Gehölzvermehrung. Ulmer-Verlag, Stuttgart.

[2] BAUMANN, G.; ENGEL, G., 1986: Clonal selection in Prunus mahaleb rootstocks. Acta Horticulturae 180, 91-94.

[3] BELOZOR, N. I., 1987: The mahaleb cherry (Padellus VASS.) and its position in the subfamily Prunoideae (Rosaceae). Sbornik Nauchnykh Trudov po Prikladnoi Botanike, Genetike i Selektsii 112, 53-57.

[4] CARRERA, C. MP.; REGINATO, M. G.; ALONSO, S. E., 1986: Latencia y germinacion de semillas de Prunus mahaleb. Simiente 56, 187-191.

[5] FISCHER, M., 1985: Selektionsarbeiten an Prunus mahaleb L. als Unterlagen für Süß- und Sauerkirschen. Archiv für Gartenbau **33**, 78-87.

[6] FUNG, S. Y.; HERREBOUT, W. M., 1987: Coumarins in Prunus mahaleb and its herbivore, the small ermine moth Yponomeuta mahalebellus. J. Chem. Ecol. **13**, 2041-2047.

[7] GUITIAN, J., 1993: Why Prunus mahaleb (Rosaceae) produces more flowers than fruits. Am. J. Bot. 80, 1305-1309.

[8] HEIMANN, O. K., 1932: Zur Frage der Selektion der Steinweichsel Prunus mahaleb als Veredlerungsunterlage für Kirschen. Obst- und Gemüsebau, 138-141.

[9] HERRERA, C. M.; JORDANO, P., 1981: Prunus mahaleb and birds: the high-efficiency seed dispersal system of a temperate fruiting tree. Ecol. Monographs **51**, 203-218.

[10] JORDANO, P., 1993: Pollination biology of Prunus mahaleb L. - deferred consequences of gender variation for fecundity and seed size. Biol. J. Linn. Soc. **50**, 65-84.

[11] KÁRPÁTI, Z., 1944: Vizsgálatok a Cerasus alnemzetségbe tartozó hazai Prunusokon. [Untersuchungen an Prunus-Arten der Untergattung Cerasus]. Ann. Univ. Horti- et Viticulturae (Budapest) 10, 66-80.

[12] KÁRPÁTI, Z., 1950: Dendrologische Notizen V. - Ann. Univ. Horti- et Viticulturae (Budapest) 14, 177-184.

[13] KÁRPÁTI, Z., 1951: Még néhány szó a Prunus fruticosa x mahaleb hybrid kérdéséhez. [Bemerkungen über den Bastard Prunus f. x. m.]. Ann. Univ. Horti- et Viticulturae (Budapest) 14, 51-54.

[14] KÁRPÁTI, Z., 1967: Taxonomische Betrachtungen am Genus Prunus. Feddes Repertorium 75, 47-53.

[15] PÉNZES, A., 1950: A Prunus fruticosa - Prunus mahaleb hybridrôl. [Über den Bastard P. f. - P. m.]. Ann. Univ. Horti- et Viticulturae (Budapest) 14, 21-23.

[16] PÉNZES, A., 1958: Új Prunus-változatok I. [Neue Prunus-Varietäten.]. Botanikai Közlemények 47, 287-295.

[17] SCHÖNBERG, G., 1963: Gewinnung vegetativ vermehrter Unterlagen von Prunus mahaleb L. Obstbau 6, 90-92.

[18] SEBÖKNÉ LOVÁSZ, L., 1960: A Prunus mahaleb ivaros szaporításának néhány problémája.[Über einige Probleme der generativen Vermehrung von P. m.]. Ann. Univ. Horti- et Viticulturae (Budapest) 24, 3-14.

[19] SEBÖKNÉ LOVÁSZ, L., 1962: A Prunus mahaleb terméshús csírázást gátló hatásának kimutatása laboratóriumi módszerekkel. [Über den Labor-Nachweis der keimhemmenden Wirkung von P. m.]. Ann. Univ. Horti- et Viticulturae (Budapest) 26, 47-58.

[20] SOKOLOV, S. J. A., 1954: Padus MILL. In: Derevja i kustarniki SSSR III. - Akad. Nauk SSSR, Moskawa - Leningrad, 758-774.

[21] STOLLE, G., 1957: Das unterschiedliche Dickenwachstum als Kriterium für die Auslese bei Prunus mahaleb L. als Sämlingsunterlage für Schattenmorellen. Gartenbauwissenschaft **22**, 81-86.

[22] TERPÓ, A., 1968: A sajmeggy [Cerasus mahaleb (L.) MILL.] taxonómiai problémái és a gyakorlat. [Taxonomische Probleme bei der Felsenkirsche (C. m. (L.) MILL.)]. Wein- und Obstbau (Budapest) 4, 103-131.

Der Autor:

Prof. Dr. DÉNES BARTHA
Universität für Forstwissenschaften
Lehrstuhl für Botanik
Bajcsy-Zs. u. 4.
H-9400 Sopron

Prunus padus Linné, 1753

syn.: Prunus racemosa Lam., 1778
syn.: Padus avium Mill., 1759
syn.: Padus vulgaris Borkh., 1804

Gemeine Traubenkirsche, Ahlkirsche

Familie: Rosaceae
Unterfamilie: Prunoideae

engl.: Bird cherry
franz.: Cerisier à grappes
ital.: Pado
span.: Cerezo pado

Abb. 1: Prunus padus. Alter, blühender Solitär in Oberbayern (ca. 850 m ü. NN)

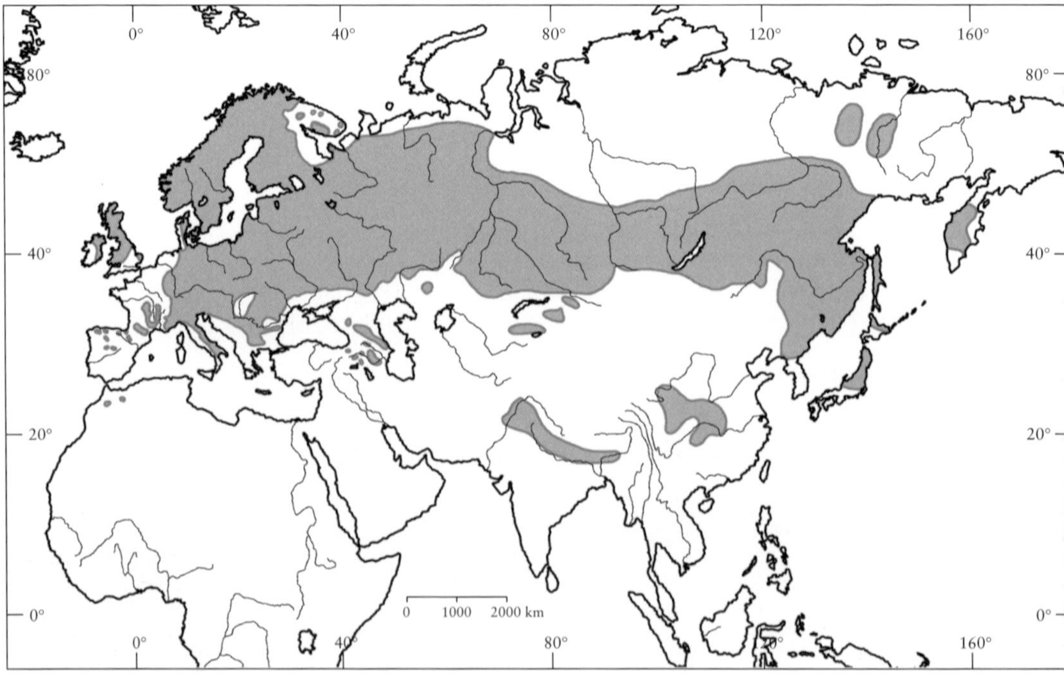

Abb. 2: Natürliches Areal (nach MEUSEL et al., 1965)

Prunus padus, ein sommergrüner, frostharter Baum (oder großer Strauch) ist über weite Teile Eurasiens verbreitet, hat aber nur geringe forstliche Bedeutung. Er wird maximal 20 m hoch, bevorzugt frische, humusreiche Böden und vermehrt sich sowohl durch Samen wie durch üppige Wurzelbrut und durch Stockausschläge. Reinbestände bildet er kaum.

Besonders auffallend sind die zeitig im Frühjahr und in großer Zahl erscheinenden, stark duftenden, leuchtend weißen Blütentrauben. Die kleinen, schwarzblauen Steinfrüchte schmecken unangenehm und die abgelöste Zweigrinde strömt einen scharfen, abstoßenden Geruch aus.

Traubenkirschen werden kaum älter als 60 Jahre [12]. Sie haben ein weiches, wenig dauerhaftes Holz, und alle Pflanzenteile (insbesondere Rinde und Samen) sind giftig [21].

Verbreitung

Prunus padus, die am weitesten verbreitete *Prunus*-Art schlechthin [26], nimmt ein riesiges Areal ein, das weite Teile Europas, das mittlere Asien, Sibirien, den Norden Chinas und Japan einschließt. Die Art kommt im Ural, im Kaukasus und im Himalaya natürlich vor, findet ihre nördliche Grenze bei 62° n. Br. in Sibirien und bei 70° 35' n. Br. in Hammerfest und auf der Halbinsel Kola.

In Europa ist sie in Schottland und Irland heimisch, wächst von Mittel-Frankreich bis zu den Pyrenäen, hat Einzelvorkommen in Portugal, West-Spanien und auf Madeira und ist in den nördlichen Balkanländern vertreten.

Nach HEGI [13] ist *P. padus* in Deutschland „ziemlich verbreitet", kommt aber in weiten Teilen des Flachlandes und in Kalkgebieten seltener vor. Gleiches gilt für die Kalkalpen und für Teile Südtirols, wogegen sie in den zentralen Alpentälern von der Steiermark und Kärnten bis ins Wallis häufig anzutreffen ist. Im Mittelmeerraum fehlt *P. padus* weitgehend.

Die Höhengrenzen der Verbreitung liegen [13]:

Riesengebirge	1400 m
Nordalpen (z. B. Hochfelln)	1500 m
Südtirol	1800 m
Wallis	1900 m
Engadin	2200 m

Im Himalaya zeigt die Traubenkirsche zwischen 1800 und 3000 m gute Wuchsleistungen [26].

Beschreibung

P. padus wird zumeist als großer Strauch oder bis 15 (18) m hoher, monokormer Baum beschrieben. Angaben zum Stammdurchmesser liegen nur aus dem Himalaya vor. Dort kann der BHD mehr als 60 cm, die Höhe mehr als 18 m betragen [26].

Alte Bäume haben eine rundliche, junge Bäume eine kegelförmige Krone mit zumeist aufrechten Ästen. Die Zweige sind schlank, im Querschnitt rund, glänzend braunrot und mit vielen großen, hellbraunen Lenticellen versehen [13]. Das Verzweigungssystem ist in Lang- und Kurztriebe differenziert. Letztere dienen der Blütenbildung und fallen nach der Fruchtreife ab [12].

Über die Form und Ausbildung des Wurzelsystems liegen uns keine Angaben vor. In Schottland und Osteuropa stellte man VA-Mykorrhizen fest [17], und *Scleroderma verrucosum* VAILL. ex PERS. wird als Pilzpartner einer Ektomykorrhiza-Symbiose genannt [25].

Knospen und Blätter

Hinsichtlich ihrer Winterknospen unterscheidet sich die Traubenkirsche wenig von anderen *Prunus*-Arten. Die Knospen sind länglich, deutlich zugespitzt, von brauner oder rotbrauner Farbe, werden 5 bis 8 mm lang und haben zahlreiche, dicht anliegende, bewimperte und leicht gekielte Tegmente mit etwas hellerem Rand [13, 18]. Die Knospenkissen ragen deutlich hervor. Seitenknospen liegen am Trieb dicht an und sind manchmal etwas einwärts gekrümmt [18].

Prunus padus hat sommergrüne, wechselständige, oberseits dunkelgrüne, unterseits aber etwas hellere, bläulichgrüne Laubblätter, die bereits Anfang April austreiben und sich im Herbst gelb oder rötlich gelb verfärben. Sie sind mit einem rinnigen, 1,5 bis 2 cm langen Stiel versehen, der auf der lichtexponierten Seite deutlich rot gefärbt ist und haben eine elliptische bis ovale, am Apex zugespitzte, an der Basis abgerundete Spreite (Länge: 6 bis 10 cm) mit fein und scharf gesägtem Rand und unterseits stark hervortretenden Blattadern. Die Zähne sind mit winzigen, bräunlichen Drüsen versehen, und der Stiel trägt nahe der Blattbasis 2 gut erkennbare, dunkel rotbraune Nektarien. Die Behaarung der Spreite ist spärlich: oberseits allenfalls auf den Nerven, unterseits winzige, gelbliche Achselbärte. Auffallend sind aber die langen, pfriemlichen, früh hinfälligen Nebenblätter. Auf den im Querschnitt runden, glänzend braunen Trieben sind außer länglichen, ockerfarbenen und spärlich verteilten Lenticellen dunkle Blattnarben mit 3 Bündelspuren erkennbar.

Blüten und Früchte

Ihren Trivialnamen verdankt *Prunus padus* den 8 bis 15 cm langen, hängenden oder aufrechten *(var. petraea)* Blütentrauben, die gleich nach den Blättern (Ende April/Anfang Mai) erscheinen und am Ende beblätterter Kurztriebe stehen. Sie tragen 15 bis 20 weiße, 10 bis 15 mm lang gestielte, fünfzählige, proterogyne Zwitterblüten (Durchm. 5 bis 10 mm).

Die verkehrt eiförmigen, kurz genagelten Petalen sind mit 5 bis 10 mm etwa doppelt so lang wie die 5 außen kahlen, zurückgebogenen, mehr oder weniger dreieckigen Kelchblätter. Die ca. 20 weißen Stamina mit goldgelben Antheren bleiben – wie auch der Griffel mit keuliger Narbe – etwas kürzer als die Kronblätter. Der Fruchtknoten wird von einem becherförmigen Blütenboden umgeben.

Traubenkirschen-Blüten duften stark und werden vor allem von Apiden, Käfern und Dipteren [16] besucht. Selbstbestäubung kommt ebenfalls vor [13]. Die Duftstoffe setzen sich in der Hauptsache aus Aminen zusammen und werden sowohl vom Blütenboden wie von den Kelch- und Kronblättern abgegeben [16].

Die Reifezeit der glänzend schwarzen Steinfrüchte mit saftigem, bittersüßem Mesokarp erstreckt sich von Ende Juli bis in den August. Sie haben einen Durchmesser von etwa 8 mm und enthalten einen ovalen, etwas zugespitzten Steinkern mit netzartig aufgerauhter Oberfläche.

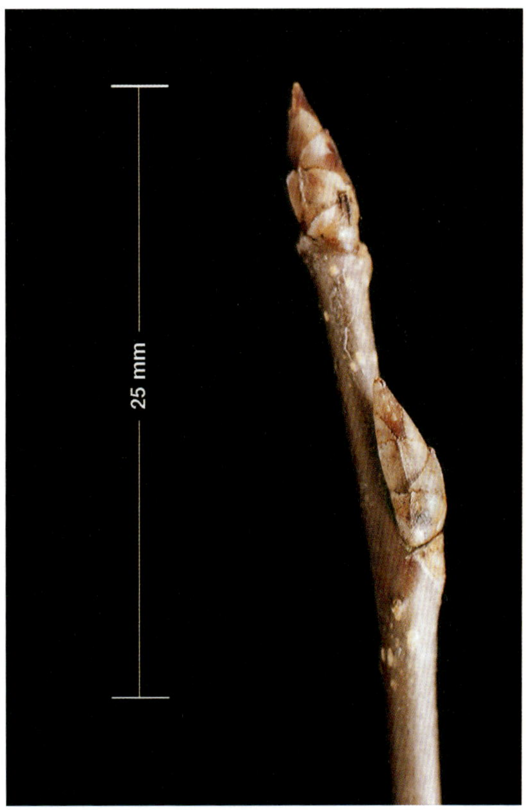

Abb. 3: Winterknospen

Abb. 4: Fruchtstand und beblätterter Zweig mit Blütenstand (aus SCHÜTT/SCHUCK/STIMM, 1992)

Rinde und Holz

Prunus padus bildet einen relativ dicken Bast (8 bis 10 mm), in welchem Jahrringe nur schwer zu erkennen sind. Die dünne, längsrissige Borke ist schwarzgrau und tritt erst an alten Bäumen auf [2, 14].

Die Siebröhren kollabieren schon im 1. Jahr und weisen chräggestellte, bis 5feldrige Siebplatten auf. Markstrahen sind entweder einschichtig und dann stark gewellt oder 3- bis 5schichtig. Bastfasern fehlen und die besonders chmalen Außenperidermien bleiben lange erhalten [14].

Das zerstreutporige, weiche Holz ist in einen breiten, gelbich- bis rötlichweißen Splint und einen gelbbraunen, rünlich gestreiften Kern differenziert. Braune Marklecken kommen vor. Die Poren der Gefäße kann man nur chwer erkennen, ebenso die Holzstrahlen. Letztere treten uf dem Radialschnitt als „Spiegel" hervor. Die Rohdichte r_{15}) liegt bei 0,62 g/cm^3 [3].

Traubenkirschen-Holz läßt sich gut bearbeiten, drechseln nd polieren, es ist leicht zu spalten und ziemlich elatisch. Andererseits neigt es zum Verwerfen, und es ist weig dauerhaft [7, 13].

Abb. 5: Stammrinde mit Lenticellen

Anzucht und Entwicklung

Für die Steinkerne wird ein Tausendkorngewicht von 50 g enannt. Sie werden durch Zerquetschen der reifen Früchte nd anschließendes Gären in Gefäßen gewonnen. Die Aussaat erfolgt im März/April. Voraussetzung für die Keimung st aber die Durchbrechung der Keimruhe mittels einer 3 is 5 Monate andauernden Kalt/Naß-Stratifikation [1]. Die pigäische Keimung erfolgt dann zu 70 bis 100 %, wobei ie Reste des Steinkerns an der Bodenoberfläche verbleien. Die kurzgestielten, elliptischen und ganzrandigen Kotyledonen wie auch die gesamte Keimlingsmorphologie bechreibt Troup [26] im Detail.

Die Wachstumsgeschwindigkeit der Sämlinge variiert offenar erheblich zwischen verschiedenen Teilen des Areals. In Mitteleuropa gilt die Art mit 15 bis 60 cm im 1. und max. 40 cm am Ende des 2. Jahres als raschwüchsig. Demgeenüber werden aus Indien Höhen von 8 bis 12 cm im 1. nd von 21 bis 31 cm im 3. Jahr genannt [26].

Die natürliche Verbreitung erfolgt endozoisch durch Elstern und andere Rabenvögel, durch Drosseln, Grasmücken und Rotschwänzchen. Naturverjüngung aus Samen entsteht vor allem auf bloßgelegtem Mineralboden. Besonders hervorzuheben ist aber die Fähigkeit der Art ur vegetativen Vermehrung durch Wurzelbrut und Stockusschlag. Sie kann zur Entstehung dichter, bis zu 20 m om Mutterbaum entfernter Dickichte führen [17].

Ökologie

Prunus padus wird teils als frostharte, Halbschatten ertragende Baumart mit ozeanischen bis subozeanischen Klimaansprüchen [9], teils als nördlich-euroasiatisch-kontinentaler „Halbbaum" [19] charakterisiert. Angesichts des extrem weiten, klimatisch stark differierenden natürlichen Areals der Art erscheint es wenig sinnvoll, Temperatur- und Niederschlagsdaten zur Kennzeichnung ihrer Klimaansprüche anzuführen.

Abb. 6: Querschnitt eines starken Astes

Hinsichtlich der Standortspräferenzen muß man zwischen der Flachland- und der Gebirgsvarietät unterscheiden. Für erstere gilt, daß sie meist einzeln oder in kleinen Gruppen auf frischen bis feuchten, humusreichen Böden, insbesondere in Auwäldern und an Flußläufen, bei erreichbarem Grundwasser auch auf Sand vorkommt. Zeitweise Überflutungen werden toleriert.

In Vergleichsversuchen wurde ihre Laubstreu rascher abgebaut als die anderer Baumarten; die Blätter hatten im Herbst einen besonders hohen Ca-Gehalt und wirkten zusammen mit der intensiven Durchwurzelung deutlich bodenverbessernd[1)].

In ihrem Optimum, dem Schwarzerlen-Eschenwald, kommt sie auf frischen, feinerdereichen Böden mit hohem Basen- und Nährstoffgehalt gemeinsam mit *Salix*-Arten, *Alnus glutinosa, A. incana, Fraxinus excelsior, Cornus sanguinea, Humulus lupulus* oder *Viburnum opulus* vor. Auch in Eichen-Hainbuchenwäldern ist sie sporadisch vertreten. ELLENBERG [9] stuft die Art als Feuchteanzeiger ein, der auf mäßig stickstoffreichen, niemals aber auf stark sauren Böden vorkommt. Demgegenüber ist die Varietät *petraea* in den Alpen z.T. bestandesbildend an Felshängen und in Lawinenzügen, in Skandinavien auch in subalpinen Birkenwäldern zu finden [13].

Taxonomie und genetische Differenzierung

Unter den insgesamt etwa 430 *Prunus*-Arten wird *P. padus* – gemeinsam mit *P. serotina* und *P. virginiana* – dem Subgenus IV *Padus* (MOENCH) FOCKE zugeordnet, der u. a. durch die am Grunde beblätterten Infloreszenzen und durch einen breit becherförmigen Kelch gekennzeichnet ist [15, 20]. Die Chromosomenzahl beträgt 2n = 32 (tetraploid).

Zur intraspezifischen Differenzierung werden 2 Unterarten [12] bzw. 2 Varietäten [13] angeführt, die sich im Habitus sowie in der Blatt- und Blütenstandsmorphologie, vor allem auch in der geographischen Verbreitung unterscheiden:

- Ssp. *padus* [12] syn. var. *typica* (KOEHNE) [13]: Baumförmig, Blätter dünn und breit, mit sehr kleinen Achselbärten. Überhängende Infloreszenzen; intensiv duftende Blüten.
  In Auwäldern des Flachlandes. HEGI [13] unterteilt weiter in mehrere Formen, die in der Form des Steinkerns, in der Blatt- und Fruchtfarbe und im Astwinkel abweichen.
- Ssp. *borealis* (CAJANDER) [12] syn. var. *petraea* FIEK [13]. Strauchförmig, selten höher als 3 m. Blätter derb, mit deutlichen Achselbärten. Infloreszenzen meist aufrecht, Blüten duften nur schwach.
  Vorkommen in höheren Gebirgslagen, gemeinsam mit *Berberis vulgaris, Alnus viridis, Crataegus* spec., *Amelanchier ovalis* und anderen sowie in subalpinen Regionen Skandinaviens.

Weiterhin sind Gartenformen mit unterschiedlicher Blattform und -farbe, dichteren und längeren Blütentrauben und überhängenden Zweigen im Handel [15].

Pathologie

Prunus padus wird im natürlichen Habitat weder von Pilzkrankheiten oder Schadinsekten noch von abiotischen Ereignissen ernsthaft bedroht. Die Art ist frosthart – Blütenknospen überstehen –33 °C ohne Schaden[2)] –, sehr widerstandsfähig gegen Schneedruck, stellt aber eine der natürlichen Wirtspflanzen für die nekrotische Form des durch Blattläuse übertragenen Kirschenringflecken-Virus dar. 2,3 % der in Ostdeutschland untersuchten Bäume waren infiziert [23]. Deswegen wird ihr Anbau oder der Verbleib neben Kirschenplantagen nicht toleriert [8].

Besonders auffällig ist der Fraß der Traubenkirschen-Gespinstmotte *Yponomeuta padellus* L. *(Lepidoptera, Yponomeutidae)*. Die etwa 2 cm langen Larven fressen innerhalb vieler, dichter Gespinste die Zweige kahl und verpuppen sich dort. Die Falter fliegen im Juni/Juli und legen die Eier auch an *Crataegus*-Arten ab. In manchen Jahren bleibt kaum ein Baum vom Kahlfraß verschont. Dennoch treiben wenige Wochen später neue Blätter aus, und es gibt trotz massiven Befalls in mehreren aufeinanderfolgenden Jahren keine Anzeichen für eine reduzierte Vitalität der Bäume. Die Bekämpfung des Schädlings unterbleibt deshalb. In Großbritannien ruft *Y. evonymellus* gleichartige Schäden hervor[3)].

Gemessen daran sind die auftretenden Schäden durch pathogene Pilze kaum erwähnenswert. *Thecopsora arcolata* (FR.) MAGNUS, ein Rostpilz, bildet Uredolager an beiden Blattseiten, wechselt dann aber auf die Fichte, wo er auf den Zapfen Aecidien bildet und die Samenproduktion erheblich reduzieren kann [5]. Ähnlich verläuft die Entwicklung bei *Pucciniastrum padi*. Auch hier parasitiert die Sommerform auf *P. padus* und die Aecidien rufen (in Norwegen) auf Fichtentrieben Krümmungen und Nekrosen hervor[4)].

Nutzung

Prunus padus wird nicht forstlich bewirtschaftet, und das wenig dauerhafte Holz hat ebenfalls keine wirtschaftliche Bedeutung.

Die Früchte sind keineswegs wohlschmeckend, werden aber dennoch zu Saft, Mus und Mischmarmeladen verarbeitet [12]. Diese Art der Verwendung ist uralt [13]. Weit zurück geht auch die medizinische Nutzung der Rinde (Cortex Pruni Padi = Falsche Faulbaumrinde), die als Diureticum, Diaphoreticum wie auch als Mittel gegen Gicht, Rheuma und Syphilis diente [13].

[1)] For. Abstr. **2**, 4202, 1940/41; **14**, 973, 1953
[2)] J. Amer. Soc. Hort. Sci. **119**, 1994
[3)] For. Abstr. **48**, 5190, 1987
[4)] For. Abstr. **10**, 699, 1948/49

Abb. 7: Raupen der Traubenkirschen-Gespinstmotte (Yponomeuta padellus)

Abb. 8: Blattfraß durch Y. padellus im Inneren sehr feiner, aber fester Gespinste

ie sehr biegsamen jungen Triebe verwendet man man-herorts als Faßreifen [3].

verschiedenen Regionen werden aus der Rinde und den rüchten Farbstoffe gewonnen. Diese nutzte man z. B. in orwegen zur Graufärbung von Wolle (nach Eisen-Beiung). Färbende Inhaltsstoffe der Rinde gehören zu den yanidin-Glykosiden. So ist die im Herbst entnommene raubenkirschen-Rinde reich an Flavonglykosiden des uercetins (z. B. Rutin) und des Kämpferols (Astragalin). iese Stoffe färben Wolle mit Alaunbeize orange und mit isensulfat-Beize dunkelbraun.

eife, mit Alaun gebeizte Früchte rufen violette und graue arbtöne auf Wolle hervor [24].

ie Nutzung von *Prunus padus* als Zierelement in Parks nd Gärten hält sich in Mitteleuropa in engen Grenzen. nteresse findet die Art allenfalls wegen ihres frühen Auseibens und Blühens.

Verschiedenes

- *Prunus padus* wanderte gegen Ende der Kiefernzeit (vor ca. 10 000 Jahren) in Mitteleuropa ein und war im vorgeschichtlichen Wald Süddeutschlands keine Seltenheit [4]. In den Resten stein- und bronzezeitlicher Pfahlbau-Siedlungen des Alpengebietes und auch in prähistorischen Niederlassungen um Prag hat man zahlreiche Steinkerne gefunden, welche die frühe Verwendung der Früchte wahrscheinlich machen [13].
- Nach Roth et al. [21] sind bei *P. padus* alle Pflanzenteile giftig, hauptsächlich Rinde und Samen. Als Hauptwirkstoff wird Amygdalin, ein Cyanglykosid, herausgestellt, das insbesondere im Samen gespeichert wird. Vergiftungssymptome sind: Erregung, verstärkte Atmung, Kopfschmerzen, Kratzen im Hals, Atemnot und Herzstillstand.

  Der Verzehr von Samen ist aber nahezu unbedenklich, sofern sie nicht zerkaut werden [11].
- In Finnland hat man Verbänderungen und Hexenbesen bei *P. padus* festgestellt, ohne allerdings die Ursache ermitteln zu können[5].

---

[5] For. Abstr. 5, 16602, 1943/44

Weiterführende Literatur

[1] Bärtels, A., 1985: Der Baumschulbetrieb. Verlag E. Ulmer, Stuttgart.
[2] Bartels, H., 1993: Gehölzkunde. UTB 1720, Verlag Eugen Ulmer, Stuttgart.
[3] Begemann, H.F., 1985: Das große Lexikon der Nutzhölzer. Deutscher Betriebswirte-Verlag, Gernsbach.
[4] Bertsch, K., 1949: Geschichte des deutschen Waldes, 2. Aufl. Gustav Fischer Verlag, Jena.
[5] Butin, H., 1989: Krankheiten der Wald- und Parkbäume. 2. Aufl. Georg Thieme Verlag, Stuttgart, New York.
[6] Dippel, L., 1893: Handbuch der Laubholzkunde, Teil 3. Verlag P. Parey, Berlin.
[7] Durst, J., 1959: Handbuch der Naturhölzer. Fachbuchverlag Leipzig.
[8] Ehlers, M., 1960: Baum und Strauch in der Gestaltung der deutschen Landschaft. Verlag P. Parey, Berlin.
[9] Ellenberg, H., 1979: Zeigerwerte der Gefäßpflanzen Mitteleuropas. 2. Aufl. Verlag E. Goltze, Göttingen.
[10] Eschrich, W., 1992: Gehölze im Winter, 2. Aufl.. Gustav Fischer Verlag, Stuttgart, Jena, New York.
[11] Frohne, D.; Pfänder, H. J., 1982: Giftpflanzen. Wissenschaftl. Verlagsges., Stuttgart.
[12] Hecker, U., 1995: BLV Handbuch Bäume und Sträucher. BLV-Verlagsgesellschaft München, Wien, Zürich.
[13] Hegi, G., 1926: Illustrierte Flora von Mitteleuropa. IV, 2, 1064-1068.
[14] Holdheide, W., 1951: Anatomie mitteleuropäischer Gehölzrinden. Mikroskopie i. d. Technik 5, 1, 195-367.

Abb. 9: Kahlfraß an alten Traubenkirschen durch Y. padellus, aufgenommen im Juni

[15] KRÜSSMANN, G., 1978: Handbuch der Laubgehölze. Band III, 2. Aufl. Verlag P. Parey, Berlin und Hamburg.
[16] KUGLER, H., 1970: Blütenökologie, 2. Aufl. Gustav Fischer Verlag, Stuttgart.
[17] LEATHER, S.R., 1996: Biological Flora of the British Isles. Prunus padus L. J. Ecology **84**, 125-132.
[18] MARCET, E., 1968: Unsere Gehölze im Winter. Hallwag Verlag, Bern, Stuttgart.
[19] MAYER, H., 1984: Waldbau auf soziologisch-ökologischer Grundlage. 3. Aufl. Gustav Fischer Verlag. Stuttgart, New York.
[20] REHDER, A., 1940: Manual of cultivated trees and shrubs hardy in North America. 2. ed., Dioscorides Press, Portland, OR.
[21] ROTH, L.; DAUNDERER, M.; KORMANN, K., 1984: Giftpflanzen – Pflanzengifte. 2. Aufl. ecomed Verlagsges. Landsberg/Lech.
[22] SCHALK, P. H., 1990: Prunus in bos en landschap in Nederland. Nederlands Bosbouw Tijdschr. **62**, 144-152.
[23] SCHIMANSKI, H. H.; SCHMELZER, K. et al., 1975: Wildwachsende Prunus-Arten der Untergattungen Prunophora und Padus als natürliche Wirtspflanzen für Kirschenringflecken-Viren. Zbl. Bakt. Abt. II, **130**, 109-120.
[24] SCHWEPPE, H., 1993: Handbuch der Naturfarbstoffe. ecomed Verlagsgesellschaft, Landsberg/Lech.
[25] TRAPPE, J.M., 1962: Fungus associates of ectotrophic mycorrhizae. Bot. Review **28**, 538-606.
[26] TROUP, R. S., 1921: The Silviculture of Indian Trees. Vol. 2 Dehra Dun (reprint 1986).
[27] YOUNG, J. A.; YOUNG, C. G., 1992: Seeds of Woody Plants in North America. Dioscorides Press, Portland, OR.

Die Autoren:

Prof. em. Dr. PETER SCHÜTT
Lehrstuhl für Forstbotanik
Ludwig-Maximilians-Universität München
Am Hochanger 13
D-85354 Freising

ULLA M. LANG
Schützenstraße 6
D-82383 Hohenpeißenberg

Pyrus nivalis Jacq., 1774

syn.: Pyrus communis Linné ssp. nivalis (Jacq.) Gams

Schneebirne

engl.: Snow pear
franz.: Poirier sauger
ital.: Pero nivale

Familie: Rosaceae
Unterfamilie: Maloideae
Sektion: Argyromalon

Abb. 1: Pyrus nivalis. Solitär im natürlichen Areal

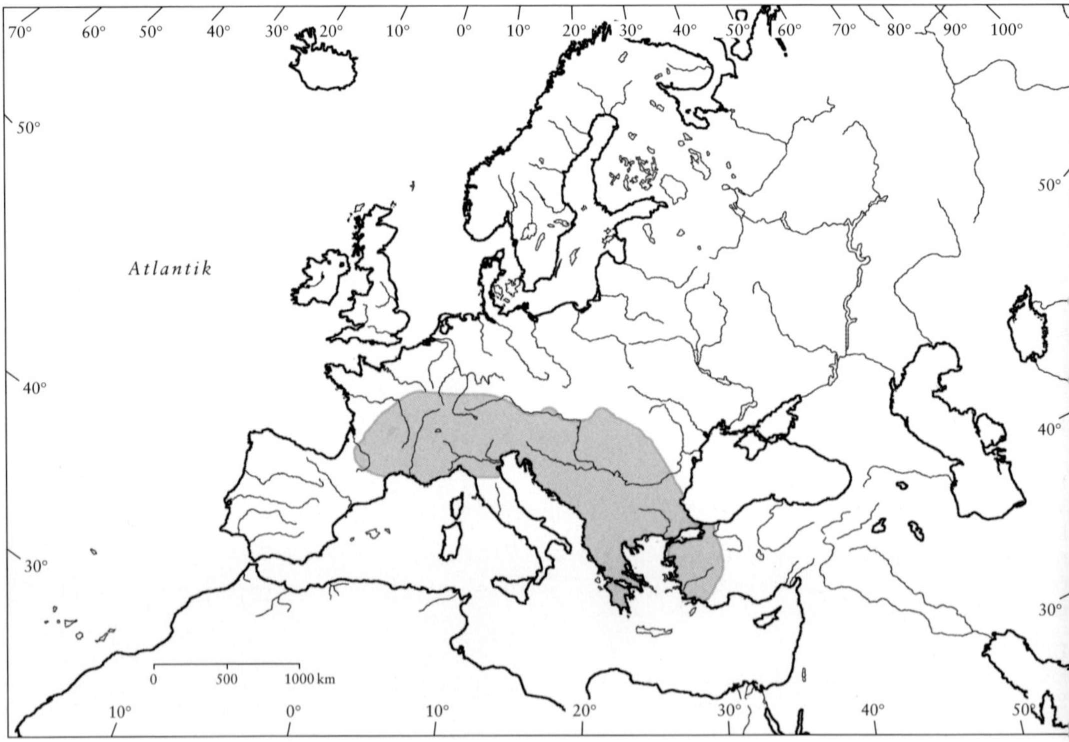

Abb. 2: Natürliches Verbreitungsgebiet (nach TERPÓ, 1960)

Pyrus nivalis, ein sommergrüner, kleiner Baum, ist gekennzeichnet durch dauerhaft filzig-behaarte Blätter, dunkel blutrote Herbstverfärbung und intensive Ausschlagfähigkeit.

Die in Mittel- und Südosteuropa verbreitete Art läßt sich von anderen *Pyrus*-Arten mit weiß-filzigen Laubblättern nur schwer trennen. Ihre gegenwärtigen Biotope liegen ausnahmslos in der Nachbarschaft künstlicher Anbauten, so daß Verwilderung aus Kultur nicht auszuschließen ist.

P. nivalis befindet sich in allen Arealteilen im Rückzug und ist ohne Schutz vom Aussterben bedroht.

Sie hat keinerlei wirtschaftliche Bedeutung. Ihre Namen beziehen sich darauf, daß die Früchte erst nach den ersten Frösten eßbar sind.

Verbreitung

Das natürliche Areal von *Pyrus nivalis* und ihren eng verwandten Arten liegt in Mittel- und Südosteuropa. Im einzelnen findet man die Schneebirne im mittleren und östlichen Teil Frankreichs, in der Schweiz, in Norditalien und Österreich sowie in Süd-Mähren und der Süd-Slowakei. Weiterhin in den ungarischen Mittelgebirgen, in der Hügellandschaft Westungarns, in Rumänien (vor allem in Transsilvanien und der Dobrudscha), im einstigen Jugoslawien sowie in den Bergen Griechenlands und der Türkei. Angaben über ihr Vorkommen auf der Balkan-Halbinsel und in Kleinasien sind allerdings skeptisch zu beurteilen, da *P. nivalis* häufig mit anderen im Süden vorkommenden Birnenarten verwechselt wird [3].

In allen angeführten Regionen wächst *P. nivalis* sowohl in Kultur als auch in natürlicher Umgebung. Vermutlich ist sie im letztgenannten Fall aus Kultur verwildert, denn stets findet man wildlebende Bäume in der Nachbarschaft von aufgelassenen Wein- und Obstgärten, an Grenzrainen oder Waldrändern.

Möglicherweise hat man die Art gleichzeitig mit dem Wein nach Mitteleuropa eingeführt. Später wurde sie dann zu einem subspontanen Florenelement. Diskutiert wird überdies, daß sie zu den Elternarten der heutigen Kulturbirne gehört.

Ihre gegenwärtigen Biotope sind ausnahmslos trocken-warme, sonnenexponierte, neutrale, meist kalkreiche Standorte, was wiederum auf ihre südliche Herkunft hinweist [5, 8].

Beschreibung

Pyrus nivalis erreicht Höhen von 8 bis 15 m, bildet mehr oder weniger gerade, sich früh verzweigende Stämme (BHD 25 bis 35 cm) und entwickelt eine kugelförmige Krone mit starren, aufwärts gerichteten Ästen. Das Verzweigungssystem setzt sich aus Lang- und Kurztrieben zusammen. Dornen kommen nicht vor. Die längsrissige **Borke** hat eine hell grau-braune Farbe.

Geradezu kennzeichnend ist die große Zahl von Wurzel-Schößlingen. Das relativ kräftige Wurzelsystem verzweigt sich wenig.

Knospen, Blätter, junge Triebe

Lang- und Kurztriebe schließen mit einer alleinstehenden Terminalknospe ab. Generell sind die Winterknospen dunkelbraun, kegelförmig und relativ groß (Terminalknospen 6 bis 9 mm, Lateralknospen 5 bis 7 mm). Sie haben dreieckige Tegmente, von denen die äußeren filzig behaart, die inneren kahl sind. Lateralknospen stehen vom Trieb ab.

Die wechselständig angeordneten, verkehrt eiförmigen, kurz gestielten (10 bis 20 mm) Laubblätter werden 4 bis 8 cm lang und 3 bis 4 cm breit. Meist sind sie ganzrandig, gelegentlich an der Spitze fein gekerbt. Sie haben eine keilförmig in den Blattstiel übergehende Spreitenbasis und einen stumpfen Apex, der allerdings eine winzige Spitze aufweist. Junge Blätter sind beiderseits grauweiß filzig behaart; während die Oberseite später verkahlt, behalten die Unterseite und der Blattstiel die Behaarung bei. Vorhanden sind außerdem zwei kleine, fädige, sehr bald abfallende Nebenblätter.

Abb. 3: Stammborke von Pyrus nivalis (links) und Pyrus austriaca (rechts)

Abb. 4: Austreibende Winterknospe und weißfilzig behaarte junge Blätter

Die Schneebirne treibt relativ spät aus. Ihre Blätter erscheinen 5 bis 10 Tage nach den Blüten. Die sehr attraktive Herbstverfärbung setzt mit einem leuchtenden Goldgelb ein und endet mit einem dunklen Weinrot.

Die auffallend dicken (Durchm.: 8 bis 10 mm), anfangs weiß filzigen, jungen Triebe nehmen später eine braunschwarze Farbe an. Kurztriebe weisen sehr dicht stehende, schmale Blattnarben auf.

Blüten, Früchte, Samen

P. nivalis blüht später als *P. pyraster*. Sie bildet relativ große (Durchm.: 30 bis 40 mm), fünfzählige, weiße Zwitterblüten, von denen 10 bis 15 in einer traubigen Infloreszenz (Doldentraube) an der Spitze von Kurztrieben stehen. Die 5 genagelten, schaufelförmigen Kronblätter sind 14 bis 16 mm lang und 12 bis 14 mm breit. Bis zur Anthese haben sie rosafarbene Spitzen. Auch die dreieckigen Kelchblätter (6 bis 8 mm lang; 3 bis 4 mm breit), der Blütenboden und der Blütenstiel weisen eine filzige Behaarung auf.

Abb. 5: Dunkel blutrote Herbstverfärbung

Abb. 6: Pyrus nivalis. Früchte in situ

Abb. 7: Pyrus nivalis. Blütenstand

Abb. 8: Beblätterter Trieb und Frucht von Pyrus austriaca

Die 30 Staubblätter stehen in drei Kreisen und haben weiße, vor dem Aufblühen nach innen gekrümmte Filamente und dunkelrote Antheren. Die 5 freistehenden Griffel sind an der Basis behaart und werden von einem ringförmigen Wulst des Blütenbodens umgeben. Die Blüten riechen nach Trimethylamin (Käse-ähnlich).

Reife Früchte haben einen Durchmesser von 2,5 bis 4 cm, sind von gelblich grüner Farbe, selten auch mit roten Punkten versehen und variieren stark in der Form. Der Kelch bleibt erhalten und der filzig behaarte Fruchtstiel hat etwa die selbe Länge wie die Frucht.

Die Reifezeit liegt im September/Oktober. Nach den ersten Frösten werden die Birnen eßbar, wenn auch nicht wohlschmeckend. Das Fruchtfleisch enthält Steinzellen und umschließt zahlreiche glänzend schwarze Samen [2, 4, 8].

Taxonomie

Die Taxonomie der Gattung *Pyrus* gilt als kompliziert. Gleiches trifft für *P. nivalis* zu. Weil die meisten Arten der Sektion *Argyromalon* zur Entwicklung von Kultursorten herangezogen wurden, findet man subspontane *Pyrus*-Populationen auch außerhalb ihrer natürlichen Areale. Zudem bastardieren die Arten häufig miteinander und oft kommt es zu Introgressionen [9].

Manche Fachleute sprechen der Schneebirne den Status einer selbständigen Art ab. Andere fassen sie als eine kultivierte mitteleuropäische Form von *Pyrus elaeagnifolia*, wieder andere als einen Bastard zwischen *P. communis* und *P. amygdaliformis* auf. In der Tat erweist sich die Differenzierung von letzterer oft als sehr problematisch [7].

Zum engsten Verwandtschaftskreis von *P. nivalis* rechnet man heute die nicht immer leicht von ihr zu trennenden Arten *Pyrus salvifolia* und *P. austriaca*. Sie haben folgende kennzeichnende Merkmale:

	P. nivalis	*P. salvifolia*[1]	*P. austriaca*[2]
Gesamthöhe	8-15 m	oft strauchförmig	12-18 m
BHD	25-35 cm	15-25 cm	bis 50 cm
Blatt, Form	verkehrt eiförmig	elliptisch	länglich elliptisch
Rand	ganzrandig	ganzrandig oder länglich gekerbt	gesägt
Länge	4–8 cm	4–7 cm	6–9 cm
Apex	stumpf mit winziger Spitze	plötzlich zugespitzt	plötzlich zugespitzt
Stiel	1–2 cm lang	2–5 cm lang	1,5–6 cm lang
Trieb	dick, unbedornt	dünn, bedornt	dünn, unbedornt

Pathologie

P. nivalis wird von gefährlichen pilzlichen Pathogenen weitgehend verschont. Auffällige, aber wenig gravierende Veränderungen der Blätter rufen die orangefarbenen Aecidienlager des Gitterrostes der Birne (*Gymnosporangium sabinae* [DICKS.] WINTER) hervor. Starker Befall führt zur Schwächung des Baumes. Kleinere, blasenartige Auftreibungen der Blattoberseite werden durch *Taphrina bullata* (BERKELEY et BROOME) TULASNE hervorgerufen. *Venturia pyrina* ADERHOLD, der Erreger des Birnenschorfes, verursacht auf Blättern und Früchten dunkle, schorfige Flecken und überwintert in den Zweigen.

Gefährlicher als Pilze sind mehrere Insektenarten. Dazu gehören vor allem der Schwammspinner *Lymantria dispar* L. sowie mehrere Gallmilben. Blütenknospen werden von den Larven des Apfelblütenstechers *Anthonomus pomorum* L. angefressen und Blattknospen durch *Anthonomus pyri* KOLL. zerstört.

P. nivalis ist nicht durch Fröste gefährdet.

[1] Entstehung umstritten: Evtl. Bastard *P. communis* x *P. nivalis* oder *P. nivalis* x *P. amygdaliformis*

[2] Möglicherweise aus *P. pyraster* x *P. nivalis* entstanden.

Abb. 9: Typischer Lebensraum: Blühende Schneebirnen in einem aufgelassenen Weingarten

Verschiedenes

- Die Früchte der Schneebirne eignen sich in erster Linie zur Schnapsbrennerei [1, 6], werden aber auch als Trockenobst genutzt.
- Wegen der prachtvollen Herbstfarben ihres Laubes sollte *P. nivalis* mehr als bisher als Ziergehölz Verwendung finden. In allen von ihr besiedelten Biotopen ist ihre Zahl so stark rückläufig, daß sie konsequent unter Schutz gestellt werden müßte.

Weiterführende Literatur

[1] Bell, R., 1990: Pears (Pyrus). In: Moore, J.N.; Ballingto, J.R., Jr. (Hrsg.): Genetic resources of temperate fruit and nut crops. – Acta Horticulturae **290**, 655–697.

[2] Buia, A., 1956: Pyrus. In: Savulescu, Tr.; Nyárády, E.J. (Hrsg.): Flora Republicii Populare Romine IV. – Bucuresti, S. 203–216.

[3] Diapulis, Ch., 1933: Beiträge zur Kenntnis der orientalischen Pomaceen (Pyrus, Sorbus, Crataegus). – Fedde's Repertorium spec. nov. regni veg. **34**, 29–72.

[4] Fedorov, A., 1954: Grusa-Pyrus. In: Sokolov, S. (Hrsg.): Derevja i kusztarniki SSSR III. – Moskwa – Leningrad, S. 378–414.

[5] Folgner, V., 1987: Beiträge zur Systematik und pflanzengeographischen Verbreitung der Pomaceen. – Öster. Bot. Z. **47**, 153–178, 199–206.

[6] Pénzes, A., 1949: Adatok a vadkörték ismeretéhez. (Beiträge zur Kenntnis der Wildbirnen). – Ann. Acad. Horti- et Viticulturae (Budapest) **13**, 66-74.

[7] Terpó, A., 1956: A Pyrus genus félkultúr és kultúr alakjainak természetes elöfordulásai. (Die natürlichen Vorkommen der Halbkultur- und Kulturformen der Gattung Pyrus.) – Ann. Acad. Horti- et Viticulturae (Budapest) **20**, 1–30.

[8] Terpó, A., 1960: Magyarország vadkörtéi. Pyri Hungariae. – Ann. Acad. Horti- et Viticulturae (Budapest) **22**, 1–258.

[9] Witasek, J., 1904: Über die Herkunft von Pirus nivalis Jacq. – Verhandlungen der zoologisch-botanischen Gesellschaft **57**, 624–630.

Der Autor:

Prof. Dr. Dénes Bartha
Universität Sopron
Lehrstuhl für Botanik
Bajcsy – Zs. u. 4.
H-9401 Sopron
Ungarn

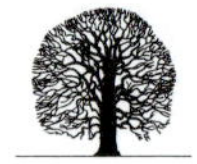

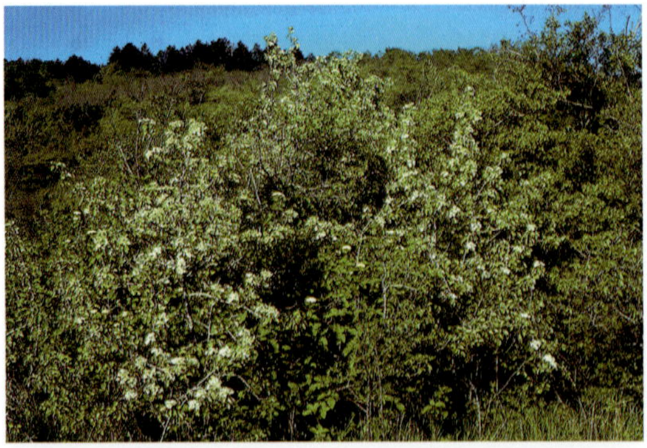

Quercus cerris LINNÉ, 1753

Zerreiche

engl.: Turkey oak
franz.: Chêne chevelu
ital.: cerro
span.: encina cabelluda, marojo

Familie: Fagaceae
Untergattung: Cerris (SPACH) ØRSTED
Sektion: Cerris

Abb. 1: Quercus cerris. Alter Solitär in Kew Gardens, London GB (Foto: P. Schütt)

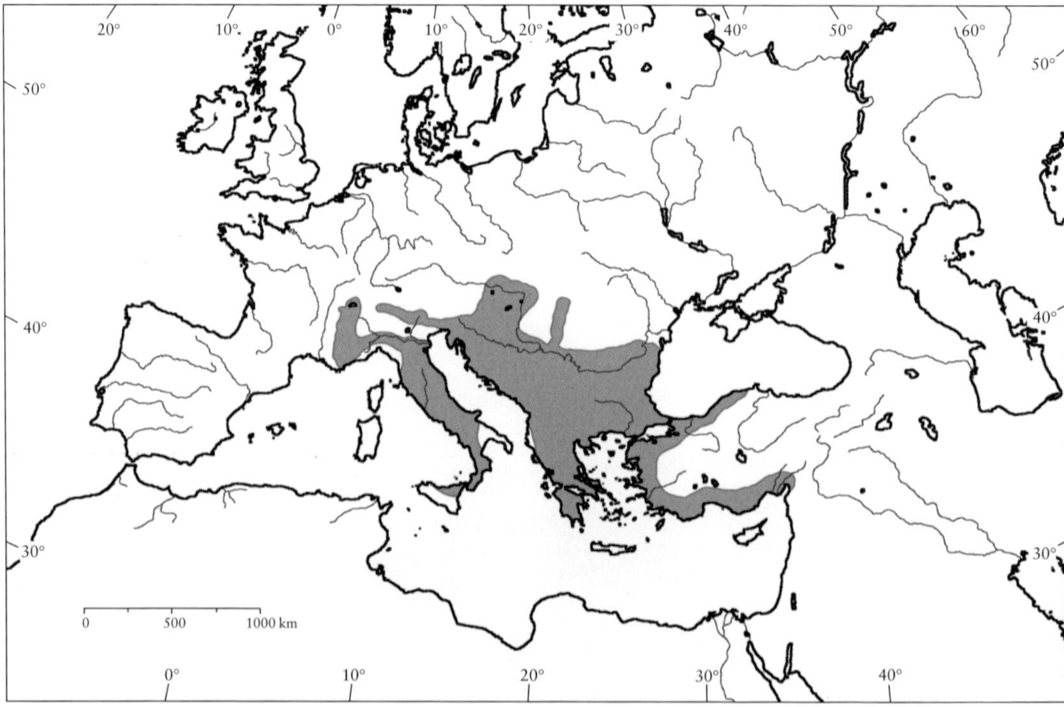

Abb. 2: Natürliches Areal (nach [20])

Quercus cerris ist ein hoher, im Süden und Südosten Europas heimischer, sommergrüner Waldbaum, der im Hügelland Süditaliens besonders häufig vorkommt, gelegentlich aber auch im Gebirge und an mediterranen Küsten wächst.

Zerreichen können als Niederwald bewirtschaftet werden und erreichen dann eine hohe Produktivität. Zumeist wachsen sie in Hochwäldern, haben dann aber ein Holz mit nur mäßigen technologischen Eigenschaften.

Periodisch leidet die Art unter dem Angriff blattfressender Insekten, welche in Abständen von 10 bis 15 Jahren in erheblichem Umfang schädlich werden. Neuerdings tritt in Süditalien eine Komplexkrankheit auf, die wahrscheinlich auf das Zusammenwirken von Wassermangel und Schwächeparasiten zurückgeht.

Taxonomie und Verbreitung

Nach Schwarz [22] gehört *Q. cerris* dem Subgenus *Cerris* an, ebenso wie *Q. suber* L., *Q. trojana* Webb., *Q. aegilops* Lam. und *Q. crenata* Lam.. Diese Sektion ist gekennzeichnet durch die meistens erst im 2. Jahr reifenden Früchte. Chromosomenzahl: 2n = 24.

Das Schwergewicht der Verbreitung liegt im östlichen Südeuropa, insbesondere in Italien. Während die Art im italienischen Voralpengebiet und in der Po-Ebene eher selten vorkommt, ist sie im Apennin, vor allem aber in Mittel- und Süditalien sehr häufig anzutreffen, und zwar von den submontanen bis zu den submediterranen Regionen. Auf Sardinien fehlt *Quercus cerris*.

Die mittel- und osteuropäischen Vorkommen liegen im südlichen Österreich, in Ungarn, Moravien, Kroatien und Dalmatien sowie auf dem größten Teil der Balkan-Halbinsel (Bosnien, Herzegowina, Montenegro, Serbien, Albanien und N-Griechenland), außerdem in Anatolien, an der türkischen Westküste, wie auch in mediterranen Gebieten Syriens und des Libanon.

Im westlichen Mittelmeerbecken kommt die Zerreiche nur sporadisch vor und die Bestände stehen nicht miteinander in Verbindung. *Q. cerris*-Populationen in Nordspanien sind möglicherweise nicht autochthon.

Natürliche Vorkommen findet man im französischen Jura und im Departement Doub; Populationen im Elsaß und in den Vogesen dürften hingegen künstlich begründet worden sein.

In Italien gedeiht *Q. cerris* besonders gut im submontanen Bereich und im Hügelland, dringt aber bis ins Gebirge vor, wo sie mit *Fagus sylvatica*, *Acer pseudoplatanus* und *Abies alba* Mischbestände bildet. Auch in den von *Q. pubescens* beherrschten submediterranen Laubwäldern kommt sie vor, ebenso in immergrünen *Quercus ilex*-Beständen, wo sie auf kühlere Nordhänge ausweicht. Vergesellschaftet ist die Zerreiche häufig mit *Ostrya carpinifolia*, *Sorbus domestica*, *Fraxinus ornus*, *Acer campestre*, *Carpinus betulus* und *Castanea sativa*. Zu den wichtigen Komponenten der Strauchflora gehören *Prunus spinosa*, *Cornus mas*, *Coronilla emerus* und *Pyracantha coccinea*.

Nach Feuer oder als Folge von Übernutzung wird *Q. cerris* oft von der Hopfenbuche *(Ostrya carpinifolia)* abgelöst, auf nährstoffreichen Böden mußte sie häufig dem Anbau von *Castanea sativa* weichen.

In der Toskana (Tatti) und in der Provinz Emilia (Carrega) kommt die Art auch in Mischung mit *Quercus petraea* vor.

Abb. 3: Zerreichen-Bestand in den Abruzzen (Foto: P. Schütt)

Die südosteuropäischen Zerreichenbestände unterscheiden sich in ihrer Zusammensetzung deutlich von den italienischen, variieren aber zwischen der pannonischen Region, dem Gebiet an der unteren Donau und der Balkan-Halbinsel [19].

In der pannonischen Ebene kommen *Q. cerris*, *Q. pubescens*, *Q. robur* und *Q. petraea* nebeneinander vor. Bestände dieses Typs findet man in der ungarischen und der rumänischen Steppe. Sie stellen Übergangsformen zwischen submediterranen und kontinentalen Wäldern dar, in denen *Q. petraea*, *Q. robur* und *Carpinus betulus* dominieren.

Auf dem Balkan, im Norden Griechenlands, im östlichen Mitteleuropa und in Pannonien gibt es viele Mischbestände mit *Q. pubescens*, *Q. frainetto* TEN., *Q. pedunculiflora* C. KOCH und – auf lokaler Ebene in Griechenland – mit *Q. brachyphylla* KOTSCHY.

Derartige Populationen stehen manchmal auch in Kontakt mit *Pinus nigra* AIT. subsp. *pallasiana* (LAMB.) HOLMBOE und *Abies cephalonica* LOUD. In Albanien und Macedonien kommen Zerreichen schließlich in Mischung mit *Q. trojana*, *Q. aegilops* und *Q. pubescens* vor.

Beschreibung

Erscheinungsbild

Zerreichen wachsen zu hohen, geradstämmigen Bäumen heran, die auch im Freistand nicht bis zum Boden beastet sind. Unter günstigen Bedingungen erreichen sie Höhen von 30 bis 35 m und Stammdurchmesser (BHD) von 1 bis 1,3 m. Die relativ kräftigen Äste sind aufwärts gerichtet und bilden eine ovale, langgestreckte, nicht sehr kompakte Krone, die bei freistehenden Eichen etwa $^2/_3$ der Gesamthöhe ausmacht. Junge Bäume haben eher pyramidenförmige Kronen. Die untersten Äste hängen mitunter herab.

Knospen, Blätter und junge Triebe

Die Mehrzahl der Winterknospen enthält entweder Blüten oder Blätter plus Blüten. Reine Blattknospen sind selten und stehen in der Regel an Langtrieben.

Im allgemeinen sind gemischte Knospen und Blütenknospen von gleicher Größe und Gestalt: 5 bis 8 mm lang, eiförmig, mit stumpfem oder spitzem Apex und zahlreichen rotbraunen, lang zugespitzten, die eigentliche Knospe weit überragenden, dicht behaarten Tegmenten. An der Basis werden die Seitenknospen von den fädigen, bis 25 mm langen, dauerhaften Stipeln der Tragblätter umgeben.

Abb. 4: Junger Solitär, kurz nach dem Austrieb (Foto: P. Schütt)

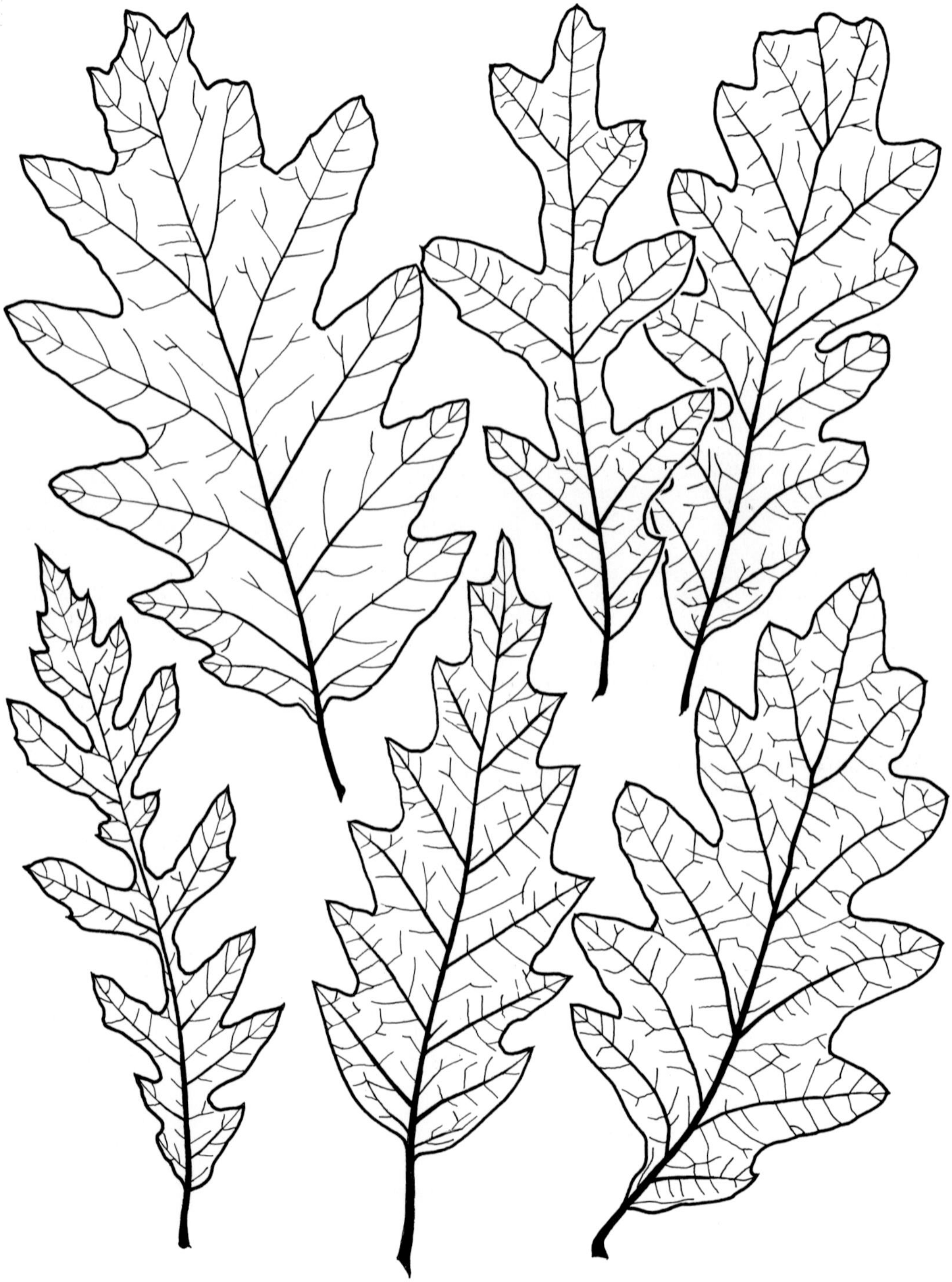

Abb. 5: Verschiedene Blattformen (nat. Größe)

Die relativ steifen Zweige in den Kronen alter Zerreichen haben kurze Internodien, sind unterschiedlich intensiv grau-olivfarben oder bräunlich behaart und haben weißliche Lenticellen.

Im Juni bildet die Art proleptische Triebe („Johannistriebe"). Das jährliche Längenwachstum vollzieht sich in mehreren Phasen [7].

Q. cerris ist sommergrün und bildet Blätter, die in Größe und Form stark variieren. Häufig haben sie einen länglichen oder elliptischen Umriß, dessen breitester Teil in der Blattmitte liegt. Seltener ist die Spreite eiförmig oder verkehrt eiförmig. Am Apex wird das Blatt schmaler, weniger häufig läuft es stumpf aus. Die Blattbasis ist ebenfalls verschmälert; sie kann aber auch asymmetrisch abgerundet oder herzförmig sein.

Die Blätter haben einen 1 bis 2,5 cm langen, behaarten Stiel und sind im allgemeinen 5 bis 10 cm lang und 3 bis 5 cm breit. Extremwerte von 15 bis 18 cm bzw. 7 bis 8 cm kommen gelegentlich vor. Auf jeder Seite befinden sich 7 bis 8 Buchten von unterschiedlicher Größe und Form (dreieckig, spitz, stumpf); die untersten erreichen mitunter fast die Mittelrippe.

Zur Zeit des Austriebs (April/Mai) sind beide Blattseiten graugrün, später ist die Unterseite ein wenig heller als die etwas rauhe und mit Büscheln von Sternhaaren besetzte Oberseite. Mit elliptischen Stomata besetzt und noch dichter behaart ist die Blattunterseite (viele ca. 100 µm lange, 8- bis 10strahlige Sternhaare [12]), insbesonders nahe der Mittelrippe, die man beiderseits deutlich erkennen kann.

Normalerweise fallen die Blätter im November vom Baum, zuvor werden sie braun, verfärben sich aber weder gelb noch rot. An Sämlingen können die Blätter während des Winters grün bleiben.

Abb. 6: Halbreife Frucht in situ (links) und Laubblätter (rechts) (Foto links: P. Schütt)

Zur Zeit der Anthese haben die unverholzten, jungen Triebe ihr Streckungswachstum noch nicht abgeschlossen. Bei Beginn des Stäubens werden die ersten weiblichen Blüten sichtbar; sie sind zwar noch nicht voll entwickelt, wohl aber schauen die Narbenäste aus einer Hülle dicht behaarter, ausgefranster Deckblätter hervor. Zur Zeit der Bestäubung ist nur die Narbe funktionstüchtig. Griffel und Fruchtknoten werden erst später differenziert. An einer kurzen (bis 2 cm), kräftigen Fruchtstandsachse steht normalerweise nur 1 Eichel, in seltenen Fällen 2 bis 4. Die Früchte reifen im August/September des 2. Jahres, etwa 14 Monate nach der Bestäubung. Reife Eicheln stehen somit an vorjährigen Trieben. Der 2jährige Entwicklungszyklus beruht auf einer langen Ruheperiode zwischen Bestäubung und Befruchtung. Die beginnende Differenzierung der Samenanlage setzt zu Beginn des 1. Sommers aus, so daß zu ihrer Entwicklung mehr als 1 Jahr benötigt wird [7].

Blüten, Früchte und Samen

Q. cerris blüht im Mai/Juni zur Zeit des Laubaustriebs. Stellung, Verteilung und Aufbau der Blütenorgane entspricht den Verhältnissen bei anderen Eichenarten.

Die bereits im vorhergehenden Sommer angelegten männlichen Blüten stehen an relativ dünnen, 5 bis 8 cm langen, hängenden Infloreszenzen (Kätzchen), deren Achse mit Sternhaaren besetzt ist. Außer den sehr kleinen, sitzenden männlichen Einzelblüten stehen seidig behaarte Deckblätter an der Blütenstandsachse. Diese sind gleichlang oder etwas kürzer als das mit 5 bis 6 ovalen, behaarten Zipfeln versehene hellbraune Perianth. Pro Blüte werden 4 (3 bis 6) Staubblätter gebildet. Die weiblichen Blüten sind in einblütigen Dichasien angeordnet; 1 bis 5 Dichasien treten zu kleinen Ständen mit einer zylindrischen, behaarten Achse zusammen.

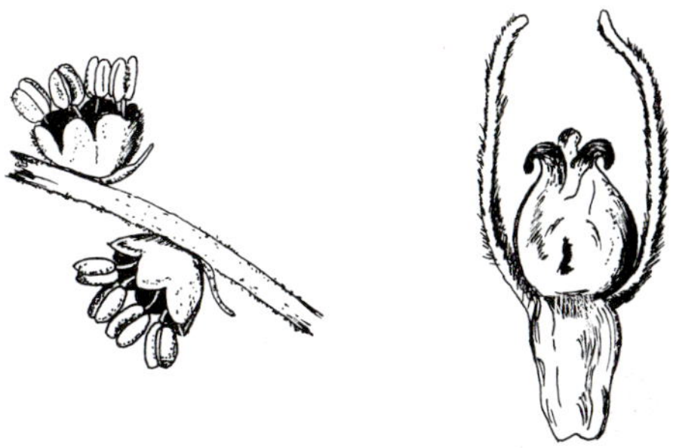

Abb. 7: Männliche Blüten (links) und weibliche Blüten (rechts) (5 x nat. Größe, nach Angaben des Autors)

Abb. 8: Reife Eicheln, zum Teil mit Cupula

Der Fruchtbecher umschließt 1/2 bis 2/3 der Eichel. Er ist von halbkugelförmiger Gestalt, etwas länger als breit und hat eine Öffnungsweite zwischen 10 und 30 mm im Durchmesser. Kennzeichnend sind die fädigen, aschfarbenen, filzig behaarten, zurückgeschlagenen oder hakenförmig gekrümmten Schuppen.

Die rotbraune, elliptische Eichel mit gestutztem, aber spitzem Apex ist fein längsgestreift, kahl an der Basis, aber filzig behaart an der Spitze. Die Abmaße schwanken zwischen 20 bis 35 mm (max. 50 mm) in der Länge und 12 bis 18 mm (max. 22 mm) im Durchmesser.

Holz und Rinde

Die zunächst glatte Borke von Schößlingen und jungen Bäumen wird später grau, oft annähernd schwärzlich, in tieferen Schichten aber rötlich. Bei alten Stämmen ist sie mit tiefen Längs- und Querrissen versehen und hat dicke, harte und kantige Rippen.

Abb. 9: Stammquerschnitt

Das Holz weist einen gelblichen Splint und einen braunen, manchmal rosa oder rot gefleckten Kern auf [13, 18, 24]. Auf dem ringporigen Querschnitt sind die Jahrringe infolge der weiten, relativ dickwandigen Frühholzgefäße (Durchm.: 175 bis 390 µm) gut zu erkennen. 3 bis 5 Frühholzreihen gehen allmählich in das Spätholz über. Dieses ist englumig und dünnwandig. Holzstrahlen lassen sich in allen Schnittebenen mit bloßem Auge erkennen. Sie sind entweder uni- oder biseriat und dann bis zu 30 Zellagen hoch oder sie sind multiseriat, mehrere Zellagen breit und dann 35 bis 50 mm hoch. *Cerris*-Holz ist geradfaserig aber von grober Textur. Die Holzfasern des Spätholzes haben dicke Wände.

Die Rohdichtewerte für wassergesättigtes Holz liegen bei 0,95 .... 1,10 .... 1,20 g/cm³, für lufttrockenes Holz (r12) bei 0,60 .... 0,85 .... 1,05 g/cm³.

Zerreichenholz ist wenig dauerhaft und schwindet stark (Volumenschwindung = 19,2 %, radial = 5,3 %, tangential = 13,0 %).

Weitere holztechnologische Kennziffern sind:

Druckfestigkeit (axial):	440 kg/cm² (370 bis 850 kg/cm²)
Biegefestigkeit:	850 kg/cm² (660 bis 1550 kg/cm²)
Scherfestigkeit:	74 kg/cm² (52 bis 88 kg/cm²)

Wurzelsystem

Auf tiefgründigen, geschiebefreien Böden bildet *Q. cerris* eine Pfahlwurzel aus, die oft tiefer reicht als 1,3 m. Außerdem entsteht ein sehr dichtes, aber wenig weitstreichendes System aus Lateralwurzeln, dessen Seitenwurzeln die obersten Bodenschichten durchdringen.

In flachgründigen Böden ist keine Differenzierung in Pfahl- und Lateralwurzeln zu beobachten. Auch auf vernäßten Standorten entsteht keine Pfahlwurzel. Das Wachstum des Wurzelsystems ist nicht mit der Entwicklung der oberirdischen Teile des Baumes korreliert. Im Gegenteil: die Wurzeln wachsen bei rascher Zunahme der oberirdischen Bodenmasse besonders langsam.

Q. cerris bildet mit mehreren Bodenpilzen eine ektotrophe Mykorrhiza. Die wichtigsten Partner sind *Cortinarius orellanus* (Fr.) Fr., *Lactarius atlanticus* Bon. und *Lactarius serifluus* D. C. ex Fr.

Anzucht und Vermehrung

Quercus cerris vermehrt sich sowohl generativ wie vegetativ.

Das Tausendkorngewicht der Eicheln schwankt zwischen 1500 und 1800 g [15]. Die Früchte haben einen hohen Wassergehalt (40 %) und keimen ohne Vorbehandlung zu mehr als 80 %. Feuchtes Substrat und Temperaturen um 20 °C stellen günstige Keimbedingungen dar. Licht ist zur Keimung nicht erforderlich.

Abb. 10: Borke eines alten Stammes

Die Aufbewahrung des Saatgutes macht Schwierigkeiten. Bis zu 1 Jahr läßt es sich aber ohne Schädigung bei etwa 4 °C in verschlossenen Polyäthylen-Tüten lagern. Zur Beerntung eignen sich Bäume zwischen 40 und 120 Jahren am besten.

Im Oktober fallen die reifen Eicheln vom Baum. Zur Saatgutgewinnung sammelt man sie vom Boden auf oder man spannt Netze. Zwischen 2 Vollmasten liegen im allgemeinen 1 bis 3 Jahre.

Nach der hypogäischen Keimung erscheinen 2 große, konvexe Kotyledonen über dem Boden. Die intensiv weiß behaarten Primärblätter variieren in der Form (kurz, spitz oder rund gelappt). Die Folgeblätter des nächsten Jahres haben insgesamt mehr sowie tiefere und spitzere Lappen.

Vegetativ vermehren sich Zerreichen vor allem durch Stockausschläge, welche sowohl aus schlafenden Knospen wie aus Adventivknospen entstehen [6]. Für den Niederwaldbetrieb sind beide Knospenarten von Bedeutung. Schößlinge, die aus Adventivknospen des überwallenden Kallusgewebes entstehen, sterben aber sehr bald ab.

Ökologie

Q. cerris ist eine mesophile, hinsichtlich des Klimas wie des Standortes sehr anpassungsfähige Baumart, die auch tiefere Wintertemperaturen verträgt. Im Winter 1984/85 überstand sie in Italien Temperaturen unter -20 °C ohne Schaden. Die sehr lange Winterruhe schützt sie überdies vor Spätfrösten.

Niederschläge und Lufttemperaturen streuen im natürlichen Verbreitungsgebiet in weitem Rahmen:

Jahresniederschläge:	700 bis 1000 mm
Sommerliche Trockenzeit:	2 bis 3 Monate
Jahresmittel der Lufttemperatur:	ca. 15 °C
Maximum der Lufttemperatur:	> 30 °C
Minimum der Lufttemperatur:	< 10 °C

Zerreichen gedeihen gut auf Sand, kommen aber auch auf Urgesteinsböden, auf felsigem Untergrund und sogar auf tonigen Substraten vor, sofern diese nicht stark verdichtet sind. De Philippis [9] führt die häufige Präsenz der Art im südlichen Apennin auf ihre stark ausgeprägte Fähigkeit zur Besiedelung von Tonböden zurück.

Optimal geeignet sind frische, tiefgründige, leichte Böden, aber auch Standorte vulkanischen Ursprungs. Selten findet man die Art auf kalkhaltigen Substraten. Auf ausgesprochenen Trockenstandorten überlebt sie nicht. Der tolerierte pH-Bereich des Bodens liegt zwischen pH 5 und pH 7,5.

Heutzutage sind Zerreichenbestände zumeist auf ärmeren Standorten zu finden, weil bessere Böden oft für den Anbau von *Castanea sativa* genutzt werden. Auf stark degradierten Böden werden aber auch *Q. cerris*-Bestände lückig oder fallen ganz aus. Die Folgevegetation besteht hauptsächlich aus Sträuchern (u. a. *Rubus* ssp., *Cytisus scoparius*) und aus Adlerfarn.

Waldbau und Ertrag

Quercus cerris wird im Hoch- und Niederwaldbetrieb bewirtschaftet. In Italien, wo die Art am weitesten verbreitet ist, dominieren die Niederwälder (500 000 ha Nieder- gegenüber 100 000 ha Hochwald). In ihnen liegt die Umtriebszeit zwischen 12 bis 15 und 20 bis 25 Jahren und der jährliche Massenzuwachs beträgt 2 bis 3 m^3/ha auf den ärmsten und 10 bis 15 m^3 (ausnahmsweise sogar 18 bis 20 m^3) auf den besten Standorten.

Ein leistungsfähiger Zerreichen-Niederwald mit 3000 bis 5000 Stämmen pro Hektar bringt in 15 Jahren Holzerträge zwischen 100 und 200 m^3.

Derzeit wird viel über die Umwandlung von Nieder- in Hochwald diskutiert. Amorini und Fabbio [1] betonen überdies, daß eine Verdoppelung der Umtriebszeit („coppice aging") keineswegs mit einer völligen Veränderung der Bestandesstruktur verbunden sei.

Versuche haben gezeigt, daß das Wuchsvermögen älterer Niederwälder jenem der jungen, aus Kernwüchsen bestehenden Bestände überlegen ist. Der Zuwachs konzentriert sich nun auf eine begrenzte Zahl von Schößlingen (Stämmen) und der Bestand verhält sich eher wie ein Hochwald.

Hochwälder von *Q. cerris* werden im 100- bis 120jährigen Umtrieb bewirtschaftet und die jährliche Holzproduktion schwankt zwischen 1 bis 2 und 5 bis 7 m^3/ha. Für gleich alte Reinbestände auf Standorten mittlerer Güte in der Provinz Molise nennt De Philippis [9] folgende Ertragsdaten:

Stammzahl pro ha	250
Mittl. Durchmesser	34 cm
Mittl. Höhe	22 m
Bestandesgrundfläche	35 m^2
Holzmasse des verbleibenden Bestandes	409 m^3

Der Massenzuwachs kulminiert mit 70 Jahren. Er beläuft sich auf 2,7 m^3/ha für den verbleibenden und auf 9,9 m^3/ha für den Gesamtbestand.

Die angewendeten Waldbauverfahren beruhen auf häufig wiederkehrenden Durchforstungen und natürlicher Verjüngung.

In natürlichen Beständen tritt *Q. cerris* oft in Mischung mit der Flaumeiche *(Q. pubescens)* auf.

Genetische Differenzierung

Quercus cerris gehört zu den taxonomisch wenig problematischen Eichenarten und ist dennoch polymorph. Camus [5] unterscheidet hauptsächlich aufgrund von Blatt- und Fruchtmerkmalen die folgenden Varietäten:

- var. *austriaca* Loudon, die dominierende Form in SO-Europa
- var. *haliphloes* Lamk. et D. C. aus Frankreich und Italien
- var. *tournefortii* Koch, heimisch in Kleinasien
- var. *pseudocerris* Boissier aus Osteuropa und dem westl. Asien
- var. *bithynica* A. Camus, in Kleinasien vorkommend
- var. *caramanica* Kotschy, ebenfalls aus Kleinasien
- var. *nicotraea* Lojac., auf Sizilien

Für Italien nennt De Philippis [8] die durch tief gelappte ("pinnified") Blätter gekennzeichnete Varietät *haliphloes* sowie stark behaarte Formen der Var. *tournefortii* als typisch. Über die Blattzähnung der Var. *austriaca* schreibt er, es gebe zwar dentate Formen, normalerweise sei die Varietät aber verkahlend und stimme deshalb eher mit dem Typus nach Linné überein [16]. In der Tat scheint der gezähnte Blattrand bei jungen Blättern, an einjährigen Sämlingen und insbesondere an neuen Trieben nach Insektenfraß aufzutreten [14].

Pignatti [20] erwähnt eine Var. *fontanesii* Lasicata mit gezähnten Blättern, die in der Region Salerno und auf Sizilien vorkommt. Darüber hinaus sind einige gärtnerische Zierformen bekannt geworden wie die Formen 'aureo-variegata', 'argento-variegata', 'pendula' und 'laciniata'.

Quercus crenata wird als Artbastard zwischen *Quercus cerris* und *Q. suber* aufgefaßt [5, 11, 20, 22].

Pathologie

Unter den biotischen Krankheiten der Zerreiche spielen 2 Schadinsekten die größte Rolle. Pathogene Pilzarten haben hingegen keine nennenswerte Bedeutung.

Thaumatopoea processionea L., der Prozessionsspinner, frißt Blätter sommergrüner Eichenarten. Die Eier werden im Sommer unter Borkenschuppen abgelegt. Die Larven überwintern in Nestern am Baum und beginnen den Fraß mit dem Blattaustrieb. In Abständen von ca. 15 Jahren erfolgen 3 bis 5 Jahre andauernde Befallsperioden. Biologische Bekämpfung mit *Bacillus thuringiensis* ist möglich.

Lymantria dispar L., der Schwammspinner, frißt die Blätter von laubabwerfenden wie von immergrünen mediterranen Eichenarten. Eiablage auf der Borke von Stamm und Ästen. Die Raupen schlüpfen im Frühjahr und fressen im gesamten Kronenbereich. Verpuppung Ende Juni. Flug der Falter im Juli/August. Starker Befall findet alle 5 bis 10 Jahre statt und dauert 2 bis 3 Jahre. Biologische Bekämpfung mit *Bacillus thuringiensis* ist auch hier möglich.

Neben diesen beiden Arten sind *Tortrix viridana* L., der Eichenwickler und *Euprochis chrysorrhoea* L. als Schadinsekten geringerer Bedeutung zu nennen.

Während bestandesbedrohende Pilzkrankheiten fehlen – örtlich treten allenfalls die Schwächeparasiten *Hypoxylon mediterraneum* (De Not) Mill. und *Armillaria mellea* s. l. auf – führen zwei Komplexkrankheiten zu Vitalitätsverlusten und Ausfällen.

(a) Die Symptome des in Mitteleuropa grassierenden Waldsterbens an *Q. robur* und *Q. petraea* sind auch an Zerreichen festzustellen [21]. Abgänge treten schneller und häufiger im Bestand ein als an freistehenden Bäumen. Zum Krankheitsbild gehören:

- innerhalb einer Vegetationsperiode Kronenabbau bei Bäumen unter 25 Jahren und unter 5 cm BHD, bei älteren Bäumen dauert der Vorgang 2 bis 3 Jahre
- Bildung von stammbürtigen Trieben
- Blattvergilbung
- Rindenrisse mit Exsudaten

Abb. 11: Mischbestand Zerreiche-Buche-Weißtanne in den Abruzzen (Foto: P. Schütt)

Verbunden ist die Krankheit mit dem Befall durch die Pilzarten *Hypoxylon mediterraneum* (DE NOT) MILL., *Diplodia mutila* FR. MONT., *Phomopsis quercina* (SACC.) v. HÖHN., *Fusicoccum quercus* OUDEM, *Cephalosporium* spp. und *Sporotrix* ssp. Die Verbreitung dieser Pilze, insbesondere von *H. mediterraneum* wird durch Dürre gefördert [25]. Man nimmt an, daß Frühjahrs- und Sommertrockenheit sowie Verringerung der Bodenqualität das Syndrom auslösen können [17]. Auch die Präsenz aerober Bakterien ist mit der Krankheit verbunden [23].

(b) Weiterhin sind in Italien Schäden durch Streß als eine neue Komplexkrankheit („new type damage") beschrieben worden [2, 3, 4, 10]. Dazu gehören das Absterben kleiner und großer Äste, Rückgang der Verzweigung, Abstoßen von Kurztrieben, Büschelung der Blätter an Triebspitzen und die Entstehung von Wasserreisern. Die Kronenveränderungen werden mit dem Rückgang der Jahresniederschläge und saisonalen Wetterbedingungen in Verbindung gebracht [2].

Nutzung

Im Niederwald geerntete Stämme liefern ein vorzügliches Brennholz und eine sehr gute Holzkohle. Demgegenüber ist das Holz von Kernwüchsen von geringer Qualität, denn Spannungen im Stamminneren führen beim Fällen oft zu Rissen. Ungünstig sind außerdem die hohen Schwindungswerte, die geringe Dauerhaftigkeit und die Anfälligkeit gegen Insektenbefall (z. B. *Lyctus*-Arten). Verwendung findet Zerreichenholz im Schiffsbau, in der Zimmerei und als Paneel. Die Holzqualität schwankt mit der Herkunft. Bäume aus dem Süden des Areals liefern besseres, weniger stark reißendes Holz als nördliche Herkünfte.

Neuerdings wird erwogen, *Cerris*-Holz für den Aufschluß von Cellulose, Lignin und Hemicellulose heranzuziehen [26, 27].

In Frankreich und Großbritannien baut man *Q. cerris* gern als Park-, Garten- und Straßenbaum an.

Weiterführende Literatur

[1] AMORINI, E.; FABBIO, G., 1991: Ricerche sull'invecchiamento dei cedui: riflessi sul trattamento di conversione. It. For. Mont. **46**, 193 – 204.

[2] BUSSOTTI, F.; CENNI, E.; FERRETTI, M. et al., 1994: Forest condition in Tuscany (Central Italy). Field surveys 1987 – 1991. Forestry **68**, 11 – 24.

[3] BUSSOTTI, F.; GELLINI, R. et al., 1992: Mediterranean forest tree decline in Italy. CNR, Firenze. pp. 64.

[4] CADAHIA, D.; COBOS, J. M.; SORIA, S. et al., 1991: Observation of damage to mediterranean forest species. Ministerio de Agricultura, Pesca y Alimentacion (Madrid) – Commission of the European Communities. pp. 96.

[5] CAMUS, A., 1938 – 1939: Les Chênes: Monographie du genre Quercus, I – III. P. Lechevalier ed., Paris.

[6] CIAMPI, C.; DI TOMMASO, P. L.; MAFFUCCI, C., 1977: Studi morfogenetici sui processi di rigenerazione delle ceppaie nel gen. Quercus. Ann. Acc. Ital. Sci. For. **26**, 3 – 11.

[7] CIAMPI, C.; PASQUA, B., 1977: Ricerche sul ciclo riproduttivo di specie del genere Quercus della flora italiana. VII Osservazioni sul ciclo riproduttivoe sulla embriologia di Quercus cerris L. Ann. Acc. Ital. Sci. For. **26**, 13 – 34.

[8] DE PHILIPPIS, A., 1941 (quoted in Giordano e Schirone, 1989).

[9] DE PHILLIPIS, A., 1955: I querceti a foglia caduca. Atti Congr. Naz. di Selvicoltura, Firenze, 133 – 157.

[10] ECONOMOU, A.; BECCU, E. et al., 1994: Mediterranean Forest Trees. A guide for crown assessment. (Ferretti ed.) CEC – UN/ECE, Brussels, Geneva.

[11] FIORI, A., 1930: Le querce italiane dal punto di vista botanico. Gli ibridi della sughera. L'Alpe **17**, 388.

[12] GELLINI, R.; BUSSOTTI, F. et al., 1992: Species of the genus Quercus in Italy: characterization by means of leaf surface observation. Giorn. Bot. Ital. **126**, 481 – 504.

[13] GIORDANO, G., 1976: Tecnologia del legno, Vol. 3. Le prove ed i legnami di più frequente impiego. UTET, Torino, pp. 1354.

[14] GIORDANO, E.; SCHIRONE, B., 1989: Aspetti ecofisiologici delle cerrete dell'Italia centro-meridionale. It. For. Mont. **44**, 164 – 180.

[15] GRADI, A., 1980: Vivaistica forestale. Edagricole, Bologna. pp. 568.

[16] LINNAEUS, C., 1753 (reprint 1959): Species plantarum. London. Printed for the Royal Society, London W1.

[17] LUISI, N.; MANICONE, R., 1991: Il deperimento delle querce in Italia meridionale: tentativi di contenimento. It. For. Mont. **46**, 341 – 356.

[18] NARDI BERTI, R., 1979: La struttura anatomica del legno ed il riconoscimento dei legnami italiani di più corrente impiego. Contributi Scientifico-Pratici, CNR Firenze. 158 pp.

[19] OZENDA, O., 1990: The South-European nemoral region. Giorn. Bot. Ital. **124**, 759 – 780.

[20] PIGNATTI, S., 1982: Flora d'Italia. Vol. I. Edagricole, Bologna.

[21] RAGAZZI, A.; DELLAVALLE FEDI, I.; MESTURINO, L., 1989: The oak decline: a new problem in Italy. Eur. J. For. Path. **19**, 105 – 110.

[22] SCHWARZ, O., 1993: Quercus L. In: TUTIN, T. G. et al. (eds.) Flora Europaea. Vol. I. Cambridge University Press. II. ed.

[23] SCORTICHINI, M.; STEAD, D. E.; ROSSI, M. P., 1993: Oak decline. Aerobic bacteria associated with declining Quercus cerris in central Italy. Eur. J. For. Path. **23**, 120 – 127.

[24] UZIELLI, L., 1989: Valorizzazione tecnologica del legno del cerro. It. For. Mont. **44**, 222 – 237.

[25] VANNINI, A.; VALENTINI, R., 1994: Influence of water relations on Quercus cerris-Hypoxylon mediterraneum interaction: a model of drought-induced susceptibility to a weakness parasite. Tree Physiology **14**, 129 – 139.

[26] VIDRICH, V.; BETTARINI, I. et al., 1991: Utilizzazione chimica del ceduo (VI): cellulosa, lignina, emicellulose. It. For. Mont. **46**, 231 – 238.

[27] VIDRICH, V.; BETTARINI, I.; FUSI, P., 1991: Determinazione del contenuto di lignina in polloni di cerro. It. For. Mont. **46**, 394 – 404.

Der Autor:

Dr. FILIPPO BUSSOTTI
Universitá di Firenze
Laboratori di Botanica Agraria e Forestale
Piazzale delle Cascine, 28
I – 50144 Firenze

Aus dem Englischen übertragen von P. Schütt

Quercus ilex LINNÉ, 1753

syn.: Q. rotundifolia LAM., Q. ballota DESF., Q. ilicifolia SALISB., Q. sempervirens MILL.

Stein-Eiche, Grün-Eiche

engl.: Holm Oak, Holly Oak, Evergreen Oak
franz.: Chêne-vert, Yeuse
span.: Encina, Carasca, Chaparra
arab.: Bellout
griech.: Αρια

Familie: Fagaceae
Unterfamilie: Quercoideae
Subgenus: Lepidobalanus
Sektion: Ilex

Abb. 1: Stein-Eichen-Solitär bei Avila/Kastilien; Kronendurchmesser ca. 17 m

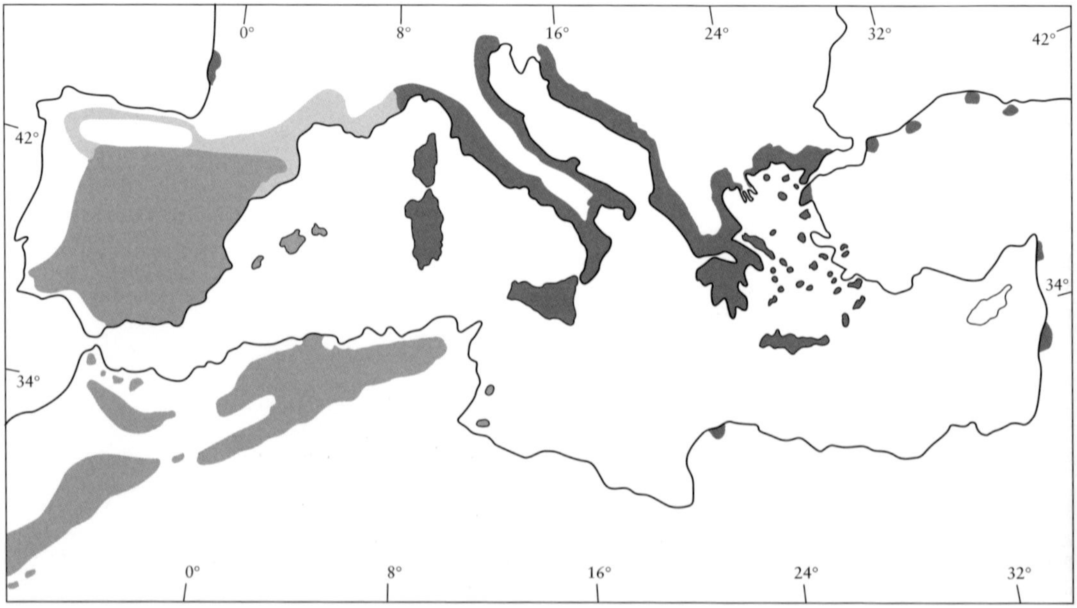

Abb. 2: Verbreitungskarte der Morphotypen der Stein-Eiche ▬ Morphotyp 'Ilex', ▬ Morphotyp 'Rotundifolia', ▬ Morphotyp 'Intermedia'

Verbreitung und Waldgeschichte

Von den Eichenarten Südeuropas und Nordafrikas ist die immergrüne *Quercus ilex* L. nicht nur die häufigste, sondern regional, insbesondere im Westteil ihres Areals, als Waldbildner, Fruchtbaum und Holzlieferant auch die bedeutendste. Wo sie nicht als Haupt- oder Mischbaumart bestandesweise vorkommt, dient sie als „Gerüstbaum" der mediterranen Hartlaubwälder. Mehrere hundert Jahre alte Exemplare sind im Mittelmeerraum nicht selten, und ein Höchstalter von über 1000 Jahren gilt als wahrscheinlich [34].

Auf der iberischen Halbinsel und in der Atlasregion Nordafrikas ist sie die dominierende Baumart. Vornehmlich die „süßen" Früchte des dort verbreiteten Morphotyps *rotundifolia,* aber auch ihr Laub als Futtermittel sowie das Holz als Energieträger, Roh- und Werkstoff, sind seit Jahrtausenden wichtige Lebensgrundlagen für Mensch und Tier. Da die Eicheln für den menschlichen Verzehr geeignet sind, konnten sie früher in Notzeiten oft das Überleben sichern.

Parkähnliche Stein-Eichen-Bestände mit unterschiedlichen Mischungsanteilen von Kork-Eiche *(Q. suber)* und anderen Baumarten sind in Spanien die sog. Dehesas, die eine kaum zu überschätzende Bedeutung als Versorgungswälder für die ortsansässige Bevölkerung haben. Die Stein-Eiche ist daher häufig Gegenstand der Dichtkunst, während ihre Früchte und Blätter vielfach als Motive der Malerei und Bildhauerei zu sehen sind.

Fossile Belegstücke von Vorläufern der Stein-Eiche (*Quercus praeilex* SAP.) sind für das Oligozän vor etwa 30 Mio. Jahren bis noch ins Miozän und Pliozän (*Q. praecursor, Q. mediterranea*) nachgewiesen [93, 95]. Seitdem hat sich die Stein-Eiche in den semiariden Zonen des Mittelmeerbeckens etabliert [81], wobei ihre nördliche Arealgrenze den jeweiligen Klimaschwankungen im Quartär folgte.

Ihre Ausbreitung in die subhumiden und humiden Gebiete im Norden und Westen des Areals und ihre dominierende Rolle dort sind allerdings anthropogen bedingt [18, 82, 83, 102, 103, 123, 128]. Die vorher – bis etwa 6000 v. Chr. – als Waldbaum dominierende, laubabwerfende *Quercus pubescens* wurde beim Übergang des Menschen vom Stadium des Jägers und Sammlers zum Ackerbauern und Viehzüchter immer mehr durch die anspruchsloseren *Q. ilex* und *Q. suber* ersetzt, welche die zur landwirtschaftlichen Nutzung weniger geeigneten flachgründigen und ärmeren Böden besiedeln konnten.

Das natürliche Areal von *Q. ilex* erstreckt sich in den nördlichen Anrainerstaaten des Mittelmeers von Portugal ostwärts bis nach Vorderasien. Weiter östlich ist sie dann sehr selten. Nur verstreute Fundorte sind an der östlichen Mittelmeerküste bekannt, z.B. bei Iskenderun, an der syrischen Küste und im nördlichen Libanon [34] sowie 3 isolierte Vorkommen an der türkischen Schwarzmeerküste bei Zonguldak, Sinop und Samsun [27].

Letztere bilden im östlichen Arealteil zugleich die Nordgrenze. In Israel und auf Zypern kommt die Stein-Eiche von Natur aus nicht vor.

Im Westen verläuft die Nordgrenze des natürlichen Areals von der Vendée an der französischen Atlantikküste durch das Zentralmassiv nach Osten in das Tiroler Etschland, weiterhin in Nord- und Mittelitalien parallel zu den Küsten bis Sizilien und entlang der adriatischen Küste von Istrien bis Griechenland mit Kreta und dem Dodekanes mit Rhodos.

In Europa hat Spanien die ausgedehntesten Stein-Eichen-Wälder. Über die Flächenanteile weiterer Länder mit größeren Stein-Eichen-Vorkommen gibt die folgende Tabelle Auskunft:

Spanien	6 500 000 ha
Marokko	1 414 500 ha
Algerien	680 000 ha
Frankreich	340 000 ha
Italien	340 000 ha
Tunesien	83 000 ha

Auf der Cyrenaika sind isolierte Vorkommen als östlichste Populationen des nordafrikanischen Arealteils verzeichnet. Die Südgrenze wird in Nordafrika von mehreren disjunkten Vorkommen im Antiatlas und im Sahara-Atlas gebildet [27, 99].

Während die Stein-Eiche ihre Dominanz in den nördlichen, humiden Arealteilen menschlicher Einflussnahme verdankt, ist sie in Nordafrika wie auch in den semiariden Gebieten Südeuropas Klimaxbaumart.

Zur Vertikalverbreitung liegen folgende Angaben vor [1, 12, 28, 58, 60]:

Mittelfrankreich (Vendée)	bis 300 m ü. NN
Türkei (Samsun Dag)	bis 700 m ü. NN
Südtirol (Etschtal)	bis 1000 m ü. NN
Italien (toskan. Apennin)	bis 1000 m ü. NN
Korsika	bis 1200 m ü. NN
Südfrankreich (Cevennen)	bis 1300 m ü. NN
Griechenland (Kreta)	bis 1450 m ü. NN
Tunesien (Djebel Chambi)	bis 1550 m ü. NN
Spanien (Sierra Nevada)	bis 1900 m ü. NN
Algerien (Aurès, Sahara-Atlas)	1200–2200 m ü. NN
Marokko (Mittlerer u. Hoher Atlas)	300–2900 m ü. NN

In Südfrankreich ist die Art von 0–900 m ü. NN sehr häufig und bildet bis zu einer Höhe von 500 m ü. NN oft Reinbestände. In Höhenlagen über 900 m wird sie zunehmend durch *Q. pubescens* ersetzt. In Spanien reicht die Vertikalverbreitung um 1000 m höher und hat in der Sierra Nevada bei 1900 m ü. NN ihre Obergrenze.

In Nordafrika befinden sich die größten Stein-Eichen-Bestände im Mittleren und im Hohen Atlas. Sie reichen von 600 bis 2500 (2900) m ü. NN und bilden mancherorts die Baumgrenze [12, 29]. In Lagen unterhalb 400 m unterliegt die Stein-Eiche den dort konkurrenzstärkeren Gehölzarten, wie *Tetraclinis articulata*, *Pinus halepensis* und *Quercus suber* [1, 28, 34].

Außerhalb ihres natürlichen Verbreitungsgebiets wird *Q. ilex* wegen ihrer dichten, immergrünen Krone in Klimaten mit moderaten Wintertemperaturen als Parkbaum und auch als Windschutz gepflanzt. In Süd- und Südwestengland ist sie seit dem 16. Jahrhundert stellenweise eingebürgert, ebenso im Süden der Krim und in Transkaukasien. Bereits vor 1580 wurde sie in Amerika eingeführt. In Südafrika und dem seinerzeitigen Süd-Rhodesien registrierte Troup 1932 schon ältere Bäume. Stein-Eichen wurden auch auf den Azoren und in Australien angebaut, wo sie gut gedeihen [34, 101, 119].

Beschreibung

Der meist nur 8–10 m hohe, unter günstigen Bedingungen aber bis 25 (32) m Höhe erreichende Baum bildet im üblichen Weitstand meist nur einen kurzen Stamm, der sich oft schon nach 1–3 m Länge in Starkäste auflöst. Diese bilden dann eine stark verzweigte und weit ausladende, oft halbkugelförmige, dichte Krone mit bis zu 20 m Durchmesser. Durch häufiges „Schneiteln" – zur Futterlaubgewinnung oder Steigerung des Fruchtansatzes – bekommen die Kronen vielfach ein sparriges Aussehen.

Die Stämme erreichen Durchmesser (BHD) bis 165 cm [88]. Im Bestand können unter günstigen Wuchsbedingungen bis 6 m lange, astreine Stämme mit bis zu 95 cm BHD entstehen [28]. In Niederwäldern auf degradierten Böden wächst die Stein-Eiche nur strauchförmig oder entwickelt sich zu einem kleinen Baum bis maximal 15 m Höhe und einem BHD von 10–22 cm [22, 28].

Knospen und Blätter

End- und Seitenknospen sind klein und stumpf. Die vielschuppigen Endknospen messen in der Länge 3–4 mm, die zwei- bis mehrschuppigen Seitenknospen nur 1–2 mm. Die hell- bis mittelbraunen äußeren Knospenschuppen sind z.T. stark gewölbt, eiförmig und an der Spitze besonders dicht silbrig- bis gelblichweiß behaart. Die Endknospe ist von mehreren sehr schmalen, braunen, einwärts gebogenen und behaarten Nebenblättern umgeben. Die Seitenknospen sind rund bis eiförmig und ein wenig angedrückt. Die letzten 3 bis 4 Knospen an der Triebspitze werden von je zwei der beschriebenen Nebenblätter flankiert. Die schmalelliptischen bis ovalen Blattnarben treten mehr oder weniger hervor und haben mehrere undeutliche Blattspuren.

Die für die Gattung *Quercus* charakteristische Variabilität in Form und Größe der Blätter ist bei *Q. ilex* besonders augenfällig. Sie reicht von rundlichem bis zu eiförmigem/verkehrteiförmigem oder eilanzettlichem Umriss sowie von 1,5 cm langen und knapp 1 cm breiten bis zu 9 cm langen und 6 cm breiten Abmessungen. Die Spreitenbasis ist rund bis keilförmig, und der Blattrand variiert von ganzrandig bis stachelzähnig.

Stark stachelzähnige Blätter treten vornehmlich an juvenilen Trieben, an jungen Kernwüchsen, Stockausschlägen und Wurzelbrut auf. Mit zunehmendem Alter bilden der Morphotyp *rotundifolia* vorwiegend rundlich-ovale, mehr oder weniger ganzrandige und der Morphotyp *ilex* eiförmige bis eilanzettliche, teils ganzrandige, teils mehr oder weniger gezähnte Blattformen aus.

Junge Blätter sind zunächst ober- und unterseits filzig behaart. Die Behaarung ist unmittelbar nach dem Austrieb silberweiß, nimmt aber allmählich eine leicht gelbliche Färbung an. Die Blattoberseite verkahlt, wird rau und graugrün (Typ *rotundifolia*) oder hell- bis dunkelgrün, glatt und glänzend (Typ *ilex*). Die Blattunterseite ist erst weiß-, später graufilzig und bleibend mit Sternhaaren besetzt. Der Blattstiel ist kurz (0,5–2,5 cm) und ebenfalls graufilzig behaart.

Die Konsistenz der Blätter ist ledrig-hart. Sie sind entweder plan oder wellig verbogen.

Dieses im Verlauf von Trockenperioden beobachtete Phänomen des „Blattbiegens" wird als Ausdruck von extremem Wasserstress gedeutet [58]. Die Zahl der Seitennerven schwankt zwischen (5) 6–9 (11) Paaren. Die Blätter bleiben in der Regel 3–4 Jahre am Baum. Die häutigen, braunen, behaarten, schmal zungenförmigen Nebenblätter werden jedoch schon bald abgeworfen. Die Blattstellung ist unregelmäßig wechselständig, zur Triebspitze hin etwas gehäuft.

Blüten, Früchte und Samen

Die einhäusig verteilten, anemogamen Blüten erscheinen von April bis Mai, in höheren Lagen unter Umständen erst im Juni. Die hängenden männlichen Blütenkätzchen entspringen überwiegend den Achseln der Knospenschuppen am Grunde der neuen Triebe, selten auch den Achseln der unteren Blätter des neuen Austriebs. Sie sind meist 6 (4–7) cm lang und dicht filzig behaart. Die Blüten sind am Grunde der Achse locker angeordnet, stehen zur Spitze hin aber gedrängt. Die Blütenhülle besteht aus 6 (5–7) schmal elliptischen, gelblichen Perigonzipfeln, die am Grunde miteinander verwachsen sind. Die Filamente der 4–8 Staubblätter sind kurz und tragen spärlich behaarte, schwefelgelbe, im Mittelband mit kurzen, lanzettlichen Spitzchen versehene (mucronate) Staubbeutel [60].

Die weiblichen Blütenstände entspringen den Blattachseln im oberen und mittleren Bereich der Jungtriebe und haben einen wollig behaarten, 1–2 cm langen Stiel mit einem oder mehreren seitlichen Höckern. An letzteren und an der Spitze befinden sich 2–7 weibliche Blüten, einzeln oder zu zweit, mit zurückgebogenen rotbraunen Narben, welche etwa 10–15 Tage fängisch sind [75]. Der Blühzeitpunkt ist beim Individuum nicht fixiert, sondern wechselt zwischen früher (April), mittlerer und später (Mai/Juni) Blüte [43]. Nach einem sehr trockenen Sommer kann es nach ergiebigen Niederschlägen im Herbst auch zu einer zweiten Blüte kommen [34, 125].

Abb. 3: Männliche Blütenstände der Stein-Eiche in situ

Abb. 4: Männliche Blüte (links) und weiblicher Blütenstand (Makroaufnahmen)

Abb. 5: Weiblicher Blütenstand in situ

Die Befruchtung findet innerhalb von 6 Wochen nach der Bestäubung statt.

Die Mannbarkeit tritt bei Kernwüchsen mit etwa 8 bis 10 Jahren ein [34]. Stockauschläge können allerdings schon mit 2–3 Jahren fertile Blüten und Früchte hervorbringen [58].

Gleichermaßen variabel wie die Blätter sind in Form und Größe sowie Inhaltsstoffen auch die Eicheln. Sie wachsen zunächst bis etwa Mitte August sehr langsam. Die weitere Entwicklung bis zur Reife ist dann im Oktober/November abgeschlossen. Die Größe der Eicheln reicht von knapp 1 cm bis 1,5 cm Breite und von 1,5 cm bis 4,5 cm Länge. Sie können sehr schlank sein (f. *gracilis*) oder gedrungen und dick (f. *calycina*). Dementsprechend schwankt ihr Gewicht in relativ weiten Grenzen von weniger als 3 g bis 31 g [126] (Wassergehalt zw. 42 u. 60 %). Ihre Form ist im Umriss breitoval bis schmal eikegelförmig mit aufgesetzter, kurz behaarter Spitze, die zuweilen auch nur von einigen Sternhaaren umgeben ist. Der hellbraune Nabel hat in der Mitte eine etwas erhabene, konzentrische Scheibe mit Leitbündelspuren.

Die Cupula umschließt die Frucht entweder nur sehr wenig wie ein flacher Napf (f. *brevicupulata*) oder bis zu $^3/_4$ der Länge und mehr (f. *avellanaeformis*, f. *urceolata*). Der Rand kann ganz sein oder ist z.T tief eingegekerbt (f. *expansa*) [126]. Die Cupula ist von dachziegelartig anliegenden, eikegel- bis eiförmigen Schuppen bedeckt. Diese sind grau behaart, haben z. T. aber eine verkahlte, glänzend braune Spitze. Das zunächst grüne Perikarp wird bei der Reife dunkelbraun und ist partiell schwach gestreift.

Der Stiel des Fruchtstandes, welcher 1–5 Eicheln trägt, ist kurz (1,0–1,5 cm, selten bis 3 cm) und dicht behaart.

Bei der chemischen Zusammensetzung der Inhaltstoffe der Eicheln bestehen zwischen den beiden Morphotypen *ilex* und *rotundifolia* deutliche Unterschiede, die sich auch im Geschmack ausdrücken. Die Früchte ersterer haben einen herben Geschmack, jene letzterer schmecken süßlich, nussartig. Weniger ausgeprägte Unterschiede bestehen aber auch zwischen verschiedenen Herkünften desselben Morphotyps.

Inhaltsstoffe der Eicheln von *Q. ilex rotundifolia* in % [126]:

Kohlenhydrate	Proteine	Fette	Fasern	Asche
69,0–78,1	3,0–6,0	2,0–14,1	1,5–10	1,2–2,5

Mit fortschreitender Reife steigen bei den Früchten des Morphotyps *rotundifolia* von September bis November die prozentualen Anteile der Zucker von 9 bis auf 13, der Stärke von 18 auf 52 und der Fettsäuren von 5 auf 9 % an, während der Gehalt an Tanninen von 10 auf 4 % sinkt [126].

Die Stein-Eiche fruktifiziert i.A. jedes Jahr. Mit starkem Fruchtbehang kann ab einem Alter von 20–25 Jahren gerechnet werden. In Intervallen von 2–3 Jahren kommt es unter günstigen Bedingungen zu Halb- und Vollmasten.

Abb. 6: Fruchtstand

Abb. 7: Reife Früchte mit Cupulen (Foto: P. Schütt)

Abb. 8: Holz im Längs- und Querschnitt

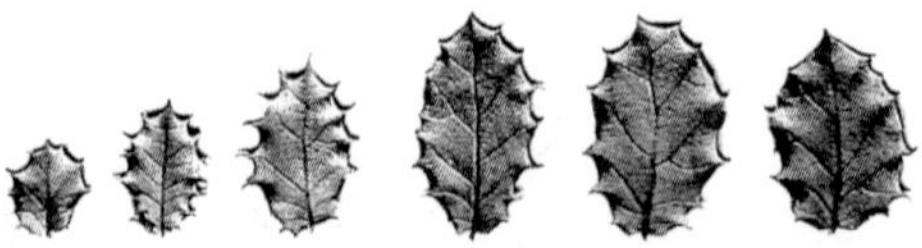

Blätter juveniler Sprosse an älteren Bäumen, an Stockausschlägen, Wurzelbrut und jungen Kernwüchsen

Adulte Blattformen des Morphotyps 'Rotundifolia'

Adulte Blattformen intermediärer Morphotypen

Adulte Blattformen des Morphotyps 'Ilex'

Abb. 9: Blattformen und -größen der Stein-Eiche ($^{1}/_{2}$ nat. Größe)

In der Altersphase ab 50 bis 100 Jahre findet die höchste Fruchtproduktion statt, die dann wieder abnimmt, aber bei entsprechender Pflege durch Beschneiden der Zweige und Entfernung der konkurrierenden Gehölzvegetation bis zum Alter von 200–300 Jahren auf einem hohen Niveau gehalten werden kann.

Die maximal erzielbaren Erträge liegen, z. B. in den südwestspanischen Gebieten um Badajos, Caceres und Huelva, bei 700–800 kg/ha, der Durchschnitt bei ca. 500 kg/ha.

Saateicheln können in trockenem Sand einmal überwintert und bei Lagerung in Kühlräumen bei +1° C bis +4° C bis zu 2 Jahren und evtl. länger aufbewahrt werden [38]. Dabei muss gewährleistet sein, dass der Wassergehalt nicht unter den letalen Grenzwert von 24 % sinkt [6].

Rinde und Holz

Die Rinde junger Stämme ist glatt und hellgrau oder graugrün mit weißlichen Lenticellen; sie geht dann in eine grauschwarze, kleinfeldrig aufreißende, harte Schuppenborke über. Die Rinde junger Triebe ist anfangs dicht mit verfilzten, weißgelben bis gelbbraunen Sternhaaren besetzt, verkahlt aber später. Die Zweige sind zunächst olivgrün, haben zerstreute, ockerfarbene, etwas aufgeworfene, lippenartig längs gespaltene Lenticellen und werden zuletzt bräunlichgrau und glatt. Bei alten Bäumen hängen die Zweige herab, vornehmlich im unteren Kronenbereich.

Das Holz ist hellbraun bis leicht rötlich. Es besteht kein farblicher Unterschied zwischen Splint- und Kernholz. Die Zuwachszonen sind kaum sichtbar. Vom Holz der laubwerfenden Eichenarten unterscheidet es sich vor allem durch Zerstreutporigkeit. Die Markstrahlen sind sehr markant; die breiteren enthalten zuweilen vertikal verlaufende Fasern (zusammengesetzte Holzstrahlen). Die Mehrzahl der Markstrahlen ist aber uniseriat und im Mittel 10 Zellen hoch. Von 15–20 Markstrahlen ist einer multiseriat und erreicht eine Breite von 25–30 Zellen sowie eine Höhe von mehreren cm. Markstrahlen machen daher etwa 30 % der gesamten Holzmasse aus. Die durchschnittliche Jahrringbreite beträgt 1,3 mm [63, 78, 79].

Die Struktur des Holzes ist unregelmäßig, die Textur sehr dicht und grob. Die Gefäßdurchmesser variieren von 50 bis 150 µm. Zwischen den Gefäßen befinden sich viel Parenchym und Fasertracheiden. In den breiten gefäßfreien Zwischenstreifen überwiegen hingegen echte Fasern.

Die Trocknung geht sehr langsam vor sich. Der starken Neigung zum Reißen und Werfen kann begegnet werden, wenn das Holz 1–2 Jahre vor dem Einschnitt in Wasser gelagert und danach langsam getrocknet wird.

Das Holz ist nicht witterungsfest und schwindet stark, vermag aber, Fäulnis zu widerstehen. Mit Ausnahme des Kerns lässt es sich auch gut imprägnieren. Es ist sehr schwer und sehr hart, jedoch elastisch.

Mit entsprechendem Kraftaufwand lässt es sich aber gut hobeln und polieren, nageln und schrauben. Die Oberflächenbehandlung bereitet keine Schwierigkeiten [17].

Abb. 10: Älteste Stein-Eiche auf Kreta; DBH 120 cm

Die physikalischen Eigenschaften sind durch folgende Werte charakterisiert [7]:

Dichte	960–1045 kg/m^3
Schwindungskoeffizienten:	
Volumen	10,4 %
tangential	4,3 %
radial	3,1 %
Statische Biegefestigkeit	100 N/mm^2
Statisches Elastizitätsmodul aus der Biegeprüfung	11 850 N/mm^2
Statische Druckfestigkeit parallel zur Faser	46 N/mm^2
Statische Druckfestigkeit senkrecht zur Faser	28–31 N/mm^2
Dynamische Bruch-Schlagarbeit	7,7 x 10^4 J/m^2

An mikroskopischen Eigenschaften werden genannt [130]:

Mittlere Länge der Holzfasern	1,103 mm (0,7–1,4 mm)
Mittlere Länge der Gefäße	0,23 mm
Mittlerer Durchmesser der Gefäße	0,08 mm

Wurzel

Die Radicula entwickelt sich zu einer schnell wachsenden Pfahlwurzel mit kurzen Seitenwurzeln; sie erreicht schon in den ersten 3–4 Wochen eine Länge von 20–30 cm und im ersten Jahr eine Länge bis 120 cm [34], was eine Verpflanzung ohne Beschädigung erschwert. Allerdings ist die Primärwurzel in hohem Maße regenerationsfähig. Bei Verlust werden am Ort der Verletzung neue Wurzeln gebildet, die ebenfalls positiv geotrop wachsen. Das Wurzelwachstum wird durch Temperaturen um 25 °C gefördert und verlangsamt sich bei Werten um 20 °C [20, 21].

Das Wurzelsystem ist in hohem Maße den Bedingungen der typischen Stein-Eichen-Standorte angepasst. Die Pfahlwurzel kann bis zu 10 m tief in den Boden eindringen. Nach anfänglich forciertem Tiefenwachstum werden dann auf flachgründigen, skelettreichen Böden auch weitstreichende Seitenwurzeln und Senkerwurzeln ausgebildet. Die Aufnahme von Wasser und Nährstoffen wird durch eine ektotrophe Mykorrhiza, u. a. mit 3 verschiedenen Trüffelarten [36], beträchtlich gesteigert. Die Potenz zur Bildung von Wurzelbrut ist ausgeprägt.

Taxonomie, genetische Differenzierung, Bastardierung

Der für die Gattung *Quercus* typische Polymorphismus drückt sich bei der Stein-Eiche im Habitus, in der Blatt- und Fruchtform, den Inhaltsstoffen der Eicheln sowie der Anordnung der Pollen aus [3, 4, 5, 91, 133, 134]. Demgemäß ist eine verwirrende Vielzahl von Varietäten und Formen beschrieben worden [34], die sich im Wesentlichen aber zwei Grundtypen zuordnen lassen: dem Typus *ilex* und dem Typus *rotundifolia*. Diese Typen sind morphologisch, autökologisch, chemo-taxonomisch und molekulargenetisch gut zu charakterisieren und lassen ein Ost-West bzw. Nord-Südgefälle erkennen [11, 85]. Zwischen beiden treten intermediäre Formen auf.

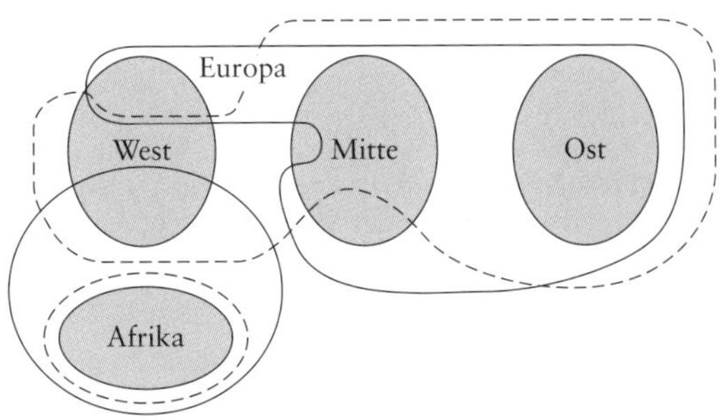

Abb. 11: Geografische Struktur der genetischen Diversität der Stein-Eiche anhand von 3 Markern; verändert nach [85]. Es bezeichnen: die grauen Felder übereinstimmende Komplexe der Chloroplasten-DNA; schwarze, durchgezogene Linien die 2 Typen der Blattmorphologie ('Ilex' bzw. 'Rotundifolia'), dazwischen die intermediären Morphotypen; schwarze, gestrichelte Linien die Populationsisolierungseffekte durch das Mittelmeer.

Der Typus *rotundifolia* mit eher kleinen, rundlichen, oberseits bläulich-grauen Blättern, 5–8 Paar Seitennerven, größeren, süßlichen Eicheln und xerischer Standortaffinität ist in Nordafrika, im Süden und Südwesten der iberischen Halbinsel sowie in Zentralspanien verbreitet.

Intermediäre Typen findet man vorwiegend westlich und nördlich des Kantabrischen Gebirges und der Pyrenäen sowie in einem Küstengebiet nördlich von Valencia, das sich in nordöstlicher Richtung ausdehnt, sich mit dem kantabrischen Teilareal vereinigt und östlich bis nach Italien reicht.

Dem Typus *ilex* mit eher langgestreckten, dünneren, oberseits dunkelgrün glänzenden Blättern mit 8–9 Paar Seitennerven, schlankeren, kleineren, bitteren Früchten und einer mehr kühl-humiden Standortpräferenz begegnet man in der Vendée, auf Korsika und Sardinien, in Italien und von da östlich bis an die Arealgrenze. Ob nun die Gesamtheit der bestehenden Unterschiede die Trennung in verschiedene Arten rechtfertigt oder nur eine Unterscheidung auf der Ebene der Unterart, ist noch umstritten [2, 3, 85, 108, 109, 110, 115, 116].

Aufgrund der Ergebnisse biochemischer Untersuchungen, die sich in guter Übereinstimmng mit den morphometrischen Eigenschaften befinden, wurde unlängst vorgeschlagen [11], eine Sammelart *Quercus aggr. ilex* L. einzurichten und diese in drei Unterarten einzuteilen: ssp. *ilex* L. mit dem Verbreitungschwerpunkt in den Arealteilen Frankreich, Italien und weiter östlich, ssp. *rotundifolia* emend. in Spanien und Portugal sowie ssp. *maghrebiana* ssp. nov. in Nordafrika.

Folgende Bastarde der Stein-Eiche sind bekannt:

Quercus x turneri WILLD. (Turners Eiche) ist ein bis 15 m hoher, halbimmergrüner Baum, entstanden wahrscheinlich um 1780 als Ergebnis einer spontanen Kreuzung von *Q. ilex* mit *Q. robur* in der Baumschule S. Turner in Holloway Down, Essex [68]; *Q. x turneri* gilt auch in Mitteleuropa als annähernd winterhart [57].

Quercus x audleyensis HENRY (= *Q. koehnei* SCHNEID., = *Q. pseudoturneri* VEITCH) ist als Hybride zwischen *Q. ilex* und *Q. petraea* hingegen ein sommergrüner Baum mit spätem Laubfall und ganzrandigen oder seicht gelappten Blättern, der keine vollkommenen Früchte ausbildet [68, 101].

Quercus x morisii BORZI ist ein Bastard zwischen *Q. ilex* und *Q. suber* [112].

Dem in Spanien als „Mesto" bekannten Hybriden soll die Kreuzung *Q. ilex* x *Q. coccifera* zugrunde liegen. Auch aus Marokko wird von einem Bastard der Stein-Eiche mit *Q. coccifera* berichtet [76], und als Bastard mit *Q. lusitanica* wird auch *Q. ballota* DESF. betrachtet [41].

Verjüngung, Vermehrung, Anzucht

Wie bei allen Eichenarten erfolgt die Keimung hypogäisch. Der optimale Temperaturbereich liegt bei 18 °C. Höhere Temperaturen wirken sich keimhemmend aus, und ab 25 °C unterbleibt eine Keimung. Keimhemmungen werden ferner dem Perikarp und chemischen Komponenten der Kotyledonen zugeschrieben und lassen sich durch entsprechende Vorbehandlung des Saatguts beseitigen. Auch hinsichtlich der Keimhemmungen bestehen Unterschiede zwischen verschiedenen Herkünften.

Das Epikotyl bildet sich bei Temperaturen zwischen 16 und 22 °C erst ca. 3 Wochen nach Keimungsbeginn. Die Primärblätter sind schmal, schuppenförmig, 3–4 mm lang und behaart. [68].

Die Folgeblätter sind eiförmig, gestielt, spärlich mit Sternhaaren besetzt, stark stachelzähnig, 3,5–4,5 cm lang und 2,5–3,0 cm breit. Im Gegensatz zur Wurzel wächst der Spross des Keimlings in den ersten Jahren sehr langsam. Er erreicht in 5 bis 6 Jahren kaum mehr als 20 bis 30 cm Höhe [28].

Trotz der nach Häufigkeit und Menge großen Samenproduktion schlägt die generative natürliche Bestandeserneuerung der Stein-Eiche fast immer fehl. Der Verzehr der Früchte und Jungpflanzen durch Wild und Weidevieh, Schädigung der Samen und Keimlinge durch Insekten und Mikroorganismen sowie ungünstige Standortfaktoren können vielfach den Ausfall der generativen Naturverjüngung erklären. Darüberhinaus wird eine allelopathische Hemmwirkung der Laubstreu der Mutterbäume als Ursache in Betracht gezogen. Außerdem verlängert das langsame Sprosswachstum den Verbleib der jungen Pflanze in dem hochgefährdeten bodennahen Bereich [70, 71, 72].

Wachstum, Entwicklung, Ertrag

Die Stein-Eiche verjüngt sich mithin fast ausschließlich auf vegetativem Wege, durch Bildung zahlreicher Stockausschläge nach Fällung oder – insbesondere nach Bränden – durch Wurzelbrut. Diese Fähigkeiten halten bis ins Alter von über 200 Jahren an.

Nach französischen Erfahrungen werden pro Stock im Durchschnitt etwa 25 Ausschläge hervorgebracht, die sich in den ersten 40 Jahren auf natürliche Weise bis auf 2 bis 3 Stück reduzieren. Das entspricht dann einer Stammzahl um 3 000/ha. Im ersten Jahr erreicht das Höhenwachstum der Schösslinge standortabhängig bis zu 45 cm, im zweiten Jahr weitere 30 cm, im dritten nochmals 25 cm. Es geht dann bis zum Alter 25/30 auf 10–15 cm/Jahr und schließlich zwischen dem 40. und 60. Jahr auf 5 cm/Jahr zurück.

Für Südfrankreich und Korsika gibt BICHARD [22] in der ersten Ertragsklasse für das Alter 10 eine Höhe von 3,92 m und für Alter 100 eine Höhe 17,9 m an, während die fünfte Ertragsklasse im Alter 10 nur 1,05 und im Alter 100 gerade 4,59 m erreicht. In Marokko wurden allerdings auf besseren Standorten in den ersten 10 Jahren durchschnittliche jährliche Höhenzuwächse bis zu 50 cm beobachtet [28].

Die Durchmesserzunahme beträgt in den ersten 10 Jahren 1 bis maximal 7 mm/Jahr und geht dann ebenfalls auf maximal 4 mm/Jahr im Alter 50/60 zurück. Die Durchmesser von 50-jährigen Bäumen schwanken zwischen 15 und 22 cm [58]. Einhundertjährige Bäume sind selbst auf guten Standorten in Brusthöhe nicht über 33 cm dick. Die Derbholzerträge südfranzösischer Stein-Eichen-Niederwälder werden bei einem Umtrieb von 25–30 Jahren mit 40m^3/ha beziffert, und zwischen 50–100 m^3/ha bei 50- bis 60-jährigem Umtrieb. In Frankreich ist der durchschnittliche Gesamtzuwachs auf Korsika mit 2,5 Vfm/J/ha am höchsten, allerdings mit 1,2 Vfm/J/ha im Durchschnitt dennoch recht bescheiden [64].

Nachzucht durch Pflanzung spielt bei der Stein-Eiche nur eine sehr begrenzte Rolle. In Frankreich wurden in der jüngeren Vergangenheit kaum Stein-Eichen-Pflanzungen vorgenommen; 1998 waren es z. B. nur rd. 32 ha. In Marokko spielt die Bestandesbegründung durch Pflanzung der Stein-Eiche eine größere Rolle, ist aber mit 28 166 ha in den letzten 10 Jahren auch eher gering. Die Gründe dafür sind die sehr kostenaufwendige Anlage der Kulturen, weil man meinte, wegen des langsamen Sprosswachstums der Sämlinge ältere und größere Pflanzen verwenden zu müssen. Doch deren extrem lange Pfahlwurzel muss entweder für die Verpflanzung gekürzt werden oder sie wird beschädigt; bei Containerpflanzen ist sie haarknotenartig verdreht. Beide Beeinträchtigungen bedeuten ein zusätzliches Überlebensrisiko für die Setzlinge, welche sich bei Bedarf tiefergelegene Wasserressourcen nicht verfügbar machen können und absterben. Es hat sich daher als vorteilhafter erwiesen, wenn man die Pflanzen nur einige Monate unter intensiver Beregnung und Beschattung im Topf/Container bzw. im Saatbeet belässt und 1-jährige unverschulte Sämlinge im Herbst direkt auf die durch intensive Bodenbearbeitung vorbereitete Kulturfläche pflanzt.

Auch Freilandsaat ist üblich. Diese hat den Vorteil, dass die für das Überstehen der ersten Trockenperiode wichtige Pfahlwurzel sich ungestört entwickeln kann. Die Aussaat erfolgt im Frühjahr mit einmal in Sand bei +1 °C–+4 °C überwinterten Eicheln. Voraussetzung ist auch bei diesem Verfahren eine vorherige, intensive Bodenbearbeitung und angemessener Schutz der Eicheln und Jungpflanzen vor Nagern, Vögeln und Schwarzwild durch unverzinkten Metalldraht von 1 cm Maschenweite [55].

Bei der Gewinnung des Saatguts wird auf standortgemäße Herkunft und auf Vermeidung von Bodenkontakt der Eicheln wegen möglicher Pilzinfektionen geachtet.

Auf den Balearen werden Bäume, die „süße" Eicheln tragen, durch Pfropfung vermehrt [67].

Ökologie

Die Stein-Eiche hat hinsichtlich ihrer Standortansprüche eine sehr breite Amplitude [98]. In Hinblick auf das Nährstoffangebot des Bodens ist die Art weitgehend indifferent. Sie gedeiht sowohl auf kalkreichen Böden als auch auf Silikatböden, wenngleich in Frankreich eine gewisse Affinität zu Kalkböden festgestellt wurde. Sie toleriert extreme Trockenheit (~300 mm/J.) und verträgt andererseits hohe Niederschläge (~1200 mm/J.) und Bodenfrische. Salzhaltige und vernässte Böden werden gemieden.

Das bioklimatische Toleranzspektrum reicht von atlantisch kühl-humid in der Vendée bis kontinental gemäßigt-arid im Sahara-Atlas. Die ausgedehntesten Vorkommen mit den besten Wuchsleistungen befinden sich allerdings im subhumiden bis humiden Klimabereich im Mittleren und Hohen Atlas.

Gegenüber dem Temperaturfaktor zeigt die Stein-Eiche ebenfalls eine beachtliche Toleranz.

So wurden in den Stein-Eichen-Arealen Nordafrikas einerseits Maximaltemperaturen von über 44 °C und andererseits Temperaturminima von –24 °C gemessen [28]. Auch in Südfrankreich erträgt die Stein-Eiche Temperaturen von –20 °C [34,66].

Dabei ist zu berücksichtigen, dass es sich bei den o. a. Extremwerten nicht um häufige, sondern eher um seltene und dazu relativ kurzfristige Ereignisse in Gegenden handelt, wo im Regelfall die mittlere Temperatur des kältesten Monats nicht unter 5 °C liegt [58].

Eine geringere Toleranz zeigt die Stein-Eiche gegenüber dem Faktor Licht. Für gutes Wachstum beansprucht sie einen hohen Lichtgenuss und muss demzufolge als heliophil eingestuft werden [97]. Unter Schirm passt sie sich in ihrem Wuchsverhalten dem Unterholz an, dringt bei Freistellung aber wieder in die erste Baumschicht vor.

Abb. 12: Fruchtkörper von Polyporus sp. am Stamm einer Stein-Eiche (links), Fraßgänge von Larven des Großen Eichenbocks (Cerambyx cerdo, Mitte) und Borke der Stein-Eiche mit Blättern und Blattgallen

Pathologie

Die Stein-Eiche gilt in ihrem Areal als robuste Baumart mit enormer Vitalität. Deshalb leidet sie i.A. nachhaltig weder unter abiotischen noch unter biotischen Schädigungen [87].

Von der großen Zahl tierischer und pflanzlicher Organismen, die von und an der Stein-Eiche leben, sind es nur wenige, die Schäden im wirtschaftlichen Sinne verursachen. Die Raupen des Schwammspinners (*Lymantria dispar* L.) haben in Marokko wiederholt Kahlfraß ganzer Bestände verursacht. In Europa und auch in Nordafrika waren ferner der Eichenprozessionsspinner (*Thaumatopoea processionea* L.), der Eichenwickler (*Tortrix viridana* L.), der Goldafter (*Euproctis chrysorrhoea* L.) und der Ringelspinner *(Malacosoma neustria* L.) verantwortlich für ernsthafte Blattschäden.

Als Sekundärschädlinge treten der Zweibindige Eichenprachtkäfer (*Coroebus bifasciatus* OL.) und der Große Eichenbock (*Cerambyx cerdo* L.) unter besonderen Umständen stärker in Erscheinung. Ersterer verursachte in Frankreich vornehmlich in Stein-Eichen-Beständen mit kurzem Umtrieb auf degradierten Böden bedeutende Schäden [30]. Die Larven legen zunächst im Bast von Stockausschlägen und Ästen älterer Bäume bis 15 cm Durchmesser flache, gewundene Fraßgänge an, die vor der Verpuppung in einer doppelt kreisförmigen Schleife enden und durch diesen Ringelungseffekt die befallene Pflanzenpartie zum Absterben bringen. Durch Eindringen der verpuppungsreifen Larven in die Markröhre bzw. in den Holzkörper der Stämmchen und Äste werden zudem noch Angriffsstellen für Windbruch geschaffen.

Der Große Eichenbock befällt hingegen stärkere Äste, Stämme und oberflächennahe Wurzelpartien alter Bäume. Die zuletzt 8–9 cm langen Larven nagen vielfach gewundene, bis daumendicke, schwarze Gänge in das Splint- und Kernholz und bewirken dessen völlige technische Entwertung. Fortgesetzter oder zahlreicher Befall kann zum Tod der befallenen Bäume führen, der sich oft durch Wipfeldürre ankündigt.

Durch Cynipiden hervorgerufene Blattgallen haben selbst bei stärkerem Befall keine wirtschaftliche Bedeutung; auch ihr Befall an den Früchten ist i.A. unbedeutend. In Spanien wurden als Verursacher von Gallen an den Eicheln *Andricus glandulae* SCHILDL. (u. a. *Andricus spp.)* festgestellt [126].

Dagegen haben Beschädigungen an den Früchten durch Käferlarven, Raupen von Kleinschmetterlingen, durch Vögel, Kleinsäuger und verschiedene Wildarten – abgesehen vom Totalverzehr – zuweilen erhebliche Folgen. Während der Befall der Eicheln durch den Rüsselkäfer *Balaninus(= Curculio) elephas* GYLL. und die Kleinschmetterlingsarten *Laspeyresia (= Cydia) fagiglandana* ZELL., *L. splendana* HBN. u. a. *Cydia spp.* nur bei größeren Substanzverlusten der Frucht auch zum Verlust ihrer Keimfähigkeit führt, können schon leichtere Beschädigungen der Früchte durch Vögel Keimkraftverluste von mehr als 60 % herbeiführen [126].

Durch pathogene Pilze, darunter *Cronartium quercuum* (BOND. apud DUBY) MIY., *Phyllosticta ilicina* SACC., *Elsinoe quercus-ilicis* und Eichenmehltau (*Microsphaera alphitoides* GRIF. et MAUBL.), verursachte Blattflecken und -nekrosen spielen wirtschaftlich kaum eine Rolle. Hingegen kann Krebs durch *Epidochium ilicinum* an Zweigen und Ästen örtlich bedeutsam sein [91, 96].

Weniger schädlich als auffällig sind die als Hexenbesen bezeichneten Missbildungen der Zweige, die besonders im südlichen Arealteil durch den Rostpilz *Taphrina kruchii* (VUILL.) SCHROET. hervorgerufen werden [60].

In den teilweise überalterten, durch Viehtritt und Rindenverletzungen vorgeschädigten Dehesa-Beständen treten häufig Stamm- und Wurzelfäulen auf, die durch den Hallimasch (*Armillaria mellea* (VAHL. ex QUEL.) FR.), den Echten Zunderschwamm (*Fomes fomentarius* (L. ex FR.) KICKX) sowie einige andere Polyporaceen und Telephoraceen verursacht werden [91]. In einer Komplexwirkung mit holzbrütenden Insekten, wie *Caloclytus semipunctatus* F., *Clytus lama* MULS. und *Sinoxylon sexdentatum* OLIV. [65] führen sie dann den Zusammenbruch befallener Bäume herbei.

Schäden größeren Ausmaßes in Stein-Eichen-Niederwaldbeständen wurden auch durch den Teufelszwirn (*Cuscuta lupuliformis* KROCKER *(= C. monogyna* ANT.) in Marokko verursacht [28].

Auch Waldbrände, die wichtigste Schadensursache im Mittelmeerraum [48, 61, 69, 121], übersteht die Stein-Eiche relativ gut [122], da sich infolge der dichten Überschirmung der Bestandesfläche geringere Mengen entflammbaren Materials als Nahrung für Bodenfeuer ansammeln. In kurzen Abständen wiederkehrende Brände bewirken jedoch eine deutliche Verringerung der Regenerationsfähigkeit und führen dann auch zum Absterben von Bäumen.

In Stein-Eichen-Niederwäldern überleben daher oft nur die stärkeren Individuen.

Während der Keimling gegenüber atmosphärischen Einflüssen anfällig ist, leiden ältere Stein-Eichen in ihrem Areal kaum unter Frost und Hitze. Zuweilen treten Frostrisse und Frosttrocknis auf [73]. Auch dem Schneedruck in höheren Lagen der Atlasregion hält die Art i.A. recht gut stand. Sie widersteht gleichfalls salzhaltiger Gischt des Meerwassers. Allerdings ist in letzter Zeit über Blattschäden und ein Absterben von Bäumen durch phytotoxisch verschmutzte Gischtimmissionen auf den Iles D'Hyères bei Toulon berichtet worden [58].

Nutzung

Die Nutzung des Holzes der Stein-Eiche war und ist wegen der geringen Wuchsleistung und aufgrund der spezifischen Holzeigenschaften nur in beschränktem Umfang möglich. Nur noch selten anzutreffende alte Hochwaldbestände, wie in Marokko, Forêt d'Azrou und Forêt du Tadla, werden mit einem Umtrieb von 120–150 Jahren bewirtschaftet und liefern Stammholz von 10–12 m Länge mit einem mittleren Durchmesser von 40 cm.

Verwendung finden die Nutzholzsortimente als Eisenbahnschwellen, Grubenholz, Stellmacher- und Drechslerholz sowie im Bootsbau für Spanten und andere hoch beanspruchte Teile. In jüngster Zeit finden in Frankreich durch verbesserte Verarbeitungsmethoden auch schwächere Sortimente der Stein-Eiche Interesse für die Herstellung von Schälfurnieren [58].

Die Hauptverwendung liegt jedoch in der Herstellung einer vorzüglichen Holzkohle mit einem kalorimetrischen Wert von 4500 cal [28] und bei dem Brennholz mit einem Brennwert von 4,603–4,623 cal/g [130].

Bedingt durch den Gerbstoffgehalt (12-20 %), wurde früher im Umtrieb von 12–25 Jahren auch eine qualitativ hochwertige Gerbrinde gewonnen. Die Ausbeute an trockener Gerbrinde beträgt 30–40 kg pro m^3 Knüppelholz [34]. Die renommierten Ledersorten von Cordoba (Korduan) wurden mit Stein-Eichen-Gerbrinde hergestellt [28].

In Spanien werden gegenwärtig Dehesa-Stein-Eichen-Bestände, oft in Mischung mit Kork-Eiche, vorrangig mit dem Ziel der Erzeugung „süßer" Eicheln (Bellotas) des Morphotyps *rotundifolia* in Verbindung mit der Wahrnehmung landschaftspflegerischer Aspekte bewirtschaftet [15, 91]. Die Eicheln sind als Futter zur traditionellen Freilandhaltung von Kampfstieren, Rindern, Schweinen, Schafen und Ziegen hochgeschätzt.

In gewissem Umfang wird in Frankreich die Anzucht von Trüffeln mithilfe von Stein-Eichen- und Flaum-Eichen-Pflanzungen betrieben [36].

Darüber hinaus sind die südspanischen Dehesas wertvolle Biotope für seltene Tierarten, z. B. den Schwarzstorch, und als Winterquartiere für Zugvögel, insbesondere für die europäischen Kraniche, unentbehrliche Lebensräume.

Verschiedenes

In der Antike wurde die Stein-Eiche ebenso wie der Ölbaum, der Lorbeer, die Zypresse und die Myrte für heilig gehalten. Die griechische Mythologie kennt sie als den Baum des Göttervaters Zeus und der Dione. HESIOD (4. Jh. v. Chr.) zufolge hat Zeus das Rauschen der Zweige der berühmten „Eiche von Dodona" zur Vermittlung seiner Orakelsprüche an ratsuchende Sterbliche benutzt, wie z. B. an den Helden der Antike, Odysseus [s. HOMER, Odyssee, IVX, 327 ff.]. Die Früchte dieser Eiche sollen essbar gewesen sein, was auf eine Stein-Eiche hinweist.

Von Griechenland aus verbreitete sich die Verehrung alter Eichen im Kult heiliger Bäume als dem Sitz von Göttern über Sizilien nach Italien, Spanien, Gallien und Germanien. Als Symbole der Kraft, Ausdauer und Weisheit waren die Eichen den jeweils entsprechenden Göttern der Römer und Germanen, Jupiter bzw. Donar und Thor, geweiht.

Schon die Etrusker sollen bei ihren Zeremonien Zweige der Stein-Eiche benutzt haben, um in Trockenzeiten Regen zu erbitten. PLINIUS erwähnt Stein-Eichen extremen Alters, von denen eine in der Umgebung von Tusculum der Göttin Diana geweiht war; der Baum hatte einen Stammumfang von 34 Fuß, und die Krone bestand aus 6 Starkästen, deren jeder nach Durchmesser und Länge angeblich für sich allein ein stattlicher Baum hätte sein können. Eine etruskische Inschrift bezeugt die Verehrung dieser Eiche schon in vorrömischer Zeit. Vom Forum Romanum und dem Teatro Romano der spanischen Stadt Merida sind in Marmor gehauene Darstellungen von Blatt und Frucht der Stein-Eiche erhalten. Auch heute erkennen wir die „Bellota" häufig in den Wappen und Wahrzeichen spanischer Städte und Provinzen.

In OVIDs Werken ist die Stein-Eiche eine der meistgenannten Baumarten. In seinen „Metamorphosen" lesen wir, dass 'von grünen Stein-Eichen goldener Honig träufelt' und dass, 'von Eicheln gebeugt, die Stein-Eiche ist'[1)], während die Quelle, in welche Byblis verwandelt wurde, 'unter einer düsteren Stein-Eiche entspringt.'

In der Krone der Stein-Eiche soll der sagenhafte, aus seiner Asche stets neu erstehende Vogel Phoenix sein Nest bauen, und der legendäre phrygische König Midas soll die ihm von Dionysos verliehene Fähigkeit, alle Dinge durch Berührung in Gold zu verwandeln, erstmalig am Zweig einer Stein-Eiche erprobt haben.

In der spanischen Literatur begegnen wir ebenfalls immer wieder der Stein-Eiche in den Werken der großen Dichter wie JOSÉ MARIA GABRIEL Y GALAN (1870–1905) oder ANTONIO MACHADO (1875–1935) [16], und für den unvergleichlichen Don Quichote sind die Stein-Eichen-Wälder der Mancha sinnfälliges Umfeld seiner Suche nach Wahrhaftigkeit.

[1)] In lateinischen Texten wird die Stein-Eiche häufig als „ilex" bezeichnet. Das führte gelegentlich zur unzutreffenden Übersetzung dieses Gehölznamens mit Stechpalme (Ilex aquifolium); vgl. OVID, Metamorphosen, Studienausgabe, S.262–263. Die Schilderung des Fruchtbehangs durch OVID ..."curvataque glandibus ilex"...lässt jedoch keinen Zweifel daran, dass es sich um Eicheln, mithin um eine Stein-Eiche, handelt.

Literatur

[1] ACHHAL, A., 1979: Le chêne vert dans le Haut-Atlas Central. Thèse, Univ.Aix-Marseille.

[2] AFZAL-RAFII, Z., 1988: Caractéristiques taxonomiques, morphologiques et isoenzymatiques du complexe „chêne vert". Bull. Soc. Bot. Fr., 135, 343–352.

[3] AFZAL-RAFII, Z.; DODD, R. S.; PELLEAU, Y., 1992: Mediterranean evergreen oak diversity: morphological and chemical variation of acorns. Can. J. Bot., 70, 1459–1466.

[4] AFZAL-RAFII, Z. ; ZAVARIN, E.; PELLEAU, Y., 1991: Chemosystematic differentiation of Quercus ilex and Quercus rotundifolia based on acorn steroids. Biochem. Syst. Ecol.19, 249–259.

[5] AFZAL-RAFII, Z. ; ZAVARIN, E.; PELLEAU, Y., 1991: Chemosystematic differentiation of Quercus ilex and Quercus rotundifolia based on acorn fatty acids. Biochem. Syst. Ecol.19, 163–166.

[6] AISSA, D., 1981: Etude expérimentale de la germination du chêne vert (Quercus ilex L.). Thèse, Univ. Aix-Marseille III.

[7] A.I.T.I.M., 1996: Fichas técnicas de maderas. Madrid.

[8] ALEXANDRIAN, D., 1979: Les reboisements en chêne méditerranéen. Bull. Techn. l'ONF no.10, 17–30.

[9] ALEXANDRIAN, D., 1996: Les plans spécifiques de prévention dans les chênaies. Forêt Méditerranéenne, t. 17, no.3, 253–256.

[10] BARBERO, M., 1976: Les remontées méditerranéennes sur le versant italien des Alpes. Ecologia mediterranea, no. 2, 3–86.

[11] BARBERO, M.; LEBRETON, P., 1996: Ecologie et variabilité des chênaies sclérophylles: chimiotaxonomie du complexe chêne vert. Forêt Méditerranéenne, t. 17, no.3, 129–136.

[12] BARBERO, M.; LOISEL, R., 1980: Le chêne vert en région méditerranéenne. Revue forestière francaise, t. 32, no. 6, 531–543.

[13] BARBERO, M.; LOISEL, R.; QUEZEL, P., 1992: Biogeography, ecology and history of Mediterranean Quercus ilex ecosystems. Vegetatio, 99–100, 19–34.

[14] BARBERO, M.; QUEZEL, P., 1980: La végétation forestière de la Crête. Ecologia Mediterranea, no.5, 175–210.

[15] BAUER, E., 1992: Der Dehesa-Weidewald als Beispiel nachhaltiger Agrarforstwirtschaft in Spanien.100 J. IUFRO, Tagungsb., Eberswalde.

[16] BAUER, M.-P.; BAUER, E., 1981: Der Wald in spanischer Dichtung. AFZ ,697–701.

[17] BEGEMANN, H. F., 1985: Das große Lexikon der Nutzhölzer, Bd.7, 2393.

[18] BEN TIBA; REILLE, M., 1982: Recherches pollenanalytiques dans les montagnes de Kroumirie. Ecologia Mediterranea, 8, 75–86.

[19] BERROD, A., 1987: Phénologie et caractéristiques du régime de reproduction d'une espèce anémophile: le chêne vert (Quercus ilex L.). Station de Puéchabon (Hérault). Mémo. de fin d'études E.N.I.T.A., Dijon-Quetigny.

[20] BEISSALEH, Y.; AMIN, T. et al., 1988: Etude de l'appareil radical de jeunes plants de chênes verts dont le pivot se dèveloppe sans amputation ni déviation. Ann.des Sc. Forest. **45** (1), 53–70.

[21] BEISSALEH, Y. et al., 1988: Formation of regeneration roots by Quercus ilex. Bull. de la Soc. Bot. de France, Lettres Botan., 135, 4–5, 333–342.

[22] BICHARD, D., 1983: Classes de croissance du chêne vert dans le sud est de la France. C.E.M.A.G.R.E.F, Groupement d'Aix-en Provence, Div.P.F.C.I.

[23] BILLON, S.; LEROY, N., 1988: Sylviculture traditionelle et ancienne du chêne vert. L'enseignment du Passé. Chronique des Garrigues, Speciale chêne vert, 2–4.

[24] BOISSERIE, M., 1990: Influence des traitements sylvicoles sur la repousse et la croissance des taillis de chêne vert. Mémo. de 3. année E.N.I.T.E.F., I.N.R.A., Avignon.

[25] BONNEMAISON, L., 1961: Les ennemis des plantes cultivées et des forêts.

[26] BONIN, G.; ROMANE, F., 1996. Chêne vert et chêne pubescent. Histoire, principaux groupements, situation actuelle. Forêt Méditerranéenne, t.17, No.3, 119–128.

[27] BROWICZ, K., 1982: Chorology of trees and shrubs in South-West Asia and adjacent regions. Polish Sc. Publ., Warszawa.

[28] BOUDY, 1950: Monographie et traitements des essences forestières. Economie forestière Nord- Africaine, Edits. Larose, t.2., fasc.I, Paris.

[29] BOUKIL, A., 1984: Le chêne vert (Quercus rotundifolia Lamk.) et le chêne zeen (Quercus canariensis Willd.) dans le forêt de Jaaba (Moyen-Atlas Central). Contribution à l'étude phytoécologique et à la cartographie des types de peuplements des communautés végétales dans un but d'aménagement. Mémo. Inst. Agron. et Vét. d'Hassan II., Rabat.

[30] BOUZEMOURI, B. H., 1975: La place du chêne vert (Quercus ilex L.) dans les associations végétales du bassin méditerranéen., E.N.G.R.E.F.

[31] BRADBURY, D., 1981: Ecosystems of the world, 11; Mediterranean-Type shrublands, Elsevier Scientific Publ. Comp., Amsterdam, Oxford, New York.

[32] BRAN, D.; LOBREAUX, O. et al., 1990: Germination of Quercus ilex and Quercus pubescens in a Q. ilex coppice; long-term consequences. Vegetatio 87, 45–50.

[33] BRAUN-BLANQUET, J., 1936: La forêt d'Yeuse Languedocienne. Mém. Soc. Sc. Nat. Nîmes, 8, 1–147.

[34] CAMUS, A., 1934–48: Les Chênes. Monographie du genre Quercus. Text 2 vols; Atlas 2 vols. Lechevalier, Paris.

[35] CATALOGO DE ARBOLES NOTABLES, 1991: Provincia de Soria, Asociacion Soriana para la defensa y estudio de la naturaleza. Jta. de Castilla y Leon, Soria.

[36] CHEVALIER, G., 1996: Le chêne blanc et le chêne vert, essences truffières par excellence. Forêt Méditerranéenne, t. 17, No. 3, 235–242.

[37] CHINERY, M., 1993: Parey's Buch der Insekten, 2. Aufl., Hamburg und Berlin.

[38] CLAUDOT, M., 1974: Indications pour la campagne 1974–1975 de récolte, de conservation et de semis de glands de chênes méditerranéens, Mémoire, C.T.G.R.E.F.

[39] COINTAT, M., 1953: Etude d'aménagement en forêt domaniale de Vaîbonne. ONF, Nîmes.

[40] CROISY, F.; LAURENT, P., 1996: La filière bois-énergie en région Provence-Alpes-Côte d'Azur. Forêt Méditerranéenne, t. 17, no 3, 210–215.

[41] DEUTSCHE DENDROLOGISCHE GESELLSCHAFT, 1907: Mitteilungen, S.64.

[42] DE BONNEVAL, L., 1996: Les taillis de chêne vert; Permanence d'une ressource, évolution des besoins économiques et sociaux: deux cent ans de la vie d'un taillis communal dans une commune du Gard. Forêt Méditerranéenne, t. 17, no3, 137–144.

[43] DE BOUET DU PORTAL, D., 1991: Variabilité de la phénologie de la floraison du chêne vert (Quercus ilex L.). Mémo., E.N.S.A.M.

[44] DE MONTGOLFIER, J., 1985: Comment gérer la forêt méditerranéenne? Pour la science, 10–21.

[45] DIMON, J., 1976: Les glands de chênes méditerranéens. Récolte, conservation, et semis directs. Mémo. E.N.I.T.E.F. C.E.M.A.G.R.E.F., Aix-en-Provence.

[46] DORMOY, S.; ISSERT, M., 1998: Dynamique de la chênaie d'yeuse et action du charbonnage sur la Montagne d'Hortus. Mémoire, Université des Sciences et Techniques de Montpellier.

[47] DUCOUSSO, A.; MICHAUD, H.; LUMARET, R., 1993: Reproduction and gene flow in the genus Quercus. Ann. Sci. For. 50, 91–106.

[48] DUCREY, M., 1990: Peut-on rendre la yeuseraie moins combustible? Rev. Forest. Franc., no spécial: espaces forestiers et incendies, 202–206.

[49] DUCREY, M., 1996: Recherches et expérimentations sur la conduite sylvicole des peuplements de chêne vert. Forêt Méditerranéenne, 17, 3, 151–168.

[50] Ducrey, M.; Boisserie, M., 1992: Recrû naturel dans les taillis de chêne vert à la suite d' exploitations partielles. Ann. Sci. For. **49**, 91–109.

[51] Edlin, H. L., 1970: Collin's Guide to tree planting and cultivating, 217, London.

[52] Emberger, L., 1930: La végétation de la région méditerranéenne. Essai d'une classification des groupements végétaux. Rev. gén. Bot. **42**, 641–662.

[53] Emberger, L., 1939: Apercu général sur la végétation du Maroc: commentaire de la carte phytogéographique du Maroc au 1/1.500.000. Veröff. Geobot. Inst., Zürich, 14, 40–157.

[54] Emberger, L., 1955: Une classification biogéographique des climats. Recl. Trav. Labs. Bot. Géol., Zool., Univ. Montpellier, 7, 3–43.

[55] Fiches Forêt Méditerranéenne, 1981: Les semis de glands de chênes. Forêt Méditerranéenne, t. 3, no2.

[56] Forêt Méditerranéenne, 1996: t. XVII, no3, Spécial chênes vert et blanc, Marseille.

[57] Göritz, H., 1986: Laub- und Nadelgehölze für Garten und Landschaft, Berlin.

[58] Guichemer, P., 1999: Monographie der Steineiche (Quercus ilex L.) unter besonderer Berücksichtigung der französischen und marokkanischen Vorkommen. Dipl.Arb., Studieng. Forstw.. FH Hildesheim/Holzminden/Göttingen.

[59] Hamrick et al., 1992: Factors influencing levels of genetic diversity in woody plant species. New Forests, 6, 95–124.

[60] Hegi, G., 1907–1914: Illustrierte Flora von Mitteleuropa, III, 221, 227–229, 239, 496–7.

[61] Hetier, J. P., 1993: Forêt Méditerranéenne: Vivre avec le feu? Conservatoire de l'espace littoral et les rivages lacustres.

[62] Hubert, M. L.; Klein, J. L., 1991: Connaître les arbres. Colmar.

[63] Huber, B.; Rouschal, C., 1954: Mikrophotographischer Atlas mediterraner Hölzer, 22–23, Berlin.

[64] I.F.N., 1999: Inventaire forestier national, www.ifn.fr

[65] Kailidis, D., 1986: Dasiki Entomologia (Forstentomologie) Athen.

[66] Kessler, J., 1986: La météo de la France.

[67] Knoche, H.; Flora Balearica 1., 417 (zit. n. Camus; 1939, 108).

[68] Krüssmann, G., 1978: Handbuch der Laubgehölze, Bd. 3, 80–82, Berlin u. Hamburg.

[69] La Base Documentaire Prométhée, 1999: www.promethee.com

[70] Le Houérou, H. N., 1981: Impact of man and his animals on Mediterranean vegetation. Ecosystems of the world, 11, Mediterranean type shrublands, Elsevier Sc. Publ Co., Amsterdam, Oxford, New-York.

[71] Li Junqing; Romane, F., 1997: Effects of germination inhibition on the dynamics of Quercus ilex stands. J. of Veg. Sc. 8, 287–294.

[72] Lobréaux, O., 1987: Quelques aspects de la régénération par semis, par rejets de souche et après dépréssage du taillis de chêne vert. Mém. 3. Ann. E.N.I.T.E.F., C.N.R.S., Montpellier, I.N.R.A. Avignon.

[73] Lo Gullo, M. A.; Salleo, S., 1993: Different vulnerabilities of Quercus ilex L. to freeze and summer drought induced xylem embolism: An ecological interpretation. Plant, Cell and Environment, **16**, 511–519.

[74] Loisel, R., 1976: La végétation de l'étage méditerranéen dans le sud-est continental francais. Thèse Univ. Aix-Marseille, III.

[75] Lumaret et al., 1991: Mating system and genetic diversity in holm oak (Quercus ilex L.). In: Fineschi, S. et al.: Biochemical markers in the population genetics of forest trees. S.P.B. Acad. Publishing. The Hague.

[76] M'Bark F. , 1991: Etude de la croissance et de la production de chêne vert dans le moyen Atlas oriental „Tahala", Mémo. de 3. année, Cycle en agronomie, Inst. Agron. et Vet. Hassan II., Rabat.

[77] Maire, R., 1961: Flore d'Afrique du nord, vol. 7., Paris.

[78] Marchal, R., 1995: Propriétés des bois de chêne vert et de chêne pubescent. Forêt Méditerranéenne, 16, 4, 425–437.

[79] Marchal, R., 1996: Propriétés des bois de chêne vert et de chêne pubescent. Aptitude au déroulage. Forêt Méditerranéenne, 17, 1.

[80] Marchal, R.; Chanson, B.; Danon, P., 1988: Les produits de la forêt méditeranéenne. Foresterrannée 87, in. Forêt Mediterranénéenne 10, 1, 276–307.

[81] Margaris, N. S., 1981: Adaptive strategies in plants dominating mediterranean-type ecosystems. Ecosystems of the world, **11**, 309–315.

[82] Mayer, H., 1986: Europäische Wälder. Stuttgart/New York.

[83] Mayer, H., 1990: Die Wälder Korsikas, Stuttgart/New York.

[84] Meziane, D., 1988: Contribution à l'étude écophysiologique du chêne vert: Germination, échanges gazeux et métabolisme glucidique. Thèse, Univ. P. Sabatier, Toulouse.

[85] Michaud, H., 1993: Etude de la variabilité génétique du chêne vert à l'aide de marqueurs enzymatiques et moléculaires. Thèse, Université de droit d'économie et des sciences d'Aix-Marseille.

[86] Michaud, H.; Lumaret, R.; Romane, F., 1992: Variation in the genetic structure and reproductive biology of holm oak populations. Vegetatio 99–100, 107–113.

[87] Mirault, J., 1996: Chênes vert et blanc; Aspects phytosanitaires. Forêt Méditerranéenne. 17, 3, 175–178.

[88] Molina Martin, C., 1991: Catalogo de arboles notables, Provincia de Soria. A.S.D.E.N. Soria.

[89] Montoya Oliver, J. M., 1988: Encinas y encinares. Madrid.

[90] Moore, P. D., 1984: Evolution of the oaks. Nature 307, 598.

[91] Munoz Lopez, M.; Ruperez Cuellar, A., 1987: La patologia de la encina (Quercus ilex L.) en Espana.(Pathology of Evergreen Oak (Quercus ilex L.) in Spain.) Bol. de Sanidad Veget., Plagas, 13, 2, 203–212.

[92] Orsini, P.; Cheylan, G., 1996: La faune sauvage des chênaies (les vertébrés terrestres). Forêt Méditerranéenne, 17, 3, 145–150.

[93] Palamarev, E., 1989: Paleobotanical evidences of the tertiary history and origin of the Mediterranean sclerophyll dendroflora. Pl. Syst. Evol., 162, 93–107.

[94] Pons, A.; Thinon, M., 1987: The role of fire from paleoecological data. Ecol. Medit., 13, 3–11.

[95] Pons, A.; Vernet, J. L., 1971: Une synthèse nouvelle de l'histoire du chêne vert (Quercus ilex L.) Bull. Soc. Bot. Fr., 118, 841–850.

[96] Ragazzi, A., 1998: Le specie quercine e l'ambiente urbano: consigli per un corretto impiego e analisi delle problematiche sanitarie. (Oak species and the urban environment: advice for correct use and analysis of health problems.) Informatore Fitopatologico, 48, 6, 41–44.

[97] Rameau, C. J.; Mansion, D.; Dume, G., 1989: Flore forestière francaise. Guide écologique illustré. Institut pour le développement forestier.

[98] Rapp, M.; Ed Derfoufi, F.; Blanchard, A., 1992: Productivity and nutrient uptake in Holm Oak (Quercus ilex L.) stand and during regeneration after clearcut. Vegetatio 99/100, 263–272.

[99] Raynal, V., 1996: Etude de la variation de l'A.D.N. chloroplastique du chêne vert et du chêne kermes dans le sud de la France. Aix-Marseille, III.

[100] Regimbeau, M., 1879: Chêne Yeuse ou chêne vert dans le Gard. Nîmes Imp. Jouves.

[101] Rehder, A., 1958: Mannual of cultivated trees and shrubs. New York.

[102] Reille, M., 1977: Contribution pollenanalytique à l'histoire holocène de la végétation des montagnes du Rif. 10. Congrès I.N.Q.U.A., Birmingham. Supplément bulletin A.F.E.Q., 50, 53–76.

[103] Reille, M.; Pons, A., 1992: The ecological significance of sclerophyllous oak forests in western part of the Mediterranean basin: A note on pollen analytical data. Vegetatio 99–100, 13–17.

[104] Rikli, M., 1943: Das Pflanzenkleid der Mittelmeerländer. Bern.

[105] RODRIGUES, F. J., 1992: Montados de Azinho. DGF Informacao No.12,.21–26.
[106] RUIZ DE LA TORRE, J., 1971: Arboles y arbustos de la Espana Peninsular. Madrid.
[107] RUPEREZ CUELLAR, A., 1957: La Encina y sus tratamientos. Madrid.
[108] SAENZ DE RIVAS, C., 1967: Estudios sobre Quercus ilex L. y Quercus rotundifolia Lamk. Anales Inst. Bot. A.J. Cavanilles, 25, 245–262.
[109] SAENZ DE RIVAS, C., 1970: Biométria foliar de una poblacion de Quercus ilex L. subsp.rotundifolia Lamk. T. Morais, en El Pardo. Anal. Inst. Bot. A.J. Cavanilles **27**, 105–114.
[110] SAENZ DE RIVAS, C., 1972: Biométria foliar de una poblacion de Quercus ilex L. en Montserrat (Barcelona). Anales Inst. Bot. A.J. Cavanilles, 29, 39–57.
[111] SANTOLALLA FRAGERO, F., 1992: Guia de los arboles de la Peninsula Iberica y Baleares, 105, 216. Barcelona.
[112] SCHIRONE, B.; PIOVESAN, G., 1998: L'ibridazione nelle querce caducifoglie italiane.Monti-e-Boschi, 49, 5, 13–16.
[113] SCHÖNFELDER, I. u. P., 1990: Die Kosmos Mittelmeerflora. Stuttgart.
[114] SCHÜTT, P.; SCHUCK, H. J.; STIMM, B., 1992: Lexikon der Forstbotanik. Ecomed Verl., Landsberg.
[115] SCHWARZ, O., 1964/1993: Quercus L. in TUTIN, T. G. et al. (Hrsg.): Flora Europaea, Vol.1, Cambridge Univ. Press, 1. u. 2. Aufl., London.
[116] SCHWARZ, O., 1936–39: Monographie der Eichen Europas und des Mittelmeergebietes. Repert. spec. nov. reg. veg. Sonderbeih. C. Dahlem.
[117] SCHWENKE, W. (Hrsg.), 1974: Die Forstschädlinge Europas, 2. Bd., Hamburg u. Berlin.
[118] SILIC, C., 1973: Atlas drveca i grmlja. Sarajewo.
[119] STREETS, R. J., 1962: Exotic forest trees in the British Commonwealth. Oxford.
[120] TOMASELLI, R., 1976: La dégradation du maquis méditerranéen. UNESCO: Forêts et maquis méditerranéens, MAB Techn. Notes 2, Paris, 35–76.
[121] TRABAUD, L., 1981: Man and fire: impacts on mediterranean vegetation. Ecosystems of the world, 11, Mediterranean type shrublands, Elsevier Sc. Publ. Co., Amsterdam, Oxford, New York.
[122] TRABAUD, L., 1996: Reponses du chêne vert et blanc à l'action du feu. In: Forêt Méditerranéenne, 17, 3, 243–252.
[123] TRIAT-LAVAL, 1978: Contribution pollenanalytique à l'histoire tardiglaciaire et postglaciaire de la végétation de la basse vallée du Rhone. Thèse en Sciences, Univ. Aix-Marseille.
[124] TZEDAKIS, P. C., 1993: Long-term tree populations in northwest Greece through multiple Quaternary climatic cycles. Nature 364, 437–440.
[125] VAZQUEZ, F. M.; ESPARRAGO, F. et al., 1990: Flowering of Quercus rotundifolia Lam. In: ROMANE, F.; TERADAS, J. (Eds).: Int. workshop Quercus ilex L. ecosystems: Function, Dynamics and Management. Montpellier-Barcelona, C.E.F.E./C.N.R.S., 17–21.
[126] VAZQUEZ PARDO, F. M., 1998: Semillas de Quercus: Biologia, Ecologia y Manejo. (De especial Interés para la Peninsula Ibérica). Serv. de Inv. y Desarrollo Tecn., Jta. de Extremadura, Badajos.
[127] VERNET, J. L., 1972: Contribution á l'histoire de la végétation du sud-est de la France au quaternaire. Thèse de Doctorat ès-Sciences, Montpellier, Paléobiologie continentale, vol. 4, no1, 1–90.
[128] VERNET, J. L., 1990: Man and vegetation in the Mediterranean area during the last 20.000 years. In: DI CASTRI, F.; HANSEN, A J.; DEBUSCHE, M.: Biological invasion in Europe and the Mediterranean Basin. Kluwer Acad. Publ. Dordrecht, 161–168.
[129] VUILLEMIN, J., 1980: Etude expérimentale de la régénération de deux chênes méditerranéens: Quercus pubescens Willd. et Quercus ilex L. Thèse de doctorat du 3. cycle, Aix-Marseille.
[130] VOULGARIDIS, E. V.; PASSIALIS, C. N., 1995: Characteristics of technological properties of the wood of mediterranean evergreen hardwoods. Forêt Méditerannéenne, 16, 3–12.
[131] WALTER, H., 1960–1967: Klimadiagramm-Weltatlas, Jena.
[132] WALTER, H., 1990: Vegetation und Klimazonen, 6. Aufl., Stuttgart.
[133] YACINE, A., 1988: Study of the genetic diversity between and within populations of Evergreen Oak (Quercus ilex L.). Sem nat. sur les ressources phytogénétiques et leurs valorisation. Alger. Ann. de l'Institut Nat. Agron. El-Harrach, II, 551–571.
[134] YACINE, A.; LUMARET, R., 1989: Genetic diversity in Holm-Oak (Quercus ilex L.) insight from several enzyme markers. Silvae Genetica 38, 3–4.
[135] ZHANG, S. H.; ROMANE, F., 1991: Variations de la croissance radiale du Quercus ilex L. en fonction du climat. Ann. Sci Forest., 48, 225–234.

Der Autor:

Prof. Dr. H. E. KNOPF
Hermannshäger Straße 65
D-34346 Hann. Münden

Der Autor dankt Herrn Dipl.-Ing. Philippe Guicheme Göttingen, für die hilfreiche Beschaffung frankophone Veröffentlichungen und deren sprachliche Aufbereitung im Rahmen seiner Diplomarbeit [58].

Ich widme diesen Beitrag in dankbarer Erinnerung meine Lehrern an der Geschwister-Scholl-Oberschule zu Zeitz/S. Anh., die uns vor 50 Jahren mit pädagogischer Kompetenz und Wohlwollen durch das Abitur geleitet haben.

Quercus kelloggii NEWB., 1857

syn.: Quercus californica (TORR.) COOPER
Quercus tinctoria BARTR. var. californica TORR.

Kellogg-Eiche

engl.: California black oak,
Kellogg's oak

Familie: Fagaceae
Subgenus: Erythrobalanus (SPACH) OERST.

Abb. 1: Quercus kelloggii. Kleine Gruppe im südwestlichen Oregon (ca. 1500 m ü.NN)

Abb. 2: Natürliches Verbreitungsgebiet (nach LITTLE, E. L.: Atlas of United States Trees, 1971)

Qercus kelloggii, die einzige Roteiche mit intensiv gelappten, relativ großen Blättern im pazifischen Nordamerika, ist ein sommergrüner, meist mittelhoher Baum mit weiter, runder Krone, der die anderen kalifornischen Eichenarten an Größe übertrifft und auch ein größeres natürliches Areal einnimmt als diese. Obwohl ihr Holz dem von *Q. rubra*, ihrem Pendant im Nordosten ähnelt, hat sie keinerlei ökonomische Bedeutung und wird kaum forstlich bewirtschaftet.

Die in großen Mengen produzierten Eicheln stellen allerdings eine wichtige Nahrung für Vögel, Nager, das Schalenwild und selbst für Schwarzbären dar. In früheren Jahrhunderten bildeten sie sogar die Ernährungsbasis einheimischer Indianerstämme.

Kellogg-Eichen sind in mitteleuropäischen Sammlungen kaum vertreten. Mit dem wissenschaftlichen Namen wird der amerikanische Arzt und Botaniker ALBERT KELLOGG (1813–1887) geehrt; der englische Trivialname nimmt Bezug auf die fast schwarze Stammborke.

Verbreitung

Das natürliche, stark zerklüftete Areal der Kellogg-Eiche erstreckt sich von etwa 44° bis 32°30' ö.L. auf ca. 1250 km Länge vom Südwesten Oregons (nahe Eugene) bis ins kalifornische San Diego County. Hinzu kommt noch ein kleiner Bestand in Nieder-Kalifornien. Die Schwerpunkte liegen u. a. im nördlichen Teil der kalifornischen Küstengebirge sowie in Tälern auf der Westseite der Sierra Nevada von Lassen- bis Kings Canyon Natl. Park, hauptsächlich in Höhenlagen von 300 bis 1800 m. Wenige Populationen befinden sich auch östlich des Sierra Nevada-Kammes, erreichen aber nicht das Gebiet von Nevada [7]. In unmittelbarer Küstennähe kommt *Q. kelloggii* nicht vor [8].

MCDONALD [7] nennt 2380 m als Obergrenze der Höhenverbreitung. In den Cascaden kommt die Art von 180 bis 1900 m ü. NN vor.

Beschreibung

Je nach Höhenlage, Exposition und Frische des Standortes können Kellogg-Eichen in ihrer Größe und Form beträchtlich variieren. An der Höhengrenze ihres Vorkommens bleiben sie niedrig und krumm, oft sogar strauchig, in geschlossenen Beständen auf geschützten, nährstoffreichen Standorten entstehen gerade, astfreie Schäfte mit schmalen Kronen, und im Freistand bilden sie unter den gleichen Bedingungen starke, tief ansetzende Äste und breite, rundliche Kronen [7].

Beschrieben wird *Q. kelloggii* i. a. als ein mittelhoher Baum, der gelegentlich 30 m Höhe und einen BHD von 1 bis 1,25 m erreicht [8]. Andere Autoren führen erheblich größere Exemplare an: Siskiyou Mts.: 37,8 m hoch und 2,74 m BHD [7]; Youba County: 39 m Höhe [5].

Knospen, Blätter und junge Triebe

Die kastanienbraunen, eiförmigen Winterknospen laufen spitz zu und werden ca. 6 mm lang [11]. Ihre dicht dachziegelartig übereinandergreifenden Tegmente sind am Rande behaart.

Allein *Q. kelloggii* entwickelt unter den Eichen des pazifischen Westens typische Roteichen-Blätter mit tiefen Buchten und borstenspitzig gezähnten Seitenlappen. Die ziemlich derben Blätter sind 10 bis 25 cm lang, 5 bis 10 cm breit, im Umriss verkehrt eiförmig und haben einen 2,3 cm langen Stiel. Ihre meist 7, seltener 5 ovalen oder schwach dreieckigen Buchten werden durch deutlich gezähnte Lappen getrennt, von denen jeder 3 bis 10 Zähne aufweist, die in 3 bis 4 mm lange, weiche Borsten auslaufen [8, 12]. Terminale Lappen sind dreizähnig [11].

Q. kelloggii-Blätter verändern die Farbe im Laufe der Vegetationszeit. Zur Zeit des Austreibens sind sie hellrosa oder karmesinrot und intensiv behaart, während des Sommers oberseits glänzend dunkelgrün, unterseits heller und schwach behaart und im Herbst werden sie leuchtend gelb [2, 10, 11].

Junge Zweige fallen durch dichte Behaarung und hellrote Farbe auf. Bis zum Herbst des ersten Jahres verkahlen sie und werden rotbraun.

Blüten und Früchte

Q. kelloggii blüht in der Zeit von Mitte März bis Mitte Mai. Die eingeschlechtigen Blüten sind monoezisch verteilt: ♂ Blüten stehen zu vielen an 3,5 bis 7,5 cm langen, kätzchenartigen Infloreszenzen, welche den Blattachseln vorjähriger Triebe entspringen. Pro Einzelblüte sind 5 bis 7 Staubblätter mit hellroten Antheren und blaßgrünen Filamenten sowie ein hellgrüner Kelch vorhanden; Kronblätter fehlen. Die kurz gestielten ♀ Blüten stehen hingegen einzeln oder zu 2 bis 7 an Infloreszenzen, die den Blattachseln diesjähriger Triebe entspringen und haben dunkelrote Narben [7].

Zwischen Bestäubung und Fruchtreife liegen 18 bis 20 Monate [9]. Zu Beginn des 2. Sommers sind die unreifen Eicheln völlig von der Cupula umgeben und sehen aus wie kleine, grüne Kugeln von 6 mm Durchmesser. Bei Reife umschließt der hellbraune, mit dünnen, anliegenden Schuppen besetzte Fruchtbecher die Eichel zur Hälfte oder zu drei Viertel ihrer Länge. Die Abmaße der einzeln oder in Gruppen zu 2 bis 6 angeordneten Eicheln schwanken in weitem Rahmen (1,9 bis 4,4 cm lang; 0,9 bis 3,8 cm im Durchmesser und kurz gestielt) [7]. Unter dem hell kastanienbraunen Perikarp wird eine rote, papierdünne Samenschale sichtbar, welche den Embryo mit den sehr kräftigen, cremefarbenen Kotyledonen umgibt [9].

Die Früchte fallen zur selben Zeit vom Baum wie die Blätter: von Ende September bis Anfang November im Flachland und Anfang September in Hochlagen. Im Regelfall keimen sie in situ nur dann, wenn sie während des Winters vom Laub bedeckt waren [7].

Kellogg-Eichen fruktifizieren nicht vor dem 30. Lebensjahr, und danach liegen die Perioden starken Fruchtansatzes i. a. zwischen 2 und 5 Jahren. Die höchsten Erträge sind von breitkronigen und starken, 100- bis 200-jährigen Bäumen zu erwarten [7]:

Alter	**BHD**	**Kronendurchmesser**	**Fruchtproduktion/ Jahr**
50 Jahre	23 cm	6 m	2 kg
100 Jahre	43 cm	10 m	27 kg
150 Jahre	61 cm	12 m	45 kg
200 Jahre	81 cm	16 m	64 kg

Als Maximum werden 6500 Eicheln pro Baum und Jahr angeführt [7]. Das Tausendkorngewicht schwankt zwischen 3,1 und 8,75 kg [7] und liegt im Mittel bei ca. 5 kg [14].

Wurzeln

Über die Größenverhältnisse und den Aufbau des Wurzelsystems findet man in der Literatur keine einheitlichen Angaben. Teils wird von kräftigen und dauerhaften Pfahlwurzeln mit starken Seitenwurzeln berichtet, teils von fehlenden Pfahlwurzeln und weit ausladenden Lateralwurzeln gesprochen, von denen Senkerwurzeln ausgehen, die in Felsspalten eindringen.

Von Sämlingen weiß man indessen, dass bereits im ersten Jahr eine stark in die Länge wachsende (bis 76 cm Tiefe) Pfahlwurzel entsteht und das Wurzelsystem bis zum 6./7. Lebensjahr gegenüber dem Spross deutlich gefördert wird [7].

Borke und Holz

Kennzeichnend für *Q. kelloggii* ist die dunkelbraune bis schwarze Borke alter Stämme. Diese weist an der Stammbasis breite Leisten sowie tiefe, schmale Risse auf und ist oberhalb in dicke, unregelmäßige Platten geteilt [8, 9]. An jungen Ästen ist sie glatt und hellbraun.

Das mittelschwere, harte und spröde Holz hat eine Rohdichte (r_{15}) von 0,61 g/cm^3 [12]. Der rötlich braune Kern wird von einem schmalen, hellen Splint umgeben. Holzstrahlen sind auf dem Querschnitt mit bloßem Auge nur schwer zu erkennen [8].

Abb. 3: Unreife Eicheln im 2. Jahr

Abb. 4: Kurz gestielte, reife Früchte

Abb. 5: Laubblätter verschiedener Größe und Form

Verjüngung und Anzucht

Zur Verbreitung der Früchte tragen Eichhörnchen und mehrere Vogelarten bei, welche die Eicheln verschleppen, zum Teil auch Vorräte anlegen, diese aber nicht immer nutzen. Besonders eigenartig ist das Verhalten des „California woodpecker", eines Spechtes, der noch vor der Fruchtreife zahlreiche Löcher in die Borke, aber auch in Pfosten und Pfähle hämmert, in welche er später die Eicheln genau so weit einfügt, dass Eichhörnchen sie nicht herauslösen können. Gefüllt werden die Löcher nur in Jahren mit geringem Fruchtansatz [5, 10].

In Vollmast-Jahren reicht die Zahl der zu Boden fallenden Eicheln aus, um direkt unter breitkronigen Altbäumen eine spärliche Naturverjüngung aufkommen zu lassen. In situ genügt die Überwinterung der Eicheln in der Laubstreu, um die endogene Keimruhe zu überwinden.

Bei künstlicher Verjüngung sollten die Eicheln unmittelbar nach dem Abfallen gesammelt werden, weil sonst die Kotyledonen häufig von Pilzen befallen werden [14]. Außerdem wird Stratifikation empfohlen, sie erhöht zumindest die Keimschnelligkeit[1)]. Die Keimrate streut in weitem Rahmen (im Mittel 31 bis 38 %, maximal 95 %) [7].

Im Saatbeet setzt die hypogäische Keimung i. a. 15 bis 25 Tage nach der Aussaat ein, in situ oft erst nach mehreren Wochen und Monaten. *Q. kelloggii*-Sämlinge weisen ein geringes Trieb : Wurzel-Verhältnis auf [6], werden im ersten Jahr nur 10 bis 15 cm hoch, entwickeln aber eine bis zu 76 cm tiefe Pfahlwurzel. NPK-Düngung steigert die Sämlingshöhe bis zum Vierfachen. Als Pflanztermin hat sich der Herbst des 1. Jahres bewährt [7].

Von wesentlich größerer Bedeutung für die Erhaltung und die Bewirtschaftung der Kellogg-Eiche ist die vegetative Vermehrung durch Stockausschläge. Diese entstehen sowohl nach Fällung wie nach Waldbrand aus schlafenden Knospen und aus Adventivknospen an den verbliebenen Stöcken. Im Allgemeinen entwickeln sich aus den Stöcken alter Bäume besonders viele und besonders kräftige Triebe, die wesentlich schneller wachsen als konkurrierende Nadelbaum-Sämlinge [3, 7].

Ökologie

Die Kellogg-Eiche ist eine weitgehend frost- und dürreharte, standörtlich ungemein anpassungsfähige Lichtbaumart, die häufig mit Nadelbäumen, insbesondere mit *Pinus ponderosa* vergesellschaftet ist. Klimatisch ist sie auf sehr warme, trockene Sommer und auf kühle, feuchte Winter eingestellt.

1) For. Abstr. 45, 4923, 1984

Abb. 6: Stammborke eines alten Baumes

Abb. 7: Sämling aus Naturverjüngung

Abb. 8: Natürlicher Bestand im Yosemite Valley, CA

Die Jahres-Niederschläge im Areal variieren in weitem Rahmen [7]:

SW-Oregon	> 700 mm
NO-Kalif.	300 – 380 mm
NW-Kalif.	706 – 2540 mm
S-Kalif.	910 mm

Weniger als 4 % der jährlichen Niederschläge fallen von Juni bis September. In Arealteilen, wo der Schneefall 10 bis 50 % der Niederschläge ausmacht, gedeiht die Art besonders gut.

Im natürlichen Verbreitungsgebiet liegen die Tagesmittel der Lufttemperatur im Januar zwischen –1 °C und +8 °C, im Juli (wärmster Monat) zwischen 19 und 28 °C, die frostfreie Zeit beträgt 116 bis 225 Tage und als Extremtemperaturen werden –15 °C und +39 °C angegeben [7].

Optimale Bedingungen findet *Q. kelloggii* in Tälern der Sierra Nevada unterhalb 1800 m ü. NN [8], wo der Boden aus tiefgründigen, schwach sauren mittleren oder sandigen Lehmen besteht. Auf feuchten bis nassen Substraten wie auf schweren Tonen gedeiht die Art nicht. Die weiteste Verbreitung findet sie auf felsigen oder flachgründigen Standorten mit unsicherer Wasserversorgung. Dort sind die Bestände allerdings lückig und die Bäume von unregelmäßiger Form [7]. Als Grundgestein kommen u. a. Andesit, Basalt, Sandstein, Schiefer, vulkanische Tuffe und (in der südlichen Sierra Nevada) Granit vor.

Am häufigsten ist die Kellogg-Eiche mit *Pinus ponderosa* vergesellschaftet. Auf ärmere Standorte kann ihr die Gelbkiefer allerdings nicht folgen. In höheren Lagen sind u. a. *Pinus lambertiana*, *Torreya californica*, *Cornus nuttallii* und *Quercus chrysolepis* die Mischbaumarten, in noch größeren Höhen *Pinus jeffreyi* und *Juniperus occidentalis*. Im Flach- und Hügelland kommt sie hingegen gemeinsam mit anderen kalifornischen Eichenarten (u. a. *Q. douglasii*, *Q. agrifolia*, *Q. engelmannii*) sowie mit *Quercus garryana*, *Pinus attenuata*, *P. sabiniana*, *P. coulteri* und *Sequoia sempervirens* vor.

Kellogg-Eichen sind während ihrer gesamten Entwicklung empfindlich gegen Beschattung – in der Jugend jedoch weniger als im Alter, wo sie stark phototropisch reagieren und entsprechende Stammkrümmungen auftreten. Überschirmung führt nach der Bildung von Ersatztrieben (Proventivtriebe) relativ rasch zum Absterben [7].

Wachstum und Ertrag

Im Regelfall verjüngen sich natürliche *Q. kelloggii*-Bestände fast ausschließlich nach Waldbrand und dann durch Stockausschläge. Auf diese Weise entstehen stets gleichalte Reinbestände.

Nach 100 Jahren bleiben von den anfangs zahlreichen Schösslingen eines Stockes selten mehr als einer oder zwei übrig, deren Höhenentwicklung etwa folgendermaßen verläuft:

20 Jahre	8 m
40 Jahre	13 m
60 Jahre	17 m
100 Jahre	22 m
140 Jahre	25 m

Der stärkste Durchmesser-Zuwachs findet zwischen 25 und 65 Jahren statt. Mit 65 Jahren liegt der BHD i. a. bei 29 cm. Das Höchstalter wird mit knapp 500 Jahren angegeben, die maximale Höhe mit 40 m und der höchste BHD mit > 1,5 m [7]. Die durchschnittliche Holzmasse im Alter > 60 beträgt 409 m^3/ha. Durchforstungen führten zu einer erheblichen Steigerung der Stammdurchmesser [7].

Pathologie

Q. kelloggii wird durch biotische Schadursachen nicht annähernd so stark gefährdet wie durch Waldbrände. Selbst vor Bodenfeuern vermag die bis zu 5 cm starke Borke das Kambium nicht zu schützen. Somit entstehen häufig Wunden, welche holzzerstörenden Pilzen wie *Laetiporus sulphureus* (BULL.) MURRILL, dem Schwefelporling, oder *Inonotus dryadeus* (PERS. ex FR.) MURRILL das Eindringen ermöglichen. Bis zu 40 % der Altbäume (110 bis 120 Jahre) weisen intensive Kernfäule auf [7]. Auch der Hallimasch (*Armillaria mellea* s. l.) ist in Althölzern weit verbreitet.

Gemessen daran ist das Vorkommen weiterer pathogener Pilze wenig gravierend und zumeist auf temporäre Ereignisse beschränkt. So z. B. der Befall durch den Blattparasiten *Septoria quercicola* (DESM.) SACC., der die Eichen nach einem nassen Winter und einem nassen Frühjahr bis Ende August entlaubt. Kleine, eckige Nekrosen auf beiden Blattseiten sind die Symptome [4][2)].

Zwei Mehltauerreger, *Sphaerotheca lanestris* HARKN. sowie *Phyllactinia guttata* (FR.) LEV., dringen über die Knospen ein und induzieren die Bildung von Hexenbesen [13], und *Discula quercina*, die imperfekte Form von *Apiognomonia quercina*, ruft Anthraknose-Symptome (Blattflecken, Welke, Blattfall und Absterben) hervor [13].

Nach künstlichen Infektionen mit *Ceratocystis fagacearum* (BRETZ) HUNT, dem Erreger der nordamerikanischen Eichenwelke, erwiesen sich getopfte Kellogg-Eichen als hoch anfällig. In situ ist die Krankheit bisher nicht an kalifornischen Eichen aufgetreten [1].

Schließlich sei noch die Mistelart *Phoradendron villosum* ssp. *villosum* WIENS genannt, gleichermaßen auffällig und häufig, aber ohne ernste Folgen für den befallenen Baum.

Auch Insekten sind in ihrer Schadwirkung eher von untergeordneter Bedeutung. Nach Dürreperioden kann es in Süd-Kalifornien zum massiven Auftreten von *Agrilus angelicus* (*Buprestidae*) kommen und gelegentlich hat *Phryganidia californica* („California oakworm") intensiven Blattfraß an *Q. kelloggii* in Nord-Kalifornien durchgeführt [7].

Als bedrohlich stellte sich regional der wiederholte Verbiss des Jungwuchses durch Schalenwild, gelegentlich auch durch Weidevieh heraus.

Unter den abiotischen Schadursachen bleibt die chronische Einwirkung von Photooxidantien nachzutragen und Nassschnee zu erwähnen, der in Altbeständen oft Astbrüche verursacht [7].

Nutzung

Q. kelloggii gehört weder zu den forstlich bewirtschafteten Baumarten noch hat sie Gewicht auf dem Holzmarkt. LANNER [5] zufolge betrachten viele Förster die Art als unerwünscht. Der Einsatz von Arboriziden ist belegt.

Das Holz wirft sich beim Trocknen, ist wenig dauerhaft und offenbar von mäßiger Qualität [9, 10]. Dennoch verwendet man es im Möbelbau und (wegen seiner Härte) als Dielung [7]. Im Osten Kaliforniens schätzt man es als hervorragendes, rauchfrei brennendes Heizmaterial [5]. Junge Stämme eignen sich zur Herstellung von Holzkohle.

Für mehrere kalifornische Indianerstämme (u. a. Miwok, Shasta, Luiseño) stellten die Eicheln einst das zentrale Nahrungsmittel dar, und man zog sie – möglicherweise wegen des hohen Fettgehaltes – den Früchten anderer Eichenarten vor [5]. Den zu Mehl zerstampften Eicheln entzog man den durch Tannine hervorgerufenen bitteren Geschmack durch wiederholtes Spülen in heißem Wasser. Ein Teil des Mehles wurde verbacken, die weitaus größere Menge jedoch gekocht und zu „ekibay", einem eingedickten Eichelpudding verarbeitet, der die tägliche Hauptmahlzeit darstellte [2, 5, 9]. Den Nährstoffgehalt für Eicheln mehrerer kalifornischer *Quercus*-Arten gibt LANNER [5] mit 42 bis 52 % Kohlenhydrate, 3 bis 5 % Eiweiß und 4 bis 17 % Fett an. Davon sind die *Q. kelloggii*-Früchte am fettreichsten.

Verschiedenes

Mehrfach werden in der Literatur die beiden natürlich entstandenen Artbastarde *Q. kelloggii* x *Q. agrifolia* (*Q. x ganeri* C. B. WOLF) und *Q. kelloggii* x *Q. wislizenii* (*Q. x moreha* KELLOGG) erwähnt [7, 8][3].

In beiden Fällen kommen die Hybriden im Überschneidungsgebiet der Areale beider Elternarten recht häufig vor. Im Winter fallen sie durch halbimmergrüne Belaubung auf.

---

[2] For. Abstr. **21**, 3378, 1960
[3] For. Abstr. 7, 682, 1945/46

Literatur

[1] APPEL, D. N., 1994: The potential for a California oak wilt epidemic. J. Arboriculture **20**, 79 – 86.

[2] ARNO, S. F., 1973: Discovering Sierra Trees. Yosemite Ass., Sequoia Natl. History Ass.

[3] EDWARDS, M. B., 1957: California Black Oak – Its Management and Economic Possibilities. J. Forestry **55**, 506 – 510.

[4] HEPTING, G. H., 1971: Diseases of forest and shade trees of the United States. USDA Forest Service. Agriculture Handbook 386, Washington, D. C.

[5] LANNER, R. M., 1984: Trees of the Great Bassin. Univ. of Nevada Press, Reno.

[6] MATSUDA, K.; MCBRIDE, J. R.; KIMURA, M., 1989: Seedling growth form of oaks. Annals of Botany **64**, 439 – 446.

[7] MCDONALD, P. M., 1990: Quercus kelloggii NEWB. – California Black Oak. In: BURNS/HONKALA (techn. coord.), Silvics of North America, vol. 2, Hardwoods. USDA Forest Service. Agriculture Handbook 654, Washington, D. C.

[8] MILLER, H. A.; LAMB, S. H., 1985: Oaks of North America. Naturegraph. Publ., Inc., Happy Camp, CA.

[9] PAVLIK, B. M.; MUICK, P. C. et al., 1992: Oaks of California. Cachuma Press, Los Olivos, CA.

[10] PEATTIE, D. C., 1980: A natural history of Western trees. Univ. of Nebraska Press, Lincoln and London.

[11] SARGENT, C. S., 1965: Manual of the Trees of North America. Vol. 1, Dover Publ. Inc., New York.

[12] SCHENCK, C. A., 1939: Fremdländische Wald- und Parkbäume, 3. Band. Die Laubhölzer. Verlag Paul Parey, Berlin.

[13] SINCLAIR, W. A.; LYON, H. H.; JOHNSON, W. T., 1987: Diseases of Trees and Shrubs. Cornell Univ. Press. Ithaca, London.

[14] YOUNG, J. A.; YOUNG, C. G., 1992: Seeds of Woody Plants in North America. Dioscorides Press, Portland, OR.

Die Autoren:

Prof. em. Dr. PETER SCHÜTT
Lehrstuhl für Forstbotanik
Ludwig-Maximilians-Universität München
Am Hochanger 13
D-85354 Freising

ULLA M. LANG
Schützenstraße 6
D-82383 Hohenpeißenberg

Quercus pubescens Willd., 1796

syn.: Quercus lanuginosa (Lam.) Thuill. non Lam.

Flaumeiche

Familie: Fagaceae
Subgenus: Quercus

engl.: Downy oak, Pubescent oak
franz.: Chêne pubescent
ital.: Roverella
span.: Roble

Abb. 1: Quercus pubescens in Südtirol

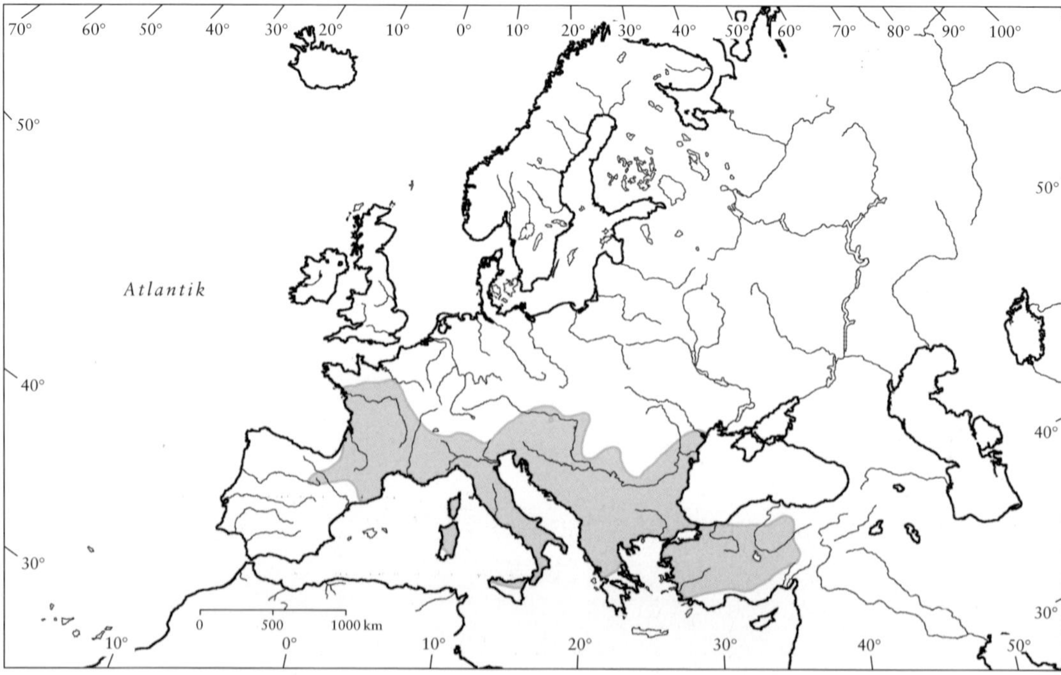

Abb. 2: Natürliches Verbreitungsgebiet

Flaumeichen sind zumeist kleine bis mittelgroße, sommergrüne Bäume, gelegentlich auch Sträucher, die eine sehr große morphologische Vielfalt aufweisen. Die Art wird daher in zahlreiche Subspecies, Varietäten, Formen und Klimarassen [19] unterteilt.

Quercus pubescens widersteht sowohl sommerlicher Hitze und Trockenheit als auch Winterfrösten. Sie ist ein Element der trocken-warmen mediterranen Eichenwälder und stockt vorwiegend auf flachgründigen Kalkböden.

Wüchsige Flaumeichenbestände dienen wegen des hohen Nährwertes der Eicheln gewöhnlich als Viehweide. Die Art liefert kein Konstruktionsholz, sondern wird im Niederwaldbetrieb als Brennholz genutzt. Wegen Übernutzung, Beweidung und häufiger Brände sind *Q. pubescens*-Bestände oft in schlechtem Zustand.

Verbreitung

Q. pubescens besiedelt ein relativ großes, fast ganz Südeuropa abdeckendes Areal. Auf der Iberischen Halbinsel ist sie in Nordspanien, nicht aber in Portugal vertreten. Abgesehen von den nördlichen Regionen kommt sie in ganz Frankreich, besonders häufig im Süden, in der Provence und auf Korsika vor; ebenso in Italien, einschließlich der Inseln bis zu den Alpen.

Sporadische Vorkommen findet man in Mittel- und Osteuropa bis nach Böhmen, so z.B. im Elsaß und im Schweizer Jura. Reliktbestände existieren auch am Kaiserstuhl, am Mittelrhein und im Saaletal bei Jena. Nach Osten dehnt sich das Areal über die Balkan-Halbinsel, die Türkei und den südlichen Teil der Krim bis nach Transkaukasien aus.

OZENDA [27] zufolge deckt sich das Verbreitungsgebiet der Flaumeiche größtenteils mit dem Gebiet der südeuropäischen Trockenwälder, ausgenommen deren westlichen Teil, wo sie von *Q. faginea* LAM. und *Q. pyrenaica* WILLD. sowie den am weitesten nach Osten reichenden Arealteil, wo sie von *Q. cerris* L., *Q. frainetto* TEN., *Q. pedunculiflora* C. KOCH und *Q. trojana* WEBB. abgelöst wird.

Im submediterranen Trockenwald sommergrüner Eichen ist *Q. pubescens* die dominierende Baumart; sie kommt aber auch ober- und unterhalb dieser Zone in Mischbeständen vor, deren Zusammensetzung von Region zu Region variiert. So wächst sie in *Q. ilex*-Beständen der mediterranen Klimazone in Mischung mit *Sorbus torminalis* (L.) CRANTZ und *Acer monspessulanum* L., in Griechenland auch mit *Pinus halepensis* MILL. und *Pinus brutia* TEN..

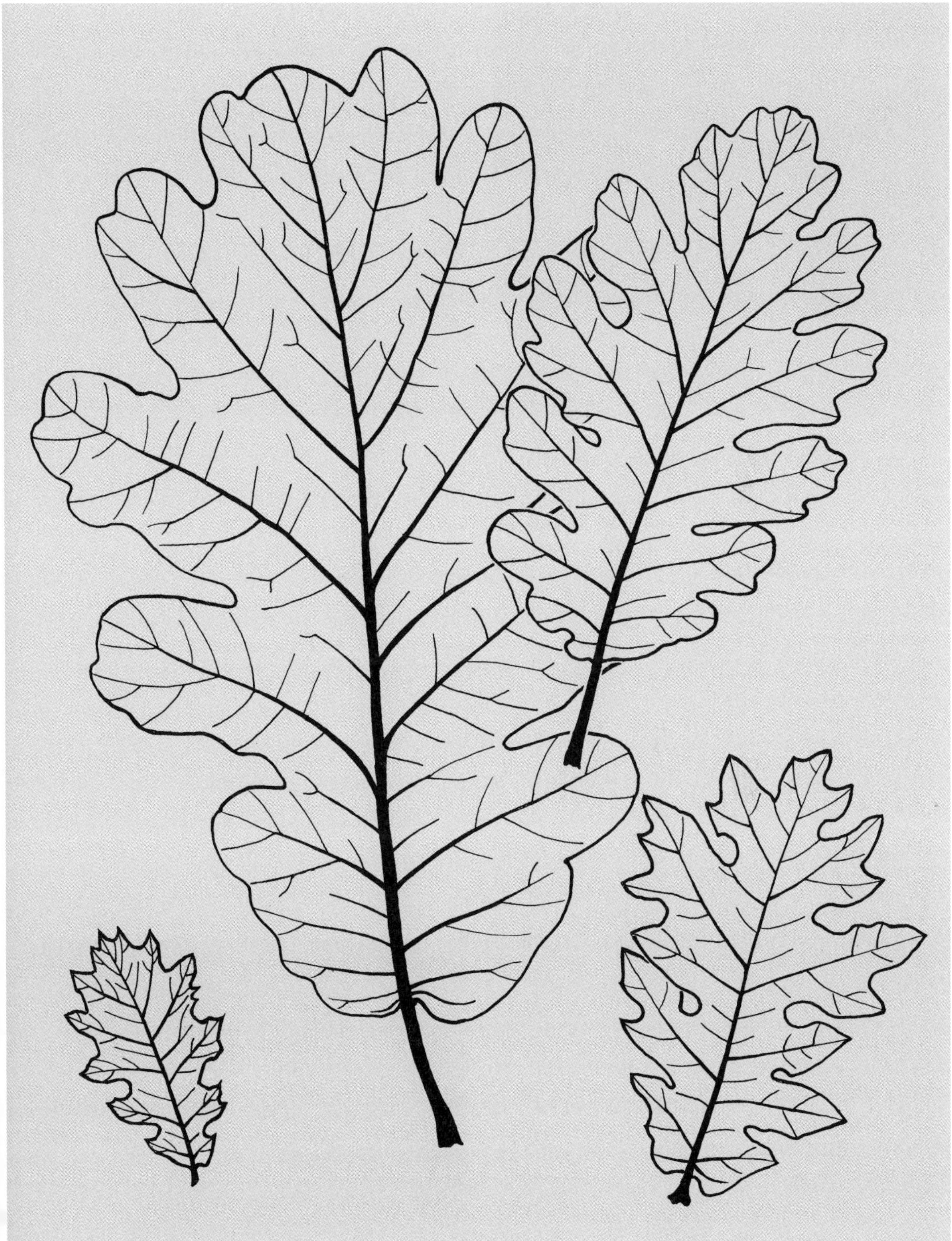

Abb. 3: Variation in Blattgröße und -form (nat. Größe)

Abb. 4: Winterknospen

Im Inland sowie in Höhenlagen, in denen mediterrane Koniferen und immergrüne Laubbäume fehlen, bilden sommergrüne Eichenarten die Klimax-Gesellschaft. Diese Wälder können sich in der mediterranen Region bis in Höhen von 900 m ü. NN erstrecken. Viele derartige Eichenbestände sind allerdings zu Buschwald degradiert, welcher auf dem Balkan den Namen „sibljak" führt.

Am häufigsten wird die Flaumeiche von den Baumarten *Acer campestre* L., *A. monspessulanum*, *Sorbus domestica* L. und *Fraxinus ornus* L. sowie den Straucharten *Rosa sempervirens* L., *Cornus mas* L., *Ligustrum vulgare* L. und *Spartium junceum* L. begleitet. In Italien wächst sie oft mit *Q. cerris* L., an der kroatischen Küste gemeinsam mit *Carpinus orientalis* MILL. In Frankreich gehören *Prunus mahaleb* L., *Sorbus aria* (L.) CRANTZ und *Buxus sempervirens* L. zu den begleitenden Arten in Flaumeichenbeständen.

Auf der Balkan-Halbinsel, in Nord-Griechenland, im östlichen Mitteleuropa und auf der Pannonischen Tiefebene finden sich zahlreiche Eichen-Mischwälder mit den Arten *Q. pubescens, Q. cerris, Q. frainetto, Q. petraea* (MATT.) LIEBL. und *Q. robur*. L. Hierbei handelt es sich um Übergangsformen zwischen submediterranen Wäldern und kontinentalen Waldgesellschaften, in denen *Q. petraea, Q. robur* und *Carpinus betulus* vorherrschen. In Albanien und Macedonien, schließlich, kommt *Q. pubescens* gemeinsam mit *Q. trojana, Q. aegilops* auct. non L. und *Q. cerris* vor; in Spanien wird sie durch *Q. pyrenaica* WILLD. abgelöst.

Beschreibung

Zumeist entwickeln sich Flaumeichen zu kleinen bis mittelgroßen Bäumen zwischen 10 und 20 m, ausnahmsweise auch von 25 m Höhe; gelegentlich werden sie strauchig. Gemessen daran überraschen die maximalen Durchmesser (BHD) von 2 bis 2,5 m der meist krummen und tief bekronten Stämme. Im Mittel liegen die Werte bei 40 bis 50 cm.

Die nicht sehr dichte, breite Krone ist rundlich oder unregelmäßig geformt. Besonders die jungen Bäume bilden im Sommer oft zusätzliche proleptische Triebe (sog. Johannistriebe). *Q. pubescens* kann 500 Jahre alt werden.

Knospen und Blätter

Die aschgrauen bis bräunlichen, 8 bis 12 mm langen Winterknospen sind spiralig angeordnet und stehen an den Zweigspitzen rosettig gehäuft. Terminal- und Lateralknospen unterscheiden sich deutlich in der Form, denn die Gipfelknospen sind länglich und am Apex zugespitzt, die Seitenknospen aber schräggestellt und sichelförmig, die unteren sogar rundlich. Alle Knospen werden von zahlreichen, besonders an den Rändern stark behaarten Tegmenten umschlossen. Die Tragblätter hinterlassen große, halbkreisförmige Narben mit mehreren Bündelspuren.

Die wechselständig angeordneten, im Umriß länglich eiförmigen, unregelmäßig gelappten Blätter haben eine keil- bis herzförmige Basis; sie sind etwa 8 bis 12 cm lang und 4 bis 6,5 cm breit. Die 4 bis 8 spitzen oder kurz abgerundeten Lappen sind etwas asymmetrisch geformt, im mittleren Blattbereich leicht gebuchtet, manchmal auch sekundär gelappt [5]. Junge Bäume und Stockausschläge tragen Blätter mit spitzen, aber kurzen Lappen.

Die ledrige Blattspreite hat eine kahle, hellgrüne Ober- und eine weißlich behaarte, später verkahlende Unterseite. Auf der abaxialen Seite treten die Blattadern erster und zweiter Ordnung hervor. Nach GELLINI et al. [18] wird die Blattunterseite, wie bei allen Arten des Subgenus *Quercus*, von vertikalen Wachskristallen bedeckt, die Stomata sind elliptisch bis rund (im Mittel 23,3 x 18,9 µm) und liegen fast völlig unter einer Schicht von Wachsplättchen.

Abb. 5: Laubblätter und Eichel

Es kommen zwiebel- und büschelförmige Haare vor. Letztere sind vielzellig, haben fünf bis sieben 300 bis 350 µm lange Verzweigungen, sind sehr unregelmäßig verteilt und werden früh abgestoßen.

Der Blattstiel erreicht eine Länge von 8 bis 15, maximal 20 mm, ist aber an jungen Bäumen und an Stockausschlägen kürzer. Als besonders arttypisch gilt die anfangs dicht filzige Behaarung des Blattstiels; später verkahlt er.

Frühzeitig abgestoßen werden die häutigen, hellbraunen, 12 bis 15 mm langen Nebenblätter mit keilförmiger Basis und bewimperten Rändern.

Der Laubaustrieb findet in Sizilien bereits Ende Februar [1], in den nördlichen Teilen des Areals – je nach orographischer Lage – zwischen Ende März und Anfang Mai statt. Im November werden die Blätter braun und trocken, fallen aber erst gegen Ende des Winters ab. In südlichen Breiten können sie an jungen Bäumen und an Stockausschlägen während des Winters grün bleiben.

Blüten und Früchte

Q. pubescens, eine monoezische, anemogame Art, wird schon mit 10 bis 12 Jahren mannbar. Je nach den ökologischen Bedingungen kann die Blüte vor (Mittelitalien [2]) oder nach der Blattentfaltung (Sizilien) stattfinden.

Die hängenden männlichen Kätzchen erscheinen in großer Zahl zwischen März und Mai an vorjährigen Zweigen. Sie sind 5 bis 10 cm lang und haben eine weiß-filzig behaarte Achse, an deren Spitze mehrere Blüten stehen. Die sitzenden Einzelblüten haben eine tiefe, 5- bis 6-zipfelig geteilte Blütenhülle und normalerweise 8, gelegentlich auch 7, 10 oder sogar 12 Staubblätter.

Weibliche Blüten (in einblütigen Dichasien) erscheinen an weniger zahlreichen, ährigen Infloreszenzen, welche einzeln oder zu 2 bis 5 den Blattachseln an der Spitze junger Triebe entspringen. Sie haben 3 bis 4 (5) kurze Griffel und sind fängisch, wenn die tiefer stehenden männlichen Blüten des selben Baumes bereits trocken werden. Zwar enthalten einige ♂ Blüten zu dieser Zeit noch keimfähige Pollen, Selbstbestäubung wird durch diese zeitliche Barriere jedoch auf ein Minimum reduziert.

Die Bestäubung findet im Frühjahr, die Befruchtung im Hochsommer statt und die Eicheln werden im Herbst des ersten Jahres reif. Sie stehen zu 3 oder 4 an Fruchtständen mit einem kurzen (5 bis 10 mm), steifen, behaarten Stiel. Oft werden eine oder mehrere Früchte vor der Reife abgestoßen.

Die Eichel wird zu einem Drittel oder zur Hälfte von einer halbkugelförmigen Cupula (Durchm.: 14 bis 20 mm; Länge: 10 bis 15 mm) umgeben.

Die Cupula hat viele dichtstehende, im Umriß dreieckige, hellgraue Schuppen, welche zur Spitze hin kleiner werden und über den Rand hinausragen.

Die Eichel selbst ist eiförmig bis ellipsoid, 25 bis 30 mm lang, hat i. d. R. einen Durchmesser von 15 bis 20 mm und weist in frischem Zustand eine farbliche Längsstreifung auf. Das Tausendkorngewicht schwankt zwischen 1500 und 1800 g [21]. Der Wassergehalt liegt bei 40%.

Abb. 6: Stammborke

Borke und Holz

Die sehr dauerhafte, rissige, zunächst graubraune Stammborke nimmt allmählich eine schwärzliche Farbe an. Bereits bei jungen Bäumen und bei Stockausschlägen bilden sich zwischen längs und quer verlaufenden Rissen kleine, sehr harte Borkenplatten von trapezähnlicher Form, die dicker als breit sind.

Q. pubescens entwickelt ein ringporiges, farblich nicht in Splint und Kern differenziertes Holz, dessen Frühholz-Gefäße (Durchm.: 50 bis 160 µm) mit bloßem Auge sichtbar sind. Es kommen sowohl uniseriate wie multiseriate Holzstrahlen vor. Letztere sind sehr breit (20 bis 25 Zellagen) und sehr hoch (4250 bis 12500 µm), lassen sich gut erkennen und werden oft von Holzfasern gekreuzt. Während des ganzen Jahres sind erhebliche Mengen an Reservestärke festzustellen – ausgenommen im Frühjahr. Auffällig ist außerdem die große Zahl von Ca-Oxalat-Kristallen im Markstrahl-Parenchym [2]. Der Holzaufbau ist weiterhin durch das Vorhandensein vieler gekrümmter Holzfasern gekennzeichnet.

Flaumeichenholz ist von hoher Dauerhaftigkeit, verzieht sich aber leicht. Seine Rohdichte (r_{12}) wird mit 0,7 bis 0,92 g/cm^3 angegeben, die Schwindungswerte lauten: Volumen 13,2%; radial 4,4%; tangential 8,3%; axial 0,4% [20, 26].

Abb. 7: Stammquerschnitt

Obwohl es sich histologisch und anatomisch nicht wesentlich vom Holz der Stiel- und der Traubeneiche unterscheidet, machen es die stets kurzen Stämme und einige der genannten Eigenschaften untauglich für die Verwendung als Konstruktionsholz [20, 26].

Wurzelsystem

In ungestörten, tiefgründigen Böden entwickeln Flaumeichen Pfahlwurzeln von 1,3 m Länge und mehr sowie ein intensives, aber wenig weitreichendes Seitenwurzelsystem. Von kräftigen, oberflächennahen Lateralwurzeln geht ein dichtes Netz Seitenwurzeln tieferer Ordnung aus, welches die obersten Bodenschichten durchdringt [9]. Die Feinwurzeln bilden Ektomykorrhizen mit mehreren Pilzpartnern. Die wichtigsten davon sind *Amanita rubescens* (PERS.: FR.) GRAY, *Inocybe fastigiata* (SCHFF.: FR.) QUEL. und *Inocybe phaecomis* (PERS.) KUYPER var. *major*.

Vermehrung

Q. pubescens vermehrt sich sowohl generativ wie vegetativ.

Bäume im Alter zwischen 40 und 100 Jahren fruktifizieren am intensivsten, und Samenjahre folgen in Abständen von 1 bis 3 Jahren. Die reifen Eicheln fallen im Oktober/November zu Boden; geerntet wird durch das Aufsammeln der Früchte vom Boden oder aus aufgespannten Netzen. Längere Lagerung des Saatgutes ist schwierig. Bewährt hat sich die Aufbewahrung in verschlossenen Polyäthylen-Beuteln bei +4 °C für 1 Jahr.

Die Keimung erfolgt in feuchtem Sand bei etwa 20 °C sehr rasch und zu > 80%. Sie verläuft hypogäisch. Vorbehandlung und Licht sind nicht erforderlich.

Keimlinge haben relativ große, konvexe Kotyledonen, ein Hypokotyl, das am Grunde behaart ist und anfangs von zahlreichen ovalen, bräunlichen Schuppen bedeckt wird. Die Primär- und die ersten Folgeblätter stehen wegen der kurzen Internodien der Sproßachse dicht zusammen. Sie sind zunächst fein behaart, verkahlen aber später weitgehend. Der Blattrand ist mit 4 bis 5 dornigen Zähnen versehen, der Blattstiel nur 1 bis 2 mm lang und die länglichen, bräunlichen Nebenblätter werden noch früher abgeworfen als bei den Blättern älterer Bäume. Trotz des hohen Lichtbedarfs der Art erweist sich eine leichte Beschattung für Keimlinge und Sämlinge als vorteilhaft.

Die vegetative Vermehrung verläuft in situ über Stockausschläge aus Knospen an der Basis abgetriebener Stämme [8]. Allein die Sprosse aus den ruhenden Knospen, nicht aber jene aus neugebildeten Adventivknospen bleiben auf Dauer erhalten.

Taxonomie und genetische Differenzierung

Die Gattung *Quercus* mit ca. 450 Arten unterliegt einer komplexen, nicht von allen Fachleuten akzeptierten taxonomischen Einteilung. Folgt man der Klassifizierung nach SCHWARZ [30, 31], so sind die europäischen Eichenarten 3 Subgenera zuzuordnen:

- Subgen. *Sclerophyllodrys* O. SCHWARZ
- Subgen. *Cerris* (SPACH) ÖRSTED
- Subgen. *Quercus* (= Subgen. *Lepidobalanus* [ENDL.] ÖRSTED)

Quercus pubescens WILLD. gehört danach zur Untergattung *Quercus*, deren Arten durch kahle Fruchtwände und einjährige Reifezeiten gekennzeichnet sind. Die Chromosomenzahl beträgt 2n = 24.

Als eine extrem polymorphe Art ist *Q. pubescens* in mehrere Subspecies und Varietäten unterteilt worden. Außerdem sind zahlreiche Artbastarde mit *Quercus petraea* (MATT.) LIEBL. bekannt geworden. Kommen beide Arten im selben Bestand vor, kann eine exakte taxonomische Zuordnung der Einzelbäume schwerfallen [11, 13, 14].

Erstmals beschrieben wurde *Quercus pubescens* 1796 von WILLDENOW. Noch vor wenigen Jahrzehnten betrachtete man den Komplex *Q. robur–Q. pubescens–Q. petraea* jedoch als eine einzige Art (*Quercus robur*) [15, 16, 17, 24]. Eng verwandt ist *Q. pubescens* mit *Q. petraea* und Verwechslungen können leicht vorkommen [11]. Als sicherstes Trennungsmerkmal hat sich die Behaarung der jungen Triebe herausgestellt, welche bei *Q. petraea* fehlt.

In der Vergangenheit führte die Polymorphie der Flaumeiche zur Beschreibung einer großen Zahl intraspezifischer Taxone [5]. Viele davon sind heute nicht mehr gültig, so z.B. *Q. leptobalana* GUSSONE, *Q. stenobalana* VUKOT, *Q. cupaniana* GUSSONE oder *Q. amplifolia* BORZI.

Nach Auffassung von ARENA [1] beruht die Vielgestaltigkeit von *Q. pubescens* auf ihrer ungewöhnlich reichen genetischen Ausstattung; daher war es in den meisten Fällen nicht korrekt, von Varietäten zu sprechen.

SCHWARZ [30, 31] scheidet bei *Q. pubescens* drei Unterarten aus:

- Subsp. *anatolica* O. SCHWARZ, heimisch im Osten der Balkan-Halbinsel und auf der Krim
- Subsp. *palensis* (PALASSOU) O. SCHWARZ aus den Nordost-Pyrenäen in Spanien
- Subsp. *pubescens*, im gesamten Areal verbreitet, außer in Spanien und den Pyrenäen.

CAMUS [5] differenziert demgegenüber in folgende 6 Subspecies:

- Subsp. *eu-lanuginosa* aus dem mittleren Südeuropa
- Subsp. *palensis* aus Frankreich (Pyrenäen) und N-Spanien (Katalonien, Baskenland)
- Subsp. *brachyphylla*, auf Kreta, in Griechenland, Macedonien und entlang der türkischen Mittelmeerküste
- Subsp. *medwediewii* aus dem Kaukasus
- Subsp. *dalechampii*, in Süditalien und auf Sizilien
- Subsp. *crispata* aus Osteuropa und Westasien

Derzeit sind unterschiedliche Namen (auch Artnamen) für Taxone in Gebrauch, die wohl richtiger *Q. pubescens* zugeordnet werden müßten. Unter Berücksichtigung wichtiger einschlägiger Publikationen [6, 22, 23, 28, 30, 31] sind dieser Gruppe zuzuordnen:

- *Quercus brachyphylla* KOTSCHY. Ein laubabwerfender oder halb-immergrüner Strauch oder kleiner Baum aus Südwest-Griechenland und Kreta.
- *Quercus cerrioides* WILLK. et COSTA mit eiförmigen und gezähnten, mehr als 6 cm langen Blättern. Heimat: Spanien. Das Taxon wird als Artbastard zwischen *Q. pubescens* und *Q. faginea* angesehen.
- *Quercus congesta* C. PRESL. in J. et C. PRESL. Ein sommergrüner Strauch oder kleiner Baum aus Sardinien, Sizilien und Südfrankreich.
- *Quercus dalechampii* TEN. Ein sommergrüner Baum mit kahlen Blättern und Zweigen, verbreitet von der Slowakei bis in den Westen Italiens. Wegen seiner charakteristischen Merkmale stellt man ihn oft näher zu *Q. petraea* als zu *Q. pubescens* [28] oder spricht ihn fälschlich als Bastard zwischen diesen beiden Arten an.
- *Quercus polycarpa* SCHUR. Heimat: Balkan-Halbinsel und Türkei. Von CAMUS [5] als Varietät von *Q. pubescens* betrachtet, wird das Taxon heute als separate Art angesehen oder zur Verwandtschaft von *Q. petraea* gestellt [22].
- *Quercus sicula* BORZI. Ein laubabwerfender, nur im Bot. Garten Palermo vertretener Baum.
- *Quercus virgiliana* (TEN.) TEN. Ein sommergrüner Baum Südeuropas, dessen Areal von Korsika bis zum Schwarzen Meer reicht.
- *Quercus infectoria* OLIV.. Ein halb-immergrüner Strauch mit ledrigen, oft dornig berandeten Blättern aus den am weitesten östlich gelegenen Teilen des Mittelmeerraumes und aus Anatolien. Einige Autoren [7, 23] halten die Art für eng verwandt mit *Q. faginea* (Iberische Halbinsel), die Flora Europaea [31] stellt sie jedoch zu *Q. pubescens*.

Weiterhin ist *Q. pubescens* als Elternart in zahlreichen Artbastarden vertreten. Neben den Hybriden mit *Q. petraea* und dem Sonderfall *Quercus cerrioides* sind zu nennen:

- *Quercus x corcyrensis* A. CAMUS (*Q. pubescens* x *Q. peduncuIiflora*)
- *Quercus x szechenyiana* BORBAS (*Q. pubescens* x *Q. frainetto*)
- *Quercus x beanitzii* A. CAMUS (*Q. pubescens* x *Q. cerris*)
- *Quercus x kanitziana* BORBAS (*Q. pubescens* x *Q. robur*)
- *Quercus x albescens* ROUY (*Q. pubescens* x *Q. ilex*)

Zu erwähnen ist schließlich der Cultivar *'pinnifida'* (GMEL.) SPENNER, eine Form mit tief gelappten und grob gezähnten Blättern.

Abb. 8: Herbstverfärbung

Abb. 9: Reinbestand an der nördlichen Verbreitungsgrenze (Kaiserstuhl)

Ökologie und Wachstum

Q. pubescens ist eine anspruchslose, widerstandsfähige und vitale Baumart. Infolge ihrer beträchtlichen genetischen Flexibilität gedeiht sie unter sehr verschiedenen klimatischen und edaphischen Verhältnissen und paßt sich selbst extremen ökologischen Bedingungen an [1]. Man kann sie als meso-xerophile, licht- und wärmeliebende Art bezeichnen.

Obwohl sie gern in warmen, sonnigen Lagen wächst, widersteht sie durchaus tiefen Temperaturen – möglicherweise dank ihrer ausgedehnten winterlichen Ruhezeit, die sie vor Früh- und Spätfrösten schützt. Aus diesem Grunde kommt sie auch in höheren Lagen und in kontinentaleren Regionen vor. Demgegenüber neigen Flaumeichen in Sizilien zu frühem Wachstumsbeginn und zum raschen Reagieren auf saisonbedingte Klimaänderungen [1].

Die Niederschlags- und Temperaturwerte streuen im natürlichen Areal der Flaumeiche in weitem Rahmen. So variieren die Niederschläge von 500 bis 1000 mm und darüber hinaus, 2 bis 4 Monate herrscht Sommertrockenheit; die Lufttemperaturen liegen im Sommer gewöhnlich hoch (Mittel des wärmsten Monats > 30 °C), die Winter sind im Mittelmeerbereich mild (kältester Monat > 0 °C), erreichen in kontinentalen und submontanen Lagen jedoch Temperaturen um -10 °C. In Italien überstand die Art im Winter 1984/85 Temperaturen um -20 °C ohne Schaden.

Q. pubescens stellt keine spezifischen Bodenansprüche und gedeiht noch auf den ärmsten Kalkböden. Am besten entwickelt sie sich auf tiefgründigen Substraten. Im südlichen Arealteil ist sie auf fast allen Standorten zu finden, im Norden vornehmlich auf trockenen Kalkböden in Südexposition – wahrscheinlich weil sie wärmer sind.

Der einzige Boden, den Flaumeichen strikt meiden, ist reiner Ton. Indessen wird Ton mit Anteilen kalkreicher oder sandiger Komponenten wiederum akzeptiert [9]. Der tolerierte Bereich des Boden-pH liegt zwischen 6 und 8.

Die sehr vitale Art bildet oft lückige Bestände, so daß konkurrierende Sträucher und Gräser fußfassen können. Degradationen dieser Wälder zu Formen der Garrigue mit *Lavendula* spec. und *Rosmarinum officinalis* kommen vor. Reinbestände entstehen nach Eingriffen des Menschen.

Gegenwärtig ist die normale forstliche Bewirtschaftung der Flaumeiche mit erheblichen Schwierigkeiten verbunden, denn die meisten Bestände sind infolge lang andauernder Übernutzung und falscher Behandlung (schädliche Fällungspraktiken, Waldweide, Feuer) sehr lückig und stocken auf extrem flachgründigen, felsigen Böden. Dementsprechend gering ist der Zuwachs. In der Toskana ermittelte DE PHILIPPIS [10] einen jährlichen Massenzuwachs von 2 bis 3 m^3/ha für Niederwälder mit 15- bis 16jährigem Umtrieb. Wegen der extrem schwierigen Standortverhältnisse (Böden geringer wasserhaltender Kraft, rasche Mineralisierung der organischen Substanz infolge permanenter, starker Einstrahlung) kommt es allenfalls nach sehr langer Zeit zur Wiederherstellung der Bodenfruchtbarkeit. Zur Beschleunigung dieses Prozesses hat man früher mediterrane Koniferenarten wie *Pinus pinea*, *P. pinaster*, *Cupressus sempervirens* und *Cedrus atlantica* beigemischt.

Abb. 10: Quercus pubescens mit Symptomen des „Eichensterbens" (Prov. Bari)

Pathologie

Q. pubescens wird von einigen Insekten- und Pilzarten angegriffen, ohne dadurch ernsthaft bedroht zu werden. Zu erwähnen sind mehrere blattfressende Lepidopteren, die aber auch an vielen anderen Baumarten schädlich werden:

- *Thaumatopoea processionea* L., der Eichenprozessionsspinner durchläuft eine Generation pro Jahr. Im Sommer legt er die Eier unter Rindenschuppen ab. Die Raupen überwintern in relativ großen Nestern (Gespinsten), die sie zur Zeit des Blattaustriebs verlassen, um sofort mit dem Fraß an jungen Blättern zu beginnen. Epidemien, die zu starken Blattverlusten führen können, finden etwa alle 15 Jahre statt und dauern 3 bis 5 Jahre. Biologische Bekämpfung mit *Bacillus thuringiensis* ist möglich.
- Der Schwammspinner *Lymantria dispar* L. macht eine ähnliche Entwicklung durch. Der Fraß breitet sich sehr schnell auf die gesamte Krone aus. Starker Befall wiederholt sich in Abständen von 5 bis 10 Jahren. Biologische Bekämpfung mit *Bacillus thuringiensis*.
- Auch die Raupen von *Tortrix viridana* L., dem Eichenwickler, fressen Flaumeichenblätter, die sie mit Gespinstfäden in typischer Weise zusammenrollen. Ältere Raupen lassen sich oft an Fäden herab. Kahlfraß kommt vor.
- *Euproctis chrysorrhoea* L., der Goldafter, ist ein polyphager, an vielen Laubbaumarten vorkommender Schädling. Die Raupen beginnen im Herbst zu fressen, überwintern in Nestern und setzen den Fraß im nächsten Frühjahr fort.

Pilzliche oder bakterielle Krankheitserreger sind für *Q. pubescens* ohne Belang. *Hypoxylon mediterraneum* (DE NOT) MILL. und *Armillaria mellea* (VAHL.) KUMMER s. l. kommen als Schwächeparasiten an Ästen bzw. Wurzeln vor, *Microsphaera alphitoides* (GRIF. et MAUBL.), der Erreger des Eichen-Mehltaus, tritt als Ektoparasit an Blättern auf, führt aber nur ausnahmsweise zu gravierenden Schäden.

Die wichtigste und wohl einzige abiotische Bedrohung geht von Waldbränden aus.

Größere Bedeutung haben außerdem die folgenden beiden Komplexkrankheiten:

- Waldsterben-Symptome, in der Hauptsache repräsentiert durch die deutlich erhöhte Transparenz der Kronen und das Absterben starker Äste [3, 4, 12]. Ein ähnliches Phänomen wurde von MERENDI [25] für die Chianti-Region beschrieben.
- Nach RAGAZZI et al. [29] leidet *Q. pubescens* außerdem am Eichensterben (oak decline), ausgelöst durch Umweltbelastungen, insbesondere durch Wasser-Streß in Kombination mit dem Befall von Schwächeparasiten. Als Symptome treten auf: die Bildung von Ersatztrieben, Blattvergilbung, Borkenrisse, Schleimfluß. Zu den damit verbundenen Schwächeparasiten zählen: *Cylindrocarpon* spec., *Diplodia mutila*, *Hypoxylon mediterraneum*, *Phoma cavae*, *Phomopsis quercina* und *Sporotrix* spec.

Nutzung

Wie erwähnt, eignet sich das Stammholz von *Q. pubescens* nicht für Konstruktionszwecke. Die Art wird daher zumeist in kurzen Umtrieben als Niederwald bewirtschaftet und als Brennmaterial sowie zur Herstellung von Holzkohle genutzt.

Verbreitet ist ihre Präsenz auf Viehweiden, denn die Eicheln stellen ein wichtiges Zusatzfutter dar und als Unterwuchs treten mehrere, ebenfalls als Futter geeignete Pflanzenarten auf.

Flaumeichenborke kann zur Gerbstoffgewinnung herangezogen werden [32] und neuerdings hofft man, über Inokulationen des Mykorrhiza-Pilzes *Tuber melanosporum* VITT. die Entstehung von Trüffeln auszulösen.

Weiterführende Literatur

[1] ARENA, M., 1958: Ricerche sul ciclo riproduttivo di specie del genere Quercus della flora italiana. III. Contributo alla biologia di Quercus pubescens Will. in Sicilia. Ann. Acc. It. Sci. For. 7, 259–289.

[2] ARENA, M., 1960: Evoluzione della cerchia legnosa in Quercus pubescens Willd. a Messina. Ann. Acc. It. Sci. For. 9, 117–137.

[3] BUSSOTTI, F.; GELLINI, R. et al., 1992: Mediteranean forest tree decline in Italy. CNR, Firenze. S. 64.

[4] CADAHIA, D.; COBOS, J.M.; SORIA, S. et al., 1991: Observation of damage to mediterranean forest species. Ministerio de Agricultura, Pesca y Alimentacion (Madrid) – Commission Europ. Comm. S. 96.

[5] CAMUS, A., 1936-1938: Les Chênes: Monographie du genre Quercus, I-III. P. Lechevalier ed., Paris.

[6] CASTROVIEJO, S.; LAÍNZ, M.; L'OPEZ GONZÁLES, G. et al., 1990: Flora Iberica. Vol. II. Real Jardín Botánico, CSIC. Madrid.

[7] CEBALLOS, L.; RUIZ DE LA TORRE, J., 1979: Arboles y arbustos de la España peninsular. Escuela Tecnica Superior de Ingenieros de Montes. Madrid. 512 S.

[8] CIAMPI, C.; DI TOMMASO, P.L.; MAFFUCCI, C., 1977: Studi morfogenetici sui processi di rigenerazione delle ceppaie nel gen. Quercus. Ann. Acc. Ital. Sci. For. **26**, 3–11.

[9] CORTI R.; PAVARI, A., 1955: La Roverella. Monti e Boschi, (**11–12**). 529–538.

[10] DE PHILIPPIS, A., 1955: I querceti a foglia caduca. Atti Congr. Naz. die Selvicoltura, Firenze. S. 133–157.

[11] DUPOUEY, J.L.; BADEAU, V., 1993: Morphological variability of oaks (Quercus robur L., Quercus petraea (MATT.) LIEBL., Quercus pubescens WILLD.) in northeastern France. Ann. Sci. For. **50** (Supplement 1), 35s–40s.

[12] ECONOMOU, A.; BECCU, E. et al., 1994: Mediterranean Forest Trees. A guide for crown assessment. (FERRETTI Hrsg.) CEC- UN/ECE, Brussels, Geneva.

[13] FILIPELLO, S.; VITTADINI ZORZOLI, M., 1982: Ricerche sulle querce caducifoglie italiane. 5. Sul valore tassonomico del rapporto lobi/nervature in Quercus pubescens e Quercus petraea. Webbia **36**, 97–100.

[14] FILIPELLO, S.; VITTADINI; M., 1975: Ricerche sulle querce caducifoglie italiane. 4. Analisi biometrica e morfologica di esemplari del complesso Q. pubescens Q. petraea dell'Appennino Pavese. Webbia **29**, 365–396.

[15] FIORI, A., 1923–1929 (Nachdruck 1969): Nuova Flora Analitica d'Italia. Vol. **I**. Edagricole, Bologna.

[16] FIORI, A., 1930: Di alcune varietá e degli ibridi e meticci di Quercus robur. L'Alpe **17**, 365–366.

[17] FIORI, A., 1930: Le querce roveri. L'Alpe **17**, 348–350.

[18] GELLINI, R.; BUSSOTTI, F. et al., 1992: Species of the genus Quercus in Italy: chracterization by means of leaf surface observation. Giorn. Bot. Ital. **126**, 481–504.

[19] GIACOBBE, A., 1978: Ma che cos'è la roverella? Arch. Bot. e Biogeogr. Ital. **54**, 1–8.

[20] GIORDANO, G., 1986: Tecnologia del legno, Vol. 3 Le prove ed i legnami di più frequente impiego. UTET, Torino. 1354 S.

[21] GRADI, A., 1980: Vivaistica forestale. Edagricole, Bologna. 568 S.

[22] GREUTER, W.; BURDET, H.M.; LONG, G., (Hrsg.) 1986: Med-Checklist. A critical inventory of vascular plants of the circum-mediterranean countries. 3. Dicotyledones (Convolvulaceae-Labiatae). Ed. Conserv. Jardin Bot. Genéve; Bot. Garten & Bot. Museum Berlin-Dahlem.

[23] KRÜSSMANN, G., 1986: Manual of cultivated broad-leaved trees and shrubs. Vol. II B. T. Batsford LTD. London.

[24] LINNAEUS, C., 1753: (Nachdruck 1959): Species Plantarum. London. Printed for the Roy Society sold by Rernard Quatrich Ltd., London.

[25] MERENDI, A., 1927: I querceti del Chianti. L'Alpe **14**, 108–113.

[26] NARDI BERTI, R., 1979: La struttura anatomica del legno ed il riconoscimento dei legnami italiani di più corrente impiego. Contributi Scientifico-Pratici, CNR Firenze. 158 S.

[27] OZENDA, O., 1990: The South-European nemoral region. Giorn. Bot. Ital. **124**, 759–780.

[28] PIGNATTI, S., 1982: Flora d'Italia. Vol. I. Edagricole, Bologna.

[29] RAGAZZI, A.; DELLAVALLE FEDI, I.; MESTURINO, L., 1989: The oak decline: a new problem in Italy. Eur. J. For. Path **19**, 105–110.

[30] SCHWARZ, O., 1964: Quercus L. In: TUTIN, T.G. et al. (Hrsg.) Flora europaea. Vol. I. Cambridge University Press, 1. Auflage.

[31] SCHWARZ, O., 1993: Quercus L. In: TUTIN, T.G. et al. (Hrsg.) Flora europaea. Vol. I. Cambridge University Press, 2. Auflage.

[32] VIDRICH, V.; RICCO', M.; FUSI, P., 1992: Contenuto di tannini da corteccia die Quercus pubescens Willd. correlato all'altitudine ed esposizione. It. For. Mont. **47**, 158–167.

Der Autor:

Dr. F. BUSSOTTI
Universitá di Firenze
Laboratori di Botanica Agraria e Forestale
Piazzale delle Cascine, 28
I-50144 Firenze

Aus dem Englischen übertragen von P. Schütt

Quercus robur L., 1753

syn.: Quercus pedunculata EHRH., 1790

Stiel-Eiche, Sommer-Eiche

engl.: English oak, Pedunculate oak, Common oak
franz.: Chêne pédonculé
ital.: Farnia, Quercia farnia

Familie: Fagaceae
Untergattung: Euquercus[1)]
Sektion: Lepidobalanus
Subsektion: Pedunculatae

[1)] CAMUS 1938. Eine revidierte, im Wesentlichen ähnliche Systematik der Gattung schlägt NIXON [69] vor.

Abb. 1: Quercus robur im Voralpenland bei Uffing am Staffelsee (Foto: Ulla M. Lang)

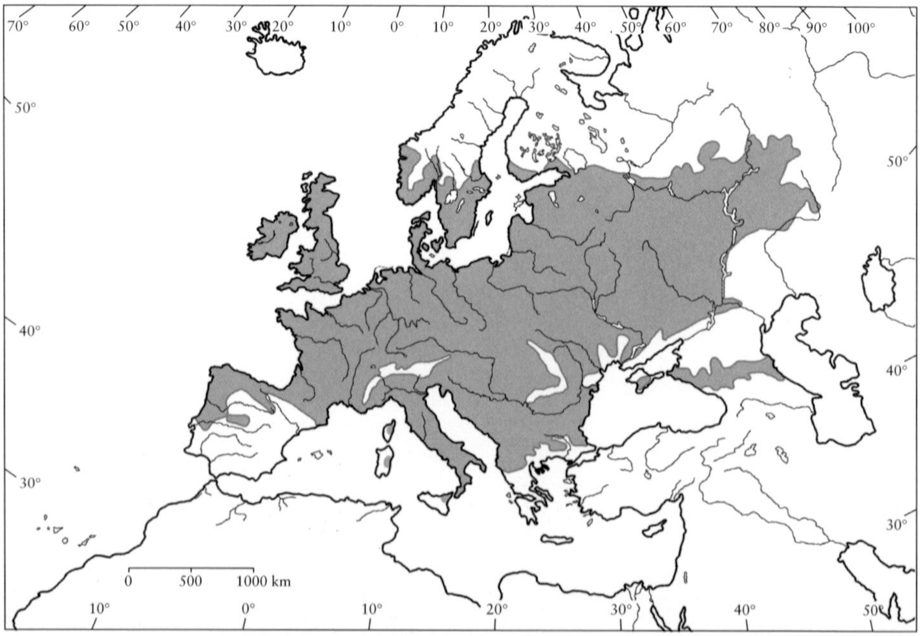

Abb. 2: Natürliches Verbreitungsgebiet; verändert nach: SCHÜTT, SCHUCK, STIMM, 1992, Lexikon der Forstbotanik, ecomed, Landsberg

Die Stiel-Eiche ist einer der häufigsten und sowohl ökologisch als auch wirtschaftlich wichtigsten Laubbäume Mitteleuropas. Größere natürliche Vorkommen hat die sehr langlebige, lichtbedürftige Art aber nur dort, wo die Vitalität der Rot-Buche eingeschränkt ist. Neben trockenen Magerstandorten sind dies vor allem feuchte oder staunasse, nährstoffreiche Böden und insbesondere die ehemals ausgedehnten Auwälder entlang größerer Flüsse.

In früheren Zeiten wurden Eichen vom Menschen sehr gefördert, weil ihre Früchte ein willkommenes Futter für Schweine und Rinder und die junge Rinde der unentbehrliche Rohstoff für die Gerberlohe waren. Immer begehrt war und ist das vielseitig verwendbare, harte und sehr dekorative Holz. In den letzten Jahren häufen sich allerdings Berichte darüber, dass die Stiel-Eiche weit verbreitet von einem „Eichen-Sterben" betroffen ist, das verursacht wird durch einen Komplex schädigender Faktoren, zu denen neben extremen Witterungsereignissen und anthropogenen Schadstoffen vor allem parasitische Pilze der Gattung *Phytophthora* zählen.

Der wissenschaftliche Artname *Quercus robur* ist zurückzuführen auf das lateinische „robur" (abgeleitet von ruber = rot) als Bezeichnung für das rotbraune Kernholz der Eichen. In Anspielung auf dessen Härte und Dauerhaftigkeit war „robur" im übertragenen Sinne aber auch der Begriff für Eigenschaften wie Kraft, Stärke und Ausdauer [36]. Der häufigste deutsche Name Stiel-Eiche bezieht sich auf eines der wichtigsten Bestimmungsmerkmale der Art: Im Unterschied zur ähnlichen Trauben-Eiche hängen die Früchte an langen Stielen.

Arealgeschichte und Verbreitung

Die mitteleuropäischen *Quercus*-Arten (*Q. robur, Q. petraea* und *Q. pubescens*) lassen sich pollenanalytisch nicht sicher unterscheiden. Deshalb ist es unmöglich, die Refugien dieser drei Arten während der letzten Eiszeit und ihre anschließende Rückwanderung artspezifisch darzustellen [30]. Es wird angenommen, dass Eichen unser Gebiet aus mindestens drei getrennten Rückzugsgebieten im Süden Europas besiedelten: Von der Iberischen Halbinsel, vom Apennin und von der Balkanhalbinsel [43]. Erste Nachweise von *Quercus*-Pollen nördlich der Alpen stammen aus der Frühen Wärmezeit (Boreal oder Haselzeit, etwa ab 7000 v. Chr.). Begünstigt durch die Erwärmung des Klimas breiteten sich Eichen rasch aus und prägten schon in der Mittleren Wärmezeit (Atlantikum, ab etwa 5000 v. Chr.), eine Epoche, die auch als Eichenmischwaldzeit bezeichnet wird, zusammen mit anderen Laubbaumarten wie Ulmen, Eschen, Linden und Erlen auf großer Fläche das Waldbild. In der darauf folgenden Späten Wärmezeit (Subboreal, etwa ab 2500 v. Chr.) wurde das Klima kühler und feuchter und ermöglichte die starke Ausbreitung der Rot-Buche (*Fagus sylvatica*) und als Folge davon die Verdrängung der Eichen auf den meisten Standorten in tieferen und mittleren Lagen. Seit der Nachwärmezeit (Subatlantikum, ab etwa 800 v. Chr.) ist in unseren Laubwäldern die Buche vorherrschend [30].

Quercus robur ist eine europäische Baumart mit einem mitteleuropäischen, gemäßigt kontinentalen Verbreitungsschwerpunkt [62, 94]. Das Areal reicht im Norden bis Irland, Schottland, Südskandinavien (an der Küste Norwegens bis 62° n. Br., in Schweden und Finnland bis 61° n. Br.) und in Russland bis 59° n. Br., im Osten bis an den Ural, im Südosten bis zu den Karpaten und zum Balkangebirge, im Süden bis nach Süditalien, Südfrankreich, Nordspanien und das mittlere Portugal. Isoliert davon kommt die Art auch an der Nordküste des Schwarzen Meeres (Krim) und im Kaukasus vor. Im überwiegenden Teil ihres Areals ist die Stiel-Eiche sympatrisch mit der Trauben-Eiche verbreitet. Im Unterschied zu dieser dringt sie weiter in den kontinentalen Osten Europas, in Teilen Skandinaviens weiter nach Norden und auf der Iberischen Halbinsel weiter nach Süden vor. Vertikal kommt sie von der Ebene bis in mittlere Gebirgslagen vor. Die oberen Grenzen der Verbreitung liegen bei [62, 68]:

Harz	490 m
Erzgebirge	570 m
Bayerischer Wald	970 m
Schwäbische Alb	980 m
Bayerische Alpen	950 m
Graubünden und Berner Oberland	1400 m
Wallis	1250 m
Tessin	1100 m
Ungarn	1100 m

Beschreibung

Die Stiel-Eiche ist ein sommergrüner Laubbaum, der bis 40 m (maximal 50 m) hoch wird [94] und einen Brusthöhendurchmesser bis 2,6 m [33] erreichen kann. Im Freistand entwickelt sie anfangs eine schmal kegelförmige und im Alter eine weit ausladende, unregelmäßig starkästige Krone. Bestimmend für den Kronenaufbau sind die monopodiale Verzweigung, das bevorzugt orthotrope Wachstum der Triebe und die seitliche Bildung der Blütenstände (Architektur-Modell RAUH [74]). Das Längenwachstum der Sprosse erfolgt gebunden, das heißt, der austreibende Trieb ist komplett in der Knospe vorgebildet. Seitentriebe werden gehäuft an den Triebspitzen gebildet, so dass sie mehr oder weniger wirtelig angeordnet erscheinen. Für die Verzweigung sind drei Phänomene wichtig: die Bildung proleptischer und proventiver Triebe sowie die Möglichkeit zur Reduktion der Verzweigung durch Zweigabsprünge[2)].

Knospen, Blätter und Triebe

Knospen wie Blätter stehen spiralig in einer $^2/_5$-Schraube an der Sprossachse. Typisch ist eine Häufung der Laubblätter und Knospen an der Spitze der Triebe. Die Größe der stumpf eiförmigen Winterknospen variiert erheblich, oft ist die Endknospe größer als die seitlichen.

Die Knospenhülle wird von vielen braunen, am Rand fein bewimperten, sonst aber mehr oder weniger kahlen Schuppen gebildet, die in fünf Längsreihen übereinander stehen. Diese Schuppen sind umgebildete Nebenblätter (Stipularschuppen). Die Laubblätter hinterlassen nach dem Abfallen deutliche Blattnarben, jede von ihnen mit vielen, in drei Gruppen konzentrierten Bündelspuren.

Die Laubblätter sind in Form und Größe sehr variabel. Sie sind fiederig gelappt mit jederseits 3 bis 6 abgerundeten Lappen, im Umriss in der Regel verkehrt eiförmig und etwa 6 bis 16 cm lang. Buchtennerven (Seitennerven, die in Buchten enden) kommen regelmäßig vor [1], die Basis der Spreite ist mehr oder weniger herzförmig und geöhrt. Die Länge des Blattstiels schwankt zwischen 2 mm und 12 mm. Stiel und Spreite sind in der Regel kahl [3, 50, 70], jedoch gibt es Formen, die, ähnlich wie bei der Trauben-Eiche, auf der Unterseite der Spreite entlang der Mittelrippe Büschelhaare haben sowie auf der Fläche kleinere Sternhaare [4, 70]. Derartige Formen sind als Varietät *puberula* (LASCH) SCHWZ. bzw. Subspecies *puberula* (LASCH) WEIM. beschrieben [83, 96].

Die jungen Sprossachsen sind kahl, oft kantig und haben ein im Querschnitt sternförmiges Mark. Die Epidermis wird frühzeitig durch ein glänzend oliv- bis rotbraunes Periderm mit hellen, kleinen Lenticellen ersetzt. Die länglichen Nebenblätter fallen gleich nach der Blattentfaltung ab.

Phänologie

Wie die meisten einheimischen ringporigen Laubhölzer treibt die Stiel-Eiche relativ spät im Frühjahr aus. Viele Beobachtungen haben gezeigt, dass die Stiel-Eiche oft einige Tage vor der Trauben-Eiche austreibt [19, 56, 92, 94], jedoch gibt es auch Standorte, auf denen sich der Austrieb beider Eichen überschneidet [11] oder sich *Quercus petraea* früher belaubt [19].

---

2) **Proleptische Triebe:** Neben den Frühjahrstrieben können im Sommer zusätzliche Triebe (Johannis- oder Sommertriebe) gebildet werden [88], die aus Knospen der Frühjahrstriebe austreiben (Prolepsis). Unter sehr günstigen Bedingungen kann es im selben Jahr zur Bildung einer weiteren Generation proleptischer Triebe kommen, wenn Knospen von Johannistrieben austreiben. Prolepsis ist bei jungen Bäumen häufiger als bei älteren. Sie ist abhängig von Umwelteinflüssen, insbesondere wird sie durch Licht gefördert, ist andererseits auch genetisch fixiert und kann deshalb von Baum zu Baum, aber auch zwischen Populationen variieren [56].
Proventive Triebe: Das Spross-System kann durch den Austrieb schlafender Knospen (das sind Knospen mit einer Dormanz von mehr als einem Winter, sog. Proventivknospen) ergänzt und erweitert werden. Stockausschläge sind Proventivtriebe aus dem Stock (Stubben), Wasserreiser bzw. Klebäste solche aus Stamm und stärkeren Ästen. Durch die Aktivierung schlafender Knospen kann die Stiel-Eiche selbst stärkere Schäden der Krone regenerieren (z. B. nach Insekten-Kahlfraß oder Spätfrost).
Zweigabsprünge: Ältere Bäume können Zweigabsprünge bilden [19, 74], indem schwächere Seitentriebe (meist unverzweigt, weniger als fünf Jahre alt und beblättert) von der Tragachse abgestoßen werden. Mit Zweigabsprüngen können Bäume ihre Blattmasse verringern, beispielsweise als Reaktion auf Trockenstress.

Eine phänologische Besonderheit ist der verzögerte Laubfall. Die Blätter verfärben sich am Ende der Vegetationsperiode zunächst gelb und dann braun. Nur ein Teil der Blätter fällt aber auch im Herbst ab, der andere hingegen erst im Laufe des Spätwinters oder des kommenden Frühlings. Dieses Phänomen tritt vornehmlich bei jungen Stiel-Eichen auf. Wenn ältere Bäume ihre Blätter über den Winter behalten, dann vor allem im unteren Kronenteil und an Wasserreisern und Klebästen [72].

Abb. 3: Weibliche Einzelblüte mit Pollenkörnern auf den Narben (links) und weiblicher Blütenstand

Blüten, Früchte und Samen

Die Blüten sind eingeschlechtig und einhäusig verteilt. Die männlichen Blütenstände sind dünne, zum Zeitpunkt des Stäubens schlaff hängende, reichblütige Kätzchen, die sich entweder gebüschelt aus Blütenknospen der letztjährigen Triebe oder einzeln in den Achseln der Laubblätter im unteren Teil diesjähriger Sprosse entwickeln. Die winzige Einzelblüte hat ein unscheinbares, mehrzipfeliges Perigon und 5 bis 12 Staubblätter. Die kugeligen Pollenkörner sind etwa 30 µm groß, haben drei von Pol zu Pol verlaufende Keimfalten (tricolpat) und eine warzige Exine [71].

Abb. 4: Zweig mit Fruchtstand

Die weiblichen Blüten befinden sich in deutlich gestielten Ähren, die blattachselständig an der Spitze der Frühjahrstriebe stehen. Gebildet werden diese Infloreszenzen aus bis zu sechs etwa stecknadelkopfgroßen Blüten. Bereits zur Blütezeit ist jede Blüte becherförmig von einer behaarten Cupula umgeben, die das unscheinbare, 5- bis 7-teilige Perigon mehr oder weniger verdeckt, und aus der nur die scheibenförmig verbreiterte, meist dreiteilige, rötliche Narbe herausragt. Der Fruchtknoten ist unterständig und wird aus drei Fruchtblättern mit je zwei Samenanlagen gebildet, von denen sich in der Regel nur eine zu einem Samen entwickelt.

Blütezeit ist die Zeit des Laubaustriebes im Frühjahr und kann je nach Witterung wenige Tage bis etwa zwei Wochen andauern. Die Narben einer Blüte bleiben meist einige Tage bestäubungsfähig [2, 25, 66, 76], werden durch den Wind bestäubt, wobei die Befruchtung erst etwa vier bis sechs Wochen nach der Bestäubung erfolgt. Stiel-Eichen sind vorweiblich (proterogyn) [19], was ein Grund für die ausgeprägte Selbststerilität sein könnte [2, 25, 66].

Abb. 5: Männliche Blütenstände in voller Blüte

Typisch für *Quercus robur* ist, dass die Fruchtstände in der Regel mindestens 2 cm und mitunter bis zu 10 cm lang gestielt sind. Jede Nussfrucht, die Eichel, wird im unteren Drittel vom napfförmigen, anliegend beschuppten Fruchtbecher (Cupula) umgeben. Die Nuss selbst ist ei- bis walzenförmig, etwa 2 bis 3,5 cm lang und 1 bis 2 cm breit. Form, Größe und Gewicht können sowohl innerhalb eines Baumes als auch zwischen verschiedenen Mutterbäumen stark variieren [4, 5]. Die Fruchtgröße schwankt darüber hinaus von Jahr zu Jahr beträchtlich, offenbar vor allem in Abhängigkeit von Umweltfaktoren, insbesondere der Witterung während der Zeit der Samenreife [52].

Das in der forstlichen Praxis verwendete Tausendkorngewicht (= mittleres Frischgewicht von 1000 Eicheln) liegt zwischen 3000 und 5500 g [9, 56]. Stiel-Eicheln sind im Mittel etwas größer und schwerer als Trauben-Eicheln [4].

Die Früchte reifen und fallen im Herbst nach der Blüte. Sie sind zunächst grün, reif braun und haben im frischen Zustand eine dunkle Längsstreifung. Jede Eichel enthält einen, in seltenen Fällen zwei Samen [4]. Dieser besteht überwiegend aus dem Embryo mit großen Speicherkotyledonen, zwischen denen sich die Anlage für die Keimwurzel und den Spross (Plumula) befindet. Dominierende Reservestoffe in den Keimblättern sind Kohlenhydrate, insbesondere Stärke, die mehr als die Hälfte der Trockensubstanz ausmacht. Der Fettgehalt liegt bei etwa 3 % [40].

Abb. 6: Winterknospen

Holz und Borke

Das Holz der Stiel-Eiche zeigt makro- wie mikroskopisch keine signifikanten Unterschiede zu dem der Trauben-Eiche [42]. Es ist ringporig und differenziert in einen hellen, im Alter schmalen Splint und einen rötlich bis gelblich braunen Kern. Charakteristisch für das makroskopische Holzbild sind markante Jahrringgrenzen und auffallend breite und hohe Holzstrahlen [39, 77].

Das Holz ist hart und schwer: Die mittlere Rohdichte beträgt im frischen Zustand etwa 1 g/cm³, die Darrdichte (r_0) liegt zwischen 0,4 ... 0,65 ... 0,9 g/cm³ [39]. Verursacht wird diese Variation durch Unterschiede in der Jahrringbreite, da schmale Jahrringe einen relativ hohen Anteil an leichterem Frühholz aufweisen als breite Jahrringe. Engringiges Holz (hoher Frühholzanteil) bezeichnen die Holzverarbeiter daher als „mild“, solches mit weiten Ringen (hoher Spätholzanteil und deshalb relativ schwer) als „hart“.

Physikalisch-technische Eigenschaften des Holzes [39]:

r_{15} (g/cm³):	0,43 ... 0,69 ... 0,96
Elastizitätsmodul (N/mm²):	13 000
Druckfestigkeit (N/mm²):	55 ... 65
Zugfestigkeit (N/mm²):	90
Biegefestigkeit (N/mm²):	94 ... 110
Scherfestigkeit (N/mm²):	11
Bruchschlagarbeit (kj/m²):	60 ... 75.

Die Rinde der Stiel-Eiche ist etwa 10 bis 20 Jahre als Initialperiderm ausgebildet und glatt, ehe eine harte, graubraune und im Alter tief längsrissige Schuppenborke entsteht. Struktur und Dicke dieser Borke ist variabel. Im Unterschied zur Trauben-Eiche ist sie oft etwas gröber und tiefer rissig.

Abb. 7: Stieleicheln, die beiden oberen mit beginnender Keimung

Bewurzelung und Mykorrhiza

In den ersten Lebensjahren bilden Stiel-Eichen kräftige, tiefreichende Pfahlwurzeln und verhältnismäßig kurze Seitenwurzeln. Je nach Standort kommt es früher oder später, meist aber bereits ab einem Alter von 20 Jahren zur verstärkten Entwicklung von Seitenwurzeln und von Senkern, wodurch sich je nach Bodenbedingungen ein Herzwurzel- oder Herz-Senkerwurzelsystem entwickelt [55, 60, 62].

Stiel-Eichen leben durchweg mit einer großen Zahl von Mykorrhizapilzen aus verschiedenen Gattungen in Symbiose[3)]. Unter den Ascomyceten, die mit *Q. robur* eine Ektomykorrhiza bilden, sind die echten Trüffel (*Tuber magnatum*, *T. melanosporum*) besonders zu erwähnen sowie *Cenococcum geophilum* als Ubiquist. Von den Basidiomyceten sind hauptsächlich röhrlings- und täublingsartige Großpilze (*Boletales, Agaricales*) wichtig. In Eichen-Beständen können mehr als 20 Mykorrhizapilzarten vorkommen. Der Bestand vieler Mykorrhizapilze ist aber durch massive Stickstoffeinträge in den letzten 25 Jahren ernsthaft bedroht und der Fortbestand etlicher gegen hohe Nitratgehalte empfindlicher Symbiosepilze derzeit gefährdet. Ergebnisse von Kartierungen haben gezeigt, dass die Mykorrhizapilzflora in Eichen-Beständen bereits deutlich verarmt ist [58].

Wichtige Pilzpartner der obligat mykotrophen Stiel-Eiche sind:

Boletus spp. (Hexenröhrlinge),
Leccinium quercinum (Eichen-Rotkappe),
Pulveroboletus gentilis (Goldsporiger Röhrling),
Strobilomyces strobilareus,
Xerocomus chrysenteron (Rotfuß-Röhrling) sowie
X. rubellum, *X. subtomentosus*,
Lactarius chrysorrheus (Goldfüssiger Milchling),
L. vellereus (Wolliger M.), *L. pterosporus* (Scharfer Korallen-M.), *L. pallidus* (Falber M.), *L. quietus* (Eichen-M.).

Aus der Gruppe der Täublinge und Ritterlinge ist ein großes Artenspektrum in *Q. robur*-Beständen vertreten:

Russula nigricans (Dickblättriger Schwarztäubling), *R. delica* var. *chloroides* (Schmalblättriger Weißtäubling), *R. amoena* (Samtiger Brätlingstäubling), *R. violeipes* (Violettstieliger B.), *R. anatina* (Ententäubling), *R. parazurea* (Blaugrüner Reiftäubling), *R. vesca* (Fleischroter Speisetäubling), *R. virescens* (Gefeldeter Grüntäubling), *R. lilacea* (Rotstieliger Reiftäubling), *R. pseudointegra* (Ockerblättriger Zinnobertäubling), *R. laeta* (Leuchtend roter T.), *R. rosea* (Harter Zinnober-T.), *R. foetens* (Stink-T.), *R. amoenolens* (Brauner Camembert-T.), *R. insignis* (Milder Kamm-T.), *R. pectinata* (Kratzender Kamm-T.), *R. sororia* (Großer Kamm-T.), *R. atropurpurea* (Purpurschwarzer T.), *R. luteotacta* (Gelbfleckender T.), *R. maculata* (Gefleckter T.), *Tricholoma acerbum* (Gerippter Ritterling), *T. argyraceum* (Silbergrauer R.), *T. sejunctum* (Grüngelber R.), *T. album* (Strohblasser R.), *T. saponaceum* (Seifen-R.).

Als Mykorrhizapartner in den obligat mykotrophen Eichen-Beständen sind auch Leisten-, Stoppel- und Bauchpilze anzutreffen, z. B. *Cantharellus cibarius* (Pfifferling), *Hydnum repandum* (Semmel-Stoppelpilz) sowie *Scleroderma bovista* und *S. citrina* (Kartoffelboviste). Begleitpilze von *Q. robur* sind darüber hinaus hypogäische Arten aus der Gruppe der Bauchpilze: *Hymenogaster tener*, *Hysterangium stoloniferum*, *Gautieria morchelaeformis* (Morcheltrüffel), *Melanogaster ambiguus* (Schleimtrüffel). Die Wurzeltrüffel (*Rhizopogon roseolus*) ist mittlerweile aufgrund der allgegenwärtigen Belastungen der Böden durch Emissionen aus Landwirtschaft und Verkehr selten [81].

Fortpflanzung und Vermehrung

In geschlossenen Beständen fruchten Stiel-Eichen meist nicht vor dem 30. bis 40. Lebensjahr, freistehende Bäume etwa ab einem Alter von 20 Jahren [16, 56, 73, 85], in Ausnahmefällen aber auch bereits sehr viel früher [6]. Die Bildung von Samen ist von Jahr zu Jahr sehr unterschiedlich. Guten Samenjahren (Mastjahren) folgen immer wieder Jahre, in denen die Fruktifikation gering ist oder ganz ausbleibt [4, 80]. Als Ursachen für dieses Mastverhalten werden verschiedene Einflussfaktoren diskutiert. Größere Bedeutung kommen dabei vor allem dem Klima und der Witterung zu sowie der Verfügbarkeit ausreichender Reserven des Mutterbaumes [48]. Von Bedeutung für das Mastverhalten ist darüber hinaus möglicherweise auch die Vermeidung starker Samenprädation durch Übersättigung der Prädatoren bei reichlicher Fruchtbildung in einem Jahr [87].

Die Eicheln bleiben nach dem Fruchtfall entweder unterhalb der Krone des Mutterbaumes liegen oder sie werden durch Tiere ausgebreitet (Zoochorie). Für den Transport über kurze Distanzen spielen Kleinsäuger wie Eichhörnchen oder Mäuse eine Rolle, die die Eicheln vom Baum ernten oder am Boden liegend verschleppen [44, 63]. Für die Ausbreitung über größere Entfernungen sind vor allem Vögel (z. B. Rabenvögel, Tauben) und speziell der Eichelhäher (*Garrulus glandarius*) von Bedeutung [14]. Dieser hortet intensiv Früchte im Boden, wo sie, sofern sie nicht gefressen werden, ideale Bedingungen für die Überwinterung und die spätere Keimung vorfinden [4]. Dadurch bewirkt der Häher eine sehr intensive und effektive Ausbreitung der Samen bis zu mehreren Kilometern Entfernung vom Mutterbaum.

Die Keimung erfolgt hypogäisch. Nach dem Erscheinen der Radicula strecken sich die Stiele der Keimblätter und schieben dadurch die Sprossanlage aus der Eichel heraus.

3) Nachfolgende Zusammenstellung u.a. nach Blaschke, H., mdl. Mitt.

Innerhalb kurzer Zeit streckt sich das Epikotyl vollständig und die den Folgeblättern bereits sehr ähnlichen Primärblätter entfalten sich. Reife Samen haben einen hohen Wassergehalt und bleiben nur dann keimfähig, wenn sie nicht stärker austrocknen (rekalzitrante Samen). Der Wassergehalt erntefrischer Stiel-Eicheln beträgt rund 50 % vom Frischgewicht [4, 40], Werte unter 30 % führen bereits zu einer erheblichen Einschränkung der Keimfähigkeit; der letale Schwellenwert liegt bei etwa 20 % (Literaturübersicht bei [4]). Die Samen haben keine eigentliche Keimhemmung, das heißt sie sind bei geeigneten Umweltbedingungen gleich nach der Reife keimfähig. In der Natur wird oft noch im Herbst die Keimwurzel gebildet, während der Spross immer erst im folgenden Frühjahr erscheint.

Im Vergleich zu Trauben- und Flaum-Eiche beginnt die Stiel-Eiche unter gleichen Bedingungen im Durchschnitt etwas später zu keimen [4]. Das Wachstum der Keimlinge wird in den ersten Jahren wesentlich durch die Größe der Samen beeinflusst [4, 16, 28]: Aus großen Früchten erwachsen größere Jungpflanzen.

Die Früchte lassen sich wegen ihrer Rekalzitranz nicht oder nur durch aufwendige Verfahren längere Zeit lagern. Hierzu gehören Maßnahmen zur Optimierung der Ernte und Lagerung sowie die gezielte Erhöhung der Frostresistenz der Früchte [40]. In der Praxis ist lediglich die einmalige Überwinterung von Saatgut üblich. Gebräuchliche Verfahren sind die Lagerung in der Waldbodenstreu, das Einlagern (jeweils abwechselnd mit einer Schicht Sand) in Mieten, die Halterung in fließendem Wasser und die Lagerung in Hütten oder Kellern, wobei je nach Austrocknungs- und Frostgefahr das Saatgut mit Planen, Streu oder Erde abgedeckt werden muss [56].

Stiel-Eichen lassen sich durch Stecklinge vegetativ vermehren [13, 90], wobei sich nur Stecklinge jüngerer Mutterpflanzen gut bewurzeln. Günstigster Zeitpunkt für das Abstecken ist die Phase unmittelbar nach der Ausbildung der jungen Triebe, noch bevor diese verholzen. Zahlreiche Forschungen wurden in den letzten Jahrzehnten auf dem Gebiet der Mikrovegetativvermehrung von Eichen (in vitro-Vermehrung) durchgeführt (z. B. [23, 79]). Mittlerweile ist man in der Lage, durch in vitro-Verfahren auch Gewebe von Altbäumen gezielt zu rejuvenalisieren, um adventive Wurzel- und Sprossbildung zu induzieren.

Zierformen werden durch Stecklinge oder durch Veredeln vermehrt [13]. Bis ins hohe Alter bilden Stiel-Eichen sehr gut Stockausschläge, vor allem aus Proventivknospen.

Taxonomie, genetische Differenzierung und Artbastarde

In der Gattung *Quercus* ist die Abgrenzung von Arten in vielen Fällen problematisch. Gründe dafür sind die hohe Merkmalsvariation vieler Sippen und die verbreitete Möglichkeit zur Bastardierung [4, 17, 64, 93]. Die Frage, ob die beiden wichtigsten mitteleuropäischen Sippen, die Stiel-Eiche und die Trauben-Eiche, zwei verschiedene Arten sind oder intraspezifische Sippen einer Art, wird kontrovers diskutiert [4, 7, 53, 64, 75]. Hier wird der Auffassung gefolgt, dass *Q. robur* eine eigene Art ist [4, 7, 64]. Über ihre genetische Differenzierung wurden in den letzten Jahren zahlreiche neue Erkenntnisse gewonnen [65, 67, 78, 97]. Unterschiede zwischen Herkünften sind seit langem für verschiedene Eigenschaften nachgewiesen, insbesondere für forstlich relevante wie den Austriebszeitpunkt, die Häufigkeit von Johannistrieben, die Kronenform, das Höhenwachstum oder die Empfindlichkeit gegenüber Mehltau [56, 57]. Die Chromosomenzahl beträgt 2n = 24.

Q. robur ist mit *Q. petraea* [2, 25, 76, 91] und mit *Q. pubescens* [66] experimentell kreuzbar. Nach der Bestäubung von *Q. robur* mit Pollen von *Q. petraea* werden häufiger Samen gebildet als bei der reziproken Kombination, die sich als weitgehend inkompatibel erwiesen hat. Während man über die experimentelle Kreuzbarkeit beider Sippen gut Bescheid weiß, wird die Bedeutung der Hybridisierung unter natürlichen Bedingungen kontrovers diskutiert [4, 35].

Unstrittig ist, dass es zwischen beiden Arten zum Genfluss kommen kann [12]. Dieser ist aber durch die Wirkung unterschiedlicher Barrieren zumindest so stark begrenzt, dass beide Eichen als ökologisch und morphologisch distinkte Sippen erhalten bleiben. Nach wie vor noch unzureichend geklärt ist in diesem Zusammenhang, wie trotz der möglichen Bastardierung die morphologische und ökologische Differenzierung von Stiel- und Trauben-Eiche erhalten bleibt [64]. Hybridformen, taxonomisch häufig als *Q.* x *rosacea* BECHST. bezeichnet, sind aber ein Grund dafür, dass eine eindeutige Zuordnung intermediärer Formen zu einer Art oft nicht möglich ist.

Noch unzureichend bearbeitet ist die Frage, ob und inwieweit es eine taxonomisch relevante intraspezifische Differenzierung gibt[4)]. In der Literatur sind viele Unterarten, Varietäten und andere Formen beschrieben [8, 10], deren taxonomischer Wert aber meist als fragwürdig einzustufen ist. Groß ist die Zahl gärtnerisch interessanter Sorten. Fixiert sind hier Abweichungen in der Wuchsform (z. B. 'Fastigiata', die Pyramiden-Eiche mit einer durch aufrecht wachsende Äste und Zweige schmal kegelförmigen Krone) und in der Blattform (z. B. 'Asplenifolia' mit unregelmäßig geformten, oft annähernd linealischen Blättern oder 'Crispa' mit sehr kleinen, am Rand stark gekräuselten Blättern) sowie buntblättrige Formen wie die Sorte 'Artropurpurea' (Blätter purpurfarben) oder 'Argenteomarginata' (Blätter am Rand unregelmäßig weiß gesäumt) [59].

4) Zur Taxonomie von Stiel-Eichen mit Behaarung auf der Blattunterseite s. Kapitel „Knospen, Blätter und Triebe".

Abb. 8: Borke einer alten Stiel-Eiche

Ökologie

Die Stiel-Eiche ist eine Laubmischwaldart der tiefen und mittleren Lagen. Sie weist eine große Klimaamplitude auf und kommt sowohl in ozeanisch geprägten als auch in stärker kontinentalen, sommerwarmen Gebieten vor. Besiedelt werden Böden unterschiedlichen geologischen Ausgangsmaterials (Silikat wie Kalk) und unterschiedlicher Nährstoff- und Basenversorgung. Ihr bestes Wachstum zeigen Stiel-Eichen auf mittleren Standorten (bezüglich Nährstoff- und Wasserversorgung), doch können sie sich hier aufgrund ihres hohen Lichtbedarfs in der Regel nicht gegen die Rot-Buche (*Fagus sylvatica*) behaupten. Unter natürlichen Bedingungen kommt *Q. robur* deshalb vor allem auf extremen Standorten zu größerer Entfaltung. Dies sind insbesondere feuchte bis nasse (staunasse), nährstoff- und basenreiche Lehm- und Tonböden [9, 29, 38, 51, 62, 94]. Bestandesbildend sind Stiel-Eichen im Eichen-Hainbuchenwald und insbesondere in der Hartholzaue zusammen mit Ulmen, Eschen und Pappeln. Hier kommt ihnen die Fähigkeit zugute, auch länger anhaltende Überflutung zu tolerieren. Für Auwälder am Oberrhein wurde nachgewiesen, dass Stiel-Eichen im langjährigen Mittel annähernd 100 Tage überflutet sein können, davon etwa 60 Tage in der Vegetationsperiode.

In einem extrem hochwasserreichen Jahr betrug die Zeit der Überschwemmung 217 Tage, davon 125 Tage von April bis September [26, 89].

Besiedelt werden daneben aber auch trockene, kalkreiche Standorte und nährstoffarme, sehr saure Substrate (z. B. Sandböden). Auf letzteren ist die Stiel-Eiche oft vergesellschaftet mit Birken (*Betula* spp.), Zitterpappel (*Populus tremula*) und Vogelbeere (*Sorbus aucuparia*). Verglichen mit *Quercus petraea* hat *Q. robur* die größere ökologische Amplitude bezüglich der Temperatur und der Wasserversorgung. Beide Arten können in unterschiedlichen Waldgesellschaften miteinander vorkommen.

Viele der heutigen Vorkommen der Stiel-Eiche sind anthropogen bedingt. Wegen ihrer vielfältigen Nutzungsmöglichkeiten wurden Eichen bereits in vorgeschichtlicher Zeit vom Menschen gefördert. Vor allem die Nieder- und Mittelwaldwirtschaft, bis in das 20. Jahrhundert hinein die vorherrschende Form der Bewirtschaftung vieler Laubwälder, förderte die Stiel-Eiche zusammen mit anderen Arten wie Linde, Hainbuche, Trauben- und Flaum-Eiche zu Lasten der Rot-Buche. Die Forstwirtschaft der letzten 200 Jahre hat allerdings dazu geführt, dass viele solcher vormals eichenreicher Nieder- und Mittelwälder in Nadelholzbestände umgewandelt wurden. In jüngerer Zeit ist diesbezüglich eine Trendwende erkennbar und es werden vermehrt Eichen-Bestände neu begründet.

Abb. 9: Stammscheibe einer jüngeren Stiel-Eiche

Abb. 10: Ausschnitt aus einem Brett einer alten Stiel-Eiche

Abb. 11: Stiel-Eichen-Keimlinge unterschiedlicher Größe

Abb. 12: Jungpflanze mit Johannistrieb

Wachstum und Waldbau

Typisch für die Stiel-Eiche ist die Kombination eines sehr raschen Wachstums in der Jugend mit der Fähigkeit, bei extrem hoher Lebenserwartung lang anhaltend zu wachsen. Der Höhenzuwachs von Stieleichenbeständen guter Standorte kulminiert bereits in einem Alter von 20 bis 30 Jahren, der Zuwachs an Holzmasse etwa ein Jahrzehnt später [18]. Das Höchstalter liegt bei 400 bis 800 Jahren, einzelne Bäume können bis über 1000 Jahre alt werden [33].

Hochwälder mit Stiel-Eiche werden forstwirtschaftlich überwiegend durch Saat oder Pflanzung begründet. Wichtig für die Erzeugung von Wertholz sind eine gleichmäßig dichte Verjüngung, rechtzeitige, intensive und regelmäßige Bestandespflege (Jungwuchs- und Dickungspflege, Durchforstungen) sowie ein Nebenbestand aus schattentoleranten Baumarten zur Erziehung astfreier Eichen-Stämme [18, 31, 49, 56, 62]. Die Umtriebszeiten für die Erzeugung qualitativ hochwertigen Holzes (Furnierholz) betragen 200 bis 250 Jahre, für die Produktion starken Sägholzes etwa 150 Jahre [18]. Im Vergleich zu vielen anderen Baumarten ist die Massenleistung der Eiche zwar gering, auf geeigneten Standorten und bei guter waldbaulicher Pflege die erzielbare Wertleistung aber sehr hoch.

Nutzung

Wichtige Qualitätskriterien des Holzes sind der Stammdurchmesser, die Astigkeit der Stämme und die Breite und Gleichmäßigkeit der Jahrringe. Eichenholz zeigt dementsprechend in seiner Qualität und seinen Verwendungsmöglichkeiten sehr große Unterschiede, wobei sich das Holz der Stiel-Eiche und das der Trauben-Eiche dabei sehr ähnlich sind.

Je nach Verwendungszweck sind eher die Festigkeit des Holzes, seine Bearbeitbarkeit oder seine ästhetischen Eigenschaften (z. B. Farbe) ausschlaggebend [39, 77, 82]. Weitringiges Holz wird wegen der großen Festigkeit, Härte und Dauerhaftigkeit als Bau- und Konstruktionsholz bevorzugt. Historisch spielte die Eiche dabei vor allem als Lieferant von starken Holzpfählen für die Fundamente von Gebäuden eine überragende Rolle. Im Garten- und Landschaftsbau werden aus Eiche unter anderem Zäune, Holzpflaster, Pergolen und Gartenmöbel gefertigt. Weitere Einsatzbereiche sind der Boots- und Containerbau, die Herstellung von Kübeln und Fässern (Wein- und Kognakfässer werden überwiegend aus Eiche gefertigt) sowie von Schwellen (vor allem Weichenschwellen). Engringiges Eichen-Holz spielt im Möbel- und Innenausbau eine große Rolle und zwar hauptsächlich in Form von Messerfurnieren für die Produktion von Möbeln sowie von Wand- und Deckenverkleidungen. Im Möbelbau wird Eiche auch massiv verwendet, ebenso im Innenausbau für Türen, Fenster, Treppen und Fußböden.

Auf vielfältige Weise bezog man traditionell neben dem Holz anderen Nutzen von der Stiel-Eiche. Große wirtschaftliche Bedeutung hatte sie vor allem in der Lohgerberei [37]. Die glatte Rinde junger Bäume, die so genannte Spiegelrinde, ist reich an Gerbstoffen. Der Gehalt extrahierbarer Gerbstoffe schwankt je nach Jahreszeit und Standort zwischen etwa 5 und 17 % des Trockengewichtes [54]. Geschält wurden in der Regel junge Eichen, sodann die Gerb- oder Lohrinde gemahlen und daraus die Gerberlohe hergestellt. Eichenschälwälder wurden meist als Niederwälder bewirtschaftet und in einem Umtrieb von 20 bis 30 Jahren eingeschlagen. Diese Form der Waldwirtschaft war ehemals in Mitteleuropa weit verbreitet, ist aber durch den Import von Gerbstoffen aus den Tropen und den Einsatz synthetischer Gerbstoffe weitgehend zum Erliegen gekommen.

Nicht minder wichtig als in der Lohgerberei waren Eichen bis ins 19. Jahrhundert in der Landwirtschaft. Die Früchte waren ein unentbehrliches Futter für die Mast der Schweine, die in die lichten Eichen-Hutewälder getrieben wurden. Mit den stärkereichen, aber fettarmen Eicheln gemästete Schweine lieferten ein kerniges Fleisch und einen festen Speck.

Auf der adstringierenden Wirkung der Gerbstoffe der Stiel-Eiche beruht ihre Bedeutung in der Volksmedizin. Heilkraft hat man unterschiedlichen Mitteln aus Blättern, Früchten und Rinde zugesprochen [98]. Die vor der Entwicklung der Blätter im Frühjahr gesammelte, getrocknete Rinde der jungen Zweige und jüngeren Stämme liefert die Droge Cortex Querci. Sie findet äußerlich Verwendung zur Behandlung von Hauterkrankungen, bei starker Fußschweißsekretion, zur Behandlung von Frostbeulen und leichten Entzündungen im Mund- und Rachenbereich sowie im Genital- und Analbereich. Innerlich wird eine Applikation angeraten bei unspezifischen Durchfallerkrankungen[5]. Bekannt sind darüber hinaus zahlreiche weitere Anwendungen in der Volksmedinzin.

Pathologie

Pilzerkrankungen[6]

Eine der wichtigsten Pilzerkrankungen ist der Eichen-Mehltau (*Microsphaera alphitoides* GRIFF. et MAUBL.). Der Ektoparasit befällt junge Blätter und noch unverholzte Sprossachsen, bevorzugt von Johannistrieben. Er bildet einen mehlig-weißen Belag, ruft eine Kräuselung der Blätter und einen krüppeligen Wuchs der Triebe hervor. Starker Befall kann einzelne Sprosse oder junge Pflanzen zum Absterben bringen. Neben dem Eichen-Mehltau, gegen den die Stiel-Eiche stärker anfällig ist als die Trauben-Eiche (möglicherweise einfach nur deshalb, weil letztere weniger Johannistriebe bildet), gibt es eine ganze Reihe weiterer Blattparasiten, die aber in der Regel harmlos sind. Ausgedehnte Blattnekrosen kann *Discula quercina* dann verursachen, wenn durch den Einfluss saugender Insekten der Pilz von einer endophytischen zur pathogenen Lebensweise übergeht. Auf vernässten Böden verursacht *Rosellinia desmazieresii* (= *R. quercina* HTG.), der Eichen-Wurzeltöter, Wurzelfäulen an jungen Eichen. *Fusicoccum quercus* OUDEM. löst Rindenbrand aus, der, je nach Intensität, zum Absterben junger Bäume führen kann [21], wobei besonders gefährdet Pflanzen auf trockenen Böden sind. Ein häufiger Schädling an den Früchten ist der Ascomycet *Ciboria batschiana* (ZOPF) BUCHWALD, Verursacher der Schwarzen Eichel-Fäule, die in manchen Jahren den völligen Ausfall von Aussaaten verursachen kann.

Zahlreiche Pilzarten können Holzfäule verursachen. Hierzu zählt *Phellinus robustus* (KARST.) BOURD. et GALZ., der Eichen-Feuerschwamm, ein Weißfäuleerreger an lebenden Alteichen mit großen, harten, konsolenförmigen Fruchtkörpern. *Xylobolus frustulatus* (PERS. ex FR.) KARST., der Mosaik-Schichtpilz, verursacht im Kernholz eine besondere Form der Weißfäule (Weißloch- oder Wabenfäule). *Laetiporus sulphureus* (BULL. ex FR.) MURILL, der Schwefelporling, ist ein wirtschaftlich wichtiger und weit verbreiteter Braunfäuleerreger an Eiche (und anderen Gehölzen, z. B. Weide, Robinie). Dieser Wundparasit zersetzt nur das Kernholz, wobei die Bäume den Befall sehr lange überleben können. Charakteristisch sind seine bis 40 cm großen, lebhaft gelben, dachziegelartig übereinander stehenden, konsolenförmigen Fruchtkörper, die noch an verbautem Holz auftreten können. *Fistulina hepatica*, der Leberpilz, besiedelt alte Eichen, verursacht zunächst eine dunkelbraune Holzverfärbung ('Hartröte', 'Schokoladenholz') und im Spätstadium eine Braunfäule.

Eichen-Sterben

Das Eichen-Sterben ist eine Komplexkrankheit, die in weiten Teilen Europas vor allem bei Stiel-Eichen, aber auch bei Trauben-Eichen und anderen *Quercus*-Arten auftritt [27, 41]. Das Schadbild ist durch verschiedene Symptome geprägt, hierzu zählen insbesondere Blattchlorosen und Kleinblättrigkeit, Wipfeldürre, vermehrte Bildung von Wasserreisern, Schleimfluss, Rindennekrosen und Verfärbungen im Splint sowie Absterben von Feinwurzeln und Nekrosen an älteren Wurzeln. Man vermutet verschiedene biotische und abiotische Ursachen, wobei die Bedeutung einzelner Faktoren für das Krankheitsgeschehen noch nicht restlos geklärt ist. In den letzten Jahren gibt es vermehrt Belege dafür, dass als zentrale Ursache der Befall der Feinwurzeln durch Pilze der Oomyceten-Gattung *Phytophthora* und insbesondere durch *P. quercina* anzusehen ist, was in vielen Fällen rasch zum Tode der befallenen Bäume führt [45, 46, 47]. Besonders anfällig ist die Stiel-Eiche gegenüber diesen parasitischen Pilzen wohl deshalb, weil sie häufig auf wechseltrockenen, wechselfeuchten oder staunassen Böden vorkommt und sowohl Trockenstress als auch Staunässe dazu führen können, dass das Verhältnis zwischen Zerstörung der Feinwurzeln durch *Phytophthora* und deren Regeneration stärker zugunsten des Parasiten verschoben ist. Man vermutet, dass aufgrund dieser Erkrankung Stiel-Eichen in bestimmten Regionen, beispielsweise in den Auwäldern des bayerischen Voralpenlandes, als bestandesbildende Art mehr und mehr ausfallen und durch Esche und Ahorn ersetzt werden[7].

Schadinsekten8)

Die Stiel-Eiche wird von sehr vielen verschiedenen Insekten besiedelt, zahlreiche davon sind Phytophage, die der Eiche mehr oder weniger schädlich werden können. Nachfolgend sind einige wichtigere erwähnt.

---

5) http://pharm1.pharmazie.uni-greifswald.de/systematik/6_droge/quercu-c.htm

6) Zusammengestellt u. a. nach [20] und LANG, K., mdl. Mitt.

7) JUNG, T., mdl. Mitt.

8) Zusammengestellt u.a. nach [84] sowie http://zoologie.forst.tu-muenchen.de/HEITLAND/DETINVERT/_HOSTPLANTS/sorthostplants.html

Coleoptera (Käfer)

- *Plagionotus arcuatus* L., Eichen-Widderbock
  Die bis 2 cm großen, wärmeliebenden Käfer schwärmen im Mai und Juni und legen die Eier in der Rinde ab. Die Larven fressen zunächst im Bast bis 2 m lange Gänge und zum Schluss ihrer Entwicklung für die Verpuppung einen Hakengang, der bis 15 cm tief ins Holz reichen kann. Angegriffen werden neben stehenden, aber geschwächten Bäumen vor allem frisch gefällte, noch in der Rinde lagernde Stämme. Bei Massenvermehrungen kann Nutzholz erheblich entwertet werden.

- *Curculio glandium,* Eichel-Bohrer oder Eichel-Rüssler und *C. nucum,* Haselnuss-Bohrer oder Nuss-Rüssler
  Die kleinen, etwa 5 bis 7 mm großen Käfer beider Arten mit auffällig langen Rüsseln legen ihre Eier in junge, unreife Früchte, wo die Larven die Samen durch Fraß ganz oder teilweise zerstören. Der Befall kann in manchen Jahren zu empfindlichen Verlusten an Eicheln führen.

- *Lymexylon navale* F., Schiffswerftkäfer
  Der Schiffswerftkäfer ist ein bedeutender technischer Schädling von Eichen-Holz. Die 7 bis 13 mm großen, schlanken Käfer legen an warmen Tagen im Juni oder Juli ihre Eier an Eichen ab und zwar an alten Stöcken und an geschwächten oder abgestorbenen Bäumen, aber auch an gefällten Stämmen und an verbautem Holz. Die Larven fressen lange, tief ins Kernholz reichende Gänge. Vor allem an Lagerplätzen von Eichenholz können dadurch erhebliche Schäden verursacht werden.

- *Scolytus intricatus* RTZB., Eichen-Splintkäfer
  Der kleine Borkenkäfer schwärmt im Frühjahr und befällt die Stämme junger Eichen und die Äste älterer Bäume. Mutter- und Larvengänge werden im Splint angelegt, einzelne Äste und jüngere Bäume können dadurch zum Absterben gebracht werden. Darüber hinaus überträgt der Eichen-Splintkäfer den Pilz *Ceratocystis* sp., den Erreger der Eichenwelke.

Lepidoptera, Schmetterlinge

- *Operophthera brumata* L., Kleiner Frostspanner
  Der Kleine Frostspanner ist ein häufiger Schädling an Eichen, Obst- und anderen Laubbaumarten (bekannt sind mehr als 100 Wirtsarten). Massenvermehrungen sind zwar meist kurz und halten nur 1 bis 2 Jahre an, doch können sie sich alle 7 bis 8 Jahre wiederholen. Bei starkem Befall erfolgt Kahlfraß. Die Falter schlüpfen vor dem ersten Frost im Herbst, die Männchen schwärmen in der Abenddämmerung, die flugunfähigen Weibchen hingegen klettern an den Bäumen hoch, um an Knospen und Rindenritzen die Eier abzulegen. Zur Zeit des Laubaustriebes schlüpfen die Larven und befressen die aufbrechenden Knospen und später, durch lockere Gespinste geschützt, die Blätter. Da geschlossene Knospen nicht befallen werden können, bleiben spättreibende Eichen meist verschont.

- *Lymantria dispar* L., Schwammspinner
  Der Schwammspinner ist ein polyphager Massenwechselschädling, der bevorzugt in Trockengebieten auftritt [86] und seit Anfang der neunziger Jahre in Mitteleuropa vermehrt als Schädling in Erscheinung tritt. Massenvermehrungen dauern meist 3 bis 4 Jahre, befallene Eichen können sich durch Ersatztriebe (proventive und proleptische Triebe) gut regenerieren, zum Absterben kann es aber kommen, wenn auf einen starken Befall anhaltende Dürre folgt. Die Falter fliegen im August und September und legen auf der Rinde die Eier ab. Die Raupen schlüpfen im April und Mai und befressen die Triebe.

- *Tortrix viridana* L., Grüner Eichen-Wickler
  Der Grüne Eichenwickler ist ebenfalls ein bedeutender Massenwechselschädling der Eiche. Die Larven fressen die jungen Blätter, doch führt selbst Kahlfraß nur dann zum Absterben, wenn andere Stressfaktoren die Eichen zusätzlich schwächen (z. B. Trockenheit, Mehltaubefall). Befallene Bäume regenerieren sich meist rasch durch Ersatztriebe, möglich sind aber Zuwachsverluste beim Holz und der Ausfall von Eichel-Masten. In Furniereichenbeständen führt starker Wicklerbefall durch Wasserreiserbildung und abrupte Unterschiede in der Jahrringbreite von einem Jahr zum anderen zu einer Holzentwertung. Die im Juni und Juli schwärmenden Falter legen die Eier in den Kronen älterer Eichen ab. Die Raupen schlüpfen im folgenden Frühjahr und befressen die jungen, gerade aus den Knospen sich entfaltenden Triebe und danach die Blätter, die durch Gespinste zusammengehalten werden. Die Verpuppung geschieht Ende Mai und Anfang Juni.

Eichen-Mistel

Die Eichen-Mistel (*Loranthus europaeus* L., *Loranthaceae*) ist eine halbparasitische, strauchförmige Blütenpflanze, die in Südosteuropa an Eichen gehäuft auftritt. Sie schwächt durch Entzug von Wasser und Nährsalzen den Wirt und kann bei starkem Befall zu dessen Absterben führen [62]. *Viscum album* L. (*Viscaceae*), die in Mitteleuropa verbreitete Weiße Mistel, befällt Stiel-Eichen nur selten.

Wildverbiss

Stiel-Eichen sind sehr beliebte Äsungspflanzen des Rehwildes. Bei überhöhten Wildbeständen sind vielerorts Eichen-Kulturen nur durch die sehr aufwendige Abwehr der Rehe (Zäunung der Kulturen, Einzelschutz) möglich.

Abiotische Schäden

Die Stiel-Eiche ist durch Spätfröste stark gefährdet, kann aber normalerweise die auftretenden Schäden gut regenerieren. Sie gehört ferner zu den Baumarten, die am Stamm häufig Frostrisse erleiden und als Folge davon Frostleisten bilden.

Abb. 13: Frühlingsaspekt in einem Hartholzauwald mit Stiel-Eichen

Verschiedenes

- Nehmen Rinder, Pferde oder Schafe in größerer Menge Blätter oder unreife Früchte der Stiel-Eiche auf, so kann es zu Vergiftungen kommen. Symptome sind Apathie, Anorexie, Kolik, Durchfall, Körperschwäche oder Nierenversagen. Toxisch wirksam sind die Catechin-Gerbstoffe (Tannine) in Blättern und unreifen Früchten (Anteil bis zu 15 %), die im Verdauungstrakt der Tiere in Gallussäure und diese in Pyrogallol umgewandelt werden (9) und [34]). Vergiftungen sind auch bei Kindern nach Einnahme von Eicheln möglich, aber sehr selten belegt. Symptome sind leichtes Erbrechen und Bauchschmerzen [34].
- Bei *Q. robur* finden sich viele verschiedene Gallbildungen, ohne dass diese für die Pflanze einen großen Schaden darstellen. Verursacher sind vor allem Gallwespen, Gallmücken, Gallmilben und Blattläuse [15, 24]. Gallen treten an Laubblättern, Sprossachsen, Knospen, Blütenständen, Früchten und Wurzeln auf. Aus den durch die Gallapfel-Wespe (*Cynips quercusfolii* L.) hervorgerufenen Galläpfeln auf der Unterseite von Blättern wurden früher Gerbstoffe gewonnen.
- Die Stiel-Eiche spielte im Volksglauben und in der Mythologie eine große Rolle, wohl vor allem wegen ihres hohen Alters, ihrer stattlichen Größe und ihres großen Nutzens [61]. Bei vielen Völkern und Volksstämmen, von den Griechen bis zu den Germanen, Slawen oder Kelten war die Eiche ein heiliger Baum, der dem Donnergott Donar (Jupiter, Thor, Perkunas) geweiht war. Die Kelten leiteten aus dem keltischen Namen für Eiche „Dair" das Wort Druide ab. Dieser war es, der als Einziger die heilige Eichen-Mistel schneiden durfte. In lichten Eichen-Wäldern, deren Zugang Unbefugten verboten war, wurden Opfergaben gebracht und das Orakel befragt. Auf den von Eichen umgebenen Thingplätzen versammelte sich das Volk zur Beratung und zum Gericht.

---

9) http://www-vetpharm.unizh.ch/giftdb/pflanzen/0052_lit.htm

Literatur

[1] AAS, G., 1988: Untersuchungen zur Trennung und Kreuzbarkeit von Stiel- und Traubeneiche (Quercus robur L. und Q. petraea (MATT.) LIEBL.). Diss. Univ. München.

[2] AAS, G., 1991: Kreuzungsversuche mit Stiel- und Traubeneichen (Quercus robur L. und Q. petraea (MATT.) LIEBL.). Allg. Forst- und J.-Ztg. **162**, 141–145.

[3] AAS, G., 1995: Die Behaarung der Blätter von Traubeneiche und Stieleiche (Quercus petraea und Q. robur): Variabilität und taxonomische Bedeutung. Mitt. Forstl. Versuchsanst. Rheinland-Pfalz 34, 297–309.

[4] AAS, G., 1998: Morphologische und ökologische Variation mitteleuropäischer Quercus-Arten: Ein Beitrag zum Verständnis der Biodiversität. Libri Botanici, Bd. 19.

[5] AAS, G.; FRIEDRICH, K., 1991: Untersuchungen zur morphologischen Unterscheidung von Stiel- und Traubeneicheln. Forstw. Cbl. **110**, 349–357.

[6] AAS, G.; WEINREICH, A., 1993: Ungewöhnlich frühe Fruktifikation bei Eiche. AFZ **48**, 940–942.

[7] AAS, G.; MÜLLER, B. et al., 1997: Sind Stiel- und Traubeneiche zwei getrennte Arten? AFZ/Der Wald **52**, 960–962.

[8] ANDRÉJEFF, W., 1929: Über die homologen Reihen der Formen der Stieleiche, Traubeneiche und Flaumeiche. Mitt DDG, 186–206.

[9] ANONYMUS, 1993: Mitteleuropäische Waldbaumarten. Unveröff. Vorlesungsskript, Prof. Waldbau und Prof. Forstschutz & Dendrologie, ETH Zürich.

[10] ASCHERSON, P.; GRAEBNER, P., 1908–13: Synopsis der mitteleuropäischen Flora. 4. Bd. Verlag v. W. Engelmann, Leipzig.

[11] BACILIERI, R.; DUCOUSSO, A.; KREMER, A., 1995: Genetic, morphological, ecological and phenological differentiation between Quercus petraea (MATT.) LIEBL. and Quercus robur L. in a mixed stand of northwest of France. Silv. Gen. **44**, 1-10.

[12] BACILIERI, R.; DUCOUSSO, A. et al., 1996: Mating system and asymmetric hybridization in a mixed stand of European oaks. Evolution **50**, 900–908.

[13] BÄRTELS, A., 1989: Gehölzvermehrung. 3. Aufl. Ulmer Verlag, Stuttgart.

[14] BOSSEMA, I., 1979: Jays and oaks: An eco-ethological study of a symbiosis. Behaviour 70, 1–117.

[15] BUHR, H., 1965: Bestimmungstabellen der Gallen an Pflanzen Mitteleuropas. Bd. 1 und 2. Fischer Verlag, Jena.

[16] BURGER, H., 1921: Über morphologische und biologische Eigenschaften der Stiel- und Traubeneiche und ihre Erziehung im Forstgarten. Mitt. Schweiz. Centralanst. forstl. Versuchsw. XI., 306–377.

[17] BURGER, W. C., 1975: The species concept in Quercus. Taxon 24, 45–50.

[18] BURSCHEL, P.; HUSS, J., 1997: Grundriß des Waldbaus. 2. Aufl. Parey Verlag, Berlin.

[19] BÜSGEN, M., 1911: Quercus L., Eiche. In: KIRCHNER v., O. et al. (Hrsg.): Lebensgeschichte der Blütenpflanzen Mitteleuropas. Bd. II, Abt. 1. Stuttgart, 69–129.

[20] BUTIN, H., 1996: Krankheiten der Wald- und Parkbäume. Diagnose – Biologie – Bekämpfung. 3. Aufl. Thieme Verlag, Stuttgart, New York.

[21] BUTIN, H., 1981: Über den Rindenbranderreger Fusicoccum quercus OUDEM. und andere Rindenpilze der Eiche. Eur. J. For. Path. **11**, 33–44.

[22] CAMUS, A., 1938: Les chênes. Monographie du genre Quercus. Tome I, 1936–38. Tome II, 1938–39. Lechevalier, Paris.

[23] CHAPULA, V., 1993: Vegetative propagation of oak (Quercus robur and Q. petraea) by cutting and tissue culture. Ann. Sci. For. **50** (Suppl.), 295–307.

[24] DARLINGTON, A., 1974: The galls on oak. In: MORRIS, M. G.; PERRING, F. H. (eds.): The British oak. Classey, Faringdon, 298–311.

[25] DENGLER, A., 1941: Bericht über Kreuzungsversuche zwischen Trauben- und Stieleiche (Quercus sessiliflora SMITH und Q. pedunculata EHRH. bzw. robur L.) und zwischen europäischer und japanischer Lärche (Larix europaea DC. bzw. decidua MILL. und L. leptolepis MURR. bzw. kaempferi SARG.). Mitt. H.-Göring-Akad. dt. Forstwiss. 1, 87–109.

[26] DISTER, E., 1983: Zur Hochwassertoleranz von Auwaldbäumen an lehmigen Standorten. Verh. Ges. Ökologie X: 325–336.

[27] DONAUBAUER, E., 1998: Die Bedeutung von Krankheitserregern beim gegenwärtigen Eichensterben in Europa – Eine Literaturübersicht. Eur. J. For. Path. **28**, 91–98.

[28] EITINGEN, G., 1926: Der Wuchs der Eiche in Abhängigkeit von dem Gewicht der Eicheln. Forstw. Cbl. **48**, 849–863.

[29] ELLENBERG, H., 1996: Vegetation Mitteleuropas mit den Alpen. 5. Aufl. Ulmer Verlag, Stuttgart.

[30] FIRBAS, F., 1949: Spät- und nacheiszeitliche Waldgeschichte Mitteleuropas nördlich der Alpen. 1. Bd.: Allgemeine Waldgeschichte. G. Fischer Verlag, Jena.

[31] FLEDER, W., 1981: Furniereichenwirtschaft heute. Holz-Zentralblatt **107**, 1509–1511.

[32] FRANKE, A., 1991: Pflanzgutversorgung 1991/92. AFZ **46**, 862–864.

[33] FRÖHLICH, H. J., 1989: Alte liebenswerte Bäume in Deutschland. Cornelia Ahlering Verlag, Hamburg.

[34] FROHNE, D.; PFÄNDER, H. J., 1987: Giftpflanzen. Ein Handbuch für Apotheker, Ärzte, Toxikologen und Biologen. WFG Stuttgart.

[35] GARDINER, A. S., 1970: Pedunculate and sessile oak (Quercus robur L. and Q. petraea (MATT.) LIEBL.). A review of the hybrid controversy. Forestry **43**, 151–160.

[36] GENAUST, H., 1996: Etymologisches Wörterbuch der botanischen Pflanzennamen. 3. Aufl. Birkhäuser Verlag, Basel.

[37] GLAUER, S., von, 1864: Anleitung zur Anlage, Behandlung und Nutzung der Eichenschälwälder. Verlag E. Schotte & Co., Berlin.

[38] GRANDJEAN, G.; SIGAUD, P., 1987: Contribution à la taxonomie et à l'écologie des chênes du Berry. Ann. Sci. For. **44**, 35–66.

[39] GROSSER, D.; TEETZ, W., 1998: Eiche. In: CMA (Hrsg.): Einheimische Nutzhölzer Nr. 8 (Loseblattsammlg). Bonn.

[40] GUTHKE, J., 1992: Langzeitlagerung von Eichensaatgut. Probleme und Möglichkeiten. Diss. Univ. Hannover.

[41] HÄMMERLI, F.; STADLER, B., 1989: Eichensterben: Eine Übersicht zur Situation in Europa und in der Schweiz. Schweiz. Z. Forstw. **14**, 357–374.

[42] HUBER, B.; HOLDHEIDE, W.; RAACK, K., 1941: Zur Frage der Unterscheidbarkeit des Holzes von Stiel- und Traubeneiche. Holz als Roh- und Werkstoff **4**, 373–380.

[43] HUNTLEY, B.; BIRKS, H. J. B., 1983: An atlas of past and present pollen maps for Europe: 0–13000 years ago. Cambridge Univ. Press, London.

[44] JENSEN, T. S.; NIELSEN, O. F., 1986: Rodents as seed dispersers in a heath-oak wood succession. Oecologia **70**, 214–221.

[45] JUNG, T.; BLASCHKE, H.; NEUMANN, P., 1996: Isolation, identification and pathogenity of Phytophthora species from declining oak stands. Eur. J. of For. Path. **26**, 253–272.

[46] JUNG, T.; COOKE, D. E. L. et al., 1999: Phytophthora quercina sp. nov., causing root rot of European oaks. Mycological Research **103**, 785–798.

[47] JUNG, T.; BLASCHKE, H.; OSSWALD, W., 2000: Involvement of Phytophthora species in central and western European oak decline and the influence of site factors and nitrogen input on the disease. In: HANSEN, E.; SUTTON, W. (eds.): Phytophthora diseases of forest trees. 28–33.

[48] KELLY, D., 1994: The evolutionary ecology of mast seeding. TREE 9, 465–470.

[49] KENK, G., 1984: Werteichenproduktion und ihre Verbesserung in Baden-Württemberg. AFZ **39**, 428–429.

[50] KISSLING, P., 1977: Les poils des quatre espèces de chênes du Jura (Quercus pubescens, Q. petraea, Q. robur et Q. cerris). Ber. Schweiz. Bot. Ges. 87, 1–18.

[51] KISSLING, P., 1983: Les chênaies du Jura central suisse. Mitt. Eidg. Anst. forstl. Versuchsw. 59.

[52] KLEINSCHMIT, J., 1976: Untersuchungen über Fallzeitpunkt und Eichelgewichte bei Stiel- und Traubeneiche. In: WALKENHORST, R. (Hrsg.): Fortschritte des forstlichen Saatgutwesens III. Mitt. Hess. Landesforstverw. 14, 52–63.

[53] KLEINSCHMIT, J. R. G.; KREMER, A.; ROLOFF, A., 1995: Sind Stieleiche und Traubeneiche zwei getrennte Arten? AFZ **50**, 1453–1456.

[54] KNIGGE, W.; SCHULZ, H., 1966: Grundriss der Forstbenutzung. Verlag P. Parey, Hamburg, Berlin.

[55] KÖSTLER, J. N.; BRÜCKNER, E.; BIBELRIETHER, H., 1968: Die Wurzeln der Waldbäume. Verlag P. Parey, Hamburg und Berlin.

[56] KRAHL-URBAN, J., 1959: Die Eichen. Forstliche Monographie der Traubeneiche und der Stieleiche. Parey Verlag, Hamburg.

[57] KREMER, A.; PETIT, R. et al., 1997: General Trends of Variation of Genetic Diversity in Quercus petraea (MATT.) LIEBL. Proc. IUFRO Meeting 'Diversity and Adaptation in Oak Species', Pennsylvania State Univ., PA, USA, 81–89.

[58] KRIEGELSTEINER, G. J., 2000: Die Großpilze Baden-Württembergs. Bd. 2 u. 3. Ulmer Verlag, Stuttgart.

[59] KRÜSSMANN, G., 1978: Handbuch der Laubgehölze. Bd. III. Verlag P. Parey, Berlin und Hamburg.

[60] LONGMAN, K. A.; COUTTS, M. P., 1974: Physiology of the oak tree. In: MORRIS, M. G.; PERRING, F. H. (eds.): The British oak. Classey, Faringdon, 194–221.
[61] MARZELL, H., 1932: Die deutschen Bäume in der Volkskunde. 9. Die Eiche, Quercus robur und Q. sessiliflora. Mitt. DDG 44, 164–174.
[62] MAYER, H., 1992: Waldbau auf soziologisch-ökologischer Grundlage. 4. Aufl. G. Fischer Verlag, Stuttgart.
[63] MELLANBY, K., 1968: The effects of some mammals and birds on regeneration of oak. J. Appl. Ecol. 5, 359–366.
[64] MUIR, G.; FLEMING, C. C.; SCHLÖTTERER, C., 2000: Species status of hybridizing oaks. Nature 405, 1016.
[65] MUIR, G.; FLEMING, C. C.; SCHLÖTTERER, C., 2001: Three divergent rDNA clusters predate the species divergence in Quercus petraea (MATT.) LIEBL. and Quercus robur L. Mol. Biol. Evol. 18, 112–119.
[66] MÜLLER, B., 1999: Variation und Hybridisierung von Quercus pubescens. Diss. ETH Zürich, Nr. 13025.
[67] MÜLLER-STARCK, G.; HERZOG, S.; HATTEMER, H. H., 1993: Intra- and interpopulational genetic variation in juvenile populations of Quercus robur L. and Quercus petraea LIEBL. Ann. Sci. For. 50, Suppl. 1, 233–244.
[68] NEBEL, M., 1990: Fagaceae. In: SEBALD, O.; SEYBOLD, S.; PHILIPPI, G.: Die Farn- und Blütenpflanzen Baden-Württembergs. Bd. 1.
[69] NIXON, K. C., 1993: Infrageneric classification of Quercus (Fagaceae) and typification of sectional names. Ann. Sci. For. 50, Suppl. 1, 25–34.
[70] OLSSON, U., 1975 a: The structure of stellate trichomes and their taxonomic implication in some Quercus species (Fagaceae). Bot. Not. 128, 412–424.
[71] OLSSON, U., 1975 b: On the size and microstructure of pollen grains of Quercus robur and Quercus petraea (Fagaceae). Bot. Notiser 128, 256–264.
[72] OTTO, C.; NILSSON, L. M., 1981: Why do beech and oak trees retain leaves until spring. OIKOS 37, 387–390.
[73] ROHMEDER, E., 1972: Das Saatgut in der Forstwirtschaft. Parey Verlag, Hamburg und Berlin.
[74] ROLOFF, A., 1989: Kronenentwicklung und Vitalitätsbeurteilung ausgewählter Baumarten der gemäßigten Breiten. Schriften Forstl. Fakultät Univ. Göttingen und Nieders. Forstl. Versuchsanst., Bd. 93. J.D. Sauerländers Verlag, Frankfurt/M.
[75] ROMMEL, M.; ROTHE, G. et al., 1995: Artbestimmung bei Stiel- und Traubeneiche. Mitt. Forstl. Versuchsanstalt Rheinland-Pfalz 34, 310–320.
[76] RUSHTON, B. S., 1977: Artificial hybridization between Quercus robur L. and Q. petraea (MATT.) LIEBL. Watsonia 11, 229–236.
[77] SACHSSE, H., 1984: Einheimische Nutzhölzer und ihre Bestimmung nach makroskopischen Merkmalen. Parey Verlag, Hamburg und Berlin.
[78] SAMUEL, R.; PINSKER, W.; EHRENDORFER, F., 1995: Electrophoretic analysis of genetic variation within and between populations of Quercus cerris, Q. pubescens, Q. petraea and Q. robur (Fagaceae) from eastern Austria. Bot. Acta 108, 290–299.
[79] SANCHEZ, M. C.; SAN-JOSE, M. C. et al., 1996: Requirements for in vitro rooting of Quercus robur and Q. rubra shoots derived from mature trees. Tree Physiology **16**, 673–680.
[80] SCHENK, W., 1994: Eichelmastdaten aus 350 Jahren für Mainfranken – Probleme der Erfassung und Ansätze für umweltgeschichtliche Interpretation. Allg. Forst- und J.-Ztg. **165**, 122–132.
[81] SCHMID, H., 1990: Beiträge zum Artenschutz 14. Rote Liste gefährdeter Großpilze Bayerns. Bayer. Landesamt Umweltschutz, Schriftenr. Heft 106.
[82] SCHULZ, H., 1959: Untersuchungen über Bewertung und Gütemerkmale des Eichenholzes aus verschiedenen Wuchsgebieten. Schriftenr. Forstl. Fak. Univ. Göttingen und Mitt. Nieders. Forstl. Versuchsanst. 23. Sauerländer's Verlag, Frankfurt/M.
[83] SCHWARZ, O., 1936: Monographie der Eichen Europas und des Mittelemeergebietes. I. Textband, II. Atlas der Blattformen. Dahlem bei Berlin.
[84] SCHWENKE, W., 1981: Leitfaden der Forstzoologie und des Forstschutzes gegen Tiere. Parey Verlag, Hamburg und Berlin.
[85] SHAW, M. W., 1974: The reproductive characteristics of oak. In: MORRIS, M. G.; PERRING, F. H. (eds.): The British oak. Its history and natural history. Classey, Faringdon, 162–181.
[86] SKATULLA, U., 1985: Eichenschädlinge – Schwammspinner (Lymantria dispar L.). Waldschutz-Merkblatt Nr. 8. Parey Verlag, Hamburg und Berlin.
[87] SORK, V. L., 1993: Evolutionary ecology of mast-seeding in temperate and tropical oaks (Quercus spp.). Vegetatio 107/108, 133–147.
[88] SPÄTH, H. L., 1912: Der Johannistrieb. Parey Verlag, Berlin.
[89] SPÄTH, V., 1988: Zur Hochwassertoleranz von Auwaldbäumen. Natur und Landschaft **63**, 312–315.
[90] SPETHMANN, W., 1986: Stecklingsvermehrung von Stiel- und Traubeneichen (Quercus robur L. und Q. petraea (MATT.) LIEBL.). Schriften Forstl. Fak. Univ. Göttingen und Nieders. Forstl. Versuchsanst. 86. J. D. Sauerländer Verlag, Frankfurt/M.
[91] STEINHOFF, S., 1993: Results of species hybridization with Quercus robur L. and Quercus petraea (MATT.) LIEBL. Ann. Sci. For. 50, Suppl. 1, 137–143.
[92] SUKOPP, H.; JESDINSKY, D.; SCHICK, B., 1993: Blühphänologische und blütenökologische Untersuchungen an Parkgehölzen. Fragm. Flor. Geobot. Suppl. 2, 669–680.
[93] VAN VALEN, L., 1976: Ecological species, multispecies, and oaks. Taxon 25, 233–239.
[94] WAGENITZ, G., in HEGI, G., 1981: Illustrierte Flora von Mitteleuropa. Bd. III, Teil 1. 3. Aufl. Parey Verlag, Hamburg.
[95] WAGNER, H., 1871: Illustrierte deutsche Flora. Stuttgart.
[96] WEIMARCK, H., 1947: De nordiska ekarna. 1. Quercus robur subsp. pedunculata och subsp. puberula. Bot. Not., 61–78.
[97] ZANETTO, A.; ROUSSEL, G.; KREMER, A., 1994: Geographic variation of inter-specific differentiation between Quercus robur L. and Quercus petraea (MATT.) LIEBL. Forest Genetics **1**, 111–123.
[98] ZWIERLEIN, K. A., 1897: Der deutsche Eichbaum und seine Heilkraft. Unveränderter Nachdruck der Ausgabe von 1823. Verlag Krüger & Co., Leipzig.

Der Autor:

Dr. GREGOR AAS
Ökologisch-Botanischer Garten der Universität Bayreuth
D-95440 Bayreuth

Quercus suber LINNÉ, 1753

syn.: Quercus suberosa SALISB., 1796

Korkeiche

Familie: Fagaceae
Subgenus: Lepidobalanus

engl.: Cork oak
franz.: Chêne liège
ital.: Sughera
span.: Alconorque
port.: Sobreiro

Abb. 1: Quercus suber. Einzelbaum nach Korknutzung (Foto: G. Aas)

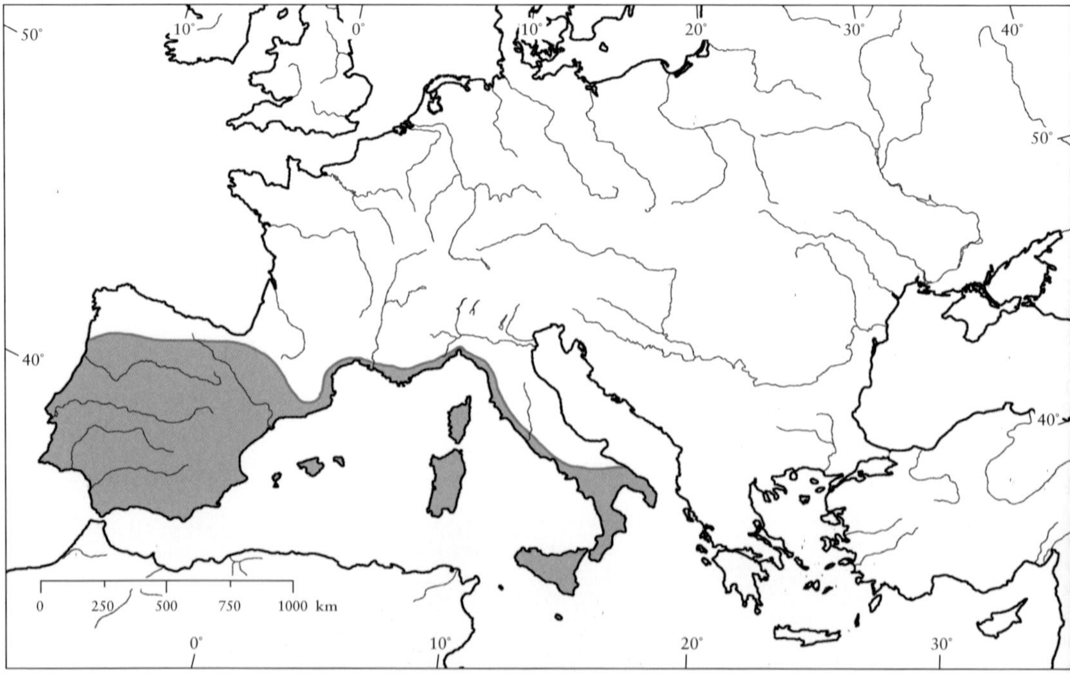

Abb. 2: Natürliches Verbreitungsgebiet, nach BERNETTI, 1995

Quercus suber ist eine immergrüne, licht- und wärmebedürftige Baumart des westlichen Mittelmeerraumes, die in großem Umfang zur Korknutzung angebaut wird. Korkeichen werden selten höher als 20 m, ertragen Dürre, stellen geringe Bodenansprüche, wachsen aber kaum auf Kalk. In Mitteleuropa sind sie nicht winterhart.

Die mehrfach genutzte, stets nachwachsende Korkschicht kann bis zu 4 cm stark werden, und ein einziger Baum liefert während seines Lebens 100 bis 200 kg Kork. Das Holz dient als Brennmaterial, und die Eicheln werden an Schweine verfüttert.

An der portugiesischen Atlantikküste wächst ssp. *occidentalis*. Sie unterscheidet sich vom Typus durch semi-immergrüne Belaubung, längere Entwicklungsdauer der Früchte und durch die abweichende Form der Cupula-Schuppen.

Taxonomie und Verbreitung

Q. suber wird dem Subgenus *Cerris* (SPACH) ÖRSTED zugerechnet [18], dem auch *Q. cerris* L., *Q. trojana* WEBB., *Q. aegilops* LAM. und *Q. crenata* LAM. angehören. Kennzeichnend für diese Arten sind das nicht behaarte Perikarp und die zumeist 2 Jahre betragende Reifezeit der Früchte. *Q. suber* macht insofern jedoch eine Ausnahme, als ihre Eicheln sowohl im 1. wie im 2. Jahr reifen können. Die Chromosomenzahl beträgt 2 n = 24.

Im Westen des Mittelmeerbeckens bedecken Korkeichenbestände, teils angebaut, teils natürlich, eine Fläche von 2,3 Mio. Hektar, davon allein 750 000 ha in Portugal, wo natürliche Populationen in Höhenlagen zwischen 150 und 300 m vorkommen und die Subspecies *occidentalis* entlang der atlantischen Küste wächst. In Spanien konzentrieren sich die Vorkommen auf Ebenen und Vorgebirge, bleiben meistens unterhalb von 600 m und erreichen nur ausnahmsweise 1200 m. In Zentralspanien ist die Art selten.

In Italien findet man natürliche Korkeichen-Bestände an der Küste des Tyrrhenischen Meeres, seltener an der Adria, wo es im östlichen Apulien ein Vorkommen gibt [21]. Belegt ist die Präsenz von *Q. suber* auch für die dalmatinische Küste. Besonders häufig kommt sie auf Sardinien vor, wo sie einen der wichtigsten Waldbäume darstellt. Schließlich gibt es natürliche und künstliche Korkeichen-Bestände auch in den Mittelmeer-Regionen der Maghreb-Staaten Tunesien, Algerien und Marokko, und zwar bis in Höhenlagen von 1000 m ü. NN, im Hohen Atlas sogar bis über 2000 m.

Beschreibung

Im allgemeinen sind Korkeichen kleine bis mittelgroße, 10 bis 15, seltener 20 und nur ausnahmsweise 25 m hohe Bäume, deren derbe Stämme einen BHD von 50 bis 90 cm aufweisen. Sie bilden meist dichte, schon in 2 bis 3 m Höhe ansetzende, asymmetrische, von benachbarten Bäumen eingeengte Kronen, die sich aber im Freistand weit ausbreiten. Mitunter gliedert sich die Krone in mehrere rundliche, voneinander abgesetzte Teilkronen.

Charakteristisch und namengebend sind die mächtigen Korkschichten der längsrissigen, graubraunen Stammborke. Die Lebensdauer der Bäume hängt von der Häufigkeit und der Intensität der Korknutzung ab und beträgt 150 bis 200 Jahre für regelmäßig beerntete, > 400 Jahre für nicht beerntete Eichen.

Knospen, Blätter und Zweige

Fertile Zweige schließen mit eiförmigen, stumpfen oder abgerundeten, vegetative Zweige mit länglichen Winterknospen ab, deren Länge gewöhnlich 3 bis 5 mm beträgt. Sie werden von zahlreichen stumpfen, an der Außenseite und an den Rändern behaarten Tegmenten umschlossen, von denen die tiefer ansetzenden bräunlich, die oberen karmesinrot sind.

Die wechselständigen Blätter bleiben 1 Jahr, häufiger 2 bis 3 Jahre am Baum, sie sind ledrig, 3 bis 5 cm lang, 1,5 bis 4 cm breit und variieren erheblich in der Form: teils oval, teils lanzettlich-oval, teils rundlich. Die Spreite ist am Apex meist zugespitzt und weist am Rand beiderseits 5 bis 7 scharfe Zähne auf. Die Mittelrippe tritt auf der abaxialen Seite deutlich hervor und kann nahe dem Apex ein wenig gebogen sein. Die 5 bis 7 Seitennervenpaare 1. Ordnung enden oft in den jeweiligen Zähnen des Blattrandes. Oft ist die Blattspreite etwas blasig und ein wenig konvex gewölbt. Sie hat eine hellgrüne Ober-, aber eine weißliche, dicht behaarte Unterseite. Blätter von Sämlingen und jungen Bäumen sind hingegen kahl. Unter dem Mikroskop ist zu erkennen, daß sehr dichtstehende, 8- bis 12strahlige Sternhaare die gesamte Blattoberfläche inkl. Spaltöffnungen bedecken. Die Cuticularwachse sind wenig strukturiert [13].

Am Grunde des 6 bis 18 mm langen, behaarten Blattstieles stehen zwei schmal lanzettliche, leuchtend rote, etwa 5 mm lange, anfangs kurz behaarte Nebenblätter, die während des 1. Jahres abfallen.

Neue Blätter erscheinen gleichzeitig mit den Blüten im April/Mai. Zur selben Zeit wird auch der älteste Blattjahrgang abgestoßen. Unter besonders strengen Umweltbedingungen, generell auch an der Nordgrenze der natürlichen Verbreitung, verlieren die Bäume im Frühjahr auch die Blätter des Vorjahres. Extrem kalte Winter oder Exposition gegenüber starken Winden können sogar zu totaler winterlicher Entlaubung führen.

Junge Korkeichen-Zweige sind dicht weißlich oder hellgrau behaart. Später werden sie kräftig und knotig. Die unteren Äste hängen oft ein wenig herab. Generell bilden ältere Bäume nur noch kurze Triebe aus (7 bis 15 cm), und die Zweige gehen von den Hauptästen im Winkel (sexagesimal) von 45 bis 60° ab.

Blüten und Früchte

Quercus suber ist eine windblütige Art, deren Blüten monoezisch verteilt sind. In wüchsigen Beständen fruktifizieren die Bäume erstmals mit 10 bis 12 Jahren, und vom 20. bis 25. Lebensjahr an erfolgt der Fruchtansatz regelmäßig. Die Blütezeit fällt gewöhnlich in den April/Mai, kann aber auch im Herbst liegen.

Männliche Blütenkätzchen entspringen den Blattachseln im apikalen Bereich diesjähriger Triebe; manchmal entstehen sie zu vielen an Kurztrieben. Anfangs aufrecht und von leuchtend roter Farbe, hängen sie später herab, werden gelblich, 4 bis 7 cm lang und haben eine weißliche, behaarte Achse. Die ungestielten, isoliert stehenden Einzelblüten weisen ein 3- bis 8teiliges, anfangs rotes und an der Außenseite dicht behaartes Perianth auf. Die 4 (5 bis 6) weißlichen Staubblätter sind während der Anthese etwas länger als das Perianth und haben gelbe, annähernd eiförmige Antheren.

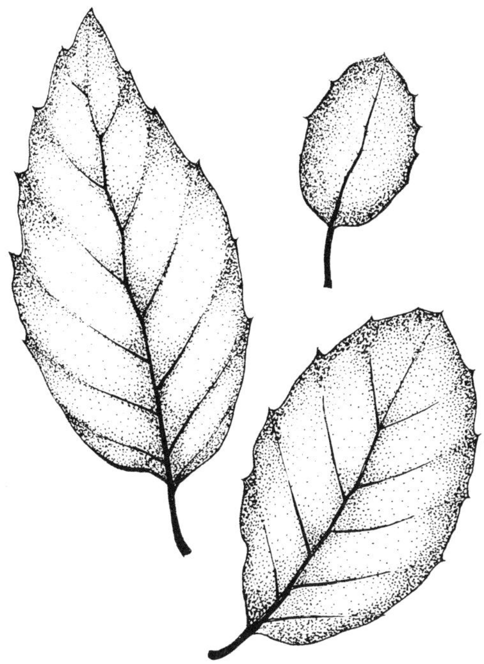

Abb. 3: Unterschiede in der Blattform und -größe

Die aufrechten weiblichen Infloreszenzen, ebenfalls in den Blattachseln diesjähriger Triebe, bestehen aus einer 5 bis 30 mm langen, behaarten Achse, 2 bis 5 getrennten Blüten mit einem sehr kleinen, von der Behaarung bedeckten, 4- bis 6zipfeligen Perianth und 3 bis 4 Griffeln.

Erscheinen die Blüten im Frühjahr, so findet die Befruchtung im Sommer statt, und die Eicheln reifen im Oktober des selben Jahres. Blühen die Bäume im Herbst, werden die Eizellen erst im Frühjahr des nächsten Jahres befruchtet, und die Fruchtreife fällt in den Oktober des 2. Jahres. Im Falle des einjährigen Entwicklungszyklus stehen die Eicheln am jüngsten, im anderen Fall am zweijährigen Holz.

Die 0,5 bis 4 cm langen Fruchtstände tragen 2 bis 8 Eicheln, wovon die obersten mitunter abgestoßen werden. Die konische oder halbkugelförmige Cupula schließt etwas mehr als die Hälfte der Frucht ein und hat einen Durchmesser von 2 bis 2,5 cm. Ihre oberen Schuppen sind grau und behaart, können sowohl eine freie Spitze haben als auch (häufig bei ssp. *occidentalis*) eng aneinanderliegen und fast miteinander fusionieren. In der Größe der Eicheln gibt es erhebliche Unterschiede (2 bis 4,5 x 1 bis 1,8 cm). Außerdem können sie nahezu eiförmig, zylindrisch oder annähernd elliptisch, an der Spitze gestutzt oder zugespitzt sein. Ihr kahles, glattes Perikarp ist glänzend bräunlich rot und weist ein konvexes Hilum (Durchmesser 6 bis 8 mm) auf. Der Samen enthält zwei große, konvex geformte Speicherkotyledonen.

Abb. 5: Stammborke

Abb. 4: Reife Eichel

Nach Corti [9] blüht *Q. suber* in Arealteilen mit reichlicher und anhaltender Wasserversorgung praktisch während des ganzen Jahres und fruktifiziert von August bis Februar. Der selbe Autor betont, daß Fälle von einjähriger und zweijähriger Fruchtentwicklung am selben Baum vorkommen – gewöhnlich in verschiedenen Jahren, manchmal aber auch im selben Jahr [8, 9].

Wurzeln

Q. suber entwickelt ein robustes Pfahlwurzelsystem, das 1 bis 2 m Tiefe erreicht und von dem horizontal verlaufende Seitenwurzeln ausgehen, die sich je nach dem Kronendurchmesser bis in mehrere Meter Entfernung vom Stamm erstrecken.

Korkeichen gehen Mykorrhiza-Symbiosen mit folgenden Pilzpartnern ein: *Amanita caesarea* (Scop. ex Fr.) Quélet, *A. phylloides* Vail. ex Fr., *A. pantherina* Dc ex Fr., *A. gilberti* Beauseigneur, *Boletus edulis* s. l., *Macrolepiota procera* (Scopoli ex Fr.) Singer und *Russula rubra* Bresadola.

Borke und Holz

Das Korkkambium in der anfangs glatten Rinde beginnt sehr bald eine sehr mächtige Phellem-Schicht zu bilden, die unter optimalen Verhältnissen 3 bis 5 cm stark sein kann. Das schwammige, leichte, längsrissige Korkgewebe ist an der Außenseite weiß, an der inneren Seite rot. Die verbleibende Rinde eines frisch beernteten Stammes hat eine auffallend rotbraune Farbe und wird mit der Zeit dunkel.

Korkeichenholz ist ringporig, hat einen braunen Farbkern und einen hellrötlichen Splint [5, 14]. Es enthält zahlreiche, teils uniseriate, teils multiseriate Holzstrahlen (20 Stück auf 15 mm^2). Letztere sind sehr breit (500 bis 800 µm) und sehr hoch (4000 bis 5000, max. 10000 µm) und daher leicht mit bloßem Auge zu erkennen.

Fasern, als das häufigste Holzelement, treten entweder in regelmäßigen radialen Reihen (unterbrochen von tangential verlaufenden Parenchymbändern) oder als kompakte Gruppen in den äußeren Bereichen des Jahrringes auf. Ihre mittlere Länge beträgt 1221 µm (886 bis 1722 µm).

Die Rohdichte (r_{12}) wird mit 0,85 bis 1,10 g/cm^3 angegeben. Die Schwindung ist hoch, aber das Kernholz verfügt wegen seiner Widerstandsfähigkeit gegen Insekten und holzzerstörende Pilze über eine hohe Dauerhaftigkeit.

Abb. 6: Korkgewinnung

Abb. 7: Frisch geschälter Stamm

Genetische Differenzierung und Artbastarde

Trotz der deutlichen Streuung hinsichtlich Blatt- und Fruchtform (insbesondere der Cupula) kann *Q. suber* als eine der am wenigsten heterogenen Eichenarten gelten. Als einziges intraspezifisches Taxon wurde die Unterart *occidentalis* (GAY) A. CAMUS (= *Quercus occidentals* GAY) ausgeschieden [6], welche hauptsächlich an der portugiesischen Atlantikküste wächst.

CORTI [8] führt allerdings ein weiteres Vorkommen in Apulien, dem östlichen Teil des natürlichen Areals an. Von der reinen Art unterscheidet sich ssp. *occidentalis* durch einen zweijährigen Entwicklungszyklus der Eicheln, durch die nur semi-immergrüne Beblätterung sowie durch kürzere und im apikalen Bereich dichter stehende Schuppen der Cupula.

COUTINHU [10] hält indessen die Entwicklungsdauer der Früchte und den Grad der Winterhärte von Blättern für taxonomisch irrelevant, weil beide Merkmale von den jeweiligen ökologischen Verhältnissen abhängen.

Artbastarde bildet *Q. suber* mit *Q. cerris* (= *Q. crenata* LAM.), mit *Q. occidentalis* (= *Q. x lucombiana*) und mit *Q. ilex* (= *Q. morisii* BORZI) [12].

Anzucht und Vermehrung

Korkeichen vermehren sich generativ und vegetativ. Die Eicheln erntet man am besten von Oktober bis Dezember an 30- bis 100jährigen Bäumen, Vollmasten sind alle 2 oder 3 Jahre zu erwarten.

Das Tausendkorngewicht der Früchte schwankt zwischen 1500 und 8000 g [15]. Die Lagerung des Saatgutes gelingt nur für ein Jahr und zwar bei 4 °C in luftdicht verschlossenen Polyethylen-Tüten. Der Wassergehalt beträgt ca. 40 %.

In feuchtem Boden und bei Temperaturen um 20 °C keimen die Eicheln ohne Vorbehandlung zu 70 bis 80 %. Licht ist nicht erforderlich. Die Keimung verläuft hypogäisch, und die jungen Sämlinge entwickeln kräftige Primärwurzeln sowie flache, zunächst flaumig behaarte, später verkahlende, fast sitzende Primärblätter.

Die Art bildet Stockausschläge, die teils aus schlafenden Augen, teils aus Adventivknospen entstehen [7]. In letzterem Fall sind die daraus hervorgehenden Schößlinge nicht von langer Dauer. Insgesamt bleibt das Ausschlagvermögen der Korkeiche gegenüber anderen *Quercus*-Arten aber zurück, und es wird wenig genutzt. Auch die Stecklingsvermehrung – mit Hilfe von Wuchsstoffen und durch in vitro-Kultur – hat keine praktische Bedeutung.

Neue Bestände werden durch Saat oder Pflanzung begründet. Die Aussaat erfolgt bald nach der Ernte – entweder breitwürfig oder loch-, reihen- und plätzeweise. Um Ausfällen durch Nagetiere vorzubeugen, sät man mehrere Eicheln pro Pflanzstelle – gewöhnlich in 2 und in 4 cm Tiefe aus. In wärmeren Lagen sollte die Bodenvegetation nicht beseitigt werden.

Trotz der hinderlichen, langen Pfahlwurzeln sind Pflanzungen üblicher als Saaten. Gewöhnlich bringt man im Herbst 1- bis 2jährige Sämlinge in weitem Verband auf die Fläche, denn für den 50- bis 60jährigen Endbestand sind nur 200 bis 400 Bäume pro Hektar vorgesehen. Entsprechende Stammzahlen schwanken allerdings zwischen 1000 in Algerien und 100 bis 350 in Portugal.

Ökologie

Q. suber ist eine sehr lichtbedürftige, wärmeliebende Baumart, die in ihrem Areal bei Jahresmitteltemperaturen von 13 bis 17 °C wächst, Maximaltemperaturen bis 40 °C toleriert, aber keine extreme Kälte verträgt. Nur selten fällt die Lufttemperatur im Verbreitungsgebiet unter den Gefrierpunkt, dennoch überstehen Korkeichen –5 °C ohne und –10 °C ohne größere Schäden. In kalten Wintern werfen sie früher die Blätter ab.

Korkeichen stellen geringe Ansprüche an die Wasserversorgung, sind dürrehart und überdauern dank des temporär reduzierten Stoffwechsels sommerliche Trockenperioden von Juni bis September i. a. ohne Schaden.

Wichtig ist indessen eine hohe Luftfeuchte. Jährliche Niederschlagssummen zwischen 500 und 700 mm gelten als optimal. Auf kühleren, aber luftfeuchten Standorten kann die Art aber mit 400 bis 450 mm auskommen.

Bescheiden ist *Q. suber* auch hinsichtlich der Bodenansprüche. Sie wächst auf humusarmen, trockenen, felsigen Standorten, meidet aber kalkreiche Substrate. Häufig findet man sie auf kristallinen Schiefern, nährstoffarmem Gneis und Granit sowie auf Sanden mit geringen organischen Anteilen, die sich zu frischen, gut durchlüfteten Böden entwickeln. Kalkhaltige Substrate werden nur dann besiedelt, wenn sie durch häufige Niederschläge einer ständigen Auswaschung unterliegen. Der Säuregrad des Bodens sollte zwischen pH 4,5 und pH 7 liegen.

Hervorzuheben ist das sehr hohe Lichtbedürfnis der Korkeiche. In dichten Beständen kann sie nicht überleben.

In natürlichen Populationen ist *Q. suber* mit mehreren mediterranen Arten vergesellschaftet, z. B. mit *Quercus ilex* L., *Q. pubescens* WILLD., *Pinus pinaster* AIT., *P. pinea* L., *Arbutus unedo* L. und *Olea europaea* L., in kühleren Lagen sogar mit *Castanea sativa* MILL., mit der sie die Abneigung gegen kalkreiche Substrate teilt. Außerdem kommen folgende Straucharten in diesen Mischbeständen vor: *Quercus coccifera* L., *Rhamnus alaternus* L., *Phillyrea* spec., *Myrtus communis* L., *Erica scoparia* L., *Smilax aspera* L., *Cistus monspeliensis* L.

In bewirtschafteten Korkeichenbeständen ist die Vegetation sehr artenarm. Sie wirken mitunter wie Wiesen mit Bäumen.

Pathologie

Quercus suber wird von mehreren abiotischen Streßfaktoren – z. T. in Kombination mit Schadinsekten und/oder pathogenen Pilzen – geschwächt, geschädigt oder getötet. Dazu gehören:

- extreme Winterkälte und strenge Dürreperioden (schädlich vor allem für 2- bis 3jährige Sämlinge), aber auch Salzwassergischt in unmittelbarer Nähe der Küste;
- Überweidung und intensiver Zwischenbau von landwirtschaftlichen Kulturpflanzen (z. B. Getreide in Portugal), ebenso zu häufige, zu intensive oder unsachgemäße Korknutzung;
- Waldbrände, die besonders an frisch beernteten Eichen schädlich werden.

Unter den Schadinsekten verdient *Lymantria dispar* L., der Schwammspinner *(Lymantriidae)*, die größte Beachtung. Die Falter deponieren die Eier an der Rinde von Ästen und Stämmen, und die im nächsten Frühjahr schlüpfenden Raupen verteilen sich sogleich über die gesamte Krone und fressen sie kahl. Eine Kalamität kann 2 bis 3 Jahre andauern und wiederholt sich alle 5 bis 10 Jahre. Biologische Bekämpfung mit *Bacillus thuringiensis* ist möglich.

Neben dem Eichenwickler *Tortrix viridana* L. *(Tortricidae)*, dessen Raupen an Blüten und jungen Blättern fressen und diese mit Gespinstfäden in typische, tütenartige Wickel zusammenrollen, richtet auch *Malacosoma neustria* L., der Ringelspinner, Schäden an Blättern an. Im Juni werden die Eier in mehrreihigen Ringen an der Rinde dünner Zweige festgeklebt. Die Raupen schlüpfen erst im nächsten Frühjahr und fressen bis Ende Mai intensiv an den Blättern. In ähnlicher Weise schädigt auch *Euproctis chrysorrhoea* L., der Goldafter *(Lymantriidae)*, der polyphag an Laubbäumen auftritt. Seine Raupen „skelettieren" die Blätter im Sommer, überwintern in Nestern und setzen den Fraß im Frühjahr fort.

Ein spezieller Korkschädling ist *Coroebus undatus* FABR. Die Eier werden in das Korkgewebe gelegt. Später bohren die Larven Gänge bis ins Phellogen, was die Qualität des Korks verringert.

Schließlich sei noch *Cerambyx cerdo* L., der Große Eichenbock, *(Cerambycidae)* genannt, dessen bis 90 mm lange Larven tiefe Gänge in das Stamm- und Astholz älterer, geschwächter Eichen nagen.

Mehrfach werden Kronenschäden beschrieben, die sich ad hoc keinem Schadereignis zuordnen lassen, sondern hochwahrscheinlich auf ein komplexes Ursachengefüge zurückgehen [4, 11]. CABRAL et al. [3] berichten aus Portugal über massive Vitalitätsverluste, die durch das Zusammentreffen ungünstiger Klimaereignisse, waldbauliche Fehler und den Befall durch pilzliche Schwächeparasiten wie *Diplodia mutila, Hypoxylon mediterraneum, Endothiella gyrosa* und *Fusarium*-Arten erklärt werden. Das gleichzeitige Auftreten von Dürre- und Schwächeparasiten wird von anderen Autoren auch als Ursache eines Schwächesyndroms in verschiedenen Teilen der Iberischen Halbinsel angesehen [2, 16, 20].

Anbau und Nutzung

Hauptziel des Anbaus von *Q. suber* ist die Korkgewinnung [17]. Kork besteht aus toten, mit Luft gefüllten, dünnwandigen Zellen und enthält neben Zellulose auch Suberin, was ihm wasserabstoßende Eigenschaften verleiht. Er wirkt außerdem wärme- und schallisolierend. Histologisch handelt es sich um ein Phellem, das dem verbleibenden, korkproduzierenden Phellogen außen anliegt, von diesem stets erneuert wird und daher, ohne den Baum zu schädigen, wiederholt entnommen werden kann.

Der erstmals gebildete Kork (männl. Kork, liège male) ist rissig, wenig elastisch und deswegen nur in Form von Spänen bei der Produktion von Isolierplatten zu verwenden. Erst die nachwachsende zweite und alle weiteren Korkschichten (weibl. Kork, liège female) haben optimale technologische Eigenschaften und werden in großem Umfang kommerziell genutzt.

Neue Korklagen werden alle 9 bis 12 Jahre geerntet und erreichen in dieser Zeit die nutzungstechnisch geforderte Stärke von 2,7 bis 4 cm. In warmen Gebieten betragen die Nutzungsintervalle 8, in Nordafrika nur 7 Jahre. Geerntet wird von Mai bis August. Erstmals gewinnt man Kork von 12- bis 15jährigen Bäumen mit Stammdurchmessern (BHD) von ca. 20 bis 30 cm.

Insgesamt kann man Korkeichen 5- bis 10mal beernten. Um die verletzte Stammoberfläche möglichst klein zu halten, wird der Kork mitunter in dreijährigen Abständen entfernt, aber jeweils nur auf einem Drittel des nutzbaren Stammabschnittes.

Den qualitativ besten Kork gewinnt man bei der zweiten, dritten und vierten Ernte. Insgesamt kann man von einer Eiche 100 bis 200 kg Kork gewinnen. Pro Hektar rechnet man mit 200 bis 500 kg pro Jahr. Vor dem Transport zur Fabrik werden die Korkschichten im Freien gestapelt und auf einen Wassergehalt von 12 % getrocknet. Im Handel unterscheidet man drei Sorten: dünn (< 24 mm), Standard (24 bis 36 mm) und dick (> 36 mm).

Am häufigsten verwendet man Kork zur Herstellung von Stopfen und Korken aller Art und als Material zur Wärme- und Schalldämmung. Nutzbar ist außerdem die Rinde, denn sie enthält 12 % extrahierbaren Gerbstoff, und die Eicheln liefern ein ausgezeichnetes Schweinefutter; immerhin produziert eine freistehende Korkeiche 15 bis 30 kg Früchte im Jahr.

Für den Mittelmeerraum stellen Korkeichen ein wichtiges Element der Agrarnutzung dar [1, 19]:

	Gesamtfläche der Korkeichenbestände (ha)	Korkproduktion pro Jahr (in t)
Portugal	750.000	200.000
Spanien	506.000	70.000
Algerien	430.000	40.000
Marokko	350.000	20.000
Frankreich	100.000	12.000
Tunesien	99.000	8.000
Italien	90.000	26.000

Gewöhnlich baut man *Q. suber* in lichten, gleichaltrigen Reinbeständen an. Die Art der Bewirtschaftung wird u.a. dadurch bestimmt, daß die Bestände auch als Weideland dienen. Im Niederwaldbetrieb nutzt man nur natürliche, mit anderen mediterranen Arten gemischte Populationen – und dann hauptsächlich als Brennholz.

In künstlich begründeten Beständen steht die Erziehung hoher Bäume im Vordergrund; ungleichaltrige Bestände mit Bäumen unterschiedlicher Größe herrschen jedoch vor. Praktiziert wird eine Umtriebszeit von 120 bis 150 Jahren.

Rechtzeitige Astung stellt die wichtigste Pflegemaßnahme für Bäume dar, die später geschält werden. Sie sollte mit 10 Jahren einsetzen, auch Totäste einschließen und eine Stammhöhe von 3 m erfassen.

Abb. 8: Korkeichen-Plantage

Weiterführende Literatur

[1] BOSETTO, G., 1955: Conservazione e miglioramento delle sugherete in Italia. Atti Congr. Naz. di Selvicoltura, Firenze. pp. 1-48.

[2] BRASIER, C. M.; MOREIRA, A. C. et al., 1992: High mortality of cork oak in Portugal associated with Phytophthora cinnamomi. In: Recent Advances in Studies on Oak Decline (N. LUISI, P. LERARIO, A. VANNINI eds.) Dipart. Patol. Vegetale, Bari. pp. 461-462.

[3] CABRAL, M. T.; LOPES, F. et al, 1993: Determination of the causes of death of cork oak in the municipalities of Santiago de Cacèm, Grândola e Sines. Silva Lusitanica, **1**, 7-24.

[4] CADAHIA, D.; COBOS, J. M.; SORIA, S. et al., 1991: Observation of damage to mediterranean forest species. Ministerio de Agricultura, Pesca y Alimentacion (Madrid) – Comm. Europ. Comm. pp. 96.

[5] CAMBINI, A., 1967: Micrografia comparata dei legni del genere Quercus. In: Contributi scientifico-pratici per una migliore conoscenza ed utilizzazione del legno. C.N.R.-Istituto nazionale del Legno, Firenze. **10**, 9-49.

[6] CAMUS, A., 1936-1938: Les Chênes: Monographie du genre Quercus, I-III. P. Lechevalier ed., Paris.

[7] CIAMPI, C.; DI TOMMASO, P. L. et al, 1977: Studi morfogenetici sui processi di rigenerazione delle ceppaie nel gen. Quercus. Ann. Acc. Ital. Sci. For. **26**, 3-11.

[8] CORTI, R., 1953: Sughere a maturazione biennale della ghianda in Puglia. Nuovo Giorn. Bot. Ital. **60**, 686-688.

[9] CORTI, R., 1955: Ricerche sul ciclo riproduttivo di specie del genere Quercus della flora italiana. II: Contributo alla biologia ed alla sistematica di Quercus suber L. e in particolare delle forme a sviluppo biennale della ghianda. Ann. Acc. Sci. For. **4**, 55-133.

[10] COUTINHO, 1988: (zitiert in CORTI, 1955)

[11] FERRETTI (ed.), 1994: Mediterranean Forest Trees. A guide for crown assessment. CEC - UN/ECE, Brussels, Geneva.

[12] FIORI, A., 1930: Gli ibridi della sughera. L'Alpe **17**, 388.

[13] GELLINI, R.; BUSSOTTI, F. et al., 1992: Species of the genus Quercus in Italy: characterization by means of leaf surface observation. Giorn. Bot. Ital. **126**, 481-504.

[14] GIORDANO, G., 1976: Tecnologia del legno, Vol. 3. Le prove ed i legnami di più frequente impiego. UTET, Torino.

[15] GRADI, A., 1980; Vivaistica forestale. Edagricole, Bologna.

[16] JACOBS, K. A.; ALVAREZ, I. F. et al., 1992: Association of soil, site and stand factors with decline of Quercus suber in Catalonia, Spain. In: Recent Advances in Studies on Oak Decline (N. LUISI, P. LERARIO, A. VANNINI eds.). Dipart. Patol. Vegetale, Bari. pp. 193-203.

[17] PALMA, P., 1976: Sughero. In: G. Giordano „Tecnologia del legno. Vol. 3 UTET ed.

[18] SCHWARZ, O., 1993: Quercus L. In: TUTIN, T. G. et al. (eds.) Flora europaea, II. ed.

[19] SEIGUE A., 1985: La forêt circummediterraneenne et ses problemes. Tecniques agric. et productions medit.

[20] SOUSA SANTOS, M. N. D.; MOURA MARTINS, M., 1992: Cork oak decline. Notes regarding damage and incidence of Hypoxylon mediterraneum. In: Recent Advances in Studies on Oak Decline (N. LUISI, P. LERARIO, A. VANNINI eds.). Dipart. Patol. Vegetale, Bari. pp. 115-121.

[21] TORMEN, L., 1953: Segnalazione di alcuni boschi di Quercus suber in provincia di Brindisi. Nuovo Giorn. Bot. Ital. **60**, 900-903.

Die Autoren:

Dr. F. BUSSOTTI
Università di Firenze
Laboratori di Botanica Agraria e Forestale
Piazzale delle Cascine, 28
I-50144 Firenze

Dr. A. BOTTACCI
Riserva Naturale di Vallombrosa
V. Stradellone
I-50060 Vallombrosa

Aus dem Englischen übertragen von P. Schütt

Quercus variabilis BLUME, 1850

syn.: Q. chinensis BUNGE, 1835
Q. bungeana FORBES, 1884

Chinesische Kork-Eiche

engl.: Chinese cork oak
Oriental oak

Familie: Fagaceae
Subgenus: Lepidobalanus
Sektion: Cerris

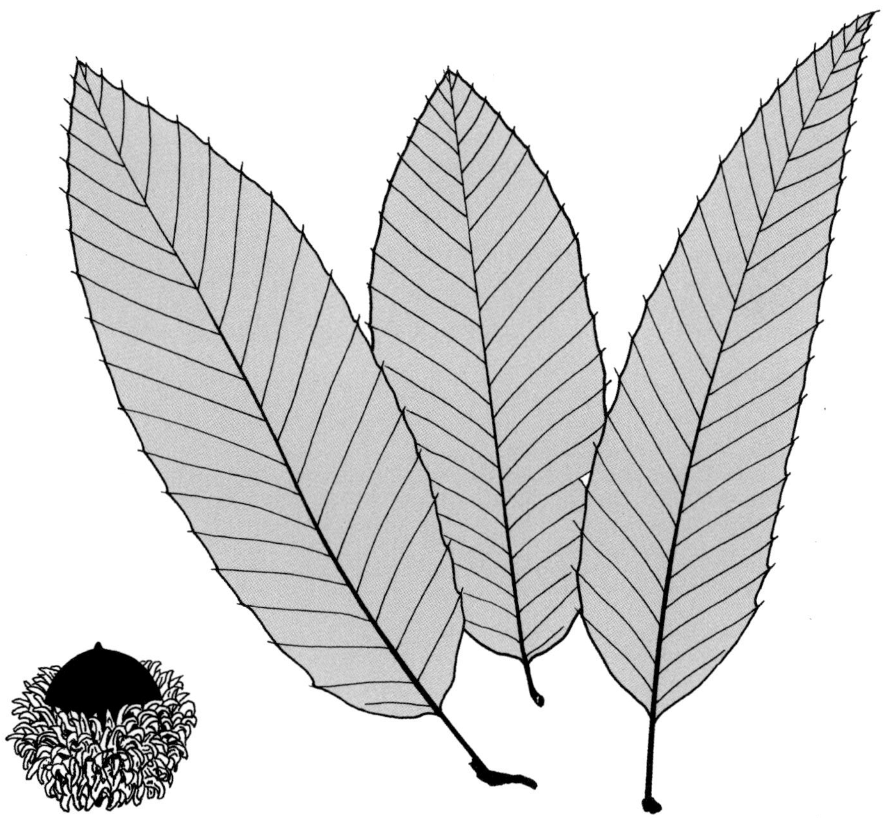

Abb. 1: Quercus variabilis. Blattform, Blattgröße und reife Eichel (nat. Größe), gezeichnet nach Angaben des Autors

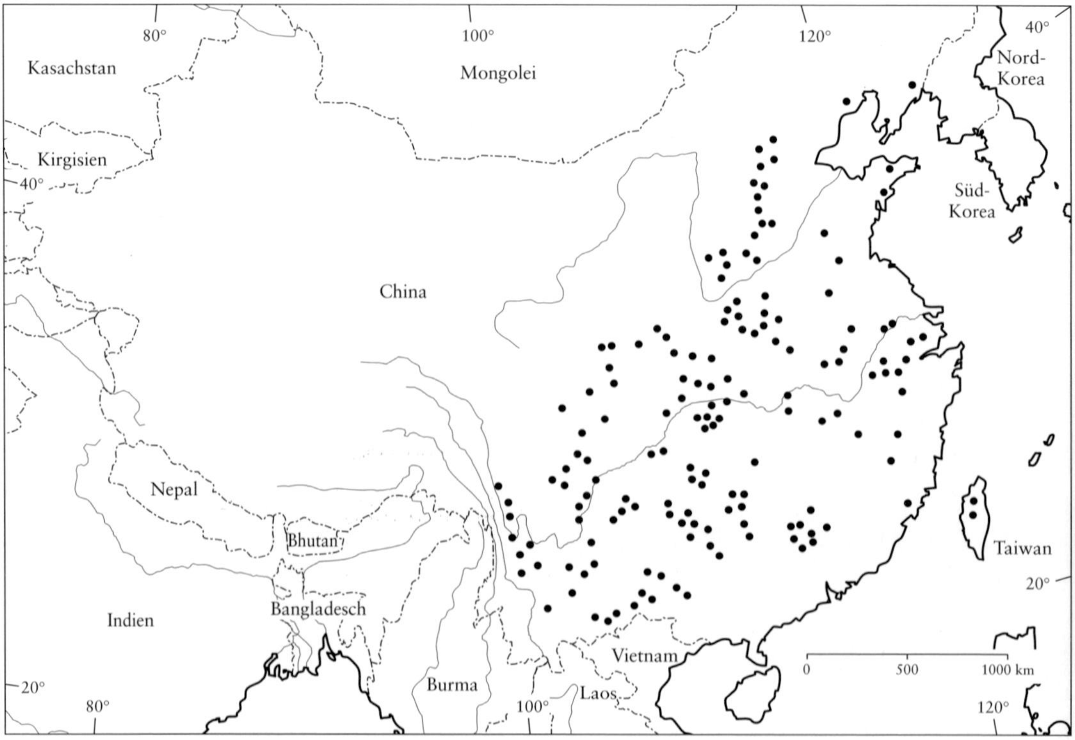

Abb. 2: Wichtige Vorkommen im natürlichen Verbreitungsgebiet

Quercus variabilis, eine in Europa kaum bekannte, sommergrüne und frostharte Eichenart, ist im Südosten Chinas ein weitverbreiteter, wichtiger Waldbaum meist mittlerer Größe. Genutzt wird neben dem dauerhaften, für Konstruktionen geeigneten Stammholz vor allem die Borke älterer Stämme, denn sie enthält – wie *Quercus suber* – eine relativ dicke Schicht hochwertigen Korks und wird in regelmäßigen Intervallen geerntet.

Morphologisch fällt die Art durch ihre nicht gelappten, an *Castanea* erinnernden Laubblätter sowie die fast runden, zu zwei Dritteln in einer breiten, vielschuppigen Cupula steckenden Eicheln auf.

Der artbeschreibende Name „variabilis" bezieht sich wahrscheinlich auf herkunftsbedingte morphologische Verschiedenheiten.

Verbreitung

Q. variabilis ist eine Art des Hügel- und Berglandes warm-temperierter und subtropischer Zonen zwischen 99° bis 122° ö. L. und 22° bis 42° n. Br. West-Hubei sowie das Qinling- und das Dabieshan-Gebirge stellen das Zentrum der natürlichen Verbreitung dar. Im Norden des Areals liegen die Provinzen Liaoning, Hebei, Shanxi und S-Gansu, im Südosten Guangdong, Guangxi sowie Taiwan, im Osten die Provinz Shandong und im Westen die Provinzen Sichuan und Yunnan. In Korea und Japan ist die Art ebenfalls autochthon [7].

Die Höhenverbreitung reicht von 10 m ü. NN (Huangzhangyu und Xiao-County in der Prov. Anhui) bis 1800 m, in der Prov. Yunnan sogar annähernd bis 2500 m ü. NN. In Nordchina findet man die Art zumeist an Südhängen unter 900 m [8].

Beschreibung

Q. variabilis kann maximal 45 m hoch werden und einen Stammdurchmesser (BHD) von 1 m einnehmen; die Durchschnittswerte liegen allerdings bei 18 m bzw. (in Urwäldern) bei 20 bis 33 cm.

Die breite, rundliche Krone baut sich aus kräftigen Ästen auf.

Abb. 3: Großer, alter Solitär am natürlichen Standort

Abb. 4: Dicke, graubraune Borke eines alten Stammes

Abb. 5: Stammquerschnitt

Abb. 6: Offene männliche Blütenkätzchen (links), Zweig mit weiblicher Blüte (rechts)

Knospen, Blätter und junge Triebe

Die gelblich braunen Winterknospen haben eine Länge von 3 bis 5 mm.

Die Blätter der Chinesischen Kork-Eiche sind wechselständig angeordnet, nicht gelappt und sehen *Castanea*-Blättern ähnlich. Sie werden 8 bis 20 cm lang, 2 bis 5 cm breit, sind von länglich-elliptischer Form und haben einen schwach kerbig gesägten Rand sowie einen 1 bis 5 cm langen, kahlen Stiel. Die 9 bis 18 Blattadernpaare enden in kurzen, über den Blattrand hinausragenden Borsten. Während die Blattspreite am Apex allmählich spitz zuläuft, endet sie an der Basis rund oder breit keilförmig. Die Blattoberseite ist glänzend dunkelgrün, die Unterseite durch Sternhaare hingegen grauweiß.

Junge Triebe sind anfangs kahl und bräunlich gelb, nehmen aber später eine graubraune Farbe an und sind dann mit Lenticellen besetzt.

Blüten und Früchte

Die Blüten sind monoezisch verteilt, wobei die ♂♂ an über 14 cm langen Kätzchen stehen, deren Achsen mit kurzen, gelbbraunen Haaren bedeckt sind. Sie weisen ein lederartiges, tief 5- bis 6zipfeliges Perianth sowie 5 Staubblätter auf.

Weibliche Blüten finden sich hingegen einzeln in den Blattachseln, haben ebenfalls ein tief gelapptes, 5- bis 6-teiliges Perianth sowie 3 Griffel, mitunter auch rückgebildete Staubblätter.

Die breit eiförmigen, 1,5 cm langen Eicheln (max. 2,7 cm [6]) haben (incl. Cupula) einen Durchmesser von 2,5 bis 4 cm und können bei Reife bis zu 11 g wiegen [6]. Sie werden zu $^{2}/_{3}$ von einer behaarten Cupula umschlossen, die von zahlreichen linearen oder spitz zulaufenden, aufwärts gerollten und sich überlappenden Schuppen bedeckt ist.

Die Blütezeit fällt (gemeinsam mit dem Blattaustrieb) in den März/April, die Fruchtreife in den September oder Oktober des selben Jahres.

Borke und Holz

Die graubraune bis schwärzliche, ca. 2 bis 5 cm dicke, tiefgefurchte Borke älterer Stämme ist durch eine besonders breite, dunkelbraune Phellem-Schicht gekennzeichnet, welche in großem Umfang wirtschaftlich genutzt wird.

Das ringporige, geradfaserige Holz hat eine ungleichmäßige Textur und läßt sich leicht in einen gelbbraunen Splint und einen rötlich braunen Kern trennen. Der Übergang vom 1- bis 5-reihigen, sehr gleichmäßig aufgebauten Frühholz zum 1- bis 2-reihigen, heterogenen Spätholz erfolgt abrupt.

Auf dem Querschnitt sind zwischen den gut sichtbaren, breiten stets auch schmale, nur mit der Lupe erkennbare Holzstrahlen angeordnet. Die Rohdichte (r_{12}) des *Q. variabilis*-Holzes beträgt 0,897 g/cm^3, die Volumen-Schwindung 0,619 %, die Biegefestigkeit 1302 kg/cm^2 und die Bruchfestigkeit 1079 kg/cm^2.

Wurzeln

Für *Q. variabilis* ist ein kräftiges, tiefreichendes Pfahlwurzelsystem charakteristisch, das bei einjährigen Sämlingen bereits 1 m, bei älteren Bäumen durchaus 6 bis 7 m Tiefe erreicht. Die Seitenwurzeln reichern sich an steilen Hängen in den obersten 10 bis 20 cm des Bodens an und können dort 6 bis 7 m lang werden. Feinwurzeln gehen mit *Cantharellus cibarius* Fr. eine Mykorrhizasymbiose ein.

Ökologie

Die Jahres-Mitteltemperaturen im natürlichen Areal liegen zwischen 12 und 16 °C, und die Summe der Jahresniederschläge schwankt von 500 bis 1600 mm. In der warmtemperierten Zone erstreckt sich das Maximum vom Juli bis September, im subtropischen Bereich vom Mai bis November. Kältegrade bis zu –18 °C werden toleriert, in der Ukraine sogar bis –29 °C[1], Schnee fällt im Winter nur wenige Male und bleibt nicht lange liegen.

Die Art gedeiht sowohl auf sauren wie auf alkalischen, tonigen Substraten (pH 4 bis 8). Als besonders günstig haben sich tiefgründige, nährstoffreiche, wohldrainierte Lehme oder sandige Lehme an sanften Hängen der Vorberge erwiesen. Dort werden auch sehr mächtige und lockere Korkschichten gebildet.

Wegen des kräftigen Wurzelsystems und der korkreichen Borke ist *Q. variabilis* weitgehend widerstandsfähig gegen Dürre, Sturm und Feuer. Als Lichtbaumart reagiert sie jedoch empfindlich auf Beschattung.

Vermehrung

Q. variabilis blüht und fruchtet erstmals mit 9 Jahren, regelmäßig mit 15 bis 20 Jahren und besonders reichlich zwischen 40 und 100 Jahren.

Vermehrt wird durch Saat oder Pflanzung. Die Früchte haben ein Tausendkorngewicht von 5500 bis 6000 g, können unter normalen Bedingungen ein Jahr gelagert werden und keimen zu 85 bis 95 %. Im Labor haben sich Keimtemperaturen von 25 °C als optimal erwiesen[2].

---

1) For. Abstr. **46**, 518, 1985

2) For. Abstr. **39**, 1102, 1978

Bei Reife weisen die Eicheln einen Wassergehalt von 40 bis 60 % auf, der zur Lagerung auf 15 bis 20 % reduziert werden muß. Gelagert werden die Früchte in geschlossenen Räumen (in Sand), in Mieten oder in fließendem Wasser [2].

Nach Aussaat im Winter (70 bis 95 % Keimung) entstehen um 22,7 % höhere und um 26 % stärkere (Stammdurchmesser) Sämlinge als nach Frühjahrs-Saat. Empfohlen wird das Unterschneiden der Wurzeln im 2- bis 3-Blatt-Stadium der Sämlinge.

Wachstum und Entwicklung

Q. variabilis wächst in den ersten 3 Lebensjahren nur langsam (auf armen Standorten ca. 20 cm Höhenzuwachs pro Jahr). Vom 4./5. Jahr an steigt der jährliche Höhenzuwachs auf 0,5 bis 1 m, und der Durchmesserzuwachs beträgt 0,5 bis 1 cm/Jahr, wobei Spitzenwerte von 1,5 m bzw. 1,5 cm durchaus vorkommen.

Während das Höhenwachstum mit 15 bis 20 Jahren kulminiert, steigt der Durchmesserzuwachs bis zum 30. bis 60. Jahr, auf tiefgründigen, nährstoffreichen Böden sogar bis zum 100. Jahr weiter an. 50-jährige Hochwald-Bestände erzeugen eine Holzmassse von 340 m^3/ha; Niederwald-Bestände wachsen zwar im Anfangsstadium wesentlich rascher (Jahrestriebe von 1 m Länge), lassen aber mit 5 bis 10 Jahren deutlich nach.

Anders als im Freistand, wächst die Art in geschlossenen Beständen zu geraden, kräftigen Stämmen heran. Deswegen begründet man im Engstand oder in Mischung mit anderen Arten. Die Bewirtschaftung erfolgt im (etwa) 55-jährigen Umtrieb. Das Höchstalter liegt bei 400 Jahren.

Setzt man schlecht geformte oder vielstämmige Eichen auf den Stock, entwickeln sich oft gerade Schösslinge mit guten Holzeigenschaften.

Im warm temperierten Klima kommt *Q. variabilis* zumeist in Reinbeständen, seltener in Mischung mit *Quercus aliena, Q. dentata, Q. aliena* var. *acuteserrata, Q. acutissima, Koelreuteria paniculata* und *Pinus tabulaeformis* vor. Unter subtropischen Bedingungen wächst sie gemeinsam mit *Quercus aliena, Q. grandiflua, Q. fabri, Dalbergia hupeana, Platycarya strobilacea, Pinus massoniana* und *P. taiwanensis*.

Die Reinbestände sind relativ stabil. Im Qinling-Gebirge entsteht unter dem Altholz-Schirm eine teils aus Sämlingen, teils aus Schösslingen zusammengesetzte, sehr gleichmäßig verteilte Verjüngung von ca. 4100 Pflanzen/ha.

Pathologie

Durch biotische Schaderreger sind vor allem die Früchte und die Sämlinge gefährdet, Eicheln durch *Curculio davidi*, einen Rüsselkäfer, Jungpflanzen durch mehrere Mäusearten (u.a. *Sciurotamias davidianus, Cricetulus longicaudatus*) [6].

Das Korkgewebe wird von dem Pilz *Truncopora truncatospora* (LLOYD) ITO angegriffen. Pathogene Pilze schädigen außerdem die Blätter (*Cronartium quercuum* (BERK.) MIYABE) oder sie rufen Holzfäule hervor (*Ganoderma lobatum* und *G. lucidum* (CURT.) KARST.).

Nutzung

Im Dichtstand erwachsene, lange Schäfte liefern ein dauerhaftes Konstruktionsholz, das auch im Schiffsbau und in der Kunstschreinerei Verwendung findet, als Grubenholz genutzt und außerdem im Innenausbau als Dielung oder Paneel eingesetzt wird.

Stämme und starke Äste dienen als Substrat für die Anzucht von Speisepilzen.

Ein wirtschaftlich besonders wichtiges Ziel der Nutzung ist die relativ mächtige Korkschicht in der Stammborke alter Bäume. Der daraus gewonnene Kork ist von geringem Gewicht (spez. Gewicht: 0,15 bis 0,30 g/cm^3) und von hoher Elastizität. Als weitere Eigenschaften werden angeführt: wasserabstoßend, widerstandsfähig gegen Säuren und Basen, schalldämmend und nicht korrodierend.

Weiterverarbeitet wird der Kork zu Isoliermaterial unterschiedlicher Ausformung, wie es in der Verpackungs-, der Elektroindustrie und im Maschinenbau benötigt wird.

Zur Korknutzung eignen sich Stämme ab 15 bis 20 Jahren mit einem BHD von 13 bis 15 cm. An ihnen werden in Abständen von 10 Jahren die nachgewachsenen, 1,5 bis 2 cm dicken Korklagen entfernt.

Der günstigste Erntetermin liegt im Sommer (Mai bis September). Ältere als 100-jährige Bäume werden nicht mehr genutzt. An der Schwarzmeerküste (Kaukasus) werden bei der 2. Ernte (23- bis 25jährige Bäume) pro Eiche 13 bis 15 kg Kork gewonnen[3)].

Der hohe Gehalt an Kohlenhydraten (50,4 bis 63,5 %) macht *Variabilis*-Eicheln zu einem exzellenten Viehfutter, das auch von Bären, Ziegen und anderen Wildtieren aufgenommen wird.

3) For. Abstr. 47, 2694, 1986

Schließlich weisen verschiedene Teile der Bäume einen hohen Heizwert auf. Sie werden in großem Umfang als Brennmaterial genutzt [4, 5].

	Stammholz	Astholz	Blätter	Borke	Wurzel
Wassergehalt [%]	22	21	38	15	23
Heizwert (KJ/kg)	20 444	19 741	23 023	24 049	18 790

Verschiedenes

Sämlinge der Artkreuzungs-Nachkommenschaft *Quercus suber* x *Q. variabilis* zeigten Heterosis und waren frosthärter als Pflanzen beider Elternarten[4].

[4] For. Abstr. 23, 1610, 1962

Literatur

[1] Anonymus, 1984: Index florae Yunnanensis. Institutum Botanicum Kunmingense Academiae Sinica Edita ed. Kunmin. The People's Publishing House, Yunnan.
[2] Lihong Zhang, 1992: Reforestation of oriental oak by direct seeding with a cup cover. Forest Science and Technology.
[3] Minkai Qi; Hong Chen, 1992: A study on oriental oak as fuelwoods. Sichuan Forest Science and Technology, 72–76.
[4] Shangmin Tan; Qinfen Shi et al., 1994: Heat energy of major plants in China. Beijing, Chinese Forestry Press.
[5] Shangwu Guo (ed.), 1990: Major heat energy tree species in China. Beijing, Chinese Forestry Press.
[6] Weixiang Luo, 1992: Silviculture of major tree species in Shaanxi. Xi'an. Shaanxi Scientific Press.
[7] Zhekun Zhou, 1992: Origin, phylogeny and dispersal of Quercus from China. Acta Botanica Yunnansis.
[8] Zhenyi Wu et al., 1983: Vegetation in China. Beijing. Scientific Press.

Der Autor:

Hong Peng
Dept. of Forest Conservation
Northwestern University of Forestry
712100 Yangling, Shaanxi
VR China

Aus dem Englischen übertragen von P. Schütt.

Robinia pseudoacacia LINNÉ, 1753

syn.: Robinia pseudacacia LINNÉ

Robinie, Falsche Akazie Familie: Fabaceae

engl.: Black locust, Locust, False acacia
franz.: Robinier, Faux-acacia
ital.: Robinia
span.: Acacia, Falsa Acacia

Abb. 1: Solitär im Klosterhof Benediktbeuren

Einleitung

Die Bedeutung dieses aus dem östlichen Nordamerika stammenden Waldbaumes mittlerer Größe liegt weniger in der Holzproduktion als in seiner Verwendung für die Erstbesiedelung von Problemstandorten. Robinien werden wegen ihrer Anspruchslosigkeit, ihrer Fähigkeit zur Bindung von Luftstickstoff und ihrer Raschwüchsigkeit weltweit angebaut.

Ihr Holz ist hart und dauerhaft; Stammkrümmungen und Zwieselbildung mindern aber seinen Wert beträchtlich. Als Nebennutzung fällt reichlich Bienenhonig an. Zumindest Rinde, Blätter und Samen sind giftig.

Verbreitung

R. pseudoacacia ist im Inneren des östlichen Nordamerika beheimatet. Ihr Areal gliedert sich in mehrere Teilvorkommen, deren Ausdehnung nicht immer genau bekannt ist [18]. Das weitaus größte davon hat sein Zentrum in den Appalachen, wo die Art zwischen 150 und 1500 m ü. NN ihr Optimum findet und in den artenreichen Wäldern regelmäßig, aber keineswegs häufig vorkommt. In den typischen Eichen-Kastanienwäldern der Süd-Appalachen fehlt sie.

Dieser Ostteil des Areals erstreckt sich vom mittleren Pennsylvania (ca. 41° n. Br.) und vom südlichen Ohio bis nach Nordost-Alabama (ca. 32° n. Br.) und N-Georgia im Süden. Mehrere isolierte Kleinvorkommen sind ihm südlich und westlich vorgelagert. Der Westteil des Verbreitungsgebietes liegt etwa zwischen 32° und 37° n. Br. sowie zwischen 90° und 95° w.L. Zentren sind hier die Ozark-Hochfläche im südlichen Missouri, das nordwestliche Arkansas und das östliche Oklahoma. Kleinvorkommen existieren in S-Indiana, Illinois, Kentucky und Alabama [18].

Robinia pseudoacacia ist heute nach Eucalyptus eine der weltweit am häufigsten angebauten Baumarten [10]. Schon 1601 wurde sie von Jean Robin, Hofgärtner von Ludwig XIII. in Fontainebleau, aus Virginia nach Frankreich gebracht, wo sie lange Zeit große Beachtung fand. Als Zier- und Alleebaum gelangte sie in andere europäi-

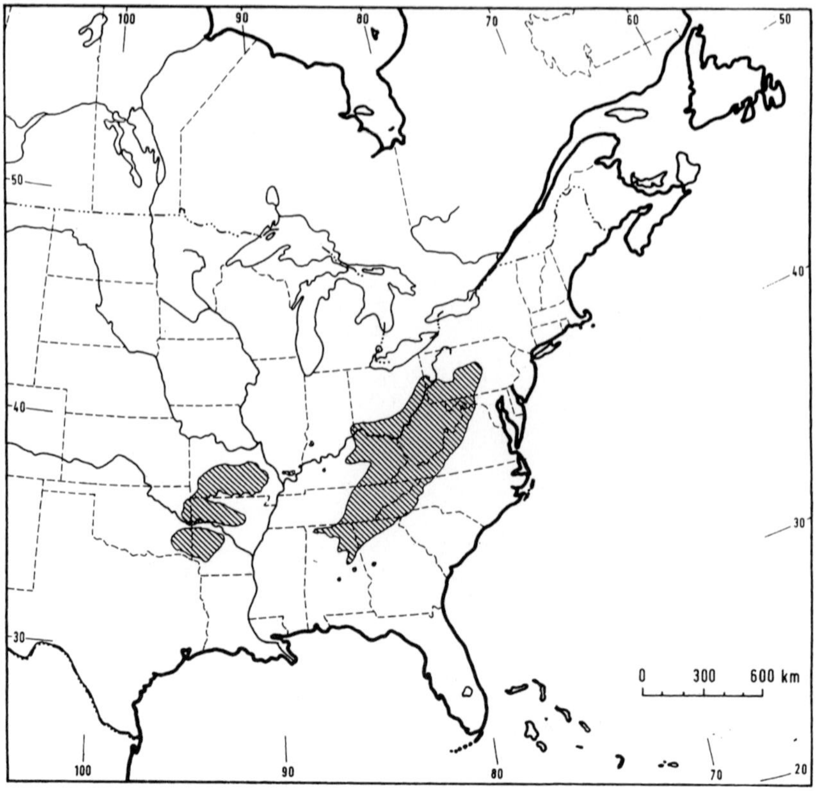

Abb. 2: Natürliches Areal nach [18]

Abb. 3: R. pseudoacacia außerhalb des natürlichen Areals, Owens River, Kalifornien

sche Länder und war um 1700 in Süddeutschland „sehr verbreitet“ [44]. Gegen Ende des 18. Jahrhunderts verwendete man Robinien erstmals zu Aufforstungen, ohne daß sich die Art als Waldbaum in Mitteleuropa durchsetzen konnte.

Abb. 4: R. pseudoacacia 'Umbraculifera'

Anders in Ungarn, wo Robinienbestände heute 276 000 ha, das sind 18,2 % der Waldfläche, bestocken [21]. Insgesamt wird die heutige Anbaufläche auf 3,25 Millionen Hektar geschätzt [10]. Für 1978 gibt Keresztesi [21] folgende Flächen für die wichtigsten Anbauländer (ohne VR China) an:

Süd-Korea	1 017 000 ha	Frankreich	100 000 ha
Ungarn	275 000 ha	Bulgarien	73 000 ha
Rumänien	191 000 ha	Jugoslawien	50 000 ha
UdSSR	144 000 ha		

Groß ist die Bedeutung der Art für die Besiedelung und Befestigung von Halden, Böschungen und erosionsgefährdeten Hängen sowie als Windschutz in Steppengebieten Südosteuropas und Asiens. So z.B.

- in Aserbaidschan zur Festlegung von Geröll und zur Bepflanzung stark versalzter Böden (0,84 % Salzgehalt)
- in der Ukraine als Windschutz im Dnjepr-Becken
- am Schwarzen Meer zu Dünenaufforstungen
- am Asov'schen Meer zur Anlage von Erholungswäldern auf unfruchtbaren Küstensanden
- in Kashmir als Waldbaum.

Keinen Erfolg hatte die Einführung der Robinie in Neuseeland (Unwüchsigkeit). In Australien besteht ein Anbauverbot wegen Giftwirkung auf Mensch und Vieh.

Morphologie

Erscheinungsbild

Robinien sind sommergrüne Bäume von mittlerer Größe, relativ kurzer Lebensdauer, aber raschem Jugendwachstum. Im Freistand entwickeln sie meist einen kurzen, krummen, oft zwieselnden Stamm und eine eher runde, sehr unregelmäßig aufgebaute Krone. Anders im Bestandesschluß, wo die Krone erst in 6 bis 8 m Höhe ansetzt, die geraden Stämme überwiegen und die Bäume deutlich höher werden.

mittl. Höhe	nach [29]	nach [44]	nach [18]
im Freistand	15 m	< 20 m	12 bis 18 m
im geschl. Bestand	bis 30 m	20 bis 30 m	bis 30 m

Auf besseren Böden ist der Anteil geradschäftiger Bäume höher als auf armen [6], die Stammdurchmesser (BHD) erreichen höhere Werte (76 cm, nach Erteld [6]; bis 1,2 m nach Vadas [44]; 60 cm nach Little [29]) und die Äste setzen spitzwinklig an (15 bis 30° [6]). Der auffallend hohe Anteil zwieseliger Stämme könnte mit Frühfrostschäden an den noch nicht verholzten Gipfeltrieben zusammenhängen.

Alte Robinien sind u.a. durch ihre aschgraue, anfangs netzartig zerklüftete, im hohen Alter tief senkrecht gefurchte **Borke** gekennzeichnet.

Abb. 5: **a** Blütentraube, **b** Zweig im Winterzustand, **c** beblätterter Zweig mit Nebenblattdornen (N) und mit Hülsen (H) (aus SCHÜTT, SCHUCK, STIMM: Lexikon der Forstbotanik)

Keimlinge von R. pseudoacacia tragen zwei relativ große (20 bis 25 mm) und zarte, ovale Kotyledonen mit unsymmetrischer Basis. Der Mittelnerv endet weit vor der Blattspitze, weitere Blattadern sind nicht zu erkennen. Das kreisrunde, ganzrandige, ungefiederte Primärblatt ist stets langgestielt. Erst die darauf folgenden Übergangsblätter weisen 3 Fiederblättchen auf, wobei die Endfieder rundlich und deutlich größer ist als die beiden seitlichen Blättchen [44].

Knospen, Blätter und junge Triebe

Die Winterknospen der Robinie entziehen sich der Betrachtung, denn sie sind anfangs von der Basis des Blattstiels umgeben und bleiben später unter den relativ großen, unregelmäßig gestalteten Blattnarben verborgen. End- und Seitenknospen sind frei von Tegmenten. Bisweilen werden seriale Beiknospen gebildet.

Abb. 6: Junger, bedornter Trieb im Winterzustand. Knospe unter Blattnarbe verborgen

Die sommergrünen, wechselständig angeordneten, 15 bis 30 cm (10 bis 35 cm) langen, unpaarig gefiederten Blätter sind mit 3 bis 9 (3 bis 12) Fiederblattpaaren besetzt und bilden einen 3 bis 4 cm langen, am Grunde deutlich verdickten Stiel aus. Die beiden Nebenblätter sind zu ca. 2 cm langen, geraden oder leicht gekrümmten, braunen Dornen umgewandelt, die nach dem Blattfall am Sproß verbleiben und sich von Jahr zu Jahr vergrößern können. Die kurz gestielten, seltener sitzenden, länglich elliptischen bis eiförmigen Fiederblätter werden 2,5 bis 5 cm lang und 13 bis 25 mm breit, haben einen abgerundeten, manchmal in eine weiche Stachelspitze auslaufenden Apex sowie eine rundliche bis breit keilförmige Basis. Sie sind ganzrandig, oberseits frisch grün und unterseits graugrün. Die Endfieder ist deutlich länger gestielt.

Die lockere Belaubung erklärt den relativ hohen Lichteinfall unter der Krone. Zu einem gewissen Teil hängt das auch mit den Blattbewegungen zusammen, die durch einen Wechsel der Lichtintensität ausgelöst werden (autonome Turgorbewegungen). Bei starker Einstrahlung stehen die Fiedern nämlich senkrecht nach oben, bei mittleren Werten waagrecht (d.h. ± senkrecht zum einfallenden Licht) und bei Dunkelheit nehmen sie durch Herabhängen eine Art Schlafstellung ein. Die entsprechende Reaktionsfähigkeit nimmt mit steigendem Baumalter ab; die Schlafbewegung bleibt jedoch unberührt davon [6].

Junge Robinientriebe sind meist kahl, mehr oder weniger kantig und haben eine olivgrüne bis rotbraune Rinde, die mit relativ großen, hellen Lenticellen besetzt ist. Im Sproßquerschnitt ist ein viereckiges Mark zu erkennen. Die Triebspitzen sterben am Ende der Vegetationsperiode auf etwa 4 cm Länge ab, ein Seitentrieb übernimmt im nächsten Frühjahr die Führung [2].

Blüten, Früchte, Samen

Die auffallenden, leuchtend weißen und angenehm duftenden Blüten der Robinie erscheinen in Mitteleuropa erst nach dem Laubaustrieb, in Südeuropa hingegen gleichzeitig oder schon vor den Blättern [6]. In warmen Sommern können die Bäume ein zweites Mal blühen [7].

Jeweils 10 bis 25 Blüten sind in einer 10 bis 25 cm langen, herabhängenden Traube zusammengefaßt, die mit $1^1/_2$ bis $3^1/_2$ cm langem Stiel der Blattachsel eines beblätterten Kurztriebes entspringt.

Hinsichtlich ihres Aufbaus entspricht die $1^1/_2$ bis 2 cm große, kurz gestielte, in aller Regel weiße und nur selten gelbliche oder schwach rosafarbene Zwitterblüte einer typischen Papilionaceen-Blüte: 5 Kronblätter (2 zum relativ breiten Schiffchen verwachsen, 2 als geöhrte Flügel und 1 rundliche Fahne, am Grunde mit gelbem Fleck). Von den 10 Staubblättern sind 9 zu einer Röhre verwachsen, das zehnte ist frei. Der längliche, oberständige Fruchtknoten trägt einen gekrümmten, dicht behaarten Griffel mit runder, rauher Narbe. Der glockenförmige, hellgrüne Kelch ist spärlich behaart.

Blütenformel: K(5) C5 A(9)+1 G1.

Wegen des hängenden Blütenstandes haben die Einzelblüten eine Drehung um 180° vollzogen (Resupination), wodurch sie erneut eine aufrechte Position einnehmen. Ein unmittelbar unter der Narbe angebrachter Haarkranz soll Selbstbestäubung verhindern.

Chromosomensatz: 2n = 20 [46].

Nach der Befruchtung entwickelt sich aus dem einzigen Fruchtblatt der Blüte eine kurzgestielte, 5 bis 10 cm lange und 1 bis 2 cm breite, flache Hülse, die zur Reifezeit eine

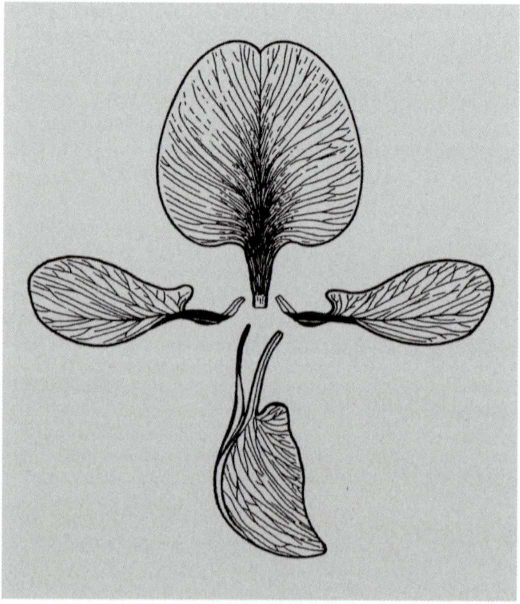

Abb. 7: Teile der Blütenkrone, vergrößert dargestellt

braune bis rotbraune Farbe annimmt. An beiden Seiten kurz zugespitzt und mit einer schmal geflügelten Rückennaht versehen, ist sie von ledriger oder pergamentartiger Beschaffenheit. Sie enthält 4 bis 10 schmal nierenförmige Samen, die oft erst während des Winters (September bis April mit einem Höhepunkt im Februar/März [45]) entlassen werden. Länge: 6 bis 7 mm; Breite: 3 bis 4 mm, Farbe: olivgrün bis braun, oft marmoriert.

Das Tausendkorngewicht schwankt nach ERTELD [6] in weitem Rahmen: 7,3 bis 34,0 g ($\bar{x} \approx 20$ g). Es nimmt von Norden nach Süden zu. ROHMEDER[1] gibt 20,4 g an und nennt eine mittlere Keimfähigkeit von 81,6 % (40 bis 60 % nach ERTELD [6]).

Die Bestäubung wird hauptsächlich von Bienen vollzogen. Im Mittel dauert die Blütezeit 5,5 Tage. Je Blüte und Tag werden 2,39 mg Nektar mit einem Zuckergehalt von 1,06 mg produziert[2].

Holz und Rinde

R. pseudoacacia ist ein Kernholzbaum. Die Breite des gelblichen Splints beträgt nur 2 bis 5 Jahresringe. Er ist deutlich vom grünlich-braunen, stark nachdunkelnden Farbkern abgesetzt.

Die Gefäße sind ringporig verteilt, die Jahrringgrenzen durch das dunklere Spätholz gut zu erkennen. Charakteristisch für die Art ist die große Zahl von Thyllen in den Frühholzgefäßen. Die Weite der Gefäße (tangentialer Durchmesser) nimmt von 300 µm im Frühholz auf 50 µm im äußeren Spätholz ab [9]. Ihre Länge beträgt im Mittel 4 mm [27]; im Spätholz sind sie einzeln, in kurzen, tangentialen Reihen oder nesterweise verteilt.

Die wenig auffallenden, aus sehr gleichmäßig gestalteten Parenchymzellen aufgebauten Holzstrahlen haben eine Breite von 1 bis 6 Zellreihen (4 bis 10 nach LIESE [27]) und eine Höhe von ca. 40 Zellagen.

Das im Robinienholz am häufigsten vertretene Zellelement sind Libriformfasern. Das gilt in erster Linie für das Spätholz.

Für Stammholz werden folgende Zellanteile genannt:

Holzfasern	55 %
Parenchym	39,2 %
Gefäße	5,8 %

(nach [27])

Die Länge der Fasern beträgt 0,75 bis 1,23 mm, ihr Durchmesser 14 bis 22 µm [27].

Abb. 8: Reife Hülse, offen (Foto: Ulla M. Lang)

1) ROHMEDER, E., 1972: Das Saatgut in der Forstwirtschaft, S. 199
2) For. Abstr. 40, 2897, 1979

Abb. 9: Blütenstand (Foto: Ulla M. Lang)

Das Kernholz der Robinie ist zäh, fest, hart und außergewöhnlich dauerhaft. Es übersteht sogar Wechselfeuchte und erwies sich als weitgehend resistent gegen Holzfäule und Insektenfraß. Trotz seiner Härte läßt es sich leicht bearbeiten, wenn auch schlecht nageln [35].

Rohdichte r_0 =	0,54... 0,73... 0,87	g/cm³
Druckfestigkeit =	608 ... 715 ... 794 da	N/cm²
Zugfestigkeit =	862 ...1451 ...1804	N/cm²
Biegefestigkeit =	1010 ...1470 ...1657	N/cm²

(nach [35])

Abb. 10: Stamm, quer

Der mittlere Cellulosegehalt des Robinienholzes wird mit 50,1 %, der mittlere Ligningehalt mit 20,6 % angegeben[3)].

Die Histologie der Robinienrinde läßt eine deutliche Differenzierung in Jahrringe erkennen, wobei der Frühbast aus einem breiten Siebröhrenband, der Spätbast aber hauptsächlich aus Parenchym und Bastfasern besteht.Die Siebröhren des Frühbastes haben einen Durchmesser von 30 bis 40 µm, die des Spätbastes von 15 µm. Sie kollabieren im zweiten Jahr [17].

Die tief und unregelmäßig längsrissige Schuppenborke der Robinie hat einen hohen Anteil an Bastfasersträngen. Einzelfasern werden etwa 2 mm lang [44].

Abb. 11: Stamm, radial

Bewurzelung, Knöllchenbildung, Mykorrhizierung

Gemeinhin wird R. pseudoacacia als eine Baumart betrachtet, die wegen ihres flachen, intensiven Wurzelsystems in hohem Maße bodenbefestigend wirkt. Diese Auffassung trifft zweifellos zu, gibt aber nur einen Teil des Bildes wieder, denn in Trockengebieten können Robinienwurzeln in lockeren Substraten bis in 7 m Bodentiefe vordringen. Stone/Kalisz [43] geben in einer Sammelarbeit als maximale Wurzeltiefen an:

1jährige Pflanzen	2,1 m
4jährige Pflanzen	3,7 m
12jährige Bäume	2,4 m
28jährige bis 70jährige Bäume	2,8 m
hiebsreife Bäume	>7,9 m

Generell wird auf tiefgründigen, lockeren Standorten zunächst eine bis 1,5 m lange Pfahlwurzel gebildet, die schon mit 15 bis 20 Jahren „rübenartig abholzig“ wird [23] und von der später (als artspezifische Besonderheit) in verschiedener Tiefe Seitenwurzeln abgehen [6]. Diese können bis 20 m lang werden und entwickeln ihrerseits in die Tiefe strebende Absenker [36]. Die radiale Ausdeh-

3) nach **Fengel/Wegener**: Wood. Chemistry, Ultrastructure, Reactions, W. de Gruyter, 1984

Abb. 12: Borke eines alten Stammes (Foto: Ulla M. Lang)

nung der Wurzeln erreicht das 1- bis 1,5fache der Baumhöhe [18] und das Feinwurzelsystem ist besonders intensiv verzweigt. So hatten 4 Monate alte Robinien-Sämlinge die 17fache Wurzelzahl und die 170fache Gesamtwurzellänge von Pinus taeda-Sämlingen gleichen Alters[4)].

Charakteristisch für die Bewurzelung der Robinie ist das sehr intensive Ausschlagvermögen aus flachstreichenden Oberflächenwurzeln. Die so entstehende Wurzelbrut bildet sich häufiger und intensiver auf lockeren, nährstoffreichen Substraten und im warmen Klima als auf kalten und nassen Substraten im gemäßigten Klima.

Nach ERTELD [6] unterscheidet sich die Bewurzelung der Robinie in zweierlei Hinsicht von anderen in Mitteleuropa kultivierten Baumarten:

a) in der größeren Intensität, Wurzelbrut und Stockausschläge zu bilden

b) in der Fähigkeit, den Waldboden aufzulockern und in seinen obersten Schichten einen Zustand der Bodengare herzustellen.

Die Feinwurzeln der Robinie leben in Symbiose mit Luftstickstoff bindenden Bakterien der Gattung Rhizobium. Mehrere, unterschiedlich aktive Stämme der Arten R. meliloti, R. trifolii und R. japonicum wurden als Symbionten nachgewiesen [15]. Sie infizieren bereits die Primärwurzeln der Keimlinge und induzieren die Bildung von Wurzelknöllchen, in denen die Stickstoffbindung abläuft und die knapp 2 Monate später einen Durchmesser von ca. 1 mm erreichen [16]. Ältere, z.T. perennierende Knöllchen werden bis über 10 mm groß [3]. Generell ist die Zone intensivster N-Bindung auf die oberste, etwa 15 cm tiefe Bodenschicht beschränkt [3]. Mit zunehmender Bodentiefe geht die Zahl der Knöllchen kontinuierlich zurück.

Die Stickstoffanreicherung unter drei- bis vierjährigen Robinien beläuft sich auf 100 bis 300 kg Stickstoff pro Hektar [14], nach anderen Untersuchungen nur auf etwa 30 kg/ha [3].

Über die Mykorrhizierung von R. pseudoacacia wird nur sehr selten berichtet, so z.B. aus Pennsylvania, wo man Gigaspora gigantea als Pilzsymbiont ermittelte [4].

Taxonomie und genetische Differenzierung

Die Gattung Robinia besteht aus ca. 20 ausschließlich in Nordamerika und Mexiko beheimateten Arten, von denen außer R. pseudoacacia nur R. neomexicana AUCT. non GRAY (syn. R. luxurians (DIECK) SCHNEIDER) und R. viscosa VENTENAT Baumform annehmen. Von jeder dieser Arten werden Taxa beschrieben, die teils auf Artbastardierung, teils auf Mutationen zurückgehen [19].

Bei R. pseudoacacia werden u.a. genannt:

- R. pseudoacacia var. rectissima RABER: um 1936 in Long Island gefunden, auch im Freistand mit kerzengeradem Schaft. Holz besonders dauerhaft, Dornen leicht nach oben gebogen. Status einer Varietät umstritten.
- R. x ambigua POIR: R. viscosa x R. pseudoacacia.
- R. x holdtii BEISSN.: mutmaßlich R. neomexicana GRAY x R. pseudoacacia L.
- R. oconeensis ASHE: R. hispida x R. pseudoacacia. Blüten bis 2,5 cm lang und rosa.

Daneben existieren zahlreiche Gartenformen, die u.a. hinsichtlich der Bedornung (z.B. die dornenlose Form „Inermis"), der Blattfarbe („Aurea", „Purpurea"), der Wuchsform („Umbraculifera" = „Kugel-Akazie") sowie der Anzahl und der Form der Fiederblätter abweichen [26].

In den Wildpopulationen herrscht zwischen Familien und Individuen hinsichtlich Wüchsigkeit, Form und weiteren morphologischen Merkmalen eine erhebliche genetische Variabilität [10]. Die Heritabilität i.e.S. ist mit Werten um 0,5 entsprechend hoch und es bestehen gute Aussichten für die Erhöhung der Biomasse und die Verbesserung der Stammform auf züchterischem Wege [10]. Die herkunftsbedingte (geographische) Variation ist demgegenüber nur gering.

Praktische Erfahrungen in der Robinienzüchtung liegen in Ungarn vor, wo man in langfristigen Kreuzungsprogrammen Wuchskraft, Schaftform und Nektarproduktion zu kombinieren versucht [21]. Als Ausgangsmaterial findet u.a. R. pseudoacacia „Rectissima", die Schiffsmastrobinie, Verwendung, deren 44jährige Nachkommen exzellente Ergebnisse aufweisen. Darüber hinaus bestehen weitere, aus vegetativ vermehrten Plusbäumen entstandene, vielversprechende Sorten.

Auf die genetische Fixierung der Schaftform weist auch SCHRÖCK [39] hin, der enge Korrelationen zwischen Mutterbäumen und vegetativen Nachkommen nicht nur bei der Schiffsmastrobinie feststellte und überdies individuelle

4) For. Abstr. 10, 2526, 1949

Abb. 13: Schiffsmastrobinie (Foto: D. Ewald)

Unterschiede im phototropischen Verhalten und in der Borkenform (grobborkig : feinborkig) beobachtete.

In Südkorea fand man eine tetraploide Robinie mit großen, dunkelgrünen Blättern, Gigas-Wuchs und besonders langen Holzfasern[5]. Aus Colchizinierungsversuchen entstanden außerdem zahlreiche Tetraploide, die den diploiden Bäumen jedoch im Wachstum ähnlich oder unterlegen waren. Sie unterschieden sich aber durch abweichende Wuchs- und Blattformen sowie durch anomale Bedornung [22].

Ökologie

Wie die Wuchsleistungen im natürlichen Areal sowie in den europäischen und den indisch-ostasiatischen Anbaugebieten ausweisen, ist das Gedeihen der Robinie nicht an eng begrenzte, fest zu umreißende Klimabedingungen gebunden. In ihrer Heimat ist die Art an ein relativ feuchtes Klima mit heißen Sommern und relativ milden Wintern angepaßt. HUNTLEY [18] nennt u.a. folgende Mittelwerte:

Jährliche Niederschlagssumme	1020 bis 1830 mm
Frostfreie Tage pro Jahr	150 bis 210 d
Lufttemperatur im Januar	–4 bis +7 °C
Lufttemperatur im August	18 bis 24 °C
Schneehöhe	5 bis 152 cm

In Südost-Europa erfolgt der Robinien-Anbau unter südlich-kontinentalen Klimabedingungen, und in den indischen Anbaugebieten (Simlu) herrschen feuchte Sommer (1550 mm N/Jahr, 23,9° mittl. Lufttemp. im Sommer).

Nach MAYER [31] eignet sich die Art in Mitteleuropa gut für den Anbau in Weinbaugebieten. Strenge Winterfröste sind gefährlich (vgl. Abschnitt Pathologie).

R. pseudoacacia ist eine extreme Lichtbaumart mit relativ bescheidenen Ansprüchen an den Nährstoffgehalt des Bodens. Sie benötigt jedoch lockere, gut durchlüftete, warme Standorte, die im pH variieren dürfen [18], aber eher zum Alkalischen als zum Sauren tendieren sollten [6]. Das erklärt u.a. die Erfolge der Robinie bei der Kultivierung von Aufschüttungsböden wie Kippen, Halden, Böschungen und Dämmen.

Von großer Bedeutung ist ihre Fähigkeit zur Bindung von Luftstickstoff durch wurzelbewohnende Rhizobium-Arten. So erklärt sich

a) die Bildung einer nitrophilen Bodenflora unter dem Kronendach von Robinien, bestehend aus Arten wie Chelidonium majus, Urtica dioica, Galium aparine, Galeopsis pubescens, Rubus idaeus und anderen.

b) die besonders gute Zersetzbarkeit der Robinienstreu[6] und

c) die bodenverbessernden Eigenschaften der Robinie auf armen Standorten [24, 13].

Während frische Böden von Vorteil sind, werden vernäßte Standorte sowie verfestigte Letten- und Tonböden gemieden. Lockere, anlehmige Sande gelten als optimal.

Verjüngung, Vermehrung, Anzucht

R. pseudoacacia setzt alle 1 bis 2 Jahre reichlich Samen an. Ein Baum mittlerer Größe trägt 6 bis 12 kg Saatgut und 100 kg reife Hülsen enthalten 15 bis 33 kg Samen [1].

In Mitteleuropa werden die Hülsen gegen Ende Oktober reif. Geerntet wird von Oktober bis Februar durch Pflücken der Hülsen am stehenden Stamm. Ausgereifte Samen haben eine braune, rötlich-braune oder grüne Farbe angenommen. Gelbe und rote Samen sind unreif oder defekt.

5) For. Abstr. 35, 7411, 1974

6) Laatsch, W.: Dynamik der Mitteleuropäischen Mineralböden, Dresden und Leipzig, 1954

Abb. 14: Saatgut

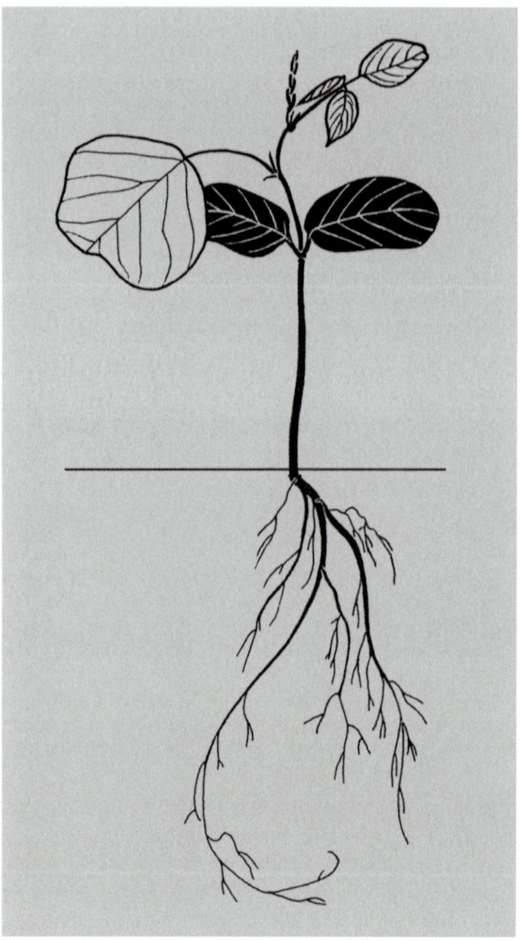

Abb. 15: Keimling ca. 4 Wochen alt, Kotyledonen schwarz (nat. Größe)

Nach dem Dreschen läßt sich das Saatgut durch trockene und kühle Lagerung leicht bis zur Aussaat im Mai/April keimfähig halten. In geschlossenen Gefäßen bei 0 bis 4,4 °C kann man trockenes Saatgut sogar bis zu 10 Jahren ohne Keimkraft-Verlust aufbewahren [1].

Wegen der sog. Hartschaligkeit des Samens liegt ein Teil der Robiniensamen zumindest ein Jahr über; ein Effekt, der in der Praxis durch verschiedene Methoden der „Saatgut-Vorbehandlung" aufgehoben werden kann. Bewährt haben sich die folgenden Verfahren:

a) Kurzes Überbrühen mit kochendem Wasser. Längere Einwirkung als 3 Sekunden ist schädlich.

b) 12 oder 24 Stunden Einweichen in lauwarmem Wasser. Nachteil: sofortige Aussaat erforderlich, weil Unterbrechung der Keimruhe nur kurzfristig aufgehoben wird [6].

c) Aufenthalt in konzentrierter Schwefelsäure.

Nach Anwendung einer dieser Vorbehandlungen liegen die Keimraten i.a. zwischen 75 und 90 %, nach Vines [45] bei 68 %.

Ausgesät wird im April/Mai; spät genug, um Spätfrostschäden zu vermeiden. 3 bis 5 cm Übererdung wird empfohlen [6].

Die Keimung setzt bereits nach 8 bis 9 Tagen ein. In Deutschland sind die Sämlinge nach 8 Wochen etwa 20 cm, am Ende der ersten Vegetationsperiode ca. 1 m hoch. Für Indien gibt Troup [1] eine durchschnittliche Höhe der einjährigen Pflanzen von 1,8 m und Extremwerte von 2,55 m an. Auch in Amerika werden im ersten Jahr Höhen von 2 bis 2,5 m erreicht [10].

Zum Auspflanzen gelangen in aller Regel nicht-verschulte, einjährige Pflanzen. Als Pflanzabstand hat sich ein Verband von 1,5 x 1,5 m oder 2 x 1,5 m bewährt. Auf armen Böden wählt man eine engere Begründung (1 x 1 m) [6]. Wegen möglicher Frühfrostschäden wird in Mitteleuropa auf die in Südosteuropa praktizierte Herbstpflanzung verzichtet [44].

Für Aufforstungen mit Standard-Pflanzgut verwendet man fast ausschließlich Sämlinge. Anders bei der Vermehrung spezieller Klone; hier werden im Herbst 10 cm lange und 0,5 bis 2,5 cm starke Wurzelstecklinge geschnitten und im darauffolgenden Frühjahr in Frühbeeten abgesteckt[7].

Im Zuge der natürlichen Verjüngung eignen sich Stockausschläge für die Vegetativvermehrung nicht so gut wie Wurzelbrut. Sie werden leichter vom Sturm geknickt, neigen zur Zwieselbildung und haben schlechte Stammformen [6].

---

7) nach Bärtels, A.: Gehölzvermehrung, Stuttgart, 1989

Wachstum und Entwicklung

„Eine raschwüchsige und genügsame Pionierbaumart", so könnte man die Robinie mit wenigen Worten charakterisieren.

Angesichts einer Höhe von 2,20 m bei einjährigen Kernwüchsen und von 3,3 m bei einjähriger Wurzelbrut spricht Blümke [2] von einer Kulmination des Höhenwachstums im ersten Lebensjahr und fordert strikte Läuterungseingriffe in dieser frühen Entwicklungsphase.

Mit 30 bis 40 Jahren stellt R. pseudoacacia das Höhenwachstum ein. Umtriebszeiten von 20 bis 30 Jahren auf armen und von 40 Jahren auf guten Böden berücksichtigen diesen Umstand. Als Höchstalter werden meist 100, seltener 200 Jahre genannt [38].

Wachstums- und Ertragsdaten aus natürlichen Beständen liegen kaum vor, wohl aber solche von Ödlandaufforstungen in aller Welt und von Reinbeständen in Ungarn und Deutschland.

	– verbleibender Bestand –	
	I. Ertragsklasse	**III. Ertragsklasse**
Stammzahl	417	570
Mittelhöhe	22,5 m	17,2 m
Grundfläche	33,5 m^2	21,9 m^2
mittl. BHD	32,0 cm	22,1 cm
Vorrat	374 fm	183 fm
lfd. jährl. Zuwachs	15,0 fm	10,0 fm

Auszug aus der Robinien-Ertragstafel Erteld, 1951, Alter 50 (Geltungsbereich Ostdeutschland).

Für Ungarn nennt Keresztesi [21] die folgenden Daten für einen besonders leistungsfähigen Bestand der Schiffsmastrobinie:

44 Jahre; Mittelhöhe 22,9 m; Mittl. BHD 24,0 cm; Vorrat 454 fm.

Der mächtigste Baum dieses Bestandes war 26,5 m hoch, 39 cm stark und hatte ein Volumen von 1,60 fm. Auf besonders guten Standorten wird mit 50 Jahren sogar ein Brusthöhendurchmesser von 60 cm und eine Höhe von 35 m ereicht [21].

In Indien wird R. pseudoacacia vornehmlich für die Anlage von Brennholz-Plantagen genutzt. Bei einer Umtriebszeit von 30 Jahren erreicht die Art im Durchschnitt einen BHD von 20 bis 25 cm.
Höchstwerte: 6 m Höhe und 40 cm BHD nach 3 Jahren [1].

In Südosteuropa läßt die Wuchskraft der Robinie nach 2 bis 3 Umtrieben im Niederwaldbetrieb erheblich nach. Man vermutet, daß die Ursache in der Erschöpfung der Nährstoffvorräte liegt. Bewiesen ist diese Annahme jedoch nicht.

Was die waldbauliche Behandlung betrifft, so wendet sich Erteld [6] generell gegen die Begründung von Robinien-Reinbeständen, gleichgültig ob die Bewirtschaftung im Niederwald- oder im Hochwald erfolgt. Mischung mit Eiche und Linde, auf schwächeren Böden vor allem mit Kiefer, hat sich bewährt, wobei die Robinie vom Bestandesrand her leicht durch Wurzelverletzungen und dadurch ausgelöste Wurzelbrut in den Bestand hineingezogen werden kann. In Illinois gedeiht Liriodendron tulipifera gut unter einem lichten Robinienschirm[8].

R. pseudoacacia verjüngt sich leichter durch Wurzelbrut und Stockausschläge als mit Samen. Für die künstliche Bestandesbegründung ist tiefe Bodenbearbeitung (90 cm tiefe Pflanzlöcher) von Vorteil. Zur Bestandeserneuerung sollte man die vorhandene Wurzelbrut nicht sich selbst überlassen, sondern sie vor der Nutzung des Altbestandes und nach Bodenverwundung auf den Stock setzen [2].

Direktsaat hat sich i.a. nicht bewährt. Ausnahmen kommen vor[9]. Erfahrungen über die Bewirtschaftung der Robinie in Ungarn teilt Perpeet [33] mit.

Generell ist anzumerken, daß R. pseudoacacia durch intensive Wurzelbrutbildung zum Kulturhindernis werden kann und nur schwer zu entfernen ist. Das gilt besonders für warme Gebiete, wo die Art die natürliche Vegetation nachhaltig zu verändern vermag.

Pathologie

Zumindest in ihrer Heimat wird R. pseudoacacia von mehreren Insekten- und Pilzarten attackiert, die hohe Ausfälle verursachen oder das Holz entwerten. Derartige Risiken bestehen in den ausgedehnten, geographisch weit gestreuten Anbauten außerhalb des natürlichen Areals nur selten. Insgesamt hat sich die Art selbst unter widrigen Standortsverhältnissen in vielen Ländern als sehr stabil erwiesen.

Übereinstimmend wird der Robinie große Toleranz gegen hohen Salzgehalt des Bodens und gegen Salzwassergischt bescheinigt [12, 40]. Auch gegenüber Auftausalzen erweist sich die Art als widerstandsfähig[10], wenn sie auch diesbezüglich im Experiment von anderen Arten wie Alnus glutinosa oder Hippophaë rhamnoides übertroffen werden kann.

In den wiederholt publizierten Zuordnungen von Holzarten in Gruppen unterschiedlicher Empfindlichkeit erscheint R. pseudoacacia in bezug auf:

SO_2 als intermediär [40]
0_3 als tolerant [40, 41]
HF als tolerant[11] oder intermediär [40, 41].

8) For. Abstr. **13**, 1194, 1951
9) For. Abstr. **12**, 1101, 1950
10) For. Abstr. 35, 6967, 1974 und 44, 2346, 1983; Buschbom, U.: Flora 157, 527–561, 1968
11) For. Abstr. 27, 4138, 1966 und 39, 2907, 1978

DÄSSLER [5] hält die Art an Orten mittlerer Immissionsbelastung nur bedingt zum Anbau geeignet.

In Mitteleuropa leidet die Robinie stark unter extremen Winterfrösten. Nach einer Inventur der DDG gingen in dem extrem strengen Winter 1928/29 25 % der Bäume ein, 25 % erlitten starke und ca. 50 % geringe Schäden [20]. Pflanzen in südexponierter, sonniger Lage litten am stärksten [38]. Stark waren die Schäden auch nach den Winterfrösten 1939/40 in Böhmen[12].

Andererseits blieben in Rumänien Winterfröste von – 38 °C selbst auf das Blühverhalten ohne Einfluß[13].

Ebenfalls von Bedeutung sind in Mittel- und Südosteuropa die häufig auftretenden Frühfrostschäden. In diesen Regionen setzt das Austreiben der Robinien erst spät ein und oft schließt das Wachstum erst im Herbst ab, so daß früh auftretende Fröste Schäden an den noch nicht verholzten jungen Trieben anrichten. Nach LIESE [28] geht die Krummschaftigkeit der Art z.T. auf derartige Schäden zurück. SCHRÖCK [40] hält zumindest einen Teil der vermeintlichen Frühfrostschäden für Trockniseffekte, denn sie sind schon vor dem Auftreten der ersten Frühfröste zu beobachten. Ähnliches vermutet BLÜMKE [2].

Unter den pilzlichen Schaderregern spielen Blatt- und Wurzelparasiten innerhalb wie außerhalb des natürlichen Areals keine nennenswerte Rolle. Von wirtschaftlicher Bedeutung sind jedoch einige Stammfäuleerreger. Das gilt in der Hauptsache für die in Nordamerika grassierende Art Phellinus robiniae (syn. Fomes rimosus) und für den auf das Ohio-Tal begrenzten Weißfäuleerreger Polyporus robinophilus.

Die zuerst genannte Art zersetzt das Kernholz zu einer schwammigen, gelben Substanz, ist in den USA in künstlichen wie in natürlichen Beständen präsent und tritt z.B. in Windwurf-Aufforstungen im Staate Oklahoma an 44 % aller Stämme auf[14]. Nur wenige andere Holzzerstörer sind wie P. robiniae in der Lage, die im Kernholz der Robinie reichlich vertretenen Pilzhemmstoffe (z.B. Dihydro-Robinetin[15]) abzubauen. In bescheidenem Umfang gelingt das den auch in Europa vorkommenden Ganoderma-Arten G. lucidum und G. applanatum sowie Fomes igniarius, dem falschen Zunderschwamm, wesentlich besser dem Schwefelporling Laetiporus sulphureus.

Nach Verletzungen bei Pflanz- und Pflegearbeiten ruft der Wundparasit Nectria cinnabarina (Rotpustelkrankheit) starke Rindennekrosen und Ausfälle hervor[16]. Andere Erreger sind nur von regionalem Interesse. So der Umfall-Erreger Pythium ultimum in den Great Plains[17], die auch für andere Baumarten pathogene Phytophthora cinnamomi, welche in China Rindenbrand und Stammfäule bei Robinia hervorruft[18], sowie Helicobasidium mompa, kenntlich an rötlichen Rhizomorphen und als Erreger einer Wurzelfäule in Japan schädlich [12].

In Mitteleuropa ist die Robinie Wirtsart für die Verticillium-Welke; in Indien bleibt sie praktisch frei von Pilzkrankheiten [1].

In Ungarn ist seit mehr als 30 Jahre eine Virose („Robinien-Mosaik") verbreitet, die sich u.a. durch mosaikartige, grünliche Scheckung der Fiederblätter, durch Kleinblättrigkeit, Blattdeformationen und Wuchsdepressionen bemerkbar macht. SCHMELZER [38] gelang die Übertragung des Erregers mit Preßsäften auf krautige Testpflanzen. Er ordnet das Virus der Tomatenschwarzringgruppe zu. Anderen Untersuchungen zufolge kommt das Strawberry latent ringspot-Virus als auslösendes Agens in Frage[19]. Möglicherweise dient Aphis crassivora als Vektor[20]. Für die Ausbildung von Hexenbesen wurde ein MLO als Ursache gefunden[21]. R. pseudoacacia gehört zum Wirtskreis von Viscum album. Das gilt für Europa wie für Californien, wo sich die Mistel nach Einführung im Raum San Francisco auf der Robinie besonders häufig ausbreitete [11].

Cuscuta arvensis, eine im Osten der USA häufig vorkommende Kleeseide, parasitiert an jungen Robinien in Baumschulen [12].

Unter den für R. pseudoacacia schädlichen Insekten kommt dem „Locust borer" Cyllene robiniae FORST., syn. Megacyllene robiniae, einem Bockkäfer (Cerambycidae), die mit Abstand größte wirtschaftliche Bedeutung zu. Insbesondere auf armen, trockenen Standorten im Osten Amerikas greift er alle Altersklassen an und verursacht sowohl physiologische wie technische Schäden. Holzentwertung, Sturmbrüche und Infektionen durch Phellinus robiniae bei älteren sowie Abgänge bei jüngeren und geschwächten Bäumen sind die Folge.

Weitere auffällige Schäden verursacht die vor allem in Nordamerika auftretende Art Chalepus dorsalis THUNB. (Chrysomelidae). Die jungen Larven des „locust leaf miner" minieren in Robinienblättern und lösen intensive Blattbräunung aus.

In Mitteleuropa, Skandinavien und Italien[22] richtet die Robinienschildlaus Eulecamium corni BCHÉ f. robiniarum nachhaltige Schäden an. Das polyphage Insekt tritt u.a. auch an Acer, Alnus, Cornus, Corylus, Fraxinus, Populus, Rosa und Ulmus auf, saugt an glattrindigen Trieben und ist schwer zu bekämpfen.

Eine erhebliche Reduktion der Samenernte kann der Befall durch den Robiniensamenzünsler (Pyralidae) Etiella zinckenella TR. bewirken. Die Raupen bewohnen grüne

12) For. Abstr. 12, 676, 1950
13) For. Abstr. 26, 4853, 1965
14) Riffle, J. W. et al.: Plant Disease **69**, 116–118, 1985
15) Friedenberg/Hartmann: Nuturwiss. **40**, 413, 1953
16) For. Abstr. **36**, 4072, 1975
17) For. Abstr. 7, 938, 1946
18) For. Abstr. **45**, 2844 und 6085, 1984
19) For. Abstr. **36**, 1576, 1975
20) For. Abstr. 30, 4219, 1969
21) Phytopathology **63**, 30–34, 1973
22) For. Abstr. **46**, 4312, 1984

Hülsen vieler Leguminosen und verspinnen, benagen oder verzehren die Samen. In Ungarn kam es in einigen Jahren zur fast völligen Vernichtung der Samenproduktion [25]. Der Schädling tritt besonders im Mittelmeergebiet, in Ungarn, Österreich und Süddeutschland auf.

Wichtige europäische Schadinsekten wie Nonne (Lymantria monacha L.) und Schwammspinner (Lymantria dispar L.) kommen nur gelegentlich und eher zufällig an Robinien vor.

Hase und Kaninchen richten gravierende Schäl- und Verbißschäden an. Das ist besonders im Nachwinter und zu Beginn der Vegetationsperiode der Fall. Lediglich stark verborkte Stämme bleiben verschont. In schneereichen Wintern können darüber hinaus Mäuse, insbesondere die Erdmaus Microtus agrestis L., durch Schälen und Ringeln gefährlich werden. Unter den Haustieren werden allein die Ziegen durch massiven Verbiß schädlich.

Nutzung

Drei Besonderheiten sind es, mit denen der weltweite Anbau der Robinie eine Erklärung findet:

die hohe Qualität des dauerhaften Holzes
die Anspruchslosigkeit hinsichtlich Klima und Boden
die Raschwüchsigkeit.

In zahlreichen semiariden Ländern wird R. pseudoacacia als Brennholzlieferant im Plantagenbetrieb angebaut. Ihre Holzkohle ist von vorzüglicher Qualität [29]. Außerdem eignet sie sich gut für die Anlage von Windschutzstreifen.

Auch in den Ländern des gemäßigten Klimas wird ihre Fähigkeit zur Bodenbindung seit langem genutzt. Aufforstungen zum Erosionsschutz und Pflanzungen zur Festigung von Böschungen, Dämmen und Halden gehören zu den Standard-Maßnahmen der Landschaftspflege.

Das Holz der Robinie ist hochgeschätzt und läßt sich für viele Verwendungszwecke nutzen. Von großem Nachteil ist die weitverbreitete Krummschäftigkeit. Außerdem liegt es nur selten in den erwünschten Starkholz-Dimensionen vor.

Uneingeschränkt verwendbar ist es für Konstruktionsholz jeder Art, für den Schiffs- und Brückenbau, für Werkzeugstiele und -griffe sowie für Eisenbahnschwellen. Darüber hinaus stellt es wegen seiner Warnfähigkeit (Knarren bei zu starker Belastung) ein gesuchtes Grubenholz dar.

Keines der in Mitteleuropa angebauten Hölzer eignet sich besser als Pfahl, Pfosten oder Mast, denn durch die hohe Widerstandsfähigkeit des Kernholzes gegen Holzfäule wird deren Lebensdauer auch bei Bodenkontakt erheblich verlängert.

Im Sulfat-Verfahren läßt sich aus Robinienholz Zellstoff gewinnen [18]. Die Herstellung von wetterbeständigem Sperrholz ist ebenfalls möglich [2].

Abb. 16: Jungbestand mit krummen, gabeligen Stämmen (Burgenland, Österreich)

Als wirtschaftlich wichtigste Nebennutzung der Robinie ist die Honigtracht zu nennen. Das gilt insbesonders für Ungarn, wo der jährliche Honigertrag pro Hektar etwa der Hälfte des Holzertrages entspricht[23)]. Auch in der Mark Brandenburg stellt R. pseudoacacia die wichtigste Honigtracht dar [2]. In einigen Balkanländern werden die bei den ersten Läuterungen im Sommer anfallenden Triebe und Blätter als nährstoffreiches Futterlaub an Rinder verfüttert [2].

Verschiedenes

- In der Volksmedizin fanden Robinienblüten (Flores Pseud'Acaciae) als krampflösendes Mittel, als Hustentee und, in Alkohol gelöst, gegen Gicht Verwendung [30].
- Vor allem Rinde und Samen enthalten toxisch wirkende Substanzen, deren Giftwirkung unterschiedlich eingeschätzt wird, offenbar auch mit der Jahreszeit und den ökologischen Bedingungen variiert. MADAUS [30]

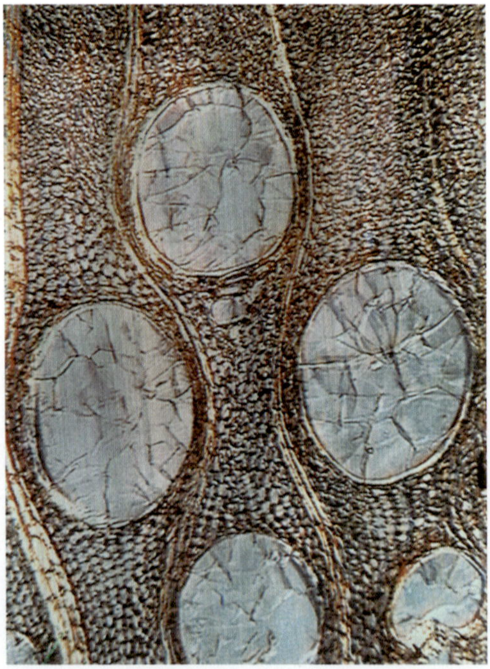

Abb. 17: Gefäße mit Thyllen (Foto: K. J. Lang)

erwähnt Vergiftungen mit tödlichem Ausgang nach Verzehr der Samen oder nach Kauen der Wurzeln. ROTH et al. [35] stufen die Art als „stark giftig" ein und beziehen die Giftigkeit auf die gesamte Pflanze.

Verzehr der Blätter (Wirkstoffe: u.a. Indican, Asparagin) löst Fieberschauer, Anschwellung der Zunge und Ödeme der Augenlider aus.

Die Rinde enthält Robin, ein Toxalbumin, das die Agglutination der roten Blutkörperchen auslöst und gewebezerstörend wirkt. Erhitzte und alte Rinde ruft diese Effekte nicht hervor. Die Aufnahme robinhaltiger Rinde führt innerhalb einer Stunde zu Erbrechen, Schlafsucht und krampfhaften Zuckungen. Nach dem Verzehr von Samen können auch Sehstörungen auftreten [35].

Pferde reagieren empfindlicher als Rinder. Hühner vertragen keine Robiniensamen.

Die offizinelle Bedeutung von Robinienpräparaten aus Blüten und frischer Rinde liegt in ihrer Wirkung gegen Gastritis, Magenblutungen und gastritische Kopfschmerzen [30].

- Die Borke der Robinie hat einen besonders hohen Aschegehalt. Um einem Nährstoffentzug des Bodens vorzubeugen, wird daher empfohlen, die Stämme nach dem Einschlag zu entrinden und die Borke im Bestand zu belassen [6].
- Zwischen der Robinie und einigen anderen Baumarten bestehen Unverträglichkeiten. So bekommen einzelne, in einen Robinienbestand eingesprengte Birken kleinere Blätter, trockene Zweigspitzen und gehen dann ein. Umgekehrt kümmern aber auch einzelne Robinien in Birkenhorsten. Ähnliche, wenn auch weniger deutlich ausgeprägte Erscheinungen treten auch zwischen Robinien und Buchen auf [6]. In Rußland beobachtet man, daß Robinien die Entwicklung von Ulmen unterdrücken[24] und (an anderer Stelle) daß ihre Blatt- und Wurzelexsudate die Photosynthese der Stieleiche herabsetzen[25].

  Andererseits erfahren Robinien durch die Einwirkung trockener Blätter von einigen Komponenten der Bodenflora wie Solidago altissima oder Daucus carota selbst erhebliche (dosisabhängige) Wuchsdepressionen[26].
- Wäßrige Extrakte lebender Robinienwurzeln hemmen das Mycelwachstum des Rotfäule-Erregers Heterobasidion annosum[27].

23) For. Abstr. **41**, 5226, 1980
24) For. Abstr. **33**, 2228, 1972
25) For. Abstr. **23**, 3151, 1962
26) For. Abstr. **42**, 1867, 1981
27) For. Abstr. **34**, 1728, 1973

Weiterführende Literatur

[1] ANONYMUS, 1983: Troup's The Silviculture of Indian Trees, Vol. **4**, Leguminosae, 326–332, Delhi.

[2] BLÜMKE, S., 1955: Beiträge zur Kenntnis der Robinie (Robinia pseudoacacia L.). Mitt Dt. Dendrol. Ges. **59**, 38–65.

[3] BORING, L. R.; SWANK, W. T., 1984: Symbiotic nitrogen fixation in regenerating Black Locust (Robinia pseudoacacia L.) stands. Forest Sci. **30**, 528–537.

[4] DAFT, M. J.; HACSKAYLO, E.; NICOLSON, T. H., 1975: Arbuscular Mycorrhizas ins Plants Colonizing Coal Spoils in Scotland and Pennsylvania. In: Endomycorrhizas (Sanders et al.: edts), Acad. Press.

[5] DÄSSLER, H.-G., 1991: Einfluß von Luftverunreinigungen auf die Vegetation, 4. Auflage. Gustav Fischer Verlag, Jena.

[6] ERTELD, W., 1952: Wachstum und Ertrag der Robinie im Gebiet der Deutschen Demokratischen Republik. In: Göhre, Die Robinie und ihr Holz. S. 15–148. Deutscher Bauernverlag, Berlin.

[7] GAMS, H., 1924: Leguminosae. In: HEGI, Illustrierte Flora von Mittel-Europa, Band **IV.**, Teil 3, 1113–1644. J. Lehmanns Verlag, München.

[8] GÖHRE, K., 1952: Die Robinie und ihr Holz. Deutscher Bauernverlag, Berlin.

[9] GROSSER, D., 1977: Die Hölzer Mitteleuropas. Springer-Verlag Berlin, Heidelberg, New York.

[10] HANOVER, J. W.; MEBRATHU, T.; BLOESE, P., 1991: Genetic improvement of black locust: a prime agroforestry species. Forestry Chronicle **67**, 227–231.

[11] HAWKSWORTH, F. G.; SCHARPF, R. F., 1986: Spread of European mistletoe (Viscum album) in California, USA. Eur. J. For. Path. **16**, 1–5.

[12] HEPTING, G. H., 1971: Diseases of Forest and Shade Trees of the United States. USDA, Forest Service, Agriculture Handbook No 386, Washington, DC.

[13] HIRSCHFELD, J. R.; FINN, J. T.; PATTERSON **III.**, W. A., 1984: Effects of Robinia pseudoacacia on leaf litter decomposition and nitrogen mineralization in a northern hardwood stand. Can. J. For. Res. **14**, 201–205.

[14] HOFFMANN, G., 1961: Die Stickstoffbindung der Robinie (Robinia pseudoacacia L.), Archiv f. Forstwesen **10**, 627–632.

[15] HOFFMANN, G., 1964: Effektivität und Wirtsspezifität der Knöllchenbakterien von Robinia pseudoacacia L., Archiv f. Forstwesen **13**, 563–574.

[16] HOFFMANN, G., 1966: Beziehungen zwischen Wachstum und Knöllchenbildung während der Jugendentwicklung von Robinia pseudoacacia. Archiv f. Forstwesen **15**, 585–589.

[17] HOLDHEIDE, W., 1951: Anatomie mitteleuropäischer Gehölzrinden. Mikroskopie i.d. Technik **5**, 193–367.

[18] HUNTLEY, J. C., 1990: Robinia pseudoacacia L. In: BURNS, R. M.; HONKALA, B. H. (Coord.): Silvics of North America, Vol. 2, Hardwoods. p. 755–761, USDA, For. Serv., Agric. Handbook 654, Washington DC.

[19] ISELY, D.; PEABODY, F. J., 1984: Robinia (Leguminosae: Papilionoidea. Castanea **49**, 187–202.

[20] KAHL, A., 1930: Der Winterfrost 1928–1929 und seine Auswirkungen auf Baum und Strauch. Mitt. Dt. Dendrol. Ges. **42**, 222–245.

[21] KERESZTESI, B., 1983: Breeding and cultivation of Black Locust, Robinia pseudoacacia, in Hungary. Forest Ecol. Managem. **6**, 217–244.

[22] KIM, C. S., 1975: Studies on the colchitetraploids of Robinia pseudoacacia L. Research Rep., Inst. For. Gen., Korea No 12, pp. 108.

[23] KÖSTLER, J. N.; BRÜCKNER, E.; BIBELRIETHER, H., 1968: Die Wurzeln der Waldbäume. Verlag Paul Parey, Hamburg und Berlin.

[24] KRAUSS, H., 1986: Der Sauener Wald. Birkhäuser Verlag, Basel.

[25] KRUEL, W., 1952: Die tierischen Feinde der Robinie. In: GÖHRE, Die Robinie und ihr Holz, S. 287–326. Deutscher Bauernverlag, Berlin.

[26] KRÜSSMANN, G., 1978: Handbuch der Laubgehölze Band III. PAUL PAREY, Berlin und Hamburg.

[27] LIESE, J., 1952: Aufbau des Holzes der Robinie. In: GÖHRE, Die Robinie und ihr Holz, S. 163–171. Deutscher Bauernverlag, Berlin.

[28] LIESE, J., 1952: Krankheiten der Robinie. In: GÖHRE, Die Robinie und ihr Holz, S. 271–283. Deutscher Bauernverlag, Berlin.

[29] LITTLE, E. L., Jr., Common Fuelwood Crops, Morgantown, WV.

[30] MADAUS, G., 1979: Lehrbuch der biologischen Heilmittel, Bd. 3. Georg Olms Verlag, Hildesheim, New York.

[31] MAYER, H., 1984: Waldbau auf soziologisch-ökologischer Grundlage, 3. Auflage. Gustav Fischer Verlag, Stuttgart – New York.

[32] MEYER, F. H., 1978: Bäume in der Stadt. Verlag Eugen Ulmer, Stuttgart.

[33] PERPEET, M., 1983: Forstwirtschaft mit Robinie am Beispiel des Forst- und holzverarbeitenden Betriebes Nágykunsàg/Pustavacs in Zentralungarn. Allgem. Forstz. (München), No 14, 357–358.

[34] ROTH, L.; DAUNDERER, M.; KORMANN, K., 1984: Giftpflanzen – Pflanzengifte. ecomed verlagsgesellschaft, Landsberg, München.

[35] SACHSSE, H., 1984: Einheimische Nutzhölzer und ihre Bestimmung nach makroskopischen Merkmalen. Pareys Studientexte No 44. Verlag Paul Parey, Hamburg und Berlin.

[36] SCAMONI, A., 1952: Über das Wurzelsystem bei älteren Robinien. In GÖHRE, Die Robinie und ihr Holz, 151–162. Deutscher Bauernverlag, Berlin.

[37] SCHENCK, C. A., 1939: Fremdländische Wald- und Parkbäume. 3. Band. Die Laubhölzer. Verlag Paul Parey, Berlin.

[38] SCHMELZER, K., 1963: Untersuchungen an Viren der Zier- und Wildgehölze. 3. Mitt.: Virosen an Robinia, Caryopteris, Ptelea und anderen Gattungen. Phytopath. Z. **46**, 235–268.

[39] SCHRÖCK, O., 1953: Beitrag zur Züchtung der Robinie. Der Züchter **23**, 266–272.
[40] SINCLAIR, W. A.; LYON, H. H.; JOHNSON, W. T., 1987: Diseases of Trees and Shrubs. Cornell Univ. Press, Ithaca and London.
[41] SMITH, W. H., 1990: Air Pollution and Forests. 2. ed. Springer-Verlag, New York, Berlin, Heidelberg.
[42] STONE, E. L.; KALIZ, P. J., 1991: On the maximum extent of tree roots. Forest Ecol., Managem. **46**, 59–102.
[43] TUBEUF, K. von, 1891: Samen, Früchte und Keimlinge der in Deutschland heimischen oder eingeführten forstlichen Kulturpflanzen. Verlag J. Springer, Berlin.
[44] VADAS, E., 1914: Die Monographie der Robinie. Verlag A. Joerges Ww. Selmecbanya, Ungarn.
[45] VINES, R. A., 1976: Trees, shrubs and woody vines of the South-West. Univ. Texas Press, Austin and London.
[46] WHITAKER, T. W., 1934: A karyo-systematic study of Robinia. J. ARNOLD Arb. **15**, 353–357.

Der Autor:

Prof. Dr. PETER SCHÜTT
Lehrstuhl für Forstbotanik
Ludwig-Maximilians-Universität München
Hohenbachernstraße 22
D-85354 Freising

Sabal palmetto (WALT.) LODD. ex J. A. et J. H. SCHULT., 1830

syn.: Sabal jamesiana SMALL, 1927

Palmettopalme

engl.: Cabbage palmetto,
Carolina palmetto

Familie: Arecaceae
Unterfamilie: Coryphoideae
Tribus: Corypheae
Subtribus: Sabalinae

Abb. 1: Sabal palmetto. Alter Einzelbaum im „Washington Oaks"-State Park, NO-Florida

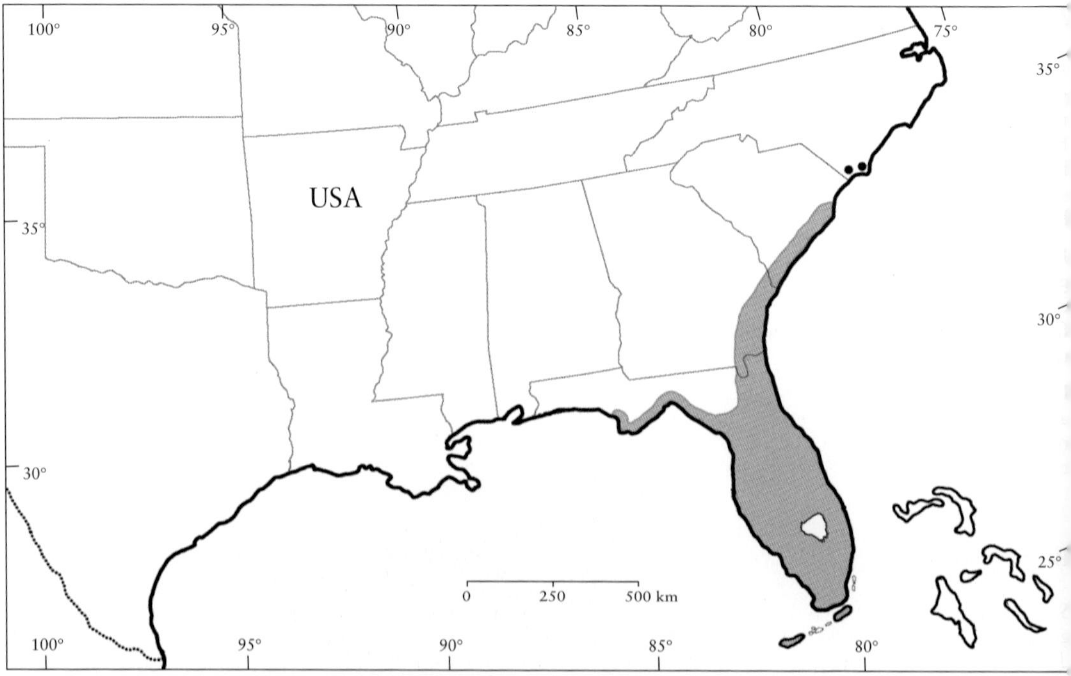

Abb. 2: Natürliches Verbreitungsgebiet, nach LITTLE, 1971(• = Einzelvorkommen)

Sabal palmetto, „State tree" von Florida, ist die am weitesten nach Norden vordringende Palmenart der Neuen Welt. Sie kommt als kleiner bis mittelgroßer Baum in Florida sowie an der Küste Georgias, South- und North-Carolinas natürlich vor. Die standorttolerante Art ist keineswegs selten und gehört u.a. zum Waldbild küstennaher Koniferen-Bestände. Sie hat große, fächerförmige Blätter und fällt durch die zunächst am Stamm verbleibenden Basen der Blattstiele auf.

Der Trivialname „cabbage palmetto" bezieht sich auf die als Gemüse oder Salat zubereiteten, früher häufiger verzehrten Vegetationskegel. Nutzbar sind außerdem die Fasern der Blattbasen (für Bürsten). Wesentlich größer ist jedoch die Bedeutung der Art als Ziergehölz, Straßenbaum und Element der Landschaftsgestaltung.

Geringe Winterfröste sind für *Sabal palmetto* nicht gefährlich.

Verbreitung

Die Palmettopalme hat ein weitgehend zusammenhängendes natürliches Areal, das sich entlang der Küste North- und South-Carolinas, beginnend in Cape Fear und Cape Hatteras, in einem kaum mehr als 20 km breiten Streifen südlich bis nach Florida erstreckt, den Staat Florida (incl. Florida Keys) fast gänzlich einschließt und an der Sain Andrews Bay (NW-Florida) endet [5]. Besonders häufi und sehr vital ist die Art an der Westküste Floridas [3] Außerhalb des Südostens der USA bestehen noch kleiner Vorkommen auf den Bahamas und im Westen Kubas [1].

Beschreibung

Palmettopalmen sind geradstämmige, unverzweigte, im mergrüne Bäume, die je nach der Standortsgüte 6 bis 20 n hoch werden können und einen BHD von 20 bis 35 cn erreichen [1]. Andere Autoren nennen Maximalhöhen vo 25 m, SARGENT [3] sogar von 26 bis 30 m bei einen Stammdurchmesser von 60 cm.

Alte *Sabal*-Stämme sind graubraun und haben eine rauhe mit flachen, unregelmäßigen Rissen versehene Oberfläch [3]. Im Boden läuft der Stamm knollenförmig verdick aus, bleibt aber kurz und bildet zahlreiche, gedrehte, bi 1,2 cm starke Wurzeln (sekundäre Homorrhizie), welch den Boden 4 bis 6 m weit durchziehen sollen [3].

Kennzeichnend für die Art ist, daß die Basen der Blatt stiele nach dem Abbrechen der Spreiten mehrere Jahre an Stamm verbleiben, diesen vor Einstrahlung und Feue schützen sowie mancherlei Tieren Schutz bieten.

Blätter

Die großen, oberseits glänzend dunkelgrünen, fächerartigen Blätter sind der Anlage nach nicht fiederteilig. Vielmehr wird die 1,5 bis 1,8 m lange und mindestens ebenso breite, ledrige Spreite erst später durch viele[1)] schmale, lang zugespitzte Segmente fast bis zur Mittelrippe aufgespalten. An den Rändern der Segmente befinden sich lange, fadenförmige Fasern.

Die relativ schlanken, unbewehrten, 1,5 bis 2,1 m langen, grünen Blattstiele sind oberseits gefurcht, werden bis 3,5 cm breit [3] und bilden am Grunde eine glänzend braune, faserige Blattscheide, welche später aufreißt und sich nach unten biegt.

Die Schopfkrone ausgewachsener Palmettopalmen besteht aus 15 bis 30 Blättern, welche nach der Entfaltung aufrecht stehen, sich mit zunehmendem Alter waagrecht orientieren und schließlich herabhängen.

Abb. 3: Lange am Stamm verbleibende Blattstiel-Basen (links), lebende, absterbende und trockene Blattstiel-Basen (rechts)

Blüten, Früchte und Samen

S. palmetto blüht in Süd-Florida vom April bis zum August, in North-Carolina jedoch erst ab Mitte Juli und dann nur 4 bis 6 Wochen [5]. Sie entwickelt 1,5 bis 2,5 m lange, reich verzweigte, rispige, nach unten gebogene oder hängende, seitenständige Infloreszenzen, die von einem kräftigen Hüllblatt (Spatha) umgeben werden und den Blattbasen entspringen. SARGENT [3] spricht allerdings von 60 bis 70 cm langen, kolbenartigen Blütenständen mit einwärts gekrümmten, am Ende stark verzweigten Ästen.

Die grünlich bis gelblich weißen, duftenden Zwitterblüten haben einen Durchmesser von ca. 6 mm und sind etwa 3 mm lang [5]. Sie werden von Insekten, zumeist von Bienen bestäubt, stehen ihrerseits in den Achseln sehr kleiner, hinfälliger Brakteen, haben eine 6lappige, doppelte Blütenhülle, 6 Staubblätter und einen aus 3 Carpellen aufgebauten Fruchtknoten [3].

Die Früchte, fast runde, bei Reife glänzend schwarze, steinfruchtähnliche Beeren, haben einen Durchmesser von 0,8 bis 1,2 cm. Das dünne, relativ trockene Fruchtfleisch schmeckt süßlich und umschließt nur einen blaß kastanienbraunen, ca. 0,6 cm breiten Samen. Das Tausendkorngewicht beträgt etwa 357 g [7]. Zur Reifezeit – im Spätherbst – haften die Früchte an den Ästen des Fruchtstandes. Später werden sie durch Wind und Regen oder von Vögeln abgelöst.

S. palmetto fruktifiziert regelmäßig und in großer Fülle. Für einen Hemmock-Bestand in Süd-Florida werden als Richtwert 1.530.000 reife Früchte pro Jahr und Hektar genannt [5].

Abb. 4: Oberfläche eines alten Stammes (links) und Stammquerschnitt, leicht verwittert

Abb. 5: Bewurzelung

1) 50 – 95 nach [1]

Abb. 6: Fruchtstand (links) und reife Früchte (Foto: H. Gilge)

Verjüngung und Anzucht

Die meisten der zu Boden fallenden Früchte werden von Vögeln, Nagetieren und Waschbären aufgenommen und verbreitet. Nur 9% enthalten unbeschädigte, keimfähige Samen. Palmetto-Samen sind schwimmfähig und vertragen Salzwasser. Unmittelbar an der Küste werden sie daher zu einem gewissen Teil vom Meerwasser verbreitet.

Unbehandeltes Saatgut keimt zu etwa 36%. Vorbehandlung ist zwar nicht erforderlich, Stratifikation (30 Tage bei 3 °C) erhöht jedoch die Keimschnelligkeit, und die mechanische Entfernung der mikropylaren Spitze des Samens steigert die Keimrate auf 84% [5, 7]. Der Sonne ausgesetztes Saatgut keimt generell schlechter [5].

Bei künstlicher Vermehrung sollte gleich nach der Samenreife ausgesät werden, denn das Saatgut darf nicht austrocknen. Als Saattiefe werden 1,2 bis 2,5 cm empfohlen [7].

Abb. 7: Junger Sämling (links) und Spreitenbasis

Ökologie

Palmettopalmen sind Bäume des subtropischen bis warm gemäßigten, humiden Klimas mit Jahresniederschlägen von 1000 bis 1630 mm. Die Extremtemperaturen im natürlichen Areal liegen bei +36 ° und -4 °C [5]. In Florida ist die Art nicht frostgefährdet [2], wohl aber an ihrer Anbaugrenze als Ziergehölz, ca. 160 km nördlich des natürlichen Areals [5].

S. palmetto ist auf sehr unterschiedlichen Standorten zuhause. Oft wächst sie auf Sand, so z.B. in Süd-Florida, wo sie auf Dünen, an flachen, vom Brackwasser beeinflußten Stellen und sogar in Kakteendickichten vorkommt. Im Landesinneren bildet sie – zusammen mit *Quercus virginiana, Carya glabra, Morus rubra* etc. – eine Komponente der Hemmock-Vegetation, kommt in Taxodien-Sümpfen vor und wächst – gemeinsam mit *Pinus elliottii* und *P. taeda* – am Rande von Mooren. In relativ trockenen Lagen tritt sie in Mischung mit *Pinus palustris* auf.

Bis zu 10 ha große Reinbestände der Palmettopalme findet man zum einen entlang von Flußläufen in den sog. „river hemmocks" [5], zum anderen entstehen sie auf Flächen, die wiederholt von Bodenfeuern durchlaufen werden, welche *S. palmetto* im Gegensatz zu anderen lokalen Baumarten schadlos übersteht. Zum Unterwuchs derartiger Reinbestände zählen u.a. *Myrica cerifera, Serenoa repens* und *Ilex glabra* [5].

Die Art bevorzugt neutrale bis schwach alkalische Böden mit hohem Ca-Gehalt und gedeiht am besten auf Mergeln und kalkreichen Sanden. Im Inneren Floridas sind es Feinsande über Kalk oder Mergel auf periodisch überflutetem Gelände. Schwankungen des Wasserspiegels (Süßwasser) bis zu 2 m übersteht sie durch die Bildung stammbürtiger Adventivwurzeln bis zur Hochwassermarke [5][2].

Pathologie

Mehrere pathogene Pilze befallen *S. palmetto*, sind aber weder auf diese Wirtsart spezialisiert, noch gefährden sie ihre Existenz.

- *Stigmina palmivora* (syn. *Exosporus palmivora*), ein Hyphomycet, befällt die Blätter und ruft Bräunung, insbesondere der Blattspitzen, hervor.
- *Graphiola phoenicis*, ein weltweit auftretender Blattparasit an Palmen, infiziert *S. palmetto* hauptsächlich unter humiden Bedingungen, ruft Nekrosen an 2- bis 3jährigen Blättern hervor und führt zu vorzeitigem Blattfall.

2) For. Abstr. **43**, 5249, 1982

Abb. 8: Kleinbestand

- *Ganoderma zonatum (Aphyllophorales)*, ein Wurzel- und Stammfäule auslösender Pilz, macht sich zunächst durch Vergilbung und vorzeitigen Abfall der älteren Blätter bemerkbar, führt aber letztlich zu Stammbrüchen. Die bis zu 40 cm breiten, oberseits rotbraunen Fruchtkörper erscheinen an der Stammbasis oder an Wurzeln [4].

SINCLAIR et al. [4] rechnen *S. palmetto* zu einer Gruppe von Baumarten, die gegen salzhaltige Böden besonders tolerant sind.

Unter den tierischen Schädlingen kommt dem zu den *Bruchidae* zählenden Käfer *Caryobruchus gleditsiae* die größte Bedeutung zu. Er vernichtet regelmäßig einen großen Teil der jährlichen Samenproduktion und erreicht in den am Baum befindlichen Samen Befallsraten von 98% [5].

Nutzung

Neben ihrer ökologischen Bedeutung als Besiedler schwieriger Standorte sowie als Schutz und Nahrungsquelle für zahlreiche Tierarten fällt der unmittelbare wirtschaftliche Nutzen der Palmettopalme nicht ins Gewicht. Als Ausnahme muß aber der in Florida weit verbreitete Anbau als dekoratives Element der Landschaftsgestaltung, als Ziergehölz und als Straßenbaum gelten.

Noch vor einigen Jahren wurden die gelbbraunen bis braunen, im Durchschnitt 60 cm langen Fasern in den Basen der Blattstiele (sog. „boots“) industriell verwertet [2]. Weil diese auch in heißem Wasser starr bleiben, stellt man aus ihnen Bürsten für Brauereien, Töpfereien und Betriebe der Citrus-Verwertung her. Pro Stamm lassen sich etwa 1 kg Fasern gewinnen [2].

Eingeborene Indianerstämme, wie die Seminolen, hatten für Palmettopalmen eine viel breitere Verwendung. Aus den Blattsegmenten wurden Körbe und Hüte geflochten und die ganzen Blätter nutzte man zum Abdecken der Hütten [1]. Die etwa 1 m langen Vegetationskegel 6- bis 8jähriger Bäume erntete man, um sie roh als Salat oder gekocht als „Kohl“ zu verzehren. Getrocknet verarbeitete man sie zu Mehl und backte Brot daraus.

Die Zubereitung des „cabbage“ hat sich über die ersten weißen Siedler bis in die heutige Zeit – allerdings in sehr bescheidenem Umfang – erhalten, obwohl die Entnahme der jungen Sproßspitzen stets den Tod des Baumes zur Folge hatte.

In den so genutzten Beständen wiederholt sich die „Ernte" alle 3 bis 5 Jahre und schafft Platz für den Jungwuchs [2].

S. palmetto stellt eine ertragreiche Bienenweide dar[3].

Das leichte und relativ weiche Holz verwendet man wegen seiner Widerstandsfähigkeit gegen marine Bohrmuscheln zum Bau von Stegen und Anlegestellen [2].

Verschiedenes

Eine gärtnerische Besonderheit der Palmettopalme besteht darin, daß man alte Bäume ohne nennenswerte Ausfälle verpflanzen kann. Mit jüngeren, etwa 1 bis 3 m hohen Exemplaren, bei denen die umgebogenen Basen der abgefallenen Blattstiele noch am ganzen Stamm haften, gelingen diese Arbeiten nicht, wohl aber wiederum mit Pflanzen bis zu 1 m Höhe [6]. Hinweise zum Rückschnitt der Wurzeln und zur prophylaktischen Bekämpfung eines an verpflanzten Palmen vorkommenden Käfers *(Rhynchophorus cruentatus)* vermitteln zwei neuere Arbeiten[4].

[3] For. Abstr. 49, 1368, 1988
[4] For. Abstr. 52, 9211, 1991 und 53, 1490, 1992

Die Autoren:

Prof. em. Dr. Peter Schütt
Lehrstuhl für Forstbotanik
Ludwig-Maximilians-Universität München
Am Hochanger 13
D-85354 Freising

Ulla M. Lang
Schützenstraße 6
D-82383 Hohenpeißenberg

Weiterführende Literatur

[1] Henderson, A.; Galeano, G.; Bernal, R., 1995: Field Guide to the Palms of the Americas. Princeton Univ. Press, Princeton, N.Y.

[2] Robinson, B.B., 1947: Minor fiber industries. Economic Botany **1**, 47 – 56.

[3] Sargent, C.S., 1965: Manual of Trees of North America, vol. 1, 2. ed., Dover Publ., Inc., New York.

[4] Sinclair, W.A.; Lyon, H.H.; Johnson, W.T., 1987: Diseases of Trees and Shrubs. Cornell Univ. Press, Ithaca and London.

[5] Wade, D.D.; Langdon, O.G., 1990: Sabal palmetto (Walt.) Lodd. ex J.A. et J.H. Schult – Cabbage Palmetto. In: Burns/Honkala (tech. coord.): Silvics of North America, vol. 2 Hardwoods. USDA For. Serv., Agric. Handbook 654, Washington, D.C.

[6] Workman, R.W., 1980: Growing native. Sanibel-Captiva Conserv. Found., Inc. Sanibel, FL.

[7] Young, J.A.; Young, C.G., 1992: Seeds of Woody Plants in North America. Dioscorides Press, Portland, OR.

[8] Zona, S., 1990: A monograph of Sabal (Arecaceae: Coriphoidae) Aliso **12**, 583-666.

Salix alba LINNÉ, 1753

Silberweide, Weißweide,
Kopfweide

engl.:	White willow
franz.:	Saule blanc
ital.:	Salice bianco
span.:	Sauce blanco

Familie:	Salicaceae
Untergattung:	Amerina (= SektionVitisalix)
Sektion:	Fragilis

Abb. 1: Salix alba. Alter Baum an der Alz bei Seebruck im Alpenvorland

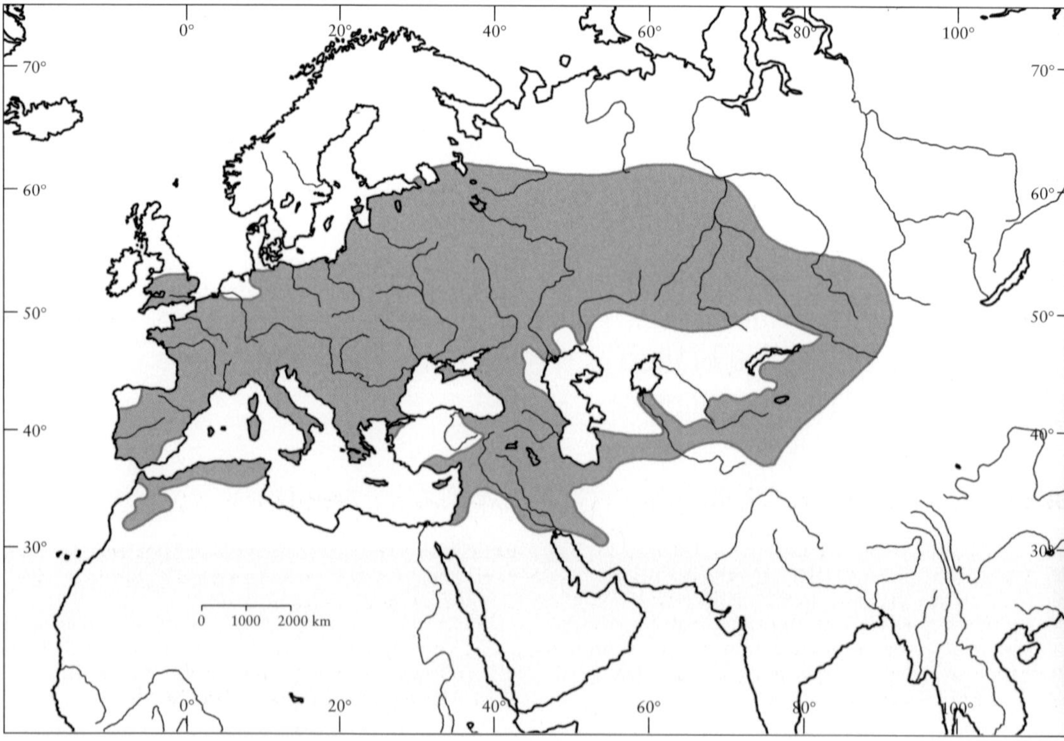

Abb. 2: Natürliches Areal, nach [57]

Unter den zahlreichen Arten der formenreichen Gattung *Salix* zählt die sehr raschwüchsige und aufrechtwachsende Silberweide mit zu den größten, zu den sog. Baumweiden.

Sie kommt natürlich in Auen- und Uferwäldern vor und kennzeichnet insbesondere die Weichholzauen der Flüsse. Ihre Angepaßtheit an die Eigenheiten dieser Lebenräume, an die räumlich-zeitliche Dynamik der Fließgewässer und ihrer Geschiebe, die sich besonders in ihrer Toleranz gegen Überflutungen, in der Biegsamkeit der Sproßachse, verbunden mit einer großen Regenerationsfähigkeit nach Verwundungen (Ausschlagfähigkeit) und in ihrer Ausbreitungsbiologie (keine Keimruhe der Samen) zeigt [91], läßt die Silberweide als Pioniergehölz auf frischen bis nassen Standorten und auf vielen Substraten etablieren (Rohböden wie Sande, Kiese; schwach saure bis basenreiche Lehme oder kalkhaltige Tone).

Silberweiden werden vielfältig wirtschaftlich genutzt, so z.B. als Kopfweiden. Diese Nutzungsform kann in bestimmten Regionen, z.B. am Niederrhein, landschaftsbestimmend sein. Neben ihrem ästhetischen Erscheinungsbild besitzen alte Weidenbäume eine große ökologische Bedeutung als Ruhe-, Schlaf- und Nistplatz für viele Tiere, z.B. für Fledermäuse und Eulen [22].

S. alba ist als Bienennährpflanze geschätzt, und findet in der Ingenieurbiologie, z.B. bei Flußverbauungen, Ufer- und Hangbefestigungen Verwendung.

Verbreitung

Das Areal der Silberweide ist durch temperate, subkontinentale Klimaverhältnisse geprägt [57]. Es erstreckt sich über ganz Europa (ohne Island, Schottland und Nord-Skandinavien), Nordafrika, West- und Südwestasien bis nach Zentralasien und West-Sibirien und bezieht Teile des Himalaya und Tibets ein.

Die Höhengrenze der Verbreitung reicht in den nördlichen Kalkalpen bis ca. 900 m ü. NN und in den Zentralalpen bis etwa 1300 m ü. NN. Im Atlasgebirge liegt die Verbreitungsgrenze sogar bei 2400 m ü. NN [57].

Die Silberweide wächst an Gewässern, vorwiegend in flußbegleitenden Auen.

Bedeutende Vorkommen in Europa finden sich entlang der Donau und ihrer Nebenflüsse mit bis zu 20 000 ha großen, zusammenhängenden Beständen im Gebiet des früheren Jugoslawien, 16 000 ha in Ungarn und bis zu 80 000 ha großen Beständen in Rumänien [24, 47].

Beschreibung[1)]

Die Silberweide zeigt in der Natur eine große phänotypische Variabilität [100], was zu Abweichungen bei der Beschreibung der Art durch verschiedene Autoren führen kann.

Die Silberweide ist ein sommergrüner, aufrechter, bis 35 m hoher Baum (max. Durchmesser >1 m) mit meist schlanker und dicht verzweigter Krone; die Hauptäste sind meist ± spitzwinklig ansteigend, die Zweige bisweilen überhängend. Junge Bäume weisen einen spitz-kegelförmigen Habitus auf.

Silberweiden können bis zu 200 Jahre alt werden; ihr wirtschaftliches Nutzungsalter ist jedoch niedrig und liegt bei 30 bis 50 Jahren, da die Stämme ab diesem Alter bereits kernfaul werden.

Blätter, Knospen und junge Triebe

Die Blätter sind wechselständig, schmal-lanzettlich und zugespitzt (Länge ca. 6 bis 10 cm, Breite bis 1,5 cm). Der Blattrand ist gesägt, wobei auf den Spitzen der Zähne Drüsen sitzen. Besonders anfangs sind die Blätter auf der Ober- und Unterseite dicht weiß-behaart, später auf der Blattoberseite verkahlend und grün, auf der Blattunterseite bleibend behaart und blaugrün.

Der Blattstiel ist etwa 5 mm lang und meist mit 2 Petiolardrüsen [54, 79] ausgestattet; die Nebenblätter (Stipeln) sind klein, lanzettlich, oft fehlend, da abfallend [74]. Im Herbst kommt es zu keiner Färbung der Blätter [4].

Die Knospen sind grau bis hellbraun; es ist nur eine Knospenschuppe vorhanden. Die Laubknospen sind etwa 5 mm lang, zugespitzt und grau behaart; sie liegen dem Trieb dicht an.

Die Triebe, vor allem junge Triebe, sind anliegend behaart und oliv bis gelbbraun gefärbt; die jungen Triebe sind biegsam. Die Färbung der Triebe bei Individuen desselben Klones kann, abhängig vom Standort, deutlich variieren [77]. Zweijährige und ältere Triebe weisen Lenticellen von runder bis meist ovaler Form auf.

Blüten, Früchte und Samen

Die Silberweide ist zweihäusig. Männliche und weibliche Blüten stehen in 1,5 cm lang gestielten Blütenkätzchen, die jeweils 4 bis 6 cm lang sind.

Männliche Kätzchen sind gelb, weibliche Kätzchen grün. Blütezeitpunkt ist April bis Mai; die Blüten erscheinen fast gleichzeitig mit bzw. nach dem Blattaustrieb.

1) Gegenstand der Beschreibung ist *S. alba* subsp. *alba*

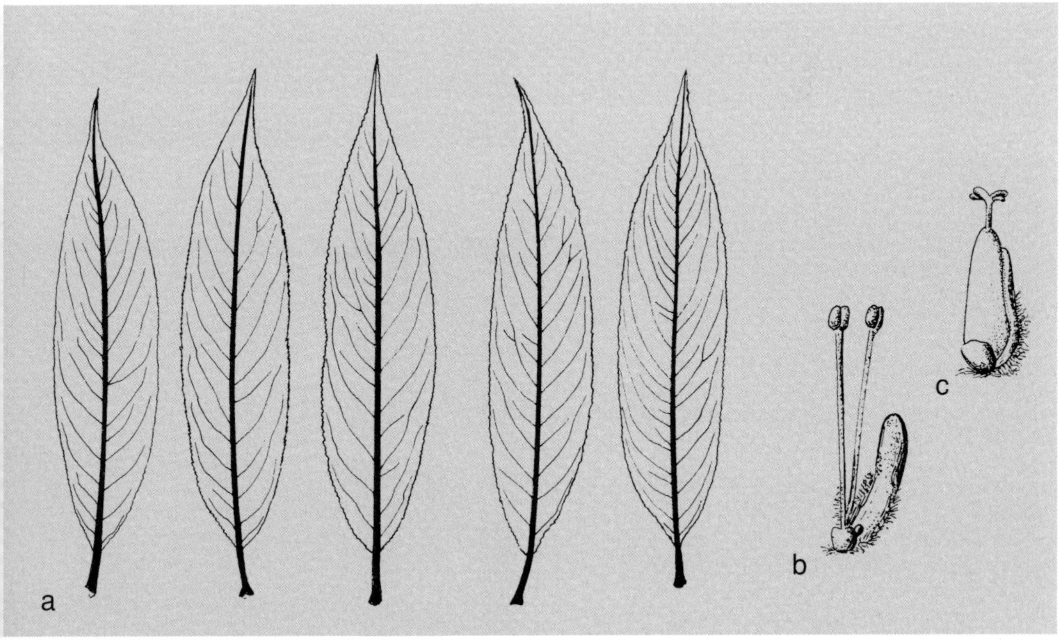

Abb. 3: (a) Blattformen (nat. Größe), (b) männl., (c) weibl. Blüte. Beide Blüten mit Tragblatt (stark vergrößert, nach [45])

Abb. 4: Beblätterter Trieb und Trieb mit Winterknospen (rechts)

Die männliche Einzelblüte ist mit 2 Staubblättern und 2 Nektardrüsen versehen; die weibliche Einzelblüte besteht aus einem fast sitzenden, kahlen, zweiblättrigen Fruchtknoten mit vielen wandständigen Samenanlagen, 4 kurzen Narbenästen und einer Nektardrüse [4]. Die Blüten sitzen in der Achsel eines langausgezogenen, gelbgrünen Tragblattes [74], das nach der Blütezeit abfällt [54]. Die Blütenhülle (Perianth) fehlt. Silberweiden können sowohl durch Insekten wie durch den Wind bestäubt werden.

Die Frucht ist eine zweiklappig aufspringende Kapsel mit vielen Samen; die Samenreife ist im Mai/Juni. Die winzigen, etwa 1,5 mm langen Samen sind grundständig behaart und werden einzeln oder im Verbund mit anderen ('Wolle') primär durch den Wind verbreitet. Dabei können weite Distanzen zurückgelegt werden. Die endospermlosen Samen sind nur sehr kurzlebig und beginnen innerhalb weniger Stunden nach der Landung zu keimen [54].

Rinde und Holz

Die Rinde junger Silberweiden ist glatt und hell- bis dunkelgrau. Ab einem Alter von etwa 10 Jahren setzt die Verborkung ein. Die dunkelgraue Borke ist in Längsrichtung gefurcht.

Die Silberweide ist ein Kernholzbaum; d.h. es läßt sich ein weißlicher Splint und ein hellbrauner bis rosafarbener Kern unterscheiden. Die Struktur des Holzes ist geradfaserig, die Textur mittelfein bis grob und gleichmäßig [5]. Die Jahrringe sind mit bloßem Auge erkennbar. Die Silberweide ist zerstreutporig, da die Durchmesser der Gefäße beim Übergang vom Früh- zum Spätholz stetig abnehmen [44].

Die Durchmesser der Frühholzgefäße liegen im Mittel bei 44 Mikrometer (36,0 – 57,1 µm), die der Spätholzgefäße bei 24,5 Mikrometer (19,8 – 30,5 µm) [55]. Die Längen der Gefäßsegmente werden mit 700 bis 900 Mikrometer angegeben [43]. Libriformfasern sind vorhanden, jedoch keine Fasertracheiden. Die Faserlängen liegen häufig über 500 (Kernholz) bzw. 700 Mikrometer (Splintholz) [7].

Die Holzstrahlen sind einreihig und durchschnittlich 10 bis 15 Zellen hoch. Die Tüpfel in den Kreuzungsfeldern besitzen große Aperturen, die Durchbrechungen sind einfach [80]. Die Anteile von Fasern liegen im Splint- und Kernholz bei 51%, die Anteile von Gefäßen bei etwa 30 % sowie die Anteile von Holzstrahlparenchym bei 16 bis 18 % [7].

Das Holz ist weich und leicht. Eine holzanatomische Unterscheidung der Weidenarten ist nur in begrenztem Umfang möglich; entsprechende Ansätze finden sich in der Literatur [43, 55].

Abb. 5: Männliche Blütenkätzchen (Foto: P. Schütt)

Abb. 6: Zweig mit jungen Fruchtständen

Abb. 7: Fast reifer Fruchtstand mit noch geschlossenen Kapseln

Abb. 8: Stammborke

Bewurzelung

Über die artspezifische Ausformung des Wurzelsystems der Silberweide ist wenig bekannt. Zumindest die Dotterweide (*Salix alba* var. *vitellina*) scheint zu den relativ grundwasserunempfindlichen Typen zu gehören. Selbst hoch anstehendes Grundwasser konnte die tiefergehende Erschließung vernäßter Horizonte nicht entscheidend beeinträchtigen [64]. *S. alba* ist zur Ausbildung von Adventivwurzeln an der Sproßachse befähigt. Diese bei Übererdung und besonders bei Überflutung der Sproßachse oft zahlreich gebildeten, überwiegend horizontal verlaufenden, dichten Wurzeln ermöglichen die Tolerierung längerandauernder Hochwasserperioden (>100 Tage).

Eine Mykorrhizierung des Wurzelsystems mit meist ektotrophen Mykorrhizen konnte nachgewiesen werden [27]. Unter den Pilzarten, die mit Baumweiden Ektomykorrhiza-Symbiosen eingehen, findet man häufig Arten der Gattung *Hebeloma* wie *H. crustuliniforme* und *H. mesophaeum* [105].

Abb. 9: Randbereich eines Stammquerschnitts

Taxonomie und Systematik

Die Gattung *Salix* gehört mit den Gattungen *Chosenia* und *Populus* zur Familie der *Salicaceae* (Weidengewächse). Die Weiden weisen mit über 300 Arten weltweit eine größere Formenvielfalt und weitere Verbreitung auf als andere Gehölzgattungen. Die Abgrenzung zwischen den Arten, Unterarten und Hybriden kann, abhängig vom betrachteten Unterscheidungsmerkmal, Probleme bereiten [39, 70]. Dies bedingt die enormen Schwankungen bei der Schätzung der Artenzahl innerhalb des Genus – je nach Autor zwischen 300 bis 500 und mehr [56].

Die Untersuchung neuer Merkmale kann durchaus die klassische Einteilung stützen (z.B. die Taxonomie von SKVORTSOV ([84], zit. in [70]), wie dies z.B. durch ein Studium der Phyllotaxis und Morphologie von Achselknospenblättern veranschaulicht werden konnte [12]. In der vorgelegten Arbeit zeigt jedoch *S. alba* auffällige Abweichungen: Im Gegensatz zu *S. fragilis*, die am 1.Blatt der Achselknospe einen Winkel von –4° aufweist, findet man bei *S. alba* einen Winkel von +49°. Auch die untersuchten *S. alba*-Kultivare zeigen von der *S. alba* abweichende Winkel, nämlich zwischen 0° bis +15°. *S. alba und S. fragilis* unterscheiden sich aber auch hinsichtlich der Morphologie des 1. Blattes: Während bei *S. alba* das Blatt eindeutig einen blattartigen Charakter besitzt, weist es bei *S. fragilis* ein knospenschuppenartiges Aussehen auf. Der Hybrid *S. alba x fragilis* zeigt ein intermediäres Erscheinungsbild (nach LAUTENSCHLAGER-FLEURY [54] fehlt beim Bastard die innere Knospenschuppe ('Pseudoschuppe') vollständig!). Dieses Merkmal eignet sich laut BÜCHLER [12] daher zur Unterscheidung zwischen dem Hybriden und seinen Elternarten. Sehr vielversprechend in dieser Hinsicht sind auch jüngste Befunde auf dem Gebiet der Molekulargenetik [115].

Aufgrund unterschiedlicher Blüten- und Vegetativmerkmale lassen sich die Weiden in folgende Untergattungen und Sektionen einteilen:

I. Humboldtiana

II. Amerina (= Sektion *Vitisalix*)
Sektion 1. *Pentandrae*
2. *Fragiles*
3. *Triandrae*

III. Chamoetia

IV. Caprisalix

Silberweiden werden mit *S. fragilis, S. elegantissima* und *S. babylonica* der Sektion *Fragiles* zugeordnet [69].

S. alba L. läßt sich in 4 Unterarten (Varietäten) einteilen:

subsp. *alba* L.
var. *splendens* (BRAY) N.J. ANDERSS.; syn. var. *sericea* GAUD.
Diese Varietät tritt nach NEUMANN [62] v.a. auf der Pyrenäenhalbinsel auf.

subsp. *coerulea* (SM.) RECHINGER: Kricketweide, schmalblättrige Weißweide
syn. var. *coerulea* (SM.) KOCH
cv. 'calva'
Aufrechter Wuchs und schmale, pyramidenförmige Krone zeichnet diese 1780 in England entdeckte und seit 1804 als sog. "cricket willow" kultivierte Varietät aus. Dieser weibliche Silberweidenklon zeigt eine weitgehend glatte Rinde sowie bläulich-graue Blätter ohne unterseitige Behaarung [104]. Der Höhepunkt ihres Anbaues lag in den 60er Jahren, als rd. 250 000 Kricketschläger aus 30 000 fm Weidenholz produziert wurden [114]. In Argentinien wurde diese Varietät mit heimischen Weiden zu *S. x argentinensis* bastardiert.

subsp. *micans* (ANDERSSON) RECHINGER, auf dem Balkan und in Kleinasien verbreitet.

subsp. *vitellina* (L.) ARCANGELI: Buntweide
var. *vitellina* L. s. str.: Dotterweide, gelbe Korbweide
Mit gelblich-hellrötlicher Triebfarbe sowie schlechterer Stammform als ssp. *alba*. Wegen ihrer langsameren Verborkung ist sie stärker durch Rindenkrankheiten gefährdet. Die Triebe sind als Flechtruten sehr geeignet, daher häufig als Kopfweide gepflanzt. Bekannt sind die Formen 'Vitellina' (mit normallangen Trieben und aufrechtem Wuchs) und 'Tristis' (sehr raschwüchsig, mit langen, dünnen, hängenden Trieben).
var. *britzensis* SPÄTH: Kermesin-Weide, Mennig-Weide, Pyramidenweide

In Baumschulen werden Silberweiden als folgende Kultivare angeboten [8]:

cv. 'Vitellina' L. ARCANGELI	(= subsp. *vitellina*)
cv. 'Tristis'	(= var. *vitellina pendula* REHD., syn. *S. x chrysocoma* DODE, *S. x sepulcralis* SIMONK.): Hänge-Dotterweide, Goldweide, Trauerweide engl.: weeping willow, franz.: Saule pleureur
cv. 'Chermesina'	(= var. *britzensis* SPÄTH):
cv. 'Pyramidalis'	Nach FITSCHEN [26] ist diese verbreitete Form vorwiegend als männliche Pflanze in Kultur.
cv. 'Sericea'	(= var. *argentea* WIMMER, syn. var. *regalis* hort.): Silberblättrige Weißweide
cv. 'Calva'	(= subsp. *coerulea* (SM.) RECHINGER)

Die gängigsten Sortimente von *S. alba* sind die als Trauerweide mit breit-glockenförmiger Krone und zur Erde herabhängenden, goldgelben Zweigen bekannten Formen 'Tristis' sowie 'Liempde' mit langschaftigem, geradem Stamm und pyramidaler Krone. Die Form 'Britzensis' mit rötlich-orangefarbenen Trieben wird als typische Kopfweide angebaut.

Einen interessanten Einblick in die Ausprägung und Variabilität von quantitativen und qualitativen Merkmalen verschiedener niederländischer Silberweidenklone bzw. -kultivare liefern RULKENS [77] und GROENDIJK-WILDERS [31].

Die echte Trauer- oder Tränenweide, auch chinesische Hängeweide genannt (*S. babylonica* L., syn. *S. pendula* MOENCH), mit stark hängenden, auffallend dünnen, besonders im Winter lehmgrauen Zweigen ist ein etwa 15 m hoher Baum aus SO-Asien, der seit 1730 v.a. in S-Europa angebaut wird und mitunter verwildert. Aus der Bastardierung mit *S. alba* geht *S. x salomonii* hervor.

S. babylonica scheint in Mitteleuropa infolge ihrer Frostempfindlichkeit gänzlich aus der Gartenkultur verschwunden zu sein [26]. Häufig kommt es zu Verwechslungen mit *S. alba* 'Tristis', Hybriden von *S. alba* subsp. *vitellina* x *S. babylonica* sowie Bastarden von *S. babylonica* L. und *S. fragilis* (*S. x blanda* Anderss und *S. x elegantissima* K. Koch).

Weitere mit *S. alba* nah verwandte Baumweidenarten sind *S. jessoensis* Seemen, die 1897 aus O-Asien eingeführt wurde, *S. oxyla* Dode aus Südasien, seit 1910 in Europa kultiviert [49] und *S. humboldtiana* Willd. in Südamerika.

Genetik und Züchtung

Weiden haben eine genetisch stark differenzierte Populationsstruktur. Zwischen örtlichen Populationen treten daher größere genetische Unterschiede auf als bei Koniferen [73]. Silberweiden sind heterozygot und tetraploid. Die gametische Chromosomengrundzahl (1n) beträgt 38 [37]. Innerhalb einer Weidenart können auch mehrfache Chromosomenzahlen vorkommen. Mit Hilfe biochemischer und molekulargenetischer Untersuchungsmethoden erhofft man sich Fortschritte bei der Aufklärung genetischer Strukturen und Variation zwischen und innerhalb von Arten sowie über Vererbungsmodi bei Hybridisierung. Erste Ansätze wurden jüngst an kontrollierten Kreuzungen von *S. alba* und *S. fragilis* gemacht [98].

Aufgrund ihres raschen Wachstums, der Ausbildung natürlicher Hybriden sowie der einfachen Vegetativvermehrbarkeit durch Stecklinge gehören Silberweiden und insbesondere Trauerweiden neben Pappeln zu den züchterisch am längsten bearbeiteten Baumarten.

Seit den 30er Jahren wurden in Deutschland verstärkte Anstrengungen zur Züchtung geradschaftiger, ertragsstarker und rostresistenter Baumweiden unternommen. Insbesondere in den Nachkriegsjahren war die Züchtung auf die Bereitstellung raschwüchsiger und vitaler heimischer Baumweiden ausgerichtet [53, 108], um auch auf für Schwarzpappeln ungeeigneten Standorten eine ertragreiche Stammholzproduktion durchführen zu können. Die Kreuzung von Silberweiden mit Strauchweiden ist möglich. Die Kreuzungsnachkommen weisen jedoch starke Wuchsdepressionen und ungenügende Formeigenschaften auf.

Die Mutationszüchtung mit Gammabestrahlung der Pollen hat in der Vergangenheit nur zu unbefriedigenden Ergebnissen geführt. Von 1000 generativ erzeugten Nachkommen ist nur mit einer Plusvariante zu rechnen [107]. Die traditionelle Kombinationszüchtung mit Auslese von Plusbäumen führte dagegen zur Bereitstellung wüchsiger Sorten mit guten Schaftformen.

Bastarde mit überlegenen Wuchs- und Formeigenschaften konnten bei folgenden Kreuzungskombinationen erzielt werden:

Weiblich		Männlich
S. alba	x	*S. alba*
S. alba	x	*S. fragilis*
S. alba	x	*S. x rubens*

S. x rubens, syn. *S. x russelliana* Sm., (= *S. alba* x *S. fragilis*) war als weibl. Kreuzungspartner, genetisch bedingt, ungeeignet: Sie ergab schlechtformige Nachkommen mit geringer Wüchsigkeit [107, 108].

Da die Silberweide nicht den Bestimmungen des Forstsaatgutgesetzes unterliegt, gibt es keine Zulassungen geprüfter Zuchtsorten speziell für forstliche Zwecke.

Als forstlich brauchbare Sorten haben sich folgende Klone erwiesen (Auszug aus dem bayer. Weidenstammzuchtregister von 1962):

D - By - W2 Illertisser Silberweide II	männlich
D - By - W4 Illertisser Silberweide IV	männlich
D - By - W13 Baumweide mittl. Inn V	männlich

Männliche bzw. weibliche Sorten mit geringem Blütenansatz zeigen tendenziell eine höhere Massenleistung als stark fruktifizierende Sorten [33].

Mit der Einführung der leistungsstärkeren Balsampappelkreuzungen in den 70er Jahren wurden die Züchtungsanstrengungen bei Silberweide eingestellt. Heute spielt Weidenzüchtung mit *Salix viminalis* und *Salix daphnoides* im forstlichen Bereich v.a. in Schweden eine wichtige Rolle zur Bereitstellung von produktiven Sorten für Energiewälder im Kurzumtrieb [72]. Züchtungsziele sind hohe Massenleistung und Resistenz gegen *Melampsora* sp.

Ein neues und interessantes Züchtungsziel kann die Selektion und Vermehrung von Weidenklonen mit hohen Salicin-Gehalten für medizinische Verwendungszwecke darstellen [28, 116].

Bastardierung

Grundsätzlich sind die meisten Weidenarten untereinander bastardierungsfähig. Natürliche Kreuzungen treten häufiger auf als bei anderen Baumarten, wobei neben Bastarden oft Mehrfachbastarde und Hybridschwärme existieren, die zumindest gebietsweise (z.B. in NO-Deutschland) häufiger als die reinen Elternarten sein können [113]. Derzeit sind etwa 60 Kombinationen bekannt. Gegenseitige Bestäubungen innerhalb der gleichen Untergattung treten leichter natürlich auf, da die Chromosomenanzahl übereinstimmt und die blütenbiologischen Unterschiede geringer sind [107, 108]. Verbreitungsgrenzen und verschiedene Blühzeitpunkte schränken die natürliche Kreuzbarkeit ein.

Abb. 10: S. x rubens Schrank. (Fahlweide), S. alba x S. fragilis: 34jährige Versuchsfläche im Mündungsbereich der Tiroler Ache (FoA Traunstein).

Silberweiden bastardieren in der Natur häufig mit Bruchweiden. Der Bastard Fahlweide (*S. x rubens* SCHRANK., syn. *S. excelsior* HOST.) liegt im Wuchsverhalten und Verbreitungsgebiet zwischen beiden Elternarten. Er variiert stark im Habitus und in der Ausprägung unterschiedlichster Triebfarben.

Natürliche Kreuzungen treten auch mit *S. viminalis* (triploider Bastard), *S. pentandra* und *S. triandra* auf. Als Tripelbastarde sind Kreuzungen von *S. alba, S. fragilis* und *S. pentandra* beobachtet worden.

Erst vor kurzem beschrieben wurde ein natürlicher Bastard aus *S. alba* x *S. fragilis* x *S. caprea* (*S. x savensis* TRINAJSTIC et KRSTINIC) [99].

An häufig in der Natur auftretende Kulturhybriden sind zu nennen [16, 107, 108]:

S. x undulata EHRH. (syn. *S. x lanceolata* WIMM.):
S. alba x *S. triandra*; natürlicher Halbbaum, weiblich

S. x salomonii (syn. *S. sepulcralis* SIMONK.): Goldweide
S. alba x *S. babylonica*; meist weiblicher Klon

S. x ehrhartiana SM. (syn. *S. hexandra* EHRH.)
S. alba x *S. pentandra*

S. x basfordiana SCHL.
S. alba ssp. *vitellina* x *S. fragilis*, meist weiblicher Klon

Durch gezielte Kreuzung konnten z.B. die Sorten 'Plöner See' und 'Godesberg' erzeugt werden. Silberweide spielt dabei nur als weiblicher Kreuzungspartner eine Rolle.

Aus Holland ist der Klon 'Liempde' sowie aus Belgien der Klon 'Belders' durch Vorräte von über 400 fm im Alter 35 bekannt [108]. Weitere *S. alba*-Klone sind z.B. 'Mittlerer Inn IV Klon 108', 'Mittlere Isar Klon 205' und 'Rockanje'.

S. x rubens ist in den Sorten 'Boitin', 'Maritina Gumph', 'Metz Klon 143' oder 'Straubing Klon 133' im Handel.

Aus Neuseeland ist die Sorte Royal Salix (*S. alba* x *S. matsudana*), ein steriler männlicher Klon mit 40 % höherer Wuchsleistung als örtliche Pappelhybriden bekannt [18].

Klima- und Standortansprüche

Die Silberweide ist eine hydrophile Baumart wärmebegünstigter Flußlandschaften Mittel- und Südeuropas. Ihre Verbreitung ist daher im subkontinentalen Klimabereich nach Norden hin begrenzt. Die Ausbreitungsgrenze verläuft durch Norddeutschland und Süd-Skandinavien. Salzhaltige Luft in Meeresnähe wird schlecht vertragen, ausreichende Luftfeuchte begünstigt dagegen das Wachstum. Silberweiden zeigen einen sehr hohen Wasserverbrauch. Ihre mittlere Evapotranspiration liegt bei 2 bis 3 mm/d [92].

Silberweiden gehören zu den Pionierholzarten, die frische bis (mäßig) nasse, tiefgründige, skelettarme, nährstoff- und basenreiche Kalkstandorte der Auen bevorzugen. Auf sandig-kiesigen, gut sauerstoffversorgten Lehmböden tritt *S. alba* ebenfalls häufig auf. Ihre Nährstoffansprüche sind insbesondere hinsichtlich der Stickstoff- und Phosphorversorgung hoch [114]. Der optimale pH-Bereich liegt um 6,5; saure Böden (pH <5,0) sind ungeeignet [41]. Die Laubstreu ist sehr gut zersetzbar. Sie besiedeln vorzugsweise offene Rohböden der flußnahen Terrassen im Bereich hoch anstehenden, fließenden Grundwassers. Gute Bodenbelüftung bis mindestens 30 cm Tiefe ist Voraussetzung für rasches Wachstum. *S. alba* hat höhere Standortansprüche als der Bastard *S. x rubens*. Fahlweiden zeigen daher auch auf weniger warmen Standorten mit geringerer Nährstoff- und Wasserversorgung ausreichende Vitalität [107].

Die Silberweide ist Charakterart der Weichholz-Auenwälder (Silberweiden-Auenwald, *Salicion albae* p.p.), kommt aber auch als Bestandteil anderer Auen- und Niederungswaldgesellschaften vor [91].

Silberweiden sind mit Bruchweiden und Schwarzpappeln vergesellschaftet *(Salici-Populetum)*. Sie vertragen höher anstehendes Grundwasser sowie eine geringere Nährstoffausstattung der Böden besser als *Populus nigra*. Sie wachsen daher auch noch auf basenärmeren bis hin zu anmoorigen Böden, sofern im Oberboden noch ein Wasserzug vorhanden ist [106]. Im Bruchwaldbereich mit stagnierenden Wasserständen werden sie durch die Schwarzerle verdrängt (*Salici-Populetum phragmitetosum* im Übergang zur *Alnetea glutinosae*). Sie sind daher im Überschwemmungsbereich von Flüssen die dominierende Holzart der uferbegleitenden, nassen Weichholzaue.

Ihre Verbreitung wird zum Landwald hin durch zunehmende Trockenheit und fehlende offene Rohböden für Verjüngung, zum Fluß durch die mechanische Beschädigung bei Überschwemmungen abgegrenzt. Sie vertragen anhaltende, periodisch auftretende Überschwemmungen von 3 bis 6 Monaten. Längere Überschwemmungen mit hohen Wasserständen werden jedoch nur begrenzt toleriert, da dann die Sauerstoffaufnahme über die Lenticellen am Stamm zunehmend eingeschränkt wird. Bei Überschwemmungen über 10 Monaten Dauer sterben Silberweiden ab [20]. Ältere Bäume zeigen eine höhere Überflutungstoleranz als Jungbäume. Silberweiden bilden bei wiederholten Überschwemmungen im Stammfußbereich z.T. Adventivwurzeln aus, die in den oberen, sauerstoffreicheren Wasserschichten die Sauerstoffversorgung sicherstellen. Im Vergleich zu Roterle wird ihre Wuchsleistung jedoch bedeutend weniger duch Überflutungsdauer und -höhe beeinträchtigt.

Die Pflanzung von Silberweiden an Staubecken sollte nicht tiefer als 60 cm unterhalb der Vollstaulinie beginnen, wobei bei geringerer Wellenexposition auch Vordringweiten bis 1,58 m unter Vollstau beobachtet wurden [109]. Im unmittelbaren Überschwemmungsbereich natürlicher Flußläufe grenzen *S. triandra* und *S. viminalis* als Strauchweidengürtel die Silberweidenbestände zum Wasser hin ab.

Silberweiden gelten als frosthart, industriefest und streusalzverträglich [45]. Aufgrund ihrer Widerstandsfähigkeit gegen Immissionen (v.a. Fluor, SO_2) eignen sie sich zum Anbau in industriell degradierten Gebieten [21, 42]. Die Resistenz gegen Auftausalze wurde besonders bei *S. x rubens*, aber auch bei *S. alba* var. *vitellina* beobachtet [9].

Abb. 11: S. x rubens Schrank. (Fahlweide) mit besonders geraden Schäften.

Verjüngung, Vermehrung und Anzucht

Die Silberweide besitzt als raschwüchsige Pionierbaumart zwei Möglichkeiten der Vermehrung: Generativ über Samen sowie vegetativ mittels Steckhölzern.

Silberweiden sind – je nach Standort – bereits nach ca. 10 Jahren mannbar. Sie blühen etwa zwei Wochen später als die zweite in Mitteleuropa heimische Baumweidenart, die Bruchweide *(S. fragilis)*. Ihre Blüten erscheinen bei Laubausbruch Ende April/Anfang Mai. Die Samenkapseln sind bereits nach 4 Wochen reif und ab Ende Mai durch ihre weiße Wolle gut erkennbar. Weidensamen gehören zu den leichtesten Samen heimischer Waldbäume; ihr Tausendkorngewicht beträgt nur 90 - 100 mg [107]. Die Samenschale, teilweise zu einem Haarschopf ausgebildet, bewirkt in Verbindung mit dem geringen Gewicht eine sehr langsame Sinkgeschwindigkeit des Samens von nur 0,14 m/sec [71]. Bereits bei niedrigen Windgeschwindigkeiten von 20 m/sec. fliegen die Samen 2 bis 3 km weit. Am Samengrund rings um den Fuß ist der Haarschopf befestigt, der schon beim Flug den Samen in senkrechter Lage mit dem Fuß nach unten schweben läßt. Der Fuß setzt sich flach dem Substrat auf und bringt durch seine schnelle Feuchtigkeitsaufnahme den Keimling zur Anschwellung und Sprengung der Samenhülle. Die Samen reifen unmittelbar bei Rückgang der Frühjahrshochwässer. Die Verbreitung der gut schwimmfähigen Samen auf erodierte bzw. sedimentierte, vegetationsfreie Uferbereiche wird dadurch erleichtert.

Unbestäubte Blüten entwickeln stets Hohlkörner mit Frucht- und Samenschale [71]. Die Samen besitzen kein Nährgewebe (Endosperm). Ihre Keimfähigkeit nimmt daher im Freiland bereits nach wenigen Wochen ab [62]. Die Samen sind bei Temperaturen von –5 °C in luftdichten Gefäßen nur 4 Wochen lagerbar [2, 50].

Weidensamen benötigen für ihre sehr schnelle Keimung viel Feuchtigkeit. Licht fördert die chemische Umsetzung in der Samenschale und erleichtert den Zutritt des Sauerstoffs zu den lebenden Teilen des Samens. Konkurrenzvegetation hat deshalb in der Keim- und Anwuchsphase erhöhte Ausfälle zur Folge. Die Samen der Silberweide entwickeln sich – im Gegensatz zu anderen Baumarten – bereits im Jahr der Samenreife zu Keimlingen. Diese zeigen ein verhältnismäßig rasches Jugendwachstum (bis 70 cm Höhe innerhalb des ersten Jahres [46]).

Die Vegetativvermehrung mit Steckhölzern garantiert einen Anwuchserfolg von 90 %, da die Triebe bereits an den Mutterpflanzen Wurzelprimordien aufweisen [50]. Sie spielt daher beim künstlichen Anbau der Silberweide die entscheidende Rolle. Etwa 20 bis 25 cm lange, daumenstarke Abschnitte einjähriger Triebe sind hierfür am besten geeignet.

Die Stecklinge sollten die Mindestmaße von 15 cm Länge und 10 mm Durchmesser nicht unterschreiten, da ein hohes Stecklingsvolumen ausreichend Reservestoffe für ein gutes Anwuchsverhalten bedeutet [107]. Nach BURGES et al. [13] zeigten Stecklinge mit 1,9 bis 2,5 cm Durchmesser und 30,5 cm Länge beste Überlebensraten und Zuwächse. Eine ausreichende Länge ist dabei noch entscheidender als der richtige Durchmesser. Stecklinge mit Durchmessern unter 0,6 bis 1,3 cm fallen verstärkt aus. Bei Abmessungen von über 1,9 cm Durchmesser und 23 cm Länge konnte keine signifikante Steigerung des Wachstums mehr festgestellt werden. Im Winter steckfertig geschnittene Steckhölzer beginnen zeitiger mit der Überwallung der Schnittfläche. Die Bewurzelung des Steckholzes geht hier schneller voran als beim Rutenschnitt im Winter und nachträglichem Stecklingsschnitt unmittelbar vor Absteckung [3]. Das Material wird in Mutterquartieren bzw. von Altbäumen in der Zeit der Saftruhe zwischen November und Februar geschnitten und bis zur Absteckung im April im Kühlhaus bei ca. 2 °C aufbewahrt. Die Absteckung in gut gelockerten Boden erfolgt bodengleich. Bei leichter Übererdung wurde ein senkrechteres Aufwachsen des Leittriebes sowie eine raschere Überwallung der Schnittstelle beobachtet [3]. Die Steckhölzer entwickeln aus schlafenden Knospen bzw. Korkwarzen Adventivwurzeln sowie – in geringerem Umfang – Wundkalluswurzeln im Bereich der Schnittstelle. Die Geschwindigkeit der Wurzelbildung erfolgt bei Auweiden wie der Silberweide schneller und an jüngeren Ruten früher als bei Weidenarten trockener Standorte [62].

Neben Stecklingsvermehrung im Baumschulbetrieb werden Setzstangen für die direkte Auspflanzung im Wald verwendet. Hierbei handelt es sich um 2 bis 3 Meter lange, zwei- bis mehrjährige Triebe von Stockausschlägen bzw. Kopfweiden mit Zopfdurchmessern von maximal 4 cm [76]. Sie werden zu mindestens einem Drittel ihrer Länge in vorgebohrte Bodenlöcher gesteckt. Dieses Vermehrungsverfahren eignet sich besonders auf Rohböden bzw. Standorten mit wenig Konkurrenzvegetation. Insbesondere in Hochwassergebieten sind Setzstangen eine Alternative zu bewurzelten Pflanzen. Anstelle bewurzelter Pflanzen bzw. Setzstangen können auf diesen Standorten auch Setzruten, das sind 0,80 bis 2,50 m lange, kräftige, einjährige, unverzweigte Wipfeltriebe, ausgepflanzt werden. Das rechtzeitige Ausgeizen von Seitenknospen fördert die Entwicklung geeigneter Stammformen.

Wachstum und Entwicklung

Silberweiden werden im Wald meist als 2jährige Stecklingspflanzen (einjähriger Aufwuchs auf 2jähriger Wurzel 0/1/1) in der Größenklasse 100 bis 200 cm ausgepflanzt. Eine direkte Absteckung von unbewurzelten Steckhölzern ist nur auf Optimalstandorten nach Bodenbearbeitung erfolgreich. Stecklinge können sich gegen die Unkrautkonkurrenz nicht durchsetzen und „bleiben sitzen" [41].

Insbesondere bei Großpflanzen ist eine Pflanzlochbohrung mit möglichst großem Durchmesser sinnvoll. Eine Lochtiefpflanzung (bis 80 cm) fördert das Anwachsen, besonders auf schlecht wasserversorgten Standorten. Im Regelfall sollte die Pflanztiefe 60 cm (jeweils ein Drittel für Wurzel, ehemaligen Steckling und Sproß) betragen [106]. Durch das Auflockern verschmierter Bohrwände ist eine ungestörte Wurzelentwicklung möglich. Mittels Kronenschnitt der Seitentriebe auf etwa die halbe Länge wird die Ausbildung des Leittriebes gefördert.

Silberweiden sind extreme Lichtbäume. Durch weite Pflanzverbände (3 x 3/5 x 5 m) wird diesem Lichtbedürfnis bei Auwaldpflanzungen Rechnung getragen. Ein zusätzlicher Füllbestand mit Roterle verhindert die frühzeitige Vergrasung dieser Kulturen sowie die Starkastbildung. Die Kricketweide (*S. alba* var. *coerulea*) wird in England in Reihen (10 m Abstand) oder in speziellen Plantagen im 2 x 2 m-Verband ausgepflanzt [104].

Silberweiden werden sehr zeitig im Vorfrühling bzw. im Spätherbst gepflanzt. Die Frühjahrspflanzung ist jedoch vielerorts nur eingeschränkt möglich, da aufgrund des sehr frühen Austriebs (ca. 14 Tage vor der Schwarzpappel) die zur Verfügung stehende Pflanzzeit nach Frostaufgang nur kurz ist. Da Silberweiden einen sehr hohen Wasserbedarf haben, besteht für noch nicht angewurzelte, aber ausgetriebene Pflanzen die Gefahr des Vertrocknens. Herbstpflanzungen sind v.a. in flußnahen Auwäldern sinnvoll, da Frühjahrshochwässer die Pflanzflächen nur eingeschränkt begehbar machen können.

Silberweiden sind in der Jugend empfindlich gegen Konkurrenzvegetation. Durch mechanische Bodenpflege und Startdüngung mit einem Mehrfachdünger (70 g ab 2. Vegetationsjahr nach [41]) kann daher der Zuwachs gesteigert [65] und zugleich die Gefährdung durch Mäusefraß verringert werden. Die Zäunung von Silberweidenkulturen bei starkem Verbißdruck ist unverzichtbar. Bei der Entwicklung unbefriedigender Stammformen kann ein vollständiger Rückschnitt vor der 3. Vegetationszeit die Ausbildung kräftiger Aufwüchse fördern [41].

Die Astung von Silberweiden muß früh einsetzen. Grünastungen sind nur zur Zeit des stärksten Saftdrucks im Juni sinnvoll, da dann die Abwehrkräfte gegen Pilzinfektionen am größten sind.

Pflanzungen von Baumweiden im Auwald bestehen i.a. aus mehreren Klonen. Hierdurch wird ein hohes Maß an Betriebssicherheit für die 40- bis 50jährige Umtriebszeit gewährleistet. Im Gegensatz hierzu steht der plantagenmäßige Anbau bestimmter Sorten mit besonderen Eigenschaften. Vor dem Hintergrund der kurzen Produktionszeiträume (z.B. 10 bis 14 Jahre bei Kricketweide) sind einklonige Anpflanzungen vertretbar.

Die waldbauliche Entwicklung der Silberweiden ist durch ihr rasches Wachstum gekennzeichnet. Bruchweiden sind dagegen langsamwüchsiger und werden daher in älteren Beständen zunehmend verdrängt [95].

Salix alba zeigt bessere Schaftformen, sofern es sich um Sämlings- oder Stecklingspflanzen handelt. Stockausschläge neigen dagegen stark zu Buschformen. *S. x rubens* hat eine höhere Vitalität [48, 107]. Ihre Massenproduktion erreicht annähernd die von Schwarzpappelhybriden. Aus Holland sind 35jährige Bestände auf guten Standorten mit einem durchschnittlichen jährlichen Gesamtzuwachs von 13,5 fm/ha bekannt [106]. Silberweiden und Schwarzpappeln kommen wegen ihrer vergleichbaren Wuchsrelationen in natürlicher Mischung vor. Silberweiden vertragen jedoch seitliche Beschattung besser. Sie treten deshalb auch mit Stieleiche, Flatterulme und Winterlinde in Auwaldbeständen auf. Dort entwickeln sie sich bis zu 35 m hohen Bäumen mit geraden Stämmen, schlanker Krone und Durchmessern um 1 m. Im Freistand dagegen kommt es zu sich rasch verbreiternden Kronen und kurzen Schäften.

Das intensive Wachstum erstreckt sich über die gesamte Vegetationsperiode. Früherer Austrieb und späterer Abschluß des Wachstums als bei anderen Baumarten sind Ursachen für die hohen Wuchsleistungen. Im Jahresgang kulminiert der Zuwachs bereits im Mai/Juni. Die jährlichen Höhen- und Durchmesserzuwächse erreichen im 6. bis 10. Jahr ihr Maximum. Laufende Zuwächse von 20,4 fm/ha im Alter 8 sowie Vorräte von 53 fm/ha in 5jährigen Beständen sind aus Literaturstudien bekannt [25]. KRSTINIC [47] berichtet von Sorten- und Klonanbauten in Jugoslawien, in denen durchschnittliche Zuwächse bis 26 fm/ha/a und eine Gesamtvolumenleistung im Alter von 7 Jahren von 182 fm erreicht wurden; der ermittelte maximale jährliche Zuwachs lag bei 68 fm/ha. In schwedischen Kurzumtriebsplantagen wurden jährliche Trockensubstanzzuwächse bis zu 35 t/ha beobachtet.

Neben den artspezifischen Eigenschaften beeinflussen auch Herkunftsunterschiede das Zuwachsverhalten: Sorten aus südlichen Gebieten wachsen in nördlichen Breiten mit größerer Tageslichtlänge im Sommer stärker. Durch Verbringung von südlichen Herkünften nach Norden kann daher die Konkurrenzvegetation rascher überwunden werden. Wegen der dort zunehmenden Frostgefährdung dieser schnellwüchsigeren Sorten sind einem Anbau jedoch Grenzen gesetzt [40].

Die hydrologischen Bedingungen üben ebenfalls einen starken Einfluß auf die Zuwachsentwicklung aus. Silberweiden zeigen aufgrund ihrer niedrigen Effektivität des Wasserverbrauches nur bei optimalem Wasserangebot hohe Zuwächse. So stellte BRAUN [11] bei der Sorte *S. alba* 'Liempde' einen Stamm- und Blattmassezuwachs von 0,75 dm^3/100 l Wasser fest, während *Acer platanoides* mit der gleichen Wassermenge 1,6 dm^3 Masse produzierte.

Der starke Einfluß von Wasser- und Nährstoffangebot auf die Durchmesserentwicklung ist auch aus den Auwaldgebieten des Ob nachgewiesen: Während lang anhaltende Überflutungen sich zunächst in der Ausbildung enger Jahrringe auswirkten, war 1 bis 3 Jahre nach starken Hochwässern eine deutliche Zunahme des Durchmesserzuwachses zu beobachen. Je länger die Hochwässer anhielten, umso höhere Zuwächse waren aufgrund der verstärkten Nährstoffzufuhr durch Schlammablagerungen festzustellen. In kontinentalen Klimagebieten bedeutet Hochwasser außerdem eine für das Wachstum günstige Erwärmung der Luft- und Bodentemperatur, da der Boden weniger stark durchfriert. Besonders die Junitemperaturen beeinflussen entscheidend die Zuwachshöhe [1].

Silberweiden im Auwald sind nach 30 bis 50 Jahren hiebsreif. Auf mittleren bis guten Standorten in Ungarn sind Vorräte von 270 bis 500 Vfm bei mittleren Durchmessern (BHD) von 36 cm beschrieben [95]. In überalterten Silberweidenbeständen steigt die Gefahr der Holzentwertung durch Ringschäle und Weißfäule [76].

Ökologie – Pathologie

Weiden und die mit ihnen vergesellschafteten Pflanzenarten bilden wichtige Habitate und Wirtspflanzen für Insekten [87].

Untersuchungen zur Insektenfauna an Silberweiden eines Altrheinarmes zeigten, daß über 200 Insektenarten auf Silberweiden beheimatet sein können. Davon war die Gruppe der *Coleoptera* mit über 100 Arten am artenreichsten vertreten. Das Geschlecht der Weiden hatte einen Einfluß auf die Besiedelungsdichte der Käfer und Schmetterlingsraupen. Besonders bei geschneitelten Weiden war dies augenfällig: Die Besiedelungsdichte der Schmetterlingsraupen und Käfer auf den männlichen Kopfweiden war deutlich höher als auf den weiblichen. Die männlichen Kopfweiden beherbergten zudem eine höhere Zahl an Käfer-Arten [59].

Die Wahl der Wirtspflanze durch Insekten wird u.a. durch Vorhandensein oder Abwesenheit bestimmter sekundärer Inhaltsstoffe bestimmt. Während beispielsweise *S. fragilis* Phenolglycoside aber keine Proanthocyanidine in den Blättern aufweist, besitzt *S. alba* kaum Phenolglycoside jedoch reichlich Proanthocyanidine [36, 66, 85, 86, 96].

Die Biologie und Ökologie der mit der Silberweide vergesellschafteten Insektenarten und deren wechselseitige Beziehungen sind Gegenstand jüngerer Forschungsansätze [97]. Das Verständnis dieser Zusammenhänge ist besonders auch im Hinblick auf ein Massenauftreten bestimmter Insekten, wie z.B. der Weidenholz-Gallmücke (*Helicomyia saliciperda* DUFOUR), welche zu merklichen Schäden und wirtschaftlichen Einbußen führen kann [51, 52], von großer Bedeutung und ist Voraussetzung für eventuell notwendige Bekämpfungsmaßnahmen.

Inventuren zu Insektengallen an Weidenarten in Großbritannien haben ergeben, daß Gallen an Silberweiden neben der bereits erwähnten *Helicomyia saliciperda* u.a. von *Rhabdophaga albipensis* (am Stamm), *R. clausilia* (Blatt) sowie *R. terminalis* (Knospe) *[Diptera]* gebildet werden; unter den *Hymenoptera* sind die Arten *Pontania proxima* (Blatt), *Euura atra* (Stamm) und *E. testaceipes* (Blatt) als Gallbildner nachgewiesen [35].

Silberweiden sind anfällig gegenüber Nematoden [78].

Über Großpilze, die mit Baumweiden Ektomykorrhiza-Symbiosen eingehen, wurde bereits informiert (s.o.; [105]). Die Bedeutung der parasitischen Großpilze an Weiden tritt gegenüber bakteriellen Erkrankungen und Rostpilzen zurück [105]. Einen Überblick über bakterielle und pilzliche Erreger liefert BUTIN [14]. Bekannte Schaderreger an Blättern sind *Monistichella salicis* (WESTEND.) ARX und *Rhytisma salicinum* FR., welche schwarze Blattfleckungen verursachen.

An Silberweide und ihren Hybriden treten als Erreger von Blatt- und Triebspitzenkrankheiten *Marssonina salicicola* (BRES.) MAGN. und *Pollaccia saliciperda* (ALL. et TUBEUF) ARX auf (siehe u.a. VEGH [102]). Besonders anfällig gegen *Marssonina salicicola* ist die Trauerweide, *S. alba* 'Tristis' [75].

Ein hauptsächlich an Weiden auftretender Holzschädling ist der graue Feuerschwamm (*Phellinus igniarius* (L. ex FR.) QUÉL.) [15]; auch *Trametes suaveolens* (FR.) wird an Silber- und Bruchweide häufig nachgewiesen [105].

Rostpilze, wie z.B. *Melampsora salicis-albae* [38], stellen besonders in Biomasseplantagen eine Bedrohung dar.

Ein wirtschaftlich bedeutsamer Krankheitserreger ist das Bakterium *Erwinia salicis* (DAY) CHESTER, welches die sog. Wasserzeichenkrankheit der Weide verursacht [30, 67, 101, 110, 111, 112]. Frühsymptome der Krankheit sind Welken der Blätter und jungen Triebe. Ein weiteres Merkmal sind dunkle Flecken auf dem Querschnitt von Ästen („Wasserzeichen") [15]. Als besonders gefährdet gelten die Silberweide, ihre Hybriden sowie einige ihrer Cultivare (z.B. cv. 'Calva', Sorten 'Liempde', 'Lichtenvoorde') [67, 101]. Die Übertragung erfolgt durch Regen und Wind (Infektion über Wunden), durch Wurzelverwachsungen, möglicherweise auch durch Insekten (z.B. Weidenholzwespe, Erlenrüsselkäfer); die Ausbreitung über größere Distanzen ist durch den Vertrieb mehrjähriger infizierter Steckhölzer möglich, während einjährige, teilweise auch zweijährige Stecklinge angeblich nur selten befallen sind [19, 29]. Da sich die sichtbaren Symptome jedoch erst in einem fortgeschrittenen Stadium zeigen, muß an jungen Trieben oder Triebteilen der Nachweis des Bakteriums erfolgen; dies ist u.a. TURNER et al. [101] an ein- bis dreijährigen Trieben gelungen. Interessant ist auch, daß sich einjährige Stecklinge künstlich mit *Erwinia*-Bakterien infizieren lassen. Diese Methode wird als Frühtest bei der Selektion und Züchtung *Erwinia*-resistenter Baumweiden genutzt [89].

Nutzung und Verwendung

Silberweiden werden in unterschiedlichsten Wirtschaftsformen angebaut: Bestandsweise im Hochwaldbetrieb uferbegleitender Auwälder, als Kopfweiden im Bereich landwirtschaftlicher Kulturen sowie in niederwaldartigen Anpflanzungen. Dementsprechend vielgestaltig sind die Nutzungsmöglichkeiten dieser Baumart.

Das hellrötlichbraune Kernholz der Silberweide ist im Querschnitt durch einen breiten, gelblichweißen Splint abgegrenzt und gleicht so im Aufbau dem Pappelholz. Das Holz besteht zu ca. 22 % aus Lignin, 11,7 % Furfurol, 18,1 % Pentosan, 43,3 % Cellulose und 0,4 % Asche [58]; es ist sehr weich sowie leicht bis mittelschwer, wobei die Rohdichte (r_o) zwischen 0,33 und 0,59 g/cm^3 schwankt [32]. Das Raumschwindmaß liegt bei 10,8 bis 11,3 %, der Fasersättigungspunkt bei 26,9 bis 33,1 % [58]. Silberweidenholz gilt als wenig dauerhaft und wenig elastisch; so beträgt die mittlere Biegefestigkeit 370 kg/cm^2 [44]. Die mittlere Druckfestigkeit liegt bei 268 bis 345 kp/cm^2, die mittlere Zugfestigkeit zwischen 640 und 1008 kp/cm^2 (Angaben bei 12 % Feuchte, nach verschiedenen Autoren in [58]). Weitere Kennzahlen zu den Eigenschaften des Silberweidenholzes finden sich bei KOLLMANN [44] und BLOßFELD et al. [7].

Starke Silberweidenstämme guter Qualität sind als Bau- und Furnierholz verwertbar. Das Holz der Dotterweide weist die beste Oberflächenbearbeitbarkeit auf. Weidenschälholz ist zur Sperrholzproduktion besser geeignet als Pappelholz. Weitere Verwendung findet es als Blindholz für Möbel sowie Span- und Faserplatten. Aufgrund der vielerorts unterlassenen Pflege werden starke Hölzer heute oftmals nur für die Palettenherstellung eingesetzt. Vereinzelt wird Weide auch noch zur Zündholz- und Spielwarenherstellung verwendet. In Süddeutschland werden derzeit Baumweiden in Pappel-Losen nach Italien exportiert. Schwächere Stämme können aufgrund des hohen Cellulosegehaltes (47 bis 60 %) für die Zellstoffherstellung genutzt werden [23, 65]. Die Faserlängen sind jedoch kürzer als bei Pappel [95]. In der Praxis wird Weidenholz geringer Qualität und bei nur verstreutem Anfall als Brennholz genutzt.

Außerhalb des Waldes sind Silberweiden v.a. früher häufig als Kopfweiden entlang von Bächen oder im Nahbereich von Gehöften anzutreffen gewesen. Die sehr zähen und biegsamen Kopfholzäste dienen der Bereitstellung von Material für landwirtschaftliche Zwecke. Einjährige Ruten eignen sich als Bindematerial z.B. im Obst- bzw. Weinbau und als Flechtware. In Frankreich sind die Ruten der Dotterweide unter der Bezeichnung „Jaune de Bourgogne" als erstklassiges Bindeweidenmaterial im Handel [17]. 2-4jährige Triebe werden für tragende Teile von Körben sowie als Stiele für Geräte und Bandstöcke für Kranz- bzw. Faßreifen verwendet. Aus Sicht des Naturschutzes sind Kopfweiden besonders wertvoll, da sie zahlreichen, auch seltenen Insektenarten als Lebensraum dienen. Setzstangen als lebende Zaunpfähle zur Abgrenzung von Viehweiden sind aus den Grünlandgebieten Norddeutschlands bekannt [62].

Eine besondere Nutzungsart sind niederwaldähnliche Bewirtschaftungsformen mit kurzen Umtriebszeiten.

Abb. 12: Einzelbaum im Sommer und im Winter

Energieholzplantagen zur traditionellen Produktion von Biomasse (Hackschnitzel) aus ca. 5jährigen Weiden gibt es v.a. in Schweden. Häufig kommen hierfür jedoch Strauchweiden in Betracht. In Neuseeland wird die Kreuzung *S. alba* x *S. matsudana* als Notfutter für Schafe während Trockenperioden angebaut, da sie hohe Proteingehalte von 18 % aufweist. Ein Hektar dieser Weidenbestände kann bis zu 1000 Schafen für eine Woche als Nahrungsgrundlage dienen. Danach wird der Restbestand an Ruten bodennah abgeschnitten und kann nach Wiederaustrieb im Folgejahr wieder beweidet werden [18].

Im Rahmen der Jagdbewirtschaftung werden Weiden als Ablenkfütterung auf sogenannten Proßholzflächen angebaut, um Verbißschäden an Forstkulturen zu vermindern [81, 83, 88]. Dabei bestehen je nach Art oder Sorte deutliche Unterschiede in der Äsungspräferenz des Wildes. Nach Siebert [81] wird *S. alba* ssp. *vitellina* und *S. x rubens* im Vergleich zu *S. alba* etwas stärker verbissen; im Vergleich mit anderen Weidenarten (z.B. S. *viminalis*) eignen sich aber *S. alba* und *S. alba* ssp. *vitellina* nach Siebert [82] nicht und *S. x rubens* nur eingeschränkt zum Anbau auf Verbißflächen.

Die englische Kricketweide wird ebenfalls in kurzen Umtriebszeiten von 10 bis 14 Jahren kultiviert. Im unteren Stammabschnitt (3 m) werden Wasserreiser regelmäßig entfernt, so daß etwa für 3 bis 4 Schlägerlängen verwertbares Holz entsteht [90, 104].

Silberweiden werden darüber hinaus zur Landschaftsgestaltung in Parks (z.B. S. *alba* var. *tristis*) und Gärten [63], im Bereich von Gewässern, zur Uferverbauung (S. *alba* var. *vitellina*) und Böschungssicherung sowie für Windschutzpflanzungen verwendet [6, 79].

In Ungarn wurde das Potential von Pappel- und Weidenbeständen bei der Reinigung urbaner Abwässer untersucht. Der Reinigungseffekt von Bestockung und Boden war zwar gegenüber unbestocktem Boden nur leicht erhöht, jedoch führte die Abwasserausbringung – im Vergleich zur unbehandelten Kontrolle und zu einer festgelegten Reinwassergabe (von 1200 mm/Jahr) – zu einer deutlichen Steigerung des Holzertrags bei der Silberweide von 22 % bis 139 % gegenüber der Reinwasservariante. Die Autoren weisen in ökonomischen Berechnungen nach, daß Abwässer in eigens dafür angelegten Holzplantagen wirtschaftlicher, konzentrierter und mit geringerem Flächenbedarf entsorgt werden können als dies in mechanischen Anlagen möglich ist [93, 94].

Aufgrund ihrer pharmazeutisch wirksamen Inhaltsstoffe hat die Silberweide einen festen Platz in der Pflanzenheilkunde. Hauptwirkstoffe sind Salicin, Salicylalkohol, Gerbstoffe und Flavonoide [10, 28, 34, 103]. Die Droge besteht aus der von 2 bis 3jährigen Zweigen gesammelten und getrockneten Rinde [34], die im Gegensatz zu den Silberweiden-Blättern Salicin und Salicinderivate enthält [36]. Eine Aufstellung weiterer Inhaltsstoffe findet sich in [60]. In der Volksheilkunde findet *Salix alba* u.a. Anwendung als Adstringens, Antirheumaticum und bei fieberhaften Erkrankungen [61].

Literatur

[1] Agafov, L. J., 1995: Influence of hydrological and temperature conditions on radial stem growth in foliage trees in the floodplain of the lower Ob river. Russian J. Ecology, **28**, 406-413.

[2] Arya, S. R.; Bhagat, S.; Singh, V., 1988: Preliminary Studies on Seed Germination and Viability of Salix alba and Salix elegans. Van Vigyan 26, 85-90.

[3] Baak, H., 1940: Nachzucht von Pappeln und Weiden durch Vermehrungshölzer. Merkbl. deutsche Waldarbeit, 12, Inst. forstl. Arbeitswiss., Eberswalde.

[4] Bartels, H., 1993: Gehölzkunde. Einführung in die Dendrologie. Ulmer, Stuttgart.

[5] Begemann, H. F., 1988: Das große Lexikon der Nutzhölzer. Bd. VIII, Deutscher Betriebswirte Verlag, Gernsbach.

[6] Begemann, W.; Schiechtl, H. M., 1994: Ingenieurbiologie. 2.Aufl., Bauverlag GmbH, Wiesbaden und Berlin,

[7] Bloßfeld, O.; Plötz, J.; Blechschmidt, J., 1990: Eigenschaften des Holzes der Baumweide. Wiss. Zschr. Techn. Univ. Dresden **39**, 4, 155-157.

[8] Boratynski, A.; Boratynska, K., 1990: Systematyka i geograficzne rozmieszczencie. In: Wierzby, Salix alba L., Salix fragilis L. Hrsg.: Polska Akademia Nauk, Instytut Dendrologii, 9-33.

[9] Braun, G.; v. Schönborn, A.; Weber, E., 1978: Untersuchungen zur relativen Resistenz von Gehölzen gegen Auftausalz. Allg. Forst- und Jagdzeitung, **149**, 2/3, 21-35.

[10] Braun, H.; Frohne, D., 1994: Heilpflanzenlexikon. 6. Aufl., G. Fischer Verlag, Stuttgart.

[11] Braun, H.-J., 1974: Zum Wachstum und zur Produktivität des Wasserverbrauchs der Baumarten Alnus und Salix. Z. Pflanzenphysiol. **74**, 91-94.

[12] Büchler, W., 1996: Phyllotaxis and morphology of proximal leaves on vegetative axillary shoots of Salix and their systematic implications. Bot. Helv. **106**, 31-44.

[13] Burges, D.; Hendrickson, O. Q.; Roy, L., 1990: The importance of initial cutting size for improving the growth performance of Salix alba L. Scand. J. Forest. Res. **5**, 215-224.

[14] Butin, H., 1960: Die Krankheiten der Weide und deren Erreger. Mitt. Biol. Bundesanstalt Land- und Forstw. 98.

[15] Butin, H., 1983: Krankheiten der Wald- und Parkbäume. Georg Thieme, Stuttgart.

[16] Chmelar, J.; Meusel, W., 1986: Die Weiden Europas. Neue Brehm-Bücherei, Ziemsen-Verlag, Wittenberg.

[17] Christopeit, K., 1959: Korbweidenanbau. In: Grundlagen der Forstwirtschaft. Schaper, Hannover, 1121-1134.

[18] Community Forester Institute, 1998: Royal Salix, Jade Salix, 1995 „Super tree“ introductions. Internet: http://www.traverse.com/earthkeepers/Salix.html; Datum 9.12.98.

[19] De Kam, M., 1983: The Watermark disease is not transmitted with one-year-old cuttings of Salix alba. Eur. J. For. Path. **13**, 212-215.

[20] Dister, E., 1983: Zur Hochwassertoleranz von Auenwaldbäumen an lehmigen Standorten. Verhandl. Ges. Ökologie, X, 325-335.

[21] Dolatowski, J., 1990: Wierzby w zadrzewieniach. In: Wierzby, Salix alba L., Salix fragilis L. Hrsg.: Polska Akademia Nauk, Inst. Dendrologii, 239-259.

[22] Düll, R.; Kutzelnigg, H., 1988: Botanisch-ökologisches Exkursionstaschenbuch. Quelle & Meyer Verlag, Heidelberg.

[23] Eroglu, H.; Usta, M., 1989: Researches on the utilization possibilities of white willow (Salix alba L.) woods in the paper industry. Doga TU Tar. ve Or. D.C. **13**, 2, 235-245.

[24] FAO, 1979: Poplars and willows in wood production and land use. FAO Forestry Series No. 10, Rome.

[25] Figaj, J., 1990: Uprawa wierzb do produkcji drewna. In: Wierzby, Salix alba L., Salix fragilis L. Hrsg.: Polska Akademia Nauk, Inst. Dendrologii, 341-363.

[26] Fitschen, J., 1977: Gehölzflora. 6. Aufl. Quelle und Meyer, Heidelberg.

[27] Fontana, A., 1962: Ricerche sulle micorrize del genere Salix. Allionia **8**, 67-85.

[28] Gebhardt, K.; Weisgerber, H., 1996: Salicin – A New Objective in Willow Breeding. In: Bach, I. (ed.): Environmental and Social Issues in Poplar and Willow Cultivation and Utilization. Proc., 20th Session Intern. Poplar Comm., Budapest, October 1996, 579-587.

[29] Gremmen, J.; De Kam, M., 1975: The necessity of using healthy propagation material of Salix alba in connection with the spread of Watermark disease in the Netherlands. Eur. J. For Path. **5**, 376-383.

[30] Gremmen, J.; De Kam, M., 1981: New developments in research into the Watermark disease of White willow (Salix alba) in the Netherlands. Eur. J. For Path. **11**, 334-339.

[31] Groendijk-Wilders, N., 1990: Analysis and description of first year's growth of Salix alba L. clones. Euphytica **45**, 119-129.

[32] Grosser, D., 1977: Die Hölzer Mitteleuropas. Springer-Verlag, Berlin, Heidelberg, New York.

[33] Gullberg, U., 1993: Towards making willows pilot species for coppicing production. Forestry Chronicle **69**, 6, 721-726.

[34] Hänsel, R., 1991: Phytopharmaka. Grundlagen und Praxis. 2. Aufl., Springer Verlag, Berlin.

[35] Hartley, S. E., 1992: The insect galls on willows. In Watling, R.; Raven, J.A. (eds.): Willow symposium. Bot. Soc. Edinburgh, Sept. 1991. Proc. Royal Soc. Edinburgh, Sect. B, **98**, 91-104.

[36] Hegnauer, R., 1973: 223. Salicaceae. In: Chemotaxonomie der Pflanzen. Band 6. Birkhäuser Verlag, Basel, 241-258.

[37] Hejnowicz, A., 1990: Anatomia, embriologia i kardiologia. In: Wierzby, Salix alba L., Salix fragilis L. Hrsg.: Polska Akademia Nauk, Inst. Dendrologii, 34-59.

[38] Helfer, S., 1992: The rust diseases of willows in Britain. In: Watling, R.; Raven, J. A. (eds.): Willow symposium. Bot. Soc. Edinburgh, Sept. 1991. Proc. Royal Soc. Edinburgh, Sect. B, **98**, 119-134.

[39] Hörandl, E., 1992: Die Gattung Salix in Österreich (mit Berücksichtigung angrenzender Gebiete). Abh. Zool. – Bot. Ges. Österreich, **27**.

[40] JOACHIM, H. F.; LATTKE, H., 1969: Über Zusammenhänge zwischen Vegetationsdauer und Höhenwuchsleistung bei Baumweiden- und Pappelklonen. Archiv für Forstwesen, **18**, 9/10, 957-961.

[41] JUNGBLUTH, H. J., 1974: Praktische Erfahrungen bei dem Anbau von Weiden auf Waldstandorten. Holzzucht **28**, 3/4, 29-31.

[42] KLUCZYNSKI, B., 1975: The effect of fluor compounds on the health condition of trees and shrubs near the aluminium smelting works „Konin". Arboretum Kórnickie **20**, 317-343.

[43] KMITIENÉ, G.; SMALIUKAS, D., 1995: Xylotomic methods in diagnostics of Willow (Salix L.) taxa and evaluation of wood quality. Biologija (Vilnius, Academia Scientiarum Lithuaniae), Nr. 3-4, 52-54.

[44] KOLLMANN, F., 1951: Technologie des Holzes und der Holzwerkstoffe. 2. Aufl., 1.Band, Springer Verlag.

[45] KRÖGER, W., 1983: Handbuch Laubgehölze, Teil 1, 6. Aufl., Bund Deutscher Baumschulen, Pinneberg.

[46] KRSTINIC, A., 1964: A contribution to the propagation of white willow (Salix alba L.) from seed. Topola 42-43, 8-12.

[47] KRSTINIC, A., 1979: Mini monograph on Salix alba L. FAO, FO: FGB-79-8/5.

[48] KRÜGER, R., 1960: Anbau von Baumweiden. Holzzucht, **14**, 5/6, 29-31.

[49] KRÜSSMANN, G., 1962: Handbuch der Laubgehölze. Bd. II, 441-457, Paul Parey Verlag.

[50] KRÜSSMANN, G., 1997: Die Baumschule. 6. Aufl., Paul Parey Verlag.

[51] KURIR, A., 1978/79: Auftreten der Weidenholz-Gallmücke (Helicomyia saliciperda Dufour [Cecidomyidae]) auf Silberweide (Salix alba Linnaeus) und Trauerweide (Salix alba var. vitellina-pendula Rehder). Z. Angew. Entom. **87**, 203-215.

[52] KURIR, A., 1979: Neue Erkenntnisse in der Bionomie von Helicomyia saliciperda Dufour (Dipt., Cecidomyiidae) auf Salix alba L. und S. purpurea L. Z. Angew. Entom. **88**, 318-325.

[53] LATTKE, H., 1966: Stand und Perspektiven der Baumweiden-Züchtung. Archiv für Forstwesen **15**, 1, 27-47.

[54] LAUTENSCHLAGER-FLEURY, D. u. E., 1994: Die Weiden von Mittel- und Nordeuropa. Birkhäuser Verlag, Basel.

[55] LYR, H.; BERGMANN, J. H., 1960: Zur Frage der anatomischen Unterscheidbarkeit des Holzes einiger Salix-Arten. Ber. Dt. Bot. Gesellschaft **73**, 7, 265-276.

[56] MEIKLE, R. D., 1984: Willows and Poplars of Great Britain and Ireland. BSBI Handbook No. 4, London.

[57] MEUSEL, H.; JÄGER, E.; WEINERT, E., 1965: Vergleichende Chorologie der zentraleuropäischen Flora. VEB Gustav Fischer Verlag, Jena, Band 1, Text, Band 2, Karten.

[58] MUTIBARIC, J., 1963: Properties of willows timber, its exploitation and use. Topola 7, 36-37: 70-85.

[59] MÖLLEKEN, H.; TOPP, W, 1997: Die Insektenfauna auf Silberweiden (Salix alba L.): Einfluß des Geschlechts und der Pflegemaßnahmen. Z. Ökologie und Naturschutz **6**, 193-206.

[60] NAL, 1998a: PhytochemDB. Phytochemicals of Salix alba. National Agricultural Library, USDA, Agricultural Research Service, Internet: http://probe.nal.usda.gov:8300/ Stand: 10.09.98.

[61] NAL, 1998b: EthnobotDB. Taxon Salix alba. National Agricultural Library, USDA, Agricultural Research Service, Internet: http://probe.nal.usda.gov:8300/ Stand: 10.09.98.

[62] NEUMANN, A., 1981: Die mitteleuropäischen Salix-Arten. Forstliche Bundesversuchsanstalt Wien.

[63] NEWSHOLME, Ch., 1992: Willows – the genus Salix. B.T. Batsford, London.

[64] ORTMANN, Ch., 1958: Kurzer Beitrag zur Frage arteigener Wurzeltypen bei Salix. Archiv für Forstwesen 7, 10/11, 888-910.

[65] ORTMANN, Ch., 1960: Die spezifischen, standortgebundenen Betriebsarten der Weiden (Salix sp.). Forst und Jagd **10**, 3, 109-130.

[66] PASTEELS, J. M.; ROWELL-RAHIER, M., 1992: The chemical ecology of herbivory on willows. In: WATLING, R.; RAVEN, J. A. (eds.): Willow symposium. Bot. Soc. Edinburgh, Sept. 1991. Proc. Royal Soc. Edinburgh, Sect. B **98**, 63-73.

[67] PATRICK, K. N., 1990: Watermark disease of willows. Arboriculture Research Note No.87.

[68] PATRICK, K. N., 1991: Watermark disease of cricket bat willow: Guidelines for growers. Res. Information Note 197, Forestry Comm. Res. Div., Wrecclesham, Farnham, Surrey, UK.

[69] RECHINGER, K. H., 1981: Gattung Salix L. In: HEGI: Illustrierte Flora von Mitteleuropa. Band III, Teil 1, 44 - 135.

[70] RECHINGER, K. H., 1992: Salix taxonomy in Europe – Problems, interpretations, observations. In Watling, R.; Raven, J.A. (eds.): Willow symposium. Bot. Soc. Edinburgh, 1991. Proc. Royal Soc. Edinburgh, Sect. B **98**: 1-12.

[71] ROHMEDER, E., 1959: Das Saatgut der Waldbäume. In: Grundlagen der Forstwirtschaft. Schaper, Hannover.

[72] RÖNNBERG-WÄSTLJUNG, A. C., 1996: Breeding in Salix. Genetics of quantitative characters. Promotion Swedish Univ. of Agric. Sciences, Uppsala.

[73] RÖNNBERG-WÄSTLJUNG, A. C.; THORSEN, J., 1988: Inter- und intraspecific variation and genotype x site interaction in Salix alba L., S. dasyclados Wimm. and S. viminalis L. Scand. J. Forest Res. **3**, 449-463.

[74] ROLOFF, A.; BÄRTELS, A., 1996: Gehölze (Gartenflora Bd.1). Ulmer, Stuttgart.

[75] ROSE, D. R., 1989: Marssonina canker and leaf spot (Anthracnose) of weeping willow. Arboriculture Res. Note 78.

[76] RÜGER, R., 1960: Anbau von Baumweiden. Die Holzzucht, 14, 5/6, 29-31.

[77] RULKENS, A. J. H., 1988: Characters distinguishing Osier-willow clones. Silvae Gen. **37**, 1, 39-43.

[78] SANTAMOUR, F. S.; MCCRAY BATZLI, J., 1990: Root-knot nematodes on willows: screening of Salix species, cultivars, and hybrids for resistance. J. Arboriculture **16**, 7, 190-196.

[79] SCHIECHTL, H. M., 1992: Weiden in der Praxis. Patzer Verlag, Berlin - Hannover.

[80] SCHWEINGRUBER, F. H., 1990: Anatomie europäischer Hölzer, Haupt, Bern und Stuttgart.

[81] SIEBERT, H., 1974: Auswahl und Anbau von Weiden für Verbißgehölze. Holzzucht, **28**, 3/4, 25-28.

[82] SIEBERT, H., 1979: Eignung von Weiden und Pappeln zum Anbau als Verbißgehölze. Diss. Forstwiss. Fakult. Univ. München.

[83] SIEBERT, H., 1980: Züchtung von Weiden und Aspen zum Anbau als Verbißgehölze. Allg. Forstzschr. **35**, Heft 26, 706-708.

[84] SKVORTSOV, A. K., 1968: Willows of the USSR. A taxonomic and geographic revision (in Russian). Moscow; Publ. Office 'Nauka'.

[85] SOETENS, PH.; PASTEELS, J. M., 1988: Facteurs physiques et chimiques influencant la distribution de trois insectes phytophages sur Salix alba, S. fragilis et leurs hybrides. Ann. Soc. Roy. Zool. Belgique **118**, 1, 88.

[86] SOETENS, PH.; ROWELL-RAHIER, M.; PASTEELS, J. M., 1991: Influence of phenolglucosides and trichome density on the

distribution of insect herbivores on willows. Entomol. exp. appl. **59**, 175-187.

[87] SOMMERVILLE, A. H. C., 1992: Willows in the environment. In Watling, R.; Raven, J.A. (eds.): Willow symposium. Bot. Soc. Edinburgh, Sept. 1991. Proc. Royal Soc. Edinburgh, Sect. B **98**, 215-224.

[88] STAGL, W. G.; HACKER, R., 1991: Weiden als Prosshölzer zur Äsungsverbesserung. FBVA-Berichte, Nr. 58.

[89] STEENACKERS, M.; VAN BRAECKEL, E.; STEENACKERS, V., 1992: Breeding and selection of tree-forming willows resistant to Erwinia salicis. Parasitica **48**, 4, 187-193.

[90] STOTT, K. G., 1992: Willows in the service of man. In Watling, R.; Raven, J. A. (eds.): Willow symposium. Bot. Soc. Edinburgh, Sept. 1991. Proc. Royal Soc. Edinburgh, Sect. B **98**, 169-182.

[91] THOMASIUS, H.; SCHMIDT, P. A., 1996: Wald, Forstwirtschaft und Umwelt. Economica Verlag, Bonn.

[92] TIEFENBACHER, H., 1988: Biomasseproduktion im Kurzumtrieb. Projektbericht Waldbauinstitut. Universität für Bodenkultur, Wien.

[93] TIHANYI, Z., 1984: Nutzung von Abwässern durch schnellwachsende Baumarten. Acta Facultatis Forestalis (Sopron, Hungaria) 1984, No.3, 27-38.

[94] TIHANYI, Z.; TOMPA, K. 1989: Rolle von Pappel und Weidenbeständen in der Abwässerreinigung. In: Dodd, V. A. and Grace, P. M. (eds.): Agricultural engineering. Proc. 11th Int.Cong.Agric.Engineering, Dublin, Sept. 1989, Verlag A. A. Balkema, 333-337.

[95] TOMPA, K., 1984: Die Weißweide in Ungarn. Holzzucht, **38**, 1/2,4-7.

[96] TOPP, W.; BERACZ, P., 1989: Effect of host plant and changing seasonal development on consumption rates, utilization efficiencies and survival of Melasoma 20-punctata (Scop.) (Col., Chrysomelidae). J. Applied Entomology **107**, 261-274.

[97] TOROSSIAN, C.; ROQUES, L., 1989: Cycle biologique et importance appliquée de l'espèce Yponomeuta rorellus Hübner dans les ripisylves à Salix alba de la région Midi-Pyrénées. Acta Oecologica / Oecol. Applic. **10**, 1, 47-63.

[98] TRIEST, L. et al., 1998: Variation and Inheritance of Isozyme Loci in Controlled Crosses of Salix alba and Salix fragilis. Silvae Gen **47**, 2-3, 88-94.

[99] TRINAJSTIC, I.; KRSTINIC, A., 1992: Natural hybrid Salix alba x S. fragilis x S. caprea (S. x savensis Trinajstic et Krstinic) – inheritance of some characters. In: WATLING, R.; RAVEN, J. A. (eds.): Willow symposium. Bot. Soc. Edinburgh, Sept. 1991. Proc. Royal Soc. Edinburgh, Sect. B **98**, 232-233.

[100] TSANOV, TS. I., 1995: Intraspecific variation in Salix alba (Summary Title: Endogenous mutability of the white willow (Salix alba L.). Nauka za Gorata **32**, 3, 16-32.

[101] TURNER, J. G.; DAVIS, J. M. I.; GUVEN, K.,1992: Watermark disease of tree willows. In: WATLING, R.; RAVEN, J. A. (eds.): Willow symposium. Bot. Soc. Edinburgh, Sept. 1991. Proc. Royal Soc. Edinburgh, Sect. B, **98**, 105-117.

[102] VEGH, I., 1974: Contribution a l'étude biologique du Marssonina salicicola (Bres.) Magn. Annales de Phytopathologie 6, 3, 309-339.

[103] WAGNER, H., 1993: Drogen und ihre Inhaltsstoffe. (Pharmazeutische Biologie; 2), 5. Aufl., G. Fischer Verlag, Stuttgart.

[104] WARREN-WREN, S. L., 1965: The significance of the coerulean or cricket bat willow. Quart. J. Forestry, 193-205.

[105] WATLING, R., 1992: Macrofungi associated with British willows. In: WATLING, R.; RAVEN, J.A. (eds.): Willow symposium. Bot. Soc. Edinburgh, Sept. 1991. Proc. Royal Soc. Edinburgh, Sect. B, **98**, 135-147.

[106] WEBER, E., 1965: Anbau von Baumweiden. Mitt. Schweizerische Pappel-Arbeitsgemeinschaft, Nr. 8.

[107] WEBER, E., 1974a: Genetik der Salix alba L. spec. plant. (1753). Annales forestales 6/1, Acad scient. artum slavorum merid., Zagreb.

[108] WEBER, E., 1974b: Monographie der Salix alba L. unter Berücksichtigung genetischer und züchterischer Aspekte. Forstw. Cbl. **93**, 233-247.

[109] WESTHUS, W., 1986: Beobachtungen zur Überflutungstoleranz von Gehölzen und daraus abgeleitete Pflanzvorschläge. Hercyna N.F. Leipzig **23**, 346-353.

[110] WONG, W. C.; PREECE, T. C., 1978a: Erwinia salicis in cricket bat willows: histology and histochemistry of infected wood. Physiol. Plant Pathology **12**, 321-332.

[111] WONG, W.C.; PREECE, T.C., 1978b: Erwinia salicis in cricket bat willows: peroxidase, polyphenoloxidase, ß-glucosidase, pectinolytic and cellulolytic enzyme activity in diseased wood. Physiol. Plant Pathology **12**, 333-347.

[112] WONG, W. C.; PREECE, T. C., 1978c: Erwinia salicis in cricket bat willows: phenolic constituents in healthy and diseased wood. Physiol. Plant Pathology **12**, 349-357.

[113] ZANDER, M.; ENDTMANN, K.-J.; SCHRÖTER, B., 1995: Untersuchungen ausgewählter Salix-Sippen des NO-deutschen Tieflandes. Taxonomie, Soziologie, Verbreitung, Isoenzymanalysen. In: KLEINSCHMIT; BEGEMANN; HAMMER, (Hrsg.): Erhaltung pflanzengenetischer Ressourcen in der Land- und Forstwirtschaft. Schriften zu Genetischen Ressourcen, Band 1, IGR, ZADI, 168-183.

[114] ZSUFFA, L. et al., 1993: Strategies for clonal forestry with poplars, aspen and willows. In: Clonal Forestry II, Conservation and Application, Ed. by M. R. AHUJA AND W. J. LIBBY, Springer Verlag, 91-119.

[115] BEISMANN, H. et al., 1997: AFLP analysis sheds light on distribution of two Salix species and their hybrid along a natural gradient. Molecular Ecology **6**, 989-993.

[116] MEIER, B., 1992: Pharmazeutische Anforderungen an eine Weidenproduktion. Die Holzzucht **46**, 1-4, 5-9.

Die Autoren:

RANDOLF SCHIRMER
Bayer. Landesanstalt für Forstliche Saat- und Pflanzenzucht (LSP)
Forstamtsplatz
D-83317 Teisendorf

Dr. BERND STIMM
Lehrstuhl für Waldbau und Forsteinrichtung
Ludwig-Maximilians-Universität München
Am Hochanger 13
D-85354 Freising-Weihenstephan

Salix caprea LINNÉ, 1753

syn.: S. praecox SALISB., 1796
S. hybrida VILL., 1789

Sal-Weide, Palm-Weide

Familie: Salicaceae
Subgenus: Caprisalix

engl.: Goat willow, Pussy willow
franz.: Saule des chèvres, Marsault
ital.: Salica, Salicone

Abb. 1: Salix caprea. Mehrstämmiger Baum an einem natürlichen Standort in Oberbayern (Foto: Ulla M. Lang)

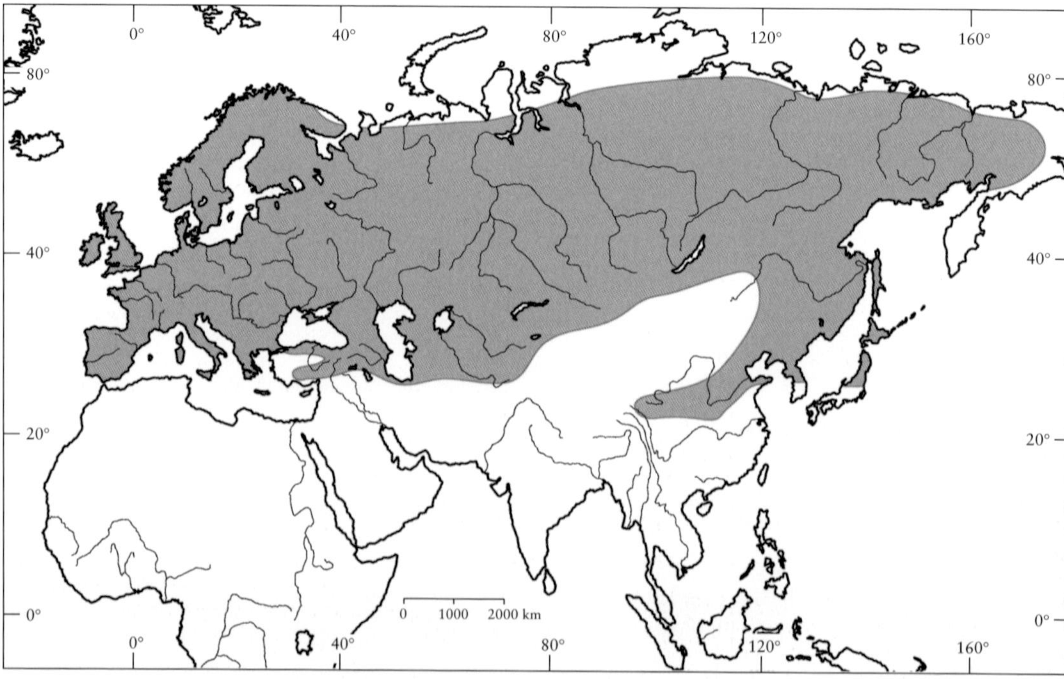

Abb. 2: Natürliches Areal, nach MEUSEL, 1957 (aus [13])

Salix caprea, eine in großen Teilen Eurasiens häufig vertretene, relativ anspruchslose und frostharte Art, kann sich zu einem maximal 13 m hohen Baum oder einem aufrechten Strauch entwickeln.

Ihre diozisch verteilten, in Kätzchen angeordneten Blüten werden von Insekten bestäubt. Wegen des hohen Angebots an Nektar und Pollen hat sie im Frühjahr eine gewisse Bedeutung als Bienenpflanze. Zu erwähnen ist außerdem ihre ökologische Position als Vorwaldbaum.

Das Holz der Sal-Weide ist wenig dauerhaft, lässt sich aber gut zu Sulfat-Zellstoff verarbeiten.

Verbreitung

S. caprea ist eine eurasische Art. Ihr Areal reicht von Europa (incl. Island) bis nach West- und Nordost-Asien. HEGI [13] lokalisiert die Nordgrenze des Vorkommens bei 70°57' n.Br. in Norwegen und Nord-Russland. Von Nord-, Mittel- und Südwest-Asien erstreckt es sich dann südwärts bis in den Nordwesten und Nordosten Kleinasiens sowie bis Persien und Turkestan [13, 36]. Pyrenäen, Apennin und die südliche Balkan-Halbinsel stellen die Südgrenze in Europa dar [13].

In Mitteleuropa wachsen Sal-Weiden sowohl im Flachland wie im Gebirge, in Südeuropa nur in höheren Lagen [12].

In den Alpen dringt *S. caprea* bis zur Waldgrenze vor, in Österreich und Süddeutschland stellt sie in der Ebene und den Gebirgen eine häufige, oft vitale Art dar [19].

Die Höhengrenzen ihrer Verbreitung liegen bei [13, 28]:

Erzgebirge	bei 1000 m	Bayer. Alpen	bei 1730 m
Riesengebirge	1186 m	Tirol und Stubai	ca. 1600 m
Bayer. Wald	1350 m	Trentino	1700 m
Niederösterr. Kalkalpen	1320 m	Schweizer Alpen	2000 m

Beschreibung

Die sommergrüne Art wächst häufig als aufrechter Strauch und hat kurze, i.A. relativ dicke, abstehende Äste. Sie entwickelt sich aber auch zu einem bis zu 10 (13) m hohen, nicht immer geradstämmigen Baum.

S. caprea wird kaum älter als 60 Jahre [38].

Knospen, Blätter und junge Triebe

Die dicht anliegenden, gelbbraunen bis braunen Laubknospen sind anfangs sehr kurz behaart, verkahlen aber später [13]. Blütenknospen werden deutlich größer und sind haubenartig von mehreren Tegmenten umgeben, welche sich bei der Entfaltung der Infloreszenz als Ganzes ablösen [12].

S. caprea hat etwas runzelige, 1 bis 2 cm lang gestielte, länglich elliptische bis breit ovale Laubblätter mit gewelltem, manchmal auch gesägtem bis gezähntem Rand. Die Länge variiert zwischen 4 und 12 cm, die Breite von 2 bis 6 cm [12]. Der Spreitenapex ist meist schief gefaltet, kurz zugespitzt [19] und an der äußersten Spitze ein wenig gedreht, der Blattgrund abgerundet bis herzförmig [12].

Spaltöffnungen befinden sich nur auf der Blattunterseite [16].

Oberseits sind die bald verkahlenden Blätter dunkelgrün und glänzen ein wenig, unterseits hingegen graugrün sowie dicht flaumhaarig bis filzig. Von der unterseits stark hervortretenden Mittelrippe zweigen die basalen Seitennerven fast rechtwinkelig ab.

Oft bildet die Art bleibende, 1 cm lange, halbherzförmige Nebenblätter [12, 19].

HEGI [13] erwähnt Provenienzunterschiede in der Blattmorphologie. Demnach entwickeln Tiefland-Herkünfte sehr breite, Gebirgsherkünfte aber schmale, verkehrt eiförmige bis länglich lanzettliche und relativ langgestielte Blätter mit dicht weißfilziger Unterseite.

Die Zweige der Sal-Weide sind anfangs graugrün und mit kurzen, weißen Haaren bedeckt [8, 12, 13, 19]. Später verkahlen sie und nehmen auf der Sonnenseite eine glänzend braune bis schwach rötliche, dann schwarze Farbe an [13]. Sie haben einen runden Querschnitt, sind relativ dick, aber dennoch biegsam. Kennzeichnend ist u.a. das braune Mark [36].

Das Holz 1- bis 5-jähriger Zweige weist an der Grenze zur Rinde keine Striemen auf [13].

Blüten

S. caprea ist eine insektenblütige, dioezische Art. Ihre Blüten stehen in eingeschlechtigen Kätzchen, welche lange vor den Blättern erscheinen.

Mitunter treten aber auch monoezische Individuen auf [23], und Windbestäubung kommt ebenfalls vor [42].

Die Chromosomenzahl wird mit n = 19 angegeben [44].

Die eiförmigen männlichen Blütenkätzchen stehen aufrecht, sind etwa 3 cm lang, haben einen Durchmesser von ca. 2 cm und entspringen den Achseln kleiner, lanzettlicher, brauner, mit einer weißen Behaarung versehener, schuppenartiger Tragblätter [13]. Die Infloreszenzachse ist ebenfalls weiß behaart, und die annähernd elliptischen Staubbeutel weisen eine gelbe, mitunter eine ziegelrote Farbe auf.

Sal-Weiden-Pollen ist durch eine im Tapetum entstehende Substanz klebrig [14]. Nach Hydrolyse weist er mit 29 % einen besonders hohen Gehalt an Aminosäuren auf [18].

Weibliche Infloreszenzen sind ebenfalls kätzchenförmig, i.A. 2,5 bis 4 cm lang, variieren aber im Habitus zwischen länglich eiförmig und kurz zylindrisch [19]. Nach der Anthese verlängern sie sich bis auf 10 cm.

Die stets aufrechten ♀ Einzelblüten stehen sehr dicht, haben einen silbrig weiß behaarten, lang gestielten, ei- bis kegelförmigen Fruchtknoten mit kurzem, mitunter sogar fehlendem Griffel und aufrechten Narbenästen [19].

Ein Perianth wird nicht gebildet.

Früchte und **Samen** der Sal-Weide unterscheiden sich hinsichtlich Aufbau, Größe und Gestalt nur wenig von anderen *Salix*-Arten. Gleiches gilt für das Tausendkorngewicht des Saatgutes (< 0,1 g).

Generell produziert *S. caprea* Samen in großer Zahl. Diese werden wegen ihrer sehr guten Flugfähigkeit und ihres geringen Gewichtes über weite Entfernungen vom Wind transportiert.

Holz

S. caprea zeigt eine graue bis schwarzbraune, längsrissige Borke, welche in Reihen angeordnete, rautenförmige Aufsprünge aufweist [13, 19]. Die Äste haben eine glatte, graue Rinde.

Stammquerschnitte sind deutlich in einen weißen Splint und einen rötlichen Kern differenziert. Generell bildet das Holz an der Grenze zur Rinde keine Striemen. Ausnahmen davon wurden an altem Holz und an alten Zweigen beobachtet [13, 19].

In schwedischen Vorkommen ermittelte man Faserlängen von 0,8 mm sowie Gefäßlängen von 0,4 mm und Gefäß-Durchmesser von 82 µm [38].

Abb. 3: (a) männliche Blütenkätzchen, (b) weibliche Blütenkätzchen, (c) Fruchtstand zur Zeit der Samenreife; aus: Schütt, P.; Schuck, H. J.; Stimm, B. (1992): Lexikon der Forstbotanik, ecomed, Landsberg

Wurzeln

Das Wurzelsystem der Sal-Weide ist extensiv und flachstreichend und erschließt somit die oberen Bodenschichten. Mit zunehmendem Alter können sich vertikale Senkerwurzeln entwickeln [6]. Auf gut durchlüfteten Böden kann die Baumart ein relativ tiefgehendes, eng umgrenztes Wurzelsystem ausbilden [44].

Mithilfe morphologischer Anpassungen können auch Überflutungen für kurze Zeit toleriert werden. Experimente mit Sal-Weiden-Klonen, die einer mehrwöchigen Überflutung unterzogen worden waren, zeigten, dass sich im Anschluss an eine rasch einsetzende und reichliche Lenticellenbildung lange, wenig verzweigte Adventivwurzeln gebildet hatten, deren Ausgangspunkt in den ursprünglich vorhandenen Wurzeln oder in den hypertrophierten Lenticellen lag [10].

In einer Untersuchung zur Eignung verschiedener Baumarten für die Uferbefestigung von Flüssen wird den Wurzeln der Sal-Weide eine relativ hohe Reißfestigkeit (169 kg/cm^2) bescheinigt [33]. Die Art eignet sich als Pionierbaum für Kahlflächen und Brachen. Sal-Weiden-Sämlinge entwickeln bereits im ersten Lebensjahr recht kräftige Wurzeln und durchdringen damit Grasfilze auf Kahlflächen und Lehmschichten [15].

Taxonomie und Bastardierung

S. caprea bastardiert leicht mit anderen Weiden-Arten [12, 44]. Einzelheiten über die Morphologie und das Wachstum derartiger Hybriden enthält die Literatur jedoch nicht. Andererseits führt Hegi [13] eine stattliche Zahl von Formen an, die sich allein in ihren blattmorphologischen Merkmalen unterscheiden:

Salix caprea var. *humilis* Hartman: Niedriger Strauch mit kleinen Blättern.
- f. *pendula* Hort.: Auf Hochstämme gepfropft, dann als „Trauerweide" in Kultur

S. caprea var. *latifolia* Anderss.
- f. *grandifolia* Toepffer: Blätter 12 bis 15 cm lang, 6 bis 10 cm breit
- f. *rotundifolia* (Ser.) Toepffer: Blätter fast kreisrund
- f. *cordifolia* Lasch. Blätter rundlich bis elliptisch, am Grunde ± herzförmig
- f. *elliptica* Anderss. Blätter elliptisch, zum Grunde und zur Spitze etwas verschmälert.
- f. *ovalis* Anderss. Blätter elliptisch, am Grunde abgerundet
- f. *obovata* (Anderss.) Toepffer: Größte Blattbreite nahe der Spitze, am Grunde keilförmig oder abgerundet

S. caprea var. *angustifolia* (Sér.) Toepffer: Blätter mehr als doppelt so lang wie breit, zum Grunde und zur Spitze kurz verschmälert
- f. *lancifolia* Lasch.: Blätter zum Grunde und zur Spitze lang verschmälert
- f. *parvifolia* Lasch.: Blätter klein (< 3 cm lang), ganzrandig

Über die Verbreitung und die gärtnerische Bedeutung dieser Formen wird nichts ausgesagt.

Abb. 4: Beblätterter Trieb (Foto: Ulla M. Lang)

Abb. 5: Stamm-Längsschnitt (links) und Ast-Querschnitt (Fotos: Ulla M. Lang)

Abb. 6: Borke eines jungen Stammes (links) und Borke eines alten Stammes

Wachstum und Ertrag

Das Höchstalter der Sal-Weide liegt bei etwa 60 Jahren. Bereits mit ca. 25 Jahren erreicht sie ihre Endhöhe [36], und das jährliche Sprosswachstum hält bis in den Herbst an [12].

Für sehr nährstoffreiche Standorte Nord- und Zentral-Schwedens werden folgende Ertragsdaten genannt:

Mittelhöhe im Alter 10: 7,0 m im Norden; 7,5 m in Mittelschweden

Die Massenleistung betrug in beiden Regionen ca. 110 m^3/ha.

Der Volumenzuwachs kulminierte mit 5 bis 6 Jahren bei 14 m^3/ha.

Auf weniger produktiven Standorten lagen diese Werte um etwa 40 % tiefer [39].

Verjüngung und Anzucht

S. caprea verjüngt sich leicht generativ, denn ihre Samen keimen gut auf offenem Mineralboden. Als günstigste Keimtemperaturen wurden in Norwegen 20 bis 28 °C ermittelt. Auch bei 11 bis 12 °C fand noch ausreichende Keimung statt [17].

Detaillierte Angaben über Anzuchtbedingungen im Gewächshaus findet man bei SABLIN [34].

Im Allgemeinen ist die vegetative Vermehrbarkeit von *S. caprea* schlecht [35]. So bewurzeln sich Stecklinge kaum oder gar nicht [4, 22, 44]. Allerdings besitzen Stecklinge bestimmter Klone (z.B. von *S. caprea* ‚Mas‘ [5]) und Stecklinge von Sal-Weiden-Hybriden [9, 44] eine etwas bessere Fähigkeit zur sprossbürtigen Wurzelbildung. Wuchsstoffbehandlung der Stecklinge (z. B. mit IBA) verbessert die Wurzelbildung [9].

Erste Versuche zur In Vitro-Vermehrung waren erfolgversprechend [27].

Sal-Weiden-Wurzeln bilden mit *Russula olivaceo-violascens* und *Tricholoma cingulatum* eine Ektomykorrhiza [37]. Des Weiteren gelangen Inokulationen mit dem Trüffel-Pilz *Tuber magnum* [11].

Ökologie

S. caprea wird übereinstimmend als frostharte Vorwald- und Pionierpflanze bezeichnet, die hauptsächlich in sonnigen Lagen wächst, frische bis feuchte Standorte bevorzugt und wegen ihrer leicht zersetzlichen Laubstreu den Boden verbessert.

Sie fehlt auf sehr trockenen und auf moorigen Standorten, besiedelt aber Wald- und Wegränder, Brachland und sogar Kiesgruben und Steinbrüche [12, 28]. In feuchten Lagen und in der Weichholzzone von Auwäldern tritt sie gemeinsam mit anderen *Salix*-Arten, auf sonnigen Standorten in Gesellschaft mit *Epilobium, Rubus idaeus, Sambucus nigra, Betula pendula* und *Populus tremula* auf [36].

Sie besiedelt sowohl saure wie kalkhaltige Böden und gilt als standortsvag. Ihr Optimum liegt auf nährstoffreichen, humosen und dauerfeuchten Substraten [12].

S. caprea baut Rohhumus ab. Ihre Laubstreu wirkt bodenverbessernd [26].

Pathologie

Die Fachliteratur enthält keine Publikationen, die sich speziell mit abiotischen Schäden oder mit pilzlichen und entomologischen Schädlingen an Sal-Weide befassen.

Bekannt ist aber, dass

- *S. caprea* in Khasakstan zu den anfälligsten Arten gegenüber *Heterobasidion annosum* gehört [40].
- ‚Watermark disease‘, eine im UK auftretende, durch *Erwinia salicis* (DAY) CHESTER ausgelöste Bakteriose starke Ausfälle an *Salix*-Arten, u.a. auch an *S. caprea,* hervorruft [29].
- der wirtswechselnde Rostpilz *Melampsora larici-caprearum* KLEB. in Russland als besonders „aktiver“ Schädling an Sal-Weiden auftritt [3].

Darüber hinaus wird die Art häufig vom Rot- und Rehwild verbissen und geschält. Einschlägige Berichte liegen aus Schottland [24] und Rumänien [25] vor.

Gegenüber Auftausalzen erweist sich *S. caprea* – ähnlich wie *Robinia pseudoacacia* L., *Ligustrum vulgare* L. und *Salix viminalis* L. – als nur mäßig empfindlich [2].

Nutzung

Wegen ihrer geringen Dimensionen, der meist tief ansetzenden Äste und des wenig dauerhaften Holzes gehört *S. caprea* nicht zu den wirtschaftlich bedeutenden Bau- und Konstruktionshölzern. Sie lässt sich aber im Sulfat-Verfahren zu Zellstoff verarbeiten, bleibt hinsichtlich Ausbeute und Qualität jedoch hinter Birken-Zellstoff zurück [21].

Eine gewisse ökologische Bedeutung hat die Art als Vorwaldbaum mit leicht zersetzlicher Streu [36]. Im Frühjahr werden die jungen Triebe gern als „Palmkätzchen“ genutzt.

Von regionalem Gewicht ist *S. caprea* in Cornwall (SW-England) weil sie sich wegen ihrer relativ geringen Empfindlichkeit gegenüber Salzwassergischt als Komponente von küstennahen Windschutzstreifen bewährt hat [31].

Verschiedenes

- Wegen ihres frühen Blütezeitpunktes ist *S. caprea* eine wichtige Bienenpflanze mit reichlichem Angebot an Nektar und Pollen [12, 20]. Der Nektar hat jedoch einen geringen Zuckergehalt [30].
- Schmetterlingsraupen des Trauermantels *(Nymphalis antiopa)* leben fast ausschließlich von *S. caprea*-Blättern [36].
- Bei Holzabbau-Versuchen mit *Fomes annosus* erwies sich *S. caprea* neben *Picea obovata, Betula* spec. und *Populus tremula* als besonders anfällig [40].
- Die Art überlebt auf bleihaltigem Boden mit Pb-Konzentrationen von 17 000 mg/kg [7] und kann sich auch an sonst toxische Konzentrationen anderer Metalle (Cu, Cd, Zn) gut anpassen [32].
- Bei Versuchen in einem Windkanal zählte *S. caprea* zu den Arten mit dem höchsten Filtereffekt für Staub [41].
- Ein Absud aus Rinde, Blättern und gelben Ästen wurde im alten Griechenland zur Grau- und Schwarzfärbung von Wolle verwendet [36].
- Sal-Weiden-Rinde weist einen relativ hohen Gerbstoffgehalt von 16,7 % auf [36].
- In Finnland verbeißen Elche im Winter bevorzugt *Juniperus communis* und *Salix caprea*, die Arten mit dem höchsten Ca-Gehalt [1].

Literatur

[1] Andersson, E.; Markkula, A., 1974: The chemical composition of the winter food of elk. Suomen Riista **25**, 15–19.

[2] Braun, G.; Schönborn, A. von; Weber, E., 1978: Untersuchungen zur relativen Resistenz von Gehölzen gegen Auftausalz (Natriumchlorid). Allgem. Forst- u. Jagdz. **149**, 2–3, 21–35.

[3] Cheremisinov, N. A.; Leskhovtseva, J. J., 1977: Some observations on parasitic representatives of the mycoflora in forest communities in the Moscow region. Mikologiya i Fitopat. **11**, 3, 206–211.

[4] Chmelař, J., 1967: Über die Wurzelungsfähigkeit der Weiden. Acta Univ. Agric. Brno, **36**, 265, 141–151.

[5] Chmelař, J.; Meusel, W., 1986: Die Weiden Europas. 3. Aufl., Ziemsen, Wittenberg.

[6] Donat, M., 1995: Bioengineering techniques for streambank restoration. A review of central European practices. Province of British Columbia. Ministry of Environment, Lands and Parks, and Ministry of Forests. Watershed Restoration Project Report No. 2, 86p.

[7] Eltrop, L.; Brown, G. et al., 1991: Lead tolerance of Betula and Salix in the mining area of Mechernich/Germany. Plant and Soil **131**, 2, 275–285.

[8] Fitschen, J., 1994: Gehölzflora, 10. Aufl. Quelle und Meyer-Verlag, Heidelberg, Wiesbaden.

[9] Fjell, I., 1987: Structure and development of adventitious roots in Salix caprea and S. caprea x S. viminalis. Nord. J. Bot. 7, 3, 311–323.

[10] Good, J. E. G.; Winder, J. D. et al., 1992: Species and clonal variation in growth responses to waterlogging and submersion in the genus Salix. Proc. Roy. Soc. Edinburgh, **98B**, 21–48.

[11] Granetti, B., 1987: Mycorrhization of some Salix species with Tuber magnatum. Annali Fac. Agraria Univ. Perugia **41**, 875–888.

[12] Hecker, U., 1995: BLV Handbuch Bäume und Sträucher, BLV Verlagsges. München, Wien, Zürich.

[13] Hegi, G., 1981: Illustrierte Flora von Mitteleuropa (Hrsg. G. Wagenitz) Band III, Teil 1, 3. Aufl., Verlag Paul Parey, Berlin, Hamburg.

[14] Hesse, M., 1979: Entwicklungsgeschichte und Ultrastruktur von Pollenkitt und Exine bei nahe verwandten entomo- und anemophilen Angiospermen: Salicaceae, Tiliaceae und Ericaceae. Flora **168**, 6, 540–557.

[15] Horvat-Marolt, S., 1974: Pioneer forest and Sallow (Salix caprea) as a pioneer tree species. II. Competitive strength of the Sallow as a pioneer in the pedosphere. Zb. Gozdarstva in Lesarstva, **12**, 5–40.

[16] Javed-Ahmad; Ahmad, J., 1989: Leaf architecture in some medicinally important species of Salix. Research and Development of Indigenous Drugs, 238–249.

[17] Junttila, O., 1976: Seed germination and viability in five Salix species. Astarte **9**, 1, 19–24.

[18] Krizo, M.; Liska, J., 1987: Amino acids in the pollen of selected species of forest woody plants. Biologia **42**, 5, 431–438.

[19] Lautenschlager-Fleury, D.; Lautenschlager-Fleury, E., 1994: Die Weiden von Mittel- und Nordeuropa. Birkhäuser Verlag, Basel, Boston, Berlin.

[20] Lazarev, M. M., 1976: Shelterbelts and apiculture. Lesnoe Khozyaistvo 9, 85–87.

[21] Lehtonen, I.; Pekkala, O.; Uusvaara, O., 1978: Technical properties of Alnus glutinosa, Salix caprea wood and pulp. Folia Forestalia, Inst. For. Fenniae, No. 344.

[22] Leibundgut, H.; Grünig, P., 1951: Vermehrungsversuche mit Weidenarten aus schweizerischen Flyschgebieten. Mitt. Schweiz. Anst. Forstl. Versuchsw. **27**, 469–489.

[23] Malyutina, E. T., 1973: Hermaphroditism in Willows of sect. Vetrix (in russ.). Lesnoi-Zhurnal. **16**, 1, 5–8.

[24] Mitchell, B.; McCowan, D.; Willcox, N. A., 1982: Effects of deer in a woodland restoration enclosure. Scottish Forestry **36**, 2, 102–112.

[25] Negrutiu, A.; Boghez, J., 1972: The relation between the nutritional value and the requirement of food for roe deer in the Dealul Cetatii game reserve. Buletinul Univers. Brasov 14, 189–198.

[26] Neumann, A., 1987: Die mitteleuropäischen Salix-Arten. Mitt. Forstl. Bundes-Versuchsanst. Wien, Heft 134, 115–117.

[27] Neuner, H.; Beiderbeck, R., 1993: In Vitro Propagation of Salix caprea L. by Single Node Explants. Silvae Genetica **42**, 6, 308–310.

[28] Oberdorfer, E., 1970: Pflanzensoziologische Exkursionsflora für Süddeutschland und die angrenzenden Gebiete. 3. Aufl., Verlag Eugen Ulmer, Stuttgart.

[29] Patrick, K. N., 1990: Watermark disease of willows. Arboriculture Res. Note, Dept. Environment, No. 87.

[30] PETER, J., 1972: Investigations on floral nectar secretion in non-fruiting trees and shrubs. Mosonmagyar. Mezogazdasagt. Kar. Kozlem. **15**, 18, 3–46.
[31] POLLOCK, M., 1980: Taming the wind. GC and HTJ **188**, 3, 30–31.
[32] PUNSHON, T.; DICKINSON, N. M., 1997: Acclimation of Salix to metal stress. New Phytol. **137**, 303–314.
[33] ROKITA, Z., 1970: Systemy Korzeniowe Niektórych Drzew I Krzewów I Ich Przydatność Do Obudowy Biologicznej Potoków Górskich. Ochrona Przyrody, Krakow, 35, 101–159.
[34] SABLIN, A. F., 1980: Growing seedlings of Salix caprea. Lesnoe Khozyaistvo, 1, 42.
[35] SCHIECHTL, H. M., 1992: Weiden in der Praxis. Patzer Verlag Berlin, Hannover.
[36] SCHIRMER, R., 1998: Weiden. In: BAYERISCHER FORSTVEREIN (Hrsg.): Sträucher in Wald und Flur. ecomed Verlagsges., Landsberg/Lech.
[37] SCHWEPPE, H., 1992: Handbuch der Naturfarbstoffe. ecomed Verlagsges., Landsberg/Lech.
[38] SCHÜTT, P.; SCHUCK, H.-J.; STIMM, B., 1992: Lexikon der Forstbotanik. ecomed Verlagsges., Landsberg/Lech.
[39] SENNERBY-FORSSE, L., 1989: Wood structure and quality in natural stands of Salix caprea and Salix pentandra. Studia Forest. Suecica 182.
[40] SIREN, G.; LAMPA, L.; SIVERTSSON, E., 1974: The yield of arborescent Salix species: a pilot study. Rapp. och Uppsatser, Inst. for Skogsforyngring, No. 51.
[41] SOLOV'EV, A. M., 1973: The resistance of trees and shrubs to Fomes annosus. Nauch.-Tr.-Kazakhsk.-Nii-les. 8, 141–144.
[42] ULLRICH, T., 1980: Bestimmung des artspezifischen Staubfangvermögens von Laubgehölzen. Archiv Naturschutz- und Landschaftsforschung **20**, 1, 43–59.
[43] VROEGE, P. W.; STELLEMAN, P., 1990: Insect and wind pollination in Salix repens L. and Salix caprea L. Israel J. Bot. **39**, 1–2, 125–132.
[44] WATTS, T., 1978: Wind in the willows. GC and HTJ **183**, 3, 26–28.
[45] WILKINSON, J., 1946: Some factors affecting the distribution of the Capreae group of Salix in Gower. J. Ecol. **33**, 214–221.

Die Autoren:

Prof. em. Dr. PETER SCHÜTT
Lehrstuhl für Forstbotanik
Technische Universität München
Am Hochanger 13
D-85354 Freising

Dr. B. STIMM
Lehrstuhl für Waldbau
Technische Universität München
Am Hochanger 13
D-85354 Freising

Salix daphnoides VILL., 1786

Reifweide, Schimmelweide

Familie: Salicaceae

engl.: Violet willow
franz.: Saule daphné, Saule noir
ital.: Salice nero

Abb. 1: Salix daphnoides. Solitär mit beginnender Herbstverfärbung

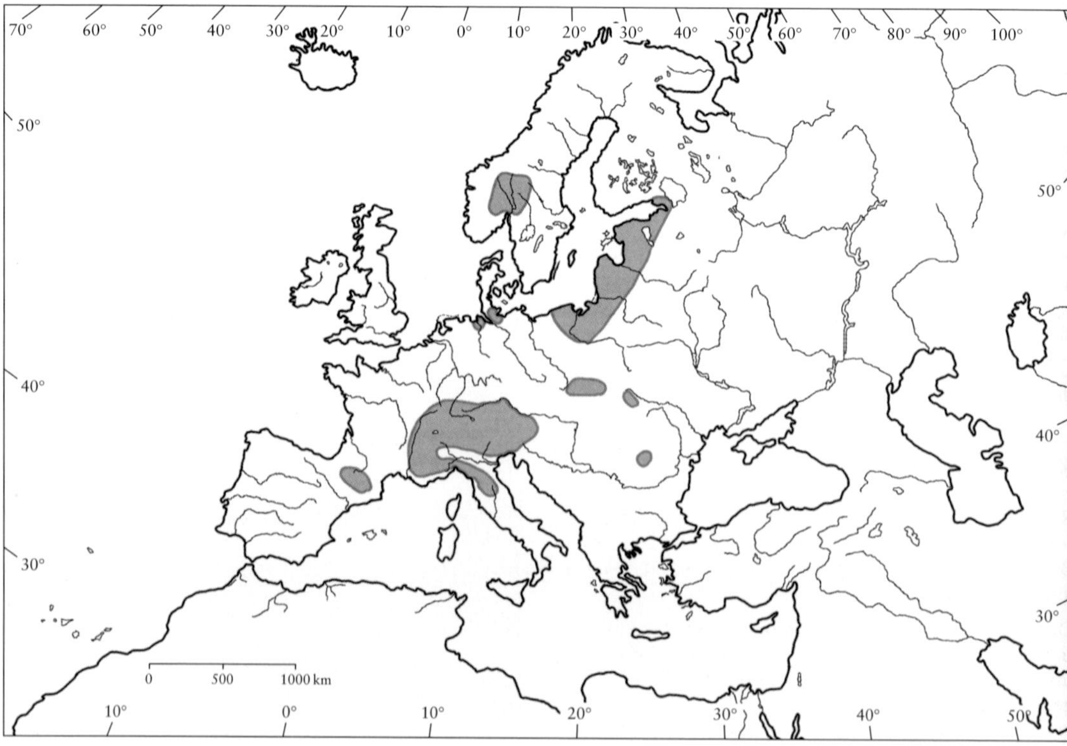

Abb. 2: Natürliches Verbreitungsgebiet, verändert nach [17]

Salix daphnoides kommt sowohl als Baum wie als Strauch vor. Auf nährstoffreichen Flußschottern der Alpenflüsse dringt sie weit ins Flachland vor und kann 15 m hoch werden. Andererseits bleibt sie auf trockenen Dünensanden meist strauchförmig.

Die Art hat wirtschaftlich kein Gewicht, gehört aber in Mitteleuropa wegen der relativ großen, silbrig behaarten Kätzchen zu den besonders beliebten und gelegentlich angepflanzten „Palmweiden".

Im osteuropäischen und im asiatischen Teil des Areals nutzt man die Strauchform zur Festlegung von Flugsandflächen.

Die auffälligsten arttypischen Kennzeichen sind:

- die blauweiße, abwischbare Wachsschicht an der Basis junger Triebe (Trivialnamen).
- die mit dem Blattstiel verwachsenen und auch an abgefallenen Blättern verbleibenden Stipeln.

Der artbeschreibende Name „daphnoides" (= dem Seidelbast ähnlich) dürfte sich auf die Blattform beziehen.

Verbreitung

S. daphnoides hat ein zerklüftetes Areal mit Schwerpunkten in Mitteleuropa (Alpen, Vogesen, Schwarzwald), in den Pyrenäen und mit weiteren isolierten Vorkommen im Baltikum, in Skandinavien und in den Karpaten [4, 13]. Die Südgrenze verläuft durch den nördl. Apennin, die Nordgrenze liegt bei 62° n. Br. in Norwegen [16]. Über die Ausdehnung des Areals nach Osten gehen die Ansichten weit auseinander. Teils wird die Grenze am Ladoga-See und am Dnjepr [13, 17] oder am Ural gezogen [16], teils werden Ost-Sibirien, Nordost-China und die Halbinsel Sachalin einbezogen [19], wobei man die Vorkommen ostwärts der Ostsee eventuell der Var. *pomeranica* (WILL.) KOCH zurechnen muß [4].

Relativ gut beschrieben ist das alpine Teilareal [11, 13]. Hier konzentriert sich das Vorkommen auf Hochtäler sowie auf Fluß- und Bachläufe bis weit ins Alpenvorland, nach NEUMANN [13] bis zur Donau, nach HEGI [16] am Rhein bis Mannheim.

In den Alpen ist die Reifweide i. a. zwischen 200 und 1600 m ü. NN. vertreten [17]. RECHINGER [16] nennt die folgenden Obergrenzen:

Bayern	1300 m	Tirol	1630 m
Wallis	1500 m	Oberengadin	1800 m

Beschreibung

S. daphnoides zählt zu den Baumweiden, denn sie kann bis zu 15 m hohen und 1 m starken [8], monokormen Exemplaren heranwachsen [13, 17]. Andererseits tritt sie auch strauchförmig auf. Letzteres trifft in Überschwemmungsgebieten zu [8], gilt vor allem aber für die asiatischen Vorkommen (var. *pomeranica*).

In der Regel haben die sympodial verzweigten Bäume einen geraden Stamm, eine lockere, aus sparrigen Ästen aufgebaute, rundliche Krone und eine schwach längsrissige, dunkle Stammborke [4, 11]. Die innere Rinde ist fast zitronengelb [18].

Über die physikalischen Eigenschaften und die Anatomie des Holzes liegen keine Angaben vor.

Knospen, Blätter und junge Triebe

Reifweiden bilden eiförmige, rotbraune, zugespitzte Winterknospen mit nur einem kapuzenförmigen Tegment. Blütenknospen sind größer als die schlanken, dem Zweig anliegenden vegetativen Knospen.

Die etwas ledrigen, länglich elliptischen bis breit lanzettlichen Laubblätter sind oberseits glänzend dunkelgrün, unterseits aber matt graugrün. Sie sind wechselständig angeordnet, messen in der Länge 5 bis 10 cm, in der Breite ca. 2,5 cm, haben einen drüsig gesägten Rand und einen kurzen (bis 1 cm), rinnigen Stiel, dessen breite Basis $^{1}/_{3}$ des Sproßumfangs umfassen kann [8], was an Blütenknospen besonders auffällt [18]. An der Basis läuft die Spreite keilförmig aus, der Apex ist lang zugespitzt, und die auffallend breite, hellgelbe Mittelrippe tritt unterseits stark hervor. Junge Blätter sind anfangs hellgrau behaart, verkahlen aber rasch.

Abweichend von anderen einheimischen *Salix*-Arten sind die maximal 12 mm langen, schief eiförmigen Nebenblätter mit dem Blattstiel verwachsen und verbleiben auch an den abgefallenen Blättern [11, 17].

Junge Triebe haben einen runden Querschnitt, eine dunkelrote oder rötlich braune Rinde und weisen an der Basis einen bläulich weißen, abwischbaren Wachsbelag auf, der nicht immer bis zum Ende des 1. Jahres vorhält [11, 17].

Blüten und Früchte

S. daphnoides blüht vor dem Laubausbruch, meist im März – und zwar vor den anderen einheimischen Weidenarten. Die Blüten sind dioezisch verteilt und stehen in auffälligen, vor der Anthese silbrig behaarten Infloreszenzen (Kätzchen). Weibliche Kätzchen sind während des Abblühens schlanker als männliche und oft etwas gekrümmt (Länge: 3,5 cm [11] versus 6 cm [16]). Sie entspringen der Achsel von Laubblättern, sind breit zylindrisch und dichtblütig.

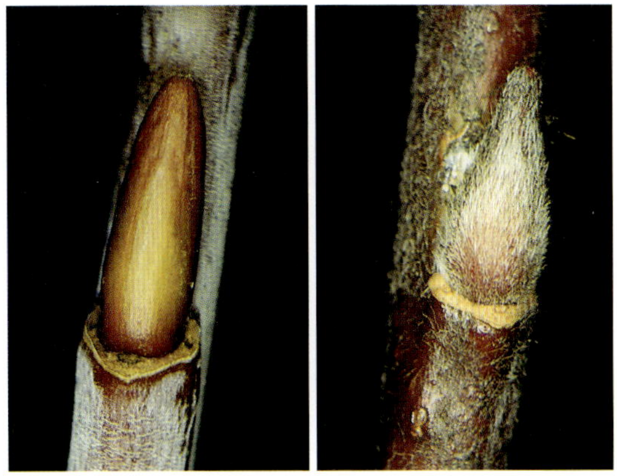

Abb. 3/4: Junger Trieb mit Wachsbelag, Seitenknospe und Narbe des Tragblattes. Stark behaarte Blütenknospe

Abb. 5/6: Laubblätter, Ober- und Unterseite mit gelber Mittelrippe. Beblätterter Sproß mit Nebenblättern

Abb. 7/8: Grauer Wachsbelag an einem jungen Trieb. Hellgraue Stammborke mit flachen Längsrissen

Abb. 9: Weibliche Blütenkätzchen

Die Einzelblüten haben einen Stempel mit gestieltem, stark zusammengedrücktem Fruchtknoten und einen Griffel (1/2 der Fruchtknoten-Länge) mit aufrechten, schmalen, meist ungeteilten, gelben Narben [16].

Bei den aufrechtstehenden, attraktiveren männlichen Kätzchen überragen die bis 7 mm langen Staubblätter während des Abblühens den Haarpelz. Jede Einzelblüte enthält 2 freie Stamina, deren länglich elliptische Antheren vor der Anthese mitunter eine purpurrote Farbe annehmen [16].

Männliche wie weibliche Einzelblüten sind perianthlos, weisen ein längliches, schmales Nektarium auf [11] und stehen in der Achsel von lang behaarten Tragblättern mit heller Basis und dunkelbraunem bis schwarzem Spitzenbereich.

Die schmal eiförmigen Fruchtkapseln werden 4 mm lang, 1,5 mm breit [Meikle] und öffnen sich mit 2 Klappen.

Abb. 10: Übergang vom ein- zum zweijährigen Triebabschnitt

Ökologie

S. daphnoides, eine frost- und dürreharte Halblichtpflanze subozeanischer Klimagebiete [6], stellt nur geringe Standortansprüche. In den Alpen ist sie auf den wechselfeuchten, relativ kalk- und nährstoffreichen Geröll-, Kies- und Sandböden der Flüsse und Bäche anzutreffen. Begleitet wird sie hier u.a. von *Alnus incana, Fraxinus excelsior, Prunus padus* und den *Salix*-Arten *S. elaeagnos, S. caprea, S. alba, S. pentandra, S. purpurea* und *S. nigricans* [13, 17].

Oberdorfer [14] bezeichnet sie als den Boden festigende Pionierpflanze sowie als Charakterart des *Salicetum elaeagni*.

Abb. 11: Männlicher Blütenstand

Aufforstungsversuche an einem Steilhang in ca. 1300 m ü.NN verliefen in Relation zu *S. purpurea* wenig erfolgreich, weil infolge der relativ starren Triebe erhebliche mechanische Schäden durch Kriechschnee auftraten [7].

Selbst unter hiervon stark abweichenden Bedingungen kann die Art gedeihen, so auf Sanddünen der Ostseeküste und auf grundwasserfernen, sandigen Braunkohlenkippen der Niederlausitz. Dort ist sie im Wachstum und in der Überlebensrate allen anderen Baumarten überlegen [10, 15].

Es wird sogar erwogen, sie als Vorwaldbaumart auf Kiefernstandorten geringer Bonität anzubauen und sie als dreijährige, 1,5 m lange Setzstangen weitständig (2,4 x 2,4 m) in die Kulturen einzubringen [15].

Taxonomie und genetische Differenzierung

S. daphnoides gehört – gemeinsam mit *S. acutifolia* – zur Serie *Pruinosae* (KOCH) REHD., zu deren Kennzeichen u.a. die bereiften Triebe und der gestielte Fruchtknoten gehören [9].

Die Chromosomenzahl beträgt 2 n = 38 [11]. Aus dem westlichen Himalaya wird eine oktoploide Form (2 n = 152) beschrieben [12].

Die innerartliche Variation wird in der Literatur nicht einheitlich behandelt. So differenzieren SCHIECHTL [17] und NEUMANN [13] in

- ssp. *pomeranica* (WILLD.) KOCH mit schmalen Blättern und dünnen Kätzchen, meist strauchig. Herkunft: Ostseeküste (nach [9]: ganz Europa).
- ssp. *pulchra* (WIMM.) GARCKE mit relativ dicken Zweigen und rundlicher Blattbasis.

Darüber hinaus nennen mehrere Quellen die folgenden Taxa:

- var. *cinerea* WILLD. Zweige anfangs stark behaart [13].
- var. *trichocarpa* BUS. Fruchtknoten mehr oder weniger flaumig behaart [13].
- var. *trichophylla* SCHINZ et KELER: Laubblätter dicht anliegend behaart [13].
- f. *latifolia:* Zweige wenig bereift, Blätter relativ groß und breit [9].

Feldversuche zur Ermittlung von Herkunftsunterschieden in der Wuchsform haben anscheinend nicht stattgefunden.

Salix daphnoides soll mit vielen Weidenarten bastardieren. Der Nachweis für den tatsächlichen Bastard-Status der vermeintlichen Hybriden wurde allerdings selten erbracht. Nach RECHINGER [16] kann die Bastardierung mit *S. caprea, S. elaeagnos, S. purpurea, S. repens* und *S. viminalis* als sicher gelten.

Nutzung

S. daphnoides gehört nicht zu den forstlich bewirtschafteten, nachhaltig genutzten Baumarten. Die Holzeigenschaften sind weitgehend unbekannt, der Anfall nutzbarer Dimensionen liegt nahe Null, und die jungen Triebe eignen sich nicht zum Flechten [5].

Als Nutzungsmöglichkeiten verbleiben aber:

- Bienenweide im zeitigen Frühjahr, vor allem als Pollenspender [4, 5, 17].

Abb. 12: Stockausschläge der Reifweide im Frühjahr

- Herstellung von Faschinen sowie – wegen der raschen und intensiven Bewurzelung – die Grünverbauung von Wildbächen im Rahmen ingenieurbiologischer Maßnahmen [13, 17].
- Befestigung von Dünen und Böschungen [5, 10].
- Einbeziehung in Windschutzstreifen.
- Anbau als Zierelement wegen der frühen, besonders großen und attraktiven „Palmkätzchen“.

Verschiedenes

- In Gewächshausversuchen stellte sich bei *S. daphnoides*-Stecklingen nach Symbiose mit VA-Mykorrhiza-Pilzen der Gattung *Glomus* (*G. etunicatum, G. interradices, G. microcarpum* und *G. versiforme*) auf Sandboden eine deutliche Wachstumsförderung ein [1].
- In Süd- und Mittelrußland nutzt man sog. Scheljupa-Weiden seit langem zur Befestigung von Flugsand-Flächen. Eine dieser Arten ist *S. daphnoides* („gelbe Scheljupa“).

Man legt 3- bis 4jährige, etwa 1,5 m lange Weidenruten der Länge nach in 20 bis 25 cm tiefe Pflugfurchen. Nach 2 bis 3 Wochen treiben die Weiden aus, werden mehrfach zurückgeschnitten und sterben nach ca. 15 Jahren ab. Zwischen die Reihen gepflanzte Kiefern entwickeln sich vorzüglich [3].

- Nach mehrjährigen, kombinierten Streusalz-Gaben zu 3- bis 6jährigen Pflanzen wurde *S. daphnoides* (wie auch *S. caprea* und *S. viminalis*) als weitgehend resistent eingestuft. NaCl war sowohl über den Boden als auch oberirdisch appliziert worden [2].
- Zu den Stichworten Bewurzelung, Holzeigenschaften, Anzucht und Krankheiten liegen für *S. daphnoides* keine konkreten Informationen vor.

Literatur

[1] Backhaus, G. F.; Häggblom, P.; Nilsson, L. O., 1986: The influence of vesicular-arbuscular mycorrhizae on biomass production in willow. Can. J. For. Res. **16**, 103–108.

[2] Braun, G.; Schönborn, A. von; Weber, E., 1978: Untersuchungen zur relativen Resistenz von Gehölzen gegen Auftausalz (Natriumchlorid). Allgem. Forst- J.-Ztg. **149**, 21–35.

[3] Buchholz, E., o. J.: Einiges über die Scheljuga-Weide. Forst und Holz **6**, 67.

[4] Chmelar, J.; Meusel, W., 1979: Die Weiden Europas. Neue Brehm-Bücherei 494. A. Ziemsen Verlag, Wittenberg Lutherstadt.

[5] Ehlers, M., 1960: Baum und Strauch in der Gestaltung der deutschen Landschaft. Verl. Paul Parey, Hamburg.

[6] Ellenberg, H., 1979: Zeigerwerte der Gefäßpflanzen Mitteleuropas. 2. Aufl., Verlag E. Goltze, Göttingen.

[7] Grünig, P., 1954: Anbauergebnisse mit verschiedenen Weidenarten im Aufforstungsgebiet des Höllbaches (Kt. Freiburg). Schweiz. Z. Forstw. **105**, 617–621.

[8] Kirchner, O. von; Loew, E.; Schröter, C., 1911: Lebensgeschichte der Blütenpflanzen Mitteleuropas. Ulmer-Verlag, Stuttgart.

[9] Krüssmann, G., 1978: Handbuch der Laubgehölze, Band 3, 2. Aufl., Verlag Paul Parey, Berlin und Hamburg.

[10] Lattke, H., 1966: Stand und Perspektiven der Baumweidenzüchtung. Archiv f. Forstwesen **15**, 27–47.

[11] Lautenschlager, E., 1989: Die Weiden der Schweiz und angrenzender Gebiete. Birkhäuser Verlag, Basel.

[12] Mehra, P. N.; Sareen, T. S., 1973: Cytology of West Himalayan Betulaceae and Salicaceae. J. Arnold Arb. **54**, 412–418.

[13] Neumann, A., 1981: Die mitteleuropäischen Salix-Arten. Mitt. Forstl. Bundes-Versuchsanst. Wien **134**.

[14] Oberdorfer, E., 1970: Pflanzensoziologische Exkursionsflora für Süddeutschland. 3. Aufl., Verlag E. Ulmer, Stuttgart.

[15] Ortmann, C., 1960: Die spezifischen, standortgebundenen Betriebsarten der Weiden (Salix sp.). Forst und Jagd **10**, 109–113.

[16] Rechinger, K. H., 1981: Salicaceae. In Hegi, G.: Illustrierte Flora von Mitteleuropa. Bd. III, Teil 1, 3. Aufl., Verlag Paul Parey, Hamburg, Berlin.

[17] Schiechtl, H. M., 1992: Weiden in der Praxis. Patzer-Verlag, Berlin, Hannover.

[18] Toepfer, A., 1915: Salices Bavariae. Versuch einer Monographie der bayerischen Weiden. Bayer. Bot. Ges., Bericht **15**.

[19] Zander, R., 1994: Handwörterbuch der Pflanzennamen. E. Ulmer, Stuttgart.

Die Autoren:

Prof. em. Dr. Peter Schütt
Lehrstuhl für Forstbotanik
Ludwig-Maximilians-Universität München
Am Hochanger 13
D-85354 Freising

Ulla M. Lang
Schützenstraße 6
D-82383 Hohenpeißenberg

Sorbus aria (LINNÉ) CRANTZ

syn.: Aria nivea HOST, Azalorus aria BORCKH. Crataegus aria LINNÉ, Hahnia aria ERHH., Pyrus aria ERHH., Pyrus eu-aria SYME, Pyrenia aria CLAIRVILLE, Mespilus aria SCOP.

Mehlbeere, Mehlbirne, Silberbaum, Weißbaum, Weißlaub

Familie: Rosaceae
Unterfamilie: Maloideae
Untergattung: Aria

engl.: Whitebeam
franz.: Alisier Blanc, Alonchier
ital.: Farinaccio

Abb. 1: Solitär

S. aria wird hier als Aggregat behandelt. Dieses unterteilt sich in S. aria s. str., die Mehlbeere im eigentlichen Sinne (= Sorbus aria (L.) CRANTZ) und S. aria s. l., wozu hier sechs nahe mit S. aria s. str. verwandte Arten gezählt werden.

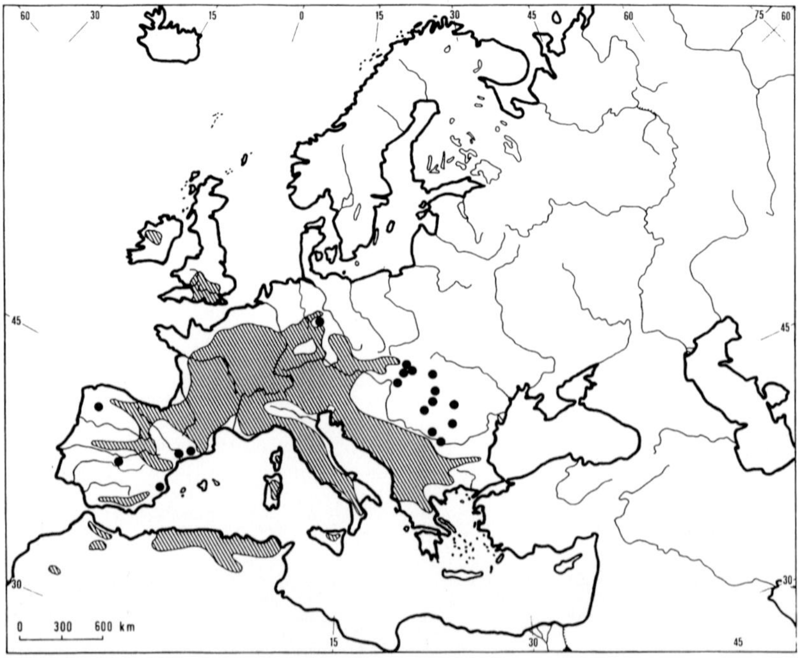

Abb. 2: Natürliches Areal (nach MEUSEL et al. 1969)

Verbreitung

Arealgeschichte [11, 12, 42]

Nach der letzten Eiszeit ist die Stammform von S. aria s. l. aus dem asiatischen Raum über Südosteuropa nach Mitteleuropa und Großbritannien eingewandert. Hinweise auf den Ursprung dieser Sippe in wärmeren Florenbezirken sind die für mitteleuropäische Gehölze wenig typische Insektenblütigkeit und die starke Behaarung vieler Organe. Die beiden nordeuropäischen Formen von S. aria s. l., S. rupicola (SYME) HEDL. und S. obtusifolia (DC.) HEDL., stammen von der britischen und mitteleuropäischen Sippe ab und sind von dort nach Skandinavien eingewandert. Aller Wahrscheinlichkeit nach ist die diploide S. aria s. str. in Skandinavien nirgends ursprünglich.

Horizontale Verbreitung

Die Nordwestgrenze des Areals von S. aria befindet sich in Galway auf Irland [4]. Die nördliche Verbreitungsgrenze verläuft über das südenglische Dorset, Belgien, die Eifel, N-Hessen [22], den Thüringer Wald (nicht im Thüringischen Trockenbecken) bis zum Vogtland [54]. Die Karpaten bilden die östliche Begrenzung des Mehlbeerenvorkommens [34]. Im Süden kommt S. aria vom Atlasgebirge in Nordafrika, der spanischen Sierra Nevada und den Pyrenäen über Frankreich und Italien bis zum Balkan vor. Aufgrund der Übergänge zu S. graeca (SPACH) KOTSCHY und S. umbellata (DESF.) FRITSCH ist die südöstliche Arealgrenze unsicher [65]. Nach KOVANDA [36] erstreckt sich die Verbreitung bis Griechenland und Bulgarien, nach HEDLUND [23] nur bis Herzegowina.

Für das süddeutsche Alpenvorland liegen durch die floristische Kartierung [6] sehr genaue Verbreitungsangaben vor. S. aria strahlt dort von den Alpen ins westliche und mittlere Vorland bis etwa auf die Höhe der äußeren Würmmoränen aus. Dagegen fehlt die Art im östlichen Teil des Alpenvorlandes, dem Gebiet der Inn-Salzach-Moränen. Sie scheint dort aufgrund geringerer Reliefenergie und des höheren Anteils an Silikatgesteinen keine geeigneten Standorte zu finden [5].

Vertikale Verbreitung

Das Optimum der Mehlbeere befindet sich in der montanen Stufe. Ihre Vorkommen erstrecken sich von der collinen bis in die subalpine Stufe. Höhengrenzen liegen in den Bayerischen Alpen bei 1560 m, im Schwarzwald bei 1350 m und im Schweizer Jura bei 1000 m [55]. Für Südtirol werden Obergrenzen von 1675 m und für das Wallis von 2155 m angegeben [24].

Morphologie

Erscheinungsbild

Im Freistand 10 bis 15 (bis 23) m hoher Baum mit geradem, oft spannrückigem Stamm mit oval-pyramidaler Krone und tiefem Herzwurzelsystem. Vor allem im Steilgelände am natürlichen Standort häufig strauchförmig oder mehrstämmig infolge Stockausschlag. Weithin auffallend sind die hellen Blattunterseiten.

Abb. 3: Kurz- und Langtriebknospen

Blätter und Triebe

Laubblätter (5) 9 bis 12 (14) cm lang, eiförmig-elliptisch bis länglich, doppelt gesägt, oberseits zunächst behaart, verkahlend, unterseits – wie der 7 bis 18 mm [36] lange Blattstiel – weißfilzig, mit (9) 10 bis 14 (15) Nervenpaaren. Blattbasis abgerundet bis keilförmig. Nebenblätter linealisch, bis 10 mm lang, fallen kurz nach der Blattentfaltung ab.

Endknospen spitz-eikegelig, Seitenknospen spitz-eiförmig. Knospenschuppen grünlich, rotbraun bis goldgelb, meist mit braunroten, weißfilzigen Rändern [19]. Laubblätter in der Knospe gefaltet.

Junge Triebe lichtseits rotbraun, schattenseits oliv, nahe der Knospen weißfilzig; später verkahlend, allseits gelblich-braun bis braunrot mit strichförmigen Lenticellen.

Abb. 4: Rinde mit Lenticellen

Abb. 5: Borke

Rinde lange glatt, rötlich-braun mit rhombischen Lenticellen. Erst im höheren Alter einsetzende Borkebildung. Borke schwarzgrau und längsrissig.

Verzweigung sympodial. Vorkommen von Lang- und Kurztrieben, Blüten nur an letzteren. Häufig ist Johannistriebbildung.

Blüten und Früchte

Blüten fünfzählig, gestielt, in weißfilzigen Doldenrispen. Blütendurchmesser 10 bis 15 mm [20].

Abb. 6: Blühender Trieb

Kelchblätter, weißfilzig behaart, dreieckig-lanzettlich, hellgrün, 1 bis 2 mm lang. Petalen weiß oder leicht gelblich, rundlich bis breit elliptisch, an der Basis wollig behaart. Staubblätter 20 bis 25, weiß, weit aus der Blüte hervorragend, Antheren gelblich. Fruchtblätter meist 2, selten 3, zu $^2/_3$ bis $^3/_4$ verwachsen. Fruchtknoten halbunterständig, mit meist 2 freien, unten wollig behaarten Griffeln.

Blütenformel: * K5 C5 A20–25 G(2).

Früchte bis 15 mm im Durchmesser, rund bis oval, rot, selten braun-grünlich, mit zahlreichen kleinen, hellen Lenticellen.

Abb. 7: Zweige mit Früchten

Fruchtfleisch ohne Sklereiden. 2 bis 4, 5 bis 6 mm lange, dreieckig-ovale, meist an einem Ende zugespitzte, dunkelbraune Samen pro Frucht.

Abb. 8: Reife Früchte

Keimung und Keimling

Keimung hypogäisch. Kotyledonen 2, 6 bis 15 mm lang, oval bis verkehrt eiförmig, fleischig, sattgrün. Primärblätter oberseits hellgrün, unterseits weißfilzig behaart, gegenständig; bis 6 cm lang, länglich bis dreieckig, einfach bis doppelt gesägt.

Abb. 9: 40 Tage alter Keimling (nat. Größe)

Abb. 10: 2-jährige Naturverjüngung

Holz [21, 27]

Halbringporig. Makroskopisch sehr homogen strukturiert, Splint weiß bis leicht rötlich, der meist streifige (gewässerte) Kern braunrot. Mikroskopisch: Markstrahlen überwiegend zweischichtig, selten drei- bis vierschichtig und bis zu 40 Zellen hoch. Gefäße mit Hoftüpfeln, Holzfasern spaltartig betüpfelt.

Das Holz ist schwer, fest, zäh, ziemlich elastisch und biegsam. Das Lufttrockengewicht beträgt im Mittel 0,78 g/cm³. Aufgrund seiner Pilz- und Insektenanfälligkeit ist es witterungsunbeständig und deshalb im Freien ohne Schutz wenig dauerhaft. Es ist gut polierbar und bei Drechslern und Tischlern willkommen. Früher war es im Instrumenten- und Schiffsbau sowie zur Herstellung von Zahnrädern, Axtstielen, Pfeifen, Rädern und Speichen begehrt [46]. Darüber hinaus ist es als Brennholz bestens geeignet.

Abb. 11: Holz im Tangentialschnitt

Fortpflanzung

Besonderheiten der generativen Fortpflanzung werden im Kapitel „Artbastardierung und Fortpflanzungsbiologie" der Gattung Sorbus genannt.

Zur künstlichen generativen Vermehrung werden die reifen Früchte im September bis Oktober geerntet und das Fruchtfleisch mit Wasser mehrmals durch Siebe ausgewaschen und gepreßt, so daß die reinen Samen zurückbleiben. Das 1000-Korn-Gewicht beträgt 13 bis 18 g [2]. Herbstsaat ist möglich. Alternativ wird das Saatgut zum Abbau der Keimhemmung vier bis sechs Monate bei Temperaturen von + 1° bis + 4 °C in feuchtem Sand gelagert (stratifiziert). Die Aussaat erfolgt Ende April bis Anfang Mai nächsten Jahres mit ca. 30 Samen pro Quadratmeter bei leichter Bedeckung. Das Keimprozent liegt bei über 70 % [3]. Die Keimlinge von S. aria wachsen langsam, im ersten Jahr werden sie nicht höher als 10 bis 20 cm [38].

Die gärtnerisch vorgenommene, künstliche vegetative Vermehrung geschieht im Herbst durch Okulation auf schlafende Augen in Bodennähe, im Frühjahr durch Kopulation und Geißfuß. Als günstige Unterlage hat sich S. intermedia (EHRH.) PERS. erwiesen, es wird aber auch Crataegus sp. verwendet [3].

Das Saatgut kann bis zu drei Jahren aufbewahrt werden. Dazu wird es in luftdichte Gefäße bei – 5 °C eingeschlossen [1].

Differenzierung innerhalb der Art

S. aria gilt sowohl intraspezifisch als auch intraindividuell als polymorph. Bei ein und demselben Individuum kann die Blattform an einem Kurztrieb zwischen fertilen und sterilen Sprossen sowie zwischen Frühjahrs- und Johannistrieben erheblich variieren. Die Unkenntnis dieser Polymorphie sowie die Verwechslung von modifikativ bedingter mit genetisch verursachter Variation des Blattes führten zur Ausscheidung intraspezifischer Taxa, deren systematischer Wert zweifelhaft ist. Im folgenden liegt deshalb die Betonung auf der Beschreibung und Diskussion der verschiedenen Blattformen, weniger auf der intraspezifischen Systematik, über die mangels Untersuchungen keine abschließende Bewertung möglich ist. Zwei Subspezies scheinen allerdings gesichert:

- ssp. lanifera (KERNER) JAVORKA: Blätter nur bis 7 cm lang. 8 bis 10 Nervenpaare, dichter stehend als bei ssp. aria. Behaarung unterseits reinweiß. Vorkommen im Illyrischen Gebirge in Kroatien und Herzegowina [65].
- ssp. aria (L.) CRANTZ (typus): Merkmale wie im Kapitel „Morphologie" beschrieben. Im größten Teil des Areals der Art verbreitet. Sehr variabel. Folgende Blattformen wurden beschrieben:

Intraspezifische Variation der Blattformen:

Abb. 12: Normalform

Abb. 13: Elliptisch-lanzettlich

Abb. 14: Stark gesägt

Abb. 15: Gesägt bis gelappt

– Blätter mit Tendenz zur Lappenbildung
S. aria f. incisa (REICHENB.) JAVORKA (syn.: S. incisa [REICHENB.] HEDL.), S. aria f. bükkensis (SOO) KOVANDA, S. aria f. matrensis SOO [36], S. aria f. zolyomii SOO, S. aria var. incisa REICHENB. Nach KOVANDA [36] ist Blattlappung nicht an eine systematische Sippe gebunden, sondern die Tendenz zur Lappenbildung kann vielmehr bei verschiedenen Blattformen immer wieder beobachtet werden.

– Elliptisch-lanzettliche Blätter
KOVANDA [36] zufolge eher ein Merkmal einzelner Blätter als eines ganzen Individuums. Beschriebene Taxa: S. aria f. longifolia PERS., S. aria var. edulis WENZIG, S. aria var. longifolia C.K. SCHNEIDER, S. longifolia HEDL., S. edulis K. KOCH.

– Rundliche Blätter
Ähnlich S. graeca, aber Blätter größer und mehr Nervenpaare. Beschriebene Taxa: S. aria f. rotundata DÜLL, S. aria var. cyclophylla (BECK) JAVORKA.

– Verkehrt eiförmige Blätter mit lang-keilförmiger Basis. Beschriebenes Taxon: S. aria var. javorkae (SOO) BUIA.

– Kleinblättrigkeit,
Nach KOVANDA [36] vielleicht nur die juvenilen Formen von S. aria. Andere kleinblättrige Formen auch bei Hochmoor-Kümmerexemplaren oder an oft vom Vieh beweideten Zweigen [12]. Beschriebene Taxa: S. aria f. carpinifolia PETZOLD et KIRCHNER, S. aria f. parvula SCHEID.

– Blätter mit dichtstehenden Seitennerven. Beschriebenes Taxon: S. aria f. pseudaria SOO.

Kulturformen

Als Straßenbäume werden häufig die großblättrige 'Majestica' (synonym: 'Decaisneana' oder S. aria var. decaisneana [LAVALL.] REHD.) und die im Austrieb beiderseits dicht silbrig behaarte 'Lutescens' gepflanzt. Daneben führen BEAN [4], KRÜSSMANN [39] und MITCHELL [52] mehrere Gartenformen an, die u.a. durch Gelbblättrigkeit ('Chrysophylla'), hohe Wuchskraft ('Gigantea': vermutlich aria x 'Majestica'), strauchförmig gedrungenen Wuchs ('Quercoides') sowie durch im Herbst lange am Baum haftende gelbe Blätter ('Magnifica') auffallen.

Abb. 16: Besonders altes Exemplar auf 1200 m Höhe in den Berchtesgadener Alpen

Wachstum und Entwicklung

S. aria wächst insgesamt sehr langsam. Angaben über Wachstumsverhältnisse sind zwar nicht bekannt, jedoch soll die Kulmination des Zuwachses im Alter von 50 bis 60 Jahren erreicht werden. Als Maximalalter werden 200 Jahre angegeben [25, 27].

Die größten Dimensionen von S. aria sind aus England bekannt. BEAN [4] berichtet von einem Exemplar mit 23 m Höhe und 1,4 m Stammumfang (gemessen in 1,5 m Höhe) sowie von einem Baum mit 18 m Höhe und einem Umfang von 1,8 m.

Ökologie

Als submediterran-subatlantisch-montanes Florenelement meidet S. aria den kontinentalen Osten Europas. Das Optimum der Mehlbeere liegt in sommerwarmen, trockenheitsertragenden Eichen-Mischwäldern (Quercetalia pubescenti-petraeae wie z.B. Flaumeichenwald, Schwarzkiefernwald, Blumeneschenwald) sowie in den physiognomisch ähnlichen Seggen-Trockenhang-Buchenwäldern (Carici-Fagetum). Deutlich seltener ist sie in den anderen, weniger wärmeliebenden Buchenwäldern Mitteleuropas (Fagetalia) vertreten.

Abb. 17: Dicht weißfilzige Blätter im Austrieb

Häufig findet man sie auch an primären und sekundären Waldrändern als Pionier- und Mantelgehölz (WATTEZ [66]: Ligustro-Prunetum spinosae, OBERDORFER [55]: Berberidion, Calamagrostion, PASSARGE [56]: Rhamno-Prunetea, Betulo-Franguletea). Zerstreut kommt sie in sauren Eichen-Mischwäldern (Quercetea roboripetraeae), montanen bis subalpinen Kalk-Kiefernwäldern (Erico-Pinetalia) und sauren Nadelwäldern (Vaccinio-Piceetalia) vor, sekundär in subalpinen Hochstauden- und Grasfluren [50].

Die konkurrenzschwache S. aria tritt nie in reinen Beständen auf, sondern immer nur eingesprengt als Mischbaumart. Typisch für ihr Vorkommen sind steile, flachgründige, felsige, licht- und wärmebegünstigte Standorte. Dort wächst die Art mit großer Stetigkeit, weil sie hier trotz ihres langsamen Höhen- und Stärkewuchses mit anderen Baumarten konkurrieren kann. Sie vermag sich aufgrund ihrer tiefreichenden, kräftigen Wurzeln und dem vitalen Ausschlagvermögen auch auf Blockschutt- und Schotterstandorten bei wiederholten Schurf- und Steinschlagverletzungen zu behaupten. In geschlosseneren Wäldern mit weniger bewegtem Untergrund ist sie ohne die erwähnten günstigen Bedingungen allenfalls als Vorwaldbaumart anzutreffen. Die frostharte Halblicht- bis Halbschattbaumart gehört zu den Erstbesiedlern von Waldkahlflächen. Anthropogen wird die stark aus dem Stock treibende Art durch Nieder- und Mittelwaldbetrieb gefördert.

Die Mehlbeere besiedelt überwiegend trockene, kalkreiche Steinböden (Rendzinen). Ihre Amplitude reicht jedoch bis zu kalkarmen, mäßig frischen, mittelgründigen Hangschuttböden. Dabei handelt es sich vorwiegend um andere basische Gesteine wie Basalt, Trachyt und Andesit [36]. Die Vorliebe für diese Gesteine zeigt, daß ihre Nährstoffansprüche im Vergleich beispielsweise zur anspruchslosen S. aucuparia höher sind.

Das häufige Vorkommen der Mehlbeere auf Kalkboden ist zahlreich belegt. Die Kreidehänge Englands beherrscht S. aria wie keine andere Baumart [4]. An der Nordgrenze des Areals im Thüringer Wald und im Werraland ist S. aria (zusammen mit Viburnum lantana L.) als Relikt der postglazialen Wärmezeit nur auf steilen Muschelkalkhängen anzutreffen [13]. Auch in den Alpen bevorzugt sie kalkreiche Unterlagen [44, 48, 49]. Das „Dolomitphänomen" [18] – die besondere Verwitterungsart des Dolomits scheint das Fortkommen von Reliktpflanzengesellschaften zu fördern – spielt auch für S. aria eine Rolle. Alle vom Hauptareal isolierten Verbreitungsinseln in Ungarn östlich der Donau sind an Dolomit gebunden [34]. In den hochmontanen bis subalpinen Standorten der Bayerischen Alpen soll die kleinklimatische Gunst der Dolomitstandorte das Vorkommen der Mehlbeere in diesen relativ kühlen Lagen ermöglichen [6].

In trockenen Gebieten bevorzugt S. aria N- und W-Lagen, in feuchteren Gebieten hingegen S-, SW- und SO-Lagen [12]. S. aria gilt als Mäßigwärmezeiger [15].

Die Mehlbeere ist ausgesprochen windhart. Im windreichen Großbritannien wächst sie auch an sturmexponierten Stellen aufrecht mit ziemlich gleichmäßig ausgebildeter Krone [45].

Unter welch extremen Bedingungen S. aria noch bestehen kann, vermittelt die lebhafte Schilderung von MOOR [53] von einem Standort im Schweizer Jura: „Das Sorbo-Aceretum ist ein reiner, vom Menschen völlig unberührter, Stockausschlagwald. Er besiedelt die obersten Teile der Schutthalden am Fuß ständig abbröckelnder Felswände. Von Steinschlag zeugen das viele dürre Holz zerschlagener, meist geköpfter Bäume, die argen Rindenschäden der Stämme, die zwischen den Stämmen eingeklemmten Blöcke, die das normale Wachstum der Bäume hemmen, und auch das an Niederwaldbetrieb erinnernde Gesamtbild der Mehlbeer-Ahornwald-Bestände. Stets stehen vier bis sechs Stockausschläge horstförmig beisammen, oft noch zusätzlich von einem Kranz jüngerer Triebe und Stämmchen umgeben, die wegen den winterlichen Schneerutscheinwirkungen niederliegen und bogig aufsteigen. Die Bestandeshöhe schwankt zwischen 8 und 12 m. Stets und in allen Entwicklungsstadien ist der Bergahorn die dominierende Baumart. Die Mehlbeere gesellt sich ihm bei, zieht aber die offenen, lichten Stellen und die Bestandesränder deutlich vor, während sich die Esche die ruhigsten und am weitesten entwickelten Böden und den stärkeren Kronenschluß der Bäume auswählt, ebenso die Ulme. Die Buche vermag sich nur an Stellen mit geringer

Skelettrieselung anzusiedeln, aber selbst dort kaum zu halten. Eine Weiterentwicklung des Sorbeto-Aceretum in Richtung Abieto-Fagetum oder Acereto-Fagetum (Tannen-Buchenwald bzw. Ahorn-Buchenwald, d. Verf.) kommt solange nicht in Frage, als Kalkschutt liefernde Felswände vorhanden sind. Die Buche vermag denn auch dem herrschenden Bergahorn nirgends gefährlich zu werden. Die Nadelbäume haben der starken oberflächlichen Skelettrieselung wegen nichts zu bestellen und fehlen – von vereinzelten schüchternen Versuchen der Fichte abgesehen – vollständig."

Nutzungen

Früchte und Blätter

Mehlbeerenfrüchte sind eßbar, schmecken roh jedoch mehlig und fade, erst nach Frosteinwirkung süß. Mehlbeeren und Kirschen in getrocknetem Zustand sind geschmacklich vergleichbar. Die Früchte verschiedener Zierformen können einen erhöhten Anteil an Bitterstoffen enthalten, die sie ungenießbar machen. Die Samen der Mehlbeere sind nicht zum Verzehr geeignet, sie können Erbrechen verursachen [33].

Im 17. Jahrhundert galten die Früchte für die Bauern Burgund's und Lothringen's als Delikatesse [32]. Aus der Schweiz ist bekannt, daß sie in Notzeiten dem Mehl beigemengt wurden. Diese Mischung soll ein süßes und wohlschmeckendes Brot (Hutzelbrot) ergeben haben. In der Volksmedizin bestimmter Alpenregionen wird der Aufguß getrockneter Früchte als Mittel gegen Husten, Katarrh und Durchfall verabreicht [24]. Unter empfohlenem Zusatz von Zitronen oder Äpfeln können Mehlbeeren zu Säften, Gelee und Marmelade verarbeitet werden. Durch Zugabe von Zucker kann auch Essig, Wein oder Branntwein gewonnen werden [61]. Auch Bier soll aus vergorenen Früchten zu gewinnen sein [45].

In den Alpen wurde S. aria zuweilen als Futter für Kleinvieh geschneitelt. Im Berner Oberland wurden die Früchte dem Heu in gedörrter Form zur Schweinemast beigefügt [24]. Einen schwarzen Farbstoff zum Färben von Wolle erhält man aus den im Herbst geernteten Zweigen [11].

Forstliche Nutzung

Forstwirtschaftlich wird die Mehlbeere wegen ihrer Langsamwüchsigkeit und ihren relativ geringen Dimensionen kaum gefördert. Sie stellt aber eine wichtige Baumart bei Schutzwaldaufforstungen im Bergmischwald der Bayerischen Alpen dar. Ihr Anteil beträgt dort bis zu 5 % [17]. S. aria eignet sich auf ihr zusagenden Standorten als flurschützendes Gehölz, z.B. in Windschutzpflanzungen. Auf flachgründigen und trockenen Hangstandorten kann sie als vorzügliches Bodenschutzholz und als Vorwaldbaumart eingesetzt werden. Ihr leicht zersetzbares Laub trägt zur Bodenverbesserung bei.

Krankheiten und Gefährdungen

Viele der in Tab. 2 aufgeführten Pathogene der Gattung Sorbus kommen auch bei S. aria vor, sind aber insgesamt belanglos. Nur 3 % der bei Aufforstungen in den Bayerischen Alpen gepflanzten Mehlbeeren zeigten Schadsymptome durch biotische Erreger [17]. Diese im wesentlichen durch Blattpilze (v.a. Gymnosporangium-Arten) verursachten Schäden sind als Mortalitätsfaktor von S. aria unbedeutend. Die einzige ernsthafte, existenzbedrohende Gefahr für die Mehlbeere geht dort vom Schalenwild aus.

Hinsichtlich abiotischer Schadfaktoren ist bekannt, daß S. aria auf Rauchbelastung empfindlich reagiert [14, 19].

Verschiedenes

Der Name „aria" war schon bei THEOPHRAST bekannt [47]. Unklar ist, ob damit die Mehlbeere oder eine Eichenart gemeint war. Die deutschen Namen leiten sich von der mehligen Konsistenz der Früchte sowie den weißen Blattunterseiten ab. Die französische Bezeichnung „Alonchier" verweist auf die früher häufige Verwendung von Mehlbeerholz zur Herstellung von Zahnrädern.

Im Volksglauben sollen über der Haustür angebrachte beblätterte Mehlbeerzweige Dämonen abhalten. Auch heißt es, daß vor Wetterumschlägen die Blattunterseiten heller als gewöhnlich erscheinen [24].

Sorbus aria s. l.

Unter S. aria s. l. (= aggr. = coll.) versteht man einen Formenkreis von vier nahe mit S. aria verwandten Arten sowie deren hybridogene Zwischenformen (S. danubialis [JAVORKA] KARPATI und S. pannonica KARPATI). Diese vier Arten, die früher nomenklatorisch alle als Untersippe von S. aria galten, werden heute aber als eigenständige Arten betrachtet. Die beiden nordeuropäischen Vertreter dieses Verwandtschaftskreises, S. obtusifolia und S. rupicola, sind durch Autopolyploidie aus S. aria entstanden [42]. Im Südosten Europas dürfte geographische und/oder ökologische Differenzierung zur Entstehung von S. graeca und S. umbellata geführt haben. S. obtusifolia, S. rupicola, S. aria, S. graeca und S. umbellata bilden in der Blattmorphologie eine mehr oder weniger kontinuierliche Reihe.

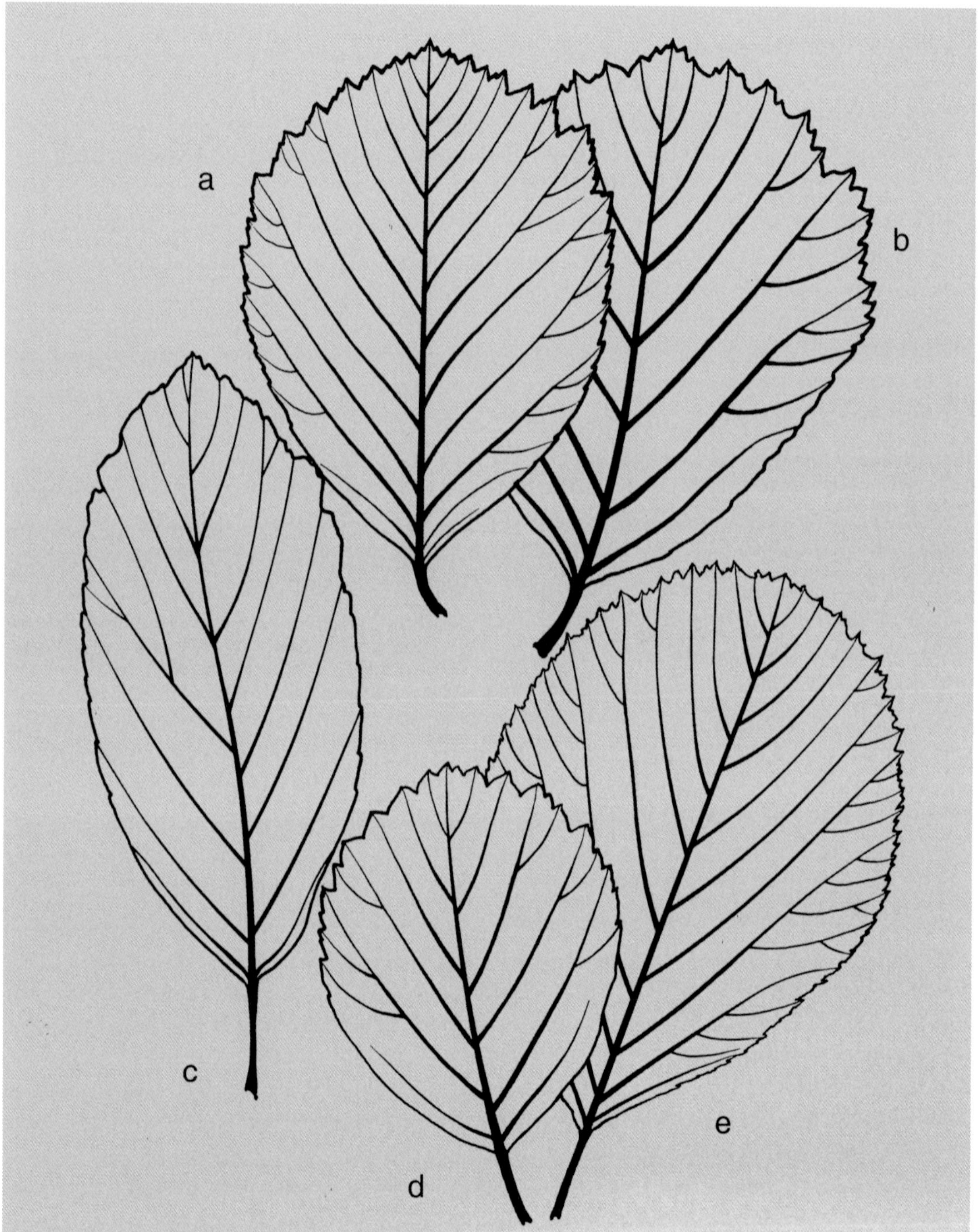

Abb. 18: Blattformen verschiedener Sorbus-Arten (3/4 nat. Größe): **a** S. pannonica (nach KARPATI 1960), **b** S. danubialis (nach BRESINSKY 1978), **c** S. rubicola (nach HULL et SMART 1984), **d** S. umbellata (nach KARPATI 1960), **e** S. graeca (nach BRESINSKY 1978)

1. Sorbus rupicola(SYME) HEDL., Weidenblättrige Mehlbeere

syn. S. salicifolia (MYRIN) HEDL.
S. aria var. salicifolia MYRIN
Pyrus rupicola (SYME) HEDL.

Tetraploider Apomikt, durch Chromosomenverdoppelung aus S. aria hervorgegangen (2n = 68) [42]. Vorkommen auf den Britischen Inseln sowie in Norwegen und S-Schweden. Meist nur bis 2 m hoch, selten baumförmig. Blätter ziemlich derb, länglich, am Grund keilförmig. 7 bis 9 Paar Seitennerven [65].

2. Sorbus obtusifolia (DC.) HEDL., Norwegische Mehlbeere

syn. S. norvegica HEDL.
S. aria var. obtusifolia DC.
S. aria ssp. norvegica HEDL.

Tetraploider Apomikt, wie S. rupicola durch Autopolyploidie aus S. aria entstanden (2n = 68) [42]. In einem einzigen Fall generative Aposporie entdeckt [41]. Nur in S-Norwegen und S-Schweden, anders als S. rupicola nicht auf den Britischen Inseln. Bis 4 m hoher Strauch. Blätter im Gegensatz zu S. rupicola breit-elliptisch, am Grund breit-keilförmig und näher zum Grund hin gesägt [23]. 9 bis 10 Paar Seitennerven [11].

3. Sorbus graeca (SPACH) KOTSCHY, Griechische Mehlbeere

syn. S. cretica (LINDL.) FRITSCH
S. umbellata var. cretica (LINDL.) SCHNEID.
Crataegus graeca SPACH
Pyrus aria var. cretica LINDL.

Diploid und sexuell fortpflanzend (2n = 34) [65]. Strauch oder kleiner Baum. In Bayern auf der Frankenalb und im Muschelkalkbereich Mainfrankens sowie in der Rhön, meist strauchförmig [6]. NW-Grenze in Thüringen [11], östlich bis Kleinasien. Quercetalia-Art. Bevorzugte Standorte gehören zum Clematido-Quercetum (Steppenheide-Eichenwald) und Cytiso-Pinetum (Steppenheide-Kiefernwald).

In Anpassung an trockeneres und wärmeres Klima Blätter derber, kleiner und stärker behaart als die von S. aria. (6 bis) 7 bis 9 (bis 10) Paar Seitennerven [34]. Merkmalsüberschneidungen mit S. aria wegen der großen intraspezifischen Variabilität der Blätter bei beiden Arten. Nach KOVANDA [36] sind die besten Trennkriterien

- die Länge der Sepalen im Verhältnis zur Länge des Fruchtknotens (bei S. graeca stets > 1)
- die Position der Sepalen während der Fruchtreife (bei S. graeca ± aufgerichtet)
- die Zahl der Lenticellen der Früchte (bei S. graeca sehr wenige).

4. Sorbus umbellata (DESF.) FRITSCH, Südliche Mehlbirne

syn. S. aria var. flabellifolia (SPACH) WENZIG
S. flabellifolia (SPACH) HEDL.
Crataegus umbellata DESF.
C. flabellifolia SPACH
Pyrus meridionalis GUSS.

Kontinental-submediterrane Art. Verbreitung vom Balkan im Westen über Kleinasien und dem Kaukasus bis nach Vorderasien. Nach CHALLICE und KOVANDA [9] wiederum ein systematisch unzureichend bearbeitetes Aggregat. Keine Chromosomenzahlen bekannt. Strauch oder kleiner, 4 bis 7 (bis 10) m hoher Baum [65]. Blätter noch kleiner und derber als bei S. graeca, nur 5 bis 7 Paar Seitennerven [34], Kelch zur Fruchtzeit zurückgebogen. Enthält Vitexin [8], das sonst bei S. aria nicht vorkommt.

5. Sorbus danubialis (JAVORKA) KARPATI

Hybrid zwischen S. umbellata und S. graeca [6, 34]. Chromosomenzahl und Vermehrung unbekannt. Vermutlich ein Apomikt, da als Sippe morphologisch einheitlich [34] und klar abgrenzbar [6]. In Bayern an der Donau, Laber, Naab und Altmühl entdeckt. Vorkommen auch in Böhmen [30] und in Osteuropa [34]. Durch rhombische, oft kraus gerandete Blätter relativ gut von S. aria zu unterscheiden. Von S. graeca durch breitere Blätter und mehr Seitennervenpaare (8 bis 10) verschieden [6, 34].

6. Sorbus pannonica KARPATI

Hybrid zwischen S. graeca und S. aria [6, 34]. Keine Chromosomenzahlen bekannt. Fundorte in der Frankenalb in Nordbayern, in der Slowakei [36] und im Pannonicum [34]. Früh derb werdende Blätter, wie bei S. graeca, meist stumpf abgerundet und mit 8 bis 10 (bis 11) Paar Seitennerven [6, 34]. Intermediär zwischen den Elternarten.

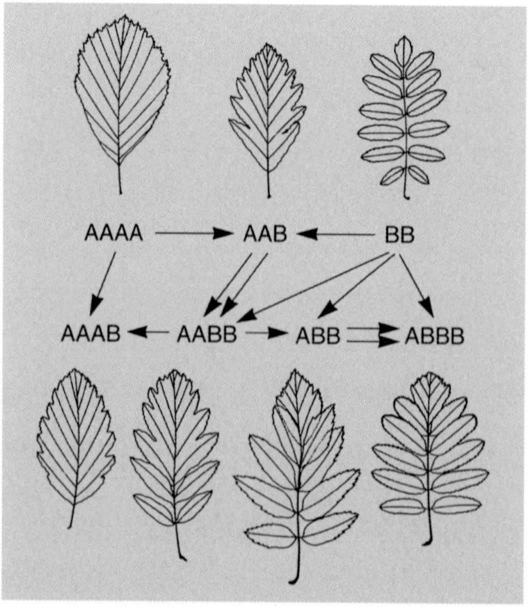

Abb. 19:
Schematische Darstellung der vermutlichen Artenkombinationen zwischen den Ausgangsarten S. obtusifolia (AAAA) und S. aucuparia (BBBB).
Vgl. Chromosomenformeln in Tab. 1. S. arranensis (AAB), S. hybrida (AABB), S. subsimilis (AAAB), S. teodori (ABB), S. meinichii (ABBB).
Einfacher Pfeil = reduzierter Chromosomensatz, doppelter Pfeil = unreduzierter Chromosomensatz.
(nach MEUSEL et al., verändert)

Artbastarde mit S. aria s. l.

Hybriden und Rückkreuzungen zwischen S. aria s. l. und den übrigen diploiden europäischen Arten sind tri- oder tetraploide (Ausnahme: S. latifolia [LAM.] PERS.) und primäre Hybriden, teilweise fakultative Apomikten, die durch mehr oder weniger konstante Merkmale voneinander unterscheidbar sind. Viele dieser Hybriden sind neoendemitische Kleinarten. Um bei den zahlreichen Hybriden den Überblick zu erleichtern, werden die Chromosomensätze der beteiligten Ausgangsarten mit Buchstaben symbolisiert (Tab. 1). Abb. 19 veranschaulicht am Beispiel der Elternarten S. obtusifolia und S. aucuparia den Zusammenhang zwischen Blattformen und Chromosomensätzen bei verschiedenen Hybriden.

Tabelle 1: Chromosomensätze und dazugehörige Symbole verschiedener Sorbus-Arten.

Art	haploider/diploider Symbol	Chromosomensatz n/2n
S. aria	A/AA	17/34
S. rupicola	AA/AAAA	34/68
S. obtusifolia	AA/AAAA	34/68
S. graeca	G/GG	17/34
S. umbellata		unbekannt
S. aucuparia	B/BB	17/34
S. chamaemespilus	C/CC	17/34
S. torminalis	T/TT	17/34

Durch die grundlegenden Arbeiten von LILJEFORS [40, 41, 42] ist die Zytologie vor allem bei den skandinavischen Hybriden erforscht. Von den meisten Autoren wird seitdem wie von WILMOTT [67] vorgeschlagen, jede apomiktische hybridogene Sippe (= Klon) nomenklatorisch mit einem Artnamen versehen. Eine solche Art umfaßt einen ursprünglichen Hybriden (= Kreuzungsereignis) zwischen zwei Individuen verschiedener Arten (z.B. AAAA x BB → AAB) und dessen vegetativ (apomiktisch) entstandene Nachkommenschaft. Ein Klon gleicher Chromosomen-Kombination, der aber aus einer anderen Individuenkombination der gleichen Ausgangsarten (A'A'A'A' x B'B' → A'A'B') entstanden ist, gilt wiederum als selbständige Art. Dies deshalb, weil trotz sehr naher Verwandtschaft beide Sippen (Klone) in der Regel über konstante Merkmale verfügen, durch die sie voneinander abgrenzbar sind. Dieser sehr engen Auslegung des Artbegriffs liegt das Konzept der monophyletischen Morphospezies [7] zugrunde. Nach anderer Auffassung sollten Sippenkomplexe mit der gleichen Chromosomenformel (formae apomictae) unter einer Agamospezies zusammengefaßt werden [63].

Zur nomenklatorischen Verwirrung trägt bei, daß (klassische) Sorbus-Hybriden, die bereits vor den Arbeiten von WILMOTT [67] und LILJEFORS [40, 41, 42] beschrieben waren (z.B. s. intermedia [EHRH.] PERS., S. arranensis HEDL.), mangels zytologischer Erkenntnisse taxonomisch uneinheitlich behandelt wurden. Ihrer Systematik liegt teilweise ein polyphyletischer Artbegriff zugrunde. So führen z.B. geographisch weit isolierte, apomiktische Sippen den gleichen Artnamen. Weiter erschwert wird die Systematik noch durch die Existenz fakultativer Apomikten mit teilweiser geschlechtlicher Fortpflanzung (z.B. S. hybrida L.).

1. Hybriden zwischen S. aucuparia und S. aria s. l.

1.1 Sorbus arranensis HEDL.

Synonym: S. intermedia var. arranensis (HEDL.) REHD.

Triploider apomiktischer Endemit (2n = 51) der schottischen Insel Arran und S-Norwegens (polyphyletische Art). In Großbritannien wie in Skandinavien aus Bastardierung zwischen S. rupicola und S. aucuparia (AAAA + BB = AAB) entstanden [28, 42]. Blätter gelappt.

Sehr ähnliche Arten gleicher Hybridkombination sind die walisischen Arten S. minima (LEY) HEDL. und S. leyanus WILMOTT [67] sowie S. neglecta HEDL. und S. subpinnata HEDL. aus S-Norwegen und S. lancifolia HEDL. aus N-Norwegen [41, 42].

Abb. 20: Sorbus hybrida

1.2 Sorbus hybrida L., Echte Bastardvogelbeere

syn. S. fennica (KALM) FRIES
S. pinnatifida HORT.
S. meinichii HORT., p.p., non (HARTM.) HEDL.
S. hybrida „Gibbsii" HORT.
Pyrus pinnatifida EHRH.
P. fennica (KALM) BAB.
P. firma GIBBS ex OSBORN
Crataegus fennica KALM

1762 beschriebener Sorbus-Hybrid. Aufgrund der Variation innerhalb der Art vermutlich polyphyletisch entstanden durch Kreuzung zwischen

- S. rupicola und S. aucuparia (AAAA + BB = AABB)
- S. subpinnata und S. aucuparia (AAB + BB = AABB).

Tetraploider Apomikt (2n = 68), bei dem aber auch sexuelle Fortpflanzung vorkommen kann [41, 42]. Verbreitet in SW-Fennoskandinavien und auf der Insel Bornholm. 10 bis 12 m hoher Baum [39]. Blätter zuletzt ledrig, 1 bis 2 basale Fiederblattpaare, das Endblättchen an der Basis fiederschnittig. In den Baumschulen werden auch S. x thuringiaca (ILSE) FRITSCH und S. x quercifolia HEDL. unter dem Namen S. hybrida gehandelt.

Eine britische Art mit gleicher Chromosomenformel (endemisch auf der Insel Arran) ist S. pseudofennica E. F. WARBURG [28, 64].

1.3 Sorbus teodori LILJEF. [41, 42, 43]

Triploider Apomikt (2n = 51) zwischen S. aucuparia und S. hybrida (AABB + BB = ABB). Existiert seltener auch als sexueller F_1-Hybrid, der aber aufgrund Triploidie sterile Samen erzeugt. Endemisch in Gotland (Schweden) und Åland (Finnland). Strauch bis kleiner Baum. Blätter mit 4 bis 5 Fiederpaaren, Endfieder gelappt. Blattform ähnelt insgesamt mehr S. aucuparia als S. hybrida. Von S. hybrida auch durch die Form der Nebenblätter zu unterscheiden [16].

1.4 Sorbus meinichii (HARTM.) HEDL. (41, 42]

syn. S. aucuparia var. meinichii LINDEB. ex HARTM.
S. hybrida var. meinichii (HARTM.) REHD.

Tetraploider Apomikt (2n = 68) zwischen S. teodori und S. aucuparia (ABB + BB = ABBB). Endemisch in S-Norwegen. Strauch bis kleiner Baum. Blätter meist mit 5 Fiederpaaren, Fiederblättchen im Gegensatz zu S. teodori weniger zugespitzt und Blattform insgesamt noch mehr an S. aucuparia angenähert.

1.5 Sorbus anglica HEDL.

Endemischer, tetraploider Apomikt (2n = 68) in Wales und SW-England. Hybrid zwischen S. rupicola und S. aucuparia (AAAA + BB = AAAB). Komplexe Art mit mehreren verschiedenen „Lokalrassen". Ursprünglich als britische Form von S. intermedia angesehen. Im Gegensatz zu dieser Art aber nur bis 2,5 m hoher Strauch und Blätter weniger tief gelappt [4]. Ein norwegischer Apomikt (2 n = 68) mit gleicher Chromosomenformel ist S. subsimilis HEDL. Wahrscheinlich aber ist diese Sippe aus der Kreuzung zwischen S. hybrida und S. rupicola oder S. obtusifolia (AABB + AAAA = AAAB) hervorgegangen [42].

Andere in Großbritannien endemische tri- oder tetraploide Arten zwischen S. aria s. l. und S. aucuparia sind: S. eminens E. F. WARB., S. hibernica E. F. WARB., S. lancastriensis E. F. WARB., S. leptophylla E. F. WARB., S. porrigentiformis E. F. WARB., S. vexans E. F. WARB. [4, 57, 58, 64, 67].

Abb. 21: Sorbus mougeotii

1.6 Sorbus mougeotii Soyer-Willemet et Godron., Mougeot-Mehlbeere, Vogesen-Mehlbeere, Berg-Mehlbeere

Lange bekannte, in den Vogesen entdeckte Art, die S. intermedia und S. anglica ähnelt. Übereinstimmend wird S. aucuparia als eine Elternart genannt. Die andere vermutlich S. graeca [65] oder S. aria (AAAB oder GGGB) [59]. Tetraploider Apomikt (2n = 68) [41]. Höhenwuchs bis 20 m [26, 65]. Blätter eingeschnitten bis gelappt, die Einschnitte aber nicht tiefer als bis $^1/_4$ der Blattbreite. Die Mougeot-Mehlbeere kommt von den Pyrenäen bis zu den Westalpen vor. In Deutschland im Schwarzwald (Wutachgebiet: [11]), seit 1945 aber dort nicht mehr beobachtet [22].

1.7 Sorbus austriaca (G. Beck) Hedl., Österreichische Mehlbeere

Synonym: S. mougeotii ssp. austriaca (G. Beck) Hayek

Sippe, die häufig als Unterart der Mougeot-Mehlbeere galt. Schließt sich im Osten an deren Areal an und geht bis hin zum Balkan. Blätter tiefer gelappt als bei S. mougeotii. Nach Düll [11] ein Hybrid zwischen S. aria und S. aucuparia, nach Rothmaler [59] wahrscheinlich zwischen S. graeca und S. aucuparia. Keine Chromosomenzahlen bekannt.

Ähnliche Arten: S. dacica Borbas und S. borbasii Javorka, beide aus dem Pannonicum [34].

1.8 Sorbus pseudothuringiaca Düll [62]

Nach Warburg und Karpati [65] Hybrid zwischen S. aucuparia und S. austriaca, nach Suck und Meyer [62] zwischen S. aucuparia und S. graeca. Keine zytologischen Untersuchungen bekannt, aber die morphologische Gleichförmigkeit weist auf einen Apomikt hin. Strauch oder kleiner Baum bis 15 m. Blätter gelappt mit 9 bis 11 Paar Seitennerven. In Bayern zwischen Hersbruck und Betzenstein und bei Gößweinstein gefunden. Primäre Vorkommen im thermophilen Carici-Fagetum, sekundär in Polygala chamaebuxus-reichen Saumgesellschaften und Kiefern-Forsten.

Abb. 22: Sorbus pseudothuringiaca (nat. Größe) (nach Suck u. Meyer 1990)

1.9 Sorbus x thuringiaca (Ilse) Fritsch

syn. S. x semipinnata Hedl.

Sexuell fortpflanzender Hybrid (2n = 34) zwischen S. aria und S. aucuparia (AA + BB = AB) [58]. Bis 18 m hoher Baum, 1773 bei Eisenach/Thüringen entdeckt. Blätter mit 1 bis 4 basalen Fiedern, seltener ganzrandig, unterseits bleibend graufilzig. Verwechslungen mit der tetraploiden S. hybrida sind vorgekommen, aber Blattlappen stumpfer und Zähnung feiner.

Ähnlich ist auch S. x quercifolia, vermutlich ein primärer Hybrid zwischen S. aucuparia und S. aria f. longifolia [11]. Häufig in Gärten.

Abb. 23: Sorbus x thuringiaca

2. Hybriden zwischen S. torminalis und S. aria s. l.

Hybriden zwischen diesen beiden Sippen wurden früher teilweise unter der Bezeichnung S. latifolia aggr. (Bastard-Elsbeeren) geführt. Es sind stets apomiktische Lokalarten, die alle S. latifolia (LAM.) PERS. mehr oder weniger ähneln.

Abb. 24: Sorbus latifolia aggr., schmalblättrige Form

2.1 Sorbus latifolia (LAM.) PERS., Breitblättrige Mehlbeere

syn. Crataegus latifolia LAM.
Pyrus latifolia (LAM.) LINDL.
P. intermedia var. latifolia (LAM.) DC

Abb. 25: Sorbus latifolia (3/4 nat. Größe)

Endemischer Bastard im Wald um Fontainebleau bei Paris, um 1790 entdeckt. Diploider Apomikt (2n = 34) zwischen S. torminalis und vermutlich S. aria s. st (AA + TT = AT) [60]. Blätter rundlich-oval, kaum länger als breit, mit scharf gezähnten, mehr oder weniger dreieckigen Lappen, das zweitunterste Paar in der Regel am größten. Die Form erinnert an S. torminalis, die bleibende unterseitige Behaarung an S. aria. 15 bis 20 m hoher Baum, verschiedentlich in Parkanlagen zu finden.

Abb. 26: Sorbus latifolia aggr., Herbstlaub und reife Früchte

2.2 Sorbus decipiens (BECHST.) IRMISCH, Täuschende Elsbeere

Nach DÜLL [11] mitteleuropäischer Typus der Bastardelsbeeren, weil in Deutschland am längsten bekannt. Vermutlich unter diesem Namen irrtümlich mehrere Formen beschrieben. DÜLL [11] zufolge ist nur die endemische Sippe am Burgberg bei Waltershausen in Thüringen S. decipiens. Blätter im Vergleich zu S. latifolia länglicher, an der Basis keilförmiger und weniger derb.

Weitere, nur in Thüringen beobachtete Arten (zu S. latifolia aggr.), die teilweise für S. decipiens gehalten wurden [12]: S. parumlobata IRM. em DÜLL, S. subcordata J. BORNM. ex DÜLL, S. heilingensis DÜLL, S. multicrenata J. BORNM. ex DÜLL.

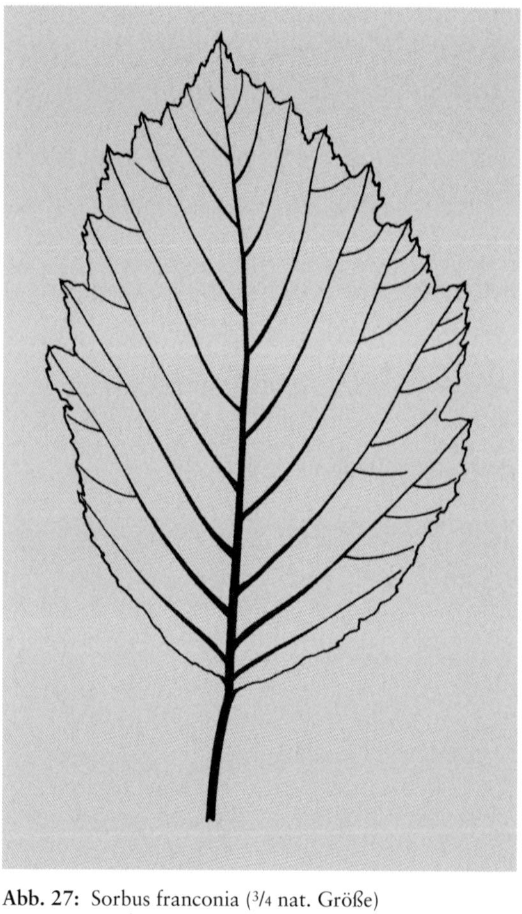

Abb. 27: Sorbus franconia (3/4 nat. Größe) (nach BRESINSKY, 1978)

2.3 Sorbus devoniensis E. F. WARB.

Ursprünglich als Devon'sche Form von S. latifola (LAM.) Pers. angesehen. Verbreitet in Devon, Cornwall und SO-Irland. Triploider Apomikt (2n = 51) zwischen S. aria und S. torminalis (AA + TT = AAT) [58]. Blätter im Vergleich zu S. latifolia länger, schwächer gelappt und an der Basis abgerundet.

Weitere endemische britische Arten zu S. latifolia agg. sind: S. bristoliensis WILMOTT., S. croceocarpa P. D. SELL, S. subcuneata WILMOTT, S. x vagensis WILMOTT [4, 57, 58, 60, 64, 67].

2.4 Sorbus bakonyensis JAVORKA ex. KARPATI

Hybrid zwischen S. aria s. l. und S. torminalis. Endemisches Vorkommen am NW-Ufer des Plattensees. Baum oder Strauch. Blätter rhombisch-oval, an der Basis keilförmig, mit zahlreichen seichten Lappen. Chromosomenformel und Fortpflanzungsweise unbekannt.

Weitere Arten des Pannonicums zu S. latifolia agg.: S. adami KARPATI, S. andreanszkyana KARPATI, S. balatonica KARPATI, S. barthae KARPATI, S. borosiana KARPATI, S. decipientiformis KARPATI, S. degenii JAVORKA, S. eugenii-kelleri KARPATI, S. gayeriana KARPATI, S. gerecseenis BOROS et KARPATI, S. karpatii BOROS, S. latissima KARPATI, S. paxiana JAVORKA, S. pseudobakonyensis KARPATI, S. pseudolatifolia BOROS, S. pseudosemiincisa BOROS, S. pseudovértesensis BOROS, S. redliana KARPATI, S. semiincisa BORBAS, S. simonkaiana KARPATI, S. vértesensis BOROS [34].

2.5 Sorbus franconia J. BORNM. ex DÜLL, Fränkische Mehlbeere

Konstanter Hybrid zwischen S. graeca und S. torminalis [6, 34]. In Bayern in drei Gebieten bekannt: Westlich von Pegnitz (Wiesent-, Trubach- und Aufseßtal), an den südlichen Jurahängen westlich von Regensburg und angrenzend im unteren Naabtal sowie im Ries (SUCK und MEYER [62]. Andere Fundorte in Ungarn [34]. Chromosomenzahlen und Art der Fortpflanzung nicht bekannt.

Strauch oder kleiner Baum bis 15 m [62], häufig mehrstämmig. Blätter dünner und weicher als bei S. graeca, S. danubialis und S. pannonica und in der oberen Hälfte deutlich gelappt [6]. Primäres Vorkommen in thermophilen Carici-Fagetum Gesellschaften, sekundär in Brachypodium pinnatum-Kieferforsten und Laserpitium-reichen Blutstorchschnabel-Säumen [62].

2.6 Sorbus badensis DÜLL [12]

Von DÜLL [12] im Muschelkalkgebiet Nordbayerns und Mainfrankens entdeckt. Habitus wie bei S. franconia, aber Blätter an der Basis abgerundet bis breit keilförmig. Genaue Angaben über die Ausgangsarten fehlen, nach DÜLL [12] ein Hybrid zwischen S. torminalis und S. aria (vermutlich implizit s. l. gemeint).

2.7 Sorbus bohemica KOVANDA [30]

Neoendemit mit nicht mehr als 200 bekannten Exemplaren in N-Böhmen. Triploider, hybridogener Apomikt (2n = 51) zwischen S. danubialis und S. torminalis. Durch gelegentliche Befruchtung von Synergiden können zusätzlich Embryonen mit vermehrtem Chromosomensatz entstehen. 2 bis 4 (bis 6) m hoher Baum oder Strauch. Die Blätter erinnern mehr an S. aria, die verwachsenen Griffel an S. torminalis. Vorkommen in thermophilen Quercion pubescenti-petraeae und xerothermen Prunion fruticosae-Gesellschaften.

2.8 Sorbus eximia KOVANDA

Neoendemit, dessen chemische und morphologische Merkmale auf eine Rückkreuzung des F_1-Hybriden zwischen S. aria und S. torminalis mit S. aria hinweisen [10]. Zwei Zytotypen (2n = 34 und 2n = 68) beobachtet, beide Apomikten [31]. Nur auf Devon-Kalk zwischen Prag und Beroun mit ca. 90 Individuen angetroffen.

Abb. 28: Sorbus intermedia

Strauch oder kleiner Baum. Im Gegensatz zur ähnlichen S. bohemica Blätter meist oval und tiefer gelappt [37]. In den Standortsansprüchen intermediär zwischen den Eltern. In subxerophilen Quercion pubescenti-petraeae, Festucion valesiacae und mesophilen Carpinion-Gesellschaften .

2.9 Sorbus intermedia (EHRH.) PERS., Schwedische Mehlbeere, S.Vogelbeere, Oxelbirne, Oxelbeere

syn. S. scandica (L.) FRIES
S. suecica (L.) KROK. et ALMQU.
Pyrus intermedia EHRH.
Crataegus aria var. suecica L.
C. aria var. scandica L.

Lange bekannter Sorbus-Hybrid mit relativ großem Areal. Kommt von S-Schweden bis zur südbaltischen Küste vor, vereinzelte Vorkommen in Norwegen und Dänemark sind wahrscheinlich gepflanzt [24]. Wird nicht zu S. latifolia aggr. gezählt, weil vor diesen Arten bekannt. Seine Entstehung ist umstritten. Nach HEDLUND [23] ist S. torminalis eine der Elternarten, nach anderen Autoren ein Hybrid zwischen S. aria und S. aucuparia. LILJEFORS [42] zufolge sprechen zwingende Hinweise für einen tetraploiden Apomikten zwischen S. aria und S. torminalis (AA + TT = AATT). DÜLL [11] vermutet die Beteiligung von drei Arten (S. aria, S. aucuparia und S. torminalis). Bis 12 m hoher Baum [39]. Blätter gelappt, mit 7 bis 9 Paar Seitennerven [65], oberseits kahl, unterseits gelb-graufilzig. Im 18. Jahrhundert nach Mitteleuropa eingeführt und hier gerne als Straßenbaum gepflanzt.

3. Hybriden zwischen S. chamaemespilus und S. aria s. l.

3.1 Sorbus sudetica (TAUSCH) FRITSCH,

Sudeten-Zwergmispel

Fakultativer, apomiktischer Hybrid (2n = 68) zwischen S. aria s. st. und S. chamaemespilus (AA + CC = AACC). Haploide Parthenogenese wurde beobachtet [29]. Endemisch im Riesengebirge mit 135 Exemplaren. 2 bis 5 m hoher Baum oder Strauch [35]. Blätter größer als die von S. chamaemespilus, unregelmäßig doppelt gesägt, unterseits stets dicht behaart.

Weitere Hybriden zwischen S. aria s. st. und S. chamaemespilus [29]: S. margittaiana (JAVORKA) KARPATI (Mala Fatra, Slowakei), S. pseudaria (SPACH) HEDL. (Department Côte-d'Or, Frankreich), S. ambigua (DECAISNE) HEDL. (Alpen, Schwarzwald, Jura und Karpaten), S. arioides ROUY et CAMUS (Alpen), S. erubescens KERNER (Alpen).

3.2 Sorbus x hostii (Jacq.) K. Koch

syn. Aria hostii Jacq.
Pyrus hostii (Jacq.) K. Koch

Primärer Hybrid zwischen S. austriaca und S. chamaemespilus, 1826 im Wiener Botanischen Garten aufgefunden. Bis 4 m hoher Strauch. Blattnerven verzweigen sich vor dem Blattrand. Blüten rosa. Fundorte in den Salzburger Alpen, der Steiermark und der Tatra.

Sehr ähnlich ist S. x schinzii Düll, ein primärer Hybrid zwischen S. mougeotii und S. chamaemespilus [11]. Blätter meist breiter als bei S. x hostii. Vorkommen: Französische und Schweizer Alpen, Feldberg, Jura und Allgäu. Beide Arten im Unterschied zu S. austriaca bzw. S. mougeotii mit schwächerer Behaarung und seichterer Blattlappung.

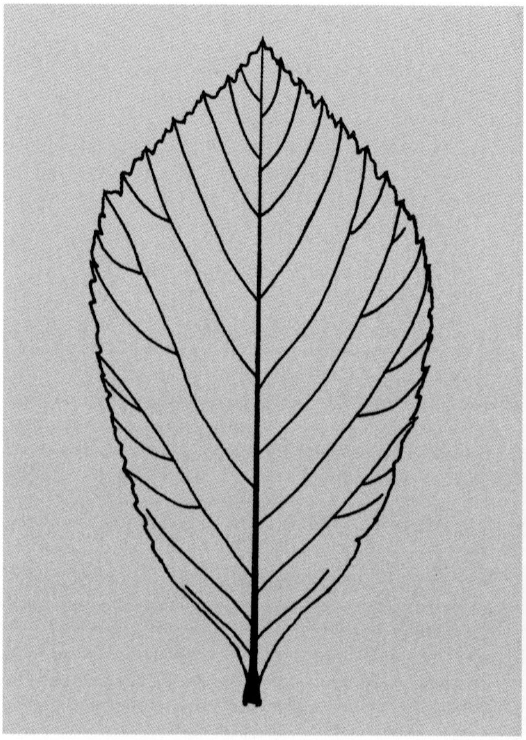

Abb. 29: Sorbus sudetica (nat. Größe) (nach Karpati, 1960)

Weiterführende Literatur

[1] Anonymus, 1986: Förderung seltener und gefährdeter Baum- und Straucharten im Staatswald. Bayer. Staatsminist. Ernährung, Landwirtschaft u. Forsten, München.

[2] Anonymus, 1991: Unveröff. Script zur Nachzucht verschiedener Forstpflanzen der WSL, Birmensdorf (Schweiz).

[3] Bärtels, A., 1989: Gehölzvermehrung, 3. Auflage. Verlag Eugen Ulmer, Stuttgart.

[4] Bean, W. J., 1980: Trees and shrubs hardy in the British Isles, 8. Auflage. John Murray, London.

[5] Bresinsky, A., 1965: Zur Kenntnis des circumalpinen Florenelements im Vorland nördlich der Alpen. Ber. Bayer. Bot. Ges. 38, 5–67.

[6] Bresinsky, A., 1978: Ziele, Probleme und Ergebnisse der floristischen Kartierung Bayerns, dargestellt am Beispiel von Sorbus aria agg. Denkschr. Regensb. Bot. Ges. 37, 241–272.

[7] Campbell, C. S.; Dickinson, T. A. (1990): Apomixis, patterns of morphological variation, and species concepts in subfam. Maloideae (Rosaceae). Syst. Bot. 15, 124–135.

[8] Challice, J.; Kovanda, M., 1982: A chemotaxonomic survey of the genera Sorbus and Micromeles in Asia. Notes RBG Edinb. 40, 205–211.

[9] Challice, J.; Kovanda, M., 1985: A chemotaxonomic survey of Sorbus umbellata aggr. Preslia 57, 171–174.

[10] Challice, J.; Kovanda, M., 1986: Flavonoids of Sorbus eximia. Preslia 58, 165–167.

[11] Düll, R., 1959: Unsere Ebereschen und ihre Bastarde. Frank'sche Verlagshandlung, Stuttgart.

[12] Düll, R., 1961: Die Sorbus-Arten und ihre Bastarde in Bayern und Thüringen. Ber. Bayer. Bot. Ges. 34, 11–65.

[13] Drude, O., 1902: Die Vegetation der Erde. VI. Der hercynische Florenbezirk. Grundzüge der Pflanzenverbreitung im mitteldeutschen Berg- und Hügellande vom Harz bis zur Rhön, bis zur Lausitz und dem Böhmer Walde. Wilhelm Engelmann, Leipzig.

[14] Ehlers, M., 1960: Baum und Strauch in der Gestaltung der deutschen Landschaft. Verlag Paul Parey, Berlin und Hamburg.

[15] ELLENBERG, H., 1986: Vegetation Mitteleuropas mit den Alpen in ökologischer Sicht, 4. Auflage. Verlag Eugen Ulmer, Stuttgart.

[16] FÅHRÆUS, G., 1980: [Sorbus teodori and its distribution in Gotland, Sweden.] Svensk. Bot. Tidskr. 74, 377–382.

[17] GAMPE, S., 1989: Über Schutzwaldaufforstungen in den Bayerischen Alpen. Mitt. Staatsforstverwaltung Bayerns 44.

[18] GAMS, H., 1930: Über Reliktföhrenwälder und das Dolomitphänomen. Veröff. Geobot. Inst. Rübel Zürich 6, 32–80.

[19] GODET, J.-D., 1983: Knospen und Zweige der einheimischen Baum- und Straucharten. Wissenschaftliche Buchgesellschaft, Darmstadt.

[20] GODET, J.-D., 1984: Blüten der einheimischen Baum- und Straucharten. Wissenschaftliche Buchgesellschaft, Darmstadt.

[21] GREGUSS, P., 1945: Bestimmung der mitteleuropäischen Laubhölzer und Sträucher auf xylotomischer Grundlage. Verlag des Ungarischen Naturwissenschaftlichen Museums, Budapest.

[22] HAEUPLER, H.; SCHÖNFELDER, P. (Hrsg.), 1988: Atlas der Farn- und Blütenpflanzen der Bundesrepublik Deutschland. Verlag Eugen Ulmer, Stuttgart.

[23] HEDLUND, T., 1901: Monographie der Gattung Sorbus. Kungl. Svenska Vetensk.-Akad. Handl. nov. ser. 35, 1–147.

[24] HEGI, G., 1921: Illustrierte Flora Mitteleuropas. Band IV, Teil 2. J. F. Lehmanns Verlag, München.

[25] HEMPEL, G.; WILHELM, K., 1889: Die Bäume und Sträucher des Waldes. Verlag Eduard Hölzel, Wien.

[26] HESS, H. E.; LANDOLT, E.; HIRZEL, R., 1977: Flora der Schweiz und angrenzender Gebiete, Band 2. Birkhäuser Verlag, Basel und Stuttgart.

[27] HESS, R., 1905: Die Eigenschaften und das forstliche Verhalten der wichtigeren in Deutschland vorkommenden Holzarten. Verlag Paul Parey, Berlin.

[28] HULL, P.; SMART, G. J. B., 1984: Variation in two Sorbus species endemic to the Isle of Arran, Scotland. Ann. Bot. 53, 641–648.

[29] JANKUN, A.; KOVANDA, M., 1986: Embryological studies in Sorbus 1. Apomixis in Sorbus sudetica. Preslia 58, 7–19.

[30] JANKUN, A.; KOVANDA, M., 1987: Embryological studies in Sorbus 2. Apomixis and origin in Sorbus bohemica. Preslia 59, 97–116.

[31] JANKUN, A.; KOVANDA, M., 1988: Embryological studies in Sorbus 3. Apomixis at the diploid level in Sorbus eximia. Preslia 60, 193–213.

[32] KANNGIESER, K., 1927: Dendrologische Toxikologie. Mitt. Dtsch. Dendrol. Ges. 38, 67–76.

[32] KANNGIESER, K., 1928: Dendrologische Toxikologie II. Mitt. Dtsch. Dendrol. Ges. 40, 135–138.

[34] KARPATI, Z., 1960: Die Sorbus-Arten Ungarns und der angrenzenden Gebiete. Feddes Repertorium 62, 71–331.

[35] KOCIANOVA, M.; STURSOVA, H., 1991: Zusammenfassung über Sorbus sudetica aus Opera Corcontica 23 (1986). Kurzmitt. Dtsch. Dendrol. Ges. 50, 22–25.

[36] KOVANDA, M., 1961: Taxonomical studies in Sorbus subg. Aria. Acta Dendrol. Cechoslov. III, 23–70.

[37] KOVANDA, M., 1984: A new hybridogenous Sorbus. Preslia 56, 169–172.

[38] KRÜSSMANN, G., 1964: Die Baumschule, 3. Auflage. Verlag Paul Parey, Berlin und Hamburg.

[39] KRÜSSMANN, G., 1978: Handbuch der Laubgehölze. Band 3, 2. Auflage. Verlag Paul Parey, Berlin und Hamburg

[40] LILJEFORS, A., 1934: Über normale und apospore Embryosackentwicklung in der Gattung Sorbus, nebst einigen Bemerkungen über die Chromosomenzahlen. Svensk Bot. Tidskr. 28, 290–299.

[41] LILJEFORS, A., 1953: Studies in propagation, embryology, and pollination in Sorbus. Acta Horti Bergiani 16, 277–329.

[42] LILJEFORS, A., 1955: Cytological studies in Sorbus. Acta Horti Bergiani 17, 47–113.

[43] LILJEFORS, A., 1972: Sorbus teodori on Åland. Svensk. Bot. Tidskr. 66, 87–93.

[44] LOSCH, I., 1944: Alpenpflanzen und Gesteinsunterlagen in den Bayerischen Alpen. Diss. LMU-München.

[45] LOUDON, J. C., 1875: Trees and shrubs of Britain. Frederick Warne & Co., London.

[46] MARZELL, H., 1935: Neues illustriertes Kräuterbuch, 3. Auflage. Enßlin & Laiblins Verlagsbuchhandlung, Reutlingen.

[47] MARZELL, H., 1977: Wörterbuch der deutschen Pflanzennamen. Band 4. S. Hirzel Verlag, Stuttgart.

[48] MAYER, H., 1963: Tannenreiche Wälder am Nordabfall der mittleren Ostalpen. BLV Verlagsgesellschaft, München.

[49] MAYER, H., 1969: Tannenreiche Wälder am Südabfall der mittleren Ostalpen. BLV Verlagsgesellschaft, München.

[50] MAYER, H., 1984: Waldbau, 3. Auflage. Gustav Fischer Verlag, Stuttgart.

[51] MEUSEL, H.; JÄGER, E.; WEINERT, E., 1969: Vergleichende Chorologie der zentraleuropäischen Flora. VEB Gustav Fischer Verlag, Jena.

[52] MITCHELL, A., 1979: Die Wald- und Parkbäume Europas. Verlag Paul Parey, Hamburg und Berlin.

[53] MOOR, M., 1952: Die Fagion-Gesellschaften im Schweizer Jura. Beitr. geobot. Landesaufnahme Schweiz 31, 1–201.

[54] NAMVAR, K.; SPETHMANN, W., 1985: Die Baumarten der Gattung Sorbus: Vogelbeere, Mehlbeere, Elsbeere und Speierling. Allg. Forstz. 41, 937–943.

[55] OBERDORFER, E., 1983: Pflanzensoziologische Exkursionsflora, 5. Auflage. Verlag Eugen Ulmer, Stuttgart.

[56] PASSARGE, H., 1987: Wildobst-Gehölzgesellschaften. Tuexenia 7, 381–410.

[57] PROCTOR, M. C. F.; GROENHOF, A. C., 1992: Peroxidase isoenzyme and morphological variation in Sorbus L. in South Wales and adjacent areas, with parti-

cular reference to S. porrigentiformis E. F. WARBURG. Watsonia 19, 21–37.
[58] RICHARDS, A. J., 1975: Sorbus L. In: STACE, C. A. (ed.): Hybridisation and the flora of the British Isles. Academic Press, London, New York, San Francisco.
[59] ROTHMALER, W., 1982: Excursionsflora, Band 4, 5. Auflage. Volk und Wissen Volkseigener Verlag, Berlin.
[60] SELL, P. D., 1989: The Sorbus latifolia (LAM.) PERS. aggregate in the British Isles. Watsonia 17, 385–399.
[61] STOLL, K.; GREMMINGER, U., 1986: Besondere Obstarten. Verlag Eugen Ulmer, Stuttgart.
[62] SUCK, R.; MEYER, N., 1990: Zur Verbreitung und Soziologie von Sorbus franconia J. BORNM. ex DÜLL und Sorbus pseudothuringiaca DÜLL in Franken. Ber. Bayer. Bot. Ges. 61, 181–198.
[63] TURRESON, G., 1929: Zur Natur und Begrenzung der Arteinheiten. Hereditas 12, 323–334.
[64] WARBURG, E. F., 1957: Some new names in the British flora. Watsonia 4, 43–46.
[65] WARBURG, E. F.; KARPATI, Z. E., 1968: Sorbus L. in: TUTIN, T. G.; HEYWOOD, V. H.; BURGES, N. A.; MOORE, D. M.; VALENTINE, D. H.; WALTERS, S. M.; WEBB, D. A.: Flora Europaea. Volume 2. At the University Press, Cambridge.
[66] WATTEZ, J.-R., 1979: Le manteau forestier a Sorbus aria de la partie sud de la cuesta du Boulonnais et la Lisiere de hautes herbes correspondantes. Coll. phytosoc. (Lille) 8, 413–430.
[67] WILMOTT, A. J., 1934: Some interesting British Sorbi. Proc. Linnean Soc. London 146, 73–79.

Autor:

Dr. JOSEF MAIER
Udalrichstr. 15
D-80933 München

Sorbus aucuparia LINNÉ, 1753

syn.: Aucuparia silvestris MEDICUS, Pirus aucuparia GAERTNER, Pyrus aucuparia (L.) ERHARDT

Eberesche, Vogelbeere

engl.: Rowan, Mountain ash
franz.: Sorbier des oiseleurs
ital.: Sorbo selvatico

Familie: Rosaceae
Unterfamilie: Maloideae
Subgenus: Sorbus

Abb. 1: Sorbus aucuparia. Solitär (Foto: G. Aas)

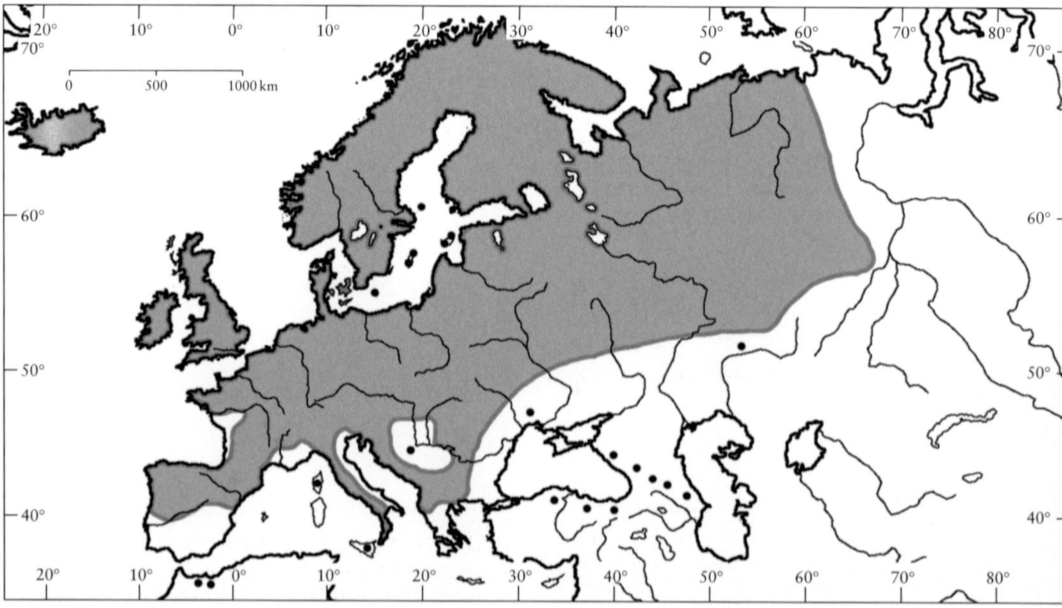

Abb. 2: Natürliches Areal, verändert nach [52] (• = Einzelvorkommen)

Verbreitung

Arealgeschichte

Der Nachweis von *S. aucuparia* in Sedimenten der Jüngeren Kiefern-Zeit Schwedens sowie ihre heutige Verbreitung weisen auf ihr wahrscheinliches Auftreten in der Späteiszeit hin [31]. Als sicher gilt ihr Vorkommen in Europa in der Nacheiszeit und Jungsteinzeit aufgrund von Fossilfunden in abgelagerten Schichten dieser Zeitalter [43]. In der Folgezeit ist eine weitere Verbreitung, vor allem in den kühleren Klimagebieten anzunehmen. Mit Sicherheit war sie in den lichteren und durchkämmten Wäldern des Mittelalters stärker vertreten. Seit Mitte des 18. Jahrhunderts ging ihr Anteil mit zunehmender Reinbestandswirtschaft zurück. Andererseits wurde die Eberesche durch Rodungen und eine offene Bewirtschaftungsform ohne feste Grenzen zwischen Wald, Wiese und Weide gefördert [61].

Horizontale Verbreitung

S. aucuparia ist in fast ganz Europa verbreitet. Als eine von wenigen Baumarten trifft man sie auch auf Island an. Die SW-Grenze des Areals, wo sie nur strauchförmig vorkommt, bildet die portugiesische Insel Madeira [89]. Auf der Iberischen Halbinsel sind südliche Ausläufer in der Estremadura, in Neukastilien und Südkaledonien bekannt [23]. Die Südgrenze befindet sich im nordafrikanischen Atlasgebirge [128]. Ostwärts verläuft die südliche Verbreitungsgrenze von *S. aucuparia* über Mallorca, Süditalien, Nordgriechenland und Bulgarien über die Nordtürkei entlang den Gebirgen des Schwarzen Meeres bis hin zum Kaukasus. Die östliche Ausdehnung ist unzureichend bekannt, da Überschneidungen mit *S. sibirica* auftreten. Sie wird jedoch ungefähr mit dem Verlauf der Wolga bis zum Uralgebirge angesetzt [22, 108] und im weiteren Verlauf über Archangelsk und Karelien (Finnland) nach N-Norwegen entlang der Baumgrenze. Dort findet sie beim 71. Breitengrad ihren nördlichsten Punkt [48]. Innerhalb dieser geschlossenen Verbreitung fehlt die Vogelbeere auf weiten Strecken in den tiefen und mittleren Lagen S-Europas sowie in der ungarischen Tiefebene [59].

Vertikale Verbreitung

S. aucuparia ist eine Holzart, die vom Meeresspiegel bis zur Baumgrenze vorkommt. Für die verschiedenen Gebirge und Landschaften des Verbreitungsgebiets werden folgende obere Höhengrenzen vermeldet [13, 18, 22, 30, 33, 71, 108, 119]:

Mittelschweden	1000 m	Bayerische Alpen	2000 m
S-Norwegen	1500 m	Tiroler Alpen	2050 m
Großbritannien	975 m	Schweizer Jura	1400 m
Riesengebirge	1485 m	Wallis	2200 m
Erzgebirge	1100 m	Massiv Central	1460 m
Bayerischer Wald	1500 m	Kaukasus	2000 m

Künstliche Verbreitung

Aus Nordamerika ist bekannt, daß *S. aucuparia* an vielen Stellen, vor allem im Osten von Labrador bis Pennsylvania und westlich bis N-Dakota, aber auch in Washington und dem südlichen Britisch-Columbien eingebürgert und etabliert ist [56].

Abb. 3: Alter Einzelbaum im Winterzustand (Foto: Professur für Forstschutz und Dendrologie, ETH Zürich)

Abb. 4: Kurztriebknospe (Foto: Professur für Forstschutz und Dendrologie, ETH Zürich)

Beschreibung

S. aucuparia ist ein 10 bis 20 m (max. 27 m) hoher, sommergrüner Baum oder Strauch mit Brusthöhendurchmessern bis 40 cm (max. 60 bis 70 cm). Die Krone ist bei freistehender Entwicklung rundlich bis eiförmig, das Zweigwerk relativ grobastig und die Belaubung locker. Die Äste sind in der Jugend aufstrebend, im Alter zunehmend ausladend. Die Vogelbeere zeigt häufig mehrstämmigen Wuchs (2 bis 5 Stämme). Leichter Drehwuchs ist nicht selten.

Abb. 5: Fiederblatt ($^1/_2$ nat. Größe)

Abb. 6: Rinde älterer Stämme, dazwischen ein sehr junger Stamm

Abb. 7: Blühender, beblätterter Trieb

Abb. 8: Fruchtstand (Foto: G. Aas)

Knospen, Blätter und junge Triebe

Die Knospen sind schlank kegelförmig, meist leicht gekrümmt und dem Zweig anliegend, die Seitenknospen kleiner als die 1 bis 1,5 cm langen Endknospen. Kennzeichnend sind dunkelbraune bis schwarzviolette, besonders an der Spitze zottig weiß behaarte, mehr oder weniger verkahlende Knospenschuppen.

Die Laubblätter sind 10 bis 25 cm lang, unpaarig gefiedert und weisen 7 bis 19 lanzettliche, sitzende Fiederblättchen auf. Oberseits sind sie dunkelgrün, spärlich behaart, verkahlend, unterseits graugrün, stärker behaart und bis zum Herbst meist nicht vollständig verkahlend. Die Blättchen sind meist scharf einfach, seltener doppelt gezähnt. Die Nebenblätter sind linealisch und fallen früh ab.

Junge Triebe sind locker behaart, verkahlend, grau oder rotbraun. Die Verzweigung ist sympodial. Es kommen Lang- und Kurztriebe vor, Blüten sind an beiden inseriert. Fällt eine Endknospe durch Blüte oder Schädigung aus, so wächst eine die Führung übernehmende Seitenknospe in der Regel zunächst als Kurztrieb und erst nach einigen Jahren als Langtrieb weiter. Seitentriebe wachsen anfangs als Kurztriebe, später abwechselnd als Kurz- oder Langtriebe. Die Grenzen zwischen den Jahrestrieben lassen sich an Kurztrieben kaum erkennen.

Die Rinde ist glatt, glänzend grau oder braun und hat quergestellte Lenticellen. Eine längsrissige, schwarze Borke wird auch bei starken Bäumen nur sehr zögernd im unteren Stammteil gebildet.

Blüten und Früchte

Die Blütenstände sind aufrechte, endständige, filzig behaarte Schirmrispen mit Durchmessern von 10 bis 15 cm und setzen sich aus zwittrigen, fünfzähligen Blüten mit kreisrunden bis leicht eiförmigen, weißen und an der Basis wollig behaarten Kronblättern zusammen. Die 20 Staubblätter sind etwa so lang wie die 4 bis 7 mm langen Kronblätter. Die Kelchblätter sind dreieckig und weißfilzig behaart.

Blütenformel: *K5 C5 A 20 G(3)

Der Fruchtknoten ist halbunterständig mit 2 bis 3 zu $^2/_3$ bis $^3/_4$ verwachsenen Fruchtblättern und 2 bis 4 (meist 3) freien, unten wollig behaarten Griffeln. *S. aucuparia* bildet bis 1 cm große, matt zinnoberrote Apfelfrüchte ohne Lenticellen. Das Fruchtfleisch enthält wenige Steinzellen, das Mesokarp ist dünn pergamentartig. Die 2 bis 5 (meist 3) Samen sind schmal-länglich, rötlich.

Keimling

S. aucuparia keimt hypogäisch. Es entstehen 2 Kotyledonen, die 5 bis 15 mm lang und rundlich-oval sind. Die Primärblätter sind weißdornartig gelappt.

Die Folgeblätter bilden eine gleitende Übergangsreihe bis zum Fiederblatt und sind im Gegensatz zu älteren Pflanzen deutlich tiefer und meist doppelt gesägt.

Abb. 9: Keimling (nat. Größe)

Holz

Wie bei anderen *Sorbus*-Arten ist das Holz auch bei *S. aucuparia* zerstreutporig mit einer Tendenz zur Halbringporigkeit, besonders in breiten Jahrringen. Häufig kommen Markflecken vor.

Makroskopische Betrachtung: Der Splint ist breit, weiß bis rötlich-weiß, der Kern hell- bis rotbraun, nachdunkelnd, oft streifig, wobei dessen Form sehr verschieden sein kann, von rund bis unregelmäßig wolkig. Die Verkernung tritt zwischen 30 und 40 Jahren ein. Jahrringgrenzen sind mit freiem Auge meist gut erkennbar, Gefäße und Holzstrahlen in der Regel nicht.

Mikroskopische Betrachtung: Das Grundgewebe besteht aus dickwandigen Fasertracheiden. Die sehr zahlreichen Gefäße stehen meist einzeln. Sie sind im Querschnitt vorwiegend leicht eckig und mit 50 bis 60 µm sehr klein. Eine Besonderheit ist das Vorkommen von ephedroiden Lochplatten [13]. Die Holzstrahlen sind 1- bis 3-, meist 2reihig, in der Regel unter 15 Zellen, maximal bis 25 Zellen hoch und weisen häufig gelbbraune Inhaltsstoffe auf. Es ist reichlich Längsparenchym vorhanden, das einzeln und in kleinen Gruppen angeordnet ist. Eine sichere holzanatomische Unterscheidung von anderen *Sorbus*-Arten ist nicht möglich [36, 38].

Das Holz ist hart, mittelschwer, biegsam, schwer spaltbar, ziemlich elastisch und gilt im Freien als wenig dauerhaft. Es läßt sich gut trocknen, bearbeiten, drechseln, ist für Furniere geeignet und zeigt nur geringe Verwerfungsneigung. Die Färb- und Bedruckbarkeit sowie die Oberflächenbehandlung ist problemlos. Die Mittelwerte der wichtigsten physikalisch-technischen Holzeigenschaften sind nachfolgend aufgeführt [47, 108, 116]:

Rohdichte (Darrzustand):	0,64	g/cm³
Längsdruckfestigkeit:	397,2	N/cm²
Längszugfestigkeit:	962	N/cm²
Biegefestigkeit:	833	N/cm²
Schlagzähigkeit:	64,3	kJ/m²
E-Modul:	124 000	kp/cm²
Abriebwert:	103,8	m/cm³
Schwindung (radial u. tangential):	4,8	%

Wurzel

Zur Wurzelmorphologie von *S. aucuparia* liegen nur wenige Hinweise vor. Nach PRIEN [108] bildet sie im ersten und zweiten Jahr eine mäßig lange, sich in mehrere größere Wurzeln aufteilende Pfahlwurzel. Auf Pseudogley wurde der Typ Senkerwurzel mit flachstreichenden Seitenwurzeln gefunden [67]. Ein an der Waldgrenze untersuchtes Wurzelwerk eines polykormen Exemplares zeigte eine kurze Senkerwurzel mit feinen flachen Seitenwurzeln [41].

Die Wurzeln der Eberesche weisen, wie andere *Sorbus*-Arten auch, regelmäßig eine Endomykorrhiza auf, ein Teil der Wurzeln kann auch ektotroph mykorrhiziert sein [90].

Abb. 10: Holz tangential (links) und quer geschnitten

Fortpflanzung und Vermehrung

S. aucuparia ist diploid (2n = 34) und pflanzt sich über Samen fort [81, 82]. Gelegentliche Abweichungen in der Chromosomenzahl und bei der Entwicklung des weiblichen Gametophyten, wie sie bei anderen *Sorbus*-Arten häufig vorkommen, sind nicht bekannt. Leere Pollenkörner bis zu einem Anteil von 12 % wurden beobachtet [83].

Die Fruktifikation setzt bei freistehenden Ebereschen in Tieflagen mit 4 bis 5 Jahren schon sehr früh ein [24]. Im Bestand in montanen Lagen kommt *S. aucuparia* in der Regel mit 15 bis 20 Jahren zur Fruchtreife [108]. FANKHAUSER [30] berichtet von einem 13jährigen Individuum auf 1600 m Meereshöhe in voller Blüte. Jährliche Fruktifikation ist die Regel [109].

Werden die Apfelfrüchte nicht von Vögeln verzehrt, so bleiben sie als „Wintersteher" [94] am Baum und fallen dann als ganze Fruchtstände ab. Die Samen keimen dann aufgrund der keimhemmenden Stoffe Parasorbinsäure, Abscisinsäure und Isopropylessigsäure [39, 103] im Fruchtfleisch erst im zweiten Frühjahr nach der Fruchtreife.

Mit zunehmender Meereshöhe nimmt die Lebensfähigkeit und das Trockengewicht der Vogelbeersamen ab, wie an einem Höhenprofil in Schottland gezeigt wurde [9]. An der Baumgrenze in Schweden werden trotz reichlicher Blüte in bestimmten Jahren nicht zwangsläufig reife Früchte gebildet [71].

Natürlich und künstlich entstandene Hybriden unter der Beteiligung von *S. aucuparia* sind in den Monographien *Sorbus* und *Sorbus aria* in diesem Werk beschrieben [84, 85].

Wie alle *Sorbus*-Arten kann die Vogelbeere aus dem Stock ausschlagen, Adventivwurzeln [1, 78] und Wurzelbrut bilden. Auf diese Weise können mehrstämmige Exemplare entstehen. Polykormie kann aber auch die Folge ausbleibender Vereinzelung der Samen in der 2- bis 5samigen Frucht infolge Vogelverbreitung sein.

Die vegetative Fortpflanzung gewinnt bei *S. aucuparia* mit zunehmender Meereshöhe an Bedeutung. In extremen Lagen wie der Waldgrenze reagiert die Vogelbeere, wie auch andere Baumarten, auf umweltbedingte Streßsituationen wie z.B. Schneedruck durch Bildung von polykormen Stämmen.

Für die künstliche Vermehrung sollten Samen zur Erzielung hoher Keimraten im September oder Anfang Oktober (Früh- oder Normalernte) von Bäumen im Alter von 25 bis 50 Jahren geerntet werden. Die Samen werden durch verschiedene Methoden (Zerreißmaschine, Presse, Siebe oder Abschöpfvorrichtungen) vom Fruchtfleisch getrennt und anschließend getrocknet [39, 108, 123]. Die Tausendkorngewichte liegen je nach Provenienz zwischen 3,2 g und 6,0 g [5, 91, 123]. Das Saatgut kann bei luftdichter Lagerung zwischen 1 bis 3 °C bis zu 8 Jahren ohne nennenswerten Verlust an Keimfähigkeit gelagert werden.

Abb. 11: S. aucuparia an der nordischen Baumgrenze (Schweden, ca. 900 m ü. NN)

Die Aussaat sollte im Herbst oder Frühwinter des Erntejahres erfolgen oder nach Stratifikation im zeitigen Frühjahr des folgenden Jahres. Die nur im Dunkeln keimende Saat muß einige Millimeter hoch überdeckt werden, bedarf aber ansonsten aufgrund ihrer geringen Anfälligkeit gegenüber Pilzen und Insekten sowie abiotischen Einflüssen [29] keines besonderen Schutzes. Das Keimprozent schwankt in weitem Rahmen zwischen 20 und 70 %. Im ersten Jahr werden die Keimlinge maximal 25 cm hoch [63]. Zur Pflanzung werden 2+0, 1+1 oder 1+2 Sämlinge verwendet, Verschulung ist jedoch nicht zwingend erforderlich.

Die vegetative Vermehrung durch Stecklinge ist zwar möglich, wird aber kaum praktiziert. Am erfolgreichsten wird sie mit einjährigen, kräftigen Trieben junger Pflanzen vorgenommen [40]. Veredelung erfolgt üblicherweise durch Okulation im Sommer oder Kopulation im Frühjahr [7]. Varietäten von *S. aucuparia* sollten stets auf der bessere Stammformen bildenden Edel-Eberesche veredelt werden [69].

Taxonomie

S. aucuparia gehört zu der zahlreiche Arten umfassenden Subsektion *aucuparia* der Gattung *Sorbus*. Der Vogelbeere sehr ähnlich sind die asiatischen Arten *S. sibirica* HEDL., *S. gorodkovii*, *S. boissieri* C.K. SCHNEID., *S. pohuashanensis* (HANCE) HEDL. sowie *S. amurensis*. Diese Arten werden von einigen Autoren [52, 56, 89, 128] aufgrund geringer Unterschiede alle oder teilweise zu der Kollektivart *S. aucuparia* gezählt. Russischer Literatur zufolge [114, 117, 118] sind die im Osten an das Areal von *S. aucuparia* anschließenden Formen *S. sibirica* und *S. gorodkovii* eigenständige Arten. Die im Kaukasus vorkommende, als *S. boissieri* beschriebene Art wird von GABRIELIAN [34] nicht von *S. aucuparia* unterschieden.

In Nordamerika hat die eingeführte *S. aucuparia* zu Verwechslungen mit den dort ursprünglichen Arten *S. decora* (SARG.) SCHNEID. und *S. americana* MARSH. geführt. Die Eigenständigkeit dieser drei Arten wird jedoch nicht bezweifelt [56].

Die Eberesche ähnelt hinsichtlich des Merkmals Blattform sehr stark dem Speierling (*S. domestica* L.), was leicht zu Verwechslungen führt. Die Ähnlichkeit beruht nicht auf naher Verwandtschaft, sondern wird als Konvergenz gewertet [59, 64]. Die beiden Arten, die nicht miteinander hybridisieren, sind an mehreren anderen Merkmalen sowohl im Winter- als auch im Sommerzustand eindeutig voneinander zu unterscheiden [60, 121, 131]:

	S. aucuparia	S. domestica
Blüten	Durchmesser 1 cm dichter Blütenstand tranig riechend	Durchmesser 1,5 cm lockerer Blütenstand duftend
Früchte	1 cm, zinnoberrot ohne Lenticellen	bis 4 cm, gelblich-grün mit Lenticellen
Knospen	schlank kegelig dunkelbraun/schwarzviolett zottig silbrig behaart	stumpf eiförmig grün, braunrandig mehr oder weniger kahl
Rinde	glatt, in Querbändern angeordnete Lenticellen	kleingefeldert, rauh
Borkebildung	auch im Alter kaum und nur an der Stammbasis	sehr früh beginnend

Genetische Differenzierung

Die innerartliche Differenzierung von *S. aucuparia* ist wenig bearbeitet. In der Literatur werden Zahl und Rang subspezifischer Taxa je nach Autor unterschiedlich angegeben und bewertet. Folgende subspezifische Taxa wurden beschrieben:

- *S. aucuparia* ssp. *aucuparia*: Typus der Art. Im Großteil des Areals, jedoch seltener im Norden, Süden und Osten.
- *S. aucuparia* ssp. *glabrata* (WIMM. et GRAB.) CAJANDER (Syn.: *S. glabrata* [WIMM. et GRAB.] HEDL., *S. aucuparia* var. *alpestris* FIAK): Neben dem Typus einziges allgemein anerkanntes Taxon, das meist als Unterart kategorisiert wird. Wuchs weniger kräftig, normalerweise nur strauchförmig, und Blätter unterseits weniger behaart oder schneller verkahlend als beim Typus. Blättchen derber, mit der Tendenz, sich zu einer scharfen Spitze zu verjüngen. Knospen verkahlend, oft klebrig, Früchte elliptisch. Vorkommen in N-Europa, im Baltikum und in NW-Rußland. In den Alpen soll sie in Österreich [2] und in Italien [106] vorkommen, nicht jedoch in der Schweiz [48].
- *S. aucuparia* ssp. *languinosa* KITAIBEL (Syn.: *S. aucuparia* var. *languinosa* [KITAIBEL] BECK): Einjährige Triebe dicht wollig behaart. Blätter bleibend behaart. Strauch oder kleiner Baum, kommt vor allem in S- und SO-Europa vor [22, 59].
- *S. aucuparia* var. *moravica* ZENGERLING (Syn.: *S. aucuparia* var. *edulis* DIECK, *S. aucuparia* var. *dulcis* BECK): Edel- oder Süße Eberesche. Beschreibung im Kapitel Nutzung.

In der Flora Europaeea [128] werden zwei weitere Unterarten genannt:

- *S. aucuparia* ssp. *praemorsa* (GUSS.) NYMAN: Blätter grob gezähnt, Früchte oval. Vorkommen in S-Italien und Korsika.
- *S. aucuparia* ssp. *fenenkiana* GEORGIEV et STOJ.: Blütenstand reichblütig, mit bis zu 200 Blüten und größeren Früchten als der Typus.

Eine wildwachsende Form mit gelbrandigen Blättchen beschreibt JALAS [55] als *Sorbus aucuparia* f. *flavescentmarginata*.

Ökologie

Klima

Die Eberesche gilt als anspruchslose Holzart mit sehr weiter ökologischer Amplitude. MAYER [88] charakterisiert ihren Klimabereich mit nordisch-eurasiatisch-subozeanisch. Ihr Optimum dürfte sich in den feuchten, hochmontanen, vom Nadelmischwald geprägten Mittelgebirgslagen befinden [4, 101]. Dort weist sie die größten bekannten Dimensionen, hohe Vitalität und mitunter horst- und kleinbestandsweise Verteilung auf [49, 108]. Die Vogelbeere ist häufiger an frischen N- und NO-Lagen als an trockenen S- und W-Lagen anzutreffen [13, 30, 108].

S. aucuparia dringt bis in die subalpine Stufe vor und gedeiht bei jährlich weniger als 100 Tagen mit einem Tagesmittel über 10° C [108]. Sie ist in hohen Lagen resistent gegen winterliche Austrocknung, trotz ihrer mit zunehmender Meereshöhe dünner werdenden Cuticula der Knospenschuppen. Dies wird mit hoher cytoplasmatischer Widerstandsfähigkeit erklärt [8]. Auch extreme Winterkälte in ausgesprochenen Frostlagen und rasche Temperaturwechsel gefährden die Eberesche nicht [30], ebensowenig Spätfrost im Frühjahr [75] und Dürre im Sommer [28].

Boden

S. aucuparia ist bodenvag. Einzige Voraussetzung für ihr Vorkommen ist eine gewisse Humusauflage; dabei reicht die Amplitude vom Trockentorf bis zum Mull [30, 91]. Im Flachland ist die Vogelbeere eine acidophile Art [20] nach GRIME et al. [37] vorwiegend bei pH < 5,5), im Gebirge dagegen spielt der pH-Wert des Substrats keine Rolle [21]. Konkurrenzbedingt wächst sie am häufigsten auf mäßig trockenen bis frischen, nährstoffarmen, sauren, humosen Lehm-, auf Silikat- und Schuttböden [101].

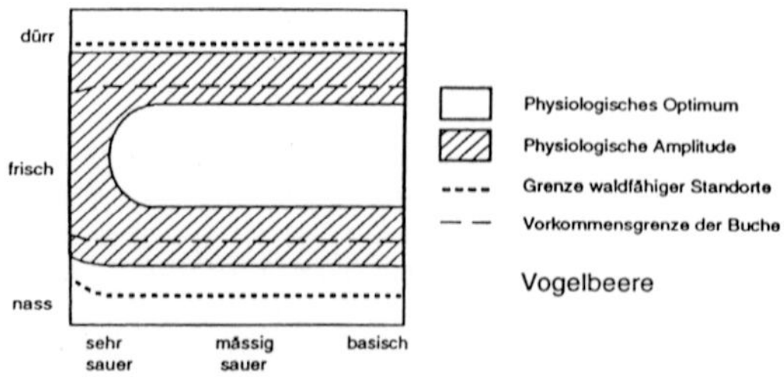

Abb. 12: Physiologisches Ökogramm für S. aucuparia (nach [6])

Sofern Boden und Luft genügend Feuchtigkeit aufweisen, erträgt *S. aucuparia* auch sehr nährstoffarme und saure Standorte [78, 108], so z.B. flachgründige Block- und Geröllhalden [61, 127], Birken- und Kiefernbrüche und Moorränder. Auf reinem Sand, Kies, frischen Alluvionen oder Rutschhalden kommt sie wegen der fehlenden Humusdecke nicht vor. Die Notwendigkeit einer solchen zeigt ihre typische Spätansiedelung bei der Primärsukzession. So keimt die Eberesche auf den vom Aletschgletscher entblößten Flächen erst über 100 Jahre nach dem Eisrückzug in einem Jungwald mit *Picea abies, Larix decidua, Betula pendula* und *Pinus sylvestris* auf durchgehender, dünner Rohhumusschicht [112].

In ihrer Wirkung auf den Boden ist *S. aucuparia* rohhumuszehrend und wirkt somit positiv auf die Bodenmikroflora und -fauna [80, 96]. Ein Indiz dafür ist das Vorkommen von Sauerklee *(Oxalis acetosella)*, geringere Vergrasung sowie anspruchsvollere Bodenflora unter Ebereschengruppen in Fichtenbeständen [108, 109]. Die Ursache ihrer guten Streuzersetzung liegt in dem engen C:N-Verhältnis und der chemischen Zusammensetzung der Streu, insbesondere dem hohen Kalk-, Phosphor- und Magnesiumgehalt [130].

Die Vogelbeere gilt gegenüber Wasserstreß als mäßig empfindlich, erträgt Wechseltrockenheit und Pseudogleyböden, meidet aber Staunässe und kommt deshalb inmitten von Mooren nicht vor [78].

Licht

S. aucuparia ist in der frühen Jugend sehr schattentolerant [30, 76, 108]. Dabei wird bei ihr die Gesetzmäßigkeit, daß der Lichtbedarf mit geringer werdenden Standorten und zunehmendem Alter rasch ansteigt, besonders deutlich [108, 109]. Meist wird sie dann mit steigendem Konkurrenzdruck von den schattenerträglicheren Arten Buche und Tanne und der schneller wachsenden Fichte verdrängt.

Aufgrund ihres ausgeprägten Phototropismus vermag sie Lücken im Kronenraum zu schließen, wobei aber leicht krumme Stämme entstehen. Bei Seitenbeschattung dagegen bildet die Vogelbeere schmale Kronen. Sie selbst läßt durch ihre lockere Krone relativ viel Licht bis zum Boden durchdringen.

Vergesellschaftung

S. aucuparia hat keinen Herrschaftsbereich im engeren Sinne. Sie stockt vor allem auf Standorten, die anderen Baumarten nicht zusagen. In vielen Fällen wächst sie als Einzelbaum, bestandsweises Vorkommen ist selten. DRAPIER [21] nennt die Eberesche eine „nomadische Postpionier-Art".

In allen Höhenstufen ist sie als Pionier bei der Sekundärsukzession wechselnd mit Grünerle *(Alnus viridis)*, Weiden *(Salix appendiculata, S. caprea, S. glabra, S. waldsteiniana)*, Holunder (*Sambucus nigra, S. racemosa*), Birken *(Betula pendula, B. pubescens)* oder Faulbaum *(Frangula alnus)* charakteristischer und stellenweise dominierender Bestandteil von Vorwaldgesellschaften (z. B. *Piceo-Sorbetum aucupariae* [100], *Epilobio-Salicetum* [101], *Luzulo-Sorbetum aucupariae, Sambuco-Salicon capreae, Holco-Sorbetum aucupariae* [104]).

Als Schlußwaldbaumart ist *S. aucuparia* in den mitteleuropäischen bodensauren, montanen und hochmontanen Waldgesellschaften ein stetiger Vertreter. In der subalpinen Stufe kommt sie im Grünerlen- und Latschengebüsch und im Lärchen- und Lärchen-Zirben-Wald sowie in der planaren Stufe in sauren Buchenmischwäldern mit hoher Stetigkeit vor. Aber auch in Kalk-Buchenwäldern, Hainbuchen-, Eichenmisch-, Erlenbruch- und Auwäldern ist sie häufig beigemischt, weniger häufig in Moorwäldern und selten in den heidelbeerreichen Eichen- und Kiefern-Trockenwäldern NO-Deutschlands [28, 102, 105]. Außerdem ist *S. aucuparia* ein weitverbreiteter Begleiter in Gebüsch- und Heckengesellschaften sowie ein Mantelgehölz primärer und sekundärer Waldränder [28, 104, 111]. Zuweilen kommt sie epiphytisch auf Weiden, Bergahorn, Esche oder Robinie vor.

Abb. 13: Vogelbeer-Vorwald im Erzgebirge (Foto: Sächsische Landesanstalt für Forsten)

Lokal tritt *S. aucuparia* reinbestandsbildend im Tessin auf. Vogelbeerwälder größerer Ausdehnung an nordexponierten Hängen der Waldgrenze weisen dort eine Höhe von 5 bis 8 m auf. Beim höchstgelegenen Vorkommen (Monte Gradicciioli: 1780 m ü. NN.) handelt es sich um eine Schlußwaldgesellschaft (vorläufiger Name: Grünerlenreicher Vogelbeerwald: *Alnetum viridis-Sorbetum aucupariae*). Diese Reinbestände bestehen aus mehrstämmigen „Kolonien" bis zu 20 Stämmen. Sie scheinen an diesen Extremstandorten eine bessere Widerstandskraft und längere Lebensdauer als monokorme Individuen zu besitzen. Es wird vermutet, daß das südliche Tessin bei Fehlen von Wildverbiß natürlicherweise reich an Vogelbeerwäldern wäre [41].

Andernorts sind von der Vogelbeere dominierte Gesellschaften von den Vogesen (*Sorbetum subalpinum* [53, 54]), vom Schwarzwald [10, 99] und vom Massiv Central (*Senecioni cacaliastri-Calamagrostietum sorbetosum* und *Adenostylo-Athyrietum distentifolii* [104]) bekannt. Es sind Schlußgesellschaften, die regelmäßig einen primären oder sekundären Strauchgürtel über der aus Buchenwäldern bestehenden Waldgrenze bilden. Auch auf den Britischen Inseln steigt die Eberesche höher als jede andere Baumart [18]. Offensichtlich besetzt *S. aucuparia* in Gebirgen mit atlantisch beeinflußtem Klima eine ökologische Nische oberhalb der Waldgrenze, in der sie dominierend, häufig sogar reinbestandsbildend vorkommt. Die begrenzenden Faktoren für andere Arten (z. B. Schneeschimmel, Wind) und die erwähnte Resistenz der Vogelbeere gegenüber der winterlichen Austrocknung [8] dürften entscheidend für das Bestehen in diesen extremen klimatischen Lagen sein.

Das Konkurrenzverhalten der Vogelbeere ist bisher kaum untersucht. Bei Naturverjüngungen sind hohe Stammzahlen bis zum Alter von 20 Jahren zu verzeichnen, was auf ausgeglichenen intraspezifischen Wettbewerb im Kronenbereich hinweist. Interspezifisch gilt die Eberesche als duldsam, d.h. gleichaltrige Baumarten wie Fichte und Buche werden nur vereinzelt von ihr bedrängt. PRIEN [108, 109] betont die hohe Verträglichkeit von Vogelbeer- mit Fichtenwurzeln.

Fauna

Die Früchte der Vogelbeere sind bei vielen Vogelarten, vor allem Drosseln, sehr beliebt [30, 110]. Dies führt häufig zu der typischen Klumpung von Vogelbeervorkommen unter bevorzugten Sitzbäumen von Vögeln [71, 91]. Daneben nehmen Schalenwild und Kleinsäuger, insbesondere der Marder [29, 57] die Früchte begierig an. Für manche Vögel sind die Früchte neben den Knospen der Eberesche im Winter die einzige Nahrungsquelle, wie für eine Haselhuhnpopulation an der Hohen Rone (Schweiz) gezeigt wurde [62].

Waldbau

Als Schlußwaldbaumart spielt die Eberesche in der gängigen waldbaulichen Praxis kaum eine Rolle, ihre vorrangige Stellung wird in einer lückenfüllenden, überschirmenden und bodenverbessernden Vorwaldbaumart [12, 30, 72, 88, 93, 96] gesehen. Wo sie vorkommt, wird das Wild von den Hauptbaumarten abgelenkt. Das hat ihr den Namen eines „Blitzableiters" eingebracht, was besonders bei wiederholt starkem Verbiß und vollständiger Schälung durch Rotwild einleuchten wird.

Die Entstehung der Ebereschenvorwälder erfolgt nach Beobachtungen von PRIEN [109] zu 70 bis 80 % durch natürliche Sukzession. Sie erscheinen in vier Hauptformen: An Waldrändern, auf Schneebruchlücken, unter durch Kalamitäten und Immissionen gelichteten Altholzschirmen und auf Kahlflächen. Dabei ist die Ansamungsdichte bei Stammzahlen bis zu 22 300/ha überaus hoch. Durch jährliche Fruktifikation erhalten die Jungbestände eine abgestufte Vertikalstruktur. Die Stammformen und Schaftqualitäten weisen erhebliche Variationen auf. Für die im höheren Alter häufig unbefriedigende Form werden unterlassene Pflege, Polykormie, genetische Ursachen und Schrägwuchs zum Licht bei Wuchsraumkonkurrenz verantwortlich gemacht.

Die Vogelbeere ist auch für den Anbau auf Extremstandorten wie Frostlagen, Kahlschlägen und Bergstürzen sowie für Wind- und Feuerschutzstreifen [88] geeignet. Neuerdings wird sie zur „Walderneuerung" in Waldschadensgebieten gepflanzt oder es werden vorhandene Naturverjüngungen genutzt. Im Harz [3, 129] und im Erzgebirge [46, 51, 97, 125] sind dabei überwiegend erfolgreiche Anbauten zu verzeichnen. Im Erzgebirge kommt es bei der hohen Immissionsbelastung zusammen mit den in bestimmten Lagen (450 bis 800 m ü. NN.) harten klimatischen Verhältnissen allerdings vor, daß sich die Ebereschen-Vorwaldbestände nach 30 bis 40 Jahren wieder auflösen (BRAUN, schriftl. Mittlg.).

Entgegen der landläufigen Meinung wurde in letzter Zeit bekannt, daß *S. aucuparia* hinsichtlich Holzqualität [116], Wuchsleistung und Stammform [50] bei entsprechender Pflege gute bis befriedigende Qualitäten aufweist.

Abb. 14: Reinbestand am Monte Lema, Schweiz

Zumindest in ihrem Optimumbereich wird deshalb angestrebt, sie über die Vorwaldphase hinaus als Mischbaumart im Schlußwald zu erhalten [76, 132]. Zunehmend stehen Grundlagendaten zur Verfügung, aus denen Pflegekonzepte der Eberesche abgeleitet werden können [49, 50, 76, 129]. Im Zuge der aktuellen Umwandlung von Nadelholzreinbeständen in Laubmischwälder [133] könnte die Art eine wichtige neue Funktion als stabilisierendes und bereicherndes Bestandeselement übernehmen. Ihr dürfte in Zukunft eine größere waldbauliche Bedeutung als bisher zufallen.

Wachstum und Entwicklung

Flächendeckende ertragskundliche Daten über die Eberesche existieren noch nicht. Zu Wachstumsgang, Maximaldimensionen und -alter gibt es punktuelle Angaben. Zur Jugendentwicklung der Vogelbeere liegen folgende Zahlen für den Thüringer Wald vor [108]: Im Pflanzgarten erreicht sie in den ersten drei Jahren Höhen von 5 bis 10, 20 bis 40 und 150 cm, in natürlichen Verjüngungen von 4 bis 6 Jahren, 60 bis 80 cm lange Jahrestriebe. Die Vogelbeere zeichnet sich somit durch ein rasches Jugendwachstum aus. Den mit ihr häufig vergesellschafteten Baumarten Buche und Tanne ist sie bis ins Alter von 15 bis 25 Jahren deutlich wuchsüberlegen. Von der Fichte wird die Vogelbeere im Längenzuwachs auf mittleren Standorten nach 10 bis 15 Jahren überholt, auf geringen Standorten nach 15 bis 25 Jahren. Der maximale Höhenzuwachs fällt ins Alter von 5 bis 15 Jahre, ab 25 bis 30 Jahre wird nur noch ein sehr geringer Zuwachs verzeichnet. Probestämme aus dem westfälischen Bergland zeigten ein etwas geringeres Jugendwachstum als im Thüringer Wald, erreichen dafür aber im Alter höhere Dimensionen. 25 m hohe und 50 cm starke Vogelbeeren sind dort keine Seltenheit [50].

Neuere Zahlen zeigen, daß die in der Literatur häufig zu findenden, maximalen BHD-Angaben für *S. aucuparia* von 25 bis 35 cm zu niedrig angesetzt sind. SCHEITEL [120] beobachtete in der Rhön Exemplare mit Durchmessern bis 40 cm, ZERBE [132] im Thüringer Wald bis 45 cm, und im westfälischen Bergland wurden Vogelbeeren bis 62 cm Stärke gemessen [50]. Auf 1100 m Höhenlage ü. NN. im Schweizer Jura fand FANKHAUSER [30] einen Baum mit 43 cm BHD.

Das Höchstalter der Eberesche wird im Schrifttum mit Werten zwischen 80 bis 150 Jahren angegeben [30, 47, 88], wobei diese nicht auf Jahrringzählungen, sondern auf Schätzungen basieren. Ein Exemplar im westfälischen Bergland, das etwa so alt wie der sie umgebende Buchenbestand von 104 Jahren sein dürfte, wies bei einer Höhe von 24,5 m einen BHD von 48 cm auf [50].

Pathologie

biotisch

Die Eberesche ist dem Wildverbiß sehr stark ausgesetzt [27, 35, 44]. Intensiver Verbiß durch Reh-, Rot-, Gamswild und im Norden durch Elche hatte zur Folge, daß sie auch dort, wo sie von Natur aus häufig vorkommt, selten wurde oder völlig verschwunden ist. Im Vergleich zum Verbiß sind andere Gefahren mit Ausnahme des Feuerbrandes *(Erwinia amylovora)*, einer Bakterienkrankheit, die jedoch relativ selten ist [84], zu vernachlässigen.

Unter den pathogenen Pilzen sind *Gymnosporangium*-Arten relativ häufig, die durch gelb bis orangefarbene Flecken auf der Blattoberfläche auffallen [42] und gelegentlich auch Triebe und Früchte befallen. Welken von Blättern und Triebspitzen verursachen *Verticillium*-Arten, deren Mycel im Splintholz zu Verstopfungen der Wasserleitungsbahnen führt [17]. Diese Pilze sind aber, wie andere auf der Vogelbeere parasitierende Rostarten, mehrere Mehltaupilze sowie Schorferreger, ungefährlich. Sie bewirken in der Regel nur das sporadische Absterben von Trieben [1].

Normalerweise harmlos sind auch die Schäden durch Viren [25, 107, 122], von denen das Ringfleckenmosaikvirus (hellgrüne bis weißliche Flecken, Ringe oder Bänder an Blättern) am häufigsten ist [17]. Durch Insekten gab es in den 80er Jahren in NO-Bayern Schaden durch den Weißdorn-Blattkäfer *(Lochmaea crataegi)* und zwei Rüsselkäfer *(Otiorrhynchus niger, Hylobius abietis)*, im Frankenwald ausschließlich durch Rüßler-Arten *(O. pupillatus, O. sulcatus, O. singularis, Phyllobius arcorator, P. viridicolis, Strophosomus melanogrammus)* [124] und im Erzgebirge durch den Kleinen Frostspanner *(Operophtera brumata)* sowie durch die Deckelschildlaus *(Chionaspis salicis)* [79].

Größere Probleme stellen Schädlinge in Kulturen und Plantagen der Edel-Eberesche dar. Der Hauptschädling ist hier die Ebereschenfruchtmotte *(Argyrestia conjugella)*, deren Raupen Gänge ins Fruchtfleisch fressen und auf Apfelbäume übergehen. Relativ häufig richten auch die Raupen der Ebereschensägewespe *(Hoplocampa alpina)* und der Ebereschensamenwespe *(Negastismus brevicaudis)* Schäden an den Früchten an [32].

abiotisch

Die Vogelbeere unterliegt nur in geringem Umfang abiotischen Schädigungen. Erwähnt wurde bereits ihre Unempfindlichkeit bei verschiedenen Frostarten. Auch bei Eisanhang, Wind und Schnee hat sie sich als Baumart hoher Resistenz erwiesen [74, 75, 109].

anthropogen

Junge Vogelbeeren sind gegen Streusalz sowohl bei direkter Einwirkung über die Triebe als auch indirekt über den Boden sehr anfällig [14, 16, 77]. Gegenüber Schwefeldioxid reagiert die Vogelbeere mit mittlerer Empfindlichkeit, gegen Ozon ist sie sehr empfindlich. Bei chronischer SO_2-Belastung ist eine offensichtliche Leistungsreduktion trotz kaum sichtbarer Schäden zu verzeichnen. Erst bei akuter Belastung zeigen sich Blattnekrosen [19].

Nutzung

Holz

Im Norden und Nordosten des Vorkommens hat die Eberesche wirtschaftliche Bedeutung, indem das Holz zu Möbeln verarbeitet wird [78]. In Mitteleuropa besteht bisher keine planmäßige Nutzung für Vogelbeerholz, doch wird es gelegentlich von Tischlern, Wagnern, Drechslern und Schnitzern geschätzt [47]. Das Holz wird namentlich für Spazierstöcke, Werkzeugstiele, Faßdauben und Musikinstrumente (Flöten) verwendet. Triebe werden als Flechtwerk für Körbe genutzt [108].

Entgegen der verbreiteten Meinung, das Holz der Eberesche gehöre zu den sog. „Weichlaubhölzern" (Rohdichte unter 0,55 g/cm³) und sei nur von geringem Wert, kommen PRIEN [108] und SACHSSE et al. [116] in ihren Untersuchungen zu einem anderen Urteil. Es wird als Rohstoff für die Zellstoff- und Papierindustrie empfohlen. Für die Halbzellstoffherstellung ist es der Buche klar überlegen. Zur Produktion von Faserplatten eignet es sich gut. Die unteren 2 bis 4 m Stammlänge liefern nicht selten Rundholzsorten von hohem technologischen Gebrauchswert sowie Furnierqualität mit Schäl- und Messerfurniereignung.

Die Festigkeitswerte (Längszugfestigkeit, Biegefestigkeit und Schlagzähigkeit) sind vergleichbar mit denen der Stieleiche *(Quercus robur)*, teilweise werden bessere Werte erreicht. Die Verwendung für die Tischlerei und Möbelindustrie ist ohne Einschränkung möglich.

Abb. 15: Naturverjüngung, befallen von Gymnosporangium spec.

Landschaftspflege

Die Blüten- und Fruchttracht der Vogelbeere sowie ihre auffällige Herbstfärbung ist von beachtlichem dekorativen Wert. Als Park- und Straßenbaum ist das Gehölz außerdem aufgrund der lockeren, nicht zu großen Krone und des geringen Laubfalls interessant. Zu beachten ist allerdings die hohe Streusalzempfindlichkeit [32]. EBERT [24] gibt zahlreiche weitere Verwendungen der Eberesche an, wie z.B. an Einschnittsböschungen von Straßen, Windschutzstreifen und zur Ablenkung von Vogelschwärmen in Obst- und Weinbaugebieten. Die süßfruchtige Form der Eberesche ist für ROHMEDER [113] der ideale Obstbaum für hohe Gebirgslagen.

Früchte

Die Früchte (Fruchtfleisch und Kerne), abgesehen von denen der Süßen Eberesche, enthalten die giftige Parasorbinsäure, die erst beim Erhitzen zerstört wird [58, 115]. Sie sind roh genossen sehr sauer bis bitter und können nach Verzehr größerer Mengen Erbrechen, Durchfall und sogar Nierenschädigungen auslösen. Erst nach Frosteinwirkung oder in Essigwasser eingelegt, schmecken sie milder. Der abführend wirkende Frischsaft ist ein Ersatz für Zitrone und Essig. Alle gekochten Zubereitungen wirken dagegen stopfend [45]. Zur Vollreife (Süßreife), etwa einen Monat nach der Frühreife, können die Früchte gekocht zu Marmelade, Sirup und Schnaps verwendet werden. In der Naturheilkunde werden Extrakte der Früchte als Heilmittel gegen Husten und Heiserkeit, bei mangelnder Nierentätigkeit, Gicht, Rheumatismus und ungekocht als Abführmittel genutzt. Früher wurde für Diabetiker der Zuckeraustauschstoff Sorbit aus den Früchten gewonnen. Die Früchte der Süßen Eberesche sind hilfreich bei Vitamin-C-Mangelerscheinungen.

Kulturformen

– *S. aucuparia* var. *moravica* ZENGERLING: Eine Mutationsform, die in N-Böhmen entdeckt und ab 1900 zunehmend durch Baumschulen vermehrt und gehandelt wurde [66]. Kennzeichnend ist das Fehlen des giftigen Bitterstoffs Parasorbinsäure. Zur Übertragung dieses Merkmals auf die Nachkommen muß die Edel-Eberesche vegetativ vermehrt werden. Untersuchungen der Inhaltsstoffe ergaben neben den bekannt hohen Vitamin-C-Gehalten (frische Beeren: 80 bis 120 mg/100 g; Preßsaft 30 bis 60 mg/100 g; Saftkonzentrat: bis 240 mg/100 g [32]) Apfelsäure, Sorbit, Karotin und Vitamin P-aktive Substanzen.

Eine Abweichung davon mit tief eingeschnittenen Blättern und korallenroten jungen Trieben ist die Form *laciniata* BEISSN. (Syn. forma „Beissneri"), ähnlich ist auch die Blattzähnung bei der Form „Asplenifolia" mit normal gefärbten Trieben.

Abb. 16: Fiederblättchen von ssp. aucuparia (links), var. moravica (Mitte) und var. rossica (rechts), verändert nach [95]

Die wichtigsten Unterschiede zwischen der Normalform und der Edel-Eberesche sind [32, 95]:

Merkmal	**S. aucuparia**	**S. aucuparia var. moravica**
Fiederblättchen	Basis stumpf bis ins untere Drittel scharf gesägt	Basis spitz weniger tief gesägt und unteres Drittel ungesägt
Herbstfärbung	gelbgrün bis rot	braunviolett
Blütenstand	kleiner, eher kugelig	größer, flacher ausgebreitet
Frucht	bitter und sauer kleiner ohne Lenticellen zinnoberrot	süßsauer, nicht bitter größer mit hellgelben Lenticellen scharlachrot
Reifefärbung	grün-grüngelb-rot	grün-orange-rot

– *S. aucuparia* var. *rossica* SPÄTH-KOEHNE: Aus Rußland stammende und dort häufig angebaute, bitterstoffarme Sorte. Kennzeichnend sind die starke Behaarung der Blätter und die rotgefärbten Blattspindeln. Eine starkwüchsige und großfruchtige Form ist forma *major* SPÄTH mit über 1,5 cm großen Früchten [32, 95].

Daneben gibt es verschiedene Gartenformen, die u.a. durch schlank kegelförmigen Wuchs (Fastigiata), unregelmäßig hin und hergebogene Triebe (Pendula), Hängeform mit gelblichen Blättern (Pendula Variegata) sowie durch orangegelbe Früchte, die von Vögeln meist nicht angenommen werden (Xanthocarpa), auffallen [11, 70, 92].

Phänologie

Die Eberesche gehört zu den 46 Pflanzenarten, die vom Deutschen Wetterdienst im amtlichen phänologischen Netz erfaßt werden. Bei einer 36jährigen Beobachtungsreihe mit Beginn im Jahre 1957 liegt der mittlere Zeitpunkt „Erste Früchte reif" für Ostfildern-Ruit (410 m ü. NN., nahe Stuttgart) am 4. August [98].

Zum Blattaustriebsbeginn liegt eine Beobachtung von PRIEN [94] vor, wonach die Eberesche in den montanen Lagen des Thüringer Waldes vor allen anderen Baumarten austreibt. Der Blühtermin ist in der Ebene Anfang bis Mitte Mai, in den höheren Lagen der Mittelgebirge Ende Mai bis Anfang Juni. In der subalpinen Stufe Mittelschwedens blüht die Vogelbeere erst Ende Juli bis in die ersten Augusttage [71]. Der Zeitpunkt der Fruchtreife schwankt zwischen Anfang August und der zweiten Oktoberhälfte, je nach geographischer Breite, Höhenlage und Witterung [30].

Eine Formel für den Blühzeitpunkt hat KRONENBERG [68] aufgestellt. Danach sind für die Blütenentwicklung von *S. aucuparia* 750 Stunden unter 7 °C erforderlich und eine Wärmesumme von 160 °C ab dem Zeitpunkt im Jahr, bei dem die tägliche Mitteltemperatur 6 °C nicht mehr unterschreitet.

Spätformen von *S. aucuparia* var. *glabrata* sind durch KOVANDA [65] aus dem slowakischen Mittelgebirge und der Hohen Tatra bekannt. Diese „chronologischen Vikarianzen", die er auf Mutation zurückführt, weisen einen um drei bis vier Wochen verspäteten Zyklus auf, jedoch ohne Zwischenformen zu den normalen phänologischen Sippen. Sie kommen stets gemischt mit den Normalformen vor und unterscheiden sich morphologisch nicht von diesen.

Verschiedenes

- *S. aucuparia* genießt seit alters her bei den nordgermanischen, slavischen und finnisch-ugrischen Völkern hohes Ansehen. Der Grund dafür dürfte in ihrem weiten Vordringen nach Norden, ihrer hohen Vitalität sowie ihrer auffälligen Erscheinung zu suchen sein. Im finnischen Nationalepos, der Kelevala, ist es der Eberesche vorbehalten, die Nymphe Philajatar zu beherbergen. Auf Island gilt sie als heiliger Baum.

  Ebereschenzweige in Gräbern der älteren Bronzezeit weisen auf Amulette eines Abwehrzaubers hin. Besonders in Schottland und Irland, aber auch in Skandinavien ist noch heute der Glaube an die Unheil fernhaltende Wirkung der Eberesche gegenwärtig. So sollen z.B. epiphytisch wachsende Vogelbeeren, insbesondere die an Himmelfahrt geschnittenen, das Eindringen von Hexen verhindern.

  Auch in der germanischen Göttersage Edda taucht *S. aucuparia* an hervorragender Stelle auf. Es wird berichtet, daß sie dem blitzschleudernden Gott Thor das Leben rettete, weil er, als ihm das Wasser bis zum Halse stand, im wilden Strom einen Zweig der Eberesche zu fassen bekam und sich so aus dem tosenden Element retten konnte. Wohl aus dieser Zeit hat sich in einigen Gegenden Deutschlands der Glaube erhalten, daß die Vogelbeere den Blitz abhält. Dazu werden die reifen Früchte in Kränzen oder Büscheln vor die Fenster oder auf die Dächer gehängt.

  Die angeblich fruchtbar machende Wirkung der Eberesche ist für den norddeutschen Brauch des „Kälberquiekens" verantwortlich. Mit einem frühmorgens nach Bestrahlung durch die ersten Sonnenstrahlen abgetrennten Zweig der Vogelbeere wurde dem einjährigen Rind dreimal auf den Rücken geschlagen und ihm ein Name gegeben. Damit sollte sich die Fertilität des Zweigs auf das Tier übertragen [86].

- Der artbeschreibende Name *„aucuparia"* ist vom lateinischen „aucupari" = vogelstellen („avis" = Vogel und „capere" = fangen) abgeleitet. Auch der deutsche Name Vogelbeere weist auf die Bedeutung der Art als Vogelweide hin. Die Herkunft des seit dem 16. Jahrhundert gebräuchlichen Begriffs Eberesche ist nicht ganz geklärt. Als unwahrscheinlich gilt, daß damit das Tier „Eber" gemeint ist. Verbreiteter ist die Meinung, daß die Eberesche als „Aber-Esche", d.h. unechte Esche, aufgefaßt wurde. Auch mit dem irischen Wort „ibar", das Eibe und Eberesche bedeuten soll, wird es in Verbindung gebracht [86, 87]. Auf eine ähnliche Wurzel verweisen Schubert und Wagner [126]. Danach steht das indoeuropäische Wort „erebh" für dunkelrötlich, bräunlich, verwandt mit dem gallischen „eburos" = Eibe, womit wiederum auf die auffallenden Früchte verwiesen wird.

Weiterführende Literatur

[1] Aas, G.; Holdenrieder, O., 1992: Die Vogelbeere (Sorbus aucuparia L.). Der vielseitige Pionier. Wald und Holz 73, 48–50.

[2] Adler, W.; Oswald, K.; Fischer, R., 1994: Exkursionsflora von Österreich. Verlag Eugen Ulmer, Stuttgart und Wien.

[3] Albrecht, J., 1987: Maßnahmen zur Erhaltung der genetischen Vielfalt seltener Baumarten in Hessen. Forst- und Holzwirt 42, 205–208.

[4] Anonymus, 1987: Laubbaumbeimischung und Waldpflege. Bayer. Staatsminist. Ernährung, Landw., Forsten, Nr. F4-W100-66, München.

[5] Anonymus, 1991: Informationen zur Ernte, Lagerung und Ausbringung von Saatgut verschiedener Baum- und Straucharten. Unveröff. Manuskript. der WSL Birmensdorf.

[6] Anonymus, 1993: Mitteleuropäische Waldbaumarten. Professur für Waldbau und Professur für Forstschutz & Dendrologie der ETH Zürich. Unveröffentl. Vorlesungsskript.

[7] Bärtels, A., 1989: Gehölzvermehrung. 3. Aufl. Verlag Eugen Ulmer, Stuttgart.

[8] Barclay, A.M.; Crawford, R.M.M., 1982: Winter desiccation stress and resting bud viability in relation to high altitude survival in Sorbus aucuparia L. Flora **172**, 21–34.

[9] Barclay, A.M.; Crawford, R.M.M., 1984: Seedling emergence in the rowan (S. aucuparia) from an altitudinal gradient. J. Ecol. **72**, 627–636.

[10] Bartsch, J.; Bartsch, M., 1940: Vegetationskunde des Schwarzwaldes. In: Pflanzensoziologie 4. Gustav Fischer Verlag, Jena.

[11] Bean, W.J., 1980: Trees and shrubs hardy in the British Isles. 8. Aufl. John Murray, London.

[12] Bischoff, N., 1987: Begründung und pflegliche Nutzung von Gebirgswäldern. Eidgen. Drucksachen- und Materialzentrale Bern.

[13] Boratynski, A., 1991: [Chorological analysis of woody flora of the Western Sudety Mts]. Polska Akad. Nauk. Inst. Dendrol. Kornik.

[14] Braun, G.; Schönborn, v., A.; Weber, E., 1978: Untersuchungen zur relativen Resistenz von Gehölzen gegen Auftausalz (Natriumchlorid). AFJZ 149, 21–35.

[15] Brazier, J.D.; Franklin, G.L., 1961: Identification of Hardwoods. A Microskope Key. Dept. Scientific and Industrial Res. For. Prod. Res. Bull. 46. Her Majesty's Stationery Office, London.

[16] Buschbom, U., 1968: Salzresistenz oberirdischer Sproßteile von Holzgewächsen. Chlorideinwirkungen auf Sproßoberflächen. Flora (Abt. B) **157**, 527–561.

[17] Butin, H., 1989: Krankheiten der Wald- und Parkbäume. 2. Aufl. Georg Thieme Verlag, Stuttgart, New York.

[18] Clapham, A.R.; Tutin, T.G.; Warburg, E. F., 1987: Flora of the British Isles. 3. Aufl. Cambridge Univ. Press, Cambridge.

[19] Dässler, H.-G.; Börtitz, S., 1988: Air pollution and its influence on vegetation. Dr. W. Junk Publishers, Dordrecht, Boston, Lancaster.

[20] Drapier, N., 1993: Les Sorbus en France: caracteres botaniques et generalites. Rev. For. Franc. **45**, 207–215.

[21] DRAPIER, N., 1993: Ecologie et interet sylvicole de divers Sorbus en France. Rev. For. Franc. **45**, 345–354.
[22] DÜLL, R., 1959: Unsere Ebereschen und ihre Bastarde. Frankhsche Verlagsbuchhandlung, Stuttgart.
[23] DÜLL, R., 1961: Die Sorbus-Arten und ihre Bastarde in Bayern und Thüringen. Ber. Bayer. Bot. Ges. **34**, 11–65.
[24] EBERT, W., 1973: Mehr Vogelbeerbäume für Landschaftspflege und Naturschutz. Forst- und Holzwirt 38, 216–217.
[25] EBRAHIM-NESBAT, F.; IZADPANAH, K., 1992: Viruslike particles associated with ringfleck mosaic of mountain ash and a mosaic disease of raspberry in the Bavarian Forest. Europ. J. For. Path. **22**, 1–10.
[26] EIBERELE, K.; KOCH, N., 1975: Die Bedeutung der Waldstruktur für die Erhaltung des Haselhuhns (T b l.). Schweiz. Z. Forstwes. **126**, 876–888.
[27] EIBERELE, K.; WENGER, C.A., 1983: Zur Bedeutung der forstlichen Betriebsart für das Reh. Schweiz. Z. Forstwes. **134**, 191–206.
[28] ELLENBERG, H., 1986: Vegetation Mitteleuropas mit den Alpen in ökologischer Sicht. 4. Aufl. Verlag Eugen Ulmer, Stuttgart.
[29] FABRICIUS, L., 1931: Die Samenkeimung von Sorbus aucuparia L. Forstw. Cbl. **53**, 413–418.
[30] FANKHAUSER, F., 1910: Zur Kenntnis des Vogelbeerbaumes. Schweiz. Z. Forstwes. **61**, 1–6, 42–52, 116–120.
[31] FIRBAS, F., 1949: Spät- und nacheiszeitliche Waldgeschichte Mitteleuropas nördlich der Alpen. Bd. 1. Gustav Fischer Verlag, Jena.
[32] FRIEDRICH, G.; SCHURICHT, W., 1989: Seltenes Kern-, Stein- und Beerenobst. J. Neumann-Neudamm, Melsungen.
[33] FRITSCH, K., 1898: Zur Systematik der Gattung Sorbus. Österr. Bot. Z. **48**, 1–4, 47–49, 167–171.
[34] GABRIELIAN, E., 1961: The genus Sorbus L. in Turkey. Notes RBG Edinb. 23, 483–496.
[35] GAMPE, S., 1989: Über Schutzwaldaufforstungen in den Bayerischen Alpen. Mitt. Staatsforstverwaltung Bayerns 44.
[36] GREGUSS, P., 1945: Bestimmung der mitteleuropäischen Laubhölzer und Sträucher auf xylotomischer Grundlage. Verlag des Ungarischen Naturwiss. Museums.
[37] GRIME, J.P.; HODGSON, J.G.; HUNT, R., 1988: Comparative plant ecology. A functional approach to common British species. Unwin Hyman Ltd., London.
[38] GROSSER, D., 1977: Die Hölzer Mitteleuropas. Springer Verlag, Berlin, Heidelberg, New York.
[39] HANDSCHACK, W., 1963: Über das Vorkommen der Parasorbinsäure in den Früchten der Gattung Sorbus. Flora **153**, 514–520.
[40] HANSEN, O.B., 1990: Propagating Sorbus aucuparia L. and Sorbus hybrida L. by softwood-cuttings. Scientia Hort. 42, 169–175.
[41] HARI, T.; LEISINGER, U.; ZYSSET, S., 1993: Vogelbeerwald (Sorbus aucuparia L.) an der Waldgrenze im Gebiet M. Lema – M. Gradiccioli – M. Tamaro, Malcantone (Tessin). Unveröff. Semesterarbeit am Dep. für Wald- und Holzforschung, ETH Zürich.
[42] HARTMANN, G.; NIENHAUS, F.; BUTIN, H., 1988: Farbatlas Waldschäden. Diagnose von Baumkrankheiten. Verlag Eugen Ulmer, Stuttgart.
[43] HEGI, G., 1921: Illustrierte Flora von Mitteleuropa. Band IV, Teil 2. J. F. Lehmanns Verlag, München.
[44] HEIKKILA, R.; HARKONEN, S., 1993: Moose (Alces alces L.) browsing in young Scots pine stands in relation to the characteristics of their winter habitats. Silva Fennica **27**, 127–143.
[45] HEISS, E., 1980: Wildgemüse und Wildfrüchte. Dr. Johann Herp GmbH, München.
[46] HERING, S., 1993: Waldbau im SO_2-Immissionsschadgebiet der sächsischen Mittelgebirge. AFZ 48, 1300–1303.
[47] HESS, R., 1905: Die Eigenschaften und das forstliche Verhalten der wichtigeren in Deutschland vorkommenden Holzarten. Verlag Paul Parey, Berlin.
[48] HESS, H.E.; LANDOLT, E.; HIRZEL, R., 1977: Flora der Schweiz und angrenzender Gebiete, Band 2. Birkhäuser Verlag, Basel und Stuttgart.
[49] HILLEBRAND, K., 1995: Untersuchungen zum Wachstum und zur Ökologie älterer Vogelbeeren-Fichtengruppen in Hochlagen (Sorbus aucuparia L.; Picea abies L. [KARST.], in: LÖBF (Hrsg.): Weichlaubhölzer und Sukzessionsdynamik in der naturnahen Waldwirtschaft. Schriftenreihe Landesanst. Ökologie, Bodenordnung und Forsten Nordrhein- Westfalen, **4**, 109–124.
[50] HILLEBRAND, K.; LEDER, B., 1995: Auch die Vogelbeere kann erhebliche Dimensionen erreichen. AFZ 50, 582–584.
[51] HORNDASCH, M., 1984: Waldbauliche Behandlung geschädigter Bestände. AFZ 39, 205–206.
[52] HULTEN, E.; FRIES, M., 1986: Atlas of North European vascular plants north of the tropic of cancer. Band III. Koeltz Scientific Books, Königstein.
[53] ISSLER, E., 1932: Die Buchenwälder der Hochvogesen. Veröff. Geobot. Inst. Rübel Zürich **8**, 464–489.
[54] ISSLER, E., 1942: Vegetationskunde der Vogesen. In: Pflanzensoziologie 5. Gustav Fischer Verlag, Jena.
[55] JALAS, J., 1990: Sorbus aucuparia f. flavescentmarginata. Ann. Bot. Fennici **27**, 91.
[56] JONES, G.N., 1939: A synopsis of the North American species of Sorbus. J. Arnold Arbor. **20**, 1–43.
[57] KANNGIESER, K., 1927: Dendrologische Toxikologie. Mitt. Dtsch. Dendrolog. Ges. **38**, 67–76.
[58] KANNGIESER, K., 1928: Dendrologische Toxikologie II. Mitt. Dtsch. Dendrolog. Ges. **40**, 135–138.
[59] KARPATI, Z., 1960: Die Sorbus-Arten Ungarns und der angrenzenden Gebiete. Feddes Repertorium **62**, 71–331.
[60] KAUSCH-BLECKEN v. SCHMELING, W., 1992. Der Speierling Sorbus domestica L. Bovenden.
[61] KNAPP, R., 1978: Die Pflanzenwelt der Rhön unter besonderer Berücksichtigung der Naturpark-Gebiete. 2. Aufl. Verlag Parzeller & Co., Fulda.
[62] KOCH, N., 1978: Hasel- und Auerhuhn an der Hohen Rone (Kanton Zug, Schweiz). Schweiz. Z. Forstwes. **129**, 897–933.
[63] KÖPP, R., 1987: Erfahrungen über die Vermehrung und Anzucht von einheimischen Straucharten. Forst- und Holzwirt **42**, 268–274.
[64] KOVANDA, M., 1961: Flower and fruit morphology of Sorbus in correlation to the taxonomy of the genus. Preslia **33**, 1–16.
[65] KOVANDA, M., 1961: Phänologische Beobachtungen einiger Sorbus-Arten. Acta Dendrol. Cechoslovaca III, 135–138.
[66] KRAETZL, F., 1890: Die süße Eberesche, Sorbus aucuparia L. var. dulcis. Wien und Olmütz.

[67] KREUTZER, K., 1961: Wurzelbildung junger Waldbäume auf Pseudogleyböden. Forstwiss. Cbl. **80**, 356–391.

[68] KRONENBERG, H.G., 1994: Temperature influences on the flowering dates of Syringa vulgaris L. and Sorbus aucuparia L. Scientia Hort. **57**, 59–71.

[69] KRÜSSMANN, G., 1964: Die Baumschule. 3. Aufl. Verlag Paul Parey, Berlin und Hamburg.

[70] KRÜSSMANN, G., 1978: Handbuch der Laubgehölze. Band 3. 2. Aufl. Verlag Paul Parey, Berlin und Hamburg.

[71] KULLMANN, L., 1986: Temporal and spatial aspects of subalpine populations of Sorbus aucuparia L. in Sweden. Ann. Bot. Fenn. **23**, 266–275.

[72] LÄSSIG, R., 1995: Zur Entwicklung von Fichten-Windwurfflächen mit und ohne Räumungs- und Wiederbewaldungsmaßnahmen in den Schweizer Alpen, in: LÖBF (Hrsg.): Weichlaubhölzer und Sukzessionsdynamik in der naturnahen Waldwirtschaft. Schriftenr. Landesanst. Ökologie, Bodenordnung und Forsten Nordrhein-Westfalen **4**, 13–27.

[73] LANG, H.-P., 1985: Wie läßt sich der notwendige Aufwand für Waldpflege entscheidend verringern? AFZ 40, 1325.

[74] LEDER, B., 1989: Schädigung der Weichlaubhölzer durch Eisanhang. AFZ 44, 50.

[75] LEDER, B., 1995: Jugendwachstum und waldbauliche Behandlung von natürlich angesamten Weichlaubhölzern in Laubholzjungwüchsen, in: LÖBF (Hrsg.): Weichlaubhölzer und Sukzessionsdynamik in der naturnahen Waldwirtschaft. Schriftenr. Landesanst. Ökologie, Bodenordnung und Forsten Nordrhein-Westfalen **4**, 29–41.

[76] LEDER, B., 1996: Die Bedeutung der Vogelbeere bei Sekundärsukzessionen im Eggegebirge. AFZ/Der Wald **51**, 997–999.

[77] LEH, H.O., 1975: Die Gefährdung der Straßenbäume durch Auftausalz. Dtsche. Baumschule, 250–253.

[78] LEIBUNDGUT, H., 1984: Unsere Waldbäume. Verlag Huber, Frauenfeld, Stuttgart.

[79] LEMME, H., 1995: Die Gefährdung der Ebereschen-Pionierbestockungen der Kammlagen des östlichen Erzgebirges durch Insekten, in: LÖBF (Hrsg.): Weichlaubhölzer und Sukzessionsdynamik in der naturnahen Waldwirtschaft. Schriftenr. Landesanst. Ökologie, Bodenordnung und Forsten Nordrhein- Westfalen **4**, 143–145.

[80] LETTL, A., 1986: Biochemical Activities of Soil Microflora in SO_2 Polluted Forest Stands. Folia Microbiol. **31**, 220–227.

[81] LILJEFORS, A., 1934: Über normale und apospore Embryosackentwicklung in der Gattung Sorbus, nebst einigen Bemerkungen über die Chromosomenzahlen. Svensk Bot. Tidskr. **28**, 290–299.

[82] LILJEFORS, A., 1953: Studies in propagation, embryology, and pollination in Sorbus. Acta Horti Bergiani **16**, 277–329.

[83] LILJEFORS, A., 1955: Cytological studies in Sorbus. Acta Horti Bergiani **17**, 47–113.

[84] MAIER, J., 1994: Sorbus LINNE Eberesche, Mehlbeere, in: SCHÜTT/SCHUCK/AAS/LANG (Hrsg.): Enzyklopädie der Holzgewächse III-2. ecomed Verlag, Landsberg.

[85] MAIER, J., 1994: Sorbus aria (LINNE) CRANTZ, in: SCHÜTT/SCHUCK/AAS/LANG (Hrsg.): Enzyklopädie der Holzgewächse III-2. ecomed Verlag, Landsberg.

[86] MARZELL, H., 1926: Die deutschen Bäume in der Volkskunde. 2. Die Eberesche (Sorbus aucuparia). Mitt. Dtsch. Dendrol. Ges. **37**, 71–78.

[87] MARZELL, H., 1977: Wörterbuch der deutschen Pflanzennamen. Bd. 4. S. Hirzel Verlag, Stuttgart.

[88] MAYER, H., 1984: Waldbau. 3. Aufl. Gustav Fischer Verlag, Stuttgart.

[89] MCALLISTER, H.A., 1986: The rowan and its relatives (Sorbus spp.) Ness Series I. Ness Gardens (Univ. Liverpool Bot. Gardens).

[90] MEYER, F.H., 1991: Mykorrhiza der Bäume. Schweiz. Beitr. Dendrologie **41**, A 163–170.

[91] MICHIELS, H.G., 1993: Die Stellung einiger Baum- und Straucharten in der Struktur und Dynamik der Vegetation im Bereich der hochmontanen und subalpinen Waldstufe der bayerischen Kalkalpen. Forstl. Forschungsber. München 135.

[92] MITCHELL, A., 1979: Die Wald- und Parkbäume Europas. Verlag Paul Parey. Hamburg und Berlin.

[93] MOOSER, O., 1995: Umwandlungen unstandortsgemäßer Fichtenbestände in naturnahe Mischwälder im Bereich der Forstverwaltung Bad Goisern der Österreichischen Bundesforste. Cbl. ges. Forstwes. **112**, 33–51.

[94] MÜLLER-SCHNEIDER, P., 1986: Verbreitungsbiologie der Blütenpflanzen Graubündens. Veröff. Geobot. Inst. Rübel, Zürich **85**, 1–263.

[95] MÜLLER-STOLL, W.R.; MICHAEL, K., 1948: Untersuchungen über die Eigenschaften der Beeren und Blätter von süßen und bitteren Ebereschen (Sorbus aucuparia L.). Züchter 8/9, 233–247.

[96] NEBE, W., 1994: Zur Ernährung von Umwandlungsbaumarten auf immissionsbelasteten Standorten des Erzgebirges. Forstwiss. Cbl. **113**, 291–301.

[97] NEBE, W., 1995: Zur Ernährung von Salweiden-, Aspen-, Birken- und Ebereschen-Aufwüchsen im Erzgebirge, in: LÖBF (Hrsg.): Weichlaubhölzer und Sukzessionsdynamik in der naturnahen Waldwirtschaft. Schriftenr. Landesanst. Ökologie, Bodenordnung und Forsten Nordrhein Westfalen **4**, 61–68.

[98] NIETZOLD, J., 1993: Phänologie. Vom Rhythmus des Zeitleibes der Pflanzen im Jahreslauf. J. Ch. Mellinger Verlag, Stuttgart.

[99] OBERDORFER, E., 1957: Süddeutsche Pflanzengesellschaften. In: Pflanzensoziologie 10. Gustav Fischer Verlag, Jena.

[100] OBERDORFER, E., 1973: Die Gliederung der Epilobieta angustifolii-Gesellschaften am Beispiel süddeutscher Vegetationsaufnahmen. Acta Bot. Acad. Sci. Hung. **19**, 235–253.

[101] OBERDORFER, E., 1983: Pflanzensoziologische Exkursionsflora. 5. Aufl. Verlag Eugen Ulmer, Stuttgart.

[102] OBERDORFER, E., 1992: Süddeutsche Pflanzengesellschaften. Teil IV. 2. Aufl. Gustav Fischer Verlag, Jena, Stuttgart, New York.

[103] OSTER, U., 1988: Keimhemmstoffe aus Sorbus aucuparia und Thuja occidentalis. Dissertation LMU München.

[104] PASSARGE, H., 1987: Wildobst-Gehölzgesellschaften. Tuexenia **7**, 381–410.

[105] PASSARGE, H.; HOFMANN, G., 1968: Pflanzengesellschaften des norddeutschen Flachlandes II. In: Pflanzensoziologie 16. Gustav Fischer Verlag, Jena.

[106] PIGNATTI, S., 1982: Flora d'Italia. Vol. I. Edagricole, Bologna.

[107] POLAK, Z.; PROCHAZKOVA, Z.; BRANDISOVA, H., 1990: Recent findings of viruses of forest trees on the territory of the Czech Republic. Arch. Phytopathol. Pflanzenschutz, **26**, 389–393.

[108] PRIEN, S., 1965: Waldbauliche und holzkundliche Eigenschaften der Eberesche (Sorbus aucuparia L.). Dissertation Techn. Univ. Dresden, Sektion Forstwirtschaft, Tharandt.

[109] PRIEN, S., 1995: Struktur, waldbauliche Eigenschaften und waldbauliche Behandlung von Ebereschenvorwäldern, in: LÖBF (Hrsg.): Weichlaubhölzer und Sukzessionsdynamik in der naturnahen Waldwirtschaft. Schriftenr. Landesanst. Ökologie, Bodenordnung und Forsten Nordrhein-Westfalen **4**, 45–59.

[110] PULLAINEN, E., 1978: The nutritive value of rowanberries, Sorbus aucuparia L., for birds and mammals. Aquilo, Ser. Zool. **18**, 28–32.

[111] REIF, A., 1989: Nordbayerische Hecken – abiotische Standortsfaktoren und Bewirtschaftung. Verh. Ges. Ökologie **17**, 657–662.

[112] RICHARD, J.-L., 1968: Les groupements vegetaux de la reserve d'aletsch (valais, suisse). Beitr. geobot. Landesaufnahme Schweiz 51.

[113] ROHMEDER, E., 1972: Das Saatgut in der Forstwirtschaft. Paul Parey Verlag, Hamburg und Berlin.

[114] ROSTOVA, N.S.; SALNIKOVA, L.I., 1986: [Factorial analysis of morphological and anatomical characters of organs of Sorbus aucuparia, Sorbus gorodkovii and Sorbus sibirica Rosaceae.] Bot. Zh. **70**, 1516–1523.

[115] ROTH, L.; DAUNDERER, M.; KORMANN, K., 1988: Giftpflanzen – Pflanzengifte. Vorkommen Wirkung Therapie – Allergische und phototoxische Reaktionen. 3. Aufl. ecomed Verlagsgesellschaft, Landsberg.

[116] SACHSSE, H.; NEUFELDT, P.; OECHSLER, E., 1988: Untersuchungen wichtiger Holzeigenschaften der Eberesche. Holz als Roh- und Werkstoff **46**, 207–213.

[117] SALNIKOVA, L.I., 1980: [Comparative anatomy of the pericarp of spermoderm of Sorbus aucuparia, Sorbus gorodkovii and Sorbus sibirica.] Vestn. Leningr. Univ. Biol. 0, 60–66.

[118] SALNIKOVA, L.I., 1982: [Morphology and anatomy of leaves of Sorbus aucuparia, Sorbus gorodkovii and Sorbus sibirica Rosaceae.] Bot. Zh. **67**, 1264–1271.

[119] SCHAMINEE, J.H.J.; JANSEN, J.; HENNENENS, S. M., 1992: Scrub communities dominated by Sorbus species in the subalpine zone of the Monts du Forez (Massif Central, France). Proc. Kon. Nederl. Akad. v. Wetensch. **95**, Series C 95, 473–497.

[120] SCHEITEL, 1932: Sorbenbäume in der fränkischen Landschaft. Mitt. Dtsch. Dendrolog. Ges. **44**, 85–87.

[121] SCHELLER, H.; BAUER, U. et al., 1979: Der Speierling (Sorbus domestica L.) und seine Verbreitung im Frankfurter Raum. Mitt. Dtsch. Dendrol. Ges. **71**, 5–65.

[122] SCHIMANSKI, H.-H.; KEGLER, H.; FUCHS, E., 1987: Wildgehölze aus der Familie der Rosaceae als natürliche Reservoire von Viren des Kern- und Steinobstes. Zentralbl. Mikrobiol. **142**, 239–255.

[123] SCHMIDT, J., 1989: Die Pflanzenanzucht von Sorbus-Arten und Wildobst. Forsttechnische Inf. **5**, 38–39.

[124] SCHMIDT, O., 1989: Zur Gefährdung der Vogelbeere durch Insektenfraß. AFZ 44, 358–359.

[125] SCHMIDT, P.A., 1990: Gefährdung und Erhaltung von Arten und Populationen der autochthonen Gehölzflora der DDR. NNA-Berichte 3, 165–172.

[126] SCHUBERT, R.; WAGNER, G., 1988: Botanisches Wörterbuch. 9. Aufl. Gustav Fischer Verlag, Stuttgart.

[127] STÖCKER, G., 1967: Der Karpatenbirken-Fichtenwald des Hochharzes. Eine vegetationskundliche-ökologische Studie. In: Pflanzensoziologie 15. Gustav Fischer Verlag, Jena.

[128] WARBURG, E.F.; KARPATI, Z.E., 1968: Sorbus L. in: TUTIN, T.G. et al.: Flora Europaea. Volume 2. Univ. Press, Cambridge.

[129] WEIHS, U., 1995: Die Eberesche – eine ökologisch wertvolle Baumart bei der Walderneuerung auf Problemstandorten, in: LÖBF (Hrsg.): Weichlaubhölzer und Sukzessionsdynamik in der naturnahen Waldwirtschaft. Schriftenr. Landesanst. Ökologie, Bodenordnung und Forsten Nordrhein-Westfalen **4**, 69–82.

[130] WITTICH, W., 1953: Untersuchungen über den Verlauf der Streuzersetzung auf einem Boden mit starker Regenwurmtätigkeit. Schriftenr. Forstl. Fak. Univ. Göttingen **9**, 1–33.

[131] ZEITLINGER, H.J., 1990: Eberesche und Speierling (Sorbus aucuparia L. und Sorbus domestica L.). Österr. Forstztg., 31–34.

[132] ZERBE, S., 1993: Die Eberesche (Sorbus aucuparia) in Wald- und Gebüschgesellschaften unter besonderer Berücksichtigung schutzwürdiger Ebereschen-Buchenwälder in hochmontanen Lagen des Thüringer Waldes. Fragm. Flor. Geobot. **38**, 183–198.

[133] ZERBE, S., 1994: Zur Umwandlung von Nadelholzreinbeständen in Laubmischwälder. Forst und Holz **49**, 482–484.

Der Autor:

DR. JOSEF MAIER
Udalrichstraße 15
D–80933 München

Tilia tomentosa MOENCH

syn.: Tilia argentea DESF., Tilia alba AIT.

Silberlinde

Familie: Tiliaceae
Unterfamilie: Lindnera

engl.: Silver lime, Silver linden, White linden
franz.: Tilleul argenté
ital.: Tiglio tomentoso, Tiglio argentato

Abb. 1: Tilia tomentosa. Einzelbaum mittleren Alters.

Tilia tomentosa, ein hoher, relativ raschwüchsiger Waldbaum Südosteuropas fällt durch ein sehr attraktives, silbriggrünes Laubwerk auf und wird in Mitteleuropa gern als Allee- und Parkbaum angebaut. In den Eichenwäldern ihrer Heimat spielt die Art eine wichtige waldbauliche und ökologische Rolle. Sie kommt mit wenig Niederschlägen aus, ist eher kalkliebend und wird selten älter als 100 Jahre.

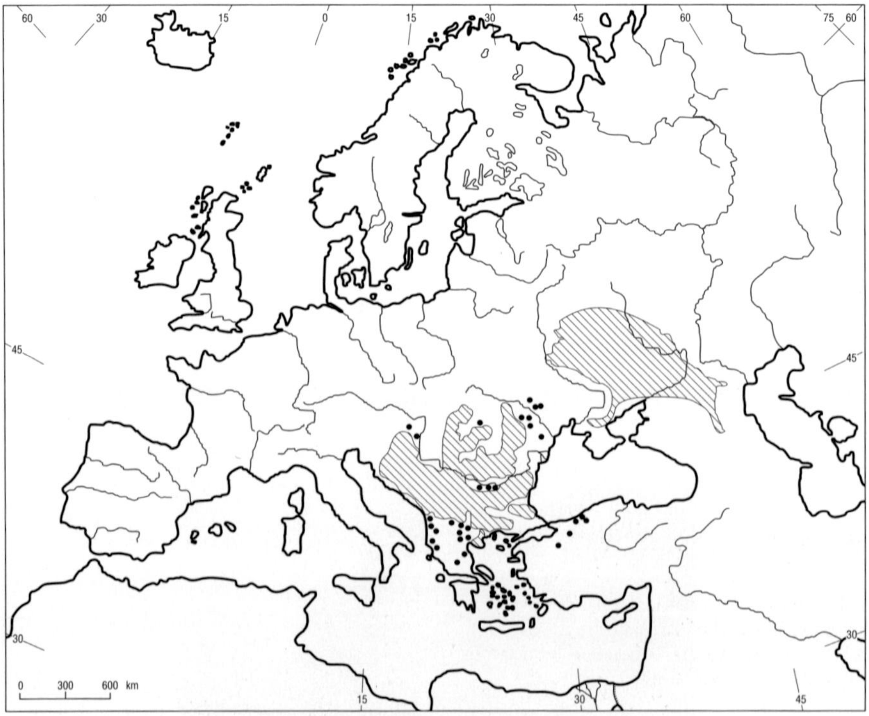

Abb. 2: Natürliches Verbreitungsgebiet (nach MEUSEL et al., 1978)
geschlossenes Areal ● Einzelvorkommen

Verbreitung

Die Silberlinde ist ein pannonisch-balkanisches Florenelement. Ihr relativ kleines natürliches Areal erstreckt sich vom Dinarischen Gebirge bis zur Moldau und bis zum nordwestlichen Teil Kleinasiens. In Ungarn verläuft die Nordgrenze des Verbreitungsgebietes entlang des Plattensees [1]. Im Donau-Theiß-Zwischenstromland sowie östlich der Theiß kommt sie nicht vor, wohl aber in der Sandsteppe von Deliblat (Serbien). Häufig sieht man sie an der Westgrenze Siebenbürgens, wo sie bis zu den Vorbergen der Karpaten vordringt. In den Ost- und Südkarpaten fehlt die Art; ihre nördlichsten Vorkommen liegen an der Moldau [5]. In Albanien, Griechenland und der Türkei kommen Silberlinden nur sporadisch vor [13].

Ihre Höhenverbreitung:

Ungarn und Rumänien:	150–400 m ü. NN (vorwiegend kollin)
Südwestkarpaten:	bis ca. 700 m
Velebit-Gebirge:	bis 900 m
Albanien:	150–1.300 m
Mazedonien:	400–700 m
Türkei:	50–500 m

Morphologie

Erscheinungsbild

T. tomentosa, eine laubabwerfende Art, erreicht Höhen von maximal 35 m und Stammdurchmesser (BHD) von ca. 60 cm (max. 110 cm). Ihr Stamm ist gerade, zylindrisch, eventuell ein wenig gerippt. In der Krone gehen die starken Äste zumeist im Winkel von 45° vom Stamm ab. Im Freistand setzt sie bereits in einer Stammhöhe von 3–4 m an, ist in der Jugend kegelförmig und wird später breit oval; im geschlossenen Bestand liegt die Höhe des Kronenansatzes bei 12–15 m und der Stamm ist mehr oder weniger astfrei. Vielstämmige Bäume kommen vor.

Die Stammrinde bleibt lange Zeit glatt, später entstehen senkrechte Risse; die Borke ist zunächst silbergrau und wird später dunkelgrau.

Junge Silberlinden bilden ein Pfahlwurzelsystem aus, später entstehen kräftige, oft nahe der Bodenoberfläche verlaufende Seitenwurzeln, die aber keine Senkerwurzeln entwickeln.

Abb. 3: Borke eines alten Stammes

Abb. 5: Beblätterter Zweig

Knospen und junge Triebe

Die grünen oder grünlichbraunen, jungen Triebe sind mit dichtstehenden Sternhaaren besetzt, was ihnen ein graues, filziges Aussehen verleiht. Später verkahlen sie und nehmen eine olivgrüne oder rötlichbraune Farbe an.

Die ovalen, 4–6 mm langen, graufilzigen Winterknospen werden von 2 annähernd gleichlangen Knospenschuppen eingeschlossen. Terminalknospen sind 1,2 bis 1,4 mal so groß wie Lateralknospen.

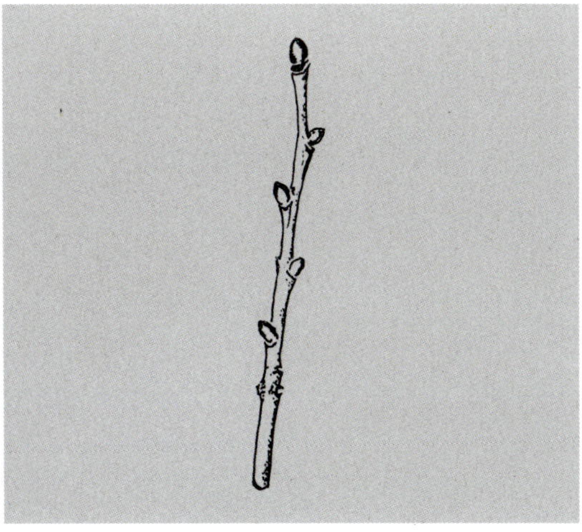

Abb. 4: Zweig im Winterzustand (nat. Größe)

Blätter

Die zweizeilig wechselständigen, 7–12 cm langen Blätter sind lang gestielt (4–5 cm). Die rundliche Blattspreite hat eine herzförmige oder schräg abgeschnittene Basis und eine sich jäh verschmälernde Spitze. Der Blattrand ist regelmäßig oder ungleichmäßig gesägt, die Zähne zeigen nach vorn und sind ein wenig stachelspitzig. Junge Blätter sind beiderseits mit Sternhaaren bedeckt, später wird die Oberseite kahl und nimmt dadurch eine grüne Farbe an [7]. Der Baum ist an seinem silbergrauen Laubwerk besonders bei Wind schon von weitem zu erkennen.

Blüten und Früchte

Die kleinen, intensiv duftenden, gelblichen Zwitterblüten (7–8 mm) stehen zu 6–10 in zymösen Infloreszenzen. Das später als Flugorgan wirkende Hochblatt ist mit dem Stiel des Blütenstandes in halber Länge verwachsen.

Abb. 6: Blütenstände

Die Einzelblüte hat eine doppelte, 5-zählige Blütenhülle. Die Kelchblätter sind filzig behaart, die eiförmigen Kronblätter stehen frei; am Grunde jedes Kronblattes setzt ein steriles Staubblatt (Staminodium) an. Die Zahl der in 5 Bündeln angeordneten Staubblätter liegt zwischen 50 und 75. Blütezeit: Ende Juni/Anfang Juli (deutlich später als Sommer- und Winterlinde). Fruchtreife: September; Chromosomenzahl: 2n = 82 (diploid).

Der kugelförmige, filzig behaarte Fruchtknoten entwickelt sich zu einer einsamigen, dickwandigen, länglichen Nußfrucht (Länge: 6–8 mm). Die Früchte fühlen sich samtartig an. Ihre graufilzige Oberfläche ist mit winzigen Warzen besetzt. Bei Reife löst sich der Fruchtstand meist noch im September als Ganzes vom Baum. Das Hochblatt dient als Flugorgan.

Abb. 7: Nußfrüchte

Holz

Das Holz der Silberlinde ist leicht und sehr weich. Die Rohdichte (r_{15}) schwankt zwischen 0,32 und 0,56 g/cm^3. Es ist von weißer bis gelblichweißer Farbe und kann manchmal einen leicht rötlichen Schimmer annehmen. Zwischen Splint und Kern bestehen keine Farbunterschiede. Die Jahrringgrenzen treten nur undeutlich hervor. Gefäße und Holzstrahlen sind ohne Lupe nicht erkennbar. T.-tomentosa-Holz schwindet wenig und ist bei konstant geringer Luftfeuchte sehr dauerhaft. Im Freien zersetzt es sich nach ca. 20 Jahren. Es läßt sich gut verspanen, gut polieren und ist ein vorzügliches Material für Schnitzarbeiten.

Mittl. Biegefestigkeit:	10.600 N/cm^2
Mittl. Druckfestigkeit:	5.200 N/cm^2
Mittl. Zugfestigkeit:	8.500 N/cm^2.

Abb. 8: Fruchtstände

Abb. 9: Stammscheibe

Taxonomie und Artbastardierung

Für die Gliederung der Gattung Tilia gilt noch heute das System von ENGLER (1909), der den Genus in 2 Sektionen teilt [4]. Danach gehört Tilia tomentosa zur Sektion Lindnera, Subsect. Ebarbulatae, Ser. Tomentosae.

Wegen des nur kleinen Verbreitungsgebietes ist auch die geographische Differenzierung der Art unbedeutend. T. tomentosa ist eine polymorphe Art, bei der aufgrund der Form, Größe und Behaarung der Blätter sowie der Gestalt der Früchte mehrere Varietäten unterschieden werden können [14, 15, 19, 20]:

var. virescens: Blattunterseite grünlichweiß, schwach filzig behaart.

var. parvifrons: Nur 3–5 cm lange Blätter.

var. subvitifolia: Blattspreite mit breiter Basis, in der Mitte mit spitzen Lappen. Den Blättern der Weinrebe ähnlich.

var. spathipata: Hochblatt des Blütenstandes ist sehr groß.

var. longirostra: Die Früchte sind zugspitzt und tragen die Reste der langen Narben.

Weil die Staubbeutel bereits vor der vollständigen Entwicklung der Narben reifen, herrscht Fremdbestäubung vor.

Bei den europäischen Lindenarten wird die genetische Isolierung im allgemeinen durch unterschiedliche Blühzeiten gesichert. Überschneiden sich die Blühzeiten der Arten, können fertile Hybriden entstehen. Artbastardierungen kommen häufig in Parkanlagen und Alleen vor; auch nicht-europäische Lindenarten sind einbezogen [18].

Zu den meist als Pfropflingen angepflanzten Hybriden gehören:

Tilia x juranyiana (T. tomentosa x T. cordata)

Tilia x virescens (T. tomentosa x T. platyphyllos)

Ökologie

Die Silberlinde – eine thermophile Art – ist relativ widerstandsfähig gegen anhaltend geringe Luftfeuchtigkeit, weil die dichte Behaarung der jungen Blätter und Triebe die Transpiration herabsetzt. Toleranz besteht außerdem gegenüber geringer Bodenfeuchtigkeit, denn die Art gedeiht auf extrem trockenen wie auf frischen Standorten.

Im natürlichen Areal liegt die jährliche Niederschlagssumme zwischen 500 und 600 mm. Eine ausgeprägte Trockenzeit tritt aber nicht auf.

T. tomentosa ist eher kalkliebend und wächst im pH-Bereich von 5,8 bis 8,2, vorwiegend auf Löß, auf Sanden und auf basischen Gesteinen. Als optimale Standorte gelten tiefgründige, frische Substrate. Die leicht zersetzbare, in großen Mengen anfallende Streu wirkt bodenverbessernd.

In ihrem natürlichen Areal, in Mitteleuropa und in Großbritannien sind Silberlinden durch Fröste nicht gefährdet, wohl aber im kontinentalen Nordost-Europa (St. Petersburg, Moskau, Pensa). Infolge ihres kräftigen und tiefreichenden Wurzelsystems ist die Art relativ sturmfest. Sie verträgt aber weder Bodenverdichtung noch Bodenvernässung.

Abb. 10: Naturverjüngung der Silberlinde in einem Buchen-Silberlinden-Mischbestand

T. tomentosa bildet keine Reinbestände, spielt aber als Mischbaumart in hainbuchen- und kastanienreichen Eichenmischwäldern eine wichtige Rolle. Zusammen mit der Manna-Esche (Fraxinus ornus) ist sie überdies eine Komponente der Karstwälder. Junge Bäume ertragen Schatten, ältere haben jedoch hohe Lichtansprüche und müssen freistehen.

Wachstum und Entwicklung

Die Nußfrüchte benötigen eine drei- bis fünfmonatige Zeit der Nachreife, weil die Embryonen zur Zeit der Fruchtreife noch nicht voll entwickelt sind.

T. tomentosa keimt epigäisch und bildet auffällige, gefingerte bis gelappte Kotyledonen aus, welche sich durch ihre graue Unterseite von anderen Tilia-Keimlingen unterscheiden.

Die Art ist raschwüchsig und erreicht ähnliche Höhen wie T. cordata und T. platyphyllos. In der Jugend weist sie nur mäßiges Wachstum auf, erreicht aber auf besten Standorten immerhin einen jährlichen Höhenzuwachs von 60–80 cm. Die Periode größten Höhenzuwachses endet mit 35–40 Jahren. Der Durchmesserzuwachs kulminiert bereits mit 15–20 Jahren, dennoch nimmt die Stammstärke bis zum Alter 80 gleichmäßig zu [9, 17]. Freistehende Silberlinden werden mit 20–25 Jahren mannbar. Danach findet Jahr für Jahr reichlicher Fruchtansatz statt. Hervorzuheben ist die Fähigkeit der Art zur reichlichen Bildung von Stockausschlägen und von Wurzelbrut. Verjüngungsmaßnahmen via Stockausschläge haben sich nicht bewährt [2, 11].

Abb. 11: Rand eines Buchen-Silberlinden-Mischbestandes. Durch die silbrigen Blattunterseiten heben sich die Linden deutlich ab.

Pathologie

Auf den von Sternhaaren bedeckten Sprossen und Blättern der Silberlinde halten sich nur wenige Insekten auf, und speziell an T. tomentosa adaptierte Arten sind nicht bekannt.

Demgegenüber treten an Wurzeln sowie an Stämmen, insbesondere der aus Stockausschlägen entstandenen Bäume häufig holzzerstörende Pilze auf. Dabei geht es vor allem um die Arten Fomes fomentarius (L.) Fr., Ganoderma adspersum (Schulz), Donk, Gloeoporus dichrous (Fr.: Fr.) Bres., Polyporus squamosus (Hudson ex Fr.) Fr. und Cerrena unicolor (Bull. ex Fr.) Murr. Als Blattparasit kommt Cercospora microsora Sacc. vor [8]. Die lange Zeit glatt bleibende Rinde wird vom Rotwild stark geschält.

Nutzung

Die Silberlinde hat als schattenspendende, bodenverbessernde und raschwüchsige Art eine erhebliche waldbaulich/ökologische Bedeutung. Ihr Holz ist insbesondere von Holzschnitzern gesucht und wird überdies für die Möbelherstellung verwendet. Gern wird sie als dekorativer Park- und Alleebaum angebaut, der auch die trockene und staubhaltige Luft von Großstädten gut verträgt [6].

Die stark durftenden Blüten stellen eine wichtige Bienenweide dar. Unter allen Lindenarten liefert T. tomentosa den reichsten Honigertrag [10]. Wegen der starken Behaarung eignen sich die Infloreszenzen aber nicht zur Zubereitung von Lindenblütentee.

Verschiedenes

In den achtziger Jahren wurden in Deutschland wiederholt größere Mengen toter Hummeln und Bienen unter blühenden Silber- und Krimlinden gefunden. Man nahm an, daß das im Nektar enthaltene Monosaccharid Mannose für die Tiere giftig war [3].

Fütterungsversuchen zufolge trifft diese Vermutung nicht zu. Der Grund liegt eher darin, daß eine sehr große Zahl nektarsuchender Insekten die wenigen und relativ spät blühenden Silberlinden besucht und wegen der übergroßen Konkurrenz beim Sammeln mehr Energie aufwendet als sie durch die Nektaraufnahme gewinnt [16].

Abb. 12: Keimling, 1 ½ Monate alt (nat. Größe)

Abb. 13: Rechts im Bild: der Stamm einer alten Silberlinde in einem Mischbestand mit Buche.

Weiterführende Literatur

[1] BLATTNY, T., 1913: Adatok az ezüsthárs (Tilia tomentosa MOENCH) északi határának megállapításához. (Angaben zur Bestimmung der Nordgrenze der Silberlinde) Bot. Közl. **12,** 165–166.

[2] BROSHCHILOV, K.; KALMUKOV, K., 1988: Propagation of Tilia tomentosa and Prunus avium by green cuttings. Gorsko Stopanstvo **44,** 25–28.

[3] ENDTMANN, K.J., 1990: Unterscheidung und Giftigkeit von Sippen der Gattung Linde (Tilia) für Hummeln und andere blütenbesuchende Insekten. Entomologische Nachrichten und Berichte **34,** 155–158.

Der Autor:

Univ. Doz. Dr. DÉNES BARTHA
Universität für Forstwissenschaft
Lehrstuhl für Forstbotanik
Bajcsy-Zs. u. 4.
H – 9401 Sopron
Ungarn

[4] ENGLER, V., 1909: Monographie der Gattung Tilia. Breslau.

[5] FEKETE, L.; BLATTNY, T., 1914: Die Verbreitung der forstlich wichtigen Bäume und Sträucher im Ungarischen Staate I–II. Joerges Verlag, Schemnitz.

[6] GARBENS, F., 1935: Die Linde als Park- und Straßenbaum. Mitt. Dt. Dendrol. Ges. **47,** 226–227.

[7] GÜLZ, P.-G.; PRASAD, R.B.N.; MÜLLER, E., 1991: Surface Structure and Chemical Composition of Epicuticular Waxes during Leaf Development of Tilia tomentosa MOENCH. Z. Naturforsch. **46c,** 743–749.

[8] IGMANDY, Z., 1982: Die Polyporales (Polyporaceae s. l.) unserer Holzarten. EFE Tud. Közl. 1982/1, 5–24.

[9] KALMUKOV, K., 1987: Condition, growth and yield of natural stands of Tilia tomentosa in north-east Bulgaria. Gorskostopanska Nauka **24,** 43–51.

[10] KOLYBINA, N.F., 1971: The characteristic features of nectar excretion and honey productivity of certain Tilia species. Rast Resur. **7,** 103–106.

[11] LIESE, W.; DUJESIEFKEN, D.; BREMER, J., 1988: Wundreaktionen bei Linde nach Astung in der Baumpflege. Forstw. Cbl. **107,** 184–196.

[12] MAZUR, B.A., 1988: Communities with Tilia tomentosa in the Ukrainian Carpathians. Ukrainskij Botanichnij Zhurnal **45,** 68–70.

[13] MEUSEL, H.; JÄGER, E.; RAUSCHERT, S.; WEINERT, E., 1978: Vergleichende Chorologie der zentraleuropäischen Flora. Gustav Fischer Verlag, Jena.

[14] SIMONKAI, L., 1988: Hazánk és a földkerekség hársfajainak bíráló átnézete. (Revisio Tiliarum Hungaricarum atque orbis terrarum). Math. és Term. tud. Közl. **22,** 269–352.

[15] SPACH, E., 1834: Revisio generis Tiliarum. Ann. Sci. Nat. **2.**

[16] TAUCHNITZ, H., 1992: Silber-Linden killen keine Hummeln. Deutsche Baumschule, 406–407.

[17] TAUCHNITZ, H.; HABERMEHL, A.; RIDDER, H.W., 1991: Untersuchungen zur Stämmlings- und Verschrankungsproblematik bei Silberlinden durch Vergleich von Stammquerschnitt und Computer-Tomogramm. Gartenamt **40,** 75–83.

[18] TEUSSCHER, H., 1920: Die sechs europäischen Arten der Gattung Tilia. Mitt. Dt. Dendrol. Ges. **32,** 187–199.

[19] WAGNER, J., 1932–33: Die Linden des historischen Ungarns I–II. Mitt. Dt. Dendrol. Ges. **44,** 316–345; **45,** 5–60.

[20] WAGNER, J., 1941: Magyarország hársai I. Az ezüstlevelü hársak. [Die Linden Ungarns I. Die silberblättrigen Linden.] Kert. Akad. Közlem. **7,** 1–33.

Ulmus carpinifolia GLEDITSCH, 1773

syn.: Ulmus minor MILL., Ulmus campestris auct. non LINNÉ

Feldulme

Familie: Ulmaceae

engl.: European field elm
franz.: Orme commun, Orme champêtre
ital.: Olmo campestre

Abb. 1: Ulmus carpinifolia. Einer der seltenen Reinbestände, Baños del Peral, Valdepeñas, Spanien

Abb. 2: Alter Solitär im Frühjahr

Seit prähistorischen Zeiten sind Feldulmen eng mit dem Leben der Menschen verbunden, und sie sind Zeuge seiner geschichtlichen Entwicklung. Viele Teile des Baumes wurden unmittelbar als Nahrung oder indirekt als Viehfutter genutzt, zur Herstellung von Kunstgegenständen oder in der Volksmedizin verwendet. So gehören Ulmen zu den Waldbäumen mit der längsten Anbau-Geschichte. Sie wurden von einer Siedlung zur nächsten „mitgenommen".

Ulmen sind Teil menschlicher Kultur. Alte, mit Ulmen verbundene heidnische Kulte wurden z.T. von der christlichen Religion übernommen, und gelegentlich weihte man besonders eindrucksvolle Bäume einem Heiligen. Im Italien, Frankreich und Britannien des 12. und 13. Jahrhunderts fanden Gerichtsverhandlungen oft unter Ulmen statt, und besonders markante Bäume bewahrte man als Wahrzeichen zur Erinnerung an historische Ereignisse, an Richtstätten oder als Freiheits-Symbole [43].

Britische Maler haben wiederholt die Schönheit der Ulmen dargestellt und das wohldurchdachte, mit dem Namen „Hochzeit" belegte römische Weinbau-System, in welchem Feldulmen anstelle von Rebstöcken den Weinstöcken Halt boten, war ein gern behandeltes Thema der Dichtkunst von Virgil bis Shakespeare [23].

Gemessen an ihrer einstigen Bedeutung spielt U. carpinifolia heutzutage nur eine geringe Rolle. Die Art ist in weiten Teilen Europas und Kleinasiens autochthon und kommt im Mittelmeergebiet besonders häufig vor. Gern verwendet man sie als Park- und Straßenbaum, denn sie ist selbst unter ungünstigen Standortsbedingungen raschwüchsig, spendet Schatten und leidet nur wenig unter Luftschadstoffen. Das Holz eignet sich gut zur Herstellung von Möbeln und ist selbst unter Wasser sehr dauerhaft.

Alle diese positiven Eigenschaften zählen wenig angesichts der extremen Anfälligkeit gegen den Erreger des Ulmensterbens, Ophiostoma ulmi, der in Wäldern wie an Straßen und in Parks dramatische Ausfälle verursacht.

Verbreitung und Waldgeschichte

U. carpinifolia kommt in weiten Teilen Europas natürlich vor. Sie fehlt im Norden Europas und in den Niederlanden, wo im wesentlichen Hollandica-Bastarde angebaut werden. Autochthon ist sie auch auf den meisten Inseln des Mittelmeerraumes und in Algerien.

In Asien findet man sie von der türkischen Schwarzmeerküste über Transkaukasien bis zu den bewaldeten Hängen des Elburz-Gebirges, südlich des Kaspischen Meeres. Kleine, isolierte Vorkommen treten bis Israel auf [31].

Die Feldulme ist eine Baumart des Flach- und Hügellandes. In Mitteleuropa kommt sie bis in Höhenlagen um 600 m, in der Schweiz bis 800 m und im Mittelmeerraum teils bis 1000 m, teils bis 1200 m vor.

Natürliche Bestände wachsen unter sehr verschiedenen Standortsbedingungen. Nördlich der Alpen gehört die Art zu den Komponenten Eichen-reicher Auwälder entlang der großen mitteleuropäischen Flüsse wie Elbe, Oder, Weichsel und Donau, bildet dort aber keine Reinbestände [39]. Im Mittelmeerraum gedeiht sie auf Kalkgestein und toleriert relativ lange Trockenperioden. Auf den trockenen, tonigen Böden des Apennin nahe Siena sowie auf den extrem trockenen Kalkböden in den Bergen um Aragon (Spanien) stellt U. carpinifolia die einzige Baumart dar. Sie gedeiht unter ähnlichen, strengen Bedingungen in den Waldsteppen Südrußlands und im Nordost-Balkan.

Wegen der arttypischen Pollen- und Blattmorphologie läßt sich das Vorkommen von U. carpinifolia in Ablagerungen weit zurückverfolgen. So ist nachgewiesen, daß sie während des Oligozäns in Europa sehr häufig war, und Ulmus braunii, eine Vorläuferin der Feldulme, schon vor ca. 25 Millionen Jahren (Miozän) bei uns heimisch war.

Während der Eiszeit zogen sich die Ulmen nach Südeuropa zurück; von dort aus erfolgte nach dem Rückgang des Eises die Wiederbesiedelung des europäischen Areals [43].

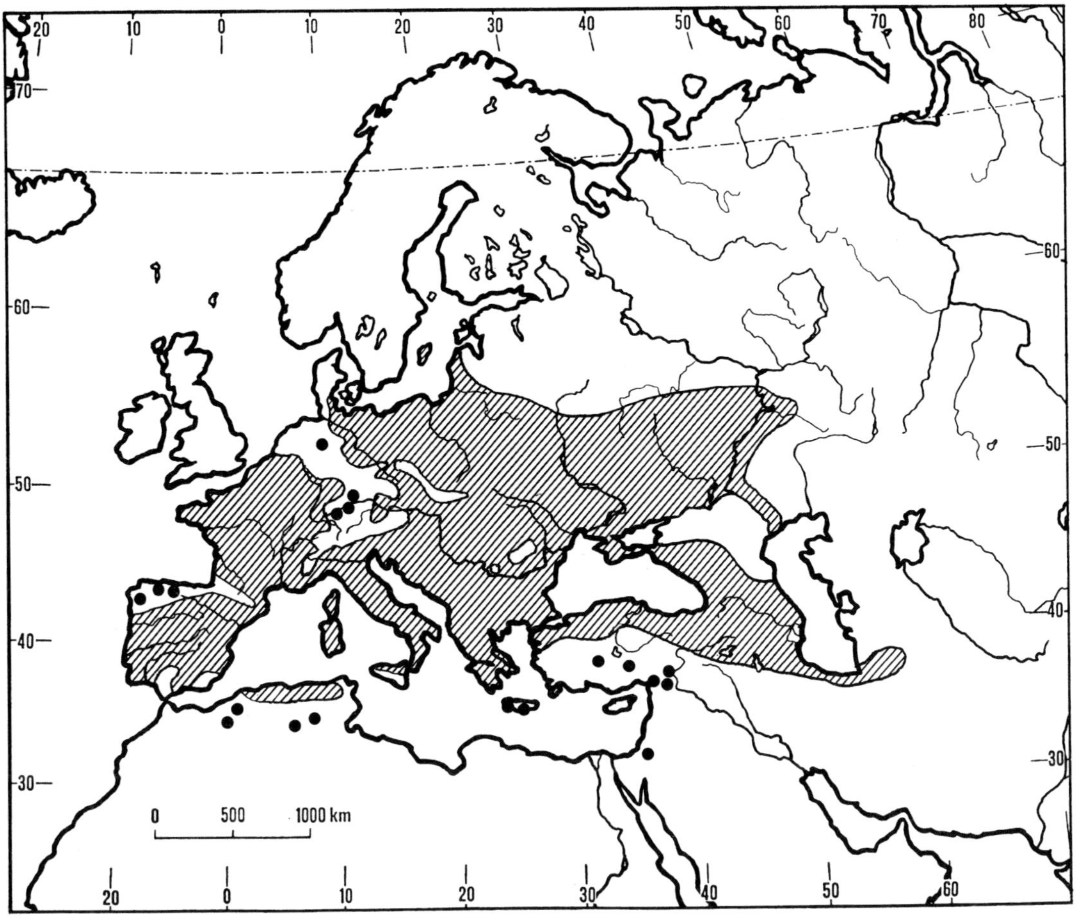

Abb. 3: Natürliches Areal (verändert nach MEUSEL et al., 1965) (● = Einzelvorkommen)

In etwa 5000 Jahre alten Sedimenten läßt sich eine plötzliche Abnahme des Ulmen-Pollens feststellen, die etwa mit dem Beginn des kühleren und trockneren Subboreals zusammenfällt. Diese „Ulmenlücke" hat die Palynologen lange Zeit irritiert. Als mögliche Erklärungen werden Klimaveränderungen sowie eine erste Epidemie des Ulmensterbens diskutiert. Beide Hypothesen erscheinen wenig wahrscheinlich. Plausibler dürfte die intensive Nutzung des Ulmenlaubes als Viehfutter sein. Man nimmt an, daß eben zu jener Zeit die Viehhaltung in Europa begann. Im Sommer entnommene, belaubte Zweige von Ulmen und Eschen dienten als wichtigstes Winterfutter – so wie es noch heute in den Hochlagen des Himalaya praktiziert wird [23]. Eine zweite Periode des Ulmen-Rückgangs setzte in den zwanziger Jahren dieses Jahrhunderts in der gesamten Nordhemisphäre mit Ausnahme des fernen Ostens ein. Die Intensität dieses Prozesses ist so gravierend, daß das Überleben großer Ulmenpopulationen gefährdet erscheint. Ursache ist das Ulmensterben (Dutch Elm Disease, benannt nach der Nationalität jener Wissenschaftler, welche die ersten fundierten Untersuchungen durchführten). Erfolgversprechende Bekämpfungsmöglichkeiten in situ bestehen noch nicht.

Beschreibung

Erscheinungsbild

U. carpinifolia, ein sommergrüner, relativ geradwüchsiger, bis 30 m hoher Baum mit zunächst aufwärts gerichteten, später waagerecht orientierten Ästen tendiert zur Ausbildung einer kegelförmigen Krone mit abgeflachter Spitze. Der Schaft kann kurz sein oder die Hälfte der Baumhöhe erreichen.

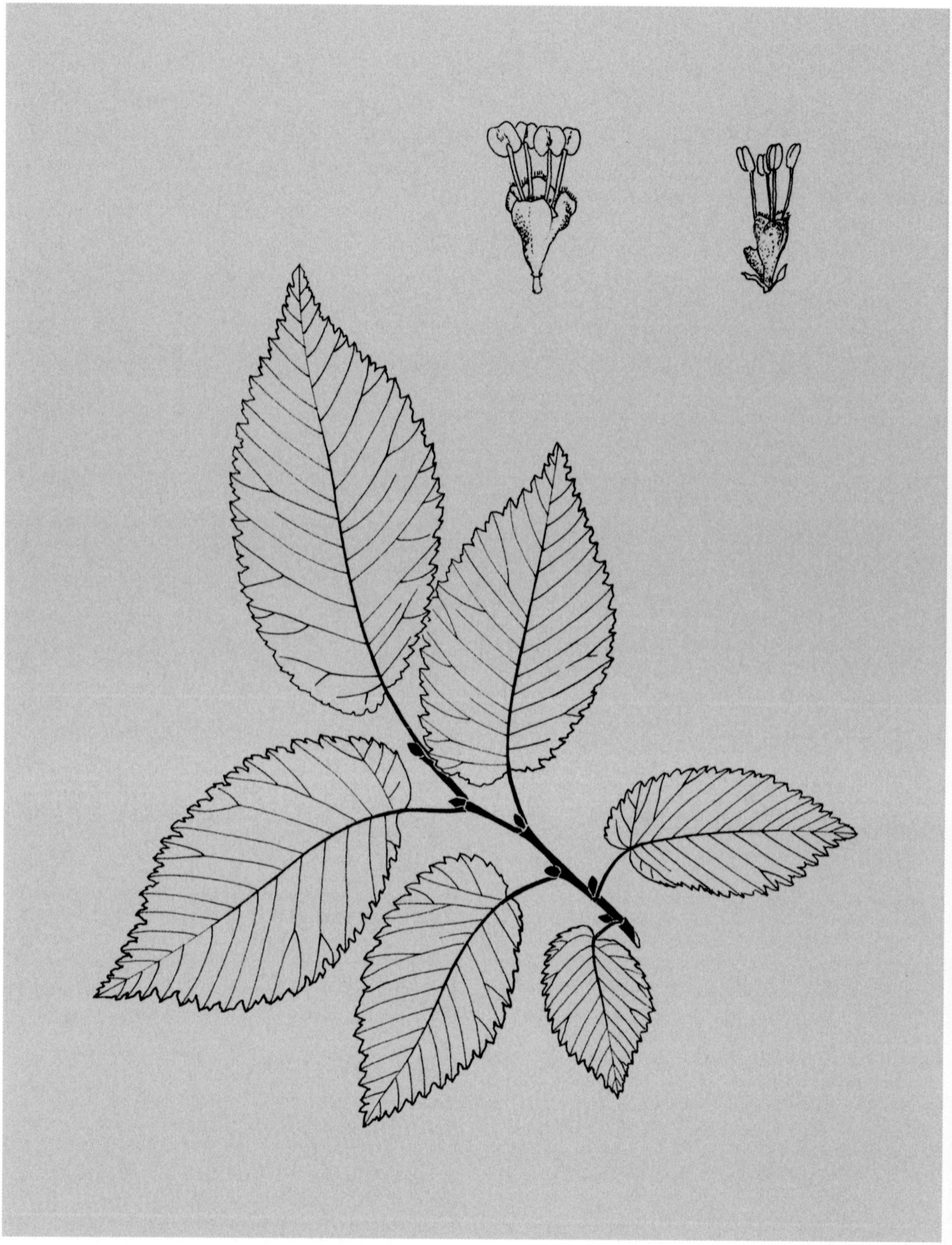

Abb. 4: Beblätterter Kurztrieb (nat. Größe) und Blüten (vergrößert) mit 4 Staubblättern, Griffel und Narbe tieferstehend (nach GAMBI et al., 1980)

Abb. 5: Borke eines alten Stammes

Die ziemlich glatte, mattgraue Borke ist an jüngeren Ästen mit feinen, dunklen Rissen versehen. Am Stamm und an starken Ästen wird sie bräunlich bis dunkelbraun und bekommt tiefere Längsrisse.

Feldulmen können bis 500 Jahre alt werden und erreichen auf nährstoffreichen Böden Stammdurchmesser (BHD) von 1,5 bis 2 m.

Knospen, Blätter und junge Triebe

Die glänzend dunkelroten, eiförmigen, 2,5 bis 5 mm langen Winterknospen haben 4 – 5 dachziegelartig übereinanderliegende Knospenschuppen mit hellerem, kurz bewimpertem Rand. Blütenknospen sind größer als vegetative Knospen und eher rundlich.

Am Ende des ersten Jahres sind junge Triebe fast unbehaart; Haarbüschel befinden sich nur in den Achseln der Nebenblätter. Auf der glänzend kastanienbraunen Rinde sind einige zerstreut verteilte Lenticellen zu erkennen. Kräftige Triebe und junge Äste können charakteristische Korkleisten aufweisen, deren Ausprägung umweltabhängig und daher taxonomisch wenig relevant ist [18]. Die schlanken Langtriebe hängen oft etwas herab, richten sich aber an den Spitzen wieder auf. Sie tragen Kurztriebe mit 5 bis 6 Blättern unterschiedlicher Größe und Form (lanzettlich bis fast rund). Distale und subdistale Blätter sind i.a. verkehrt eiförmig und haben einen spitzen Apex. Von der Mitte zur leicht oder deutlich asymmetrischen Basis hin werden sie schmaler oder laufen breit kegelförmig aus. Die Spreitenlänge beträgt 5 bis 10 cm, die Spreitenbreite 2,5 bis 5 cm. Die Blattoberseite ist anfangs spärlich mit kurzen Haaren und Drüsenhaaren besetzt. Später wird sie glatt und glänzend mittel- bis dunkelgrün. Unterseits ist die Behaarung zunächst dichter, später ebenfalls fast fehlend, ausgenommen die zottigen Haarbüschel in den Achseln der Blattadern entlang der Mittelrippe. Auf der stumpf olivgrünen Blattunterseite treten 9 bis 12 Seitennerven-Paare hervor, die sich erst kurz vor dem doppelt gesägten Blattrand gabeln. Der 9 bis 15 mm lange Blattstiel ist spärlich behaart, die lanzettlichen bis linearen Nebenblätter fallen schon früh ab [29]. Melville [29] vermutet eine klinale Zunahme der Blattbreite (am Kurztrieb) von Nord nach Süd und Richens [41] stellt zunehmende Intensität der Blattbehaarung fest, je weiter man nach Süden kommt.

Vor dem herbstlichen Blattfall werden die Blätter gelb.

Für die Ulmen-Taxonomie stellen Blätter die ausschlaggebenden Organe dar, auch wenn Kronenform, Borke, Knospen, Früchte und einige ökophysiologische Parameter wichtige zusätzliche Informationen liefern.

Ulmen heben sich durch zwei Merkmale von fast allen anderen Baumarten ab: durch die unter Umständen stark ausgeprägte bilaterale Asymmetrie der Blätter sowie den doppelt gesägten Blattrand. Weil die Blattform selbst zwischen Ersatztrieben, Kurz- und Langtrieben desselben Baumes stark variieren kann, ist es Konvention, zu taxonomischen Untersuchungen die distal und subdistal stehenden Blätter von Kurztrieben heranzuziehen.

Abb. 6: Zweig mit Korkleisten

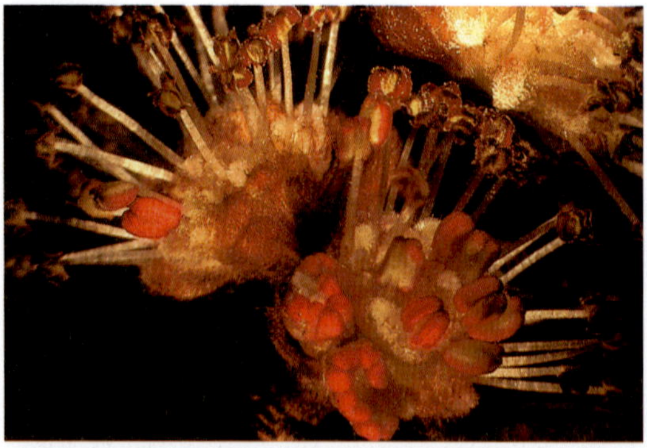

Abb. 7: Zwitterblüten in büscheligen Ständen

Blüten, Früchte, Samen

Die sehr kleinen (3 mm), grünlich-weißen, anemogamen Zwitterblüten von U. carpinifolia stehen in „Büscheln" zu 15 – 35 und haben eine trichterförmige Blütenhülle mit 4 – 6 weiß bewimperten Zipfeln, 4 – 6 Staubblätter und einen Stempel mit einer zweispaltigen, drüsigen Narbe. Der oft proterogyn ablaufende Blühvorgang setzt gegen Ende des Winters (Februar/März), also noch vor dem Blattaustrieb, ein. Der Pollen wird über weite Strecken (bis 1500 km) transportiert [43], verliert aber in der Luft schnell seine Keimfähigkeit. In größeren Mengen wirkt er allergetisch. Bei +3 °C oder bei -20 °C läßt er sich ein Jahr lagern, ohne die Keimkraft einzubüßen. Keimtests in vitro sind wenig zuverlässig, deswegen wird die Keimfähigkeit mit einer Färbemethode (Fluorchrom-Färbung) ermittelt [35].

Obwohl Ulmen durch den Wind bestäubt werden, findet ein reger Besuch der Blüten durch Bienen statt.

Abb. 8: Bräunung des jüngsten Jahrringes als Symptom des Ulmensterbens

Die Feldulme ist selbststeril [35] und wie alle Ulmenarten (Ausnahme: U. americana) diploid (2n = 28). Eine eingehende Beschreibung des Karyotyps findet man bei [19].

Die Früchte sind sehr kurz gestielte, 13 bis 23 mm lange und 8 bis 13 mm breite, geflügelte Nüßchen. Die Samen liegen nahe dem distalen Ende der Frucht. Unmittelbar oberhalb des Samens ist der Flügel oft rot gefärbt. Die bereits im Frühjahr (1 – 2 Monate nach der Blüte) reif werdenden Samen keimen ohne Verzögerung.

Abb. 9: Stammquerschnitt. Wellenförmige Bänderung im Späthholz

Herausgestellt sei noch einmal die große morphologische Variabilität der Art. In Italien und vor allem in Spanien kommen eklatante Unterschiede hinsichtlich Blattform, Blattfarbe und Behaarung zwischen unmittelbar benachbarten Bäumen vor. Überdies gibt es individuelle Verschiedenheiten in der Behaarung junger Triebe, in der Borkenstruktur und in der Fruchtform.

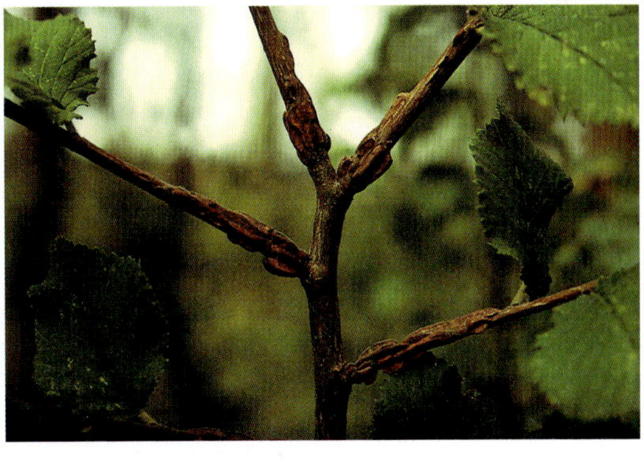

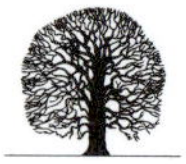

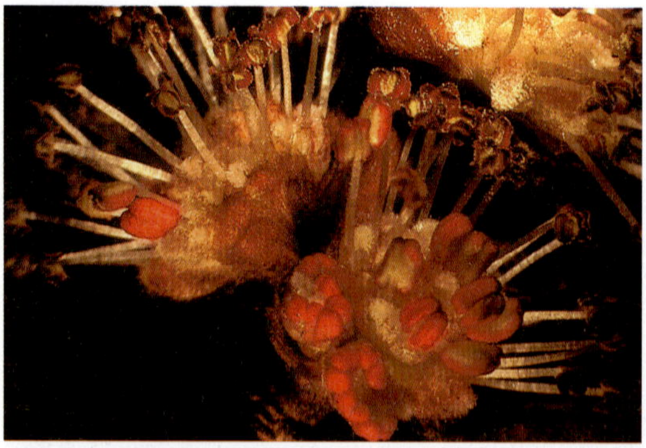

Abb. 10: Früchte. Variation in Größe und Form

Bewurzelung

Kennzeichnend für die Art ist die häufige Bildung von Wurzelbrut und Stockausschlägen. Benachbarte Bäume sind oft durch Wurzelfusionen verbunden, so daß sie im unmittelbaren Stoffaustausch miteinander stehen. Wird ein Baum entnommen, treiben Stock und Wurzeln dank des Stofftransportes von benachbarten Individuen sogleich aus.

Derartige Verbindungen können sich bei Infektionskrankheiten und bei der Applikation systemischer Herbizide jedoch als nachteilig erweisen.

Generell verfügt die Art über ein gut entwickeltes Wurzelsystem, das selbst in kompakten Böden bis in 1,6 m Tiefe vordringt [37]. Grobwurzeln wachsen bogenförmig nach unten, Seitenwurzeln gerade und meist nahe der Oberfläche.

Holz

An Stammquerschnitten frisch eingeschlagener Feldulmen hebt sich das gelbliche Splintholz von dem braunen Kern ab, der nach dem Austrocknen deutlich rotbraun werden kann. Die relativ grobe Textur beruht auf den deutlich weiteren Frühholzgefäßen (Durchmesser: 200 – 300 µm gegenüber 50 µm der Spätholztracheiden). Im Spätholz sind die Gefäße in leicht erkennbaren, wellenförmigen, hellen Bändern angeordnet, was dem Ulmenholz ein charakteristisches Muster verleiht, insbesondere bei schräger Schnittführung. Die homogen aufgebauten Holzstrahlen sind relativ breit (ca. 5schichtig). Weil die Fasern selten parallel verlaufen, läßt sich das Holz schlecht spalten.

Das harte und recht schwere U. carpinifolia-Holz hat folgende physikalisch/technische Kenngrößen:

Rohdichte (r_{12})	0,46	bis	0,70	g/cm^3
Druckfestigkeit	35	bis	73	N/mm^2
Biegefestigkeit	57	bis	167	N/mm^2

(bei 12 % Wassergehalt).

Ulmenholz ist unter Wasser sehr dauerhaft, wird aber an der Luft oft von Pilzen und Insekten angegriffen [39]. Weil die Gefäße reich an Thyllen sind, läßt es sich nur schwer mit Holzschutzmitteln tränken. Die Trocknung verläuft langsam und bereitet Schwierigkeiten. Bei heterogenem Faserverlauf läßt sich Ulmenholz schwer bearbeiten; infolge des relativ hohen Kieselsäuregehaltes und vieler Ca-Oxalat-Einlagerungen werden die Werkzeuge schnell stumpf. Andererseits ist es nagelfest und reißt kaum. Wegen der ansprechenden Farbe und Textur wird es gleichermaßen als Massivholz und als Furnier im Möbelbau verwendet. Maserstücke finden guten Absatz in der Drechslerei [27].

Feldulmenholz reagiert auf Unterschiede in der Höhe der Sommerniederschläge mit unterschiedlichen Jahrringbreiten. Es eignet sich daher gut für dendrochronologische Untersuchungen.

Zwischen dem Holz der europäischen Ulmenarten bestehen keine grundlegenden Unterschiede. Gemessen an U. carpinifolia hat U. glabra, die Bergulme, ein etwas leichteres, besonders geradfaseriges und daher leicht zu bearbeitendes Holz mit hellbraunem, manchmal grün gestreiftem Kern. Bei U. laevis, wiederum, sind die Farbunterschiede zwischen Splint und Kern noch geringer. Das Holz ist noch leichter und insgesamt von geringerer Qualität.

Taxonomie und Bastardierungen

Wegen der leichten Kreuzbarkeit auf Artebene nimmt die Gattung Ulmus unter den Bäumen eine Sonderstellung ein [35]. Selbst zwischen früh- und spätblühenden Arten lassen sich Bastarde herstellen, sofern der Pollen lagerfähig ist, ein Befund, der u.a. die Definition des Artbegriffs unterhöhlt. Überdies ist die Feldulme über lange Zeiten intensiv kultiviert und auf manche Merkmale selektioniert worden. Schließlich wurde die Art weit über die Grenzen ihres natürlichen Areals hinaus künstlich verbreitet, so daß eine weite Variabilität erhalten und angereichert wurde. Aus diesen Gründen ist die Taxonomie von U. carpinifolia voller Widersprüche. Konsens besteht weder hinsichtlich des lateinischen Artnamens noch hinsichtlich der Unterteilung in Subspecies oder der Aufteilung in mehrere Arten.

Um die Klassifizierung der Ulmen bemühten sich bereits Theophrast, die römischen Gelehrten Columella und Plinius und viele andere Botaniker, bevor LINNÉ 1753 die Gesamtheit der europäischen Ulmen mit dem Namen Ulmus campestris belegte. Diese Bezeichnung wurde allgemein akzeptiert und ist z.T. noch heute in Gebrauch.

U. campestris war die einzige von Linné beschriebene europäische Ulmenart und schloß somit die von HUDSON einige Jahre später beschriebene Bergulme U. glabra sowie U. x hollandica, einen speziell in Westeuropa weit verbreiteten natürlichen Bastard zwischen diesen beiden Arten, mit ein. Daraufhin wurde U. campestris als „nomen ambiguum" verworfen [28].

In Gardeners Dictionary von 1768 schlägt MILLER, der in früheren Auflagen dieses Werkes durch wiederholte nomenklatorische Änderungen sehr zur Konfusion in der Ulmus-Taxonomie beigetragen hatte, Ulmus minor als neuen, gültigen Namen vor. Der Vorschlag wurde akzeptiert und später u.a. von der Flora Europaea [47] übernommen.

RICHENS, ein britischer Ulmen-Spezialist, der zahlreiche biometrische Untersuchungen mit taxonomischer Zielsetzung an Ulmenblättern durchführte und im Grundsatz mit der Namensgebung in der Flora Europaea übereinstimmt, führte die Artbezeichnung Ulmus minor s.l. ein, in welche die Englische Ulme U. procera SALIBURY sowie U. canescens MELVILLE einbezogen sind. Letztere wird damit zur Varietät herabgestuft. RICHENS begründet die Einführung einer Großart mit fehlender Diskontinuität in strukturellen wie physiologischen Merkmalen zwischen den betroffenen Taxa und löste damit die Schwierigkeiten der Arttrennung auf pragmatische Weise.

Im Gegensatz dazu bestreiten andere europäische Botaniker die Gültigkeit des Artnamens U. minor und argumentieren, daß MILLERS Artbeschreibung nicht präzise genug abgegrenzt war und daß der Name U. minor bereits für andere Ulmus-Arten Verwendung gefunden hat [29]. Sie schlagen anstelle von U. minor den Artnamen Ulmus carpinifolia GLEDITSCH, 1773 vor [16], welcher auf die 1745 in Jena erfolgte Artbeschreibung einer „Ulmus carpini folio seu cortice arboris albido" zurückgeht. Ohne Berücksichtigung der Typus-Exemplare von MILLERS U. minor und GLEDITSCHS U. carpinifolia erklärte MELVILLE Jena zum „locus typicus" für die Feldulme, wählte einen Neotyp der U. carpinifolia aus und beschreibt ein Exsiccatum aus der „Flora von Jena" 1850 [30].

Auf der anderen Seite beschreibt MILLER eine britische Ulme unsicherer Identität, obwohl mehrere Ulmenarten auf den Britischen Inseln eingeführt worden sind und nur U. glabra in Großbritannien autochthon vorkommt.

Akzeptiert man den Artnamen U. carpinifolia, erkennt man damit auch den Artstatus von U. procera und U. canescens an. Letztere ist eine recht seltene Species aus Süditalien, dem ehemaligen Jugoslawien und Griechenland. Trotz des Vorkommens von Hybridschwärmen, die das Fixieren von Artgrenzen und das Formulieren zuverlässiger Artbeschreibungen erschweren, lassen sich zwischen diesen beiden Arten ökologische Verschiedenheiten erkennen. So unterscheiden sie sich in der Frosthärte und in der Blühperiode. Damit bestehen Kriterien für die Suche nach reinen oder fast reinen Populationen dieser Arten.

Derzeit wird die Feldulme in der Fachliteratur teils als U. minor, teils als U. carpinifolia bezeichnet. Überdies kommt U. campestris L. als Artname erneut in Gebrauch [24], und zwar als Typus-Name für die Gattung Ulmus. Andere, aus älteren Herbarien stammende Synonyma sind: U. campestris var. glabra HARTIG, U. campestris var. laevis SPACH, U. foliacea GILBERT, U. glabra MILLER, U. nitens MOENCH und U. surculosa var. glabra STOKES.

In Norditalien und in Spanien hat sich durch den Anbau der sibirischen Ulme (U. pumila) eine neue Situation ergeben. In den letzten 50 Jahren wurde diese Art wegen ihrer Resistenz gegen das Ulmensterben vor allem in Städten in großem Umfang angepflanzt. Natürliche Bastarde mit U. carpinifolia kommen in der 1. und 2. Generation vor und zeigen eine große Mannigfaltigkeit und Rekombination in den arttypischen Merkmalen beider Elternarten. Oft sind die Bastarde gekennzeichnet durch eine unregelmäßige, rundliche Krone mit lang herabhängenden, grün berindeten, einjährigen Trieben, durch tendenziell symmetrische und schmale Blätter sowie durch grünliche, runde Früchte mit zentral angeordnetem Samen.

U. x hollandica ist als Sammelbezeichnung für natürlich entstandene und weit verbreitete Artbastarde zwischen

U. carpinifolia und U. glabra zu verstehen. Im Rahmen der Resistenzzüchtung gegen das Ulmensterben sind in den letzten Jahrzehnten weitere Kreuzungsprodukte dieser und anderer Kombination hinzugekommen, bei denen U. carpinifolia als Elter beteiligt war.

Dazu gehören die in Wageningen entstandenen Sorten 'Lobel', 'Plantyn', 'Dodoens', 'Clusius' und 'Columella', F_2- und F_3-Hybriden zwischen U. carpinifolia, U. glabra und der aus dem Himalaya stammenden U. wallichiana.

Erwähnenswert ist überdies die ebenfalls in Wageningen entstandene Sorte 'Commelin', hervorgegangen aus der Kreuzung zwischen U. x hollandica 'Vegeta' und U. carpinifolia, welche Ende der sechziger Jahre wegen ihrer Resistenz gegen das Ulmensterben vor allem in Großbritannien in großem Umfang angebaut wurde. 'Commelin' erwies sich jedoch als anfällig gegen den aggressiven Pathotyp des Pilzes, welcher die gegenwärtige, zweite Epidemie des Ulmensterbens auslöst.

Weitere Artbastarde mit U. carpinifolia entstanden

- im US National Arboretum Washington DC.: 'Urban' und 'Homestead', zwei Sorten, die durch Selektion aus höheren Filial-Generationen nach Artkreuzungen zwischen U. carpinifolia, U. glabra und U. pumila entstanden, außerdem 'Pioneer', ein F_1-Bastard der Kombination U. glabra x U. carpinifolia sowie 'Frontier', ein F_1-Bastard zwischen U. carpinifolia und U. parvifolia;
- an der University of Wisconsin, Madison, WI, wo man folgende F_1-Bastarde mit U. carpinifolia als Elter für Amerika und Europa patentieren ließ:
  - 'Recerta': F_1-Bastard U. pumila x U. carpinifolia
  - 'Regal', ein Mehrfach-Bastard zwischen U. carpinifolia, U. glabra und U. pumila.

Flavonoid- [20] und Isoenzym-Analysen haben sich als Verfahren zur Trennung morphologisch ähnlicher Taxa nicht als hilfreich erwiesen. Neuerdings werden DNA-Analysen zur Lösung von Problemen der Ulmen-Taxonomie herangezogen [26].

Anzucht und Entwicklung

Ulmen werden wegen der vielen Nutzungsmöglichkeiten seit über 2000 Jahren kultiviert. Die generative Vermehrung hat sich als sichere und leicht zu handhabende Art der Propagation durchgesetzt. Noch im Frühjahr, kaum mehr als 2 Monate nach der Blüte, sind die Samen reif und keimen innerhalb 15 Tagen, ohne daß eine Vorbehandlung erforderlich wäre. Der Hohlkornanteil liegt allerdings sehr hoch. Vollkörner keimen sowohl im Licht wie im Schatten zu mehr als 90 %. In geschlossenen Gefäßen bei 2 bis 4 °C und 10 % rel. Feuchte gelagertes Saatgut bleibt bis zu einem Jahr keimfähig. Trocknung des Saatgutes erfolgt bei 30 °C (48 Std.) [48].

Abb. 11: Keimling (nat. Größe)

Feldulmen keimen epigäisch. Ihre Keimlinge haben ein rotes Hypokotyl, verkehrt eiförmige Kotyledonen und kreuzweise gegenständige Primärblätter mit gezähntem Rand.

Am Ende der 1. Vegetationsperiode erreichen die Sämlinge eine Höhe von ca. 40 cm. Die Verschulung wurzelnackter Pflanzen gelingt ohne Mühe. Auch vegetative Vermehrung durch Stecklingsbewurzelung ist leicht möglich, insbesondere wenn die Stecklinge von Stockausschlägen oder Wurzelbrut gewonnen werden. Grünstecklinge bewurzeln sich besonders gut, aber auch die Bewurzelung verholzter Stecklinge im Warmbeet gibt gute Resultate. Zwischen Stecklingen verschiedener Mutterbäume können erhebliche Unterschiede im Bewurzelungsprozent vorkommen. Einfluß hat auch der Erntetermin und die Art der Wuchsstoffbehandlung. Als bester Zeitpunkt für die Gewinnung von Grünstecklingen hat sich der Juni/Juli, für verholzte Stecklinge das Winterende erwiesen. Als günstigste IAA-Konzentration wird 3 g/l für verholzte und 1 g/l für Grünstecklinge genannt [33]. Von Bäumen, die sich schwer durch Sproßstecklinge vermehren lassen, sollte man Wurzel-Stecklinge gewinnen [46].

Die vegetative Vermehrung selektierter Einzelbäume läßt sich gut durch Pfropfung erreichen. Unverträglichkeit zwischen Reis und Unterlage kommt vor. In letzter Zeit ist die Mikropropagation der Feldulme in vitro gelungen [7, 32], wobei auch hier Individualunterschiede auftreten. Techniken der Zell- und Protoplastenkultur werden neuerdings mit Blick auf gentechnologische Fragestellungen betrieben. Einzelbäume von U. procera [13] und U. americana [9] hat man durch Organogenese vermehrt und auch für die Feldulme liegen erste positive Resultate vor.

Ökologie

In Mitteleuropa zählt U. carpinifolia zu den sogenannten Edellaubhölzern, das sind relativ seltene und wertvolle Baumarten mit hohen Standortsansprüchen. Die Art benötigt frische, nährstoffreiche Böden, ist lichtbedürftig und kann im Sommer Überflutungen bis zu 8 Wochen schadlos überstehen.

Auch im Mittelmeergebiet kommt U. carpinifolia eher sporadisch vor und bleibt deswegen ohne forstliche Bedeutung. Hohe Feldulmen stellen eine Seltenheit dar. Ohnehin wächst die Art eher am Waldrand als im Bestandesinneren. Dennoch hat sie als Pionierart ökologisches Gewicht, denn sie besiedelt aufgelassene Felder und tonige Kalkhänge, trägt zum Bodenschutz bei und wirkt mit ihrer nährstoffreichen, leicht zersetzbaren Laubstreu bodenverbessernd.

Das Schwergewicht des Feldulmenvorkommens liegt heute außerhalb des Waldes, denn sie wächst vorwiegend in Hecken und an Feldrainen sowie an Bahndämmen und Straßenrändern.

Weil Feldulmen in der Regel einzeln in Laubmischwälder eingesprengt sind, liegen keine verläßlichen Daten über Wachstums- und Ertragsleistungen vor. Bekannt ist lediglich, daß sie auf nährstoffreichen Böden raschwüchsig ist und daß sie im Bestand mit 40 bis 60 Jahren und im Freistand mit 30 bis 40 Jahren mannbar wird. Ein bestandesweiser Anbau ist erst zu erwarten, wenn raschwüchsige, gegen das Ulmensterben resistente Sorten zur Verfügung stehen.

Pathologie

Krankheiten spielen bei Ulmen eine weit größere Rolle als bei anderen Waldbaum-Arten. Die Zahl der Pathogene ist besonders groß, ein Indiz dafür, daß diese sich schon früh in der Phylogenese der Wirtsarten eingefunden hatten [45]. Das Schwergewicht liegt aber eindeutig bei einer Tracheomykose rezenten Ursprungs, welche die Existenz der Ulmen schlechthin bedroht. Die Rede ist vom Ulmensterben (Holländische Ulmenkrankheit, Dutch Elm Disease), vielleicht die gefährlichste, auf einem einzigen Erreger beruhende Baumkrankheit überhaupt. Kurz nach dem Ersten Weltkrieg trat sie erstmals in Westeuropa auf und rief bis in die fünfziger Jahre hinein starke Verluste unter den europäischen Ulmen hervor. Später stellte sich ein Gleichgewicht zwischen Wirt und Parasit ein und die Verluste gingen zurück. Etwa 10 Jahre danach brach die Epidemie erneut und wesentlich stärker aus. In Rumänien vollzog sich dieser Ausbruch 10 – 15 Jahre eher [3]. Hier wie dort dauert die Kalamität an. Allein in Großbritannien sind während der siebziger Jahre einige 20 Millionen Ulmen abgestorben. Aus anderen europäischen Ländern stehen zwar keine Daten zur Verfügung, die Situation ist aber ähnlich: fast alle Altulmen verschwinden und die Art überlebt nur als Sämling (4- bis 5jährig; 3 – 4 m hoch) [3].

Abb. 12: Blattbräunung nach Fraß von Xanthogaleruca luteola

Die Krankheit wird durch den Ascomyceten Ophiostoma (= Ceratocystis) ulmi (BUISMAN) NANNFELDT ausgelöst, welcher durch Borkenkäfer der Gattung Scolytus von Baum zu Baum übertragen wird. Die Pathogenität des Erregers kann erheblich variieren. So wurde die erste Epidemie durch einen Stamm geringer, die zweite durch einen Stamm hoher Aggressivität bestimmt. Letzterer wird von BRASIER [4] als neue Art (O. novo-ulmi) verstanden, die sich in eine nordamerikanische und eine eurasische Rasse differenzieren läßt. Die Krankheit wird auch via Wurzelfusionen übertragen.

Der ins Wasserleitungssystem des Wirtsbaumes gelangte Pilz scheidet toxische Stoffwechselprodukte aus, auf welche der Baum u.a. mit der Bildung von Thyllen reagiert. Diese Blockade führt zu Welkesymptomen, später zum Absterben ganzer Zweige und schließlich zum Tod des Baumes.

Ein zuverlässiges Kennzeichen für den Ophiostoma-Befall ist die Braunfärbung des jüngsten Jahresringes, entstanden durch Ablagerungen von phenolischen Abwehrstoffen.

Während U. carpinifolia gegen den weniger aggressiven Erregerstamm eine gewisse Resistenz aufweist [22], ist die

Art gegen den neuen Stamm hoch anfällig. Verfahren der chemischen und der biologischen Bekämpfung führen allenfalls zu Teilerfolgen [5, 10]. Wirkungsvoller – zumindest für einige Kulturformen – sind Methoden der Resistenzzüchtung [22], wohingegen der Anbau resistenter Ulmenarten wie U. pumila und deren natürliche Bastardierung mit U. carpinifolia den Verlust wertvoller Merkmale oberitalienischer Ulmen zur Folge hatte.

U. carpinifolia wird gelegentlich von Verticillium dahliae, dem Erreger einer weiteren Tracheomykose, von verschiedenen Krebserregern sowie – in Regionen hoher Luftfeuchte – von einigen Blattparasiten befallen.

Problematischer erscheint das von Mykoplasmen ausgelöste, seit kurzem in Italien [17] und in Tschechien [2] auftretende „Elm Yellows“. Die Krankheit ist zwar für U. carpinifolia von geringer Bedeutung, könnte aber für einige gegen Dutch Elm Disease resistente Arten fatal werden [34]. Befallene Feldulmen entwickeln Hexenbesen mit kleinen, gelben Blättern, können aber als tolerant eingestuft werden.

Abb. 13: Starker Befall durch Ophiostoma ulmi

Abb. 14: Befallssymptome von „Elm Yellows“

Unter den zahlreichen an Ulmen lebenden Insekten (79 auf Ulmen spezialisierte Arten wurden in Schleswig-Holstein gezählt [36]) sind mehrere Scolytus-Arten hervorzuheben, die sich in der Rinde toter oder stark geschwächter Bäume vermehren. Ihre Gefährlichkeit besteht hauptsächlich im Übertragen von Ophiostoma-Sporen.

Gefördert wird der Scolytus-Befall durch Aktivitäten des Chrysomeliden Xanthogaleruca luteola Müll., dessen alle 4 bis 5 Jahre wiederkehrender Blattfraß mitunter in einer totalen Entblätterung endet: Lochfraß in der Blattspreite durch die Imagines, Larvenfraß an der Blattunterseite. Die Blattoberseite bleibt verschont, ebenso die Blattadern. Später werden die Blätter braun und fallen vorzeitig ab.

Sehr auffallend aber wenig schädlich sind die Blattgallen der Ulmenblattlaus Eriosoma lanuginosum Hartig. Die geflügelten Läuse wechseln über auf Birnenwurzeln. Zahlreiche, wesentlich kleinere Gallen ruft die Rüsternblasenlaus Tetraneura ulmi hervor, deren geflügelte Generation auf Gramineenwurzeln lebt, dort aber keine Gallen bildet.

Naßkernbildung an Feldulmen ruft das Bakterium Erwinia nimipressuralis Cart. hervor. Äußeres Kennzeichen ist oft Schleimfluß an Wunden oder Ästungsschnitten. Andere Ulmenarten sind stärker betroffen als U. carpinifolia.

Eine reich illustrierte Beschreibung wichtiger Ulmenkrankheiten vermitteln Stipes und Campana [46].

Verbißschäden rufen Huftiere, Hasen und Kaninchen hervor.

Nutzung

Heutzutage werden Feldulmen in der Hauptsache als Zierelemente genutzt. Wegen ihrer harmonisch aufgebauten Krone, des raschen Wachstums und der Widerstandsfähigkeit gegen Stadtluft gehört die Art zu den wichtigsten und anpassungsfähigsten Stadtbäumen.

Abb. 15: Typische alte Feldulme nahe Florenz

Sie wächst sowohl auf trockenen, alkalischen Böden als auch auf nassen, sauerstoffarmen Tonen. Sie toleriert Luftverunreinigungen, Bodenverdichtung und Auftausalze. Sie übersteht auch massiven Kronenschnitt und starke Beschädigung des Wurzelsystems. Die geringe Größe von Früchten und Blättern sowie deren schneller biologischer Abbau sind ebenfalls positive Attribute für einen Stadtbaum.

Interessant ist aber nicht allein der dekorative Wert. Feldulmen werden wegen ihres wertvollen Holzes in Plantagen gezogen und forstlich bewirtschaftet. Das Holz ist hübsch anzusehen, läßt sich relativ leicht bearbeiten und eignet sich vorzüglich für die Möbelherstellung. Die charakteristische Textur verleiht ihm Elastizität, geringe Neigung zum Reißen. Das, wiederum, erklärt seine Eignung für den Wagenbau, insbesondere für die Herstellung von Radnaben und Speichen.

In früheren Zeiten wurde Ulmenholz für militärische Zwecke verwendet. So war es nach der Eibe das wichtigste Holz für Bögen. Im späten Mittelalter stellte man fest, daß Gewehrschäfte aus Ulmenholz den Rückschlag besser auffangen als das Holz anderer Arten. Daraufhin setzte man es auch bei der Artillerie ein. Zur Sicherstellung der Versorgung pflanzte man zu Beginn des 18. Jahrhunderts in Frankreich Ulmen am Rande vieler Straßen an. Diese Praxis wurde von Napoleon beibehalten, der Ulmen auch als schattenspendende Straßenbäume für seine auf dem Marsch befindlichen Soldaten pflanzen ließ. Auf diese Weise entstand ein erheblich verändertes Landschaftsbild, besonders in den ausgedehnten Ackerflächen der Champagne. Die große Dauerhaftigkeit des Ulmenholzes beim Verbau unter Wasser erklärt seine Verwendung für Brückenpfosten und Schiffsteile. Auch die Pfeiler der Rialto-Brücke in Venedig bestehen aus Ulmenholz. Im 17. und 18. Jahrhundert baute man in einigen englischen Städten Wasserleitungen aus Ulme. Auch für die Herstellung von Särgen wurde es im mittelalterlichen England verwendet. Die wahrscheinlich wichtigste Nutzung der Ulme im prähistorischen Europa bestand im Viehfutter. Der Nährwert von Ulmenblättern liegt sehr hoch und entspricht dem der Luzerne. Kennzeichnend ist ein besonders hoher Proteingehalt, möglicherweise hervorgerufen durch eine Symbiose zwischen den Ulmenblättern und stickstoffbindenden Bakterien [6]. Ulmenblätter sind leicht verdaulich und werden zur Schweinemast verwendet.

Die Verwendung von Ulmen als lebende Stützen für Weinstöcke repräsentiert eine kreative Periode der mediterranen Landwirtschaft und ist noch heute kennzeichnend für einige Landstriche. Der zur Pflege des Weins erforderliche Rückschnitt der Ulmen erbrachte Viehfutter gerade in der Trockenzeit, wenn das Gras verdorrte. Gegen Ende August ließen sich die Ulmenblätter leicht abstreifen und konnten nun schrittweise entfernt werden, um den Trauben das zum Reifen erforderliche Licht zu vermitteln. Die abgeschnittenen Zweige dienten u.a. als Brennholz.

COLUMELLA erwähnt zwei Ulmensorten (gallicanus und atinia), von denen die letztere nach HEYBROEK [23] wahrscheinlich in alle jene Länder eingeführt worden ist, in denen die Römer den Weinbau begründeten – so vielleicht auch in England, wo sie zum Ursprung der englischen Ulmen geworden sein könnte.

Noch heute empfiehlt die FAO den Anbau von Ulmen im Rahmen eines Programms für die Begründung von Weideland im mediterranen Raum.

Ulmenrinde ist reich an Kohlenhydraten, kann ebenfalls als Viehfutter genutzt werden und trägt in Notzeiten sogar zur Ernährung von Menschen bei. In Mitteleuropa wurde einst Mehl aus Ulmenblättern zum Brotbacken verwendet.

Bastfasern der Ulmenrinde lassen sich zu Textilien verarbeiten. In Japan macht man Seile und sogar Kleidungsstücke daraus.

Ulmenfrüchte sind eßbar, werden aber wegen des hohen Hohlkornanteils und der extrem kurzen Erntezeit kaum genutzt.

Die volksmedizinische Nutzung hält sich in engen Grenzen, denn außer Tanninen und schleimigen Kohlenhydraten sind keine medizinisch wirksamen Verbindungen bekannt.

Weiterführende Literatur

[1] ANDERSON; HERRE, 1927: Einwirkung des Hochwassers auf Forstgehölze, Mitt. Dt. Dendrol. Ges. **38**, 255–257.

[2] BOJNANSKY, V., 1969: Elm witches' broom a new virus disease in Czechoslovakia. Proc. 6th Czechoslov. Pl. Virol. Congr. Olomouc 1967, 211–215.

[3] BRASIER, C.M., 1983: The future of Dutch elm disease in Europe. Forestry Commission Bull., HMSO London, **60**, 108–113.

[4] BRASIER, C.M., 1991: Ophiostoma novo-ulmi sp. nov., causative agent of the current Dutch elm pandemics. Mycopathologia **115**, 151–161.

[5] BRASIER, C.M.; WEBBER, J.F., 1987: Recent advances in Dutch elm disease research: Host, Pathogen and Vector. Forestry Commission Bull., HMSO, London, **65**, 166–179.

[6] CAVALLI, S., 1978: Recenti acquisizioni sull'azotofissazione fillosferica in piante di interesse forestale. (unveröffentliches Manuskript) Dipartimento Sci. Tecn. Alim. Microbiol. Università di Firenze, Italien.

[7] CHALUPA, V., 1983: Micropropagation of conifer and broadleaved forest trees. Comm. Inst. Forestalis Chechosl. **13**, 7–39.

[8] D'AMATO, F., 1940: Embriologia di Ulmus campestris L. Nuovo G. Bot. Ital. **47**, 247–263.

[9] DOMIR, S.C.; STICKLEN, M.B.; PIJUT, P.M., et al., 1993: Micropropagation and regeneration of DED-resistant elms using protoplast and tissue culture techniques. Dutch Elm Disease Research: Cellular and Molecular Approaches (Sticklen and Sherald eds.), Springer-Verlag, 81–89.

[10] ELGERSMA, D.M.; ROOSLEN, T.; SCHEFFER, R.J., 1993: Biological control of Dutch elm disease by exploiting resistance in the host. Dutch Elm Disease Research: Cellular and Molecular Approaches (Sticklen and Sherald eds.), Springer-Verlag, 118–192.

[11] ELLENBERG, H., 1988: Vegetation ecology of central Europe. Cambridge University Press, pp. 731.

[12] ENCEV, E., 1961: [Effect of growth region and site on the anatomical structure and physical and mechanical properties of wood of Ulmus campestris.] Drev. Výskum 6, 1–17. from Forestry Abstracts **24**, No. 2759, 1963.

[13] FENNING, T.M.; GARTLAND, K.M.A.; BRASIER, C.M., 1993: Micropropagation and regeneration of English elm, Ulmus procera SALISBURY. J. Exper. Botany **44**, 1211–1217.

[14] GIL SANCHEZ, L.; GARCIA-NIETO RIVERO, E.; SALVADOR NEMOZ, L., 1990: La mejora genetica de los olmos españoles. Los olmos y la grafiosis en España (Gil L. ed). Ministerio de Agricultura, Pesca y Alimentacion, ICONA, Madrid, pp. 300.

[15] GIORDANO, G., 1988: Tecnologia del legno. Vol. III: Parte seconda. Il legnami del commercio. U.T.E.T. Torino, pag. 938–939.

[16] GLEDITSCH, J., 1773: Pflanzenverzeichnis, Berlin, pag. 353–354.

[17] GOIDANICH, G., 1951: Gli scopazzi dell'olmo. Informatore Fitopatologico **1**, 8.

[18] GRUDZINSKAYA, I.A., 1956: [The systematics of some species of Ulmus.] Bot. Z., USSR, **41**, 97–104.

[19] GRUDZINSKAYA, I.A.; ZAHAR'EVA, O.I., 1967: [The diagnostic significance of cytological characters in the taxonomy of certain tree species (as exemplified by the genus Ulmus).] Bot. Z., USSR, **52**, 614–619.

[20] HEIMLER, D.; MITTEMPERGHER, L.; BUZZINI, P.; BODDI, V., 1990: Quantitative HPTLC separation of flavonoid glycosides in the taxonomy of elm (Ulmus spp.). Cromatographia **29**, 16–29.

[21] HEYBROEK, H.M., 1963: Diseases and lopping for fodder as possible causes of a prehistoric decline of Ulmus. Acta Bot. Neerl. **12**, 1–11.

[22] HEYBROEK, H.M., 1983: Resistant elms for Europe. Forestry Commission Bull., HMSO London, **60**, 108–113.

[23] HEYBROEK, H.M., 1993: Why bother about the Elm? Dutch Elm Disease Research: Cellular and Molecular Approaches (Sticklen and Sherald eds.), Springer-Verlag, pp. 335, 1–8.

[24] JARVIS, C.E.; BARRIE, F.C.; ALLAN, D.M.; REVEAL, S.L., 1993: A list of Linnean generic names and their types. Regnum Veg. 127.

[25] LANIER, G.N., 1987: Fungicides for Dutch elm disease: comparative evaluation of commercial products. J. Arboriculture **13**, 189–195.

[26] LEE, J.M.; BERTACCINI, A.; VIBIO, M.; CONTI, M.; MITTEMPERGHER, L.; GENNARI, F., 1993: PCR-based procedures for detection and characterization of mycoplasmalike organisms associated with Ulmus spp. in Italy. Congress ‚Agricultural and Environmental Biotechnology: Biodiagnosis, Biocontrols, Bioprocesses'. Torino, Italy, Sept. 15–17; summary.

[27] MECHLER, T., 1989: Das Holz der Ulme und seine heutige Verwendung. Holz-Zentralblatt, Stuttgart **115**, No. 66, 1051–1053; No. 78, 1242–1243; No. 102, 1517–1518.

[28] MELVILLE, R., 1938: Is Ulmus campestris L. a nomen ambiguum? J. Bot. **76**, 261–265.

[29] MELVILLE, R., 1939: Ambiguous elm names. II Ulmus minor MILLER. J. Bot. 77, 266–270.

[30] MELVILLE, R., 1946: Typification and variation in the smooth-leaved elm, Ulmus carpinifolia GLEDITSCH. J. Linn. Soc. Bot. **53**, 83–90.

[31] MEUSEL, H.; JÄGER, E.; WEINER, E., 1965: Vergleichende Chorologie der zentraleuropäischen Flora. Karten. Fischer, Jena, pp. 258.

[32] MEZZETTI, B.; MINOTTA, G.; NAVACCHI, O.; ROSATI, P., 1988: Propagation and rooting of Ulmus carpinifolia in vitro. Acta Horticulturae **227**, 396–398.

[33] MITTEMPERGHER, L.; BARTOLINI, G.; FERRINI, F.; PANICUCCI, M., 1991: Aspects of elm propagation by soft and hardwood cuttings. Suelo y Planta **2**, 129–137.

[34] MITTEMPERGHER, L.; FAGNANI, A.; FERRINI, F.; D'AGOSTINO, G., 1990: Elm yellows, a disease to be taken into consideration when breeding elm for disease resistance. Proc. 8th Congr. Mediterr. Phytopath. Union. ACTES Ed., Rabat, Morocco, pp. 547, 433–435.

[35] MITTEMPERGHER, L.; LA PORTA, N., 1991: Hybridization studies in the European species of elm (Ulmus spp.). Silvae Genetica **40**, 237–243.

[36] MÖLLER, G., 1992: Ulmenerhaltung aus der Sicht des Naturschutzes. Proc. Ulmensymposium 21.–22. Mai 1992, Hann. Münden.

[37] NAMVAR, K.; SPETHMANN, W., 1985: Waldbaumarten aus der Gattung Ulmus (Ulme, Rüster). Allgemeine Forstzeitschrift **45**, 1220–1225.

[38] Niedersächsische Forstliche Versuchsanstalt, Abteilung C, Tätigkeitsbericht 1992.

[39] PASSARGE, H., 1956: Vegetationskundliche Untersuchungen in Wäldern und Gehölzen der Elbaue. Arch. Forstw. **5**, 339–358.

[40] prEN 350-2, 1993: Durability of wood and wood-based products. Natural durability of solid wood. Part 2: Guide to natural durability and treatability of selected wood species of importance in Europe. CEN, Brussels.

[41] RICHENS, R.H., 1968: The correct designation of the European field elm. Feddes Repertorium **79**, 1–2.

[42] RICHENS, R.H., 1976: Variation, cytogenetics and breeding of the European field elm. Annales Forestales, Zagreb **7**, 107–141.

[43] RICHENS, R.H., 1983: Elm. Cambridge University Press, Cambridge, pp. 347.

[44] RICHTÁR, V., 1979: [The usefulness of elms in the reafforestation of gaps caused by air pollution in the forests of the Ostrava basin.] from Forestry Abstracts **40**, No. 4045.

[45] STIPES, R.J.; CAMPANA, R.J., 1981: Compendium of elm diseases. The American Phytopathological Soc., St. Paul, Minnesota, USA, pp. 96.

[46] TCHERNOFF, V., 1963: Vegetative propagation of elm by means of shoots cut from callused roots. Acta Bot. Neerl. **12**, 40–50.

[47] TUTIN, E., 1964: Ulmus. Flora Europaea. Cambridge University Press, Vol I, 65.

[48] VINCENT, G., 1958: Die Lagerung von Saatgut in geschlossenen Gefäßen. Cbl. ges. Forstw. **75**, 257–267.

[49] WEBBER, J.F., 1990: Relative effectiveness of Scolytus scolytus, S. multistriatus and S. kirschi as vectors of Dutch elm disease. Eur. J. For. Path. **20**, 184–192.

Der Autor:

Dr. LORENZO MITTEMPERGHER
Centro di Studio per la Patologia
delle Specie Legnose Montane
Piazzale delle Cascine, 28
I–50 144 Firenze

Aus dem Englischen übertragen von P. Schütt.

Ulmus glabra HUDS. emend. MOSS, 1762

syn.: Ulmus campestris L. p.p., Ulmus scabra MILL., Ulmus montana WITH., Ulmus montana STOKES

Berg-Ulme

Familie: Ulmaceae

engl.: Wych elm (britisch), Scots elm (amerikanisch)
franz.: Orme blanc, Orme de montagne
ital.: Olmo montano

Abb. 1: Ulmus glabra bei Clausnitz, Sachsen, ca. 645 m ü.NN

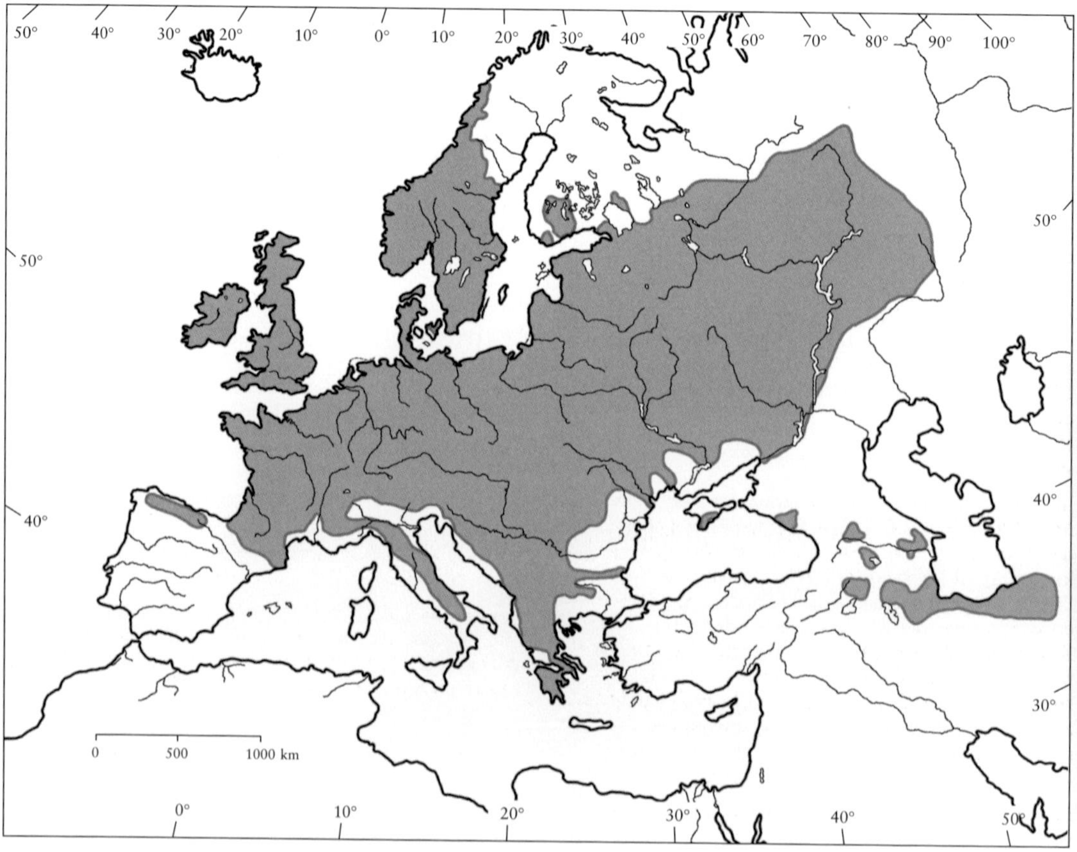

Abb. 2: Natürliches Verbreitungsgebiet, nach [90]

Die Berg-Ulme, *Ulmus glabra*, ist natürlicherweise eine charakteristische, relativ häufig beigemischte Edellaubholzart in den Wäldern Europas. Sie tritt in zonalen Buchenwäldern mittlerer bis nährstoffreicher Standorte ebenso auf wie in den azonalen Edellaubbaum-Schlucht-, Schatthang- und Hangschuttwäldern. Berg-Ulmen sind, wie die anderen einheimischen Ulmenarten auch, in Gärten und Parks sowie als Alleebäume in die Landschaft eingebracht worden.

Der sommergrüne, bis 40 m hohe Baum kann bis 500 Jahre alt werden. Das harte, schwere und haltbare Holz fand von alters her vielfältige Verwendung; insbesondere für mechanisch stark beanspruchte Geräte.

In der Vergangenheit hat die Berg-Ulme teils vom Menschen verursacht, teils aus natürlichen Gründen, dramatische Bestandseinbußen erlebt. Die Baumart wird heute, vor allem als Folge der Holländischen Ulmenkrankheit (Ulmensterben), als stark gefährdet angesehen.

Verbreitung und Waldgeschichte

Die Berg-Ulme kommt in weiten Teilen Europas vor; sie hat von den drei heimischen Arten der Gattung die nördlichste Verbreitung. Ihr Areal umschließt die britischen Inseln, erreicht in Skandinavien den Polarkreis und in Russland den Ural, umschließt das Schwarze Meer und die Ägäis und kommt in Italien und Nord-Spanien in den Gebirgen vor [42, 5, 90]. Sie fehlt im Südwesten Europas, in den Niederlanden und in Nordwestdeutschland.

Ulmus glabra ist eine Baumart des Hügel- und Berglands. In Mitteleuropa kommt sie ab 200 m im Hügelland vor, bis in Höhenlagen um 900 m in den Mittelgebirgen und in den Alpen bis in Höhen zwischen 1300 m (Bayern, Wallis) und 1450 m (Berner Oberland, Steiermark; [92, 101]). In Italien erreicht die Art Höhenlagen von 1700 m [85].

Wegen der typischen Pollen- und Blattmorphologie lässt sich das Vorkommen der Gattung *Ulmus* in geologischen Ablagerungen weit zurückverfolgen. Eine Differenzierung nach Arten bleibt bis heute umstritten [61, 80]. Sicher ist, dass Ulmen während des Oligozäns in Europa sehr häufig vorkamen, und *Ulmus braunii* HEER, eine Vorläuferin der heutigen Ulmen, schon vor ca. 25 Millionen Jahren (Miozän) in Europa heimisch war.

Während der Eiszeit zogen sie sich nach Südeuropa zurück; von dort aus erfolgte nach dem Rückgang des Eises die Wiederbesiedelung des europäischen Areals [49].

Es ist anzunehmen, dass in der Zeit des Eichenmischwalds (Atlantikum; etwa 8000 bis 6000 Jahre BP) die Berg-Ulme aufgrund ihrer zonalen Verbreitung am meisten zu den Ulmenpollen in den Analysen beitrug. In frühen Phasen der Eichenmischwald-Zeit erreichten die Anteile der Ulmen bis zu 50 % der Baumpollen [97]. In späteren Phasen dominierten die Eichen [47].

In etwa 5200 Jahre alten Sedimenten lässt sich eine plötzliche Abnahme des Ulmenpollens feststellen; sie markiert den Übergang vom feucht-warmen Atlantikum zum kühleren und trockeneren Subboreal. Als Ursachen dieses Ulmenrückgangs werden Klimaveränderungen sowie eine erste Epidemie der Holländischen oder einer ähnlichen Krankheit diskutiert [41]. Die Theorie einer frühen Befallswelle der Holländischen Ulmenkrankheit wird gestützt durch die Entdeckung des Ulmen-Splintkäfers in zeitgleichen Ablagerungen [71, 75]. Einige Forscher nehmen an, dass die Ursache die intensive Nutzung des Ulmenlaubs als Viehfutter sein dürfte [63].

In den Landnahmen des frühen Mittelalters wurden bevorzugt die gut nährstoffversorgten und leicht bearbeitbaren Böden der Börden und des Hügellands gerodet, die gleichzeitig die natürlichen Standorte der edellaubholzreichen Buchenwälder waren. Mit ihnen wurden auch die Bestände mit *U. glabra* erheblich dezimiert. Ein dritter starker Rückgang setzte mit dem Beginn der planmäßigen Forstwirtschaft am Anfang des 19. Jahrhunderts ein. Mit der Schaffung von Buchen- und Fichtenforsten wurde die Zahl der Berg-Ulmen, wie auch der anderen Edellaubhölzer, erheblich verringert.

Am Ende des Ersten Weltkriegs brach die Holländische Ulmenkrankheit mit einer Befallswelle aus, die 1919 erstmals beobachtet wurde [30, 95]. Eine zweite begann in den Siebziger Jahren des 20. Jahrhunderts und hält bis heute an. Die Folgen sind so verheerend, dass einzelne Arten als stark gefährdet angesehen werden [22, 50].

Neuere Untersuchungen belegen einerseits die beträchtlichen Einbußen durch die Krankheit, andererseits aber auch die Existenz großer und vitaler Vorkommen der Berg-Ulme. Allein für das Bundesland Sachsen wird geschätzt, dass noch rund 65 000 Berg-Ulmen vorhanden sind, darunter etwa 10 000 Starkbäume mit einem Durchmesser von 50 cm und mehr [54]. Auch aus Großbritannien gibt es Berichte über vitale Vorkommen der Berg-Ulme, insbesondere aus Schottland [10, 56, 74].

Morphologie

Erscheinungsbild

U. glabra ist ein sommergrüner, schlanker, bis 40 m hoher Baum mit aufwärts gerichteten, normalerweise im Freistand tief gegabelten Ästen und mit rund-ovaler Krone. Der Kronendurchmesser beträgt bis zu 20 m [101]. Die Verzweigung ist sympodial-monochasial; die Berg-Ulme folgt damit dem Modell von TROLL [1, 100]. Die zunächst plagiotrop orientierten Wipfeltriebe richten sich je nach Lichteinfall noch in der laufenden Vegetationszeit oder kurze Zeit später auf.

Der Stammdurchmesser kann 200 cm und mehr erreichen; ein historischer Baum in Hessen soll einen Durchmesser von 277 cm erreicht haben [103].

Berg-Ulmen können in der Regel 400 und gelegentlich bis 500 Jahre alt werden [65, 90].

Bemerkenswert ist die Fähigkeit zum Stockausschlag [13]. Aus dem Stubben eines gefällten Baumes kann in kurzer Zeit ein dichter, 6 bis 8 m hoher Strauch wachsen; Jahrestriebe von 1,50 m Länge sind dann nicht selten [32, 33].

Über Brettwurzeln, Wurzelbrut und Korkleisten auf jüngeren Zweigen wird in der Literatur gelegentlich berichtet, doch müssen solche Bildungen bei der Berg-Ulme eher als Ausnahmen angesehen werden [61, 101].

Knospen, junge Triebe, Blätter

Die Knospen sind zweizeilig angeordnet und von dunkelbraunen, behaarten vaginalen Schuppen bedeckt; zu unterscheiden sind kugelige Blütenknospen und zugespitzte Laubknospen. Beide Knospentypen sind zwischen 5 und 7, bis maximal 9 mm lang, anfangs rostrot bis bräunlich behaart, später verkahlend und nur noch am Rand der Knospenschuppen bewimpert. Die Seitenknospen stehen schief über der Blattnarbe, so dass sich, ähnlich wie bei der Buche, ein leicht gewinkelter, leiterartiger disticher Aufbau der Langtriebe ergibt [88, 100].

Die Blütenknospen treiben je nach Witterung in der Zeit von Februar bis April aus, die Laubknospen erst im späten Frühjahr (Mai, Juni); die Früchte sind zu diesem Zeitpunkt bereits weit entwickelt [101].

Junge Triebe sind dicht behaart, olivgrün bis rotbraun. Das Periderm bleibt lange Zeit relativ glatt, worauf sich auch das Epitheton des Artnamens *glabra* (= glatt) bezieht. Langtriebe zeigen eine Kombination von freiem und gebundenem Wachstum, die Kurztriebe wachsen ausschließlich gebunden und haben in der Regel fünf bis sieben Blätter. Davon sind die unteren meist artuntypisch ausgeprägt [58].

Die europäischen Ulmen heben sich durch den doppelt gesägten Rand der Blätter sowie die oftmals stark ausgeprägte Asymmetrie der Spreitenbasis (besonders bei der Flatter-Ulme) von anderen einheimischen Baumarten ab.

Abb. 3: Winterknospen an dicht behaartem Langtrieb (links), Blattrand, Unterseite (Mitte) und Zwitterblüten in büschelförmiger Infloreszenz (rechts)

Weil die Blattformen zwischen Kurz- und Langtrieben, Reiterations- und proleptischen Trieben desselben Baumes stark variieren können, sollten zu taxonomischen Untersuchungen nur die distal und subdistal stehenden Blätter von Kurztrieben herangezogen werden [52, 58, 76, 78].

Blätter aus der Schattenkrone sind elliptisch bis verkehrteiförmig und oft mehrspitzig [84]. Die Länge beträgt durchschnittlich 9 bis 10 cm, die Breite um 6 cm. Blätter aus der Sonnenkrone sind dünner, schmaler und tragen normalerweise nur eine Spitze. An jungen Langtrieben können Blätter bis zu 20 cm Länge entstehen. Die Basis der Blattspreite ist leicht asymmetrisch, die geförderte Spreitenhälfte überdeckt in Form eines Öhrchens den sehr kurzen, höchstens 6 mm langen Blattstiel [18]. An einzelnen Exemplaren der Berg-Ulme sind die beiden Basen der Blattspreite trichterförmig miteinander verwachsen (Beobachtung des Verfassers).

Die Blattoberseite ist dicht mit kurzen, borstigen Haaren besetzt, die sich, zum Blattstiel hin gestrichen, sehr rau anfühlen. Die Spreite ist im Hochsommer oberseits matt dunkelgrün, unterseits heller mit weniger dichter Behaarung. Später fehlt sie fast ganz, von zottigen Haarbüscheln in den Achseln der Blattadern und Haaren auf den Seitennerven abgesehen. Seitennerven kommen in 10 bis maximal 20 Paaren vor (Bestimmungsliteratur zusammengefasst in [52]).

Die lanzettlichen bis linearen Nebenblätter fallen frühzeitig ab [101].

Vor dem herbstlichen Blattfall werden die Blätter leuchtend gelb [82].

Als reine Art lässt sich *U. glabra* anhand der Blattmerkmale sicher bestimmen; der kurze, von einem Öhrchen überdeckte Blattstiel, die Rauheit der Blattoberseite und die mehrspitzigen Blätter sind artdiagnostisch ausschlaggebend.

Blüten, Früchte, Samen

U. glabra wird im Alter zwischen 35 und 40 Jahren mannbar. Ihre sehr kleinen, nur 3 mm langen, sehr kurz gestielten Zwitterblüten stehen in dichten Büscheln zu 20 bis 30 und haben ein trichterförmiges, hell grünliches Perigon mit 5 bis 6 rosafarbenen bewimperten Zipfeln. Die 5 oder 6 dunkelvioletten Staubblätter ragen weit über das Perigon hinaus [83, 101]. Der Stempel trägt eine zweispaltige, drüsige, rosarote Narbe. Die proterogynen Blüten erscheinen gegen Ende des Winters, also lange vor dem Blattaustrieb. Auf die weibliche folgt die zwittrige Phase, und eine nicht bestäubte Narbe kann auch über das Abfallen der Staubblätter hinaus fängig bleiben [12].

Bei der Berg-Ulme werden jeweils zwei bis drei Pollenkörner von einer dünnflüssigen, ölartigen Substanz zusammengehalten [32, 33]. Zusammen mit einem rudimentären Nektarium ist dies ein Hinweis auf den noch nicht vollständig abgeschlossenen Übergang von der ursprünglichen Entomogamie zur sekundären Anemogamie [12]. Frühblühende Ulmen bieten aber Bienen eine der ersten Nahrungsquellen im Frühjahr; dabei ist eine Pollination wahrscheinlich [16].

Der Pollen wird über weite Strecken transportiert [80]. In größeren Mengen wirkt er allergetisch. Bei +3 °C oder bei −20 °C lässt er sich ein Jahr lagern, ohne die Keimkraft einzubüßen.

Die Berg-Ulme ist nicht vollständig selbststeril [62] und wird für diploid gehalten (2n = 28 [70]). Neuere Ergebnisse legen den Schluss nahe, dass es sich um eine segmentale Tetraploidie handelt [39, 51].

Die Früchte sind sehr kurz gestielte, 20 bis 25 mm (maximal 30 mm) lange und fast ebenso breite, geflügelte Nüsse [18]. Die Samen liegen bei der Berg-Ulme fast in der Mitte der Frucht. Diese wird zusammen mit dem häutigen, Chlorophyll führenden Flügel als Samara bezeichnet. Die früh reifenden, grünen Früchte übernehmen die Photosynthese, solange die Blätter noch nicht ausgetrieben sind [29].

Die Samenreife erfolgt zwei Monate nach der Blüte. Die gelbbraunen, vollkörnigen Früchte fallen bis Mitte Juli vom Baum und werden verweht [13]. Die Samen keimen danach ohne Verzögerung, behalten ihre Keimkraft aber bis zum nächsten Frühjahr und länger [47].

Bewurzelung

U. glabra bildet in der Jugend eine Pfahlwurzel aus, in der Altersphase entwickelt sich ein kombiniertes Pfahl-Herzwurzelsystem. Der Boden wird tief und weitreichend erschlossen. Selbst in kompakten Böden dringt die Wurzel bis in 1,6 m Tiefe vor [65]. Beachtlich ist auch die Fähigkeit, auf lockeren und bewegten Böden steiler Standorte das Wurzelsystem dynamisch anzupassen.

Borke und Holz

Die Borke ist tief längsrissig und von grauer bis bräunlicher Farbe [77].

Im Stammquerschnitt unterscheidet sich der gelblichweiße Splint deutlich vom braunen Kern, der ein Drittel bis die Hälfte des Stammdurchmessers einnimmt [15, 26]. Das ringporige Holz hat eine grobe Textur mit weitlumigem Frühholz (Durchmesser: 350 µm) und englumigen Spätholzgefäßen (20 bis 60 µm [14]).

Abb. 4: Beblätterter Kurztrieb, Unterseite (links) und Oberseite

Abb. 5: Unreife Früchte an Kurztrieben (links), Stammquerschnitt (Mitte) und Stammborke (rechts)

Im Spätholz sind die Gefäße leicht erkennbar in zusammenhängenden, wellenförmigen, tangentialen Bändern angeordnet, was dem Ulmenholz ein charakteristisches Muster verleiht [26]. Die homogen aufgebauten Holzstrahlen bestehen meist aus vier bis fünf Zellreihen und sind 40 bis maximal 50 Zellen hoch. Weil die Fasern selten parallel verlaufen, lässt sich das Holz schlecht spalten; es neigt zum Reißen und Werfen [15].

Das harte und schwere Holz der Berg-Ulme hat folgende physikalisch-technischen Kenngrößen [104]:

- Rohdichte (r_O) 0,64 g/cm^3
- Rohdichte (r_{15}) 0,75 g/cm^3
- Druckfestigkeit 46 N/mm^2
- Biegefestigkeit 89 N/mm^2
- Zugfestigkeit 80 N/mm^2
- Scherfestigkeit 7 N/mm^2

Das Holz der Berg-Ulme lässt sich anhand des etwas helleren Kernholzes und der wenig unterbrochenen Spätholzgefäßbänder von dem sehr ähnlichen Holz der Feld-Ulme unterscheiden [26].

In der Forst- und Holzwirtschaft trägt Ulmenholz den Handelsnamen Rüster, zwischen den Arten wird kaum unterschieden. Handelt es sich indessen um wertvolle Sortimente wird das Holz der Berg- und der Feld-Ulme zusammengefasst und dem der Flatter-Ulme gegenübergestellt [27, 57].

Taxonomie und Bastardierungen

Um die Klassifizierung der Ulmen bemühten sich bereits in antiker Zeit der Grieche Theophrast (372 bis 287 v.u.Z.; griechischer Name für die Ulme: *Ptelea*), der römische Gelehrte Plinius (23 bis 79) und andere Botaniker. Carl von Linné (1707 bis 1778) fasste alle europäischen Ulmen unter dem Namen *U. campestris* L. zusammen. Der Herbarbeleg unter diesem Namen ist nach heutiger Auffassung eine Berg-Ulme. William Hudson (1730 bis 1793) beschrieb einige Jahre nach Linné die Berg-Ulme als *U. glabra* Huds; jüngere Beschreibungen teilen *U. campestris* L. in zahlreiche Arten auf [58, 80]

Manche Autoren unterscheiden zwischen der oben beschriebenen *Ulmus glabra* ssp. *glabra* und einer *Ulmus glabra* ssp. *montana* [84]. Letzterer fehlen die Blattöhrchen über dem Stiel; die möglichen Vorkommen könnten auf den nördlichen Teil des Verbreitungsgebietes begrenzt sein. Andere Autoren folgen dieser Aufteilung nicht (beispielsweise [83]).

Die Hybriden aus Berg- und Feld-Ulme (Holländische Ulme, *U. x hollandica* Mill.) stehen in ihren Merkmalen zwischen den Elternarten. Die Hybride sind wiederum fertil und können sich in der nächsten Generation mit der reinen Art kreuzen, so dass über mehrere Generationen unterschiedlichste Kreuzungsverhältnisse und mannigfaltigste Merkmalsausprägungen entstehen [18]. Dieser Hybridschwarm vermittelt zwischen den reinen Arten Berg- und Feld-Ulme. Es fehlen ihm Merkmalsdisjunktionen, die eine eindeutige Bestimmung zuließen [78].

Versuche, die Ulmensippen anhand ihrer Blattmerkmale mit Methoden der statistischen Analyse sicher voneinander zu trennen, sind mehrfach gescheitert [44, 45, 54, 76, 78]. Untersuchungen auf genetischer Basis führen zu deutlich klareren Ergebnissen [10].

Die leichte Kreuzbarkeit der Ulmenarten untereinander, in Europa zwischen Berg- und Feld-Ulme, erscheint vergleichbar mit den Gegebenheiten bei den heimischen Eichenarten [46, 62]. Die genetische Distanz zwischen Feld- und Berg-Ulme beträgt nur 0,009 [66]. Deshalb wird vorgeschlagen, die Gruppe *U. glabra – U. x hollandica – U. minor* als eine Art anzusehen [51].

Die Holländische Ulme kann offenbar spontan im Überschneidungsgebiet der Elternareale vorkommen [18, 84], ist aber auch seit langem Gegenstand intensiver Züchtungsarbeit [35, 36]. Einige Autoren [18, 28] gehen davon aus, dass der Hybrid gebietsweise häufiger auftritt als seine Eltern.

Zu den Züchtungen unter Beteiligung der Berg-Ulme gehören die in Wageningen, Niederlande, entstandenen Sorten „Lobel", „Plantijn", „Dodoens", „Clusius", „Columella" und „Commelin". Letztere wurde Ende der sechziger Jahre wegen ihrer Widerstandsfähigkeit gegen die Holländische Ulmenkrankheit in großem Umfang angebaut, erwies sich aber als anfällig gegen die aggressiven Rassen des pathogenen Pilzes *Ophiostoma novo-ulmi* [35, 36, 37].

Im National Arboretum in Washington D.C., USA, entstand unter Beteiligung von *U. glabra* die Sorte „Pioneer", mit der Feld-Ulme als männlicher und der Berg-Ulme als weiblicher Elter. Die Sorten „Urban" und „Homestead" entstanden unter Verwendung der Holländischen Ulme [99]. An der University of Wisconsin, Madison, USA, wurde ein Mehrfachhybrid aus *U. minor* MILL. em. RICHENS, *U. glabra* HUDS. em. MOSS und der asiatischen *U. pumila* L. gezüchtet [93, 94].

Von der Berg-Ulme gibt es einige Formen, die teilweise relativ häufig angepflanzt werden [38, 60]:

- *U. glabra* „Camperdownii": Als Sämling im frühen 19. Jahrhundert im Park des Schlosses Camperdown in Schottland entdeckt; auf Hochstämmen der Berg- oder Holländischen Ulme veredelt, bildet sie eine halbkugelige Krone mit weit herabreichenden Ästen; auf Friedhöfen beliebter Baum („Laubenulme").
- *U. glabra* „Exoniensis" (*U. glabra* var. *fastigiata*): Schmal kegelförmig mit fast senkrecht wachsenden Ästen; Blätter gekräuselt, verdreht, gewellt mit großen, unregelmäßigen Zähnen.
- *U. glabra* „Horizontalis" (*U. glabra* „Pendula"): „Hängeulme", wie „Camperdownii" Anfang des 19. Jahrhunderts in Schottland entstanden; Äste gerade ausgebreitet, nur an den Spitzen abwärts zeigend; Veredelung auf Hochstämmen.
- *U. glabra* „Lutescens": Ausladender, dicht belaubter Baum mit kugelförmiger Krone; Blätter im Frühjahr hell leuchtend grün, im Laufe des Sommers gelblicher.
- *U. glabra* „Crispa": Selten gepflanzte, kleine Form mit grob gezähnten, einwärts gerollten Blättern.

Vermehrung, Anzucht, Entwicklung, Waldbau

Die einheimischen Ulmen werden wegen der vielfältigen Nutzungsmöglichkeiten vermutlich schon seit 5000 Jahren gefördert und angezogen. Die generative wie auch die vegetative Vermehrung haben sich als geeignete Möglichkeiten bewährt [47].

Ulmen fruchten normalerweise etwa jedes zweite Jahr reichlich. Oft ist ein großer Teil der Früchte taub. Das Keimprozent schwankt bei *U. glabra* zwischen 35 und 80 [47, 65, 81]. Das Tausendkorngewicht liegt bei 8 g, das entspricht rund 125 000 Früchten je kg Saatgut. Die Keimung erfolgt innerhalb von 15 Tagen. Die Keimfähigkeit bleibt unter natürlichen Bedingungen bis zu drei Jahre lang erhalten [82].

Abb. 6: Keimling (links) und Sämling, ca. 2 Monate alt

U. glabra keimt epigäisch. Die Keimlinge haben ganzrandige, spatelförmige Keimblätter, die Primärblätter sind vollkommen symmetrisch, gegenständig und grob gezähnt. Die nachfolgenden Blätter sind zunächst ebenfalls noch symmetrisch und gegenständig, gehen aber zum Herbst hin zu leicht asymmetrischen, zweizeilig gestellten Blättern über. Am Ende ihrer ersten Vegetationsperiode können die Sämlinge eine Höhe von 40 bis 50 cm erreichen [101]. Die Verschulung der Pflanzen gelingt ohne Mühe.

Auch die vegetative Vermehrung über nicht verholzte wie über verholzte Stecklinge ist leicht möglich, insbesondere wenn sie von Stockausschlägen gewonnen werden und IBS und Benomyl als Wuchsstoffe zugesetzt werden [65].

Die Berg-Ulme gilt als waldbaulich uninteressant, da wegen der Holländischen Ulmenkrankheit mit einem frühzeitigen Ausfall gerechnet wird [8].

Andere Autoren sehen in der Berg-Ulme eine gute Art des Oberstands im – allerdings sehr selten gewordenen – Mittelwald. Die Art neigt zu Protzen- und übermäßiger Seitenzweigbildung [13]. Ertragstafeln liegen nicht vor; andere Daten zur Wuchsleistung sind unvollständig oder nicht repräsentativ [82].

In der Landschaft können Berg-Ulmen im Unterbau gepflanzt werden oder auf der freien Fläche. In jedem Fall ist ein sorgfältiger Schutz gegen Verbiss erforderlich. Die Bemühungen, die Art in die Edellaub-Mischwälder wieder einzubringen, halten an – wenn auch auf sehr kleiner Fläche und mit mäßigem Erfolg [54].

Ökologie

In Mitteleuropa zählt *U. glabra* zu den Edellaubhölzern mit hohen Standortansprüchen. Sie benötigt frische, nährstoffreiche Böden, ist relativ schattentolerant, aber gegen Überflutungen empfindlicher als die anderen beiden Ulmenarten [101].

Auf den zonalen Buchenstandorten ist *Fagus sylvatica* langfristig wegen ihrer höheren Schattentoleranz überlegen. Bei der Untersuchung einer Sukzessionsentwicklung in der Ukraine wurde über den Zeitraum von 300 Jahren die Entwicklung zu einem Buchenwald beobachtet. Im mittleren Abschnitt der Sukzession (Alter rund 30 bis 120 Jahre) kann die Berg-Ulme einen Anteil von etwa 15 % einnehmen und wird anschließend vollständig verdrängt [72]. Im Mosaikzyklus reifer Buchenwaldgesellschaften ist die Rolle von *U. glabra* auf periodisches Auftreten in den Verjüngungsphasen beschränkt [79].

Natürlicherweise kommt die Art überall im Gebiet der zonalen, mesophilen und – seltener – thermophilen Buchenwälder vor [87]. Sie ist entweder in mehr oder weniger geringen Anteilen beigemischt oder verdrängt die Rot-Buche dort, wo die Standortbedingungen (Feuchte, Nährstoffreichtum, Bodenbewegung) die Konkurrenzkraft der Berg-Ulme stärken [101].

Der Verband *Fagion sylvaticae* ist außerordentlich vielfältig und gliedert sich in mehrere Unterverbände. Nach einem jüngeren syntaxonomischen System für natürliche Waldgesellschaften in Deutschland ist *U. glabra* in folgenden Assoziationen der mesophilen Buchenwälder vertreten [87]:

- Waldmeister-Buchenwald (*Galio odorati-Fagetum*),
- Waldgersten- oder Platterbsen-Buchenwald (*Hordelymo-Fagetum*),
- Hochmontaner Bergahorn-Buchenwald (*Aceri-Fagetum*),
- Quirlzahnwurz-Buchenwald (*Dentario enneaphylli-Fagetum*),
- Alpenheckenkirschen-Buchenwald (*Lonicero alpigenae-Fagetum*),
- Fiederzahnwurz-Buchenwald (*Dentario heptaphylli-Fagetum*),
- Kleeblattschaumkraut-Buchenwald (*Cardamino trifoliae-Fagetum*)

und im thermophilen

- Orchideen- oder Seggen-Buchenwald (*Cephalanthero-Fagetum*).

Außerdem ist die Berg-Ulme eine Charakterart der azonalen Edellaubbaum-Schlucht-, Schatthang- und Hangschuttwälder mit reichem krautigem Unterwuchs (Verband *Tilio-Acerion*). Auf den azonalen Standorten ist sie der Rot-Buche in der Konkurrenz überlegen. Besondere Anpassungen der Berg-Ulme sind nicht zu erkennen, doch scheint das Wurzelsystem plastischer zu sein und ein besseres Reaktionsvermögen auf die Standortveränderungen auf bewegten Böden zu besitzen [54]. In folgenden Syntaxa kommt die Art vor [87]:

- Eschen-Ahorn-Schlucht- und Schatthangwald (*Fraxino-Aceretum pseudoplatani*),
- Hochmontaner Bergulmen-Bergahorn-Schlucht- und Steinschuttwald (*Ulmo glabrae-Aceretum pseudoplatani*),
- Giersch- und Seggen-Ahorn-Eschenwald (*Adoxo-Aceretum*) und
- Ahorn-Sommerlinden-Hangschuttwald (*Aceri-Tilietum platyphylli*).

Des Weiteren ist für Süddeutschland im Verband der Auenwälder (*Alno-Ulmion*) der Hainmieren-Schwarzerlenwald (*Stellario nemorum-Alnetum glutinosae*) beschrieben worden; in ihm kommt als Begleiter schnellfließender Bäche in Mittelgebirgen auch die Berg-Ulme vor [69].

Das hohe Stockausschlagsvermögen gibt der Art günstige Bedingungen auf ruderalisierten Flächen. Sie ist auf den zahlreichen gestörten Standorten in Städten und kleineren Siedlungen relativ häufig. Die Ökologie der generativen Ausbreitung sorgt dafür, dass sie, ähnlich wie die Birke, auch Mauerritzen, Regenrinnen und andere ruderal geprägte Standorte besiedelt.

Die hohe Toleranz der Ulmen gegenüber ungünstigen Wuchsbedingungen in den Städten hat zur verbreiteten Anpflanzung der Arten geführt [23, 93]. In Schottland, das aus klimatischen Gründen bislang weniger als andere Regionen von der Holländischen Ulmenkrankheit betroffen ist, sind im städtischen Bereich und in der Kulturlandschaft noch verhältnismäßig viele Berg-Ulmen zu finden [10, 56]. Nach Nordamerika wurde die Berg-Ulme eingeführt und kommt dort inzwischen verwildert vor [20].

Pathologie

An Ulmen sind rund 100 Krankheiten beschrieben worden [9, 31, 67, 96]. Keine davon hat so verheerende Folgen wie die Holländische Ulmenkrankheit. Eine ausführliche Beschreibung liegt im Rahmen dieser Enzyklopädie vor [61]. Jüngste Erkenntnisse wurden anlässlich einer Internationalen Konferenz im Jahr 1998 diskutiert [4, 98, 102].

Die Pilze *Ophiostoma ulmi* NANNF. und *Ophiostoma novo-ulmi* BRASIER (Abteilung *Ascomyceta*) werden von verschiedenen Ulmen-Splintkäfern (*Scolytus* spec., Ordnung *Coleoptera)* beim Reifungsfraß an der Rinde von Ulmen übertragen. Das Mycel dringt in die Leitungsbahnen des Baumes ein und setzt dort das Welketoxin Cerato-Ulmin frei. Das Laub ganzer Kronenteile beginnt rasch zu welken und vertrocknet schließlich. Als Gegenreaktion versucht der Baum die Krankheit durch Bildung von Thyllen zu isolieren, was den Wassertransport in die betroffenen Äste weiter einschränkt. Bei einer Infektion im Frühjahr kann ein Baum noch im gleichen Jahr vollständig absterben [7].

Zur Bekämpfung des Pilzes im Baum sind schon vor längerer Zeit spezifische Verfahren entwickelt worden [25, 68]. Die Behandlung scheitert oft an den hohen Kosten, die es nur erlauben, einzelne wertvolle Bäume zu schützen, die Krankheit selbst aber nicht wirkungsvoll zu bekämpfen [53]. Weitere Ansätze zur Kontrolle der Krankheit sind in den letzten Jahren vorgestellt worden [3, 5, 17, 40].

Strikte Hygienemaßnahmen – wie die unverzügliche Entnahme erkrankter Bäume – können zumindest dazu führen, dass die Holländische Ulmenkrankheit auf einem vertretbaren Niveau begrenzt wird [53, 55].

Von der Holländischen Ulmenkrankheit abgesehen, sind an der Berg-Ulme drei weitere Schädlinge häufig zu beobachten:

- Blasenlaus (*Schizoneura ulmi* L.): gelbe bis weißliche Verfärbung des eingerollten Blattes [67];

- Ulmen-Wollschildlaus (*Gossyparia spuria* MOD.): an Stämmen und Zweigen junger Ulmen; kann zum Absterben führen [91];

- Gallmilben (Arten der Gattung *Aceria*): auf der Blattoberseite entstehen beutelförmige, gestielte Gallen [67].

Daneben zählen auch die beiden Ulmen-Splintkäfer *Scolytus scolytus* F. und *Scolytus multistriatus* MARSH. zu den häufigen Schädlingen; ihre hauptsächliche Bedeutung haben sie aber als Überträger der Holländischen Ulmenkrankheit [91].

Nutzung

Frühe Zeugnisse des Gebrauchs von Ulmenholz gibt es aus dem Mesolithikum (etwa 8000 bis 4000 v.u.Z.); in Südwestdeutschland sind Reste von Holzkohle aus Ulmenholz gefunden worden [21]. Der bereits erwähnte Ulmenrückgang vor rund 5000 Jahren wird mit dem Übergang von der meso- zur neolithischen Wirtschaftsweise in Zusammenhang gebracht [24, 34, 63]. Wegen der leichten Verfügbarkeit, des Futterwertes des Laubes und der guten Haltbarkeit des Holzes spielte die Ulme in der neolithischen Wirtschaft eine große Rolle. An fast allen archäologischen Fundstellen aus dieser Zeit kommen auch Reste von Ulmen vor [73, 74].

Mechanisch stark beanspruchte Geräte fertigte man früher bevorzugt aus Ulme an: Räder, Teile von Karren und Kutschen, Glockenstühle, Geschirre für Zugtiere, Waffen. Gegenstände, die dem Wasser ausgesetzt sind, wurden oft aus dem Holz der Berg-Ulme hergestellt, weil es unter Wasser besonders dauerhaft ist [64, 86]. Lange Zeit verwendete man Messerfurniere von europäischen Ulmen bei der Möbelherstellung; heute entstehen Ulmenmöbel fast nur noch aus Massivholz in Einzelherstellung. Der Grund liegt darin, dass die inzwischen selten gewordenen Bäume keine industriellen Großserien zulassen. Furniere werden jetzt aus nordamerikanischen Ulmen geschnitten [57].

Ulmenrinde wurde früher zur Herstellung von Pottasche verwendet [15].

Das Schneiteln von Futterbäumen war bis weit in das 20. Jahrhundert hinein übliche bäuerliche Praxis. Ziegen, Schafe, Rinder und Schweine wurden mit dem Laub gefüttert [6].

In Mitteleuropa wurde Ulmenlaub zu einer Art Sauerkraut für die menschliche Ernährung vergoren. Während der Hungerjahre 1917 und 1918 soll Sägemehl aus Ulmenholz oder aus der Rinde in Deutschland und Österreich sogar zu Mehl für die menschliche Ernährung verarbeitet worden sein. Frische Blätter und grüne Früchte („Zappelsalat“) wurden als Salat gegessen. Die Samen der Berg-Ulme haben einen angenehmen, haselnuss-ähnlichen Geschmack [19, 33, 80].

Die volksmedizinische Nutzung der Art hält sich in engen Grenzen, da außer Tanninen und schleimigen Kohlenhydraten keine medizinisch wirksamen Verbindungen bekannt sind [33].

Größere Baumschulen bieten heute neben den drei reinen Arten auch die gängigen Gartenformen der Berg-Ulme und eine Anzahl krankheitsunempfindlicher Züchtungen als Ziergehölze an.

Abb. 7: Schildlaus-Besatz

Abb. 8: Schäden durch die Blasenlaus Schizoneura ulmi

Gefährdung

Trotz erheblicher Gefährdung durch die holländische Ulmenkrankheit ist *U. glabra* gegenwärtig nicht vom Aussterben bedroht. In Deutschland steht sie nur in Brandenburg („gefährdet") und in Hamburg („vom Aussterben bedroht") auf den Roten Listen [43]. In Sachsen wurde sie kürzlich auf die Vorwarnliste gesetzt [89]. In anderen europäischen Ländern steht die Art nicht auf der Roten Liste [2].

Die Berg-Ulme als herausragender Bestandteil der natürlichen zonalen Vegetation und einiger azonaler Gesellschaften bedarf größerer Aufmerksamkeit und entschiedenerer Schutzmaßnahmen. Ansätze hierzu sind in der Generhaltung, in Aufforstungsprogrammen und in der Neupflanzung von Einzelbäumen zu sehen.

Literatur

[1] BARTELS, H., 1993: Gehölzkunde. Ulmer Verlag, Stuttgart.

[2] BARTHA, D., 1996: Die ausgestorbenen und gefährdeten Baum- und Straucharten Mitteleuropas. Mitt. Deutsche Dendrol. Ges. 82, 43–49.

[3] BRASIER, C. M., 1996: New horizons in Dutch elm disease control. Forestry Commission, HMSO, Edinburgh.

[4] BRASIER, C. M., 2000a: Intercontinental spread and continuing evolution of the Dutch elm disease pathogens. In: DUNN, C. (Hrsg.): The elms – Breeding, conservation, and disease management. Kluwer Acad. Publ., Boston, 61–72.

[5] BRASIER, C. M., 2000b: Viruses as biological control agents of the Dutch elm disease fungus Ophiostoma novo-ulmi. In: DUNN, C. (Hrsg.): The elms – Breeding, conservation, and disease management. Kluwer Acad. Publ., Boston, 201–212.

[6] BROCKMANN-JEROSCH, H., 1936: Futterlaubbäume und Speisebäume. Ber. Schweiz. Bot. Ges. **46**, 594–613.

[7] BUCHEL, A. S.; CORNELISSEN, B. J. C., 2000: Dutch elm disease: An Interactive Approach. Biomedia, Amsterdam (CD-ROM).

[8] BURSCHEL, P.; HUSS, J., 1997: Grundriß des Waldbaus – Ein Leitfaden für Studium und Praxis. 2. Aufl., Parey Verlag, Berlin.

[9] BUTIN, H., 1989: Krankheiten der Wald- und Parkbäume. Diagnose von Baumerkrankungen. 2. Aufl., Thieme Verlag, Stuttgart.

[10] COLEMAN, M., 1998: Elm – The forgotten tree. British Wildlife **9**, 137–143.

[11] COLEMAN, M., 2000: Application of RAPDs to the critical taxonomy of the English endemic elm Ulmus plotii Druce. Botanical Journal of the Linnean Society **133**, 241–262.

[12] DAUMANN, E., 1975: Ein rudimentäres Blütennektarium und unterschiedliche Pollenkittreste bei der Rüster (Ulmus). Preslia **47**, 14–21.

[13] DENGLER, A., 1990: Waldbau auf ökologischer Grundlage. Band 2, 6. Aufl., Parey Verlag, Berlin.

[14] DENGLER, R., o. J.: Baumdaten. Band 1 (Loseblattsammlung), Deritec, Lauf/Pegnitz.

[15] DURST, J., 1959: Handbuch der Nutzhölzer. Fachbuchverlag Leipzig.
[16] EHLERS, M., 1986: Baum und Strauch in der Gestaltung und Pflege der Landschaft. 2. Aufl., Parey Verlag, Berlin.
[17] ELGEERSMA, D. M.; HOUTERMAN, P. M.; CORNELISSEN B. J. C., 1998: Biological control of Dutch elm disease by Verticillium dahliae. Intern. Elm Conference 1998, abstract (unveröffentlicht).
[18] ENDTMANN, J., 1967: Beiträge zur Nomenklatur, Taxonomie und Verbreitung der Gattung Ulmus in Europa. Diss., Eberswalde.
[19] ENDTMANN, J., 1993: Ulmen in Deutschland. Beiträge zur Gehölzkunde **19**, 5–18.
[20] FARRAR, J.L., 1995: Trees of the Northern United States and Canada. Iowa State Univ. Press, Ames.
[25] GREIG, B. J. W.; COXWELL, R. A. G, 1983: Experiments with thiabendazole (TBZ) for control of Dutch elm disease. Arboricultural J. **7**, 119–126.
[26] GROSSER, D., 1977: Die Hölzer Mitteleuropas – Ein mikrophotographischer Atlas. Springer Verlag, Berlin
[27] GROSSER, D.; TEETZ, W., 1992: Ulme, Baum des Jahres 1992. CMA, Bonn.
[28] GRUBER, H., 1994: Ulmensterben – Eine Baumkrankheit mit verheerenden Folgen. Mitt. Verein Naturschutzpark e.V. und Verband Deutscher Naturparke e.V. **155**, 18–22.
[29] HAMMER, K., 1993: Urticales. In: DANERT, S.; FUKAREK, F. et al.: Urania Pflanzenreich, Bd. 3 Urania Verlag, Leipzig, 128–150.
[30] HARTMANN, G., 1993: Biologie von Ophiostoma (Ceratocystis) ulmi. Forschungsber., Hess. Forstl. Versuchsanst. **16**, 17–25.

Abb. 9: Schale aus Berg-Ulmen-Holz (Foto: V. Zimmer)

[21] FIRBAS, F., 1949: Spät- und nacheiszeitliche Waldgeschichte Mitteleuropas nördlich der Alpen. Bd. 1, Fischer Verlag, Jena.
[22] FRANKE, A.; BOHNENS, J. et al., 1998: Ulmen-Generhaltung in Europa. AFZ / Der Wald **53**, 232–233.
[23] FROLOV, A. K.; MELNIKOVA, E. R., 1990: Influence of factors of the urban environment on the condition of broadleaved species in Leningrad. Byull. Glavnogo Botanicheskogo Sada **155**, 71–77.
[24] GODWIN, H., 1975: The history of the British flora – A factual basis for phytogeography. 2. Aufl., Cambridge.
[31] HARTMANN, G.; NIENHAUS, F.; BUTIN, H., 1989: Farbatlas Waldschäden. Ulmer Verlag, Stuttgart.
[32] HEGI G., 1957: Illustrierte Flora von Mitteleuropa. Bd. III.1, 2. Aufl., Parey Verlag, Berlin.
[33] HEGI G., 1981: Illustrierte Flora von Mitteleuropa. Bd. III.1, 3. Aufl., Parey Verlag Berlin.
[34] HEYBROEK, H. M., 1963: Diseases and lopping for fodder as possible causes of a prehistoric decline of Ulmus. Acta Bot. Nederl. **12**, 1–11.
[35] HEYBROEK, H. M., 1983: Resistant elms for Europe. Forestry Comm. Bull. **60**, 108–113.

[36] HEYBROEK, H. M., 1993: The Dutch elm breeding program. In: STICKLEN, M. B.; SHERALD, J. L. (Hrsg.): Dutch elm disease research – Cellular and molecular approaches. Springer Verlag, New York, 16–25.
[37] HEYBROEK, H. M., 2000: Notes on elm breeding and genetics. In: DUNN, C. (Hrsg.): The elms – Breeding, conservation, and disease management. Kluwer Acad. Publ., Boston, 249–258.
[38] HILLIER, 1991: The Hillier manual of trees and shrubs. 6. Aufl., Hillier Nurseries Ltd., Winchester.
[39] HOLLINGSWORTH, P. M.; HOLLINGSWORTH, M. L.; COLEMAN, M., 2000: The European elms: Molecular markers, Population genetics, and Biosystematics. In: DUNN, C. (Hrsg.): The elms – Breeding, conservation, and disease management. Kluwer Acad. Publ., Boston, 3–20.
[40] HUBBES, M., 1999: The American elm and Dutch elm diseases. Forestry Chronicle **75**, 265–273.
[41] INGROUILLE, M., 1995: Historical ecology of the British flora. Chapman & Hall, London
[42] JALAS, J.; SUOMINEN, J., 1976: Atlas Florae Europaeae – Distribution of vascular plants in Europe. Bd. 3: Salicaceae to Balanophoraceae. The Committee for Mapping the Flora of Europe and Societas Biologica Fennica Vanamo, Helsinki.
[43] JEDICKE, E. (Hrsg.), 1997: Die Roten Listen. Ulmer Verlag, Stuttgart.
[44] JEFFERS, J. N. R., 1999: Leaf variation in the genus Ulmus. Forestry **72**, 183–190.
[45] JEFFERS, J. N. R.; RICHENS, R. H., 1970: Multivariate analysis of the English elm population. Silvae Genetica 19, 31–38.
[46] KLEINSCHMIDT, J.; KREMER, A.; ROLOFF, A., 1995: Sind Stieleiche und Traubeneiche zwei getrennte Arten? AFZ/Der Wald **50**, 1453–1456.
[47] KRÜSSMANN, G.; 1978: Handbuch der Laubgehölze. Band III, 2. Aufl., Parey Verlag, Berlin.
[48] KÜSTER, H., 1998: Geschichte des Waldes. Beck Verlag, München.
[49] LANG, G., 1994: Quartäre Vegetationsgeschichte Europas. Fischer Verlag, Jena.
[50] MABEY, R., 1996: Flora Britannica. Sinclair-Stevenson Publ., London.
[51] MACHON, N.; LEFRANC, M. et al., 1995: Isoenzyms as an aid to clarify the taxonomy of French elms. Heredity **74**, 39–47.
[52] MACKENTHUN, G., 1997: Zur Kenntnis der einheimischen Ulmen-Arten. Deutsche Dendrol. Ges., Kurzmitteilungen **62**, 38–49.
[53] MACKENTHUN, G., 1999: Ulmen und Ulmenschutz in Nordamerika. Beitr. Gehölzkunde **25**, 147–154.
[54] MACKENTHUN, G., 2000: Die Gattung Ulmus in Sachsen. Beiträge zu den Forstwissenschaften Tharandt/Contributions to forest sciences **9**, 1–294.
[55] MAGASI, L. P.; URQUHART; D. A. et al., 1993: Three decades of Dutch elm disease in Fredericton, N.B. Information Report M-X 185E. Dept. Natrual Resources Canada, Fredericton.
[56] MALSTER, J., 1999: Around the country reports: Scotland. Elm Newsletter **3**, 6.
[57] MECHLER, T., 1989: Das Holz der Ulme und seine heutige Verwendung. Holz-Zbl. **115**, 1051–1053, 1242–1243, 1517–1518.
[58] MELVILLE, R., 1937: The variability of elm-foliage and the collection of elm-material for herbaria. Rep. Botanical Soc. and Exchange Club of the Britisch Isles, 590–592.
[59] MEUSEL, H.; JÄGER, E.; WEINERD, E, 1965: Vergleichende Chorologie der zentraleuropäischen Flora. Text Band 1, Karten Band 1, Fischer Verlag, Jena.
[60] MICHELL, A.; WILKINSON, J., 1982: The trees of Britain and northern Europe. Domino Publ., London.
[61] MITTEMPERGHER, L., 1996: Ulmus carpinifolia GLEDITSCH, 1773. Enzyklopädie der Holzgewächse, 4. Erg.Lfg., 4/96, S. 1–14.
[62] MITTEMPERGHER, L.; LA PORTA, N., 1991: Hybridization studies in the European species of elm (Ulmus spp.). Silvae Genetica **40**, 237–243.
[63] MOORE, P.; 1985: The death of the elm. New Scientist 107, 32–34.
[64] MUCK, H., 1986: Drewno wiazowe i jego wykorzystanie. Las Polski **1**, 9–11.
[65] NAMVAR, K.; SPETHMANN, W., 1985: Waldbaumarten aus der Gattung Ulmus (Ulme, Rüster). Allg. Forstz. **45**, 1220–1225.
[66] NEI, M., 1972: Genetic distance between populations. American Nature **106**, 282–292.
[67] NIENHAUS, F.; BUTIN, H.; BÖHMER, B., 1992: Farbatlas Gehölzkrankheiten. Ulmer Verlag, Stuttgart.
[68] O'CALLAGHAN, D. P.; ATKINS, P. M., 1981: Towards an integrated control programme for the Dutch elm disease. Hope for the elm, part 2, Arboricultural Journal 5, 250–256.
[69] OBERDORFER, E., 1992: Süddeutsche Pflanzengesellschaften. Teil IV: Wälder und Gebüsche, Textband. 2. Aufl., Fischer Verlag, Stuttgart.
[70] OBERDORFER, E., 1994: Pflanzensoziologische Exkursionsflora. 7. Aufl., Ulmer Verlag, Stuttgart.
[71] PERRY, I.; MOORE, P. D., 1987: Dutch elm disease as an analogue of neolithic elm decline. Nature **326**, 72–73.
[72] POPADYUK, R. V.; SMIRNOVA, O. V. et al., 1995: Current state of broad-leaved forests in Russia, Belorussia, Ukraine: Historical development, biodiversity, structure, and dynamic. Russian Acad. Sciences, Pushchino.
[73] RACKHAM, O., 1986: The history of the countryside. Dent Publ., London.
[74] RACKHAM, O., 1990: Trees and woodland in the British Isles. Revised edition. Phoenix Publ., London.
[75] RACKHAM, O., 1999: 4th Native Elm Workshop, Abbots Ripton, England (unveröffentlichter Vortrag).
[76] RAMISCH, H., 1999a: Zum Problem der Artidentifizierung reiner Ulmenarten und deren Hybriden. Mitt. Deutsche Dendrol. Ges. **84**, 95–107.
[77] RAMISCH, H., 1999b: Artidentifizierung reiner Ulmenarten und deren Hybriden anhand qualitativ zu beurteilender Merkmale. Mitt. Deutsche Dendrol. Ges. **84**, 109–122.
[78] RAMISCH, H., 1999c: Artidentifizierung reiner Ulmenarten und deren Hybriden anhand quantitativ erfassbarer Blatt- und Fruchtmerkmale. Mitt. Deutsche Dendrol. Ges. **84**, 135–150.
[79] REMMERT, H., 1984: Ökologie – Ein Lehrbuch. 3. Aufl., Springer Verlag, Berlin.
[80] RICHENS, R. H., 1983: Elm. Cambridge Univ. Press, Cambridge.
[81] ROHMEDER; E., 1942: Keimversuche mit Ulmus montana. Forstwiss. Cbl. **64**, 121–135.

[82] RÖHRIG, E., 1996: Die Ulmen in Europa – Ökologie und epidemische Erkrankung. Forstarchiv **67**, 179–198.

[83] ROLOFF, A.; BÄRTELS, A., 1996: Gehölze. Ulmer Verlag, Stuttgart.

[84] ROTHMALER, W., 1990: Exkursionsflora von Deutschland. Bd. 4, Kritischer Band. 8. Aufl., Verlag Volk und Wissen, Berlin.

[85] ROVELLI, E., 1998: Analisi e considerazioni su un bosco misto dell" Appennino Abruzzese. Monti e Boschi **49**, 25–28.

[86] SACHSSE, H., 1984: Einheimische Nutzhölzer. Parey Verlag, Hamburg.

[87] SCHMIDT, P. A., 1995: Übersicht der natürlichen Waldgesellschaften Deutschlands. Schriftenr. Sächs. Landesanst. Forsten, Heft 4/95, 1–95.

[88] SCHULZ; B., 1999: Gehölzbestimmung im Winter. Ulmer Verlag, Stuttgart.

[89] SCHULZ; D., 1999: Rote Liste Farn- und Samenpflanzen. Materialien zu Naturschutz und Landschaftspflege, Landesamt für Umwelt und Geologie, Radebeul.

[90] SCHÜTT, P.; SCHUCK, H. J.; STIMM, B., 1992: Lexikon der Forstbotanik. Ecomed-Verlag, Landsberg.

[91] SCHWERDTFEGER, F., 1981: Die Waldkrankheiten. Ein Lehrbuch der Forstpathologie und des Forstschutzes. Parey Verlag, Hamburg.

[92] SIEBER, S., 1968: Von Annaberg bis Oberwiesenthal. Werte der deutschen Heimat **13**, 1–237.

[93] SMALLEY E. B.; GURIES, R. P., 1993: Breeding elms for resistance to Dutch elm disease. Ann. Rev. Phythopathology **31**, 325–352.

[94] SMALLEY E. B.; GURIES, R. P., 2000: Asian elms: Sources of disease and insect resistance. In: DUNN, C. (Hrsg.): The elms – Breeding, conservation, and disease management. Kluwer Acad. Publ., Boston, 215–230.

[95] SPIERENBURG, D., 1921: Een onbekende ziekte in de iepen. Plantenziekenkundige Waarnemingen 1, Mededeling Phytopath. Dienst **18**, 3–10.

[96] STIPES; R. J.; CAMPANA, R. J., 1981: Compendium of elm diseases. American Phytopathological Soc., St. Paul.

[97] STRAKA, H., 1975: Pollen- und Sporenkunde – Eine Einführung in die Palynologie. Fischer, Stutgart.

[98] SWINTON, J.; GILLIGAN, C. A., 2000: A modelling approach to the epidemiology of Dutch elm disease. In: DUNN, C. (Hrsg.): The elms – Breeding, conservation, and disease management. Kluwer Acad. Publ., Boston, 73–101.

[99] TOWNSEND, A. M., 2000: USDA genetic research on elms. In: DUNN, C. (Hrsg.): The elms – Breeding, conservation, and disease management. Kluwer Acad. Publ., Boston, 271–278.

[100] TROLL, W., 1937: Vergleichende Morphologie der höheren Pflanzen. Springer Verlag, Berlin.

[101] WALTER, H., 1931: ULMACEAE. IN: KIRCHNER, O. V.; LOEW, E.; SCHRÖTER, C. (Hrsg.): Lebensgeschichte der Blütenpflanzen Mitteleuropas. Bd. 2.1, Ulmer Verlag, Stuttgart, 639–719.

[102] WEBBER, J. E., 2000: Insect vector behavior and the evolution of Dutch elm disease. In: DUNN, C. (Hrsg.): The elms – Breeding, conservation, and disease management. Kluwer Acad. Publ., Boston, 47–60.

[103] WENDT, F. W., 1922: Starke Ulmus montana. Mitt. Deutsche Dendrol. Ges. **34**, 227.

[104] ZIMMERMANN, G., 1982: Zahlenlexikon Holz. DRW Verlag, Leinfelden-Echterdingen.

Der Autor:

Dr. GORDON MACKENTHUN
Das Ulmen Büro
Resskamp 59
D-22549 Hamburg

Yucca brevifolia ENGELM.

syn.: Yucca arborescens (TORR.) TREL.

Josuabaum
engl.: Joshua tree, Yucca palm

Familie: Agavaceae

Abb. 1: Blühende Yucca brevifolia in der Mojave Wüste

Einleitung

Mit maximal 10 m Höhe stellt Y. brevifolia die größte der baumförmigen Palmlilien dar und ist zugleich der Charakterbaum der Mojave-Wüste im südöstlichen Californien. Die immergrüne Art ist wegen ihres höchst pittoresken, malerischen Erscheinungsbildes, ihrer vermeintlichen Verbindung zum Mormonen-Glauben und ihrer offenkundigen Lebensfähigkeit unter extremen ökologischen Bedingungen geradezu populär.

Ihr Trivialname soll auf eine Gruppe von Mormonen zurückgehen, denen im Jahre 1857 auf der Wanderung von Utah nach Californien die unbekannten Bäume wie Propheten erschienen, deren ausgebreitete Arme den Weg ins gelobte Land wiesen [2]. Ganz anders J.C. FREMONT, welcher 1844 auf einer seiner Expeditionen Proben entnahm, die Art als steif und plump bezeichnete und sie den am meisten abstoßenden Baum des Pflanzenreiches nannte. Der Josuabaum hat keinerlei wirtschaftliche Bedeutung; er bietet jedoch in einer unwirtlichen Umwelt manchen Tieren Unterschlupf, Nistgelegenheit und Nahrung.

a b

Abb. 3: Borke, **a** junger Stamm mit Blattresten, **b** alter Stamm

Jüngeren Stämmen und Ästen liegen häufig nach unten umgebogene, tote Blätter dicht an.

Starke Stämme entwickeln eine rauhe, zunächst schmal längsgefurchte, später in Platten aufgespaltene, braune oder graue **Rinde.**

Abb. 2: Verteilung der Bäume am natürlichen Standort, Joshua Tree Mon./Kalifornien

Morphologie

Yucca brevifolia wird nicht höher als 10 m, erreicht im Höchstfall einen Stammdurchmesser von 1 m und verzweigt sich meist erst ab 3 m Stammhöhe (Y. brevifolia var. brevifolia). Erst wenn der **Stamm** diese Höhe erreicht hat, setzt die Blütenbildung ein, der für das Spitzenwachstum zuständige Vegetationskegel verbraucht sich und es bilden sich Seitenäste („Pseudo-Dichotomie") [1].

Die kleiner bleibende Varietät jaegeriana verzweigt sich allerdings schon vor der ersten Blüte und hat daher i.a. kürzere Stämme. Als Reaktion auf Feuer entstehen im Kronenbereich oft stammbürtige Triebe, welche das Kronenvolumen erheblich vergrößern können.

Abb. 4: Blattspitzen

Kennzeichnend für den Joshua Tree sind die zahlreichen, an den Zweigenden büschelig gehäuften, 20–36 cm langen und 6 bis 12 mm breiten, mit einer kurzen, scharfen Spitze auslaufenden **Blätter**. Ihre Farbe ist bläulich grün, die gelblichen Ränder sind mit kurzen, scharfen, strohfarbenen Zähnen besetzt. Demgegenüber ist die Basis der Blattspitze rotbraun, der Apex aber wiederum gelblich.

Neben einem weitstreichenden, flachen **Wurzelsystem** entwickelt die Art kräftige, ebenfalls flachstreichende Rhizome, aus denen nach Verletzung oder Feuer Schößlinge austreiben. Die fehlende Verankerung in tiefen Bodenschichten und die Kopflastigkeit durch eine reich verzweigte Krone erklären die geringe Standfestigkeit alter Josuabäume. Schrägstehende und liegende Exemplare nach Stürmen sind die Folge.

Abb. 5: Vom Sturm geworfener, sich wieder aufrichtender Baum

Y. brevifolia blüht nicht in jedem Jahr gleich intensiv. Die 3 bis 4 cm langen, glockenförmigen **Blüten** erscheinen im zeitigen Frühjahr. Sie stehen zu vielen an stark verzweigten, 30 bis 50 cm langen, rispenförmigen Infloreszenzen. Vor dem Aufblühen umschließen zahlreiche, dicht dachziegelartig angeordnete, grünlich-gelbe Brakteen den Blütenstand in einer 10 bis 15 cm langen, zapfenartigen „Knospe". Die grünlich-gelben Kronblätter und 6 Staubblätter werden von fleischig-ledrigen Kelchblättern umgeben, die am Grunde zusammengewachsen sind.

Die Bestäubung der Blüten wird ausschließlich von weiblichen Yucca-Motten (Tegeticula spec.) vorgenommen, welche den gesammelten Pollen direkt auf der Narbe abladen, ihre Eier in die Samenanlagen der Yucca legen und auf diese Weise sicherstellen, daß sich die schlüpfenden Larven später von den heranreifenden Samen ernähren können [2].

Es entstehen ca. 6 bis 10 cm lange, elliptische **Kapselfrüchte**. Diese nehmen bei Reife eine rötlich-braune bis schwärzliche Farbe an. Sie enthalten zahlreiche, ca. 1 cm lange **Samen** mit großem, auffälligem Hilum. Die anfangs fleischige Kapselwand wird trocken und porös.

Abb. 6: Saatgut

Alte Fruchtstände bleiben noch 2 bis 3 Jahre am Baum.

Der Josuabaum bildet ein leichtes, weiches **Holz** von weißer bis hellbrauner Farbe, das sich schwer bearbeiten läßt.

Abb. 7: Blütenstand

Taxonomie und Verbreitung

Innerhalb der Agavaceen-Gattung Yucca unterscheidet man etwa 30 Arten, die ohne Ausnahme in Trockengebieten der neuen Welt beheimatet sind. 9 davon sind baumförmig [3]; keine erreicht die Höhe der in den Wüsten der südwestlichen USA vorkommenden Y. brevifolia. Diese unterscheidet sich von den anderen baumförmigen Yucca-Arten u.a. durch sehr derbe Blätter mit scharf gezähnten Rändern.

Die Art kommt hauptsächlich in der Mojave-Wüste in Höhenlagen zwischen 600 und 1830 m vor (SW-Utah; S-Californien; W-Arizona), ist aber nicht flächendeckend vertreten, sondern tritt meist in kleineren, allerdings weit auseinandergezogenen Populationen auf, die z.T. unter Schutz stehen (Joshua Tree Monument in S-Californien; Joshua Forest Parkway in W-Arizona).

Auch außerhalb der Mojave-Wüste gibt es Kleinvorkommen des Josuabaumes. So im kalifornischen Antelope Valley als westliche, in Goldfield, Nevada als nördliche und in Wickenburg, Arizona als östliche Begrenzung des natürlichen Areals.

Cornett [1] unterteilt Y. brevifolia in 2 Varietäten:

Y. brevifolia var. brevifolia:

Relativ hohe Stämme, Verzweigung nicht vor dem erstmaligen Blühen. Relativ lange Blätter, Vorkommen im Westen und Süden der Mojave-Wüste.

Y. brevifolia var. jaegeriana:

Kurze Stämme, kurze Blätter. Verzweigung vor dem erstmaligen Blühen. Viel intensiver beastet. Vorkommen im Osten der Mojave-Wüste.

Ökologie und Wachstum

Obwohl weit bekannt, zählt Y. brevifolia zu den wissenschaftlich am wenigsten untersuchten Baumarten [1] – vermutlich eine Folge des sehr weit abgelegenen Vorkommens. Fast alle Literaturangaben beruhen daher auf Beobachtungen oder Schätzungen, kaum einige auf Messungen, Wägungen oder Experimenten.

Joshua trees besiedeln trockene Standorte der Ebene oder trockene Hänge. Dennoch stellen sie konkrete Anforderungen an die Wasserversorgung, teils über die Höhe der Niederschläge, teils über den Oberflächenabfluß nach der Schneeschmelze.

Oft besiedeln sie die Region unterhalb eines von Pinus monophylla und Juniperus-Arten geprägten Trockenwaldes und oberhalb der trockenen, baumlosen, u.a. von Creosote-Büschen (Larrea divaricata) besiedelten Ebenen. In diesem Gebiet bringen die Schmelzwässer aus den San Bernardino- und San Gabriel Mountains im Frühjahr reichlich Feuchtigkeit. Die Standorte sind allerdings oft flachgründig und reich an Geschieben.

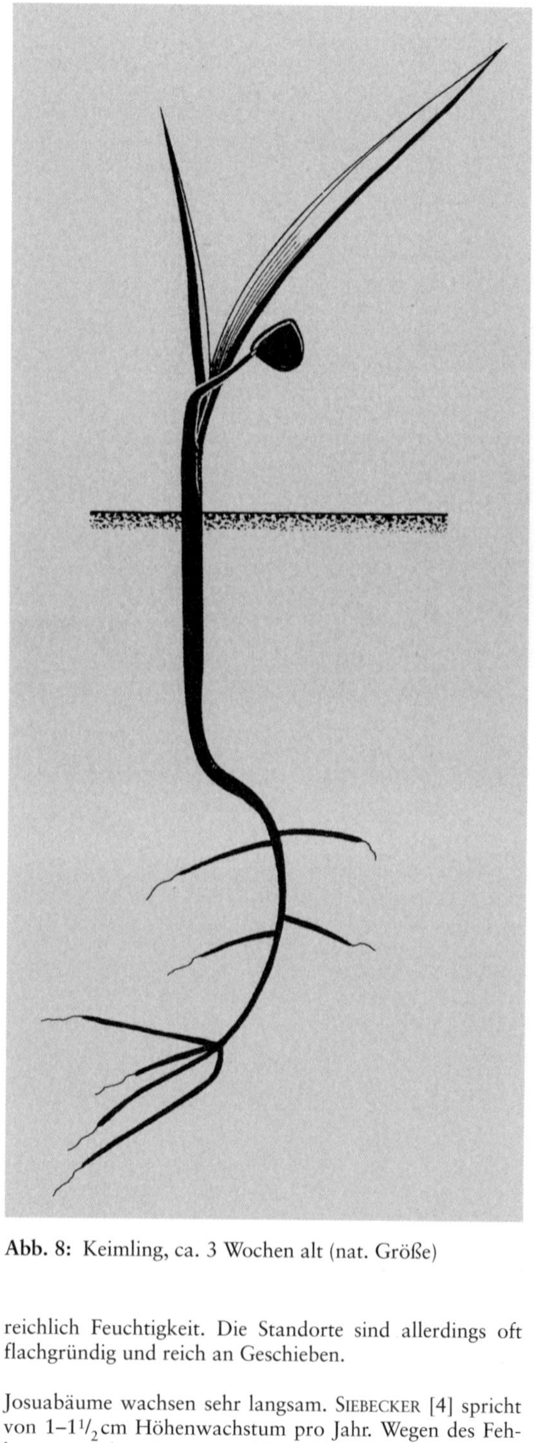

Abb. 8: Keimling, ca. 3 Wochen alt (nat. Größe)

Josuabäume wachsen sehr langsam. Siebecker [4] spricht von 1–1½ cm Höhenwachstum pro Jahr. Wegen des Fehlens von Jahresringen handelt es sich bei Altersangaben

Abb. 9: Schößling

zwangsläufig um Schätzungen. Einen gewissen Anhaltspunkt gibt allenfalls die Anzahl der Verzweigungen eines Baumes, denn neue Äste entstehen (u.a.) nach der in mehr oder weniger kurzen Perioden wiederkehrenden Blüte. „Mehrere 100 Jahre" nimmt man übereinstimmend als Höchstalter an.

Als größte Abmaße eines lebenden Josuabaumes nennt CORNETT [1] 32,3 feet (9,8 m) Höhe und 32,7 feet (10 m) Kronendurchmesser.

Verschiedenes

- Y. brevifolia wird heutzutage nicht wirtschaftlich genutzt. Früher waren die Samen von Indianern zu Mehl verarbeitet worden, auch die Blüten sollen verzehrt worden sein [4] und die feinen, rötlichen Wurzeln dienten zur Gewinnung einer Farbe, mit der man Körbe bemalte.

  Die ersten weißen Siedler nutzten die Joshua-Stämme als Brennholz und als Zaunpfähle. Frühe Versuche zur Papierherstellung hatten keinen Erfolg.

- Feuer ist nicht unbedingt tödlich für Joshua trees [1]. Zwar sind sie wegen der dem Stamm anliegenden trockenen Blätter leicht zu entflammen, treiben aber in den folgenden Jahren aus Rhizomen, aus Stamm und Ästen wieder aus. Pro Baum können 8 bis 9 derartiger Schößlinge entstehen, die sich überdies durch relativ rasches Wachstum auszeichnen (1,2 m in 8 Jahren) [1].

- Die Verjüngung durch Samen stellt in situ die seltene Ausnahme dar. Schuld daran tragen zahlreiche Pflanzenfresser wie Eichhörnchen, Kaninchen oder Ratten, welche die jungen Sämlinge, aber auch frische Schößlinge sogleich aufnehmen.

- Zur Entwicklung des Jungwuchses ist dessen Schutz durch „nurse plants" erforderlich. Dazu zählt z.B. die Keimung im unmittelbaren Bereich einer von Herbivoren gemiedenen Strauchart wie Menodora spinescens (Oleaceae) oder Ephedra nevadensis. Dieser Schutz muß mindestens 3 Jahre anhalten.

- Als die einzige Baumart stellt Y. brevifolia den Mittelpunkt für die Entwicklung mehrerer tierischer Bewohner der Mojave-Wüste dar. Spechte, Eulen, Meisen und Fliegenschnäpper gehören dazu. Ratten nutzen die Blätter zum Nestbau und das Leben von Nachteidechsen ist sogar gänzlich an Joshua trees gebunden.

- Y. brevifolia zählt nicht zu den unmittelbar vom Aussterben bedrohten Pflanzenarten, obwohl die Zahl der Individuen wegen des Bevölkerungsdruckes an der Westseite des Areals insgesamt zurückgeht. Nahe den Orten Victorville, Palmdate und Lancaster haben Tausende von Josuabäumen zahlreichen Neubauten weichen müssen.

  Besonders gefährdet ist nach CORNETT [1] die Varietät jaegeriana.

Weiterführende Literatur

[1] CORNETT, J.W., 1991: The Yoshua Tree. Palm Springs Desert Museum, Nat. Sci. Publ., 1–91.

[2] PEATTIE, D.C., 1953: A natural history of Western Trees. Univ. Nebraska Press, Lincoln and London.

[3] SARGENT, C.S., 1965: Manual of the trees of North America, Vol. 1. Dover Publ., New York.

[4] SIEBECKER, A., 1981: The world of the Joshua Tree. Joshua Tree Natural History Ass./Natl. Park Serv.

Die Autoren:

Prof. Dr. PETER SCHÜTT
Lehrstuhl für Forstbotanik
Ludwig-Maximilians-Universität München
Hohenbachernstraße 22
D-85354 Freising 12

ULLA M. LANG
Schützenstraße 6
D-82383 Hohenpeißenberg